国家科学技术学术著作出版基金资助出版

Fatigue of Powder Metallurgical Materials

粉末冶金材料的疲劳

陈鼎　陈振华　编著

化学工业出版社
·北京·

《粉末冶金材料的疲劳》全面系统地介绍了粉末冶金材料的疲劳理论和实践，内容包括粉末冶金材料疲劳问题简述以及粉末冶金铝合金、粉末冶金钛合金、粉末冶金镁合金、铁基粉末冶金材料、粉末冶金硬质合金和粉末冶金高温合金的疲劳特性。为了体现粉末冶金材料疲劳问题的特性，在书中与相应的铸造和变形合金的疲劳问题进行了对比介绍。

本书具有很强的实用性和理论参考价值，可作粉末冶金与金属材料相关专业的研究生、本科生教材和专业参考书，也可供从事相关领域的科研单位和企业技术人员参考使用。

图书在版编目（CIP）数据

粉末冶金材料的疲劳/陈鼎，陈振华编著．—北京：化学工业出版社，2019.4
国家科学技术学术著作出版基金资助出版
ISBN 978-7-122-33974-4

Ⅰ．①粉… Ⅱ．①陈… ②陈… Ⅲ．①粉末冶金-材料科学-疲劳理论 Ⅳ．①TF12

中国版本图书馆 CIP 数据核字（2019）第 034988 号

责任编辑：窦　臻　林　媛　　　装帧设计：王晓宇
责任校对：宋　夏

出版发行：化学工业出版社（北京市东城区青年湖南街 13 号　邮政编码 100011）
印　　装：中煤（北京）印务有限公司
787mm×1092mm　1/16　印张 36¾　字数 974 千字　2019 年 10 月北京第 1 版第 1 次印刷

购书咨询：010-64518888　　　售后服务：010-64518899
网　　址：http：//www.cip.com.cn
凡购买本书，如有缺损质量问题，本社销售中心负责调换。

定　　价：189.00 元

前言

PREFACE

近年来在众多研究和应用中发现，粉末冶金铝合金、钛合金、镁合金、不锈钢、高速钢、铁基合金、特种陶瓷和高温合金等工程结构件在循环载荷的服役中，与铸造和变形合金相比，虽然静态机械性能有较大幅度的提高，但其裂纹萌生、扩展和失效破坏特性却不尽如人意。这种疲劳特性严重地制约了上述新材料在航空、航天、交通运输和化工能源领域的应用。因此加速粉末冶金材料疲劳特性的研究，是粉末冶金领域最重要的课题之一。虽然粉末冶金材料的疲劳问题极其重要，但国内外没有关于此课题的专著。

本书在查阅了国内外大量文献的基础上结合编著者长期从事粉末冶金新材料开发和性能评估研究的经验和体会，全面系统地介绍了粉末冶金材料的疲劳理论和实践，内容包括粉末冶金材料的疲劳问题简述以及粉末冶金铝合金、粉末冶金钛合金、粉末冶金镁合金、铁基粉末冶金材料、粉末冶金硬质合金和粉末冶金高温合金的疲劳特性等。此外，为了体现粉末冶金材料疲劳问题的特性，在各章节中与相应的铸造和变形合金的疲劳问题进行了比较。为了保持各个章节的完整性，在叙述过程中略有重复。本书在每章最后提出了一些看法，以供读者讨论。

本书内容新颖、信息量大、理论和实际兼顾，具有很强的实用性和理论参考价值，获得“国家科学技术学术著作出版基金”资助。本书适用于粉末冶金和金属材料相关专业的高校教师、研究生和本科生作为教材和专业参考书，也适合从事相关机械、力学、疲劳等领域的科研单位和企业的技术人员参考使用。

由于本书内容较多，篇幅有限，国外文献引用量大，特别是著者水平有限，故书中难免有纰漏之处，恳请读者批评指正。在此向所有被引用的论文和著作的作者致以崇高的敬意和谢意。特别感谢沈阳工业大学陈立佳教授，中南大学刘会群副教授、王斌副教授，湖南大学陈刚教授、夏伟军副教授、冯鹏飞博士生，长沙理工大学何建军教授、李微副教授和湖南科技大学陈宇强博士等对有关章节的审阅和所提出的宝贵意见。最后衷心感谢化学工业出版社一直以来的热情支持和帮助。

陈鼎

陈振华

2019 年 3 月于长沙

目录
Contents

第1章 本书导读：粉末冶金材料疲劳问题简述 …… 001

1.1 粉末冶金材料的缺陷 …… 002
1.2 粉末冶金材料的静疲劳 …… 003
1.3 细晶、强化相与弥散粒子对粉末冶金合金疲劳性能的影响 …… 004
1.4 小能量多次冲击和损伤积累 …… 005
1.5 粉末冶金合金的界面工程 …… 005
1.6 厚度效应对粉末合金疲劳特性的影响 …… 006
1.7 显微组织控制 …… 006
1.8 调和结构对粉末合金疲劳性能的影响 …… 007
参考文献 …… 008

第2章 粉末冶金铝合金的疲劳特性 …… 009

2.1 铸造与变形铝合金的疲劳裂纹萌生与扩展简介 …… 010
2.1.1 铸造铝合金的裂纹萌生与扩展 …… 010
2.1.2 变形铝合金的裂纹萌生与扩展 …… 019
2.2 粉末铝合金的疲劳裂纹萌生与扩展 …… 035
2.2.1 粉末铝合金的裂纹萌生 …… 037
2.2.2 粉末铝合金的裂纹扩展 …… 040
2.3 粉末铝合金的疲劳强度 …… 068
2.3.1 晶粒细化对疲劳强度的影响 …… 068
2.3.2 成分改性对疲劳强度的影响 …… 069
2.3.3 制备工艺对疲劳强度的影响 …… 072
2.3.4 颗粒强化对疲劳强度的影响 …… 073
2.3.5 温度对疲劳强度的影响 …… 075
2.4 讨论 …… 077
参考文献 …… 077

第 3 章 粉末冶金钛合金的疲劳特性 …… 083

3.1 铸造与变形钛合金的疲劳裂纹萌生与扩展行为简介 …… 084
3.1.1 铸造与变形钛合金的裂纹萌生 …… 084
3.1.2 铸造与变形钛合金的裂纹扩展 …… 088
3.1.3 铸造与变形钛合金的疲劳特性 …… 099
3.2 粉末冶金钛合金的疲劳裂纹萌生与扩展 …… 105
3.2.1 粉末冶金钛合金简介 …… 105
3.2.2 粉末钛合金的裂纹萌生 …… 114
3.2.3 粉末钛合金的裂纹扩展 …… 120
3.2.4 粉末冶金钛合金的疲劳特性 …… 137
3.3 讨论 …… 154
参考文献 …… 155

第 4 章 粉末冶金镁合金的疲劳特性 …… 161

4.1 铸造和变形镁合金的裂纹萌生与扩展 …… 162
4.1.1 镁和镁合金的形变机理和疲劳破坏 …… 162
4.1.2 铸造和变形镁合金的裂纹萌生 …… 172
4.1.3 铸造和变形镁合金的裂纹扩展 …… 178
4.1.4 镁合金的疲劳强度 …… 192
4.2 粉末镁合金的疲劳裂纹萌生与扩展 …… 200
4.2.1 粉末镁合金研究进展 …… 200
4.2.2 粉末镁合金的疲劳裂纹萌生与扩展 …… 212
4.2.3 粉末镁合金的疲劳特性 …… 224
4.3 讨论 …… 229
参考文献 …… 229

第 5 章 铁基粉末冶金材料的疲劳特性 …… 234

5.1 多孔钢的疲劳裂纹萌生与扩展 …… 235
5.1.1 多孔钢的疲劳裂纹萌生 …… 235
5.1.2 多孔钢裂纹扩展路径 …… 237
5.1.3 多孔钢的裂纹扩展速率 …… 239
5.1.4 多孔钢的疲劳裂纹扩展模式 …… 247
5.1.5 裂纹的闭合和偏转 …… 249
5.1.6 多孔钢的疲劳性能 …… 251

5.1.7 多孔钢的疲劳比和损伤参数 …… 263
5.2 多孔钢的滚动接触疲劳 …… 266
5.2.1 多孔钢的表面致密化 …… 266
5.2.2 齿根的弯曲疲劳和齿面的滚动接触疲劳 …… 269
5.2.3 多孔钢滚压表面致密化工艺的研究 …… 275
5.3 注射成形烧结钢的疲劳特性 …… 297
5.3.1 注射成形烧结钢的缺陷 …… 298
5.3.2 注射成形 4600 烧结合金钢的疲劳特性 …… 299
5.3.3 注射成形不锈钢的疲劳特性 …… 301
5.3.4 注射成形 Fe-Ni 合金的疲劳特性 …… 306
5.3.5 注射成形 Fe-Ni-C 系低合金钢的疲劳特性 …… 307
5.3.6 金属注射成形冷作工具钢的超声疲劳性能 …… 308
5.4 粉末热锻钢的疲劳裂纹萌生与扩展 …… 309
5.4.1 粉末热锻钢的疲劳裂纹萌生 …… 310
5.4.2 粉末热锻钢疲劳裂纹扩展路径 …… 311
5.4.3 粉末热锻钢疲劳裂纹的扩展速率 …… 314
5.4.4 粉末热锻钢的疲劳特性 …… 321
5.4.5 粉末锻造连杆的疲劳强度 …… 325
5.5 粉末高速钢的疲劳裂纹萌生与扩展 …… 333
5.5.1 熔铸高速工具钢的裂纹萌生与扩展 …… 333
5.5.2 粉末高速钢的疲劳裂纹萌生与扩展 …… 341
5.5.3 喷射沉积高速工具钢 …… 364
5.6 讨论 …… 367
参考文献 …… 367

第 6 章 粉末冶金硬质合金的疲劳特性 …… 375

6.1 引言 …… 376
6.2 硬质合金疲劳裂纹萌生行为 …… 377
6.3 疲劳裂纹扩展行为 …… 383
6.3.1 裂纹扩展路径 …… 384
6.3.2 硬质合金的疲劳裂纹扩展模式 …… 386
6.3.3 影响疲劳裂纹扩展的外在因素 …… 387
6.3.4 影响疲劳裂纹扩展的内在因素 …… 404
6.4 硬质合金的疲劳特性 …… 410
6.4.1 化学成分对疲劳特性的影响 …… 410
6.4.2 疲劳加载模式对疲劳强度的影响 …… 411

6.4.3 环境对疲劳特性的影响 …… 413
6.4.4 表面状态对疲劳强度的影响 …… 415
6.5 硬质合金的增韧处理 …… 416
6.5.1 硬质合金增韧理论 …… 416
6.5.2 硬质合金增韧方法 …… 419
6.6 硬质合金的多冲和静疲劳试验 …… 422
6.6.1 多冲试验的发展历程 …… 422
6.6.2 陶瓷材料的静疲劳 …… 423
6.6.3 硬质合金的小能多冲和静载疲劳研究 …… 424
6.7 硬质合金的厚度效应与工具设计 …… 429
6.7.1 单位质量的疲劳寿命 …… 429
6.7.2 硬质合金静疲劳寿命的厚度效应 …… 430
6.7.3 微观组织参数对硬质合金厚度效应的影响 …… 431
6.7.4 工业装备的实际应用的验证 …… 432
6.8 讨论 …… 433
参考文献 …… 433

第 7 章 粉末冶金高温合金的疲劳特性 …… 438

7.1 铸造和变形高温合金的疲劳特性简介 …… 439
7.1.1 铸造和变形高温合金的裂纹萌生和扩展 …… 439
7.1.2 铸造和变形合金的疲劳特性 …… 458
7.2 粉末高温合金的疲劳特性 …… 471
7.2.1 粉末冶金高温合金的应用与发展 …… 471
7.2.2 粉末高温合金的裂纹萌生与扩展 …… 493
7.2.3 粉末高温合金的疲劳性能 …… 522
7.3 氧化物弥散强化高温合金的疲劳特性 …… 547
7.3.1 氧化物弥散强化高温合金的发展历史 …… 547
7.3.2 几种典型的 MAODS 的性能 …… 551
7.3.3 氧化物弥散强化高温合金的疲劳特性 …… 557
7.4 讨论 …… 573
参考文献 …… 573

第1章

本书导读：粉末冶金材料疲劳问题简述

近半个世纪以来，粉末冶金技术取得了引人注目的进展。粉末冶金技术被称为先进材料制备技术。在这个领域中新技术、新工艺大量涌现，如超微粉末的制备技术、快速凝固、机械合金化、喷射沉积、粉末热等静压、粉末热锻、粉末轧制、粉末挤压、粉末温压、粉末准等静压、STAMP技术、快速全向压制、高速压制、电磁成形、超固相线烧结、3D打印技术、选择性激光烧结、放电等离子烧结、微波烧结、爆炸固结、大气压固结、电场活化烧结、自蔓延烧结和粉末注射成形技术等。粉末冶金新技术和新工艺的发展趋势为高级化、精细化和工业规模化。新技术和新工艺的应用使得一批具有粉末冶金特点的新材料相继产生，例如大块纳米材料、粉末高温合金、粉末高速钢、粉末不锈钢、粉末合金钢、快速凝固铝合金、快速凝固镁合金、快速凝固钛合金和特种陶瓷等。粉末冶金材料向全致密和高性能方向发展，众多企业和科学研究机构在后期研究和应用这些高性能粉末冶金材料过程中，发现这种材料仍然存在一些问题，主要体现在与传统的熔铸和变形材料相比，其疲劳性能仍然存在不能令人满意之处。近年来粉末冶金铝合金、钛合金、镁合金、铁合金、硬质合金和高温合金等材料由于疲劳特性问题，在航空、航天、交通运输和化工能源等领域中的应用受到影响，因此加速粉末冶金材料的疲劳特性的研究，对高性能粉末冶金材料的制备和应用具有十分重要的意义[1]。

粉末冶金材料与传统的熔铸和变形合金的疲劳特性既有相同之处又有不同之处，本章主要简述粉末冶金材料与传统熔铸和变形材料不同的疲劳特性问题，这也是本书的核心内容。

1.1 粉末冶金材料的缺陷

粉末冶金材料和制品由于受到制备技术的限制会产生一系列缺陷，如孔隙、微裂纹、氧化、空心粉、卫星粉、原始颗粒边界、非金属夹杂物、粗大颗粒和第二相颗粒、残余气体、黏结相池和晶界玻璃相等，这些缺陷可以统称为“粉末冶金缺陷”。粉末冶金缺陷影响了粉末冶金制品的力学性能，并且容易成为合金的疲劳裂纹源，加快了裂纹的扩展速率，降低了粉末冶金材料的低周疲劳寿命，不利于材料的安全使用。因此，研究并消除粉末冶金材料的缺陷，对改善粉末冶金材料的性能尤为重要。

用粉末冶金方法生产的材料，在大多数情况下都含有一定量的孔隙。孔隙的存在使得粉末冶金材料的性能与同材质的锻铸材料相比有所差异。粉末冶金材料中除了很少由塑性金属制成的致密材料属于延性断裂外，其余材料均具有脆性断裂的特征。按照孔隙对材料断裂影响机理的不同，可将粉末冶金材料分为两大类：一类是具有高硬度和脆性的致密材料、低孔和多孔材料，如硬质合金、金属陶瓷、难熔化合物等；另一类是具有一定塑性的致密、低孔和多孔材料，如烧结金属、热致密化粉末金属等。在脆性粉末冶金材料中，孔隙引起强烈的应力集中，使材料在较低的名义应力下断裂。而具有一定塑性的粉末冶金材料，少量孔隙并不会引起相当强烈的应力集中，孔隙主要是削弱了材料承载的有效截面，存在着应力沿材料显微体积的不均匀分布。随着孔隙度的增加，材料的塑性降低，即使是由塑性金属制成的粉末冶金材料，当含有较多孔隙时，材料断口也没有宏观塑性变形的特征。所以，一般孔隙度较高的材料，其断裂应力与同材质的铸锻材料相比是相当低的。孔隙产生的原因有：①通过压制和烧结，材料没有达到致密，残余孔隙；②制粉和烧结过程中气体的卷入；③烧结过程中原料颗粒不均匀堆积、夹杂和脏化；④粉末材料发生塑性变形，材料中的粗大第二相颗粒和夹杂物发生断裂或从基体分离，形成孔洞和长大。

粉末冶金材料中的夹杂物，特别是非金属夹杂物的存在，严重恶化了粉末冶金材料的力学性能，特别是低周疲劳性能。夹杂物是引起裂纹萌生及扩展的主要原因之一。粉末制备、压制、烧结等过程都可能产生夹杂物，夹杂物对高性能粉末冶金材料的性能有很大影响，因此认真研究夹杂物的特性和来源、夹杂物对材料性能的影响和减少夹杂物的方法等具有重要的意义。与铸造合金相比，粉末冶金材料的夹杂物要多得多，粉末中的夹杂物按形态可分为独立存在的夹杂物和黏附在粉末上的夹杂物。按来源可分为由母合金带入的陶瓷和熔渣，由制粉和粉末处理系统带入的异类金属或有机类夹杂物。粉末冶金合金中的外来非金属夹杂物主要为氧化物颗粒，也有少量有机物杂质。陶瓷夹杂物主要包括 Al、Si、Mg、Ca、Zr 等元素的氧化物，以 Al_2O_3、MgO、SiO_2 最为常见，它们的尺寸从几百纳米到几百微米，主要来源于坩埚材料，另外母合金不纯、冶炼过程脱氧不完全、原始粉末处理不当以及环境污染都可能引入氧化物陶瓷颗粒。有机类夹杂是粉末处理过程中带入的丁腈橡胶、聚四氟乙烯等。无机类夹杂主要是母合金棒材遗留下的陶瓷、熔渣。

活泼金属的微细粉末在制粉成形和热致密化过程中极易氧化，往往形成一层极薄的氧化膜（如 Al_2O_3、TiO_2、MgO、Cr_2O_3、ZrO_2、SiO_2、CaO 等），这类氧化膜不能被 H_2 还原，经过粉末相互烧结或热等静压，原始颗粒相互结合的边界往往不能形成冶金结合的晶界，必须通过热挤和热锻，才能产生冶金结合。对于高温合金来说，雾化粉末冷却速度较小，除表面存在一些氧化物质点外，同时还存在 Ti、Cr、C、Al 等元素富集，在热等静压加热过程中，粉末的亚稳相分解，析出稳定的第二相颗粒，在烧结中重新形成原始颗粒边界（PPB），这种包围颗粒的网状析出物在热等静压中不易破碎和变形，导致合金中保留原始颗粒形貌，颗粒之间产生非冶金结合，在原始颗粒旁容易萌生裂纹并快速扩展。

在铝、镁、钛粉末合金，粉末高速钢和粉末高温合金中，PPB 加速了裂纹萌生和扩展，降低了合金的疲劳性能。

提高粉末冶金材料疲劳特性最主要的方法是减少和消除粉末冶金材料的缺陷，采用新的制备工艺消除缺陷是重中之重，要达到这个目的必须在材料制备工艺中进行创新。

如粉末冶金材料通过复压复烧、热锻、热轧、热挤、热压、热等静压、液相烧结、放电等离子烧结、激光烧结、表面滚压、精整、喷丸处理等将孔隙减少到最小或完全消除；采用惰性气体雾化、无接触熔炼，粉末在惰性气氛封闭下制粉、成形和致密化，减少粉末氧化和夹杂物形成，调整热等静压工艺和热处理制度防止原始颗粒边界的形成等。

1.2　粉末冶金材料的静疲劳

长久以来多数学者一直认为“陶瓷材料对疲劳不敏感”。20 世纪 70 年代中期，日本和法国的一些学者进行过陶瓷材料的循环试验研究，研究者根据试验结果认为失效并不是循环载荷所引起的疲劳造成的，而是静载荷所造成的延时破坏。为了与循环载荷疲劳有所区别，把陶瓷和玻璃这种由静载荷造成的延时失效称为静疲劳。1986 年后，美国、日本一些学者在真空条件下发现陶瓷材料的疲劳裂纹扩展，陶瓷材料的循环疲劳再次成为材料研究重点，但研究没有很大进展。另外，一些存在缺陷的粉末金属（如多孔钢）和陶瓷与金属组成的复合材料（如硬质合金）的静疲劳问题也引起了研究者的重视。多孔钢和硬质合金由于存在孔隙和其他缺陷，静载荷同样能够引起裂纹的萌生和扩展。对于哪种模式在疲劳损伤中占据主导地位的问题，不同研究者基于不同材料得出了不同结论。1993 年美国海军实验室的 Sadananda 等[2]根据多年来所做的实验以及收集到的各种型号钢、铝合金、镁合金、钛合金、复合材料、陶瓷等材料的疲劳裂纹扩展数据进行综合研究分析后，提出了解释应力比、频率、温度等因素对材料裂纹扩展影响的两参数法（unified approach）。所谓两参数法就是用 ΔK 和 K_{max} 控制裂纹扩展，从原理上来讲，K_{max} 或它的非线性等式对各种断裂过程来说都是基本的参数。对单纯的断裂来说，这个参数就是K_{IC}；与时间相关的裂纹扩展过程，包括持续载荷的裂纹扩展、应力腐蚀或蠕变扩展，控制参数都是K_{max}。另外一个参数用来描述循环载荷下裂纹尖端区域受力状态变化的幅度，这个参数就是ΔK。K_{max}和ΔK同时提供了裂纹扩展所需要的动力，对于裂纹扩展来说，K_{max}远大于ΔK的值，双参数法中K_{max}控制着材料的直接断裂，使裂纹扩展进行下去，受显微组织影响很大，是最主要的参数。ΔK控制着裂纹尖端所需要的周期损伤程度，基体材料滑移不可逆程度越高，越不容易产生损伤。

Lueth 等人的研究发现，硬质合金的疲劳断裂模式主要为静态模式，韧性黏结相呈现韧窝断裂特征，断裂形貌与静载断裂相同。而 Roebuck 等人的研究则认为，其疲劳断裂模式主要是循环疲劳断裂模式，虽然黏结相还会发生少量的塑性变形，但是循环载荷导致 Co 相加工硬化造成的疲劳脆断才是主要的断裂形式。Fry 和 Garre 认为在硬质合金的疲劳裂纹扩展过程中这两种机制同时存在，断裂形貌以晶间断裂为主，Co 相发生塑性变形并形成韧窝，还伴随着 WC 晶粒的解理断裂。而 Torres 等人和 Lanes 等人的研究也认为这两种断裂机制是共同存在的，研究者除了从微观断裂形貌上证实了这点外，还从裂纹扩展速率与应力强度因子之间的关系证实了上述结论，并且发现硬质合金裂纹扩展速率更加符合 Parise-Erdogan 公式扩展式：

$$da/dN=C\ (K_{max})^m\ (\Delta K)^n$$

且m远大于n，表明硬质合金中两种断裂模式都存在，其中静态失效模式起主导作用。

从某种程度来说，多数粉末冶金材料的裂纹萌生扩展速率和疲劳特性都是循环疲劳和静疲劳的联合作用而造成的。消除和减轻静疲劳的影响，能够阻碍裂纹萌生与扩展，提高粉末合金的疲劳特性。

1.3 细晶、强化相与弥散粒子对粉末冶金合金疲劳性能的影响

采用快速凝固制备粉末冶金合金是 20 世纪 80 年代金属材料领域取得的最重要的成果之一。快速凝固粉末显微结构发生明显变化，如溶质原子固溶度大幅提高，晶粒尺寸和第二相明显细化，合金的溶质浓度和位错密度大大增加。快速凝固使粉末合金的强度性能大幅提高，成为制备高性能材料的最有希望的方法之一。随后的研究表明，随着晶粒尺寸的增加，疲劳裂纹扩展路径曲折，断口表面粗糙度增加，提高了粗糙度诱发的裂纹扩展的抗力，提高了合金的抗疲劳性能；而快速凝固制备粉末冶金合金，晶粒尺寸变小会使裂纹萌生抗力增加，但使裂纹扩展抗力下降，并且这种特点与合金成分和加载方式无关。Vasudevan 认为材料的滑移特征决定了晶粒尺寸对裂纹扩展行为的影响[3]，对于共面滑移材料，最大应力强度因子门槛值K_{maxth}随着晶粒尺寸增大而增大，而对于均匀滑移或者交滑移特性材料，晶粒尺寸的影响很小。快速凝固使晶粒尺寸变小，第二相粒子更细，体积分数增大，引起基体材料局部硬化，导致材料的失效。可热处理强化的工业铝合金除强化作用的共格和半共格质点外，还有两种非共格质点，一种是含 Fe 的粗大质点（$>1\mu m$），另一种是添加过渡元素 Cr、Mn、Zr 或 V 而出现的细小金属间化合物质点（$<0.1\mu m$）。后一种质点称为弥散粒子，这种粒子可提高滑移的均匀性，从而能在疲劳应力下抑制裂纹形核，改善疲劳性能，如α-$Al_{12}Mn_3Si$这种非共格弥散粒子不仅阻碍裂纹萌生和扩展，还能提高疲劳强度。另外除加入过渡金属外，也有加入微量 Sc、La、Ce、Er 等元素形成Al_3(Sc、Er)$L1_2$共格弥散相，同样可以提高粉末合金的疲劳特性[4]。因此利用快速凝固技术的特点，寻求一种与基体共格能够改善基体滑移均匀性的弥散相，或者寻求一种非共格但能阻碍裂纹萌生与扩展的弥散粒

子，也是改善快速凝固材料的裂纹萌生、扩展和疲劳性能的一种方法。

1.4　小能量多次冲击和损伤积累

小能量多次冲击（简称小能多冲）本身是一个古老的实验方法，迄今为止已经有一百多年的历史，但是有关小能多冲的评价一直争论不休。20 世纪 60 年代周惠久先生对小能多冲进行了研究，提出了如下一些非常有价值的观点。

① 小能量多次冲击不同于一次大能量冲击，这两种冲击断裂过程不同，前者是较小能量多次冲击的损伤累积所导致的裂纹萌生和扩展过程，而后者却不存在损伤累积，只是一次冲击断裂。

② 多次冲击破损也是一个裂纹的萌生和扩展的过程，裂纹萌生的抗力主要取决于强度因素，而裂纹扩展的速率则取决于塑性因素。

③ 与静载荷比较起来多次冲击载荷下增加了加载速率和振动的影响以及变形体积的影响。多次冲击载荷下材料的缺口敏感度和静载荷下的有所不同，同时也与静疲劳载荷下的有所不同，而且也与静疲劳载荷下的缺口敏感度有所差异，这种不同与差异显然会随冲击能量大小和材料强度与塑性特征的变化而改变。

④ 除了能量负荷的特征外，多次冲击负荷的加载过程是一个包括时间因素在内的长期加载过程。在此冲击加载过程中金属材料有可能发生微观和超微观的组织变化，如内应力的重新分布、脱溶沉淀、扩散强化、机械强化等。当这些在冲击过程中所伴随产生的影响足够大时，或材料本身原来存在着晶粒粗大、过热、过烧、晶界脆化、回火脆性、低温脆化等不正常现象时，材料的多次冲击抗力将发生很大的变化。

著者[5]对硬质合金的小能多冲进行了研究，对含钴量不同的硬质合金一次大能量冲击试验发现，钴含量越高，a_K 值越高，而当采用 a_K 值的 0.8 倍、0.7 倍和 0.6 倍进行小能多冲试验时，钴含量越高，小能多冲的冲击次数越少（寿命越低）。试验说明了钴含量越高，损伤累积越多，即损伤敏感性越强，因此高钴合金在服役过程中必须选择更高的安全系数。

粉末合金由于存在较多的缺陷，在服役过程中，裂纹多处萌生、扩展，形成短裂纹，短裂纹相互连接，引起跳跃式扩展，后期的裂纹扩展速度快，特别容易引起瞬间断裂。采用小能多冲和静疲劳试验测定粉末冶金产品的损伤敏感性，往往对粉末合金的裂纹萌生、扩展和疲劳寿命评估有重要意义。

1.5　粉末冶金合金的界面工程

粉末冶金合金的颗粒边界与熔铸合金的晶界有所不同，粉末合金的部分晶界是由原始颗粒边界消失转换而成的，粉末越细，原始颗粒的边界越多。原始颗粒边界的消失是通过静态和动态的再结晶和扩散实现的，由于粉末本身存在氧化膜，颗粒界面有大量的弥散相，并且位错密度相当高，因此，通过变形、高温退火很难获得完全再结晶的组织，原始颗粒边界是一种缺陷的界面，有利于裂纹萌生与扩展，改造这种缺陷界面的工作称为界面工程，而对于粉末合金晶界进行设计和改造的工程称为晶界工程，两种紧密相连，不可分割。

对于粉末合金来说，二次颗粒边界（PPB）一旦形成很难在热处理和后续加工中完全消除，即使被破碎也会形成氧化物和碳化物夹杂，构成裂纹源，降低合金的性能和疲劳寿命。国内外学者在预防和消除原始颗粒边界方面进行了大量工作，Rao 等人[6]认为粉末中 C、O 含量高，容易形成原始颗粒边界，对粉末高温合金来说，调整化学成分，降低碳含量，加入

Hf、Ta、Nb 等强碳化物形成元素在颗粒内部形成 MC 碳化物，在粉末制备和热致密化过程中抑制和降低 PPB 的析出。对于铝、钛、镁等粉末合金来说，严格控制粉末氧含量，采用全封闭式的粉末制备和封装系统，减少粉末表面氧化物。选择原始颗粒边界充分再结晶工艺，消除和降低 PPB 也有利于降低裂纹萌生与扩展，或者采用有效破碎 PPB 的热变形工艺，也能降低裂纹的萌生与扩展，改善疲劳性能。

对于粉末合金的已改造界面和颗粒内部晶界，也可以实施晶界工程，如：①采用长时间等温处理，使晶粒尺寸增大、孪晶密度增加，特殊晶界（$\Sigma \leqslant 29$ 的 CSL 晶界）的体积分数增大，阻碍裂纹的扩展，降低速率；②控制固溶处理的冷却速度，进行超固溶退火（supersolvns anneal）和亚固溶退火（subsolvns anneal）形成锯齿状晶界；③控制晶界氧化脆性；④增加晶界强度等。

1.6 厚度效应对粉末合金疲劳特性的影响

Welbull 在 1949 年提出硬质合金的强度和疲劳寿命随着体积的增大而降低，其原因为：硬质合金体积越大，缺陷越多，越容易导致裂纹的萌生与扩展。Klünser 等发现当硬质合金的有效载荷体积从 $100mm^3$ 下降到 $10^{-8}mm^3$ 时，硬质合金的强度值从 2500MPa 增大到 6000MPa，他认为硬质合金与大多数粉末高强度材料一样，其强度受微孔、非金属夹杂物和微裂纹等粉末冶金缺陷制约，缺陷的种类、尺寸分布和空间分布取决于材料的化学成分和应用的生产制备技术。在该基础上提出了硬质合金的“体积效应”，即体积越大，缺陷越多，硬质合金使用寿命越短。

上述的学者基本都是在研究硬质合金工具尺寸在大幅度变化的情况下，工具的强度和寿命的关系。对于基础研究来说，这些结果也是非常有意义的，这个现象和晶须增强同属一个道理，但并不能说明体积增大工件的强度就会减小，寿命就会缩短。对于工程实际应用来说，尺寸在如此大的范围内变化对硬质合金工具的设计并没有实际的指导意义。在设计硬质合金工具和零部件的时候，除了满足基本使用性能之外，还需要想方设法提高工具的使用寿命。但是为了提高工具的强度和使用寿命，并不可能大幅度改变工具的尺寸，因为还要考虑成本、装夹等方面的影响。因此，当硬质合金试样尺寸在小范围内变化时，研究工具尺寸对寿命的影响，这对硬质合金工具的设计具有重要的意义。

著者[7]进行了一个实验，在一个矩形的硬质合金工件中，施加抗弯强度 80%大小的静态压力，受力面厚度 4.77mm，静疲劳寿命为 20h；当受力面厚度改为 5mm 时，其静态疲劳寿命为 130h，工件的静疲劳寿命增加了 5 倍之多。工件的受力面厚度增加，体积也跟着增加，而疲劳寿命增加的原因为：①硬质合金和粉末冶金合金一样具有静疲劳断裂模式，疲劳裂纹的萌生和扩展很多情况下取决于 K_{max}；②受力面厚度增加，裂纹尖端的塑性区减小；③粉末冶金缺陷多在表面和亚表面，厚度增加，表面和亚表面的缺陷增加得非常少；④厚度增加，静疲劳寿命大幅增加，裂纹萌生和裂纹扩展驱动力大幅度减小。

粉末冶金合金大多有静疲劳和冲击损伤累积问题。这种静疲劳产生的延时失效和小能冲击产生的损伤累积，包括环境腐蚀和蠕变扩展，控制参数均为 K_{max}，厚度效应可应用在这些领域中。

1.7 显微组织控制

粉末冶金的疲劳裂纹萌生、扩展及疲劳特性都可以通过显微组织来控制，通过显微组织的控制可以使粉末合金的疲劳性能达到甚至超过同成分的铸/锻材料，显微组织的控制可以通过制备工艺、热处理条件等来实现。如控制钛合金显微组织可以采用如下方法来改善钛合金的疲劳特性[8]：①BUS（broken up structure）处理又称为碎化组织法，该方法为合金在HIP之后对细化组织进行热处理，粉末致密化后的合金在β单相区域进行热处理（在1323K淬火之后在1088K回火86.4ks），得到切断的β相组织；并保持α-β两相组织，但得到的是细长、长宽比较大的α相组织。这种处理能够使合金高周疲劳强度大幅度提高，但是延展性较低。②TCP（thermo-chemical processing）处理又称为热化学法，该方法考虑对细化组织进行氢化处理。首先具有马氏体组织的钛合金在873K温度下、15%（质量分数）H_2下充氢生成氢化物，然后在1033K进行脱氢处理，得到微细晶粒组织。极低氯盐含量的Ti-6Al-4V合金粉末进行TCP处理后，其疲劳性能比BUS处理熔铸法钛合金的疲劳强度高。③日本金材研（NRIM）开发的新方法，粉末在真空烧结后，在β单相区淬火得到马氏体组织，再进行热等静压，由于工艺次序的变更得到微细β相和长宽比比较小的α相的两相组织。该方法的特点为：在真空烧结中存在的气孔对组织微细化起了重要的作用，气孔阻止了晶界的移动，淬火时得到微细的马氏体组织，这种工艺提高了钛合金的疲劳强度和延性。

热处理工艺是制备高性能粉末高温合金的关键技术，其热处理制度为固溶处理+时效处理。粉末高温合金是一种沉淀强化型合金，有序的γ′相［Ni_3(AlTiNb)］的含量和尺寸配比决定了强化的效果，γ′相沉淀特性又取决于固溶的温度、冷却速度和时效温度。在低于γ′相溶解温度进行固溶处理可以得到屈服强度高和疲劳性能好的细晶材料；在低于γ′相溶解温度进行固溶处理得到蠕变强度高和裂纹扩展速率低的粗晶材料。固溶冷却速度快的合金，时效析出的γ′相密度大。屈服强度高的粗晶材料，其低周疲劳寿命的蠕变强度得到改善，但冷却速度过快，容易淬裂。较慢的固溶冷却速度得到的γ′相尺寸增大，有利于锯齿状晶界的形成，阻碍裂纹沿晶扩展。另外，随着时效温度的升高，晶界碳化物析出量增加，裂纹扩展速率增大，但时效温度延长，细小的三次γ′析出相增加，对裂纹扩展速率影响不大。固溶后采用的淬火冷却方式包括炉冷、空冷、气淬、盐淬、油淬、水淬等。

1.8　调和结构对粉末合金疲劳性能的影响

所谓调和结构（harmonic structure）是晶粒粒径分布具有双峰分布的多相性特征的微观结构，这种结构由超微细晶粒至数微米程度的微细晶粒和具有数十微米的粗大晶粒组成，构成超细晶粒三元空间的连续性、周期性的网络结构。这种调和组织具有细晶的高强度和粗晶的高延性以及其他意想不到的特性，并且成为了粉末冶金的一种新的高性能材料的制备方法。飴山惠及其团队[9]在这个领域进行了大量的领先性的工作，他们采用机械研磨和放电等离子烧结对带有一个双峰结构（即由细晶网状结构包围粗晶结构）的Ti-6Al-4V合金的疲劳特性进行了评估。实验方法为：等离子旋转电极得到粉末（186μm）在行星球磨机中机械研磨，球料比为8∶1，转速1200r/min，球磨25h，球磨粉末和原始粉末混合在一起，进行放电等离子烧结成试样，原始粉末烧结试样具有高的抗拉强度和塑性。对原始粉末和调和结构粉末的烧结试样的四点弯曲疲劳性能进行了比较，在短寿命区（$N_f=1.3\times10^5$）原始粉末试样最大应力为717MPa，但在$N=10^7$次循环中并没有达到疲劳寿命的数据，而调和组织试样在最大应力664MPa和777MPa均达到了10^7次循环，调和组织试样表现出优异的四点弯曲疲劳性能。

从广义的角度来看，不同粒度和形状构成的三维连续结构，如粉末钛合金利用热处理工艺得到不同双态组织（如片状α相+细层片β相、微细β相+长宽比较小的α相等），这也可以说是一种提高裂纹扩展抗力或提高疲劳强度的调和结构。

参考文献

[1] 陈振华，陈鼎．现代粉末冶金原理．北京：化学工业出版社，2013.

[2] Sadananda K，Vasudevan A K，Kang I W. Acta Mater，2003，51：3399.

[3] Vasudevan A K，Sadananda K，Rajan K. Role of microstructures on the growth of long fatigue cracks. Int J Fatigue，1997，1：151.

[4] Zhai T，Wilkinson A J，Martin J W. A crystallographic mechanism for fatigue crack propagation through grain boundaries. Acta Mater，2000，48：4917.

[5] Li W，Chen Z H，Wang H P，et al. Small energy multi-impact and static fatigue properties of cemented carbides. Powder Metallurgy and Metal Ceramics，2016，55 (5-6)：312-318.

[6] Rao G A，Srinivas M，Sarma D S. Effect of oxygen content of powder on microstructure and mechanical properties of hot isotatically pressed superalloy Inconel 718. Materials Science and Engineering：A，2006，435：84-99.

[7] Chen D，Yao L，Chen Z H，et al. Investigation on the static fatigue mechanism and effect of specimen thickness on the static fatigue lifetime in WC-Co cemented carbides. Journal of Superhard Materials，2018，40 (2)：118-126.

[8] Eylon D，Vogt R G，Froes F H，et al. Progress in powder metallurgy：Vol42. Princeton：Metal Powder Industries Federation，1986.

[9] 太田美絵，飴山惠．粉末冶金の新しい可能性：調和組織制御法による高強度・高延性材料の創製．粉体および粉末冶金，2015，62 (6)：297-301.

第2章 粉末冶金铝合金的疲劳特性

20 世纪 70 年代快速凝固等技术的出现使得粉末冶金铝合金/铝基复合材料迅猛发展，出现了一系列高性能的粉末冶金铝合金/铝基复合材料，在航空航天等工业领域有着广泛的应用背景。与传统铝合金相比，粉末冶金铝合金的显微组织细化，偏析程度降低，固溶度大幅增加，使得合金成分的设计范围大幅扩展，材料的静态力学性能有了明显的提高，但是其疲劳性能却不尽如人意[1,2]。在实际应用中，这些工程构件大多处于循环载荷下，容易产生疲劳裂纹，引起疲劳破坏。目前，由于缺乏对粉末冶金铝合金疲劳性能的了解以及有关疲劳裂纹萌生与扩展机理系统的研究，严重制约了该种材料的结构设计和使用，因此研究其疲劳裂纹萌生、扩展和疲劳性能对于工程构件的安全设计具有十分重要的意义[3~5]。

2.1 铸造与变形铝合金的疲劳裂纹萌生与扩展简介

2.1.1 铸造铝合金的裂纹萌生与扩展

(1) 裂纹萌生[6]

裂纹萌生是材料在交变应力作用下的局部应变、局部损伤和最终开裂的过程，对于铸造铝合金、变形铝合金和粉末铝合金来说，其疲劳裂纹萌生机理既有相同之处也有各自特点。

Al-Si 系合金为应用最为广泛的铸造铝合金之一，一些学者[6~8]认为该合金有两种裂纹萌生机制：①共晶 Al-Si 合金之间界面为非共格界面，存在空位缺陷，在应力作用下，这些空位互相结合长大，导致了 Si 相和 Al 基体的界面分离；②在应力作用下大尺寸的 Si 相和富 Fe 的金属间化合物等脆性相优先断裂，在其邻近区形成裂纹源。Gall 等人[7,8]关于 A356 合金的研究表明在疲劳载荷作用下同时存在上述两种裂纹萌生机理。Mocellin 等人[9]研究了 $Al_{15}Si_3Fe$ 单向拉伸载荷作用下的断裂行为，发现基体中大尺寸的 Si 相首先发生断裂，在邻近区形成裂纹源。Stolarz 等人[10]的研究表明，在亚共晶 Al-Si 合金的低周疲劳断裂中，同时观察到两种裂纹的萌生方式，但是以第一种萌生方式为主。虽然裂纹萌生于最大 Si 颗粒的断裂处已经成为一种共识，但是 Si 颗粒的断裂与 Si 颗粒形状、分布和所处位置等因素有关。李建国等人[6]通过实验发现，位于 α-Al 二次枝晶臂之间的板、片状共晶体是材料最薄弱的区域。该区域尺寸较大的 Si 颗粒在冲击载荷的作用下首先发生断裂并形成裂纹源。Odegard 等人[11,12]研究直接水冷半连续铸造（DC cast）生产的 A356 无孔材料，发现不管是欠时效、峰值时效，还是过时效，疲劳裂纹都产生于邻近 Si 颗粒处的驻留滑移带，研究者因此提出了两种解释的机制：①由于 Al 和 Si 的冷热膨胀系数不同，在淬火处理过程中因变形不协调产生了应力场；②Al 和 Si 的杨氏模量不同，外加应力场在晶内 Si 颗粒区域产生了足够大的应力梯度，使裂纹沿驻留滑移带处产生。

铸造铝合金的裂纹萌生方式除受合金成分、微观组织等因素影响外，由铸造工艺产生的缺陷也是影响裂纹萌生方式的主要因素。在铸造过程中不可避免地产生孔隙、氧化物夹杂等铸造缺陷，这些缺陷也是裂纹萌生的区域。很多学者研究了铸造缺陷对裂纹萌生行为的影响[13,14]。Campbell 等人[15]认为在熔体浇铸过程中氧化膜破碎、折叠后形成双层膜（bifilm，一种带有气体和夹杂物的两层膜）缺陷，许多双层膜聚集在一起形成缺陷网络，并且双层膜的两层膜间的孔隙会导致铸件不连续，其形状不规则性还会引起应力集中，成为裂纹源。氧化夹杂除双层膜之外，还有新旧 Al_2O_3、MgO、SrO 等；氧化夹杂的存在会导致铝液中氢含量增加，促进微孔和气孔合成，使孔隙率和孔隙尺寸增加[16,17]。Ammar 等人[17]对 LPPM319-F、A356-T6、C345-T6、AE425、PM390 等材料在低温及 300℃下的高温疲劳试验表明，有 90%的裂纹源萌生于近表面的孔隙。疲劳裂纹的萌生概率与孔隙的数量、形状、大小、位置有密切关系[18~20]。疲劳裂纹通常萌生在表面和近表面的缺陷区，优先萌生在表面和近表面的孔隙和枝晶间孔隙，裂纹易在具有尖锐曲率半径的缩孔处萌生。当孔隙的尺寸大于临界尺寸时，裂纹可以在单一大孔隙处萌生；当孔隙尺寸较小、数量较多，并且呈现海绵态分布时，裂纹仍然可以在这些区域萌生。Wang 等人[21]对 A356-T6 材料的研究结果表明，当应力比为 0.1～0.2，应力幅在 70～100 MPa，SDASC（二次枝晶间距）在 20～25μm 或 70～75μm 时，孔隙的裂纹萌生临界尺寸为 25μm，而氧化物裂纹萌生的临界尺寸为 50μm，氧化物尺寸增大所造成的疲劳寿命的降低速率比孔隙（气孔和缩孔）尺寸增大所造成的要慢。虽然孔隙对裂纹萌生的影响最大，但铸造材料的孔隙一般都分布在晶粒和二次枝晶边界处，只有很少尺寸较小的孔隙出现在晶粒内部，这种孔隙对裂纹的萌生和扩展影响不大。另外，减少夹杂物和孔隙的尺寸比降低孔隙和夹杂物含量更有效，一些学者通过统计方法建立了材料疲劳寿命的对数值与断口表面夹杂物、孔隙面积分布的关系，用以控制疲劳裂纹的萌生与扩展。

（2）裂纹扩展

亚共晶 Al-Si 合金的断裂失效过程可分为三个步骤：①裂纹的萌生，在低塑性应变下，共晶 Si 相发生断裂或与周围 Al 基体界面发生分离形成裂纹源；②裂纹的扩展，邻近已经发生断裂的 Si 相通过其周围 α-Al 基体的塑性变形互相连接起来，形成短裂纹；③材料的破坏，短裂纹互相接合形成长裂纹，长裂纹沿着材料中的薄弱区域传播并导致材料的破坏。对于裂纹传播路径，很多研究者提出了各自的看法[22]。Mocellin[9]的研究表明，$Al_{15}Si_3Fe$ 合金中裂纹沿晶界传播。Wang[22]和 Caceres[23,24]的研究发现，对于枝晶尺寸较大的材料断裂模式为穿晶断裂，而当枝晶尺寸变小时转变为沿晶断裂。Frederick[25]和 Voigt[26]等人研究了 Al-Si-Mg 铸造合金裂纹传播路径，发现裂纹为穿晶断裂。Fat-Halla[27]发现快冷的 Sr 变质的 A356 合金的裂纹沿晶断裂，而慢冷的样品出现了穿晶断裂的倾向。李建国等人[6]研究表明，A356 铸造合金在冲击载荷作用下，裂纹源形成后，随着塑性变形的继续，更多位于薄弱共晶体中的 Si 颗粒发生断裂，邻近的裂纹源通过 Al 基体的剪切变形相互连接形成短裂纹，其短裂纹继续沿着二次枝晶臂之间的共晶组织进行传播，并导致材料的破坏。在裂纹传播过程中，当裂纹尖端和枝晶与枝晶间体积较大的共晶组织相遇时，后者对裂纹有一定阻碍作用，只有当外加载荷超过一定临界值时，裂纹才能穿过这种共晶组织。相反，在枝晶与枝晶间体积较大的共晶组织上较难形成裂纹源，即使形成了裂纹源，也不易扩展，而且在变形初期，裂纹源也难以穿透这些共晶组织并在其中传播。D. F. Mo 等人[28]研究了 A356 铸造铝合金低周疲劳裂纹扩展行为，发现主裂纹沿铸造孔隙、Si 颗粒断裂下来的裂纹聚集区扩展，裂纹扩展速率可以用疲劳断口上留下的疲劳条纹的宽度来表示。观察结果表明：当主裂纹扩展到这些区域时，可以在一两个周次内快速越过这些区域，在 Al 基体区留下光滑的滑移面。当主裂纹前沿孔隙等缺陷分布较密集时，这些区域对裂纹的扩展几乎没有阻碍作用，并且为长裂纹扩展提供了择优扩展的路径。Gerard 等人[29]认为孔隙含量的影响在短裂纹扩展阶段与裂纹萌生阶段不一样，由于孔隙周围基体金属易产生塑性变形，致使短裂纹扩展加速，当裂纹远离了孔隙后，裂纹扩展速率又会下降。对于孔隙含量低，且较分散的材料，裂纹绝大部分时间是在远离孔隙的情况下扩展，因此孔隙对短裂纹扩展影响较小，但对相互连接的裂纹影响较大。铸造孔隙通常分布在晶界处，初期短裂纹的扩展是沿晶界扩展。Gungor 等人[30]研究了 Al-Mg-Si 铸态铝合金的短裂纹扩展行为，发现萌生于表面缺陷的短裂纹在扩展初期速率下降，这与初始缺陷引起的应力集中有关；而萌生于光滑表面的试样则无规律，这是因为短裂纹还受夹杂、晶粒取向等因素的影响。晶粒取向对短裂纹的影响较复杂，它可以增加或降低裂纹扩展速率甚至使其停止[31]。

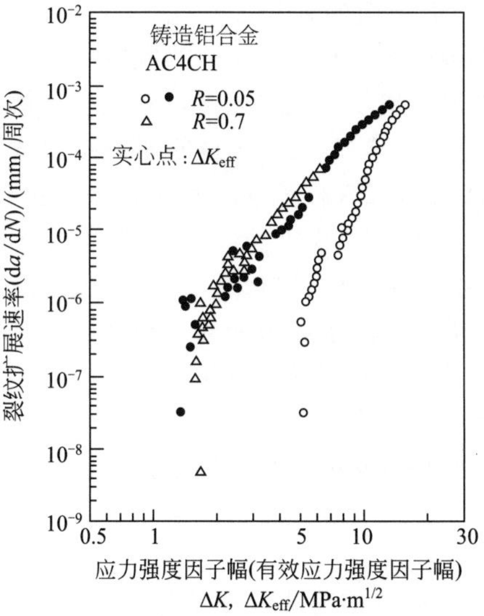

图 2-1 长裂纹扩展速率和应力强度因子幅（有效应力强度因子幅）之间的关系[32]

（3）几种典型铸造铝合金的裂纹萌生与扩展

戸梶惠郎等人[32]研究了铸造铝合金 AC4CH 的疲劳裂纹萌生与扩展，短裂纹生长和应力比的关系。AC4CH 的化学成分（质量分数/%）：Si 为 6.67，Mg 为 0.36，Fe 为 0.07，Ti 为 0.13 和 Sn 为 0.1。经 530℃/6h 固溶处理，160℃/6h 时效处理（T6）后，试样抗拉强度为 298MPa，屈服强度为 235MPa，伸长率为 7%。如前所述，铸造铝合金疲劳裂纹萌生源一般都位于铸造缺陷、共晶 Si 粒子、Al 基体、共晶 Si 粒子和基体的界面上。而 AC4CH 裂纹萌生场所主要为铸造孔隙和 Sb 偏析处，约有 90%的裂纹都萌生在 Sb 偏析区，这种区域称为 Sb 偏析缺陷。通常为了细化铝合金共晶 Si 的粒子，多采用 Na、Sn、Sb 等元素，有报道 Na、Sn 会引起气孔型缺陷[33]，而加入 Sb 还会引起偏析的缺陷。偏析 Sb 为扁平形状，比铸造气孔更容易产生应力集中。图 2-1 给出了长裂纹扩展速率 da/dN 和应力强度因子幅 ΔK、有效应力强度因子幅 ΔK_{eff}的关系，并给出了不同应力比 R 对 da/dN-ΔK（ΔK_{eff}）曲线的影响。从图中可以看出应力比对裂纹扩展有较大的影响，在整个 ΔK 区域，当 $R=0.05$ 时，在同一 ΔK 值下，其裂纹扩展速率明显低于 $R=0.7$ 时的裂纹扩展速率，当 $R=0.05$ 时的裂纹扩展门槛值 ΔK_{th}为 $5\text{MPa}\cdot\text{m}^{1/2}$，明显大于 $R=0.7$ 时的裂纹扩展门槛值 $1.7\text{MPa}\cdot\text{m}^{1/2}$。根据裂纹开口位移的测定结果，$R=0.05$ 时的 R 对 da/dN-ΔK_{eff}关系和 $R=0.7$ 时的 R 对 da/dN-ΔK 关系一致，可以认为 $R=0.05$ 时的低的裂纹扩展速率是裂纹

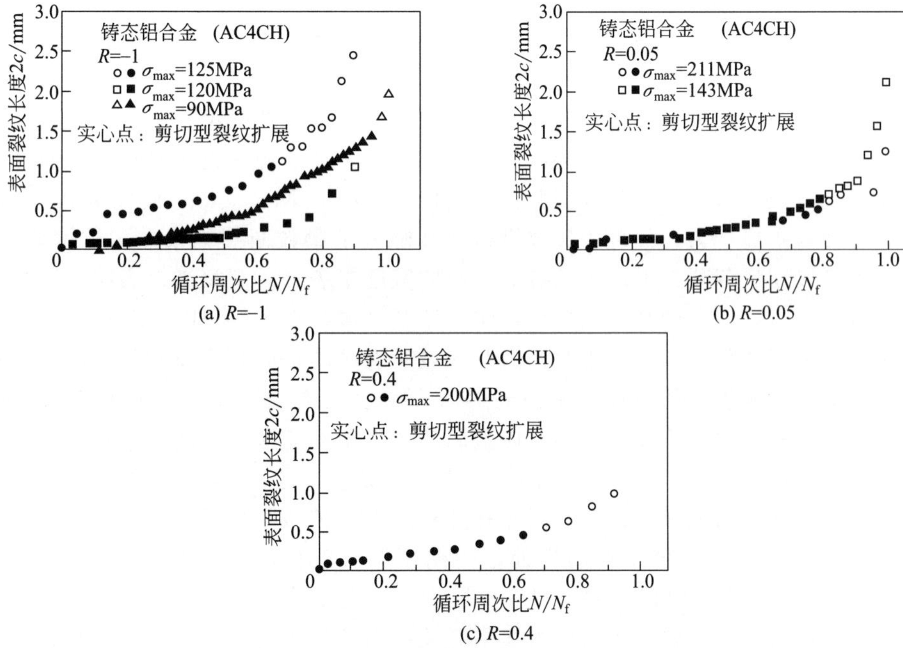

图 2-2 表面裂纹长度和循环周次比之间的关系[32]

闭口的原因。图 2-2 给出了表面裂纹全长 $2c$ 和循环周次 N/疲劳寿命周次 N_f的关系，由于裂纹极早就萌生，N_f实际上是表面短裂纹生长寿命，当应力比 $R=-1$、0.05 和 0.4 时，N/N_f分别为 95%、80%和 65%，该数据对合金的疲劳寿命或剩余寿命的预测极为重要。图 2-3 给出了短裂纹扩展速率 da/dN 与应力强度因子幅 ΔK 的关系，并附有长裂纹的扩展图。假定裂纹深度为 a，深长比 $a/c=1$，并且 $R=-1$ 时，$\Delta K=\Delta K_{max}$。图中结果表明，在不考虑应力比和加载应力大小的影响时，在同一 ΔK 值下，短裂纹扩展速率比长裂纹扩展速率要快（比较参照图 2-1），并且在 ΔK_{th}以下裂纹也有扩展。当 $R=-1$ 时，载荷在 $\sigma_{max}=$ 125MPa 和 120MPa 时在同一 ΔK_{eff}值下，短裂纹扩展速率大于长裂纹的扩展速率，当荷载为 $\sigma_{max}=90$MPa 时，初期短裂纹的扩展速率大于长裂纹的扩展速率，伴随着裂纹扩展。两者在同一 ΔK_{eff}值下，扩展速率渐渐接近［图 2-3(a)］，当 $R=0.05$［图 2-3(b)］和 $R=0.4$［图 2-3(c)］时，短裂纹生长行为和 $R=-1$、$\sigma_{max}=90$MPa 时情况相同。图 2-3结果表明，短裂纹扩展行为 da/dN-ΔK 和长裂纹扩展行为 da/dN-ΔK_{eff}是一致的，与应力比没有依存关系，其 ΔK 值约为 2～3MPa・$m^{1/2}$，这个 ΔK 阈值称之为 ΔK_m，当 $\Delta K>\Delta K_m$时，短裂

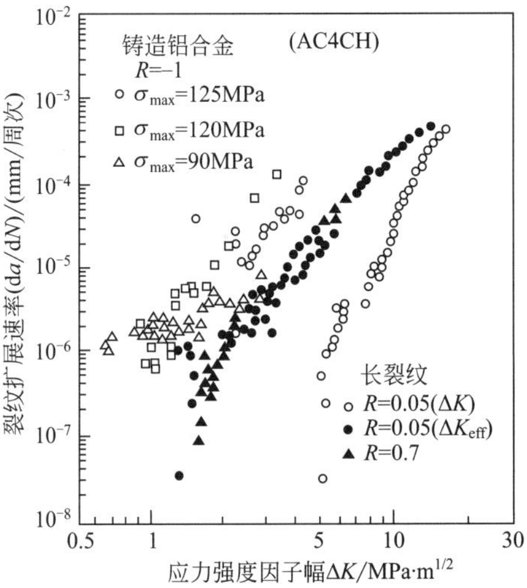

(a) $R=-1$

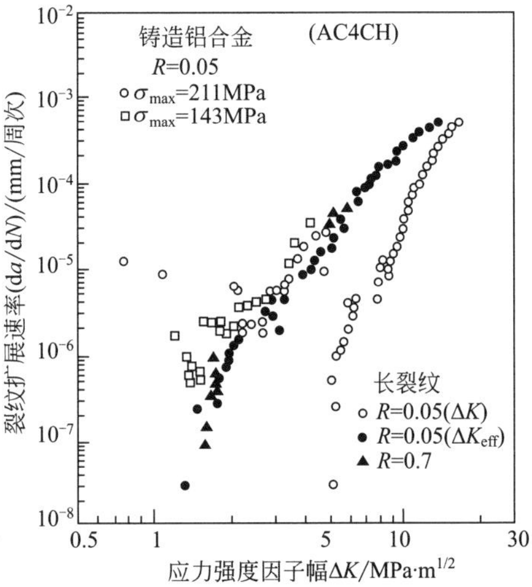

(b) $R=0.05$

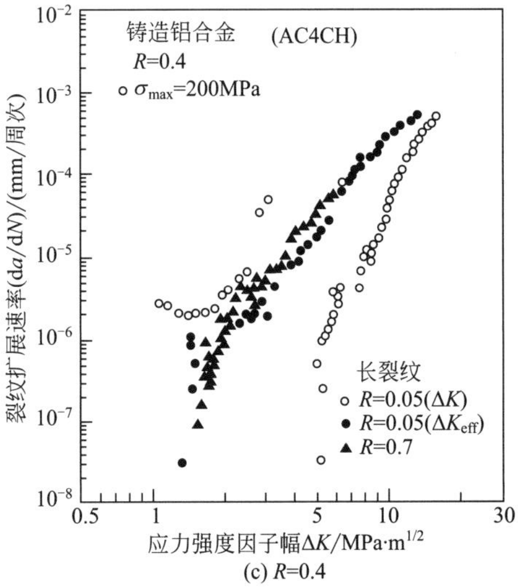

(c) $R=0.4$

图 2-3　短裂纹扩展速率和应力强度因子幅之间的关系[32]

纹不产生闭合效应，即短裂纹的扩展行为可以用长裂纹的 da/dN-ΔK_{eff}关系来评价。另外当 $\Delta K<\Delta K_m$时，短裂纹扩展加速。表 2-1 给出了短裂纹扩展时表面裂纹长度 $2c_m$和应力强度因子幅 ΔK_m、应力比 R 和最大应力荷载值σ_{max}之间的关系，当 $\Delta K_m=2\sim3$ MPa·m$^{1/2}$时，短裂纹的 da/dN-ΔK 关系和长裂纹 da/dN-ΔK_{eff}关系一致，而当 $R=-1$、$\sigma_{max}=125$MPa 和 100MPa 时短裂纹的 da/dN-ΔK 关系由于裂纹的干涉，大体与长裂纹的 da/dN-ΔK_{eff}关系一致。

图 2-4 给出了 AC4CH 合金裂纹萌生和短裂纹的扩展模式，如图所示，疲劳裂纹萌生在铸造气孔和 Sb 偏析缺陷中，表面裂纹长度 $2c$ 达到 $2c_m$表示为剪切型的裂纹扩展，$2c_m$值对应力比有明显的依存性，在这个区域内，在同一 ΔK 值和同一 ΔK_{eff}值下短裂纹的扩展速率比长裂纹的扩展速率要大。只有在与应力比没有依存关系的 ΔK_m下，其短裂纹扩展速率 da/dN 与 ΔK 的关系和长裂纹的扩展速率 da/dN 与 ΔK_{eff}关系一致。但是随着裂纹深度不同，裂纹的扩展机制不同。第一阶段即裂纹扩展 $2c_m$后，ΔK_m值从剪切型的第一阶段变为拉伸型的第二阶段，短裂纹扩展速率在同一 ΔK 值下依然比长裂纹的扩展速率要大，但这种加速会引起裂纹的闭合效应。另外，研究者还研究了应力比对 AC4CH 合金 S-N 曲线的影响，如图 2-5 所示，采用σ_{max}（最大应力）-N_f曲线，应力比越高，σ_{max}越小［图 2-5（a）］，采用σ_a（应力幅)-N_f曲线，则应力比越小，σ_a越大［图 2-5（b）］。

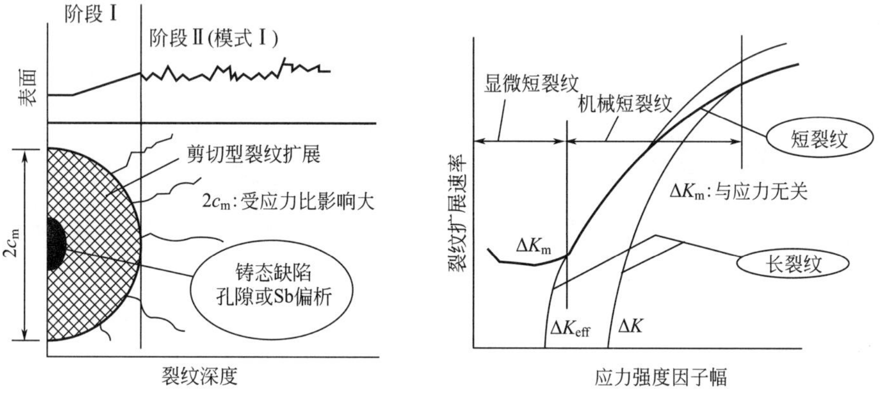

图 2-4　AC4CH 合金疲劳裂纹萌生和短裂纹的扩展行为[32]

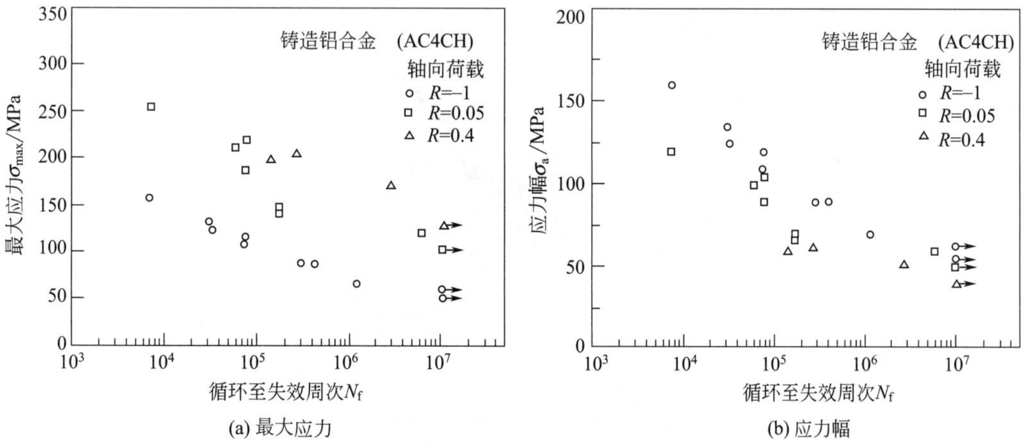

图 2-5　最大应力和应力幅的 S-N 曲线[32]

表 2-1　短裂纹扩展时的裂纹尺寸($2c_m$)与应力强度因子幅(ΔK_m)、应力比(R)、最大应力载荷值(σ_{max})的关系[32]

应力比 R	−1			0.05		0.4
σ_{max}/MPa	125	120	90	211	143	200
$2c_m$/μm	1120	1000	1480	590	640	500
ΔK_m/MPa·$m^{1/2}$	3.2	3.5	2.9	4	2.9	2.2

植松美彦等人[34]研究了 AC4CH 的疲劳行为，在室温下，不考虑加载应力大小，裂纹萌生源都在表面和亚表面（表面下 70～200μm）区域的铸造缺陷中（图 2-6）。在 150℃下，裂纹萌生源大部分仍在铸造缺陷内［图 2-7(a)］，但有些萌生源附近有平坦断面，表明由滑移面萌生的裂纹增加［图 2-7(b)］。在 250℃下，仍有铸造缺陷产生的裂纹萌生源[图 2-8（a)］，但由滑移面萌生的裂纹数量进一步增加［图 2-8(b)］。如图 2-9 所示，实心符号为铸造缺陷的裂纹萌生源，空心符号

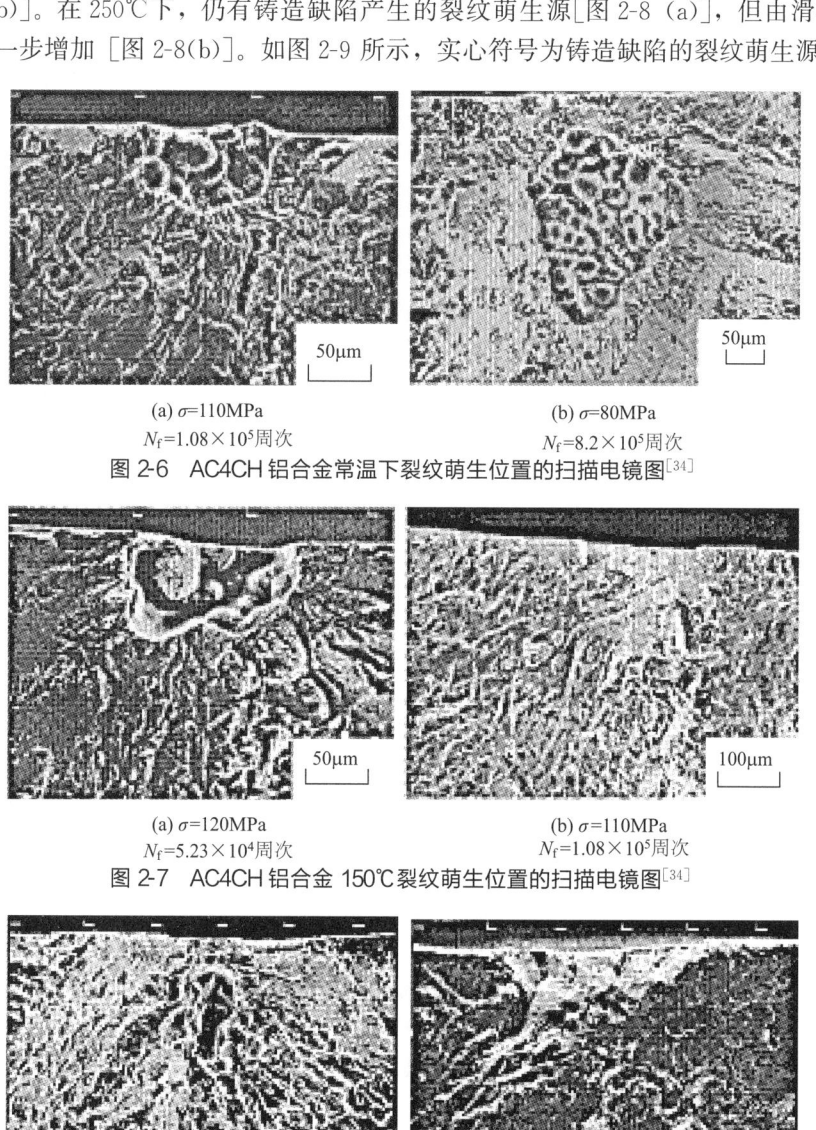

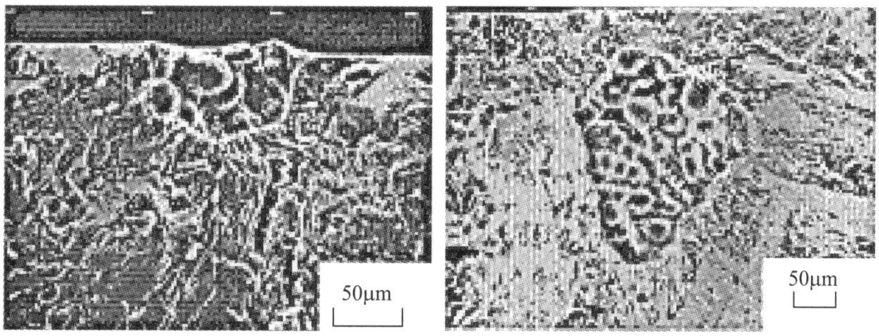

(a) σ=110MPa　N_f=1.08×10⁵周次　　(b) σ=80MPa　N_f=8.2×10⁵周次

图 2-6　AC4CH 铝合金常温下裂纹萌生位置的扫描电镜图[34]

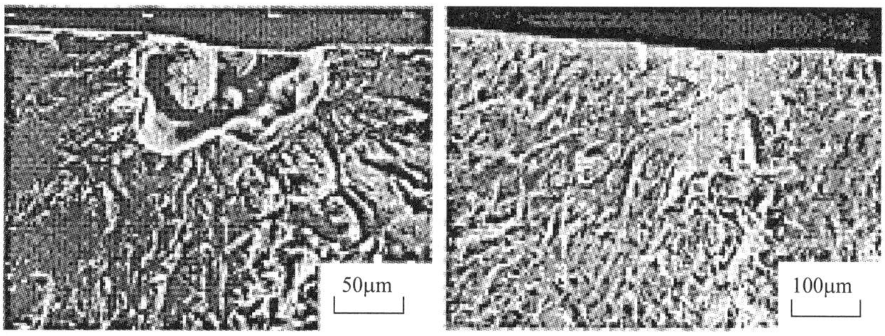

(a) σ=120MPa　N_f=5.23×10⁴周次　　(b) σ=110MPa　N_f=1.08×10⁵周次

图 2-7　AC4CH 铝合金 150℃裂纹萌生位置的扫描电镜图[34]

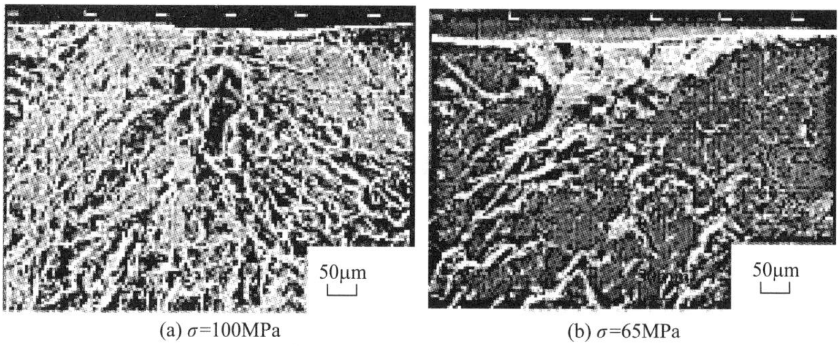

(a) σ=100MPa　N_f=3.95×10³周次　　(b) σ=65MPa　N_f=9.4×10⁴周次

图 2-8　AC4CH 铝合金 250℃裂纹萌生位置的扫描电镜图[34]

为滑移引起的裂纹萌生源，在 250℃仍然有铸造缺陷裂纹萌生源。铸造缺陷萌生裂纹和滑移引起裂纹各占一半。图 2-10 为疲劳裂纹行为扩展图，如图所示，其短裂纹扩展行为为室温下短裂纹沿垂直加载轴进行扩展；在 150℃下，由滑移引起的裂纹通过合并形成主裂纹，裂纹弯曲扩展；而在 250℃，短裂纹数目明显增多，裂纹由短裂纹形成主裂纹，反复合并，主裂纹弯曲。在室温下裂纹在枝晶尺寸较大时，穿过枝晶扩展；在 150℃下多数情况下为穿过枝晶扩展；在 250℃时，除滑移产生裂纹外，短裂纹沿着共晶 Si 边界萌生，扩展方向为沿着枝晶边界扩展和穿过枝晶扩展。图 2-11 给出了表面裂纹长度 $2c$ 和循环周次 N 的关系，从图中可以看出，短裂纹的成长过程几乎等于疲劳寿命。图2-12（a)给出了 AC4CH 铝合金在不同温度下裂纹扩展速率 da/dN 与最大应力强度因子 K_{max}的关系，图 2-12（b）给出了 AC4CH 铝合金在不同温度下裂纹扩展速率 da/dN 与 K_{max}/E 的关系。图中结果表明，短裂纹的扩展速率，在同一 K_{max}值下随温度上升，其扩展速率增大；通过 K_{max}除以该温度下的弹性模量进行归一化处理，室温和 150℃裂纹扩展速率相同，250℃时裂纹扩展速率仍然大。图 2-13 给出了疲强比 σ/σ_B和疲劳循环周次 N_f的关系。疲强比大代表疲劳强度高，在高应力区域各个实验温度的结果基本一致，而在低应力区域，250℃时具有低的疲劳强度。

周敬恩与冉广[35]研究了 A356 铸造铝合金疲劳裂纹萌生及短裂纹的扩展行为。他们采用三点弯曲疲劳试验，并利用复型法和间接直流电位法研究了不同缺口形状的热等静压和非热

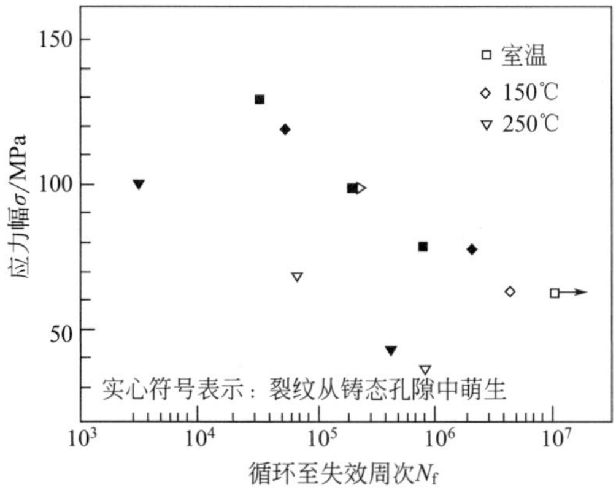

图 2-9 AC4CH 铝合金在不同温度下的 S-N 曲线[34]

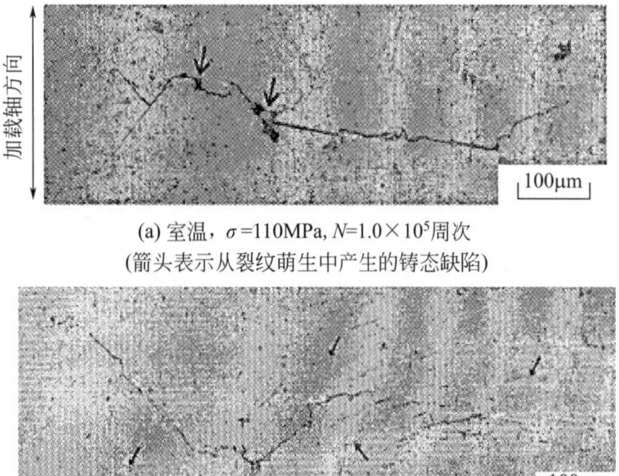

(a) 室温，σ=110MPa, N=1.0×10⁵周次
(箭头表示从裂纹萌生中产生的铸态缺陷)

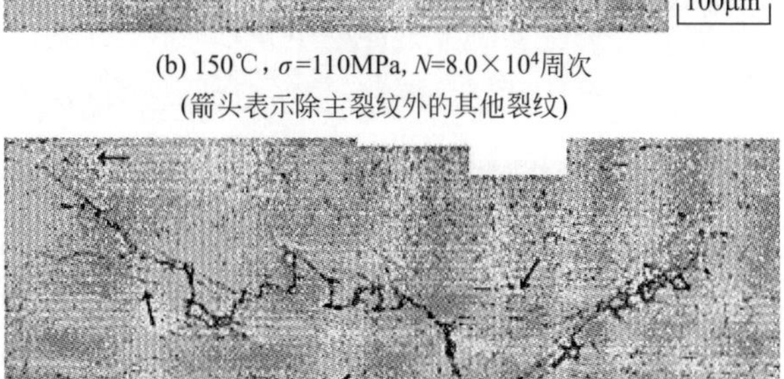

(b) 150℃，σ=110MPa, N=8.0×10⁴周次
(箭头表示除主裂纹外的其他裂纹)

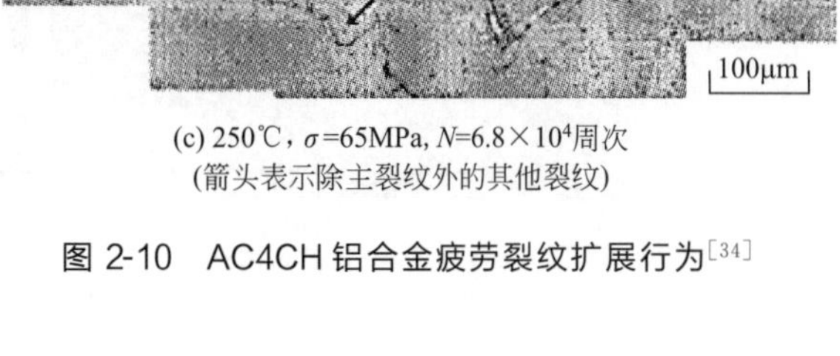

(c) 250℃，σ=65MPa, N=6.8×10⁴周次
(箭头表示除主裂纹外的其他裂纹)

图 2-10 AC4CH 铝合金疲劳裂纹扩展行为[34]

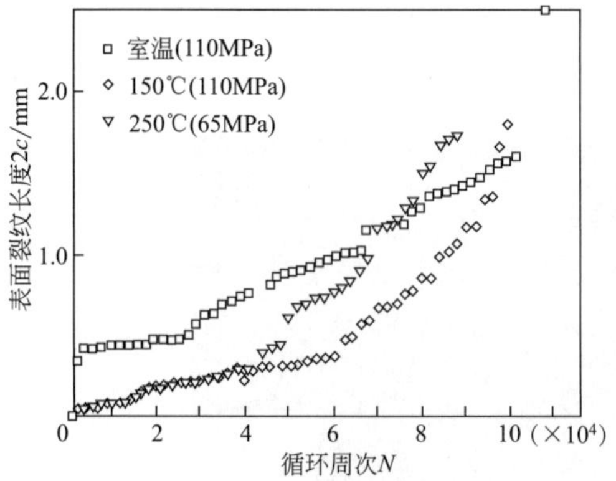

图 2-11 AC4CH 铝合金表面裂纹长度 $2c$ 与 N 之间的关系[34]

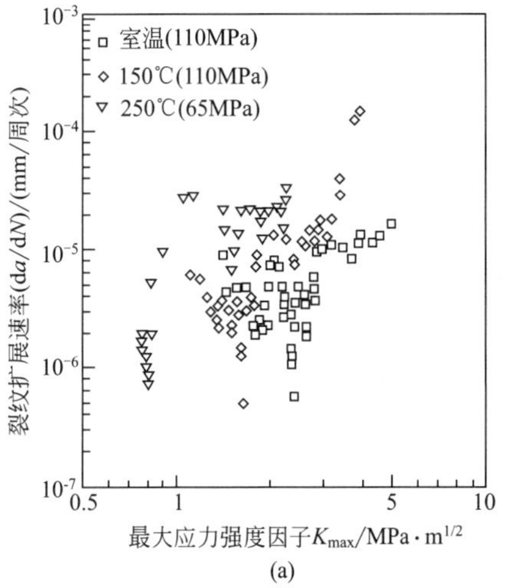

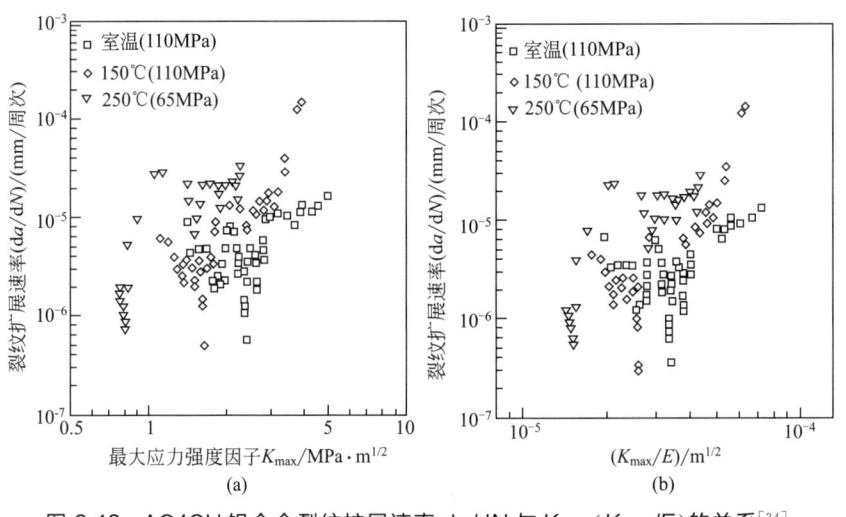

图 2-12　AC4CH 铝合金裂纹扩展速率 da/dN 与 K_{max}（K_{max}/E）的关系[34]

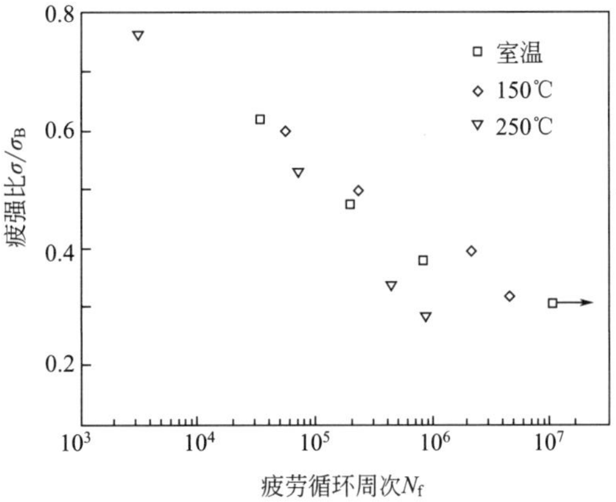

图 2-13　AC4CH 铝合金疲强比对应的 S-N 曲线[34]

等静压试样的疲劳裂纹萌生与扩展行为，得到以下结论。

① 热等静压试样的疲劳抗力优于非热等静压试样。对于典型缺口试样，疲劳裂纹萌生于缺口根部附近的多个平面，最终哪个裂纹源扩展成主裂纹则主要取决于试样局部的微观组织。对于缺口几何形状不同的疲劳试样，在疲劳过程中，在高应力状态下和在低应力状态都同时出现了 Al 基体的循环塑性变形和共晶 Si 粒子断裂导致的疲劳裂纹萌生。对于非热等静压试样，铸造缩孔在构件的疲劳过程中起着重要作用。但试验中不仅在缺口根部观察到了导致疲劳裂纹萌生的较大尺度的铸造缩孔，还同时发现裂纹从共晶 Si 粒子、金属间化合物、Al 基体的滑移带和 Al 基金属间化合物等处萌生（图 2-14）。

② A356-T6 铸造铝合金的疲劳裂纹萌生行为可以用 ΔK_n、$\Delta\sigma$ 和 $\Delta\varepsilon$ 表征。

热等静压 A356-T6 铝合金：

$N_i=1.8\times10^{12}(\Delta K_n)^{-8.79}$

$N_i=8.76\times10^{21}(\Delta\sigma)^{-7.02}$

$N_i=3.39\times10^{-22}(\Delta\varepsilon/2)^{-9.52}$

非热等静压 A356-T6 铝合金：

$N_i=9.58\times10^{11}(\Delta K_n)^{-8.68}$

$N_i=2.04\times10^{27}(\Delta\sigma)^{-9.42}$

$N_i=2.7\times10^{-21}(\Delta\varepsilon/2)^{-8.76}$

③ A356-T6 铸造铝合金缺口短裂纹扩展行为，可以用有效应力强度因子幅 ΔK_{neff} 和 ΔJ_s 积分表征（图 2-15 和图 2-16）。

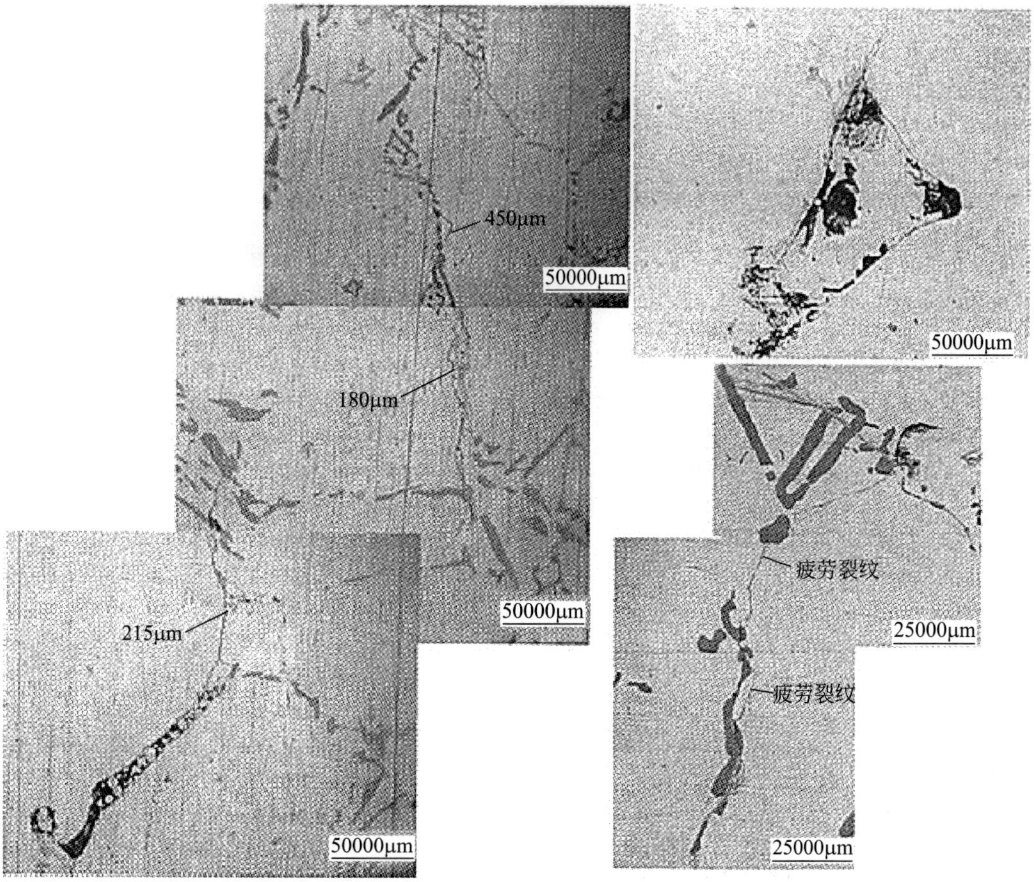

(a) 疲劳裂纹从铸造缩孔与共晶Si粒子处萌生　　(b, c) 疲劳裂纹从共晶Si粒子处萌生

图 2-14　非等静压 A356-T6 铸造铝合金疲劳裂纹萌生[35]

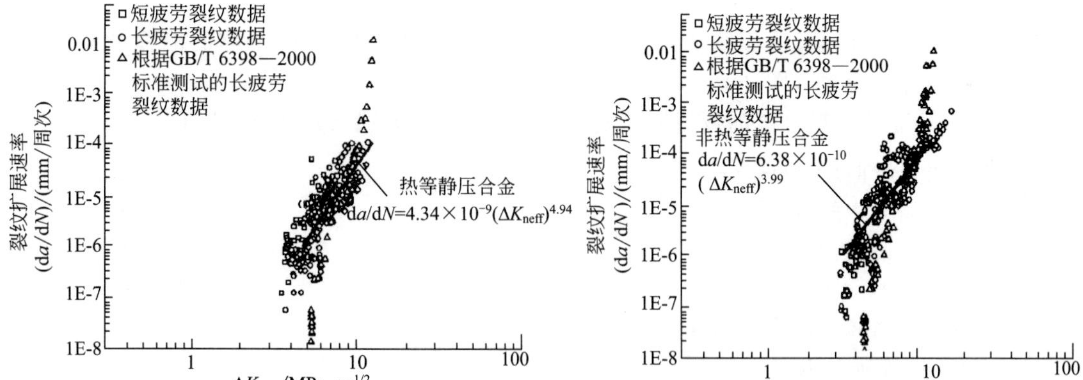

图 2-15　A356-T6 铸造铝合金疲劳裂纹扩展速率与有效应力强度因子幅 ΔK_{neff} 的关系[35]

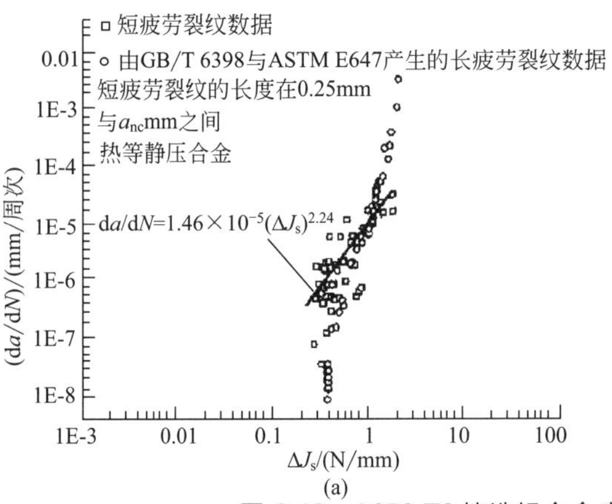

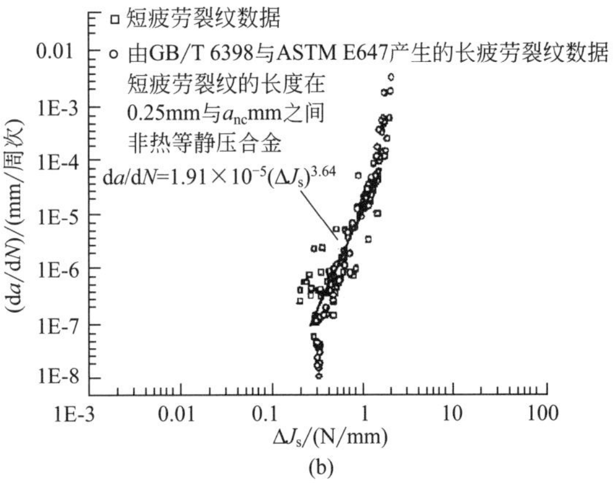

图 2-16　A356-T6 铸造铝合金疲劳裂纹扩展速率与 ΔJ_s 的关系[35]

热等静压 A356-T6 铝合金：

$$da/dN=4.34\times10^{-9}(\Delta K_{neff})^{4.94}$$

$$da/dN=1.46\times10^{-5}(\Delta J_s)^{2.24}$$

非热等静压 A356-T6 铝合金：

$$da/dN=6.38\times10^{-10}(\Delta K_{neff})^{3.99}$$

$$da/dN=1.91\times10^{-5}(\Delta J_s)^{3.64}$$

综上所述，Si 颗粒，孔隙，氧化夹杂的大小、形状、分布和所处位置，晶粒大小，析出相形状、大小和分布，二次枝晶臂的间距（SDAS）等对铸造铝合金的裂纹萌生和扩展有重要影响。同样，裂纹的萌生、短裂纹和裂纹的扩展，也受到疲劳过程的力学因素和环境因素的影响。使用变质处理、适当提高冷却速度、采用新的铸造工艺，能够减小 Si 颗粒、孔隙、氧化夹杂和 SDAS 的尺寸，改变其形状和分布，提高其疲劳性能。研究材料的微观结构对疲劳裂纹萌生和扩展行为的作用，了解在疲劳过程中力学因素和环境因素对材料疲劳性能的影响，有利于材料在工程中的正确使用。

2.1.2　变形铝合金的裂纹萌生与扩展

（1）裂纹萌生

有关变形铝合金的裂纹萌生很早就有学者进行了研究，并且对萌生机制有不同看法。Hunter 等人（1954）研究了退火态的 99.5%Al（原子分数）、2024-T3 和 7075-T6 铝合金的疲劳裂纹起源问题。对于纯 Al 来说，一开始就观察到滑移带，随着循环次数的增加，这些滑移带愈加明显，而且数目也不断增加，最后在变形带的边缘形成疲劳裂纹，裂纹逐渐扩展，并与相邻晶粒中的裂纹连接，从而形成破断性的长裂纹。而在 2024-T3 和 7075-T6 中，没有观察到这种普遍性裂纹的形成过程。但是 2024-T3 和 7075-T6 中的滑移带与纯 Al 的滑移带相比更加集中，所以裂纹也应该在滑移带形成。Hunter 等人指出第二相粒子并非疲劳裂纹源的萌生源。常常观察到裂纹呈曲折形状出现在第二相粒子周围，如果在第二相粒子处存在孔隙或缺口，那么这些孔隙或缺口处往往成为疲劳裂纹源的萌生源，扩展的裂纹也常常穿过孔隙进行连接。Grosskreutz（1969）认为，疲劳裂纹源是在基体与第二相粒子之间的界面区。由于界面不连续而成核，疲劳裂纹都起源在没有滑移线密集区域的第二相粒子附近，加工过程中开裂的夹杂物对疲劳裂纹的萌生也不起作用。该研究虽然当时并没有提供使人信服的证据，但较粗大的组元粒子更容易促使疲劳裂纹形成还是得到了承认。

Kung等人[36]研究了2024-T4和2124-T4铝合金中疲劳裂纹的起源和短裂纹的扩展行为，得出如下结论：①在室温时效后的2024-T_4和2124-T_4中，析出大量的GP区，其间距很近，在塑性流动时，位错切割第二相粒子，产生粗大滑移带，滑移线高度集中。2024-T4在高应力作用下和2124-T4在所有应力作用下，疲劳裂纹均起源于粗大的滑移带；在低应力下，2024-T4中的95%疲劳裂纹萌生于含有从第二相粒子放射出的粗大滑移线的基体。②第二相粒子S相（Al_2CuMg）和β相（Al_7CuFe）开裂而引起疲劳裂纹的概率与第二相粒子的尺寸有关。当粒子尺寸较大时概率比较高，当粒子小于6μm时，概率随粒子尺寸减小而迅速下降，当粒子尺寸为2μm时，概率则非常小。③在高应力水平下，2124-T_4合金疲劳裂纹萌生的速度比2024-T_4合金要快；在接近疲劳强度的低应力下，2124-T_4合金有较大的疲劳裂纹萌生门槛值，其主要原因是2124-T_4合金中第二相粒子含量要少得多（$<1/10$）；并且在低应力下，在2124-T_4合金中，只有50%的疲劳裂纹萌生在第二相粒子附近，其余裂纹萌生在滑移线，而不与第二相粒子相交。Li等人[37]研究了2026合金的疲劳裂纹萌生位置，发现裂纹萌生与粗大的第二相有关，其中含Fe的第二相粒子（特别是已经开裂的粒子）可以作为裂纹萌生的有效位置。郑子樵等人[38]研究了2524-T34合金疲劳裂纹的萌生位置问题，该合金主要的裂纹萌生位置为：①含Fe、Mn的Al_7Cu_2(Fe，Mn）杂质相开裂处；②未溶解的过剩相［可能是θ(Al_2Cu)相和S(Al_2CuMn）相］开裂处；③第二相粒子与基体的界面开裂处，说明这些粒子本身不容易开裂；④团簇状的粒子间开裂处；⑤沿着晶界开裂处，但相对于与粒子有关的裂纹萌生而言，沿着晶界萌生裂纹比较少。在随后的疲劳循环过程中，这些不同位置萌生的裂纹不会同时生长，只有少数裂纹会成长为长裂纹。Patton等人[39]研究了7010合金疲劳裂纹萌生问题，发现大部分的裂纹在Al_7Cu_2Fe和Mg_2Si粒子处萌生，同时发现开裂的第二相粒子统计性地分布在具有旋转立方织构的晶粒内。蹇海根等人[40]研究了7B04合金T7451状态下的疲劳断口，发现合金疲劳断口可明显划分为疲劳裂纹源区、裂纹稳定扩展区及瞬断区三个区域，疲劳裂纹从材料夹杂物［大小约为(7～10)μm×(11～14)μm的富Fe脆性金属间化合物粒子］处萌生，在样品表面或近表面区域形成后呈放射状扩展，瞬断区的断口形貌跟静载断裂相似，形成不平坦的粗糙表面。

Payne等人[41]采用扫描电镜原位观察了7075-T651合金缺口试样的疲劳裂纹的演化过程，实验结果表明，第二相粒子是唯一的裂纹萌生源，而且裂纹均在含Fe粒子处萌生。Xue等人[42]研究了7075-T651厚板的疲劳裂纹萌生位置，发现尺寸为（4～8）μm×(8～12)μm的含Fe粒子是主要的裂纹萌生位置。

实际上，高强铝合金裂纹萌生位置是一个比较复杂的问题，裂纹萌生位置不仅与第二相粗大粒子尺寸或者粗化的位置有关，还与缺口尖端的应力分布，晶粒大小，第二相粒子的成分、尺寸、分布等多种因素有关。

铝锂合金在各应力水平的疲劳裂纹萌生寿命均低于普通铝合金，其裂纹萌生可在（Al，Cu，Li，Mg)、(Al，Fe，Mn，Si）等相内或相界，或在亚晶界和晶界上，其中疲劳裂纹沿晶界萌生占主导地位，沿晶界萌生的裂纹面上有粗大的滑移台阶，这类裂纹的萌生为平面滑移与晶界的交互作用所致。脆性杂质相、共面滑移、无沉淀析出带、Na和K等杂质元素带来的晶界弱化，都是导致铝锂合金的疲劳裂纹萌生寿命较短的原因。因此，尽量减少Na、K、Fe、Si等杂质元素的含量，提高合金的纯度，或采用分级时效和形变热处理来增大不可切割相的弥散程度，能在一定程度上提高铝锂合金的疲劳裂纹萌生寿命[43]。

材料的局部循环软化、局部应变集中和局部性能弱化等现象越严重，则其疲劳裂纹萌生寿命就越短。铝锂合金中循环软化、晶界弱化和晶界处的应力集中是造成其疲劳裂纹萌生寿命低于传统铝合金的主要原因。交变应变诱发的δ′相无序化是造成铝锂合金循环软化的主要机制。在交变应力的作用下，位错反复切割 δ′相，使得 δ′相的溶质发生攀移，导致无序化，消除了有序强化效果，出现局部循环软化。另外，由于强化相 δ′相的易切割性，使得铝锂合金表现出比传统铝合金更大的循环软化倾向，同时也加剧了循环软化集中和局部应变集中[44]。

陈圆圆等人[45]研究了 2197(Al-Li)-T851 合金的疲劳裂纹的萌生与扩展，2197 合金在较低应力（75% $\sigma_{0.2}$）下循环 4.7 万次，观察到多个短裂纹，主要的裂纹萌生位置为：①含 Si 粒子与基体界面开裂处，说明含 Si 粒子其自身不易开裂；②含 Fe、Mn 的 Al_7Cu_2(Fe，Mn) 脆性相自身开裂处；③表面缺陷导致裂纹萌生。2197 合金在较高应力（100% $\sigma_{0.2}$）下循环 320 次后发现裂纹萌生位置为第二相粒子开裂处、第二相粒子与基体界面开裂处、沿滑移带开裂处。

（2）裂纹扩展

① 析出相对裂纹扩展的影响[4]　Albrecht 和 Lutjering[46]研究了 7000 系 Al-Zn-Mg-Cu 合金的裂纹扩展问题，研究结果表明高强度铝合金常常根据显微组织不同而显示出三种不同的裂纹扩展形式。如图 2-17 所示，如果合金形成了强烈的滑移带，裂纹将沿着这些滑移带扩展（A 方式）；如果合金沿晶界存在软的无析出区（它优先变形），则裂纹便在这个区域内扩展（B 方式）；如果合金中存在硬的第二相质点（弥散质点或夹杂物），在这些质点处有孔隙存在，材料变形会引起质点的破裂，可以因孔隙聚集而使裂纹扩展或由于界面聚合力减小而使裂纹扩展（C 方式）。研究中使用的材料为工业合金 7075、7475 和高纯 X-7075 合金，合金基本成分为 Al-5.7Zn-2.5Mg-1.5Cu（质量分数，%），工业 7075 合金还含有 0.2Cr%、0.3%Fe 和 0.15%Si（杂质）。7475 合金也含有 Cr，但杂质含量较少。X-7075 晶粒为扁平状组织，冷轧后固溶处理和再结晶处理得到 40～60μm 的等轴晶粒。该材料 465℃固溶 1h，在冰水中淬火，在室温下预时效两天以上。纯合金 X-7075 在欠时效状态（100℃，24h，Ⅰ状态）的疲劳裂纹扩展表现出 A 方式扩展；在过时效状态（180℃，48h，Ⅱ状态）的疲劳裂纹扩展为 B 方式扩展；而工业 7075 和 7475 合金在欠时效状态（7075 在 100℃时效 100h，7475 在 100℃时效 24h，Ⅲ状态）的疲劳裂纹扩展为 C 方式扩展。

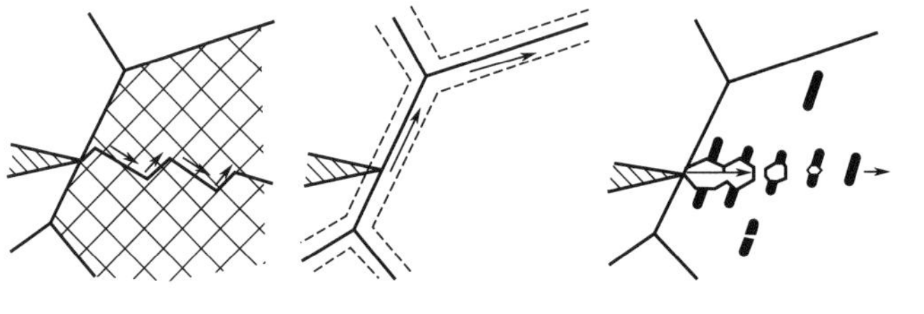

(a) 沿滑移带(A方式)　(b) 沿晶界(B方式)　(c) 通过孔隙合并(C方式)

图 2-17　7000 系铝合金裂纹扩展模式图[46]

Sarioglu 等人[47]研究发现 2024 合金处于欠时效状态时，裂纹扩展速率降低，耐裂纹扩展能力提高。根据现有的研究发现欠时效状态下形成的细小共格析出相有助于改善合金的疲劳性能。Bray[48]研究了时效处理对 2024-T3 疲劳裂纹扩展速率的影响，结果发现在时效的初始阶段，合金抗疲劳裂纹扩展能力得到改善，随后进一步时效到过时效阶段时，合金的抗疲劳裂纹扩展能力下降。结合时效组织分析，时效开始阶段形成的高密度的固溶体团簇改善了合金疲劳性能。

Suresh 等人[49]研究欠时效、峰时效及过时效处理对 7075 合金疲劳短裂纹裂纹扩展速率的影响，结果发现在应力强度因子门槛区，裂纹扩展速率随着时效时间的增加而降低，析出相的形成降低了合金的疲劳裂纹扩展速率，在潮湿气体条件下，欠时效的应力强度因子门槛值比过时效时下降的幅度更大。Carter 等人[50]研究了微观组织对 7475 铝合金疲劳裂纹扩展性能的影响，结果显示随着晶粒尺寸的增大，在欠时效状态下断口表面更为不规则并出现平面结构，疲劳裂纹扩展速率降低。

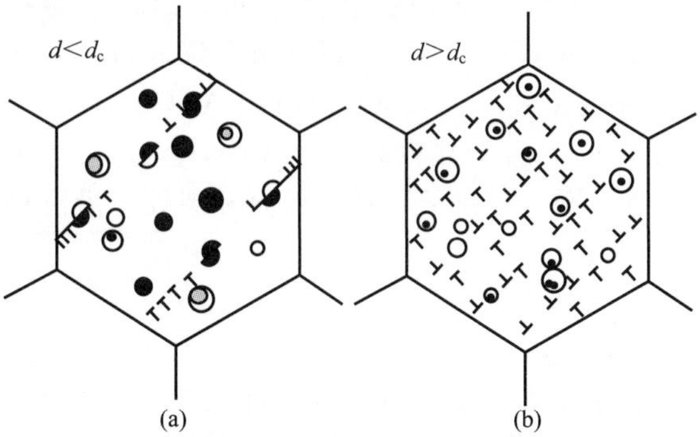

图 2-18　析出相临界直径 d_c对应变局域化的影响[52]

有很多学者研究了析出相对疲劳裂纹扩展行为的影响与作用机制[48,51,52]，当析出相粒子的直径 d 小于其临界直径 d_c时，粒子被位错切过，剪切粒子导致应变分布不均［图 2-18(a)］，这种滑移的局域化可以增强裂纹尖端的屏蔽效应，诱发裂纹的闭合、偏折和分叉，降低裂纹扩展的驱动力。另外，共面滑移使每个应力循环在裂纹尖端累积的损伤减小，从而提高疲劳裂纹抗力。当 d 大于 d_c 时，位错绕过粒子，变形是均匀的［图 2-18(b)］，这种不可逆的滑移可以使裂纹持续扩展。临界直径的大小由塞积的位错数量决定。表 2-2 给出了铝合金中部分析出相的临界直径 d_c值。对第二相粒子的尺寸大小和体积分数的影响，进行仔细的研究可以得出如下结论。

表 2-2　铝合金中部分析出相的临界尺寸 d_c[48,52]

析出相	共格程度	d_c/nm	形貌
δ′(Al_3Li)	共格	＞50	球形
T1(Al_2CuLi)	不共格	0.8(厚度)	片状
θ′(Al_2Cu)	部分共格	3～10	片状
S′(Al_2CuMg)	部分共格	1～3	棒状

a. 粗大的第二相和夹杂物（如含 Fe、Si 的杂质相）在循环载荷作用下，当局部应变超过临界值时，粗大相断裂或者从基体分离，产生孔隙给疲劳裂纹的扩展提供了优先扩展路径，增大了裂纹扩展速率。

b. 中间尺寸的第二相一般来说对疲劳裂纹扩展速率影响较小，但随着中间尺寸第二相粒子的体积分数增大，中间尺寸第二相的半径增大，铝合金的裂纹扩展速率降低，Suresh 等人[53]认为，中间尺寸第二相的桥接作用降低了裂纹的扩展速率。

c. 对于细小的强化相来说，当第二相粒子越来越细，体积分数越来越大，强化效应越来越好时，越容易引起局部硬化，导致材料失效。也就是说随着细小的时效强化相体积分数增加，尺寸减小，裂纹扩展速率增大。但也有一些研究者提出，有一种弥散相质点与基体不共格但可提高滑移的均匀性（Dowling、Martin，1976），从而可以在疲劳应力下抑制裂纹萌生和扩展（Luting、Doker、Muntz，1973）。Edwards 等人[54]研究了三种 Al-Mg-Si 合金（MTS 合金为 0.63Mg、1.07Si，ML 合金为 0.59Mg、0.99Si、0.21Mn，MH 合金为 0.61Mg、1.03Si、0.60Mn，质量分数，%）的疲劳裂纹萌生行为，发现加 Mn 的合金产生了一种 0.1μm 大小 α-$Al_{12}Mn_3Si$ 弥散相质点（图 2-19），合金通过峰值时效析出弥散相质点改善了疲劳性能，包括裂纹萌生和扩展。

② 晶粒尺寸、再结晶程度、晶界、晶粒取向对裂纹扩展的影响　对于铸造冶金的高强

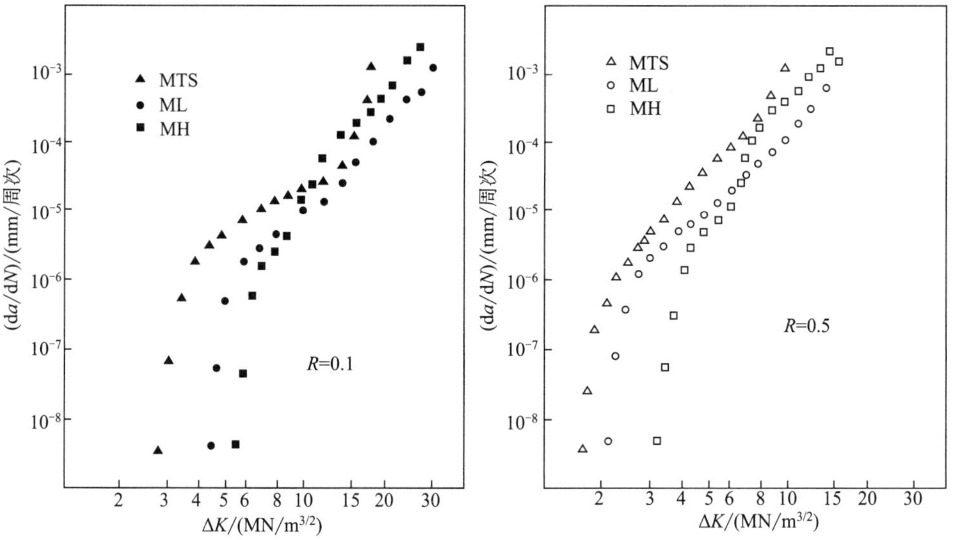

图 2-19　三种 Al-Mg-Si 合金的 da/dN-ΔK 曲线[54]

铝合金来说，晶粒尺寸对裂纹扩展行为的作用是有争议的。Hanlon 等人[55]研究表明，细小的晶粒能增加裂纹的前进障碍，减少裂纹尖端滑移距离，从而降低裂纹扩展速率。但多数学者如 Lindigkeit 等人[56]和 Gray 等人[57]认为粗晶使疲劳裂纹更加曲折，断口粗糙度相应增加，诱发了裂纹闭合（RICC）水平，从而降低了裂纹扩展驱动力，提高了合金的疲劳强度。

Vasudevan 等人[58]认为材料的滑移特征决定了晶粒尺寸对裂纹扩展性能的影响，对于共面滑移的材料，最大应力强度因子门槛值 K^*_{max}随着晶粒尺寸增大而增大，晶界具有有效的阻碍裂纹扩展的能力；而对均匀滑移和交滑移的合金，晶粒尺寸影响较小，如图 2-20 所示。依据这种共面滑移机制，Kamp 等人[59]提出了一个评价滑移带形成倾向的判据 N_c：

$$N_c = L\sqrt{V_f r_p} \tag{2-1}$$

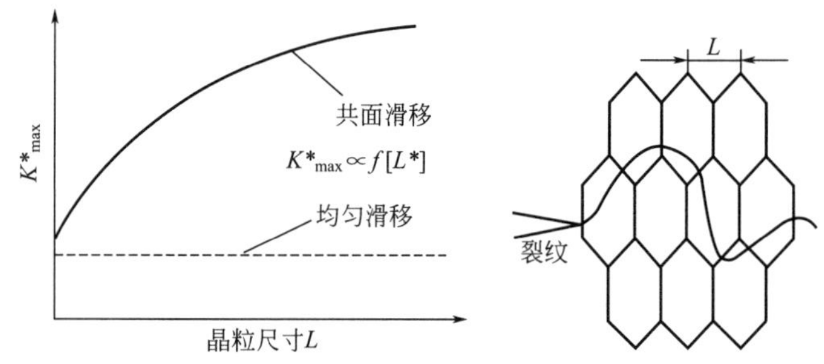

图 2-20　K^*_{max}与晶粒尺寸 L 的关系曲线[59]

式中，V_f 是可剪切粒子的体积分数；r_p 是粒子的半径；L 是滑移带长度。

Kamp 等人认为晶粒尺寸（LGS）是决定 L 的主要参数，提出 L＝LGS。

李眉娟等人[60]由界面能的模型得到细晶的多晶金属总的表面能，如式（2-2）所示，即多晶金属总的表面能 r 与其晶粒尺寸 d 成反比关系。

$$\gamma = \gamma_m + b_1\gamma_g/d \approx b_1\gamma_g/d \tag{2-2}$$

式中，γ_m 为单晶体有效表面能；b_1表示晶界平均厚度；γ_g表示晶界平均界面能。

他们还从界面能模型出发，在疲劳断裂非平衡统计理论的基础上，给出了晶粒尺寸与金属疲劳寿命 N_f的关系：

$$N_f \sim d^{-(1+m)/2m} \tag{2-3}$$

式中，m 为硬化指数。

对于细晶的多晶体，在相同的外载条件下，疲劳寿命随晶粒尺寸的增大呈指数的关系减小。晶粒尺寸越小，裂纹在材料中扩散时所需克服的总表面能就越大，晶界对裂纹的阻碍作用也就越大，从而减小了其在材料中的扩展速率，提高了材料的疲劳寿命。

有关再结晶程度对疲劳裂纹扩展的作用也是有争议的，Patton 等人[61]提出了一个预测疲劳寿命的模型，解释了再结晶程度对疲劳裂纹扩展的影响。该模型指出随着再结晶程度提高，疲劳寿命相应提高。Starink 等人[62]对 Al-Cu-Mg-Li 的研究结果表明，晶粒尺寸大和再结晶程度高的合金抗疲劳裂纹扩展能力比部分再结晶合金和晶粒细小的合金的抗力要高，但是航空铝合金的晶粒结构是未再结晶或部分再结晶的扁平颗粒。陈铮等人[43]认为，铝锂合金扁平晶粒的几何效应改变了早期沿晶萌生的短裂纹扩展的外部条件，减轻了其对疲劳寿命的危害，并因此阻碍了其他方向裂纹的扩展。

关于晶界对裂纹扩展速率的影响也存在两种情况。Kim 和 Laird（1978）认为在金属多晶体循环形变过程中，由于晶界两侧晶粒内滑移形变的不协调性，造成晶界两侧高度差别，形成了晶界台阶，它具有尖锐的根部，在界面与自由表面处形成类似切口的高应力集中区，导致晶界短裂纹的萌生。疲劳裂纹的萌生顺序为小角晶界＜驻留滑移带＜大角晶界。容易萌生疲劳裂纹的晶界，也容易发生Ⅰ阶段裂纹扩展，其机制是由晶界附近的晶内主滑移系的切变所控制的塑性钝化过程。当裂纹达到三叉晶界或者扩展裂纹的应力强度增强到足够在裂纹两侧对称地激发新滑移系时，裂纹扩展到第Ⅱ阶段，裂纹倾向于沿晶界或沿亚晶界扩展[61,63]。但也有学者认为晶界是大部分金属材料疲劳裂纹扩展的主要抗力之一，它能阻碍驻留滑移带的穿晶断裂。裂纹在晶界处会产生偏折[64]，偏折能显著降低裂纹的扩展驱动力[65]。

晶粒取向与疲劳裂纹扩展行为有一定关系。Zhai 等人[51,66]提出了描述晶粒取向、晶界与疲劳裂纹扩展行为三者之间关系的三维模型，认为在相邻晶粒内，两个有利的滑移面之间的取向差是控制裂纹横过晶界生长的关键因素。滑移面之间的取向差表现为两个滑移面与晶界相交的迹线之间的夹角 α，如图 2-21(a) 所示。α 角的大小反映裂纹横过晶界扩展的阻力。当 α 角很大时，裂纹无法横过晶界达到另一个晶粒内有利滑移面上，因此终止于晶界。Zhai 将其模型在 Al-Li 合金中应用，如图 2-21(b) 和 (c) 所示为铝锂合金中一条疲劳裂纹在晶界处偏折，以及测量的 α 角。有一些研究结果表明，铝锂合金的黄铜织构是导致裂纹扩展各向异性的主要原因[67,68]。

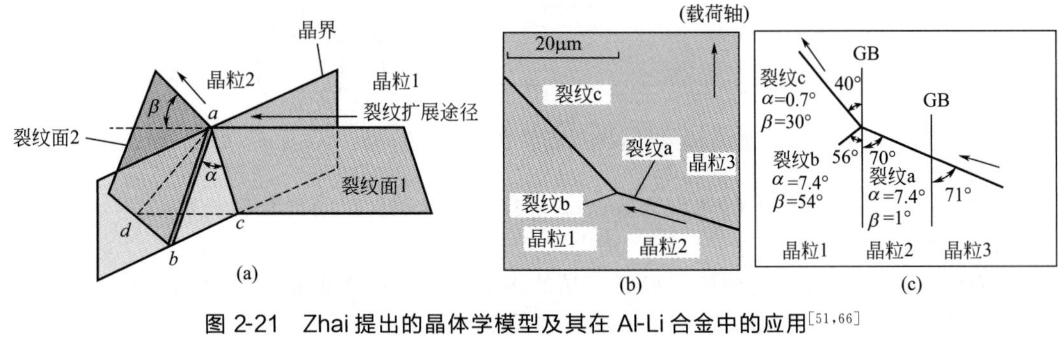

图 2-21　Zhai 提出的晶体学模型及其在 Al-Li 合金中的应用[51,66]

（3）几种典型变形铝合金的裂纹萌生与扩展

小林英男等人[69]研究了一些典型变形铝合金的裂纹扩展特性，实验材料为 2017-T3、2024-T3、5083-O、7075-T6 和 7N01-T6，化学成分如表 2-3 所示，力学性能如表 2-4 所示。

实验试样厚度分别为 12.2mm、5.1mm、12.5mm、4.1mm 和 12.2mm 的 1in（1in＝2.54cm）的 CT（紧凑拉伸）试样。图 2-22～图 2-26 为几种典型变形铝合金的 da/dN-ΔK 和 S-ΔK 曲线，如图所示，在同一 ΔK 值下（除较低的 ΔK 值之外），裂纹扩展速率依次为 2024-T3＜7N01-T6＜7075-T6＜5083-O，而其应力强度因子范围门槛值 ΔK_{th} 如表 2-5 所示，其排列顺序和裂纹扩展速率排列顺序略有不同。图 2-27 给出了 SZW（伸长区宽度，stretch zone width）、条纹间距 S（striation spacing）与 J 积分和 ΔJ（J 积分范围）的关系。其中：

$$SZW = C_1 J \tag{2-4}$$

$$S = C_2 \Delta J \tag{2-5}$$

表 2-3　五种铝合金的化学成分（质量分数）[69]　　单位：%

材料	Cu	Si	Fe	Mn	Mg	Zn	Cr	Ti
2017-T3	4.18	0.61	0.32	0.70	0.54	0.194	0.034	—
2024-T3	4.3	—	—	0.6	1.5	—	—	—
5083-O	0.02	0.16	0.22	0.73	4.69	—	0.16	0.01
7075-T6	1.6	—	—	—	2.5	5.6	0.3	—
7N01-T6	0.057	0.078	0.27	0.44	1.51	4.13	0.26	0.102

表 2-4　五种铝合金的力学性能[69]

材料	σ_{ys}/(kgf/mm^2)	σ_B/(kgf/mm^2)	δ/%	ϕ/%
2017-T3	32.9	45.5	23.0	—
2024-T3	35.0	48.9	19.9	—
5083-O	14.7	29.5	19.3	20.9
7075-T6	52.1	57.5	12.3	—
7N01-T6	29.9	35.7	13.8	33.5

注：1kgf＝9.8N。

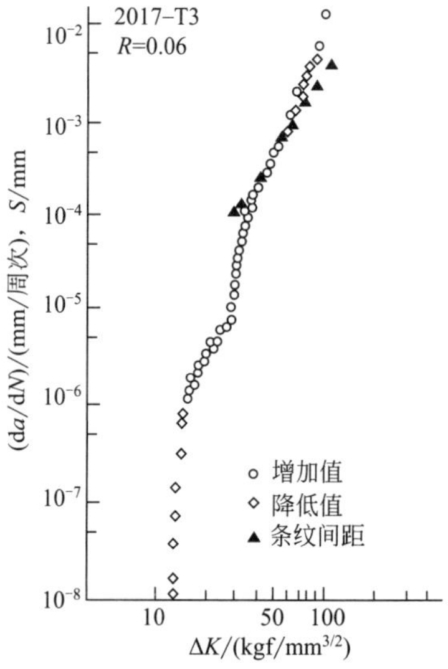

图 2-22　2017-T3 变形铝合金的 da/dN-ΔK 和 S-ΔK 曲线[69]

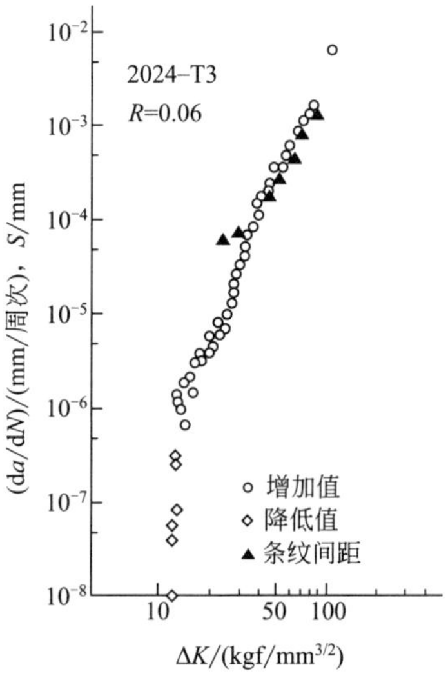

图 2-23　2024-T3 变形铝合金的 da/dN-ΔK 和 S-ΔK 曲线[69]

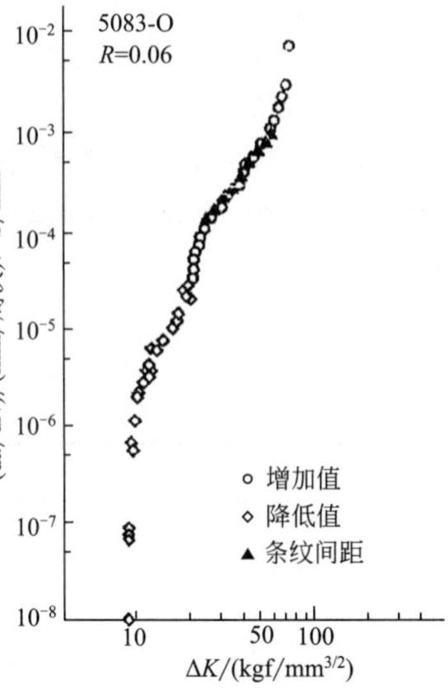

图 2-24 5083-O 变形铝合金的 da/dN-ΔK 和 S-ΔK 曲线[69]

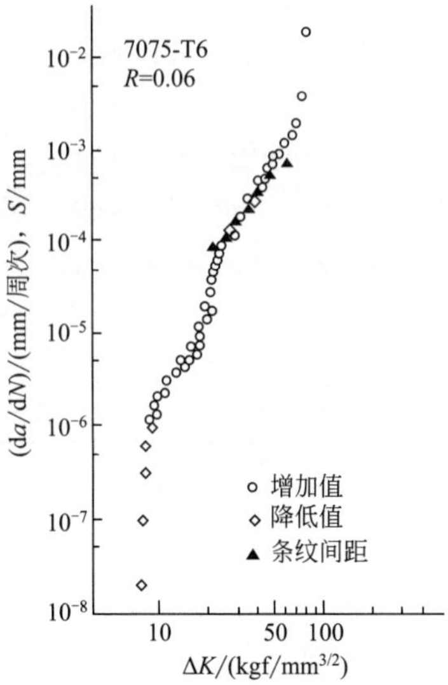

图 2-25 7075-T6 变形铝合金的 da/dN-ΔK 和 S-ΔK 曲线[69]

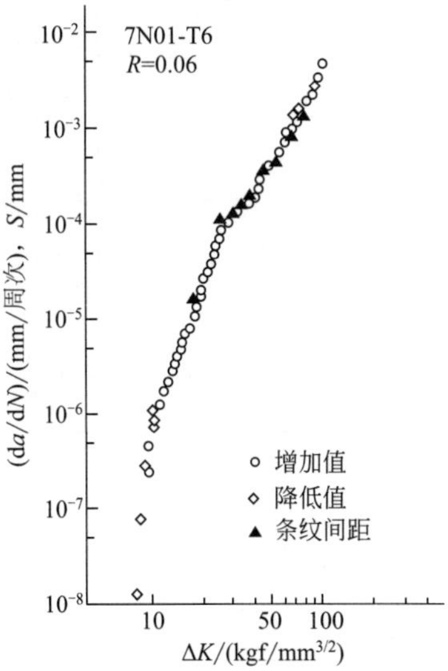

图 2-26 7N01-T6 变形铝合金的 da/dN-ΔK 和 S-ΔK 曲线[69]

表 2-5 ΔK_{th}值[69]

材料	ΔK_{th}/(kgf/mm$^{3/2}$)
2017-T3	12.8
2024-T3	11.8
5083-O	9.1
7075-T6	7.8
7N01-T6	8.3

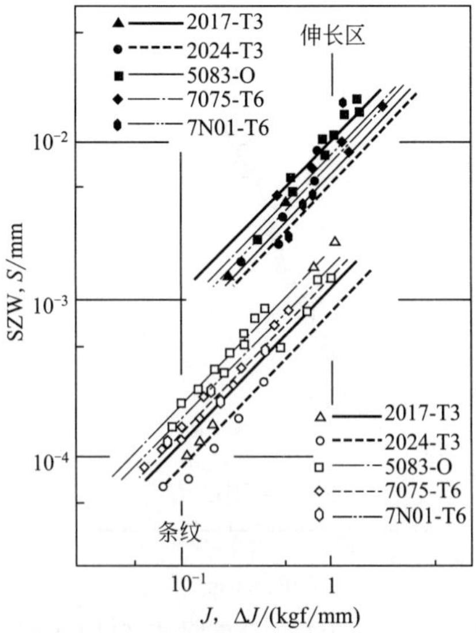

图 2-27 SZW-J 与 S-ΔJ 之间的关系[69]

图 2-27 给出了五种铝合金材料 SZW-J 和S-ΔJ 曲线，表 2-6 给出了五种铝合金材料的材料常数 C_1、C_2和 C_1/C_2 值。从表中的结果可以看出，除 7075-T6 合金之外，C_1 和 C_2 值随着流动应力 σ_{fs} [$\sigma_{fs}=(\sigma_{ys}+\sigma_B)/2$，$\sigma_{ys}$为屈服应力，$\sigma_B$为拉伸应力] 的降低而增大，而 C_1/C_2 值基本为一定值。也就是说，单调增加的荷载形成的伸长区宽度和循环加载形成的疲劳条纹间距的比值不受材料因素的支配。图 2-28 给出了疲劳裂纹 S 和理想裂纹 SZW 的裂纹尖端和位移的差异，这种差异是由长裂纹闭合引起的，并且这种差异也不受材料因素的影响，因此可以通过这个比值来预测疲劳裂纹的闭合效应。研究者采用理想裂纹尖端张开位移（CTOD）与疲劳裂纹尖端张开位移（ΔCTOD）的比值测定其闭合效果。

表 2-6　材料常数 C_1、C_2 和 C_1/C_2 的值[69]

材料	C_1	C_2	C_1/C_2
2017-T3	0.67×10^{-2}	1.21×10^{-3}	5.5
2024-T3	0.56	0.81	6.9
5083-O	1.06	2.08	5.1
7075-T6	0.80	1.61	5.0
7N01-T6	0.75	1.35	5.6

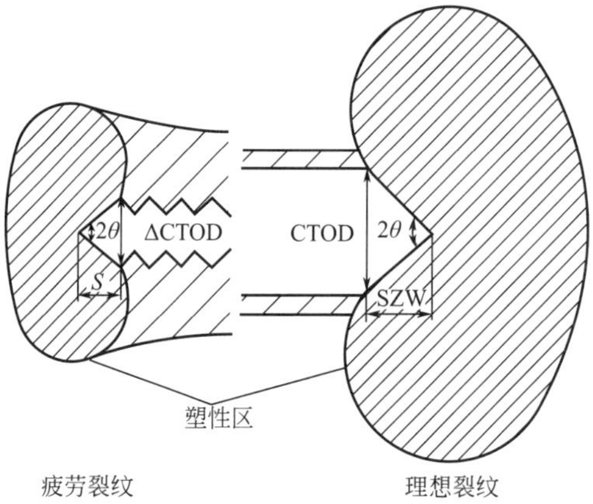

图 2-28　疲劳裂纹与理想裂纹之间的区别(Elber，1971)

$$\left(\frac{CTOD}{\Delta CTOD}\right)_J=\left(\frac{SZW}{S}\right)_J=\frac{J/\lambda\sigma_{fs}}{U(R)^2\Delta J/\lambda\sigma_{fs}}=\frac{1}{U(R)^2} \tag{2-6}$$

式中，$U(R)$ 为开口比，$U(R)=0.5+0.4R$，当 $R=0.06$ 时，$U(0.06)=0.5$。

式（2-6）的比值为 4；当 R 的值为 0.45～0.38 时，式（2-6）的比值为 5～7，与前面 C_1/C_2（SZW/S）的值 5～7 完全一致，但比之前 Elber 等人的测定值高。

图 2-29 为 2017-T3 合金采用超声波测定的 U 值和 ΔK 的关系，其 U 值和预想值 0.45～0.38 非常一致。

Rhodes 等人[70]研究了铝合金疲劳裂纹扩展的微观机理，所研究的合金如表 2-7 所示，图 2-30 为 2024-T3 铝合金的疲劳裂纹扩展速率 da/dN 与应力强度因子范围 ΔK 的关系图，图 2-31 为在不同应力比下 7010-T76 铝合金的 da/dN-ΔK 的关系图，图 2-32 为在不同应力比下多种铝合金疲劳条纹间距 S 与 ΔK 的关系图。上述图中结果表明：①在高的扩展速率下，对于给定 ΔK 值，在增长幅度上宏观扩展速率 da/dN 比 S 的数值高，但在低扩展速率区域则要低；②对于任一给定的 ΔK 值，da/dN 随着应力比 R 的增加而提高，但 S 随 R 的变化不规则。

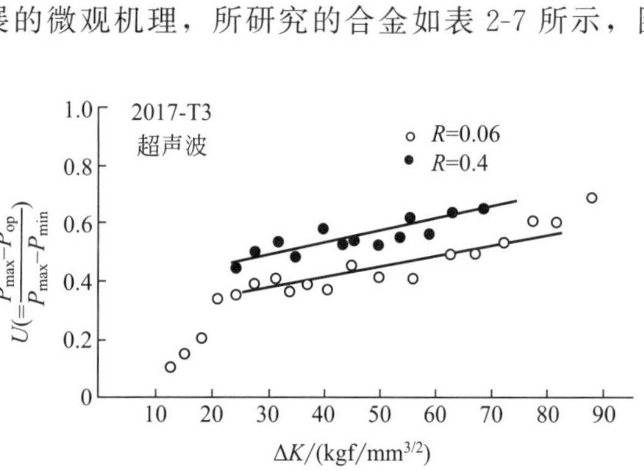

图 2-29　超声波测定的 U 值和 ΔK 的关系[69]

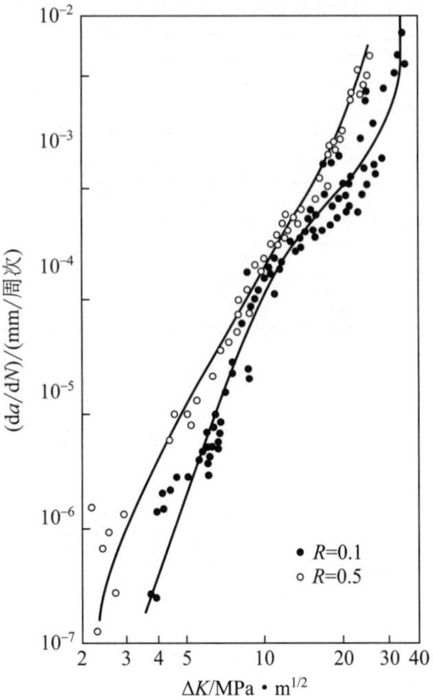

图 2-30　2024-T3 铝合金中疲劳裂纹扩展：厚度在 5～10mm，频率在 0.2～20Hz[70]

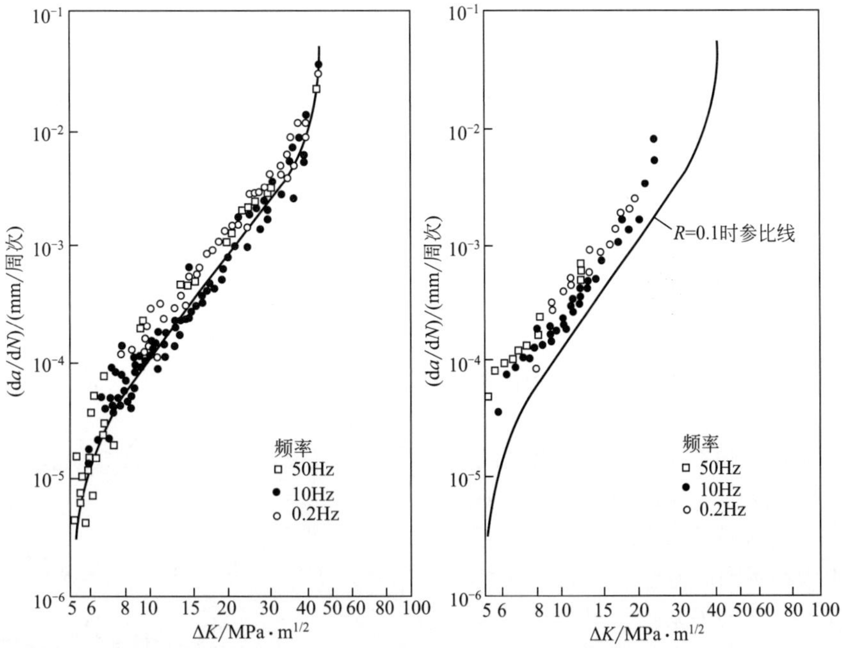

(a) R=0.1　(b) R=0.5

图 2-31　7010-T76 铝合金中疲劳裂纹扩展：厚度在 6～9.5mm[70]

研究者认为高强度铝合金在疲劳荷载下的裂纹扩展是下面三种微观机理共同作用的结果：

① 延性撕裂；

② 裂纹尖端的塑性下降；

③ 夹杂物使材料脆化，发生脆性断裂。

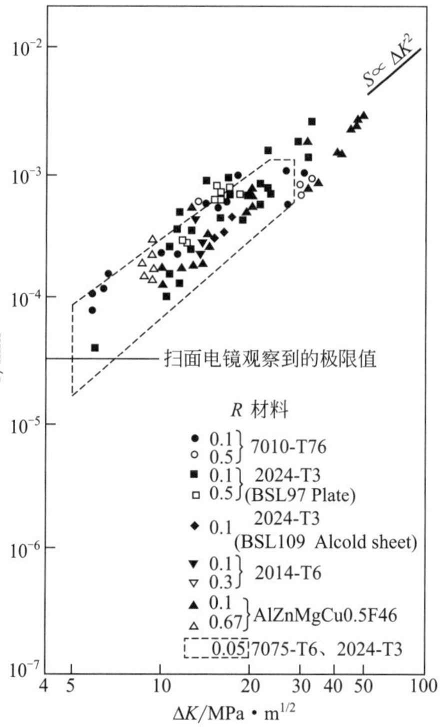

图 2-32 不同铝合金疲劳条纹间距 S 与 ΔK 的关系[70]

在相当宽的疲劳裂纹扩展速率范围下，裂纹延伸途径有两种：塑性条纹形成和显微孔隙的聚集。显微孔隙的聚集引起延性撕裂，裂纹尖端的夹杂物促使脆性断裂和塑性下降。

表 2-7 三种合金的化学成分和力学性能[70]

铝合金	化学成分(质量分数)/%								K_{Ic} /MPa • $m^{1/2}$	σ_y①/MPa	UTS②/MPa
	Cu	Mg	Mn	Zn	Fe	Cr	Si	Zr			
2014-T651	4.5	0.5	0.8	0.25	0.7	—	0.8	—	27	405	460
2024-T3	4.4	1.5	0.6	0.25	0.5		0.5		49	310	430
7010-T7651	1.7	2.5	<0.03	6.2	0.15	<0.05	0.10	0.14	36	440	530

① 0.2%条件屈服极限。
② UTS 表示抗拉强度。

戸棍惠郎等人[71]研究了 Al-Li 合金的时效条件对疲劳行为的影响。Al-Li 合金牌号为 2090 和 8090，其化学成分如表 2-8 所示。合金通过真空熔炼后，793K 均匀化处理 24h，673K 进行挤压，挤压速度为 1m/min，制备成 ϕ13mm 的圆棒，两种合金在 793K 固溶 30min 后水冷，在室温下放置 24h 后在 448K 进行时效处理。2090 合金时效处理 12h（欠时效，UA 态合金）和 250h（过时效，OA 态合金）。8090 合金时效处理 12h（欠时效）和 384h（过时效）。2090 峰值时效（PA 态合金）为 60h，8090 峰值时效为 60h。Al-Li 合金的时效后显微结构如图 2-33 所示，欠时效出现白色析出物，为 δ′相（Al_3Li），形状为类球形，伴随时效时间延长，δ′粗大化，并在 2090 合金中出现环状析出物（8090 合金中没有），UA 态合金析出相的半径为 10nm，PA 态合金析出相直径为 20nm，DA 态合金析出相直径为 30nm。环状析出相为复合析出相，中心核为与 δ′相同样 $L1_2$结构的 Al_3Zr，这种 δ′相为异质核析出相。过时效应有 δ′相析出，但在该实验中却没有观察到，可能因为平衡 δ′相容易氧化，不容易存在。在 2090 和 8090 中还有其他一些析出相，但影响强度和变形特征的相主要为 δ′相。表2-9给出了两种 Al-Li 合金的力学性能。从表中可知两种合金的伸长率都比较低，但 2090 合金的伸长率好于 8090 合金，峰值时效的强度较高。图 2-34 给出了两种 Al-Li 合金的 S-N 曲线。如图 2-34(a) 所示，2090 合金在短寿命区 UA 态合金和 OA 态合金的强度基本相同，在长寿命区，UA 态合金比 OA 态合金要高。如图 2-34(b) 所示，8090 合金 UA 态合金和 OA 态合金疲劳强度低。PA 态合金最高，OA 态合金次之，UA 态合金最低。

表 2-8　Al-Li 合金的化学组成（质量分数）[71]　　单位：%

合金	Li	Si	Fe	Cu	Mg	Zr	Ca	K	Na
2090	2.12	0.022	0.05	2.65		0.14	0.0004	<0.0001	0.0002
8090	2.40	0.027	0.05	1.17	0.88	0.14	0.0003	<0.0001	0.0002

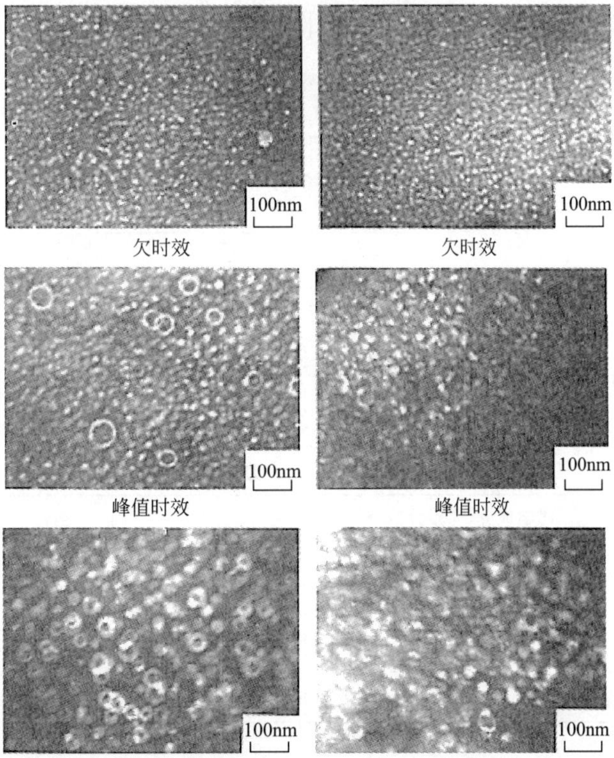

(a) 2090合金　(b) 8090合金

图 2-33　Al-Li 合金的断裂面微观组织[71]

表 2-9　Al-Li 合金的力学性能[71]

合金		屈服强度/MPa	抗拉强度/MPa	伸长率/%	断面收缩率/%	杨氏模量/GPa	维氏硬度(HV)	密度/(g/cm³)
2090	UA	366	402	4	4	70.8	125	2.60
	PA	433	479	3	4	77.3	141	
	OA	279	365	6	8	75.4	125	

续表

合金		屈服强度/MPa	抗拉强度/MPa	伸长率/%	断面收缩率/%	杨氏模量/GPa	维氏硬度(HV)	密度/(g/cm³)
8090	UA	440	454	2	1	87.3	137	2.53
	PA	466	493	1	3	76.8	148	
	OA	385	470	3	3	80.2	123	
2024		419	551	11	13	72.1	130	2.81
7075		610	659	6	11	70.3	167	2.86

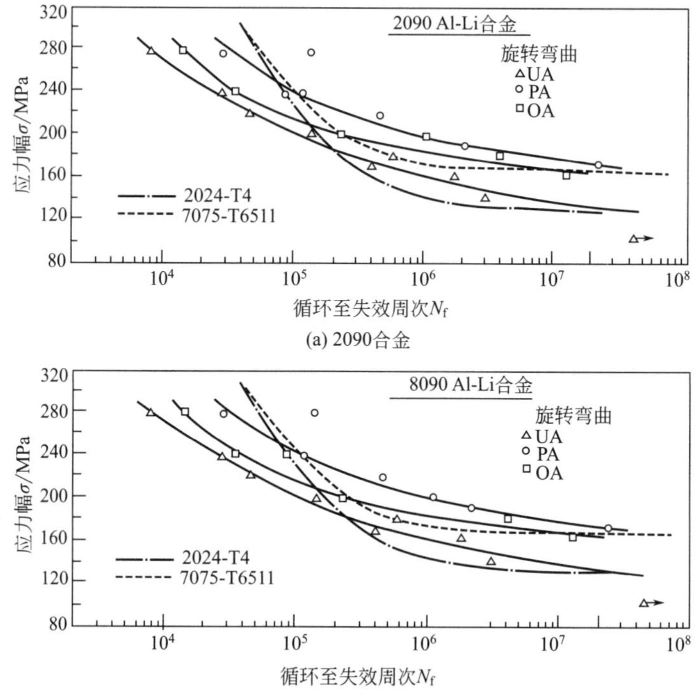

图 2-34　几种铝合金的 S-N 曲线[71]

图 2-35 给出了表面裂纹长度和疲劳循环周次的关系，对于 2090 合金来说，PA 态合金的裂纹萌生最慢，次之为 OA 态合金，最快为 UA 态合金，而对于 8090 合金来说，PA 态合金的裂纹萌生最慢，次之为 UA 态合金，最快为 OA 态合金。图 2-36 为 2090 和 8090 合金的裂纹扩展速率 da/dN 与最大应力强度因子 K_{max} 的关系，荷载应力分别为 200MPa 和 240MPa，在同一 K_{max} 值下，PA 态合金的裂纹扩展阻力最大，次之为 OA 态合金，UA 态合金裂纹扩展阻力最小，裂纹扩展速率最大。2090-PA 与 7050-T6511 态合金相比两者裂纹扩展阻力相差不大，而 2090-OA 与 7050-UA 态合金的裂纹扩展阻力相差较远。但与 2024-T4态合金相比还是具有一定优势［图 2-36(a)］。8090-PA 态合金和 8090-OA 态合金与 2024-T4 态合金的裂纹扩展阻力相当。和 7075-T6511 态合金相比，8090-UA 态合金的裂纹扩展阻力相当，PA 态合金和 OA 态合金则具有一定的优势。

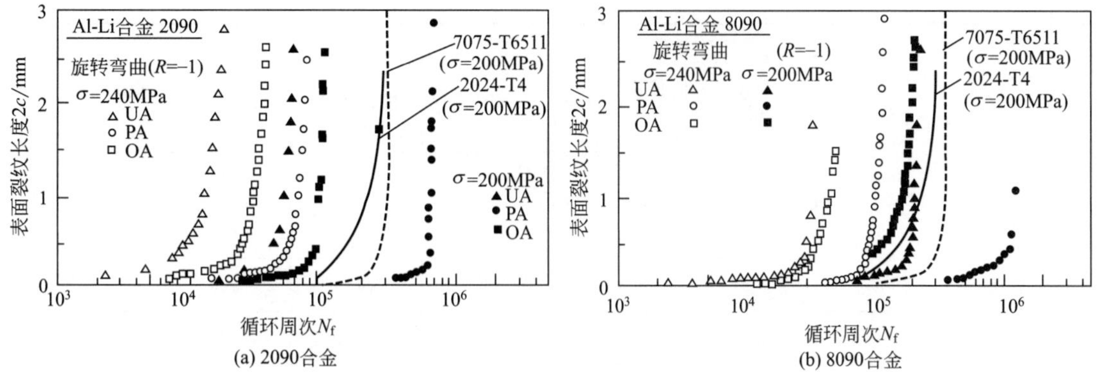

图 2-35 表面裂纹长度与疲劳循环周次之间的关系[71]

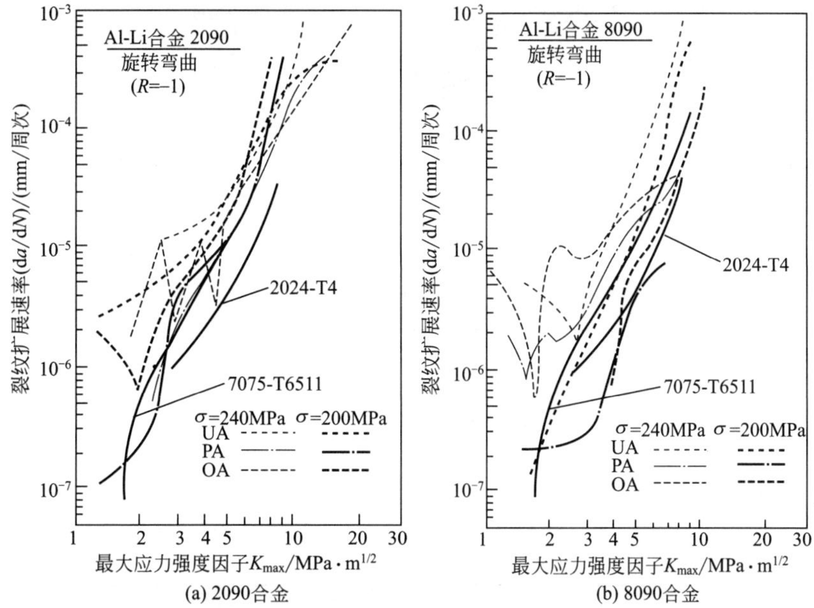

图 2-36 裂纹扩展速率与最大应力强度因子之间的关系[71]

有关时效对 Al-Li 合金的裂纹扩展阻力的影响有多种不同说法。Jata 等人[72]认为，在欠时效状态下，由于 δ′相尺寸较小，在循环载荷作用下，易于被位错来回切割，提高了循环滑移的可逆性，降低了裂纹尖端的循环塑性累积损伤水平，从而提高了裂纹扩展的阻力。在过时效状态下，δ′相尺寸较大，且失去了与基体的共格关系，在循环载荷的作用下，位错只能绕过 δ′相，降低了循环滑移的可逆性，使裂纹尖端累积较大的塑性变形，促进了裂纹的扩展。而 Venkateswararao 等人[73,74]则认为，欠时效状态下的共格沉淀相，使合金具有明显的滑移平面性，促进了裂纹扩展路径的偏折和较高的裂纹闭合水平，而随着沉淀相共格性的消失，形变变得更加均匀，裂纹路径的偏折程度和裂纹闭合的水平随之降低。他们认为，不同时效状态所造成的疲劳裂纹扩展行为的差别，主要来自非本征的裂纹闭合因素。王中光等人[75]同意 Jata 等人的观点，并且认为自然时效和欠时效状态表现出最好的疲劳裂纹扩展阻力，其次是峰时效状态，过时效状态的疲劳裂纹扩展阻力最低。这是由于随时效时间的延长，δ′相长大，晶界附近的无沉淀区（PFZ）加宽，位错的平面滑移性和循环滑移可逆性降低。

戸梶惠郎的研究结果与 Jata[72] 以及 James[76] 等人的研究结果不同，他们得到的是基于表面裂纹生长轨迹的观察结果（图 2-37），如图 2-37 所示，裂纹的弯曲和分叉的程度 PA 态合金最为显著，OA 态合金次之，而 UA 态合金裂纹基本沿直线扩展，PA 和 OA 态合金裂纹弯曲、分叉的原因是裂纹驱动力降低或者裂纹闭合等。这种现象称为裂纹屏蔽（shielding）效应。裂纹屏蔽（分叉、弯曲、裂纹闭合），使得裂纹扩展受阻。Al-Li 合金的破坏，不管时效工艺如何，最终断裂均为剪切型裂纹生长。即使改变时效时间，也不能改变这种疲劳失效机理。

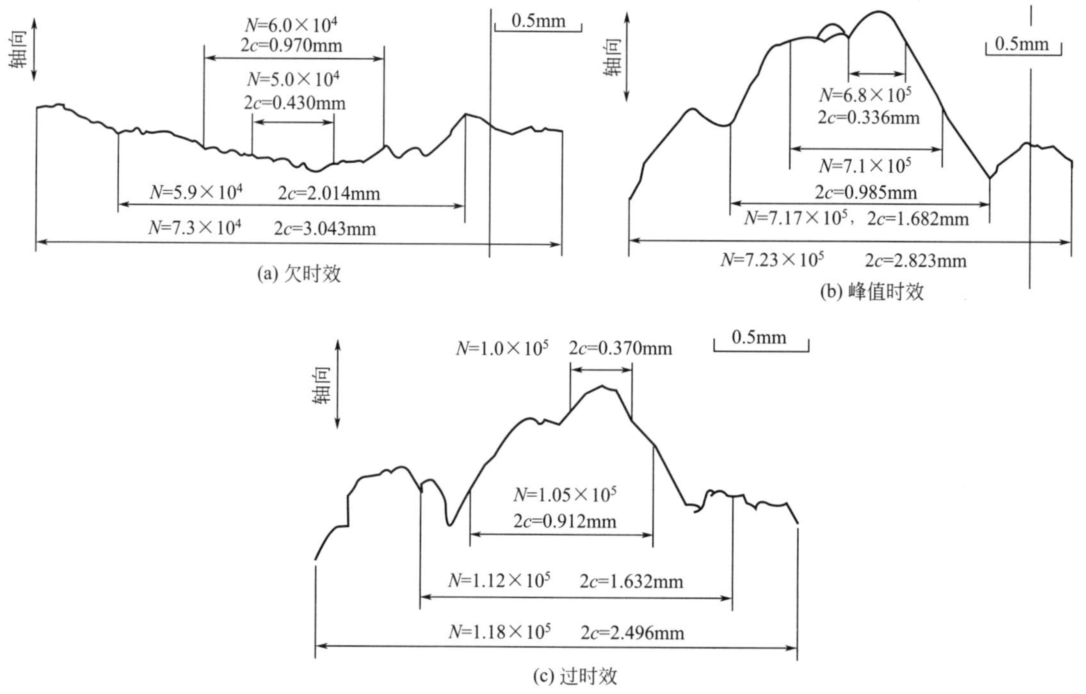

图 2-37　2090 合金试样表面的裂纹扩展路径（σ = 200MPa）[71]

戸梶惠郎等人[77]对 6063 铝合金的疲劳行为和断裂机理进行了研究，6063-T5 合金挤压材作为疲劳试样，其化学成分质量分数为，Si 0.044%、Fe 0.17%、Cu 0.03%、Mg 0.48%、Mn 0.03%、Ti 0.01%，余下为 Al。挤压材的平均晶粒尺寸为 70μm（称为 MG 材），MG 材通过固溶处理（550℃），晶粒粗化，晶粒尺寸为 95μm，称为 LG 材，通过提高挤压速度得到晶粒大小为 46μm 的材料，称为 SG 材。三种晶粒尺寸不同的 6063 铝合金力学性能如表 2-10 所示。图 2-38 为试样表面裂纹萌生的典型实例，当 σ＞120MPa 时，所有裂纹均萌生于晶界，当 σ≤120MPa 时，裂纹萌生在晶界或晶内。这表明裂纹萌生在晶界的比例与加载应力大小有关。图 2-39 为三种晶粒尺寸不同的 6063-T5 合金裂纹萌生在晶界中的比例与加载应力的关系，从图中可以看出，伴随着应力的减小，裂纹萌生在晶界中的比例大幅减少。图 2-40 为表面裂纹长度（2c）与循环周次比（N/N_f，N 为循环次数，N_f为疲劳寿命）之间的关系。图中结果表明，不管加载应力大小，裂纹萌生寿命约占疲劳寿命的 20%（裂纹总长 2c 约为 50μm）。图 2-41 为短裂纹扩展速率 da/dN 与最大应力强度因子 K_{max}的关系，裂纹深度为 a，伸长比为 a/c＝1，一般来说，对同一 K_{max}值来说，加载应力越大，其裂纹扩展速率越快，但当 $K_{max}=3\ MPa\cdot m^{1/2}$ 时，裂纹产生干涉和合并，da/dN 与 K_{max} 关系曲线与加载应力依存关系不明显。与裂纹萌生一样，在试样表面，在高应力作用下，裂纹在晶界扩展，在低应力作用下，裂纹在晶内优先扩展。为了定量表示，考察了 $2c=500\mu m$ 的主裂纹路径。图 2-42 表示在不同应力载荷下，三种材料在晶界内扩展路径所占比例。从图中可以看出，SG 材在晶界扩展的比例小于 LG 材。图 2-43 为不同晶粒尺寸的 6063-T5 合金 da/dN 与最大应力强度因子 K_{max} 的关系，短裂纹初期由于合并和干涉导致数据波动，但从总体来看，晶粒尺寸与短裂纹的扩展行为没有依存关系。

表 2-10　三种铝材的力学性能[77]

材料代号	屈服强度 $\sigma_{0.2}$/MPa	抗拉强度 σ_B/MPa	伸长率 ϕ/%	断面收缩率 φ/%
SG	164	212	14	59
MG	208	237	15	74
LG	185	225	14	74

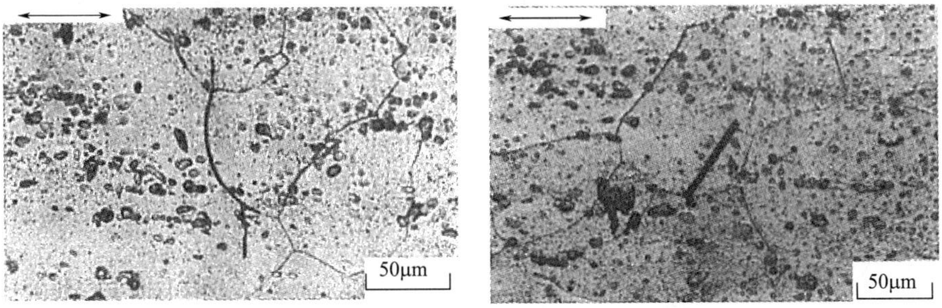

(a) σ=160MPa(晶间)　　(b) σ=110MPa(穿晶)

图 2-38　6063 铝合金试样表面的裂纹萌生光学显微镜照片[77]（箭头为试样轴线方向）

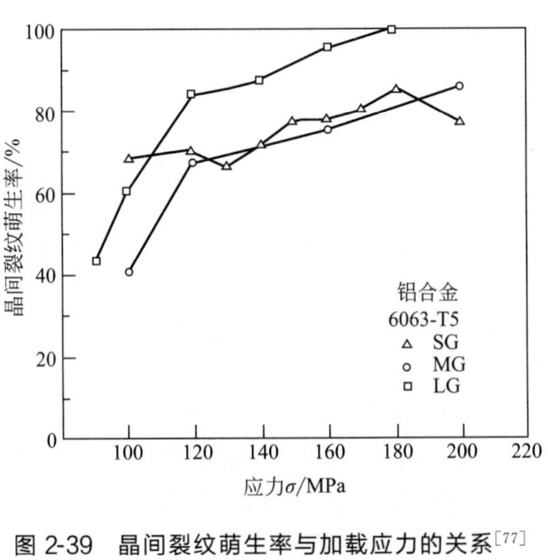

图 2-39　晶间裂纹萌生率与加载应力的关系[77]

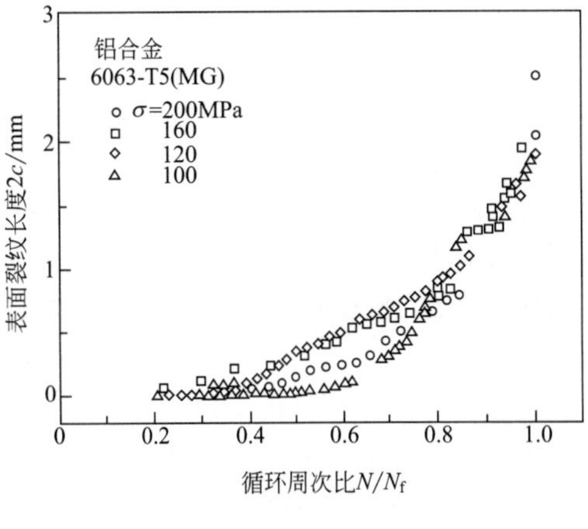

图 2-40　表面裂纹长度与循环周次比之间的关系[77]

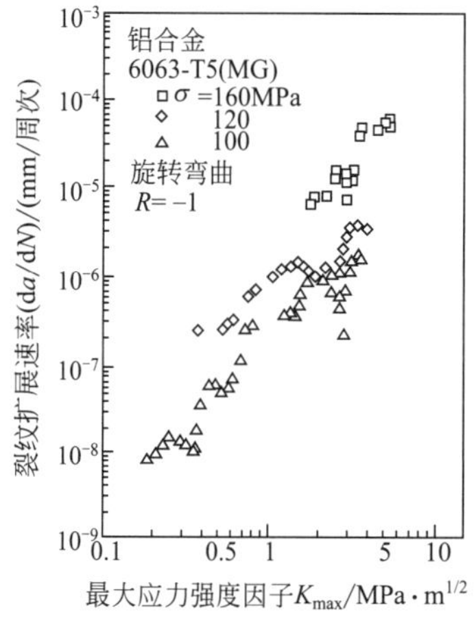

图 2-41　短裂纹扩展行为[77]

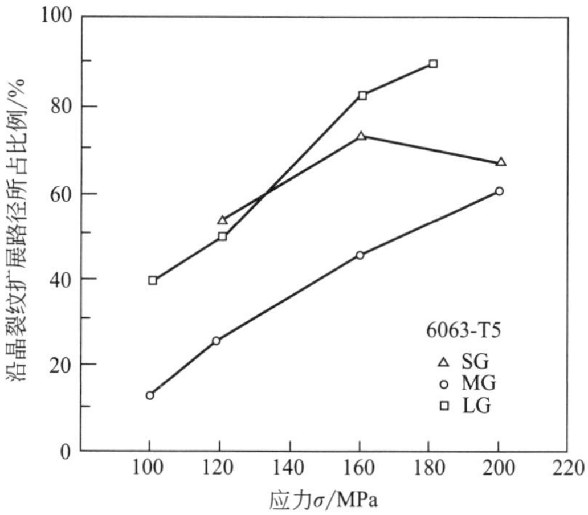

图 2-42　沿晶裂纹扩展路径与加载应力的关系[77]

图 2-44 给出了 S-N 曲线的形态以及应力和晶粒尺寸对断裂模式的影响，当加载应力较大时或晶粒尺寸较小时，断裂模式为穿晶断裂；当加载应力较小时或晶粒尺寸较大时，断裂模式为沿晶断裂。图 2-45 为三种不同晶粒尺寸的 6063-T5 合金的 S-N 曲线，图中 SG、MG、LG 材的疲劳强度分别为 100MPa、90MPa 和 80MPa，其疲劳比分别为 0.47、0.38 和 0.36。

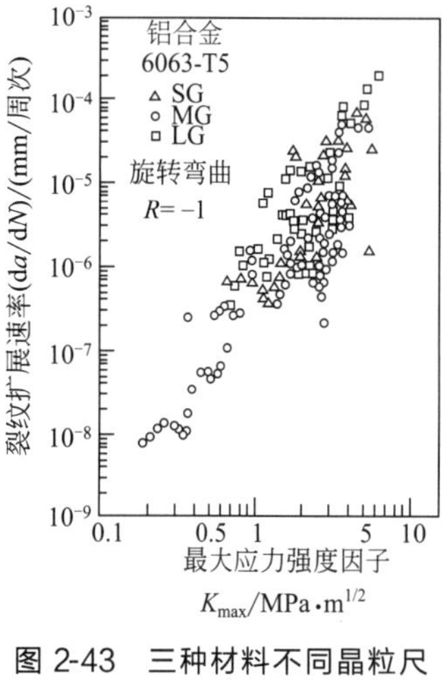

图 2-43　三种材料不同晶粒尺寸的短裂纹扩展行为的比较[77]

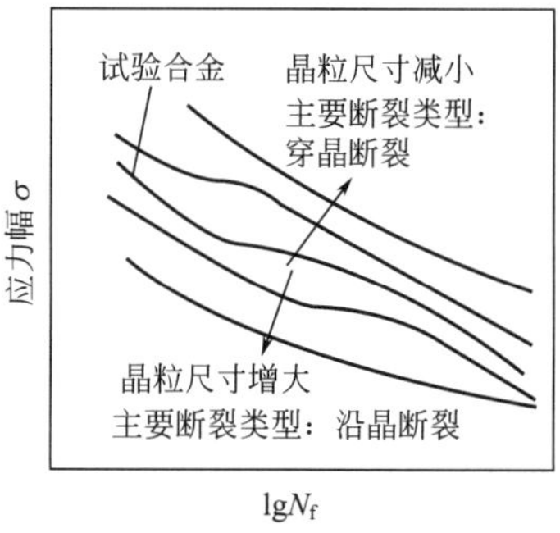

图 2-44　与应力和晶粒尺寸有关的断裂模型及其对应 S-N 曲线[77]

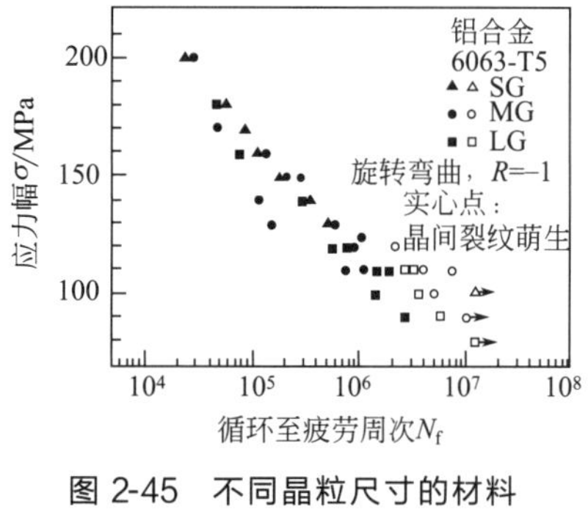

图 2-45　不同晶粒尺寸的材料的 S-N 曲线[77]

2.2　粉末铝合金的疲劳裂纹萌生与扩展

粉末铝合金是采用粉末冶金工艺制备的铝合金，大体可分为烧结铝合金和变形铝合金。粉末烧结铝合金主要采用制粉、压制和液相烧结来制备粉末冶金零件，其中 Al-Cu 系烧结铝合金已应用多年。粉末变形铝合金主要采用制粉、压制、液相烧结、热加工成形（挤、轧、锻）制备粉末铝材，也有不通过液相烧结直接进行热加工成形的挤压材，还有通过喷射沉积坯进行热加工的粉末变形铝合金。粉末铝合金与传统的铝合金相比其疲劳裂纹的萌生与扩展有较大区别，其原因如下。

① 由于粉末冶金工艺本身的特点，每个粉末颗粒都有一层氧化膜，特别是一些活泼金属（如 Al、Mg、Ti 等）氧化膜很难通过除气和还原反应消除，氧化薄膜阻碍了颗粒的冶金结合，虽然可以通过挤、轧、锻等加工将氧化薄膜从粉末颗粒上剥离开来，但是需要足够的变形量，并且变形后会产生不规则的氧化物团。除氧化膜外，喷粉过程还可能产生氢氧化物，当金属粉加热时会产生气态的副产物，在固结过程易形成孔隙。另外，在雾化制粉过程中，高熔点金属间化合物过早从合金中沉淀析出，易与粉末粒子边界形成牢固的二次颗粒边界（PPB）。上述氧化物夹杂严重影响了粉末铝合金的裂纹萌生与扩展。

② 粉末（PM）铝合金和熔铸（IM）铝合金的挤压制品显微组织主要差异为晶粒组织和位错密度。粉末铝合金的挤压制品是未再结晶的微细晶粒，具有很强的纤维织构，不存在粗大的第二相粒子（富 Fe、Si 的粒子），而是均匀分布更细的小粒子；熔铸的铝合金的挤压制品是完全再结晶并且含有粗大的第二相粒子的晶粒。对于 2024 合金来说，PM 制品组元粒子平均间距是 IM 制品的 1/2（0.33μm 对 0.61μm），PM 制品的组元间距参数是 IM 制品的 2/3（12.3μm 对 17.9μm），PM 制品中可溶性颗粒（≥0.1μm）的体积分数比 IM 制品少（2.6%对 3.3%），但粒子的化学成分或晶格常数没有明显差别，PM 制品的平均晶粒尺寸为截距 6.7μm，宽度 3.9μm，而 IM 制品的平均晶粒尺寸为截距 178μm，宽度 137μm，显微组织的不同，造成裂纹萌生和扩展行为明显不一样。由于粉末形成具有高的凝固速率和大的过冷度，粉末颗粒内晶粒尺寸和枝晶间网络细小（2.4μm），细小的枝晶网络使组元的弥散相也非常细小。细小的弥散粒子和氧化物粒子阻止了再结晶，只有非常大的变形程度才能产生再结晶。粉末铝合金挤压制品的位错密度比熔铸铝合金挤压制品要高，断裂应力 σ_f 比熔铸铝合金挤压制品要低（对于 2024 合金，PM：$\sigma_f=557$MPa；IM：$\sigma_f=618$MPa），PM 制品高的位错密度，使得裂纹尖端塑性区应力集中，萌发短裂纹，然后与主裂纹汇合，提高了裂纹的扩展速率。根据累积损伤理论，疲劳裂纹的扩展速率由循环周期的塑性变形来控制，如果预先存在的位错密度影响了累积损伤而减少了周期的塑性变形，将会增加疲劳裂纹的扩展速率[78]。表 2-11 给出了 7000 系铝合金变形制品典型形态显微组织的相应尺寸[79]。

③ 粉末冶金制品的颗粒边界具有特殊的显微结构，颗粒通过烧结、热加工等手段构成的颗粒边界和熔铸金属晶界有较大的区别，没有通过结晶或再结晶过程的边界，即使不考虑氧化膜、二次颗粒边界的影响，也不能认为它和熔铸金属的晶界一样。颗粒边界和晶界对裂纹萌生的影响是不一样的。

表 2-11　7000 系铝合金变形制品中典型形态显微组织的相应尺寸[79]

形态	铸锭冶金制品的尺寸/μm	粉末冶金制品的尺寸/μm
第二相粒子(Fe、Si 类)	20～100	0.5
非金属夹杂物(熔体过滤工艺的一般限度)	10	10
弥散体粒子	0.01～0.5(Zr、Cr、Mn 类)	0.01～0.5(Zr、Cr、Mn、Fe、Co 类)
时效硬化沉淀相	0.002～0.008	0.002～0.008
粉末粒子表面的氧化膜厚度	—	≈0.01
热变形后单个氧化物粒子	—	≈0.01
热变形后不规则氧化物团	—	≈0.05

2.2.1　粉末铝合金的裂纹萌生

粉末烧结铝合金靠液相烧结，致密化程度较低、残存孔隙。孔隙的形状、大小、数量对裂纹的萌生都有较大影响。原章等人[80]研究了理论密度比为 91.5% 的 Al-5Cu-0.5%Mg-0.8%Si 烧结合金的疲劳行为，并采用内耗 Q^{-1} 值的变化来测定裂纹的萌生与扩展。实验结果表明，裂纹萌生于气孔，并且可用 Q^{-1} 来表征，初期 Q^{-1} 值保持一个稳定状态，随着 Q^{-1} 值上升，表明裂纹继续扩展，Q^{-1} 值急速上升，表明试样即将断裂。合金烧结材裂纹沿含 Al_2Cu 的晶界传播，经 T6 热处理后的烧结材易产生穿晶断裂。Crayson 等人[5]研究了 2××× 系列烧结铝合金的疲劳行为，采用合金为 AMB2712，其化学式为 Al-3.8Cu-1.0Mg-0.7Si-0.1Sn，加入 1.5% 石蜡，在 290MPa 压制成形，在 600℃ 烧结 30min。试样密度为 2.669g/cm^3，拉伸强度为 180MPa，屈服强度为 138MPa，伸长率为 2%，杨氏模量为 69.5GPa。裂纹萌生于孔隙或孔隙群，初期裂纹扩展为穿晶扩展方式，随着裂纹长度的增加，裂纹尖端塑性区增加，直到几乎接近晶粒尺寸（93μm），材料晶界中脆性的 Al_2Cu 开始断裂或脱落，给沿晶扩展提供了优先的裂纹通道，沿晶传播方式的裂纹尖端塑性区临界尺寸为 70μm，当裂纹达到临界尺寸时，裂纹最终断裂主要表现为由空穴聚集产生韧窝的韧性断裂。

粉末铝合金通过热加工成形实现致密化后，其裂纹萌生主要在合金的第二相与基体的界面上、夹杂物与基体的界面上、粉末颗粒边界以及残存的孔隙中。城野政弘等人[81]研究了 Al-25Si 粉末锻造铝合金疲劳裂纹的萌生与扩展行为。研究材料有两种，A 材为部分 20μm 左右的 Si 粒子混合的雾化 Al-25Si 粉末（合金粉末冷却速度为 10^2K/s）；B 材为雾化合金粉末，凝固速度为 10^3K/s、具有微细 Si 粒子的 Al-25Si 均匀粉末。A 材在锻造时产生变形，垂直锻锤方向为 L 方向，坯料扩展方向为 C 方向。Si 粒子的长宽比 C/L 比为 1.07。实验结果表明，B 材 Si 粒子很小，锻造变形小，粒子大小没有什么变化。无论是 A 材还是 B 材裂纹的萌生源都在 Si 粒子和基体的界面上，对于 A 材来说，裂纹萌生寿命定义裂纹全长的 0.2mm，断裂寿命 $2a=2$mm，如图 2-46 所示，S-N 曲线中白圈符号为裂纹萌生寿命，裂纹萌生寿命约占断裂寿命的 80%。图 2-47 为 B 材的 S-N 曲线。A 材随着采样方向不同，其疲劳强度具有方向性，其原因为 Si 粒子的锻造变形；B 材随着采样方向不同，疲劳强度没有方向性，并且疲劳强度大于 A 材。

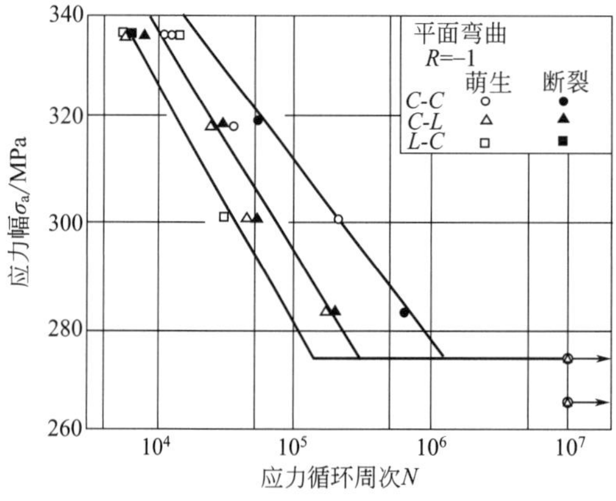

图 2-46　材料 A 的 S-N 曲线[81]

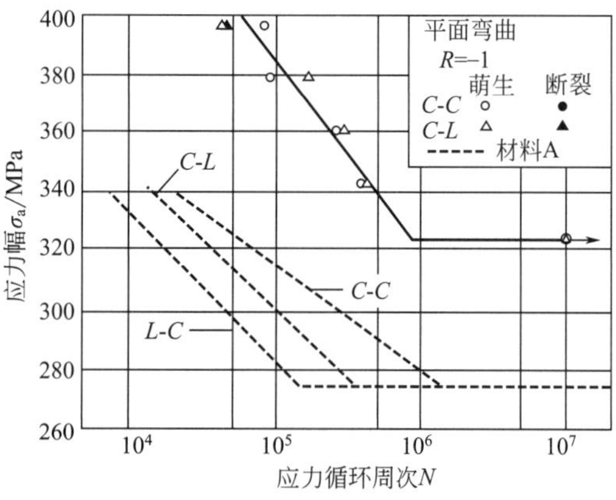

图 2-47　材料 B 的 S-N 曲线[81]

菅田淳等[82]人研究了 Al-15Zn 粉末冶金合金挤压材的裂纹萌生与扩展，得出如下结论：表面裂纹萌生源均为表面夹杂物，裂纹沿加载轴垂直方向直线扩展（加载轴方向为 L 方向，

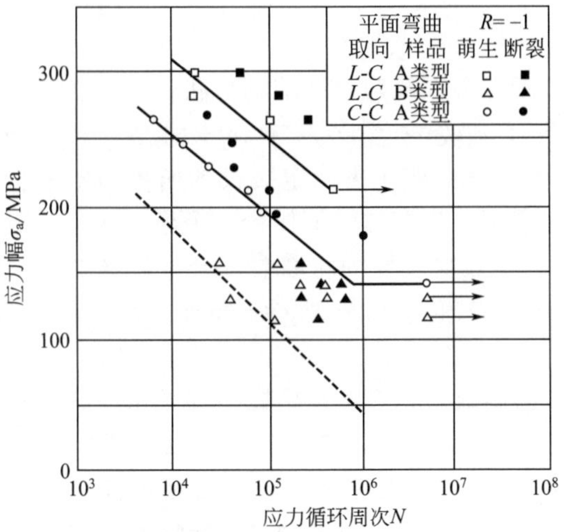

图 2-48　S-N 曲线[82]

即挤压方向，加载轴垂直方向为 C 方向）。多数情况下是从一个裂纹萌生源横向扩展直到断裂，也有多个裂纹汇合并扩展。如图 2-48所示，疲劳裂纹萌生寿命定义为短裂纹全长 $2a=0.2\text{mm}$，断裂寿命定义为长裂纹全长 $2a=3\text{mm}$，S-N 曲线中白圈（空心）符号为裂纹萌生寿命，黑圈（实心）符号为裂纹断裂寿命，A 类型为深切口试样，应力集中系数为 1.77，B 类型为浅切口试样，应力集中系数为 1.04。对于 A 类型试样来说，L-C 方向的疲劳寿命比 C-C 方向的疲劳寿命要长，表明裂纹萌生寿命受到材料不同方向取样的影响。对于 B 类型试样来说，浅切口试样裂纹萌生寿命数据离散，并且疲劳强度与同方向的 A 类型试样比要低得多，表明切口形状对裂纹萌生寿命有较大的影响。从总体来看，裂纹萌生寿命约占全疲劳寿命的 70%～80%。

菅田淳等人[83,84]还研究了 Al-12.85%MM-2.3%Ni-2.1%Zr-0.3%Mg（质量分数，MM 为 La、Ce、Sm 等稀土金属）粉末合金挤压材（称为 M 材）和 Al-17%Si-2%Fe-1.5%Ni-1.5%Zr-5%MM（质量分数）粉末合金热锻材（称为 S 材）的裂纹萌生与扩展。试样取样方向如图 2-49 所示，研究结果表明：①如图 2-50 和表 2-12 所示，M 材 L-C 方向的试样其裂纹萌生寿命和试样断裂寿命比 C-C 方向试样的两种寿命要长。试样采样方向不一，裂纹萌生寿命和断裂寿命具有各向异性。对 S 材来说，试样的疲劳寿命没有各向异性，和 M 材C-C方向寿命相等。②通过断面分析，M 材 C-C 方向试样其裂纹的萌生源为 Al-Si 系的沿挤压伸长的柱状夹杂物，M 材 L-C 方向的裂纹萌生源为结合力较弱的颗粒界面。③M 材 C-C 方向试样垂直于由挤压伸长的柱状夹杂物，因此在 C-C 试样表面出现夹杂物的概率比

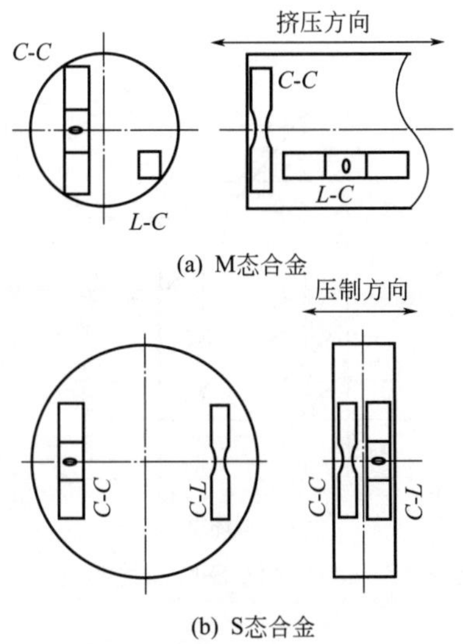

图 2-49　试样取样方向的示意[83]

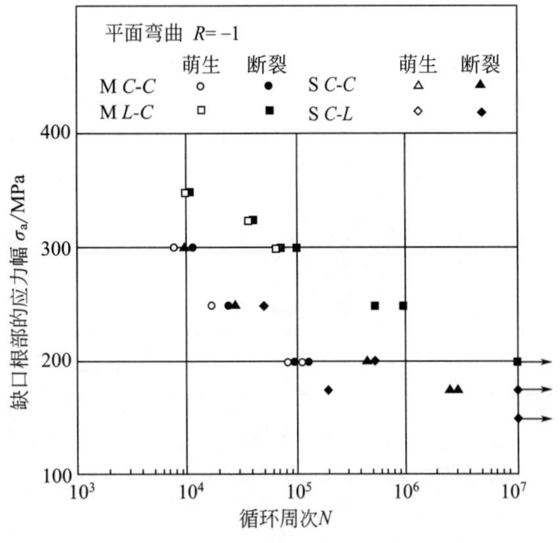

图 2-50　S-N 曲线[83]

L-C 方向试样的概率高得多，也可以说仅在 C-C 试样表面，裂纹萌生在夹杂物上。④S 材的试样无论如何取样，其疲劳裂纹的萌生源都为粉末颗粒界面，S 材的 S-N 曲线与试样的方向性无关。⑤对于 S 材来说，裂纹萌生机制与温度没有关系，在温度为 200℃ 和 250℃ 条件下，裂纹均在结合力比较弱的粉末颗粒界面上萌生；温度升高，疲劳强度降低。

表 2-12　材料 M 的疲劳寿命[83]

样品方向	应力幅 σ_a/MPa	循环周次		
		裂纹萌生 N_i	失效 N_f	裂纹扩展 N_f-N_i
C-C	300	8000	10900	2900
	250	15500	24000	8500
	200	80000	92500	12500
		119000	135500	16500
L-C	350	10500	11200	700
	325	40500	42200	1700
	300	65000	71000	6000
		103000	105700	2700
	250	550000	553000	3000
		890000	897200	7200
	200	$>10^7$	—	—

秋庭義明等人[85,86]研究了 SiC_p/Al2024 复合材料的裂纹萌生、扩展。早期工作中[85]对平均粒径为 3μm 和 30μm 的 SiC 颗粒强化的 Al2024 合金两种材料的裂纹萌生过程进行了 SEM 观察，发现当 SiC 颗粒为 3μm 时，裂纹萌生在基体中；当 SiC 颗粒为 30μm 时，裂纹接近 SiC 颗粒时引起粒子开裂。粒子开裂和主裂纹合并扩展。后期工作表明[86]，裂纹萌生在静态预变形作用下，裂纹在基体中萌生最多；其次裂纹萌生在 SiC 粒子和基体的界面上；再次裂纹萌生在 SiC 粒子附近的基体中，裂纹不萌生在开裂的粒子上。将预变形的材料进行疲劳试验，裂纹萌生位置与静态预变形裂纹萌生位置相同，其顺序为，裂纹萌生于基体中最多，在 SiC 粒子附近的基体中次之，再次为 SiC 粒子和基体界面上，裂纹不萌生在开裂的粒子上。图 2-51 为 SiC_p/Al2024 复合材料疲劳裂纹萌生位置图。表 2-13 为三种裂纹萌生位置的数量表。

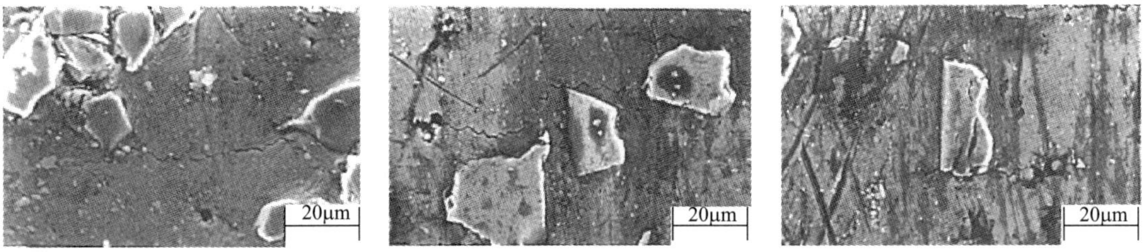

(a) 基体裂纹　(b) 近颗粒基体裂纹　(c) 界面分离

图 2-51　裂纹萌生

表 2-13 不同位置的裂纹萌生数量

裂纹	基体裂纹	近颗粒基体裂纹	界面分离
预变形	17	11	6
疲劳	27	14	5

冯玉书等人[87]研究了快速凝固 Al-Zn-Mg-Cu 系粉末铝合金的断裂特征与挤压比的关系，当挤压比为 10∶1 时，粉末颗粒没有实现完全结合，裂纹首先从粉末颗粒结合面萌生并扩展；当挤压比为 25∶1 时，粉末颗粒结合强度较好，断口基本为穿晶断裂，韧窝明显。候淑娥等人[88]研究不同粒度的 Al-Li-Mg-Zr 挤压合金的拉伸断口特征，采用 SEM 观察了粒度分别为<40μm、40～100μm、100～154μm 的挤压 Al-3.3Li-1.01Mg-0.06Zr 合金的拉伸断口。其共同特征是裂纹均起始于试样内部的夹杂，并以放射剪切特征扩展。粒度不同，剪切源的粗细及形式也不同。粒度<40μm 的合金，剪切源细，且呈劈-剪型（aⅠ）裂纹，表现为穿晶与个别沿晶断裂，沿粉末边界脱开的二次裂纹较多且粗大。40～100μm 的粉末合金，断口的放射剪切源粗，呈锯齿型（aⅡ）裂纹，出现穿晶加个别的沿晶层状断裂，沿粉末界面劈开的二次裂纹较少，并存在一些塑性变形良好的小锥面特征。100～154μm 粉末合金的断口放射剪切源粗并呈 aⅠ型，明显可见沿粉末边界劈开的二次裂纹为穿晶、沿晶混合断裂。

2.2.2 粉末铝合金的裂纹扩展

（1）影响疲劳裂纹扩展的内在因素

① 晶粒尺寸和颗粒边界的影响　众所周知，材料的晶粒尺寸会显著影响其疲劳性能，一般来说，粗晶结构会导致疲劳裂纹门槛值的增大和裂纹扩展速率的降低，但同时也会降低材料的疲劳强度；细晶结构具有较高的裂纹抗力和较高的疲劳强度，但裂纹扩展速率变大。因此需对材料进行合理的显微结构设计，使其同时具有高的疲劳强度和裂纹扩展抗力。

Pao 等人[89]通过比较铸造（IM）Al-7%Mg（质量分数）合金（晶粒尺寸约为 100μm）、粉末冶金（PM）Al-7%Mg（质量分数）合金（晶粒尺寸约为 2μm）与超细晶（UFG）粉末冶金 Al-7.5%Mg（质量分数）合金（晶粒尺寸约为 0.25μm）的疲劳裂纹扩展行为，发现晶粒尺寸的减小会导致疲劳裂纹扩展门槛值的减小与疲劳裂纹扩展速率 da/dN 的增大。图 2-52 给出了三种合金裂纹扩展速率和应力强度因子范围的关系。如图所示，IM Al-7% Mg、PM Al-7%Mg 和 UFG Al-7%Mg 的表面应力强度因子范围门槛值 ΔK_{th}分别为 2.70MPa·m$^{1/2}$、1.95MPa·m$^{1/2}$和 1.07MPa·m$^{1/2}$，裂纹扩展速率随晶粒度减小而增大，但是随着 ΔK 值的增大，疲劳裂纹扩展速率的差异逐渐减小，ΔK >7MPa·m$^{1/2}$时，差异基本消失。研究者认为裂纹扩展速率随着晶粒度减小而增大的主要原因为：断裂面粗糙度的降低影响了裂纹的闭合和偏转。铸造 Al-7%Mg 合金、粉末冶金 Al-7%Mg 合金、细晶粉末冶金 Al-7.5%Mg 合金在近门槛值附近的断裂面粗糙度分别为 13μm、2.4μm、0.2μm。铸造 Al-7%Mg 合金断裂面上高的粗糙度会导致裂纹闭合效应，减小裂纹尖端的有效驱动力，导致更高的 ΔK_{th}

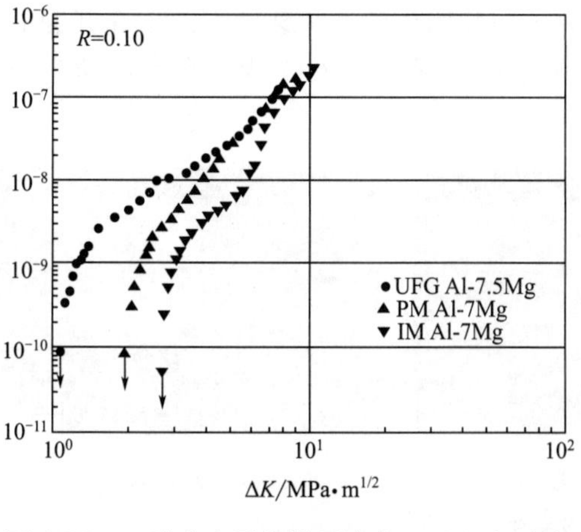

图 2-52　三种合金裂纹扩展速率 da/dN 与应力强度因子范围 ΔK 的关系[89]

和更低的 da/dN。这一机制在低应力比（$R=0.1$）下，裂纹闭合效应十分显著。同样，裂纹路径的偏转机制也是造成晶粒尺寸效应的一个重要原因，裂纹尖端有效应力强度因子随着裂纹路径的偏转而减小。图 2-53 给出了 Al-7%Mg 合金的近临界疲劳裂纹表面形貌，铸造 Al-7%Mg合金断面非常粗糙，晶内断裂，裂纹扩展路径呈锯齿状，比较曲折；细晶粉末冶金 Al-7.5%Mg合金断面也较为粗糙，穿晶断裂，裂纹扩展路径比较平直；超细晶Al-7.5%Mg合金断裂面形貌非常光滑。Voss 等人[78]比较了 IM 和 PM2024 铝合金的疲劳裂纹扩展行为，晶粒尺寸较大的 IM2024 铝合金具有更高的裂纹扩展门槛值和更低的裂纹扩展速率，当疲劳裂纹扩展速率在 10^{-3}mm/周次以下时，IM2024 合金在同一 ΔK 值下比 PM2024 裂纹扩展速率要慢。在 $\Delta K=10\text{MPa}\cdot\text{m}^{1/2}$时，PM2024 合金裂纹扩展速率比 IM2024 合金快 2.4 倍，在 $\Delta K=6\text{MPa}\cdot\text{m}^{1/2}$时，PM2024 合金裂纹扩展速率比 IM2024 合金几乎快了一个数量级，ΔK_{th}比 IM2024 合金低 $2\text{MPa}\cdot\text{m}^{1/2}$。IM 和 PM 两种合金的疲劳断口，在高 ΔK 值下是穿晶韧窝型断裂，在低 ΔK 值时是沿滑移带的穿晶断裂。在低 ΔK 值时，PM 制品较细小的晶粒尺寸对断口有明显影响，晶间断裂减少 10%。研究者认为可采用附加的形变热处理来改善 PM2024 铝合金的裂纹扩展抗力。图 2-54 给出了 IM2024 和 PM2024 合金挤压件的疲劳特性曲线。如图所示在 10^7周期断裂概率为 50%的情况下，PM 自然时效的制品疲劳强度比 IM 自然时效制品提高了 46%［图 2-54(a)］，PM 人工时效制品的疲劳强度比 IM 人工时效制品的疲劳强度提高了 11%［图 2-54(b)］。

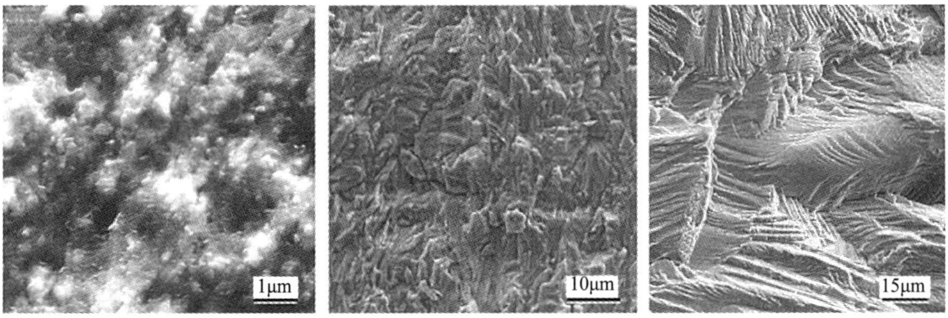

(a) 超细晶Al-7.5%Mg　(b) 粉末冶金Al-7%Mg　(c) 铸造Al-7%Mg

图 2-53　近门槛值的超细晶 Al-7.5%Mg、粉末冶金 Al-7%Mg、铸造 Al-7%Mg 的疲劳断面形貌[89]

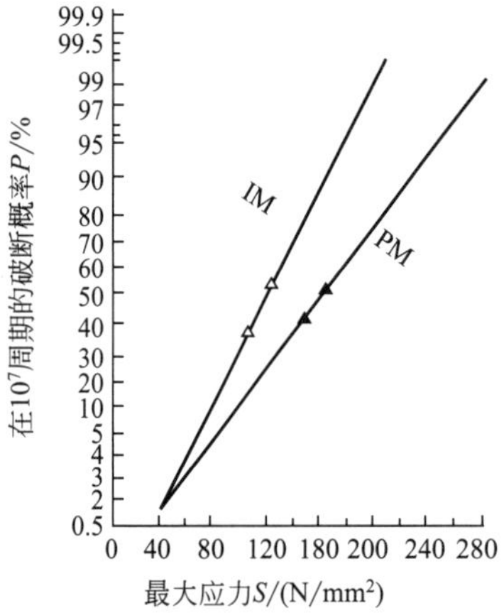

(a) 自然时效的2024合金挤压件的疲劳特性曲线

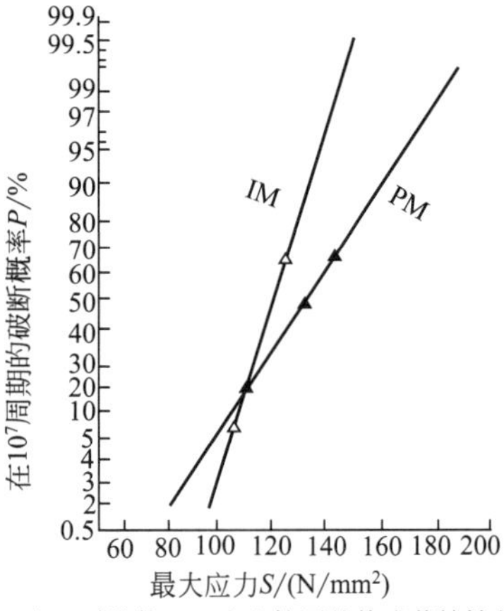

(b) 人工时效的2024合金挤压件的疲劳特性曲线

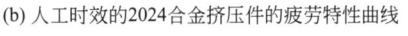

图 2-54

自然时效的2024-T3510$S^{P}_{10^7}$　　单位：N/mm²

合金	P				
	1%	10%	50%	90%	99%
▲—PM	45	94.5	155	216	266
△—IM	45	77	106.4	156	188

注：K=3,R=0.1,恒幅，轴向应力

人工时效的2024$S^{P}_{10^7}$　　单位：N/mm²

合金	P				
	1%	10%	50%	90%	99%
▲ PM2024–T854	89	112	140	168	190
△ IM2024–T851	101	112	126	140	151

注：K=3,R=0.1,恒幅，轴向应力

图 2-54　IM2024 和 PM2024 挤压件的疲劳特性[78]

Hanlon 等人[55]研究了采用低温球磨得到的超细晶 Al-7.5Mg 合金（平均晶粒尺寸为 300nm）的 da/dN-ΔK 曲线并和商用 5083Al-Mg 合金的 da/dN-ΔK 曲线进行了比较（图2-55），图中结果表明，从微晶到超细晶，晶粒细化可导致 ΔK_{th} 明显减小和裂纹增长速率显著增大。

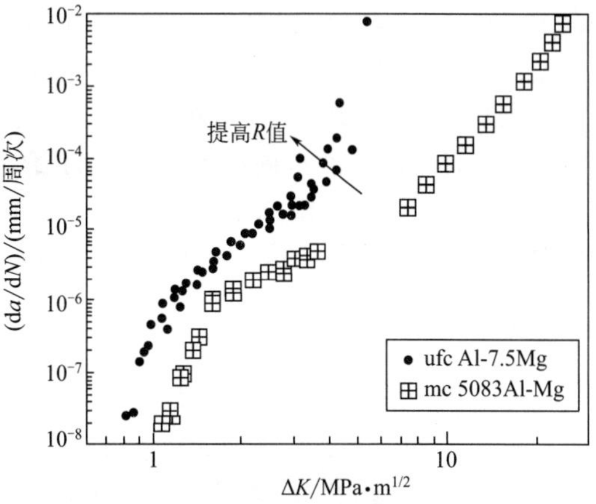

图 2-55　在频率为 10Hz、应力比 R= 0.1～0.5 时，低温球磨得到的 Al-7.5Mg 超细晶合金和应力比为 R= 0.33 的商用 5083Al-Mg 合金的 da/dN-ΔK 曲线[55]

Huang 等人[90]对铸锻和粉末冶金的 AA6061 合金 da/dN-ΔK 曲线进行了比较，IM 的晶粒尺寸为 200μm×100μm×300μm，PM 平均晶粒尺寸为 4μm×2μm×5μm，如图 2-56 所示，在同一 ΔK 值下，IM 合金的裂纹扩展速率明显低于 PM 合金的裂纹扩展速率。

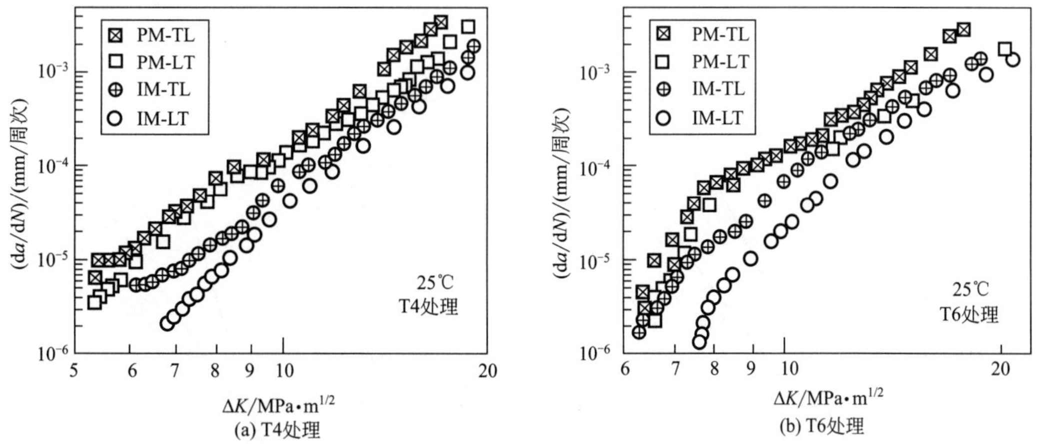

图 2-56　在室温下经 T4 和 T6 处理的 IM 和 PM 合金在 LT 和 TL 取向的 da/dN-ΔK 曲线[90]

菅田淳等人[91]研究了粉末冶金超微细铝合金单幅和多幅加载的循环疲劳裂纹扩展问题，所谓超微晶是指晶粒尺寸为 200～500nm。其中单幅加载试验为 Test-1、Test-2、Test-3，应力比为 0.1、0.113 和 0.129，双幅加载参数如图 2-57 和表 2-14 所示，试验为 Test-4 和 Test-5。图 2-58 为单幅加载的超微细铝合金［Al-17%Si -1.5%Ni-1.5%Zr-2%Fe -5%MM

(稀土金属)(质量分数)] 的 da/dN 与 ΔK、ΔK_{eff}关系图，图中结果表明，应力比（R＝0.1～0.129）对 S-N 曲线没有影响，da/dN-ΔK 曲线中 $\Delta K_{th}=2.5MPa\cdot m^{1/2}$，对四种不同稀土含量的铝合金来说，当晶粒尺寸为 10μm 时，$\Delta K_{th}=1.9\sim2.5MPa\cdot m^{1/2}$。图 2-59 为开口比 U（$=K_{eff}/\Delta K$）与 K_{max}的关系图。从图中可以看出，随着 K_{max}的增大，U 值变大，只是在 $K_{max}=4.0MPa\cdot m^{1/2}$以后，曲线斜率发生变化，随着 K_{max}增大，U 增大速度变缓，逐渐变为一个定值。有两种情况诱发裂纹尖端闭合，一种情况是裂纹尖端的塑性区变小引起的裂纹闭合；另一种情况是断口粗糙度变大引起裂纹闭合。平面应变状态下的有效循环中的裂纹尖端塑性区 $\omega_{p,eff}$的尺寸为：

$$\omega_{p,eff}=\frac{1}{2\sqrt{2\pi}}\left(\frac{\Delta K_{eff}}{2\sigma_{0.2}}\right) \tag{2-7}$$

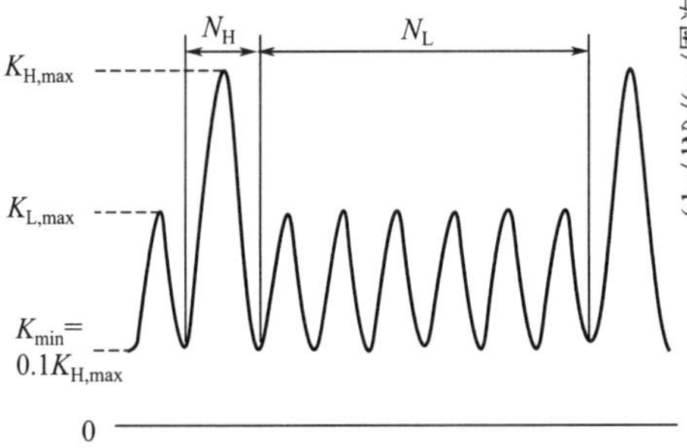

图 2-57　双幅加载模式[91]

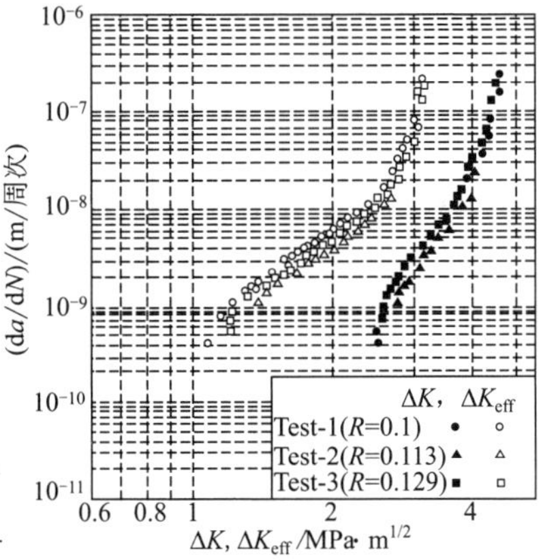

图 2-58　da/dN 与 ΔK、ΔK_{eff}的关系[91]

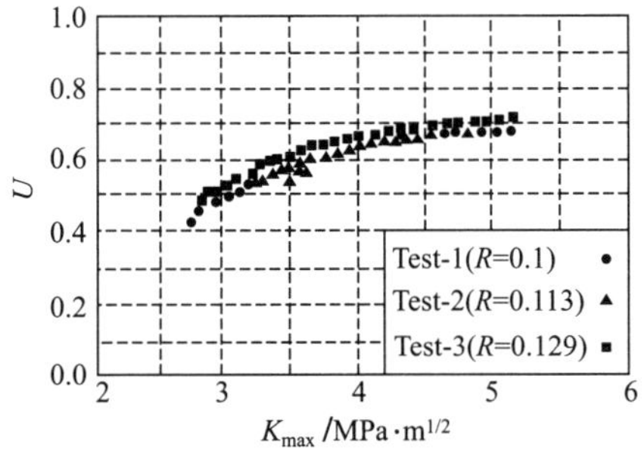

图 2-59　U 和 K_{max}的关系[91]

表 2-14　双幅加载参数[91]

试验号	$K_{L,max}/MPa\cdot m^{1/2}$	$K_{H,max}/MPa\cdot m^{1/2}$	$K_{H,min}=K_{L,min}/MPa\cdot m^{1/2}$	R_H	R_L	$N_H:N_L$
Test-4	3.5	4.5	0.45	0.1	0.129	1∶100
Test-5	4.0				0.113	

式中，$\sigma_{0.2}$为屈服应力；$\omega_{p,eff}$和晶粒尺寸有一定的关联度。$\omega_{p,eff}$约为晶粒尺寸 1～3 倍时，有幅度 1μm 以下细小的凹凸断面，裂纹沿晶界扩展，当 $\omega_{p,eff}$大于晶粒尺寸 5 倍以上时，凹凸面消失，裂纹在晶内扩展，塑性区变小诱发裂纹闭合。粗糙度增大同样也会引起裂纹闭

合，可以采用相对粗糙度 R_z/δ_0 来表征裂纹闭合，最大裂纹开口位移 δ_0 为：

$$\delta_0 = K_{max}^2/E \cdot \sigma_{0.2} \tag{2-8}$$

式中，E 为杨氏模量。

图 2-60 给出了 R_z/δ_0 和 K_{max}的关系图，其中图中白圈为测量结果的平均值，随着 K_{max}的增大，R_z/δ_0 缓慢下降。当 $K_{max}>4MPa \cdot m^{1/2}$时，$R_z/\delta_0$ 为一定值，这个规律和图 2-59 中 U-K_{max}关系有相同的规律，即 $K_{max}>4MPa \cdot m^{1/2}$时，开口比为一定值。当 $K_{max}<4MPa \cdot m^{1/2}$时，断面粗糙度变小（图 2-61），但相对粗糙度变大，因此在低 K_{max}区域，断面相对粗糙度诱发裂纹闭合效果显著，使得 U 值变低。

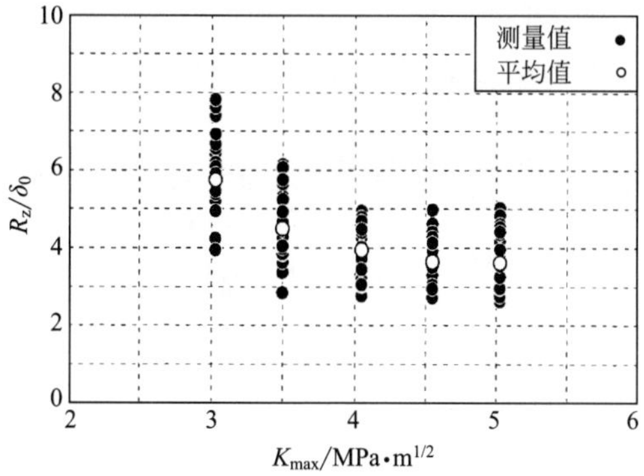

图 2-60　R_z/δ_0和 K_{max}的关系（Test -1）[91]

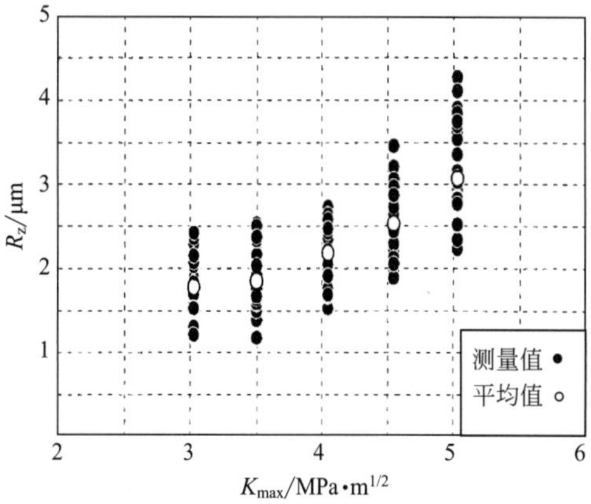

图 2-61　R_z 和 K_{max}的关系（Test-1）[91]

图 2-62 和图 2-63 分别为双幅加载试验 Test-4 和 Test-5 的低载荷下的裂纹扩展速率 $(da/dN)_L^*$ 和 ΔK_L 的关系，在低载荷下裂纹扩展速率很小，分别测定有一定困难，$(da/dN)_L^*$ 可以用式（2-9）来计算：

$$(da/dN)_L^* = [(N_H+N_L)(da/dN) - N_H(da/dN)_H]/N_L \tag{2-9}$$

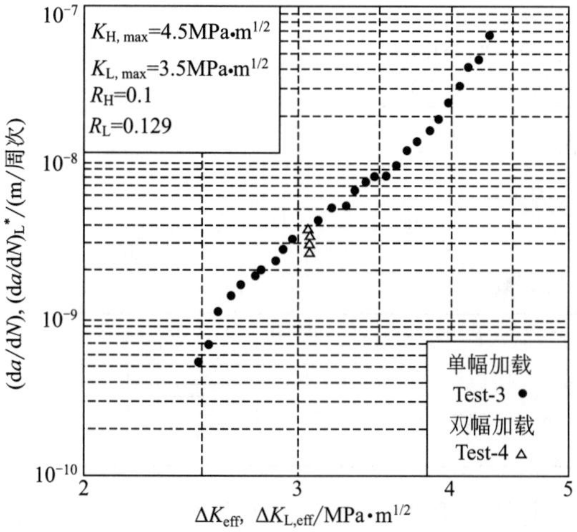

图 2-62　$(da/dN)_L^*$ 与 $\Delta K_{L,eff}$的关系（Test-4）[91]

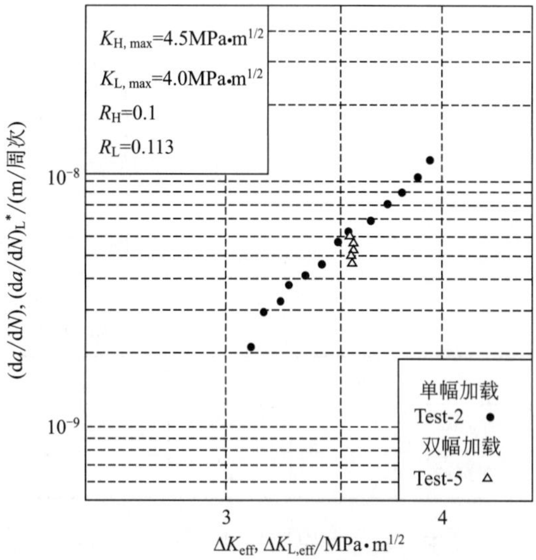

图 2-63　$(da/dN)_L^*$ 与 $\Delta K_{L,eff}$的关系（Test-5）[91]

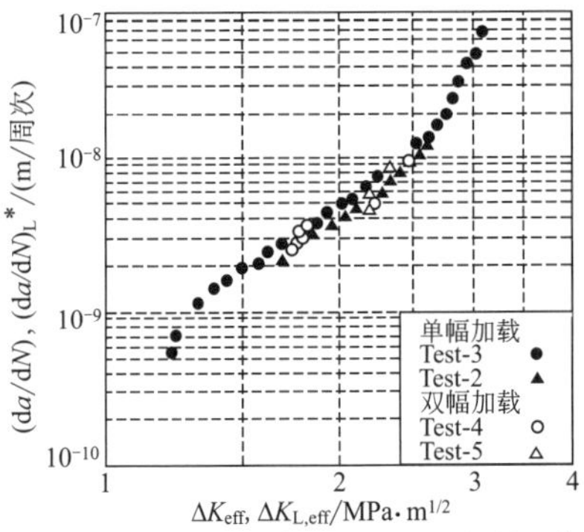

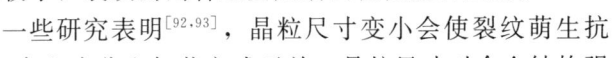

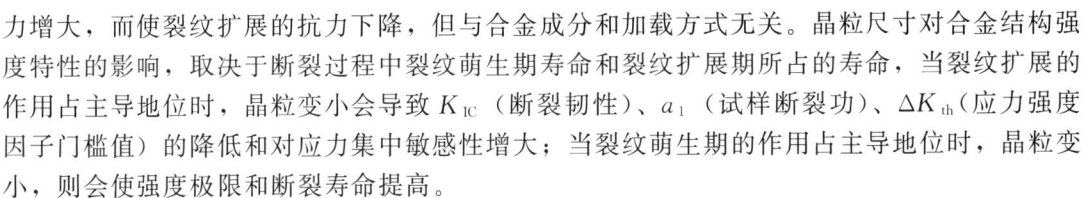

图 2-64　$(da/dN)_L^*$ 与 $\Delta K_{L,eff}$ 的关系[91]

da/dN 是实测的一组数据的平均值，$(da/dN)_L^*$ 是单幅加载的 da/dN-ΔK_{eff} 关系中预测的高载荷下的裂纹扩展速率。从图 2-62 看出，Test-4 试验中，$(da/dN)_L^*$ 比单幅加载的裂纹扩展速率有所延迟。从图 2-63 看出，Test-5 试验中的裂纹扩展速率由于应力比较小，导致裂纹扩展速率延迟程度要小些。当采用 $(da/dN)_L^*$ 与 $\Delta K_{L,eff}$ 关系来描述时（图 2-64），在考虑了裂纹开闭口行为时，单幅加载和双幅加载的裂纹扩展速率是一致的。另外，断面粗糙度测定表明，合金塑性对裂纹闭合的影响比较小，裂纹的闭合主要是断面粗糙度引起的。

一些研究表明[92,93]，晶粒尺寸变小会使裂纹萌生抗力增大，而使裂纹扩展的抗力下降，但与合金成分和加载方式无关。晶粒尺寸对合金结构强度特性的影响，取决于断裂过程中裂纹萌生期寿命和裂纹扩展期所占的寿命，当裂纹扩展的作用占主导地位时，晶粒变小会导致 K_{IC}（断裂韧性）、a_1（试样断裂功）、ΔK_{th}(应力强度因子门槛值）的降低和对应力集中敏感性增大；当裂纹萌生期的作用占主导地位时，晶粒变小，则会使强度极限和断裂寿命提高。

一般来说，细晶的获得有多种方式，最重要的方式是快速凝固-粉末冶金、强塑性变形（SPD）和热处理等方法。对强塑性变形方法来说，也有多种制备工艺，如等径角挤压（ECAP)、扭转挤压、周期挤压、往复挤压、多向锻造、高压扭转、累积轧制和摩擦搅拌等。SPD 材料在制备过程中引起晶粒变小达到亚微米和微米级别，其晶界演化为高比例的小角度晶界和合理分布的高角度晶界，高比例的小角度晶界是由于 ECAP 变形后产生大量过剩位错而引起的，但随着道次的增加，平均的晶界角度也增大。强塑性变形由于引入非常高的应变，材料内部产生高密度位错，析出相破碎，发生回溶、分解等微观组织的变化。Washikita 等人[94]研究了 ECAP 变形对 Al-Mg-Sc-Zr 合金的疲劳性能的影响，发现高周疲劳强度和低周疲劳强度都有明显的提高，另外在拉伸测试过程中出现了明显的应变强化导致疲劳寿命的提高。Patlan 等人[95]研究了 ECAP 变形 5056Al-Mg 合金在应力和应变作用下的疲劳性能，与未经 EPAC 变形合金相比，变形后的合金具有高的低周疲劳强度，但其应变疲劳寿命却明显小于未变形合金。Tsuji 等人[96]研究了通过累积轧制（ARB）方法制备的超细晶 1100 工业纯铝的疲劳强度，发现随着晶粒尺寸的减小，其疲劳强度增大。Vinogradov 等人[97]对 ECAP 变形 Al-Mg-Sc 合金疲劳寿命的研究发现，其高周疲劳强度和低周疲劳强度均有所提高，但提高程度不是十分显著。

对于快速凝固-粉末冶金铝合金来说，采用急冷凝固获得的粉末其显微结构发生了明显变化，如溶质原子固溶度大幅度提高，晶粒尺寸和第二相明显细化，合金的溶质浓度和位错密度大大增加；在粉末成形中材料中存在颗粒边界，由于粉末表面存在着氧化薄膜，颗粒边界之间容易构成非冶金结合界面，通过加大致密化程度，也不能完全消灭非冶金结合界面。另外，由于颗粒界面存在大量的弥散第二相，且位错密度相当高，因此通过变形很难获得再结晶组织。颗粒边界有利于裂纹萌生和扩展，并且在低周疲劳状况下，裂纹扩展速率较高，应变疲劳寿命较低。

由结晶粗晶组织转变为再结晶细晶组织时，强度特性增加不多（2%～5%），但塑性却有较大程度的提高（9%～30%），其高周疲劳强度有所提高，裂纹形成占材料寿命的60%～90%。在低周疲劳情况下，寿命有所降低。再结晶对粉末颗粒非冶金结合界面有很大的好处，能有效地减低裂纹的萌生和扩展。

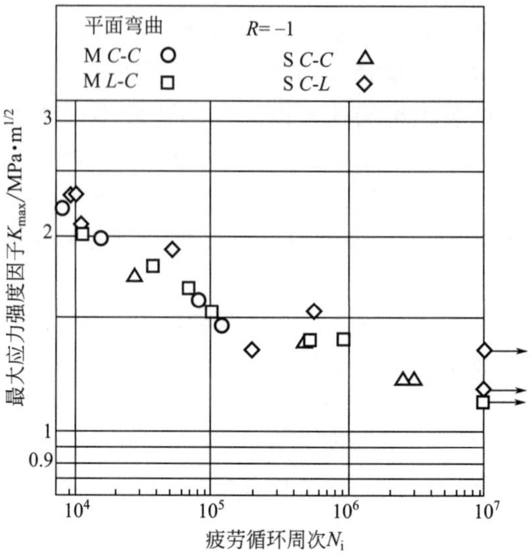

图 2-65　最大应力强度因子 K_{max}与疲劳循环周次 N_i的关系[83]

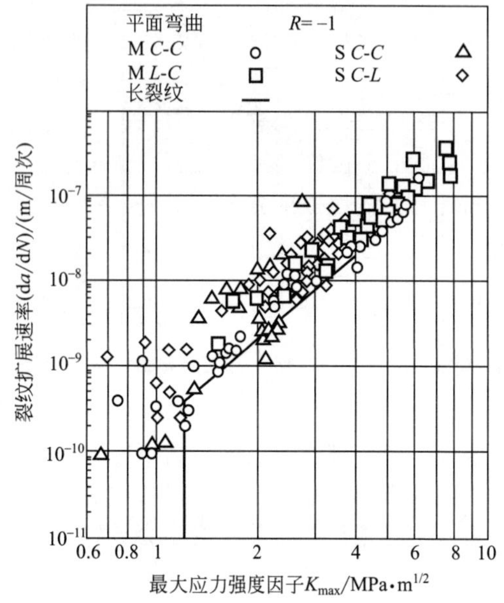

图 2-66　最大应力强度因子 K_{max}与疲劳裂纹扩展速率 da/dN 的关系[83]

② 夹杂物的影响　粉末铝合金的主要夹杂包括氧化物夹杂、脆性杂质相粒子（Fe、Si 类）、非金属夹杂物和粗大的第二相粒子（Zr、Cr、Mn、Fe、Co 类）等。减少或消除粉末冶金铝合金中硬的夹杂物是提高疲劳抗力的一种有效方法。当基体中存在夹杂物时，夹杂物和变形基体的应变不协调以及夹杂物与基体的热膨胀系数不同，都会导致残余应力的产生，使得疲劳裂纹更容易在夹杂物边缘处萌生与扩展。与基体内部夹杂物相比，表面夹杂物处的残余应力更大，应力集中程度更高，因此疲劳裂纹通常在材料表面或近表面的夹杂物处萌生与扩展[98]。粉末铝合金是一种累积损伤材料，裂纹萌生、汇合、并入主裂纹，使得裂纹扩展速率飞跃式提高。因此夹杂物的大小和数量对裂纹扩展速率有很大影响。另外，夹杂物在变形过程中自身产生变形，并且形成夹杂物织构对裂纹的扩展也有很大影响。如氧化物夹杂在挤压变形中，顺着挤压方向变形变成柱状夹杂物或从颗粒上剥离堆积在晶界旁。这些夹杂由于种类不同，挤压后变形方式不同，试样取样方向不同，使得同一材料各种试样的裂纹扩展速率产生各向异性。研究表明，夹杂物的面积影响裂纹扩展速率和疲劳寿命，根据村上敬宜等人[99]的理论，缺陷的面积（$area$）和 K_{max}的关系如下：

$$K_{max}=0.65\sqrt{\pi\sqrt{area}} \tag{2-10}$$

菅田淳等人[83]通过计算得出的 K_{max}（最大应力强度因子）与疲劳循环周次的关系如图2-65所示，K_{max}与疲劳裂纹扩展速率的关系如图 2-66 所示，图中结果表明 K_{max}越大，裂纹扩展速率越快，疲劳寿命越短。可以通过$\sqrt{area}$算出 K_{max}值，粉末挤压 M 材 L-C 方向和粉末热锻 S 材C-C方向、L-C 方向均为颗粒氧化物夹杂，可以把粉末颗粒投影面积作为缺陷的投影面积（图 2-67）。

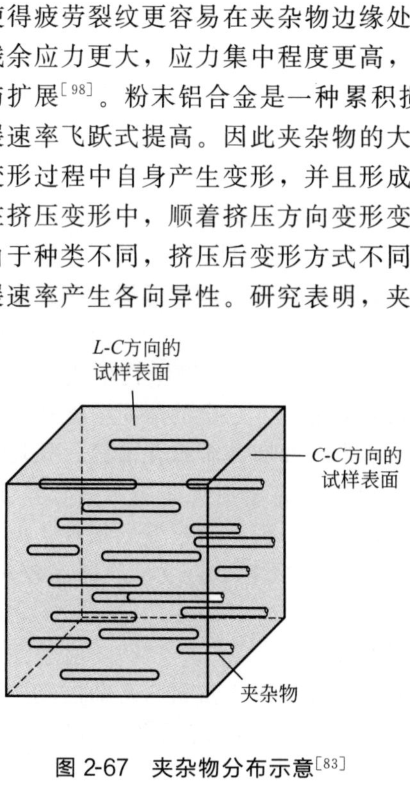

图 2-67　夹杂物分布示意[83]

虽然随着熔炼和制粉技术的提高，粉末铝合金大尺寸的非金属夹杂、粗大的金属第二相粒子出现概率相对较低，常规的夹杂物检测也很难发现，但是大尺寸的夹杂物对裂纹萌生和扩展还是有很大影响的。菅田淳等人[82]采用极值统计学预测了 Al-15Zn 粉末冶金合金的最大夹杂物尺寸，采用的方法为：先求出概率分布公式，子试样的面积为 $S_1=5.8\times10^{-8}m^2$，进行 100 个子试样的随机抽检，测定的最大夹杂物尺寸的概率分布如图 2-68 所示，从图中得出最大夹杂物概率分布如下式：

$$\ln\ln\frac{1}{F}=-0.0565(2a)+0.83 \tag{2-11}$$

式中，F 为概率；$2a$ 为最大夹杂物尺寸。

当旋转平滑试样，平行部分直径 $d=10mm$，长度 $l=30mm$ 时，平行部分的表面积 $S_2=9.42\times10^{-4}m^2$，对 10 个试样的重现期 $T=10S_2/S_1$，$F=1-\frac{1}{T}=0.99999$，出现最大夹杂物的尺寸 $2a=227\mu m$。假设裂纹表面长度为 $2a$ 的半圆，再根据 Newnan-Raju 公式[100]计算出应力强度因子 K_i，通过测定应力强度因子与疲劳寿命 N_i 的关系（图 2-69），并得到 K_i 和 N_i 的关系式：

$$K_i=-1.24\lg N_i+8.24 \tag{2-12}$$

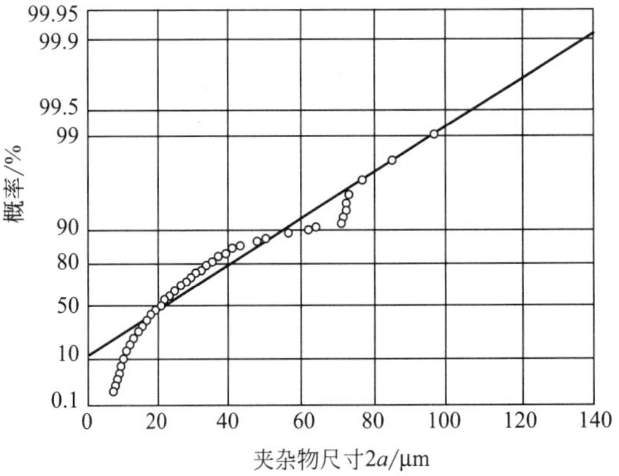

图 2-68　夹杂物尺寸的概率分布[82]

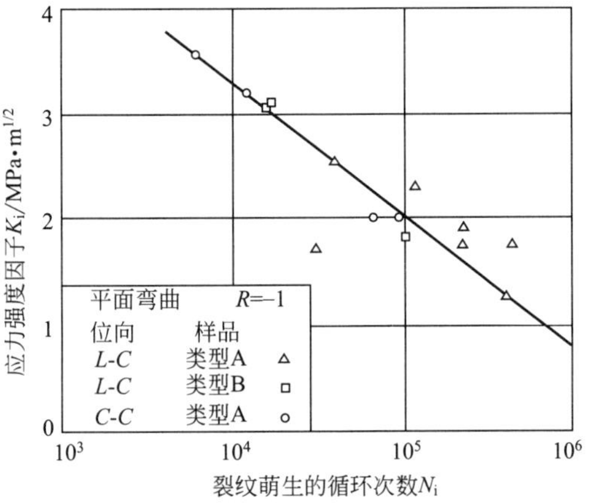

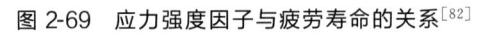

图 2-69　应力强度因子与疲劳寿命的关系[82]

再根据应力幅与应力强度因子的函数关系代入式（2-12），求出应力幅与疲劳寿命的关系：

$$\sigma_\lambda=-72.9\lg N_i+484.8 \tag{2-13}$$

Hanlon 等人[55]在机械合金化制备的 Al-7.5%Mg（质量分数）合金的疲劳断面上观察到破碎的夹杂物，疲劳裂纹易沿着夹杂物发生扩展。如图 2-70 所示，疲劳断裂方式为穿晶断裂，同时伴随着夹杂物颗粒（箭头所示）的破碎。机械合金化过程引入的这些脆性夹杂物会导致 Al-7.5%Mg（质量分数）合金的断裂韧性降低，使其在疲劳裂纹扩展过程中发生突然失效。Chawla 等人[101]研究了 2080 铝合金（Al-3.6Cu-1.9Mg）和 2080/SiC 的疲劳裂纹萌生和扩展，观察到疲劳裂纹主要在富 Fe 夹杂物处萌生，并且大部分疲劳裂纹是在试样表面或近表面的夹杂物处萌生，少量的疲劳裂纹在基体内部的夹杂物处萌生。如图 2-71 所示，在 18000 次循环后，夹杂物发生破裂，疲劳裂纹在夹杂物两侧的基体中成核，然后向基体中扩展。

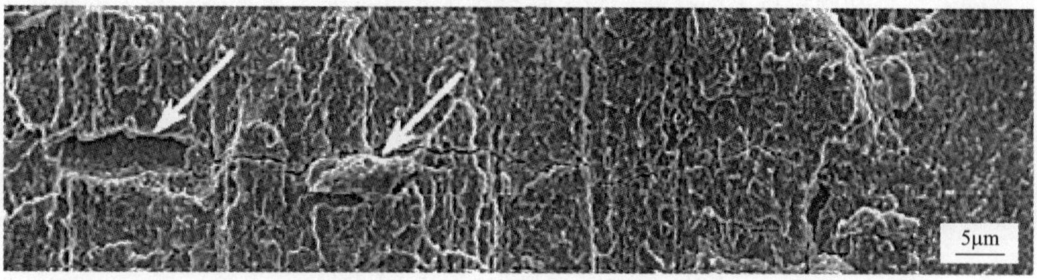

图 2-70　Al-7.5%Mg 的疲劳断面，穿晶断裂和破碎的夹杂物颗粒（箭头所示）[55]

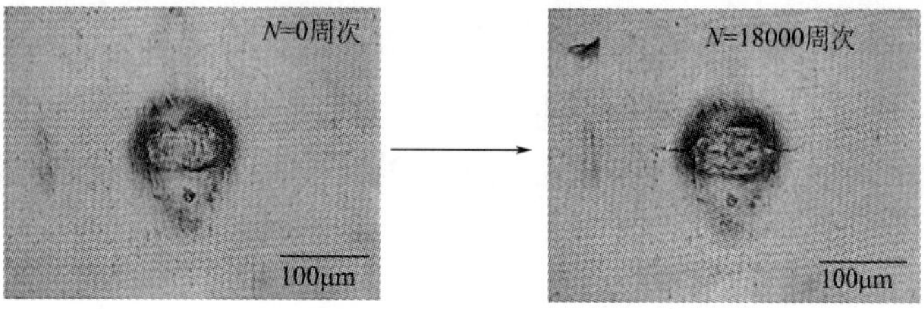

图 2-71　2080Al 合金的疲劳裂纹萌生与扩展的光学显微镜图[101]

Chawla 等人[102]还发现夹杂物的尺寸也会对材料的疲劳性能产生影响，材料的疲劳寿命随着夹杂物尺寸的增大而降低。图 2-72(a) 和 (b) 分别为 $2080/SiC/20_p$和 $2080/SiC/30_p$的疲劳寿命和夹杂物尺寸的关系，图中结果表明，对于 $2080/SiC/20_p$复合材料来说，夹杂物尺寸越大，疲劳寿命越短，但对 $2080/SiC/30_p$来说，夹杂物尺寸和疲劳寿命无关。图 2-73 为未增强的 2080 合金和 $2080/SiC/20_p$ 裂纹长度与循环周次的关系。图中结果表明，$2080/SiC/20_p$复合材料的裂纹扩展比未增强的 2080 合金更加困难，其原因为 SiC 颗粒引起裂纹偏转和屏蔽，并且 $2080/SiC/20_p$ 合金裂纹萌生要比 2080Al 合金晚。图 2-74 给出了 $2080/SiC/20_p$合金的萌生周期和总疲劳寿命比值（N_i/N_f）的关系，并且与 Lukasak 和 Koss[103]给出的 $Al\text{-}Mg\text{-}Si/Si_p$复合材料进行了对比。图中结果表明，在两个不同区域表现了 S 形曲线，一个为低循环状态，一个为高循环状态。在低循环状态下，裂纹萌生发生在疲劳早期，在高循环状态下，裂纹萌生发生较晚（约占疲劳寿命的 80%）。

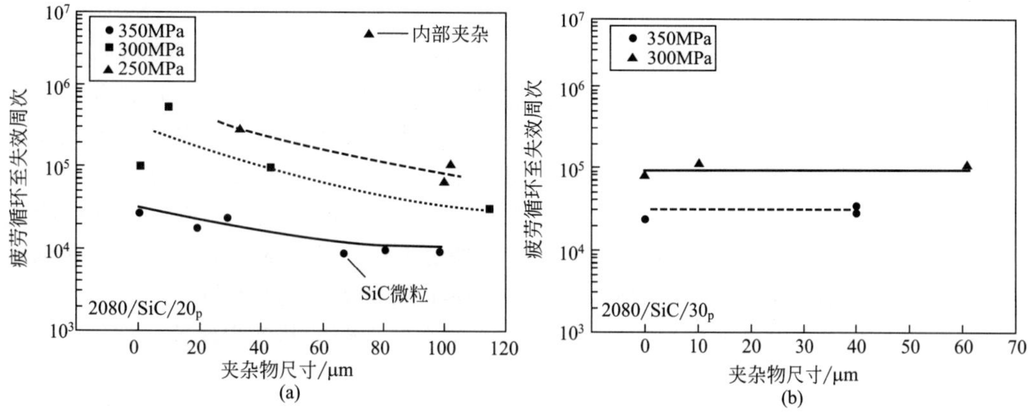

图 2-72　$2080/SiC/20_p$和 $2080/SiC/30_p$的疲劳寿命和夹杂物尺寸的关系[101]

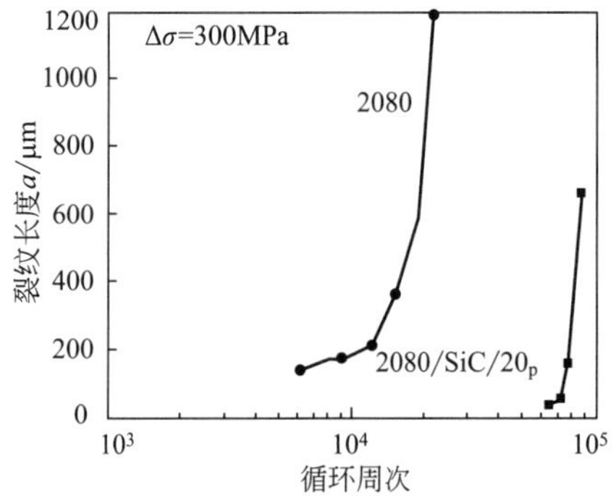

图 2-73　未增强的 2080 合金和 2080/SiC/20_p 裂纹长度与循环周次的关系[101]

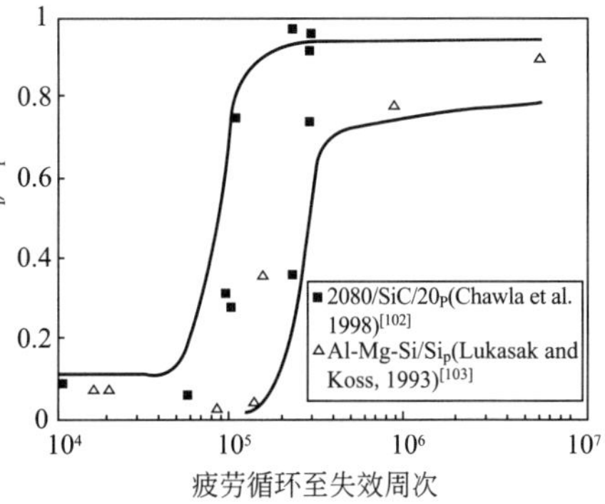

图 2-74　2080/SiC/20_p 合金的萌生周期和总疲劳寿命比值的关系[101]

③ 增强相的影响　目前有关增强相对粉末铝基复合材料疲劳性能的研究，主要集中在增强相的体积分数、尺寸、形状、分布和基体强度对疲劳裂纹扩展的影响。

a. 增强相的体积分数　Milan 等[104]通过对 2124 铝合金，17%、25%和 35%（体积分数）SiC_p/2124 铝基复合材料的疲劳裂纹扩展行为的研究，得到如下结论：ΔK_{th}随着增强相体积分数的增加而增大。增强相体积分数增加时，SiC 颗粒的存在对裂纹扩展起了阻碍作用，裂纹偏转引起断裂面粗糙度增大，导致裂纹尖端张开位移的减小和裂纹闭合程度的增加。强度和刚度的增大导致裂纹尖端的塑性变形程度降低，这些都使得复合材料的疲劳裂纹扩展抗力增加。靠近临界区和 Paris 区，随着 ΔK 的增大，裂纹闭合效应变得不显著，而疲劳裂纹扩展抗力仍然随着增强相体积分数的增加而增大；但是在瞬断区，2124 铝合金的疲劳裂纹扩展抗力更高。当 K_{max}接近于 K_{IC}时，断裂模式转变为静态断裂模式，增强相体积分数较高的复合材料的韧性更低，因此其疲劳裂纹扩展速率反而更大。图 2-75 给出了 SiC 颗粒体积分数对 Al2124 合金复合材料的疲劳裂纹扩展抗力的影响。图中结果表明，在临界区和 Paris 区，SiC 颗粒的体积分数增加，使得裂纹扩展速率减缓。另外，在复合材料中，在平面应变下，裂纹开口位移（CTOD）为：

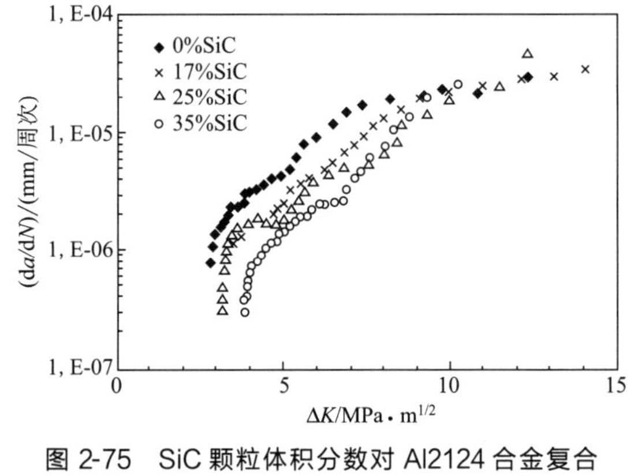

图 2-75　SiC 颗粒体积分数对 Al2124 合金复合材料的疲劳裂纹扩展抗力的影响[104]

$$CTOD=\frac{K(1-\nu^2)}{\sigma_{ys}E} \tag{2-14}$$

式中，ν 为泊松比；σ_{ys}为屈服强度；E 为弹性模量；K 为应力强度因子。当 SiC 颗粒体积增加后，不仅表面粗糙度增大，弹性模量 E 和屈服强度也增大，使得 CTOD 减小。

表 2-15 给出了几种材料在不同的外加应力强度因子下的 CTOD 值。

表 2-15　几种材料在不同的外加应力强度因子下的 CTOD 值[104]

材料	CTOD/μm		
	$K=5.0\text{MPa}\cdot\text{m}^{1/2}$	$K=7.0\text{MPa}\cdot\text{m}^{1/2}$	$K=10.0\text{MPa}\cdot\text{m}^{1/2}$
Al2124	2.00	3.92	8.01
Al2124+17% SiC(3μm)	1.23	2.41	4.92
Al2124+25% SiC(3μm)	0.71	1.40	2.86
Al2124+35% SiC(3μm)	0.42	0.82	1.67
Al2124+25% SiC(20μm)	1.14	2.23	4.56
Al6061+25% SiC(3μm)	0.87	1.70	3.45

小林俊郎等人[105]研究了 SiC 强化铝基复合材料的疲劳裂纹扩展特性，采用 6061 合金粉末和 SiC 粉末半固态（843K）挤压成形，材料在 803K 固溶 2h 后，在 348K、8h 人工时效（T6）处理。图 2-76 给出了几种不同体积分数 SiC_p/6061-T6 复合材料的裂纹扩展速率 da/dN 与应力强度因子范围 ΔK 的关系。图中结果表明，SiC_p/6061-T_6 复合材料随着 SiC 体积分数增加，ΔK_{th} 增大，裂纹扩展速率降低，几种复合材料在第二阶段符合 Paris 公式：

$$da/dN=C(\Delta K)^m \tag{2-15}$$

式中，C 为常数；m 为指数。

表 2-16 给出了式（2-15）的各项参数值。图 2-77 给出了表征裂纹开口行为的 K_{op}/K_{max} 和 K_{max} 的关系。K_{op} 为裂纹开口的应力强度因子，K_{max} 表示最大应力强度因子。结果表明，30%（体积分数）SiC 的复合材料 K_{max} 在 $6\text{MPa}\cdot\text{m}^{1/2}$ 以上，K_{op}/K_{max} 随 K_{max} 增大而保持不变，这表明主要是由塑性诱发裂纹闭合；在 $6\text{MPa}\cdot\text{m}^{1/2}$ 以下并接近 K_{max} 的门槛值时，K_{op}/K_{max} 急剧上升。对于 10%（体积分数）SiC 的复合材料，K_{op}/K_{max} 在 $10\text{MPa}\cdot\text{m}^{1/2}$ 以上时，伴随 K_{max} 增大，K_{op}/K_{max} 保持一段时间不变后开始下降。无论是哪种材料，在靠近 K_{max} 的门槛值时，K_{op}/K_{max} 都产生了迅速增大的情况，主要是断面的粗糙度和氧化物引起的裂纹闭合现象所导致。可以用有效应力强度因子范围 ΔK_{eff} 来表示裂纹的开口关系：

$$\Delta K_{eff}=K_{max}-K_{op} \tag{2-16}$$

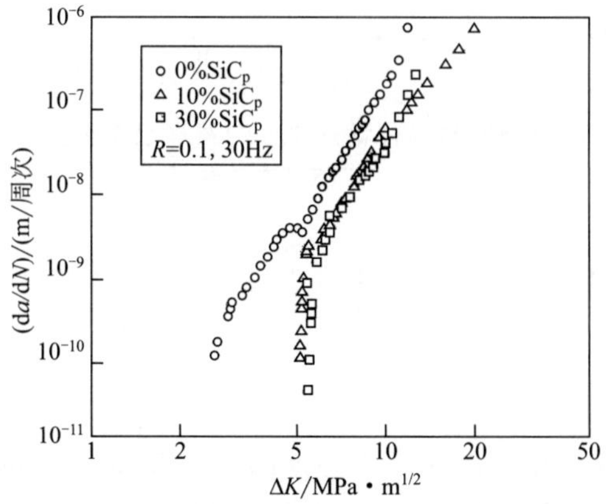

图 2-76　几种不同体积分数 SiC_p/6061-T6 复合材料的裂纹扩展速率（da/dN）与应力强度因子范围的关系[92]

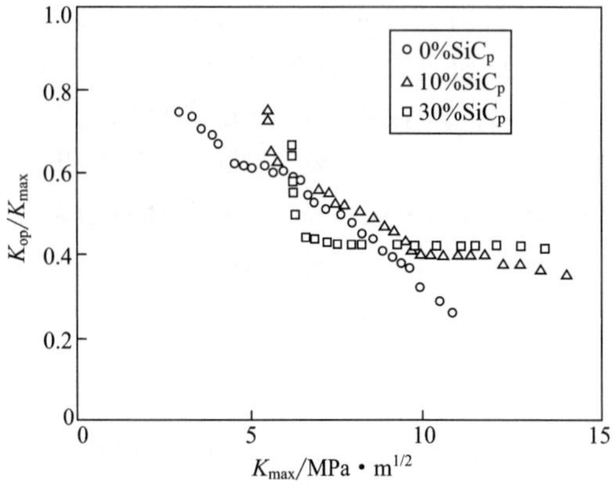

图 2-77　几种不同体积分数 SiC_p/6061-T6 复合材料的裂纹开口行为的 K_{op}/K_{max} 和 K_{max} 的关系[105]

表 2-16　三种不同 SiC 颗粒含量的 6061 合金的 Paris 公式中各项参数值[105]

SiC 颗粒的体积分数/%	C	m	ΔK_{th}/MPa·m$^{1/2}$
0	1.21×10^{-11}	4.93	2.63
10	3.11×10^{-11}	5.00	5.12
30	1.28×10^{-12}	5.06	5.49

图 2-78 给出了几种材料的裂纹扩展速率和 ΔK_{eff}的关系，图中结果表明，在高 ΔK_{eff}区域裂纹扩展速率按 6061、10%SiC$_p$/6061、30%SiC$_p$/6061 顺序增大。表 2-17 给出了 $da/dN=C'(\Delta K_{eff})^{m'}$的参考值。从表 2-17 可以看出，指数 m'变小，常数 C'值变大，$\Delta K_{eff,th}$比 ΔK_{th}要小。

还可以采用有效 J 积分范围（ΔJ_{eff}）与 da/dN 关系来讨论裂纹扩展行为，ΔJ_{eff}可以用下式表述：

$$\Delta J_{eff}=(1-\nu^2)\Delta K_{eff}{}^2/E \qquad (2\text{-}17)$$

式中，ν 为材料的泊松比；E 为杨氏弹性模量。图 2-79 给出了裂纹扩展速率和 ΔJ_{eff}的关系。图中结果表明，在高 ΔJ_{eff}区域，伴随着 SiC 颗粒的体积分数增加，裂纹的扩展速率增大。三种表述方式（ΔK、ΔK_{eff}和 ΔJ_{eff}）得到了不同结论。

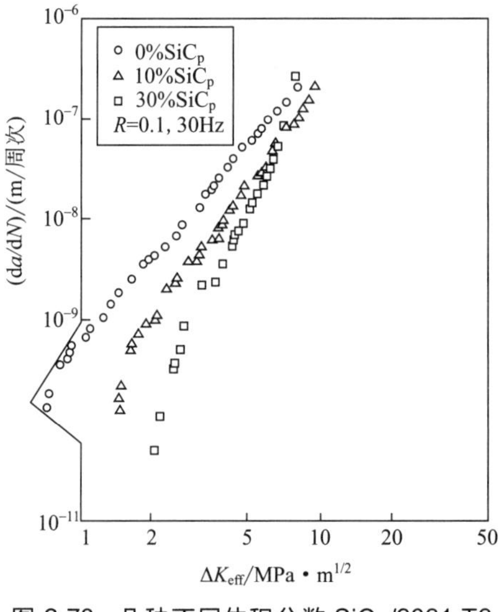

图 2-78　几种不同体积分数 SiC$_p$/6061-T6 复合材料裂纹扩展速率（da/dN）和 ΔK_{eff}的关系[105]

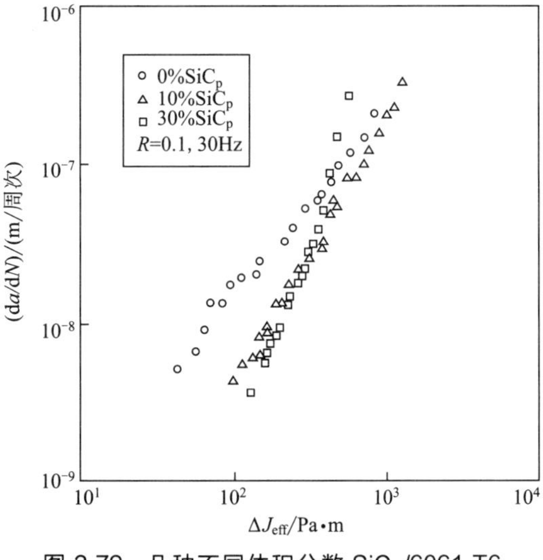

图 2-79　几种不同体积分数 SiC$_p$/6061-T6 复合材料裂纹扩展速率 da/dN 和有效 J 积分范围 ΔJ_{eff}的关系[105]

表 2-17　三种不同 SiC 含量的 6061 合金的 $da/dN=C'(\Delta K_{eff})^{m'}$ 的参考值[105]

SiC 颗粒的体积分数/%	C'	m'	ΔK_{eff}/MPa·m$^{1/2}$
0	1.67×10^{-9}	2.74	0.74
10	5.40×10^{-10}	2.92	1.43
30	8.57×10^{-11}	4.50	2.02

研究者认为，在高 ΔK、高 ΔK_{eff}和高 ΔJ_{eff}区域中，对于模量较高的脆性材料来说，裂纹闭合作用的影响小于静态失效模式，裂纹扩展速率主要依赖于 K_{max}。

Mason 等人[106] 研究了 2124 铝合金、15% SiC_w/2124Al、20% SiC_p/2124Al、30%SiC_p/2124Al（质量分数）铝基复合材料的疲劳裂纹扩展行为，也得到了与前面所述研究者相同的实验结论。与 2124Al 合金相比，复合材料中存在三种裂纹屏蔽机制：断面微凸体的接触导致的裂纹闭合效应（粗糙度诱导的裂纹闭合效应）；颗粒或晶须引起的裂纹偏转效应；未拔出晶须引起的裂纹桥联。这些都使得复合材料的疲劳裂纹扩展抗力更高。研究者给出了 SiC_p/2124Al 复合材料的 ΔK_{th} 数据。如表 2-18 所示，在应力比 $R=0.1$ 和 0.7 下，SiC 颗粒或晶须增强的 2124Al P/M 导致了 ΔK_{th} 的增大；但是当 K_{max} 接近 K_{IC} 时，复合材料在高 ΔK 区和低的断裂韧性下导致了其抗裂纹扩展能力低于未增强的合金（图 2-80）。

表 2-18　SiC_p/2124Al 复合材料的 ΔK_{th} 值[106]

材料（体积分数/%）	位向	时效态	ΔK_{th}门槛值/MPa·$m^{1/2}$		
			$R=0.1$	$R=0.1$，ΔK_{th}^{eff}	$R=0.7$
O(锻材)	L-T	OA	2.0	—	—
		PA	2.4	—	—
		UA①	3.6	—	—
O(粉末冶金)	L-T	OA	1.2	—	—
		PA	—	—	—
		UA①	1.0	—	1.0
15 SiC_w	L-T	OA	3.6	2.0	2.2
		PA	4.7	—	—
		UA	4.2	1.8	2.3
	T-L	OA	2.7	1.3	1.8
		UA①	3.1	1.6	1.9
20 SiC_p	L-T	OA	3.4	2.1	2.2
		PA	4.5	—	—
		UA①	3.8	1.5	1.8
30 SiC_p	L-T	OA	4.9	2.1	2.3
		PA	5.1	—	—
		UA①	5.7	2.2	2.3
	T-L	OA	4.9	2.2	2.2
		UA	4.5	2.9	2.3

①T351(其他 UA 是 T851)　OA 为过时效，PA 为峰值时效，UA 为欠时效。

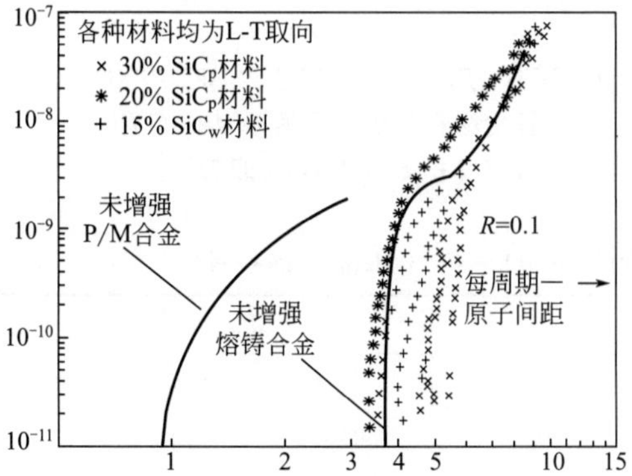

图 2-80　SiC/2124Al 基复合材料、未增强的 P/M 合金[107] 和未增强的熔铸合金[108] 的 da/dN-ΔK 曲线的比较[106]

Li 等人[109] 在研究 IMSiC_p/LY12Al 和 IMSiC_p/5083Al 时也得到了一些相似规律，如在时效条件下，SiC_p/LY12Al 的裂纹扩展速率随 SiC 颗粒体积分数增加而降低，当体积分数上升到 15%时，其裂纹扩展速率比基体合金更低；在退火处理时，SiC_p/LY12Al 和 SiC_p/5083Al 复合材料的裂纹扩展速率比它们相应的基体合金更低，体积分数为 15% 退火 SiC_p/5083Al 复合材料比时效和退火的 SiC_p/LY12Al 具有更高的裂纹扩展速率。

Zuhair 等人[110] 在研究 10% 和

20%Al_2O_3/6061（体积分数）铝基复合材料的疲劳行为时，发现增强相的体积分数对 ΔK_{th} 的影响不大。当 ΔK 较低时，20%复合材料的疲劳裂纹扩展速率小于 10%复合材料；而当 ΔK 增大到 13MPa・$m^{1/2}$时，20%复合材料的疲劳裂纹扩展速率快速增大，最终超过 10%复合材料。这是由于当 ΔK 增大到 13MPa・$m^{1/2}$时，20%Al_2O_3（体积分数）复合材料中出现微孔，并不断长大，导致其疲劳裂纹扩展机制发生变化，从原来的疲劳裂纹在基体内部扩展转变为沿着微孔扩展，因此裂纹扩展速率快速增大。而 10%Al_2O_3（体积分数）复合材料的微孔形核抗力更高，在整个 ΔK 范围内，疲劳裂纹均在基体内部扩展。

b. 增强相颗粒的尺寸　Milan 等人[104]的研究表明，颗粒尺寸大的复合材料表现出更高的疲劳裂纹门槛值，而且在 Paris 区表现出更高的疲劳裂纹扩展抗力。这主要是由于颗粒尺寸大的复合材料的裂纹偏转程度更高，裂纹闭合效应更加显著。但在瞬断区，裂纹闭合效应减弱，疲劳裂纹扩展以静态断裂模式为主，颗粒尺寸小的复合材料具有更高的断裂韧性，故其疲劳裂纹扩展抗力更高。图 2-81 给出了颗粒尺寸对 2124Al 基复合材料疲劳裂纹扩展速率的影响。

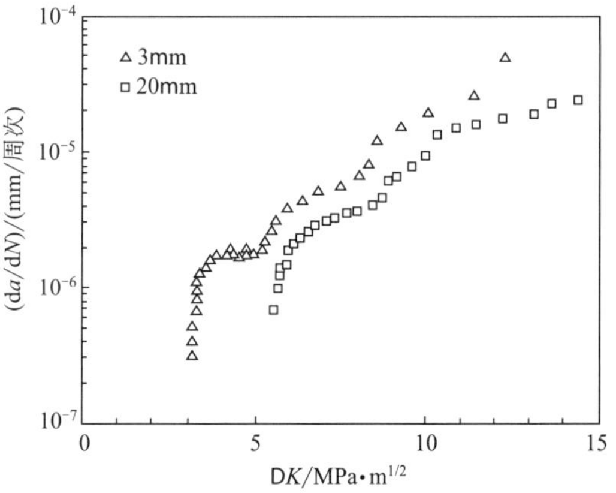

图 2-81　SiC 颗粒尺寸对 2124Al 基复合材料疲劳裂纹扩展速率的影响（SiC 体积分数 25%）[104]

Chen 等人[111]也研究了增强相的颗粒尺寸对裂纹扩展速率的影响，如图 2-82 所示。对于 L-R 取向来说［图 2-82(a)］5μm 的 SiC_p复合材料在整个 ΔK 区域中具有最快的疲劳裂纹扩展速率，而 20μm 的 SiC_p和 60μm 的 SiC_p复合材料及未增强的合金在低 ΔK 区和高 ΔK 区裂纹扩展速率相差不大，但 60μm 的 SiC_p颗粒复合材料在低的 ΔK 区域展示出最高的裂纹扩展能力。对于试样取向为 R-L 来说［图 2-82(b)］，5μmSiC_p和 20μmSiC_p复合材料对于同一 ΔK 值下裂纹扩展速率一样，但是在整个 ΔK 区内 60μm 的 SiC_p颗粒复合材料似乎表现出略低的疲劳裂纹扩展速率，晶粒尺寸对 R-L 方向的试样影响相当小。无增强相的 2024 合金的裂纹扩展速率在中 ΔK 区最低，在低 ΔK

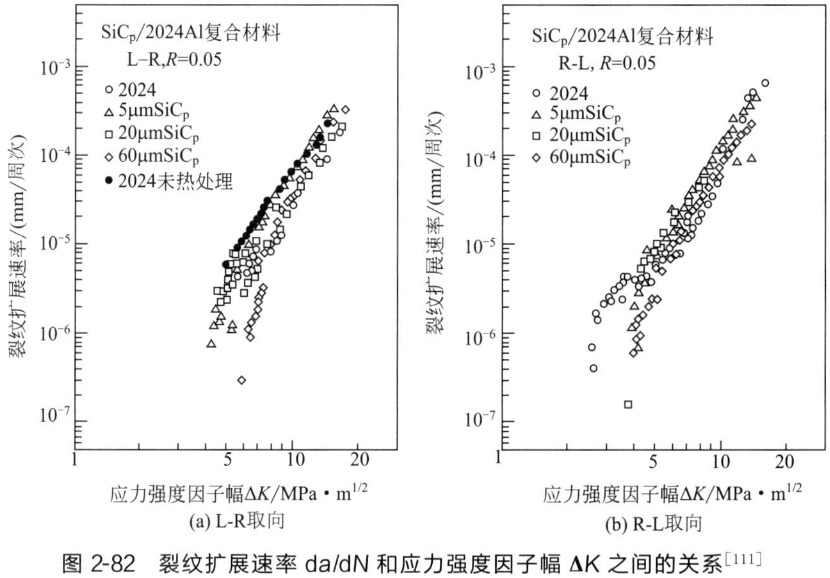

图 2-82　裂纹扩展速率 da/dN 和应力强度因子幅 ΔK 之间的关系[111]

区疲劳裂纹的扩展速率最快，从整体来看，R-L取向的疲劳裂纹扩展速率要略高于L-R取向的裂纹扩展速率。因此可以得出结论：SiC_p/2024Al合金的疲劳裂纹抗力随着晶粒尺寸的增大而增大，与晶粒取向无关。

裂纹闭合行为可以用K_{op}/K_{max}表示，其中K_{op}和K_{max}分别为裂纹开口应力强度因子和最大应力强度因子，随着K_{max}增大，裂纹闭合程度增大。图2-83给出了不同取向试样的SiC_p/2024Al合金的裂纹闭合行为，对于L-R取向来说［图2-83(a)］，20μmSiC_p和60μmSiC_p复合材料，其闭合行为程度相当，在较低的ΔK区域，K_{op}/K_{max}达到最大值，5μmSiC_p/2024Al合金，在整个K_{max}区表现出较低的K_{op}/K_{max}值，而未增强的2024合金，在整个K_{max}区表现出低的K_{op}/K_{max}值。表明非增强合金没有热处理，存在残余压应力，引起了裂纹显著闭合。图2-84给出了未增强合金的裂纹闭合行为与裂纹长度的关系，这一结果进一步证实了未增强合金中残余应力的影响。如图所示K_{op}/K_{max}随着裂纹长度的增加而降低，这表明裂纹长度增加，残余应力释放，致使裂纹闭合程度减弱，但是随着ΔK减小，致使K_{op}/K_{max}降低，因此曲线数据发散。

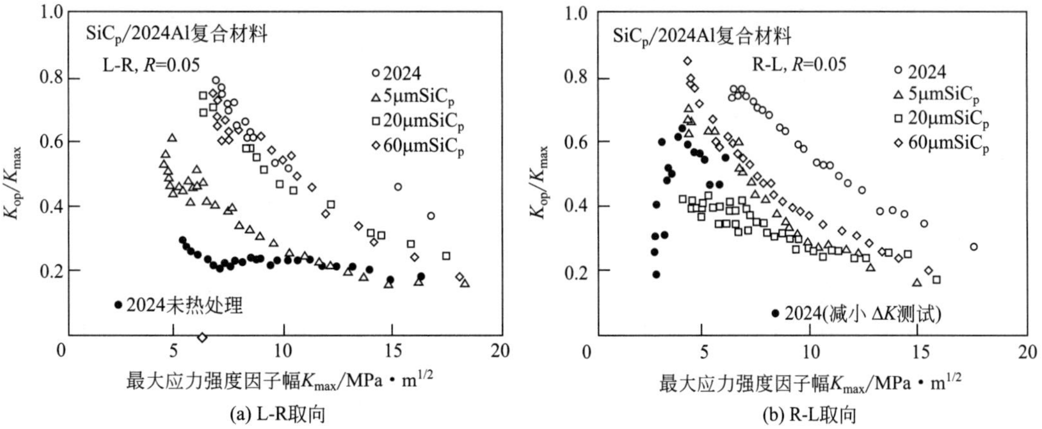

(a) L-R取向　(b) R-L取向

图2-83　裂纹闭合行为[111]

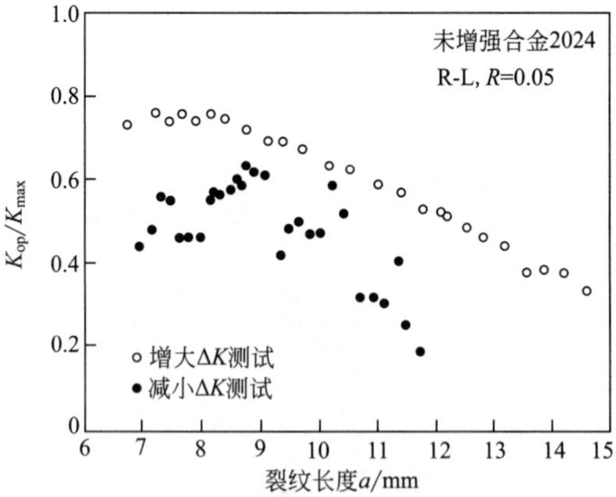

图2-84　未增强合金的裂纹闭合行为与裂纹长度的关系[111]

如图2-85所示，裂纹扩展行为da/dN用有效应力强度因子幅ΔK_{eff}来表述。几乎所有复合材料在不同取向、不同增强相尺寸、不同的体积分数下，裂纹扩展速率几乎相同。这也说明了裂纹的闭合效应消除了上述因素的影响。

Chen等人[112]还研究了SiC颗粒增强铝合金中不同尺寸SiC颗粒对疲劳裂纹萌生的影响。一般来说未增强的合金裂纹通常萌生在表面缺陷或夹杂处，5μm的SiC_p/Al复合材料裂纹萌生于试样表面的颗粒聚集处，而在较粗的SiC颗粒的复合材料，所有裂纹均在SiC颗粒和基体合金的界面处产生，SiC颗粒和基体界面剥离是一个主要特征。图2-86给出了表面裂纹长度$2c$和疲劳周次N的关系，由图可以看出随着加载应力的增加，裂纹萌生循环次数明显减少，当σ=130MPa［图2-86(a)］时，60μm的SiC_p/Al复合材料裂

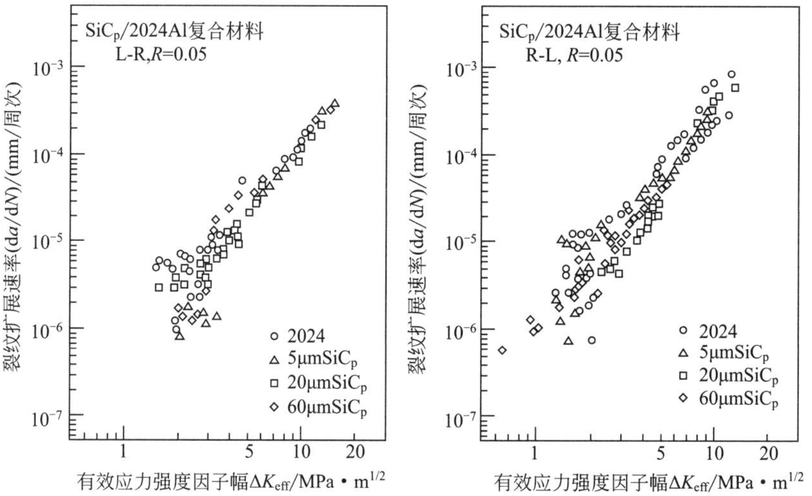

(a) L-R取向　　(b) R-L取向

图 2-85　裂纹扩展速率 da/dN 和有效应力强度因子范围 ΔK_{eff}之间的关系[111]

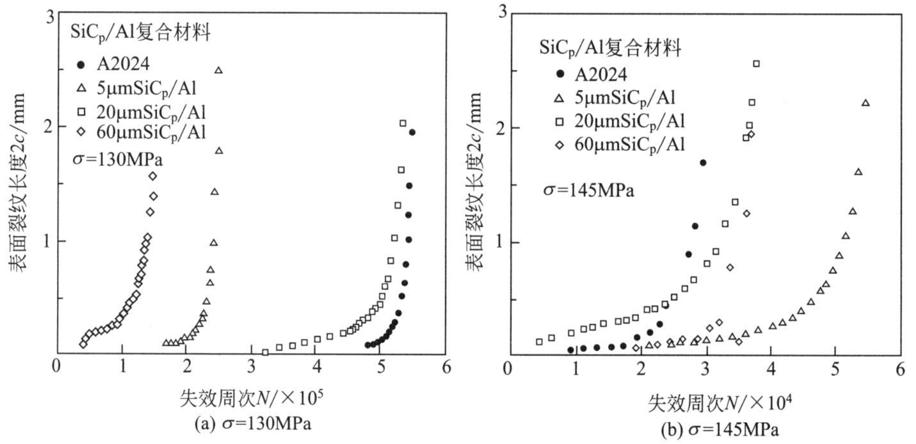

(a) σ=130MPa　　(b) σ=145MPa

图 2-86　表面裂纹长度和循环周次的关系[112]

纹萌生非常快，而 5μm 和 20μmSiC$_p$/Al 复合材料裂纹萌生被显著延迟。当加载应力 $\sigma=$ 145MPa 时，5μm 的 SiC$_p$/Al 复合材料表现出最高的裂纹萌生阻力，而 20μm 的 SiC$_p$/Al 复合材料与非增强的 2024 合金相比，早期有裂纹萌生，对 60μm 的 SiC$_p$/Al 来说其裂纹萌生阻力和 5μmSiC$_p$/Al 的复合材料几乎一样。

图 2-87 为表面裂纹长度和循环比（N/N_f）的关系（N 为循环周次，N_f为疲劳寿命），施加低应力载荷时［图 2-87(a)］，60μm 的 SiC$_p$/Al 复合材料和 5μm 的 SiC$_p$/Al、20μm 的 SiC$_p$/Al 复合材料的循环周次比为 0.3、0.3、0.6，施加高应力载荷时，循环周次比减小，分别为 0.1、0.3、0.3。

图 2-88 为短裂纹的裂纹扩展速率 da/dN 与最大应力强度因子幅 K_{max}之间的关系：假定 $a/c=1$，当 $\sigma=130$MPa［图 2-88（a)］时，K_{max}较低时，5μm 的 SiC$_p$/Al 复合材料的da/dN 略低于 2024 合金，但裂纹扩展速率变化趋势往往一致。20μm 和 60μm 的 SiC$_p$/Al 复合材料的 da/dN 比 5μm 的 SiC$_p$/Al 复合材料和 2024 合金的 da/dN 要低得多，这表明短裂纹扩展阻力随 SiC 颗粒粒径增大而提高，后者主要是因为裂纹干涉与合并而具有抗裂纹扩展

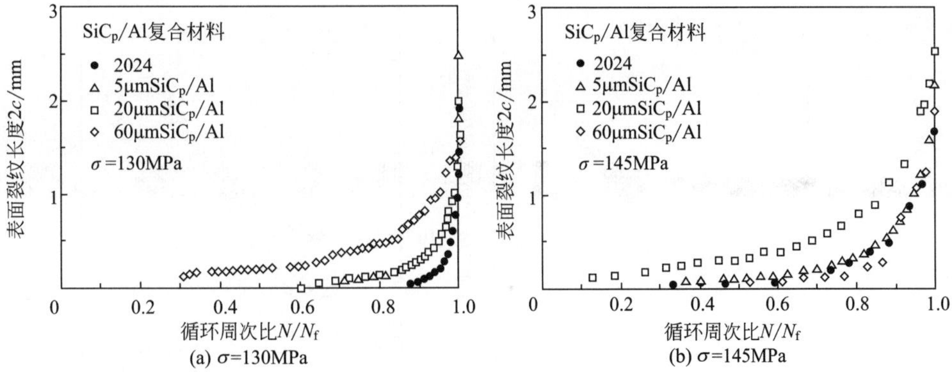

图 2-87 表面裂纹长度和循环周次比的关系[112]

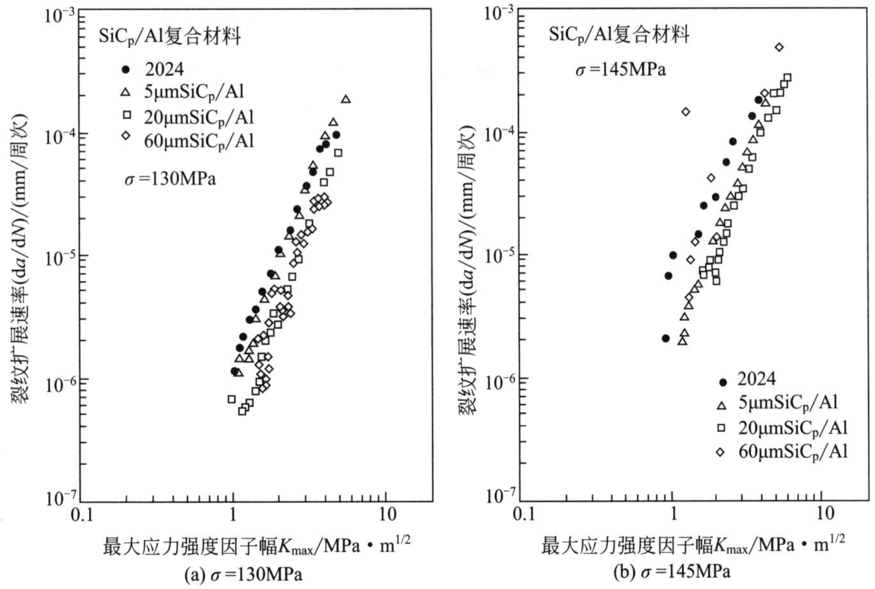

图 2-88 在未增强合金和 SiC_p/Al 复合材料中裂纹扩展速率和最大应力强度因子幅之间的关系[112]

阻力。

c. 增强相的形状和分布　Mason 等人[106]研究了纤维状 SiC 和颗粒状 SiC 复合材料的 da/dN-ΔK 曲线，对于 15%（体积分数）SiC_w/2124 复合材料，在 L-T 方向和 T-L 方向之间有很大的不同。当沿着轧制方向（L-T 方向）测量 ΔK_{th}时，晶须材料比颗粒材料测量值要高，这种效果归结于晶须的拉出和粗糙度的增大促使裂纹闭合。图 2-89 为 20%（体积分数）SiC_p/2124 合金和 15%（体积分数）SiC_w/2124 合金的 da/dN-ΔK 曲线，从图中可以看出两者的 ΔK_{th}几乎相同。

Ayyar 等人[113]运用有限元方法研究了 SiC 颗粒增强铝基复合材料中增强相的分布、形状、取向等对疲劳裂纹扩展的影响。结果表明，与颗粒团聚分布的复合材料相比，颗粒均匀分布的复合材料疲劳断面的粗糙度更高，裂纹闭合效应更显著，疲劳裂纹扩展抗力更高。具有尖锐边缘的颗粒更易导致裂纹扩展，这是由于尖锐边缘往往是应力集中处，增加了裂纹扩展驱动力。研究还发现当增强相颗粒/基体界面垂直于裂纹尖端时，裂纹屏蔽效应最显著。

Kumai 等人[114]研究了 SiC_p/6061 铝基复合材料中颗粒分布对疲劳裂纹扩展的影响。采

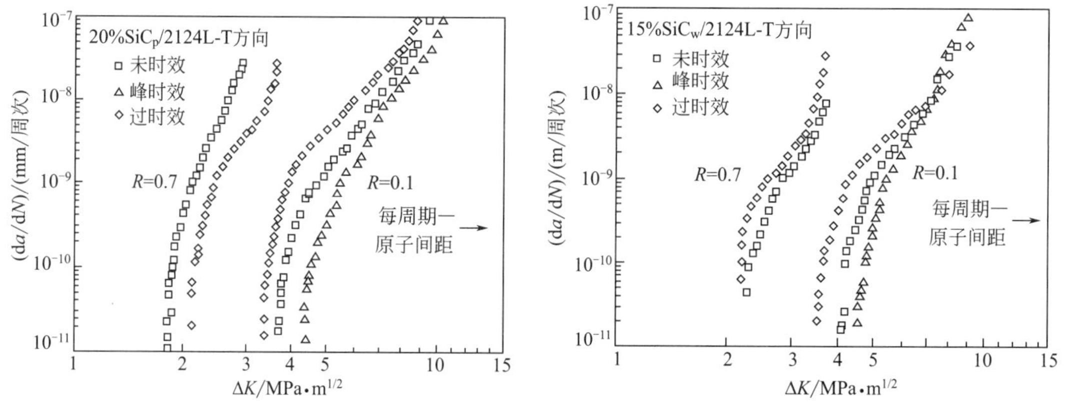

(a) $20\%SiC_p/2124$合金　(b) $15\%SiC_w/2124$合金

图 2-89　$20\%SiC_p/2124$ 合金和 $15\%SiC_w/2124$ 合金的 da/dN-ΔK 曲线[106]

用的 SiC 颗粒分布分别为 15F、15FC 和 30FC。15F 为均匀分布的细颗粒，SiC 体积分数为 15%，最大颗粒为 6.5μm；15FC 为细颗粒和粗颗粒的双峰分布，细颗粒的平均直径为 3.5μm，粗颗粒的平均直径为 11～13μm；30FC 为细颗粒和粗颗粒双峰分布，SiC 体积分数为 30%，细颗粒平均粒径为 3.5μm，粗颗粒平均粒径为 13μm。图 2-90 给出了几种不同颗粒分布的复合材料的 da/dN 与 ΔK 的关系。图中结果表明，在 $R=0.1$，15F、15FC、30FC 比基体合金具有更低的扩展速率，其中 30FC 在低 ΔK 区域具有最低的裂纹扩展速率，随着 ΔK 的增大，扩展速率在减小，当 $\Delta K=9\sim12\text{MPa}\cdot\text{m}^{1/2}$ 时裂纹扩展速率 da/dN 和应力强度因子 ΔK 符合 Paris 公式 $da/dN=C\Delta K^m$，式中 C 为常数，m 为指数。6061 合金、15F、15FC 和 30FC 的 m 指数分别为 2.9、4.3、4.6 和 5.4，随着颗粒的体积分数增加，m 值也增大。

Boselli 等人[115]运用有限元模型研究了增强相颗粒的分布对铝基复合材料短裂纹扩展的影响，得到了与前面研究者相似的结论。但是颗粒均匀分布和团聚分布时，复合材料的疲劳裂纹扩展路径和裂纹尖端应力场强度存在差异，并且随着团聚程度的增加，短裂纹的扩展速率增大，这表明与增强相分布有关的载荷传递效应对短裂纹的扩展行为有着重要的影响。

④ 基体强度　Milan 等人[104]研究了基体强度对复合材料裂纹扩展抗力的影响，如图2-91所示，当 SiC 的体积分数和颗粒尺寸相同时，Al2124+25%（体积分数）SiC_p（3μm）复合材料比

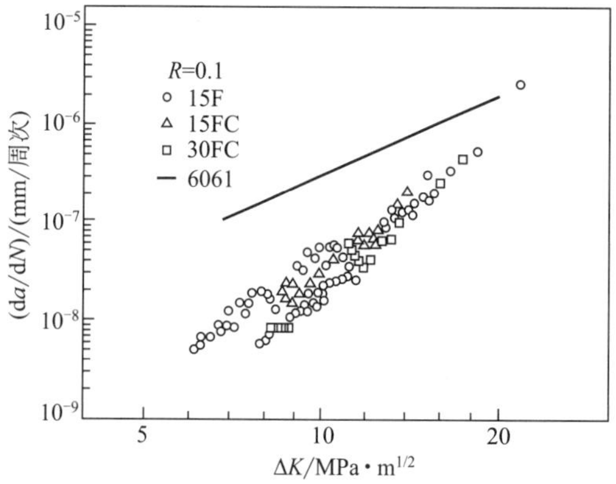

图 2-90　颗粒分布对 da/dN-ΔK 曲线的影响[114]

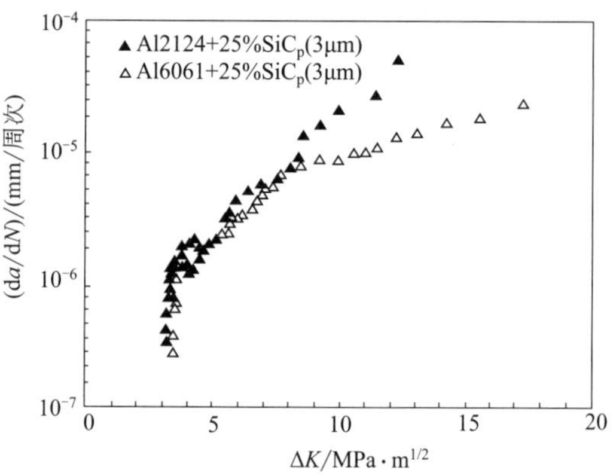

图 2-91　基体强度对 SiC 颗粒增强铝基合金疲劳裂纹扩展抗力的影响[104]

6061Al+25%（体积分数）SiC_p（3μm）复合材料具有更高的疲劳裂纹扩展速率。研究者认为，虽然2024Al合金具有高的强度和低的延性、降低了CTOD值，加强了裂纹闭合效应，疲劳裂纹抗力初期较高，但是接近失效时，CTOD值提高，失效的静态模式可能比裂纹闭合的模式更大，裂纹扩展速率依赖于K_{max}。因而2124Al/SiC_p复合材料的扩展速率大于6061Al/SiC_p复合材料。

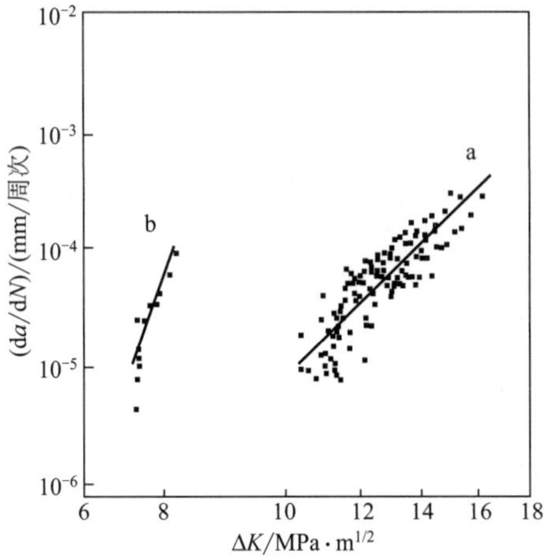

图2-92 30%SiC_p/7091（曲线a）与40%SiC_p/2014（曲线b）基复合材料的疲劳裂纹扩展速率da/dN与ΔK的关系

Botstein等人[116]比较了30%SiC_p/7091与40%SiC_p/2014（30%、40%均为体积分数）铝基复合材料的疲劳裂纹扩展速率，前者的裂纹扩展速率明显小于后者。疲劳断面的分析表明，7091复合材料中的增强相与基体的界面结合强度很高，裂纹主要在基体内部扩展，形成细小的疲劳条带。而在2041复合材料中，两者的界面结合强度较差，增强相有着很强的团簇倾向，并且团簇内部的增强相之间的结合强度也较差，裂纹易沿着团簇扩展，形成粗大疲劳条带。图2-92为30%SiC_p/7091与40%SiC_p/2014复合材料的da/dN与ΔK关系曲线，表2-19为Al-SiC_p复合材料的Paris公式参数表。R^*为线性回归系数。图中结果表明，40%SiC_p/2014复合材料比30%SiC_p/7091的裂纹扩展速率高得多，另外，如表2-19所示，复合材料的n值比粉末冶金7091Al和2014Al的m值高很多，一般来说7091Al粉末冶金合金的m值为2.18～3.0[117]。

表2-19 Al-SiC_p复合材料的Paris公式疲劳裂纹扩展速率参数

材料	n	$C(m\mathrm{MPa}^{-n}\cdot m^{-n/2})$	R^*
a(7091Al-30%SiC_p,T6)	7.76	1.67×10^{-11}	0.88
b(2014Al-40%SiC_p,T6)	23.20	5.60×10^{-17}	0.90

（2）影响疲劳裂纹扩展的外在因素

① 应力比的影响　材料的受力状态、环境因素和显微组织等都会影响其疲劳性能，而应力比是反映材料受力状态的一个重要参数，在工程结构的疲劳设计中应着重考虑。不同应力比条件下，材料的疲劳断裂机制不同，了解应力比对材料的疲劳性能的影响具有重要意义。

Pao等人[89]研究了应力比R对粉末冶金Al-7%Mg（质量分数）合金和铸造Al-7%Mg（质量分数）合金的疲劳行为的影响，发现两种材料的疲劳行为都表现出典型的应力比依赖性：随着应力比的增大，疲劳裂纹扩展速率曲线逐步向更低的ΔK方向移动，即疲劳裂纹扩展门槛值ΔK_{th}减小，裂纹扩展速率da/dN增大。图2-93给出了超细晶粒尺寸Al-7.5%Mg合金、粉末冶金Al-7%Mg合金和铸锭冶金Al-7%Mg合金的裂纹扩展速率da/dN和应力强度因子范围ΔK的关系，应力比对超细晶Al-7.5%Mg合金的裂纹扩展影响较小，对粉末冶金Al-7%Mg合金和铸锭冶金Al-7%Mg合金的影响较大。图2-94给出了应力比对三种材料ΔK_{th}的影响。

Shang等人[118]研究了SiC_p/Al-Zn-Mg-Cu基复合材料疲劳裂纹扩展门槛值ΔK_{th}与颗粒尺寸的关系。实验表明：在低应力比下，粗颗粒复合材料具有更高的ΔK_{th}值，而在高应力

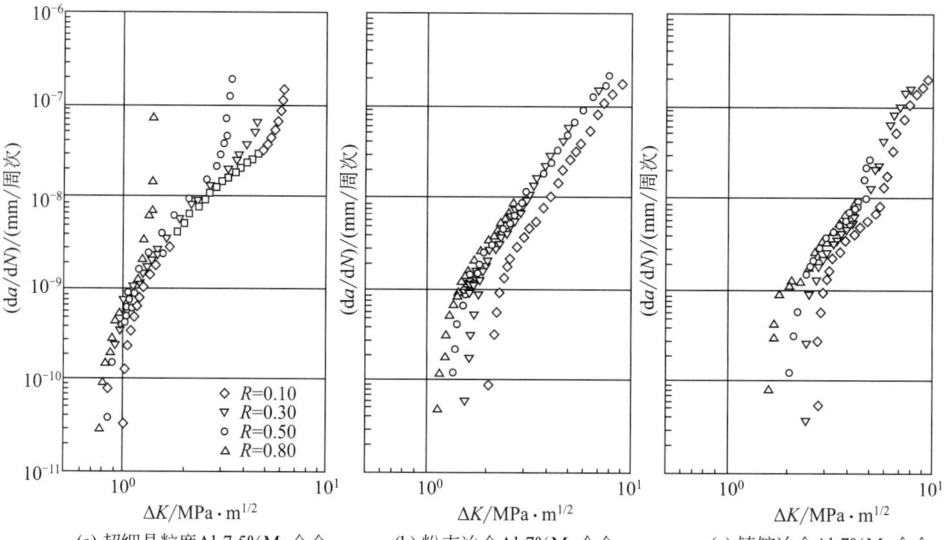

图 2-93　超细晶粒度(UFG) Al-7.5%Mg 合金、粉末冶金(PM) Al-7%Mg 合金、铸锭冶金(IM) Al-7%Mg 合金疲劳裂纹的扩展[89]

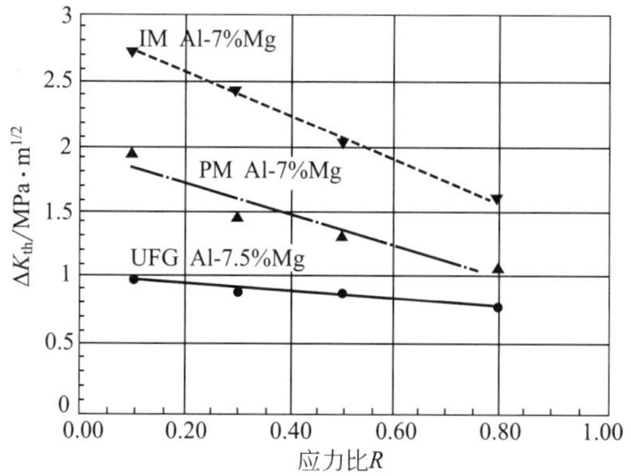

图 2-94　在空气中，应力比对超细晶粒度 Al-7.5%Mg 合金、粉末冶金 Al-7%Mg 合金和铸锭冶金 Al-7%Mg 合金疲劳裂纹扩展速率临界值的影响[89]

比下，细颗粒复合材料的 ΔK_{th} 值更高。研究者根据 SiC 颗粒和裂纹的交互作用认为，在低的应力比下，粗糙度诱发裂纹闭合，颗粒阻碍裂纹扩展。当考虑裂纹闭合效应后，本征门槛值 $\Delta K_{eff,th}$ 相差不大。表 2-20 给出了 SiC_p/Al-Zn-Mg-Cu 基复合材料的疲劳门槛值条件。表中 K_{cl} 为裂纹刚开始闭合时的应力强度因子，δ_{cl} 为裂纹闭合位移。

表 2-20　SiC_p/Al 复合材料合金的疲劳门槛值条件[118]

合金	R	ΔK_m/MPa·$m^{1/2}$	$\Delta K_{eff,TH}$/MPa·$m^{1/2}$	K_{eff}/K_{max}	K_{cl}/MPa·$m^{1/2}$	δ_{cl}/nm
20%粗 SiC_p/Al	0.10	4.2	1.3	0.73	3.37	112
	0.50	2.2	1.4	0.68	3.03	90
	0.75	1.3	1.3	—	—	—
20%细 SiC_p/Al	0.10	3.0	1.9	0.42	1.38	25
	0.50	1.7	1.7	—	—	—
	0.75	1.6	1.6	—	—	—

续表

合金	R	ΔK_m/MPa·m$^{1/2}$	$\Delta K_{eff,TH}$/MPa·m$^{1/2}$	K_{eff}/K_{max}	K_{cl}/MPa·m$^{1/2}$	δ_{cl}/nm
15%粗 SiC_p/Al	0.10	4.3	1.3	0.73	3.45	123
	0.75	1.5	1.5	—	—	—
15%细 SiC_p/Al	0.10	2.6	1.9	0.34	0.98	11
	0.75	1.6	1.6	—	—	—

注：根据 $\delta_{cl}=\frac{1}{2}K_{cl}^2/E\sigma_y$[119]。

Mason 等[106] 比较了不同应力比 R 下 15% SiC_w/2124Al、20% SiC_p/2124Al、30%SiC_p/2124Al（质量分数）的疲劳裂纹扩展行为，也发现了明显的应力比依赖特性。为了进一步了解应力比的影响，他们还研究了疲劳裂纹扩展速率与裂纹尖端有效应力强度因子之间的关系曲线（da/dN-ΔK_{eff}曲线），发现不同应力比 R 下的 da/dN-ΔK_{eff}曲线十分相近，并且疲劳裂纹扩展的有效门槛值也相同。因此得出如下结论：应力比 R 对疲劳裂纹扩展行为的影响，实质上就是裂纹闭合效应对裂纹扩展的影响。表 2-21 给出应力比不同（R=0.1、0.7）对 SiC/2124Al 复合材料 ΔK_{th}的影响。图 2-95 给出了不同应力比（R=0.1、0.7）对 15%SiC_w/2124Al 复合材料 ΔK_{eff}的影响。Lewandowski 等人[120]的研究也得到了相同结论。

表 2-21　SiC/2124Al 复合材料的门槛值[106]

材料	取向	时效条件	ΔK_{th}门槛值/MPa·m$^{1/2}$		
			R=0.1	R=0.1，ΔK_{th}^{eff}	R=0.7
O(熔铸)	L-T	OA	2.0	—	—
		PA	2.4	—	—
		UA①	3.6	—	—
O(P/M)	L-T	OA	1.2	—	—
		PA	—	—	—
		UA①	1.0	—	1.0
15 SiC_w	L-T	OA	3.6	2.0	2.2
		PA	4.7	—	—
		UA	4.2	1.8	2.3
	T-L	OA	2.7	1.3	1.8
		UA①	3.1	1.6	1.9
20 SiC_p	L-T	OA	3.4	2.1	2.2
		PA	4.5	—	—
		UA①	3.8	1.5	1.8
30 SiC_p	L-T	OA	4.9	2.1	2.3
		PA	5.1	—	—
		UA①	5.7	2.2	2.3
	T-L	OA	4.9	2.2	2.2
		UA	4.5	2.9	2.3

① T351(其他 UA 是 T851)。

Tokaji 等人[121]通过对疲劳裂纹萌生、短裂纹扩展和断裂面的分析，研究了应力比对 SiC_p/2024Al 复合材料疲劳行为的影响。结果表明，复合材料在不同应力比 R 下的疲劳断裂机制有所不同。当 R=−1 时，疲劳裂纹主要在基体中的循环滑移带处萌生；而当 R=0 和

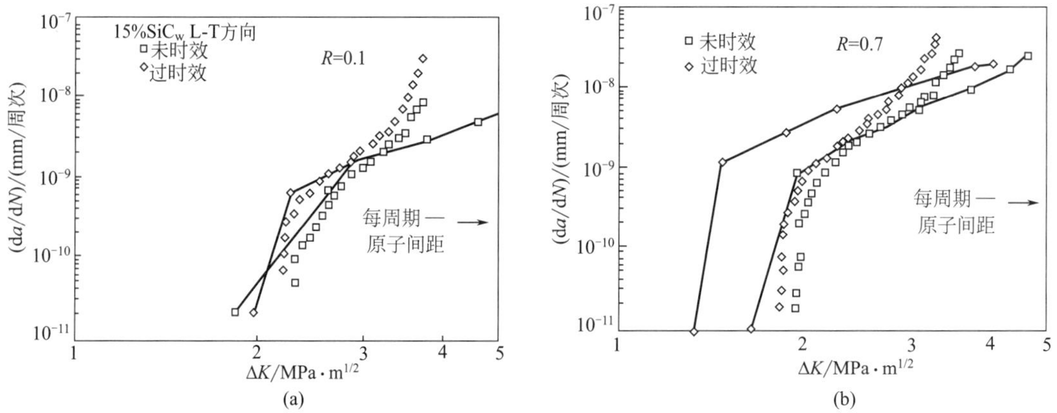

图 2-95　不同应力比（R= 0.1、0.7）对 15%SiC_w/Al2124 复合材料 ΔK_{eff}的影响[106]

0.4 时，疲劳裂纹主要在破碎的增强相颗粒处或增强相/基体界面处萌生。随着应力比的增大，最大应力强度因子 K_{max}增大，导致裂纹尖端塑性区尺寸增大，增强相颗粒更容易发生破碎；另外在平均拉伸应力的作用下，增强相颗粒更容易沿着界面剥离。由于裂纹尾部的裂纹闭合效应很小，应力比 R 对铝基复合材料的短裂纹扩展行为几乎没有影响。图 2-96 给出了在不同应力比下 SiC_p/2024Al 复合材料表面裂纹长度 $2c$ 与循环周次比的关系，图中结果表明，无论应力比多少，裂纹产生在疲劳循环的早期阶段，并且 R=0.4、R=0 时的裂纹萌生速度要比 R=−1 时快得多。图 2-97 给出了 SiC_p/2014Al 复合材料的裂纹扩展速率 da/dN 和应力强度因子范围的关系。

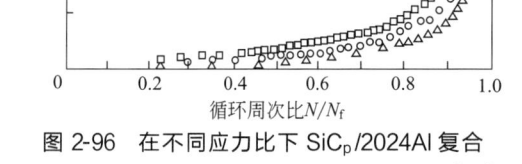

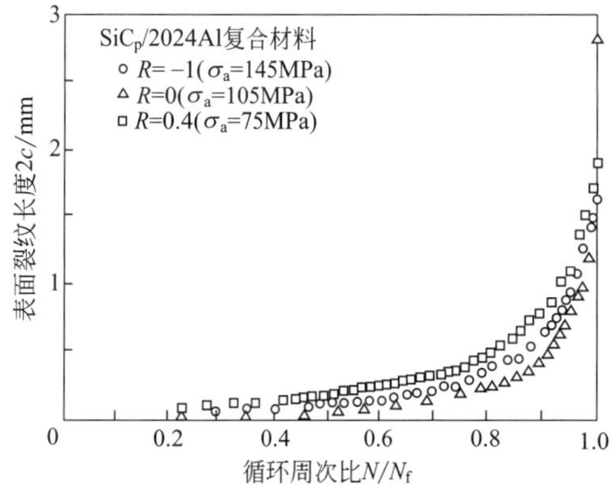

图 2-96　在不同应力比下 SiC_p/2024Al 复合材料表面裂纹长度 $2c$ 与循环周次比的关系[121]

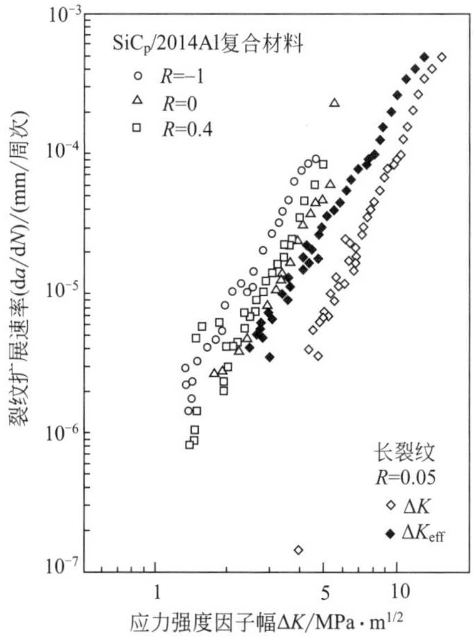

图 2-97　SiC_p/2014Al 复合材料的裂纹扩展速率 da/dN 和应力强度因子范围 ΔK 的关系[121]

② 温度的影响　对于高温环境下服役的粉末冶金铝制品而言，高温疲劳性能是影响其使用寿命的重要因素，因此对 PM 铝合金的高温疲劳裂纹扩展行为及其机理的研究显得尤为重要。

菅田淳等人[84]研究了 Al-17%Si-2%Fe-1.5%Zr-1.5%Ni-5%MM（稀土 La、Ce、Sm）（质量分数）粉末冶金铝合金温度对疲劳裂纹扩展速率的影响。图 2-98 给出了粉末铝合金的裂纹扩展速率 da/dN 和最大应力强度因子 K_{max}的关系。图中结果表明，在低的 K_{max}区域，温度越高，裂纹扩展速率越快，但是与铸造和变形铝合金相比，其与温度的依存关系还是稍微小一些。图 2-99 给出了粉末铝合金的裂纹扩展速率 da/dN 和 K_{max}/E 的关系。图中结果表明，三个温度区间的裂纹扩展速率基本一致，但是其原因尚不清楚。图 2-100 为粉末铝合金在不同温度的实验 S-N 曲线，如图所示，随着温度上升，合金的疲劳强度降低，但是比熔铸和变形铝合金下降的程度要低。研究者认为裂纹萌生机理和温度无关，温度上升，粉末颗粒界面结合力减弱，使得粉末铝合金疲劳强度降低。

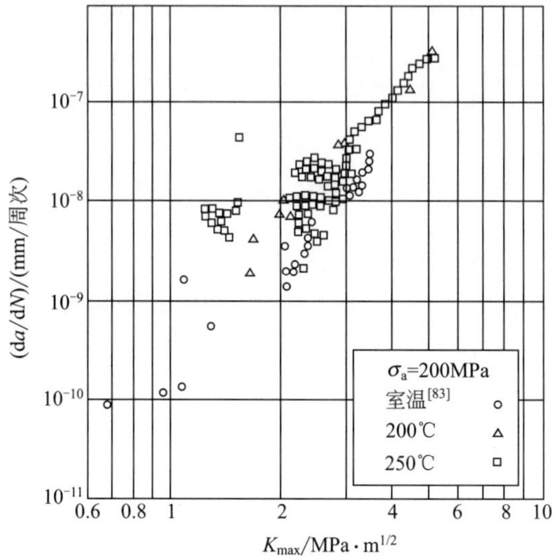

图 2-98　粉末铝合金在不同温度下的裂纹扩展速率 da/dN 和最大应力强度因子 K_{max} 的关系[84]

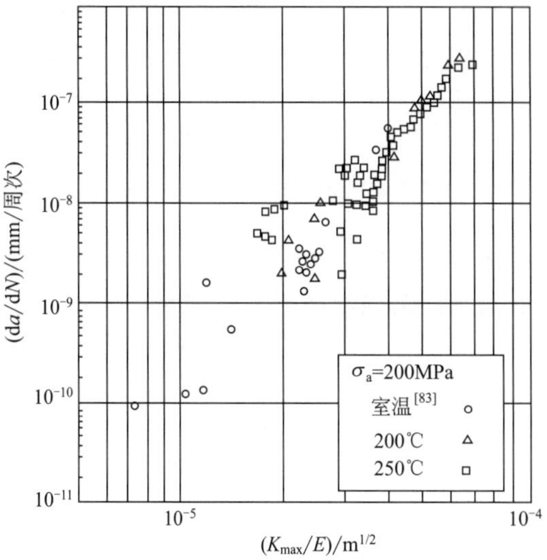

图 2-99　粉末铝合金在不同温度下的裂纹扩展速率 da/dN 和 K_{max}/E 的关系[84]

砂田久吉等人[122]研究了 SiC_w/Al 基复合材料的疲劳强度与温度关系。图 2-101 给出了 15%（体积分数）SiC_w/Al 基复合材料在不同温度下的 S-N 曲线，图中结果表明：随着温度大幅上升，疲劳强度下降，但是影响不是很明显。

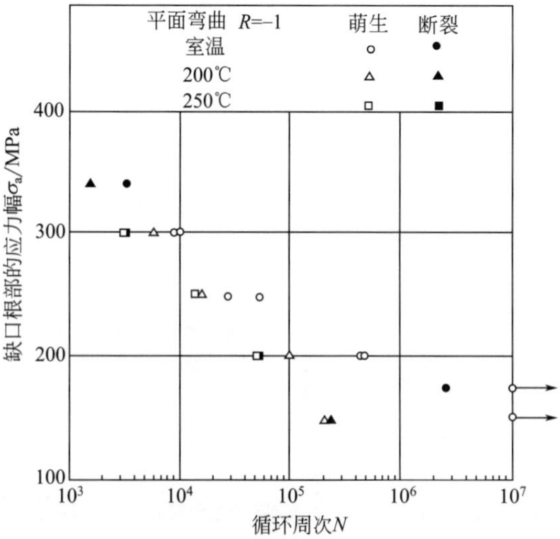

图 2-100　粉末铝合金在不同温度下的 S-N 曲线[84]

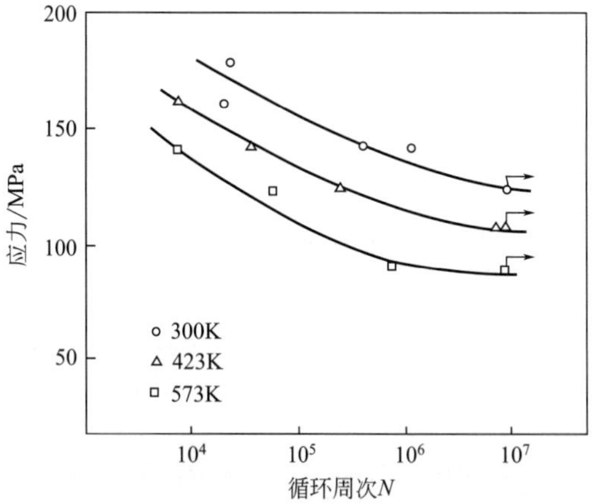

图 2-101　15%（体积分数）SiC_w/Al 基复合材料在不同温度下的 S-N 曲线[122]

Huang 等人[90]研究了在 25～300℃，IM6061 与 PM6061 铝合金的疲劳裂纹扩展行为。两种合金的裂纹扩展抗力都随着温度的升高而下降。随着温度的升高，IM 合金与 PM 合金的屈服强度和弹性模量都会降低，引起裂纹张开位移增加、裂纹闭合程度降低，导致裂纹扩展抗力降低。与 PM 合金相比，IM 合金的晶粒尺寸更大，裂纹闭合效应更显著，因此具有更高的裂纹扩展抗力。Huang 等人还研究了不同温度下的 da/dN-ΔK_{eff} 关系曲线，结果表明：25～200℃时，铝合金的显微结构与裂纹闭合效应共同影响其裂纹扩展行为；而 200～300℃时，铝合金的裂纹扩展行为仅受到裂纹闭合效应的影响。图 2-102 为经 T6 热处理的 IM 和 PM 合金在 L-T 取向，在 25℃、200℃、250℃和 300℃下，da/dN 与 ΔK、裂纹闭合应力强度因子范围 ΔK_{cl} 与应力强度因子范围 ΔK 和 da/dN 与 ΔK_{eff} 的关系。图2-102(a)表明给定合金疲劳裂纹扩展速率随温度升高而增大，在较低的 ΔK 区更明显，da/dN 的增长主要在 25～200℃、250～300℃区域，在 200～250℃区域 da/dN 的增长不明显，在所有测试温度下，PM 合金的裂纹扩展阻力总是比 IM 合金小，但是后期 IM 合金 da/dN 增长较快，在 300℃IM 合金的扩展速率大于 250℃PM 合金。图 2-102(b) 表明 IM 与 PM 合金在不同温度下裂纹闭合应力强度因子范围的变化，在相同温度下 IM 合金的闭合程度大于 PM 合金，随着温度升高，促使裂纹尖端钝化膜破裂，导致裂纹闭合程度下降，在 300℃下 PM 合金几乎没有裂纹闭合，但 IM 合金仍然显示出裂纹闭合。图 2-102(c) 表示裂纹扩展速率 da/dN 与有效应力强度因子范围 ΔK_{eff} 的关系，在 200℃以上温度 IM 和 PM 合金的裂纹扩展行为落在同一曲线上。

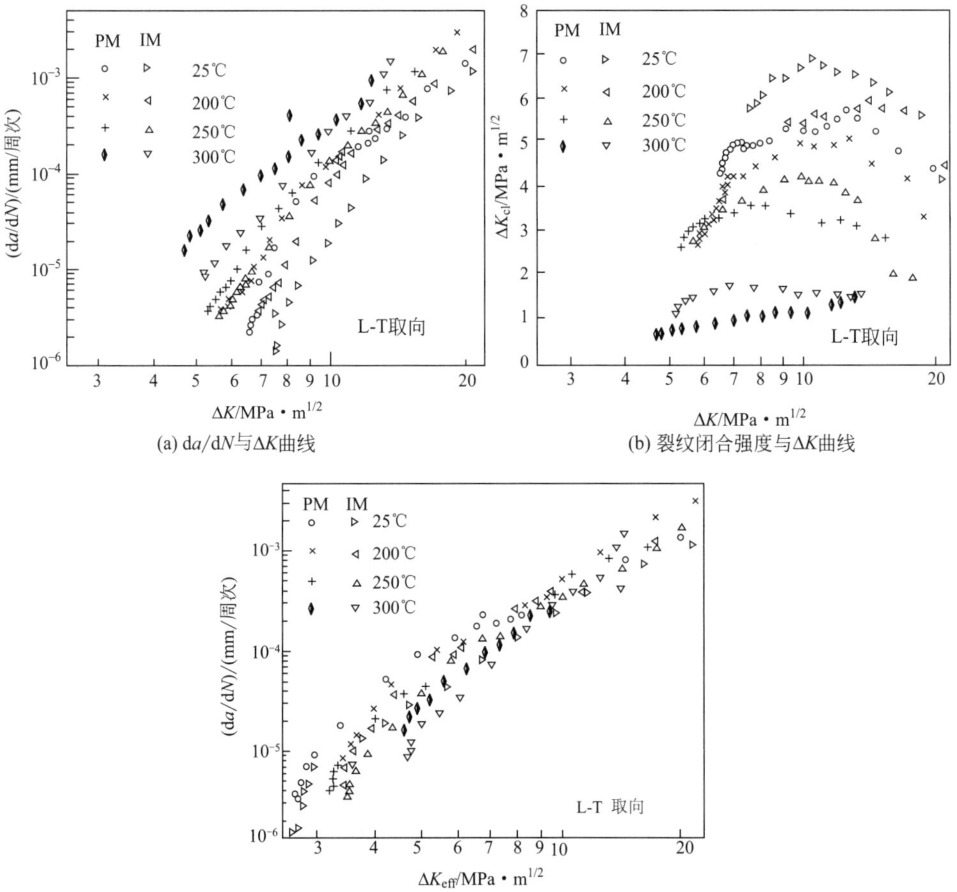

(a) da/dN与ΔK曲线　(b) 裂纹闭合强度与ΔK曲线

(c) da/dN与ΔK_{eff}曲线

图 2-102　经 T6 热处理的 IM 和 PM 合金在 LT 取向，在 25℃、200℃、250℃和 300℃ da/dN 与 ΔK 曲线、裂纹闭合强度与 ΔK 曲线、da/dN 与 ΔK_{eff} 曲线的比较[90]

Shin 等人[123]研究了温度对 PM6061 铝合金与 10%、29%（体积分数）SiC_p/PM6061 铝基复合材料的疲劳行为的影响。PM6061 铝合金与复合材料的裂纹扩展速率也是随着温度的升高而加快，总体来说，在高温下复合材料的裂纹扩展抗力更高。在对断面进行观察后，Shin 等人认为：室温下，由于增强相/基体的界面结合强度很大，复合材料疲劳断裂的方式主要是解理断裂，疲劳断面上存在破碎的 SiC 颗粒。而随着温度的升高，增强相/基体的界面结合强度显著下降，增强相颗粒不是发生破碎而是沿着界面剥离，解理面被多边形突起物取代。因此与 PM6061 铝合金相比，高温下复合材料的断面粗糙度更大，裂纹闭合程度更大，其疲劳裂纹扩展速率更小。图 2-103 给出了经 T6 时效处理的粉末冶金铝基复合材料在不同温度下 L-T 方向的疲劳裂纹扩展行为。图中结果表明，对于未增强合金，当 $\Delta K<8\text{MPa}\cdot\text{m}^{1/2}$时，温度从 25℃提高到 250℃，裂纹扩展速率普遍提高，在 250℃和 300℃之间裂纹扩展曲线增长趋势下降。当 $\Delta K>8\text{MPa}\cdot\text{m}^{1/2}$时，三个温度的扩展速率基本相当，从 250℃到 300℃，裂纹扩展速率增加更加明显。10%SiC_p/PM6061，随着温度上升，裂纹扩展速率稳步增加，对于 20%SiC_P/PM6061 的裂纹扩展速率，25℃和 200℃是接近的，从 20℃增至 250℃后裂纹扩展速率会显著增加，250～300℃裂纹扩展速率基本相同。

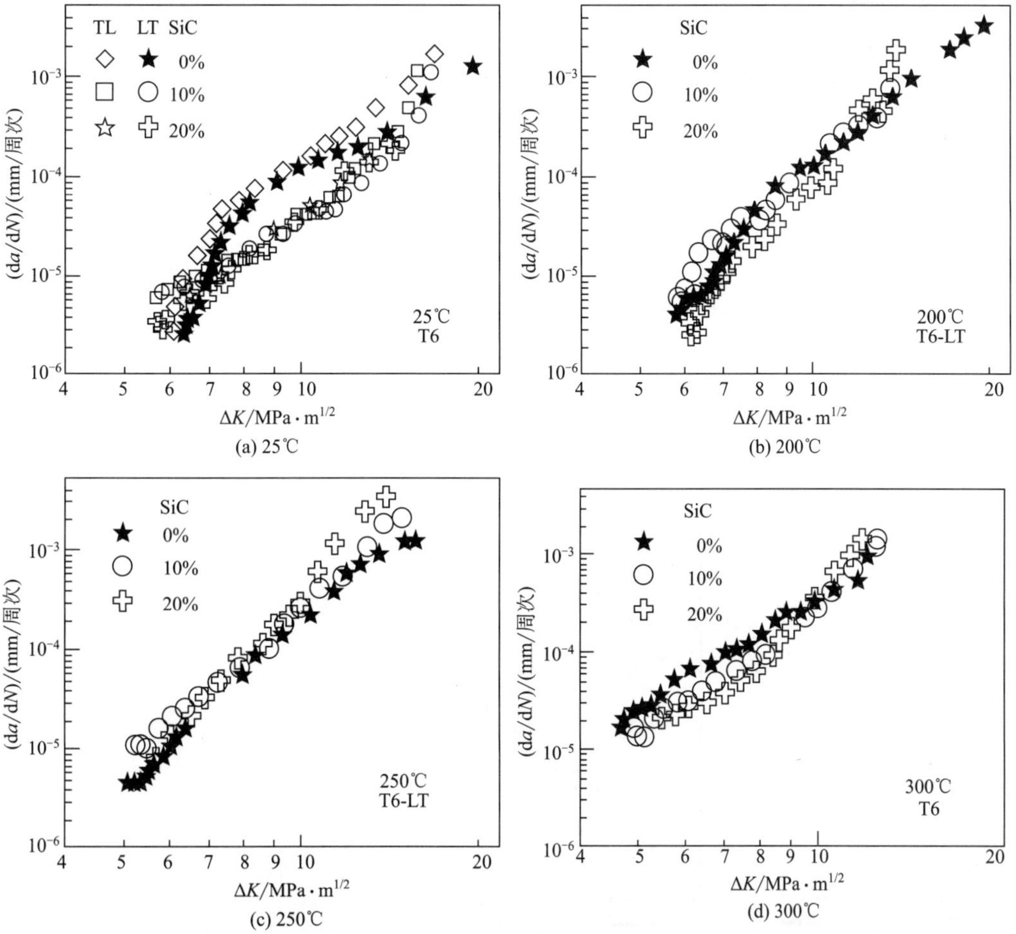

图 2-103　经 T6 时效处理的粉末冶金铝基复合材料在 L-T 方向的疲劳裂纹扩展行为[123]

Healy 等人[124]研究了 180℃时喷射沉积 2618 铝合金的疲劳裂纹扩展行为，发现随着温度的升高，疲劳裂纹扩展门槛值降低，裂纹扩展速率增大。Bray 等人[125]研究了 225℃时弥散强化 PM 铝合金的裂纹扩展行为，认为高温环境下 PM 铝合金疲劳抗力的降低是由于裂纹尖端屏蔽效应的减弱所导致的。进一步的研究表明，高温环境下 PM 铝合金的裂纹扩展速率随着频率的降低而增大。

（3）制备工艺的影响

① 热处理的影响　Huang 等人[90]研究了热处理对粉末铝合金裂纹扩展速率的影响，研究发现 PM6061 和 IM6061 合金经 T6 处理后疲劳裂纹扩展阻力优于 T4 处理，并且应力强度因子范围在 8MPa·$m^{1/2}$以下时，这种差异更加明显；但是制备方法引起的差异更大，IM 合金比 PM 合金的裂纹扩展阻力大得多。对于更高的 ΔK 值区域，两种热处理条件引起的差异不是很明显［参照图 2-104(a)］。经 T6 和 T4 处理的裂纹闭合行为在相同合金中也不一样，裂纹闭合程度经 T6 处理比经 T4 处理更高，在较高的 ΔK 值区域，经同种热处理的 PM 和 IM 合金具有类似的闭合水平［参照图 2-104(b)］。从 da/dN 和 ΔK_{eff} 的关系图可以看出，热处理并不能使裂纹扩展速率正常化，其他微观机制在裂纹扩展阻力方面发挥了作用［参照图 2-104(c)］。

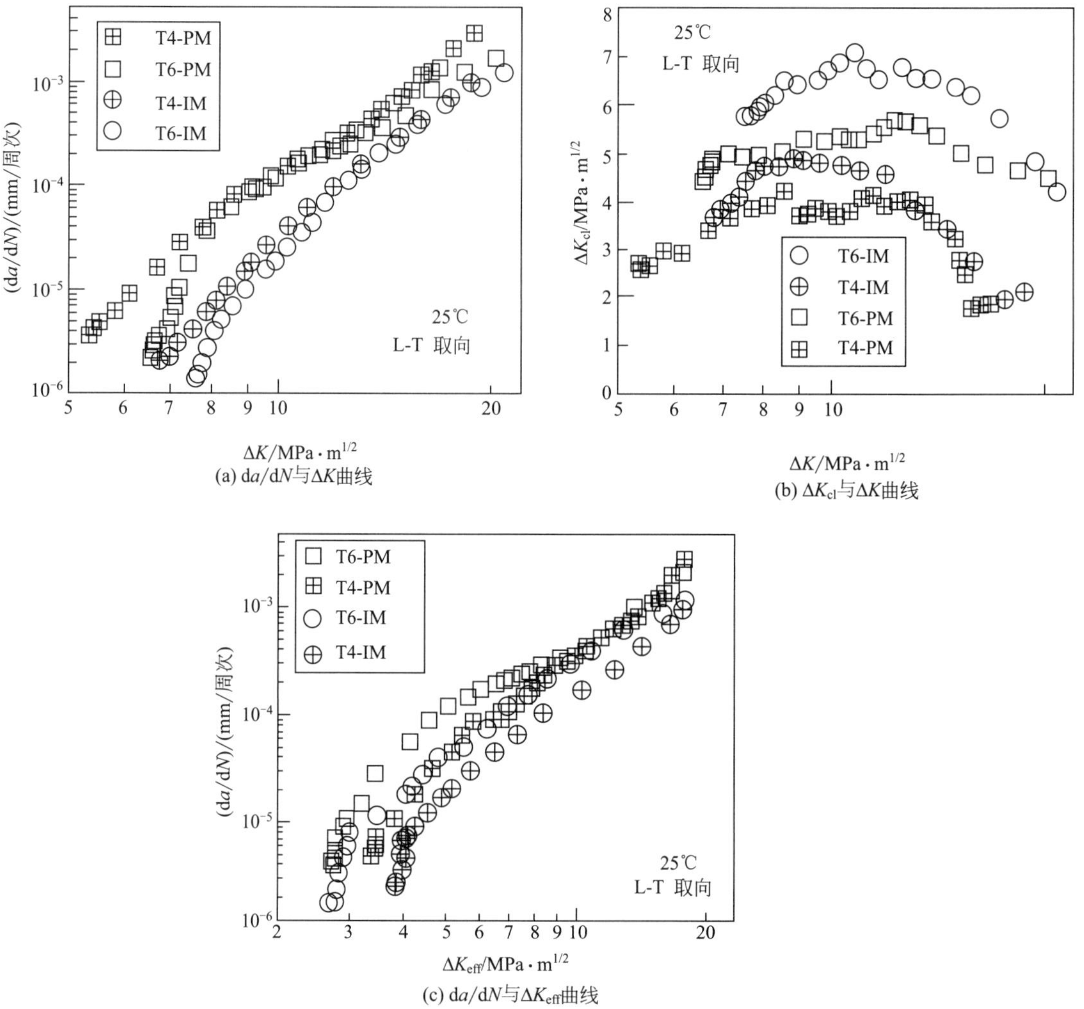

(a) da/dN与ΔK曲线　(b) ΔK_{cl}与ΔK曲线　(c) da/dN与ΔK_{eff}曲线

图 2-104　经 T4 和 T6 热处理的 IM 和 PM 合金在 L-T 方向 da/dN 与 ΔK 曲线、ΔK_{cl}与 ΔK 曲线和 da/dN 与 ΔK_{eff}曲线的比较[90]

Shin 等人[123]研究了 SiC_p/PM6061 复合材料时效处理对裂纹扩展速率的影响，如图2-105所示，采用 T6 和 T4 处理，在应力强度因子范围内增强的复合材料的裂纹扩展速率比基体的裂纹扩展速率更加缓慢，采用 T6 处理比采用 T4 处理的复合材料的裂纹扩展阻力更大，裂纹闭合程度更高。但是不能单独地用裂纹的闭合来说明裂纹扩展速率的差异，其微观方面也起很重要的作用。

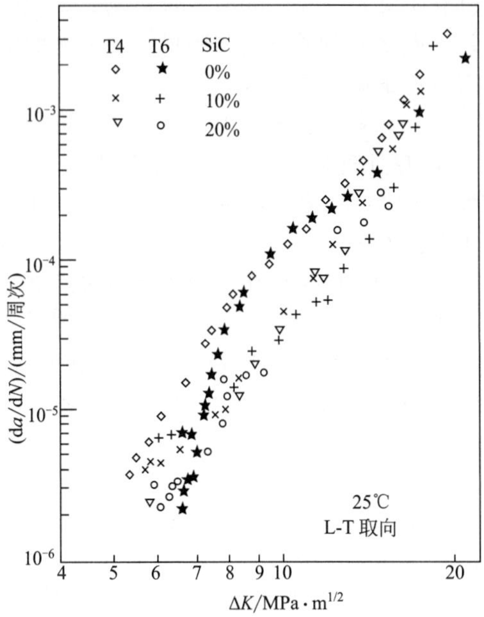

图 2-105 25℃在 L-T 方向上经 T4 和 T6 处理的粉末铝基复合材料的疲劳裂纹扩展行为[123]

② 制备方法的影响 制备 PM 铝合金的方法很多，如热挤压、热等静压、冷等静压等，而采用不同的制备方法得到的显微结构不同，从而导致其疲劳性能有所差异。Lewandowski 等人[120]采用热等静压和冷等静压方法制备了 Al-Be 复合材料，研究表明，冷等静压试样中的疲劳裂纹更容易沿着颗粒边界扩展，其疲劳裂纹扩展速率更快。Huang 等人[90,123]采用热挤压的方法得到了具有各向异性的 PM60601 铝合金，由于不同取向的断裂韧性有所不同，导致 T-L 取向的疲劳裂纹扩展抗力低于 L-T 取向。Chen 等人[111]采用热挤压的方法制备了 SiC_p/2024 铝基复合材料，平行于挤压方向的疲劳裂纹扩展速率稍大于垂直挤压方向，去掉裂纹闭合效应后，两种取向的疲劳裂纹扩展速率差异减小，但也有一些其他方法取得了很好的结果。

Plies 等人[126]采用喷射成形制备了含 Fe、Si 元素较高的 7150 铝合金，解决了 7150 生产成本问题，特别引人注意的是喷射沉积 7150 合金的裂纹扩展速率比工业用的 7150 材料要低得多（图 2-106）。喷射沉积 7150 合金的优异疲劳性能，主要是由于试样具有大的晶粒尺寸和高的第二相粒子体积分数，这种结构与凹凸不平引发了裂纹的闭合机理，另外 7000 系合金由于聚集态的 GP 区的切割，其疲劳裂纹仅在少数活跃的滑移平面扩展。另外，粗糙度引发的裂纹闭合，取决于疲劳试验的应力比 R 值，在低 R 值下粗糙度的作用程度较大，因为裂纹处在相对大的未负载状态，两个裂纹靠得更近。研究者得出如下结论：喷射沉积 7150［Al-1.5% Zn-2.3% Mg-2.2% Cu-0.12%Zr-0.6%Fe-0.5%Si（质量分数）］，晶粒尺寸为 10～100μm，第二相粒子尺寸 1～5μm，在低 R 值下能够得到比熔铸合金低得多的疲劳裂纹扩展速率。

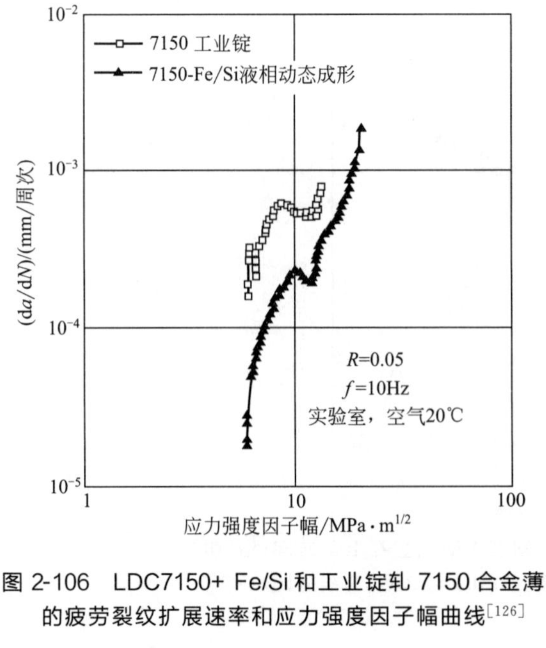

图 2-106 LDC7150+ Fe/Si 和工业锭轧 7150 合金薄板的疲劳裂纹扩展速率和应力强度因子幅曲线[126]

喷射沉积冷却速度适中，沉积坯晶粒

比粉末坯要大一些，沉积坯的氧含量比粉末坯的氧含量低得多，颗粒之间大部分达到冶金结合，在热加工中不易再次被氧化，其疲劳特性超过变形铝合金。

李微等人[127]研究了 15%（体积分数）SiC_p/Al-7Si 复合材料的裂纹扩展，得出如下结论。

a. 在相同的 ΔK 水平下，SiC_p/Al-7Si 复合材料的抗疲劳裂纹扩展能力优于基体材料，并表现出高的门槛值。SiC 颗粒的加入，使得复合材料的闭合效应要远远高于基体。然而，去除裂纹闭合效应的影响，当有效应力因子作为裂纹的驱动力时，复合材料的裂纹扩展速率却高于基体材料。

b. 在 Al-7Si 合金的疲劳裂纹扩展阶段，疲劳裂纹绕过 Si 颗粒会发生偏转和弯曲是其主要扩展机制，这种偏转会使裂纹面变得粗糙，诱发裂纹闭合，提高基体材料的裂纹扩展抗力。随 ΔK 的增大，裂纹沿 Si 颗粒与 Al 基体界面扩展（即 Si 颗粒的脱离）的倾向性增大。

c. 在 SiC_p/Al-7Si 复合材料的疲劳裂纹扩展阶段，疲劳裂纹除绕 Si 颗粒偏转外，SiC 颗粒对裂纹偏折以及 SiC 短裂纹萌生均会使主裂纹扩展路径曲折前进，增加扩展过程中的表面能，提高裂纹扩展抗力，特别是 SiC 颗粒的自身短裂纹萌生会引发裂纹闭合效应导致复合材料的闭合效应高于基体，有效降低裂纹扩展速率。

图 2-107 给出了 SiC_p/Al-7Si 复合材料扩展速率 da/dN 与 ΔK、ΔK_{eff}的关系，图 2-108 给出了 SiC_p/Al-7Si 复合材料和 Al-7Si 的闭合效应图。

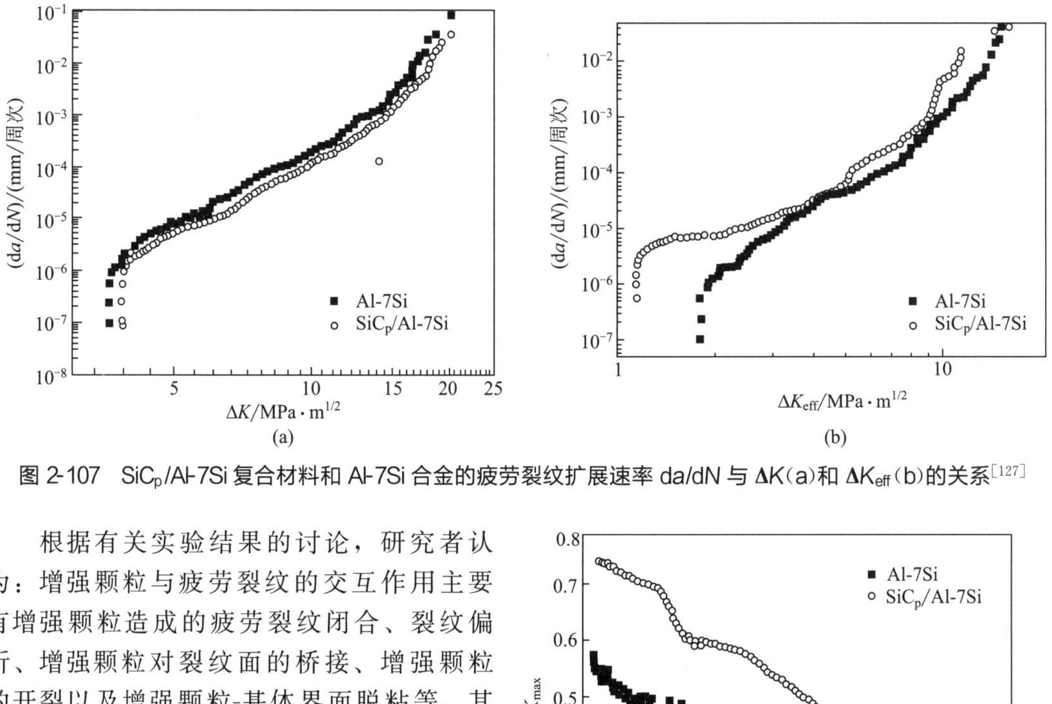

图 2-107　SiC_p/Al-7Si 复合材料和 Al-7Si 合金的疲劳裂纹扩展速率 da/dN 与 ΔK(a)和 ΔK_{eff}(b)的关系[127]

根据有关实验结果的讨论，研究者认为：增强颗粒与疲劳裂纹的交互作用主要有增强颗粒造成的疲劳裂纹闭合、裂纹偏折、增强颗粒对裂纹面的桥接、增强颗粒的开裂以及增强颗粒-基体界面脱粘等，其中，前三者可提高裂纹扩展抗力，后二者则显著降低裂纹扩展抗力。但是在李微等人的研究中，在相同的 ΔK 下，复合材料的长裂纹扩展速率低于基体，表现出较高的裂纹扩展抗力。这与 Sutherland 等人[128]得出的结果一致，Sutherland 等人研究了快速凝固SiC_p/Al-Fe-V-S的裂纹扩展行为，指

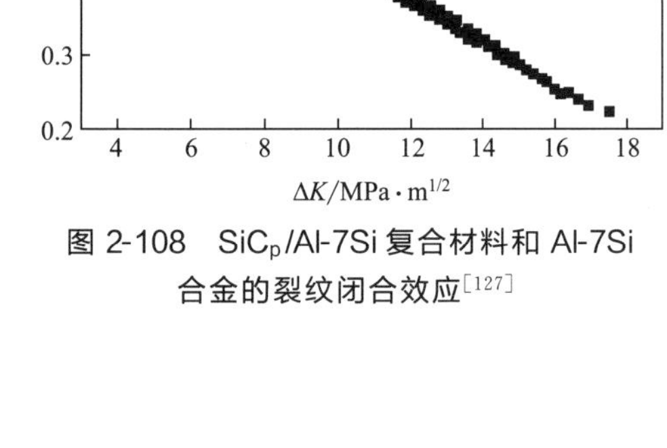

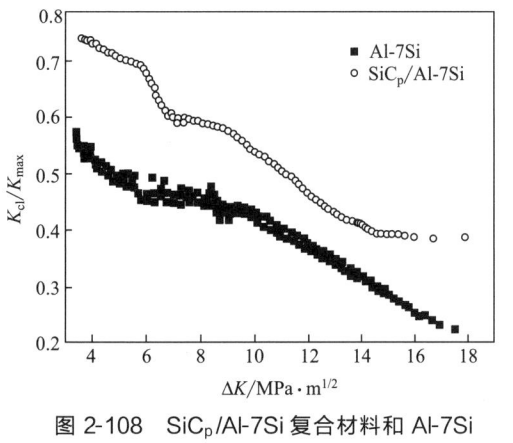

图 2-108　SiC_p/Al-7Si 复合材料和 Al-7Si 合金的裂纹闭合效应[127]

出复合材料的裂纹扩展速率不论在门槛值还是在给定的 ΔK 下都低于基体合金，这种现象与裂纹绕 SiC 颗粒的偏转有很大的关系。由疲劳裂纹近门槛区以及稳定裂纹扩展区的表面形貌可知，SiC 颗粒与疲劳裂纹交互作用主要表现为两种机制：一种是裂纹偏折，它有效提高了裂纹扩展抗力，这与上述规律相符；另一种，在裂纹扩展的路径上以及裂纹尖端处出现了大量的十分明显的 SiC 颗粒自身断裂现象所导致的短裂纹萌生，这种短裂纹会使主裂纹扩展路径曲折前进，增加扩展过程中的表面能，有利于裂纹闭合，从而导致复合材料的闭合效应高于基体。由 SiC 颗粒短裂纹萌生引发的裂纹闭合效应现象在 Liu 等人[129]的研究中也得到了证实。

2.3 粉末铝合金的疲劳强度

快速凝固粉末铝合金是快速凝固技术取得的最重要的成果之一。快速凝固铝合金在粉末高比强合金、粉末耐热铝合金、粉末高强铝合金和粉末耐磨铝合金方面取得了很多的成果。这些材料具有很高的强度、高的伸长率、晶粒细小、耐磨性好、抗腐蚀性能高等一系列优点。虽然粉末铝合金裂纹扩展速率较高，但其疲劳强度较大，经过进一步性能优化有望成为一种有重要应用的材料。

2.3.1 晶粒细化对疲劳强度的影响

Wang 等人[130]的研究结果表明，有些粉末铝合金不仅疲劳强度大于同成分铸造铝合金，而且裂纹扩展速率也低于 IM 铝合金；RS-PM2024＋Li 合金的疲劳性能和裂纹扩展速率如图 2-109 和图 2-110 所示，具有细晶的 RS-PM2024＋Li 合金不仅疲劳强度高于粗晶的 IM2024 合金，而且疲劳裂纹扩展速率也低于 IM2024 合金。Hart 等人[131]给出了 PM7090 和 IM7050 挤压件的轴应力缺口试样的疲劳强度（S-N）曲线的比较。图 2-111 中结果表明，粉末冶金 7090 合金其疲劳强度明显高于熔铸 7075 合金。CW67 是一种高强、韧性较强的铸件，图 2-112是 CW67-T7、7090-T7E71、7091-T7E69 粉末铝合金和铸锭的 2024-T351、7075-T73×××合金轴应力缺口疲劳试验的比较[132]。

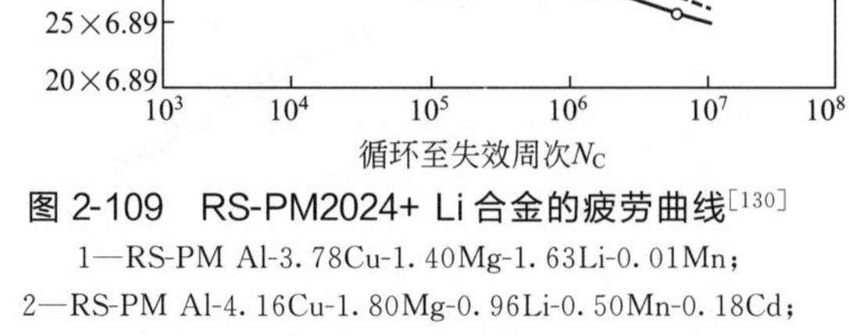

图 2-109 RS-PM2024+ Li 合金的疲劳曲线[130]

1—RS-PM Al-3.78Cu-1.40Mg-1.63Li-0.01Mn；
2—RS-PM Al-4.16Cu-1.80Mg-0.96Li-0.50Mn-0.18Cd；
3，4—IM2024-T4

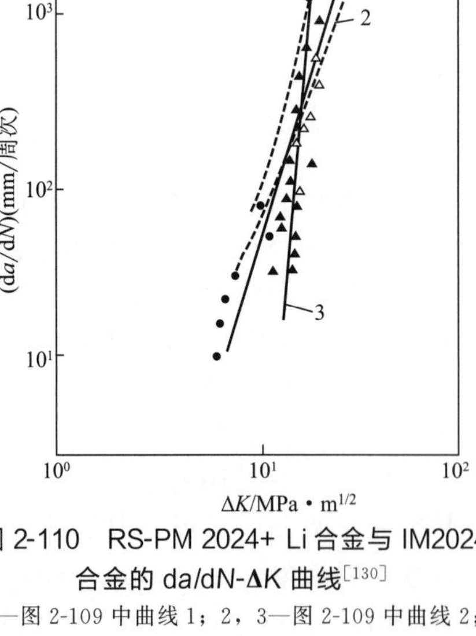

图 2-110 RS-PM 2024+ Li 合金与 IM2024 合金的 da/dN-ΔK 曲线[130]

1—图 2-109 中曲线 1；2，3—图 2-109 中曲线 2；
4—IM2024-T4

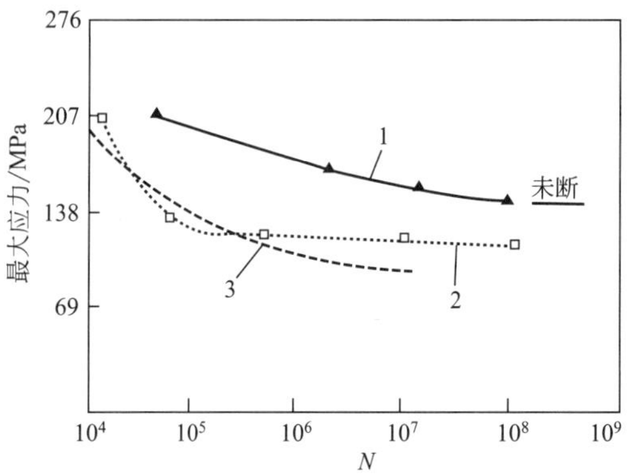

图 2-111　PM7090 合金和 IM7075 合金挤压件轴向应力缺口试样疲劳曲线[131]

（屈服强度均为 348～362MPa；$K_T=3$，$R=0.01$）

1—7090；2—7075-T6；3—7075-T6510

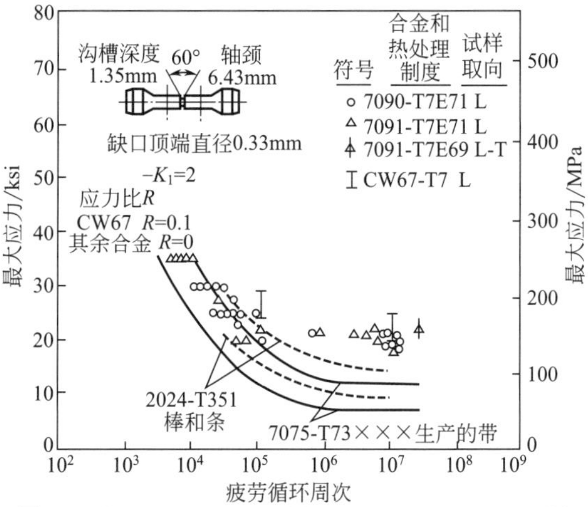

图 2-112　CW67-T7、7090-T7E71、7091-T7E69 粉末合金与 2024-T351、7075-T73×××铸造合金轴向应力缺口疲劳数据的比较[132]

（1ksi＝6.894MPa）

一般来说，细晶材料与粗晶材料相比，提高了材料的抗拉强度和伸长率，但降低了静态韧性和冲击韧性。晶粒细化阻碍了裂纹的萌生而促进了裂纹的生长，晶粒的细化增大了材料的疲劳强度。

2.3.2　成分改性对疲劳强度的影响

对于 2000 系和 7000 系合金来说，光靠快速凝固来扩展 Cu、Mg、Zn 的极限固溶度并不是一种可取方法，因为这些固溶体非常易变，不可能产生更多的弥散相，如文献［133］所述，在 Al-Mg-Si 合金中加入少量 Mn，通过峰值时效产生了一种 0.1μm 以下的 α-$Al_{12}Mn_3Si$ 弥散质点相，不仅改善了裂纹萌生和扩展性能，还提高了 Al-Mg-Si 合金的疲劳强度（图2-113[133]）。20 世纪 80 年代美国 Alcon 公司在 NASA 资助下对快速凝固 2000 系合金进行了改性研究，取得了很大成果。日本大学林水根等人[134]在 2024 合金（成分见表 2-22）中加入了一定元素（成分见表2-23），研究了材料成分改性对疲劳强度的影响，如图 2-114 所示。在 2024 合金中加入 Mn 后，疲劳强度有了较大的提高，24M6 的疲劳强度（在循环周次为 10^7 次时）为 2024IM 合金的 1.8 倍。林水根等人[135]在 2219 合金中加入 Fe、Co、Mn、Ni 元素制备粉末铝合金，其采用的 2219 铝合金成分如表 2-24 所示，加入合金元素后的 2219 合金成分和编号如表 2-25 所示。图 2-115 结果表明，添加 Mn 含量为 6%时，合金的疲劳强度最高。

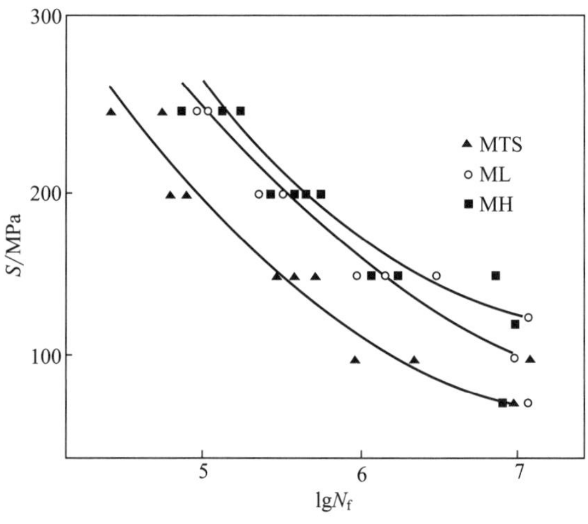

图 2-113　S-N 曲线[133]

表 2-22　2024 合金的化学成分(质量分数)[134]　　单位：%

Cu	Mg	Fe	Mn	Zn	Ti	Si	Cr	Al
4.19	1.35	0.26	0.54	0.12	0.03	0.01	0.01	余量

表 2-23　添加合金元素的 2024 合金的成分和编号[134]

材料	添加元素量/%	编号
2024 I/M	—	24 I/M
2024 P/M	—	24 P/M
2024-Fe	1	24F1
	2	24F2
	4	24F4
2024-Mn	2	24M2
	4	24M4
	6	24M6
2024-Ni	2	24N2
	4	24N4
	6	24N6

表 2-24　2219 铝合金的化学成分(质量分数)[135]　　单位：%

Cu	Si	Fe	Mn	Zn	V	Zr	Ti	Al
6.25	0.14	0.21	0.28	0.02	0.08	0.14	0.08	余量

表 2-25　添加元素后的 2219 合金成分和编号[135]

材料	添加元素量/%	编号	材料	添加元素量/%	编号
2219 I/M	—	19 I/M	2219-Cu	1 4	19C1 19C4
2219 P/M	—	19 P/M	2219-Mn	2 6	19M2 19M6
2219-Fe	1 4	19F1 19F4	2219-Ni	2 6	19N2 19N6

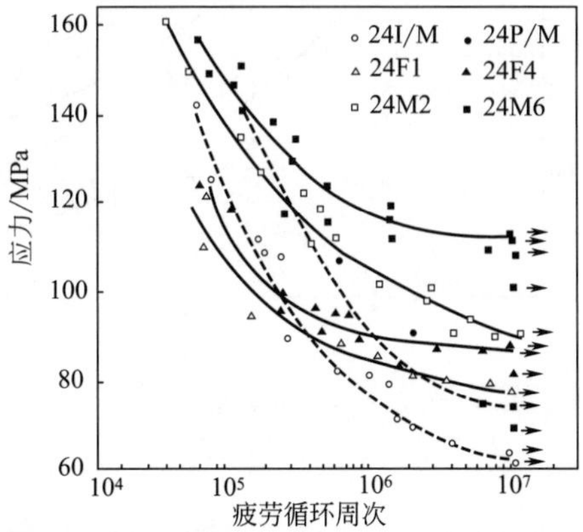

图 2-114　PM2024(Fe、Mn)、IM2024 和 PM2024 合金 T6 态的 *S-N* 曲线[134]

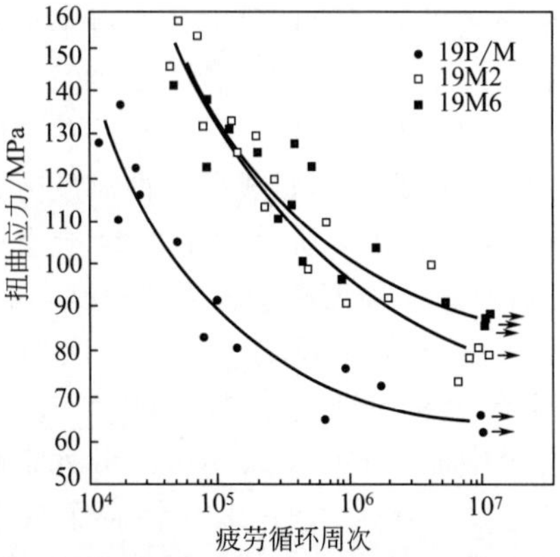

图 2-115　添加 Mn 元素的 2219 粉末铝合金 T6 处理态的弯曲疲劳曲线[135]

林水根等人[136]还对 2024 和 2219 复合添加 Fe 和 Mn 的粉末铝合金的性能进行研究，表 2-26 为 2024 和 2219 复合添加合金元素的成分。图 2-116 为几种改性的 2024 合金 T6 态的 S-N 曲线。图中结果表明 24FN4（Fe1，Ni4）合金的疲劳强度高于 24FN1 合金。

表 2-26　几种快速凝固粉末高强铝合金的化学成分(质量分数)[136]　　单位：%

材料编号	Zn	Mg	Cu	Co	Mn	Fe	Ni	Al
7090	9.0	2.5	1.0	1.5				余量
79M2	9.0	2.5	1.0		2.0			余量
79M6	9.0	2.5	1.0		6.0			余量
79F2	9.0	2.5	1.0			2.0		余量
79FN1	9.0	2.5	1.0			1.0	1.0	余量

林水根等人[137]给出了 Al-9%Zn-2.5%Mg-1%Cu（质量分数）快速凝固合金添加过渡金属的成分和性能。表 2-27 给出了 7090 快速凝固合金改性合成的化学成分。图 2-117 给出了几种粉末冶金高强铝合金 T6 态的 S-N 曲线，图中结果表明 79M6 的疲劳强度最高，79M2 疲劳强度最低。

表 2-27　7090 改性合成的化学成分(质量分数)[137]　　单位：%

材料编号	Zn	Mg	Cu	Co	Mn	Fe	Ni	Sc	Zr	Al
7090-SZ	8.9	2.6	1.04	1.46	—	—	—	0.20	0.24	余量
79F6-SZ	9.3	2.3	0.97	—	—	5.16	—	0.22	0.22	余量
79F3-SZ	9.0	2.6	1.02	—	—	2.97	2.97	0.22	0.21	余量
79M6-SZ	8.9	2.5	0.97	—	5.90	—	—	0.24	0.22	余量

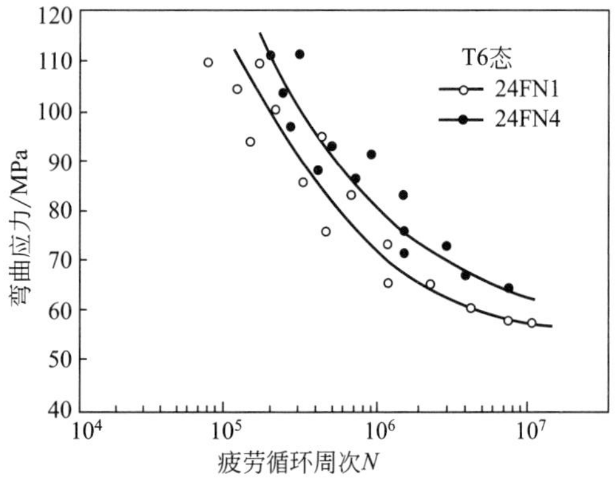

图 2-116　几种改性的 2024 合金 T6 态的 S-N 曲线[136]

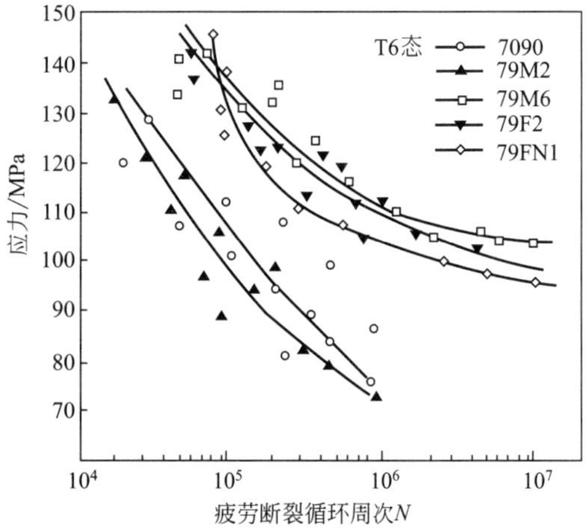

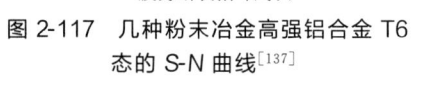

图 2-117　几种粉末冶金高强铝合金 T6 态的 S-N 曲线[137]

藤井秀紀等人[138]对 7090 系合金添加 Sc 和 Zr 的快速凝固合金进行了研究，表 2-28 为 7090 改性合金系的相组成。图 2-118 为 7090 合金和 7090 改性合金 T6 状态下的 S-N 曲线。表 2-29 为 7090 改性急冷合金在 100MPa 和 180MPa 应力下的疲劳断裂循环次数。

表 2-28　7090 改性快速凝固合金的相组成[138]

材料编号	快速凝固甩带合金	粉末挤压合金
7090-SZ	Al，Al_9Co_2	Al，Al_9Co_2，$MgZn_2$，Mg_2Zn_{11}
79F6-SZ	Al，$Al_{13}Fe_4$，$MgZn_2$，Mg_2Zn	Al，$Al_{13}Fe_4$，$MgZn_2$，Mg_2Zn_{11}
79FN3-SZ	Al，$FeNiAl_9$，$MgZn_2$，Mg_2Zn	Al，$MgZn_2$，$FeNiAl_9$，Mg_2Zn_{11}
79M6-SZ	Al，Al_6Mn，$MgZn_2$，Mg_2Zn_{11}	Al，Al_6Mn，$MgZn_2$，Mg_2Zn_{11}

表 2-29　7090 改性急冷合金在 100MPa 和 180MPa 应力下的疲劳断裂循环次数[138]

合金	疲劳断裂循环次数 N		合金	疲劳断裂循环次数 N	
	100MPa	180MPa		100MPa	180MPa
7090-SZ	10^7	9.5×10^5	79FN3-SZ	10^7	1.4×10^6
7090	4.0×10^5	3.0×10^4	79FN3	10^7	7.5×10^6
79F6-SZ	8.9×10^6	2.9×10^6	79M6-SZ	10^7	6.0×10^5
79F6	2.0×10^6	3.7×10^5	79M6	10^7	2.0×10^5

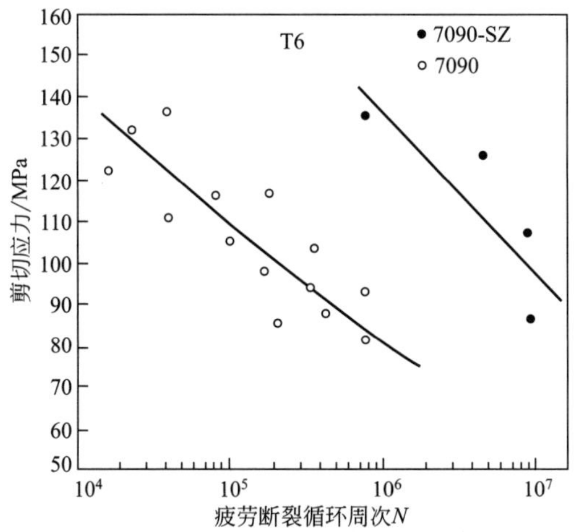

图 2-118　7090 快速凝固合金和 7090 改性合金 T6 状态下 S-N 曲线[138]

采用添加新合金元素和微量元素对高强铝合金改性形成弥散质点，抑制裂纹萌生和扩展、改善和提高合金的疲劳强度，是解决快速凝固材料疲劳问题的重要途径之一。快速凝固材料，由于冷却速度高，固溶度大，容易寻找需要的弥散质点，通过热处理的控制能够得到体积分数较大的弥散质点群。有很多金属间化合物弥散相质点，在很宽的 ΔK 范围内抑制了裂纹的萌生。降低了裂纹扩展速率，其主要原因是位错与这些质点的相互作用引起滑移带间距变小，从而使滑移分布均匀，铝合金成分改性实际上就是寻找有益的弥散质点对材料强韧化的改性。

目前用来改性的新合金元素主要是 Mn、Fe、Ni、Co、Ag 等元素。而采用的微量元素主要有 Sc、La、Ce、Zr、Er 等，析出弥散相形貌、尺寸、分布和晶粒特性，析出相和基体保持共格、半共格或非共格都会影响材料的裂纹萌生、扩展和疲劳特性。

2.3.3　制备工艺对疲劳强度的影响

粉末铝合金的制备工艺有多种方式，如压制烧结、锻造、轧制、挤压等，表面氧化物剥离和完全致密化是保证材料具有高性能的基本条件。Al-Cu-Mg 合金 201AB 采用压制、烧结，一次压制和烧结相对密度为 80%左右，经过复压和复烧可达到相对密度为 90%。图 2-119所示 201ABT1 和 201ABT6 其疲劳强度低于 2014T6 变形合金，其原因为前者相对密度较低，残存孔隙，其疲劳强度约为变形合金的一半。图 2-120 为喷射沉积和粉末冶金 7075+1.0Ni+0.8Zr 合金热挤压件、粉末冶金 X7091 热挤压件和铸锭 7075 热挤压件的 S-N 曲线，图中结果表明，喷射沉积热挤压件和粉末冶金热挤压件的疲劳强度最高，铸锭 7075 挤压件疲劳强度最低[139]。

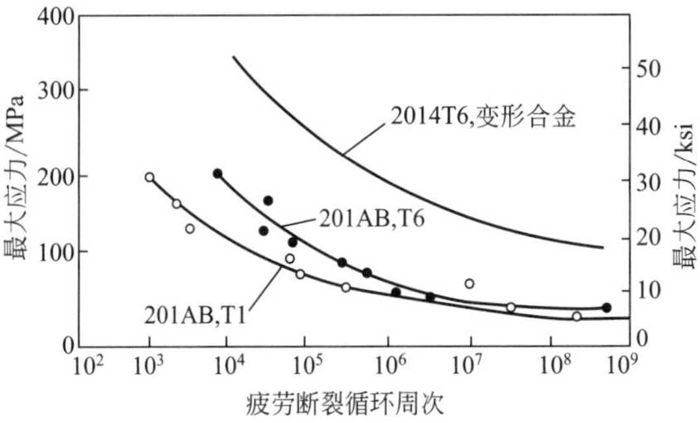

图 2-119　201AB 粉末铝合金的疲劳曲线[139]

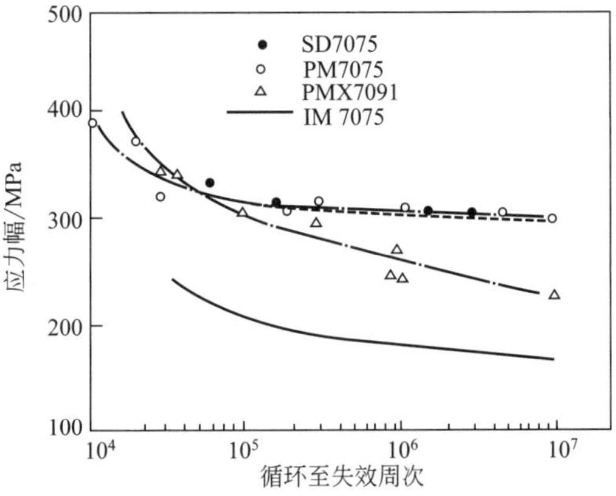

图 2-120　喷射沉积和粉末冶金 7075+1.0Ni+0.8Zr 合金热挤压件、粉末冶金 X7091 热挤压件和铸锭 7075 热挤压件的 *S-N* 曲线[139]

2.3.4　颗粒强化对疲劳强度的影响

深浦健三等人[140]研究了 Al 合金粉末粒度对 6061-SiC$_w$复合材料疲劳特性的影响，实验采用平均直径为 0.4μm、平均长度为 7.9μm 的 β 型 SiC 晶须作为增强材料，采用 6061 的合金粉末作为基体材料，粉末粒度有两种，其中 A 材粉末平均粒度为 10μm（全部粉末在 20μm 以下），B 材粉末平均粒度为 31μm（全部粉末在 44μm 以下），A、B 材均加入0～15%（体积分数）的 β 型 SiC 晶须。图 2-121给出了 A 材和 B 材的 *S-N* 曲线。图中结果表明，没有添加 SiC 的 A 材和 B 材，其疲劳强度相差不大，当添加 SiC 晶须后，A 材、B 材的疲劳强度比不添加 SiC 晶须的疲劳强度要大，并且 A 材比 B 材增加更多。图 2-122 为 A 材和 B 材疲劳强度与添加增强相的关系，图中结果表明，随着增强相的增加，A 材比 B 材的疲劳强度增加量更大。深浦健三等人的研究进一步证实了晶粒、尺寸对材料疲劳强度的影响。

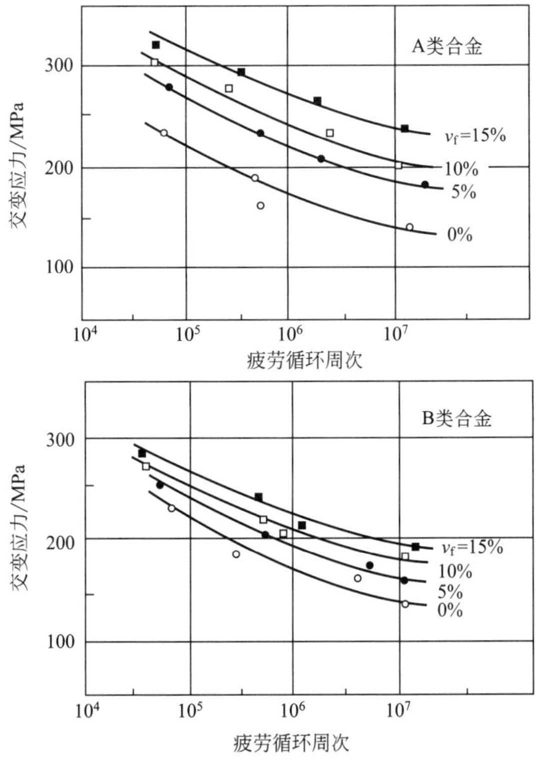

图 2-121　A 材和 B 材的 *S-N* 图[140]

Chen 等人[112]研究了 SiC 颗粒尺寸对疲劳强度的影响。图 2-123 为未增强的 Al2024 合金和 SiC$_p$/Al2024 基复合材料的 *S-N* 曲线，SiC 含量为 10%（质量分数）。图中结果表明，5μm 和 20μm 的 SiC$_p$/Al2024 基复合材料与未增强的 Al2024 合金疲劳强度几乎相同，而 60μm 的 SiC$_p$/Al2024 基复合材料的疲劳强度显著降低。疲劳强度降低的原因是颗粒界面脱粘使其具有低的裂纹萌生阻力。另外，短裂纹的扩展与施加应力大小有关，在低应力水平下，裂纹扩展阻力随粒径的增大而增加，在高应力水平下，5μm 和 20μm 的 SiC_p/Al2024 基复合材料的裂纹扩展阻力比未增强合金要高，然而 60μm 的 SiC_p/Al2024 基复合材料表现出相当低的裂纹扩展阻力，这是由于裂纹的相互作用和缠结。

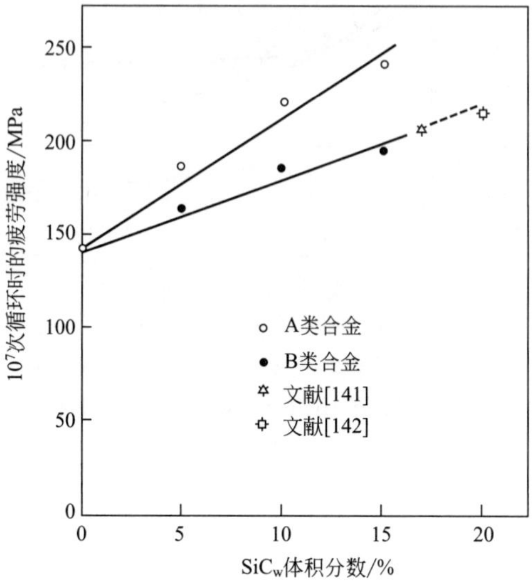

图 2-122　不同 6061-SiC_w复合材料的疲劳强度和 SiC_w的体积分数的关系[140]

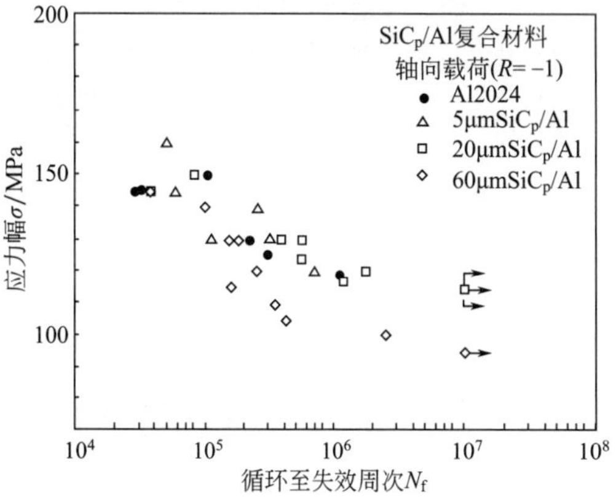

图 2-123　未增强合金和 SiC_p/ Al2024 基复合材料的 S-N 图[112]

Chawla 等人[102]研究了在 20%（体积分数）SiC/2080Al 基复合材料中 SiC 颗粒大小对疲劳强度的影响。图 2-124 结果表明，SiC 粒径减小导致疲劳寿命的增加，并且疲劳比增大（表 2-30）。图 2-124 中 F-1000 为 5μmSiC 粉末，F-600 为 6μmSiC 粉末，F-280 为 23μmSiC 粉末。

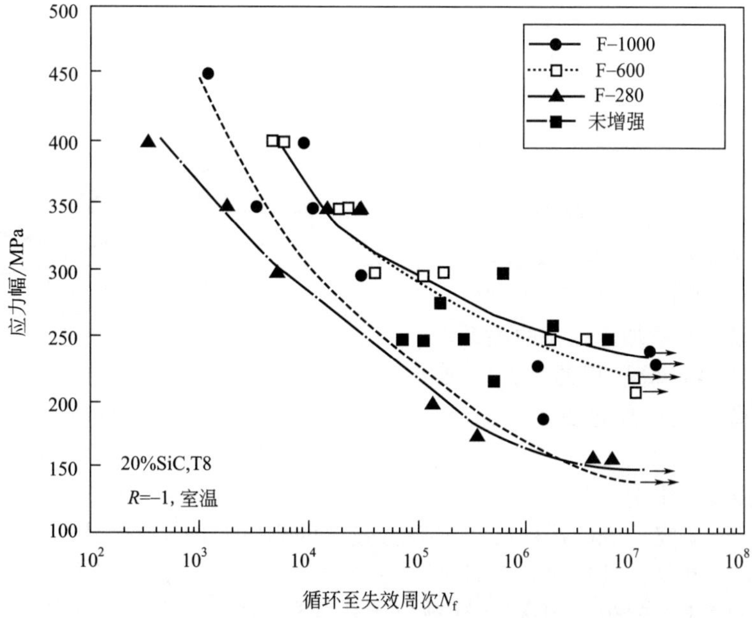

图 2-124　SiC 颗粒大小对疲劳寿命的影响（恒定体积分数 20%）[102]

表 2-30　强化相(体积分数 20%SiC)粒径对 2080Al 疲劳性能的影响[102]

项目	近似疲劳强度 (10^7 周次)σ_{fat}/MPa	屈服应力 (弹性应变在 0.2 以下),$\sigma_{0.2}$/MPa	疲劳比 $\sigma_{fat}/\sigma_{0.2}$
F-1000	230	539	0.42
F-600	220	522	0.42
F-280	150	457	0.33
未增强	140	490	0.28

Hall 等人[141]研究了 SiC 颗粒粒径为 2μm、5μm、9μm 和 20μm 时 2124Al/SiC_p复合材料的疲劳行为，得到了随着增强相颗粒尺寸降低和体积分数增加（10%、20%和 35%），复合材料的疲劳强度增大的结论。

丸山典夫等人[142]研究了 SiC 颗粒强化 Al2024-T6 复合材料的疲劳和摩擦疲劳特性，采用的 B 号材料为平均粒径为 2μm（最大粒径为 5μm）的 α 型 SiC 颗粒和 2024 合金粉末混合物，在 510℃、压力为 9.8×10^2GPa 下热等静压 14.4ks，再在 400～500℃下挤压成 25mm 的圆棒，挤压比为 9.5，再进行 T6 处理，棒材含 SiC 的体积分数为 20%，采用的 D 号材料平均粒径为 16μm（最大粒径为 30μm），成形工艺和 B 材一样。图 2-125 为两种材料的 *S-N* 曲线。如图 2-125(a) 所示，B 材和 D 材的疲劳强度分别为 145MPa 和 140MPa，未增强的 2024-T6 合金为 135MPa；图 2-125(b) 所示非强化材料 B 材和 D 材的微动疲劳强度分别为 60MPa、90MPa 和 75MPa。

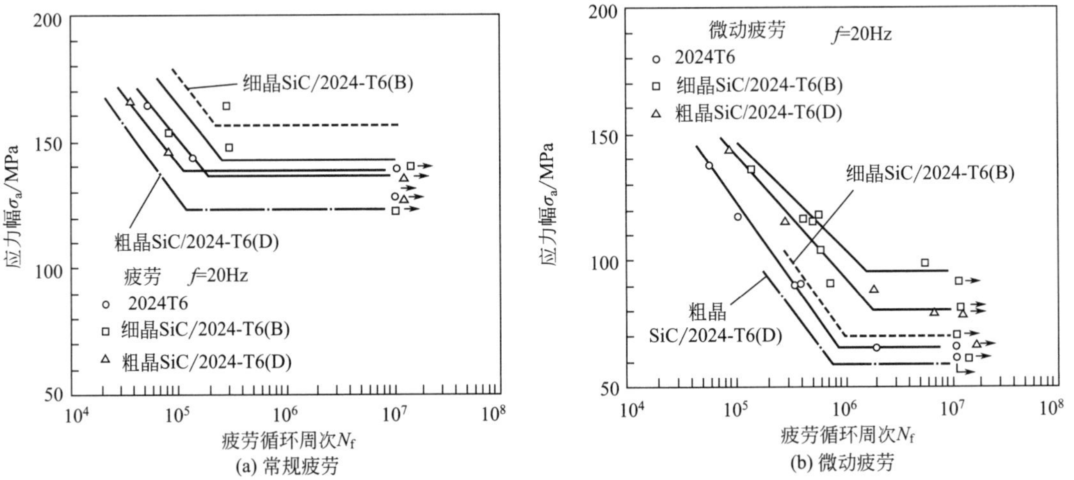

图 2-125　SiC_p/2024-T6 铝合金复合材料和 2024-T6 铝合金的常规疲劳和微动疲劳 *S-N* 曲线[144]

2.3.5　温度对疲劳强度的影响

还有一些学者研究了温度对 PM 铝合金疲劳强度的影响。Uematsu 等人[143]比较了在不同温度条件下，增强相颗粒尺寸分别为 5μm、20μm、60μm 的 10%SiC_p/2024（质量分数）铝基复合材料的疲劳行为。所有试样的疲劳强度都随着温度的升高而显著降低，温度的升高会引起基体发生软化，导致试样的疲劳强度降低。室温时，复合材料的疲劳强度随着颗粒尺寸的减小而增大；150℃时，疲劳强度与颗粒尺寸的相关性减弱；250℃时，3 种复合材料的疲劳强度几乎相同。这一变化趋势可通过裂纹萌生和短裂纹扩展行为来解释。室温时，每种复合材料的疲劳裂纹萌生位置是不相同的；150℃时，裂纹主要在破碎颗粒处萌生，裂纹萌生抗力随着颗粒尺寸的减小而增加；250℃时，由于基体与颗粒的热膨胀系数不同导致界面结合强度降低，裂纹主要在界面处萌生，此时的裂纹萌生抗力与颗粒尺寸无关。室温和150℃时，短裂纹扩展抗力也是随着颗粒尺寸的减小而增加，而250℃时，短裂纹主要沿着基体和界面扩展，颗粒尺寸对其扩展行为几乎没有影响。图2-126给出了非增强的2024合金和SiC_p/2024Al复合材料在室温和高温的S-N曲线。图2-127给出了未增强的2024Al合金和SiC_p/2024Al复合材料在室温和高温下的疲劳比与断裂周次的关系。

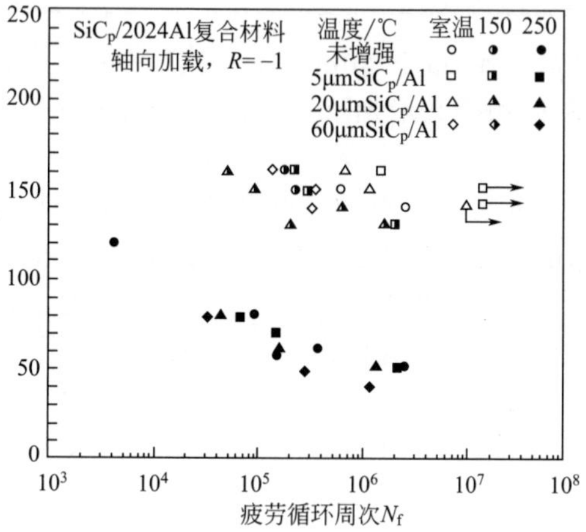

图2-126 在室温和高温时非增强型合金和SiC_p/2024Al复合材料的S-N曲线[145]

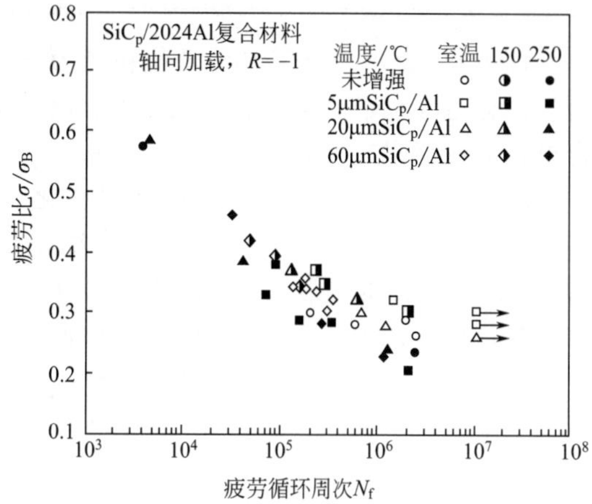

图2-127 不同疲劳比的疲劳强度特征[145]

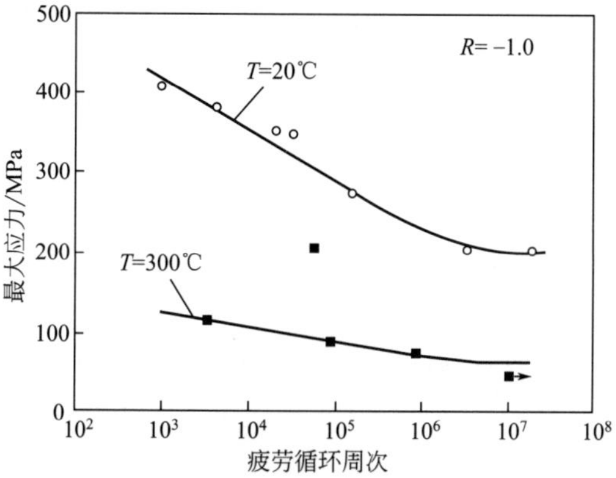

图2-128 6090/SiC_p/25P-T6复合材料在室温和300℃时的S-N曲线[146]

Nieh等人[144]在研究SiC_p/6090铝基复合材料的疲劳行为时发现，材料的抗拉强度和疲劳强度随着温度的升高而下降，但疲劳强度/抗拉强度的比值是增大的。不同温度下，材料的疲劳裂纹萌生机理没有显著变化，疲劳裂纹主要是在基体内或尺寸小于1μm的随机缺陷处萌生，也有少量的疲劳裂纹在SiC颗粒团聚处萌生。但在不同温度下，材料的裂纹扩展机制却有所不同。室温下裂纹主要沿着破碎颗粒或界面处扩展，而300℃时裂纹主要在基体中扩展。图2-128给出了6090/SiC_p/25P-T6复合材料在室温和300℃时的S-N曲线，表2-31给出了不同温度下铝基复合材料的疲劳比（R_e）。

表2-31 在不同温度下几种复合材料的疲劳比(R_e)[146]

材料	R_e(σ_e/UTS)				
	20℃	250℃	288℃	300℃	350℃
6090/SiC/25P-T6	0.37 (200/541)	—	—	0.50 (63/126)	—
SAE321-6.6%(体积分数) ($50Al_2O_3$-$50SiO_2$)	0.36 (90/250)	0.44 (62/141)	—	—	0.82 (41/50)

续表

材料	$R_e(\sigma_e/UTS)$				
	20℃	250℃	288℃	300℃	350℃
SAE321-4.7%(体积分数)Al_2O_3	0.39 (102/261)	0.53 (83/157)	—	—	0.75 (52/69)
SAE339-20%Saffil($R=0$)	— (—/285)	—	0.44 (85/193)	—	0.45 (68/151)

注：σ_e 为疲劳强度，UTS 为抗拉强度。

2.4 讨论

① 粉末铝合金按现有的工艺制备，粉末每个颗粒都有一层氧化膜，这种氧化膜阻碍了粉末颗粒的冶金结合，虽然通过热挤、热轧和热锻可以将氧化膜从粉末颗粒剥离，但是脱落的氧化物团在基体中变成夹杂物，在热加工过程中有序排列，这种组织有利于裂纹的萌生和扩展。如要改变这种状态，应该在粉末制备和成形的过程中尽量不与空气接触，采用惰性气氛制粉和制坯或喷射沉积直接制坯，可以大幅度降低粉末铝合金的氧含量，改善粉末铝合金的疲劳特性。就目前工艺状况来选择，采用喷射沉积制坯再进行热致密化，其材料疲劳特性不比铸锭变形铝合金差，并且是解决快速凝固铝合金疲劳问题的最好方法之一。

② 采用过渡金属元素和微量元素对高强铝合金成分改性形成弥散质点，抑制裂纹萌生和扩展、改善和提高合金的疲劳强度，也是解决快速凝固材料疲劳问题的重要方法之一。快速凝固材料晶粒尺寸微细，第二相弥散分布，体积分数很大，很容易引起基体局部硬化，导致材料失效。但是快速凝固制备粉末，由于冷却速度高，固溶度大，可以寻找合适的弥散质点，通过热处理的控制得到体积分数较大的弥散质点群。这种金属间化合物弥散相质点，在很宽的 ΔK 范围内抑制了裂纹的萌生。降低了裂纹扩展速率，其原因是位错与这些质点的相互作用引起滑移带间距变小，从而使滑移分布均匀，粉末铝合金成分改性实际上就是寻找合适的弥散质点，对材料强韧化进行改性。改性的过渡合金元素为 Mn、Fe、Ni、Co、Ag 等元素，采用的微量元素是 Sc、La、Ce、Zr、Er 等元素。所选择的弥散相的形貌、尺寸、分布和晶粒特性，弥散相和基体保持共格、半共格或非共格关系，都会影响基体的裂纹萌生、扩展和疲劳性能。

参考文献

[1] 陈振华，陈鼎．快速凝固粉末冶金铝合金．北京：冶金工业出版社，2009.

[2] Steniek G. 用在航空工业的粉末冶金合金研究．徐文艳译．轻金属，1984 (3)：50-53.

[3] 陈鼎，张倩霞，宁荣，等．粉末冶金铝合金的疲劳裂纹扩展行为．材料导报，2014，28 (9)：10-14.

[4] 蔡彪，郑子樵，廖忠全，等．航空铝合金耐疲劳损伤特征微结构研究现状．材料导报：综述篇，2010，24 (9)：134-138.

[5] Grayson G N，Schaffer G B，Griffiths J R. Fatigue crack propagation in a sintered 2××× series aluminium alloy. Materials Science and Engineering A，2006，434 (1-2)：1-6.

[6] 李建国，王亮，杨文言．A356 铝合金中裂纹的萌生及其扩展．轻合金加工技术，2003，30 (12)：30-34.

[7] Gall K，Horstemeyer M F，Schilfgaarde M V，et al. Atomistic simulations in the tensile debonding of an aluminum-silicon interface. Journal of the Mechanics and Physics of Solids，2000，48 (10)：2183-2212.

[8] Gall K，Yang N，Horstemeyer M F，et al. The debonding and fracture of Si particles during the fragile of a cast Al-Si alloy. Metallurgical and Materials Transactions A，1999，30 (12)：3079-3088.

[9] Mocellin A，Brechet Y，Fougeres R. Fracture of an osprey™ AlSiFe alloy：a microstructure based model for fracture of microheterogeneous materials．Acta Metallurgica et Materialia，1995，43 (3)：1135-1140.

[10] Stolarz J, Madelaine-Dupuich O, Magnin T. Microstructural factors of low cycle fatigue damage in tow phase Al-Si alloys . Materials Science and Engineering A, 2001, 299 (1-2): 275-286.

[11] Odegard J A, Hafsas, J E, Pedersen K. Fatigue crack initiation and growth in DC-cast AlSi7Mg alloy// Kitagawa H, Tanaka T. Fatigue 90. Materials and Component Engineering Publications Ltd UK , 1990: 273-278.

[12] Odegard J A , Pedersen K. The effect of artificial aging on fatigue behavior in ADC-castA356 (AlSi7Mg) Alloy// Jono M, Inoue T. Mechanical Behavior of Materials-Ⅵ. Pergamon Press, 1991: 439-445.

[13] 毕娟之，廖恒成，潘冶，等．铸造铝合金中氧化夹杂物研究进展．铸造，2009，58 (12): 1274-1228.

[14] 莫德峰，何国求，胡正飞，等．孔洞对铸造铝合金疲劳性能的影响．材料导报，2010，(7): 92-96.

[15] Campbell J. Bifilms-the most exciting discovery of the century. Shape Casting. The John Campbell Symposium. TMS, 2005: 3-12.

[16] Campbell J. Castings. 2nd ed. Oxford: Butterworth-Heinemann, 2003.

[17] Ammar H R, Samule A M, Samule F H. Porosity and the fatigue behavior of hypoeutectic and hypereutectic alumin umsilicon casting alloys . International Journal of Fatigue, 2008, 30 (6): 1024-1035.

[18] Buffiere J Y, Savelli S, Jouneau P H. Expermental study of porosity and its relation to fatigue mechanisms of model Al-Si7-Mg0. 3 cast Al alloys. Materials Science and Engineering A, 2001, 316 (1-2): 115-126.

[19] Couper M J, Neeson A E, Griffiths J R. Casting defects and the fatigue behaviour of an aluminum casting alloy. Fatigue & Fracture of Engineering Materials & Structures, 1990, 13 (3): 213-227.

[20] Chan K S, Jones P, Wang Q. Fatigue crake growth and fracture paths in sand cast B319 and A356 aluminum Alloys. Materials Science and Engineering A, 2003, 314 (1-2): 18-34.

[21] Wang Q G, Apelian D, Lados D A. Fatigue behavior of A356-T6 aluminum cast alloys. Effect of casting defects (Part Ⅰ). Journal of Light Metals, 2001, 1 (1): 73-84.

[22] Wang Q G, Caceres C H. The facture mode in Al-Si-Mg casting alloy . Materials Science and Engineering A, 1998, 241 (1-2): 72-82.

[23] Caceres C H, Griffiths J R. Damage by the cracking of silicon particles in an Al-7Si-0. 4Mg casting alloy. Acta Materialia, 1996, 44 (1): 25-33.

[24] Caceres C H, Davidson C J, Griffiths J R. Deformation and fracture behaviour of an Al-Si-Mg casting . Materials Science and Engineering A, 1995, 197 (1-2): 171-179.

[25] Frederick S F, Bailey W A. The relation of ductility to dendrite cell size in a cast Al-Si-Mg alloy. Transactions of the metallurgical society of AIME, 1968, 242: 2063-2067.

[26] Voigt R C, Bye D R. Microstructure aspect of fracture in A356 . Transactions of the American Foundrymen′s Society, 1991, 99 (1): 33.

[27] Fat-Halla N. Structure, mechanical properties and fracture of aluminum alloy A356 Modified with Al-5Sr master alloy. Journal of Materials Science, 1987, 22 (3): 1013-1018.

[28] Mo D F, He G Q, Hu Z F, et al. Crack initiation and propagation of A356 aluminum cast alloy under multi-axial loading . International Journal of Fatigue, 2008, 30 (10-11): 1843-1850.

[29] Gerard D A, Koss D A. The influence of porosity on short fatigue crack growth at large strain amplitudes . International Journal of Fatigue, 1991, 13 (4): 345-352.

[30] Gungor S, Edwards L. Effect of surface texture on fatigue life in a squeeze cast 6082 aluminum alloy . Fatigue & Fracture of Engineering Materials & Structures, 1993, 16 (4): 391-403.

[31] Han S W, Kumai S, Sato A. Effect of solidification structure on short fatigue crack growth in Al-7%Si-0. 4%Mg alloy castings . Materials Science and Engineering A, 2002, 332 (1-2): 56-63.

[32] 戸梶惠郎，陳振中，堀本武志．鋳造アルミニウム合金 AC4CHにおける疲労き裂発生および微小き裂成長の応力比依存性．材料，2002，51 (3): 279-285.

[33] 黑木康德，田中徹，里達雄，神尾彰彥．Al-Si-Cu-Mg 合金鋳物の疲労特性に及ぼす鋳造欠陥とFe 系化合物の影響．輕金屬，2000，50 (3): 116-120.

[34] 植松美彥，戸梶惠郎，長谷川典彥．鋳造アルミニウム合金 AC4CHの疲労挙動に及ぼす温度の影響．材料，2006，55 (2): 199-204.

[35] 周敬恩，冉广．A356 铸造铝合金的疲劳裂纹萌生及短裂纹扩展研究．金属热处理，2008，33 (1): 34-42.

[36] Kung C, Fine M. Fatigue crack initiation and microcrack growth in 2024 T4 and 2124-T4 aluminum alloys. Metallurgical and Materials Transactions A, 1979, 10 (5): 603-610.

[37] Li J X, Zhai T, Garratt M D, et al. Four-point-bend fatigue of AA2026 aluminum alloys. Metallurgical and Materials Transactions A, 2005, 36 (9): 2529-2539.

[38] 郑子樵，陈圆圆，钟利萍，等．2524-T34 合金疲劳裂纹的萌生和扩展行为．中国有色金属学报，2010，20 (1): 37-42.

[39] Patton G, Rinaldi C, Bréchet Y et al. Study of fatigue damage in 7010 aluminum alloy. Materials Science and Engineering A, 1998, 254 (1-2): 207-218.

[40] 蹇海根，姜峰，郑秀媛，等．航空用高强韧铝合金疲劳断口特征的研究．航空材料学报，2010，30 (4): 97-102.

[41] Payne J, Welsh G, Jr R J C, et al. Observations of fatigue crack initiation in 7075-T651. International Journal of Fatigue, 2010, 32 (2): 247-255.

[42] Xue Y, Kadiri H E I, Horstemeyer M F, et al. Micromechanism of multistage crack growth in high-strength aluminum alloy. Acta Materialia, 2007, 55 (6): 1975-1984.

[43] 陈铮．铝锂合金疲劳裂纹萌生寿命和短裂纹扩展抗力．兵器材料科学与工程，1992，6：15-20.

[44] Srivatsan T S, Coyne JR E T. Cyclic stress response and deformation behaviour of precipitation-hardened aluminium-lithium alloys. International Journal of Fatigue, 1986, 8 (40) : 201-208.

[45] 陈圆圆，郑子樵，蔡彪，等．2197（Al-Li）-T851 合金的疲劳裂纹萌生与扩展行为研究．稀有金属材料工程，2011，40（11）：1926-1930.

[46] Albrecht J, Lutjering G. Structure of crack-tip plastic zone in high strength aluminum alloys as function of microstructure. Metal Science, 2013, 15 (7): 323-330.

[47] Sarioglu F, Orhaner F O. Effect of prolonged heating at 130℃ on fatigue crack propagation of 2024 Al alloy in three orientations. Materials Science and Engineering A, 1998, 248 (1-2): 115-119.

[48] Bray G H, Glazov M, Rioja R J, et al. Effect of artificial aging on the fatigue crack propagation resistance of 2000 series aluminum alloys. International Journal of Fatigue, 2001, 23 (1): 265-276.

[49] Suresh S, Vasudevan A K, Bretz P Z. Mechanism of slow fatigue crack growth in high strength aluminum alloys: role of microstructure and environment. Metallurgical and Materials Transactions A, 1984, 15 (2): 369-379.

[50] Carter R D, Lee E W, Starke E A Jr, et al. The effect of microstructure and environment on fatigue crack closure of 7475 aluminum alloy. Metallurgical and Materials Transactions A, 1984, 15 (3): 555-563.

[51] Zhai T, Wilkinson A J, Martin J W. A crystallographic mechanism for fatigue crack propagation through grain boundaries . Acta Materialia, 2008 48 (20): 4917-4927.

[52] Blankenship Jr C P, Hornbogen E. Predictiong slip behavior in alloys containing shearable and strong particles. Materials Science and Engineering A, 1993, 169 (1-2): 33-41.

[53] Suresh S, Rithie R O. Propagation of short fatigue cracks . International Metallurgical Review, 1984, 29 (1): 455-475.

[54] Edwards L, Martin J W. Effect of dispersoids on fatigue crack propagation in aluminium alloys. Metal Science, 2013, 17 (11): 511-518.

[55] Hanlon T, Kwon Y N, Suresh S. Grain size effects on the fatigue response of nanocrystalline metals. Scripta Materialia, 2003, 49 (7): 675-680.

[56] Lindigkeit J, Gysler A, Terlinde G, et al. The effect of grain size on the fatigue crack propagation behavior of age-hardened alloys in inert and corrosive environment. Acta Metallurgica, 1979, 27 (11): 1717-1726.

[57] Gray Ⅲ G T, Williams J C, Thompson A W. Roughness-induced crack closure: An explanation for microstructurally sensitive fatigue crack growth. Metallurgical and Materials Transactions A, 1983, 15 (3): 421-433.

[58] Vasudevan A K, Sadananda K, Rajan K. Role of microstructures on the growth of long fatigue cracks. International Journal of Fatigue, 1997, 19 (93): 151-159.

[59] Kamp N, Cao N, Starink M J, et al. Influences of grain structure and slip planarity on fatigue crack growth in low alloying artificially aged 2××× aluminium alloys . International Journal of Fatigue, 2007, 29 (5): 869-878.

[60] 李眉娟，胡海云，邢修三．多晶体金属疲劳寿命随晶粒尺寸变化的理论研究．物理学报，2003，52（8）：2092-2095.

[61] Patton G, Rinaldi C, Bréchet Y, et al. Study of fatigue damage in 7010 aluminum alloy . Materials Science and Engineering A, 1998, 254 (1): 207-218.

[62] Starink M , Cao N, Kamp N, et al. Relations between mirostructure, precipitation, age-forability and damage toldrance of Al-Cu-Mg Li (Mn, Zr, Sc) alloys for age forming. Materials Science and Engineering A, 2006, 418 (1-2): 241-249.

[63] Nageswararao M, Gerold V, Kralik G. Factors leading to grain-lmundary fatigue crack propagation in Al-Zn-Mg alloys . Journal of Materials Science, 1975, 10 (3): 515-524.

[64] Khor K H, Buffiere J Y, Ludwig W, et al. In situ high resolution synchrotron X-ray tomography of fatigue crack closure micromechanisms . Journal of Physics Condensed Matter, 2004, 55 (16): 47-50.

[65] Suresh S. Fatigue crack deflection and fracture surface contact: Micromechanical models . Metallurgical and Materials Transactions A, 1982, 16 (1): 249-260.

[66] Zhai T, Jung X P, Li J X, et al. The grain boundary geometry for optimum resistance to growth of short fatigue cracks in high strength Al-alloys. International Journal of Fatigue, 2005, 27 (10-12): 1202-1209.

[67] Chen D L, Chaturvedi M C. Near-threshold fatigue crack growth behavior of 2195 aluminum-lithium-alloy: Prediction of crack propagation direction and influence of stress rario. Metallurgical and Materials Transactions A, 2000, 31 (6): 1531-1541.

[68] Wu X J, Wallace W, Raizenne M D, et al. The orientation dependence of fatigue-crack growth in 8090 Al-Li plate . Metallurgical and Materials Transactions A, 1994, 25 (3): 575-588.

[69] 小林英男，小島誠治，中村春夫，等．アルミニウム合金の疲労き裂進展抵抗．材料，1982，31（346）：675-679.

[70] Rhodes D, MX K J, Radon C, Micromechanisms of fatigue crack growth in aluminium alloys. International Journal

of Fatigue，1984，6（1）：3-7.
[71] 戸梶恵郎，小川武史，藤村一．Al-Li 合金の疲労挙動に及ぼす時効条件の影響．材料，1991，40（451）：444-450.
[72] Jata K V，Starke E A Jr. Fatigue crack growth and fracture toughness behavior of an Al-Li-Cu alloy. Metallurgical and Materials Transactions A，1986，17（6）：1011-1026.
[73] Venkateswararao K T，Yu W，Ritchie R O. Fatigue crack propagation in aluminum- lithium alloy 2090：Part Ⅰ. Long crack behavior. Metallurgical and Materials Transactions A，1988，19（3）：549-561.
[74] Venkateswararao K T，Yu W，Ritchie R O. Fatigue crack propagation in aluminum-lithium alloy 2090：Part Ⅱ. Small crack behavior. Metallurgical and Materials Transactions A，1988：19（3）：563-570.
[75] 王中光，张勺，胡状麒，等．8090Al-Li 合金的疲劳裂纹扩展．金属学报，1992，28A（5）：230-236.
[76] James M R. Growth behavior of small fatigue cracks in Al-Li-Cu alloys. Scripta Metallurgica，1987，21（6）：783-788.
[77] 戸梶恵郎，陳振中，五島洋司．6063アルミニウム合金の疲労挙動と破壊機構．材料，2001，50（10）：1062-1067.
[78] Voss D P，等．快速凝固时效硬化铝粉末合金制品的组织．张君尧译．轻合金加工技术，1985，(3)：29-33.
[79] Bridenbaugh P R，等．快速凝固的粉末冶金．李长明译．轻合金加工技术，1987，12：39-46.
[80] 原章，横田勝．アルミニウム系焼結合金の疲労と内部摩擦．粉体および粉末冶金，1993，40（6）：598-601.
[81] 城野政弘，菅田淳，森元秀幸，等．Al-25Si 粉末鍛造アルミニウム合金における表面微小疲労き裂の発生および進展挙動．材料，1993，42（2）：176-182.
[82] 菅田淳，城野政弘，森元秀幸，等．Al-15Zn 粉末冶金合金における表面微小疲労き裂の発生および進展挙動．材料，1994，43（10）：1251-1257.
[83] 菅田淳，植松美彦，中村壮一，等．超微細結晶粒 P/Mアルミニウム合金における微小疲労き裂の発生および初期進展挙動．材料，2004.53（5）：526-531.
[84] 菅田淳，植松美彦，安田宗浩，等．超微細結晶粒 P/Mアルミニウム合金の中高温域における微小疲労き裂発生および初期進展挙動．材料，2006，55（6）：545-549.
[85] 秋庭義明，田中啓介，清水憲一，等．SiCp/Al2024 複合材料における微小疲労き裂のその場観察．日本機械学会論文集（A 編），1996，62（603）：2506-2512.
[86] 秋庭義明，田中啓介，清水憲一，等．SiCp/Al2024 複合材料の疲労き裂発生および伝ぱ挙動に及ぼす予ひずみの影響．材料，1998，47（3）：279-286.
[87] 冯玉书，李裕仁，黄恢元．快速凝固粉末铝合金断裂特征与挤压比的关系．航空材料学报，1988，8（2）：66-70.
[88] 候淑娥，于桂复，冯玉书．不同粉末粒度的 Al-Li-Mg-Zr 挤压合金的拉伸断口特征．航空材料学报，1990，9（S1）：85-94.
[89] Pao P S，Jones H N，Cheng S F，et al. Fatigue crack propagation in ultrafine grained Al-Mg alloy. International Journal of Fatigue，2005，27（10-12）：1164-1169.
[90] Huang J C，Shin C S，Chan S L I. Effect of temper，specimen orientation and test temperature on tensile and fatigue properties of wrought and PM AA6061 alloys. International Journal of Fatigue，2004，26（7）：691-703.
[91] 菅田淳，植松美彦，久米川達矢，城野政弘．超微細結晶粒 P/Mアルミニウム合金の2段繰返し変動下における疲労き裂進展特性．材料，2005，54（7）：754-760.
[92] 陈超．晶粒大小对铝合金抗裂性的影响．国外金属热处理，1995，6：33-37.
[93] 党朋，许晓嫦，刘志义，等．强塑性变形在铝合金中的研究进展．材料导报，2007，21（4）：60-64.
[94] Washikita A，Kitagawa K，Kopylov V，et al. Tensile and fatigue properties of Al-Mg-Sc-Zr Alloy fine grained by equal channel angular pressing//Zhu Y T，Langdon T G，Mishra R S，et al. TMS Annual Meeting，Ultrafine Grained Materials Ⅱ，2002：341-350.
[95] Patlan V，Vinogradov A，Higashi K，et al. Overview of fatigue properties of fine grain 5056 Al-Mg alloy processed by equal-channel angular pressing. Materials Science and Engineering A，2001，300（1-2）：171-182.
[96] Tsuji N，Okuno S，Matsuura，et al. Mechanical properties as a function of grain size in ultrafine grained aluminum and iron fabricated by ARB and annealing process. Materials Science Forum，2003，426-432（3）：2667-2672.
[97] Vinogradov A，Washikita A，Kitagawa K，et al. Fatigue life of fine-grain Al-Mg-Sc alloys produced by equal-channel angular pressing. Materials Science and Engineering A，2003，349（1-2）：318-326.
[98] Levin M，Karlsson B. Crack initiation and growth during low-cycle fatigue of discontinuously reinforced metal-matrix composites．International Journal of Fatigue，1993，15（5）：377-387.
[99] 村上敬宜，石田誠．任意形状表面き裂の応力拡大係数の解析と表面近傍の応力場．日本機械学会論文集 A 編，1985，51（464）：1050-1056.
[100] Newman Jr J C，Raju I S. An empirical stress-intensity factor equation for the surface crack. Engineering Fracture Mechanics，1981，15（1-2）：185-192.
[101] Chawla N，Andres C，Davis L C，et al. The Interactive role of inclusions and SiC reinforcement on the high-cycle fatigue resistance of particle reinforced metal matrix composites. Metallurgical and Materials Transactions A，2000，31（13）：951-957.
[102] Chawla N，Andres C，Jones J W，et al. Effect of SiC volume fraction and particle size on the fatigue resistance of a

2080 Al/SiC composites. Metallurgical and Materials Transactions A，1998，29 (11)：2843-2854.

[103] Lukasak D A，Koss O A. Microstructural influences on fatigue crack initiation in a model particulate-reinforced aluminium alloy MMC. Composites，1993，24 (3)：262-269.

[104] Milan M T，Owen P. Fatigue crack growth resistance of SiCp reinforced Al alloys：Effects of particle size，article volume fraction，and matrix strength. Journal of Materials Engineering and Performance，2004，13 (5)：612-618.

[105] 小林俊郎，岩成弘美，袴田眞司，等．SiC 粒子強化 6061アルミニウム合金複合材料の疲労き裂伝播特性．日本金属学会誌，1991，55 (1)：72-78.

[106] Mason J J，Ritchie R O. Fatigue crack growth resistance in SiC particulate and whisker reinforced PM 2124 aluminum matrix composites . Materials Science and Engineering A，1997，231 (1-2)：170-182.

[107] Christman T，Suresh S. Microstructural development in an aluminum alloy-SiC whisker composite. Acta Metallurgica，1988，36 (7)：1691-1704.

[108] Ritchie R O，Yu W，Blom A F，et al. Analysis of crack tip shielding in aluminum alloy 2124：A comparison of large，small，through-thickness and surface fatigue cracks. Fatigue & Fracture of Engineering Materials & Structures，1987，10 (5)：343-362.

[109] Li K，Jin X D，Yan B D，et al. Effect of SiC particles on large crack propagation in SiC/Al composites. Composites，1992，3 (1)：54-58.

[110] Zuhair M U. Fatigue crack growth behavior in powder-metallurgy 6061 aluminum alloy reinforced with submicron Al_2O_3 particulates . Composites Part B：Eng，2012，13 (8)：3020-3025.

[111] Chen Z Z，Tokaji K，Minagi A. Particle size dependence of fatigue crack propagation in SiC particulate reinforced aluminium alloy composites. Journal of Materials Science，2001，36 (20)：4893-4902.

[112] Chen Z Z，Tokaji K. Effects of particle size on fatigue crack initiation and small crack growth in SiC particulate-reinforced aluminium alloy composites. Materials Letters，2004，58 (17-18)：2314-2321.

[113] Ayyar A，Chawla N. Microstructure-based modeling of crack growth in particle reinforced composites. Composites Science Technology，2006，66 (13)：1980-1994.

[114] Kumai S，Yoshida K，Higo Y，et al. Effects of the particle distribution on fatigue crack growth in particulate SiC/6061 aluminum alloy composites. International Journal of Fatigue，1992，14 (2)：105-112.

[115] Boselli J，Pitcher P D，Gregson P J，et al. Numerical modelling of particle distribution effects on fatigue in Al-SiC_p composites. Materials Science Forum，2000，331-337 (300)：113-124.

[116] Botstein O，Aronc R，Shpigler B. Fatigue crack growth mechanisms in Al-SiC particulate metal matrix composites. Materials Science and Engineering A，1990，128 (1)：15-22.

[117] Davidson D L，Lankford J. Fatigue crack tip mechanics of a powder metallurgy aluminum alloyin vacuum and humid air. Fracture of Engineering Materials & Structures，1984，7 (1)：29-39.

[118] Shang J K，Ritchic R O. On the particle size dependence of fatigue crack propagation thresholds in SiC-particulate reinforced aluminum alloy composites：Role of crack closure crack trapping. Acta Metallurgica，1989，37 (8)：2267-2278.

[119] Shih C F. Relations between the J-integral and the crack opening displacement for stationary and extending cracks. Journal of the Mechanics and Physics of Solids，1981，29：305-326.

[120] Lewandowski J J，Larose J. Effects of processing conditions and test temperature on fatigue crack growth and fracture toughness of Be-Al metal matrix composites. Materials Science and Engineering A，2003，344 (1-2)：215-228.

[121] Tokaji K. Effect of stress ratio on fatigue behaviour in SiC Particulate-reinforced aluminium alloy composite. Fracture of Engineering Materials & Structures，2005，28 (6)：539-545.

[122] 砂田久吉，深浦健三，泉久司，等．SiCウィスカー Al 基複合材料の疲労強度．粉体および粉末冶金，1990，37 (7)：991-994.

[123] Shin C S，Huang J C. Effect of temper，specimen orientation and test temperature on the tensile and fatigue properties of SiC particles reinforced PM 6061 Al alloy. International Journal of Fatigue，2010，32 (10)：1573-1581.

[124] Healy J C，Beevers C J. Fatigue crack propagation in a particulate-reinforced metal-matrix composite at room and elevated temperature. New South Wales：Proceeding of the International Conference on Advanced Composite Materials，1993：1464.

[125] Bray G H. Fatigue crack propagation in dispersion-strengthened P/M aluminium alloys at room and elevated temperatures. Tampa：Conf on P/M in Aerospace and Defense Technologies，1991.

[126] Plies J B，Grant N J. Structure and properties of spray formed 7150 containing Fe and Si. International Journal of Powder Metallurgy，1994，30 (3)：335-343.

[127] 李微，陈振华，陈鼎，等，喷射沉积 SiCp/Al-7Si 复合材料的裂纹扩展．金属学报，2011，47 (1)：102-108.

[128] Sutherland T J，Hoffman P B，Gibeling J C. The influence of SiC particulates on fatigue crack propagation in a rapidly solidified Al-Fe-V-Si alloy. Metallurgical and Materials Transactions A，1994，25 (11)：2453-2469.

[129] Liu G，Zhou D，Shang J K. Enhanced fatigue crack growth resistance at elevated temperature in TiC/Ti-6Al-4V composite：Microcrack-Induced crack closure. Metallurgical and Materials Transactions A，1995，26 (1)：159-166.

［130］ Wang W，Grant N J. Lithium-containing 2024 aluminum alloys made from rapidly-solidified powders. Metallurgical Society of AIME，1984：447-467.

［131］ Hart R M. Wrought P/M aluminum alloys X7090 and X7091. Green Letter ＃223，Alcoa Technical Center，Alcoa Center，PA，1981.

［132］ Polmear I J. Light alloys（Metallurgy and Material Science）. Hodder Arnold，1981.

［133］ Edwards L，Martin J W. Influence of dispersoids on the low cycle fatigue properties of Al-Mg-Si alloys. Pergamon Press，1983，2：873-878.

［134］ 林水根，菅又信，金子純一．急冷凝固法による遷移金属を添加した2024合金P/M材．輕金屬，1987，37（10）：690-697.

［135］ 林水根，金子純一，菅又信．遷移金属を添加した2219アルミニウム合金の急冷凝固フレークによるP/M材．輕金屬，1988，38（11）：710-716.

［136］ 林水根，菅又信，金子純一．急冷凝固法による2024および2219合金P/M材の諸性質に及ぼすFe，Ni複合添加の影響．軽金属，1991，41（4）：251-257.

［137］ 林水根，菅又信，金子純一．遷移金属を添加したAl-9%Zn-2.5%Mg-1%Cu合金の急冷凝固P/M材の時効硬化と機械的性質．軽金，1991：41（7）：440-445.

［138］ 藤井秀紀，菅又信，金子純一，久保田正広．7090系アルミニウム合金急冷凝固材の組織と機械的性質に及ぼすScとZr添加の影響．軽金属，2003，53（5）：212-217.

［139］ Lavernia E T，Grant N T. Structures and properties of a modified 7075 aluminum alloy produced by liquid dynamic compaction. International Journal of Rapid Solidification，1986，2（2）：93-106.

［140］ 深浦健三，砂田久吉，泉久司，等．SiCウィスカー強化6061 Al複合材料の強度特性に及ぼすAl合金粉末粒径の影響．粉体および粉末冶金，1992，39（1）：61-64.

［141］ Hall J N，Jones J W，SachdevA K，et al. Particle size，volume fraction and matrix strength effects on fatigue behavior and particle fracture in 2124 aluminum-SiC_p composites. Materials Science and Engineering A，1994，183（1-2）：69-80.

［142］ 丸山典夫，角田方衛，中沢興三．SiC粒子強化A2024-T6複合材料の疲労およびフレッティング疲労特性解析．日本金属学会誌，1993，57（11）：1268-1274.

［143］ Uematsu Y，Tokaji K，Kawamura M. Fatigue behaviour of SiC particulate reinforced aluminium alloy composites with different particle sizes at elevated temperatures. Composites Science and technology，2008，68（13）：2785-2791.

［144］ Nieh T G，Lesuer D R，Syn C K. Tensile and fatigue properties of a 25vol% SiC particulate reinforced 6090 Al composite at 300℃. Scripta Metallurgica Et Materialia，1995，32（5）：707-712.

第3章

粉末冶金钛合金的疲劳特性

钛及其合金具有高的强度、低的密度和优良的抗腐蚀性，在航空航天、化工、能源、船舶、汽车和医疗等诸多领域具有广泛的应用前景。由于钛及其合金的部件价格较高，因而限制了其使用范围。粉末冶金技术具有近终成形、材料利用率高等优点，成了降低钛合金部件成品价格的主要制备技术之一。20 世纪 70 年代开始，随着粉末冶金结构零件生产技术的快速发展，粉末冶金钛合金结构零件生产迅速增长。

钛合金粉末的制造工艺有元素混合法（BE）、预合金化法（PA）、快速凝固法（RSP）及机械合金化法（MA）等；钛合金粉末固结成钛部件的方法有热致密化法［热等静压（HIP）、真空热压（VHP）、热挤、热轧、热锻等方法］、注射成形（MIM）、3D 打印/激光烧结和喷射沉积等方法。虽然粉末钛合金生产技术有半个世纪的历史，但是对粉末钛合金的疲劳损伤行为、失效机理、性能评价和表征等问题的研究甚少。因此加强粉末冶金钛合金的疲劳裂纹萌生与扩展行为和疲劳特性的研究具有十分重要的意义。

3.1 铸造与变形钛合金的疲劳裂纹萌生与扩展行为简介

3.1.1 铸造与变形钛合金的裂纹萌生[1]

钛合金的疲劳裂纹萌生不同于钢和铝合金，后者裂纹易萌生于夹杂物和沉淀相，而钛合金的裂纹萌生基本上是在表面侵入挤出形成驻留滑移带中形成的。Hall[2] 和 Peters 等人[3] 的研究表明，钛的 α 相密排六方晶体结构具有各向异性，从而容易引起非均匀变形、形成密集的滑移带，这些滑移带与相界相互作用，形成不连续的侵入、挤出损伤带，随着损伤的积累，逐渐形成微观小裂纹。对于 α 钛合金来说，疲劳裂纹沿着 α 晶粒内的平面滑移带形核，如图 3-1 所示；对于近 α 和 α+β 钛合金来说，如图 3-2 所示，在层片状组织中［图 3-2（a）］疲劳裂纹在 α 相层片内的滑移带或在 α 相上沿 β 相的晶界萌生；对于等轴状组织，疲劳裂纹沿着 α 相晶粒内的滑移带形核［图 3-2（b）］；在双态组织内，疲劳裂纹既能在层片基体内、层片基体与初生 α 相的界面处萌生，又能在初生 α 相内萌生［图 3-2（c）］[4,5]。具体的裂纹萌生位置取决于合金的冷却速度[5]、初生 α 相的体积分数和尺寸[6,7]。

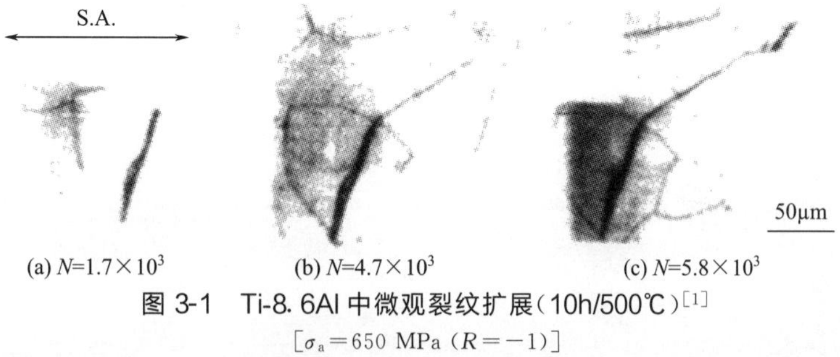

(a) $N=1.7\times10^3$　(b) $N=4.7\times10^3$　(c) $N=5.8\times10^3$

图 3-1　Ti-8.6Al 中微观裂纹扩展（10h/500℃）[1]

［$\sigma_a=650$ MPa（$R=-1$）］

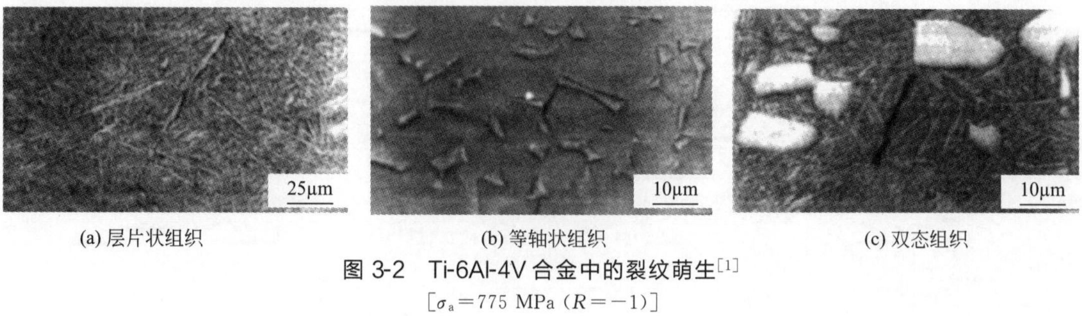

(a) 层片状组织　(b) 等轴状组织　(c) 双态组织

图 3-2　Ti-6Al-4V 合金中的裂纹萌生[1]

［$\sigma_a=775$ MPa（$R=-1$）］

Wagner 等人[4]认为，钛合金层片组织抵抗位错运动和疲劳裂纹萌生的能力取决于 α 相层片的宽度。Demulsant 等人[8]认为，在 α 层片间距离较宽的结构中，由于显微组织的不均匀性，导致萌生的裂纹较长，使得层片状组织的疲劳寿命较短。Hines 等人[9]认为层片组织和双态组织对合金疲劳性能影响的差异是由层片组织和双态组织抗裂纹萌生及扩展能力不同而引起的。裂纹萌生取决于抵抗位错运动的晶格强度和位错滑移程。在疲劳荷载的低周循环区，由于应力较高，位错容易滑移，层片组织的位错滑移程远大于双态组织，裂纹易在层片组织中萌生；在高周循环区，由于应力较低，抵抗位错运动的晶格强度在裂纹萌生中起了重要的作用，晶格强度越高，裂纹萌生越困难。

晶粒尺寸大小对钛合金疲劳裂纹萌生也有很大影响。皆川邦典[10]认为晶粒细化，位错滑移程变小，变形均匀，裂纹抗力显著上升，降低了短裂纹的扩展速率，但提高了长裂纹阶段的扩展速率。晶粒变粗，晶界对滑移带阻碍较小，裂纹形核尺寸变大，但粗晶短裂纹的扩展速率比细晶粒材料高。

钛合金疲劳裂纹萌生位置与 α 相的晶体结构有关，α 相及 α/β 相的界面强度对疲劳裂纹萌生有重要影响[11]；并且与疲劳载荷大小有密切联系，当疲劳应力较大时，裂纹一般在滑移带中形核，当疲劳裂纹应力较小时，裂纹一般在 α 与 β 相的界面上形核[12]。西田新一等人[13]研究了 Ti-6Al-4V 合金的裂纹萌生问题，研究表明，粗晶的萌生寿命和断裂寿命的比为 3%～9%，裂纹萌生位置 90%在 α 相晶粒内，10%在 α/β 的界面上，在 β 相晶粒内没有发现裂纹萌生迹象。当疲劳应力变大时，在 α 晶粒内裂纹萌生数目增加，通过连续观察发现，在 α 相晶粒内裂纹首先发生在滑移带上，当交滑移产生后，裂纹在滑移处萌生，并且按 Z 字形扩展。

一般来说，钛合金的裂纹多萌生于表面或亚表面，而在高周疲劳、高真空疲劳、高应力疲劳、低温疲劳下，也容易在钛合金内部萌生裂纹[10]。小熊博幸等人[14]研究了 Ti-6Al-4V 合金裂纹萌生在内部引起断裂的机理。如图 3-3（a）所示，表面破坏的裂纹萌生位置为一微小平坦面，经测定为 α 相，萌生在试样内部裂纹如图 3-3（b）所示，周围呈现凹凸不平的角部为方形，并且残存阶梯状山脊线。小熊博幸等人认为这种结构和村上敬宜（Murakami）[15]等人提出的引起高强合金钢内部断裂的粒状黑区（optically dark area，ODA）相似，这种结构存在于夹杂物周围。在光学显微镜中称之为粒状黑区，在扫描电镜中称之为粒状白区（granular bringht facet，GBF）。粒状黑区在循环次数为 10^7 次的疲劳初期可以观察到，特别是在压缩疲劳中尤为明显。

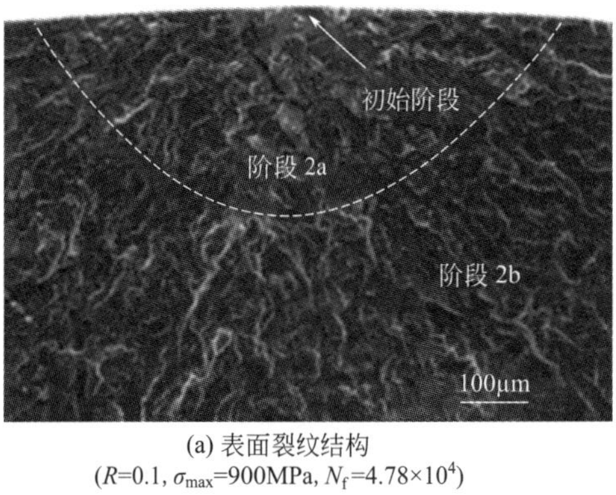

(a) 表面裂纹结构
(R=0.1, σ_{max}=900MPa, N_f=4.78×10^4)

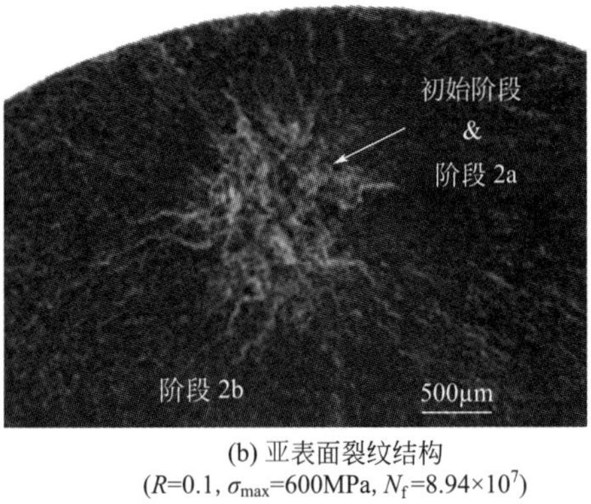

(b) 亚表面裂纹结构
(R=0.1, σ_{max}=600MPa, N_f=8.94×10^7)

图 3-3　断裂表面的单轴疲劳试验[14]

Adachi 等人认为[16]，Ti-6Al-4V 合金低应力负荷的疲劳试样中观察到的内部裂纹组织为魏氏体组织或针状 α 相组织，并提出了内部裂纹形成的理论：① 在 α 相产生的滑移为柱面滑移，随着负载应力上升，产生了锥面滑移；② 低应力荷载的疲劳下，柱面的 α 相和 β 相的界面上，产生了〈a〉位错的堆积；③ α 相中的柱面滑移 {$1\bar{1}00$}，通过 β 相向邻接的 α 相扩展；④ 通过柱面滑移，β 相的（001）解理断面产生解理断裂。

对于 β 型钛合金，疲劳裂纹萌生机理与双相钛合金一致，但是 β 相晶粒尺寸、时效硬化程度对疲劳裂纹萌生的影响较大。此外，还要考虑富溶质合金中有无沉淀析出相，贫溶质合金中的晶界 α 相、初生 α 相尺寸和体积分数等因素[17]。

塩澤和章等人[18]研究了 β 型钛合金疲劳应力比对内部裂纹萌生行为的影响，β 型钛合金为 Ti-15V-3Cr-3Sn-3Al，直径为 15mm 的热轧材料在 1073K 固溶 0.5h，在热水中冷却，在 738K 时效 4h（样品标号为 STA4）和 24h（样品标号为 STA24）。图 3-4 为 STA4 材和 STA24 材在不同应力比的 S-N 曲线。从 S-N 曲线和其他实验结果得知：① 当疲劳应力比 $R=1$ 和 $R=0$ 时，在短寿命区由表面萌生裂纹产生断裂，在长寿命区由内部萌生裂纹产生破坏，S-N 曲线表现出阶梯型转折；② 当应力比 $R=0.5$ 或 $R=0.7$ 时，基本上都是在试样内部萌生裂纹产生断裂；③ 裂纹萌生位置与疲劳应力比有依存关系，但与失效时间没有依存关系；④ 内部裂纹萌生不一定是由潜在内部缺陷所引起的，某些内部裂纹萌生的应力幅值有可能低于表面裂纹萌生的应力强度因子幅门槛值 ΔK_{th}（图 3-5）；⑤ 内部裂纹萌生寿命占破坏寿命的 75%。

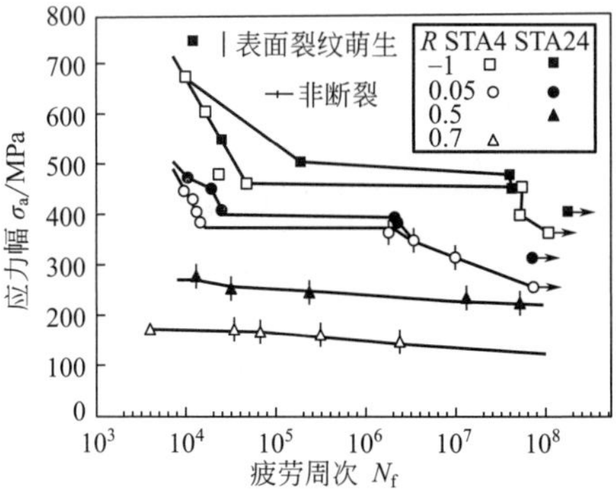

图 3-4 室温下不同应力比的 S-N 曲线

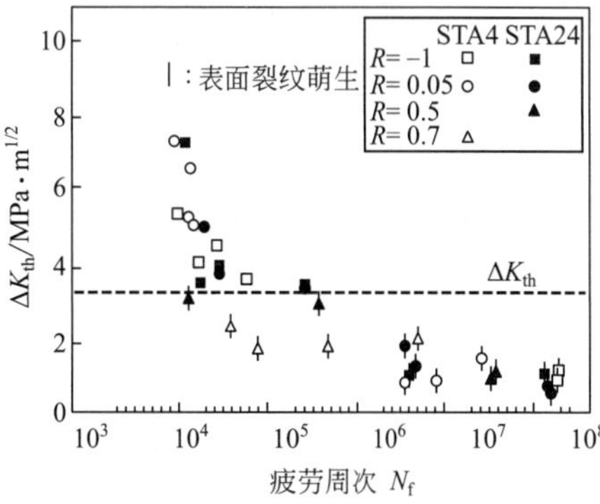

图 3-5 裂纹萌生位置所得的应力强度因子幅和疲劳寿命值之间的关系[18]

Gregory 等人[19]和 Styczynri 等人[20]对富溶质合金（如 β_{CEZ} 合金）进行普通时效和双级时效对比实验，后者比前者疲劳强度高 50MPa，其原因为普通时效在 β 相中存在无沉淀析出带，它被认为是裂纹的形核位置。贫溶质合金（如 Ti-10V-2Fe-3Al）退火组织中初生 α 相含量对裂纹萌生位置有较大影响，在退火组织 β 相中，若不存在初生 α 相，疲劳裂纹在 β 晶界处形核；当含 α 初生相为 5%时，裂纹在 β 相晶粒内形核；当含初生 α 相为 30%时，裂纹在沿 β 晶界粗大的 α 相上形核[21,22]。

对于 TiAl 基合金的显微组织来说，根据不同的热处理工艺可得到四种典型结构：① 等轴近 γ 组织，一种非均匀粗大组织，并伴有 α_2 粒子的组织（NG）；② 双态组织，细小晶粒的等轴 α_2 和 γ 相复合组织（DP）；③ 近层片组织，$\alpha_2+\gamma$ 层片状组织＋少量的细小 γ 晶粒组织（NL）；④ 全层片状组织，全部层片状 $\alpha_2+\gamma$ 组织（FL）。秋庭義明等人[23]研究了金属间化合物 TiAl 疲劳试样切口根部的裂纹萌生和扩展。表 3-1 给出了 Ti-47.2Al 合金热处理后几种组织的体积分数和晶粒尺寸。研究表明，疲劳裂纹萌生在双态组织和近 γ 组织的等轴晶粒内的情况较多。如图 3-6（a）所示，当疲劳荷载 $\sigma_a=40$MPa 时，在试样切口底部，双相组织的一个等轴晶粒内萌生微裂纹，裂纹前端碰上片状颗粒后在其晶界停留；如图 3-6（b）所示，疲劳载荷为 70MPa 时，裂纹在近 γ 组织层片状晶粒内萌生，与载荷轴方向成 45°的方向扩展停留；如图 3-6（c）所示，疲劳荷载为 70MPa 时，近 γ 相片状晶粒萌生裂纹首先沿着载荷轴平行方向扩展，然后又向垂直方向扩展，在层片状晶粒内产生多条微裂纹，在等轴晶内直线扩展；如图 3-6（d）所示，裂纹从等轴晶粒中出来后，继续扩展，但沿着片状晶曲面而停留。上述图片表明，裂纹虽然在等轴晶粒中萌生情况较多，但在近 γ 组织中试样切口底部的层片状颗粒处也可以萌生裂纹，另外，等轴晶与层片状晶界上也可以萌生裂纹。

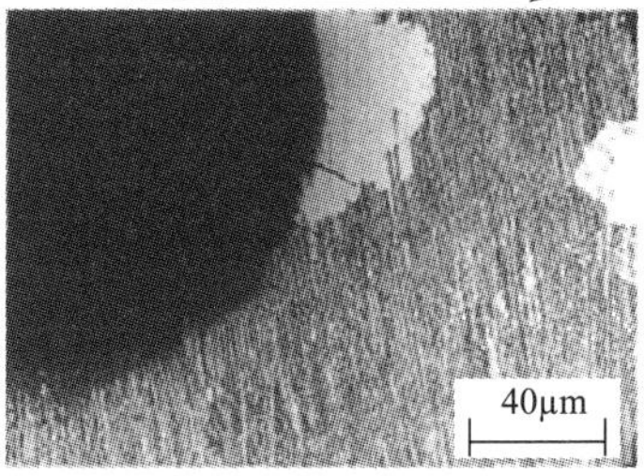

(a) 双相组织晶粒内微裂纹萌生(σ_a=40MPa)

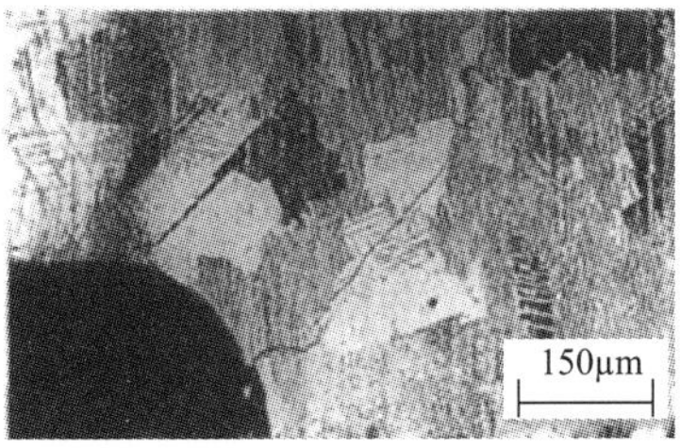

(b) 微裂纹萌生位置的放大图(σ_a=70MPa)

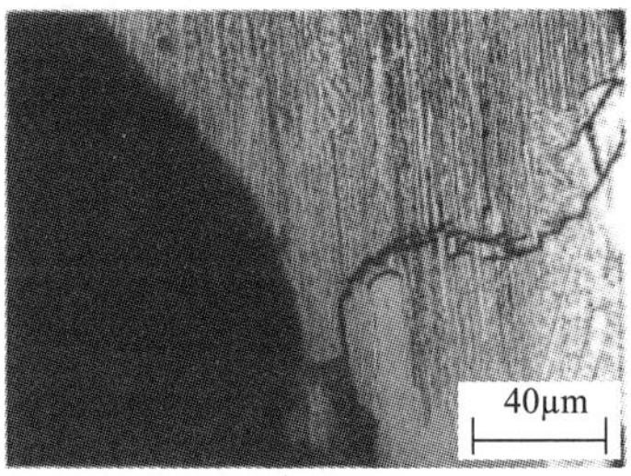

(c) 钉扎裂纹(σ_a=70MPa)

(d) 裂纹尖端放大图(σ_a=70MPa)

图 3-6　近 γ 组织的裂纹萌生[23]

表 3-1　热处理、层片状晶粒体积分数、晶粒尺寸[23]

组织	热处理	层片状晶粒体积分数/%	平均层片晶粒尺寸/μm	平均等轴晶粒尺寸/μm
近层片组织	1350℃/1h FC	69	200	40
双态组织	1200℃/24h FC	52	120	90
近 γ 组织	1150℃/96h AC	41	130	100

TiAl 合金在循环加载过程中的内部缺陷会导致裂纹的萌生，从而降低高周疲劳强度。Lütjering 等人[24]认为，层片状显微组织晶界上的 α_2 相和等轴显微组织 α_2 相粒子之间的界面就是这种内部缺陷，β 相和 α_2 相之间的应变不协调会产生局部应力峰值，并且成为早期裂纹萌生位置，为了提高高周疲劳强度，必须减少和避免初生 α 相的团聚和在晶界形成 α_2 相。

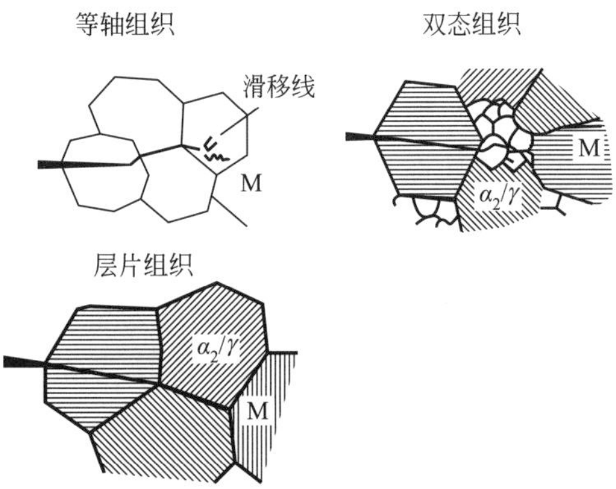

图 3-7　显微结构中的微裂纹示意[25]
M—微裂纹

Rajappa Gnanamoorthy 等人[25]研究了 Ti-Al 系金属间化合物疲劳裂纹萌生和扩展与微观组织的关系，研究者认为微细裂纹萌生位置、大小、形状与材料的微观组织有很大的关系。如图 3-7 所示，在等轴组织中，微裂纹主要萌生在滑移面和结晶晶界上；在层状组织中，微裂纹难于在 α_2 中萌生，主要在 α_2/γ 界面上或者在 α_2/γ 界面近旁的 γ 相中和层状组织的界面上萌生；双相组织结构兼顾前面两者的特点。

综上所述，钛合金的疲劳裂纹萌生取决于钛合金的种类、微结构、结构参数、晶粒大小、环境状况、平均应力水平、表面粗糙度、表面状况、热处理工艺、疲劳破坏类型等诸多因素。

3.1.2 铸造与变形钛合金的裂纹扩展[2]

一般来说，研究裂纹扩展的定量模型是 Paris-Erdogan 公式。根据疲劳裂纹扩展的一般特性，裂纹扩展速率 da/dN 和应力强度因子幅 ΔK 的关系如图 3-8 所示。疲劳裂纹扩展分为三个阶段：近门槛值区、稳态扩展区、快速扩展区，其中稳态扩展区（又称为 Paris 区），可以用 Paris-Erdogan 公式来描述，其公式为

$$da/dN = C(\Delta K)^n \tag{3-1}$$

式中，C、n 为待定常数。

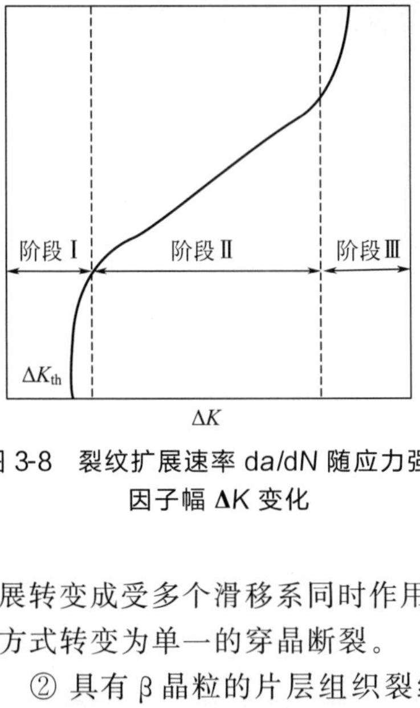

图 3-8　裂纹扩展速率 da/dN 随应力强度因子幅 ΔK 变化

常见的疲劳裂纹在 Paris 区扩展，但在钛合金层片组织疲劳裂纹扩展速率中，人们发现在 Paris 区中存在转折点现象，转折点把 Paris 区分为两段，经过转折点后直线斜率降低，即裂纹扩展速率的增速减慢。有文献[26,27]报道了转折点现象，并且认为转折点是由于断裂方式造成的。还有文献[28,29]认为转折点的出现是由于裂纹尖端塑性区尺寸超过晶粒尺寸，并且与断裂方式有关。马英杰等人[30]研究了 TC4 裂纹扩展在 Paris 区中的转折点问题，得出如下结论。

① 钛合金片层疲劳裂纹扩展在 Paris 区中转折点出现的根本原因是裂纹尖端塑性区尺寸超过晶粒尺寸导致裂纹扩展方式及断裂方式发生改变。转折点前、后疲劳裂纹扩展方式由第一阶段的沿单一的主滑移系扩展转变成受多个滑移系同时作用的第二阶段扩展方式，断裂方式由沿晶、穿晶断裂混合断裂方式转变为单一的穿晶断裂。

② 具有 β 晶粒的片层组织裂纹尖端塑性区实际尺寸大于计算值，并且晶粒尺寸越大，实际裂纹尖端塑性区尺寸越大。转折点的出现不仅与晶粒有关，还与显微组织类型有关，马氏体组织裂纹扩展速率曲线不存在转折点，其原因是整个扩展过程中裂纹受微观组织影响较小，断裂方式均为穿晶脆性断裂。图 3-9 给出了 4 种热处理条件下，片状组织疲劳裂纹扩展速率 da/dN 与应力强度因子幅 ΔK 的关系[30]。

合金的裂纹扩展机理可归结为裂纹的连续扩展模型和裂纹不连续扩展模型。裂纹的连续扩展模型又称为双滑移机制，对于钛合金层片组织，疲劳裂纹扩展整个过程可用经典的双滑移机制解释[31]，其裂纹尖端模型也得到实验验证。钛合金的等轴组织和双态组织的裂纹扩展模型称为不连续扩展模型，不连续扩展模型又称为微孔聚合模型，由 Forsyth 和 Ryder 提出被称为 F-R 模型（再生核模型），由于疲劳裂纹尖端沿滑移带方向存在显微空穴，当空穴长大到一定尺寸时，它与主裂纹连续，使裂纹向前开展 Δa 距离，这样就形成了一条距离为 Δa 的条带。界面上微孔的形成是由于位错在界面上受阻和亚晶界出现的结果。

对于钛合金来说，要清楚地描述疲劳裂纹扩展行为必须有两个参量，最大应力强度因子 K_{max} 和应力强度因子幅 ΔK，前者控制裂纹生长，受单调塑性区的影响；后者控制裂纹尖端

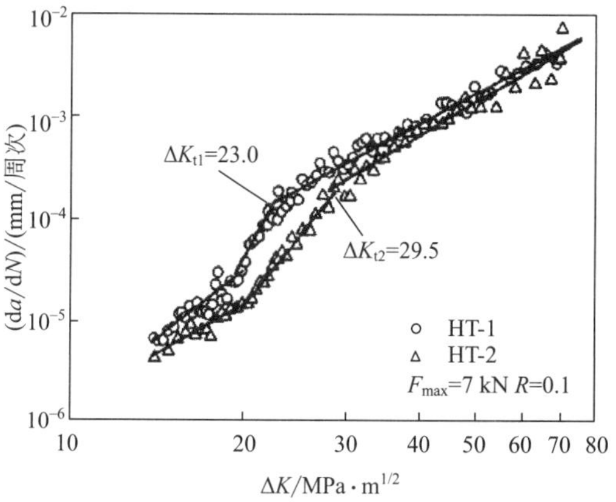

(a) HT-1(细晶粒样品) 和HT-2(大晶粒样品) 均在空气中冷却

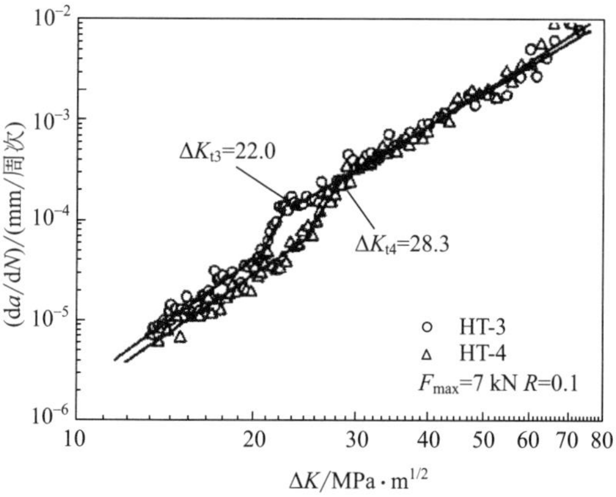

(b) HT-3(细晶粒样品)和HT-4(大晶粒样品) 均在熔炉中冷却

图 3-9　4 种热处理条件下钛合金片层组织疲劳裂纹扩展速率 da/dN 与应力强度因子幅 ΔK 的曲线[30]

的循环损伤程度，受循环塑性区域的影响[32]。

由于钛合金疲劳裂纹扩展存在明显的短裂纹效应，因此可以将钛合金疲劳裂纹扩展分为两个阶段，即微小表面裂纹生长阶段（短裂纹）和随后的宏观裂纹扩展阶段[1]。目前研究表明，影响裂纹扩展行为的主要因素有组织状态及结构参数、晶格尺寸和形状、初生 α 相的体积分数、含氧量、时效硬化程度、α 相织构、应力比、温度、制造工艺等。现将这些研究简单介绍如下。

（1）显微组织中晶粒大小、几何形状、初生 α 相的体积分数、织构的影响

Robinson 等人（1973）研究了两种不同晶粒尺寸和两种不同氧含量的商业纯钛的长裂纹扩展速率 da/dN 与应力强度因子幅 ΔK 的关系。如图 3-10 所示，大的晶粒尺寸可以降低裂纹扩展速率，而提高含氧量也能降低裂纹扩展速率。

Yoder 等人（1979）研究了晶粒尺寸对钛合金裂纹扩展行为的影响，对疲劳裂纹扩展产生重要影响的不是单个晶粒的大小，而是平均有效晶粒尺寸。并且不同尺寸的晶粒抗疲劳裂纹萌生的能力差别不大，但是抗疲劳裂纹扩展的能力差别较大。同时还发现，不同性质的疲劳，晶粒尺寸对其裂纹扩展行为的影响也存在一定差别。

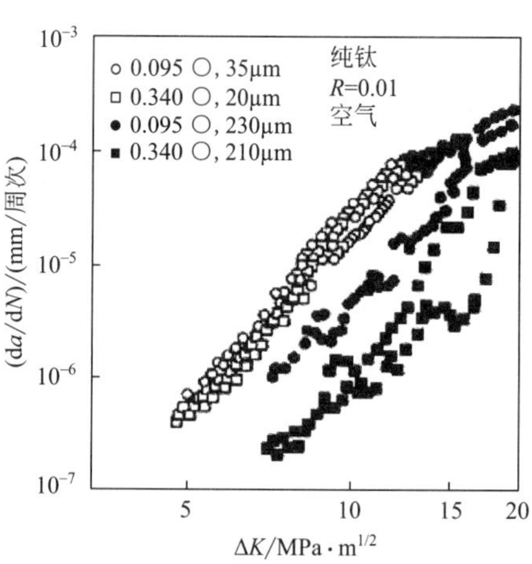

图 3-10　四种不同晶粒尺寸和两种含氧量的商业纯钛在 $R=0.01$ 时 da/dN-ΔK 的关系（Robinson J.，1973）

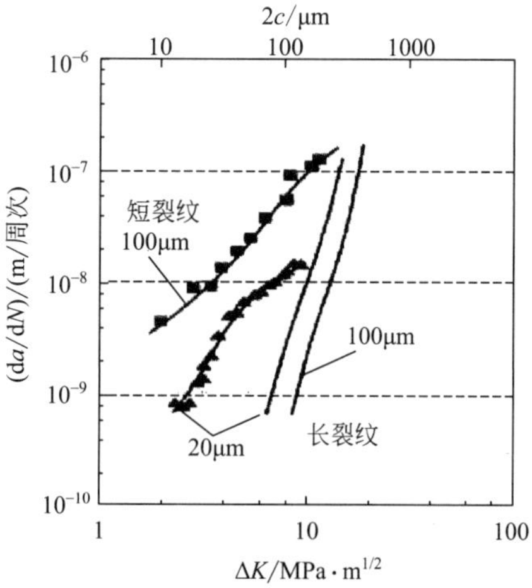

图 3-11　Ti-8.6Al 中晶粒度对短裂纹和长裂纹扩展的影响（10h/500℃）[33]

Gray 等人[33]研究了 Ti-8.6Al 中晶粒度对短裂纹和长裂纹扩展速率的影响。如图 3-11 所示，在给定 ΔK 值时，短裂纹在粗晶组织中的扩展速率较细晶材料中快，Wagner 等人[34]认为这是后者的晶界密度更高所致，界面能有效地阻碍短裂纹的生长。当 ΔK 相似时，粗晶中长裂纹的扩展速率比在细晶中慢得多，对于长裂纹而言，在低 R 值下裂纹闭合产生了较大作用[35,36]。

显微组织的几何形状对疲劳裂纹扩展有显著的影响，Lütjering 等人[37]给出了真空中 $R=0.1$ 时，在 Ti-6Al-4V 合金中 5 种不同显微组织（细片状、粗片状、细等轴、粗等轴及双态组织）中测得的疲劳裂纹扩展曲线。如图 3-12 所示，只有粗片状组织具有高得多的 FCP（裂纹扩展）门槛值，其余四种显微组织的疲劳裂纹扩展曲线较接近。粗片状组织具有与前面讨论的粗晶 Ti-8.6Al 合金相似的裂纹闭合特征和平均应力效应，其余四种显微组织具有很小的或者可以忽略不计的裂纹闭合效应，并且平均应力对 FCP 门槛值影响不大。在这里，粗大、细小片状组织是指 α 相层片的宽度，分别为 10μm 和 0.3～0.6μm，粗、细等轴晶主要是指 α 相晶粒尺寸，分别为 12μm 和 2μm。双态组织为 6μm 的 α 相晶粒。

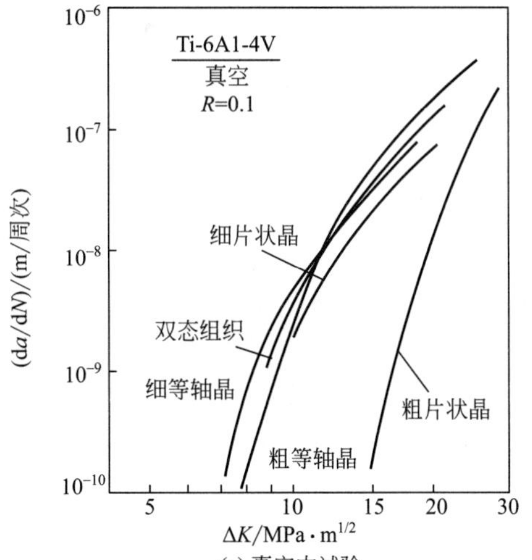

(a) 真空中试验

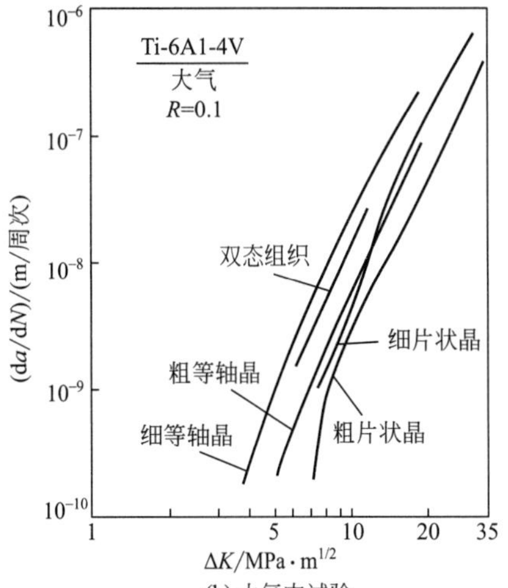

(b) 大气中试验

图 3-12 (α+β)组织的几何形状对 FCP 门槛值的影响[37]

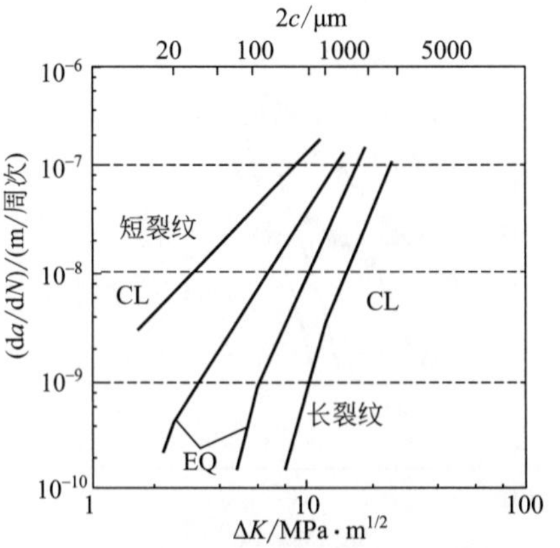

图 3-13 Ti-6Al-4V 合金中短裂纹和长裂纹扩展的比较[37]

CL—粗大层片状组织；EQ—等轴状组织

图 3-13 给出了 Ti-6Al-4V 合金粗大层片状组织和等轴状组织短裂纹和长裂纹扩展的比较，图中结果表明，粗大层片状组织短裂纹扩展速率比等轴状组织要快得多，其原因为晶界能有效地阻碍裂纹的生长，而长裂纹情况恰好相反。

减小层片状组织中 β 相和双态组织中初生组织 α 相的体积分数，提高了 LCF（低周疲劳）寿命和疲劳强度，同时增大了裂纹扩展的阻力，如图 3-14 所示，细晶层片状组织的裂纹扩展速率低于粗晶层片状组织，而对于双态组织，初生 α 相的体积分数减小，降低了其裂纹扩展速率[38,39]。

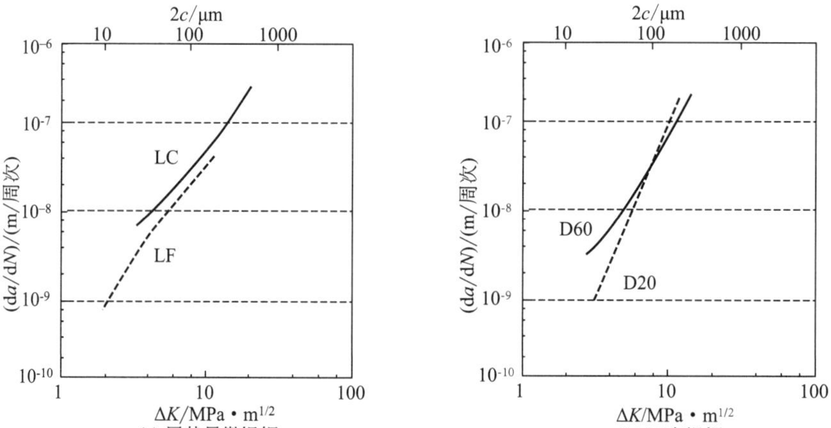

(a) 层状显微组织
LC—粗晶层状组织；
LF—细晶层状组织

(b) 双态组织
D20—α_p含量为20%；
D60—α_p含量为60%

图 3-14　TIMETAL1100 合金的微观裂纹扩展[38]

(σ_a=625MPa，R=1)

野末章等人[40]研究了初生 α 相的体积分数对裂纹扩展速率的影响。如图 3-15 所示，随着固溶温度的降低，Ti-6Al-4V 合金的初生 α 相增加，裂纹扩展速率增大，并且随着初生 α 相依次增多，应力强度因子幅的门槛值依次减小，约为 14MPa • $m^{1/2}$、11MPa • $m^{1/2}$、9MPa • $m^{1/2}$和 7MPa • $m^{1/2}$。

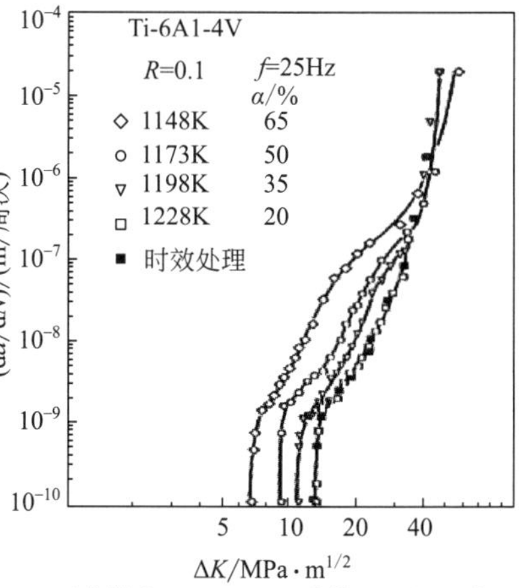

图 3-15　试样在 1228K 固溶处理后，裂纹扩展速率与应力强度因子之间的关系以及固溶后时效处理对裂纹扩展速率的影响[40]

由于六方晶系结构具有较强的各向异性，所以 α 合金和 α+β 合金力学性能的各向异性很强。因为 α+β 合金中晶体学织构与 α 合金相比变化大得多，所以很多研究都是讨论 Ti-6Al-4V 合金的织构对疲劳行为的影响。图 3-16（a）表示粗等轴组织的 Ti-6Al-4V 合金在真空中 R=0.2 下试验时，织构和取样方向对其 FCP 门槛值的影响。发现不同织构和取样方向的试验结果没有太大差异，断裂表面的详细研究也指出它们没有明显的差异。与此相反，在腐蚀环境（3.5%NaCl 溶液）中试验结果有很大差异，尤其对于两种不同的取样方向［图 3-16（b）］，TD 作为应力轴（基面垂直于应力轴）的取样具有最低的 FCP 门槛值；而 RD 取样（基面平行于应力轴）和“基面”型织构的试验则具有较高的 FCP 门槛值。断裂研究结果也表明裂纹优先沿着基面扩展，这些面易受腐蚀环境中氢的影响。很明显，在这种情况下，基面平行于应力轴的材料具有最高的裂纹扩展抗力。但是 Stubbington 和 Bowen 的研究表明[41,42]，具有某种织构的 Ti-6Al-4V 合金，在 Paris 方程中 L-S、S-L、T-S 方向的 n 值是 L-T、S-T、T-L 方向 n 值的 2 倍多，而且不同织构取向的断裂形貌也明显不同。这表明，织构对钛合金裂纹扩展的确有明显的影响。

（2）应力比、平均应力、真空度、温度、热处理的影响

上官晓峰等人[43]研究了 TC4 钛合金的疲劳裂纹扩展公式，Walker 公式为工程材料的常用公式，其公式为：

$$da/dN = C[(1-R)^m \Delta K]^n \tag{3-2}$$

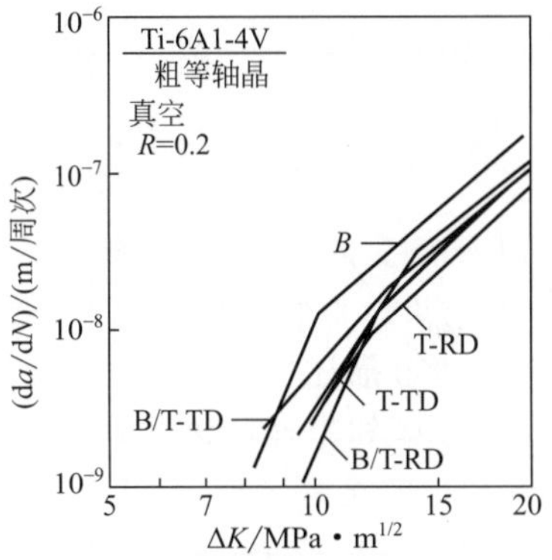

(a) 真空中试验

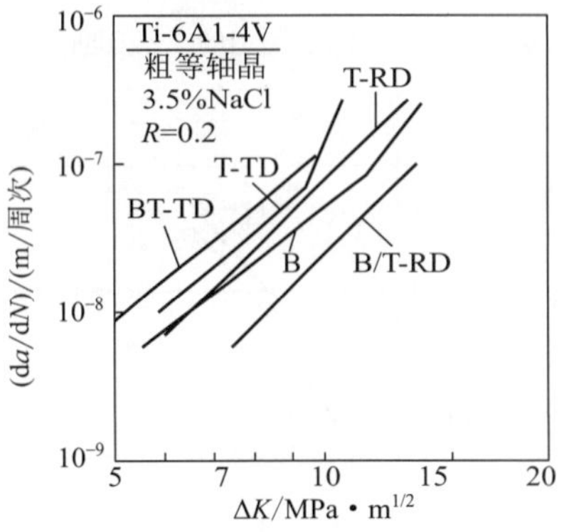

(b) 3.5%NaCl中试验

图 3-16 织构和试验方向对 FCP 门槛值的影响[37]

式中，m，C，n 为待定常数；R 为应力比。图 3-17 为不同应力比下的 da/dN-ΔK 曲线，从图中试验数据得出 Walker 公式待定常数值分别为 $n=4.08216$，$m=-0.02391$，$C=6.96304\times10^{-7}$，并且在实验中发现当 $R\geqslant0$ 时，应力比越大，疲劳条带间距越宽，裂纹扩展速率越大，如图 3-18 所示。

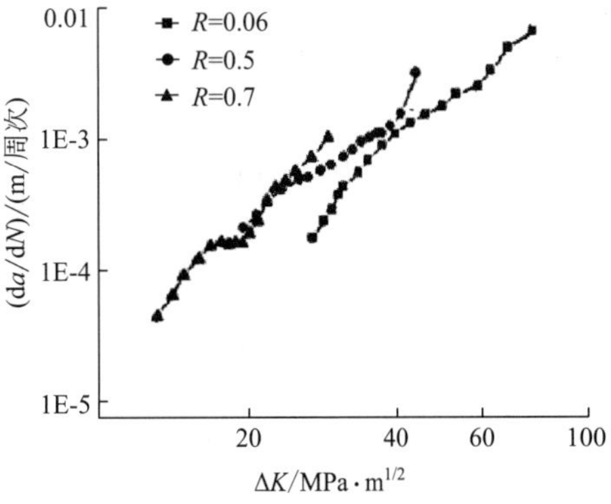

图 3-17 不同应力比下的 da/dN-ΔK 曲线[43]

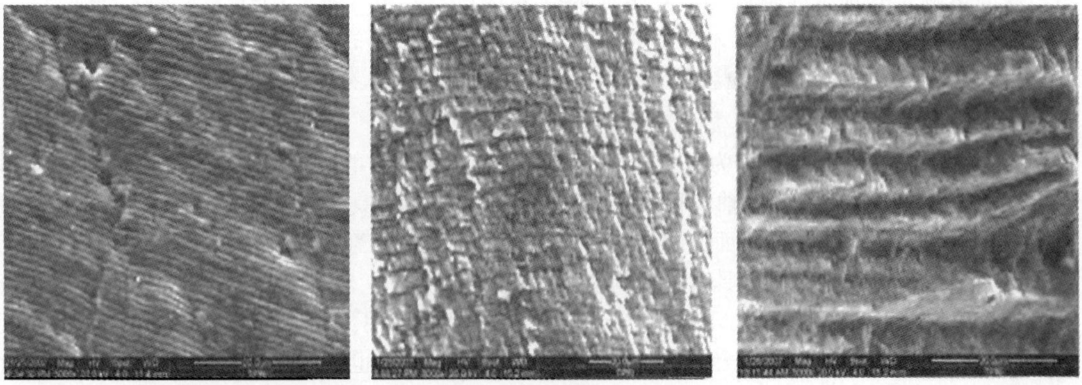

(a) R=0.6　(b) R=0.5　(c) R=0.7

图 3-18 TC4 不同应力比的疲劳条带[43]

李静等人[44]采用了 Paris 方程、Forman 方程和 Elber 方程来描述 TC4-DT 钛合金疲劳裂纹扩展速率与 K 的关系，其中 Forman 方程为：

$$da/dN=\frac{C(\Delta K^n)}{(1-R)K_{IC}-\Delta K} \tag{3-3}$$

式中，R 为应力比；K_{IC}为断裂韧性；C，n 为待定常数。其 Elber 方程为：

$$da/dN=C(\Delta K-\Delta K_{th})^n \tag{3-4}$$

式中，C，n 为待定常数；K_{th}为应力强度因子门槛值。表 3-2 列出了数学模型的实验数据拟合方式的表达。图 3-19 为数学模型对实验数据拟合的结果。拟合结果表明：Paris 方程适合描述裂纹扩展的中速扩展区的扩展行为，Forman 方程适合描述裂纹扩展的中速扩展区和快速扩展区的扩展行为，Elber 方程对于描述低应力近门槛区和中速区的裂纹扩展行为的拟合精度（=0.9513）最高。但三个方程均不能描述裂纹扩展的全部物理过程。

表 3-2　典型数学模型的数学表达式及拟合精度[44]

数学模型	数学表达式	拟合精度 δ
Paris 模型	$\frac{da}{dN}=7.392\times10^{-10}(\Delta K)^{3.83765}$	0.6173
Forman 模型	$\frac{da}{dN}=\frac{4.0778\times10^{-7}(\Delta K)^{3.17382}}{K_{IC}(1-R)-\Delta K}$	0.6755
Elber 模型	$\frac{da}{dN}=6.31\times10^{-8}(\Delta K-\Delta K_{th})^{2.748}$	0.9513

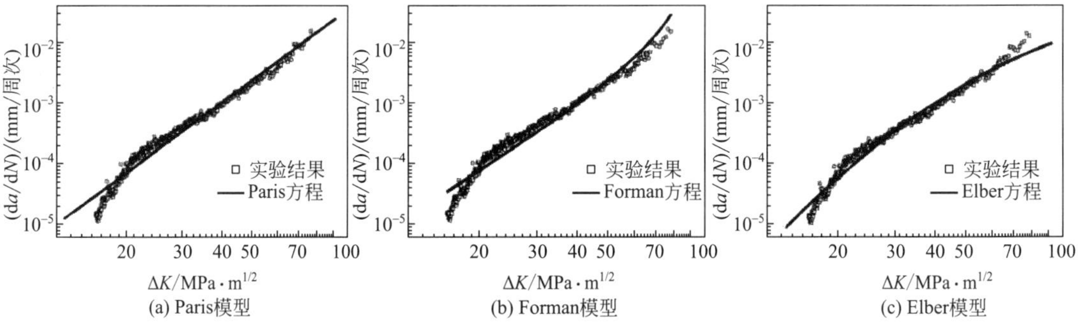

图 3-19　Paris、Forman 和 Elber 模型对实验数据的拟合结果[44]

很多实验结果表明，应力比或平均应力对裂纹扩展有很大影响。Schmidtra 和 Paris（1973）认为应力比对门槛值的影响可以用裂纹闭合效应加以解释。假定材料具有固定的门槛值 K_0 和恒定的闭合强度因子 K_{cl}，当应力比 $R<R_{cl}$时：

$$K_{thmax}=K_0+K_{cl}=\text{常数} \tag{3-5}$$

$$K_{th}=[K_{cl}+K_0](1-R) \tag{3-6}$$

当应力比 $R>R_{cl}$时：

$$K_{th}=K_0=\text{常数} \tag{3-7}$$

$$K_{max}=\frac{\Delta K_{th}}{1-R}=\frac{\Delta K_0}{1-R} \tag{3-8}$$

张亚娟等人[45]研究了 Ti-6Al-4V 合金的疲劳裂纹扩展规律，采用了工程上平均应力 σ_m 对疲劳裂纹扩展速率的影响，应力比 R 与平均应力 σ_m 的关系为：

$$\sigma_m=\frac{\Delta\sigma}{2}\cdot\frac{1+R}{1-R} \tag{3-9}$$

式中，$\sigma=\sigma_{max}-\sigma_{min}$，$\sigma_m=(\sigma_{max}+\sigma_{min})/2$，对式（3-9）两边求导得到：

$$\frac{d\sigma_m}{dR}=\frac{\Delta\sigma}{(1-R)^2} \tag{3-10}$$

由于 $\Delta\sigma$ 的值大于零，式（3-10）大于零，即平均应力 σ_m 随着 R 增大而增大。图 3-20 表明了在同一 ΔK 下，随着 R 的增大，疲劳裂纹扩展速率也相应提高。图 3-21 表明在同一 ΔK 下，高应力水平下的裂纹扩展速率高于低应力水平的疲劳裂纹扩展速率。

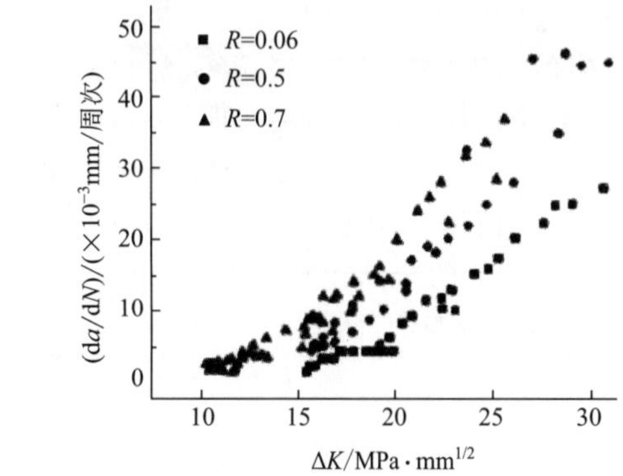

图 3-20 不同应力比下的疲劳裂纹扩展速率[45]

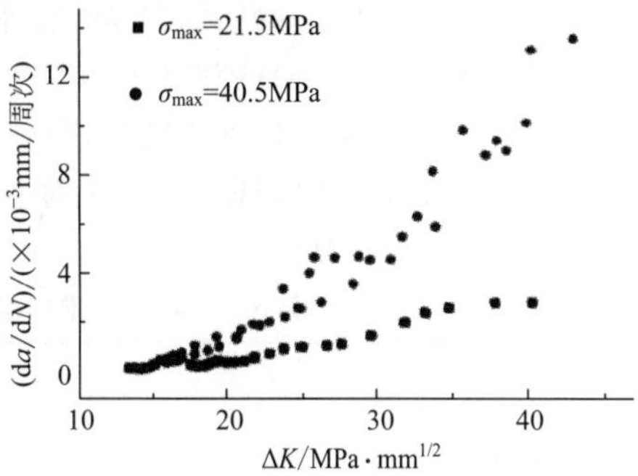

图 3-21 不同应力比水平下的疲劳裂纹扩展速率（R= 0. 5）[45]

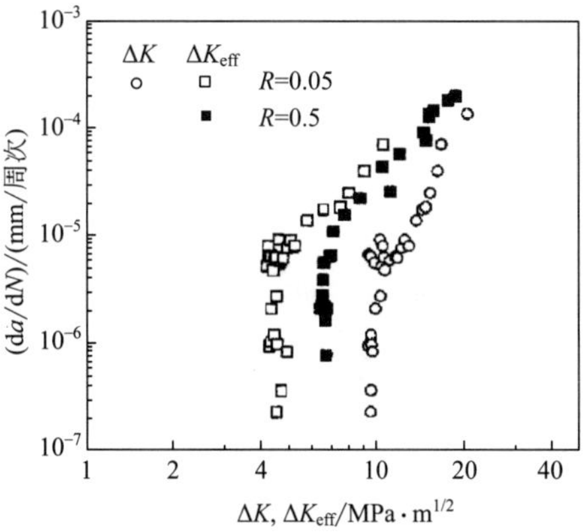

图 3-22 裂纹扩展速率和应力强度因子幅、有效应力强度因子幅的关系[46]

崔性大等人[46]研究了应力比对裂纹扩展速率的影响，图 3-22 给出了 Ti-6Al-4V 合金疲劳应力比对 da/dN-ΔK（ΔK_{eff}）的影响，当 $\Delta K_{eff}<10$ MPa·m$^{1/2}$时，随着应力比增大，裂纹扩展速率减小，当 $\Delta K_{eff}>10$ MPa·m$^{1/2}$时，随着应力比增大，裂纹扩展速率增大。

Beyer 等人（1977）对 Ti-811、Ti-6143、Ti-6147合金的裂纹扩展速率的研究表明，应力比越负，裂纹扩展速率越低，但是在某些真空中的测试数据显示，这种影响并不存在。另外，频率对裂纹扩展速率的影响非常复杂，通常降低频率可以提高裂纹扩展速率，一些学者在研究了 Ti-6Al-4V、Ti-811、Ti-6143、Ti-6147 等合金在不同环境下的频率对裂纹扩展速率的影响时发现，频率对裂纹扩展速率有时影响较大，但有时可以忽略，没有一个统一的规律[47]。现在很多学者都将频率的影响归于氢、氧和腐蚀环境等因素的作用[48]。Lefranc[49]通过 Ti-6242 的实验得出结论，当循环加载到最大时，应力峰值保持周期的引入导致了疲劳裂纹扩展速率的增大，扫描电镜观察发现当应力峰值保持周期出现的时候，裂纹尖端的应变加速会触发破坏机制。

文献［14］给出了真空度对疲劳裂纹扩展的影响，如图 3-23 所示，伴随真空度的提高，Ti-6Al-4V 合金疲劳裂纹扩展速率降低，应力强度因子门槛值增大，有效应力强度因子门槛值增大。研究者认为，根据图中结果，不能仅用裂纹闭合来解释图 3-23（b）。

Bjeletich（1973）和 Chesnutt（1978）对 Ti-6Al-4V 合金高温疲劳性能进行了研究。结果发现，实验温度的变化并不一定会对金属的裂纹疲劳扩展速率产生影响。但是当温度有影响时，它是随频率、载荷比和显微结构的变化而变化的。这主要是因为温度对材料位错运动、动态应变时效、弹性模量或金属的氧化产生影响，从而导致蠕变-疲劳对裂纹扩展速率产生影响，关于高温对钛合金裂纹扩展的研究工作，基本都是从这一理论出发着手进行的[50]。

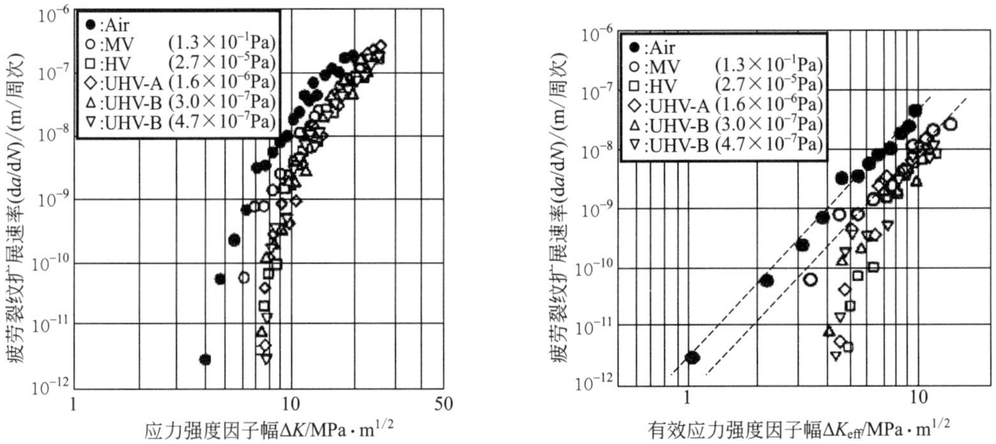

(a) da/dN与ΔK之间的关系　(b) da/dN与ΔK_{eff}之间的关系

图 3-23　真空度对疲劳裂纹扩展速率和 ΔK、ΔK_{eff}关系的影响[14]

Air—空气；MV—低真空；HV—高真空；UHV—超高真空

于兰兰等人[51]研究了温度对 TC4-DT 损伤容限型钛合金的疲劳裂纹扩展速率的影响。得出在中速和高速扩展区，TC4-DT 合金温度升高会降低裂纹疲劳扩展速率，150℃的实验具有较低的裂纹疲劳扩展速率；25℃的疲劳裂纹扩展速率试样具有较低的门槛值；稳态扩展区解理断裂和条带循环机制共存，150℃的 da/dN 试样中的疲劳辉纹间距比 25℃试样细；快速扩展区的断口形貌呈韧窝型静载断裂特征，150℃的 da/dN 试样中的韧窝比 25℃的试样深。

Ruppen 等人（1979）研究了 Ti-6Al-2Sn-4Zr-2Mo-0.1Si（Ti-6242S）温度对裂纹扩展速率的影响，如图 3-24 所示，在真空下排除了氧化的影响，温度升高，屈服强度降低，弹性模量降低，裂纹容易开口，裂纹扩展速率加快。

文献［37］给出了时效硬化对疲劳裂纹扩展中应力强度因子幅的影响，如图 3-25 所示，当 $R=0.2$ 时，长时间时效的材料具有较高的 ΔK_{th}，而当 $R=0.6$ 时，则正好相反，即短时间时效的材料具有较高的 ΔK_{th}。有人认为，$R=0.2$ 时的门槛值受到裂纹闭合的影响，而 $R=0.6$ 时，没有裂纹闭合效应，其门槛值直接受时效硬化的影响。时效时间增加，塑性急剧下降，低 R 值（$R=0.2$）下，时效硬化影响裂纹闭合，而对 FCP 门槛值起间接影响，这符合随着时效硬化程度的增加，裂纹尖端处切变位移增加，裂纹沿单个滑移带扩展倾向增加的规律。

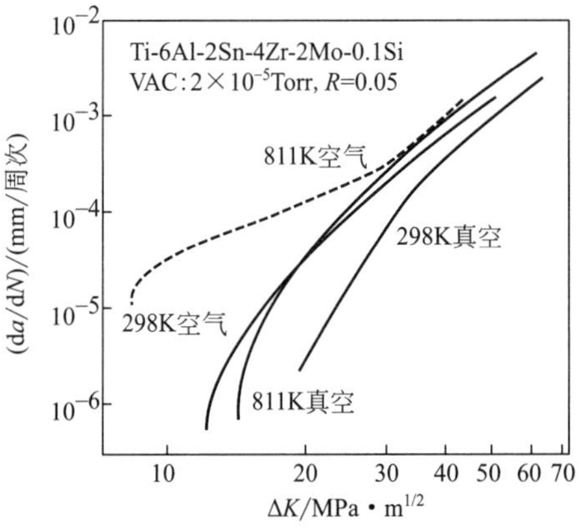

图 3-24　温度和环境对 Ti-6242S 疲劳裂纹扩展速率的影响（Ruppen 1979）

VAC—真空度（1 Torr＝133.322Pa）

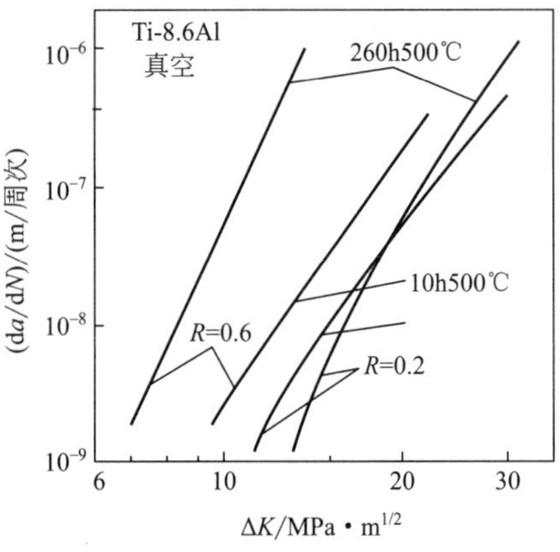

图 3-25　时效硬化对 FCP 门槛值的影响[37]

Gregory 等人[52]研究了不同条件下 β_{CEZ}合金的微观裂纹生长行为，如图 3-26 所示，在不同热处理条件之间，没有观察到明显差异。这结果与 CT 试样所做的宏观裂纹检测结果相一致。显然，富溶质 β 合金疲劳裂纹生长阻力的差异比 α+β 合金的小得多。

Alijson 等人[53]研究了 Ti-6Al-4V 合金在各种热处理制度下的 K_{op}/K_{max}与 ΔK 关系，K_{op}为裂纹产生开口的应力强度因子，K_{max}为最大应力强度因子值，K_{min}为最小应力强度因子值。图 3-27 结果表明，对于相同的 ΔK 值，退火的 β 相 K_{op}/K_{max}最大，裂纹闭合作用最明显，而固溶+时效的（α+β）相 K_{op}/K_{max}最小，裂纹闭合作用不明显。当 $\Delta K<10\text{MPa}\cdot\text{m}^{1/2}$时，三种结构钛合金的 K_{op}/K_{max}相差不大。

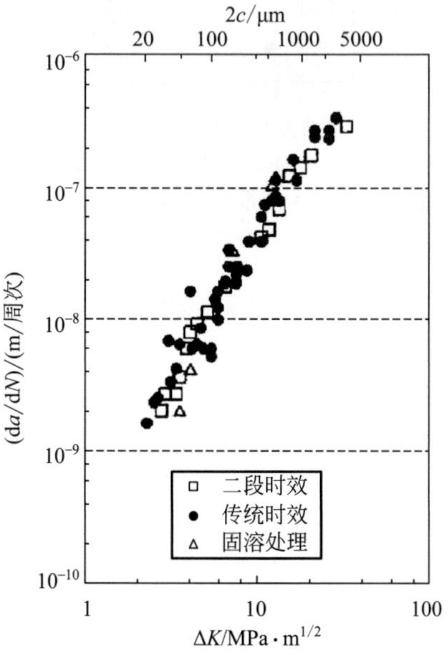

图 3-26　Ti-3Al-8V-6Cr-4Mo-4Zr 中微观裂纹扩展[52]
[σ_a=675MPa（R=−1）]

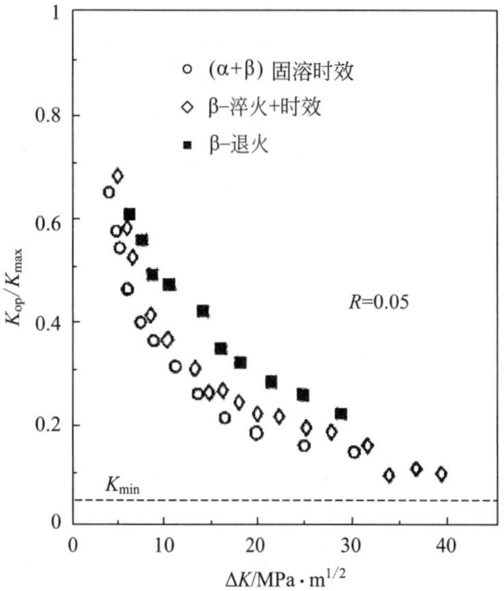

图 3-27　Ti-6Al-4V 合金的 K_{op}/K_{max}和应力强度因子幅的关系[53]

（3）环境的影响

氧对钛合金的疲劳裂纹扩展有很大的影响，图 3-28 表示氧含量为 500 μg/g 和 1000 μg/g 的 Ti-8.6Al 合金（大晶粒尺寸）中，氧对 FCP 门槛值的影响。R=0.1 时，高氧含量的合金具有较高的 FCP 门槛值，而当 R=0.7 时，则正好相反，即低氧含量的合金具有较高的 FCP 门槛值。有人认为，低 R 值即 R=0.1 时，材料的疲劳性能受氧含量对裂纹闭合效应的控制，增加氧含量会产生较多的平面滑移，因此产生较大的裂纹闭合效应。而在高 R 值（R=0.7）时，高塑性的材料（低氧含量）具有较高的 FCP 门槛值[37]。有学者发现，在温度≤29℃时，氧含量变化都会对 β 退火态 TC4 合金疲劳裂纹扩展速率产生影响，但是在再结晶退火温度下，氧含量在 0.082%～0.95%变化对裂纹扩展速率基本上没影响[38]。此外，即使合金成分相同、热处理状态相同，在不同裂纹扩展阶段，氧的影响程度也不相同[50]。

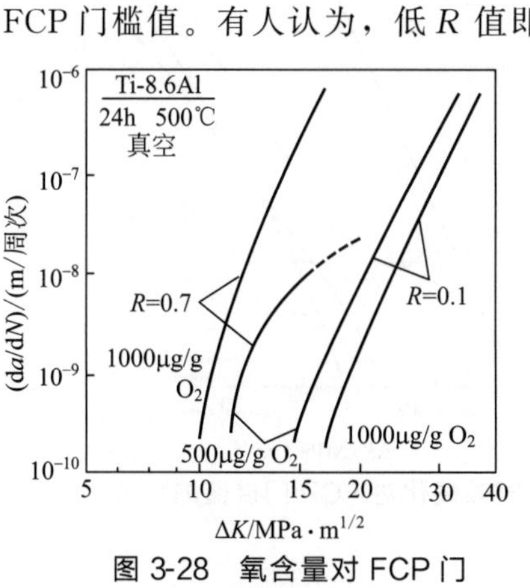

图 3-28　氧含量对 FCP 门槛值的影响[37]

氮化处理对钛合金疲劳裂纹扩展也有很大的影响。户梶惠郎等人[54]研究了 Ti-6Al-4V 进行氮化处理后，疲劳裂纹初始变化规律。研究结果表明，氮化材裂纹萌生比退火材要快，即材料经过氮化处理，裂纹萌生的抗力降低。图 3-29 为裂纹扩展速率和最大应力强度因子关系图。图中结果表明，在试样内部，退火材和氮化材的裂纹扩展速率没有很大差异，在试样表面，在同一 K_{max}时氮化材的裂纹扩展速率比退火材要大。

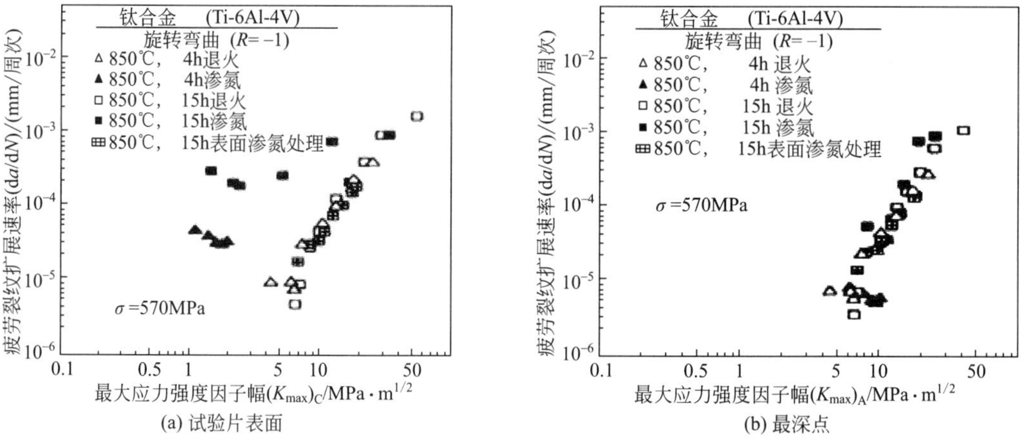

图 3-29　裂纹扩展速率与最大应力强度因子关系[54]

钛和钛合金在含 H_2 的环境下（如石油中 H_2S 气体，腐蚀或防腐阴极产生氢气、高压氢气等）接触和吸收氢气，在表面产生氢化物，产生脆性裂纹。中佐啓治郎等人[55]研究了 Ti-6Al-4V 在充氢下疲劳裂纹的萌生和扩展。研究者设计的疲劳试验机如图 3-30 所示，试样在电解槽中充氢并进行疲劳试验。图 3-31 为两种不同电解液的 da/dN 与 ΔK 的曲线。图 3-31（a）的结果表明，对于 3%的 NaCl 溶液，当 $\Delta K=40\sim50\text{MPa}\cdot\text{m}^{1/2}$时，和在空气下的裂纹扩展速率几乎没有什么差别；在 $\Delta K=20\sim30\text{MPa}\cdot\text{m}^{1/2}$时，其裂纹扩展速率小于在空气中的裂纹扩展速率。对于硫酸水溶液，在 $\Delta K=30\sim50\text{MPa}\cdot\text{m}^{1/2}$时，其裂纹扩展速率小于在空气中的裂纹扩展速率。充氢的钛合金裂纹扩展速率降低的原因为，氢化产生相变，相变诱发裂纹闭合（phase-tranformation induced crack clourse）[31]。裂纹开口比 U 为：

$$U=(K_{max}-K_{op})/(K_{max}-K_{min})=\Delta K_{eff}/\Delta K \qquad (3\text{-}11)$$

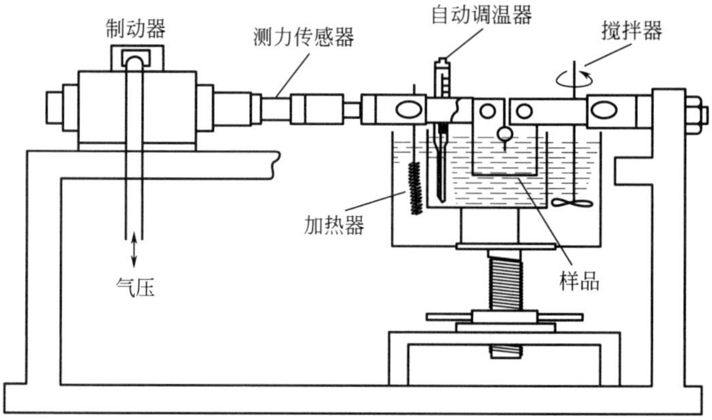

图 3-30　疲劳试验机简图[55]

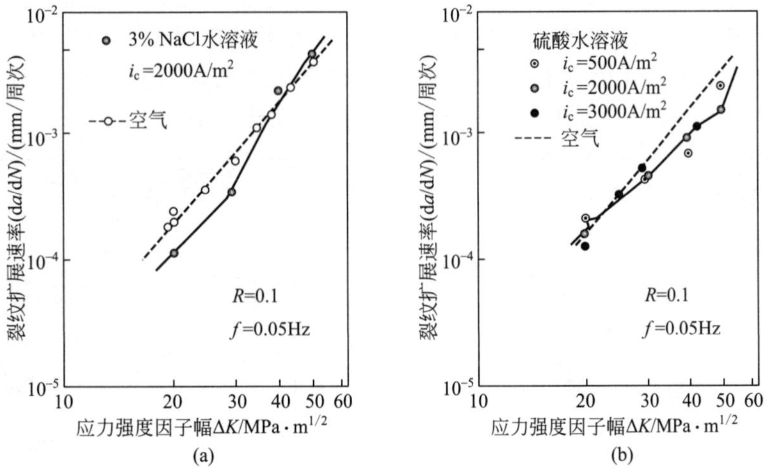

图 3-31　两种不同电解溶液的 da/dN 和 ΔK 的曲线[55]

图 3-32 给出了充氢的 Ti-6Al-4V 的疲劳裂纹开口比 U 和应力强度因子幅 ΔK 的关系，图中结果表明，由于相变诱发裂纹闭合，充氢的钛合金裂纹开口比明显低于在空气下的裂纹开口比。

有关充氢对裂纹扩展的影响有多种观点，Lynch[56] 和 Suresh 等人[57] 认为在含氢的环境中，氢在裂纹尖端的吸附将加速疲劳裂纹的扩展；而试样中预先充氢对随后的疲劳裂纹扩展速率是否有影响，也有不同的意见。Sarrazin-Baudoux 等人[58] 对 Ti-6Al-4V 合金的研究表明，室温下空气中的 da/dN 明显高于真空中的 da/dN，并将该现象归结于氢助裂纹扩展。中佐啓治郎等人[59] 在研究 β 钛合金（Ti-13V-11Cr-3Al）的充氢试样的疲劳裂纹扩展行为时也得到与文献［55］不同的结论，如图 3-33 所示，在 $\Delta K=8\sim12\text{MPa}\cdot\text{m}^{1/2}$ 时，充氢试样的裂纹扩展速率明显大于在空气中试样的裂纹扩展速率；在 $\Delta K=15\text{MPa}\cdot\text{m}^{1/2}$ 时，两者的裂纹扩展速率基本相同（图 3-33）。实验结果的原因归结为，充入的 H_2 固溶在 β 相内，使得解理面结合力明显降低，裂纹扩展速率加快。

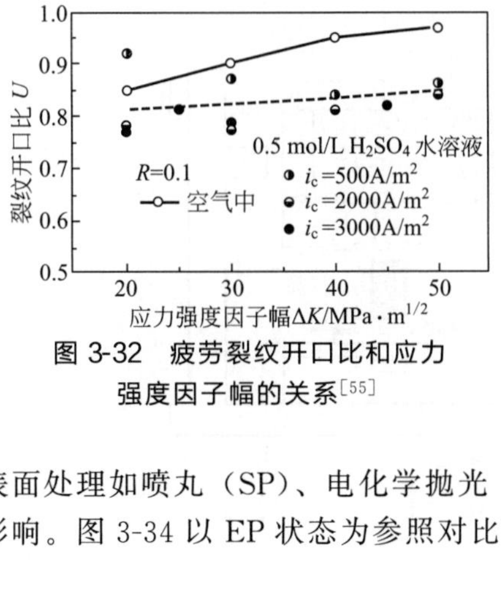

图 3-32　疲劳裂纹开口比和应力强度因子幅的关系[55]

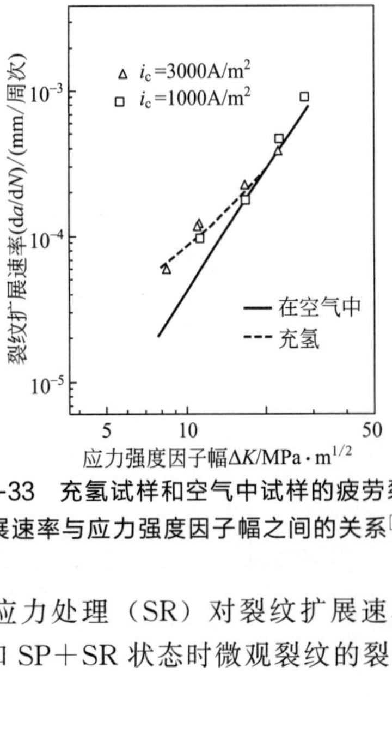

图 3-33　充氢试样和空气中试样的疲劳裂纹扩展速率与应力强度因子幅之间的关系[59]

表面处理如喷丸（SP）、电化学抛光（EP）和去应力处理（SR）对裂纹扩展速率有较大的影响。图 3-34 以 EP 状态为参照对比了 SP 状态和 SP＋SR 状态时微观裂纹的裂纹扩展速率。与 EP 工艺相比，室温下［图 3-34（a）］裂纹扩展被 SP 工艺显著延迟，但被 SP＋SR 工艺加速，SP 和 SP＋SR 曲线之间裂纹扩展速率的差异是由 SP 产生的残余压应力所造成的。而 SP 和 SP＋SR 与 EP 曲线之间的差异则是由 SP＋SR 工艺中的高位错密度所造成的。在较高温度下［图 3-34（b）］，SP 和 SP＋SR 曲线之间的短裂纹扩展速率没有差异，这是因为在高温下没有残余应力。SP 和 SP＋SR 工艺的性能低于参照工艺 EP 的原因是高的位错密度及其产生的低残余应力对裂纹扩展抗力的不利影响[60～62]。

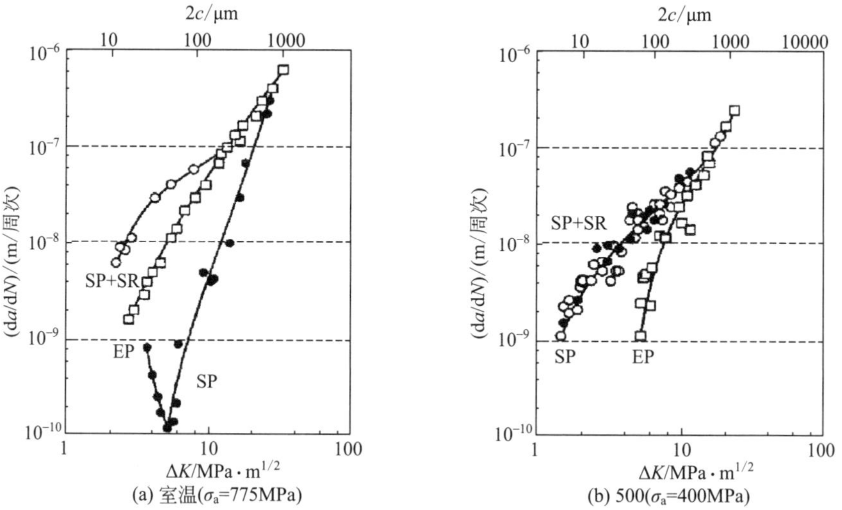

图 3-34　Ti-6Al-4V 合金中的短裂纹扩展（$R=-1$）[60～62]

3.1.3　铸造与变形钛合金的疲劳特性

（1）显微组织对高周疲劳强度（HCP）的影响

① 晶粒尺寸　晶粒尺寸的减小，使得滑移长度变短，由此提高了材料的 HCP 强度，图 3-35 为钛和 Ti-6Al-4V 晶粒尺寸对高周疲劳行为的影响。

②（α＋β）组织的几何形状　在（α＋β）钛合金中，从 β 相区慢冷至两相区产生 α 相和 β 相的粗片状排列，片的长度和厚度取决于冷却速度。从 β 相区快速冷却（水淬）导致马氏体转变，随后在两相区退火得到细片状组织。等轴组织是通过片状组织的形变和随后在两相区的再结晶而获得的。等轴组织的晶粒尺寸可以随两相区的退火时间长短改变。双态组织是通过在两相区的较高温度下再结晶处理或等温退火得到的。通过随后的冷却及热处理 β 相可转变为片状组织，而且其中的等轴 α 晶粒（初生 α 相）的体积分数要小于等轴 β 相和能在随后冷却热处理时转变为片状组织的 β 相两者的体积分数之和。图 3-36 给出了（α＋β）组织的几何形状对 HCF（高周疲劳）强度的影响，图中 Ti-6Al-4V 合金的最终热处理为 800℃1h 退火，水淬和 500℃时效硬化 24h。从真空疲劳试验［图 3-36（a）］可以看出，细小组织比粗大组织具有更高的疲劳强度，如细晶组织（晶粒尺寸为 2μm）的疲劳强度比粗晶组织（晶粒尺寸为 12μm）的要高，即细等轴组织的疲劳强度比粗等轴组织的疲劳强度高。初生 α 相的晶粒尺寸为 6μm 的双态组织的高周疲劳强度介于细等轴和粗等轴的值之间。从图 3-36(b)可以看出，在大气中，双态组织具有最高的 HCF 强度。这是因为与等轴组织相比双态组织中强烈织构化的 α 晶粒的基面是互相分离的。双态组织的片状部分与细片状组织相比，两者的原始 β 晶粒尺寸（单片的极限长度）差别很大，双态组织为 6～10μm，而细片状组织则为 300～600μm[37]。

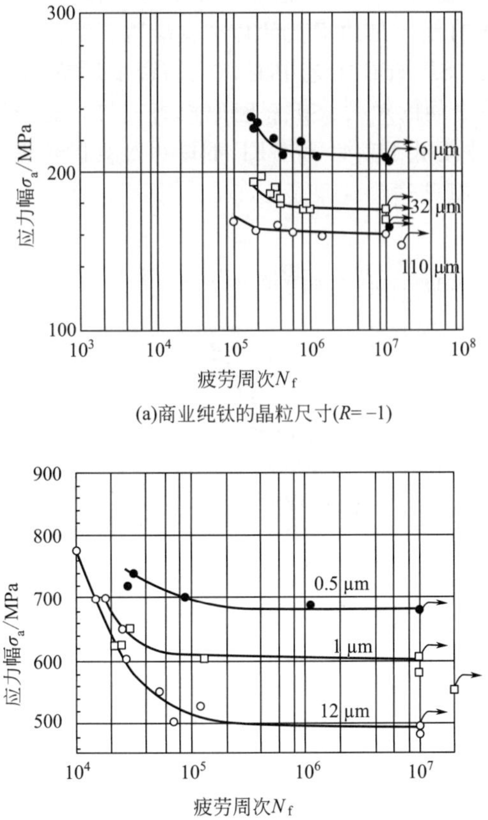

图 3-35 钛和钛合金（Ti-6Al-4V）晶粒尺寸对高周疲劳行为的影响[1]

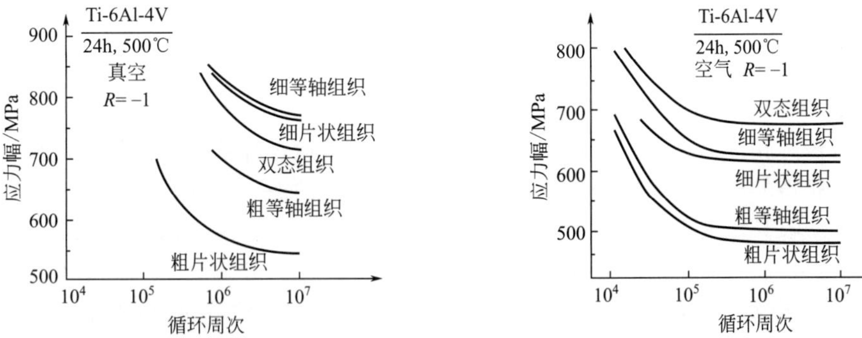

图 3-36 （α+β）组织的几何形状对 HCF 强度的影响[37]

③ α 相的织构　由于 α+β 合金中晶体织构与 α 合金和 β 合金相比变化大得多，所以主要研究了 Ti-6Al-4V 的织构对疲劳性能的影响，在等轴状组织中发现了四种 α 相织构。四种基本的织构类型：基面织构（B）、横向织构（T）、混合织构（B/T）和弱织构（W）。这些织构通过适当的热加工得到。图 3-37 为 Ti-6Al-4V（等轴状组织）的 S-N 曲线[63]。受载方向平行于轧制方向（RD）的 B/T 织构的疲劳强度最高（725MPa），而在轧制平面（TD）上受载方向垂直于轧制方向（RD）的 T 织构的疲劳强度最高（580MPa）。图 3-37（a）是空

气中的检测结果，当它们与真空中的测量结果［图 3-37（b）］对比时，显然必须要考虑实验室空气对 Ti-6Al-4V 而言是一种腐蚀性环境。而且由于环境导致的疲劳强度降低强烈依赖于晶体学织构和加载方向。例如，由于受力轴和基面垂直（B/T-TD、T-TD），因此沿高屈服应力方向承载的 B/T 和 T 织构的疲劳强度下降最为显著。这种行为可能与 α+β 钛合金的应力腐蚀开裂有关，当拉伸轴垂直于基面时这种现象很明显。与等轴状组织和层状组织相比，双态组织的疲劳强度受环境影响的程度较小。显然这种现象是由于合金中不存在 α/α 界面，也就是孤立的初生晶粒[63]。

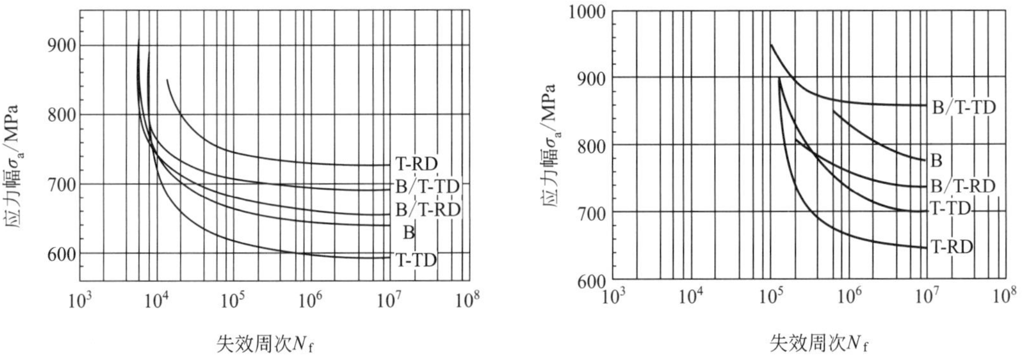

(a) 实验室空气　　(b) 真空

图 3-37　Ti-6Al-4V（等轴状组织）的高周疲劳行为[63]（$R=-1$）

④ 初生 α 相的体积分数　图 3-38 给出了 Ti-10V-2Fe-3Al 合金初生 α 相体积分数不同对疲劳特性的影响，图中初生 α 相的体积分数较低（5% 和 15%），疲劳强度较高，其原因是不存在连续的晶界 α 相薄膜。当初生 α 相的体积分数提高到 30% 时，屈服应力下降，影响了疲劳强度[64,65]。

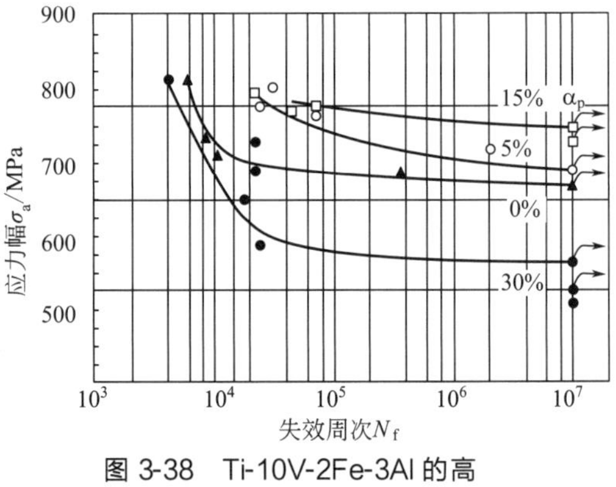

图 3-38　Ti-10V-2Fe-3Al 的高周疲劳行为（$R=-1$）[64,65]

(2) 应力比、平均应力、时效硬化、机械表面处理以及环境的影响

① 应力比　竹内悦男等人[66]研究了应力比对 Ti-6Al-4V 合金疲劳特性的影响。如图 3-39 所示，随着应力比的增大，合金的疲劳强度降低。图中还给出了非固定应力比的曲线［如图 3-40 所示，$\sigma_{max}=\sigma_y$，$R=(\sigma_y-2\sigma_a)/\sigma_y$，$\sigma_y$ 为屈服应力，σ_{max} 为最大应力，σ_a 为应力幅］。竹内悦男等人根据显微结构分析得出：a. $R=-1$，900MPa 级的炉号 A 和 B、1100MPa 级的炉号为 D 和 E 的试样，在短寿命区域为表面破坏，在长寿命区域为内部破坏引起断裂。900MPa 级 C 炉试样和 1100MPa 级的 F 炉试样均为表面破坏引起断裂。另外，$R=0$ 以上的高应力比时，全部炉号试样在长寿命区域均为内部破坏引起断裂。b. 在 900MPa 级、1100MPa 级试样中，在内部引起的萌生点不存在夹杂物，在 $R=0$ 的高应力比下，萌生点中观察到的是平坦小平台和合并小平台。c. 平坦小平台大小与初生 α 相小平台的大小约为 100～300μm。平坦小平台估计是初生 α 相小晶粒剪切形成的初期裂纹。

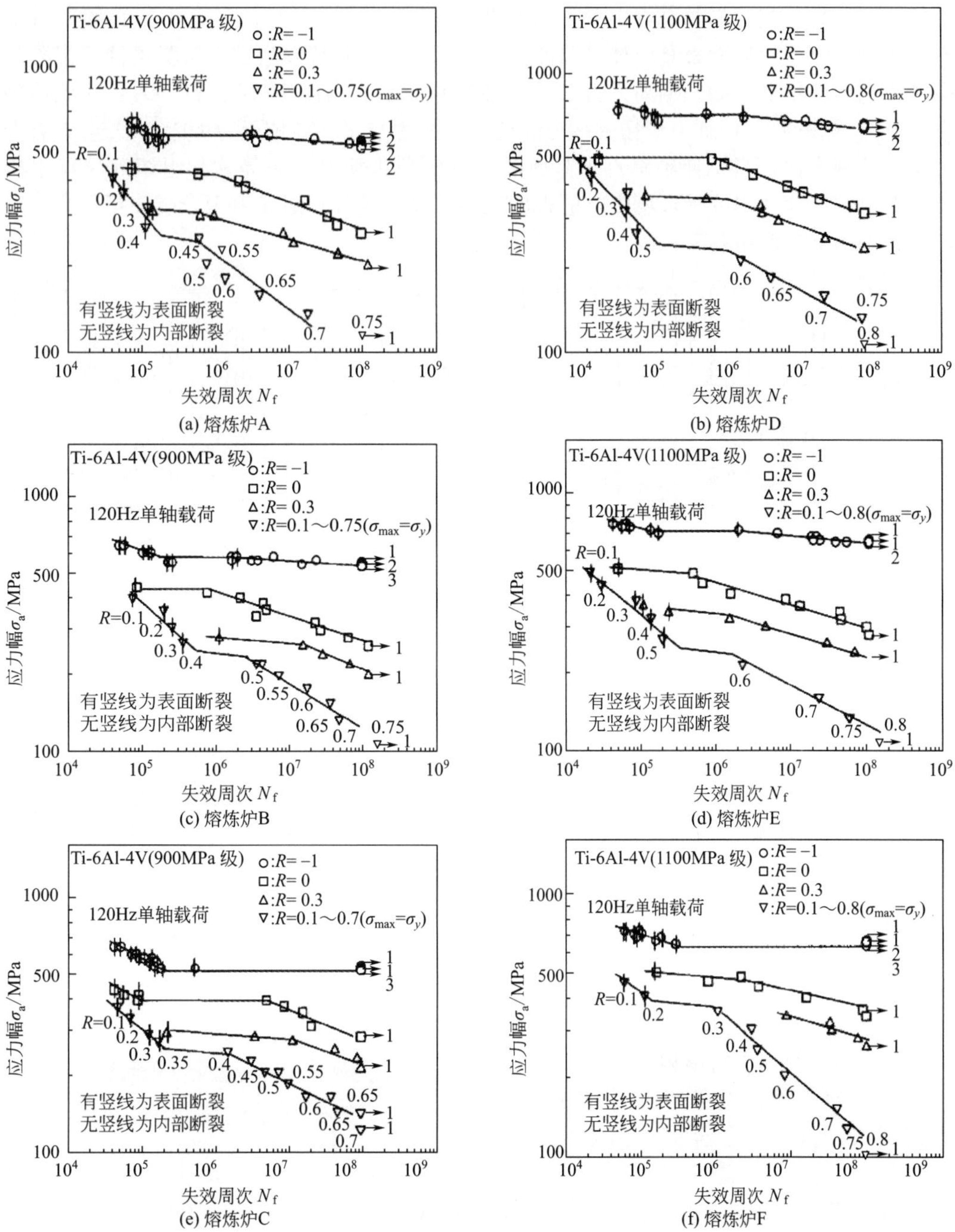

图 3-39　Ti-6Al-4V 合金的疲劳应力比对疲劳特性的影响[66]

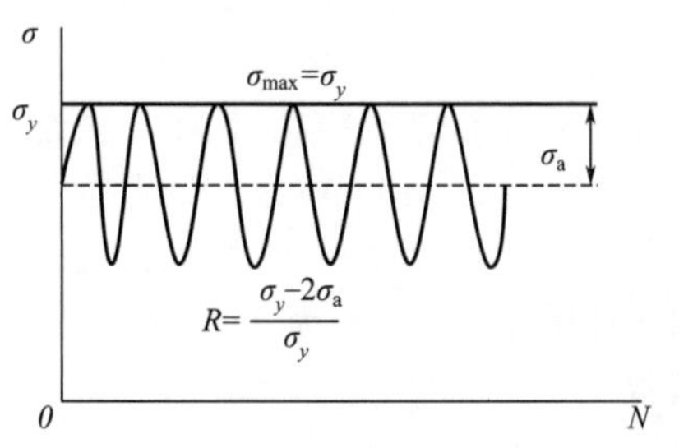

图 3-40　最大应力为屈服强度的应力波形（$\sigma_{max}=\sigma_y$）

② 平均应力　在高周疲劳时，近 α 和 α+β 合金对平均应力变化非常敏感。平均应力对 TIMETAL1100 合金高周疲劳性能的影响如图 3-41 所示。该图为循环 10^7 次的最大应力与平均应力的关系曲线[67,68]。当 TIMETAL1100 合金承受低的平均拉伸应力时，双态组织的室温疲劳性能［图 3-41（a）］明显低于层状组织。平均应力的反常敏感性是由裂纹萌生所控制的，并且在惰性环境中也存在。通常 β 退火态（层片状）组织没有这种效应。而（α+β）退火态组织（等轴状或双态组织），对平均应力的反常敏感程度取决于晶体学织构和加载方向。对 TIMETAL1100 合金的研究结果表明在较高温度下这种反常现象会消失［图 3-41（b）］。

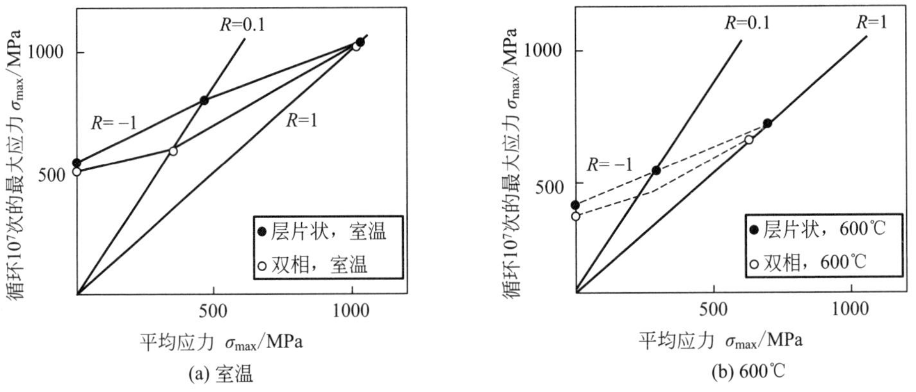

图 3-41　平均应力对 TIMETAL1100 合金高周疲劳性能的影响[67,68]

③ 时效硬化　图 3-42 给出了时效硬化对 Ti-6Al-4V 合金高周疲劳强度的影响，从图中可以看出，800℃水淬，随后在 500℃时效 24h 的材料显示出最高的 HCF 强度。通过上述热处理后，Ti-6Al-4V 合金的 α 相和 β 相分别由 Ti_3Al 粒子沉淀和细 α 粒子沉淀而时效硬化，从而使材料的屈服强度升高。这意味着增大位错运动的抗力，使材料的 HCF 强度增大。800℃水淬而不进一步时效处理的材料具有 290MPa 的低疲劳强度值。这是因为，除缺少时效硬化外，β 相还对应力不稳定，即应力可诱发马氏体转变，从而导致低应力下的裂纹形核。在 650℃退火时，较高钒含量会引起稳定化 β 相，但是与 800℃下的退火及它对 Ti_3Al 沉淀的影响相比，650℃退火后，材料的空位浓度较低，随后的时效硬化处理对 α 相和 β 相影响较小。

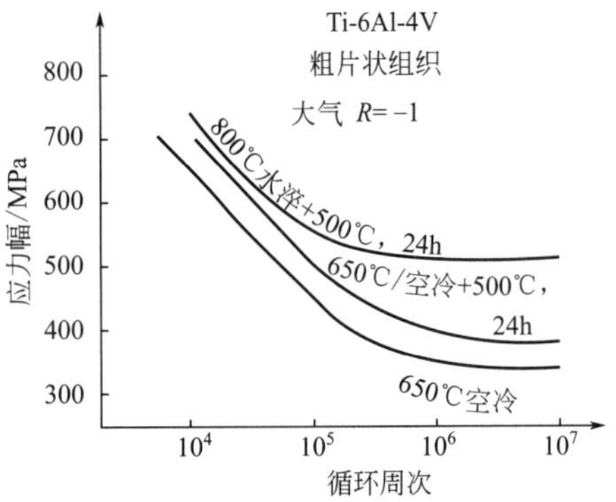

图 3-42　时效硬化对 Ti-6Al-4V 合金 HCF 强度的影响[37]

④ 机械表面处理　图 3-43 给出了 Ti-6Al-4V 合金在室温［图 3-43（a）］和高温［图 3-43（b）］下经机械表面处理的 S-N 曲线[69,70]。电化学抛光处理（EP）不会产生残余应力，在近表面区域内的位错密度低，而且表面非常光滑。与 EP 相比，喷丸处理（SP）可以明显提高室温疲劳强度［图 3-43（a）］，SP 处理后再进行 600℃/1h 的去应力处理（SP+SR），疲劳强度最低。在高温下 SP+ EP 的疲劳强度最高，SP+SR 仍然最低，EP 的作用比 SP 的作用要大一些。

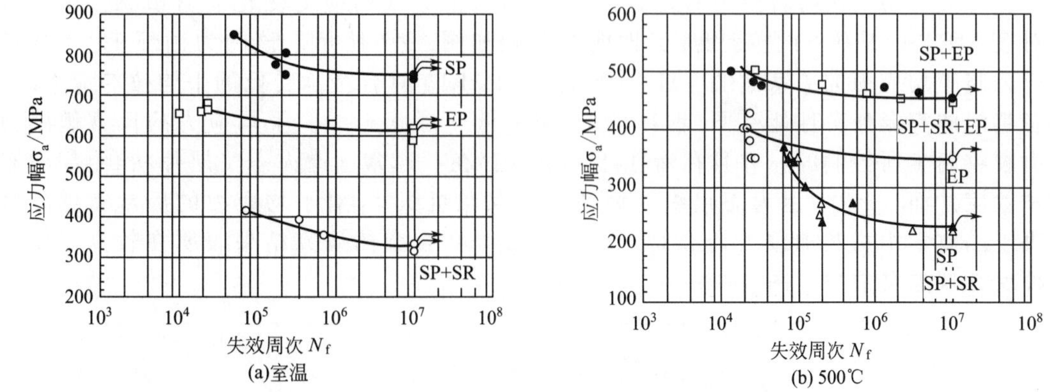

图 3-43 Ti-6Al-4V 合金的高周疲劳性能(R= － 1)[69,70]

⑤ 氧化、氮化、氢化 图 3-44 为在大气中试验时氧含量对细片状组织 HCF 强度的影响。其结果表明，氧含量名义值从 0.19%降低到 0.08%时，使 Ti-6Al-4V 合金的疲劳强度下降。氧提高材料的屈服应力，由此提高材料的 HCF 强度。应该指出，氧和通过 Ti_3Al 微粒对 α 相的时效硬化，可以增大平面滑移的倾向。

图 3-45 给出了 Ti-6Al-4V 合金经 STA 处理（950℃/1h 水冷后，540℃/4h 空冷，固溶处理＋时效）、氮化处理、退火处理后的 *S-N* 曲线。图中结果表明，STA 的疲劳强度最高，850℃/15h 氮化材（氮化层为 65μm）的疲劳强度最低，氮化 4h 的氮化材（氮化层为 25μm）在初始时间强度比 4h 退火材要低，但其疲劳强度高于 4h 退火材[54]。

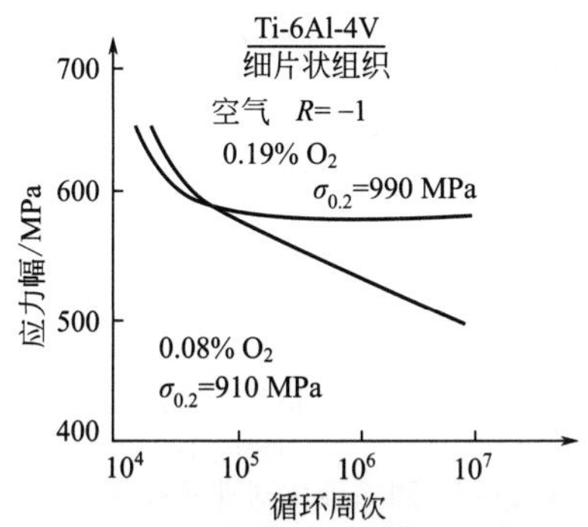

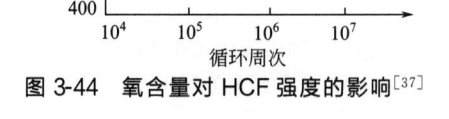

图 3-44 氧含量对 HCF 强度的影响[37]

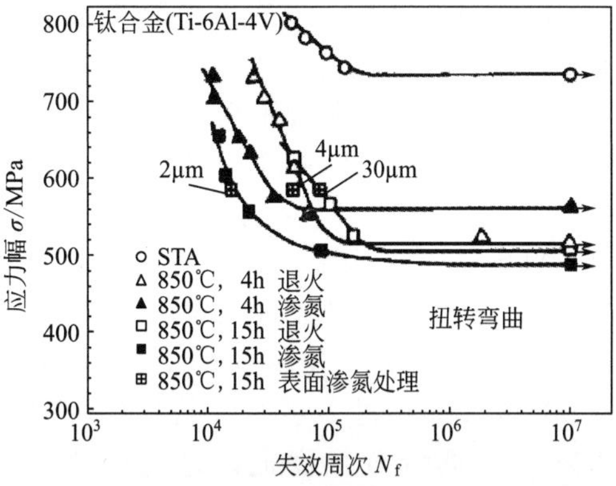

图 3-45 Ti-6Al-4V 合金经不同热处理后的 *S-N* 曲线[54]

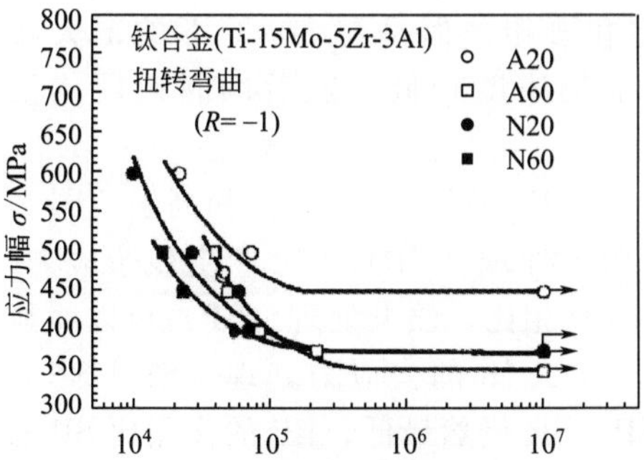

图 3-46 Ti-15Mo-5Zr-3Al 合金经不同处理后的 *S-N* 曲线[71]

柴田英明等人[71]研究了 Ti-15Mo-5Zr-3Al 合金氮化处理对疲劳强度的影响，图 3-46 给出了钛合金在 750℃真空退火和氮化处理试样的 *S-N* 曲线。A20 和 A60 分别为在 750℃真空退火 20h 和 60h 试样，N20、N60 分别为在 750℃氮化 20h 和 60h 的试样。如图 3-46 所示真空退火 20h，其疲劳强度最高；而真空退火 60h，其疲劳强度最低，氮化的试样疲劳强度在二者之间。

森田辰郎等人[72]研究了 Ti-20V-4Al-1Sn 合金充氢后的时效处理对合金疲劳强度的影响。

如图 3-47 所示，原有材含氢 80μg/g，没有经过时效处理疲劳强度较低，经时效处理后，疲劳强度大增，但是随着试样充氢后，时效处理后试样的疲劳强度降低。

何晓等人[73]研究了氢对 Ti-4Al-2V 钛合金疲劳强度的影响，图 3-48 中四种不同含氢量的试样的疲劳寿命变化趋势都呈指数下降，不充氢（自然含氢量 22μg/g）材料疲劳寿命最低，而充氢 116～280μg/g 的试样在 $\Delta\sigma>650$MPa 时，疲劳寿命接近，当疲劳荷载进一步降低后，充氢试样之间疲劳寿命差距逐渐拉大，表现出氢含量越高，疲劳寿命越低的趋势。当 $\Delta\sigma<550$MPa 以后，含氢量 280μg/g 的疲劳寿命已经低于自然含氢量的试样。

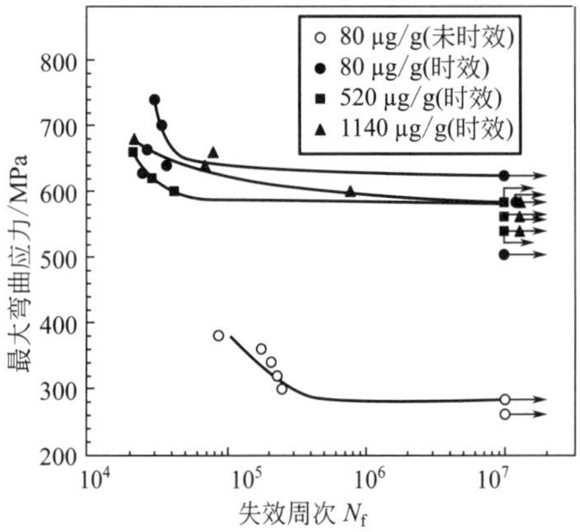

图 3-47　S-N 曲线[72]

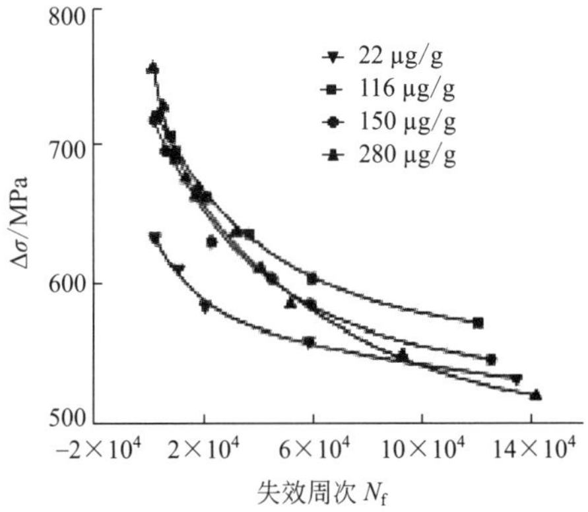

图 3-48　不同含氢量试样的疲劳 S-N($\sigma_{max}-\sigma_{min}$，其中 $\sigma_{min}=0$)曲线[73]

3.2　粉末冶金钛合金的疲劳裂纹萌生与扩展

3.2.1　粉末冶金钛合金简介[74~76]

粉末冶金钛合金是指采用粉末冶金工艺制备的钛合金，简称为粉末钛合金。粉末钛合金具有组织细小、成分可控、近终成形和材料利用率高等一系列特点，是制造低成本钛合金的理想工艺之一。虽然粉末钛合金比熔锻钛合金有很多无可比拟的优点，但其延性和韧性比后者低，特别是裂纹扩展速率快，严重地影响粉末钛合金在结构材料上的应用。研究钛合金的疲劳裂纹萌生和扩展，改善其疲劳性能是发展粉末钛合金的关键问题。

（1）粉末冶金钛合金材料的制备工艺

钛合金的制造工艺主要包括海绵钛制粉法、氢化脱氢法、金属或金属氢化物还原法和雾化法。粉末钛合金的致密化工艺通常包括混合粉末和预合金化粉末致密化。混合元素法（BE）是将原料粉末钛粉和中间合金粉末或其他需要添加的元素粉末混合后进行模压或冷等静压成形，在真空炉中烧结。预合金法（PA）是通过离心雾化或真空雾化得到预合金粉末，采用陶瓷或金属包套封装后热等静压成形。通过压制、烧结生产的零件成本低，但致密化程度也低；而高致密度、高性能的航空产品通常采用热等静压、热锻、热轧来制造。因此，混合粉末、脱氢粉末、还原粉末可以采用压制、烧结，再加热致密化工艺，而预合金粉末也可以采用压制、烧结工艺制备部件。随着致密化技术的发展，目前还有一些新技术来制备粉末钛合金，如采用微细钛合金粉进行注射成形、采用 3D 打印技术制备钛合金、采用放电等离子体烧结、自蔓延烧结、真空热压、等温锻造、喷射沉积和快速凝固等新型工艺制备高性能钛合金。

(2) 粉末钛合金及其力学性能

钛合金根据其组织中的相组成可分为α型、α+β型和β型钛合金。α型钛合金是含有α稳定剂，在室温下基体为α相的钛合金。α型钛合金具有良好的耐热性和组织稳定性，是发展耐热合金的基础，典型代表是Ti-5Al-2.5Sn合金。近α型钛合金是α型合金加入少量的β稳定剂，在室温稳定状态下β相含量一般低于10%的钛合金，常用元素有V、Mo、Nb、Si等，可改善合金的加工塑性，并进一步提高耐热性，如Ti-6Al-2Sn4Zr-2Mo、Ti-5.5Al-3.5Sn-3Zr-1Nb-0.3Mo-0.3Si等合金。α+β型合金是含有较多的β稳定剂，在室温稳定状态下由α和β相组成的合金。α+β型合金的优点是可通过调节成分使合金中α和β相所组成的比例在很宽的范围内变动。典型合金为Ti-6Al-4V，其应用非常广泛。Ti-5Al-2.5Fe具有Ti-6Al-4V的机械特性，以Fe代V，作为无毒的生物材料具有很好的应用前景，β型钛合金是含有足够的β稳定剂，在适当冷却速度下能使其室温组织全部为β相，作为结构材料的亚稳定性β钛合金，如Ti-10V-2Fe-3Al、Ti-15V-3Sn-3Cr-3Al等。

在不同条件下生产的粉末冶金钛合金的力学性能如表3-3～表3-6所示。其中最重要的粉末钛合金为Ti-6Al-4V。表3-3为不同条件下生产的BE钛合金Ti-6Al-4V的力学性能。表3-4为不同条件下生产的BE粉末冶金钛合金坯件的力学性能。表3-5为不同条件下生产的PA粉末冶金Ti-6Al-4V合金的力学性能。表3-6为不同条件下生产的BE粉末冶金钛合金坯件的力学性能。

表3-3 在不同条件下生产的BE粉末冶金Ti-6Al-4V合金坯件的力学性能[74,76]

条件①	$\sigma_{0.2}$/MPa	σ_b/MPa	δ/%	ψ/%	K_{IC}或K_Q /MPa·$m^{1/2}$	相对密度/%	氯含量/(μg/g)	氧含量/(μg/g)
压制和烧结(96%密度)	758	827	6	10		96	1200	
压制和烧结(98%密度)	827	896	12	20		98	1200	
压制和烧结(99.2%密度)	847	930	14	29	38	99.2	1200	
压制和烧结+HIP	806	875	9	17	41	≥99	1500	2400
CIP+烧结+HIP	690	793	13	15	85	>99		
	793	896	10	20	83	>99		
CIP+烧结+HIP②	896	965	12	22		99.8		
压制和烧结+α/β锻造	841	923	8	9		≥99.4	1500	2400
压制和烧结+α/β锻造	951	1027	9	24	49	99	1200	
压制和烧结(92%密度)	827	910	10			92	1500	2100
压制和烧结+α/β30%等温锻造	841	930	30			99.7	1500	2100
压制和烧结+α/β70%等温锻造	896	999	30			99.8	1500	2100
CIP+烧结+HIP(低氯)	827	923	16	34		99.8	160	
CIP+烧结+HIP(超低氯)	882	985	11	36		100	<10	
CIP+烧结+BUS	951	1034	7	15				
CIP+烧结+TCP	1007	1062	14	20				
轧制板材,CIP和烧结+HIP								
轧制退火(纵向)	903	958	10	26	72③	≥99	200	1600

续表

条件①	$\sigma_{0.2}$/MPa	σ_b/MPa	δ/%	ψ/%	K_{IC}或K_Q /MPa·$m^{1/2}$	相对密度/%	氯含量 /(μg/g)	氧含量 /(μg/g)
轧制退火(横向)	923	965	14	31	71③	≥99	200	1600
再结晶退火(纵向)	888	916	4	8	75③	≥99	200	1600
再结晶退火(横向)	868	937	5	9	67③	≥99	200	1600
β退火(纵向)	841	937	10	26	89③	≥99	200	1600
β退火(横向)	875	958	7	20	92③	≥99	200	1600
性能最小值(MIL-T-9047)	827	896	10	25				

① HIP:热等静压;CIP:冷等静压;TCP:化学热处理;BUS:破碎组织处理。
② 1010℃锻造,水冷。
③ 预裂纹冲击试验,K_v。

表 3-4　在不同条件下生产的 BE 粉末冶金钛合金坯件的力学性能[74,76]

合金和条件①	$\sigma_{0.2}$/MPa	σ_b/MPa	δ/%	ψ/%	K_{IC}或K_Q /MPa·$m^{1/2}$	相对密度/%	氯含量 /(μg/g)
Ti-5Al-2Cr-1Fe,压制和烧结+HIP	980	1041	20	39	—	≥99	310
Ti-4.5Al-5Mo-1.5Cr,压制和烧结+HIP	951	1000	17	39	64	≥99	310
Ti-6Al-2Sn-4Zr-6Mo,压制和烧结	1068	1109	2	1	31	99	150
Ti-10V-2Fe-3Al,压制和烧结+HIP(1650℃)和 STA(775~540℃)	1233	1268	9		30	99	1900
Ti-10V-2Fe-3Al,压制和烧结+HIP 和 STA(750~550℃)	1102	1158	10		32	99	1900
Ti-10V-2Fe-3Al,压制和烧结	854	930	9	12	51	98	
Ti-6Al-6V-2Sn,冷等静压和热等静压	931	1035	15	35	78	100	

① HIP:热等静压;STA:固溶处理+时效。

表 3-5　在不同情况下生产的 PA 粉末冶金 TI-6Al-4V 合金坯件的力学性能[74,76]

生产条件①	$\sigma_{0.2}$/MPa	σ_b/MPa	δ/%	ψ/%	K_{IC}或K_Q /MPa·$m^{1/2}$	粉末工艺	压制温度/℃	其他参数
HIP	861	937	17	42	85	PREP	925	
HIP(PSV)和β退火	1020	1095	9	21	67	PSV	950	975℃退火
HIP 和 BUS	965	1048	8	17			PREP	925
HIP 和 TCP	931	1021	10	16		PREP	925	
HIP 和 700℃退火(REP)	820	889	14	41	76	REP	955	
HIP,700℃退火和 STA(955~480℃)	1034	1130	9	34		REP	955	
HIP 和 700℃退火(PREP)	882	944	15	40	73	PREP	955	
ELI:HIP	855	931	15	41	99	REP	955	$1300\times10^{-6}O_2$
ELI:HIP 和β退火	896	951	10	24	93	REP	955	1020℃退火

续表

生产条件①	$\sigma_{0.2}$/MPa	σ_b/MPa	δ/%	ψ/%	K_{IC}或K_Q /MPa·$m^{1/2}$	粉末工艺	压制温度/℃	其他参数
HPLT 和 HIP	1082	1130	8	19		PREP	650	315MPa
HPLT,HIP 和 815℃再结晶退火	937	1013	22	38		PREP	650	315MPa
HIP 和 955℃轧制	958	992	12	35		REP	925	75%轧制变形
HIP,955℃轧制和β退火(纵向)	820	896	13	31	73	REP	925	75%轧制变形
HIP,955℃轧制和β退火(横向)	813	896	11	23	61	REP	925	75%轧制变形
HIP,950℃轧制和 STA(960～700℃)	924	1041	15	35		REP	950	60%轧制变形
HIP,960℃锻造 STA(960～700℃)	1000	1062	14	35		REP	915	56%轧制变形
830℃VHP	945	993	19	38		REP	830	
760℃VHP	972	1014	16	38		REP	760	
900℃ROC	882	904	14	50		PREP	900	
900℃ROC 和 925℃RA	827	882	16	46		PREP	900	925℃RA
650℃ROC	1131	1179	10	23		PREP	600	
600℃ROC 和 815℃RA	965	1020	15	43		PREP	600	815℃RA
性能最小值(MIL-T-9047)	827	896	10	25				

① HIP:热等静压;PSV:在真空下电子束熔化旋转电极雾化工艺;BUS:破碎组织处理;TCP:化学热处理;REP:旋转电极工艺;STA:固溶处理+时效;PREP:等离子体旋转电极工艺;ELI:超低间隙元素;HPLT:高压低温压坯;PA:再结晶退火;VHP:真空热压;ROC:快速全向压制。

表 3-6 在不同条件下生产的 BE 粉末冶金钛合金坯件的力学性能[74,76]

合金与生产条件①	$\sigma_{0.2}$/MPa	σ_b/MPa	δ/%	ψ/%	K_{IC}或K_Q /MPa·$m^{1/2}$	粉末工艺	压制温度/℃	其他
Ti-5.5Al-3.5Sn-3Zr-0.25Mo-1Nb-0.25Si(IMI829),HIP 和 STA(1060～620℃)	951	1089	18	22		PREP	1040	
Ti-5.5Al-3.5Sn-3Zr-0.25Mo-1Nb-0.25Si (IMI829), ROC 和 STA(1060～620℃)	909	1034	18	20		PREP		α+βROC
Ti-6Al-5Zr-0.5Mo-0.25Si (IMI685),HIP 和 STA (1050～550℃)	970	1020	11	19		PREP	950	
Ti-6Al-2Sn-4Zr-2Mo, HIP 和 STA(1050～550℃)	924	1034	17	36		PREP	910	
Ti-6Al-2Sn-4Zr-6Mo, HIP, 920℃锻造和 705℃退火	1165	1296	11	37		REP	900	920℃锻造变形 70%

续表

合金与生产条件①	$\sigma_{0.2}$/MPa	σ_b/MPa	δ/%	ψ/%	K_{IC}或K_Q /MPa·$m^{1/2}$	粉末工艺	压制温度/℃	其他
Ti-6Al-6V-2Sn，HIP 和 760℃退火	1008	1055	18	37	59	PREP	900	
Ti-5Al-2Sn-2Zn-4Cr-4Mo（Ti-17），HIP 和 STA（800～635℃）	1123	1192	8	11	75	REP	915	
Ti-4.5Al-5Mo-1.5Cr，HIP 和 705℃时效	944	999	13		75	REP	845	焊接研究试样
HIP 和 760℃时效	916	971	14		79	REP	775	焊接研究试样
Ti-10V0-2Fe-3Al HIP 和 STA（745～490℃）	1213	1310	9	13		PREP	775	
HIP，锻造和 STA（750～495℃）	1286	1386	7	20	28		775	750℃锻造变形 70%
HIP，锻造和 STA（750～550℃）	1065	1138	14	41	55	PREP	775	750℃锻造变形 70%
ROC	965	1007	16	54		PREP	650	
ROC 和 STA（760～510℃）	1296	1400	6	26		PREP	650	
Ti-11.5Mo-6Zr-4.5Sn，βHIP 和 STA（745～510℃）	1288	1378	8	18		PREP	760	
Ti-1.3Al-8V-5Fe，β 挤压和 STA（705℃）	1392	1482	8	7		PREP	760	
β 挤压和 STA（770℃）	1461	1516	8	20		GA	760	
βHIP 和 STA（675℃）	1315	1414	5	10		GA	725	
Ti-24Al-11Nb，HIP（1065℃）和 STA（1175℃）	510	606	2	2		PREP	1065	
HIP（925℃）和 STA（1175℃）	696	765	2	2		PREP	925	
Ti-25Al-10Nb-3Mo-1V，ROC	710	845	5	6		PREP	1050	

①HIP：热等静压；STA：固溶处理＋时效；ROC：快速全向压制；PREP：等离子体旋转电极工艺；REP：旋转电极工艺；GA：气体雾化。

(3) 粉末钛合金的发展

① 金属粉末注射成形　金属粉末注射成形法（MIM）作为一种粉末近净成形方法，其生产成本低，材料显微组织均匀，烧结密度高，对于难以烧结加工的钛合金部件来说，是一项非常重要的新技术，特别是对于 TiAl 金属间化合物的开发尤为重要。

有关 Ti 的 MIM 金子泰成等人[77]早在 1988 年就开展了研究。钛粉末坯脱脂后，在 1100℃和 1300℃真空烧结 2h 后，注射成形材压缩强度大于铸造钛，但非常脆，1100℃烧结的试料伸长率为 2%，其原因是间隙原子含量较多，抗拉强度低，塑性差。河野富夫等人[78]为了减少 MIM 制备 Ti-6Al-4V 合金中的间隙原子含量，开发出改进石蜡基黏结剂，对粉末的含氧量、粒径和烧结密度进行了控制，使用氩气作为脱脂气氛，采用混合元素法[79]得到抗拉强度为900MPa、伸长率为14%的Ti-6Al-4V合金。

三浦秀士和伊藤芳典等人[80~85]采用MIM制备了高性能钛合金，如表3-7所示，仅采用烧结方法就可以得到抗拉强度超过1000MPa、伸长率大于10%的材料，与熔铸材性能相比毫不逊色。取得如此效果的原因是：a. 采用了元素混合法将各种制粉方法得到的细粉、预合金化粉、氢化脱氢化粉、等离子旋转电极粉、气体雾化粉精心配制；b. 添加Mo、Fe、Cr等活性粉末，促进了粉末颗粒的扩散，提高了烧结体的密度，从而提高了材料的性能。

表3-7　各种MIM钛合金的力学性能[80]

钛合金	相对密度/%	抗拉强度/MPa	伸长率/%	氧含量/%	使用粉末的特征
Ti-6Al-4V	97.5	930	15.8	0.34	Ti和细Al-40V
	96.7	880	14.5	0.26	Ti和粗Al-40V
	97.6	850	13.7	0.23	Ti-6Al-4V合金
Ti-6Al-7Nb	97.7	800	12.6	0.20	Ti和Al-53.8Nb
	96.9	770	12.4	0.24	Ti,Nb和细Al
	95.7	890	13.5	0.30	Ti-6Al-7Nb合金
Ti-6Al-2Sn-4Zr-2Mo-0.1Si	96.4	910	14.1	0.24	Ti和预合金化
Ti-6Al-2Sn-4Zr-6Mo	98.1	1010	14.7	0.25	Ti,细Mo和预合金化
Ti-4.5Al-3V-2Fe-2Mo	98.2	1020	12.6	0.29	Ti,Al-40V,Fe和细Mo
Ti-6Al-4V-4Mo	99.4	970	13.8	0.30	Ti,Al-40V和细Mo
Ti-6Al-4V-2Fe	98.8	1010	11.2	0.32	Ti,Al-40V和Fe
Ti-6Al-4V-4Cr	99.4	1040	16.1	0.30	Ti,Al-40V和Cr

Sidambe等人[86]使用粒度小于45μm的等离子雾化钛粉和水溶性黏结剂，进行了纯钛粉末注射成形制备生物材料的实验，制得样品的抗拉强度为483 MPa，伸长率为21%，孔隙率为3.5%，显示了钛作为生物医用材料的光明前景。Obasi等人[87]使用气雾化Ti-6Al-4V合金粉末与石蜡基黏结剂（35%PE+5%SA+60%PW）进行粉末注射成形实验，注射坯在正庚烷中脱脂后在氩气气氛下热脱脂，然后在1250～1400℃下真空烧结，保温时间为1～10h。研究发现，烧结温度、冷却速率对样品最终抗拉强度有重要的影响，而脱脂参数对抗拉强度影响不大，各过程参数对样品延展性影响甚微。经优化过程参数，发现在升温速率5℃/min、烧结温度1350℃、冷却速率66℃/min的条件下制备的Ti-6Al-4V合金有最佳性能指标，其屈服强度为757MPa，抗拉强度为861MPa，伸长率达到14.3%。

TiAl是一种低密度、高熔点和具有高温强度的金属间化合物，为了改善其机械加工性能可添加V、Nb、Cr、Mo、Mn等元素。TiAl比较脆，伸长率较低，难于加工，采用金属粉末注射成形，通过烧结来制备TiAl合金部件是极为重要的制备工艺。Osada等人[88]研究了TiAl金属间化合物注射成形材的高温性能，得出了如下结论：a. 采用MIM烧结材密度可达理论密度为0.95以上；b. 室温强度为390MPa，和铸造材相当；c. 在980℃ MIM烧结材的高温强度为300MPa，约为铸造材的0.85，可以采用烧结材进一步热等静压，其高温强度可以达到甚至超过铸造材。寺内俊太郎等人[89]研究了如表3-8所示的TiAl金属间化合物，脱脂和烧结工艺如表3-9所示，材料的化学成分如表3-10所示，材料的抗拉强度如表3-11所示。研究者得出如下结论：a. 通过注射成形和真空烧结，金属间化合物的密度在97%理论密度以上；b. 50Ti-50Al和50Ti-47.6Al-206Cr具有微细的双重组织$\gamma+\alpha_2$、两相组织和

γ/α_2 的层状组织，这种组织具有高的高温抗拉强度和伸长率；c. 添加 Cr 的 50Ti-47.4Al-2.6Cr 合金在室温下抗拉强度为 317.2～328.6MPa，伸长率为 1.8%～2.0%，高温强度和蠕变强度分别为 400 MPa 以上和 300 MPa，是一种优良的高温材料。

表 3-8　实验用 Ti-Al 粉末的特征[89]

合金成分(原子分数)/%	晶粒尺寸/μm	密度/(Mg/m³)	表面积/(m²/g)	黏结剂(体积分数)/%
50Ti-50Al	13.6	3.82	1.94	32.9
25Ti-75Al	12.2	3.33	1.60	32.6
55Ti-45Al	12.2	3.91	1.66	35.6
50Ti-47.4Al-2.6Cr	11.9	3.95	1.79	35.8

表 3-9　烧结体的密度和平均晶粒尺寸[89]

化学组成(原子分数)/%	脱脂/℃×h	脱脂速率/%	烧结/℃×h	体积密度/(Mg/m³)	相对密度/%	平均晶粒尺寸/μm
50Ti-50Al	380×3	97.5	1375×2	3.72	97.4	24.7
25Ti-75Al	410×3	98.0	1355×2	3.29	98.7	28.1
55Ti-45Al	390×3	98.3	1380×2	3.82	97.7	25.3
50Ti-47.4Al-2.6Cr	405×3	97.8	1365×2	3.86	97.7	25.5

表 3-10　Ti-Al 体系的化学组成[89]

合金成分(原子分数)/%		化学组成(质量分数)/%					
		C	O	Ti	Al	Cr	Ni
50Ti-50Al	粉末	0.057	0.97	62.9	36.9	—	0.098
	烧结	0.060	0.991	63.0	36.9	—	0.095
25Ti-75Al	粉末	0.031	0.60	37.0	62.3	—	0.27
	烧结	0.030	0.673	37.0	61.9	—	0.096
55Ti-45Al	粉末	0.160	1.42	67.7	32.0	—	0.16
	烧结	0.160	1.473	67.5	31.9	—	0.110
50Ti-47.4Al-2.6Cr	粉末	0.061	1.03	63.2	33.2	3.43	0.009
	烧结	0.063	1.041	63.2	33.2	3.43	0.010

表 3-11　烧结 Ti-Al 体的力学性能[89]

化学成分(原子分数)/%		抗拉强度/MPa	屈服强度/MPa	伸长率/%
50Ti-50Al	室温	260.5	—	0.86
	600℃	287.7	265.8	1.3
	800℃	357.8	320.4	2.83
25Ti-75Al	室温	212.7	—	0.32
55Ti-45Al	室温	272.7	—	0.44
50Ti-47.4Al-2.6Cr	室温	322.1	—	1.88
	600℃	389.1	366.5	2.3
	800℃	454.1	435.3	4.0

Kim 等人[90]采用 PIM 技术制备了相对密度大于 98.8%的 Ti-48Al 合金，其组织细小、性能优异。研究者将自蔓延烧结加破碎制备的 Ti-48Al 预合金粉末和黏结剂混炼后，在

120℃下注射成形，成形坯溶剂脱脂后再在氩气或氢气中进行热脱脂。研究表明，在氢气中脱脂后，在1000℃预烧结3h，再经1350℃烧结30h，可获得相对密度达到98.8%的合金材料。另外，升温速率对烧结体致密度也有较大的影响，一般认为，3℃/min的升温速率比较适宜。由于TiAl烧结温度更高，更易吸收杂质，对杂质含量要求更加严格，对TiAl粉末注射成形技术提出了更高的要求。Gerling等人[91]将气雾化TiAl粉末与石蜡基黏结剂（组分为石蜡＋聚乙烯＋硬脂酸）用于注射成形，喂料于120℃混炼后，在90℃注射成形，脱脂后分别在氩气气氛和真空中1360℃烧结3.5h，然后经1300℃/2h热等静压处理得到低含氧量、高致密度的TiAl合金。制备的TiAl合金组织为近γ组织，其抗拉强度为412MPa，屈服强度为398MPa，伸长率为0.45%。实验还发现，烧结时通入氩气气流可避免真空烧结时TiAl表面的铝发挥，但在氩气气氛中烧结后的制品的碳、氧含量比真空中烧结有较大幅度的增加。

② 放电等离子烧结　放电等离子烧结是在粉末颗粒间直接通入脉冲电流进行加热烧结，又称等离子活化烧结（plasm activiated sintering，PAS）或脉冲电流热压烧结（pulse current pressure sintering），是自20世纪90年代以来国外开始研究的一种快速烧结新工艺。

等离子烧结大体可分为两类：一类是在真空中，利用5000～20000K的等离子火焰加热，在不加压的情况下烧结，即称“热等离子烧结”；另一类是利用瞬间、断续的放电能，在加压条件下烧结，称“放电等离子烧结”（spark plasma sintering，SPS）。

一般的粉末致密化工艺涉及烧结、热压或热等静压。这些技术的缺点主要就是在高温下时间太长，不可避免地使显微组织粗大、晶界形成杂质相。另外一个问题就是在活性材料的致密过程中需要保护性气氛。此外，从制造和成本方面来考虑，传统致密化方法所需的长时间也是不符合要求的。从粉末成形的角度来说，放电等离子烧结是一种制备纯净材料的“原位”清洁方法，能实现快速致密化，其产物致密度也高。放电等离子烧结是在要烧结的粉末颗粒之间产生等离子，并引起颗粒表面的活化。选择放电等离子烧结作为致密化方法有两大优点：第一，粉末在高温下暴露的时间明显缩短，这一点对于保留粉末细小的组织来说非常重要；第二，放电的等离子是在粉末颗粒之间产生的，因此对粉末表面有重要的清洁作用，提高了颗粒的烧结能力，传统的粉末冶金烧结技术只能防止氧化，而放电等离子烧结能在致密粉末的同时清除掉已经形成的表面氧化物或残留的气体。因压力和电场的利用、表面清洁能力的提高，放电等离子体烧结可制备难以烧结的材料。另外，SPS可以在较低的温度进行快速烧结。钛合金表面容易形成致密的TiO_2氧化膜，不易还原，用传统的粉末冶金难于烧结。

生物陶瓷以羰基磷灰石（hydroxyapatite，HA）为代表，由于其与人体骨骼成分和晶体结构相似，具有很好的生物活性和骨引导作用而被植入人体内部，但其强度低、脆性大，不能用在承载部位。钛合金具有良好的力学性能和耐蚀性能，但植入人体后与周围组织发生松动和脱落。有些学者研究，以钛为基体、表面为生物陶瓷组成复合材料，即组成Ti-HA复合材料应用在人体关节、牙科材料。目前，Ti-HA复合材料的研究已经成为粉末钛合金的热点课题，越来越引起了科学家的兴趣[92,93]。人体骨骼的弹性模量为17～20GPa，但是钛的弹性模量为105～110GPa，两者很不协调。坂田裕紀等人[94]采用SPS 650℃烧结30min的多孔钛（气孔率为0.32）未退火材的弹性模量为15.5GPa，退火材的弹性模量为41.0GPa；人体骨的抗拉强度为80～160MPa，抗压强度为110～170MPa，采用SPS烧结的多孔钛的抗拉强度为41.7MPa，抗压强度为90.1MPa。这表明适合人体的Ti-HA复合材料还需要进行大量的工作。另外，采用在钛基表面制备HA涂层，虽可采用等离子喷涂、离子束溅射、激光沉积，但温度过高使HA材料分解；采用水热合成电泳沉积等一些方法又存在结合强度不高，易发生脱落的问题，采用 SPS 在较低温度、较短时间可烧结致密。

青柳成俊等人[95]研究了 Ti-6Al-4V 合金多孔 SPS 材的组成和力学性能，使用 45μm 以下的空气雾化粉末，采用 SPS 进行烧结，多孔率为 20%的烧结材的烧结温度为 750℃，保温 5min；气孔率为 30%和 40%的烧结材，烧结温度为 700℃，保温 2min。三者的弯曲强度分别为 438 MPa、143 MPa 和 30 MPa。采用热处理（退火）与渗透 PMMA（聚甲基丙烯醇甲酯）等工艺后，20%气孔率的多孔 Ti-6 Al-4 V 合金抗拉强度为204～362 MPa，屈服强度为 165～253 MPa，但冷却时粉末表面氧化产生表面脆化，伸长率为 0.8%～1.4%。20%气孔率 Ti-6Al-4V 合金未进行热处理烧结材抗拉强度为 40～80 MPa，和纯钛多孔材相同。

为了解决烧结温度过高引起的 HA 的非晶化、脱水、分解、孔隙破坏和由 Ti 的催化作用促进 HA 的分解，期待通过制作成功能梯度材料来解决这些问题，但 Ti-HA 会在空气中分解，Ti 和 HA 的膨胀系数也相差很大，制备复合材料有一定的困难。大森守等人[96]采用 TiH 代替 Ti，或者在 Ti 表面进行氮化，在 1000～1500℃下制备了致密的 Ti/HA 功能梯度材料，其成分为 Ti、Ti（N），材料组分（体积分数）为 80% Ti（N）-20%HA、60% Ti（N）-40%HA、40% TiN（N）-60%HA 及 40% TiN（N）-60%HA 转化的化合物。这种致密材料克服了上面提到的缺点。

采用 SPS 制备钛基复合材料也是一件非常重要的工作，出井裕等人[97]用放电等离子体烧结 SCS-6（SiC 纤维）/Ti-6Al-4V 连续纤维强化复合材料（TMC），当烧结温度为 900℃、烧结加压为 60MPa、SiC 体积分数为 21%时，复合材料达到致密化，TMC 的室温抗拉强度为 1696MPa，400℃为 1270MPa，600℃为 1109MPa，800℃为 857MPa，其伸长率极小，在弹性区断裂。出井裕等人[98]还研究了 SCS-6/Ti-15V-3Cr-3Sn-3Al 复合材料采用 SPS 制备后的拉伸性能，当烧结温度为 900℃、烧结加压为 60MPa、SiC 纤维的体积分数为 21%时，复合材料达到致密化，TMC 的室温抗拉强度为 1570MPa，400℃为 1283MPa，600℃为 977MPa，800℃为 756MPa。菊池源基等人[99]研究了通过 SPS 烧结的 SP-700（Ti-4.5Al-3V-2Fe-2Mo）合金和 TiB/SP-700 复合材料的烧结性能和力学性能，得到如下结果：a. SP-700 和 TiB/SP-700 在烧结温度为 1173K 以上，加热温度为 20K/min，得到致密度很高的烧结体（99.7%）。SP-700 最大抗拉强度为 1149 MPa，伸长率为 5.6%，退火后抗拉强度为 931MPa，伸长率为 10%。b. TiB/SP-700 烧结温度 1173K，时间为 10min，TiB 体积分数为 5%。抗拉强度为 1193MPa，伸长率为 1%，TiB 和金属颗粒之间生成 TiB 晶须。

③ 金属增材技术（metal additive manufacturing technique）[100～106]　2009 年 ASTM 的 3D 打印委员会（F42），从切削加工为材料去除的概念出发，将 3D 打印技术改名为金属增材技术。基于选择性激光烧结技术（selected laser sintering，SLS）的选区激光熔化成形技术（selected laser melting，SLM）和基于激光近净成形技术（laser engineered net shaping，LENS）的激光快速成形技术（laser rapid forming，LRF）成为金属增材制造技术的两个主要研究热点。SLS 是采用激光有选择地分层烧结固体粉末，并使烧结成形的固化层叠加生成所需要的零件，SLS 最大的优点是使用材料十分广泛，其缺点为坯体存在一定比例空隙，力学性能较差。SLM 技术采用快速成形的基本原理，即先在计算机中设计出零件的三维实体模型，并对三维模型切片，设备切片按照轮廓控制激光束，选择性熔化各层的金属粉末，逐步叠成三维零件。LENS 技术是把同步送粉激光熔覆技术和选择性激光烧结技术融合的激光直接快速成形技术，该技术可用于金属零件的近形制造和局部修复。在 LENS 技术后，美国 AeroMet 公司研究开发了 Lasform（laser forming）技术。该公司是世界上第一家掌握飞机钛合金结构件激光快速成形并成功实现装机和应用的单位。实际上 Lasform 和 LENS 技

术原理相似，前者应用了大功率 CO_2 激光器，堆积速率达到 $160cm^3/h$，零件精度低，通常需后续加工，但制造成本低，生产周期短，是生产飞机上钛合金零件的较好方法。

国外用 LRF 技术制造出了 Ti-6Al-4V、Ti-5Al-2.5Sn、Ti-6Al-2Sn-4Zr-2Mo-0.1Si、Ti-6Al-2Sn-2Zr-2Cr-2Mo-0.25Si 等钛合金零件。美国 AeroMet 公司利用 LRF 技术制造了多个钛合金关键大型承力结构件，并用于战机上。例如，制造的 Ti-6Al-4V 合金零件在 F/A-18E/F舰载机和 F-22 歼击机等装机应用，并且制定出专门的技术标准（AMS4999）。美国坩埚公司利用大功率 CO_2 的激光设备，将气雾化法制备的 Ti-47Al-2Cr-2Nb 合金粉末喂入激光束聚焦点，通过计算机控制三维图形，制备了尺寸为 200mm×150mm×32mm 的 γ-TiAl 合金板材。

虽然金属增材制造技术的发展举世瞩目，但激光成形的技术对于承力结构来说还没有达到真正突破，尽管采用目前的增材技术能够使 3D 钛合金的强度性能和伸长率达到锻件水平，但其裂纹的萌生与扩展性能与锻件相比还有很大差异，即使激光成形件进行锻造或热等静压处理，疲劳寿命与锻造材也还相差较远。

3.2.2 粉末钛合金的裂纹萌生

（1）孔隙萌生裂纹

混合元素法（blended elemental，BE）是把钛粉末和其他元素进行混合，并固结成钛制品的方法。由于使用 Hunter 或 Kroll 还原工艺的海绵钛细粉（≈100 目）价格便宜，易静压成形，制品抗拉强度和同类成分的铸、锻件相差不大，所以 BE 法被广泛应用于生产一般性钛部件。BE 法采用冷压和真空烧结的钛部件其致密度可以达到理论密度的 95%～99%，对于铁、铜及重金属粉末合金来说，99%的致密度可以看作达到了完全致密，对其疲劳性能和断裂性能的影响不大，但是对于粉末冶金钛合金来说，极少量的孔隙仍然明显降低了其疲劳特性和断裂性能。即使在烧结后采用热等静压致密化，理论密度达到 99.8%，虽然能改善疲劳性能，但仍然不能完全消除孔隙。特别引起注意的是，海绵钛粉含有 0.12%～0.15% 的氯盐，氯盐不清理干净，在烧结和热等静压过程中会变成一团不可固溶的气体，这种气团不易清除，当采用挤压破碎时变成大量亚微米孔隙，冷却后转变成立方结构的氯化物晶体，容易萌生裂纹，因此制备高品质、无孔隙的粉末钛合金，必须采用无氯化物的钛粉[107,108]。

采用预合金法（PA 法）生产钛和钛合金粉末，可以制备高质量的球形粉末，通过热等静压后，其 Ti-6Al-4V 的相对密度可以达到 99%以上。这种无氯的 Ti-6Al-4V 合金粉末，最高理论密度可以达到 99.8%以上，但仍然存在部分孔隙，主要原因是使用气体雾化和旋转电极雾化得到的粉末，往往存在空心粉、卫星粉和包覆粉。空心粉主要是在雾化时，熔粒在球化的过程中卷进氩气所致。闭合的空心粉会在粉末制品中变成缺陷，这种孔隙在热等静压下难以消失，只会变小，但在热处理过程当中，由于气体膨胀，孔隙变大，并容易萌生裂纹[74~76]。

图 3-49（a）给出了高温钛合金 Ti-60 粉末表面的宏观形貌图[109]。由图 3-49（a）可以看出，粉末基本呈球状［图 3-49（a）a.］，有少量的较小颗粒黏附在较大的颗粒上面，即所谓的卫星粉［图 3-49（a）b. 箭头所示］。卫星粉是雾化筒内的气体循环将较细的颗粒带回并与处于熔融状态的较大颗粒碰撞形成的。粉末中也有一些形状不规则的颗粒［图 3-49（a）c.］。其原因是，合金熔体被高压气体击碎成不规则的熔滴后发生快速凝固的同时，受到表面张力的作用而发生球化，但是当球化的速率小于凝固的速率时，颗粒的球形度就降低，颗粒越大球形度越低。因为熔滴的尺寸越大其表面张力越小，越不容易球化。熔滴凝固后，飞行过程中的尺寸较大的颗粒容易与其他颗粒碰撞而被击碎［图 3-49（a）d.］。颗粒被击碎影

响粉末的流动性，但是空心粉末被击碎［图 3-49（a）e.］则可降低空心粉末的危害性。同时，如果随气体回流的粉末与尚未凝固的液滴碰撞，熔滴则黏附在粉末上，变成包覆粉［图 3-49（a）f.］。较细的粉末容易出现这种情况，因为细粉容易被雾化筒内的气体带回到喷射的液流中。如果这些小粉末与即将凝固的大熔滴碰撞，就形成了“卫星球”。图 3-49（b）为 Ti-60 合金粉末中空心粉末的金相照片，其中图 3-49（b）a. 为闭口空心粉，图 3-49（b）b. 为开口空心粉，图 3-49（b）c. 为多个开口空心粉，图 3-49（b）d. 为卫星空心粉。

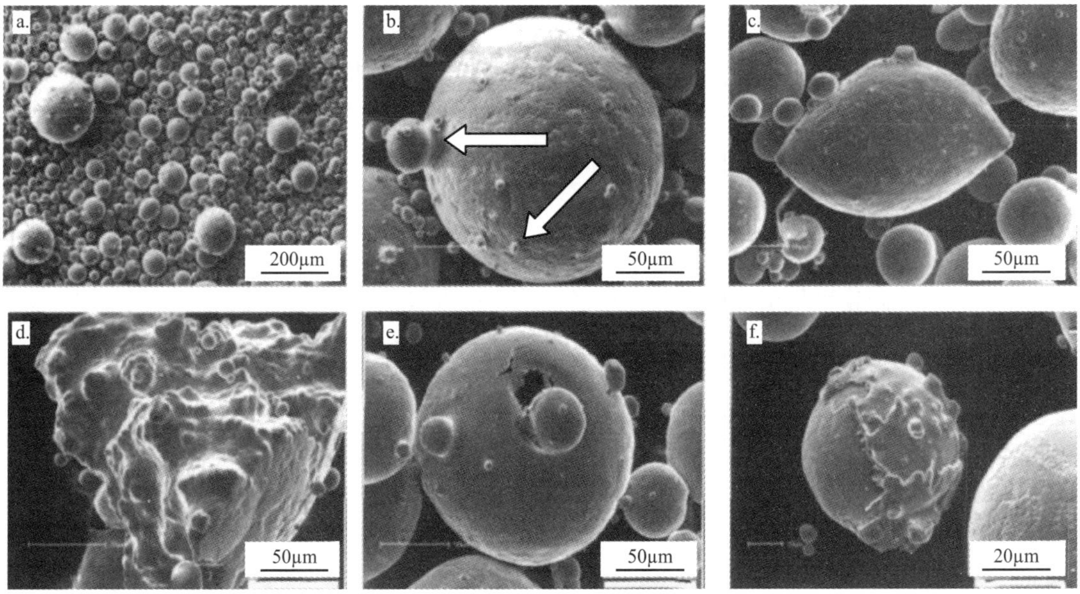

(a) Ti-60-2# 合金表面形貌的SEM图像[109]：a.粉末整体形貌；b.卫星球粉；c.半球形粉；d.破碎粉；e.开口空心粉；f.包覆粉

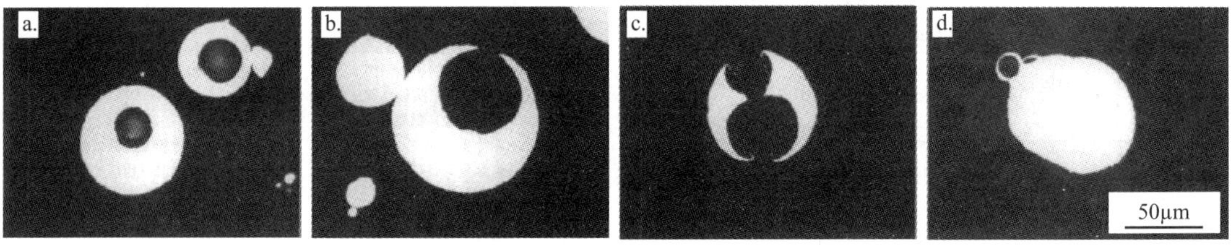

(b) Ti-60-2# 合金粉末中空心粉末的金相照片：a.闭口空心粉；b.开口空心粉；c.多个开口空心粉；d.卫星空心粉

图 3-49　Ti-60 合金粉末的形貌[109]

钛和钛合金粉末通过注射成形和真空烧结，钛制品的相对密度＞95％，Ti-6Al-4V 的相对密度为 97％。孔隙萌生裂纹，加速裂纹扩展，对制品疲劳性能影响较大[110]。

张凤英等人[111]研究了钛合金激光快速成形过程中的缺陷形成机制，研究结果表明，成形件内部存在两种类型的缺陷，即气孔和熔合不良。成形件中的气孔形成归根结底是熔池内存在各种气体。气体的来源有两方面：一方面是粉末本身的气体元素含量过高，在熔池冷却和凝固中由于溶解度下降析出形成气体；另一方面是非球状粉末大量吸附或者随粉末卷入熔池内的成形气氛中的气体。由于钛和钛合金粉末中的氧元素不以气体形式逸出，而是进入α-Ti晶格中与钛形成间隙固溶体，氮、氢本身含量很小而且在熔炼后变化幅度为 0.01％。因此，导致非球形钛合金粉末成形件内部产生气孔的根本原因是在粉末表面存在大量孔隙，并在成形过程中卷入成形气氛中的气体所致，因此认定气孔内气体为氩气。熔合不良是指各熔覆层之间未形成致密区的不良缺陷，未熔合引起的孔洞内壁粗糙，形貌不规则，多层带状分

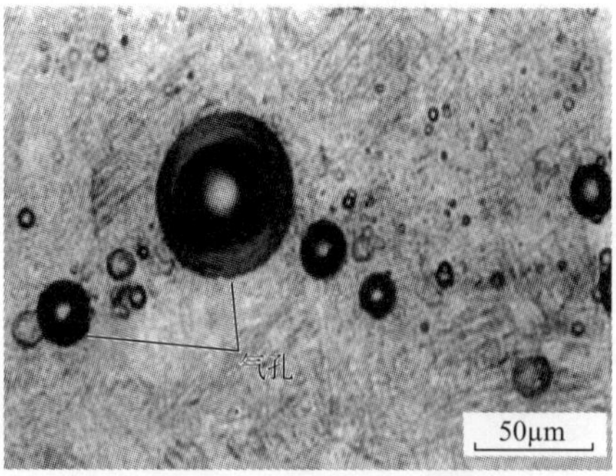

(a) 钛合金激光成形熔覆层内的气孔缺陷

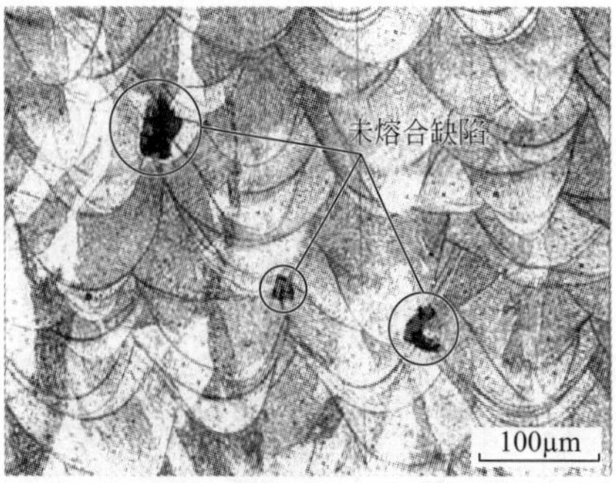

(b) 激光成形熔覆层内的未熔合缺陷

图 3-50 钛合金激光成形的缺陷[112]

布在层间和道间的搭接区（图 3-50）[112]。

裂纹的萌生与孔隙的形状、大小、数量，是否含氯盐和所处位置有关。如果含有氯盐，气孔或者残余孔隙分布集中，或者粉末形状复杂，或者尺寸较大，则裂纹萌生的可能性大。

（2）间隙原子导致裂纹萌生[113~119]

间隙原子如氧（O）、氢（H）、氮（N）和碳（C）对钛和钛合金的力学性能的影响已经引起广泛关注。有文献表明，钛晶体中存在间隙原子如 O、N 和 C 能够提高屈服强度、极限抗拉强度、杨氏模量、疲劳强度和硬度。但是降低了其延展性、断裂韧性和冲击强度。同样间隙原子导致了裂纹萌生和加速了裂纹的扩展。

氢是一种会降低钛和钛合金力学性能的间隙原子。不同于其他间隙原子，氢是 β 相稳定剂，可以使 α/β 的转变温度从 882.5℃降低到 300℃，β 相可以分解为 α 相＋氢化物相，会使氢原子附近产生张应力和开裂，显著降低钛的冲击韧性值，引起钛的氢脆。氢也会扩散到晶体孔隙或者裂缝中形成气泡和气窝，这些充当材料的缺陷、导致裂纹的萌生。氢对钛合金的影响主要表现在静载延迟断裂上，大量研究结果表明，氢含量对钛合金静载荷下的裂纹扩展速率 da/dN 有明显的影响。然而在动态条件下，研究人员关于氢对钛合金的延迟断裂扩展速率的影响没有一致的意见。

氧也是一种有害的间隙原子。在室温下钛和氧气自然地发生反应，在表面形成 2～7nm 厚的 TiO_2 层；氧也可以作为间隙杂质存在，在常温下扩散速度较慢，温度升高扩散速度增大，促进平面滑移和局部应变，锁住位错，产生局部硬化、促使裂纹萌生，提高裂纹扩展速度。

粉末颗粒有很大的表面积和体积比，在粉末冶金工艺生产中难以避免间隙原子的侵入，需要优化各种工艺，将间隙杂质减小到可以接受的水平。

（3）夹杂物导致裂纹的萌生

在粉末钛合金的裂纹区内，用扫描电镜和 X 射线检查，发现含有大量杂质元素。主要元素有 Si、Fe、Ca、K 等，这些杂质元素就是疲劳裂纹优先形核的地方，其原因为试样在交变应力的循环作用下，会产生塑性变形，这些变形是通过位错的运动来完成的，而杂质原子阻碍位错的运动，使位错塞积，材料处于体应力状态。当晶体多个堆集位错汇集在一起时，形成微裂纹（图 3-51）。在应力的继续作用下，这些微裂纹将通过交滑移与相邻的微裂纹连通起来，形成较大的裂纹向前扩展，并形成很多与扩展方向相垂直的疲劳裂纹。当裂纹扩展到 α/β 相界面时，则裂纹前沿在晶界受阻，从而形成弯曲裂纹，随着裂纹的增大，最终导致断裂[120]。

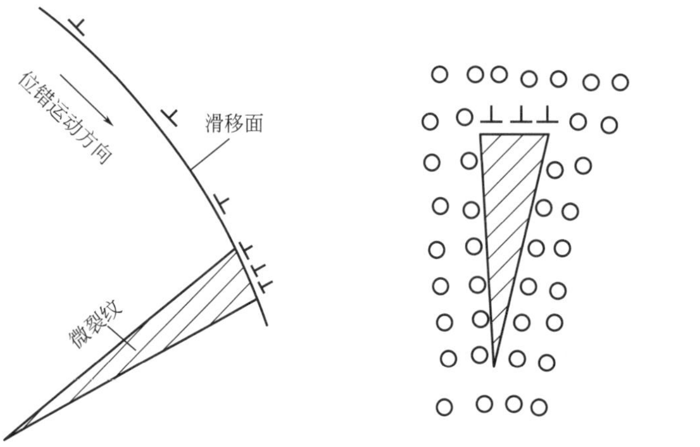

(a) 形变时产生的位错在杂质周围塞积　　(b) 几个塞积位错在晶体内形成微裂纹

图 3-51　杂质区引起微裂纹形成的机理[120]

Jonathan 等人[121]和 Zhu 等人[122]认为在许多粉末钛合金致密化过程中，粉末颗粒原始颗粒界面往往残留于材料中，最终成为材料中裂纹萌生甚至断裂的根源。吴引江等人[123]选用了等离子旋转电极（PREP）雾化 Ti-5Al-2.5Sn 粉末，经热等静压致密化，研究其粉末颗粒原始界面的变化特征。对原始界面进行了俄歇分析表明，在原始粉末的表面富集 O 和 C 元素，其中富氧层约为 12～20nm，界面还存在贫 Sn、Al 等元素。研究者认为即使高质量（纯度高和偏析小）的 PREP 球形粉末近表面也存在一定的氧化膜、成分偏析和杂质吸附。图 3-52 为在 196MPa、800℃保温 2h，HIP 以后的原始粉末界面，由图可知，界面由破裂的球状物排列组成，经能谱分析表明，这些球状物内含 C 和 O 等物质，即原始颗粒界面的富集物。其原因为，原始粉末表面脆性物受到外力作用时发生变形，破裂后聚集于原始粉末的表面上并球化，虽然材料的塑性变形为粉末颗粒原始界面愈合、晶粒跨越界面的生长创造了条件，但是这些表面物质的聚集，成队列排列使得晶粒穿越晶界长大变得更加困难，这些物质存在的区域往往成为材料断裂时裂纹萌生的根源[121,122]。根据扩散原理，在 HIP 过程中，原始粉末颗粒界面的富集元素要向内部扩散，同时内部的富集元素也要向界面扩散，以达到各成分的均匀匹配，完成界面晶粒的生长和界面的愈合。为了消除界面的氧等元素在低温下需要更多的时间，但是相对于时间的延长，提高温度更加有效。尤其是在相变区 HIP 可以缩短时间，同时利用相变时体积的变化使材料进一步致密化，因为在 β 相中氧有更快的溶解速度，这有利于界面物质的消失。

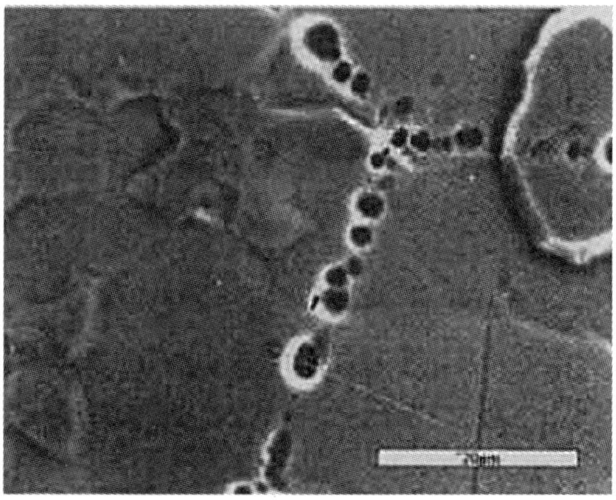

图 3-52　经 800℃HIP 后粉末颗粒界面[122]

Wirth 等人[124]利用电子束熔化和离心雾化制备 Ti-6Al-4V 预合金粉再通过热等静压制备合金，并研究了粉末中杂质对裂纹的影响，通过俄歇能谱测试发现，一些特殊尺寸的粉末表面具有富铝层，在 HIP 过程中形成脆性的 Ti_3Al 相，导致循环加载过程中结构件过早失效。邬军等人[125]研究了热等静压温度对粉末冶金 Ti-5Al-2.5Sn ELI 合金显微组织的影响，热等静压温度在 1140℃超过 β 相转变点 106℃，形成了粗大的魏氏体组织。在 HIP

温度900℃时成形包套/粉末压坯界面产生2～5μm厚的Al、Sn富集区，如图3-53（a）箭头所示，Al、Sn含量分别为10.6%和3.8%（质量分数）。在1000℃成形的包套与粉末压坯界面出现了沿钛合金基体等轴晶界分布的连续网状Fe的扩散富集区，即图3-53（b）中白亮衬度的相（B点Fe含量为8.3%），Fe的扩散深度约为300μm。1140℃时，Fe元素在钛合金基体中扩散距离达到600μm，主要分布在α片层之间［图3-53（c）］。当温度升高至1000℃时，α相在晶界优先生成少量的β相，于是α等轴晶界成了Fe扩散的快速通道。在β单相区（1140℃），由于原子的扩散系数增大，Fe在原始β晶粒中快速扩散，扩散距离大大增加。在冷却至室温的过程中，原始β晶粒转变为α片层组织，而过饱和的Fe则扩散至片层之间。将少量的β相稳定下来。钛合金产生富含铁的β相，易成为超低温高周疲劳下的裂纹源[126]。

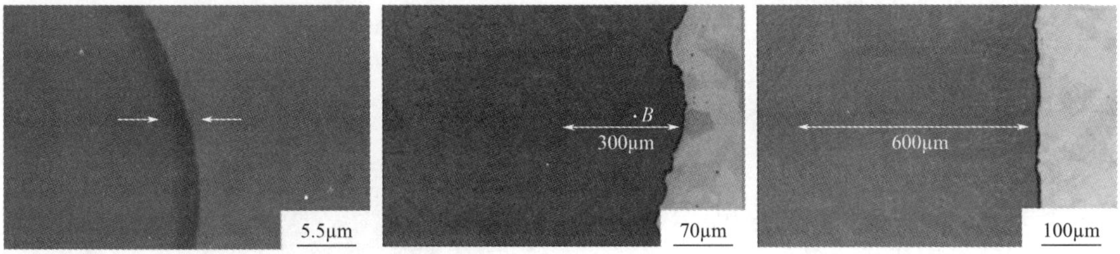

(a) (b) (c)

图3-53　不同热等静压温度下粉末体压坯与包套的界面扩散反应层[125]

粉末冶金材料的原始晶粒界面都存在一层氧化膜，和一些活性元素的氧化物。原始颗粒不清除，裂纹容易在颗粒边界萌生，并且通过颗粒边界来传播，因此要特别重视颗粒界面对疲劳的一些影响。

（4）显微结构对裂纹萌生的影响

萩原益夫[127]等人研究了Ti粉和Al-V粉的元素混合法制备Ti-6Al-4V合金工艺，通过显微组织的控制改善疲劳特性。以往的方法是混合粉末通过压制、真空烧结（1300℃，3～4h）后炉冷或空冷，然后经过热等静压去除残存孔隙，得到致密的钛合金粉末。采用这种方法，形成晶界α相（GBα相），并且在晶粒内形成的α相是比较粗大的层状α相，具有这种金属组织的钛合金，容易萌生裂纹。采用新工艺为压制和真空烧结的钛合金，在1050℃下保温15min，淬于水中，再进行等静压（930℃，3h，1000kgf/cm^2，1kgf/cm^2=98066.5Pa）。新工艺得到显微组织由粒径较小的β相和长宽比较小的α相组成两相混合组织，无晶界α相的结构。这种显微组织如图3-54所示，改善了Ti-6Al-4V的疲劳性能[128]。

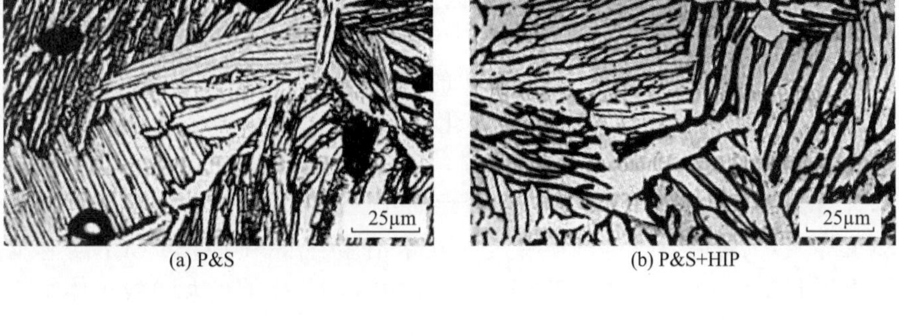

(a) P&S　　(b) P&S+HIP

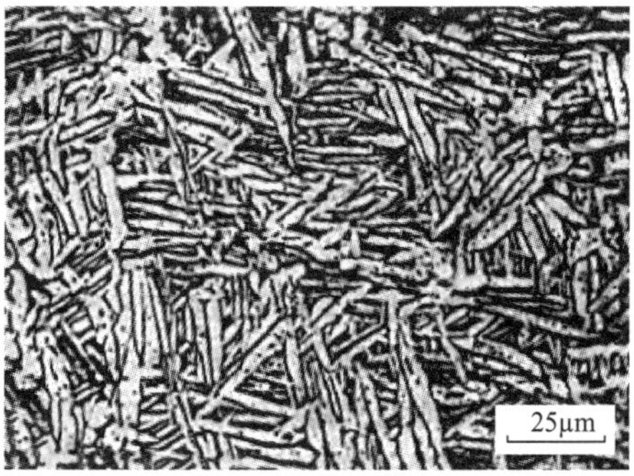

(c) P&S+HIP+HT

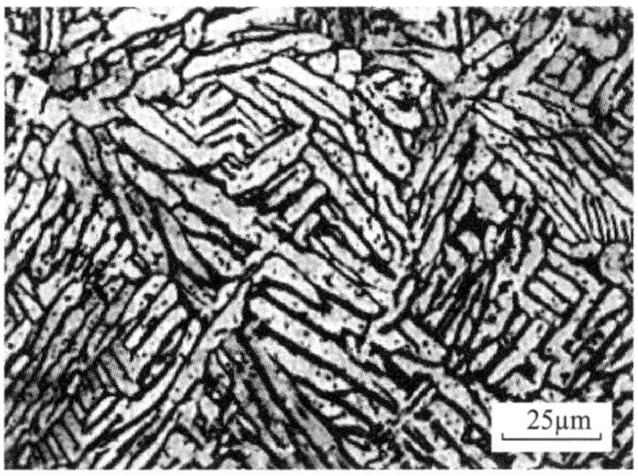

(d) REP+HIP

图 3-54　混合预制 Ti-6Al-4V 合金显微结构图像[128]

荻原益夫[129]等人还通过显微组织控制，采用元素粉末混合法制备 Ti-5Al-2.5Fe 合金，并研究其裂纹萌生问题。研究结果表明，疲劳裂纹全部萌生在亚表面，集中在距表面 100～200μm 区域（图 3-55），另外疲劳裂纹主要萌生在晶粒内针状的 α 相内部和晶界 α 相的边界上。

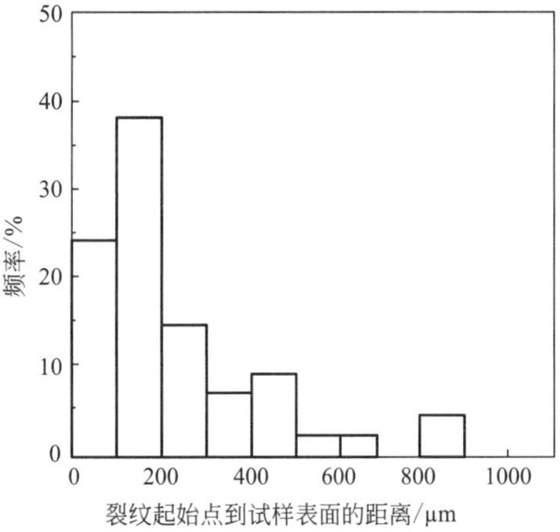

图 3-55　BE Ti-5Al-2.5Fe 试样中裂纹起始点到试样表面的距离频率分布（分析了 55 个样品）[129]

Eylon（1979）等人认为 Ti-6Al-4V 合金在 β 转变点温度以下进行热等静压时，显微组织由 β 基体中的片状 α 相组成，这些 α 片的长宽比主要通过对 α 相（或者原始马氏体相）的大量实验工作来确定，在热等静压的情况下，其长宽比的值并不大，许多研究工作已经表明，具有小等轴 α 晶粒的材料，疲劳初始抗力得到改善，粗大的或凸镜状的晶形则较差。热等静压周期的变化可使 α 晶形更加等轴化。为了进一步降低 α 片的长宽比需要提高 α 晶粒中的应变量以促进 α 相的缩短。这既可通过压制成形前粉末颗粒的变形来达到，也可通过采用高应变速率压制的方法，如流体模压工艺压制成形或快速全向压制，或在低温高压下成形来达到。变形处理后，材料的显微组织出现了保留原始颗粒形状未结晶的区域，这是由于小的粉末颗粒黏附在大颗粒上，附着的颗粒由于尺寸小而没有承受足够的冷加工变形。这些未再结晶区域改善了变形处理材料临界疲劳强度，超过了具有同一污染水平的旋转电极工艺（REP）材。但是具有很好的抗污染能力的流体模压工艺（FDC）压制的零件经过变形处理之后得到了完全的再结晶组织。无论是真空热压（VHP）后还是由于采用流体模压工艺，热压成形方法都能获得一种更加均匀的再结晶 α 组织。真空热压组织也可以允许一定孔隙率存在而不明显损失疲劳强度。这种对缺陷和孔隙率的宽容是选择工艺时一个重要的考虑因素。真空热压并不是最佳的工艺，随着超净 PREP 粉末的应用，可以预料，疲劳性能将达到比熔锻加工材还好的水平。

预合金粉末压坯的显微组织也可以通过“碎化组织”处理来调整。采用热机械处理和用氢临时合金化的热化学处理均可实现显微组织的调整。另外，对于 TiAl 金属间化合物来说，

片层状的 α_2/γ 相也是一种能够引起裂纹扩展和萌生的相。图 3-56 给出了疲劳裂纹优先在 α_2/γ 层状组织界面萌生与扩展[130]。

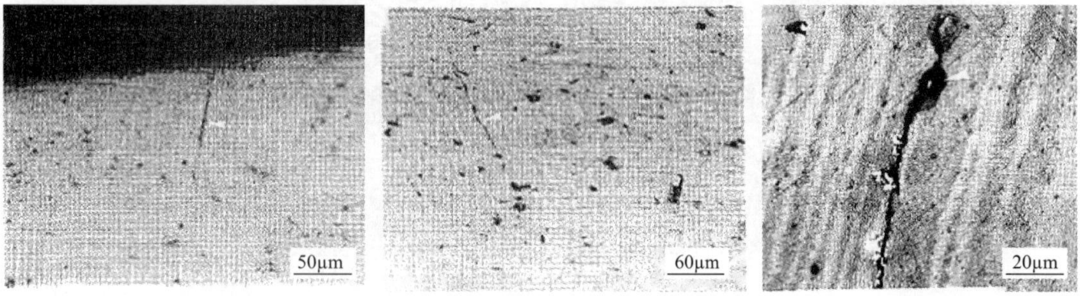

(a) 光学显微组织　(b) 光学显微组织　(c) SEM显微组织

图 3-56　1573K 烧结的 TiAl 金属间化合物试样表面裂纹萌生的光学和 SEM 显微组织相片[130]
[（a）、（b）在 265MPa 下测试 3×10^5 个周期；（c）在 265MPa 下测试 3.2×10^6 个周期]

3.2.3　粉末钛合金的裂纹扩展

（1）裂纹扩展类型的分类

孔隙的形状、体积分数、大小和统计分布影响了粉末冶金材料的疲劳性能，对裂纹萌生和扩展的影响超过了微结构。理论上来说，对于相同制备工艺，每一个零件的孔隙度都是变化的，即使最理想的制品工艺也不能保证孔隙的体积分数为零，烧结后处理也无法保证所有孔隙闭合。

Cao 等人[131]对裂纹扩展的竞争机制进行了研究，研究者认为孔隙对粉末钛合金的疲劳行为有很大的影响。粉末钛合金在氢气下烧结和相转变工艺（HSPT）制备的粉末钛合金存在两种孔隙，类型Ⅰ为小的烧结孔隙（在烧结过程中残留孔隙），类型Ⅱ为大的空洞孔隙（在压制中产生的残留孔隙）。两种孔隙在两种不同的位置（表面和内部）构成了 4 种不同的 *S-N* 曲线。疲劳失效根据 *S-N* 曲线具有 4 种竞争方式。图 3-57 所示为采用 HSPT 工艺烧结致密化后的粉末 Ti-6Al-4V 合金的微观结构，其中图 3-57（a）为残存烧结孔，图 3-57（b）为压制时的大孔洞经过烧结之后残留孔洞，图 3-57（c）为包含原始 β 晶界的微结构，图 3-57（d）为 α+β 相的微结构的 SEM 图。图 3-58 为粉末 Ti-6Al-4V 合金疲劳裂纹在孔隙中萌生。图 3-59 为粉末 Ti-6Al-4V 合金 *S-N* 曲线[131]。

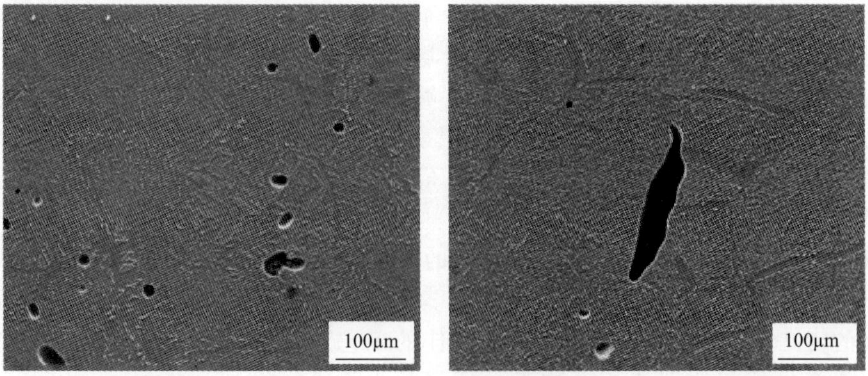

(a) 残存烧结孔　(b) 压制时的大孔洞经过烧结之后残留孔洞

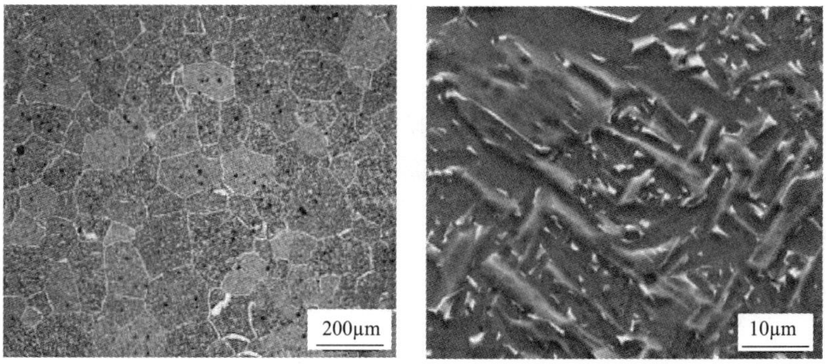

(c) 包含原始β晶界的微结构　　(d) α+β相的微结构的SEM图

图 3-57　采用 HSPT 工艺烧结致密化后的粉末 Ti-6Al-4V 合金的微观结构[131]

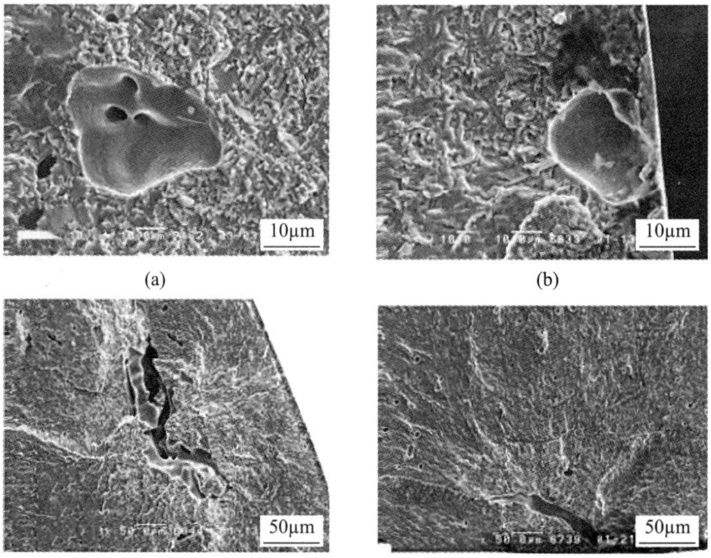

(a)　(b)　(c)　(d)

图 3-58　粉末 Ti-6Al-4V 合金疲劳裂纹在孔隙中萌生[131]

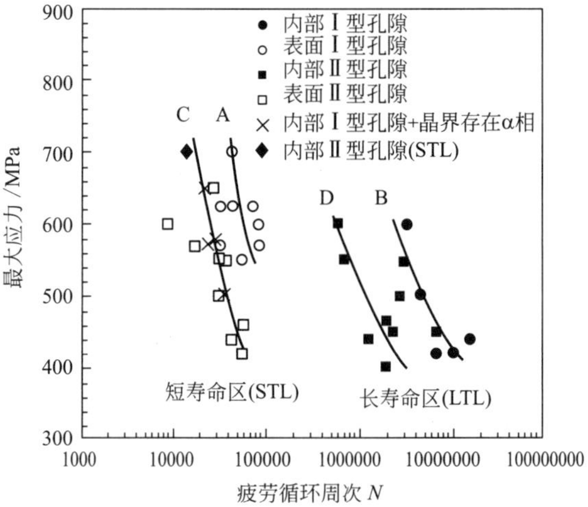

图 3-59　粉末 Ti-6Al-4V 合金 S-N 曲线[131]

图 3-59 共有 4 条 S-N 曲线，这些曲线基于萌生孔隙的类型（烧结孔隙或压制孔隙）及在样品中位置（表面或内部），如图所示，在 S-N 曲线中分为两个区，即短寿命区和长寿命区。反映疲劳扩展的二元性，在两个区域内，数据被分为两条曲线，即短寿命区和长寿命区，A、B 曲线为Ⅰ型孔隙产生的失效，C、D 曲线为Ⅱ型孔隙产生的失效，孔隙边缘存在一些特殊的组织（如Ⅰ型孔隙＋晶界存在 α 相）也划分在两条曲线内。从图中可以看出，萌生在表面Ⅱ型孔隙的裂纹具有最短的疲劳寿命（C 曲线），

而萌生在内部的Ⅱ型孔隙裂纹相对来说扩展寿命较长（D 曲线）。

短周期寿命可能由位于表面或者靠近表面的两类孔隙造成，有两种因素影响短寿命，一个是几何效应，表面的几何因子比内部高 30%，见式（3-12）和式（3-13）；另一个是表面型扩展，相当于在空气中扩展。内部扩展相当于在真空中扩展，前者的扩展速率明显大于后者。

图 3-60 为初始应力强度因子幅和等效孔隙的关系。如图所示，具有较低的初始应力强度因子幅（ΔK_S、ΔK_I），有相对较长的寿命；具有较高的应力强度因子幅则具有较短的疲劳寿命。其中应力强度因子幅可以利用下列两式来表达：

$$\Delta K_S = 0.65\Delta\sigma\sqrt{\pi D_e} \tag{3-12}$$

$$\Delta K_I = 0.5\Delta\sigma\sqrt{\pi D_e} \tag{3-13}$$

式中，ΔK_S、ΔK_I 分别为表面和内部的初始应力强度因子幅；D_e 为等效孔隙直径；$\Delta\sigma$ 为应力幅值。式（3-12）和式（3-13）表明，孔隙的尺寸和应力幅值是决定疲劳寿命最重要的因素，而 ΔK_S、ΔK_I 直接影响到断裂模式。

图 3-61 为初始应力强度因子幅与疲劳周次的 S-N 曲线，图中两条分离的曲线证明了二元疲劳响应问题。图中两条分离的曲线一条为短周期的 S-N 曲线，另一条为长周期的 S-N 曲线。短寿命曲线说明了孔的尺寸对裂纹扩展的影响，而长寿命曲线表明裂纹扩展与环境效应无关。

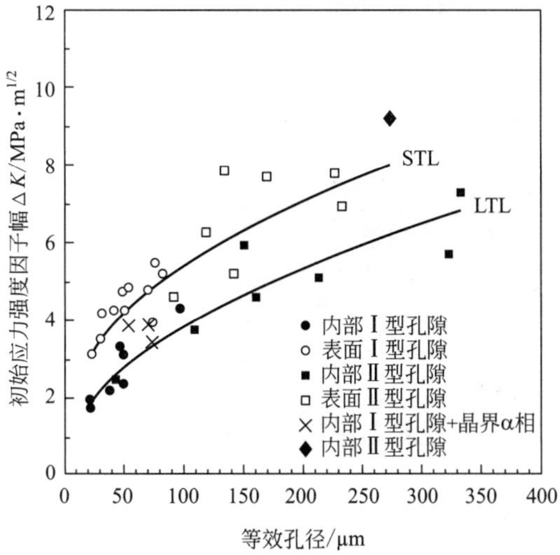

图 3-60 初始应力强度因子幅和等效孔隙的关系[131]

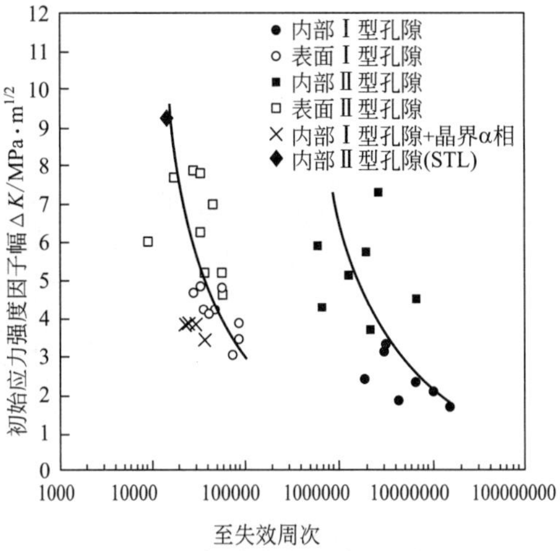

图 3-61 初始应力强度因子幅与疲劳周次的 S-N 曲线[131]

研究者对裂纹的萌生和扩展得出以下结论：

① 位于内部或表面大小不一的多种孔隙，显示了 4 种不同的疲劳失效方式，根据 S-N 曲线疲劳失效有 4 种不同的竞争方式。

② 表面缺陷诱发的失效是由Ⅱ类的表面孔洞引起的，其疲劳寿命最短，而内部大的Ⅱ类孔隙或 GBα 相附近孔隙引起失效，其寿命也最短。这种失效构成独特的 S-N 曲线。

③ 表面的烧结孔隙引起的失效，其寿命较短，但并非最短。

④ 内部引起失效来源于样品内部Ⅱ型孔洞，S-N 曲线表明具有较长寿命。

⑤ 内部引起失效来源于样品内部的孔隙，S-N 表明具有最长寿命。

⑥ 当应力幅、孔隙尺寸通过初始应力强度因子幅所确定时，会产生双 S-N 疲劳曲线。

（2）Ti-6Al-4V 粉末钛合金的裂纹扩展

Schwenker 等人[132]研究了预合金（PA）粉末通过热等静压制备的 Ti-6Al-4V 合金的疲劳

裂纹扩展速率与铸锭冶金 Ti-6Al-4V 的比较（图 3-62）。粉末钛合金制备工艺为：采用旋转电极雾化（REP）生产的低污染粉末，进行两组致密化工艺：① 在 927℃、103MPa 下热等静压 2h；② REP 粉末通过轧制激发变形后再热等静压（900℃、103MPa，2h），这种粉末颗粒直径约为 150μm，该方法称为 SREP 法。两种方法的裂纹扩展速率 da/dN 和应力强度因子幅 ΔK 的关系如图 3-63 所示，PM 与 IM 两种工艺的 da/dN-ΔK 曲线没有什么不同。研究者对污染物含量对疲劳裂纹的扩展的影响也进行了研究，图 3-64 给出了两种不同含量的污染物（表 3-12）的 Ti-6Al-4V 预合金粉末热等静压后的 da/dN 和 ΔK 曲线，图中给出了低和高污染物的试样拥有类似的 da/dN 与 ΔK 曲线，这些数据与 Rockwell International 公司得到的数据吻合得相当好，并且接近 Northrop 公司采用陶瓷模具、流体模具得到的数据，这些研究结果表明，当污染物含量低于一定浓度时，预合金粉末经热等静压得到的疲劳特性和熔炼的 Ti-6Al-4V 合金类似。

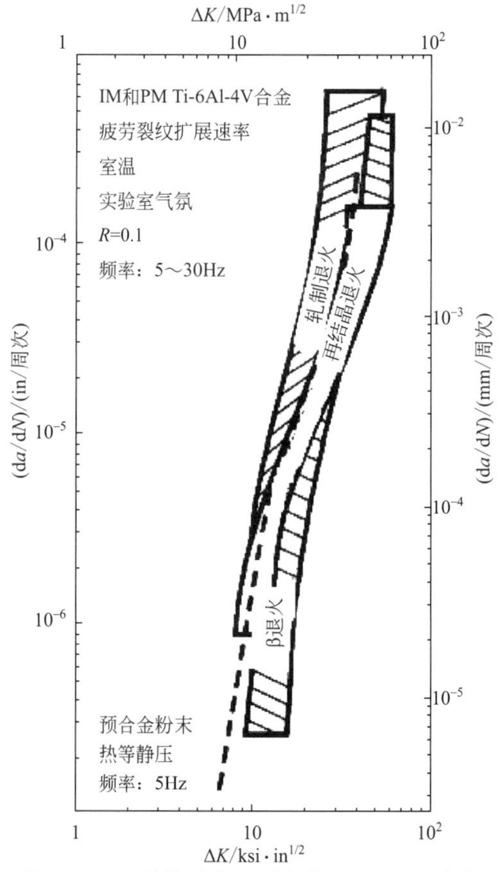

图 3-62　通过热等静压制备的 Ti-6Al-4V 合金的疲劳裂纹扩展速率与铸锭冶金 Ti-6Al-4V 的比较[132]

（1in＝0.0254m，1ksi＝6.89476MPa）

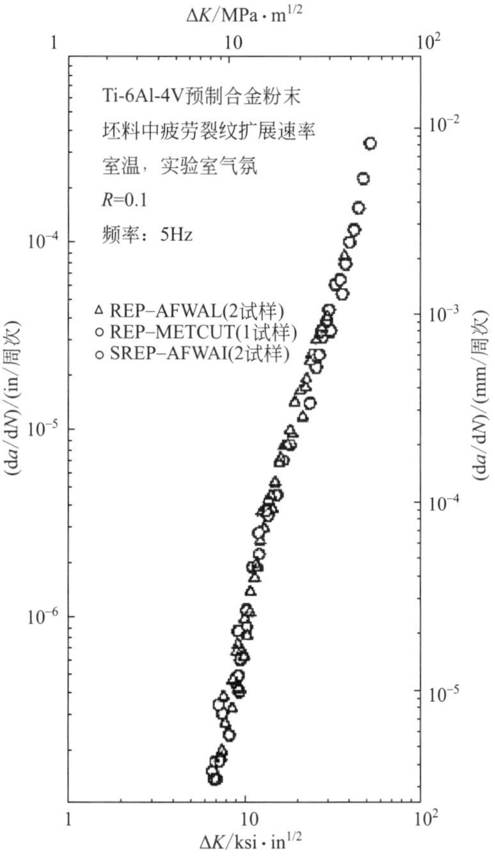

图 3-63　REP 法和 SREP 法裂纹扩展速率和应力强度因子幅的关系[132]

表 3-12　两种不同含量污染物粉末[132]

粉末	钨/(μg/g)①	低密度/(粒子/lb)②
低污染	22	55
高污染	250	72

① 化学分析得出的结果。
② 利用水洗陶瓷法测量。
注：1lb＝0.454kg。

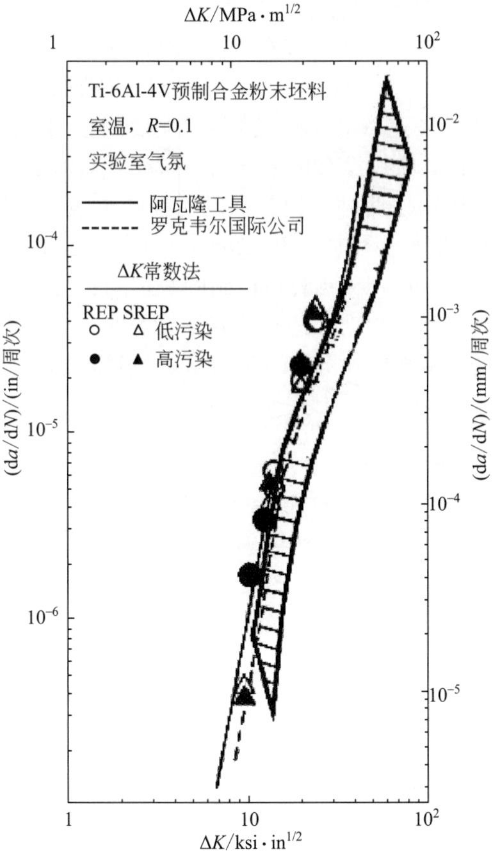

图 3-64 不同含量的污染物粉末(表 3-12)的 da/dN 和 ΔK 曲线[132]

Geisendorfer 等人[133]研究了用预合金粉末生产 Ti-6Al-4V 合金板，采用军用标准 MIL-T-9047E 中 ELI（超低间隙原子）的试样。Ti-6Al-4V 粉末按照图 3-65 中工艺制造板材，得到 HIP 粉末冶金板材的性能如表 3-13所示，β 退火板的拉伸性能均优于标准加工板性能，呈现出高的均匀性，而且除延伸性之外几乎没有方向性，但是 β 退火材料的断裂韧性较低，而且有方向性。图 3-66 给出了 β 退火 ELI Ti-6Al-4V 的光滑试样疲劳值，图中结果表明粉末冶金板材，在疲劳性能方面与通常的加工板材相当，特别是在高周循环期间更为接近。图 3-67 给出了粉末冶金板和熔铸加工板的 da/dN 和 ΔK 曲线。在同一应力强度因子幅下，粉末冶金钛板的裂纹扩展速率低于熔铸加工板。研究者认为在粉末冶金钛板的横截面和纵截面上都有明显的残余孔隙，特别在轧制方向上有拉长的孔隙，孔隙极为细小，并近似成线状排列，在高温热处理下产生微孔的膨胀和（或）聚合，由于孔隙可以阻止裂纹的扩展，使得裂纹扩展速率较低，但孔隙增加了试样气孔表面的真实应力。因为孔隙聚合和连接，并且粉末钛板中 W 杂质的存在，所以断裂韧性比熔铸轧制钛板要低得多。

表 3-13 粉末冶金 HIP 钛板的拉伸性能和断裂韧性

材料状态	试样数量	σ_b①/(klbf/in²)	$\sigma_{0.2}$/(klbf/in²)	δ/%	ψ/%	E/(10³klbf/in²)	K_{IC}/(klbf/in^{3/2})
轧制态 PM 板(横向)	2	144±1	139	12	35	18	未测
β退火 PM 板纵向(LT)	5	130±0.8	119±1.1	13	31	17	66.4
横向(TL)	5	130±0.8	118±1.1	11	23	17	55.3
标准加工材(ELI 标准)							
β退火板纵向(LT)	8	132±1.5	122±3.1	11	20		96
横向(TL)	8	133±1.0	122±1.2	11	23		89
标准加工材							
外购的中间退火板	8	145±3.7	138±3.4	17	27		66
(AFML-TR-78-158)							

① 室温平均值。

注：$1klbf/in^2=6.89MPa$，$1klbf/in^{3/2}=1.1MPa\cdot m^{1/2}$。

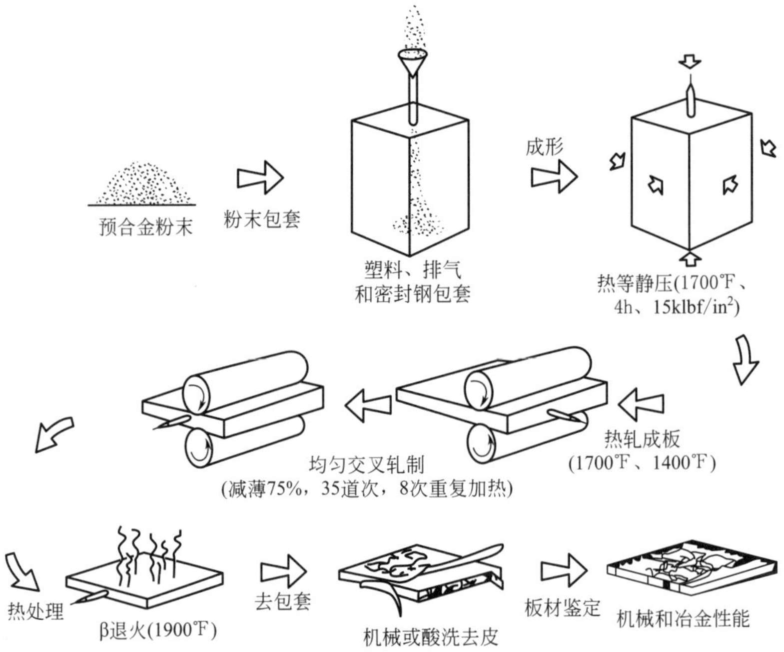

图 3-65　用粉末冶金方法制造板材示意[133]

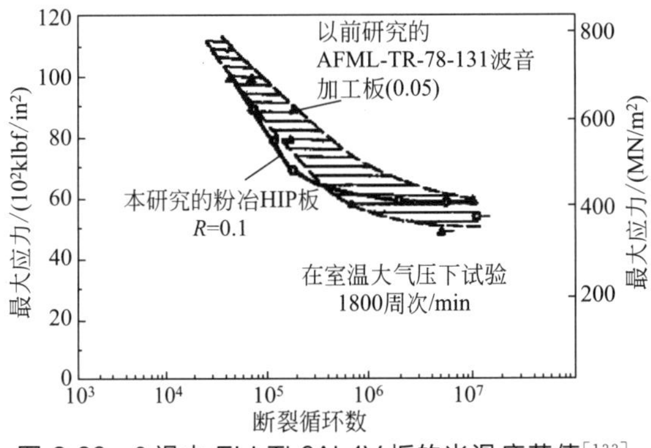

图 3-66　β 退火 ELI Ti-6Al-4V 板的光滑疲劳值[133]

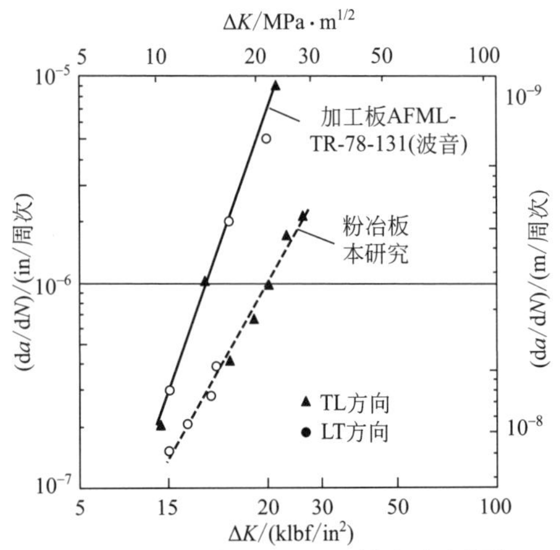

图 3-67　β 退火 Ti-6Al-4V 粉末冶金板和加工板的疲劳裂纹生长速率和 ΔK 值的关系[133]

Cao 等人[134]研究了粉末烧结和热轧制备的 Ti-6Al-4V 板材的疲劳特性，在拉-拉加载条件下（$K=0.1$、25Hz），预烧结板的疲劳极限为 325MPa。疲劳裂纹萌生于表面开口的气孔处，沿着 α/β 界面传播，最终导致颗粒间断裂，如图 3-68（a）所示，预烧结板热轧后明显提高了其疲劳性能，疲劳强度达到 430MPa，通过热轧减小孔隙度及细化晶粒是提高疲劳性能的主要机理，另外，α/β 界面平行轧制方向的微观结构和<0001>α 相平行。轧制方向的织构在热轧期间形成，阻碍了疲劳裂纹的传播，疲劳裂纹不得不穿过 α 和 β 层，造成了穿晶断裂，如图 3-68（b）所示。由于断裂 α 层比连接 α/β 界面内部裂纹需要更大能量，因此热轧板具有较好的疲劳极限。

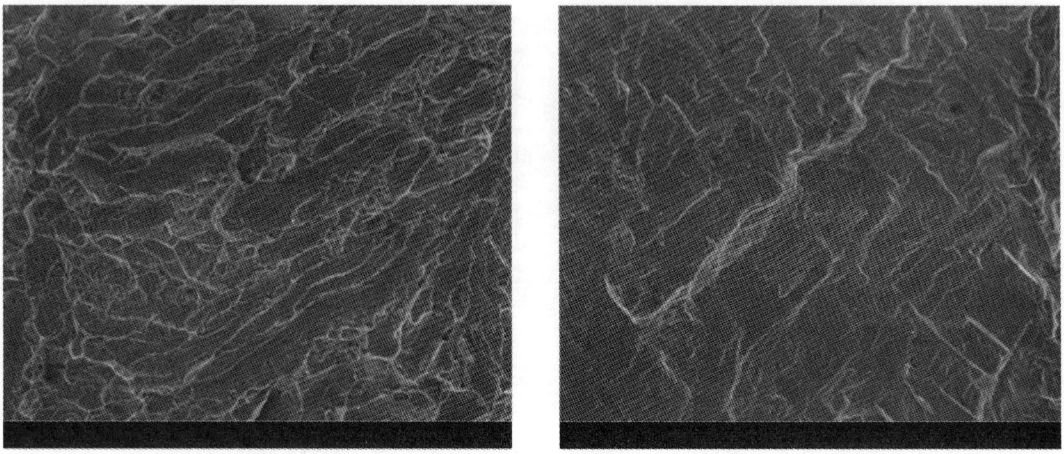

(a) A试样中的晶界断裂　　(b) C试样中的穿晶断裂

图 3-68　疲劳断口组织[134]

图 3-69 为 P/M Ti-6Al-4V 合金的 EBSD-IPF 图。沿着 RD 方向从 P/M Ti-6Al-4V 轧制加工得到的试样，从纵向部分观察到 IPF 图。这表明预烧结合金在 α 相中是一种随机取向[图3-69（a）]，但是对于热轧合金［图 3-69（b）和（c）］，α 相导致了一个<0001>α//RD 织构的产生，并且织构强度随着变形程度的增加而增加。因为在热轧试样中的晶面几乎垂直于裂纹方向，所以它会阻碍裂纹传播，导致更好的疲劳性能。Bantounas 等人[135,136]研究了微织构对 Ti-6Al-4V 合金疲劳性能的影响，发现疲劳裂纹在具有织构的晶面中扩展具有阻力，当其 C 轴织构接近加载方向时很容易形成疲劳裂纹，然而 C 轴织构垂直于加载方向时疲劳裂纹生长更加困难。

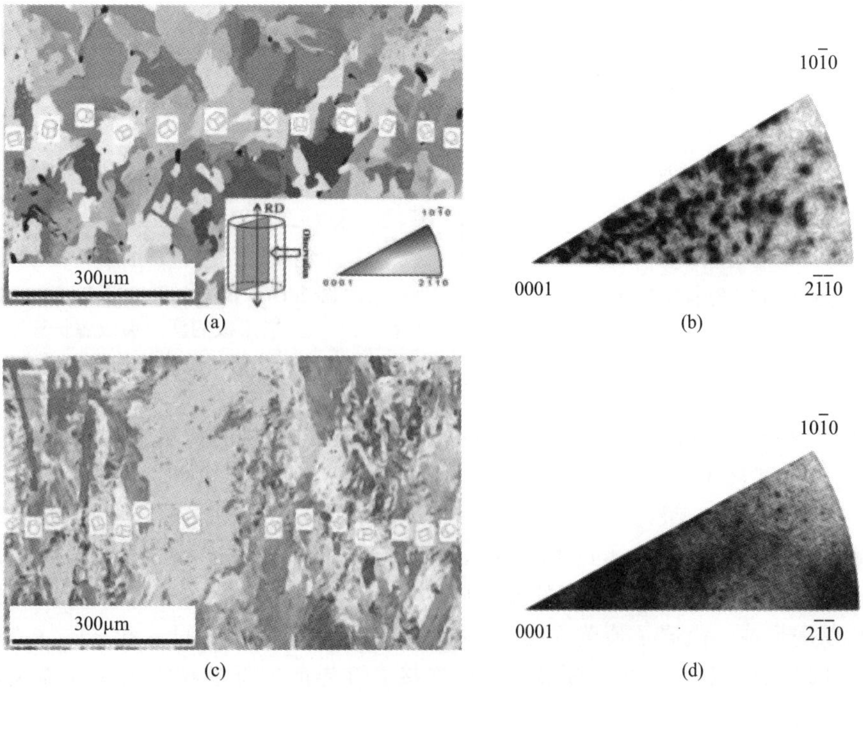

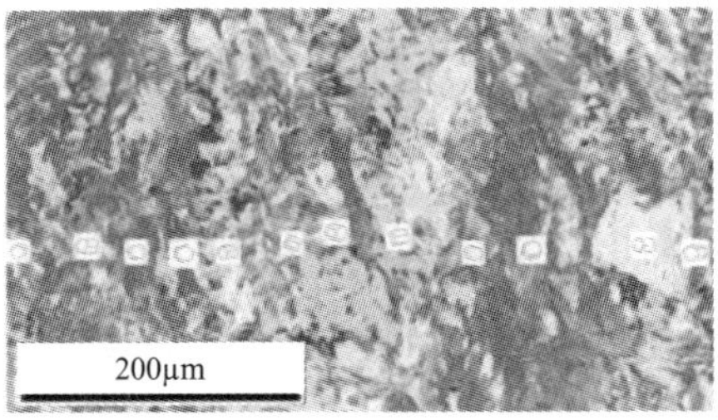

(e)

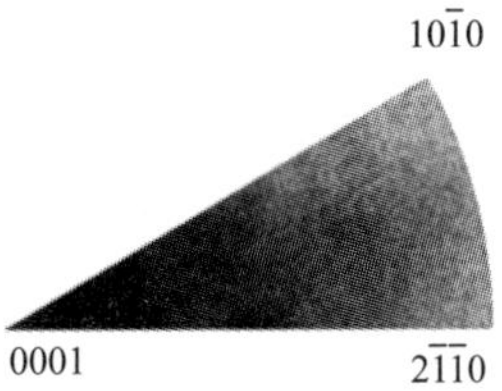

(f)

图 3-69　P/M Ti-6Al-4V 合金的 EBSD-IPF 图[134]

Sami 等人[137]进行了 Ti-6Al-4V 粉末合金在真空烧结后的挤压件的相关研究。采用 BE 粉末、混合、冷等静压、真空烧结、挤压得到低成本的大尺寸型材（36ft，1ft=0.3048m）。粉末挤压坯含氧量大约为 1000μg/g，比熔铸挤压坯高，满足 ASTM B817 标准（而不是 AMS 4935 标准），研究者给出了低含氧量（＜2000μg/g）的 Ti-6Al-4V BE 粉末挤压件的力学性能和疲劳性能。表 3-14 给出了低含氧量的 BE 粉末挤压合金的力学性能，表中说明熔铸法挤压合金的拉伸性能与粉末挤压合金基本相当，表 3-15 给出了低含氧量的 BE 粉末挤压合金的断裂韧性，结果表明，粉末挤压合金的断裂韧性略低于熔铸挤压合金，但比高含氧量的 Ti-6Al-4V 合金的断裂韧性要大得多，如高含氧量 3000μg/g 的 K_Q/K_{IC}为 56.4/42.6，2000μg/g 为 76/61.2，铸锭挤压为 82/81.5。图 3-70 给出了熔铸挤压合金（R4）与粉末挤压合金（R/M）的 S-N 曲线，图中结果显示后者的疲劳强度大于前者。图 3-71 给出了熔铸挤压合金与粉末挤压合金的 da/dN 和 ΔK 的关系，图中结果表明粉末挤压合金裂纹扩展速率大于熔铸挤压合金的裂纹扩展速率。研究者认为，在 β 相区域挤压比其他区域要好，最低挤压温度为 1255K，最高挤压温度为 1464K。因为该项工作是研究航空部件的工作，所以大部分精力花费在疲劳裂纹的萌生而不是裂纹的扩展上，当把疲劳寿命看作是裂纹萌生寿命和裂纹扩展速率之和时，则应该考虑两个寿命的合理配置。

表 3-14　低含氧量的 BE 粉末挤压合金的力学性能[137]

挤压标识	极限抗拉强度 UTS/MPa(ksi)	0.2 %屈服强度/MPa(ksi)	伸长率/%	弹性模量/GPa (Msi)	挤压过程备注
P-4(B-E)	967.3 (140.3)	841.2 (122)	12.3	120.7 (17.5)	β 相区挤压
P-6(B-E)	958.4 (139)	837 (121.4)	13.7	120.7 (17.5)	α-β 相区挤压
R5(B-E)	985.3 (142.9)	896.3 (130)	13	121.3 (17.6)	β 相区挤压
R6(B-E)	990.1 (143.6)	900.5 (130.6)	13	121.3 (17.6)	和 R4 熔铸挤压合金相同的挤压温度
R7(B-E)	995.6 (144.4)	906 (131.4)	12.8	120 (17.4)	最高的挤压温度，降低了 50%的挤压应变速率
所有元素混合法制备的粉末挤压合金性能平均值	979 (142)	875.6 (127)	13	120.7 (17.5)	所有温度，相同的挤压比和两种应变速率

续表

挤压标识	极限抗拉强度 UTS/MPa(ksi)	0.2 %屈服强度/MPa(ksi)	伸长率/%	弹性模量/GPa (Msi)	挤压过程备注
R4 挤压(铸锭合金)	975.6 (141.5)	889.4 (129.0)	14.5	120 (17.4)	和 R2 的挤压温度一样
按照挤压会议制定的 AMS 4935 化学规范标准，由 36 个试样(一种挤压 6 个)得出的结论					熔铸法挤压合金的拉伸性能与粉末挤压合金基本相当

表 3-15 低含氧量的 BE 粉末挤压合金的断裂韧性[137]

挤压标识	纵向方向(L-T)断裂韧性 $K_Q(K_{IC})$/MPa·$m^{1/2}$ (ksi·$in^{1/2}$)	横向方向(T-L)断裂韧性 $K_Q(K_{IC})$/MPa·$m^{1/2}$ (ksi·$in^{1/2}$)	两个方向平均值(L-T/T-L)断裂韧性 $K_Q(K_{IC})$/MPa·$m^{1/2}$ (ksi·$in^{1/2}$)	挤压过程备注
P-4(B-E)	75.6 (68.8) 74.5 (67.8)	59.6 (54.2) 61.3 (55.8)	75(60.4) 58.3(55)	β 相区挤压
P-6(B-E)	75.2 (68.4) 80.3 (73.1)	61.8 (56.2) 64.8 (59)	77.8(63.3) 59.8(52.9)	α-β 相区挤压
R5(B-E)	77.7 (70.7) 75.6 (68.8)	57.2 (52.1) 58.9 (53.6)	76.7(58.1) 69.8(52.9)	β 相区挤压
R6(B-E)	76.5 (69.6) 75.5 (68.7)	76.4 (69.5) 56 (51)	76(66.2) 69.2(60.3)	和熔铸挤压合金相同的挤压温度
R7(B-E)	74.7 (68) 74.3 (67.6)	58.8 (53.5) 57.6 (52.2)	74.5(58.1) 67.8(52.9)	最高的挤压温度，降低了 50%的挤压应变速率
所有元素混合法制备的粉末挤压合金性能平均值			76(61.2) 69.2(55.7)	所有温度，相同的挤压比和两种应变速率
R4 挤压(铸锭合金)	81.1 (73.8) 83.2 (75.7)	80.2 (73) 82.7 (75.3)	82.2(81.5) 74.8(74.2)	和 R6 的挤压温度一样
按照挤压会议制定的 AMS 4935 化学规范标准，由 36 个试样(一种挤压 6 个)得出的结论				粉末挤压合金的断裂韧性低于熔铸挤压合金

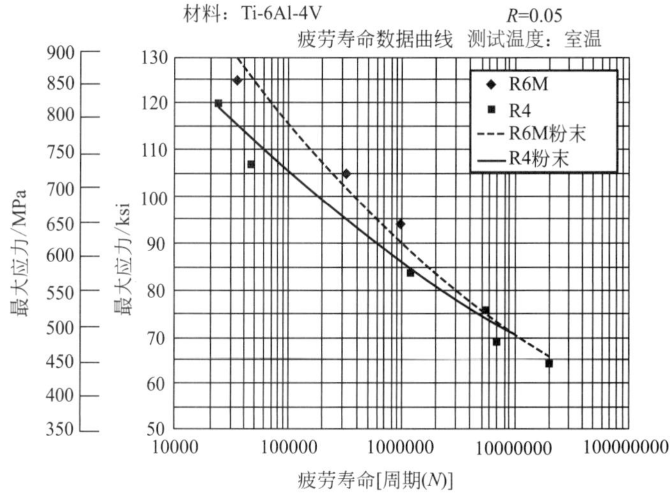

图 3-70　熔铸挤压合金（R4）与粉末挤压合金（R/M）的 S-N 曲线[137]

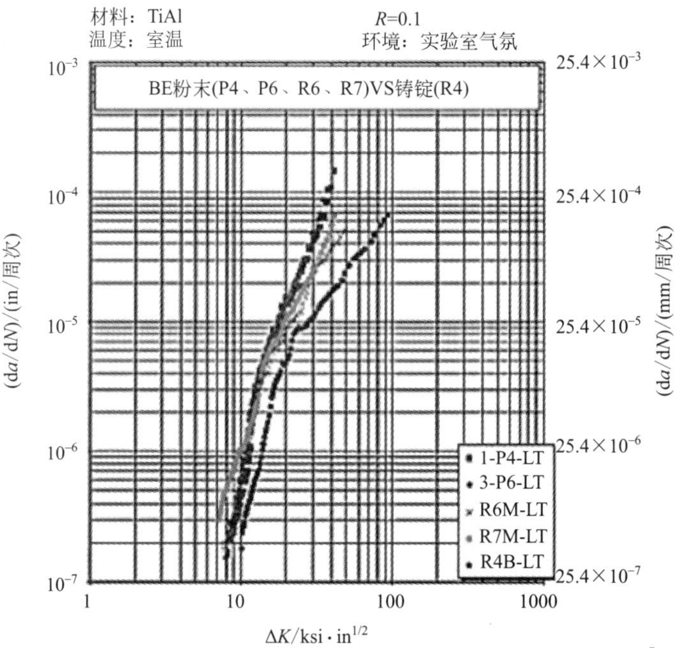

图3-71　熔铸挤压合金与粉末挤压合金的 da/dN 和 ΔK 的关系图[137]

（1in＝25.4mm）

（3）Ti-Al 金属间化合物的裂纹扩展

柴田英明等人[138]研究了 Ti-33.3%Al（质量分数）金属间化合物注射成形材的疲劳强度和疲劳扩展特性，三种条件下的注射成形材的力学性能如表 3-16 所示，表中均质化处理为 1400℃烧结材在真空中，1200℃下保温 24h，炉冷。三种条件下注射成形下的显微组织为：1400℃烧结材的组织为 Ti_3Al（α_2）和 TiAl（γ 相）构成的层片组织和 γ 相微细等轴组织的混合物，并且在层片组织方向各个结构形状不一，呈无规则状。均质材和 1400℃烧结材的组织差不多，1350℃烧结材为含少量片层状组织和大量微细等轴 γ 晶粒的组织。图 3-72 为铸造材和注射成形材的 S-N 曲线，从图中可以看出注射成形材比铸造材的疲劳强度低得多，而 1400℃烧结材比 1350℃烧结材的疲劳强度高。注射成形均质处理材没有破坏数据，

按照 10^7 周次定为疲劳强度，和 1400℃烧结材的疲劳强度基本相同，注射成形材疲劳强度降低主要是孔隙度太大造成的。根据表 3-16 和图 3-72 的结果，注射成形材的疲劳强度大于抗拉强度。

表 3-16 不同条件下材料的力学性能[138]

材料	处理工艺	抗拉强度 σ_{UTS}/MPa	伸长率 ψ/%	密度 ρ/(kg/m³)	致密度/%
注射成形材	1400℃烧结材	188	0.039	3530	91.6
	均质化处理材	196	0.043	3480	90.1
	1350℃烧结材	147	0.012	3366	87.1
铸造材	铸造材	438	0.127	3870	100
	均质化处理材	379	0.073	3876	100

图 3-73 给出了铸造材与注射成形材的裂纹扩展速率 da/dN 和应力强度因子幅 ΔK、有效应力强度因子幅 ΔK_{eff}的关系图。从图中可以看出，注射成形材的 da/dN-ΔK 曲线斜率比铸造材的斜率大，在同一 ΔK 下具有较高的裂纹扩展速率，即对于注射成形材来说，由于孔隙度太大使其具有较低的裂纹抗力。1400℃烧结材对裂纹扩展的抗力最大，均质材次之，1350℃烧结材再次之。其理由为裂纹扩展的抗力主要取决于显微组织和密度（或孔隙度）。层片状组织＋γ 等轴晶粒组织，裂纹抵抗力大于 γ 相等轴晶粒组织的裂纹抗力。

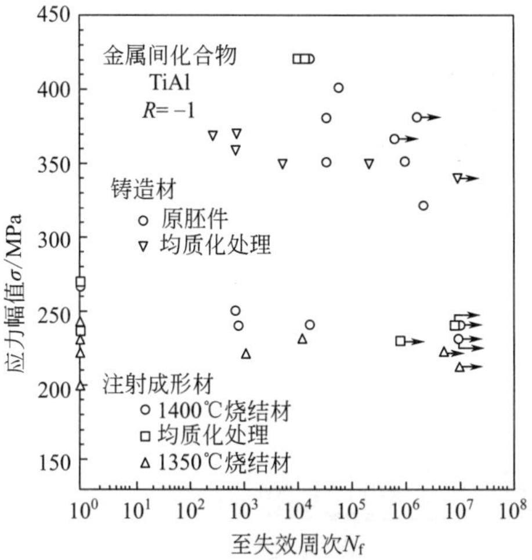

图 3-72 铸造材和注射成形材的 S-N 曲线[138]

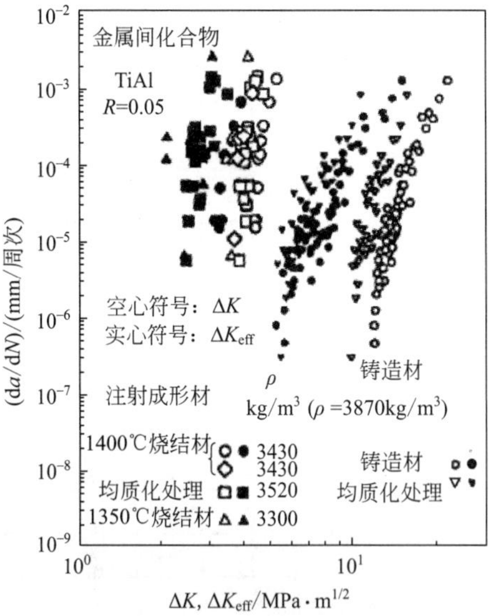

图 3-73 铸造材与注射成形材的裂纹扩展速率和应力强度因子幅 ΔK、有效应力强度因子幅 ΔK_{eff}的关系图[138]

图 3-74 给出了裂纹扩展速率 da/dN 和 $\Delta K_{eff}/E$ 的关系，对于烧结材料来说，密度和弹性模量有密切关系，密度越高，弹性模量越大，孔隙度越小。从图中可以看出，在同一 $\Delta K_{eff}/E$ 下，1350℃烧结材和均质烧结材其裂纹扩展速率基本相同，但是仍然高于 1400℃的烧结材。

Gloance[139] 等人研究了采用铸造法和粉末冶金法制备的 γ-TiAl 合金的疲劳裂纹扩展行为，研究材料为 Ti-48Al-2Zr-2Nb（原子分数），铸造合金为 55mm×15mm×13mm 板材，其样品由法国斯奈克玛公司提供，样品经过等静压后再热处理，其显微组织如图 3-75 所示，为近完全片状结构的柱状晶粒沿散热方向生长，薄片跨距为 0.5μm。粉末冶金合金是由法国博梅长公司提供的 ϕ56mm×20mm 粉末棒状材料，经过热等静压致密化，显微组织为等轴微细的 γ 晶粒，平均粒径 20μm，小颗粒状的 α_2 相沿 γ 晶界存在（体积分数约为 3.5%）。图 3-76 给出了铸造钛铝合金和粉末钛铝合金疲劳裂纹扩展速率 da/dN 和应力强度因子幅 ΔK、有效应力强度因子幅 ΔK_{eff} 的关系，从图中可以看出在同一 ΔK 值下粉末钛合金的裂纹扩展速率大于铸造钛铝合金，对于铸造钛铝合金其应力强度因子幅的门槛值为 7.5MPa・$m^{1/2}$，临界强度因子 K_{max} 为 30MPa・$m^{1/2}$，对于粉末冶金 TiAl 合金来说 ΔK_{th} 为 4.8MPa・$m^{1/2}$，K_{max} 为 8MPa・$m^{1/2}$，ΔK 的范围非常窄。另外，铸造钛铝合金的有效应力强度因子幅 ΔK_{eff} 为 5MPa・$m^{1/2}$，粉末冶金钛铝合金的 ΔK_{eff} 约为 4MPa・$m^{1/2}$，有效阈值低移，表明有裂纹闭合效应。图 3-77 给出了不同应力比对裂纹闭合的影响，如图所示，当粉末钛铝合金的疲劳应力比 $R>0.4$ 和铸造钛铝合金应力比 $R>0.45$ 时，闭合效应消失。另外在门槛值附近要参考应力比的影响，应力比效应在 $da/dN>10^{-8}$m/周次范围内有效。

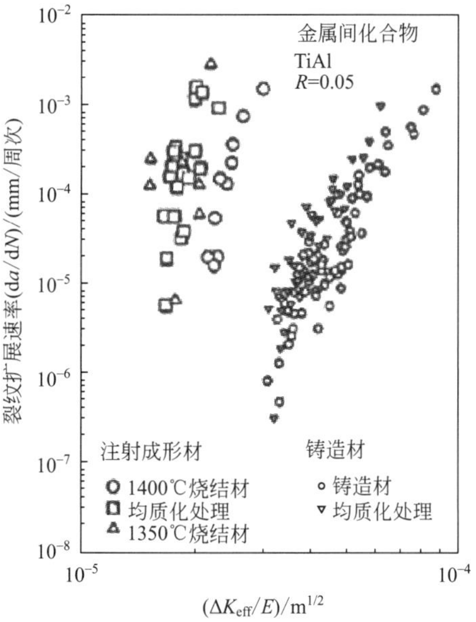

图 3-74　裂纹扩展速率和 $\Delta K_{eff}/E$ 的关系

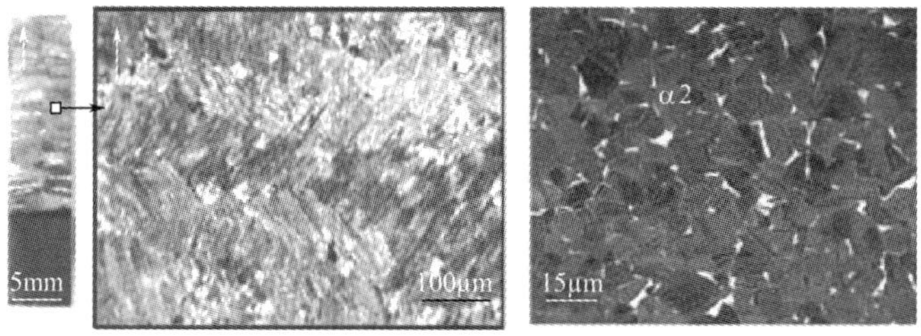

(a) 铸造合金　(b) PM合金

图 3-75　铸造合金（箭头指示裂纹增长方向）和 PM 合金微观图像[139]

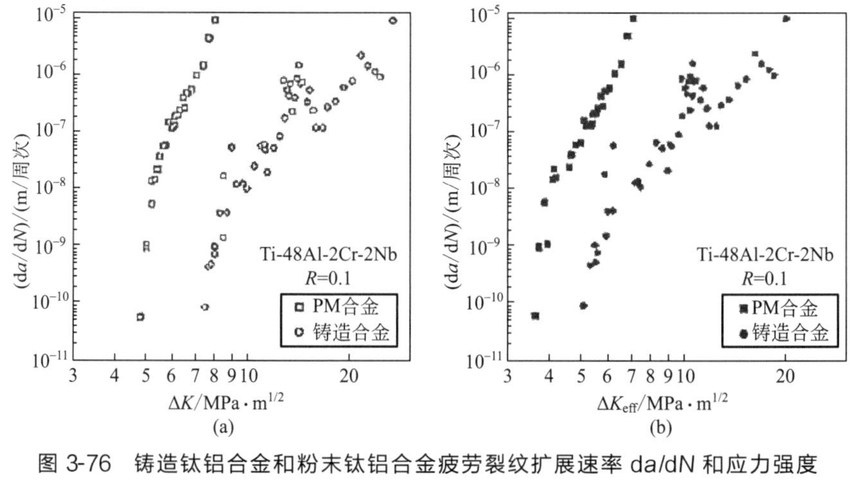

图 3-76　铸造钛铝合金和粉末钛铝合金疲劳裂纹扩展速率 da/dN 和应力强度因子幅 ΔK、有效应力强度因子幅 ΔK_{eff} 的关系[139]

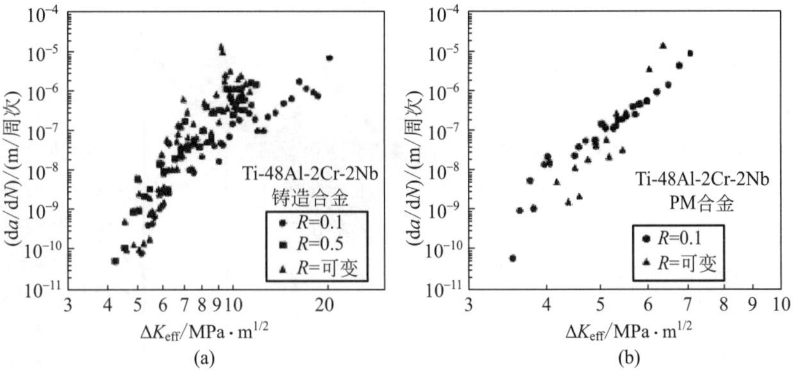

图 3-77 不同应力比对裂纹闭合的影响[139]

γ-Ti-Al 合金显微组织强烈影响裂纹扩展路径，层片状组织容易产生一个曲折的断裂路径，造成了一个粗糙的断面，如图 3-78 所示。特别是在高 ΔK 值时，还能观察到二次裂纹。铸造钛铝合金裂纹扩展主要是穿过薄片或垂直于薄片方向，层片组织比细等轴 γ 组织具有更高的抗裂纹扩展能力。另外，还会发现一些微滑移和微孪晶的痕迹。应力比和 ΔK 值对断裂模式也有影响，在不考虑应力比和 ΔK 的影响时，粉末冶金钛铝合金的裂纹扩展为穿晶断裂，一些孤立的区域为沿晶扩展。另外，细晶粒的粉末合金具有光滑断面，低的裂纹闭合效应。

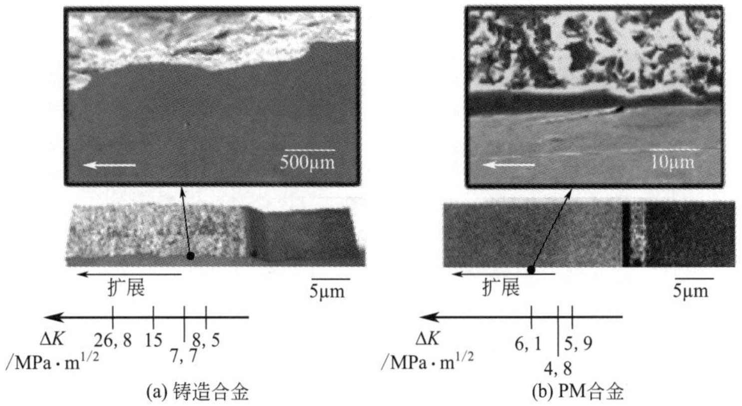

图 3-78 疲劳裂纹断裂路径[139]

显微组织在阈值区的影响也可以通过闭合效应来表明，图 3-79 给出了不同 ΔK_{op}（开口应力强度因子）随 ΔK 变化的情况，对于铸态 γ-TiAl 和粉末 γ-TiAl 而言，铸态 γ-TiAl 合金 ΔK_{op}在裂纹扩展中增大，而粉末 γ-TiAl 的 ΔK_{op}一般为常数，尽管扩展范围不同，铸态钛铝合金的 ΔK_{op}比粉末钛铝合金的 ΔK_{op}要大一些。很多学者认为，粗糙度诱发的裂纹闭合是 TiAl 合金的通用机制，并研究了断面粗糙度与裂纹张（闭）口行为的关系。但如图 3-80 所示 γ 型粉末冶金钛铝合金的粗糙度诱发裂纹闭合效应并不是很明显，图中裂纹扩展的速率 da/dN 与 ΔK_{eff}关系中在低扩展速率区，所有研究者的数据都落在一个非常狭窄的带状区域，即使把闭合效应考虑在内，也是如此，表明了显微组织对裂纹扩展行为的影响不是很大。当裂纹扩展速率大于 10^{-8}m/周次时，显微组织对裂纹扩展的影响已经存在，并且同样考虑了裂纹的闭合效应。有关显微组织对裂纹扩展的影响较为复杂，必须在高真空下确定疲劳裂纹扩展阻力和显微组织的关系，特别是要注意粉末冶金钛铝合金对环境的高度敏感性问题，如氢致裂纹尖端脆化问题。

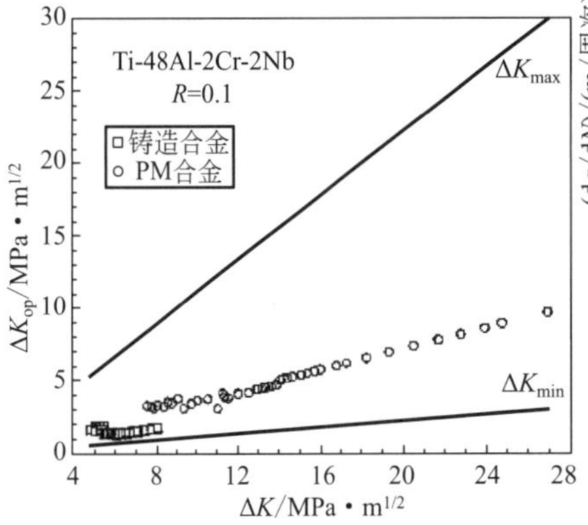

图 3-79　两种合金中 ΔK_{op} 随 ΔK 变化的情况[139]

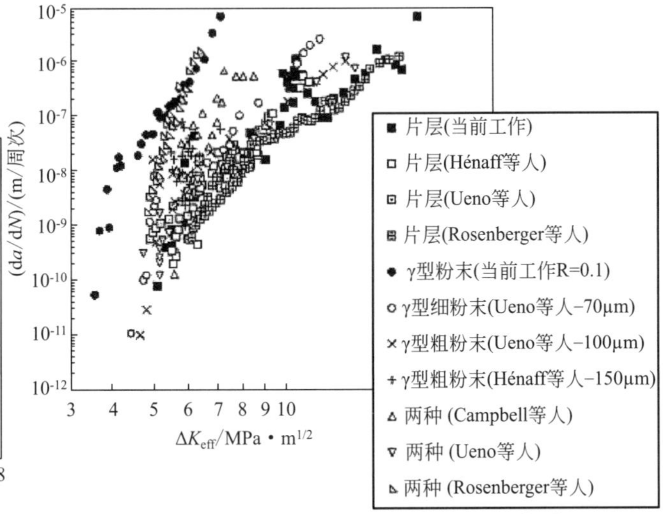

图 3-80　显微结构对裂纹增长行为的影响[139]

水越秀雄等人[140]研究了通过反应烧结制备的 TiAl 金属间化合物的疲劳特性，并且与电弧熔炼材进行了比较，表 3-17 为两种方法制备的材料的化学成分。反应烧结的显微组织为 γ 单相和 α_2 相针状组织分散在 $\alpha_2+\gamma$ 层片组织上的混合组织，电弧熔炼材全部为 γ 单相组织。压缩实验结果如表 3-18 所示，其中反应烧结的压缩强度（σ_{-B}）和屈服强度（$\sigma_{-0.2}$）最高。图 3-81 为两种方法制备的材料的 da/dN 与 ΔK 的关系。图中结果表明，在同一 ΔK 值之下，熔铸材的裂纹扩展速率低于反应烧结材的裂纹扩展速率。图 3-82 为不同应力比下的 da/dN 与 ΔK 的关系，随着应力比的增大，反应烧结材的裂纹扩展速率随之增大。图 3-83 给出了应力强度因子幅门槛值 ΔK_{th} 和应力比 R 的关系。根据图中结果可以得到，在 $0.05 \leqslant R \leqslant 1$ 时：

$$\Delta K_{th}=4.55(1-0.80R) \tag{3-14}$$

表 3-17　两种样品的化学成分[140]

编号	化学成分(质量分数)/%			制备过程	
	Al	Mn	Ti		
P1	33.5	2.5	其余	反应烧结	
C1	33.5	2.5	其余	电弧熔炼	熔铸材
C7	36	—	其余		
H2	33.5	2.5	其余		HIP 等
H4	33.5	—	其余		
H8	36	—	其余		

表 3-18　压缩测试结果[140]

编号	屈服强度 $\sigma_{-0.2}$/MPa	压缩强度 σ_{-B}/MPa	断裂应变/%
P1	465	1481	26.7
C7	343	814	14.9
H4	373	1026	23.0
H8	285	970	20.7

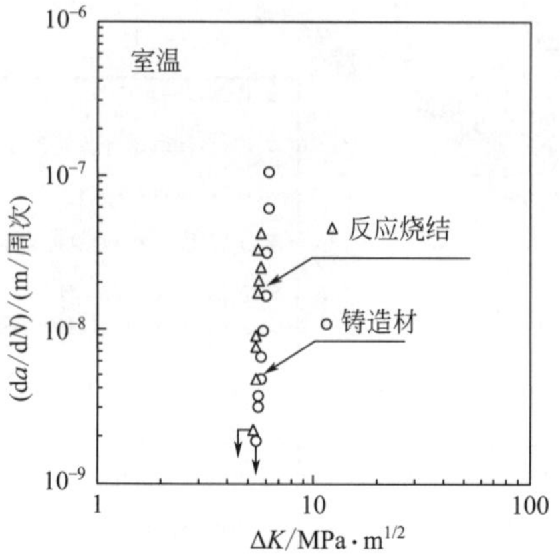

图 3-81　两种方法制备的材料的 da/dN 与 ΔK 的关系[140]

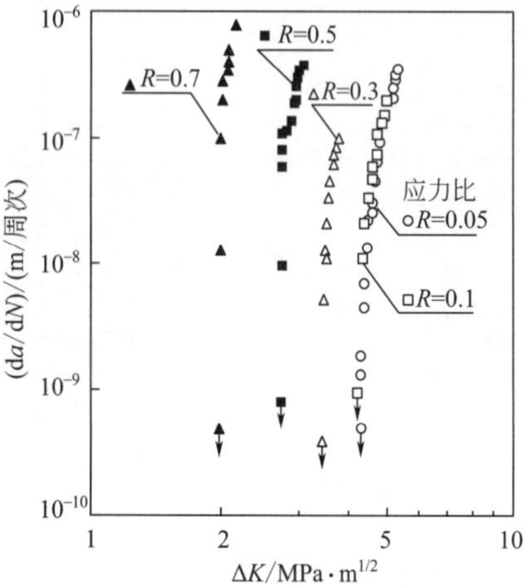

图 3-82　不同应力比下的 da/dN 与 ΔK 的关系[140]

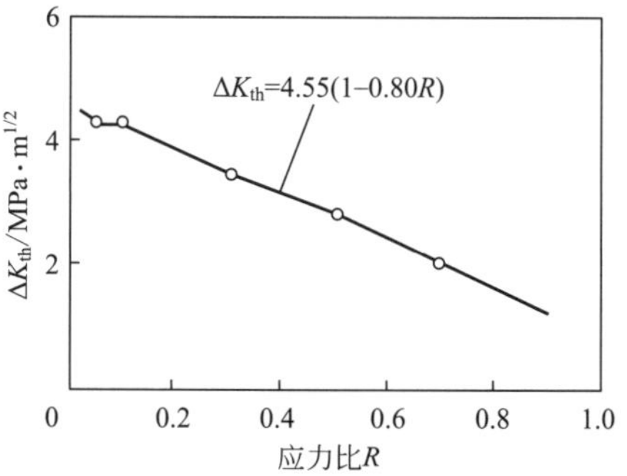

图 3-83　应力强度因子幅门槛值 ΔK_{th} 和应力比 R 的关系[140]

（4）3D 打印钛合金的裂纹扩展

杨杰穷等人[141]研究了激光立体成形 TC11DT（Ti-6.5Al-3.5Mo-1.5Zr-0.25Si）钛合金裂纹扩展速率的问题。激光立体成形件组织如图 3-84 所示，从图中看出成形件的宏观组织主要由贯穿多个熔覆层呈外延生长的粗大 β 柱状晶组成，生长方向和沉积方向大致平行，柱晶间距约为 100～500μm，成形件中熔覆组织呈现出层带结构。在激光立体成形件顶部由于局部凝固条件的变化，出现了尺寸约为 200μm 的等轴晶层，即在沉积层顶部发生了柱状晶向等轴晶的转变（CET 转变），等轴晶层的厚度约为 0.5mm。初生柱状 β 晶内微观组织由编织细密的 α 板条以及一定体积分数的板条间 β 相组成。试样中部微观组织与底部相比，α 板条有粗化的趋势，其原因为靠近基材处冷却条件好，在 β→α 相变过程中过冷度大，α 相形核率高，组织细密。试样中部由于热量积累，过冷度低，α 相形核率较低，加之循环再加热作用，更有利于 α 相长大。在试样顶部等轴晶内，组织观察到平行排列的 α 集束沿初生 β 晶界析出并向晶内快速生长，由于没有后一层熔覆所导致的重熔及再热处理，其初生 α 板条编织稀疏，出现长宽比较大的针状 α 相。

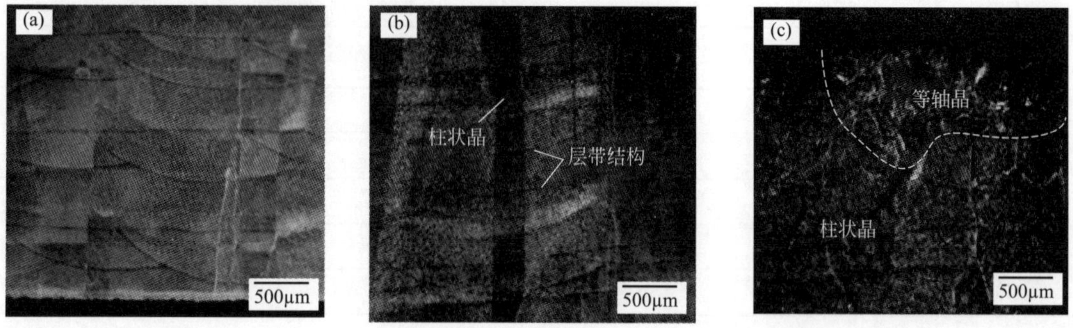

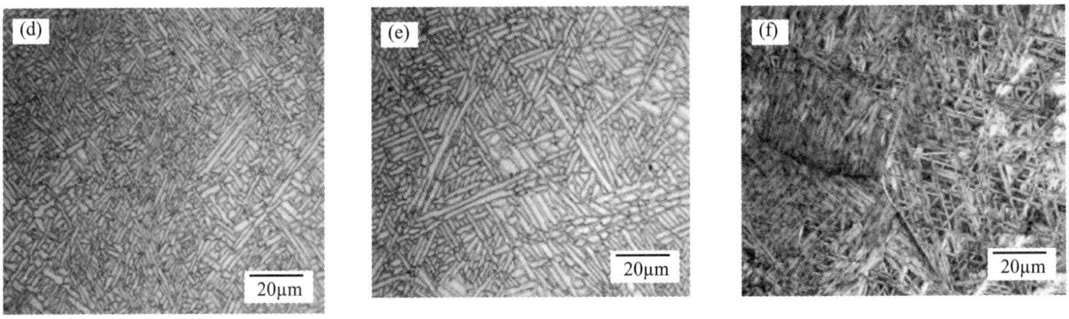

图 3-84　激光立体成形件组织[141]

(a)、(d) 底部宏、微观组织；(b)、(e) 中部宏、微观组织；(c)、(f) 顶部宏、微观组织

如图 3-85 所示，激光立体成形 TC11DT 钛合金沉积态试样抗裂纹扩展能力弱于盘模锻件，沉积态平行试样抗裂纹扩展能力弱于沉积态垂直试样，柱状晶晶界对裂纹的扩展有一定的阻碍作用。

沉积态平行试样和垂直试样的失效方式均为韧性断裂逐渐转变为韧性-脆性混合断裂。裂纹萌生区断面均较为平坦且分布有二次裂纹，稳定扩散区断裂面上均分布有二次裂纹，但垂直试样出现了裂纹转向台阶。瞬断区平行试样失效方式为穿晶韧窝断裂和沿晶解理断裂的混合断裂方式，垂直试样失效方式则为穿晶韧窝断裂与解理混合断裂方式。

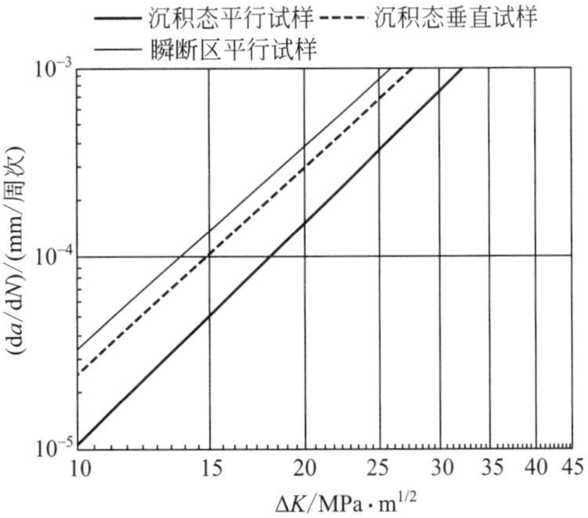

图 3-85　激光立体成形试样裂纹扩展速率试验结果[141]

陈静等人[142]研究了混合元素法激光立体成形（LSF）钛合金，结合激光熔池内粉末颗粒熔化时间的计算以及熔池固液界面运动分析，揭示了混合元素法激光立体成形熔覆层内未熔粉末颗粒的形成机理，即元素粉末颗粒进入激光熔池内的“不熔区”是导致合金熔覆层内产生未熔粉末颗粒的根本原因。熔覆材料为球形时，未熔粉末颗粒呈“月牙”形或者球形，实验观察结果与理论分析吻合得很好。他们进一步研究了 Ti-xAl-yV 合金熔覆层内成分偏析带的形貌特征及产生条件：元素 V 含量较高时，Ti-xAl-yV 合金熔覆层内易产生规律分布的成分偏析带，这是由于激光熔池内固液界面前沿熔体流动速度过低、合金化不充分而导致的。另外，如果成形条件控制不当，易在成形中产生裂纹、气孔、夹杂、层间结合不良，这些缺陷有助于裂纹的萌生和扩展。

Leuders 等人[143]对选择性激光熔化钛合金 Ti-6Al-4V 的抗疲劳性和裂纹扩展性能进行研究。选择性激光烧结过程产生缺陷，如微米级的孔隙和加工时的残余应力。研究者认为影响裂纹扩展的最重要因素是残余应力，消除残余应力主要是进行热处理，热处理工艺如表 3-19所示，图 3-86 为选择性激光烧结，裂纹垂直样品生长方向的 da/dN 与 ΔK 曲线。图 3-87为选择性激光烧结，裂纹平行样品生长方向的 da/dN 与 ΔK 曲线。从图中可以看出，不进行热处理消除内应力，其裂纹扩展速率明显变大，另外进行热等静压处理试样的 da/dN-ΔK曲线与进行热处理试样的 da/dN-ΔK 曲线在同一范围内，研究者认为微孔对裂纹扩展行为没有多大影响，但是在高裂纹扩展区（高 ΔK 区），降低孔隙度能大幅提高样品的疲劳强度，并且能够降低裂纹扩展速度。

表 3-19 热处理工艺[143]

方案	1—基态	2—800℃热处理	3—1050℃热处理	4—热等静压
温度/℃	—	800℃	1050℃	920℃(1000bar①)
时间/h	—	2	2	2
气氛	—	氩气	真空	氩气

①1 bar＝10^5Pa。
注：基态为选择激光烧结态。

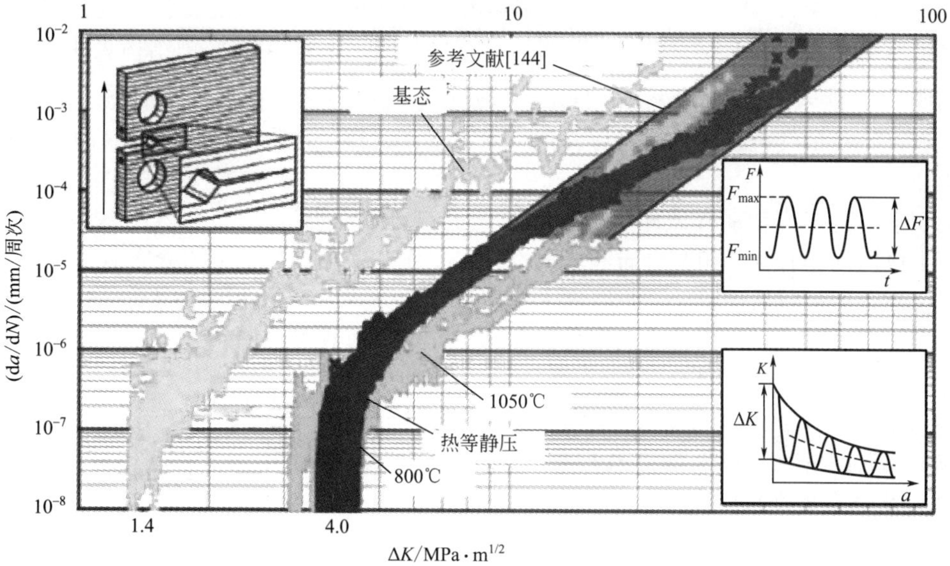

图 3-86 选择性激光烧结，裂纹垂直样品生长方向的 da/dN 与 ΔK 曲线[143]

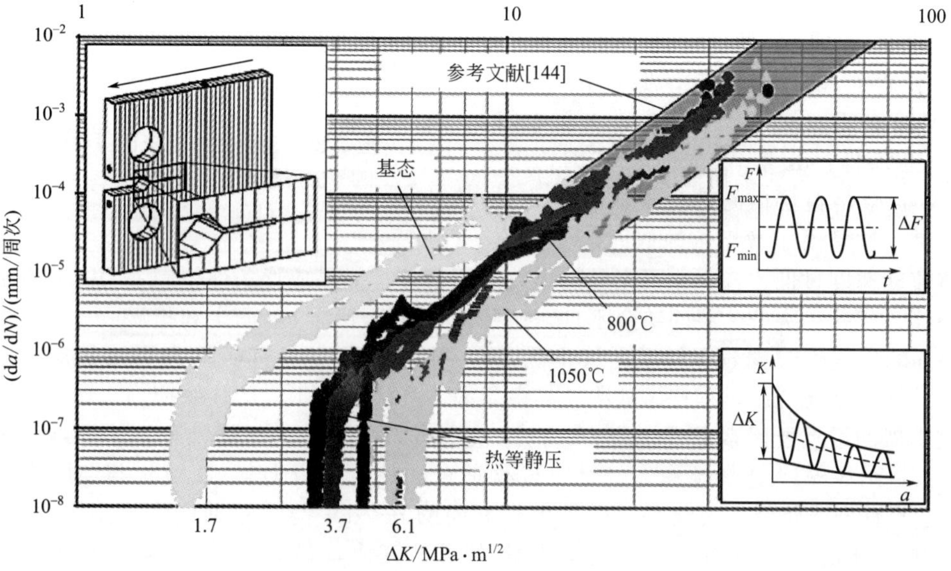

图 3-87 选择性激光烧结，裂纹平行样品生长方向的 da/dN 与 ΔK 曲线[143]

一般来说，等轴状组织往往具有高的塑性和疲劳强度，而层状组织具有高的断裂韧性和抗疲劳裂纹扩展能力，通常可以采用双态组织来提高疲劳强度和抗裂纹扩展能力。谢旭霞等人[145]研究了退火温度对激光熔化沉积 TA15 钛合金组织和性能的影响，采用激光熔化沉积工艺制备 TA15 钛合金棒材和板材。利用 OM、SEM 和 TEM 等方法研究退火温度对棒材组织和板材性能的影响。结果表明：激光熔化沉积 TA15 钛合金 β 晶粒具有十分优异的高温稳定性，在 β 相区长期退火。其 β 晶粒尺寸几乎无变化。激光熔化沉积成形态为典型的层片状 β 转变组织。在两相区上部退火，形成特殊的“双态”组织。初生 α 相呈规则长条块状，其体积分数随退火温度的升高而降低。在 β 相区退火获得细层片状组织。在 α+β 两相区退火，随温度的升高，强度有下降趋势，塑性显著下降。

王华明等人[146]给出了这种特种双态显微组织的 TA15 钛合金的特种热处理显微照片和裂纹扩展速率 da/dN 和应力强度因子幅的关系。如图 3-88 所示，图中结构表明这种材料具有蟹状的片状初生 α 相和细层片的 β 相组织，这种层片状组织提高了抗疲劳裂纹扩展的能力。

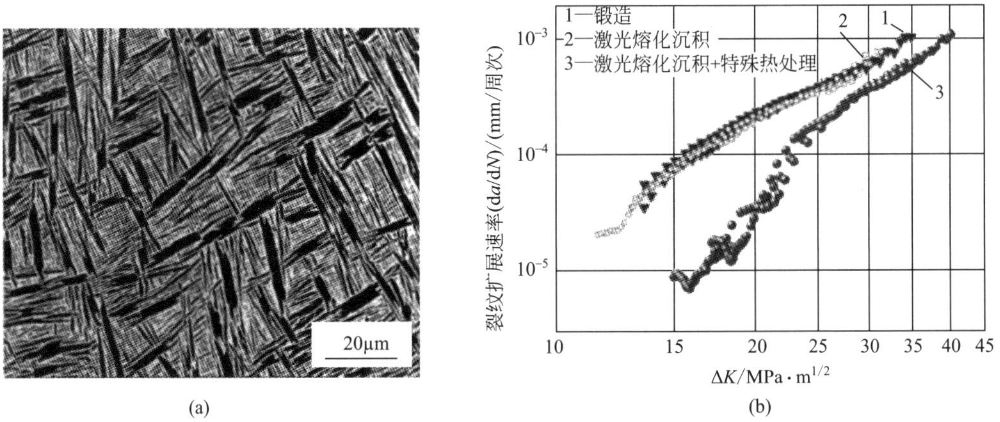

图 3-88　激光快速成形 TA15 钛合金飞机大型结构件特种热处理“特种双态显微组织”(a) 及特种热处理对疲劳裂纹扩展速率 da/dN 的影响[146](b)

3.2.4　粉末冶金钛合金的疲劳特性

（1）显微组织控制的元素混合法制备钛合金的疲劳特性

20 世纪 80 年代末期极低氯盐（Cl≤300μg/g）的钛粉末制备技术（如 HDH，氢化脱氢）的建立，使得 HIP 技术制备无孔隙的粉末钛合金部件成为可能；并且通过显微组织控制，细化晶粒，改善了粉末钛合金的疲劳特性，其疲劳强度超过同种成分的熔铸合金[141～146]。

可以采用三种方法来控制钛合金的显微组织，改善粉末钛合金疲劳特性[147]。

① BUS（broken up structure）处理　BUS 处理又称为碎化组织法，该方法为合金在 HIP 之后对细化组织进行热处理，粉末致密化后的合金在 β 单相区域进行热处理（在 1323K 淬火之后在 1088K 回火 86.4ks），得到切断 β 相组织；并保持 α-β 两相组织，但得到的是细长、长宽比较大的 α 相组织。这种处理能够使合金高周疲劳强度大幅度提高，但是延展性较低。

② TCP（thermo-chemical processing）处理　TCP 处理又称为热化学法，考虑对细化组织进行氢化处理。首先具有马氏体组织的钛合金在 873K 温度、1.5%H_2（质量分数）下

充氢生成氢化物，然后在 1033K 进行脱氢处理，得到微细晶粒组织。极低氯盐含量的 Ti-6Al-4V 合金和 PREP 制备的 Ti-6Al-4V 合金粉末进行 TCT 处理后，其疲劳性能比 BUS 处理钛合金和熔铸法的钛合金疲劳强度高。

图 3-89 给出了用 BE 法与 PA 法生产的 Ti-6Al-4V 坯件和锻造退火的铸锭冶金合金的室温疲劳强度的比较，经处理后的低 Cl 的 BE 或 PA 粉末样的 Ti-6Al-4V 合金，其疲劳强度最高。图 3-90 为完全致密的超低氯 BE Ti-6Al-4V 坯件与铸锻钛合金疲劳强度的比较，TCP 处理的 Ti-6Al-4V 合金的疲劳强度最高，BUS 处理的 Ti-6Al-4V 合金的疲劳强度次之，均高于铸锻钛合金的疲劳强度。图 3-91 为氯元素含量对粉末钛合金疲劳强度的影响，氯元素含量低，才能通过一些方法获得高密度和高疲劳强度的 Ti-6Al-4V 合金。

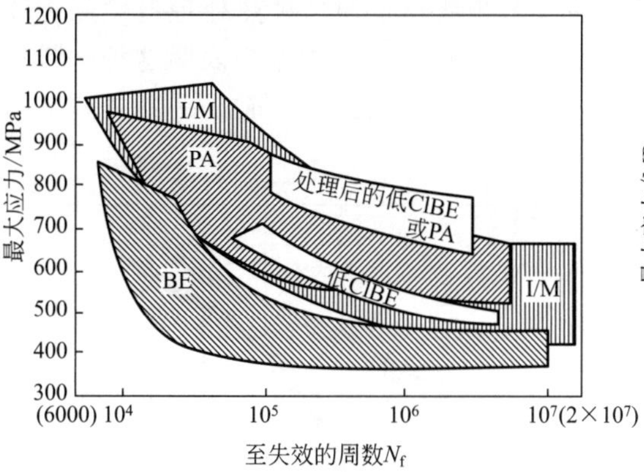

图 3-89　BE 法与 PA 法生产的 Ti-6Al-4V 坯件和锻造-退火态铸锭冶金合金室温疲劳强度比较[147]

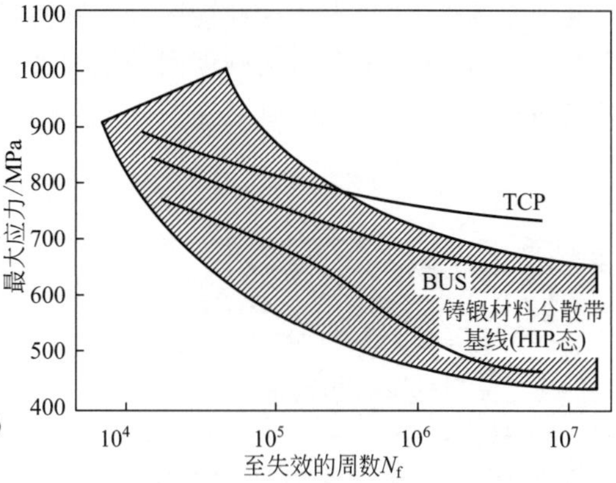

图 3-90　完全致密、超低氯 BE Ti-6Al-4V 坯件和铸锻钛合金疲劳强度的比较[148]

[BE 坯件是以 HIP 态、碎化组织（BUS）及热化学加工（TCP）的状态下进行试验的。均匀分布的轴向疲劳数据是在室温下获得的。应力比（R）=0.1，概率为 f=5Hz]

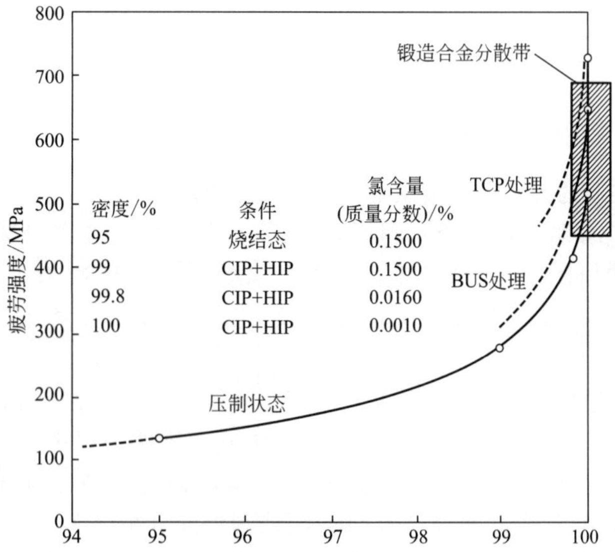

图 3-91　密度和氯含量对 BE 法 Ti-6Al-4V 坯件疲劳强度的影响[149]

BUS—碎化组织；TCP—热化学加工

③ 日本金材研开发的新方法[150~155]　由日本金材研（NRIM）开发的方法如图 3-92 所示，粉末在真空烧结后，在 β 单相区淬火得到马氏体组织，再进行热等静压，得到微细 β 相和长宽比比较小的 α 相的两相组织。该方法特点为，在真空烧结中存在气孔对组织微细化起了重要的作用，气孔阻止了晶界的移动，淬火时得到微细的马氏体组织。这种工艺提高了钛合金的疲劳强度和延性。

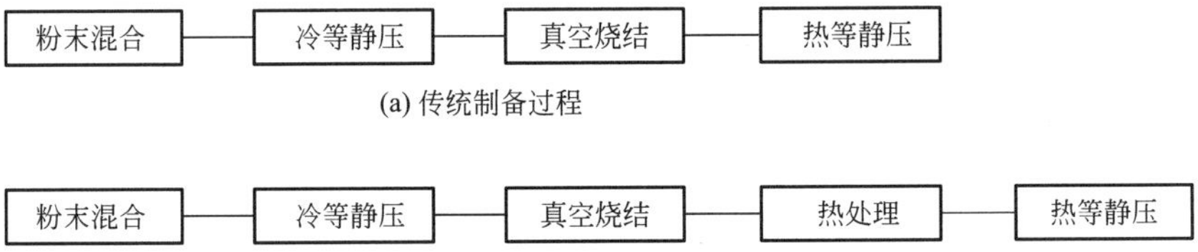

(a) 传统制备过程

(b) 日本金材研开发发展的新技术

图 3-92　混合元素粉末生产流程[150]

表 3-20 给出了 Ti-6Al-4V BE 粉末传统方法生产的合金的拉伸性能和疲劳性能；表 3-21 给出了三种 ELCL（极低氯元素）的 BE Ti-6Al-4V 粉末合金的拉伸性能和疲劳性能，表中结果表明，氯元素含量的降低，较大地提高了疲劳强度和疲强比。图 3-93 给出了 BE Ti-6Al-4V粉末钛合金所含 Cl 元素含量对疲劳强度的影响。图 3-94 给出了极低氯元素的 BE Ti-6Al-4V 粉末通过三种新方法制备的钛合金的 *S-N* 曲线。图 3-95 给出了采用极低氯元素的 BE 粉末制备的粉末钛合金和熔铸钛合金疲劳性能的比较。图 3-96 给出了采用极低氯元素的 BE Ti-6Al-4V 粉末采用日本金材所开发的新方法制备的 Ti-5Al-2.5Fe 钛合金的 *S-N* 曲线。图 3-97 给出了三种方法制备的极低氯元素的 Ti-6Al-4V 粉末钛合金的显微组织照片。表 3-22 给出了极低氯元素的 Ti-5Al-2.5Fe 粉末钛合金的拉伸性能和疲劳性能。

表 3-20　Ti-6Al-4V BE 粉末传统方法生产的合金的拉伸性能和疲劳性能[150]

合金种类	0.2% YS/MPa	UTS/MPa	EL/%	RA/%	σ_f (10^7 循环周次)/MPa	σ_f/UTS
高氯 Ti-6Al-4V(Cl≈630μg/g)	813	892	13	28	314	0.35
低氯 Ti-6Al-4V(Cl≈70μg/g)	882	960	17	35	372	0.39
极低氯 Ti-6Al-4V(Cl<10μg/g)	833	921	14	36	412	0.45

注：0.2%YS—屈服强度；UTS—抗拉强度；EL—伸长率；RA—断面收缩率；σ_f—疲劳强度；σ_f/UTS—疲强比。

表 3-21　三种 ELCL(极低氯元素)的 BE Ti-6Al-4V 粉末合金的拉伸性能和疲劳性能[150]

条件	制备过程	热等静压之后热处理	0.2% UTS/MPa	UTS /MPa	EL/%	RA/%	σ_f(10^7 循环周次) /MPa	σ_f/UTS
1(BUS)	P&S+HIP	1323K/0.9ks/WQ+1088K/86.4ks/AC	921	1000	9	25	647	0.65
2(TCT)	P&S+HIP	873K 氢化+1033K 脱氢	833	911	13	34	725	0.79
3(新方法)	P&S+HIP		862	951	42	42	588	0.62
4	P&S+HIP		872	960	27	27	588	0.61
5	IM 锻造		862	970	24	24	598	0.62

注：P&S—压制和烧结(1573K/14.4ks/AC)；HIP—1203K/10.8ks/98MPa 960℃；热处理—1323K/0.9ks/WQ；WQ—水淬，AC—空冷。

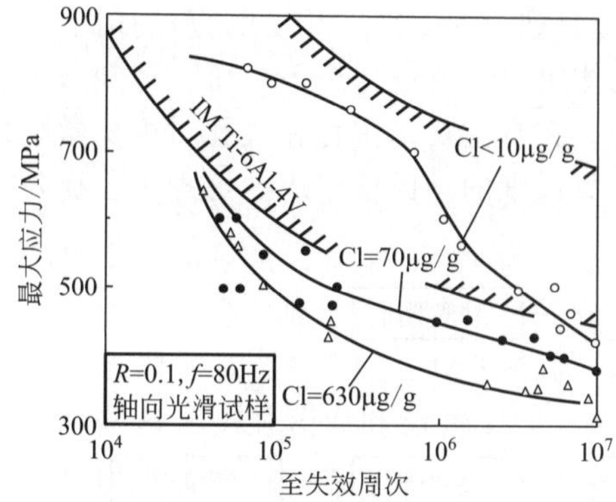

图 3-93　BE Ti-6Al-4V 粉末钛合金所含 Cl 元素含量对疲劳强度的影响[150]

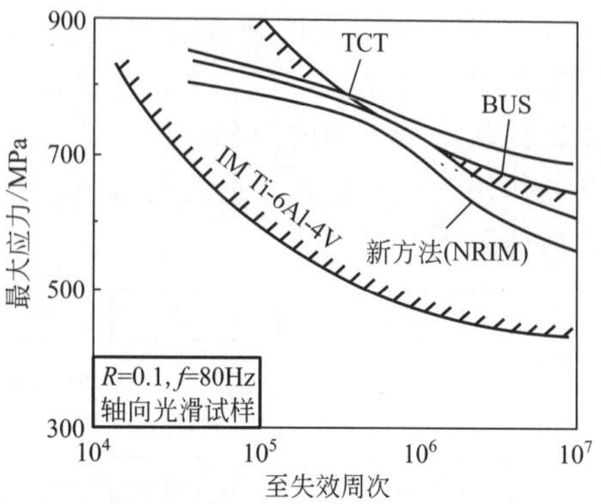

图 3-94　极低氯元素的 BE Ti-6Al-4V 粉末通过三种新方法制备的钛合金的 S-N 曲线[150]

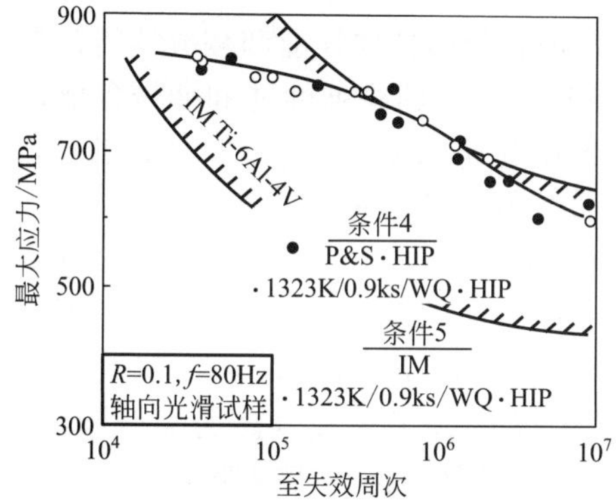

图 3-95　采用极低氯元素的 BE 粉末制备的粉末钛合金和熔铸钛合金疲劳性能的比较[150]

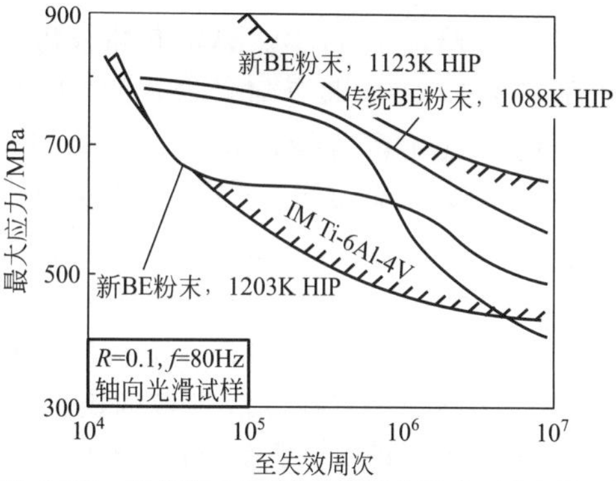

图 3-96　极低氯元素的 BE Ti-6Al-4V 粉末采用日本金材所开发的新方法制备的 Ti-5Al-2.5Fe 钛合金的 S-N 曲线[150]

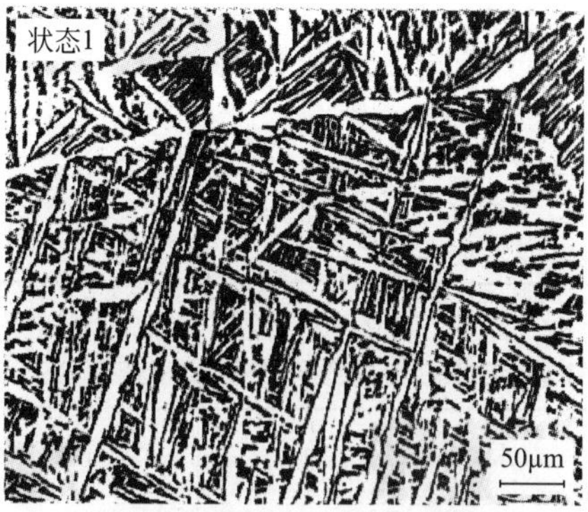

(a) BUS处理与TCT处理(状态2)类似

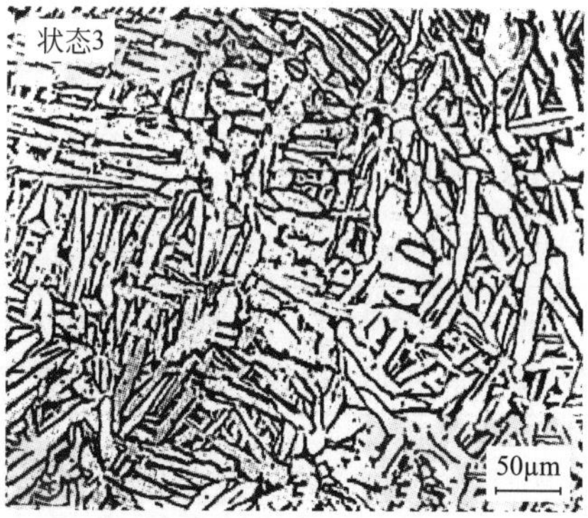

(b) 状态3，日本金材研新方法

图 3-97　三种方法制备的极低氯元素的 Ti-6Al-4V 粉末钛合金的显微组织照片[150]

表 3-22　极低氯元素的 Ti-5Al-2.5Fe 粉末钛合金的拉伸性能和疲劳性能[150]

粉末钛合金	0.2%YS/MPa	UTS/MPa	EL/%	RA/%	σ_f(10⁷ 循环周次)/MPa	σ_f/UTS
As-P&S	794	853	3	8		
P&S+1088K HIP	882	970	18	35	441	0.45
P&S+HT+1123K HIP	1009	1068	18	36	588	0.55
P&S+HT+1203K HIP	911	1000	15	25	519	0.52

荻原益夫[153]研究了元素混合法制备 α-β 型钛合金的显微组织控制对性能的影响，研究的合金如表 3-23 所示。①号～④号为近 α 型的高温钛合金，①号合金为 Ti-5.5Al-3.5Sn-3Zr-0.3Mo-1Nb-0.3Si（IMI 829）是现在使用的高温合金中温度最高的钛合金，使用上限为 600℃；②号合金为 Ti-6Al-5Zr-0.5Mo-0.25Si（IMI 685），是在欧洲使用最好的合金；③号和④号为 Ti-6Al-2Sn-4Zr-2Mo（0.1Si），上限使用温度为 450℃左右，是目前使用最广泛高温用合金；⑤号为 Ti-6Al-4V；⑥号为 Ti-5Al-2Cr-1Fe，是 β 相稳定剂最多的高温合金；⑦号为 Ti-4.5Al-5Mo-1.5Cr，是高韧性钛合金；⑧号为 Ti-5Al-2.5Fe，是对人体无有害元素的医用钛合金。表 3-23 给出了这些合金的制备方法、力学性能和疲劳强度。这些合金采用的钛粉为极低氯元素钛粉（Cl＜10μg/g，O 为 0～1600μg/g），中间合金粉末是用电弧炉熔炼成中间合金小球，再进行粉碎。若小球太硬，则可加以适当 Ti 熔成含 Ti 中间合金再进行粉碎。钛粉和母合金粉经混料，压制成形在 10^{-6} Torr（1 Torr＝133.322Pa）的高真空炉中，1250℃烧结 3～4h，空冷，然后在 β 相区域保温 15min 淬于水中，然后进行 HIP 处理，工艺参数参见表 3-23。图 3-98 为 4 种钛合金分别采用传统方法和新方法的显微结构的对比。图中结果表明，采用传统方法［压制（p），烧结（s）和热等静压］的几种钛合金，在晶界上和靠近晶界边存在着晶界 α 相，并且在晶粒内存在针状 α 相，和 β 相构成层状组织。采用显微组织控制的 NRIM 新方法，生成微细 β 相和长宽比较小的针状 α 相，构成以 α 相为主体的微细 α-β 两相组织。这种状态是否存在晶界 α 相有时候难以辨别，但 β 相稳定度高的⑥号和⑦号合金明确存在晶界 α 相，⑧号也同样存在块状晶界 α 相。

表 3-23　元素混合法制备 α-β 型超低氯钛合金室温力学性能概述[153]

合金	制备方法	0.2%YS /(kgf/mm²)	UTS /(kgf/mm²)	El /%	RA /%	σ_f(10^7 循环周次) /(kgf/mm²)
①Ti-5.5Al-3.5Sn-3Zr-0.3Mo-1Nb-0.3Si(IMI 829)	P&S+930℃ HIP P&S+HT+930℃ HIP	96 98	104 106	4 9	8 23	
② Ti-6Al-5Zr-0.5Mo-0.25Si (IMI 685)	P&S+930℃ HIP P&S+HT+930℃ HIP	93 99	102 108	14 12	24 25	
③ Ti-6Al-2Sn-4Zr-2Mo	P&S+930℃ HIP P&S+HT+930℃ HIP	91 101	100 111	15 15	31 26	42 66
④ Ti-6Al-2Sn-4Zr-2Mo-0.1Si	P&S+930℃ HIP P&S+HT+930℃ HIP	99 104	108 114	18 13	27 18	
⑤ Ti-6Al-4V Ti-6Al-4V(熔炼)	P&S+930℃ HIP P&S+HT+930℃ HIP HT+930℃ HIP	85 88 88	94 97 99	14 15 13	36 42 24	42 60 61
⑥ Ti-5Al-2Cr-1Fe	P&S+930℃ HIP P&S+HT+930℃ HIP	96 97	102 105	18 19	40 42	 56
⑦ Ti-4.5Al-5Mo-1.5Cr (两相钛合金)	P&S+930℃ HIP P&S+HT+930℃ HIP	94 95	103 104	19 20	40 45	 56
⑧ Ti-5Al-2.5Fe	P&S+930℃ HIP P&S+HT+930℃ HIP	90 103	99 109	18 17	35 36	45 60

注：1. HT—烧结完水淬；P&S—压制和烧结。
2. 1kgf＝9.80665N。

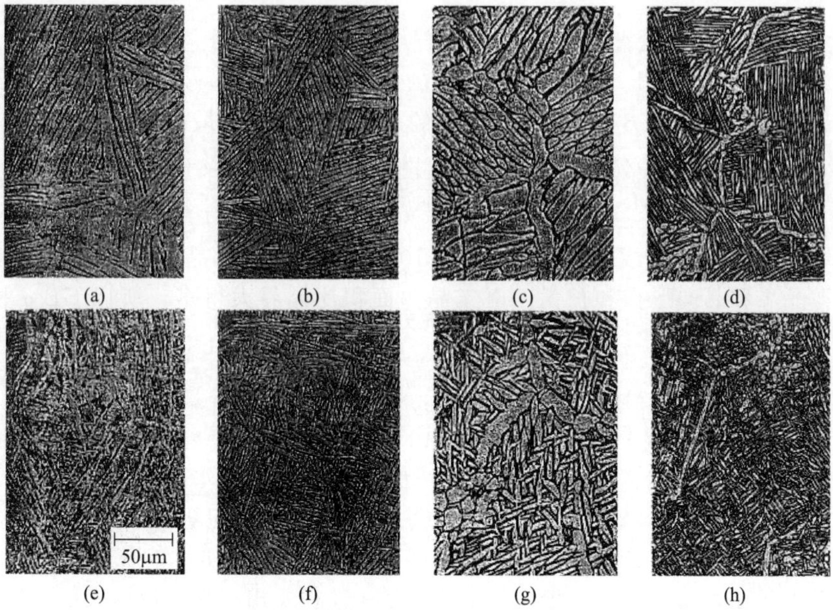

图 3-98 采用传统的元素混合法制得试样［(a)、(b)、(c)、(d)］和 NRIM 新方法制得试样［(e)、(f)、(g)、(h)］的显微结构变化[153]

(a)，(e) Ti-6Al-5Zr-0.5Mo-0.25Si (IMI 685)；(b)，(f) Ti-6Al-2Sn-4Zr-2Mo；(c)，(g) Ti-5Al-2Cr-1Fe；(d)，(h) Ti-4.5Al-5Mo-1.5Cr

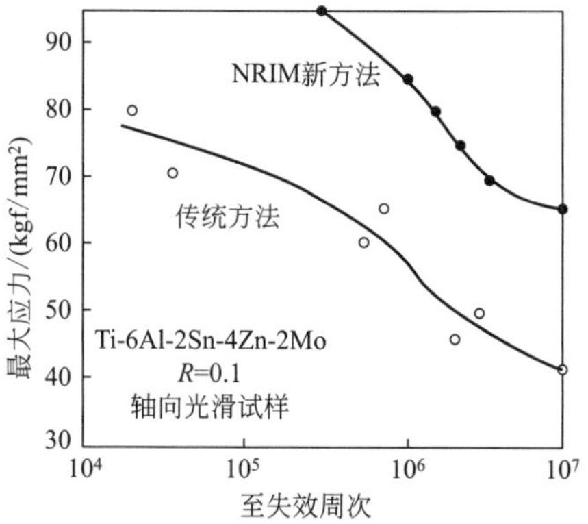

图 3-99 ③号合金（Ti-6Al-2Sn-4Zr-2Mo）的疲劳曲线（S-N 曲线）[153]

③号合金（Ti-6Al-2Sn-4Zr-2Mo）、⑥号合金（Ti-5Al-2Cr-1Fe）和⑦号合金 Ti-4.5Al-5Mo-1.5Cr 的疲劳曲线（S-N 曲线）如图 3-99、图 3-100、图 3-101 所示。③号合金经过显微组织控制其疲劳强度大幅上升，疲劳比从传统方法的 0.44 增大到 0.61，⑥号合金和⑦号合金其疲劳特性和③号合金有明显差别，首先其疲劳数据较为弥散，S-N 曲线不是一条曲线，为存在一定宽度的数据幅。显微组织控制的⑥号合金比传统方法生产的极粗结构的⑥号合金的疲劳特性数据更加分散，其合金的疲劳强度数据幅的上限低于③号合金和④号合金（Ti-6Al-4V）。

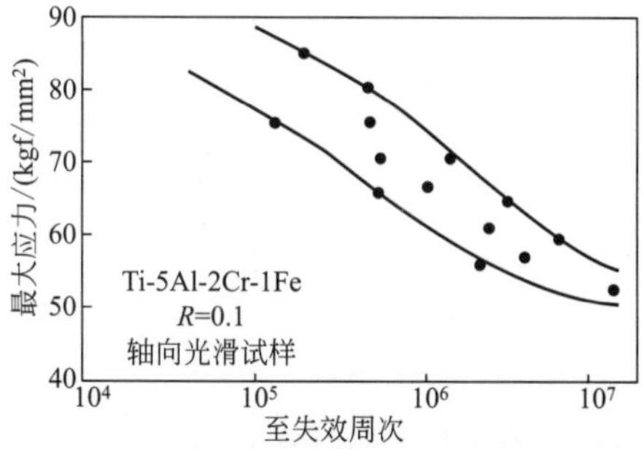

图 3-100 采用显微组织控制 NRIM 新方法制备的⑥号合金（Ti-5Al-2Cr-1Fe）的疲劳曲线（S-N 曲线）[153]

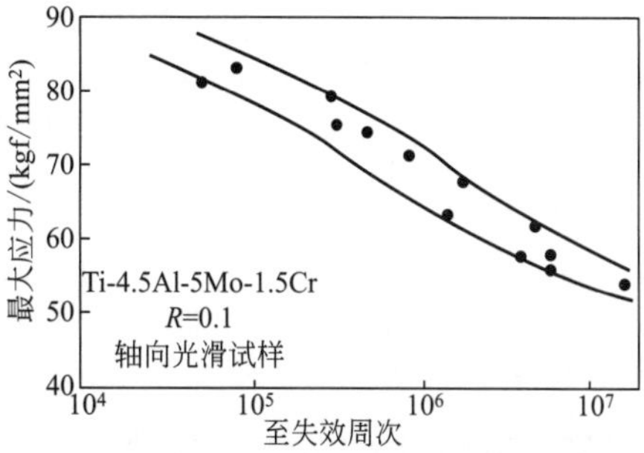

图 3-101 采用显微组织控制 NRIM 新方法制备的⑦号合金 Ti-4.5Al-5Mo-1.5Cr 的疲劳曲线（S-N 曲线）[153]

显微组织形态和合金成分有依存关系。一般来说，β 相的稳定化程度取决于 Mo 当量，Mo 当量的表达式为：

$$\text{Mo 当量} = \text{Mo} + 0.8\text{V} + 1.5\text{Cr} + 1.85\text{Mo} + 3\text{Fe} \tag{3-15}$$

Mo 当量越高，块状晶界（GB）α 相越容易形成。GB-α 相生成的难易程度可以从 α 相析出的动力学和合金元素的效果来说明，如图 3-102 所示，③号合金（Ti-6Al-2Sn-4Zr-2Mo）的 β 稳定化元素较低，α 相的量比较大，α 相的析出驱动力大，GB-α 相开始析出的 C 曲线和晶内均匀析出的 C 曲线靠得很近［图 3-102（a）］，晶内和晶界位置没有区别，两个 α 相几乎同时在晶界和晶内形核和长大。由于晶内面积比晶界大得多，所以 GB-α 相相当少。当 Mo 当量比较高时，合金的 β 相稳定元素较多，α 相量比较少，α 相析出的驱动力比较小，如图 3-102（b）所示，两个 α 相开始析出的 C 曲线，时间相差较远，晶界 α 相在靠近晶界处优先析出，然后比 GB-α 相更细的 α 相在晶内析出。

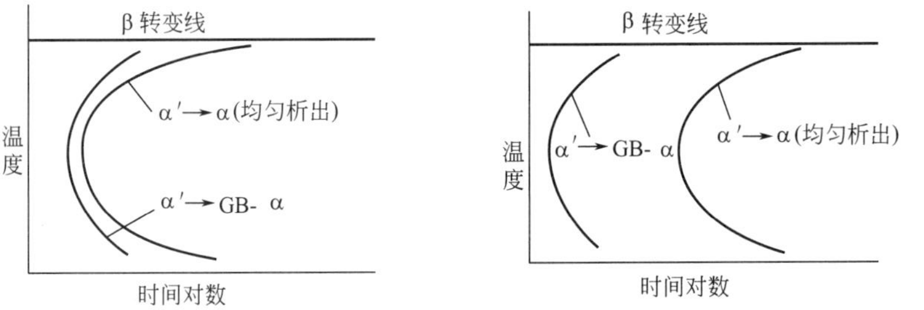

(a) Ti-6Al-2Sn-4Zr-2Mo近α相合金　(b) 高稳定化的β相合金，比如Ti-5Al-2Cr-1Fe

图 3-102 不均匀形核晶界（GB）α 相和均匀形核 α 相动力学曲线

微观组织大小与成分有一定的关系，⑦号合金 GB-α 相和晶内 α 相都比较细，⑥号合金两个 α 相均很粗，溶质原子的扩散速度不同，对 α 相析出的 C 曲线鼻尖有很大影响，⑥号和⑧号合金鼻尖时间很短。对于所含 Fe、Co、Ni 等元素来说，在 α-Ti 和 β-Ti 中扩散速度很大，因而对含 Fe 等元素的钛合金 HIP 处理，尽量采用低的烧结温度。

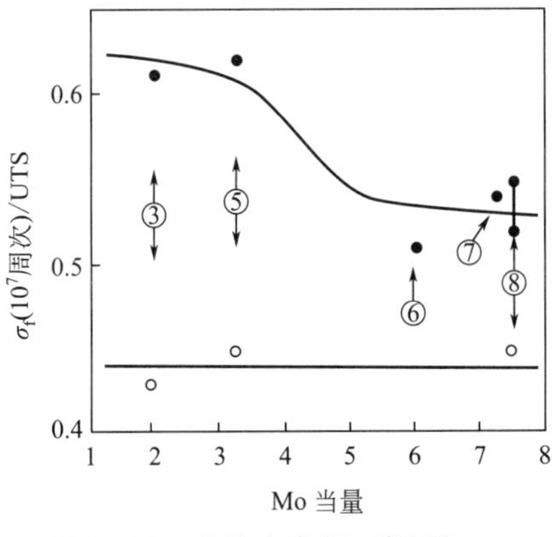

图 3-103 几种合金 Mo 当量和疲强比的关系[153]

图 3-103 给出了几种合金 Mo 当量和疲强比的关系。以前传统方法制备的粉末钛合金，不管合金的成分如何，粉末钛合金的疲劳比（S 值）差不多都为 0.44。钛合金的高周疲劳的大小，与等轴针状、混杂组织等显微结构无关，仅和滑移线疲劳辉纹的宽度所对应，混杂组织的大小就是滑移线疲劳辉纹的宽度。采用新方法制备的粉末钛合金的疲劳强度取决于粉末钛合金的显微组织和化学成分，疲强比为 0.42～0.66。

（2）孔隙度和显微组织对 Ti-6Al-4V 疲劳强度的影响

Cao 等人[155]研究了 Ti-6Al-4V 的疲劳行为，通过大量数据对 Ti-6Al-4V 疲劳强度进行了评估和分析，认为孔隙度和微结构是对材料疲劳强度起决定性因素。

粉末钛合金制备工艺如图 3-104 所示，最常用的是元素混合法、预合金化法和氢化脱氢法，一般来说粉末冶金 Ti-6Al-4V 合金采用 PREP 制粉，进行热等静压、热加工和退火处理，其高周疲劳性能最好。钛合金 S-N 疲劳行为的本构方程由 Chandran 提出的方程来解释[156]：

$$\frac{\sigma_a-\sigma_e}{\sigma_u-\sigma_e}=\exp\{-C_n(N_f)^{m_n}\} \tag{3-16}$$

式中，σ_a和σ_e为施加和断裂极限的应力幅值；C_n 和 m_n 代表了材料的疲劳常数；N_f 是失效时的循环周次。式（3-16）可以写成如下：

$$N_f=\left[-\frac{1}{C_n}\ln\left(\frac{\sigma_a-\sigma_e}{\sigma_u-\sigma_e}\right)\right]^{1/m_n} \tag{3-17}$$

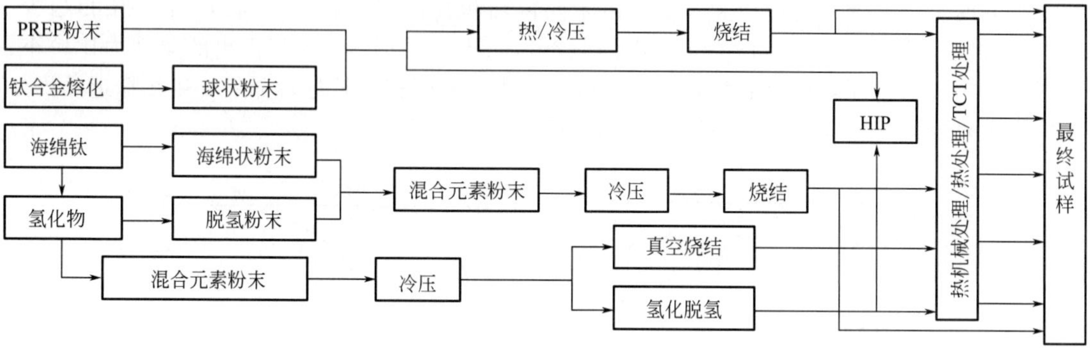

图 3-104　粉末钛合金制备工艺[155]

采用不同制备方法得到材料的抗拉强度、疲劳强度、C_n 和 m_n 值如表 3-24 所示。图 3-105为冷态固结、高于 β 相转变温度下真空烧结几个小时，β 相转变温度为 1010℃。由于烧结温度高得到的是粗大 α＋β 结构，因此疲劳强度在 200～400MPa 之间变化，疲劳比为 0.3 左右，而通常的再结晶退火锻件疲劳强度为 600MPa，疲劳比为 0.5，两者相差甚远，必须进行工艺改进。表 3-24 给出了 CP＋VS 制备的粉末冶金 Ti-6Al-4V 的工艺状态、微观结构和拉伸性能。

表 3-24　CP＋VS 制备的粉末冶金 Ti-6Al-4V 的工艺状态、微观结构和拉伸性能[155]

制备过程	数据来源	抗拉强度/MPa	疲劳强度/MPa	C_n	m_n
CP＋VS	Anderson BE	926	400	2.0×10^{-9}	2
	Fujita BE	926	350	8.0×10^{-3}	0.67
HIP	Moxson BE	965	340	3.8×10^{-3}	0.42
	Hagiwara BE	922	400	5.2×10^{-4}	0.54
	Wirth PREP	967	480	2.0×10^{-4}	0.59
HIP＋HT	Eylon BE	937	500	4.5×10^{-7}	1.4
	Hagiwara	1186	700	1.4×10^{-3}	0.5
	Eylon PREP	950	600	3.0×10^{-3}	0.6
热加工	Wirth PREP，等轴晶	1050	590	2.0×10^{-3}	0.6
	Wirth PREP，晶体	1090	680	3.5×10^{-3}	0.37
轧制＋退火	Cao、Chandran（未公开）	1045	720	5.0×10^{-3}	0.4

注：CP—冷压，VS—真空烧结；HIP—热等静压；BE—元素混合；PREP—等离子体旋转电极工艺。

粉末冶金烧结钛合金低的疲劳性能主要是由孔隙引起的，孔隙的尺寸和分布，对疲劳性能有很大影响。在表面和内部的烧结孔隙可以独立作为疲劳裂纹的萌生点，并且萌生寿命很短，特别是大孔隙在应力强度因子值较大时可以加速裂纹扩展速度。另外孔隙和层片状群落结构在裂纹萌生上存在竞争，当孔隙尺寸小于层片状群落结构时，在真空烧结中产生的层片状群落结构成为裂纹的萌生源。表面孔隙、内部孔隙、α/β 晶面和晶界、α 片晶对裂纹萌生都存在一定竞争，竞争取决于这些缺陷的尺寸和分布，当缺陷尺寸逐渐变小（<25μm），就失去了裂纹萌生竞争能力。

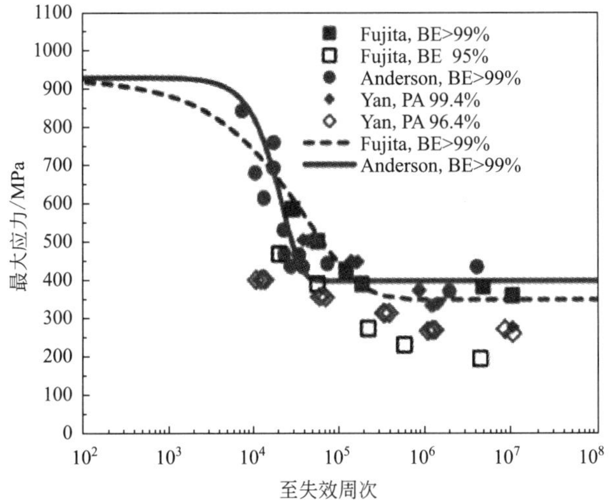

图 3-105　冷态固结、高于 β 相转变温度下真空烧结制备的 Ti-6Al-4V 合金的密度对 S-N 曲线的影响

图 3-106 给出了 Ti-6Al-4V 预合金粉末，直接在热等静压或者混合粉末在冷压和烧结后，再进行热等静压后的 S-N 曲线，表 3-25 给出了直接通过热等静压和混合粉通过冷压烧结后再热等静压 Ti-6Al-4V 合金的工艺参数、微观结构和拉伸性能。图 3-106 的结果表明，采用 PREP 粉末和 PSV（电子束真空熔炼、破碎的粉末）直接热等静压的试样，其疲劳强度高于采用 BE 粉末经压制、烧结再进行热等静压的试样，前者的疲劳强度为 450～500MPa，后者为 350～400MPa。从表 3-26 给出的拉伸性能数据来看，前者比后者要好，从试样显微组织来看，前者的层片状组织比后者要细。另外，BE 粉末的杂质含量和间隙原子均比 PREP 粉末和 PSV 粉末要多，进行热等静压之后，性能略差。

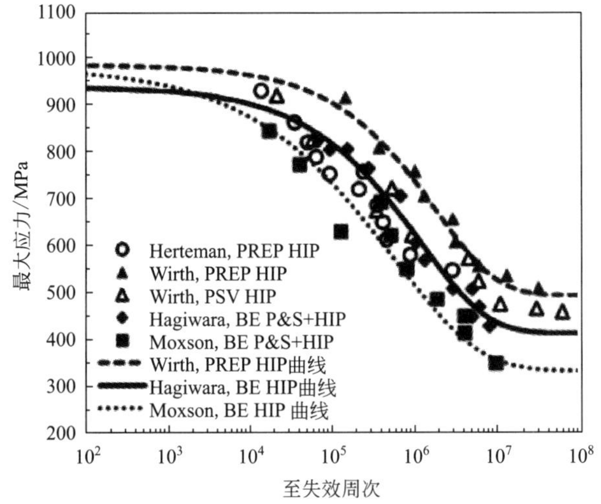

图 3-106　经热等静压或者混合粉末在冷压和烧结后，再进行热等静压后的 Ti-6Al-4V 预合金粉末 S-N 曲线[155]

表 3-25 直接通过热等静压和混合粉通过冷压烧结后再热等静压 Ti-6Al-4V 合金的工艺参数、微观结构和拉伸性能[155]

来源	粉末种类和尺寸	工艺参数	显微结构	屈服强度/MPa	拉伸强度/MPa	伸长率/%	断面收缩率/%	理论密度/%
Fujita	HDH<149μm	CP+VS 1260℃,4h	GB-α 相片状群落 ≈50μm×10μm 等轴 α 相,≈30μm	809	926	19	31	99.6
Anderson	SF<149μm	CP+VS 620MPa 1260℃,4h	GB-α 相片状群落	866	933	12.5	20	>99
Yan	PA 45～250μm	CP+VS 620MPa 1371℃,1.5h	β 前晶粒尺寸 ≈150μm	848	925	62	—	99.4

注:HDH—氢化脱氢;SF—海绵粉;PA—预合金。

表 3-26 PM Ti-6Al-4V 烧结后再热等静压处理的工艺参数、微观结构和拉伸性能[155]

样品	粉末	工艺参数	微观结构	屈服强度/MPa	拉伸强度/MPa	伸长率/%	断面收缩率/%
Herteman	PREP,<425μm	HIP,925℃ 1050MPa,5h	片状群落≈80μm×10μm	860	937	17	42
Wirth	PREP 63～350μm	HIP,925℃ 198MPa,3h	片状群落≈30μm×5μm	900	967	14.5	41.4
Wirth	PSV	HIP,925℃ 198MPa,3h	片状群落≈100μm×10μm	871	934	11.9	26.4
Hagiwara	BE,HDH <149μm	CP+VS,1300℃ 4hHIP,930℃ 98MPa,3h	片状群落≈100μm×10μm	833	922	14	36
Moxson	BE,HDH <177μm	CIP,410MPa VS,1260℃,4h HIP,955℃ 207MPa	针状群落	865	965	12.9	31.6

注:PSV—电子束真空熔炼下磨碎;CIP—冷等静压。

图 3-107 给出了采用 BE、PSV、BUS 和 PREP 等粉末直接或压制烧结再进行热等静压，并在热等静压前或者后进行热处理工艺的 Ti-6Al-4V 粉末合金的 S-N 曲线。表 3-27 给出了各种成形和热处理工艺下的 Ti-6Al-4V 粉末显微组织和力学性能。最简单的细化晶粒方法是热机械加工。进行再结晶处理，另外进行破碎、研磨粉末再施加热等静压往往可得到微细组织。通常钛合金热处理有两种方法，其一为在 β 相转变温度区间进行，通过热处理使显微组织均匀化，消除变形和非变形的 α 相，再从 β 相区快速冷却得到一个魏氏组织或微细的 α+β 微结构；但是从 β 相区域对大件急冷也有一定的困难，所以仅用 BUS 法应用有一定困难。另一种更有效的方法是在 α+β 相区域进行固溶处理，产生一定的初始 α 相，并且在不同冷却速度下产生 α+β 结构的转变。这种双向组织的结构试样具有良好的强度、塑性和疲劳等综合性能。在图 3-107 中大多数人都采用这一方法。有关 BUS、TCT、日本学者 Hagiwar（荻原益夫）的方法均在前面进行了介绍。荻原益夫的观点是高周疲劳性能直接与 α 相的尺寸有关，特别是在 α+β 相中 α 片的宽度。

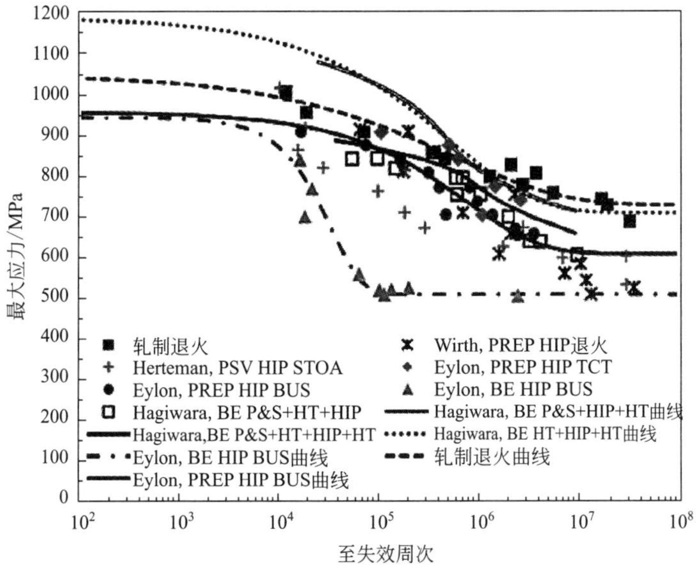

图 3-107　采用 BE、PSV、BUS 和 PREP 等粉末直接或压制烧结再进行热等静压，并在热等静压前或者后进行热处理工艺的 Ti-6Al-4V 粉末合金的 S-N 曲线[155]

热等静压试样（其致密度>99.5%）经过热处理后，其疲劳强度为 500～600MPa，已经接近锻造的 Ti-6Al-4V 的疲劳强度（约 600MPa）。

表 3-27　各种成形和热处理工艺下的 Ti-6Al-4V 粉末显微结构和力学性能[155]

来源	粉末种类及尺寸	工艺参数	热处理	显微结构	屈服强度/MPa	拉伸强度/MPa	伸长率/%	断面收缩率/%
Herteman	PSV 100～630μm	HIP,950℃,1000MPa,5h	975℃,1h WQ,700℃ 2h,AC	马氏体相无 GB-α 相	1020	1095	9	21
Wirth	PREP 63～354μm	HIP925℃ 198MPa 3h	1010℃ 0.05h,WQ 900℃,2h,AC	细层状	932	1036	13	29.1
Hagiwara	HDH <149μm	CP,VS,1300℃ 4h HT 1050℃ WQ,HIP 930℃,98MPa 3h	—	细层状	862	951	15	42
Hagiwara	HDH <149μm	CP,VS,1300℃ 4h,HIP,930℃ 98MPa,3h	1050℃,0.25h, WQ,815℃ 24h,AC	细层状	921	1000	9	25
Hagiwara	HDH <149μm	CP,VS,1300℃ 4h,HT,1050℃, WQ	955℃,1h, WQ,540℃ 6h,AC	针状 α 相	1107	1186	10	27
Eylon	PREP	HIP,925℃, 105MPa,5h	1025℃,WQ 815℃,24h 1025℃	破碎的粗大 α 片层	910	1000	15	23

续表

来源	粉末种类及尺寸	工艺参数	热处理	显微结构	屈服强度/MPa	拉伸强度/MPa	伸长率/%	断面收缩率/%
Eylon	PREP	HIP,925℃ 105MPa,5h	0.3h,WQ 600℃氢化 760℃脱氢	破碎细α相	965	1048	8	17
Eylon	BE	CP,420MPa VS,1260℃ HIP,930℃ 105MPa,5h	1025℃,WQ 815℃,24h	破碎的粗大α片层	834	937	11	26

注：WQ—水淬；AC—空冷。

图 3-108 给出了冷等静压和烧结后，再进行热等静压＋热机械处理和热处理的Ti-6Al-4V粉末合金的 *S-N* 曲线。采用热机械加工工艺为：等温锻造（模锻）、热轧和热挤压等工艺，再采用两种不同热处理工艺，获得等轴α晶、层片宽度非常小的α微结构和十分细小的α+β微结构，由于晶粒细化的原因，其疲劳强度高达 750MPa。Wirth 等人[155]对 Ti-6Al-4V 粉末合金热等静压，再进行热模锻，使得α相尺寸非常小，在β晶粒均匀析出，并优先在晶界边析出。表 3-28 给出了 Ti-6Al-4V 预合金粉末经压制、烧结、热等静压、热机械加工和热处理的样品的粉末尺寸、工艺参数及拉伸性能。

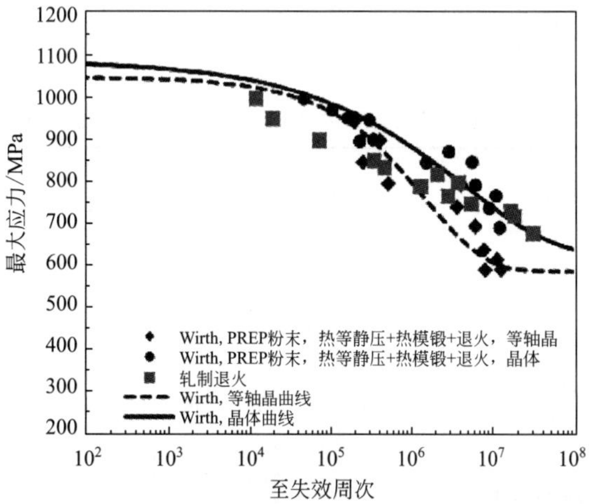

图 3-108 冷等静压和烧结后，再进行热等静压+热机械处理和热处理的 Ti-6Al-4V 粉末合金的 *S-N* 曲线[155]

表 3-28 Ti-6Al-4V 预合金粉末经压制、烧结、热等静压、热机械加工和热处理后，样品的粉末尺寸、工艺过程参数及拉伸性能[155]

样品	粉末种类及尺寸	工艺参数	热机械处理工艺参数	后处理	显微结构	屈服强度/MPa	拉伸强度/MPa	伸长率/%	断面收缩率/%
Wirth	PREP 63～354μm	930℃ 193MPa 2.5h	1020℃挤压 900℃模锻	830℃,2h AC	细等轴晶α	931	1048	16.7	38.2
Wirth	PREP 63～354μm	930℃ 193MPa 2.5h	1020℃挤压 900℃模锻	1010℃ 0.05h,WQ 900℃,2h AC	柱状α	990	1088	12.7	28.3

注：表中缩写参看表 3-24 和表 3-27。

(3) 颗粒复合强化提高粉末钛合金的疲劳强度

一般来说，提高高周疲劳强度最简单的方法，是采用陶瓷颗粒对合金进行颗粒复合强化，随着陶瓷相颗粒的增加，其疲劳强度增大，而延性和断裂韧性急剧下降，考虑各种力学性能平衡协调，复合粒子含量为 10%（质量分数）较为合适。萩原益夫等人[157,158]研究了颗粒强化粉末钛合金 Ti-6Al-2Sn-4Zr-2Mo/10TiB 复合材料的高周疲劳强度性能。如表 3-29 所示，Ti-6Al-2Sn-4Zr-2Mo 粉末经压制、烧结和热等静压后，疲劳强度为 330MPa，加入 10%（质量分数）TiB_2 粉末（平均粒径 2μm）后，疲劳强度增大到 490MPa，再经过 β 相热处理后，进一步增大到 590MPa。图 3-109 给出了不同制备工艺的 Ti-6Al-2Sn-4Zr-2Mo/16TiB_2 复合材料与 Ti-6Al-2Sn-4Zr-2Mo 钛合金的 S-N 曲线。

表 3-29　BE、PM Ti-6Al-2Sn-4Zr-2Mo 和颗粒强化粉末钛合金 Ti-6Al-2Sn-4Zr-2Mo/10TiB 复合材料的力学性能[157,158]

样品	制备过程	UTS/MPa	EI/%	E/GPa	σ_r/MPa	J_{IC}/(kJ/m^2)
Ti-6Al-2Sn-4Zr-2Mo	P&S+HIP	1059	15	119	330	92
Ti-6Al-2Sn-4Zr-2Mo	P&S+β-WQ+HIP	1109	15	119	550	
Ti-6Al-2Sn-4Zr-2Mo	P&S+HIP	980	15		412	
Ti-6Al-2Sn-4Zr-2Mo	P&S+β-WQ+HIP	1088	15		647	
Ti-6Al-2Sn-4Zr-2Mo/10TiB_2	P&S+HIP	1253	2	140	490	37
Ti-6Al-2Sn-4Zr-2Mo/10TiB_2	P&S+HIP+β-HT	1273	2	140	590	

注：β-WQ—1323K/0.9ks/水淬；β-HT—β-WQ+(α+β)退火(1203K/5.4ks)；HIP—1203K/10.8ks/100MPa。

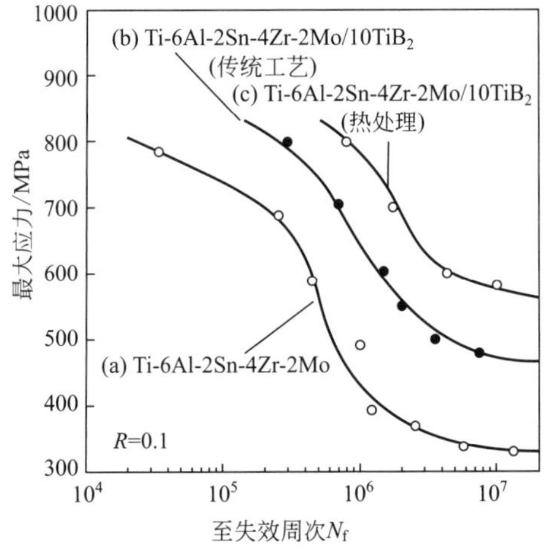

图 3-109　不同制备工艺的 Ti-6Al-2Sn-4Zr-2Mo/16TiB_2 复合材料与 Ti-6Al-2Sn-4Zr-2Mo 钛合金的 S-N 曲线[157,158]

复合材料的疲劳强度与抗拉强度、弹性模量和基体组织的微细化有关，抗拉强度越高，杨氏模量越大，基体（金属）组织越细，其疲劳强度越大。表 3-30 给出了用 TiC 或 TiB_2 颗粒增强 BE 粉末钛合金的力学性能。

表 3-30　用 TiC 或 TiB_2 颗粒增强的 BE 粉末冶金钛合金的力学性能[157,158]

BE 钛合金基	$\sigma_{0.2}$/MPa	σ_b/MPa	δ/%	ψ/%	E/GPa	K_{IC}或K_Q/MPa·m$^{1/2}$	氧含量/(μg/g)
Ti-6Al-4V(最小值)①②	828	895	10	25	114	—	2000(最大)

续表

BE 钛合金基	$\sigma_{0.2}$/MPa	σ_b/MPa	δ/%	ψ/%	E/GPa	K_{IC}或 K_Q/MPa·$m^{1/2}$	氧含量/(μg/g)
Ti-6Al-4V ELI(最小值)③	759	828	10	25	114	—	1300(最大)
Ti-6Al-4V BE CHIP④	690	793	9	15	114	85	1500
Ti-6Al-4V BE CHIP④	793	896	10	20	114	83	2500
Ti-6Al-6V-2Sn(最小值)	965	1034	14	23	112	75	2000
Ti-6Al-6V-2Sn CHIP④	931	1034	15	35	112	78	2800
Cerme Ti-C-10/64 CHIP④	945	1000	2	2	134	38	3000
Cerme Ti-C-10/64 CHIP⑤⑥	1069	1138	2	2	134	45	3000
Cerme Ti-C-10/662 CHIP⑤⑥	1034	1055	1	1	134	40	3000

①AMS-4930RevD。
②ASTM B 348 5 级。
③ASTM B 348 23 级。
④冷和热等静压,CHIP。
⑤960℃挤压+空冷。
⑥1030℃锻造+空冷。

出井裕等人[97]研究了采用等离子放电烧结制备 SCS-6/Ti-6Al-4V 复合材料的抗拉强度和疲劳强度。基体粉末为 40μm 的 Ti-6Al-4V，SCS-6 为 SiC 的强化纤维。SCS-6 的力学性能为：最低抗拉强度为 3450MPa，杨氏弹性模量为 400GPa，密度为 3.0g/cm^3，直径为 140μm，1in 为 129 根的 SiC 纤维，用 5 根 Ti-Nd 合金纤维（直径为 150μm）横向编织。在 32g Ti-6Al-4V 粉末中放置 2～4 片 SCS-6 纤维片，放电等离子烧结最大压力为 20tf，最大电流为 8000A，腔室真空度为 5Pa。通过等离子烧结，制备了 SCS-6/Ti-6Al-4V 连续纤维强化的复合材料（TMC），其室温和高温抗拉强度如图 3-110 所示，其室温和 600℃的疲劳强度如图 3-111 所示，在高周疲劳中（10^7 周）室温疲劳强度为 500MPa，600℃为 450MPa，600℃时疲劳寿命比 SCS-6/β21S、SCS-6/SP700 长。在低周疲劳中（10^5 周）600℃的疲劳寿命比室温要长。

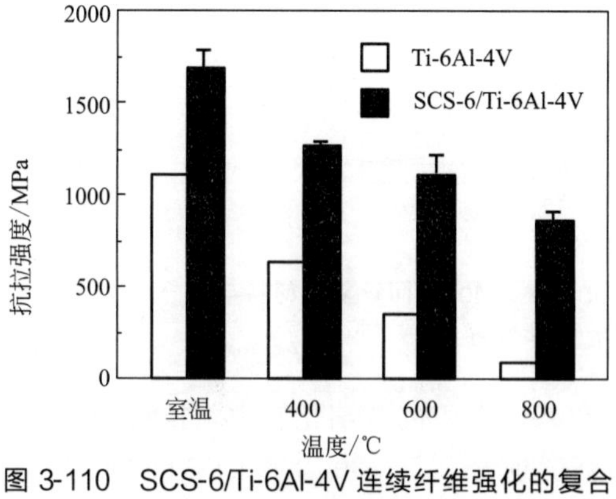

图 3-110　SCS-6/Ti-6Al-4V 连续纤维强化的复合材料（TMC）的室温和高温抗拉强度[97]

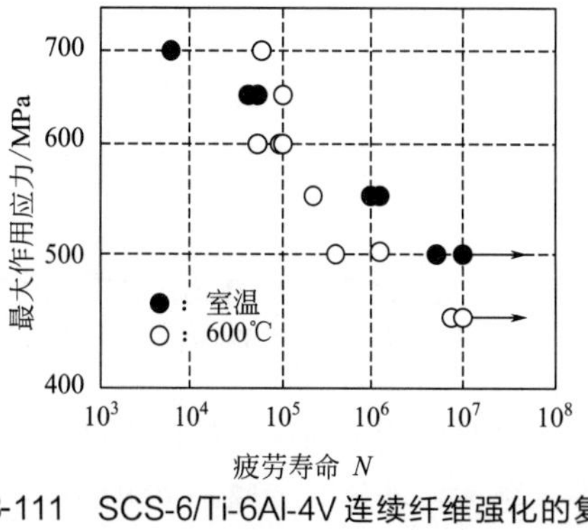

图 3-111　SCS-6/Ti-6Al-4V 连续纤维强化的复合材料（TMC）的室温和 600℃的疲劳强度[97]

Choe 等人[159]在 Ti-6Al-4V 注射成形粉末中添加了 TiB_2 粉末，在 1350℃真空烧结 4h，基体组织的晶粒尺寸降低，在含 β 量为 0.4%（质量分数）时，其疲劳强度从 291MPa（不含 B）增大到 435MPa，并且这种现象在高周下疲劳强度增大更加明显，低周下则不明显。

图 3-112 给出 B 含量的增加对晶粒尺寸的影响。图 3-113 给出了 B 含量对 Ti-6Al-4V 合金 MIM 合金的疲劳强度的影响。

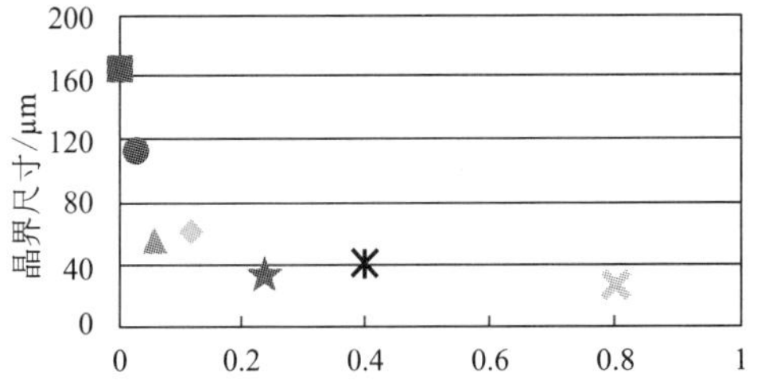

图 3-112　B 含量的增加对晶粒尺寸的影响[159]

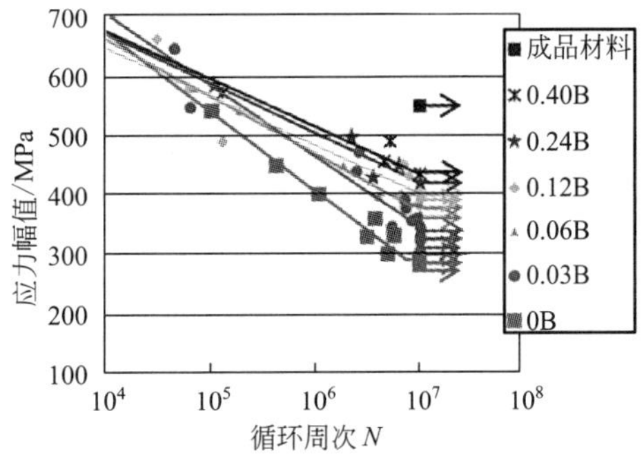

图 3-113　B 含量对 Ti-6Al-4V 合金 MIM 合金疲劳强度的影响[159]

Ferri 等人[160]在 Ti-6Al-4V 中添加了 TiB_2，MIM 试样经过烧结后进行喷丸处理，其疲劳强度达到了 640MPa，图 3-114 给出了 Ti-6Al-4V 和 Ti-6Al-4V-0.5B 喷丸处理后的 S-N 曲线。

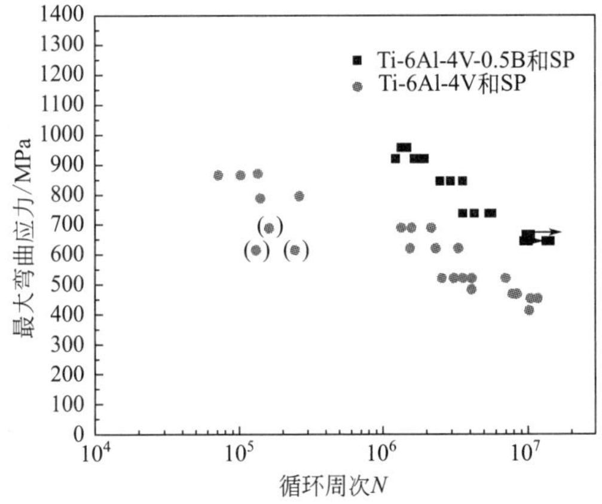

图 3-114　Ti-6Al-4V 和 Ti-6Al-4V-0.5B 喷丸处理后的 S-N 曲线[160]

图中带括号的点表明该试样在相应的弯曲应力下没有发生断裂

（4）缺陷对粉末钛合金疲劳强度的影响[16]

夹杂物对粉末钛合金的疲劳强度有很大的影响，它严重地降低了粉末钛合金的疲劳强度。广义来说，夹杂物包含外来杂质颗粒、内部杂质元素、间隙相、粗大的硬脆组织等。图 3-115 为加入杂质（SiO_2）颗粒的大小对疲劳强度的影响，杂质颗粒越大，其影响越大。图 3-116 为夹杂物低污染和高污染对疲劳强度的影响［图 3-116（a）］及污染物不同对疲劳强度的影响［图 3-116（b）］。从图中可以看出 50μm 杂质颗粒对疲劳强度有很大影响，要想提高合金的疲劳强度，粉末必须避免污染。

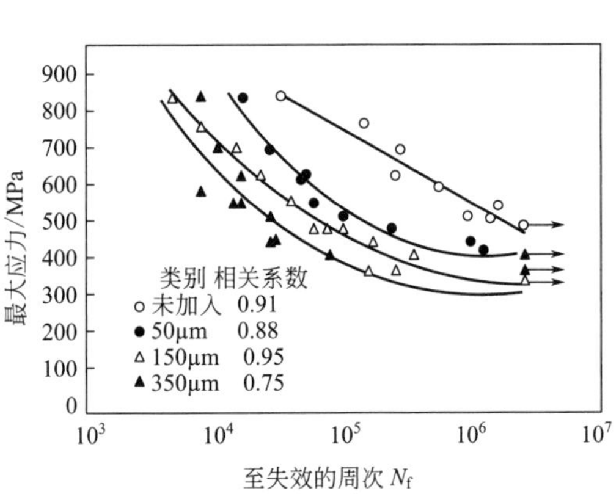

图 3-115　加入杂质（SiO_2）颗粒的大小对疲劳强度的影响[3]

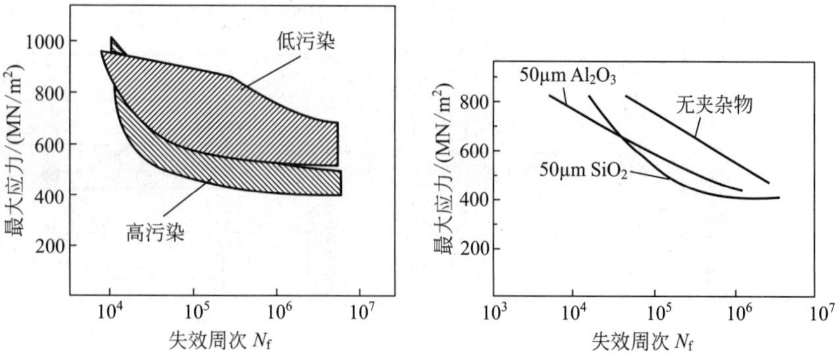

(a) 夹杂物低污染和高污染对疲劳强度的影响　　(b) 污染物种类对疲劳强度的影响

图 3-116　Ti-6Al-4V PA 疲劳寿命的比较[161]

孔隙度对粉末钛合金的疲劳强度影响也非常大。野田宗巨等人[110]对采用注射成形和真空烧结的 Ti 系合金疲劳强度进行研究，如图 3-117 所示。研究结果表明，通过优化工艺纯 Ti 的致密度为 0.95，Ti-6Al-4V 的致密度为 0.96；纯 Ti 的疲劳强度为 164MPa，Ti-6Al-4V 的疲劳强度为 230MPa，纯钛烧结材的疲劳强度仅为熔铸材的 70%，Ti-6Al-4V 烧结材疲劳强度仅为熔铸材的 45%，其原因为高温烧结后，组织粗大化、残存孔隙大。

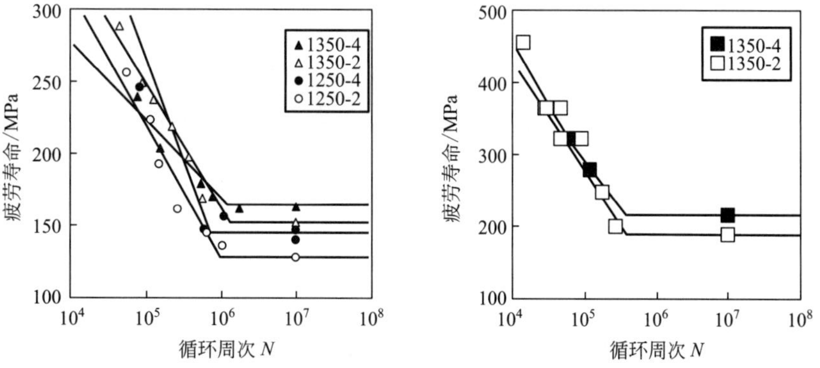

(a) Ti　　(b) Ti-6Al-4V

图 3-117　采用注射成形和真空烧结的 Ti 系合金疲劳强度与循环周次的关系[110]

1350-4—烧结温度 1350℃，烧结 4h；1250-2—烧结温度 1250℃，烧结 2h

某些显微组织既是一种组织也是一种缺陷。如前面所述的针状 α 相、粗大的层状 α 相和晶界 α 相等。对 TiAl 合金来说，α_2/γ 层状组织，根据 Blakburn 关系式：

$$(0001)_{\alpha_2} /\!/ \{111\}_{\gamma} \text{和} \langle 11\bar{2}0\rangle_{\alpha_2} /\!/ \langle 1\bar{1}0\rangle_{\gamma} \tag{3-18}$$

这种类型所出现的片层界面将导致 α_2 相和 γ 相层片之间的晶粒学排列，出现的各种片层间面在很大范围上平行于 α 相基面以及 γ 相 {111} 晶面。这种层片状组织在机械载荷作用下，错配界面将发生应力诱导结构变化引起裂纹萌生与扩展。

佐治重興[130]等人研究了燃烧合成的 TiAl 基金属间化合物的烧结组织和疲劳特性。研究者将燃烧合成的 Ti-Al 粉末压制成形后在比共析温度（1398K）更高的温度 1523～1648K 下烧结 25.2ks，烧结气氛为 Ar 气。由于烧结温度不同得到不同组织的烧结材。当烧结温度为 1523K、1553K、1573K 和 1648K 时其致密度分别为 0.91、0.938、0.968 和 0.97，烧结密度随着烧结温度的上升而提高。烧结材的显微组织随着烧结温度的不同而不同，1523K 和 1553K 的烧结材有比较多的 γ 相和少量的 α 相，其均为单相的等轴晶粒。1573K 和 1648K 的烧结材有比较多的单质 γ 相和少量的 α_2/γ 层状组织，还有少量 α_2 相混合组织，随着烧结温度的升高，钛合金的孔隙度减小，各种温度的疲劳强度为：致密度最低（孔隙度最大）的 1525K 烧结材最低，具有微细结构的（$\gamma+\alpha_2$）混合组织 1553K 烧结材最高，1573K 和 1648K 烧结材虽然致密度高，但当含有 $\alpha 2/\gamma$ 层状组织时，疲劳裂纹优先萌生、扩展，疲劳强度也比较低。燃烧合成的 TiAl 基金属间化合物其疲强比为 0.6～1，随着烧结温度降低，TiAl 合金具有高疲劳比特征。图3-118为在不同烧结温度下 TiAl 基金属间化合物的 S-N 曲线。图 3-119 为 TiAl 金属间化合物烧结温度与疲劳强度、疲劳比的关系。

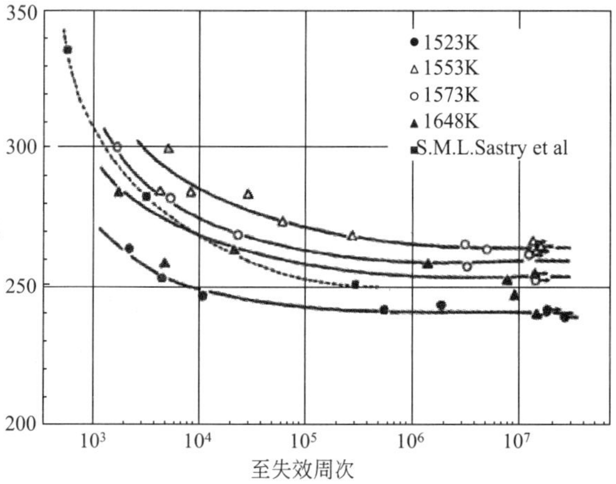

图 3-118　不同烧结温度下 TiAl 基金属间化合物的 S-N 曲线[130]

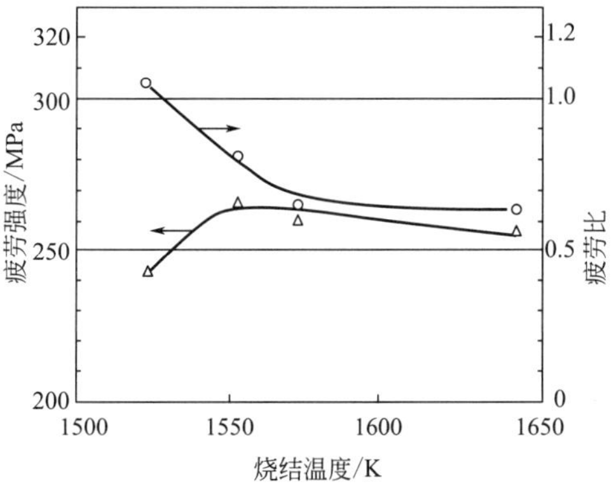

图 3-119　TiAl 金属间化合物烧结温度与疲劳强度、疲劳比的关系[130]

（5）调和结构对粉末钛合金疲劳性能的影响

所谓调和结构（harmonic structure）是晶粒粒径分布具有双峰分布的多相性特征的微观结构，这种结构由超微细晶粒至数微米程度的微细晶粒和具有数十微米的粗大晶粒组成，构成超微细晶粒三元空间的连续性、周期性的网络结构。这种调和组织具有细晶的高强度和粗晶的高延性以及其他意想不到的特性，并且成了粉末冶金的一种新的高性能材料制备方法，如图 3-120 所示。飴山惠及其团队[162]在这个领域进行大量的领先性工作。Kikuchi 等人[163]采用机械研磨和放电等离子烧结对带有一个双峰结构（即由细晶网状结构包围粗晶结构）的 Ti-6Al-4V 合金的疲劳特性进行了评估。实验方法为：等离子旋转电极得到粉末（186μm）在行星球磨机中机械研磨，球料比为 8∶1，1200r/min 转速球磨 25h，球磨粉末和原始粉末混合在一起，进行放电等离子烧结成试样，图 3-121 为原始粉末烧结试样具有的高抗拉强度和塑性。图 3-122 为原始粉末和调和结构粉末的烧结试样的四点弯曲疲劳性能的比较，在短寿命区（$N_f=1.3\times10^5$）原始粉末试样最大应力为 717MPa，但在 $N=10^7$ 次循环中均没有达到疲劳寿命的数据，而调和组织试样在最大应力 664MPa 和 777MPa 均达到了 10^7 次循环，调和组织试样表现出优异的四点疲劳性能。

图 3-123 给出了 σ_{max}/σ_{ts} 与失效的循环周次的关系（σ_{max} 为最大应力，σ_{ts} 为抗拉强度，Ti-6Al-4V的 $\sigma_{ts}=961$MPa），每个试样的疲劳寿命都随着 σ_{max}/σ_{ts} 降低而降低，这些平面图都在同一频段（相关因子为 0.69），烧结试样与熔铸大块试样相比仍具有较大的分散度的疲劳寿命，这个结果表明 Ti-6Al-4V 的疲劳寿命依赖于抗拉强度。

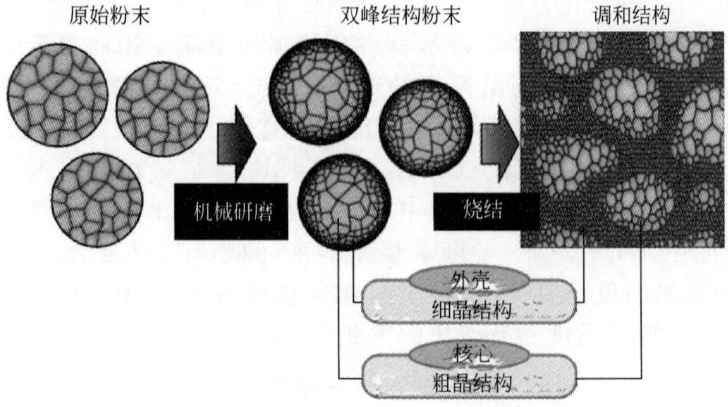

图 3-120 制备调和结构组织的 SPD/PM 过程示意[162]

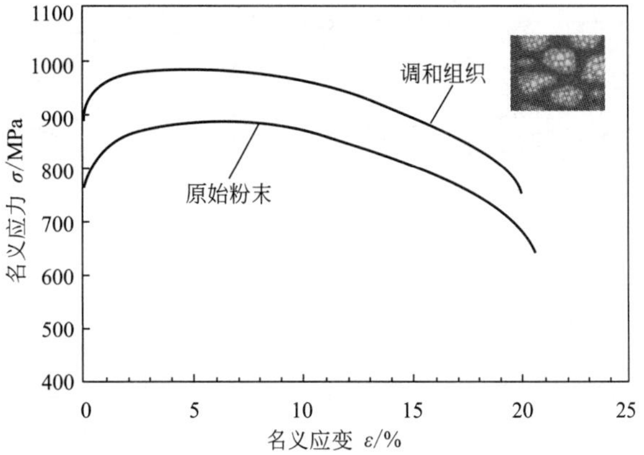

图 3-121 原始粉末烧结试样的抗拉强度和塑性[163]

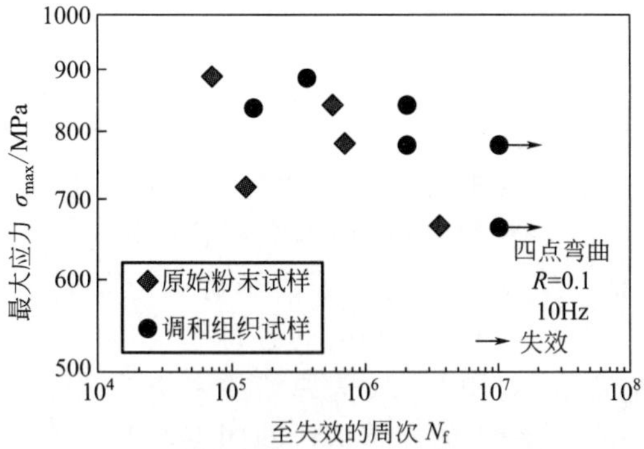

图 3-122 原始粉末和调和结构粉末的烧结试样的四点弯曲疲劳性能的比较[163]

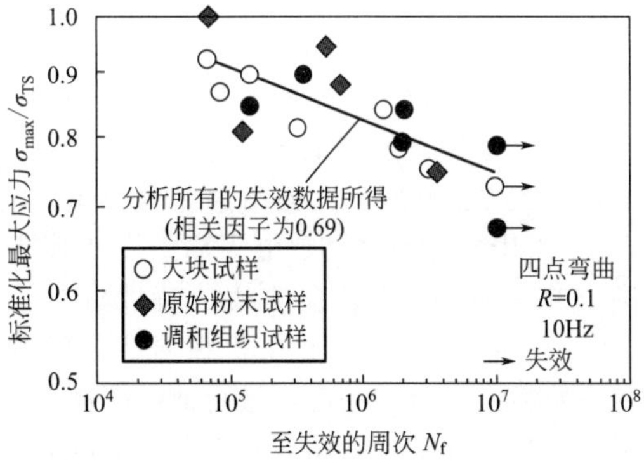

图 3-123 σ_{max}/σ_{ts} 与失效的循环周次的关系[163]

3.3 讨论

粉末钛合金的裂纹萌生与扩展的抗力和疲劳强度低于锻造钛合金，影响了粉末钛合金在承载件中的使用，为了解决这个难题，可以在如下两方面进行改进。

① 钛合金疲劳性能受氧化、氮化、氢化的影响，O、N、H、C 间隙原子导致裂纹萌生和促进裂纹扩展，氯元素对粉末钛合金疲劳特性也有很大影响，因此粉末钛合金生产必须采用清洁生产方式，所谓清洁生产方式是指粉末制备、成形和致密化应在惰性气体保护下进行，在粉末雾化中尽可能减少空心粉，采用极低氯元素的 BE 粉末，3D 打印/激光烧结在惰性气体下保护等。

② 粉末钛合金（Ti-6Al-4V 等）显微组织一般都存在 $\alpha+\beta$ 双相，通过热处理、工艺顺序的变换、BUS 处理、TCP 处理、NRIM 处理、调和处理等一系列方法，可得到不同形状和大小的两相组织，如粗大的层片结构、细小层片结构、针状细织、柱状组织、细小等轴晶、粗晶等。这些不同显微结构的配置可以提高裂纹萌生抗力、阻碍裂纹的扩展、提高疲劳强度，或者提高粉末钛合金整体的疲劳性能。

参考文献

[1] 莱恩斯 C，皮特尔斯 M. 钛及钛合金. 陈振华，等译. 北京：化学工业出版社，2005.

[2] Hall J A. Fatigue crack initiation in alpha-bcta titanium alloy. Int J. Fatigue，1997. 19（1）：S23-S27.

[3] Peters M，Lutjering G. Report CS-2933. Electric power research institute，1983.

[4] Wagner L，Lutjering. G Z. Metallkde，1987，87：369.

[5] Kuhlman G W . Microstructure/property relationships in titanium aluminides and allopys. TNS-AIME，1991：465.

[6] Boyer R R，Hall J A. //F H Froes F H，Caplan I. Titanium′92：Science and technology. TMS，1993：77.

[7] Puschnik H，Fladischer J，Lutjering G，Jaffee R I. // Froes F H，Caplan I，Titanium′92：Science and technology. TMS，1993：77.

[8] Demulsant X，Mendez J. Microstructural effects on small fatigue crack initiation and gowth in Ti6Al4V alloys. Fatigue Engng. Mater. Struct，1995，18（12）：1483-1497.

[9] Hines J A，Lütjering G. Propagation of microcracks at stress amplitudes below the conventional fatigue limit in Ti-6Al-4V. Fatigue crack Engng Mater Structure，1999，22：657-665.

[10] 皆川邦典. チタン合金の疲労破壊. 鉄と鋼，1989，(7)：1104-1111.

[11] Lutjering G，Gysler A Albrecht J. Influence of microstructure on fatigue resistance. Fatigue′96，EMAS，1996：893～904.

[12] Dowson A L，Hollis A C. The effect of the alpha phase volume fraction and stress ratio on the fatigue crack growth characteristics of the near-alpha IMI834 Ti-alloy. Int，J Fatigue，1992，14（4）：261-270.

[13] 西田新一，浦島親行，高野則之. Ti-6Al-4V 合金の疲労強度と微視的疲労き裂の発生. 材料，1993，10：1179-1185.

[14] 小熊博幸，中村孝. Ti-6Al-4V 合金の内部破壊における初期き裂進展領域の形成因子. 材料，2011，12：1072-1078.

[15] Murakami Y，Nomoto T，Ueda T. On the mechansim of fatigue fsailure in the superlong life regime（$N>10^7$ cycles). Part I ：influence of hydrogen trapped by inclusions. Fatigue & Fracture of Engineering Materials & Structures，2000，23：893-902.

[16] Adachi S，Wagner L，Lutjering G. Titanium Science and Technology. Proc. 5th Intl. Conf.，1985.

[17] 刘昌奎，张卫方. 钛合金疲劳裂纹的萌生与控制行为研究进展. 宁波：全国航空航天装备失效分析研讨会，2006.

[18] 塩澤和章，黒田泰嗣，西野精一. β型チタン合金の内部疲労き裂発生挙動に及ぼす応力比の影響. 日本機械学会論文集（A 編），1998，10：94-101.

[19] Gregory J K，Wagner L，Muller C. Vassel A.，Kylon D，Combes Y. Beta Titanium Alloys.，Editions de la Revue de Metallurgie 1994：229.

[20] Styczynri A . Kiese J，Wagner L. Lutjering G ，Nowacr H. Fatigue′96. Pergmon Press，1996：911.

[21] Kiese J，Wagner L. Lutjering G，Nowacr H. Fatigue′96. Pergmon Press，1996：959.

[22] Drechslfr A，Dorr T，Kiese J，Wagner L. Lee E W，Frazier W E，Jata K，Kjm N J. Light-weight alloys for aerospace applications IV. TMS，1997：151.

[23] 秋庭義明，田中啓介，木村英彦，小越慎. 金属間化合物 TiAlにおける切欠き底微小疲労き裂の伝ぱ挙動. 材料，1997，46，(11)：1261-1267.

[24] Lütjering S. The effect of microstructure on the tensile and fatigue behavior of Ti-22Al-23Nb in air and vacuum. OH：University of Dayton，1998：185.

[25] Rajappa Gnanamoorthy，武藤睦治，正橋直哉，水原洋治. TiAl 系金属間化合物の疲労き裂伝ぱ特性と微視組織の影響. 材料，1996，8：919-926.

[26] Atsushi S，Yoshihiko U，Masahiro J. Fatigue 2001，Pro 8th Int Fatigue Congress. Stockholm：EMAS，2002：2911.

[27] Ravichandran K S. Scr Metall，1990，39：401.

［28］ Ravichandran K S. Scr Metall Mater，1990，24：1275.

［29］ Ravichandran K S. Scr Metall Mater，1990，24：1559.

［30］ 马英杰，刘建荣，雷家峰，李王兰，刘羽，杨锐. 钛合金疲劳裂纹扩展速率 Paris 区中的转折点. 金属学报，2008，(8)：973-976.

［31］ Suresh S. 材料疲劳. 王光中，等译. 北京：国防工业出版社，2002.

［32］ 陶春虎，刘庆瑔，曹春晓，等. 航空用钛合金的失效及其预防. 北京：国防工业出版社，2002.

［33］ Gray G T，Lurjering G. // Beevers C J. Fatigue'84. EMAS，1984：707.

［34］ Wagner L，Gregory J K，Gysler A，Lurjering G. Ritchie R O，Lankford J L. Small fatigue cracks. TMS，1986：117.

［35］ Wagner J，Lurjering G L. // Titanium'88：Science and Technology. Les Editions de la Physique，1988：345.

［36］ Gregory J K，Nicholas T，Thompson A W，Williams J C. Ritchie R O，Lankford J. Small fatigue cracks. TMS，1986：499.

［37］ Lütjering G，等. 钛合金的疲劳性能综述. 杨冠军译. 稀有金属材料和工程，1986，5：66-75.

［38］ Berg A，Kiese J，Wagner L. // Lee E W，Jata K V，Kjm N J，Frazier W E. Light-weight alloys for aerospace application Ⅲ. TMS，1995. 407.

［39］ Lindemann J，Styczynski A，Wagner I. // Lee E W，Jata K V，Kjm N J，Frazier W. E. Light-weight alloys for aerospace application III. TMS，1995：391.

［40］ 野末章，大久保忠恒. Ti-6Al-4V 合金の疲労き裂進展に及ぼす初析 α 相の影響．日本金属学会誌，1988，11：1057-1062.

［41］ Stubbington C A. Metallurgical aspects of fatigue and fracture in titanium alloys // Alloy design for fatigue and fracture resistance. Brussels：NATO Press，1976：3-6.

［42］ Bowen A W. Some relationship betwenn crystallography and stage II fatigure crack growth in a Ti-6-4 alloy. // Bowen A W. Conference on microstructure and design of Alloy. Cambridge：Institute of Metals，1973：446-450.

［43］ 上官晓峰，付小琪. TC4 钛合金的疲劳裂纹扩展 Walker 公式. 西安工业大学学报，2012，(2)：127-129.

［44］ 李静，祝力伟，朱知寿，王新南. TC4-DT 钛合金疲劳长裂纹扩展速率的数学描述方程. 钛工业进展，2014，(6)：22-25.

［45］ 张亚娟，姚易，刘海燕. Ti-6Al-4V 钛合金的疲劳裂纹扩展规律. 理化试验：物理分册. 2011，47 (12)：752-755.

［46］ 崔性大，三沢啓志，秋田貢一，児玉昭太郎. Ti-6Al-4V 合金の溶体化処理・時効処理材の疲労破面におけるX線フラクトグラフィ. 日本機械学會論文集（A編），1997，11：2387-2392.

［47］ 邓瑞刚，毛小南，杨冠军，张鹏省. 钛合金疲劳行为研究现状. 热加工工艺，2011，40，(8)：1-4.

［48］ Ghonem H，Foerch R. Fatigue crack growth behaviors of a new burn-resistant highly-stabilized beta titanium alloy. Materials Science and Engineering，1991，A138：69-81.

［49］ Lefranc P，Sarrazin Baudoux C，Doquet V，et al. Investigation of zhe dwell periods influence on the fatigue crackgrowth of a titanium alloy. Scripta. Mater. 2008，(9)：1-3.

［50］ 吴欢，赵永庆，曾卫东. 疲劳裂纹扩展行为的研究现状及钛合金的疲劳裂纹扩展特征. 中国材料进展. 2007，26 (7)：1-6.

［51］ 于兰兰，毛小南，李辉. 温度对 TC4-DT 损伤容限型钛合金疲劳裂纹扩展行为的影响. 稀有金属快报，2007，26 (12)：21-23.

［52］ Gregory J K，Wagner L. GKSS-Report 92/E/7，1992.

［53］ Alijson J E，Whliams J C. Titanium Science and Technology Proc. Intl. Conf.，1985：2243.

［54］ 戸梶惠郎，小川武史，柴田英明，神谷征典. Ti-6Al-4V 合金の疲労挙動に及ぼすガス窒化の影響. 日本機械学会論文集（A編），1991，10：2293-2299.

［55］ 中佐啓治郎，堀田雅昭，劉建平. Ti-6Al-4V 合金の水素チャージ下における疲労き裂の発生および伝ぱ. 日本機械学会論文集（A編），1991，1：25-31.

［56］ Lynch S P. Environmentally assisted cracking：overview of evidence for an adsorption-induced localised-slip process. Acta Metallurgica，1988，36：2639-2661.

［57］ Suresh S，Zamiski G F，Ritchie R O. Oxide induced crack closure an explanation for near threshold corrosion fatigue crack growth behavior. Metallurgical Transactions，1981 (12)：1435-1443.

［58］ Sarrazin-Baudoux C，Lesterlin S，Petit J. Atmospheric influence on fatigue crack prpagation in titanium alloys at elevated temperature. // Proceedings of the 27th National Symposium on Fatigue and Fracture Mechanics. West Conshohoken，PA：ASTM Special Technical Publication，1997：117-139.

［59］ 中佐啓治郎，堀田雅昭，佐藤博史. Ti-13V-11Cr-3Al 合金の疲労き裂伝ぱ挙動に及ぼす水素チャージの影響. 材料，1992，41，1248-1254.

［60］ Dorr T，Wagner L. // Gregory J K，Rack H J，Eylon D. Surface performance of titanium alloys. TMSAIME，1996：231.

［61］ Dorr T，Wagner L. Brebbia C A，Kenny J M. Surface Treatment IV. WIT-Press，1999：281.

［62］ Dorr T：Ph. -D. thesis，BTU Cottbus 2000.

［63］ Peters M，Lütjering G. Report CS-2933. Electric Power Research Institute，1983.

［64］ Drechsler A，Dorr T，Kiese J，Wagner L. // Lee E W Frazier W. E，Jata K，Kim N J. Light-weight alloys for aerospace applications IV. TMS，1997：151.

[65] Drechsler A：Ph. -D. thesis，BTU Cottbus，2001.
[66] 竹内悦男，古谷佳之，長島伸夫，松岡三郎. Ti-6Al-4V 合金の疲労特性に及ぼす応力比の影響. 鉄と鋼，2007，4：309-316.
[67] Lindemann J，Wagner L. Mat. Sci. Eng. A，1997：1118.
[68] Lindemann J. Ph. -D. thesis，BTU Cottbus，1999.
[69] Wagner L，Lütjering G. //Kitagawa H，Tanaka T. Fatigue' 90. MCEP，1990：323.
[70] Gray H，Wagner L，Lütjering G//Wohlfahrt H，Kopp R，Vohringer O. Shot Peening. DGM，1987：467.
[71] 柴田英明，小川武史，堀智明，戸梶恵. Ti-15Mo-5Zr-3Al 合金の疲労挙動に及ぼすガス窒化の影響. 日本機械学会論文集（A 編），1993，8：1795-1799.
[72] 森田辰郎，高橋渉，前田尚志，松本啓. Ti-20V-4Al-1Sn 合金の疲労特性に及ぼす水素吸蔵後の時効処理の影響. 日本機械学会論文集（A 編），2007，12：1375-1381.
[73] 何晓，岳俊，沈保罗，等. 氢对 Ti-4Al-2V 钛合金疲劳强度的影响. 核动力工程，2003，24（4）：297-301.
[74] 韩凤麟，张荆门，曹勇家. 粉末冶金手册（下）. 北京：化学工业出版社，2012：83-105.
[75] 美国金属学会. 金属手册（第七卷）：粉末冶金. 韩凤麟译. 北京：机械工业出版社，1994.
[76] 韩凤麟，马福康，曹勇家. 粉末冶金技术手册. 北京：化学工业出版社，2009.
[77] 金子泰成，鉿山恵，斉藤勝義，岩崎弘通，時実正治. チタン粉末の射出成形. 粉体および粉末冶金，1988，35（7）：646-650.
[78] 河野富夫，洞田亮，近藤鉄也. 金属射出成形法によるチタンおよびチタン合金の製品化技術. 粉体および粉末冶金，1997，44（11）：985-992.
[79] 鉿山恵，金子泰成，岩崎弘通，時実正治. 射出成形法のチタンおよびチタン水素化物粉末への応用. 材料，1990，39（437）：120-125.
[80] 三浦秀士，伊藤芳典. MIMによるTi 焼結合金の高性能化. 高温学会誌，2010，36（2）：54-58.
[81] 伊藤芳典，針幸達也，佐藤憲治，三浦秀士. 加熱脱脂および溶媒脱脂を考慮したMIM 用バインダの検討. 粉体および粉末冶金，2002，49（6）：518-521.
[82] 伊藤芳典，針幸達也，佐藤憲治，北島明子，清水透，三浦秀士. MIM 純チタンの延性改善に関する検討. 粉体粉末冶金協会講演概要集. 平成 15 年度春季大会，2003：187.
[83] 植松俊明，伊藤芳典，佐藤憲治，三浦秀士. MIM Ti-6Al-4V 合金における焼結敷板の影響. 粉体粉末冶金協会講演概要集. 平成 17 年度秋季大会，2005：118.
[84] Itoh Y，Harikou T，Sato K，Miura H. Improvement of ductility for injection moulding Ti-6Al-4V alloy. Proceedings of Powder Metallurgy World Congress &exhibition PM2004，2004：445-450.
[85] Itoh Y，Miura H，Sato K，Niinomi M. Fabrication of Ti-6Al-7Nb alloys by metal injection molding. Materials science forum. 2007：357-360.
[86] Sidambe A T，Figueroa I A，Hamilton H，et al. Metal injection moulding of CP-Ti components for biomedical applications. Journal of Materials Processing Technology，2012，212：1591-1597.
[87] Obasi G C，Ferri O. M，Ebel T，et al. Influence of processing parameters on mechanical properties of Ti-6Al-4V alloy fabricated by MIM. Materials Science and Engineering A，2010，527（16/17）：3929-3935.
[88] Toshiko Osada，Yusuke Kanad，Kentaro Kudo，Fujio Tsumori，Hidashi Miura. High temperature mechanical properties of TiAl intermarallic alloy parts fabricated by metal injection molding. J. Jpn Sco. Powder Metallarqy，2016，63（7）：457-461.
[89] 寺内俊太郎，寺岡常雄，新熊隆，杉本隆史. 金属粉末射出成形によるTiAl 金属間化合物の開発. 粉体および粉末冶金，2000，47（12）：1283-1287.
[90] Kim Y C，Lee S，Ahn S. Application of metal injection molding process to fabrication of bulk parts of TiAl intermetallics. Journal of Material Science，2007，42（6）：2048-2053.
[91] Gerling R，Aust E，Limberg W，et al. Metal injection moulding of gamma titanium aluminide alloy powd. Materials Science and Engineering A，2006，423（1/2）：262-268.
[92] Oliver Blinda，Lorena H，Bruno D. Characterization of hydroxyapatite films obtained by pulsed-laser deposition on Ti and Ti-6Al-4V substrates. Dental Mater，2005，21（11）：1017.
[93] Bisho P A，Lin C Y，Navartnam M. A funetionally gradient material produced by a powder metallurgical process. J Mater Sci Lett，1993，12（19）：1516.
[94] 坂本裕紀，川上雄士. 多孔質チタンの焼鈍と力学的生体適合性の関係. 粉体および粉末冶金，2011，12：710-714.
[95] 青柳成俊，小黒将志，鎌土重晴，小島陽. SPS 法で製造したTi-6%Al-4%V 合金多孔質焼結材の組織と力学的特性. 軽金属，2009，59（9）：491-497.
[96] 大森守，大久保昭，宮尾里香，亘理文夫，平井敏雄. SPS 法によるチタニウム/ハイドロキシアパタイト系傾斜機能材料の作製. 粉体および粉末冶金，2000，47（11）：1234-1238.
[97] 出井裕，金原壮，岡野道治. 放電プラズマ焼結法によるSCS-6/Ti-6Al-4V 複合材料の引張および疲労強度. 粉体および粉末冶金，2005，52（10）：722-729.
[98] 出井裕，金原壮，岡野道治. 放電プラズマ焼結法で作製したSCS-6/Ti-15V-3Cr-3Sn-3Al 複合材料の強度特性. 日本航空宇宙学会論文集，2005，53，N0616：209-214.
[99] 菊池源基，出井裕，高橋雄也. 放電プラズマ焼結法によるSP-700（Ti-4. 5Al-3V-2Fe-2Mo）合金およTiB/SP-700

の焼結性と力学的特性. 粉体および粉末冶金，2012，59（9）：570-576.
[100] 清水透，中野禅，萩原正，佐藤直子. 金属三次元積層造形法の最新動向. 精密工学会誌，2014，118（112）：1066-1070.
[101] 王华明，张述泉，温海波，李鹏，方艳硕，李安. 大型钛合金结构激光快速成形技术研究进展. 航空精密制造技术，2008，44（6）：28-30.
[102] 卢秉恒，李涤尘. 增材制造（3D打印）技术发展 . 机械工程导报，2012，11/12.
[103] Arcella F C，Froes F H. Poducing titanium aerospace components from powder using laser forming. JOM，2000（52）：28-30.
[104] Carpenter Technology Corp. DTM Corp. Mater Prog. Met. Adv. Mater. Process [M]. Thermacore Internation Inc. 2000，158：15.
[105] David Abbott. Frank arcella lser forming titanium components. Advanced Materials&Processes，1998，（5）：29-30.
[106] Moll J H. Laser forming of gamma titanium aluminide. Gamma Titanium Aluminide-1999，TMS，1999：255-263.
[107] Froes H F，Eyloy D. Powder metallurgy of titanium alloys. International Materials Reviews，1990，35（3）：162-183.
[108] Froes H F，Eyloy D. Powder Metall. Int，1985，17（4）：163-167；（5）：235-238.
[109] 李少强，刘健荣，王清江，闫伟，李玉兰，杨锐. 高温钛合金 Ti-60 粉末的制备和表征. 材料研究学报，2016，24（1）：10-16.
[110] 野田宗巨，长田稔子，津守不二夫，三浦秀夫. MIMプロセスによるTi系焼結合金の疲労破壊挙動（その1）. 粉体および粉末冶金，2011，6：355-360.
[111] 张凤英，陈静，谭华，吕晓卫，黄卫东. 钛合金激光快速成形过程中缺陷形成机理研究. 稀有金属材料与工程，2007，36（2）：211-215.
[112] 柏林，赵志国，龚海波，李黎，李怀学. 航空用钛合金结构件激光成形技术研究进展. 航空制造技术，2013，11：44.
[113] Arit Pal，Singh，Brian Gabbitas，Deliang Zhang. Fracture toughness of powder metallurgy and ingot titanium alloys-A review. Key Engineering Materials，2013，551：143-160.
[114] Conrad H. Effect of interstitial solutes on the strength and ductility of titanium. Progress in Materials Science，1981，26：123-403
[115] Oh J M，Lee B G，Cho S W，Lee S W，Choi G S，Lim J W Oxygen effects on the mechanical properties and lattice strain of Ti and Ti-6Al-4V. Metals and Materials International，2011，17：733-736.
[116] Liu Z，Welsch G. Effects of oxygen and heat treatment on the mechanical properties of alpha and beta titanium alloys. Metallurgical and Materials Transactions A，1988，19：527-542.
[117] Gu J，Hardie D. Effect of hydrogen on tensile ductility of Ti-6Al-4V，Part 2. Fracture of pre-cracked tensile specimens. Journal of Materials Science，1997，32：609-617.
[118] Wasz M L，Brotzen F R，Mclellan R B，Griffin Jr A J. Effect of oxygen and hydrogen on mechanical properties of commercial purity titanium. International Materials Reviews，1996，41：1-12.
[119] Lefebvre L P，Baril E，Bureau M. Effect of the oxygen content in solution on the static and cyclic deformation of titanium foams. Journal of Materials Science：materials in Medicine，2009，20：2223-2233.
[120] 郑秋明，唐仁波. 粉末钛合金过早疲劳断裂的探讨. 稀有金属材料与工程，1987，3：6-9.
[121] Jonathan C Beddoes，et al. The International Journal of Powder Metallurgy，1992，28（3）：313.
[122] Zhu Liankui，Zhang Yincai. Powder Metallurgy Technology，1998，17（2）：101.
[123] 吴引江，兰涛，周廉，金志浩. Ti-5Al-25Sn 粉末冶金颗粒界面在热等静压过程中的变化. 稀有金属材料与工程，2000，29.（5）：336-339.
[124] Wirth G，Grundhoff K J. On purity problems of powder for isostatically hot-pressed PM-Ti6Al4V structure parts. Zeitschrift fur Metallkunde，1981，72（10）：673-678.
[125] 邬军，徐磊，雷家峰，刘羽寅. 粉末冶金 Ti-5Al-2. 5SnELT 合金显微组织研究 . 稀有金属材料与工程，2015，44（9）：2255-2259.
[126] Umezawa O，Nagai K，Ishikawa K. Materials Science and Engineering A，1990，129：217.
[127] 萩原益夫，海江田義也，河部義邦，三浦伸. 素粉末混合法 Ti-6Al-4V 合金の組織制御による機械的特性の改善. 鉄と鋼，1986，6：151-158.
[128] Eylon，Froes F H，Heggie D G，Blenkinsop D A，Gardiner R W. Metall. Trans，1983，14A：2497.
[129] 萩原益夫，海江田義也，河部義邦，三浦伸，平野忠男，長崎俊介. 組織制御を施した素粉末混合法 Ti-5Al-2. 5Fe 合金の製造とその機械的性質. 鉄と鋼，1991，1：139-146.
[130] 佐治重興，平尾桂一，山根壽己，目秦将志，横手隆昌. 燃焼合成法によるTiAl基金属間化合物粉の焼結組織と疲労特性. 軽金属，1994，44（3）：152-157.
[131] Fei Cao，Pankaj，Mark Koopman，Chenluh lin，Z Zak Fang，K S Ravi Chandran. Understanding competing fatigue mechanisms in powder metallurgy Ti-6Al-4V alloy：Role of crack initiation and duality of fatigue response. Materials Science & Engineering A，2015，A630：139-145.
[132] Schwenker S W，Sommer A W，Eylon D Wod，Froes F H. Fatigue crack growth rate of Ti-6Al-4V prealloyed powder compacts，metallugical transactions A. 1983，14A：1524-1525.

[133] Geisendorfer R F. 用预合金粉末生产 Ti-6Al-4V 合金板. 兰涛译. 稀有金属材料与工程，1982，4：68-74.
[134] Cao Yuankui，Zeng Fanpei，Liu Bin，Liu Yong，Lu Jinzhong，Gan Ziyang，Tang Haiping. Characterization of fatigue properties of powder metallurgy titanium alloy. Materials Science & Engineering A，2016，A654：418-425.
[135] Bantounas D Dye，T C Lindley. The effect of grain orientation on fracture morphology during high-cycle fatigue of Ti-6Al-4V. Acta Mater，2010，58：3908-3918.
[136] Bantounas D Dye，T C Lindley. The role of microtexture on the faceted fracture morphology in Ti-6Al-4V subjected to high-cycle fatigue. Acta Mater，2010，58：3908-3918.
[137] Sami M，El-Soudani，Kuang-o Yu，Erbie M Crsit，Fusheng Sun，Michael B C- ampbell，Tony S Esposito，Joshua J Phillips，Vladimir Moxson，Vlad A Duz. Optimization of blended-elemental powde-based titanium alloy extrusions for aerospace applications. Metallurgical and Materials Transactions A，2013，44 (2)：899-910.
[138] 柴田英明，戸梶恵郎，塩田祐久，太田裕人. 二相 Ti-33. 3mass%Al 金属間化合物射出成形材の疲労強度および疲労き裂進展特性. 軽金属，1995，45 (8)：465-470.
[139] Gloance A L，Henaff G，Bertheau D，Belaygue Grangm. Fatigue crack growth behaviour of a gamma-titanium-aluminide alloy prepared by casting and powder metallurgy. Script Materialia，2003，49：825-830.
[140] 水越秀雄，渋江和久. 反応焼結法により作製したTiAl 金属間化合物の破壊じん性. 日本金属学会誌，1992，56 (3)：342-346.
[141] 杨杰穷，陈静，赵卫强，谭华，林鑫. 激光立体成形 TC11DT 钛合金裂纹扩展速率研究. 应用激光，2014，8：277-282.
[142] 陈静，张凤英，谭华，林鑫，黄卫东. 激光多层熔覆沉积预混合 Ti-xAl-yV 合金粉末在熔池中熔化与偏析行为. 中国激光，2010，8：2155-2159.
[143] Leuders S，Thone M，Riemer A，Niendorf T，Troster T，Richard H A，Maier H J. On the mechanical behaviour of titanium alloy TiAl6V4 manufacture by selective laser melting：Fatigue resistance and crack growth performance . International Journal of Fatigue，2013，48：300-307.
[144] Blumenauer H，Pusch G. Technische Bruchmechanik，Deutscher Verlag für Grundstoffindustrie. Leipzig，1993 [in German].
[145] 谢旭霞，张述泉，汤海波，方艳丽，李鹏，王华明. 退火温度对激光熔化沉积 TA15 钛合金组织和性能的影响. 稀有金属材料工程，2008，9：1510-1515.
[146] 王华明，张述泉，王向明. 大型钛合金结构件激光直接制造的进展与挑战. 中国激光，2009，12：3704-3709.
[147] Eylon D，Vogt R G，Froes F H. //Carlson E A，Gaines G. Progress in powder metallurgy：Vol. 42. Princeton，NJ，Metal Powder Industries Federation，1986：625-634.
[148] Abkowitz S，Rowell D M. // Carlson E A，Gaines G. Progress in powder metallurgy：Vol. 42. Princeton，NJ，Metal Powder Industries Federation，1986：625-634.
[149] 韩凤麟，张荆门，曹家勇 . 粉末冶金手册（下）. 北京：化学工业出版社，2012.
[150] 萩原益夫，河部義邦. 素粉末混合法によるチタン粉末冶金合金の製造とその特性. 鉄と鋼，1989，2：221-227.
[151] Vogt R O，Eylon D，Levin. // Froes F H，Eylon D. Titanium net shape technologies. Warrendate，PA，Metallurgical Society of AIME，1984：145-154.
[152] Levin L，Vogt R G，Eylon D，Froes F H. // G Lutjering，et al. Titanium，science and technology：Vol. 4. Oberursel，FRG，Deutsche Gesellschaft fur Metallkunde，1985：2017-2114.
[153] 萩原益夫，海江田義也，河部義邦，山口弘二，下平益夫，三浦伸. α-β 型チタン合金の組織制御を施した素粉末混合法による高性能化. 鉄と鋼，1991，12：221-227.
[154] 萩原益夫，海江田義也，河部義邦，三浦伸. 素粉末混合 Ti-6Al-4V 合金の疲労特性に及ぼす微視組織の影響. 鉄と鋼，1990，12：2182-2189.
[155] Fei Cao，K S Ravi Chandran. Fatigue performance of powder metallurgy (PM) Ti-6Al-4V alloy：A critical analysis of current fatigue data and metallurgical approaches for improving fatigue strength. Metals & Materials Society，2016，3：735-746.
[156] K S Ravi Chandran. Department of metallurgical engineering，The University of Utah，Salt Lake City，UT，Unpublished reasearch，2015.
[157] 萩原益夫，金成俊，江村聡，河部義邦. 粒子強化型 P/MTi-6Al-2Sn-4Zr-2Mo/TiB 複合材料の基質の金属組織制御による高サイクル疲労強度の向上. 鉄と鋼，1998，84 (9)：678-684.
[158] 萩原益夫，江村聡，河部義. 粒子強化型 P/M Ti-6Al-2Sn-4Zr-2Mo/TiB 複合材料の製造と特性評価. 鉄と鋼，1997，83. (12)：821-826.
[159] Jungho Choe，Toshino Osada，Kentaro Kudo，Fujio Tsumori，Hideshi Miora. Effect of minor boron addition on the fatigue strength and high temperature properties of injection molded Ti-6Al-4V compacts. J. Jpn Soc. Pander Metallurgy，63. (7)：451-456.
[160] Ferri O. M，Ebel T，Bormann R. The Influence of a Small Boron Addition on the Microstructure and Mechanical Properties of Ti-6Al-4V Fabricated by Metal Injection Moulding Advanced Engineering Materials，2011，13 (5)：436-447.
[161] Froes F H，Eylon D. Titanium net shape technologies. Warrendale，PA：Metallurgical Society of AIME，1984.

[162] 太田美絵，飴山惠. 一粉末冶金の新しい可能性一調和組織制御法による高強度・高延性材料の創製. 粉体および粉末冶金，2015，62 (6)：297-301.

[163] Shoichi Kikuchi，Kotaro Takemura，Yosuke Hayami，Akira Ueno，Kei Ameyama. Evaluation of the fatigue properties of Ti-6Al-4V alloy with harmonic structure in 4-Points Bending. Materials，2015，11：880-886.

第4章

粉末冶金镁合金的疲劳特性

镁是所有结构用金属及合金中密度最低的材料。与其他结构金属材料相比，镁及镁合金具有比强度、比刚度高，减震性、电磁屏蔽和抗辐射能力强，切削加工性能好，易回收等一系列优点，在汽车、电子、电器、交通、航空航天和国防军事工业领域具有极其重要的应用价值和广阔的应用前景，是继钢铁和铝合金之后发展起来的第三类金属结构材料，并被称为21世纪的绿色工程材料。随着很多金属矿产资源的日益枯竭，镁以其资源丰富而日益受到重视，特别是材料轻量化技术及环保问题的需求，更加刺激了镁工业的发展。目前，镁及镁合金材料的研究已成为世界性的热点。

导致镁研究和应用发展缓慢的主要原因是未能很好地解决镁的加工成形问题和耐腐蚀问题。镁属于密排六方晶体结构的金属，塑性变形能力差，很难加工成板、带、棒、型材，因而其应用受到极大的限制。随着对镁及其合金的制备、加工技术及相关问题和腐蚀问题的研究，上述问题可望得到很好的解决。近年来的研究表明，采用快速凝固、喷射沉积、粉末冶金等先进材料制备技术可以显著改善镁的加工成形性能，利用等径角挤压、超塑性成形等先进材料加工技术可以制备出高性能的镁及其合金材料，其耐腐蚀性能也可以得到明显的改善。

随着镁合金在航空航天、高铁和汽车等交通运输工具中作为结构材料使用范围的日益扩大，由零部件失效产生的疲劳问题引起材料研究者和工程人员的重视，特别是镁合金在腐蚀环境和高温环境下的疲劳裂纹更值得关注。目前镁合金的疲劳研究尚处于初级阶段，尤其粉末镁合金的疲劳研究工作甚少，因此对镁合金尤其是粉末冶金镁合金的疲劳问题进行深入研究对于开发高性能的镁合金具有较为重要的意义。

4.1 铸造和变形镁合金的裂纹萌生与扩展

4.1.1 镁和镁合金的形变机理和疲劳破坏[1~5]

（1）镁合金的独立滑移系[1]

镁合金主滑移系是（0001）的基面滑移，独立滑移系有两个，非基面滑移系有 $\{10\bar{1}0\}$ $<11\bar{2}0>$柱面滑移、$\{1\bar{1}01\}$ $<11\bar{2}3>$的一次锥面滑移和 $\{11\bar{2}2\}$ $<11\bar{2}3>$的二次锥面滑移［second order pyramidal（$c+a$）slip，SPCS］。

基面滑移系和棱柱面滑移系一共只能提供四个独立的滑移系，不能充分满足 Von-Mises 准则。镁合金基面滑移和棱柱面滑移皆为 a 位错滑移，滑移方向为平行于基面而垂直于 c 轴的$<11\bar{2}0>$方向，无法协调沿 c 轴方向的应变。因此，想要使多晶镁合金具有良好的均匀塑性变形能力，必须借助孪生或充分开动其潜在的锥面滑移系。

镁合金中的锥面滑移分为 a 位错滑移和 $c+a$ 位错滑移。a 位错锥面滑移一共提供四个独立的滑移系，但从晶体学角度分析可将其看成是基面滑移和棱柱面滑移综合作用的结果（基面和棱柱面滑移系之间的交滑移），并不能提供新的独立滑移系。最重要的锥面滑移是 $c+a$位错滑移。$c+a$ 位错是镁合金中最常见的两种全位错之一，由于其柏氏矢量较大，一般情况下不易发生滑移，是镁合金中潜在的滑移系。当变形温度升高或晶粒细化时，$c+a$ 位错滑移被激活。锥面滑移系可用通式表达为 $\{hkil\}$ $<11\bar{2}3>$，其中最常见的 $\{hkil\}$ 晶面包括 $\{10\bar{1}1\}$、$\{11\bar{2}1\}$、$\{10\bar{1}2\}$ 及 $\{11\bar{2}2\}$，滑移方向则为稳定的$<11\bar{2}3>$晶向。

位错的 $c+a$ 滑移在 hcp 金属的塑性变形过程中发挥着重要的作用，$c+a$ 位错滑移在 hcp 金属塑性变形中作用的研究，对合金的设计和加工均具有十分重要的意义。特别是当 c 轴与外力方向平行而处于硬取向状态时，为了协调多晶体相邻晶粒之间的变形，$c+a$ 锥面滑移与孪生就显得尤为重要。在 hcp 金属中，$\{hkil\}\langle 11\bar{2}3\rangle$锥面滑移能够提供五个独立的滑移系，特别是其滑移方向为$\langle 11\bar{2}3\rangle$晶向，能很好地协调沿 c 轴方向的变形，即使在基面和棱柱面滑移系不能启动的情况下也能完全满足 Von-Mises 准则。从这点上讲，$\{hkil\}\langle 11\bar{2}3\rangle$锥面滑移与面心立方金属及体心立方金属中的$\{111\}\langle 110\rangle$和$\{110\}\langle 111\rangle$滑移系相似。换言之，$\{hkil\}\langle 11\bar{2}3\rangle$锥面滑移能减小镁单晶的塑性各向异性，从而使塑性以及加工性能得以改善，因此通常将镁合金中的 $c+a$ 位错滑移称为锥面滑移，与棱柱面滑移一样，锥面滑移的临界切应力在室温附近时比基面滑移大得多。一般来说，镁合金多晶体内锥面滑移一般发生在应力高度集中的区域，如晶体表面或界面、晶界和孪晶界附近及晶粒内部 a 位错和 c 位错的交界处。

影响镁合金滑移的主要因素包括变形温度、变形速度、合金元素、晶粒尺寸及初始晶粒取向等。

① 温度是影响镁合金滑移和塑性变形能力的关键因素。温度不同时，能开动的滑移系也不同。现有研究表明，当温度低于 498K 时，多晶镁合金的塑性变形以滑移和孪生为主，滑移模式主要为 $\{0001\}\langle 11\bar{2}0\rangle$基面滑移。这是因为在此温度范围内，镁合金非基面滑移系的临界切应力比基面滑移系要大两个数量级左右。温度升高到 498K 以上时，由于原子活动能力增强，非基面滑移系和晶面滑移系之间的临界切应力差值减小，棱柱面和锥面等潜在非基面滑移系可以通过热激活启动，从而使镁合金的塑性变形能力得到大幅度提高。因此，目前大多数变形镁合金都采用热加工方法生产。

② 变形速度对滑移的影响主要是热效应，即在变形过程中引起变形体的温度变化，进而影响滑移及其他热变形行为。特别是当变形温度较低、变形速度较大时，热效应对塑性变形的影响尤为显著。其次，变形速度会对镁合金的加工硬化行为及位错运动产生影响，变形速度过高时，不利于相邻晶粒之间滑移的传播和连续性，容易引起晶界附近大的应力集中。此时单纯的滑移难以释放应力，必须依靠孪生或裂纹的萌生和扩展来协调变形并释放应力。但在细晶镁合金中，当形变速度极快时，晶界和孪晶界处的裂纹反而可能来不及扩展。

③ 合金元素的加入还可以导致镁合金的晶体结构发生变化。如 Li、In、Ag 等合金元素能降低镁合金的 c/a 值，使镁合金即使在较低的温度下也具有良好的延展性。从位错滑移的角度看，究其原因主要有两种观点：传统的观点认为，其塑性的提高源于 c/a 值降低使镁合金晶格对称性提高，从而使 $\{10\bar{1}0\}\langle 11\bar{2}0\rangle$棱柱面滑移系被激活。但仅靠激活棱柱面滑移并不能从根本上改善镁合金的塑性变形能力，因为棱柱面滑移为 a 滑移，不能产生沿 c 轴方向的应变。因此最新的观点认为 Li、In 等合金元素改善镁合金塑性的根本原因在于激活 $\{11\bar{2}2\}\langle 11\bar{2}3\rangle$锥面滑移系。合金元素还可以通过改变合金的相结构分布来影响塑性变形模式，第二相的形貌和分布对合金塑性变形行为也有很大的影响。

④ 从界面协调变形的角度来说，晶粒细化对镁合金室温塑性的改善主要表现在三个方面。

a. 晶粒细化使位错滑移程缩短，变形更分散均匀。

b. 晶粒细化使晶粒转动和晶界滑移（GBS）变得容易。

c. 晶粒细化能激活镁合金中棱柱面和锥面等潜在的非基面滑移系。

⑤ 镁合金单晶具有很强的塑性各向异性，而多晶镁合金在力学性能上表现出与单晶镁合金相似的某些特征。变形镁合金塑性较差的一个重要原因在于其变形制品中常存在强烈的基面纤维织构或板织构，织构的存在会对镁合金的塑性变形行为和力学性能产生重要影响。如具有初始基面织构的镁合金轧制板材，其横向性能往往优于轧向的性能。织构对镁合金塑

性变形行为的影响，其本质是改变各滑移系，特别是基面滑移系的 Schmid 因子的大小。

(2) 镁合金的孪生

由于镁合金 $c+a$ 位错的活动较为困难，孪生行为就成为另一种重要的变形机制。对于具有 hcp 结构的镁合金来说，因其滑移系少，孪生就在其塑性变形中起着重要的作用。对于纯镁其 $c/a=1.6237$，镁合金的 c/a 一般小于$\sqrt{3}$。当垂直于基面压缩或平行于基面拉伸时，其基面取向既不利于滑移，也难以发生孪生，所以孪生对总的应变量贡献不大。当垂直于基面拉伸或平行于基面压缩时，在变形开始阶段基面处于硬取向，难于发生滑移，但可发生孪生。孪生导致孪晶区域内的晶体取向发生改变，使基面偏离硬取向，于是孪晶内的晶体满足滑移发生的条件，开始滑移。当晶体沿滑移面的上、下部分发生相对滑移时，作用在晶体上的力轴产生相对错动，形成一个力偶，在这个力偶的作用下，晶体发生转动，转动的方向是力图保持与拉伸方向平行，从而导致滑移面的位向发生改变。所以随着滑移的进行，最终滑移面将平行于拉伸方向，这时既不能发生滑移也不能发生孪生。

在变形过程中，当孪晶达到一定比例时，在初生孪晶的内部可发生二次滑移和二次孪生，而这些二次滑移和二次孪生可以带来较大的应变，使得滑移-孪晶和孪晶-孪晶的交互作用从能量上变得可行。

在 hcp 结构的纯金属和合金中，孪生是一种重要的晶内塑性变形机制。在一个相当宽的温度范围内，滑移、孪生和断裂是互相竞争的应力释放形式。一般认为，在 hcp 结构金属中孪生主要发生在 7 种锥面上，即一级$\{10\bar{1}k\}$($k=1, 2, 3$)和二级$\{11\bar{2}k\}$($k=1, 2, 3, 4$)锥面，且孪生模式和孪生要素及孪生切变均受 c/a 值的影响。

① $\{10\bar{1}2\}$孪生　根据最小切变准则，切变量小的孪生优先发生。在镁合金及所有 hcp 结构金属中$\{10\bar{1}2\}$孪生的切变量最小，因而这也是最容易发生的孪生。尽管$\{10\bar{1}2\}$孪生是镁中最常见的孪生，但并不是在任何情况下都能发生。对纯镁和所有镁合金而言，$\{10\bar{1}2\}$孪生均为拉伸孪生，只有在沿 c 轴方向受拉或沿垂直于 c 轴方向受压时才能发生。

② $\{10\bar{1}1\}$孪生　在镁中$\{10\bar{1}1\}$为压缩孪晶，存在 $q=4$ 和 $q=8$ 两种模型。对于 $q=4$ 的孪生模型，$\{10\bar{1}1\}$为第一类孪生，孪生切变量仅大于$\{10\bar{1}2\}$和$\{22\bar{4}1\}$(仅为理论预测，尚未实际观察到)孪生。

表 4-1 给出了$\{10\bar{1}2\}$和$\{10\bar{1}1\}$孪生的特征参数。图 4-1 给出了不同晶粒尺寸的 AZ31 轧制板试样应力(孪晶面积增加率)与应变(应变量增加)的关系。图 4-2 给出了 AZ31 轧制板变形时产生的孪晶的光学显微镜照片。

小池淳一等人[3]认为，镁合金中的主要孪晶模式为$\{10\bar{1}2\}$和$\{10\bar{1}1\}$孪晶，由于前者的临界分切应力(CRSS)较后者小，因此在变形初期易发生$\{10\bar{1}2\}$孪晶，对位错滑移所产生的各向异性有一定的调节作用；而$\{10\bar{1}1\}$孪晶主要在变形后期形成，并可产生局部变形而引发断裂源。因此，依靠孪生来弥补镁合金滑移系少、塑性各向异性强的缺陷是非常困难的。要充分满足多晶体均匀塑性变形的条件，必须通过晶粒细化或动态再结晶，利用晶界滑移来协调镁合金的塑性变形。

表 4-1　$\{10\bar{1}2\}$、$\{10\bar{1}1\}$ 孪生的特征参数[3]

K_h	η_1	γ	N_s/N_t	q	CRSS/MPa
$\{10\bar{1}2\}$	$\langle 10\bar{1}\bar{1}\rangle$	0.1294	3/4	4	2 2.7～2.8

续表

K_h	η_1	γ	N_s/N_t	q	CRSS/MPa
$\{10\bar{1}1\}$	$\langle 10\bar{1}2\rangle$	0.137	7/8	8	114 75～130

注：K_h—孪晶面；η_1—孪晶方向；γ—孪晶应变；N_s—孪晶单元中发生切变的原子数量；N_t—孪晶单元中全部原子数；q—剪切结晶面数。

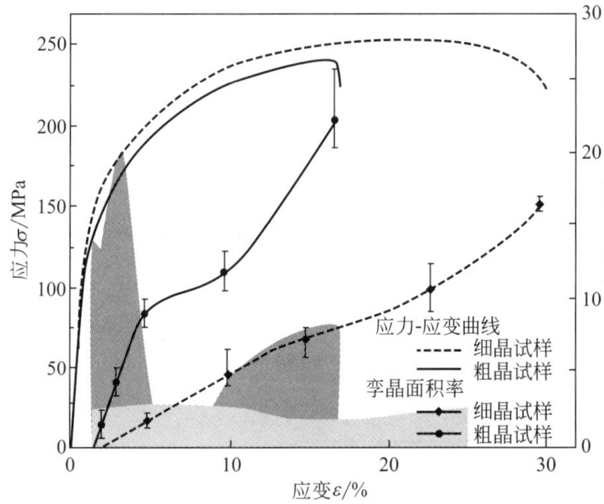

图 4-1　不同粒径的 AZ31 轧制板（17μm 和 88μm）在室温下拉伸变形的应力（孪晶面积增加率）与应变的关系[3]

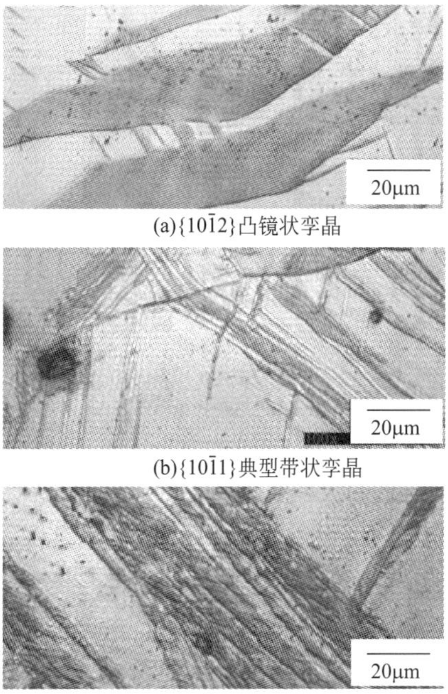

(a){10$\bar{1}$2}凸镜状孪晶

(b){10$\bar{1}$1}典型带状孪晶

(c) {30$\bar{3}$2}典型带状孪晶

图 4-2　AZ31 轧制板室温变形形成孪晶的形貌[3]

在体心立方金属中存在塑-脆转变现象，且塑-脆转变温度与孪生成为主要变形机制时的温度相当。因此长期以来人们一直认为孪生与裂纹形成之间存在密切联系，一些实验观察也表明在孪晶与孪晶交界处易出现裂纹。但实际上孪生与断裂是相互独立的现象，一些多晶体在发生很大的孪生变形时也不会出现断裂。大量实验结果表明，在一些材料内部孪晶和裂纹之间存在交互作用，即裂纹能诱导孪生，而孪生也能促使裂纹的形核。孪生和断裂都是非常迅速的过程（与弹性波的传播速度相当），因此迅速扩展的裂纹将在其尖端出现很大的应力集中，从而促进孪生。也就是说，孪生和断裂是释放应力集中且互相竞争的两种过程。因此凡是有利于其中某一过程的因素，同时对另一过程也有利。

Bilby B. A. 等[6]研究了裂纹源附近局部应力高度集中所诱发的孪生。如图 4-3（a）所示，当沿基面扩展的裂纹尖端与两对称孪晶相遇时，裂纹扩展可因受到孪晶阻碍而钝化。尽管这种过程在镁和镁合金中尚未直接观察到，但在与镁结构相似的 Be 中却已得到证实。反过来，正在长大的孪晶尖端附近的应力也可通过其附近的滑移或断裂得以释放。不过从能量角度看，产生滑移位错的可能性比裂纹更大，因此图 4-3（b）中 C_1、C_2 和 C_3 通常表示孪晶尖端附近的不同滑移行为。至于 C_1、C_2 和 C_3 的比例和特征主要取决于局部应力和各滑移系启动的难易程度。

当一长大的孪晶与晶界相交时，可能在交界附近出现高度应力集中并促使孪晶形核或诱发裂纹源。而当扩展的裂纹与孪晶相遇时，其扩展路径被迫发生改变，且新的扩展方向一般沿着孪晶面或沿扩展方向对称。显然孪晶对裂纹扩展的这种阻碍有利于材料韧性的提高。但当孪生切变量很大时如｛$30\bar{3}4$｝孪生则可能导致孪晶晶界处裂纹的形核（图 4-4）。

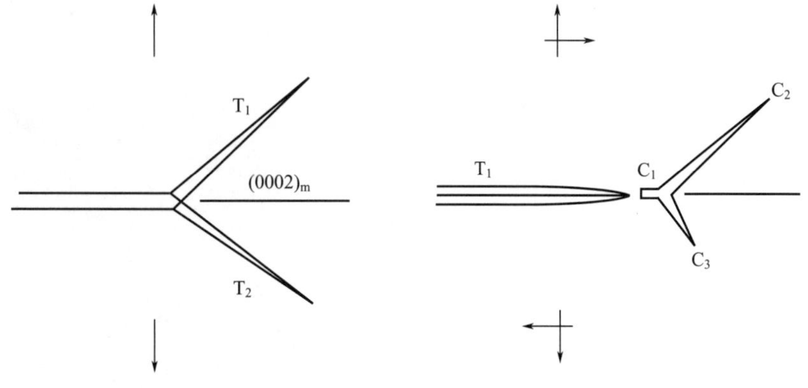

(a) 沿基面扩展的裂纹尖端与两对称孪晶相遇时，裂纹扩展可因受到孪晶阻碍而钝化　　(b) 正在长大的孪晶尖端附近的应力也可通过其附近的滑移或断裂得以释放

图 4-3　裂纹源附近局部应力高度集中所诱发的孪生[6]

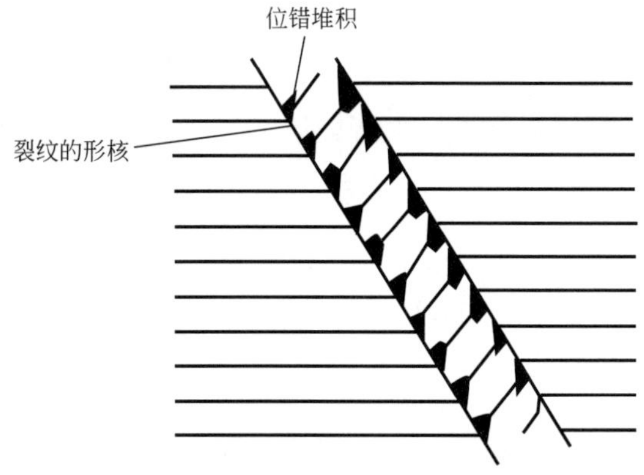

图 4-4　孪晶晶界处裂纹形核模型（Yoshinag B. H，et al, 1963）

影响镁合金孪生的因素有：晶粒取向、变形温度、应变速度和晶粒尺寸等。

① 晶粒取向　孪晶的形成会导致系统能量的提高，因此对于外加应力所引起的孪生，孪生面上沿孪晶方向的分切应力在孪生过程中所做的功必须为正。孪生与滑移变形的一个重要区别在于孪生具有“极性”，例如若孪生方向为 η_1（hkl），沿 η_1 相反的方向（$\bar{h}\bar{K}\bar{h}$）则不能产生孪生。设 K_1 面与 K_2 面将空间分为四个象限，则单晶体发生充分的孪生时，理论上钝角象限内的所有方向均发生拉伸变形，而锐角象限内的所有方向均发生压缩变形，习惯上把拉伸时发生的孪生称为拉伸孪晶，压缩时发生的孪生称为压缩孪晶。

② 变形温度　一般而言，温度越低则孪生对塑性变形的贡献就越大。这是因为在低温范围内，尽管大部分孪生模式的孪生应力随温度降低而有所升高，但这种趋势不如流动或屈服应力升高的趋势明显，即孪生应力小于非基面滑移临界分切应力的可能性随温度降低而增大。在镁合金中，虽然部分孪生模式的孪生应力在低温时比非基面滑移的临界分切应力要大，但与滑移或交滑移不同，孪生形核不是热激活过程，而是一种应力激活过程。镁合金低

温变形时易因滑移系少而在晶界附近产生大的应力集中，并且变形温度越低，全位错塞积倾向越大，由此而引起的应力集中也越严重。这种大的应力集中可促进孪晶变形，并协调塑性变形。而孪生位错皆为不全位错，不像全位错那样容易因加工硬化而失去运动能力。

③ 应变速度　孪生应力对应变速度十分敏感，应变速度对孪生的影响与变形温度的影响相似。随着应变速度的增大，孪生的倾向增大。这是因为应变速度增大时，交滑移及晶界滑移等主要由速度控制的塑性变形机制可能来不及进行，结果在晶界或第二相等处引发局部应力集中，从而促进孪生。特别是在室温附近高速变形时，孪生将成为镁合金塑性变形的主要机制。此外，应变速度对镁合金孪晶形貌和分布也会产生影响。

④ 晶粒尺寸　晶粒尺寸对镁合金孪生具有重要的影响，在大小晶粒并存的镁合金中，滑移、孪生等晶内塑性变形机制及晶界滑移等晶内塑性变形机制将同时对材料的塑性应变做出贡献，孪生主要发生在粗晶内部，而细晶镁合金中只有当变形温度很低、变形速度极快时才会发生大量孪晶。这是因为粗晶内位错滑移程度大，晶界附近应力集中严重。而细晶组织不仅位错滑移程短，更为重要的是细晶镁合金容易通过交滑移、非基面滑移和晶界滑移以及动态回复等过程来释放局部应力集中，应力状态难以满足孪晶形核的要求。

（3）镁合金的晶间塑性变形机制及 GBS

镁合金的滑移、交滑移和孪生均属于晶内塑性变形机制。在多晶镁合金中，必须考虑晶界在塑性变形过程中的作用。晶界结构的特殊性导致其附近容易进行位错的攀移及原子的扩散等活动，并吸收滑移至晶界的位错。一些晶间塑性变形机制可在塑性变形过程中发挥重要的作用。镁合金中最重要的晶间变形机制是相邻晶粒之间的相对滑移即晶界滑移（grain boundary sliding，GBS）。

GBS 的主要特征为：即使在很大的应变下晶粒也不会被拉长，而是保持等轴状；变形样品表面微观组织呈现凹凸不平的台阶；晶界取向分布不会发生明显变化等。此外，GBS 变形时所对应的应变速率敏感指数也较大，材料的断裂主要是晶界孔洞的形成和聚集所引起的，因此其断口往往呈晶间断裂的特征。

镁合金中 GBS 通常只有在高温低应变速率条件下才能发生。随着温度的升高，GBS 对材料总应变的贡献增大。特别是在变形量很大的情况下（如超塑性成形时），GBS 甚至可成为最主要的塑性变形机制。但在细晶镁合金中，即使室温和总变形量较小的情况下也可能发生明显的 GBS。

（4）镁合金的织构

用常规工艺如铁铸或砂型铸造制备的纯镁和镁合金坯锭，其晶粒通常无明显的择优取向。但在随后的锻造、挤压、轧制、拉拔或等径角挤压等塑性变形过程中，会由于滑移和孪生使晶粒发生转动而形成织构。随着变形工艺条件的不同，所形成的织构组分也存在差异，并且织构组分在变形过程中还会随变形的深入而发生变化。镁合金中主要的变形织构为{0001} 基面织构。此外，在塑性变形后的退火过程中，若镁合金发生再结晶或二次再结晶，则会形成再结晶织构。镁合金再结晶织构组分取决于合金成分、退火前变形织构的特征和退火工艺。

图 4-5 为镁合金正向挤压时，挤压变形区内晶粒发生转动而形成基面纤维织构的示意图。图 4-6 为挤压态 AZ31 镁合金样品的 X 射线图谱及晶粒取向示意图。可见在垂直于挤压方向的断面上，基面衍射强度非常小；而在平行于挤压方向的截面上基面衍射强度显著增强。也就是说绝大部分晶粒的基面均平行于挤压方向，很少有晶粒的基面垂直于挤压方向[7]。

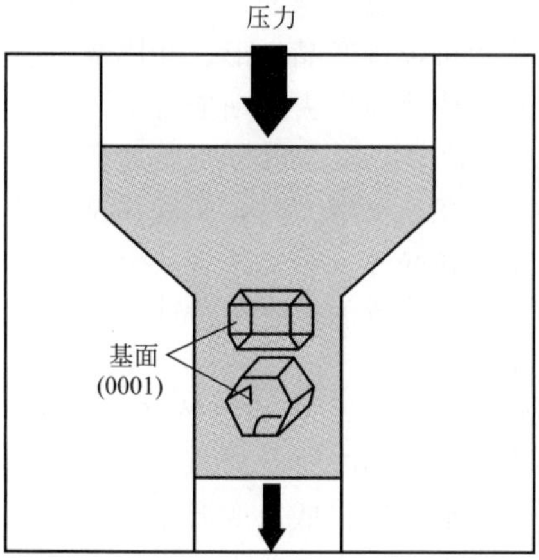

图 4-5　正向挤压时，镁合金基面纤维织构的形成[7]

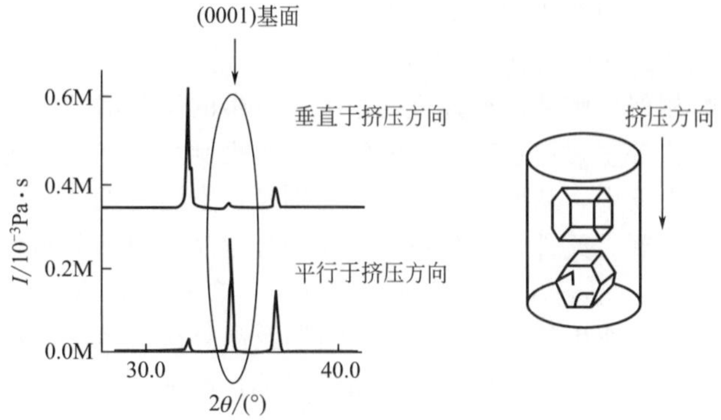

图 4-6　挤压态 AZ31 镁合金的 X 射线图谱及晶粒取向示意[7]

图 4-7 所示为挤压态 AZ61 镁合金样品（0002）基面和（$10\bar{1}0$）棱柱面极图。从图中清楚地看到大部分晶粒的（0002）基面及＜$10\bar{1}0$＞均平行于挤压方向，另有少量晶粒以（$10\bar{1}0$）棱柱面平行于挤压方向。挤压制品的断面形状若不同，则所形成的纤维织构也会有所区别，挤压圆棒时应力和应变为轴对称状态，基面平行于挤压方向，具有这种织构晶粒的取向自由度较大，晶粒可以围绕挤压方向发生 360°转动；挤压板材时由于应力和应变不对称，基面平行于挤压板基面，晶粒的取向自由度减少。

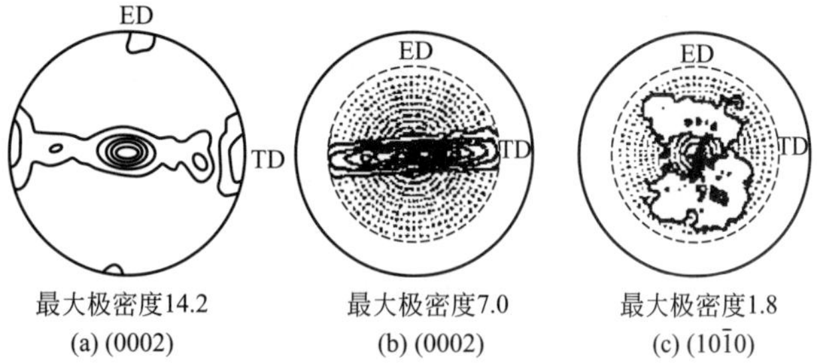

图 4-7　挤压态 AZ61 镁合金的极图[8]

通常挤压和轧制变形镁合金比压铸镁合金更容易形成织构组织，通过结晶 c 轴［(0001) 的法线方向］垂直挤压方向的配向处理，产生以（$10\bar{1}0$）棱柱面平行于挤压方向的织构，再在压缩变形下得到变形孪晶，这种材料屈服应力比拉伸应力低很多，有明显的变形各向异性，由于变形孪晶比滑移带更具有破坏性，因此对变形镁合金（挤压和轧制态）要考虑变形各向异性和织构对疲劳的影响。

（5）镁的疲劳裂纹传播

安藤新二等人[2]研究了镁的裂纹传播，如图 4-8 所示，纯镁铸锭（纯度 99.9%，质量分数），机械加工为 $L=20$mm、$W=14$mm、厚度 $D=7$mm 的多晶紧凑试验片，并开好缺口。如图 4-8（a）所示，缺口方向平行于枝晶生长方向的试样为 Poly1，垂直枝晶生长方向为 Poly2，纯镁单晶同样加工成试样，大小与多晶片一样。A、B、D 和 F 试样导入的缺口面如图 4-8（b）所示，加工试样在 673～523K 退火 8 次，每次加热 21.6 ks。疲劳试样中应力比为 0.1，频率为 10Hz，求出 da/dN 与 ΔK 曲线，观察裂纹扩展路径。

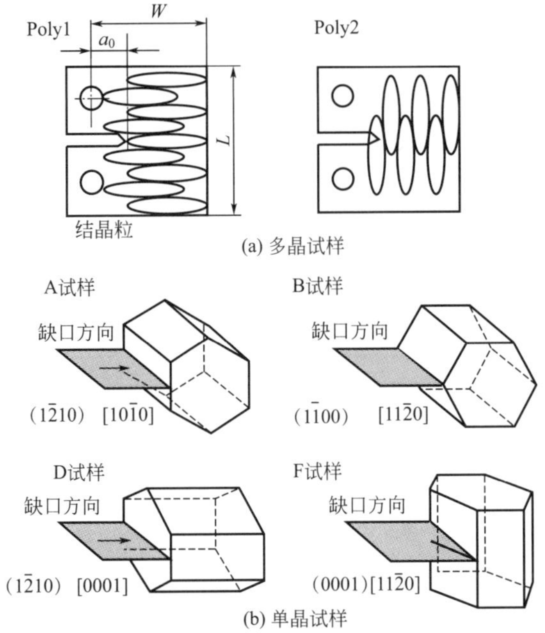

图 4-8　在疲劳裂纹扩展试验中试样的形状和缺口位置[2]

图 4-9 给出了单晶 A 试样和单晶 B 试样疲劳裂纹扩展路径，如图 4-9(a)所示，A 试样沿着平行缺口面(1$\bar{2}$10)的[10$\bar{1}$0]方向扩展；如图 4-9(b)所示，B 试样沿着（11$\bar{2}$0）面在[10$\bar{1}$0]方向扩展，B 试样的缺口面与 A 试样的缺口面倾斜了 30°，裂纹呈大周期曲折扩展。A 试样疲劳断面如图 4-10 所示，图中显示出与裂纹扩展方向平行的筋状条纹，并且 B 试样也有相同结果。形成筋状条纹的原因为 Mg 单晶传播方向为[10$\bar{1}$0]，它与 Ti 单晶裂纹扩展方向不一样，难以通过柱面滑移来实现，必须通过二次锥面滑移进行。图 4-11 给出了二次锥面滑移导致裂纹扩展的模型，裂纹尖端的两个二次锥面交线方向平行于裂纹扩展方向，即通过二次锥面滑移（SPCS），裂纹开口朝着[10$\bar{1}$0]方向传播，形成平行筋状条纹。

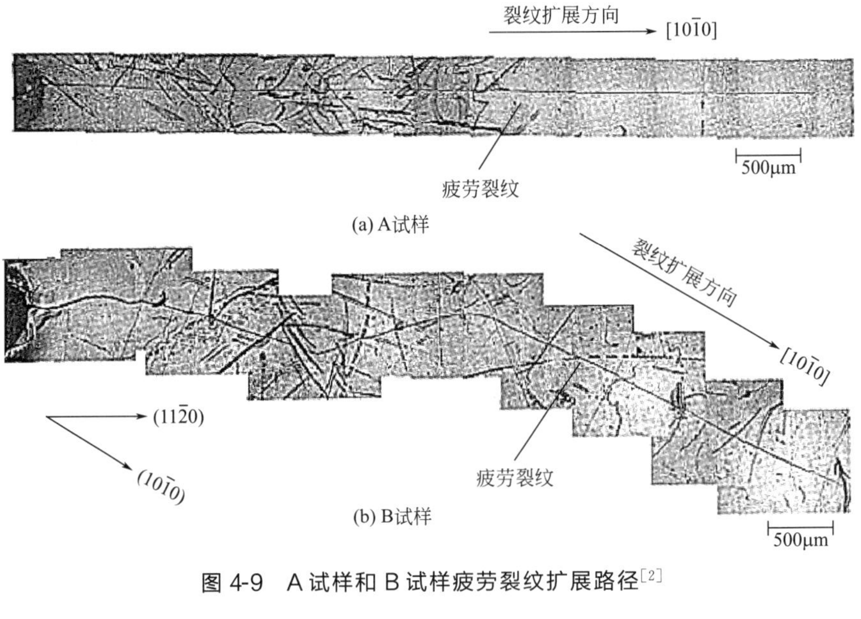

图 4-9　A 试样和 B 试样疲劳裂纹扩展路径[2]

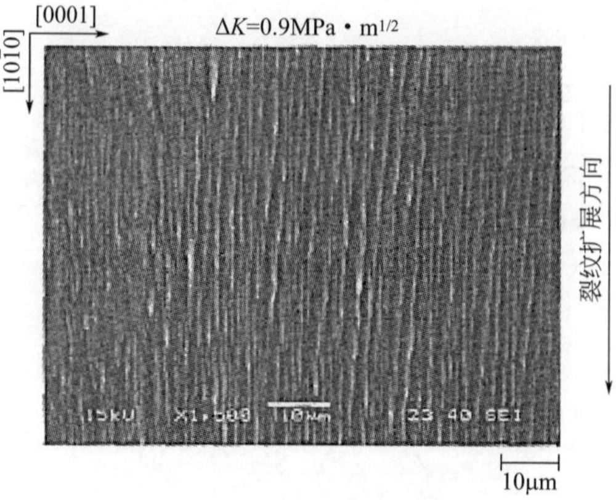

图 4-10　A 试样的疲劳断口[2]

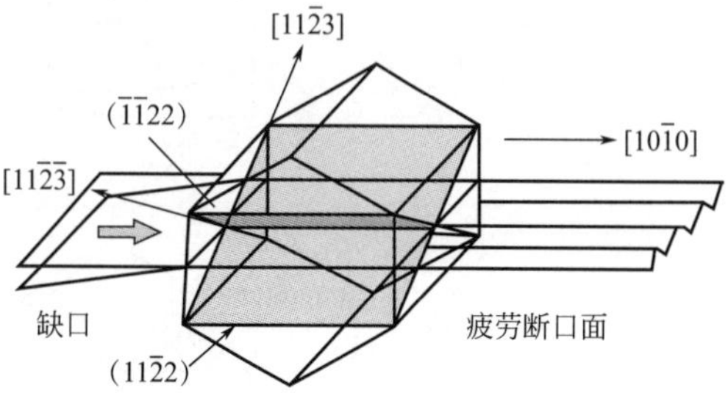

图 4-11　镁单晶 A 试样和 B 试样疲劳裂纹扩展机制[2]

D 试样缺口垂直基面（底面），当应力强度因子幅 $\Delta K \leqslant 0.5\mathrm{MPa}\cdot\mathrm{m}^{1/2}$ 时，在裂纹尖端施加应力时，在试样销孔之间产生基面滑移，缺口张口增大，但无疲劳裂纹萌生，当 $\Delta K = 0.8\mathrm{MPa}\cdot\mathrm{m}^{1/2}$ 时，产生基面滑移，并引起与缺口平行的疲劳裂纹，当 $\Delta K \geqslant 0.9\mathrm{MPa}\cdot\mathrm{m}^{1/2}$ 时，裂纹尖端沿着与基面差不多成 90°的方向扩展，这种沿［0001］方向的裂纹扩展与所施加载荷大小不同的裂纹扩展有很大的差异。F 试样裂纹传播路径如图 4-12 所示，初期裂纹路径曲折，而后平行缺口直线传播，裂纹扩展方向为［11$\bar{2}$0］，并且在它的周围产生了很多孪晶。图 4-13 为在断面上形成的与裂纹传播方向成 60°角的孪晶带，孪晶为｛10$\bar{1}$2｝孪晶。图 4-14 给出了 A、B、D 和 F 试样的裂纹扩展速率 $\mathrm{d}a/\mathrm{d}N$ 与应力强度因子幅 ΔK 的关系图，其中 B 试样的 ΔK_{th} 为 $1.2\mathrm{MPa}\cdot\mathrm{m}^{1/2}$，为最高值，F 试样为 $0.55\mathrm{MPa}\cdot\mathrm{m}^{1/2}$，为最低值，对于同一 ΔK，B 的裂纹传播速度最慢，说明其对裂纹扩展的阻力最大。D 试样的 ΔK_{th} 比 F 试样高，和 A 试样相差不多，随着 ΔK 稍微增加，$\mathrm{d}a/\mathrm{d}N$ 急剧增大，并超过 F 试样，这也说明 $\Delta K = 0.9\mathrm{MPa}\cdot\mathrm{m}^{1/2}$ 时，裂纹不沿着［0001］方向扩展，其机理目前尚不清楚，但表明裂纹扩展速率与方向有很大的关联性。

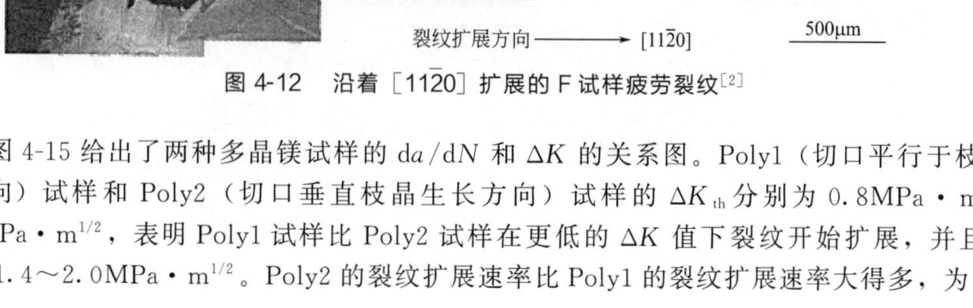

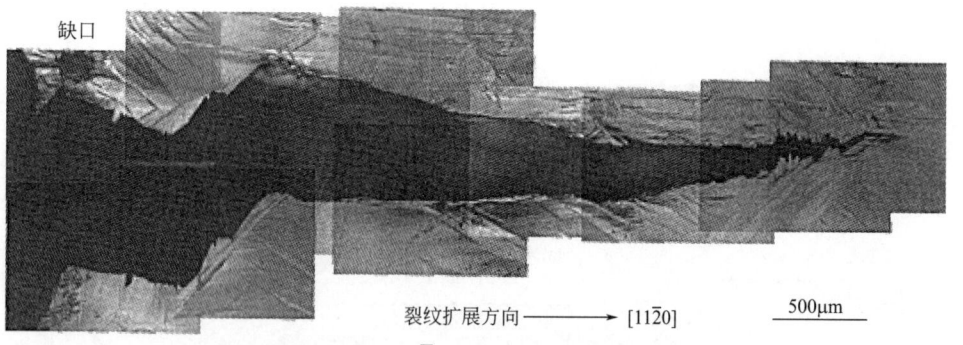

图 4-12　沿着［11$\bar{2}$0］扩展的 F 试样疲劳裂纹[2]

图 4-15 给出了两种多晶镁试样的 $\mathrm{d}a/\mathrm{d}N$ 和 ΔK 的关系图。Poly1（切口平行于枝晶生长方向）试样和 Poly2（切口垂直枝晶生长方向）试样的 ΔK_{th} 分别为 $0.8\mathrm{MPa}\cdot\mathrm{m}^{1/2}$ 和 $1.4\mathrm{MPa}\cdot\mathrm{m}^{1/2}$，表明 Poly1 试样比 Poly2 试样在更低的 ΔK 值下裂纹开始扩展，并且 ΔK 值在 $1.4\sim2.0\mathrm{MPa}\cdot\mathrm{m}^{1/2}$。Poly2 的裂纹扩展速率比 Poly1 的裂纹扩展速率大得多，为 30 倍

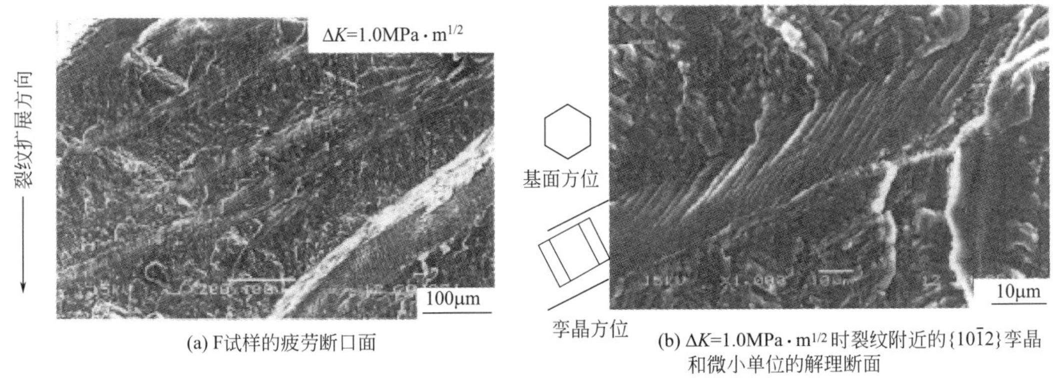

(a) F试样的疲劳断口面

(b) ΔK=1.0MPa·m1/2时裂纹附近的{10$\bar{1}$2}孪晶和微小单位的解理断面

图 4-13　F 试样的疲劳断口面和 $\Delta K=1.0\mathrm{MP}\cdot\mathrm{m}^{1/2}$时裂纹附近的 {10$\bar{1}$2} 孪晶和微小单位的解理断面[2]

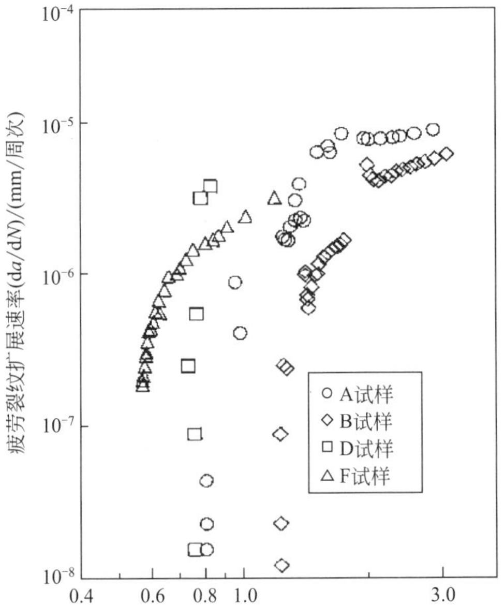

图 4-14　A、B、D 和 F 试样的 da/dN-ΔK 曲线[2]

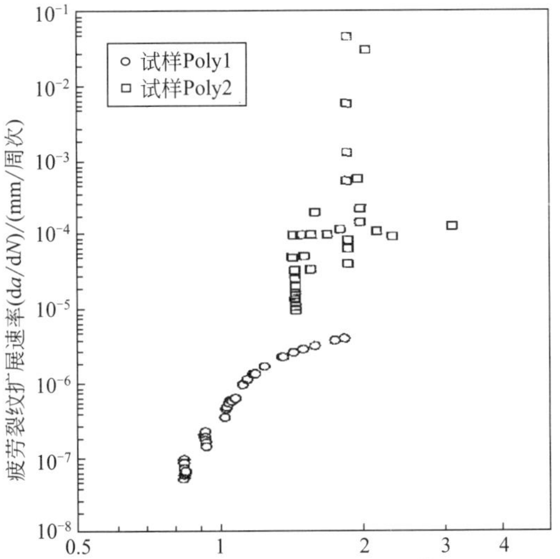

图 4-15　多晶试样 Poly1 和 Poly2 的 da/dN-ΔK 曲线[2]

左右。Poly1 的表面疲劳裂纹扩展路径为平行于缺口方向扩展，主要为晶内扩展。Poly2 试样的裂纹扩展路径如图 4-16 所示，它的情况和 Poly1 相同，主要在晶内扩展，如图 4-16(a) 所示，试样前面裂纹扩展产生很大曲折，并且在弯曲部位有多条明显的滑移线，滑移变形和裂纹传播有很大的关联。图 4-16(b) 给出了 Poly2 试样背面裂纹扩展路径，与 Poly1 试样一样，裂纹沿比较直的路线扩展，弯曲部位同样能看到滑移线，没有滑移线的部位可以看到较多 {10$\bar{1}$2} 孪晶。上述结果表明，多晶镁裂纹扩展有两种方式，一种是伴随晶体滑移传播裂纹，另一种是伴随孪生传播裂纹，前者裂纹阶梯式地曲折进行，后者为裂纹直线传播。

对于密排六方合金来说，凝固时晶粒优先生长方向是[10$\bar{1}$0]，Poly1 的切口面平行于基面晶粒，Poly2 的切口面垂直于基面晶粒。F 试样和 Poly1 是一种典型形状，D 试样和 Poly2 是另外一种典型形状。Poly1 和 Poly2 [图 4-16(b)]伴随着孪晶变形裂纹直线传播，在 [0001] 方向的拉伸不容易产生基面滑移，而更容易产生 {10$\bar{1}$2} 的孪晶，即在裂纹前端产

生 $\{10\bar{1}2\}$ 孪晶。对于裂纹弯曲扩展的 Poly2［图 4-16（a）］和负载较低的 D 试样仅有基面滑移，没有裂纹萌生，其原因是基面滑移的临界剪切应力在室温下极小，比较容易产生基面滑移。对于单晶来说没有抑制运动的能力，滑移变形可以连续进行，而对于多晶的 Poly2［图 4-16（a）］样品则伴随滑移裂纹曲折扩展。

图 4-17 给出了与基面垂直方向疲劳裂纹扩展的模型图，如图所示，载荷循环作用，裂纹前端产生基面滑移，裂纹张口，继续循环加载，在多晶的晶界上基面滑移位错堆积，抑制了基面滑移。基面的前方产生疲劳裂纹，沿着 $\{10\bar{1}0\}$ 或者 $\{11\bar{2}0\}$ 传播，裂纹扩展了一定距离后又产生了基面滑移，位错堆积，疲劳裂纹再扩展，直至断裂。

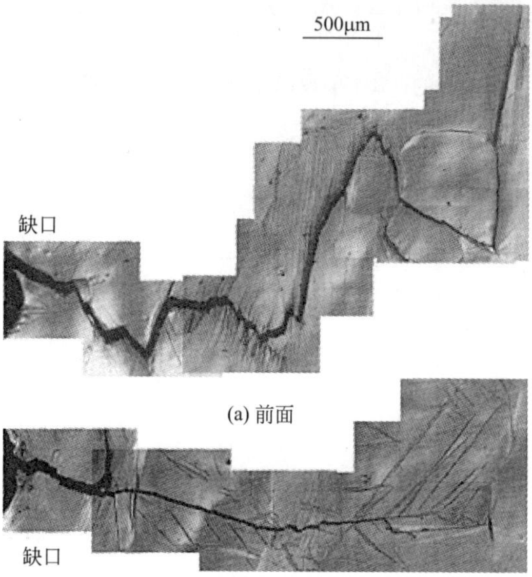

图 4-16 Poly2 试样前面和背面疲劳裂纹扩展路径[2]

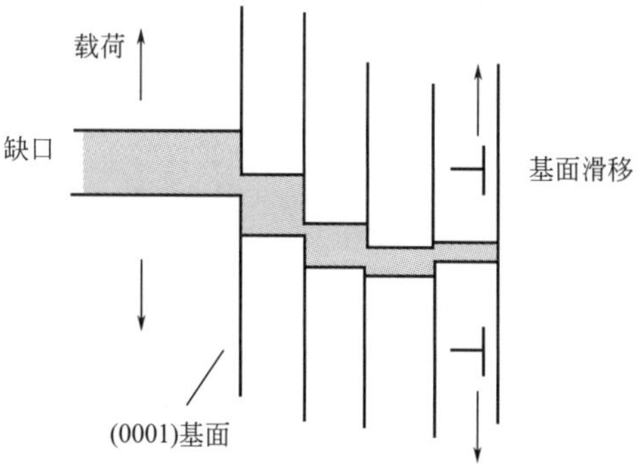

图 4-17 与基面垂直方向的疲劳裂纹扩展的模型图[2]

4.1.2 铸造和变形镁合金的裂纹萌生

铸造和变形镁合金疲劳裂纹优先萌生于显微孔洞、缩孔、粗大夹杂物和第二相、偏析等缺陷，缺陷引起应力集中，是铸造镁合金裂纹萌生的主要机制，特别是存在于亚表面的缺陷，危害最大。Lu 等人[9,10]研究了 AM60B 铸造镁合金的疲劳裂纹萌生问题，研究发现亚表面的大尺寸气孔或两个邻近相互影响的气孔容易萌生裂纹。图 4-18 给出了两个邻近气孔作为样品疲劳断裂主要裂纹源的 SEM 照片，图 4-19 给出了粗大第二相作为样品疲劳裂纹源的 SEM 照片。Kadiri 等人[11]发现 AM50 铸造镁合金疲劳裂纹除在亚表面微孔萌生外，靠近表面区域的富锰第二相或宏观偏析也容易萌生初始裂纹。图 4-20 给出了 AM50 铸造镁合金断裂面场发射扫描电镜（FEG-SEM）疲劳裂纹的观察结果，图中给出铸造孔隙和大的富 Mn 夹杂物萌生的裂纹的状态。图 4-20（d）是由富 Mn、富 Al 区夹杂物形成的裂纹 1，图 4-20（c）是由孔隙形成的裂纹 2，其周边还存在一些富 Mn 的球状夹杂物，图 4-20（b）是近表面孔隙形成的裂纹 3。

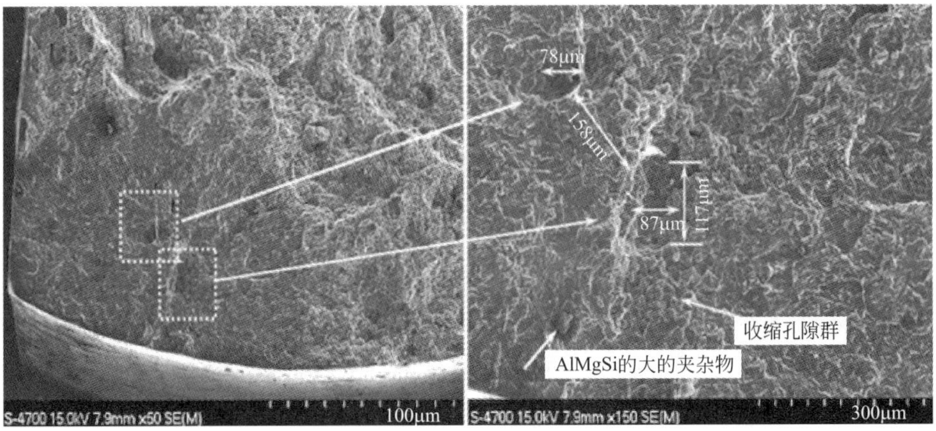

图 4-18　试样整个断面以及由两个邻近孔隙相互作用产生的疲劳裂纹的 SEM 图[9,10]

图 4-19　试样中裂纹源为 AlMnSi 金属间化合物晶粒的断面的 SEM 图[9,10]

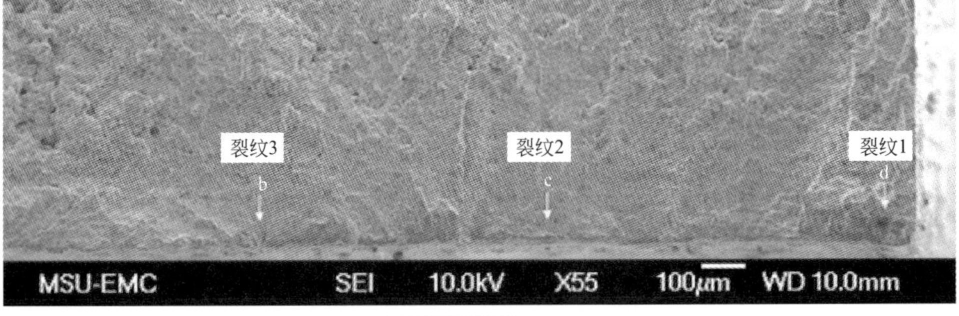

(a) 整个断裂形貌

图 4-20

(b) 近表面铸造孔3号裂纹源的放大图　(c) 孔隙和富Mn夹杂物的2号裂纹源的放大图 (d)富Mn、富Al区夹杂物的1号裂纹源的放大图

图 4-20　M2 试样断面的 FEG-SEM 图像[11]

楠川量啓等人[12]研究了 AZ92A 铸造镁合金疲劳裂纹萌生和样品对缺口敏感度问题。研究表明，当应力幅值为 100～120MPa 时，在试样缺口底部 α 相内产生滑移带，随着循环应力反复进行，沿着滑移带萌生裂纹，当应力幅值在 90MPa 以下时，样品的铸造孔隙萌生裂纹，镁合金对缺口的敏感度比钛合金要大。

澁澤俊紀[13]和石川圭介等人[14]认为伴随着铸造过程，熔体将空气卷入，形成微孔，镁和空气反应变成镁的氧化物，使气孔或疏松消失，气体消失，进行热处理，材料不发生膨胀。但这种表面和亚表面的带有氧化夹杂的微孔（或微孔群）最容易萌生裂纹。

Mayer 等人[15]关于铸造镁合金 AZ91HP、AS21HP、AE42HP 的研究表明，当空洞尺寸和数量超过一定范围时，将明显降低镁合金疲劳裂纹萌生和扩展的临界应力门槛值，并使疲劳极限下降，另外，较大的夹杂物尺寸、枝晶间距及粗大组织都有利于裂纹的萌生和扩展，Mayer 等人通过对铸造镁合金的疲劳断口观察发现，疲劳裂纹萌生于气孔的概率约为 98%。

综上所述，铸造镁合金的疲劳裂纹萌生，取决于孔隙和夹杂氧化物尺寸、形状、位置和分布，还与应力幅值大小有关。

在变形镁合金中由于气孔随变形而消失，裂纹萌生位置主要有沿基面滑移带、孪晶界面、夹杂物、大尺寸的析出相和偏析相等。塩澤和章等人[16,17]研究了变形镁合金 AZ31、AZ80、AZ61 应力比和加载方式对高周疲劳特性的影响，其研究表明：① 夹杂物(金属间化合物)是影响疲劳性能的主要因素，夹杂物尺寸较大时，疲劳裂纹优先形成(约占裂纹萌生处总数的一半)。图 4-21 为 AZ80T5 合金在夹杂物处的裂纹萌生。② AZ31F（$R=-1$）、AZ80F、AZ61F 和 AZ80T5（$R=-1$ 和 1.5）在轴向荷载疲劳试验中，出现两段曲折的 S-N 曲线，AZ80F 和 AZ80T5 在回转弯曲疲劳试验中也出现两段曲折的 S-N 曲线，出现两段曲折 S-N 曲线的材料的种类受应力比和加载方式的影响（图 4-22 和图 4-23）。③ 产生特异的两段曲折的 S-N 曲线的材料其裂纹萌生机制不一，高应力幅、短疲劳寿命材料疲劳试验中产生孪晶变形，并萌生裂纹，低应力幅、长疲劳寿命材料疲劳试验中产生晶内滑移变形，

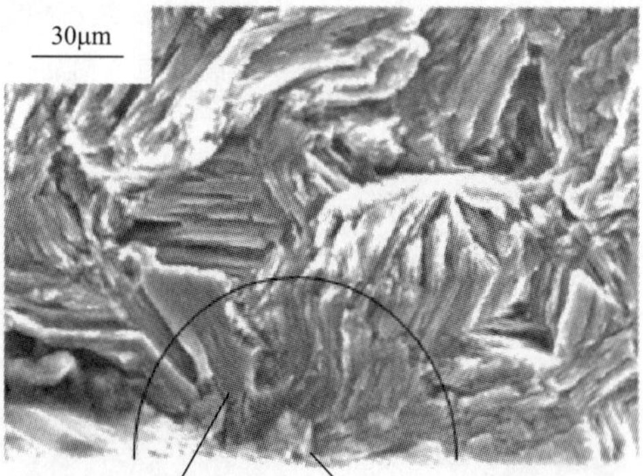

图 4-21　AZ80T5 合金在 $R=0$、$\sigma_{min}=110MPa$、$N_f=9.03\times10^3$ 时沿着裂纹萌生位置的断面 SEM 图[16]

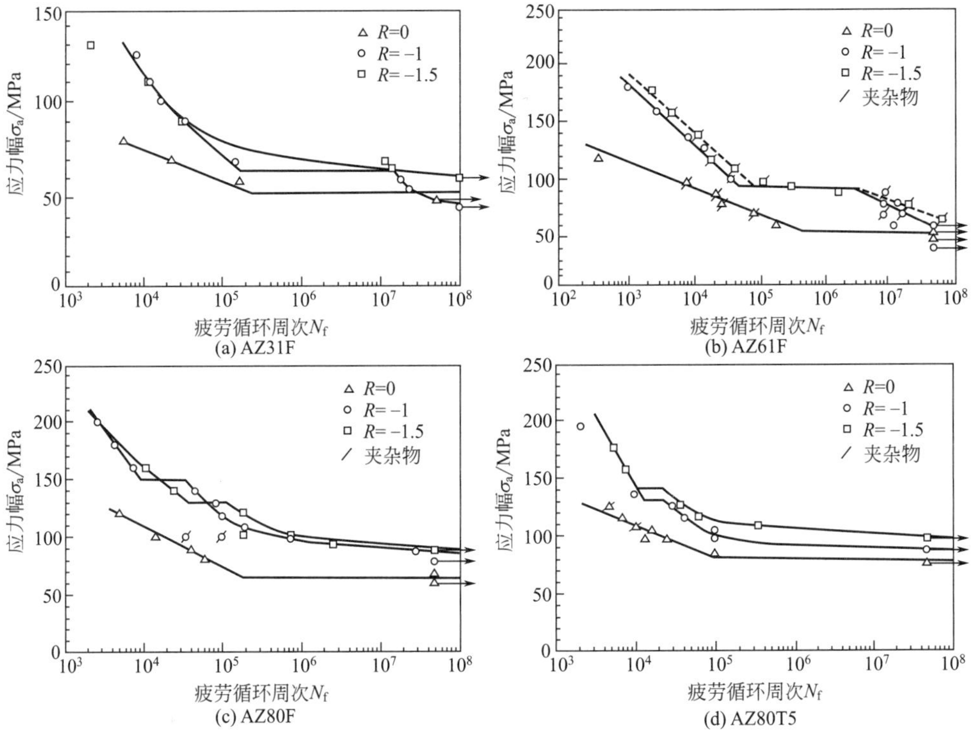

图 4-22　AZ31F、AZ80F、AZ61F 和 AZ80T5 在应力比分别为 0、－1 和 1.5 时，轴向荷载疲劳试验中的 *S-N* 曲线[16]（斜线记号为夹杂物引起裂纹扩展）

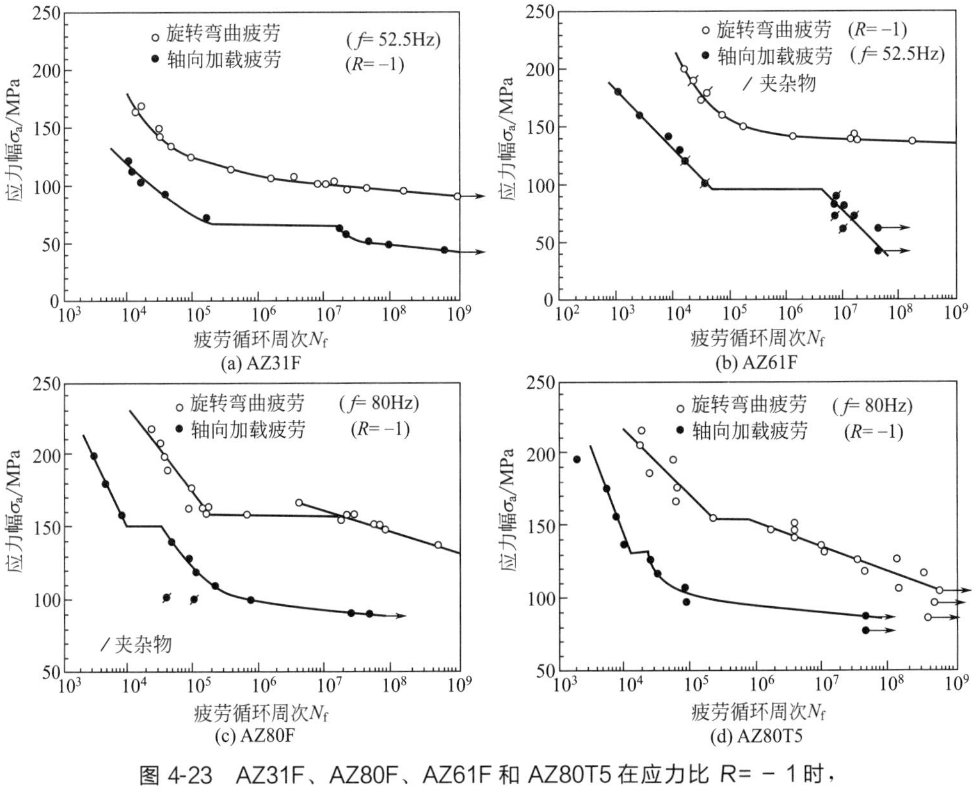

图 4-23　AZ31F、AZ80F、AZ61F 和 AZ80T5 在应力比 *R*=－1 时，轴向荷载疲劳试验中旋转弯曲疲劳的 *S-N* 曲线[16]

并萌生裂纹。图 4-24 为应力比 $R=0$、-1 和 -1.5 高应力幅［图 4-24(a)、(c)、(e)］和低应力幅［图 4-24(b)、(d)、(f)］的疲劳断面 SEM 照片。④ 裂纹萌生与施加荷载最小压缩应力 σ_{min} 和试样的压缩屈服应力 $\sigma_{0.2}{}^{C}$ 的大小有关，当 $\sigma_{min}/\sigma_{0.2}{}^{C}\geqslant 1$ 时，合金变形产生孪晶，并萌生裂纹，当 $\sigma_{min}/\sigma_{0.2}{}^{C}<1$ 时，合金变形产生滑移带，并萌生裂纹。当 $R=0$、$\sigma_{min}=0$ 时，合金产生滑移变形，并萌生裂纹。图 4-25 给出了变形镁合金的 S-N 曲线与 σ_{min} 和 $\sigma_{0.2}{}^{C}$ 的关联图。

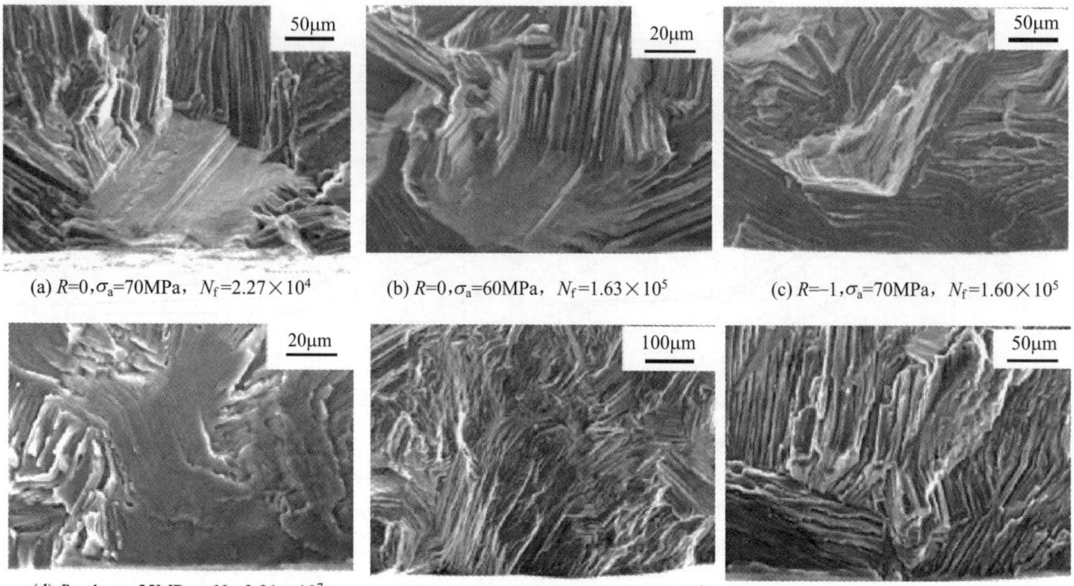

(a) $R=0, \sigma_a=70MPa$，$N_f=2.27\times10^4$　(b) $R=0, \sigma_a=60MPa$，$N_f=1.63\times10^5$　(c) $R=-1, \sigma_a=70MPa$，$N_f=1.60\times10^5$

(d) $R=-1, \sigma_a=55MPa$，$N_f=2.21\times10^7$　(e) $R=-1.5, \sigma_a=90MPa$，$N_f=2.91\times10^4$　(f) $R=-1.5, \sigma_a=70MPa$，$N_f=1.11\times10^7$

图 4-24　AZ31F 合金在 $R=0$、-1 和 1.5 时轴向加载疲劳试验后断面的 SEM 图[16]

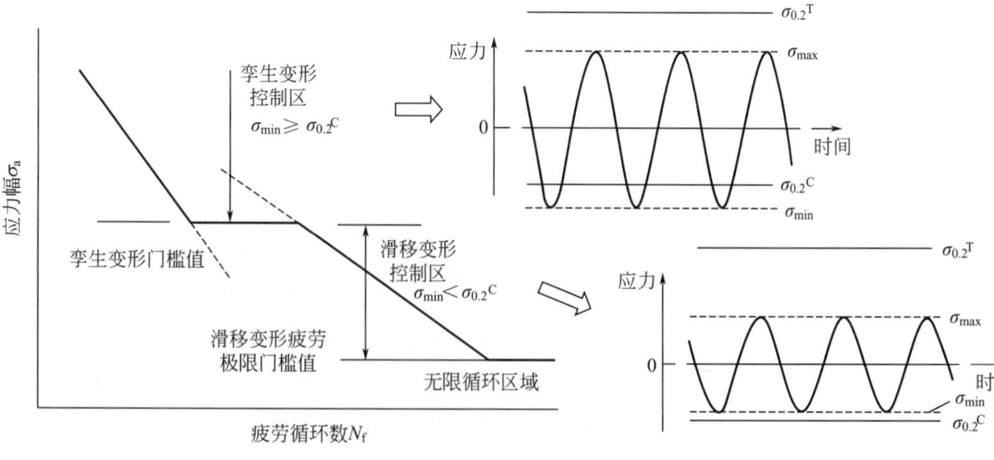

图 4-25　出现孪生变形到滑移变形的镁合金的 S-N 曲线[16]

塩澤和章等人[18,19]还研究了变形镁合金的低周疲劳变形行为并对疲劳寿命进行了评估。断口分析表明，AZ61 合金裂纹萌生点近旁存在夹杂物，夹杂物为 Al-Mn 化合物，但仅在施加荷载 $\sigma=280MPa$ 和 216MPa 的试验中才发现。另外在试样萌生裂纹附近，比较大区域中观察到规则的筋状形态，与结晶体滑移变形所引发裂纹萌生的形态不一样，可以认为是与孪晶相关联的塑性变形机制引发的裂纹。

镰倉光利等人[20]研究了 AZ61 镁合金的疲劳行为和断裂机理。断面观察结果表明，裂纹在晶内和晶界都有可能萌生，当应力幅值较高时，两者发生的比例相差不多，但当应力幅值较低时，裂纹主要萌生在晶内。AZ31 镁合金的情况和 AZ61 镁合金一样[21]，晶内裂纹萌生由滑移变形引起，晶界萌生是由于滑移在晶界受阻，产生应力集中，在晶界处产生裂纹。Uematsu 等人[22]发现在挤压 AZ80 合金中疲劳裂纹萌生于基体相中或夹杂物（Al-Mn 金属间化合物）与基体相之间界面。加藤一等人[23]研究了 Mg-1.7Al-0.72Zn-0.68Mn（质量分数/%）合金轧制材的裂纹萌生问题，在轧制试样表面发现较多的滑移变形引起的裂纹，裂纹沿直线扩展，在试样内部伴随孪晶产生，裂开断面和孪晶面成阶梯状（图 4-26）。

图 4-26　镁合金疲劳断面的电镜照片
($\sigma_a = 9.2kgf/mm^2$，$N_f = 8.3\times10^5$)[23]

安藤新二等人[24]研究了长周期相的 Mg-Zn-Y 系合金的疲劳裂纹特性，如图 4-27 所示基面平行挤压方向，如前所述，挤压材料不能形成强烈的织构组织，因而长周期（LPO）容易产生基面滑移，萌生裂纹产生疲劳破坏。

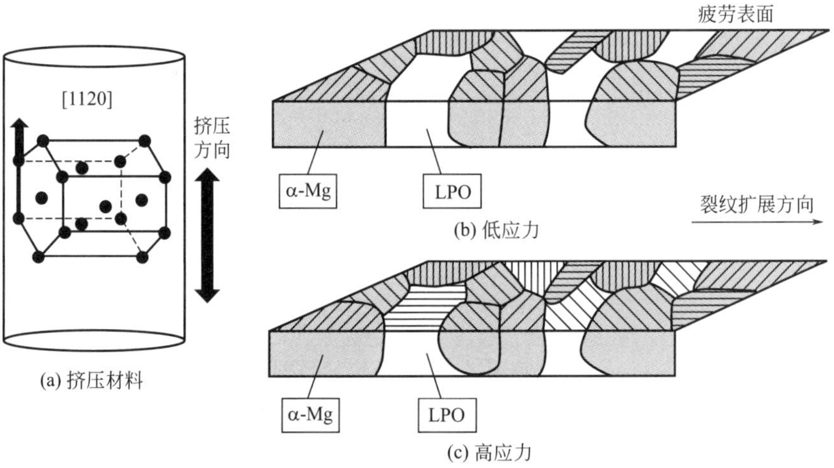

图 4-27　Mg-Zn-Y 系合金的疲劳裂纹模型[24]

北原陽一郎等人[25]研究了阻燃镁合金的疲劳强度特性，阻燃镁合金 AZXC312D、ANC60B 和 AZC912D 挤压材的旋转弯曲疲劳研究表明：①引起疲劳裂纹萌生的是非金属夹杂物；②夹杂物面积的平方根和 $N=10^7$ 的时间强度 t_w（在 $N=10^7$ 周次的疲劳非断裂的最大应力）的关系为 $t_W = C/\sqrt{area_0^{1/n}}$。其中 AZXC312D，$n=7.5$，$C=185MPa \cdot \mu m^{1/n}$；ANC60B，$n=6.0$，$C=225MPa \cdot \mu m^{1/n}$；AZC912D，$n=6.0$，$C=269MPa \cdot \mu m^{1/n}$。

Ogarevic 等人[26]发现室温退火和固溶处理的 MA2-1［Mg-4.17Al-0.85Zn-0.5Mn（质量分数/%）］合金裂纹萌生于滑移带处，并沿基面开裂。MA1-2［Mg-2.9Nb -0.44Zn（质量分数/%）］中滑移带主要出现在晶界或者大的夹杂物附近，在 MA1-2 合金中发现最初的微观裂纹也会萌生于驻留滑移带，且出现滑移带的晶粒数量随循环加载的进行而增加，但大多数晶粒直到断裂时仍然没有滑移带。

许道圭等人[27]研究了挤压态 ZK60 镁合金超高周的疲劳行为，SEM 断口观察表明，在 5×（10^6～10^7）周次范围内，疲劳裂纹基本上萌生于试样表面或亚表面，而在 10^8～10^9 周次范围内，疲劳裂纹主要萌生于试样内部的非金属夹杂物，通过测定疲劳源区的尺寸，估算的合金疲劳强度与实验结果基本一致，疲劳源的形成是由裂纹在多个夹杂物处引起开裂和合并引起的。因此，合金的疲劳强度不是由最大夹杂物决定的，而是取决于由多个夹杂物组成的“缺陷区”尺寸，通过测定多个部位“缺陷区”尺寸，可以有效地估算合金的裂纹强度。

曾荣昌等人[28]研究了轧制组织对镁合金 AM60 疲劳性能的影响，实验表明，沿轧制方向出现大量等轴孪晶组织，裂纹萌生于位错持久滑移带以及孪晶内，当在晶界遇到第二相或硬质点时，位错受阻，出现位错塞积，遇到细晶粒时，晶界能量高，裂纹沿晶界扩展，但遇到粗晶粒时，沿滑移面或孪晶解理面扩展所需能量少，因而穿晶扩展，所以疲劳裂纹以沿晶和穿晶断裂混合机制扩展。

杨晓明等人[29]研究了 Mg-12Gd-3Y-0.5Zr 镁合金的高低周疲劳行为，并对疲劳失效机制进行了分析，结果表明，对室温低周疲劳和超高周疲劳来说，其失效机制主要是夹杂或大的第二相引起的疲劳开裂；对于低周疲劳，裂纹萌生于表面或亚表面，而对于超高周疲劳，裂纹起源于内部；该合金的高温等温疲劳与热机械疲劳断裂裂纹都萌生于表面，其疲劳机制为循环滑移和氧化物夹杂共同作用；该合金在室温到 200℃有良好的抗拉强度与疲劳强度；反相位的热机械疲劳寿命比同相位高。

4.1.3 铸造和变形镁合金的裂纹扩展

有关铸造和变形镁合金的裂纹扩展，澁澤俊紀等人[13]研究了 AZ91D 镁合金铸造材疲劳裂纹扩展问题，图 4-28 给出了 AZ91D 合金不同热处理条件对裂纹速率的影响，热处理工艺如表 4-2 所示。

表 4-2 AZ91D 合金热处理工艺[13]

编号	热处理条件
F	铸态
T4	693K，7.2×10^3s(水淬)
T6a	693K，7.2×10^3s(水淬)+448K，5.76×10^4s(空冷)
T6b	693K，7.2×10^3s(水淬)+448K，4.6×10^5s(空冷)

图中结果表明，对同一 ΔK 值来说，T4 处理的试样裂纹扩展速率最低，其原因为：固溶处理得到饱和固溶体（α 相），减少了残余应力和第二相，使裂纹速率减缓。时效处理（T6a 和 T6b）的试样，在同一 ΔK 值，裂纹扩展速率依次增大，其原因为时效处理产生了硬脆的析出相（$Mg_{17}Al_{12}$），加速了裂纹扩展。T6b 试样比 T6a 试样的析出量更多，因而裂纹扩展更快。图 4-29 给出了不同环境对裂纹扩展速率的影响。

图中曲线表明，在同一 ΔK 值，在惰性气体下试样的裂纹扩展速率低于试样在空气中的裂纹扩展速率。镁合金的疲劳裂纹的萌生与扩展对腐蚀环境非常敏感，即使是空气介质中也对镁合金的疲劳性能产生不利影响，另外，湿度较大时，在交变荷载作用下，表面化学吸附的氧化剂（如 O_2、H_2O 和 CO_2）会导致表面上的滑移面/滑移带形成氧化膜，使滑移不可逆进行并且诱发裂纹[30]。图 4-30 给出了在应力比 $R=0.2$ 时，疲劳循环频率对裂纹扩展速率的影响。图中结果表明，随着疲劳循环周次（频率）的减少，在同一 ΔK 值，裂纹扩展速率加快。其原因为，由于荷载增加时，引起的裂纹扩展，其裂纹前端接触氧气时间变长，新生面形成镁的氧化层加厚，在同一 ΔK 值，裂纹的扩展长度增加[31]。图 4-31 给出了不同应力比下，裂纹扩展速率 da/dN 与应力强度因子幅 ΔK 的关系。如图所示，随着应力比的增大，材料的应力强度因子幅的门槛值 ΔK_{th}变小，裂纹扩展速率增大。图 4-32 给出了 AZ91D 铸造镁合金的 Paris 公式 $da/dN=C(\Delta K)^m$ 的参数 lg$C$ 和 m 的关系，并与铝合金、钢比较。AZ91D 镁合金的 m 值为 2～5。

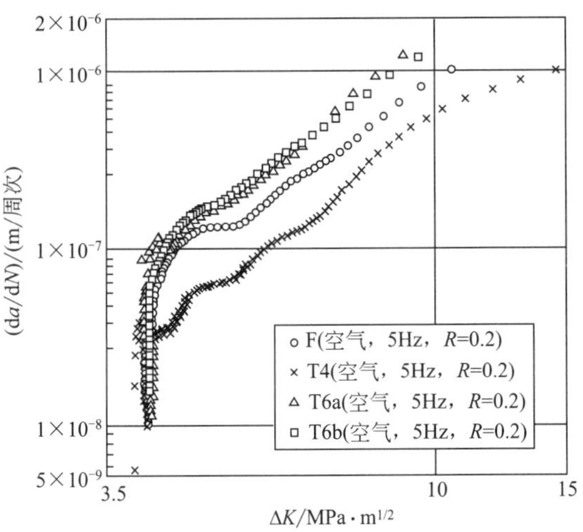

图 4-28　AZ91D 合金热处理条件不同对裂纹速率的影响[13]

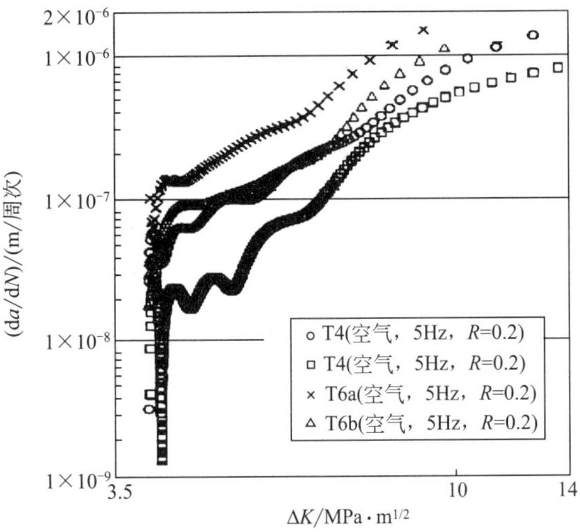

图 4-29　环境对 AZ91D 镁合金裂纹扩展速率的影响[13]

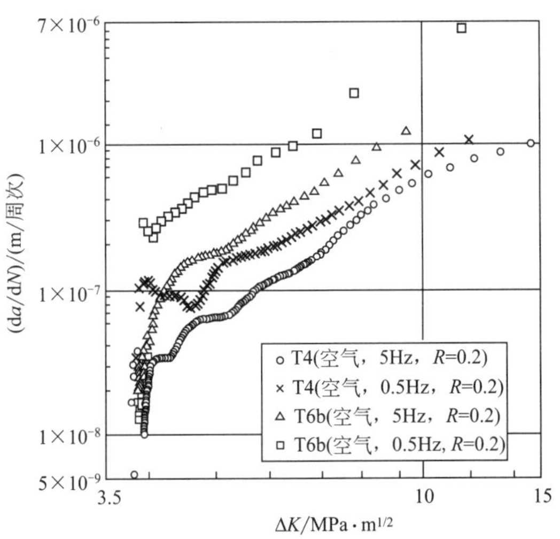

图 4-30　疲劳循环频率对 AZ91D 镁合金裂纹扩展速率的影响[13]

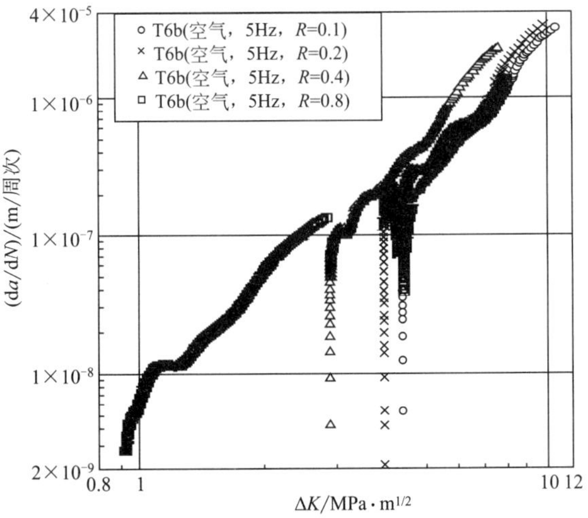

图 4-31　不同应力比对 AZ91D 镁合金裂纹扩展速率的影响[13]

石川圭介等人[14]研究了 AZ91D 镁合金的析出相对裂纹扩展的影响。一般来说，Mg-Al 合金通过共晶反应沿着晶界析出块状的 $Mg_{17}Al_{12}$（β 相），在 693K 温度以上 $Mg_{17}Al_{12}$ 固溶在基体中，通过时效处理，在晶界和晶内再析出 $Mg_{17}Al_{12}$ 相，由于第二相在晶界移动和晶内扩展，则形成了含 α 相和由时效析出相（$Mg_{17}Al_{12}$）混合的层状结构相（图 4-33）。

这种层状相和钢中的珠光体相相似。层状复合相硬度可以用式（4-1）表示[32]：

$$H_v = H_\alpha V_\alpha + H_\beta V_\beta \tag{4-1}$$

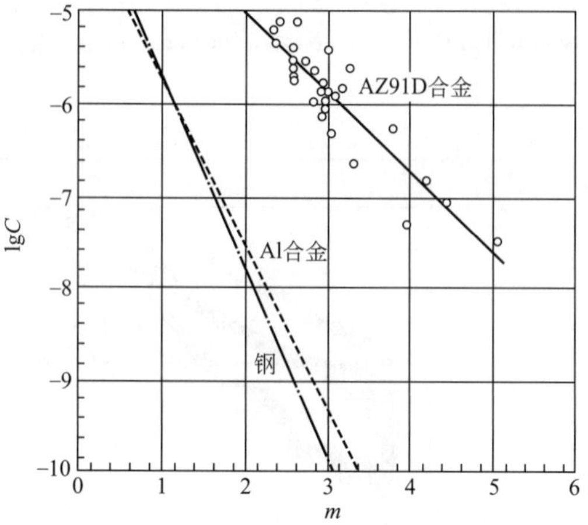

图 4-32 不同合金在 Paris 公式中特征参数 lgC 和 m 的关系[13]

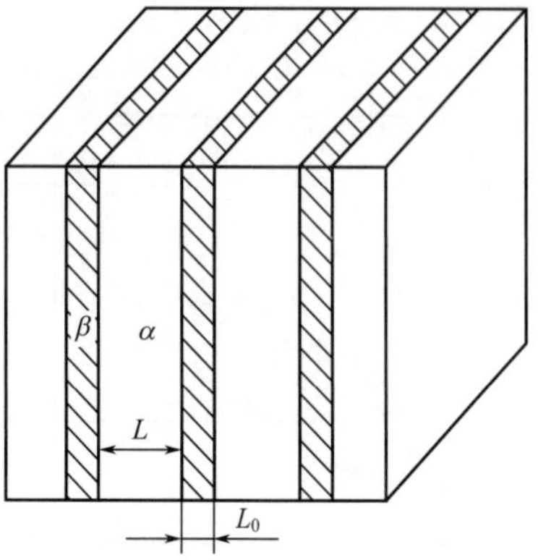

图 4-33 层状化合物结构模型[14]

α—基体；β—沉淀相；L—层间距；L_0—沉淀相厚度

式中，V_α、V_β 分别为 α 相和 β 相的体积分数；H_v、H_α 和 H_β 分别为层状复合相、α 相和 β 相的硬度。当 $Mg_{17}Al_{12}$ 相的厚度为 L_0、层间距为 L 时，则：

$$V_\alpha = L/(L_0 + L)\text{，} V_\beta = L_0/(L_0 + L) \tag{4-2}$$

式（4-1）可以变为：

$$H_v = H_\alpha L/(L_0 + L) + H_\beta L_0/(L_0 + L) \tag{4-3}$$

由于 $L_0 \ll 1$，则上式变为：

$$H_v = H_\alpha + H_\beta L_0/L \tag{4-4}$$

研究者认为，在疲劳断裂过程中，塑性区尺寸为 $r_p = 1/2\pi\ (\Delta K/\sigma_y)^2$ 约为 100μm，为层状析出相间隔的 10 倍以上（σ_y 为屈服应力），因此层状相不能阻碍疲劳裂纹的扩展，也不会使裂纹偏转。另外由于层状相是一种脆性相，晶界层状相促进裂纹扩展。镁合金通过时效处理产生了层状析出相加速了疲劳裂纹的扩展，这进一步增加了对镁合金疲劳的认识。

Horstemeyer 等人[33]认为镁合金的疲劳裂纹以穿晶或沿晶方式扩展，在铸态 AZ91 合金中，晶界的 $Mg_{17}Al_{12}$ 脆性相有利于枝晶间开裂，裂纹尖端应力可绕过 $Mg_{17}Al_{12}$ 相，推动裂纹沿 α 相初晶扩展。微裂纹与孔洞或缩孔的连接，加快了裂纹的扩展。

Eisenmeier 等人[34]研究了 AZ91 镁合金的裂纹扩展路径问题，循环一定周次后，终止疲劳试验，并对相应样品进行表面复形。SEM 观察表明，在应变控制条件下，疲劳裂纹的扩展是通过小裂纹的合并而进行的。疲劳裂纹既可以沿着枝晶间区域扩展，亦可直接穿过枝晶区域扩展，主要取决于显微组织形态。在较低的压缩应力作用下，疲劳裂纹将会闭合，而在较低的拉伸应力作用下，疲劳裂纹则会张开。

Lu 等人[10]在研究高压铸造 AM60B 镁合金裂纹扩展时，发现疲劳裂纹在扩展中期沿富 Al 的枝晶区弯曲扩展，在断面上观察到 AlMnSi 颗粒，断面粗糙；还有一些穿过枝晶胞断裂的解理面，解理面上有间距为 0.5μm 的疲劳辉纹，在疲劳裂纹扩展阶段（离裂纹萌生位置约 600～1000μm），裂纹出现很多随机取向的锯齿状表面。研究者认为，这是由穿晶剪切带和胞状晶的交互作用形成的。在整个枝晶胞区扩展时，随着裂纹尺寸的增大，裂纹尖端的驱动力增大，裂纹沿已经断裂的相扩展，使得裂纹扩展阻力减小，裂纹进一步扩大，则导致裂纹失稳和试样断裂。

Wang 等人[35]研究了 AM50 压铸镁合金的疲劳裂纹扩展行为，发现在循环载荷的作用下，裂纹萌生在 α-Mg 基体相的晶界区，裂纹扩展力沿着 α-Mg 与共晶相的界面扩展，但并不贯穿整个 α-Mg 晶粒，而且当施加外力 σ_{max} 接近或超过合金的屈服强度时，由晶界滑移将会导致疲劳裂纹的分叉。

Kadiri 等人[11]研究了 AM50 压铸镁合金疲劳裂纹扩展途径，发现 AM50 沿枝晶区扩展的微细裂纹在疲劳过程中，合并成小裂纹，并贯穿富 Al 的共晶区进行扩展。

李锋等人[36]研究了 AS41 压铸镁合金的低周疲劳行为，研究结果表明，在低周疲劳加载条件下，合金表现为循环应变硬化；合金的塑性应力幅、弹性应变幅与断裂时的载荷反向周次之间分别服从 Coffin-Manson 和 Basquin 公式。AS41 压铸镁合金经固溶后的组织比压铸态更均匀，强化相分布更弥散，在相同的外加总应变幅下表现出更高的疲劳寿命。断口形貌观察结果显示，对于两种加工状态的 AS41 镁合金，疲劳裂纹均以穿晶方式萌生于试样表面并以穿晶方式扩展。

Yang 等人[37]研究了 AZ91D 压铸镁合金添加稀土的影响，如图 4-34 所示，在 AZ91D 中添加 1%Ce（质量分数），其疲劳强度和裂纹扩展速率都得到改善。

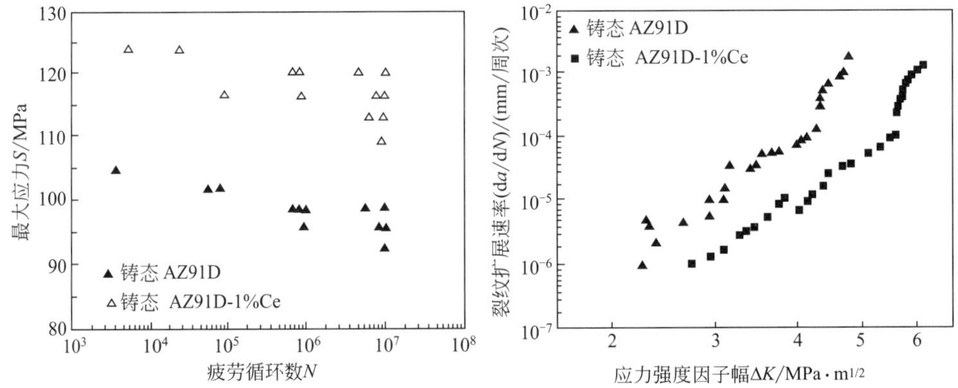

图 4-34　压铸镁合金 AZ91D、AZ91D+ 1%（质量分数）Ce 的 S-N 曲线和 da/dN-ΔK 曲线[37]

Mayer 等人[15]对压铸的 $AlSi_9Cu_3$、AZ91HP 和 AS21HP 三种合金在 150℃的热空气、20℃湿润空气和真空下的疲劳裂纹扩展进行了研究。如图 4-35 所示，在同一 K_{max} 下，温度升高，裂纹扩展加快，真空下的裂纹扩展速率明显降低。表 4-3 给出了三种状态下最大应力强度因子门槛值（K_{maxth}），其中在真空中 K_{maxth} 值最大。

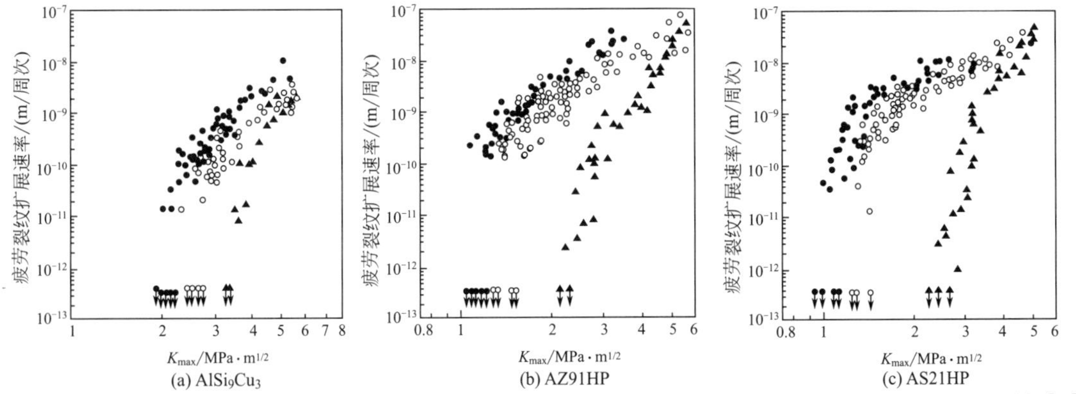

图 4-35　$AlSi_9Cu_3$、AZ91HP 和 AS21HP 分别在热空气、20℃湿润空气和真空下的疲劳裂纹扩展数据[15]

•—热空气；　○—20℃湿润空气；　▲—真空

表 4-3 在热空气（$AlSi_9Cu_3$，150℃，AZ91HP 和 AS21HP，125℃）、室温下（20℃）和真空中 $R=-1$ 时所测定的应力强度门槛值[15]

合金	在热空气下的最大应力强度因子门槛值 K_{maxth}/MPa·$m^{1/2}$	在室温下的最大应力强度因子门槛值 K_{maxth}/MPa·$m^{1/2}$	在真空中的最大应力强度因子门槛值 K_{maxth}/MPa·$m^{1/2}$
$AlSi_9Cu_3$	1.95～2.2	2.45～2.7	3.3～3.4
AZ91HP	1.05～1.2	1.30～1.55	2.1～2.3
AS21HP	0.95～1.15	1.25～1.45	2.3～2.7

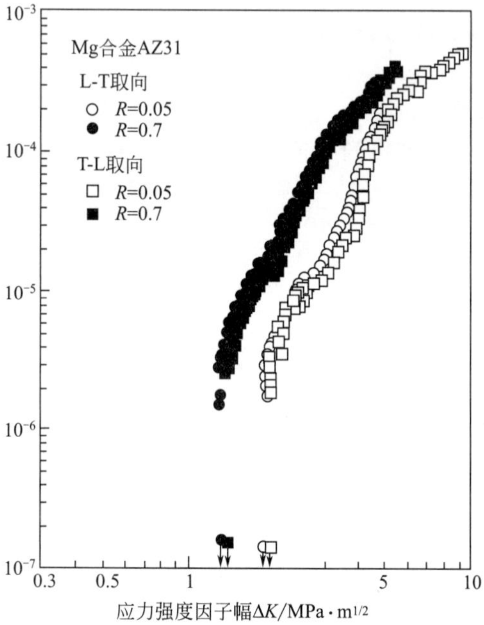

图 4-36 裂纹扩展速率与应力强度因子幅之间的关系[38]

有关变形镁合金的裂纹扩展，戸梶惠郎等人[38]研究了 AZ31 镁合金轧制材的裂纹扩展特性。如图 4-36 所示，试样方位（L 为延展方向，T 为垂直轧制方向）对 da/dN-ΔK 曲线几乎没有影响，但当应力比不同时，对裂纹扩展速率有较大影响。应力比为 0.7 时，在同一 ΔK 的情况下，裂纹扩展速率大于应力比为 0.05 的裂纹扩展速率。当 $R=0.05$ 时，ΔK_{th} 约为 1.8MPa·$m^{1/2}$；当 $R=0.7$ 时，ΔK_{th} 约为 1.3MPa·$m^{1/2}$。裂纹扩展的特点为：当 $R=0.05$ 时，da/dN 与 ΔK 曲线曲折，当 $\Delta K=3.5\sim4$MPa·$m^{1/2}$时，da/dN 与 ΔK 曲线的斜率发生变化。图 4-37 为裂纹的开闭口度（K_{op}/K_{max}）与最大应力强度因子（K_{max}）的关系，两个方位的试样 K_{op}/K_{max} 值几乎相同，并且 $K_{max}<4$MPa·$m^{1/2}$时，伴随 K_{max} 的减小 K_{op}/K_{max} 急剧上升，其原因为断裂时断面的粗糙度增大。图 4-38 给出了裂纹扩展速率与有效应力强度因子幅的关系，考虑裂纹的开闭口，在 da/dN 与 ΔK_{eff} 曲线下端出现了试样方位对裂纹扩展速率的影响。研究者认为两个方位试样的破坏机理相同，产生这种差异的原因有可能是测量的误差。图 4-39 给出了断面最大粗糙度 R_y 和应力强度因子幅 ΔK 的关系，图中结果表明，伴随粗糙度的增大，ΔK 减小。引起粗糙度增大的原因有试样的方位和疲劳的应力比，这种情况和图 4-37 中看到的在低 ΔK 区域 K_{op}/K_{max} 急剧上升一样，断裂过程产生的断面的粗糙度增大是造成这些现象的主要原因。

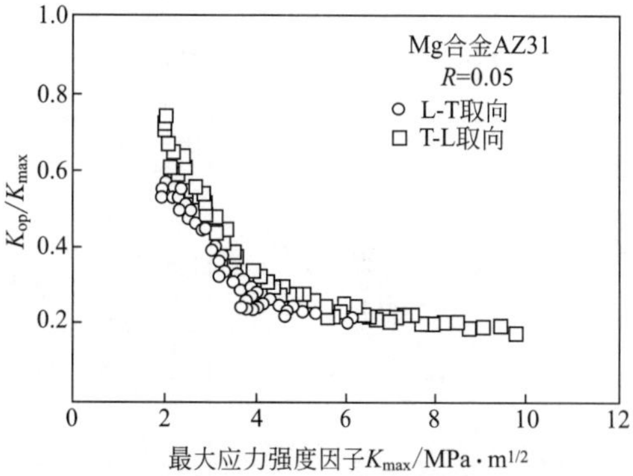

图 4-37 镁合金 AZ31 引起的裂纹开闭口度与最大应力强度因子之间的关系[38]

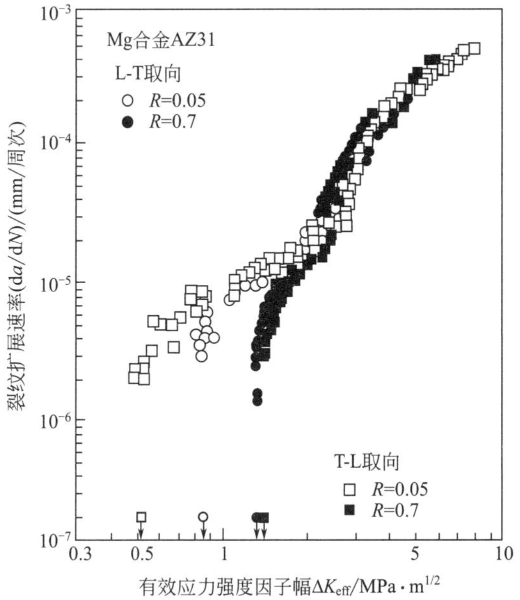

图 4-38　裂纹扩展速率与有效应力强度因子幅的关系[38]

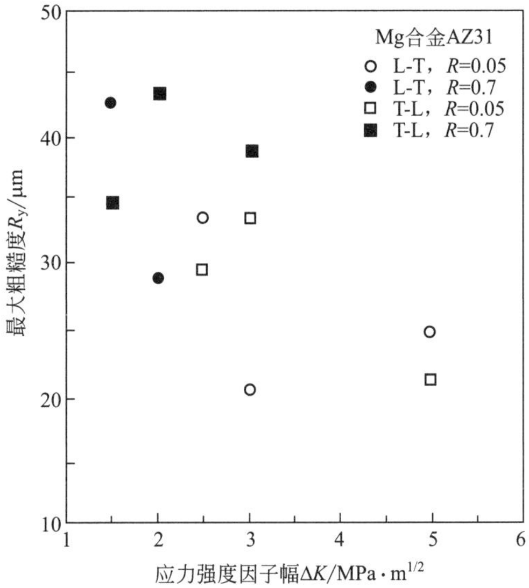

图 4-39　断面最大粗糙度与应力强度因子幅的关系[38]

鎌倉光利等人[20]研究了镁合金 AZ61 挤压材的疲劳裂纹扩展问题，图 4-40 给出了镁合金 AZ61 挤压材和 AZ31 轧制材[38]的 da/dN 与 ΔK（ΔK_{eff}）的对比曲线，并对两种材料进行了比较。AZ61 挤压材在同一 ΔK（ΔK_{eff}）值时裂纹扩展速率略高于 AZ31 的轧制材。AZ31 的 da/dN 与 ΔK 关系曲线在 $\Delta K=3\sim4\text{MPa}\cdot\text{m}^{1/2}$ 时发生曲折，而 AZ61 的 da/dN 与 ΔK 曲线在 $\Delta K=3\text{MPa}\cdot\text{m}^{1/2}$ 近旁开始产生曲折现象。图 4-41 给出了 AZ61 挤压材和 AZ31 轧制材的 K_{op}/K_{max} 与 K_{max} 的关系图，在 K_{max} 全区域内 AZ61 挤压材的 K_{op}/K_{max} 比 AZ31 轧制材 K_{op}/K_{max} 低，表明前者的断面粗糙度低于后者（AZ31 的晶粒尺寸比 AZ61 大 60μm）。图 4-42 给出了镁合金 AZ61 在大气环境和干燥空气下的 da/dN 与 ΔK 关系曲线。图中结果表明：在干燥空气下比大气环境下的裂纹扩展速率明显降低。

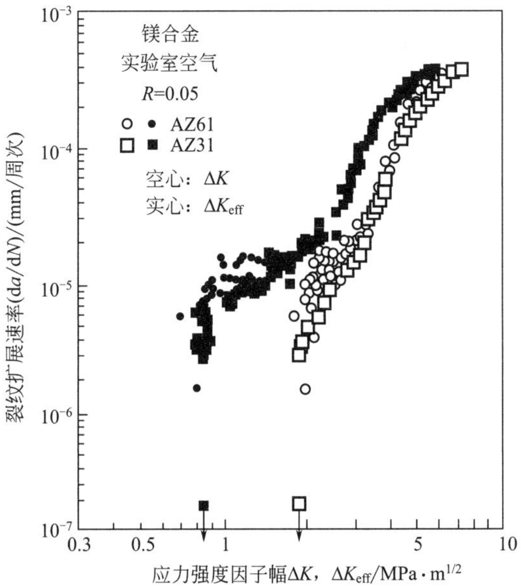

图 4-40　长裂纹的裂纹扩展速率与应力强度因子幅的关系[20]

鎌倉光利等人还研究了短裂纹的生长问题。图 4-43 为表面裂纹全长 $2c$ 和循环次数 N 与疲劳寿命 N_f 比值（N/N_f）的关系。实验是在三种应力状态下考察裂纹的成长，图中结果表明，裂纹存在相互干涉、合并、长大，施加应力越高，裂纹长大越快。图 4-44 给出了初期短裂纹的生长行为，纵轴为表面两个裂纹尖端的生长速度 da/dN，横轴的原点为裂纹萌生点。图中结果表明，表面裂纹全长 $2c<$

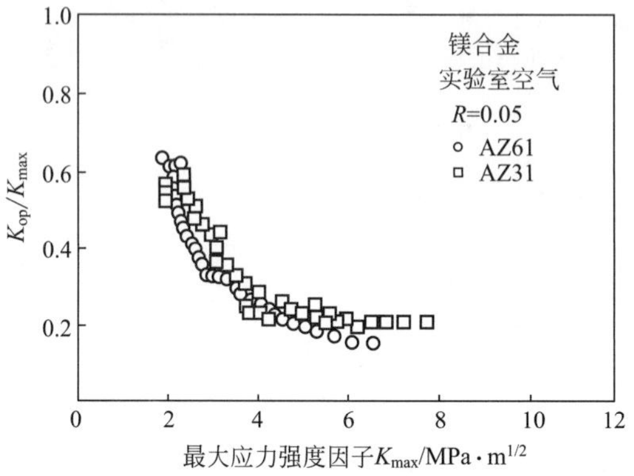

图 4-41 裂纹闭合行为[20]

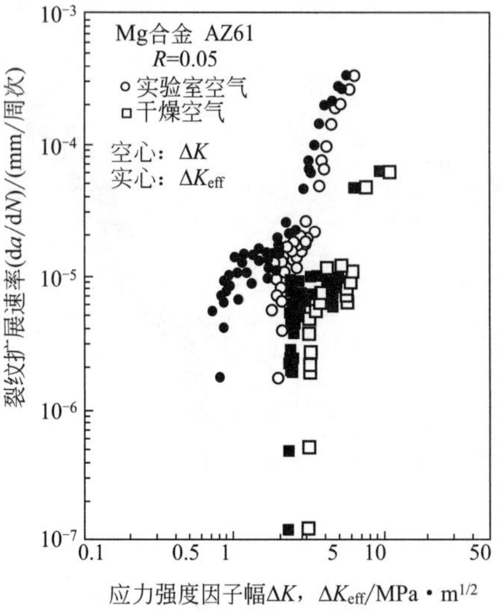

图 4-42 AZ61 在空气中的裂纹扩展行为[20]

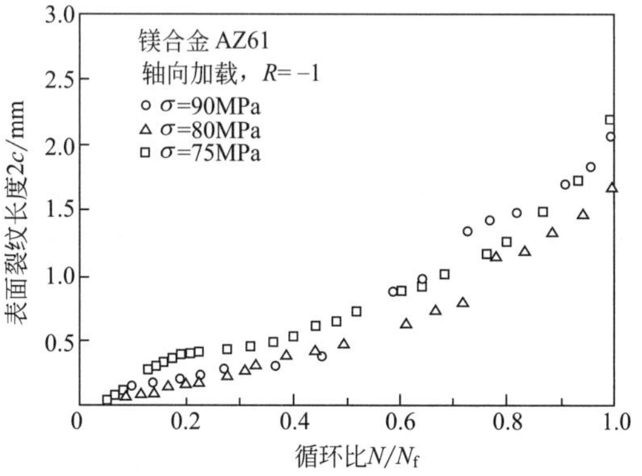

图 4-43 AZ61 合金中裂纹长度和循环比的关系[20]

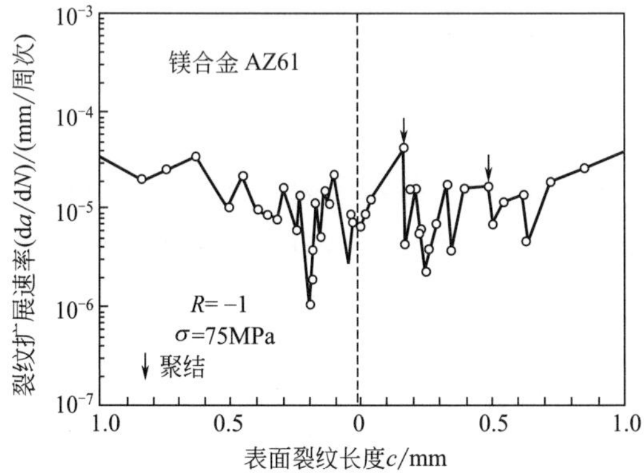

图 4-44 AZ61 合金中初期短裂纹的生长行为(σ = 75MPa)[20]

0.8mm，da/dN 变化很大，研究者认为很多材料在初期微裂纹生长速度都会因晶粒边界产生作用等因素发生变化，但 AZ31 镁合金的 da/dN 变化更为明显。图 4-45 给出了 AZ61 短裂纹扩展速率（da/dN）与最大应力强度因子（K_{max}）的曲线图。图中假定裂纹深度 a 和裂纹长度 c 的比值为 $a/c=1$，求出 a 与 K_{max}的关系。为了进行比较将长裂纹扩展速率（da/dN）与 ΔK 或 ΔK_{eff}的曲线并存在图 4-45 中，从图中可以看出短裂纹在长裂纹应力强度因子幅门槛值 ΔK_{th}和有效应力强度因子幅门槛值 ΔK_{eff}以下也生长，并且也说明了图 4-44 所示的不规则的裂纹生长行为。

伊藤安海等人[39]研究了镁合金裂纹扩展速率和裂纹尖端长度 c 局部变形幅的关系。采用试验材料为镁合金轧制材 AZ31B、加工硬化轧制材 AZ31B-H24、轧制退火材 AZ31B-O 和没有进行轧制的各向同性材 AZ31B［ISO］。疲劳试验在大气中室温下进行，应力比 $R=\sigma_{min}/\sigma_{max}=0$，载荷应力幅值为弹性模量的 2/3，分别为 58MPa（AZ31B）、79MPa（AZ31B-H24）、61MPa（AZ31B-O）、44MPa（AZ31B［ISO］），频率为 10Hz。图 4-46 给

出了裂纹长度 a 和疲劳循环周次 N 的关系。从试样缺口前端产生的裂纹的周次分别为：AZ31B 的循环次数 $N_l=31200$，AZ31B-H24 的 $N_l=4800$，AZ31B-O 的 $N_l=8500$，AZ31B［ISO］的 $N_l=90600$。裂纹产生后急剧扩展，它们的疲劳寿命 N_f 分别为 46078、14530、23207、97506，图中结果表明，四种材料的裂纹产生周次和扩展行为各有不同，也反映了裂纹前端产生的寿命和疲劳寿命的比例。图 4-47 为裂纹扩展速率和应力强度因子幅的关系，图中结果表明，在同一 ΔK 值时，AZ31B 轧制退火材，其裂纹扩展速率最小，而没有轧制的 AZ31B 各向同性材的裂纹扩展速率最高。

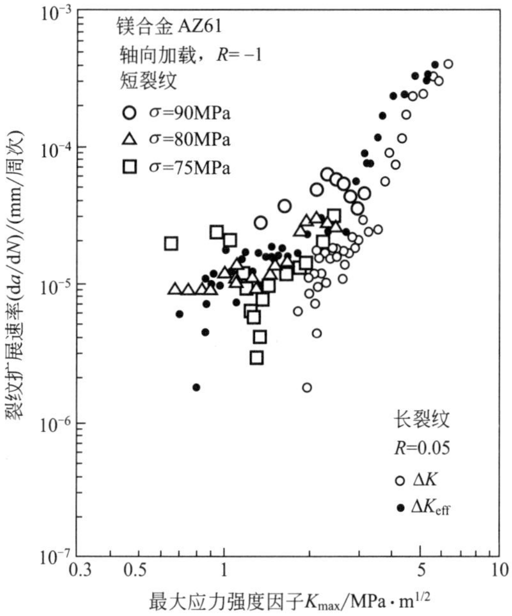

图 4-45　AZ61 合金中裂纹扩展速率与最大应力强度因子的关系[20]

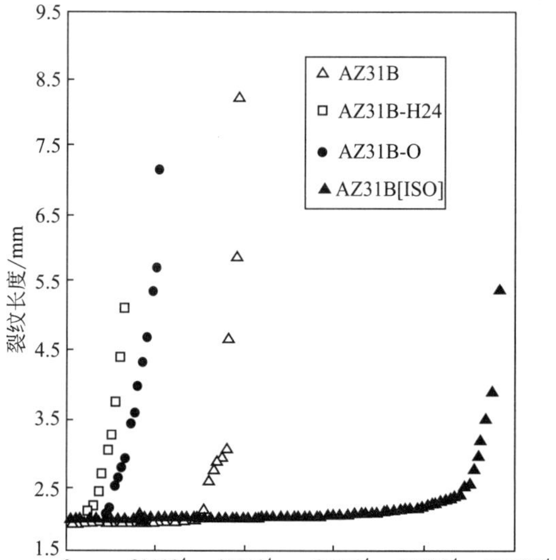

图 4-46　几种镁合金的裂纹长度与循环周次之间的关系[39]

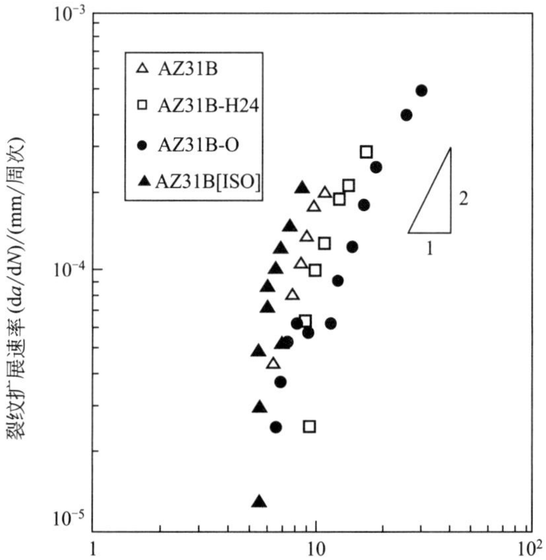

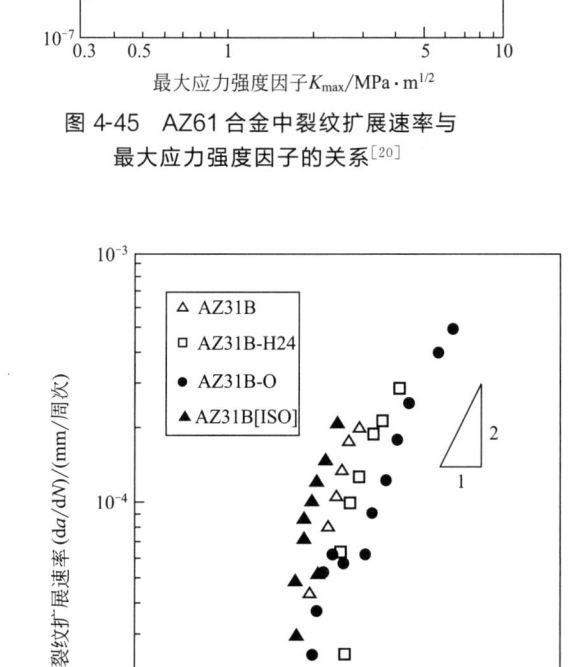

图 4-47　几种镁合金的裂纹扩展速率与应力强度因子幅的关系[39]

伊藤等人还研究了裂纹传播速度和裂纹前端局部应变幅的关系。图 4-48 为缺口和裂纹尖端附近的应变幅的测定区域的模式图。缺口底部的应变幅为 $\Delta\varepsilon_l$，疲劳载荷一个周次最大负荷点 P_{max} 的应变为 $\varepsilon_{l(max)}$，最小负荷点 P_{min} 的应变为 $\varepsilon_{l(min)}$，局部应变幅 $\Delta\varepsilon_l$ 为：

$$\Delta\varepsilon_l=\varepsilon_{l(max)}-\varepsilon_{l(min)} \tag{4-5}$$

对于裂纹尖端的局部应变幅 ε_l^T，与 ε_l 同样，疲劳载荷一个周次的最大负荷点 P_{max} 的应

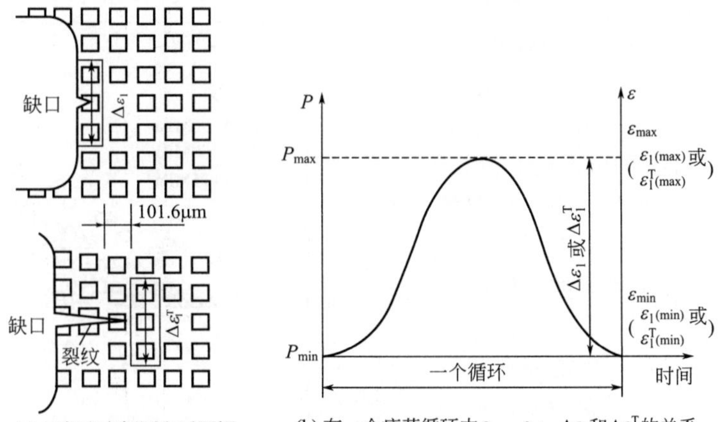

图 4-48 局部应变幅的模式[39]

变为 $\varepsilon_{l(max)}^T$，最小负荷点 P_{min}的应变为 $\varepsilon_{l(min)}^T$，局部应变幅 $\Delta\varepsilon_l^T$（裂纹前端一个格子的形变变化量）：

$$\Delta\varepsilon_l^T=\varepsilon_{l(max)}^T-\varepsilon_{l(min)}^T \tag{4-6}$$

图 4-49 给出了裂纹扩展速率（da/dN）与应变幅（$\Delta\varepsilon_l^T$）的关系，图中结果表明，在裂纹传播区域，裂纹扩展速率受裂纹前端的应变幅控制，而应变幅受到热处理和加工硬化等因素影响。

疲劳裂纹发生时，产生局部应变的晶粒较为重要，作为支配裂纹萌生和扩展的因素，可以用局部应变累积值（$\Delta\bar{\varepsilon}_l$）来表示，$\Delta\bar{\varepsilon}_l$ 按下式定义：

$$\Delta\bar{\varepsilon}_l=1/N_c\int_0^{N_c}\Delta\varepsilon_l dN \tag{4-7}$$

式中，N_c 为裂纹产生的疲劳循环周次；$\Delta\varepsilon_l$ 为局部应变的变化量。图 4-50 给出了 $\Delta\bar{\varepsilon}_l$ 与 N_c 的关系，从图中看出 $\Delta\bar{\varepsilon}_l$ 越大，N_c 越低。

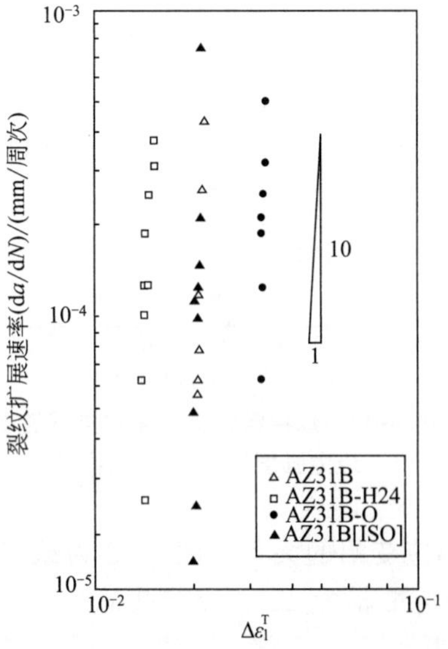

图 4-49 几种镁合金裂纹扩展速率与应变幅的关系[39]

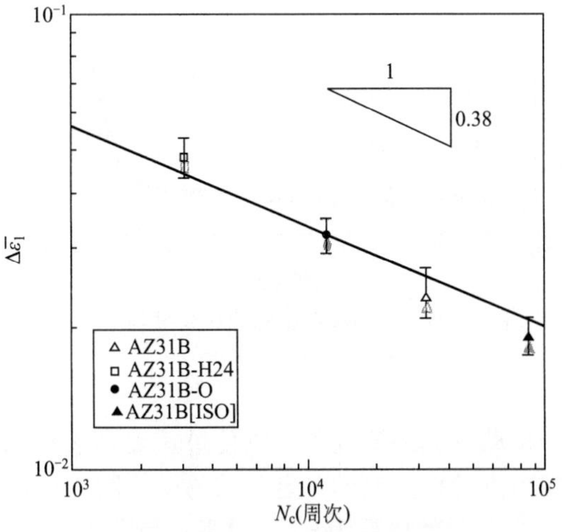

图 4-50 几种镁合金局部应变累积值和疲劳循环次数的关系[39]

加藤一等人[40]研究了 Mg、AZ31 和 AZ61 三种挤压材的裂纹扩展速率，三种材料的裂纹扩展速率（da/dN）与应力强度因子幅（ΔK）符合 Paris 公式，在（$\sigma_{min}/\sigma_{max}$）等于－1 时，可以用 K_{max}代替 ΔK，所得实验公式为：

$$da/dN=4.0\times10^{-8}(K_{max})^4 \qquad (Mg)$$

$$da/dN=2.2\times10^{-9}(K_{max})^4 \qquad (AZ31)$$

$$da/dN=4.5\times10^{-8}(K_{max})^4 \qquad (AZ61)$$

加藤一等人[41,42]还研究了 AZ31 合金裂纹传播速度与温度的关系，图 4-51 和图 4-52 分别给出了 AZ31 合金在空气下和在氩气下裂纹传播速度和温度的关系。图中结果表明，在同一最大应力强度因子 K_{max}下，疲劳试验温度越高，裂纹扩展速率越大；在氩气下的裂纹扩展速率的离散度略大于在空气中的，但是趋势一致。图 4-53 和图 4-54 给出了在不同真空度下进行疲劳试验的裂纹扩展速率与最大应力强度因子的关系。图中 NCP 材为在真空中进行过热处理的材料，CP 材为 NCP 材经过化学研磨的材料，图中结果表明，经真空中处理后材料的疲劳裂纹扩展速率明显低于大气中处理后的。

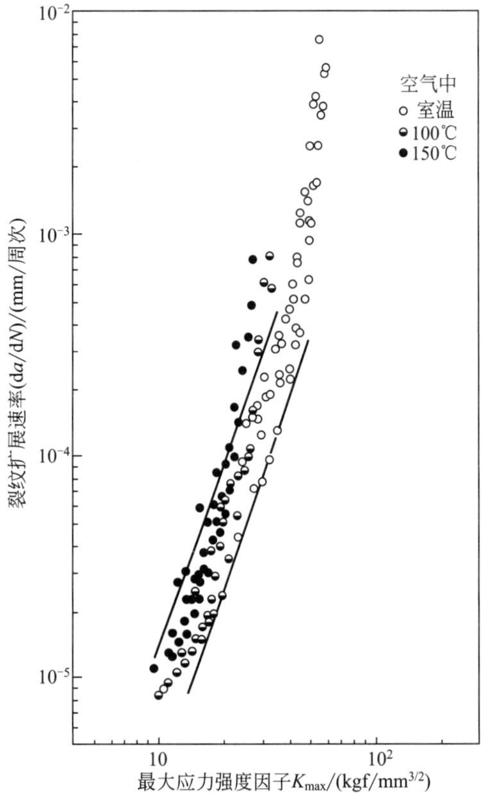

图 4-51　AZ31 镁合金空气中裂纹扩展速率和最大应力强度因子的关系[41]

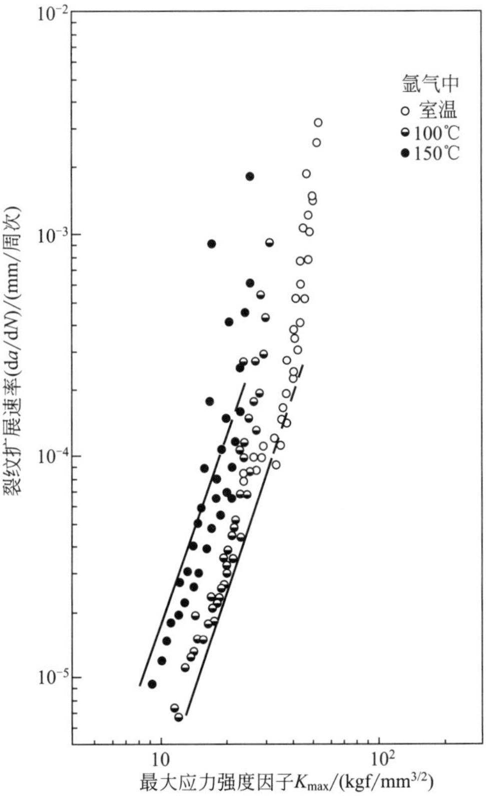

图 4-52　AZ31 镁合金氩气中裂纹扩展速率和最大应力强度因子的关系[41]

中島正貴等人[43]研究了疲劳环境下的干燥空气、湿度和水对裂纹扩展速率的影响。如图 4-55 和图 4-56 所示，AZ31 和 AZ61 在疲劳环境下的裂纹扩展速率（da/dN）与 ΔK（ΔK_{eff}）的关系中，对于同一 ΔK 值来说，在大气和蒸馏水中的裂纹扩展速率大致相同，但是比干燥空气快一个数量级。如果考虑开闭口的影响（da/dN-ΔK_{eff}关系），则在大气下裂纹扩展最快，蒸馏水次之，干燥空气最慢。图 4-57 给出了疲劳试验频率为 0.01～10Hz 的范围中频率（循环速度）变化对不同环境下的裂纹扩展速率的影响。对于干燥空气来说，裂纹扩展速率不受疲劳频率的影响。在大气中的裂纹扩展速率受频率的影响较小，在蒸馏水中的疲劳裂纹扩展速率随频率减小而增大。

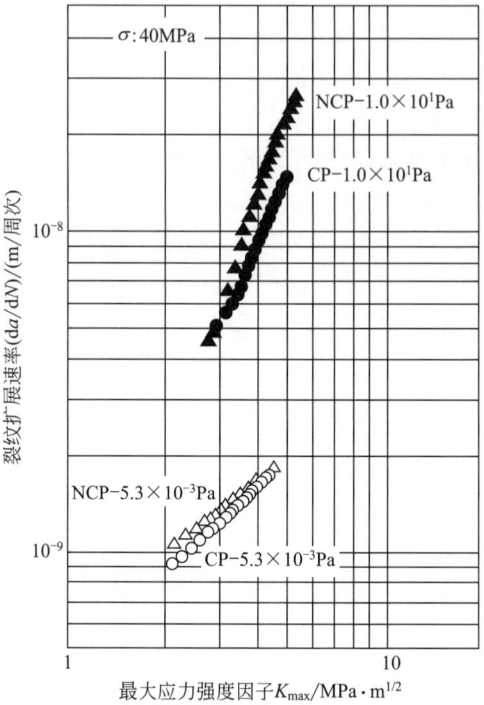

图 4-53 AZ31 镁合金在 40MPa 应力幅下裂纹扩展速率与最大应力强度因子的关系[42]

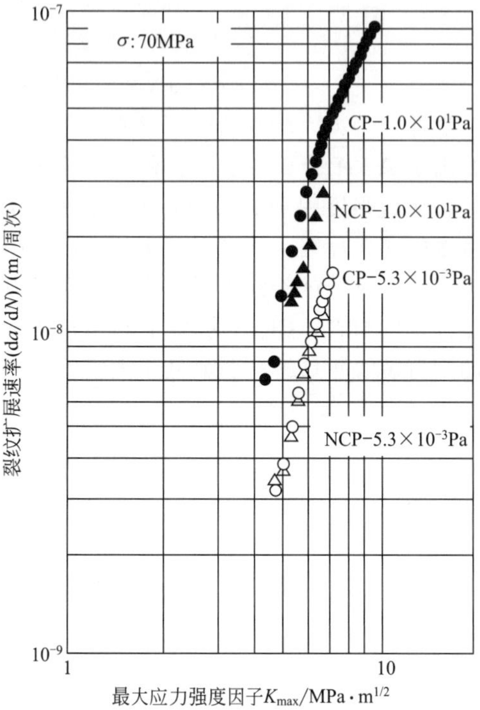

图 4-54 AZ31 镁合金在 70MPa 应力幅下裂纹扩展速率与最大应力强度因子的关系[42]

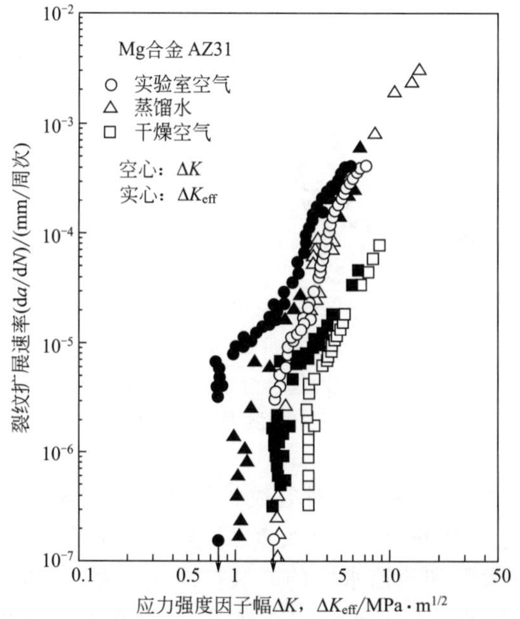

图 4-55 环境对 AZ31 疲劳裂纹扩展速率的影响[43]

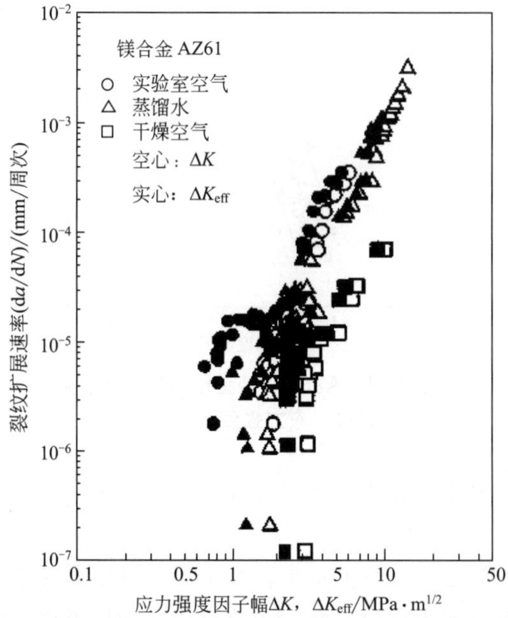

图 4-56 环境对 AZ61 疲劳裂纹扩展速率的影响[43]

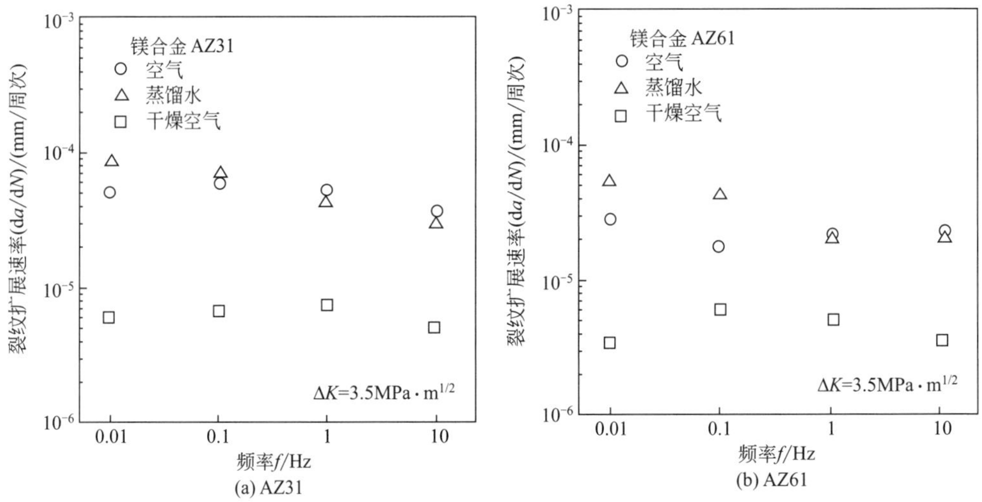

图 4-57　循环频率对不同环境下 AZ31 和 AZ61 的疲劳裂纹扩展速率的影响[43]

Sajuri 等人[44]研究了压铸后再挤压镁合金 AZ61 的裂纹扩展速率 da/dN 与应力强度因子幅 ΔK 的关系（图 4-58），并将 Paris 公式（$da/dN=C\Delta K^m$）写成：

$$da/dN=C(\Delta K^m-\Delta K_{th}^m) \tag{4-8}$$

ΔK 值可以写成[45]：

$$\Delta K=1.12\Delta\sigma\sqrt{\pi(a/Q)} \tag{4-9}$$

根据式（4-8）和式（4-9）可以得到疲劳周次 N 为：

$$N=\int_{a_0}^{a_c}\frac{1}{C(1.12\Delta\sigma\sqrt{\pi/Q})^m a^{m/2}-C\Delta K_{th}^m}da \tag{4-10}$$

式中，C 为常数；$\Delta\sigma$ 为应力幅；Q 为椭圆形状因子（$Q=2.464$）；m 为常数；a_0为初始裂纹尺寸。预测疲劳周次符合图 4-59 所示的从疲劳试验得出的数据。

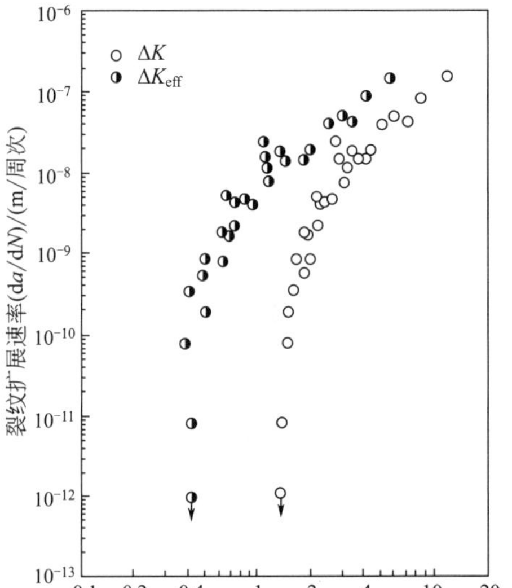

图 4-58　挤压态 AZ61(0.16Mn) 合金的裂纹扩展速率与应力强度因子幅的关系[44]

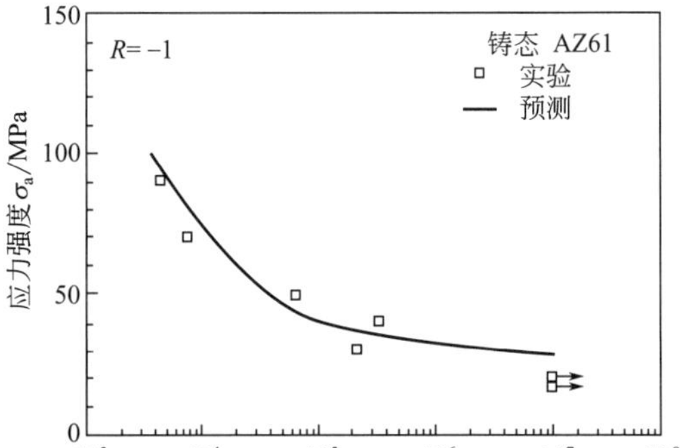

图 4-59　铸态 AZ61(0.16Mn) 合金的疲劳寿命预测[44]

Sajuri 等人还研究了试样取向（图 4-60）对长裂纹和短裂纹的 da/dN-ΔK 和 da/dN-ΔK_{eff} 曲线的影响。如图 4-61 所示，对于短裂纹，横向取向和 45°取向的试样的疲劳裂纹生成阻力较低，裂纹扩展速率较高，T 向、45°向和 L 向的试样，其 ΔK_{th}分别为 0.43MPa・m$^{1/2}$、0.47MPa・m$^{1/2}$和 0.6MPa・m$^{1/2}$；对于长裂纹来说，T 向、45°向和 L 向的试样，其 ΔK_{th}分别为 0.7MPa・m$^{1/2}$、0.8MPa・m$^{1/2}$和 0.9MPa・m$^{1/2}$，随着应力强度因子幅 ΔK 的增大，这种差异逐渐减小。如图 4-62 所示，当考虑裂纹的闭合效应时，裂纹生长（扩展）曲线处于一个窄带之间，其有效应力强度因子幅的门槛值 ΔK_{eff}均为 0.4MPa・m$^{1/2}$，表明试样取向对 ΔK_{eff}没有很大的影响。

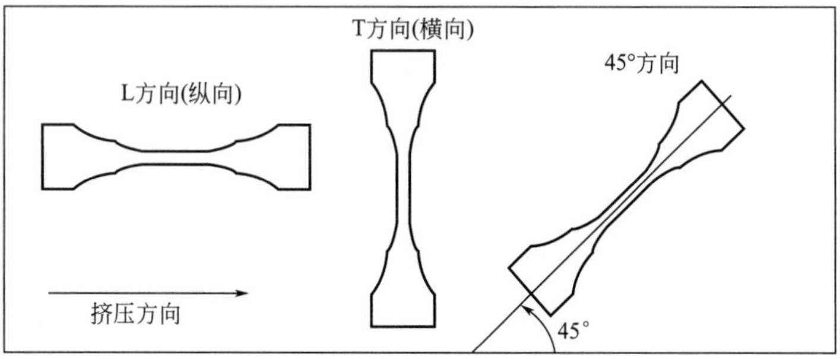

图 4-60　试样的不同取向[44]

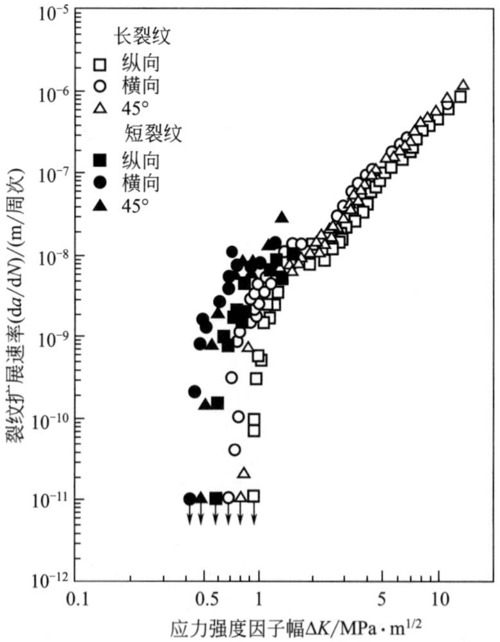

图 4-61　挤压态 AZ61(0.4Mn)的裂纹扩展速率和应力强度因子幅 ΔK 的关系[44]

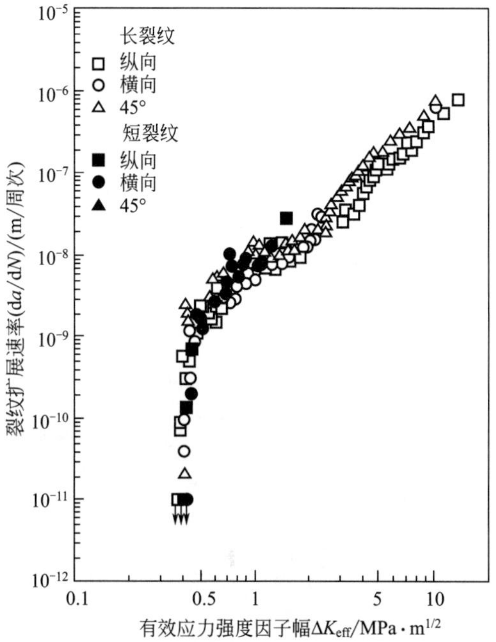

图 4-62　挤压态 AZ61(0.4Mn)的裂纹扩展速率和有效应力强度因子幅的关系[44]

Uematsu 等人[22]研究了挤压镁合金的不同挤压工艺对裂纹扩展速率的影响。如图 4-63 和表 4-4 所示，挤压温度高，挤压比相同，挤压制品晶粒大，在同一 K_{max}值，其裂纹扩展速率快。如图 4-64 和表 4-4 所示，挤压温度高，挤压比小，挤压制品晶粒尺寸大，在同一 K_{max}值，其裂纹扩展速率较慢。

表 4-4　镁合金的挤压工艺参数[22]

挤压条件Ⅰ

材料牌号	出口温度/K	坯料温度/K	最大压力/MPa	挤压速度/(m/min)	模具温度/K	容器温度/K
AZ31B-H	775	727	14.0	9.4	751	671
AZ31B-M	684	638	17.2	2.0	635	600
AZ31B-L	626	614	19.1	1.2	611	573
$AZ61A_1$-H	740	680	14.9	7.5	708	671
$AZ61A_1$-M	709	678	15.0	2.3	694	671
$AZ61A_1$-L	631	584	19.0	0.8	605	573

注：AZ31B-H、AZ31B-M、AZ31B-L 晶粒尺寸分别为 7.4μm、2.9μm、2.1μm，AZ31B 和 AZ61A 挤压比为 67。

挤压条件Ⅱ

材料牌号	挤压比	出口温度/K	坯料温度/K	挤压速度/(m/min)	晶粒尺寸/μm	模具温度/K	容器温度/K
$AZ61A_2$-39	39	650	608	1	4.8	621	600
$AZ61A_2$-67	67	627	607	1	4.7	613	603
$AZ61A_2$-133	133	613	603	1	3.9	609	602
AZ80-39	39	643	608	1	5.9	621	596
AZ80-67	67	624	607	1	5.5	613	603
AZ80-133	133	614	603	1	4.3	609	604

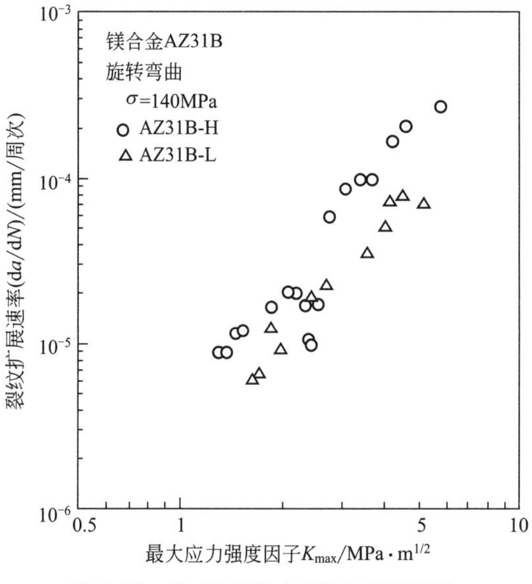

图 4-63　在 AZ31B 中裂纹扩展速率与最大应力强度因子的关系[22]

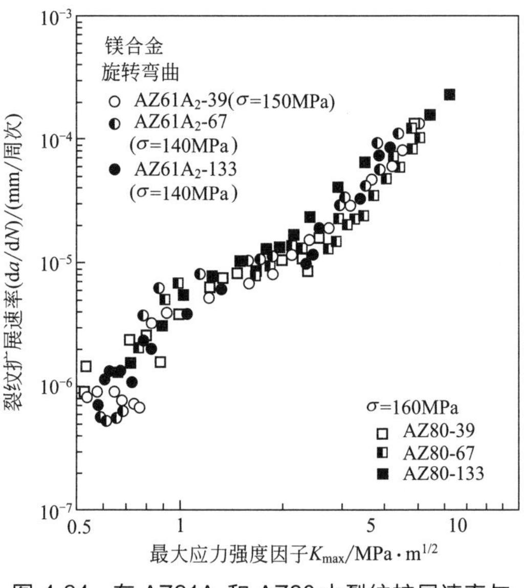

图 4-64　在 $AZ61A_2$和 AZ80 中裂纹扩展速率与最大应力强度因子的关系[22]

Zeng R. C. 等人[46]研究了镁合金 AM60 轧制材和挤压材的裂纹扩展，其中轧制材的原料是挤压材。如图 4-65 所示，在同一 ΔK 值，后者的裂纹扩展速率明显低于前者。

Nan 等人[47]在 AZ31 挤压镁合金旋转弯曲疲劳试验中发现，当应力幅为 120MPa 时，疲劳寿命为 5.14×10^7周，但应力幅为 122.5MPa 时，疲劳寿命为 8.5×10^6周，为了解释这个现象，对疲劳强度试样附近的裂纹进行原位观察，结果表明不同应力下裂纹扩展都是穿晶断裂，只是应力幅较小时，裂纹在晶界停留的时间长，基体和 $Mg_{17}Al_{12}$相的界面阻碍了裂纹的扩展，应力幅超过疲劳极限时，裂纹无法停留，扩展速率加快，疲劳寿命锐减。

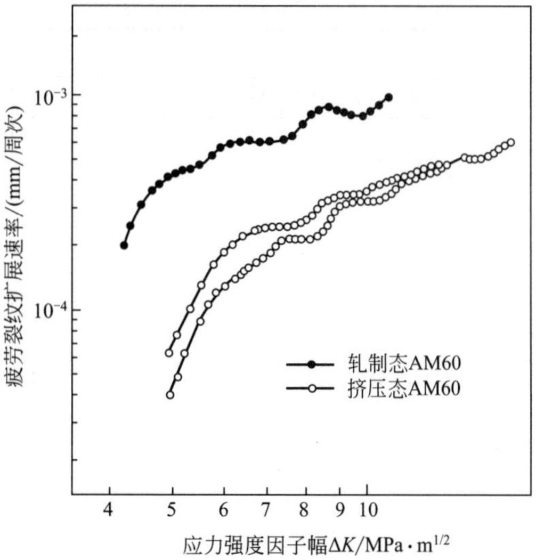

图 4-65 AM60 镁合金轧制材和挤压材的裂纹扩展速率与应力强度因子幅的关系[46]

4.1.4 镁合金的疲劳强度

一般来说，镁合金的疲劳强度与加载条件、合金的成分和微观结构、温度、环境介质和表面状态等有关。

(1) 加载条件

增大应力比和增大平均应力都会降低合金的疲劳强度，但是盐澤和章等人[16,17]对AZ31F、AZ61F、AZ80F 和 AZ80T5 的高周疲劳研究发现 AZ31F 在应力比 $R=-1$，AZ61F、AZ80T5 在 $R=-1$、$R=-1.5$ 的轴向载荷疲劳试验中出现了两段弯曲曲线，并且AZ80F 和 AZ80T5 的旋转疲劳试验也出现了两段弯曲曲线。只有 $R=0$ 时，4 种材料才有明确的疲劳极限，另外 AZ31F 在 $R=-1.5$，AZ31F 和 AZ61F 在旋转弯曲疲劳中也没有两段曲线（图 4-22 和图 4-23），因此很难讨论应力比对疲劳特性的影响。由于两段弯曲的直线段大多在 $10^5 \sim 10^7$ 循环次数之间，也有很多研究者仍然将 10^7 循环周次认作疲劳强度，并且给出应力比值。特别是在低周疲劳中采用应力比的概念进行研究。

加载过程中平均应力 σ_m 可以写为：

$$\sigma_m=\frac{1}{2}(\sigma_{max}+\sigma_{min})=\sigma_{min}+\frac{\Delta\sigma}{2}=\frac{1+R}{1-R}\cdot\sigma_a=\frac{1+R}{1-R}\cdot\frac{\Delta\sigma}{2}=\frac{\Delta\sigma}{1-R}-\frac{\Delta\sigma}{2} \quad (4\text{-}11)$$

式中，σ_a 为应力幅；$\Delta\sigma$ 为应力差。平均应力对疲劳寿命和疲劳强度的影响可以通过 R 来体现，即增大平均应力或增大应力比来降低疲劳强度。

Hasegawa 等人[48]研究了 AZ31 镁合金的低周疲劳，图 4-66 给出了平均应力对低周疲劳寿命的影响，其中图 4-66（a）为应变控制模式的低周疲劳，图 4-66（b）为应力控制模式的低周疲劳。图中结果表明，两种控制模式的疲劳寿命都随平均应力的增大而减小。增大平均应力，则疲劳强度降低，但这种影响在高强度镁合金中不如低强度镁合金中显著。

Sajuri 等人[44]给出了试样取向对疲劳强度的影响，如图 4-67 所示，其中与挤压方向平行的 L 向（参考图 4-60）的试样疲劳强度最高，45°方向次之，T 向最低。

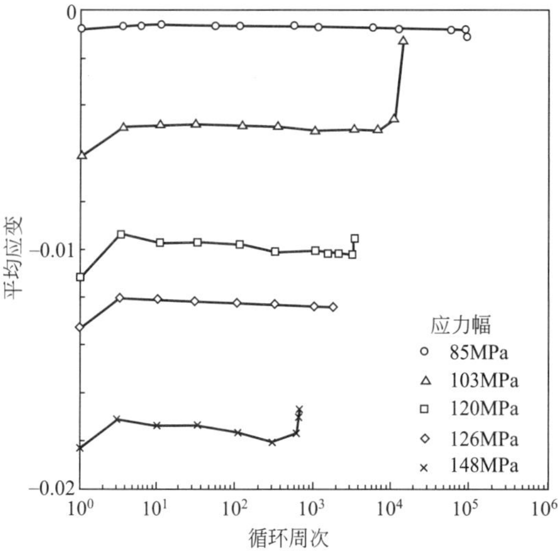

(a) 平均应变在应变控制低周疲劳测试中的演变

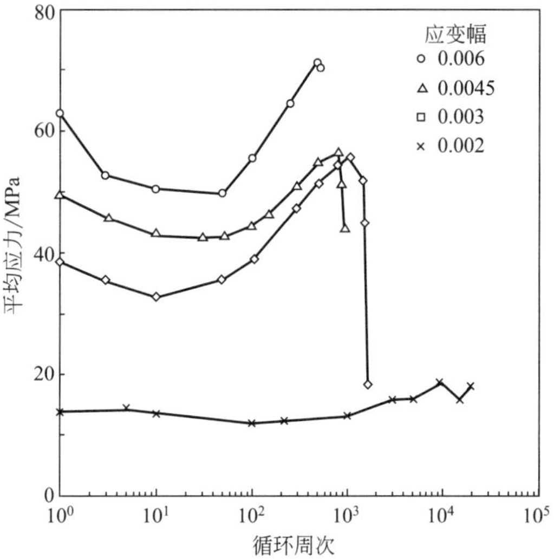

(b) 平均应变在应力控制低周疲劳测试中的演变

图 4-66　AZ31 镁合金的平均应力对应力和应变控制模式的低周疲劳寿命的影响[48]

Ishihara 等人[49]对 AZ31 镁合金挤压材和轧制材的疲劳行为进行了研究。加载方向对疲劳裂纹萌生有一定影响，如沿挤压平行方向（EP），疲劳裂纹将萌生在 $Mg_{17}Al_{12}$ 相中；沿垂直于挤压方向（EV）加载时，疲劳裂纹主要萌生在 $Al_{81}Mn_{19}$ 相中。加载方向对轧制板中疲劳裂纹萌生影响不大，平行轧制方向（RP）和垂直轧制方向（RV）的试样裂纹均萌生在硬脆的 $Al_{18}Mn_{19}$ 相中。如图 4-68 所示，由于挤压试样取向不一，其疲劳强度不一样。但轧制方向取向不一样时，其疲劳强度相差不大。

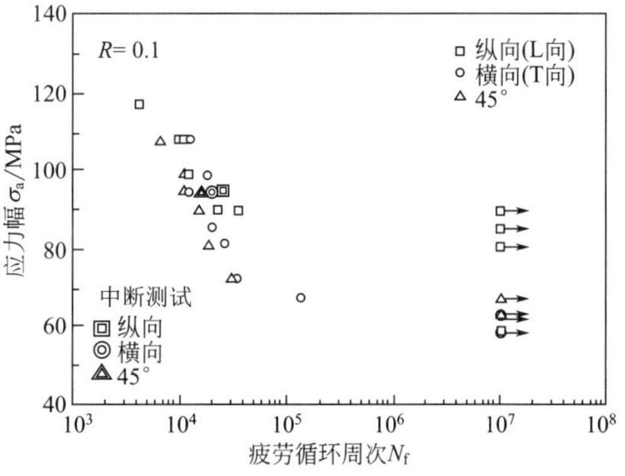

图 4-67　不同取向的挤压态 AZ61 (0.4Mn) 合金的 S-N 曲线[44]

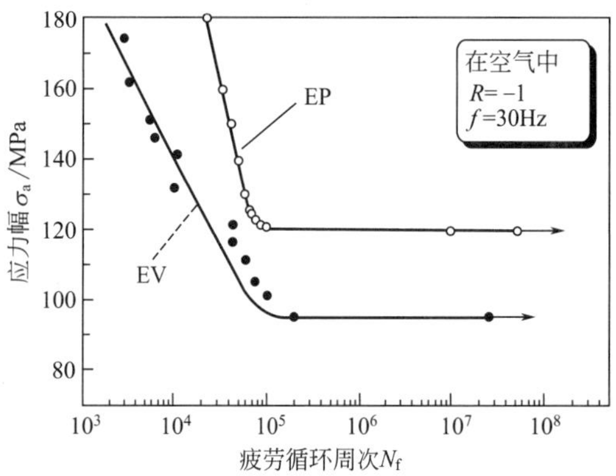

(a) 材料E(EP和EV试样)

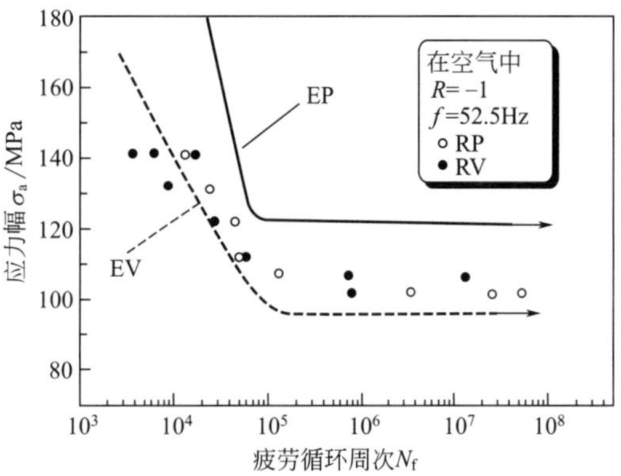

(b) 材料R(RP和RV试样)

图 4-68　AZ31 镁合金的 S-N 曲线[49]

(2) 合金成分和微观结构

合金的成分、微观结构、晶粒尺寸、析出相和冶金缺陷等因素对镁合金的疲劳强度有重要影响。对于 Mg-Al-Zn 和 Mg-Al-Mn 合金来说，Al 含量的增加可以改善其疲劳性能，过多增加 Al 的含量有可能降低其疲劳寿命。塩澤和章等人[50]研究了挤压镁合金的低周疲劳变形行为和疲劳寿命的评价，图 4-69 给出了三种 Mg-Al-Zn 材料应力控制的低周疲劳试验和应变控制的低周疲劳试验的 S-N 曲线。表 4-5 给出了三种 Mg-Al-Zn 材料的力学性能和晶粒尺寸，结果表明，应力控制的 S-N 曲线中 AZ80 的疲劳强度最高，AZ61 次之，AZ31 再次之，疲劳强度和抗拉强度大小有一定的依存关系，同样和晶粒尺寸大小也有一定的依存关系。一般来说，抗拉强度越大，晶粒越细，其疲劳强度越大。而以应变控制的 S-N 曲线，由于晶粒尺寸的影响，AZ61 和 AZ80 的疲劳强度没有多大差别，AZ31 的疲劳强度仍然最低。

表 4-5 三种材料的力学性能和晶粒尺寸[50]

材料	0.2%弹性极限应力 $\sigma_{0.2}$/MPa	抗拉强度 σ_B/MPa	伸长率 δ/%	维氏硬度/HV	晶粒尺寸 d/μm
AZ31	209	232	19.2	54.0	88.4
AZ61	227	298	19.2	59.8	13.7
AZ80	226	329	15.4	62.0	16.0

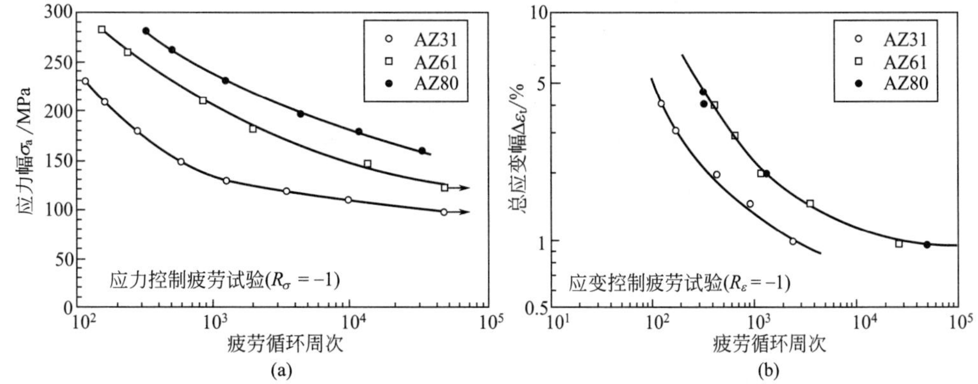

图 4-69 (a)从应力控制低周疲劳测试中得到的 S-N 曲线；(b)从应变控制低周疲劳测试中得到的总应变幅与疲劳寿命的关系[50]

添加 Zr、Sr、Ti 以及稀土元素能够细化铸造镁合金的晶粒，使晶界增多、阻碍位错运动，同时减小晶粒内位错塞积群的长度。另外，稀土元素能够净化晶界，提高晶界的强度，减少气孔、针孔及疏松等铸造缺陷，如图 4-34 所示，在 AZ91D 中添加 1%（质量分数）的 Ce，疲劳强度得到较大提高。

安藤新二等人[24]研究了长周期（LPO）有序相对 Mg-Zn-Y 合金的疲劳强度的影响，如图 4-70 所示，在 $Mg_{96}Zn_2Y_2$ 中会有一部分 LPO 相（浅灰色），随着挤压平行方向呈条状，在 $Mg_{88}Zn_5Y_7$ 中大部分都是 LPO 相，而在 $Mg_{99.2}Zn_{0.2}Y_{0.6}$ 中仅有很少量的 LPO 相，图 4-71 给出了三种材料的 S-N 曲线，其中 $Mg_{88}Zn_5Y_7$ 的疲劳强度为 220MPa，$Mg_{96}Zn_2Y_2$ 的疲劳强度为 180MPa，而 $Mg_{99.2}Zn_{0.2}Y_{0.6}$ 的疲劳强度仅为 140MPa，以上数据充分表明了 LPO 相对疲劳强度的影响。

二次枝晶间距、第二相质点都是影响疲劳特性的重要因素，Horstemeyer[51] 等人认为 AZ91E 合金在高周疲劳区，经过 T4 处理，二次枝晶间距和晶粒尺寸减小，其疲劳寿命有很大提高[如图 4-72 所示，图中四样品载荷分别为高周疲劳(HCF)应变幅的 0.075%(S1)、

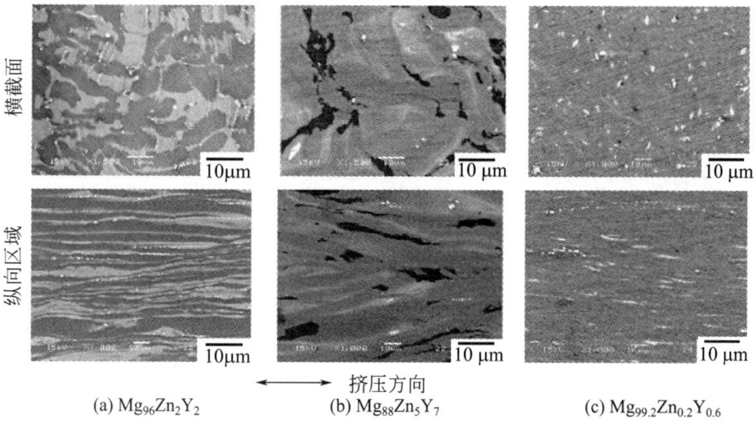

图 4-70　通过 SEM 得到的挤压态 Mg-Zn-Y 合金的微观组织结构[24]

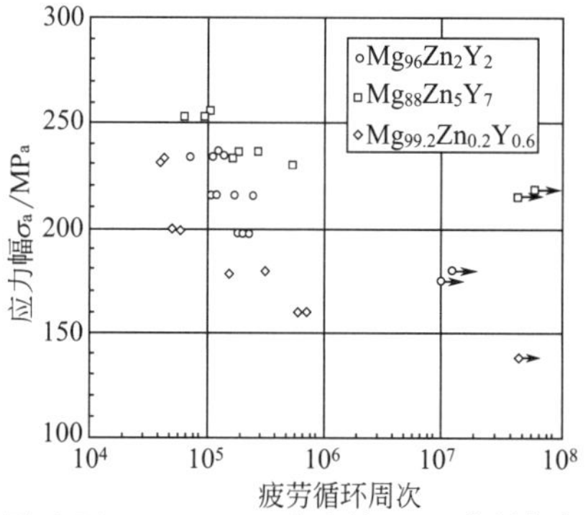

图 4-71　Mg-Zn-Y 合金的 S-N 曲线[24]

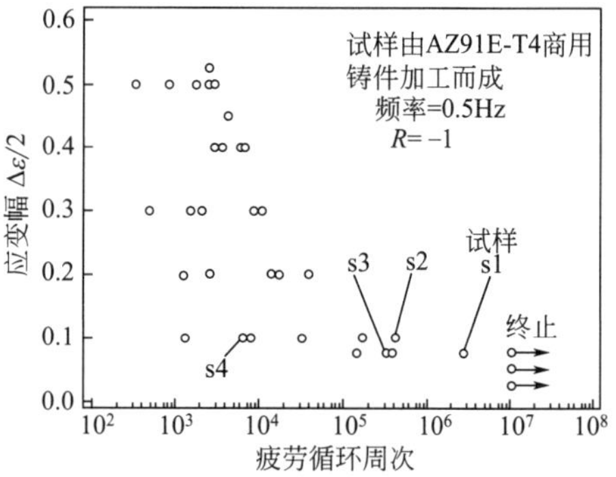

图 4-72　AZ91E-T4 合金的应变幅-疲劳循环周次的曲线[51]

0.10%(S2)、0.075%(S3)、0.10%(S4)]；但石川圭介等人研究了热处理对 AZ91D 合金疲劳强度的影响，认为铸态（F）、固溶水淬（T4）、固溶水淬后短时时效（T6a）和固溶水淬后长时间时效（T6b）对疲劳强度没有很大影响（图 4-73）。

（3）温度

加藤一等人[41]研究了温度对 AZ31 合金疲劳强度的影响，如图 4-74 所示，温度越高，疲劳强度越低，150℃时的疲劳强度约为室温的 0.6 倍。在氩气中和在空气中温度对疲劳强度性能的影响有同样的趋势。

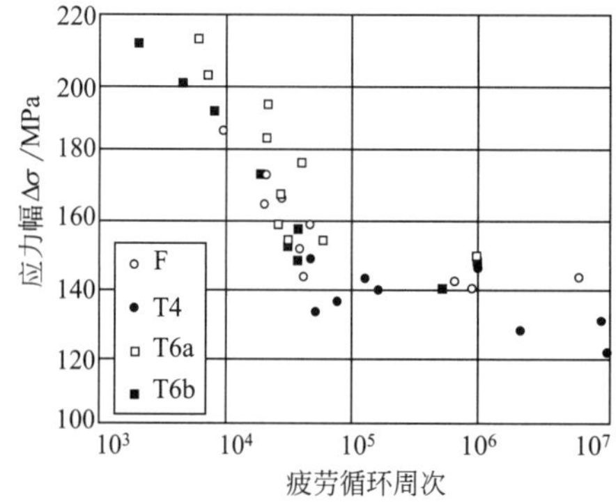

图 4-73　AZ91D 在不同热处理下室温的 S-N 特征[14]

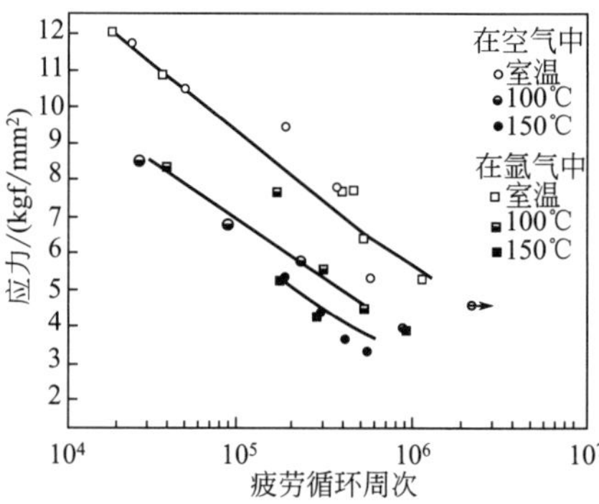

图 4-74　S-N 曲线[41]

Sertsyuk 等人[52] 研究了低温（-120℃）下镁合金 MA2-1、MA15、IMV6、MA12、IMV2 的 S-N 曲线。图 4-75 结果表明温度越低，除 MA12（T6）样品之外，其余材料疲劳强度都比 20℃相同试样的疲劳强度要高。表 4-6 提供了疲劳试验的各项数据，低温下疲劳强度的增大主要是因为塑性区尺寸减小，疲劳裂纹扩展速率随温度降低而降低。

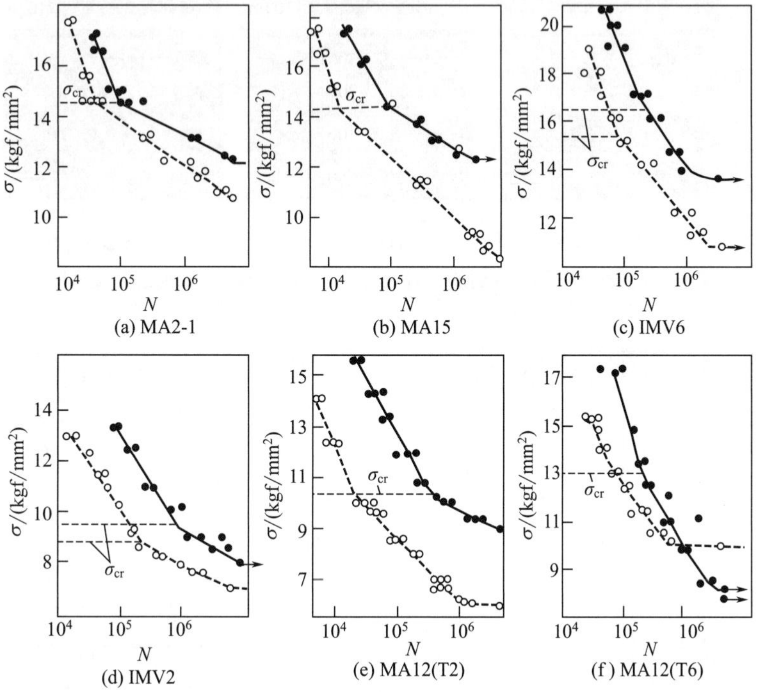

图 4-75　镁合金在 20℃（虚线）和−120℃（实线）的疲劳曲线[52]

表 4-6　疲劳试验的各项数据[52]

合金	热处理	σ_b /(kgf/mm²)	$\sigma_{0.2}$ /(kgf/mm²)	δ/%	σ_w /(kgf/mm²)	σ_{cr} /(kgf/mm²)	σ_w/σ_b	K_{fc}^{min} /(kgf/mm²)	K_{fc}^{max} /(kgf/mm²)	合金化元素质量分数/%
MA2-1	退火 250℃ 1 h	29.6/39.0	22.4/30.0	11.9/7.4	10.8/12.2	14.5/14.5	0.35/0.30	36/36	57/57	4.17 Al; 0.85 Zn; 0.5Mn
MA15	退火 265℃ 1 h	27.5/40.5	23.0/32.0	11.0/—	8.0/12.0	14.2/14.2	0.30/0.30	37/37	55/55	3.15 Zn; 1.88Cd 0.83 La
IMV6	热挤压 无热处理	31/—	24.7/—	16.0/—	10.8/13.5	15.2/16.5	0.35/—	36/39	59/64	0.12 Al; 0.55 Mn; 0.49 Cd; 7.8 Y; 0.11 Ce
IMV2	退火 175℃ 1 h	22.7/27.5	15.6/20.5	9.5/9.3	7.0/8.0	8.7/9.5	0.30/0.30	22/25	33/37	5.4 Al; 1.0 Zn; 8.6 Li; 4.7 Cd
MA12 (T2)	退火 350℃ 1 h	21.3/31.4	13.1/20.7	8.5/7.8	5.8/8.8	10.3/10.3	0.30/0.30	26/26	42/42	2.9 Nd; 0.44 Zr
MA12 (T6)	540℃ 保温 2 h 水淬，200℃时效 16 h	27.0/32.0	19.8/19.5	8.7/7.7	10.0/8.3	13.0/13.0	0.30/0.25	31/31	48/48	2.9 Nd; 0.44 Zr

注：1. 分子的结果是在 20℃得到的，分母的结果是在-120℃得到的。
2. σ_w 为疲劳强度；σ_{cr} 为临界应力；K_{fc} 为循环断裂韧性。

（4）环境介质

镁合金的疲劳强度与环境介质有密切关系，特别是对腐蚀环境非常敏感，并且变形镁合金比铸造镁合金具有更大的腐蚀敏感性。花木聪等人[53] 研究了在腐蚀环境下镁合金 AZ31B 的疲劳特性，图 4-76、图 4-77 和图 4-78 分别为 AZ31B 在大气环境下、3%NaCl 溶液和蒸馏水中的 S-N 曲线。图中结果表明，AZ31B 镁合金在 3%NaCl 溶液和蒸馏水中疲劳强度比在大气中的疲劳强度大幅降低。Eliezer 等人[54]研究表明在 NaCl 溶液中，由于第二相的影响，AZ80、AZ91 镁合金的疲劳性能比 AZ31、AM20 和 AM40 镁合金的下降更严重。其腐蚀加重的原因为，腐蚀坑诱发裂纹的形核，在交变载荷下疲劳裂纹过早产生并快速发展，合金的疲劳寿命显著降低。

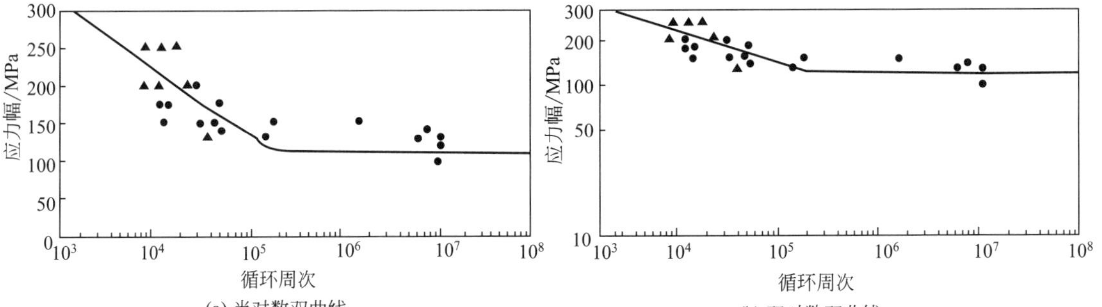

(a) 半对数双曲线　(b) 双对数双曲线

图 4-76　在大气中 AZ31B 合金的 S-N 曲线[53]

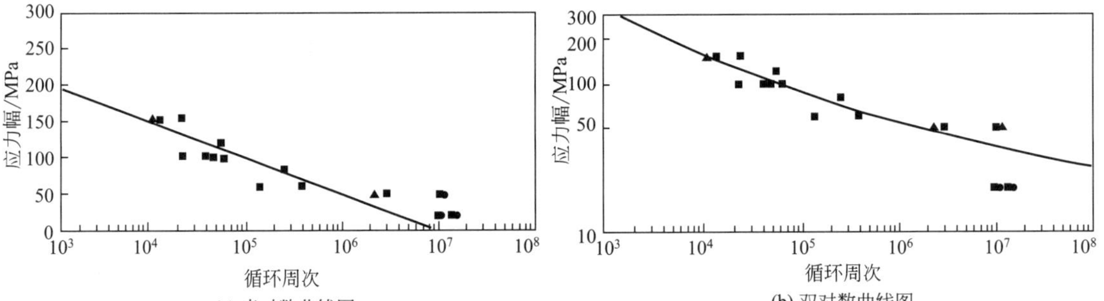

(a) 半对数曲线图　(b) 双对数曲线图

图 4-77　在 3%NaCl 中 AZ31B 合金的 S-N 曲线[53]

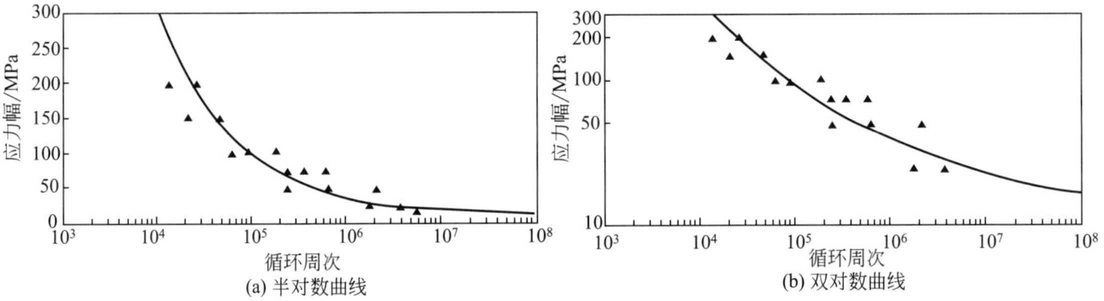

(a) 半对数曲线　(b) 双对数曲线

图 4-78　在蒸馏水中 AZ31B 合金的 S-N 曲线[53]

加藤一等人[42]给出了 AZ31 疲劳缺口材在大气中（1.0×10^{1}Pa）和真空度为 5.3×10^{-3}Pa 的真空中的 S-N 曲线（图 4-79），图中 CP 为热处理后研磨的试样，NCP 为热处理后不研磨的试样。图中结果表明，真空中 AZ31 的疲劳寿命比大气中疲劳寿命更长。

（5）表面状态

镁合金具有较大的缺口敏感性，表面状态能显著影响其疲劳性能。对于弯曲及扭转疲劳试验，其最大应力在表层，疲劳裂纹大多从表层开始，而且表层还存在不同的各类缺陷，如

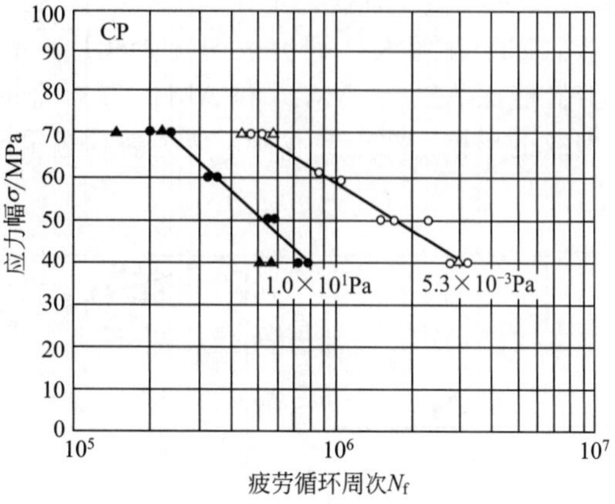

图 4-79 AZ31 合金在空气(1.0×10^{1}Pa)和真空(5.3×10^{-3}Pa)下的 S-N 曲线[42]

●—CP 样在空气中的实验结果；○—CP 样在真空中的实验结果；
▲—NCP 样在空气中的实验结果；△—NCP 样在真空中的实验结果

果存在缺口，则缺口根部存在较大的应力集中，实际最大应力远高于平均应力，疲劳裂纹优先产生，因此表面状态对疲劳强度有较大的影响。

Eifert 等人[55]研究了表面阳极氧化膜对经过固溶处理＋时效(T6)处理的 WE43A 镁合金的疲劳强度的影响，其研究结果表明，无论膜层厚度如何，表面阳极氧化可以使 WE43A 镁合金的疲劳强度减小 10%，但能改善其低周循环的疲劳强度(图 4-80)。但也有不同意见，如中谷幸一郎等人[56]认为 AZ92D 铸造镁合金经过阳极化处理后，其疲劳强度增大了 10%。

为了提高镁合金的疲劳性能，可以对镁合金进行表面形变强化处理、阳极氧化和抛光处理等。表面形变强化处理主要有喷丸处理与滚压强化[57]。Wagner 等人[58]研究了不同喷丸介质对高强变形镁合金 AZ80 疲劳寿命的影响。研究发现喷丸强化对镁合金影响较小，只有在极小的喷丸强化度 0.05mm·N 时喷丸才会使镁合金的疲劳寿命提高（图 4-81），而喷丸介质（钢球和玻璃球）对疲劳寿命的影响不大（图 4-82），在几种表面强化工艺中，对于提高镁合金的疲劳强度，滚压抛光效果最好，喷丸处理次之，电解抛光(EP)最差(图 4-83)。

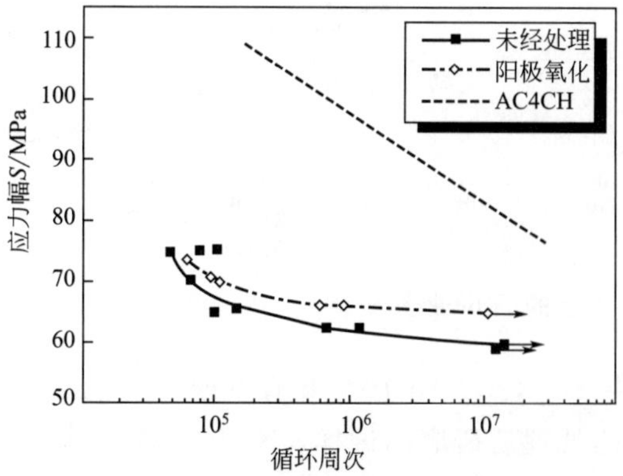

图 4-80 阳极氧化对 WE43A 镁合金疲劳强度的影响(比较材为 AC4CH)[56]

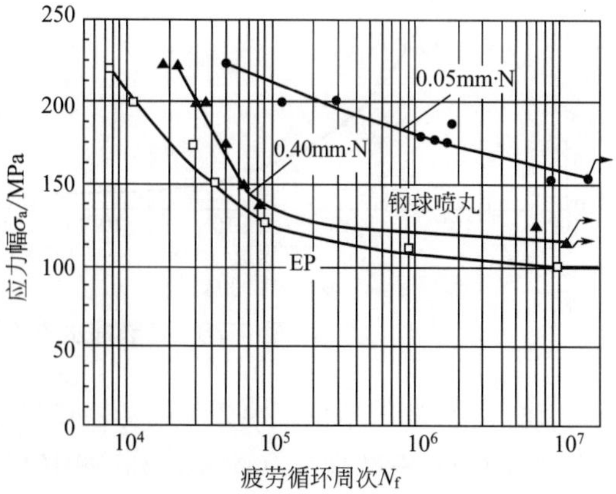

图 4-81 喷丸强化度对 AZ80 的 S-N(R= −1)曲线的影响[58]

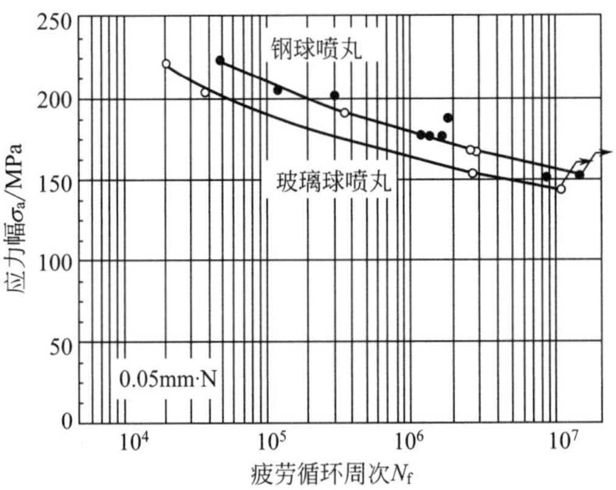

图 4-82　喷丸介质对 AZ80 的 S-N（$R=-1$）曲线的影响[58]

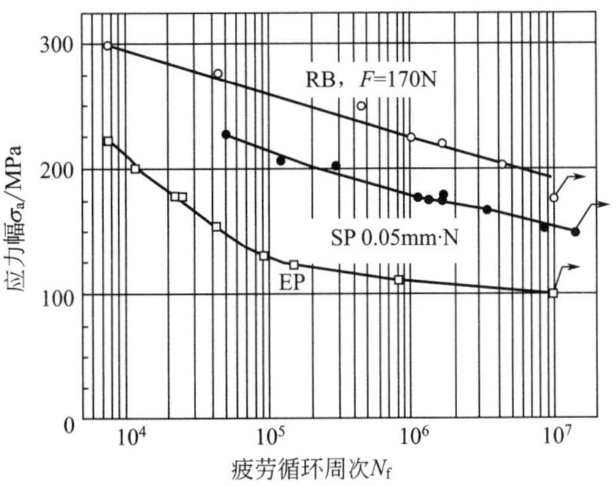

图 4-83　表面强化方式（喷丸 SP、滚压 RB）对 AZ80 的 S-N（$R=-1$）曲线的影响[58]

张平等[59,60]研究了滚压强化对 AZ80 镁合金疲劳强度和疲劳寿命的影响，发现镁合金由于常温塑性差导致对滚压的压力十分敏感，随着滚压压力的增大，其表面粗糙度先减小后增大，显微硬度则一直增大，并随表面变形深度的增加先增后减。在 200N 的最佳滚压压力下，AZ80 镁合金产生 700～800μm 的表面变形层，最大残余压应力可达 345MPa，疲劳强度由 100MPa 增大到 210MPa，提高了 110%，而疲劳寿命也提高了 75%。

张平等人还研究了滚压和喷丸后，镁合金残余应力的变化，如图 4-84 所示，滚压对镁合金产生的残余应力比喷丸处理要大，所以对提高镁合金的疲劳强度的工业效果最好。

阳极氧化在改善镁合金的耐蚀性和抗磨性的同时，也会影响其疲劳强度。如前所述，在不同情况下，其影响效果有较大的差别，各种不同的阳极氧化涂层在空气中对镁合金的S-N曲线的影响规律如图 4-85 所示[61]。

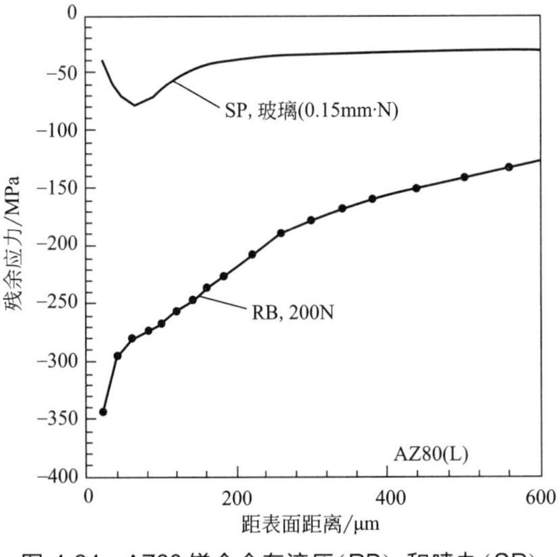

图 4-84　AZ80 镁合金在滚压（RB）和喷丸（SP）处理后残余应力及其深度的对比[59,60]

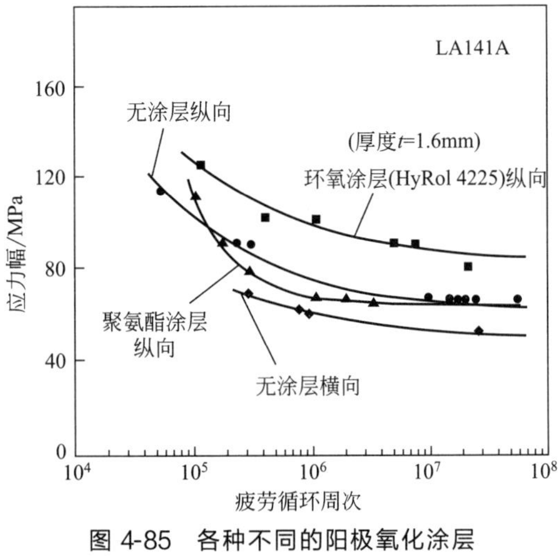

图 4-85　各种不同的阳极氧化涂层对镁合金 S-N 曲线的影响[61]

Saijo 等[62]对 AZ91D 镁合金进行 DOW17 处理的研究中发现，膜层厚度为 10μm 时，其疲劳强度与没有经过 DOW17 处理的试样相比没有明显差别，而当膜层厚度增加到 15μm

时，疲劳强度却显著降低。研究者分析认为膜层硬度和表面织构的变化是AZ91D镁合金疲劳强度降低的主要原因，而通过调整合金化学成分、氧化膜的结构以及缩短处理时间在一定程度上可以降低残余拉应力和失效软化并减少阳极氧化处理对镁合金疲劳强度的不利影响。

阳极氧化虽然会损害镁合金在空气中的疲劳性能，但也有研究表明它能提高镁合金在腐蚀环境中的疲劳性能。Ferguson等人的研究发现[63]，由新西兰Magnesium Technology Licensing Ltd提供的Anomag™阳极氧化涂层处理可以提高AM50和AZ91D镁合金在海水中的腐蚀疲劳强度和疲劳寿命，甚至使AM50镁合金在海水中的疲劳强度和疲劳寿命与在空气中没有经阳极氧化处理的相差不大。Ferguson等人的研究还发现Anomag™阳极氧化处理对镁合金腐蚀疲劳性能的改善程度随铝含量的增加而提高，即AZ91D腐蚀疲劳性能提高的幅度大于AM50镁合金，这说明阳极氧化处理对高铝含量的镁合金疲劳性能的影响更显著。

4.2 粉末镁合金的疲劳裂纹萌生与扩展

4.2.1 粉末镁合金研究进展

（1）粉末镁合金简介[64～66]

镁及其合金虽然具有很多优点，具有重大的应用价值和意义。但由于其自身存在不足之处，如变形能力差，抗腐蚀性能和耐高温性能不高，镁合金回收成本高，以及传统制备技术的不足，镁合金材特别是变形镁合金一直未能得到普遍的应用。

镁合金在接近平衡状态的常规凝固条件下，微观组织比较粗大，晶粒尺寸一般在数十微米到数百微米之间，甚至达到了毫米级。同时，析出相也比较粗大，在高温下极易粗化，因此采用常规铸造方法生产的镁合金室温和高温强度都不是很理想，难以满足高性能结构材料的需求，大都是用于要求较低的工作环境中，一直没能成为一种能够工业化应用的工程材料。

镁合金粉末的制备实际上是一种快速凝固制备技术。快速凝固是一种新型的金属材料制备技术，基本原理是设法将合金熔体分散成细小的液滴，减小熔体体积与散热面积的比值，提高熔体凝固时的传热速度，抑制晶粒长大和消除成分偏析。与传统材料制备技术相比，快速凝固技术具有一系列优点，如合金熔体的凝固速度快、冷速高、合金元素过饱和固溶度高、晶粒组织细小、合金成分及组织均匀、容易产生亚稳相等。因此，快速凝固材料具有优异的力学性能和抗腐蚀性能。此外，这种技术不仅可以大幅度提高传统结构材料的性能，还可以开发出新合金体系。

DOW化学公司最早采用旋转圆盘雾化法制备镁合金粉末，该公司用自行发明的保护气氛下无预压粉末直接挤压法制备出性能优异的镁合金结构件，并被用于制作C133运输机的地板或固定的装货滑道。由于镁合金粉末易燃易爆，粉末处理困难，该方法不久后就被淘汰了。后来，美国Allied Signal公司及Pechiney/Norsk-Hydro公司相继开发了镁合金的平流铸造法（PFC）和模冷法（如熔体旋铸及双辊淬火法），并获得了成功应用。

采用快速凝固工艺制备的镁合金产品一般为尺寸很小的粉末和薄带、丝、薄片等，必须要固结成形，并通过塑性加工（挤压、轧制、锻造等）制成管、棒、板、带、型材后才能使用。快速凝固合金在加热过程中容易发生非晶或准晶相的晶化反应、过饱和固溶体分解、沉淀相析出并迅速长大、微晶组织粗化等一系列相变和组织变化，从而破坏快速凝固材料所具有的优异力学及物理化学性能。通过选择适当的固结、成形和塑性加工方法，并严格控制工艺条件则可以克服以上不足，制备出高性能的快速凝固镁合金型材。

粉末冶金技术中的一些通用的粉末固结成形方法如热等静压（HIP）、冷等静压（CIP）、热压（HP）、真空热压（VHP）、热挤压等可以用于快速凝固镁合金粉末及经过破碎加工得到的粉末的成形。如果考虑镁合金颗粒的冶金结合。热挤压是一种最好的方法，其性能高于其他热成形方法。为了获得成形性能较好的合金坯锭以供后续塑性加工成形使用，要求坯锭具有高密度，粉末颗粒间结合良好，无孔洞、裂纹等缺陷。固结成形的主要工艺参数有固结成形的压力和加压时间、粉末的加热温度及保温时间等，这些参数要根据具体合金粉末状况，如粉末颗粒的形状、粒度分布、表面状态、粉末的硬度和塑性等来调整。

快速凝固镁合金的产物有粉末和条、带、丝、片、线等两大类，粉末可以直接进行固结成形，而后者必须经过破碎加工成粉末后才能进行固结成形处理，以保证固结坯件的致密度和结合强度。可以采用机械破碎和气流破碎两种方法来制备粉末。由于镁合金化学性质活泼，其处理过程必须在惰性气氛中进行，以防止其氧化、燃烧。对于厚度较小的镁合金产物，为了安全起见，机械粉碎碎片的尺寸在 0.1～1mm 左右就可以直接进行固结处理，不像其他有色金属及黑色金属还要进一步球磨处理。采用气流破碎时，会产生大量的超细粉尘，危险性很大，且微细粉尘的处理比较困难，故粉末不宜太细。为了控制粉末的粒度，可以进行过筛分级处理。另外，粉末细，含氧量高，降低了固结件的性能。

另外，在固结前要经过真空加热脱气处理，以除去粉末颗粒表面吸附的气体和水分。镁合金的脱气加热温度在 473～573K，时间为 1～24h 不等，可以根据粉末情况进行调整。采用不同的固结成形工艺可以制备出不同形状的合金坯锭，如粉末包套轧制法可以制备板坯，粉末挤压法可以制备棒坯，等静压法和热压法可以制成不同形状的坯件等。这些坯锭经过进一步的挤压、轧制、锻造后可以制备出管、棒、板、带、型材等产品。

Aliied Signal 公司采用自行开发的 RS/PM 工艺（图 4-86）成功研制出高性能的 EA55A 型材，其力学性能见表 4-7，这种合金型材是已报道的性能最佳的镁合金型材。快速凝固工艺在镁合金制备中的应用见表 4-8。

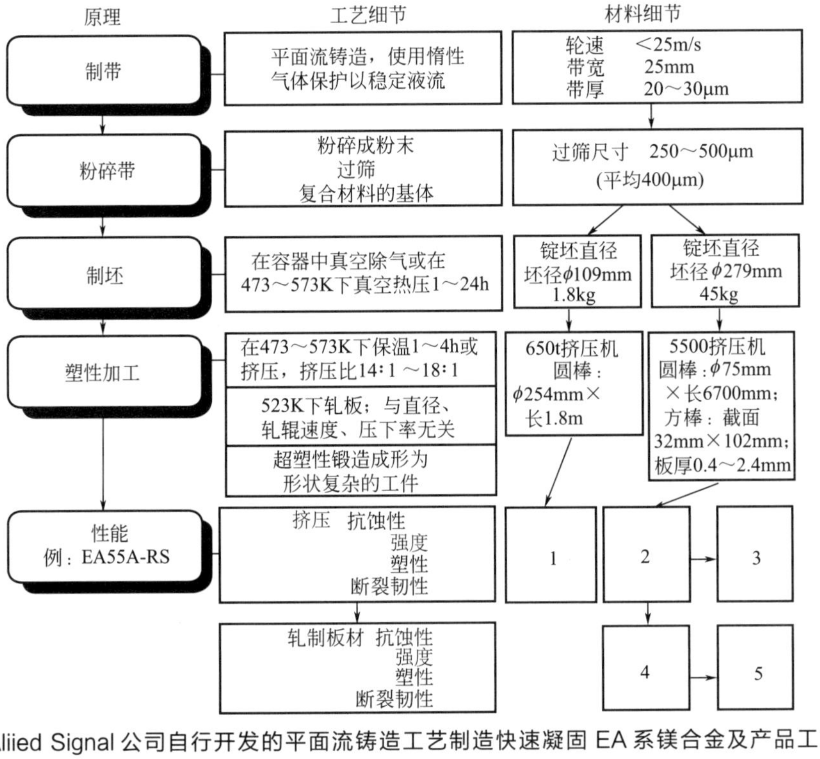

图 4-86　Aliied Signal 公司自行开发的平面流铸造工艺制造快速凝固 EA 系镁合金及产品工艺流程[66]

表 4-7 Aliied Signal 公司开发的 RS EA55A 产品及其力学性能[66]

序号	状态	腐蚀速率/(mm/a)	抗拉强度/MPa	屈服强度/MPa	σ_{-1}②/MPa	伸长率/%	K_{IC}/MPa·$m^{1/2}$
1	挤压态的棒/杆	0.25	469～483	428～434	195	10～14	6
2	挤压态的棒/杆	0.25	482～474	400～415	—	12～14	6～8
3	经高温处理的 T4 状态棒①	0.25	415～434	371～405	—	14.7～24.5	L-T③：9～5
4	轧制态	0.25	490～538	490～504	—	4～6	T-L③：6.5～7.7
5	598K,2h 处理态	0.25	407	304	—	14	—

① 在 573K 或 623K 保温 30min 随后水淬。
② 在 2800Hz 条件下的旋转弯曲疲劳强度。
③ L-T：长横向；T-L：短横向。

表 4-8 快速凝固工艺在镁合金制备中的应用[65]

技术	产物	合金	影响
(1)喷雾或液滴			
气体雾化法	粉末	代表性工程合金	改善挤压材料的力学性能
旋转盘雾化法	粉末或球状粒子	ZK60B、ZE62	提高压缩屈服强度
旋转电极法	球状粒子	ZK60A	提高抗拉和冲击强度
枪法急冷	薄片	Mg-(12～23)%Al(原子分数)	扩展固溶度
枪弹快冷		Mg-(14～18)%Sn(原子分数)、Mg-(16～23)%Pb(原子分数)	生成面心立方新相
旋转叶片法	薄片	Mg-(1～6)%Mn(原子分数)、Mg-(0.4～1.5)%Zr(原子分数)	扩展固溶度
双柱塞法	薄片	Mg-(8～25)%Ni(原子分数)、Mg-(9～42)%Cu(原子分数)	形成非晶
	薄片	代表性工程合金和新型合金	细化显微组织、提高硬度
(2)连续急冷铸造			
熔体旋铸	带	Mg-30%Zn(原子分数)	形成非晶
双辊快淬		MgAlZn 加 Si/Mn 或 Si/RE	提高强度和耐蚀性
熔体溢流	薄片	Mg-9%Li(质量分数)加 Si 或 Ce	提高高温强度
	带	AM60	降低镁管的生产成本
(3)原位熔铸			
激光或电子束	表面处理	ZK60	改善组织
表面熔化		MA21	提高耐蚀性

(2) 粉末镁合金的进展

① 快速凝固高性能镁合金的研制　按照日本学者 Inoue 提出的非晶形成三原则[67]，具有高度稳定的过冷液相区的特殊合金系中，有可能通过稳定的过冷液相区获得新型的亚稳相。基于这个思想，Hayashi 等人[68]在对熔体旋铸法制备的 Mg-X1-X2（X＝Li、Al、Zn、Ca、Sn 及 Y）薄带进行退火硬度和延性的研究后发现，Mg-Zn-Y 合金在制备高强度、高塑性的 RS/PM 镁合金产品中最具有发展前途。随后，在 Kawamura 等人[69]对 RS/PM 制备的 $Mg_{97}Zn_2Y_1$（原子分数/%）合金研究中发现，合金的室温拉伸屈服强度及伸长率都依赖于挤压温度，分别在 480～610MPa 和 5%～16%变化，其中最大屈服强度已经超过了 600MPa。合金的杨氏模量达到 45GPa，比屈服强度（$\sigma_{0.2}/\rho$）和比杨氏模量（$E^{1/3}/\rho$）分别高达 329MPa/（g/cm³）和 1.92GPa$^{1/3}$/（g/cm³）。比屈服强度为 AZ91-T6 I/M 合金[83MPa/(g/cm³)]的 4 倍，比杨氏模量及比屈服强度均高于传统的 Ti-6Al-4V 合金[247MPa/（g/cm³），1.11GPa/（g/cm³）]及 7075-T6 Al 合金[179MPa/(g/cm³)，1.48GPa$^{1/3}$/(g/cm³)]。

此外，RS/PM $Mg_{97}Zn_2Y_1$ 合金具有极高的高温屈服强度，在 423K 下甚至高达 510MPa，在低于 473K 下，高温屈服强度为工业用 WE54-T6（Mg-Y-Nd）I/M 高温合金的 2 倍。Inoue 等[70]首先发现了 RS/PM $Mg_{97}Zn_2Y_1$ 合金具有一种新型的长周期六方结构（LPSO 结构），其晶格常数为：$a=0.322nm$，$c=3\times0.521nm$。从高分辨电镜的二维晶格像可以看出，晶体中存在 ABACAB 型原子层堆垛结构。研究者认为优异力学性能的获得是由于晶粒细化、细小 $Mg_{24}Y_5$ 立方颗粒弥散分布以及新型长周期有序固溶体共同作用的结果。

Abe 等人[71]利用高分辨电镜（HRTEM）、带有 Z-衬度的大角度环形暗场扫描-TEM（HAADF-STEM）及带有微纳米电子探针的 EDS 对 RS/PM $Mg_{97}Zn_2Y_1$ 合金中长周期有序相的结构及形成进行了深入的研究，结果表明，合金的微细组织由 50～200nm 的晶粒组成[图 4-87（a）]。除了少量弥散分布的 $Mg_{24}Y_5$ 之外，这些晶粒由于结构和成分不同可以分为两类：hcp-Mg 固溶体晶粒（Mg-1.5%±1.0%Y(原子分数))(体积分数为 60%～70%)和存在长周期有序结构的细层片状晶粒［Mg-2.0%±1.0%Zn（原子分数)-4.0%±2.0%Y（原子分数)］(体积分数为 30%～40%)，分别如图 4-87（b）、（c）所示。

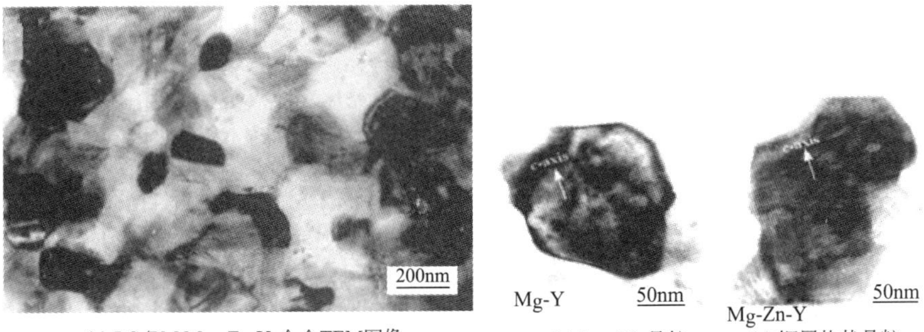

(a) RS/PM $Mg_{97}Zn_2Y_1$合金TEM图像　(b) hcp-Mg晶粒　(c) 细层片状晶粒

图 4-87　RS/PM $Mg_{97}Zn_2Y_1$ 合金 TEM 图像、hcp-Mg 晶粒和细层片状晶粒[71]

hcp-Mg 固溶体晶粒与细层片状晶粒在成分上明显不同，特别是 Zn 的含量，表明一定量的 Zn 和 Y（特别是 Zn）对于长周期有序结构的形成是必需的[72]。新型长周期有序结构的堆垛顺序为 ABCDCB′，其中 A 和 B′层上明显富集 Zn 和 Y，此点阵结构是在理想的镁晶体六方点阵 6H 型（ABCBCB）基础上发生了晶格畸变。如图 4-88 所示，由 hcp-Mg 转变为此结构要经历两个过程：a. 每隔六个密排面引入一个堆垛层错；b. 在错排面上或附近补充溶质原子（Zn 和 Y）。由于前者需要 Shockley 分位错的增殖，而晶界又是位错的有利来源，因此 LPSO 相是在晶界处形核并向晶内长大的，而挤压过程中施加的外应力可以有效地促使长周期有序结构的形核和长大，从而完成其从晶界向晶内的侧向长大，最终形成连续的层状结构，即形成堆垛有序。同时，位错附近的局部应变场增强了溶质原子的扩散，从而形成了化学有序，因此，LPSO 结构不仅是堆垛有序结构，还是化学有序结构[73]。

Matsuda 等人[74]在进一步的研究中发现，RS/PM $Mg_{97}Zn_2Y_1$ 薄带在退火过程中具有四种不同堆垛顺序的 LPSO 结构，即 18R(ABABABCACACABCBCBC)、10H(ABACBCBCAB)、14H(ACBCBABABABCBC)以及 24R(ABABABABCACACACABCBCBCBC)，但是以 18R 结构为主要结构。由于 LPSO 相不仅是堆垛有序结构，还是化学有序结构。因此，加工方法和后续热处理工艺不同都会引起结构上的变化。

此外，研究表明[75]，在 RS/PM $Mg_{97}Zn_1Ln_2$（Ln＝镧系元素）合金中，当 Ln＝Gd 或 Sm 时也能形成 LPSO 结构。在 $RSMg_{94}Y_1Cu_1$ 薄带[76]和 $Mg_{97}Y_2Cu_1$ 铸造合金[77]中分别存在 14H 型 18R 型 LPSO 结构。根据 LPSO 相形成过程的差异，LPSO 结构 $Mg_{97}RE_2Zn_1$（RE

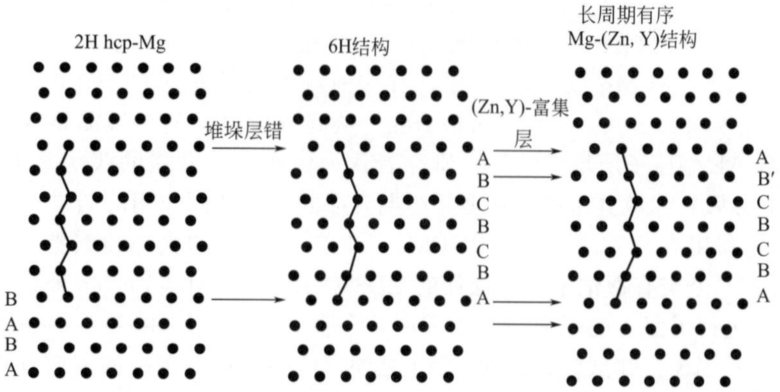

图 4-88 hcp-Mg(2H 型)、长周期 6H 型及新型长周期有序 Mg-(Zn，Y) 结构之间的关系[71]

为 Y、La、Ce、Pr、Sm、Nd、Dy、Ho、Er、Gd、Tb 或 Yb) 合金可以分为两组：组Ⅰ包括 Mg-Y-Zn、M-Dy-Zn、Mg-Ho-Zn 和 Mg-Er-Zn 合金，其 LPSO 相是在凝固过程中形成的[78,79]，经高温退火后 18R 结构转变为 14H 结构[79,80]；组Ⅱ包括 Mg-Gd -Zn、Mg-Tb-Zn 和 Mg-Tm-Zn 合金，凝固过程中不存在 LPSO 相，但在随后的高温退火过程中会从 α′过饱和固溶体中析出 14H LPSO 相[81]。

对于大多数镁合金，室温变形机制主要是基面位错滑移和 $\{10\bar{1}2\}$ 变形孪生，因此，阻碍位错滑移和孪生就成了室温下主要的强化手段。对于 RS/PM 镁合金，LPSO 相就属于亚稳相强化，Matsuda 等人[82]研究了室温下 RS/PM $Mg_{97}Zn_1Y_2$ 薄带中 LPSO 相与 $\{10\bar{1}2\}$ 变形孪晶的交互作用，发现在 LPSO 相密集的区域内，$\{10\bar{1}2\}$ 变形孪晶的生长在 LPSO 相的基面处受到抑制，导致其偏离了原始生长方向，而沿着 LPSO 相密集区的边缘进行生长，因此密集的 LPSO 相对合金的强化有很大的贡献。但在 LPSO 相稀疏的区域，孪晶能直接横穿，这表明低密度的 LPSO 相并不能有效地阻碍孪生。因此，LPSO 相的空间分布、形貌及密度的不同都会导致强化效果的差异。

LPSO 相对位错的阻碍作用为：在 LPSO 相与镁基体的界面上存在大量的位错缠集；此外，LPSO 相密集的排列（间距约 200nm）对位错滑移会形成有效的阻碍，从而起到强化合金的作用。Matsuda 等人[83]发现对于存在 LPSO 相的晶粒，基面上没有位错，但存在大量的 $c+a$ 型位错；而对于缺少 LPSO 相的晶粒，基面上存在大量笔直的位错，这表明 LPSO 相的形成导致基面的临界剪切应力增大，从而通过阻碍基面滑移，非基面滑移被激活，即前者直接导致强化，后者则涉及通过增加滑移系的数量来提高塑性。

除 Mg-Zn-Y 合金等具有 LPSO 结构的镁合金外，其他快速凝固镁合金还有 Mg-Al 系、Mg-Zn 系、Mg-Li 系、Mg-RE 系等合金系，这些合金系也具有优异的力学性能。RS/PM Mg-Al-Ca 及 Mg-A1-Ca-Zn 合金经加热挤压后的力学性能如表 4-9 所示[84]。其中，Mg-Al-Ca-Zn 合金的室温强度(σ_b)高达 646MPa，比强度已经超越 T6 处理的 Ti 6Al-4V 合金，达到 338MPa・cm^3/g。Uoya 等人[85]还发现 RS/PM Mg-8.3%Al(质量分数)-8.1%Ca(质量分数)合金具有超塑性，尤其是在 573K 及较高的应变速率 $10^{-2}s^{-1}$ 条件下，伸长率甚至高达 1080%，这使得镁合金薄壁件的超塑性成形成为可能，进一步扩展了Mg-Al系镁合金的应用。

表 4-9　RS/PM Mg-Al-Ca 及 Mg-A1-Ca-Zn 合金的力学性能比较[84]

合金	密度 $\rho/(g/cm^3)$	极限抗拉强度 σ_b/MPa	屈服强度 $\sigma_{0.2}/MPa$	伸长率 $\delta/\%$	弹性模量 E/GPa	(σ_b/ρ) $/(MPa\cdot cm^3/g)$	(E/ρ) $/(GPa\cdot cm^3/g)$
$MgAl_8Ca_2$	1.87	595	499	3.5	48	318	26
$MgAl_9Ca_2$	1.88	613	474	1.3	48	326	26
$MgAl_8Ca_3$	1.91	630	498	2.6	48	330	25
$MgAl_8Ca_2Zn_1$	1.91	646	518	1.2	48	338	25
Ti-6Al-4V(T6)	4.43	1167	1030	7	113	263	26

对 RS/PM $Mg_{70}Al_{20}Ca_{10}$ 纳米晶合金的研究表明[86,87]，合金的压缩屈服强度和塑性依赖于固结温度，分别为 570～930MPa 和 0.5%～9.2%。在 673K 下挤压的合金的拉伸屈服强度、断裂伸长率以及杨氏模量分别为 600MPa、1%和 50GPa，其比拉伸屈服强度是工业用 AZ91-T6 合金的 4 倍。此外，合金还表现出极高的高温屈服强度(473K)360MPa，并在高应变速率和 732K 下具有超塑性。由 TEM 可知，优异的力学性能主要是由于在 100～200μm 基体中均匀弥散分布着大量细小(75～100nm)的 Al_2Ca 颗粒。另有研究表明[88]，Mg-A1-Ca (Mg-9Al-5Ca，Mg-19Al-10Ca，质量分数/%）超强合金的比极限抗拉强度已经高于或与超强 Al 合金持平（如 RS/PM Al-9.5Zn-3Mg-1.5Cu-4Mn-0.5Zr 合金，质量分数/%）。

对于 Mg-Zn 合金来说，锌元素可以显著改善合金的时效硬化效应。大幅度提高合金的室温力学性能。Koike 等人[89]在研究 RS Mg-Zn 二元合金时发现，随着 Zn 含量的增加，Mg-4%Zn(质量分数)和 Mg-8%Zn(质量分数）的屈服强度分别为 453MPa 和 542MPa。佐藤聪之等人[90]在 Mg-Zn 二元合金的基础上，分别研究了含 Zr、Mn、Ni、Si 及 Ce 的 RS Mg-6%Zn（质量分数）合金薄片挤压成形后的室温及高温力学性能，含 Ce 的 Mg-6%Zn（质量分数）合金具有最高的室温抗拉强度 554MPa，其比强度已经超过了 T6 处理的 Ti-6Al-4V 合金。

对于 Mg-Ca 合金来说，与镁基体相比，Ca 元素不仅具有更小的密度($1.55g/cm^3$)，还可以与镁形成高熔点的、热稳定的金属间化合物 Mg_2Ca，从而使制备更轻、更耐热的新型镁合金成为可能。为了获得更高的室温和高温强度，浅野祐一等人[91]对 RS/PM Mg-5%Ca-xAl-yZn（$x+y=12\%$，质量分数）合金进行了研究，发现随着 Zn/Al 含量比值增大，新化合物相 $Ca_2Mg_6Zn_3$[92]增加而 Al_2Ca 减少。由于 $Ca_2Mg_6Zn_3$ 和 Al_2Ca 化合物颗粒尺寸为 100～200nm，且均匀分布在基体中，因此，合金具有非常优异的力学性能，室温抗拉强度 $\sigma_b>450MPa$，密度 $\rho\leqslant1.9g/cm^3$。特别是随着 Zn/Al 含量比值增大，Mg-5Ca-10Zn-2Al 合金的室温抗拉强度达到最高 600MPa，在 473K 下 σ_b 仍高达 311MPa。这是由于 Ca 含量相同时，$Ca_2Mg_6Zn_3$ 的体积分数较大，从而形成 $Ca_2Mg_6Zn_3$ 比形成 Al_2Ca 强化更加有效。

② 镁合金的固相再生与固相合成　镁合金与铝合金相比，其循环使用成本高，主要原因是：镁合金的回收比铝合金复杂得多。在熔炼回收过程中镁合金易氧化和易燃烧，氧化杂质难以清除，生产难度大，回收成本高，利用传统的熔铸回收产生大量的烧损和废渣，重熔过程消耗大量的覆盖剂、精炼剂，产生大量有害的 SF_6 气体，严重污染环境。从镁合金和铝合金竞争趋势来看，镁合金如果不能很好地解决废料再生，将严重地影响镁合金作为一种常用的结构材料来使用。21 世纪初，日本等国家一些学者对镁合金的固体切削成粒、热挤压成材的新的回收和生产型材方法进行了大量研究，并取得了很好的效果。固体切削回收的方法流程图如图 4-89 所示。千野靖正等人[93]研究了 AZ31 镁切削屑热挤压材（再生材）和熔铸 AZ31 热挤压成形（比较材）的性能比较。两种材料化学成分如表 4-10 所示，表中数据所示再生材的含氧量大大地超过了初始铸造材。当 AZ31 切削屑初期形状为 12mm×

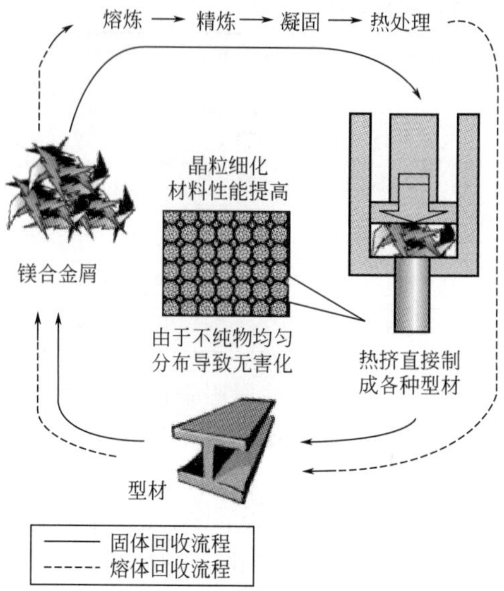

图 4-89　固体回收法概要[93]

1.9mm×80μm（平均值）时，在 673K 采用挤压比 45 和 1600 时，再生材挤压比为 45 的平均晶粒尺寸为 7.8μm，比较材挤压比为 45 的平均晶粒尺寸为 13.3μm，而再生材挤压比为 1600 的平均晶粒尺寸为 6.4μm，比较材挤压比为 1600 的平均晶粒尺寸为 44.5μm。造成上述现象的原因为：氧化镁、氧化铝的弥散颗粒阻碍了再结晶的晶粒长大。李斗勉等人[94]认为对 AZ91 切削屑在 573K 挤压，挤压速度为 130mm/min 时，再生料的挤压比应该大于 25。表 4-11 给出了再生材和比较材的抗拉强度和伸长率，在挤压比为 45 时，再生材的抗拉强度为 319MPa，屈服强度为 254MPa，伸长率为 15%，其屈服强度比比较材大 23MPa，当挤压比为 1600 时，再生材的抗拉强度为 312MPa，屈服强度为 219MPa，伸长率为 16%，其屈服强度比比较材大 61MPa。以上数据表明调整氧化物的分散状态(分散距离、分散形态、粒子数密度)，则可以获得高性能的再生材。

表 4-10　镁合金 AZ31 再生材和比较材的化学成分（质量分数）[93]　　单位：%

材料	Al	Zn	Mn	Si	Cu	Ni	Fe	O
AZ31（JISH4204）	2.4～3.6	0.5～1.5	≤0.15	≤0.10	≤0.05	≤0.005	≤0.005	—
再生材	2.89	0.88	0.27	0.0045	0.0017	0.0001	0.0026	878(μg/g)
比较材	2.89	0.87	0.39	0.0075	0.0026	0.0004	0.0009	7.1(μg/g)

表 4-11　镁合金再生材和比较材的室温抗拉强度[94]

材料(AZ31)	σ_b抗拉强度/MPa	$\sigma_{0.2}$屈服强度/MPa	伸长率/%
再生材	321	259	17
挤压比 45	319	254	15
比较材	296	236	12
挤压比 45	302	225	18
再生材	312	219	16
挤压比 1600	327	235	25
比较材	256	158	20
挤压比 1600	280	153	26

由于再生材中氧化物的含量比比较材高得多，在高温拉伸中，分散氧化物造成孔隙的生成，其伸长率降低。图 4-90 给出了镁合金 AZ31 再生材和比较材在变形过程中真应变和孔洞体积率的关系。图 4-91 给出了在温度为 753K AZ91 合金变形速度和流动应力的关系以及变形速度和伸长率的关系。

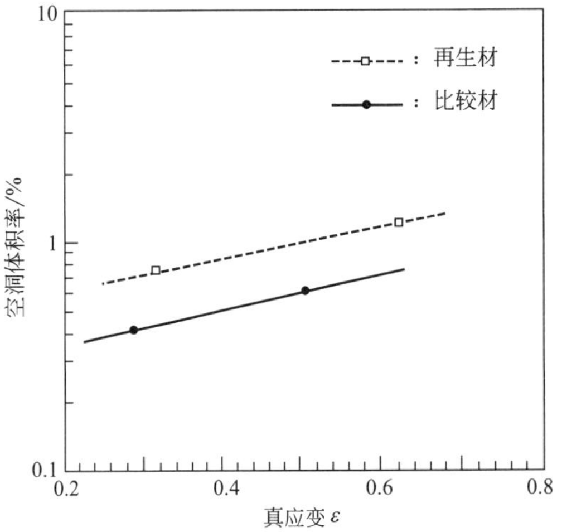

图 4-90　镁合金 AZ31 再生材和比较材在变形速度为 $3.3\times10^{-4}s^{-1}$、温度为 623K 时孔洞体积率和真应变的关系[94]

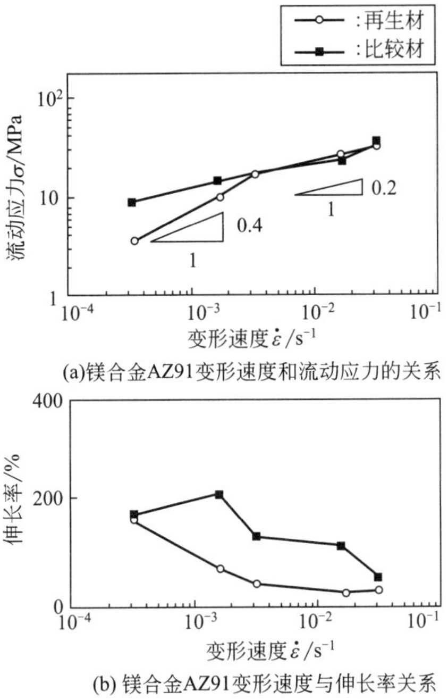

图 4-91　镁合金 AZ91 变形速度和流动应力的关系以及镁合金 AZ91 变形速度与伸长率关系（试验温度为 753K）[94]

同样与再生材的室温拉伸性能特性一样，要想获得良好的高温拉伸特性也必须调整氧化物的分散状态（分散距离、分散形态、粒子数密度）和氧化物的粒径大小。图 4-92 给出了再生材、比较材和铸造材的抗腐蚀特征比较。图中结果表明，再生退火材和再生材的抗腐蚀性最好，随着晶粒的增大，再生材和比较材的腐蚀量稍微有所增加，有研究者认为[95,96]，镁合金的氧化镁在 0.5μm 厚度以上时，抗腐蚀性能明显提高。再生材（挤压比为 45）的内部氧化膜约为 1～2μm，再生材的氧化膜形成层状网格，明显阻碍腐蚀的进行。研究者认为，通过固相合成回收，能够生产高强度、高耐性能的镁合金型材。

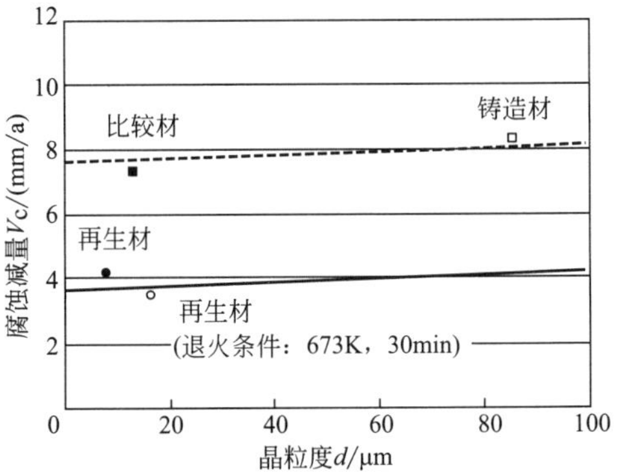

图 4-92　在 5%（质量分数）盐水中浸泡 72h 时，不同晶粒尺寸的 AZ31 合金的腐蚀减量[94]

中西勝等人[97]研究了镁合金 AZ91 切削粉挤压成形坯的力学性能，并研究了挤压比对性能的影响。表 4-12 给出了 AZ91 合金切削粉 5 种不用工艺的参数。图 4-93 给出了挤压比为 4.9 和 44 时的 AZ91 切削粉挤压坯的拉伸曲线。图 4-94 给出了不同挤压比下，切削粉挤压坯的抗拉强度（与切削粉热压料做比较）。图 4-95 给出不同挤压比下切削粉挤压坯的伸长率（含热压比较料），图中结果表明，挤压比在 4.9 时，切削粉挤压坯的抗拉强度为 350MPa 左右，挤压比在 44 时，晶粒细化，抗拉强度为 374MPa，但挤压比为 100 时，抗拉强度有所下降，随着挤压比的增大伸长率增大，挤压比为 44 时，伸长率为 7.3%。研究者认为，挤压比不同时，晶粒尺寸大小、$Al_{12}M_{17}$ 相的析出物不一样，挤压比太高时，会引起再结晶组织的回复和位错密度的变化，导致抗拉强度反而降低。

表 4-12 AZ91 合金切削粉 5 种不用工艺的参数[97]

材料	挤压比	挤压温度/K	压力/MPa
R1.8	1.8	523	2.6×10^2
R4.9	4.9	523	3.9×10^2
R44	44	523	9.4×10^2
R100	100	523	1.1×10^3
HP	（热压）	523	3.1×10^2

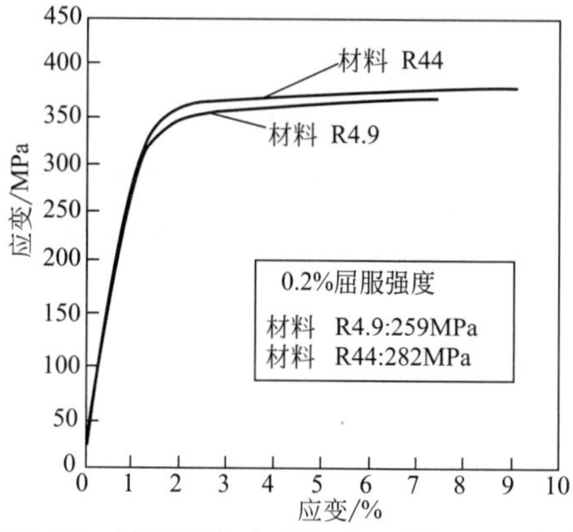

图 4-93 挤压比为 4.9 和 44 时的 AZ91 切削粉挤压坯的拉伸曲线[97]

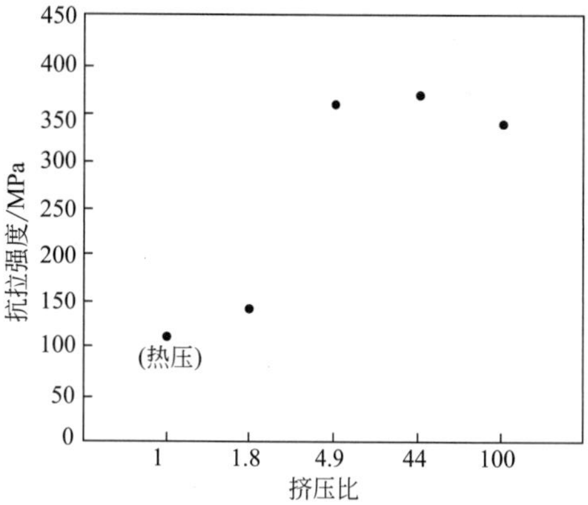

图 4-94 不同挤压比下，切削粉挤压坯的抗拉强度（与切削粉热压料做比较）[97]

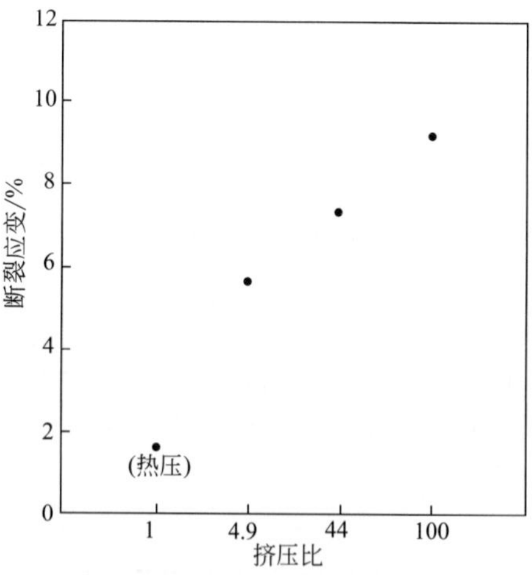

图 4-95 不同挤压比下切削粉挤压坯的伸长率（含热压比较料）

③ Mg_2Si/Mg 基复合材料（Mg_2SiX） 21 世纪初日本东京大学先端科学技术中心近藤勝義[98]提出采用镁合金切削屑和粗粒粉末加入 Si 和 SiO_2 粉，通过加热和热挤压合成 Mg/Mg_2Si 复合材料（称之为 Mg_2SiX 合金），其制备过程如图 4-96 所示。表 4-13 给出了 Mg_2Si 块体、Si 和镁合金的物理性能，表中所示 Mg_2Si 具有很大的弹性模量，图 4-97 为 Mg_2Si 和 AZ31 的极化曲线的比较。Mg_2Si 的电流密度为 AZ31 的 1/40～1/60。表现出优异的防腐蚀性能。按照 JISZ2731 的盐水喷雾试验，AZ31 约 1h 后开始腐蚀，而 Mg_2Si 块体连续 2000h 试验表面无损伤，和不锈钢有同等效果。除采用 Si 粉制备复合材料外，也可以采用 SiO_2 粉末制备复合材料，图 4-98 所示为采用平均粒子为 21μm、纯度为 98.5%的 SiO_2 粉末制作 Mg_2Si/MgO 颗粒分散型镁合金挤压材，挤压材的抗拉强度和 SiO_2 添加量的关系图，随着 SiO_2 添加量的增加，材料的抗拉强度随之增大。添加 8%（质量分数）SiO_2，抗拉强度增大 50MPa。图 4-99 给出了采用固相合成法制备的镁合金复合材料的湿式滑动摩擦特性和合金粒子的体积含有率的关系。图中结果表明添加 SiO_2 生成的 MgO/Mg_2Si 粒子有自润滑的特性，添加 Mg_2Si/MgO 粒子有利于摩擦系数的稳定，表明这种材料是一种耐磨损的材料。

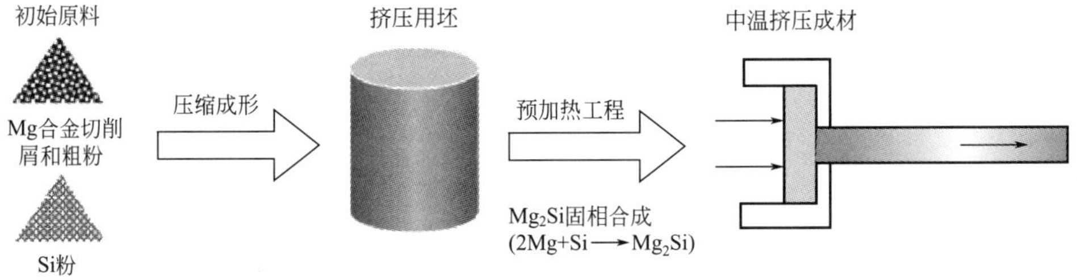

图 4-96　Mg_2Si 粒子弥散型镁合金（MgSiX）的制备工程概图[98]

表 4-13　Mg_2Si 块体、Si 和镁的物理性能[98]

材料	密度/($\times10^3$kg/m^3)	熔点/℃	弹性模量/GPa	热膨胀率/$10^{-6}K^{-1}$
Mg_2Si	1.88	1102	120	7.5
Si	2.33	1430	112	3.1
Mg	1.74	650	44	26.1

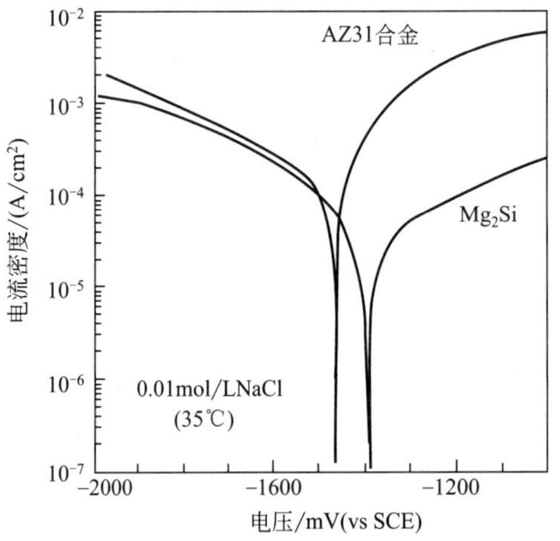

图 4-97　Mg_2Si 块体和 AZ31 合金极化曲线测定结果[98]

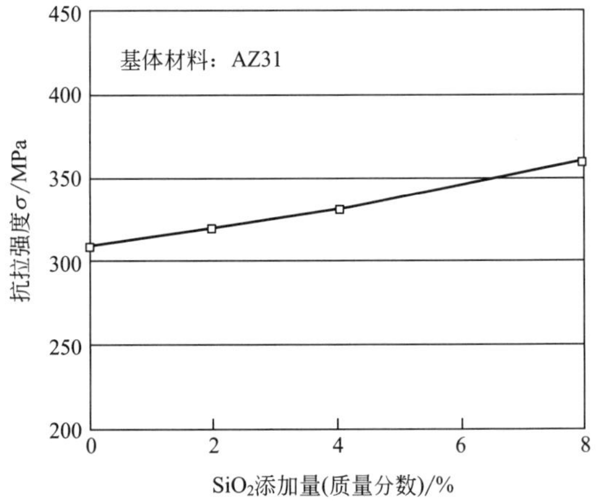

图 4-98　AZ31-X%（质量分数）挤压材的抗拉强度和 SiO_2 添加量的关系[98]

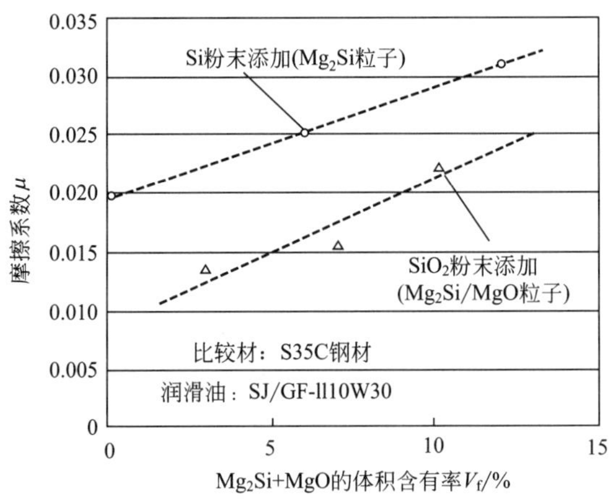

图 4-99　采用固相合成法制备的 Mg 基复合材料的湿式滑动摩擦特性和合成粒子的体积含有率的影响[98]

荻沼秀樹等人[99]采用等离子放电烧结（SPS）制备了添加 Mg_2Si 粒子的 Mg 基复合材料，采用微细 Mg_2Si 粒子($D_{50}=1.28\mu m$) 称之为 S-Mg_2Si，采用粗大的 Mg_2Si 颗粒($D_{50}=27.8\mu m$) 称之为 L-Mg_2Si。基体合金为 AZ31 合金，其粉末粒度为 $D_{50}=196\mu m$，Mg_2Si 加入量为 5%、10%、15%、20%（体积分数），混合物经过 SPS 烧结，烧结压力为 20MPa，真空度为 16Pa，保温 600s。经过 XRD 和 SEM 检查发现［图 4-100（a)］，Mg_2Si 仍然以单质存在，与 AZ31 没有反应。Mg_2Si 和 AZ31 的旧粉末边界形成网络阻止了 AZ31 粉末的烧结，即使经 SPS 烧结，其烧结的密度也较低(图 4-101 和图 4-102)，复合体的弹性模量低于计算值(图 4-103)。此研究工作表明，Mg 复合材料固相合成最好采用挤压成形来实现。孙斌等人[100]研究了粉末冶金固相法合成 Mg_2Si 机理，发现等离子放电烧结温度为 813K 和 833K 时，不能完全形成 Mg_2Si 相，只有在 853K 放电烧结时，Mg_2Si 才能完全合成。

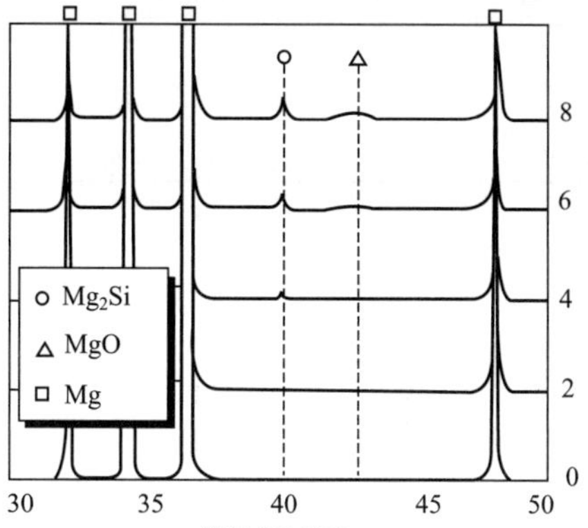

(a) XRD结果

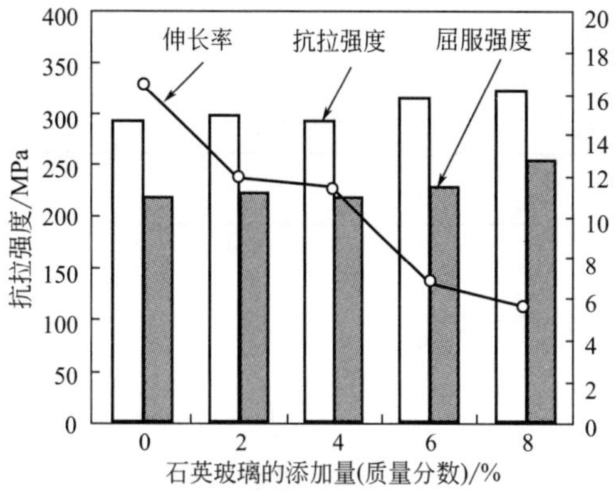

(b) 拉伸性能和石英玻璃粉末添加量的关系

图 4-100 使用石英玻璃制备的 Mg_2Si/MgO 粒子弥散 AZ31 材的 XRD 结果和材料的拉伸性能和石英玻璃粉末添加量的关系[99]

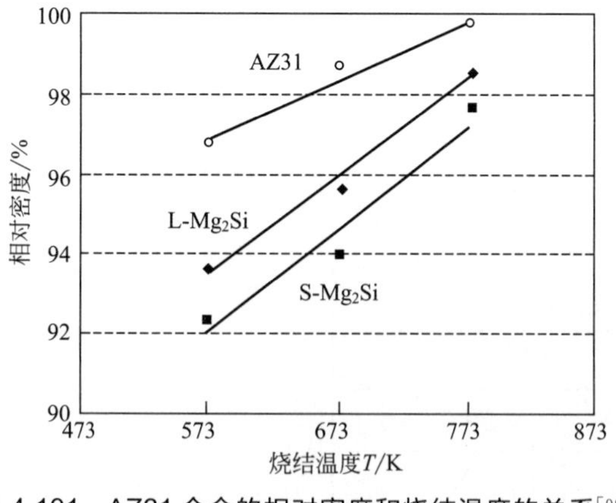

图 4-101 AZ31 合金的相对密度和烧结温度的关系[99]

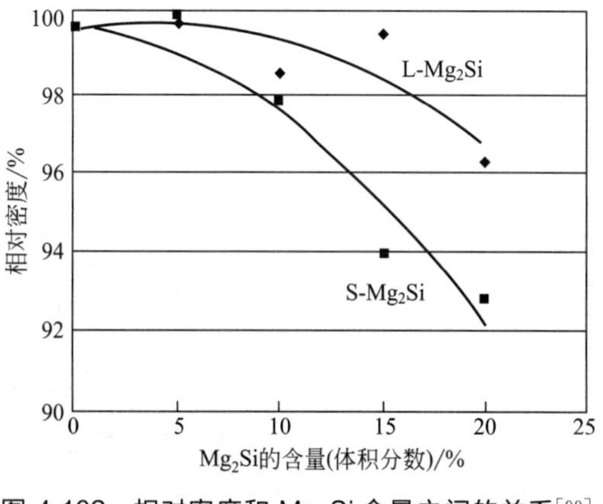

图 4-102 相对密度和 Mg_2Si 含量之间的关系[99]

④ 采用机械合金化和块体机械合金化技术制备超细晶粒材料　晶粒尺寸在 100～500nm 的超细晶粒镁合金在工业上有很大的应用价值。由日本东京大学开发出一种新技术，该技术是将粉末和切削屑经多次加工方法制备成超细晶粒材料，然后通过较低温度热挤压成材；或者经机械合金化将切屑、粉末或者复合相长时间球磨制成超细晶粒的粉末，然后通过较低温度热挤压成形，这种方法能够制备型材。特别适合高强镁合金及其复合材料的生产。多次塑性加工原理如图 4-104 所示[101,102]。

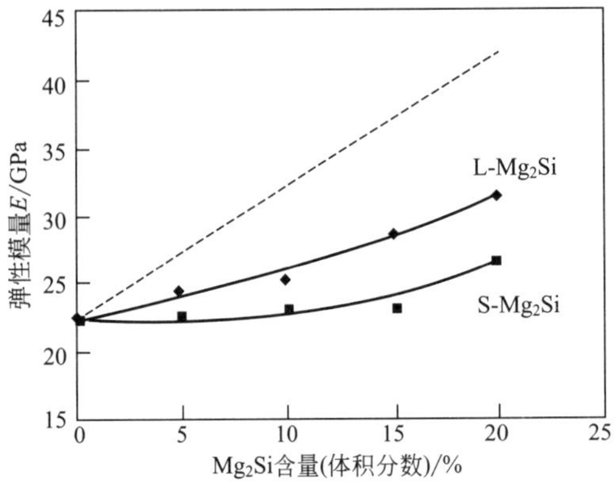

图 4-103　复合材料的弹性模量和 Mg_2Si 含量之间的关系[99]

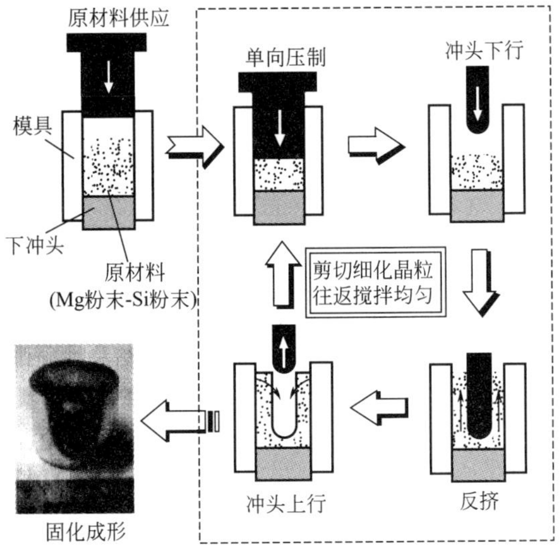

图 4-104　超细晶粒材料镁合金材料反复塑性加工工艺流程[101,102]。

采用 AZ31 屑(约 3.4mm）经过上述反复加工后，再将其热挤压加工成棒，材料的原始晶粒为 100μm，经过单纯压缩加工，其晶粒达到了 20～30μm，经过 200 次反复加工后，平均晶粒达到了 5μm，充分发挥了这种方法的晶粒细化效果。这种方法运用了 Hall-Petch 公式抗拉强度(σ）与平均晶粒直径的平方根倒数($1/\sqrt{d}$)成直线关系的基本原理，即晶粒尺寸越小，抗拉强度越高。Mg-Zn-Al-Ca-RE 系合金具有优良的高温蠕变性能，常温下的抗拉强度和伸长率分别为 200MPa 和 5%。采用这种方法加工后，该合金的晶粒由 100μm 细化到了 5～10μm，抗拉强度达到了 374MPa，伸长率达到了 15%[103]。和这种饼型加工法类似的技术，还有等径角挤压技术（equal-channel-anqular-excrusion，ECAE)。基本原理是挤压模具内有两个截面相同的通道，挤压时，材料在冲头的作用下经过两通道的转角处（常见的内交角为 90°和 120°）产生局部大剪切塑性变形。多次反复挤压可以使各次变形的应变量累积叠加，得到相当大的总应变量。Matsubara 等人[104]采用挤压＋ECAE 工艺对 Mg-9Al 合金进行研究，发现在 350℃常规挤压后，晶粒尺寸由铸态的 50μm 减小到 20μm，然后在 200℃进行 2 道次等径角挤压后得到晶粒尺寸为 0.7μm。细化后的材料获得了低温超塑性(150℃、应变速率为 $1.0\times10^{-4}s^{-1}$时，伸长率为 800%)和高应变速率超塑性(225℃，$1.0\times10^{-2}s^{-1}$，伸长率达到 360%[104])。

山崎晃弘等人[105]采用机械合金化将 AZ91 切削粉与 TiO_2 与 ZrO_2 进行机械合金化合成，在行星球磨机球磨 108ks，在 623K 热挤压成材，挤压比为 25，得到 100～250nm 微细晶粒组织的复合材料，其中 Mg-Al-TiO_2 系、Mg-Al-ZrO_2 系挤出材强度分别为 485MPa、551MPa，屈服强度分别为 260MPa、277MPa。

林莺莺等人[106]采用球磨法、冷压制坯和热挤制备超细晶粒的 AZ31 镁合金，将粉末在氩气气氛下高能球磨 60h，冷压制制坯，360℃热挤（挤压比为 16)，制得平均晶粒尺寸为 1μm 的镁合金棒材。这种材料在 250℃、应变速率为 $1\times10^{-3}s^{-1}$时获得 156%的伸长率。

馬渕守[107]认为镁合金加工性能较差可以利用超细晶粒材料的超塑性来解决，对于粉末冶金镁合金来说，室温强度达到 400～500MPa 的高强度，高温下应变速率为 10^{-2}～$10s^{-1}$时，达到超塑性，材料的平均晶粒粒度应该在 1μm 以下。图 4-105 和图 4-106 分别给出了

AZ91 和 ZK61 粉末镁合金的超塑特性。欲达到超塑性晶粒尺寸应该在 0.5～1.0μm。

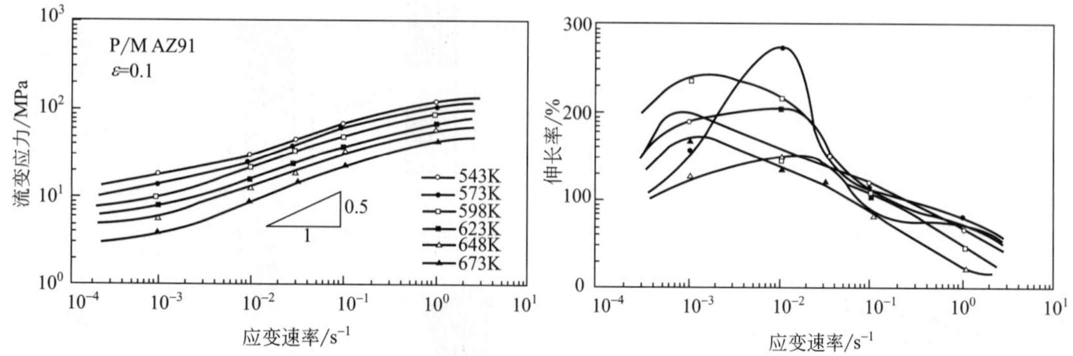

(a) 流变应力与应变速率的关系　(b) 伸长率与应变速率的关系

图 4-105　AZ91 粉末镁合金的流变应力、伸长率与应变速率的关系[107]

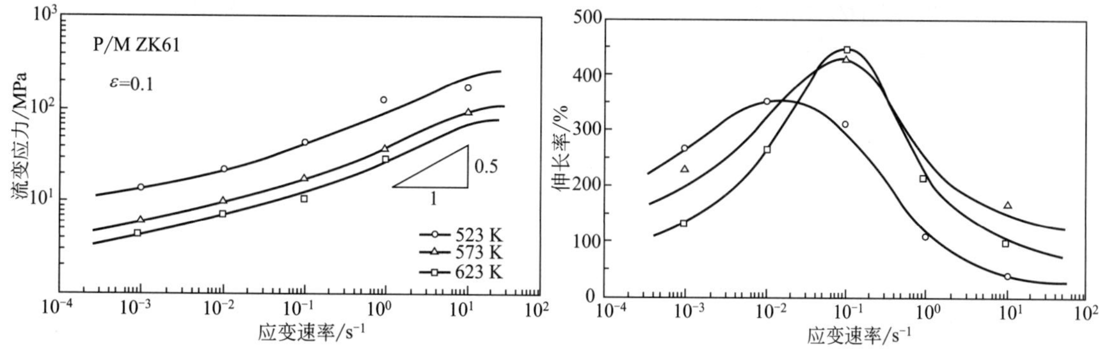

(a) 流变应力与应变速率的关系　(b) 伸长率与应变速率的关系

图 4-106　ZK61 粉末镁合金的流变应力、伸长率与应变速率的关系[107]

4.2.2 粉末镁合金的疲劳裂纹萌生与扩展

一般来说，粉末冶金挤压材和铸锭挤压材疲劳裂纹萌生特性有些相同，疲劳源的位置在试样表面，表面应力往往比内部高，表面应力所受约束较少，比试样内部易于位移，随着循环次数的增加，在变形带边缘萌生裂纹，另外表面常存在加工痕迹等缺陷和台阶，应力集中区较多也容易产生裂纹萌生。但是当材料的内部存在夹杂、气孔、显微裂纹及成分偏析等缺陷时，疲劳源就会发生在材料的内部。对于快速凝固镁合金来说，晶粒细小、晶界多、第二相析出物尺寸较小，但是由于粉末含氧量较高，虽然通过挤压，有些镁合金粉末颗粒结合也没有达到完全冶金结合状态，另外镁合金颗粒和 MgO 颗粒不可能产生完全冶金结合，MgO 颗粒之间也不能通过挤压达到冶金结合，往往这些非冶金结合区域容易产生微裂纹源。

Srivatsan 等人[108]研究了三种快速凝固镁合金低周疲劳的疲劳寿命和断裂行为，三种合金如表 4-14 所示，实验用的材料由美国联合信号公司采用平面流制造的薄带，机械破碎成粉（250～500μm），粉末装入包套后真空脱气，随后在 473～573K 下热压成形（1～2h），在 473～573K 温度下挤压成形，挤压比为 18∶1（参考图 4-86）。材料的显微结构表明其是一种典型的微晶结构，平均晶粒尺寸为 1～2μm，更细的颗粒分布在合金基体上，这些弥散粒子为 Al_2Nd 相（熔点为 1733K），而不是 Mg-RE 的弥散粒子（Mg-RE 粒子熔点很低），在快速凝固 Mg-Zn-Al-RE 合金中 Al_2Nd 弥散体的热稳定性很高。有助于钉扎晶界，在高温固结和热挤压中能够防止晶粒粗化，另外，在挤压方向晶粒被拉长，提高了强度性能。表 4-15 给出了三种快速凝固材料的性能，图 4-107 给出了三种快速凝固材料在总应变幅（$\Delta\varepsilon_T/2$）控制下的应力幅与循环寿命的关系。曲线表明在应变幅控制下，出现循环加工软化现象，当有更高的循环总应变幅和短的疲劳循环寿命时，总体的加工软化程度更为明显。相对于较低的应变幅值和较高的疲劳寿命，在开始几个循环下快速初始化，接着稳定，最终快速软化突变失效。由于总的疲劳寿命强烈地依赖于循环应变幅，据观察只有 Mg-4.89Al-4.36Zn-5.81Nd 和 Mg-4.96Al-4.75Zn-5.34Nd 的完全扭转变形开始阶段发生软化，而 Mg-5.72Al-2.96 Zn-6.05Nd合金的软化则出现在更高的应变幅，且导致更短的疲劳寿命。初始软化后逐渐硬化最终快速软化导致失效的过程，在更低的应变幅下，明显导致疲劳寿命的提高，在失效前的快速软化可以描述如下：

① 形成与存在多个微观裂纹；

② 通过合金微观裂纹生长、合并，形成一个或 n 个宏观裂纹；

③ 随后穿过微结构裂纹稳定生长。

表 4-14　三种合金名义成分（质量分数）[108]　　单位：%

合金	元素			
	Al	Zn	Nd	Mg
1	5.72	2.96	6.05	余量
2	4.89	4.36	5.81	余量
3	4.96	4.75	5.43	余量

表 4-15　三种快速凝固材料的室温拉伸性能[108]

合金编号	弹性模量		0.2%屈服强度		抗拉强度		真实断裂强度		伸长率 (G L=12.5mm)	真实应变 $\ln(A_0/A_c)$/%	断面收缩率/%
	/Msi	/GPa	/ksi	/MPa	/ksi	/MPa	/ksi	/MPa			
合金 1	6.20	42	57.0	400	66.0	450	70.0	480	4.50	3.50	5.50
合金 2	8.00	55	61.0	420	71.0	490	71.0	490	2.00	3.50	4.00
合金 3	5.80	40	50.0	340	64.0	440	68.0	470	4.00	7.20	7.00

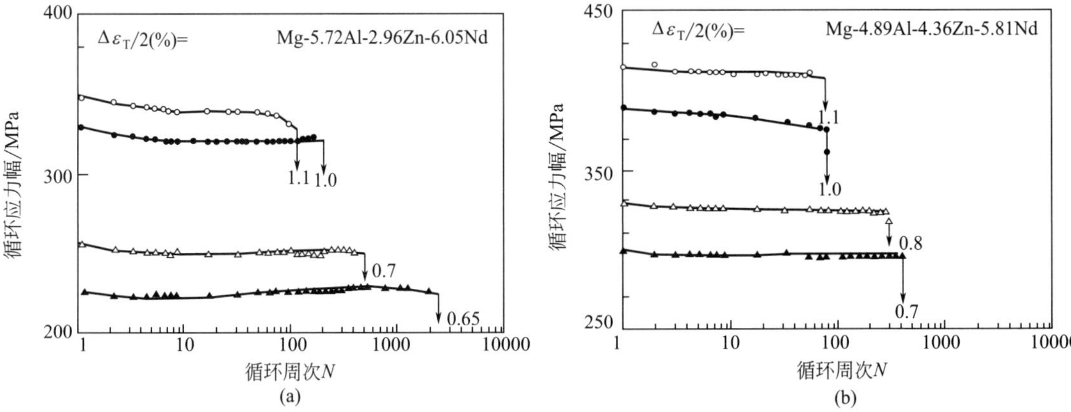

图 4-107

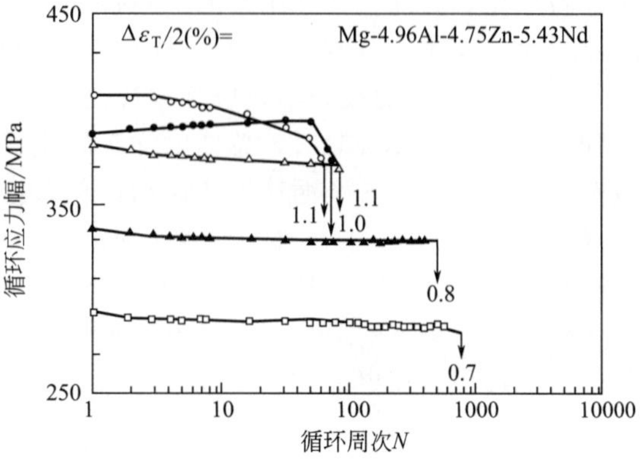

(c)

图 4-107 三种快速凝固材料在总应变幅（$\Delta\varepsilon_T/2$）控制下的应力幅与循环寿命的关系[108]

对于多数循环，更高的循环应变幅（$\Delta\varepsilon_T/2=1.1\%$）会导致更低的疲劳寿命，软化通过在完全扭转循环应变中发生的拉伸和压缩应变减小而产生。图 4-108 为总应变幅 $\Delta\varepsilon_T/2=1.1\%$时，三种快速凝固合金拉伸与压缩应力与循环周次的关系。图 4-109 为总应变幅 $\Delta\varepsilon_T/2=0.65\%$、0.7%时，三种快速凝固合金的拉伸与压缩应力的关系。图中结果表明，在 $\Delta\varepsilon_T/2=1.1\%$时，Mg-4.96Al-4.75Zn-5.43Nd 合金的拉伸与压缩应力降低非常明显，而 $\Delta\varepsilon_T/2=0.65\%$时，Mg-5.72Al-2.96Zn-6.05Nd 合金，随着循环次数的增加，初始降低，然后逐渐增加，最后突然失效。

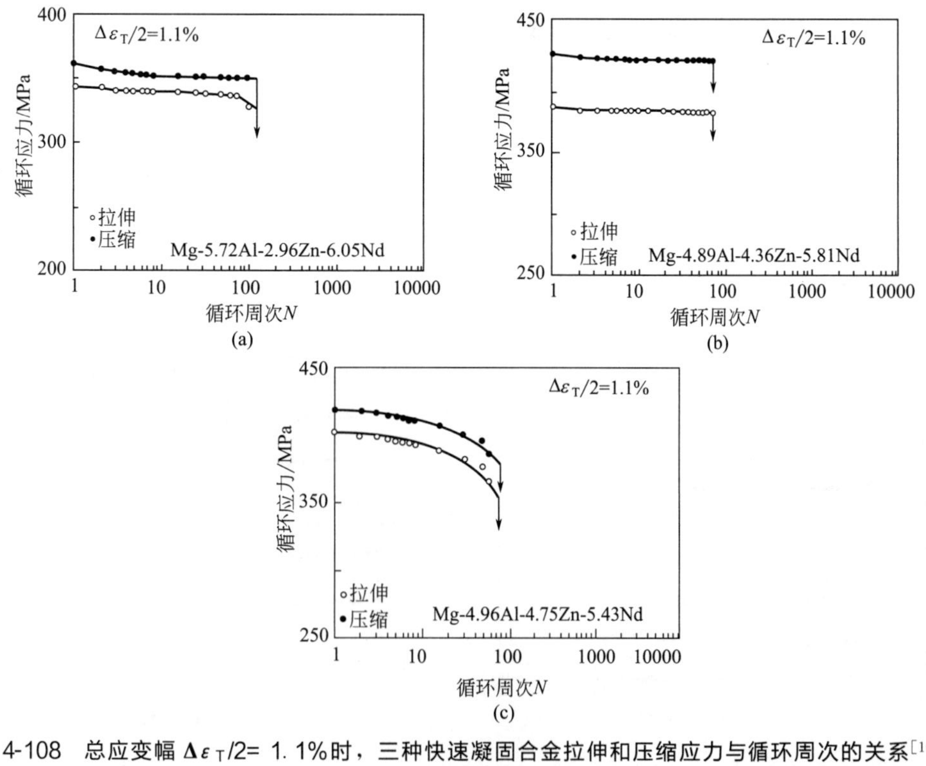

(c)

图 4-108 总应变幅 $\Delta\varepsilon_T/2$= 1.1%时，三种快速凝固合金拉伸和压缩应力与循环周次的关系[108]

循环硬化（软化）关系可以用幂指数方程来表示：

$$\Delta\sigma/2=K'(\Delta\varepsilon_p/2)^{n'} \tag{4-12}$$

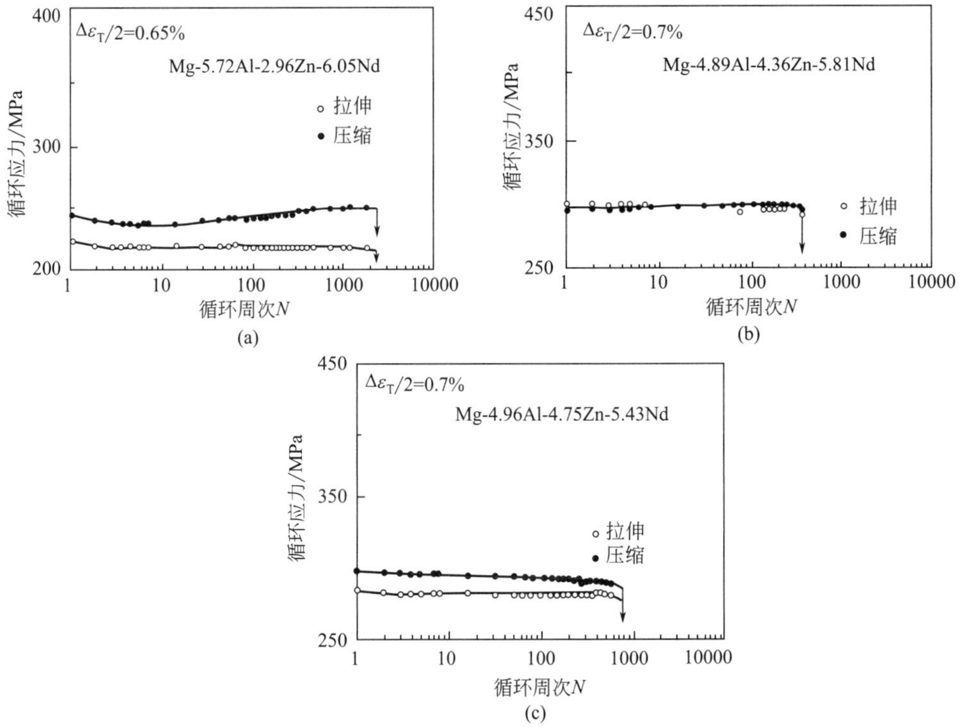

图 4-109　总应变幅 $\Delta\varepsilon_T/2$= 0.65%、0.7%时，三种快速凝固镁合金的拉伸与压缩应力的关系[108]

式中，K'是单调的强度系数(当 $\Delta\varepsilon_p/2=1\%$)；$n'$是循环应变强度指数；$\Delta\varepsilon_p$ 为塑性应变。

图 4-110 为三种快速凝固材料应力和应变的关系，对于每个合金循环应变强化指数 n'比单调指数(n)高，则意味着镁合金在循环状态比单调状态下要硬。单调与循环参数见表 4-16。

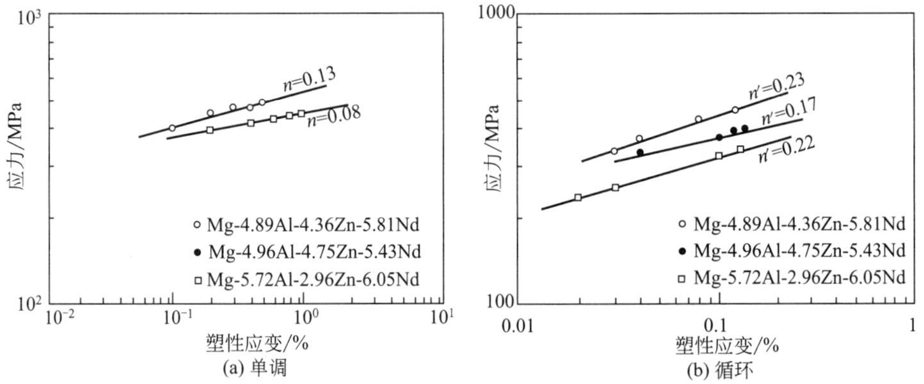

图 4-110　三种快速凝固材料应力和应变的关系[108]

表 4-16　快速凝固镁合金单调与循环参数[108]

合金	K' /MPa	K' /psi	n'	C	ε'_f	b	σ'_f
Mg-4.89Al-4.36Zn-5.81Nd	600	87.0	0.23	−0.54	2.4	−0.10	1.5
Mg-4.96Al-4.75Zn-5.43Nd	554	80.2	0.17	−0.85	3.0	−0.15	2.0
Mg-5.72Al-2.96Zn-6.05Nd	540	78.2	0.22	−0.58	2.8	−0.13	2.0

注：n'—循环应变强度指数；C—疲劳延性指数；b—疲劳强度指数；K'—循环强度系数；ε'_f—疲劳延性系数；σ'_f—疲劳强度系数。

在一个完全扭转（$R=\varepsilon_{min}/\varepsilon_{max}=-1$）总应变幅（$\Delta\varepsilon_T/2$）控制下的低周疲劳试验中，循环疲劳寿命（$N_f$）与弹性应变幅（$\Delta\varepsilon_e/2$）的关系，可以用Basquin经验式表达：

$$\frac{\Delta\varepsilon_e}{2}=\frac{\sigma'_f}{E}(2N_f)^b \tag{4-13}$$

式中，$\frac{\sigma'_f}{E}$为疲劳强度系数，低周疲劳循环次数=2次扭转次数；b是疲劳强度指数；$2N_f$是扭转失效的次数。

塑性应变幅$\Delta\varepsilon_p/2$和扭转疲劳失效的Coffin-Manson公式为：

$$\frac{\Delta\varepsilon_p}{2}=\varepsilon'_f/(2N_f)^c \tag{4-14}$$

式中，ε'_f为疲劳延性系数；c为疲劳延性指数；$N_f\leqslant10^4$周次，上述公式可以写成：

$$\ln(\Delta\varepsilon_p/2)=\ln[\varepsilon'_f]+c\ln[2N_f] \tag{4-15}$$

三种镁合金循环应变幅与疲劳寿命的关系，如图4-111～图4-113所示，三种合金的塑性应变幅与疲劳寿命的关系如图4-114所示，该曲线揭示了在近等效应变幅时，三种合金中

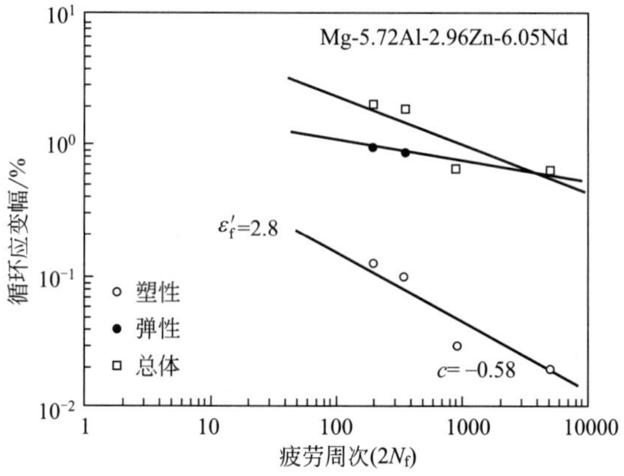

图4-111 Mg-5.72Al-2.96Zn-6.05Nd镁合金循环应变幅与疲劳寿命的关系[108]

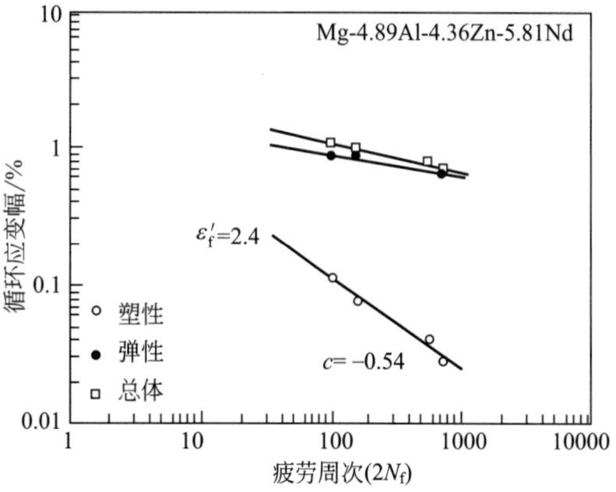

图4-112 Mg-4.89Al-4.36Zn-5.81Nd镁合金循环应变幅与疲劳寿命的关系[108]

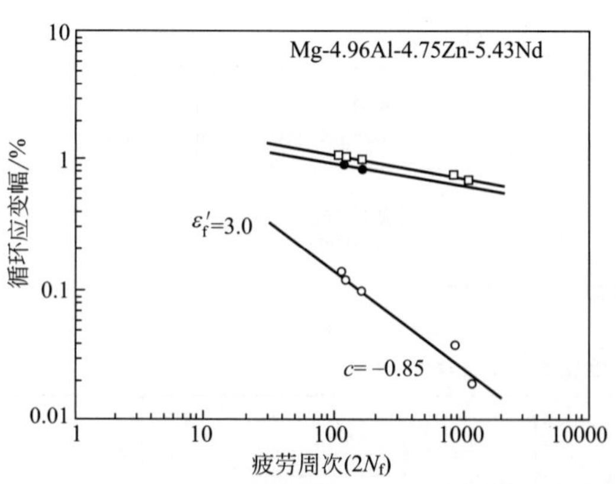

图4-113 Mg-4.96Al-4.75Zn-5.43Nd镁合金循环应变幅与疲劳寿命的关系[108]

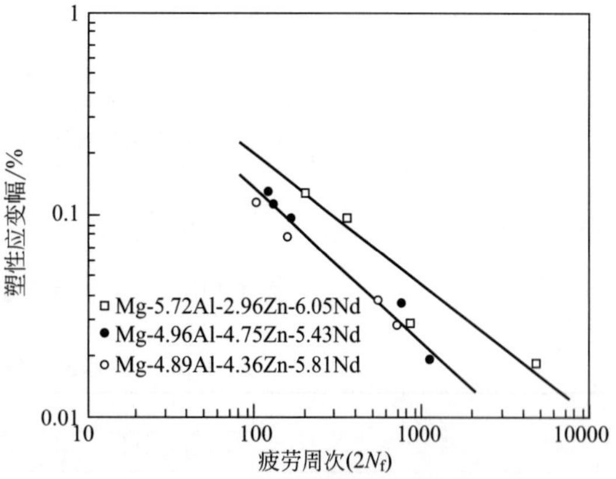

图4-114 三种快速凝固合金的塑性应变幅与疲劳寿命的关系[108]

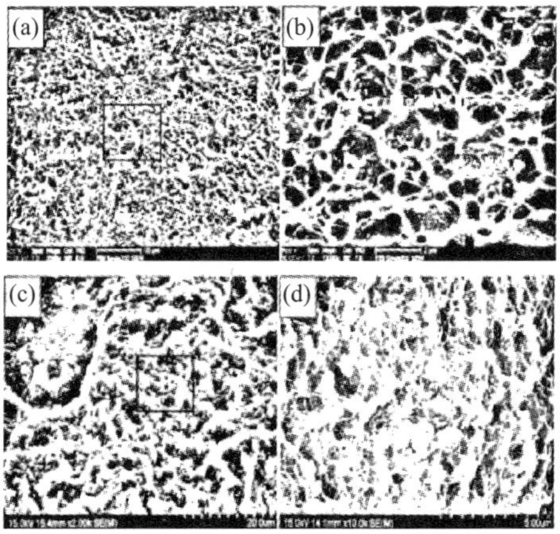

图 4-115　ZK60 和 AZ91 快速凝固/粉末冶金合金的断口形貌[109]

具有高 Al（5.72%）、低 Zn（2.96%）和 Nd（0.05%）的成分可以提高循环应变抗力和相应的低周疲劳寿命。三种快速凝固镁合金低周疲劳的应变幅与疲劳周次关系符合 Basquin 和 Coffin-Mason 公式。对三种快速凝固镁合金断口采用扫描电镜进行观察，观察结果表明，微观裂纹主要位向是沿着晶界，宏观裂纹主要沿着颗粒边界，表现出一种脆性断裂的特征，但也在一些地方发现一些不同尺寸的孔洞和浅韧窝，非常细小微观的空洞合并，有一半形成了韧窝的窝底，微观孔洞的生长受到局部塑性变形的控制。表明微结构的变形特征被循环塑性应变幅和随之而来的应力响应所控制。研究者认为快速凝固材料总体上宏观上表现出脆性断裂特征，且微观上表现出具有延性和脆性断裂特征[108]。

张振亚[109]研究了 ZK60 和 AZ91 快速凝固/粉末冶金合金的断口形貌和断裂机制，如图 4-115（a）所示为 256℃挤压 ZK60 试样的低倍形貌，呈现微孔聚集断裂特征，图 4-115（b）为其放大图，断口上布满了大小不一的韧窝，撕裂棱较为明显，各韧窝的轴向方向与断面方向基本垂直，为等轴韧窝，而且韧窝较深，表明为典型的穿晶断裂。图 4-115（c）、（d）为 250℃挤压 AZ91 试样断口的 SEM 形貌，断口组织呈冰糖状，断口和二次裂纹构成，为典型的脆性沿晶断裂。在 RS/PM AZ91 合金中，由于沿晶分布的 β 相与基体界面的结合不可能像基体本身那样牢固，比较容易成为微裂纹源，粒子越粗大成为微裂纹源的可能性也就越大；考虑到粉末颗粒焊合部位不可避免会引入氧化物粒子，往往此处也有成为微裂纹源可能。在应力作用下，当拉伸应力大于临界应力时，β 相粒子或粉末焊合处氧化物粒子将作为微裂纹源首先启动并迅速扩展，最终发生脆性断裂。

吉泽升等人[110]认为镁合金固相再生材与铸锭挤压材料相同，疲劳源一般是处在试样表面，对于固相再生镁合金疲劳源很少发生在材料内部，虽然镁合金表面引入氧化相。在材料内部相当于非金属夹杂，但由于氧化膜本身较薄，在挤压过程中破碎后，氧化相颗粒尺寸很小，对疲劳裂纹成核没有产生影响。夹杂物对疲劳裂纹的萌生作用，与其大小有密切关系。在淬火回火中碳钼钢的疲劳试验研究中发现，当氧化物质点大到 25μm 时，沿夹杂物与基体界面的脱开和夹杂物本身的开裂都有可能发生；当氧化物质点大于 20μm 时，疲劳裂纹就倾向于在夹杂物处形核；当夹杂物的尺寸小于 6μm 时，对疲劳裂纹成核没有影响。

固相再生镁合金疲劳源区断口形貌具有解理特征，类似于解理断裂的台阶花样占断口的绝大部分。疲劳微裂纹萌生后即进入裂纹扩展阶段，疲劳裂纹扩展是一个不连续的过程，根据裂纹扩展方向，裂纹扩展可分为两个阶段，宏观上所称的疲劳源区实际上包括了裂纹在零点几毫米至一毫米以下的裂纹扩展过程，即裂纹扩展的第一阶段，裂纹成核后，微观裂纹扩展过程与后期的宏观裂纹扩展有着不同的特点，具有一定的结晶学特性。在滑移带上往往萌生有多条微裂纹。在继续施加循环载荷的过程中，这些微裂纹扩展并相互连接，但绝大多数显微裂纹较早地就停止了扩展，呈非扩展裂纹，只有少数几个能延伸到几十个微米的长度。

当第一阶段扩展的裂纹遇到晶界时便逐渐改变方向转到与最大拉应力相垂直的方向，进入疲劳裂纹扩展第二阶段。宏观上所称的疲劳裂纹扩展区即疲劳裂纹扩展第二阶段。因内部晶粒各方向都受到约束，滑移受到强力抑制，从而使裂纹由开始的剪切扩展方式转变为拉伸扩展方式，这种转变的发生完全是由裂纹尖端的应力状态决定的。固相再生镁合金疲劳裂纹按穿晶断裂扩展，断口由高低不同的小断面组成，断面基本上是光滑的，表面比较整齐，这些小的断面是裂纹严格地沿晶粒内某一滑移面扩展和局部微观裂纹聚集而形成的。

镁合金固相再生材料的断口均可以看到二次裂纹的存在。二次裂纹是疲劳裂纹扩展除疲劳辉纹以外的另一重要形式的微观特征。二次裂纹是由断口表面向内部扩展的裂纹，它们在断口上的形态为一些微裂纹，而且可看到其方向与辉纹保持平行，在断口上呈断续分布，在同一方向上时有时无，其深度远大于辉纹在断口上的深度。如前所述，在室温静拉伸断口上，固相再生镁合金试样上可见微裂纹，但铸锭挤压样上并无二次裂纹现象，这表明了在循环载荷作用下裂纹扩展的独有特征。

AZ31B 镁合金的疲劳断裂的瞬断区与材料的静载拉伸断口微观上显示为准解理和微孔聚集型断裂的混合特征。整个瞬断区由不同尺寸的韧窝、准解理及台阶、撕裂棱和一些微孔组成。这是由于疲劳过程中，大量位错和孪晶的存在使点阵严重扭曲，裂纹在晶粒内部扩展比较困难，而疲劳裂纹在这种晶粒内部扩展时，彼此相邻的边界处发生较大的塑性变形，以撕裂的方式连接，形成撕裂棱或微孔聚合的韧窝。在固相再生的镁合金试样断口上，微孔较铸锭挤压材料多，尤其是在屑尺寸较小的试样中较为明显，这可能是在循环载荷的作用下，裂纹快速失稳扩展过程中沿固相再生镁合金中屑间界面处形成的。

鎌倉光利等人[111]研究了采用固相合成法制备 Mg/Mg_2Si 镁合金复合材料的组织和疲劳行为，采用粗、细两种镁合金粉末，粗粉粒径为 0.5～2mm，细粉粒径为 0.1～0.5mm，在 AZ31 合金粉中加入 5%（质量分数）SiO_2 粉末和 0.5%（质量分数）油酸，粉末混料和压制成形，在 673K 加热脱去油酸，在 753K 下加热合成、挤压，挤压比为 2.5，挤出初坯，再在同一温度下挤成 24mm 挤压材，挤压比为 39。通过 XRD 测定表明，形成了具有 Mg_2Si 和 MgO 增强相的复合材料。Mg_2Si-F 材粒径为 13.1μm，Mg_2S-C 材粒径为 12.4μm。比较材为 AZ31-C(挤压比为 35)，等轴晶粒平均粒径为 15.9μm，几种材料的力学性能如表 4-17 所示。有关裂纹的萌生如图 4-116 所示，裂纹在粗大的 Mg_2Si 粒子萌生，特别是在高应力作用下，多数裂纹都萌生在粗大的 Mg_2Si 颗粒中。图 4-117 给出了微裂纹生长的行为，图中表示表面裂纹长度 $2c$ 和循环周次 N、循环周次比 N/N_f 之间关系（其中 N_f 为疲劳寿命）。图中结果表明，在 Mg_2Si 弥散 Mg 合金材料中，不管粉末粒径尺寸大小，样品施载后裂纹很快在 Mg_2Si 中产生，和 AZ31 挤压材相比，产生裂纹的时间快得多，这种裂纹的发生行为，使得 Mg_2Si/Mg 基复合材料的疲劳强度低于 AZ31 挤压材。在应力作用下，主裂纹和其他裂纹合体生长（如箭头所指），但是疲劳频率降低，对疲劳寿命及合体的影响变小。图 4-118 给出了 Mg/Mg_2Si 复合材料微裂纹扩展速率 da/dN 与最大应力强度因子 K_{max} 的关系。在该试验中假定 $a/c=1$，求出裂纹深度 a 与 K_{max} 的关系（c 为裂纹宽度）。图中给出的两种材料的 da/dN-K_{max} 关系没有明显不同，但是在低 K_{max}，即裂纹的尺寸较小区域时，Mg_2Si-F 材的裂纹扩展速率比 Mg_2Si-C 材和 AZ31 挤压材都小，其原因是 Mg_2Si-F 材中的 Mg_2Si 粒子较小，且分布均匀，引起裂纹在小的 Mg_2Si 粒子迂回，而对于大的 Mg_2Si 粒子来说，裂纹直接穿过 Mg_2Si 粒子（图 4-119）。

表 4-17　几种材料的力学性能[111]

材料	0.2%屈服强度 $\sigma_{0.2}$/MPa	抗拉强度 σ_b/MPa	伸长率 δ/%	断面收缩率 Ψ/%	维氏硬度(HV)
Mg_2Si-F	187	256	3.5	4.8	70
Mg_2Si-C	186	245	2.6	4.2	66
AZ31-挤压态		274	1.5	31	53

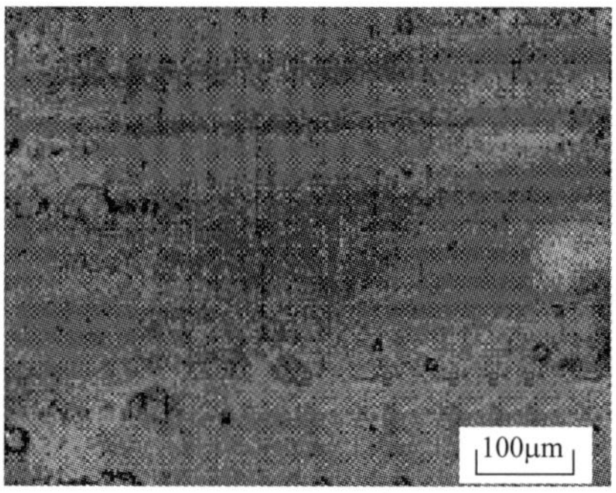

(a) Mg_2Si-F

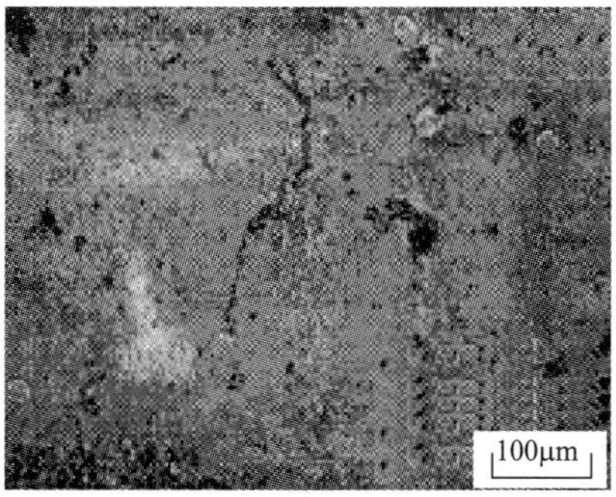

(b) Mg_2Si-C

图 4-116　Mg_2Si 粒子中疲劳裂纹萌生的 SEM 图像(试样轴为水平方向)[111]

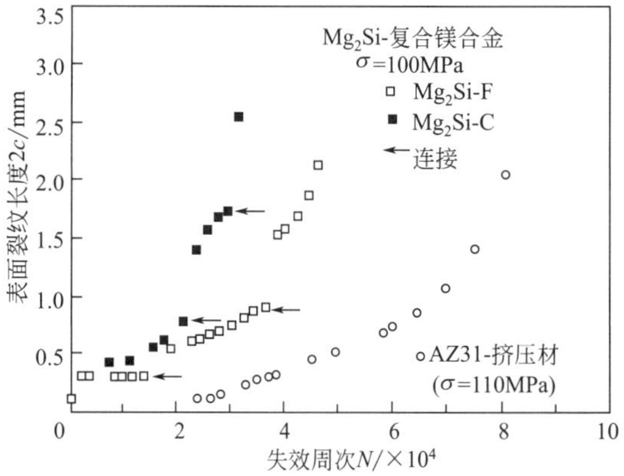

(a) 表面裂纹长度与失效周次的关系

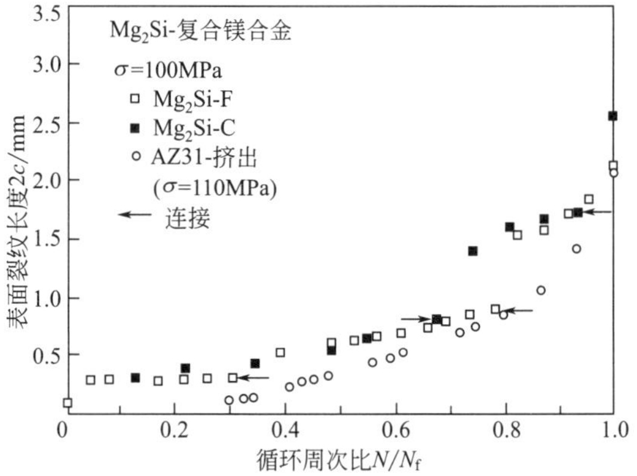

(b) 表面裂纹长度与循环周次比的关系

图 4-117　Mg_2Si-复合镁合金表面裂纹长度与失效周次和循环比的关系[111]

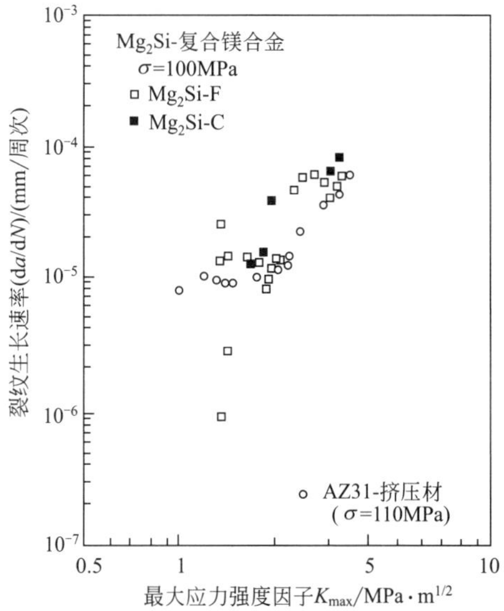

图 4-118　Mg_2Si-复合镁合金裂纹生长速率和最大应力强度因子之间的关系[111]

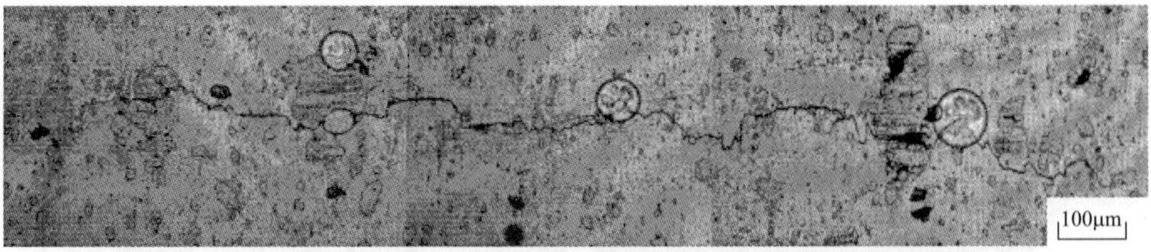

图 4-119　在σ = 100MPa 时 Mg_2Si-F 中微细裂纹生长路径（试样轴向为垂直方向）[111]

植松美彦等人[112]研究了 Mg_2Si 粒子强化 Mg 合金复合材料的疲劳行为，采用粒径为 0.1～0.5mm 的 AZ31 合金粉末，加入 2%（质量分数）平均粒径为 10μm 的 Mg_2Si，混合、热压制备坯料，在 412℃和 373℃温度下挤压成形，挤压比为 133，根据挤压温度不同将材料分为 Mg_2Si/AZ31-H（412℃）和 Mg_2Si/AZ31-L（373℃），前者材料晶粒尺寸为 12μm，后者为 7.0μm，两种材料的力学性能如表 4-18 所示。挤压比为 67 的 AZ31 挤压料作为比较材，表中结果表明，Mg_2Si/AZ31-H 和 Mg_2Si/AZ31-L 的力学性能与挤压比和材料的晶粒尺寸无关。研究者研究了 Mg_2Si/AZ31-H 和 Mg_2Si/AZ31-L 的裂纹萌生和扩展，如图 4-120 所示为裂纹长度 $2c$ 与循环周次比 N/N_f（N_f 为疲劳寿命）的关系，从图中可以看出 Mg_2Si/AZ31-H 在施加 $\sigma=130$MPa 和 $\sigma=110$MPa 后，马上萌生裂纹；而对于 Mg_2Si/AZ31-L，当 $\sigma=130$MPa、$N/N_f=0.19$，$\sigma=110$MPa，$N/N_f=0.63$ 时才萌生裂纹，裂纹萌生寿命相对长一些，并且比 AZ31 挤压材裂纹萌生寿命也要长一些。Mg_2Si/AZ31-H 和 Mg_2Si/AZ31-L 的裂纹萌生位置不一样，前者裂纹萌生在 Mg_2Si 粒子和基体之间的界面上，而后者裂纹萌生在 Mg_2Si 粒子旁边的基体中，其原因为两种材料的 Mg_2Si 和基体界面的强度不一样，Mg_2Si/AZ31-L 界面强度比 Mg_2Si/AZ31-H 的界面强度要高。图 4-121 给出了几种挤压温度不一的 Mg_2Si/AZ31 裂纹萌生情况。图 4-122 给出了两种复合材料和比较材 AZ31 挤压材的微裂纹扩展速率（da/dN）与最大应力强度因子（K_{max}）的关系，从图中结果可以看出，在整个 K_{max}区域，Mg_2Si/AZ31-L 的裂纹扩展速率低于 Mg_2Si/AZ31-H 的裂纹扩展速率，并且在疲劳初期 Mg_2Si/AZ31-L 的裂纹扩展速率有较大的变动，其原因为 Mg_2Si/AZ31-L 其基体的晶粒比 Mg_2Si/AZ31-H 的基体晶粒要细一些，裂纹横切晶界的次数较多，晶界对裂纹扩展的阻碍效果较大，使得 da/dN 变动较大和 da/dN 较小，另外，Mg_2Si 对裂纹扩展起了阻碍作用。图4-123给出了两种材料的裂纹扩展路径，图中圆围绕区域有 Mg_2Si 存在，其中 I 和 F 分别表示，裂纹沿 Mg_2Si 与基体界面萌生区域和裂纹切削 Mg_2Si 粒子萌生区域。对于 Mg_2Si/AZ31-L 复合材料来说 I 要少一些，F 要多些，对于 Mg_2Si/AZ31-H 来说 I 要多些，F 要少些，产生 F 区域裂纹滞留时间长，da/dN 要小，产生 I 区域裂纹滞留时间短，da/dN 要大。

表 4-18　两种材料的力学性能[112]

材料	屈服强度 $\sigma_{0.2}$/MPa	抗拉强度 σ_b/MPa	伸长率 δ/%	弹性模量 E/GPa	晶粒尺寸 d/μm
Mg_2Si/AZ31-H	210	286	6	42	12.1
Mg_2Si/AZ31-L	209	289	6	42	7.0
挤压态 AZ31	198	263	18	39	7.4

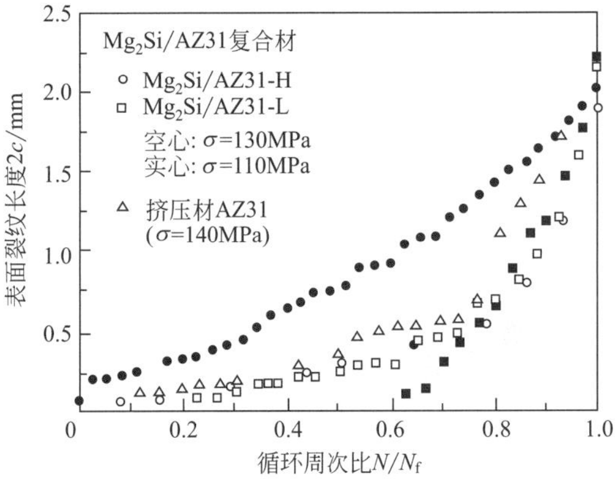

图 4-120　裂纹长度 $2c$ 与循环周次比 N/N_f（N_f 为疲劳寿命）的关系[112]

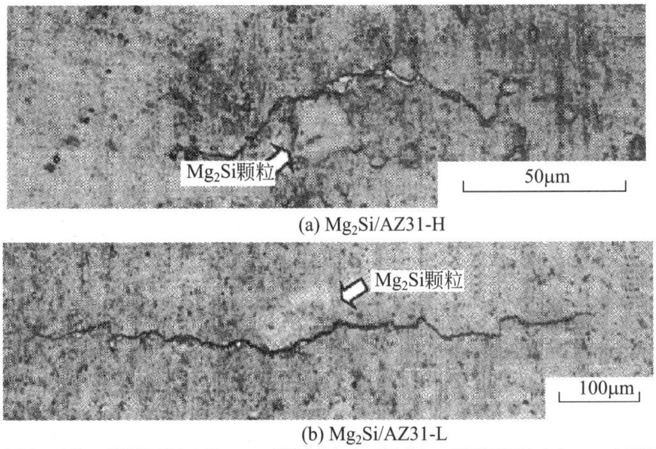

图 4-121　Mg_2Si/AZ31-H(σ = 130MPa）和 Mg_2Si/AZ31-L(σ = 110MPa）试样表面的裂纹萌生情况(试样轴为垂直方向)[112]

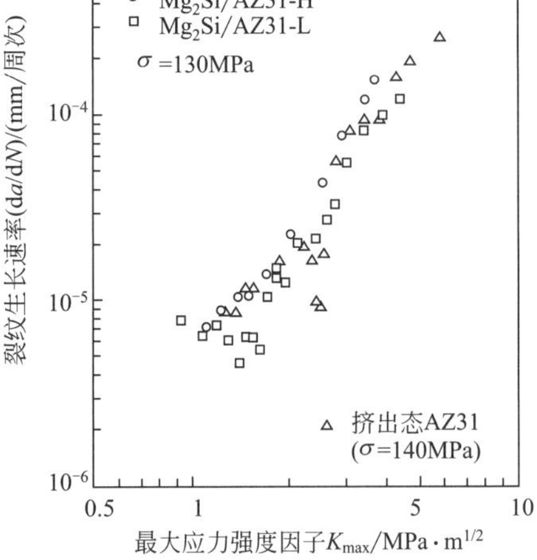

图 4-122　两种复合材料和比较材 AZ31 挤压材的微裂纹扩展速率(da/dN)与最大应力强度因子(K_{max}）的关系[112]

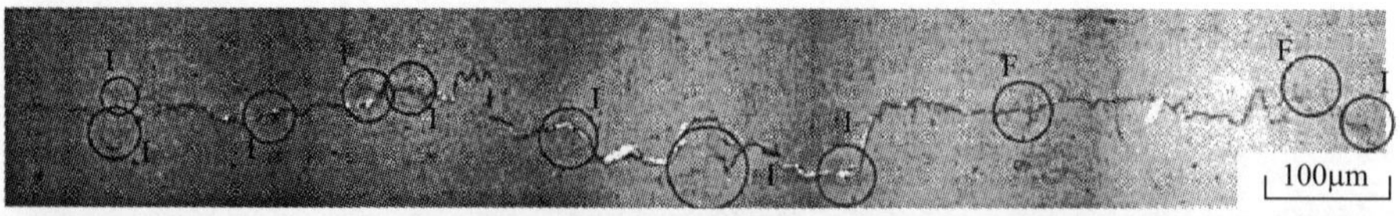

(a) Mg_2Si/AZ31-H

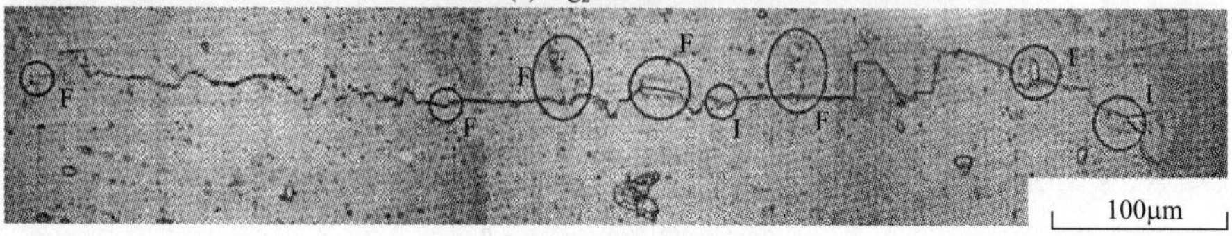

(b) Mg_2Si/AZ31-L

图 4-123 Mg_2Si/AZ31-H(σ = 110MPa) 和 Mg_2Si/AZ31-L(σ = 110MPa) 的裂纹生长路径[112]
(每次循环可以看到 I 与 F 表示的裂纹沿着界面和颗粒失效方向生长)

植松美彦等人[113]还研究了 Mg_2Si/AZ61 和 Mg_2Si/AZ80 复合材料的疲劳行为和挤压比的影响。采用 0.1～0.5mm 的 AZ61 和 AZ80 粉末，添加 2%（质量分数）的 Mg_2Si 粉末(平均粒径为 10μm)，振动球磨机搅拌 48h，热压成坯再热挤成材。工艺条件如表 4-19 所示，力学性能如表 4-20 所示。在保护气中采用低温挤压，挤压比为 36、67、133，挤压材分别用挤压比命名牌号，如 Mg_2Si/AZ61-36、Mg_2Si/AZ80-36 等。增大挤压比使晶粒产生细化，Mg_2Si/AZ61 的平均晶粒尺寸随着挤压比为 36、67、133 时，分别为 7.5μm、8.1μm、6.0μm，而 Mg_2Si/AZ80 随着挤压力为 36、67、133 时，平均晶粒尺寸分别为 10.3μm、8.9μm、7.9μm。上述数据表明，挤压比对晶粒细化 Mg_2Si/AZ61 比 Mg_2Si/AZ80 更为明显。图 4-124 和图 4-125 表明 Mg_2Si/AZ61 和 Mg_2Si/AZ80 裂纹萌生点的 SEM 照片。图中表明，除 Mg_2Si/AZ80-133 之外［图 4-125（c)]，裂纹萌生源均由缺陷引起。对缺陷进行 EDS 分析，缺陷为 Mg_2Si 颗粒，对于 Mg_2Si/AZ61-36［图 4-124（a)]、Mg_2Si/AZ61-133［图 4-124（c)]，不论挤压比大小和加载应力大小，裂纹萌生均与 Mg_2Si 颗粒有关联，另外 Mg_2Si/AZ80-67[图 4-125（b)]和 Mg_2Si/AZ80-36[图 4-125(a)]在裂纹萌生点旁边发现 Mg_2Si粒子的脱落孔，但是对于 Mg_2Si/AZ80-133，高应力下在裂纹萌生区观察到 Mg_2Si 粒子或 Mg_2Si 粒子的脱落孔，在低应力区[图 4-125(c)]没有发现 Mg_2Si 粒子和脱落孔。

表 4-19 挤压条件[113]

基材	挤压比	出口温度/K	坯体温度/K	挤压速率/(m/min)	模具温度/K	容器温度/K
AZ61	36	658	593	0.8	593	593
	67	633	593	0.8	593	593
	133	653	593	1.3	593	593
AZ80	36	658	593	0.8	593	593
	67	643	593	0.8	593	593
	133	653	593	1.3	593	593

表 4-20 力学性能[113]

基材	挤压比	晶粒尺寸 d/μm	屈服强度 $\sigma_{0.2}$/MPa	抗拉强度 σ_b/MPa	伸长率 δ/%
AZ61	36	7.5	227	309	11
	67	8.1	215	313	8
	133	6.0	229	303	8

续表

基材	挤压比	晶粒尺寸 $d/\mu m$	屈服强度 $\sigma_{0.2}/MPa$	抗拉强度 σ_b/MPa	伸长率 $\delta/\%$
AZ80	36	10.3	238	322	8
	67	8.9	262	343	7
	133	7.9	254	339	6

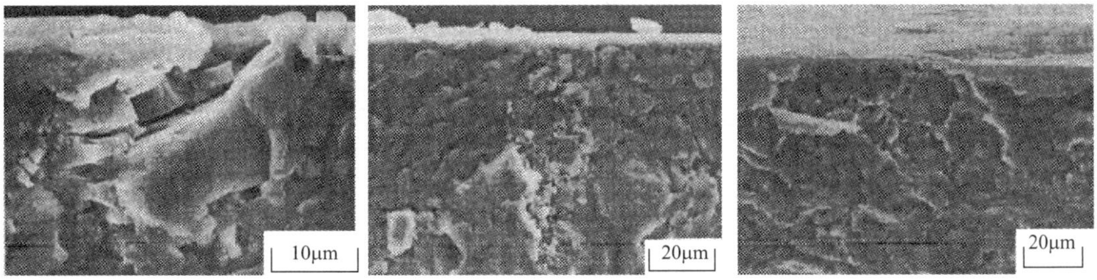

(a) $Mg_2Si/AZ61$-36(σ=140MPa，N_f=62900)　(b) $Mg_2Si/AZ61$-67(σ=120MPa，N_f=296400)　(c) $Mg_2Si/AZ61$-133(σ=170MPa，N_f=35300)

图 4-124　$Mg_2Si/AZ61$ 典型裂纹萌生[113]

(a) $Mg_2Si/AZ80$-36(σ=130MPa，N_f=149500)　(b) $Mg_2Si/AZ80$-67(σ=120MPa，N_f=930700)　(c) $Mg_2Si/AZ80$-133(σ=130MPa，N_f=552700)

图 4-125　$Mg_2Si/AZ80$ 典型裂纹萌生[113]

图 4-126 给出了 $Mg_2Si/AZ80$ 微小表面裂纹长度（$2c$）和循环周次关系，从 $Mg_2Si/AZ80$-36 和 $Mg_2Si/AZ80$-133 的 $2c$-N 曲线比较，微裂纹扩展速率和挤压比没有关系。图 4-127 给出了 $Mg_2Si/AZ80$-36 和 $Mg_2Si/AZ80$-133 的裂纹扩展路径，$Mg_2Si/AZ80$-36 裂纹连接两个 Mg_2Si 粒子，而 $Mg_2Si/AZ80$-133 裂纹产生在 Mg_2Si 粒子和基体界面旁。其原因是 $Mg_2Si/AZ80$-36 裂纹萌生点就在 Mg_2Si 内，而 $Mg_2Si/AZ80$-133 在低应力状态下没有观察到 Mg_2Si 粒子或 Mg_2Si 粒子的脱落孔，变形时基体组织有滑移变形而产生裂纹，这种状况裂纹萌生阻力要比 Mg_2Si 粒子作为裂纹萌生点的阻力高些。

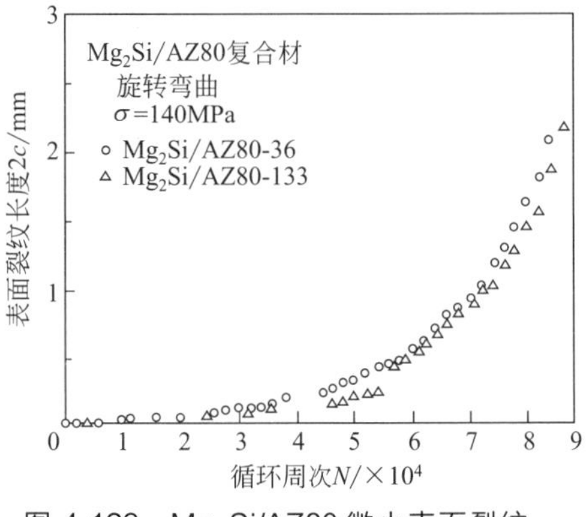

图 4-126　$Mg_2Si/AZ80$ 微小表面裂纹长度（2c）和循环周次关系[113]

图 4-128 给出了 $Mg_2Si/AZ80$-36 和 $Mg_2Si/AZ80$-133 两种挤压材的 da/dN 和最大应力强度因子 K_{max} 的关系。图中结果表明，$Mg_2Si/AZ80$-36 和 $Mg_2Si/AZ80$-133 的 da/dN 与 K_{max} 关系基本一致，与挤压比没有很大的关系。

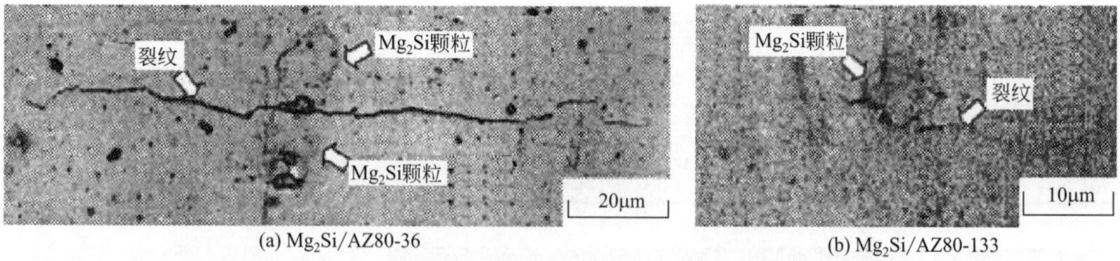

图 4-127 $Mg_2Si/AZ80-36$ 和 $Mg_2Si/AZ80-133$ 的裂纹扩展路径[113]

图 4-129 给出了 $Mg_2Si/AZ61$ 和 $Mg_2Si/AZ80$ 两种材料挤压比对晶粒尺寸的影响，挤压比越大，晶粒尺寸越细。但是这种晶粒尺寸降低的程度比 AZ61 和 AZ80 要小一些。

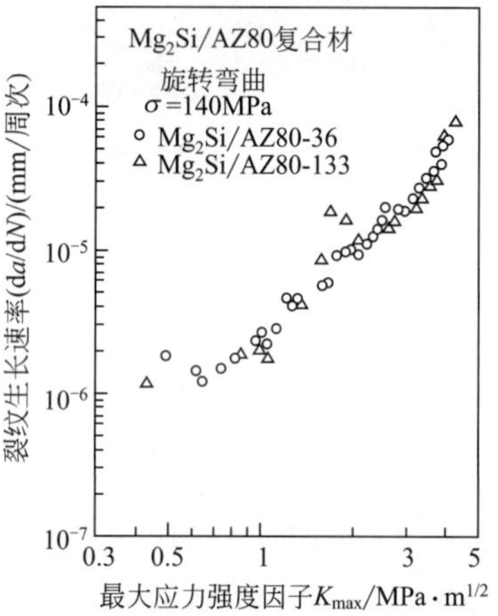

图 4-128 $Mg_2Si/AZ80-36$ 和 $Mg_2Si/AZ80-133$ 两种挤压材 da/dN 和最大应力强度因子 K_{max} 关系[113]

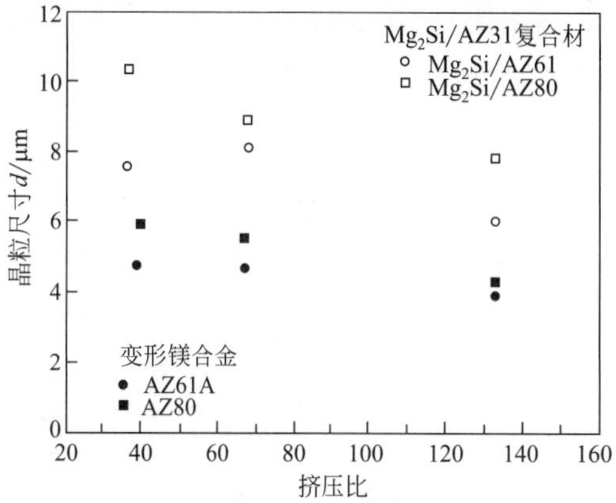

图 4-129 $Mg_2Si/AZ61$ 和 $Mg_2Si/AZ80$ 两种材料挤压比对晶粒尺寸的影响[113]

4.2.3 粉末镁合金的疲劳特性

（1）快速凝固对粉末镁合金的疲劳特性的影响

通过快速凝固制备了高强度的镁合金，特别是具有长周期结构相的镁合金，使得镁合金的室温强度大幅度提高，同时也提高了这类镁合金的疲劳强度。Okouchi 等人[114]研究了具有纳米晶 LPSO 相的 Mg-Zn-Y-Al 和 M-Zr-Y 合金的疲劳强度，$Mg_{97}Zn_1Y_2$ 快速凝固合金其屈服强度为 610MPa，伸长率为 5%，其疲劳强度为 350MPa，而 $Mg_{96.7}Zn_{0.85}Y_2Al_{0.45}$ 的抗拉强度为 525MPa，伸长率为 9%，疲劳强度为 325MPa（图 4-130）。

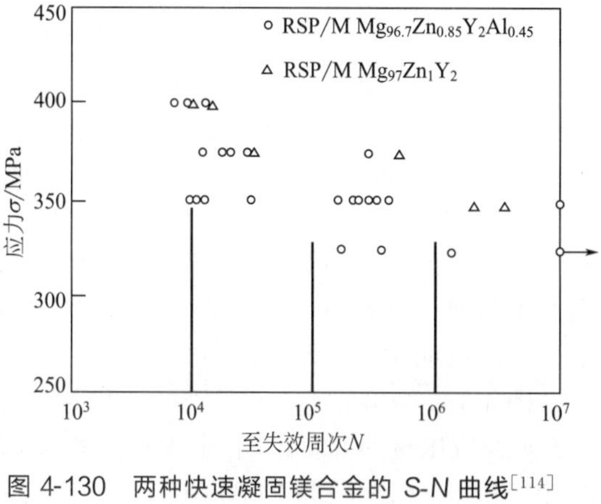

图 4-130 两种快速凝固镁合金的 S-N 曲线[114]

（2）粉末与屑料尺寸大小和加工工艺对粉末镁合金疲劳性能的影响

镰倉光利等人[111]研究挤压材 Mg_2Si-F

与 Mg_2Si-C 的基体材 AZ31 粉的尺寸大小对疲劳强度的影响，前者用微细粉末（0.1～0.5mm）、后者用粗粉末（0.5～2mm）制坯，比较材为熔铸挤压材，图 4-131 中结果表明，粗粉坯挤压后的疲劳强度最低，细粉坯挤压材的疲劳强度接近熔铸挤压材。其疲强比 σ/σ_B 与 N_f 的规律和 $\sigma - N_f$ 规律一样。

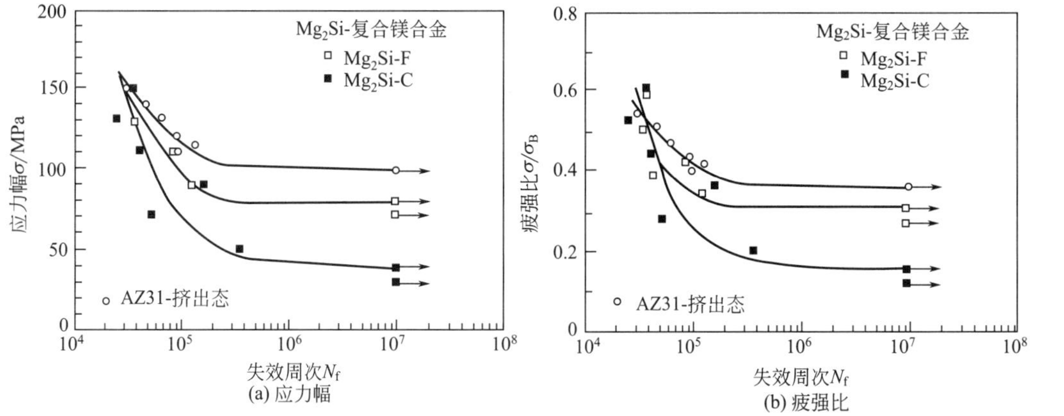

图 4-131　两种 Mg_2Si-复合镁合金和应力幅与疲劳比相关的 *S-N* 曲线[111]

吉泽升等人[110]研究了 AZ31B 镁合金切削屑尺寸对制坯后挤压成形料疲劳强度的影响。从图中 *S-N* 曲线可以看出，切削屑越小，疲劳强度越高，当切屑厚度为 0.1mm 时，其疲劳强度略低于铸锭挤压坯（图 4-132）。

吉泽升还研究了常规挤压、热压及二次挤压工艺的 AZ31 镁合金的 *S-N* 曲线，常规挤压的疲劳极限为 86.7MPa，热压为 91.5MPa，二次挤压为 92.6MPa（图 4-133）。

植松美彦等人[112]研究了 Mg_2Si/AZ31 合金挤压温度对疲劳强度的影响。Mg_2Si/AZ31-H 的挤压温度（挤压坯温度）为 412℃，Mg_2Si/AZ31-L 的挤压温度为 373℃，挤压比为 133。前者挤压坯的平均晶粒尺寸为 12.1μm，后者挤压坯的平均晶粒尺寸为 7.0μm。图 4-134 给出了两种材料的 *S-N* 曲线，从图中可以看出当挤压温度较低时，挤压坯的平均晶粒越小，疲劳强度越高。低温挤压坯的疲劳强度为 90MPa，与 AZ31 的铸锭挤压材的疲劳强度相当。高温挤压坯的疲劳强度为 76MPa。

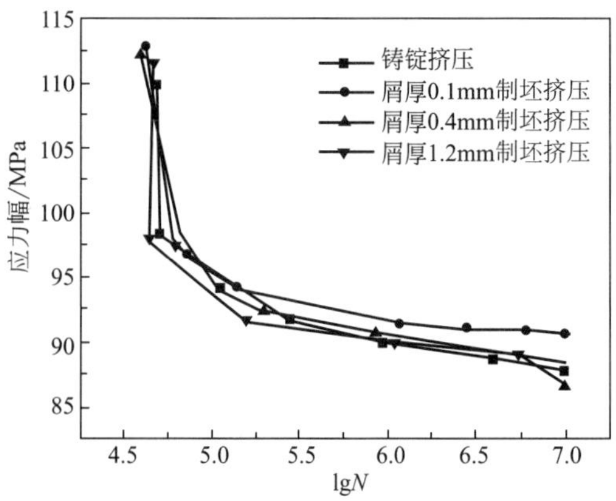

图 4-132　不同尺寸屑固相再生及铸锭挤压镁合金的 *S-N* 曲线（$R=0.1$）[110]

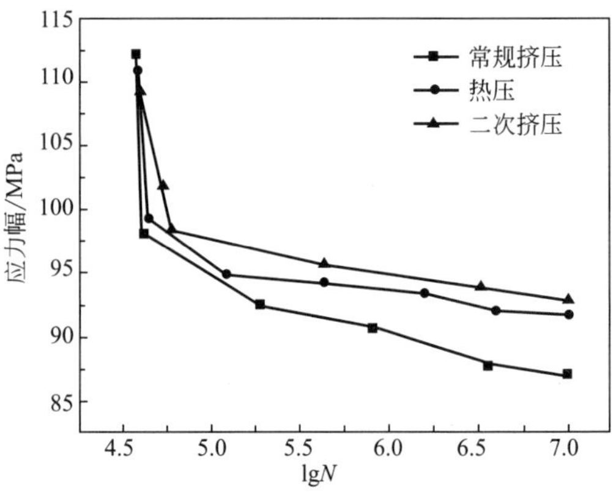

图 4-133　热压及二次挤压固相再生 AZ31B 镁合金的 *S-N* 曲线（$R=0.1$）[110]

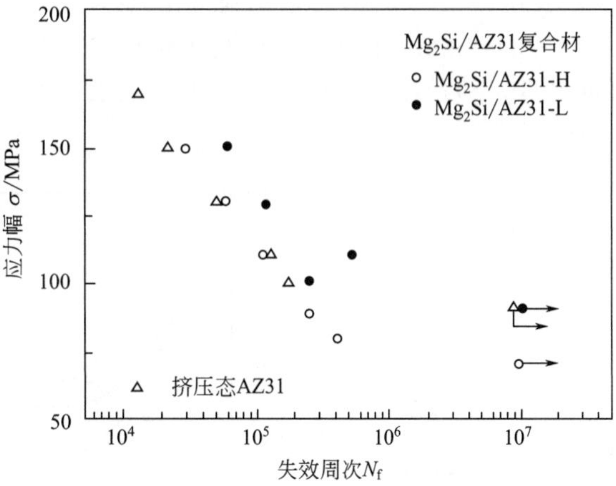

图 4-134 Mg_2Si/AZ31-H 和 Mg_2Si/AZ31-L 的 S-N 曲线[112]

植松美彦等人[113]还研究了 Mg_2Si/AZ61 和 Mg_2Si/AZ80 两种材料的挤压比对疲劳强度的影响。图 4-135 结果表明，对于 Mg_2Si/AZ61 合金来说，挤压比对疲劳强度的影响不大，对 Mg_2Si/AZ80 来说，挤压比为 36 和 67 的材料，疲劳强度相同。Mg_2Si/AZ80-133 的疲劳强度约为 120MPa，其原因为在高应力状态下，Mg_2Si/AZ80-133 的裂纹萌生与扩展与前面材料都不一样，它是由滑移变形萌生的裂纹，其裂纹抗力较大而引起疲劳强度的增大。

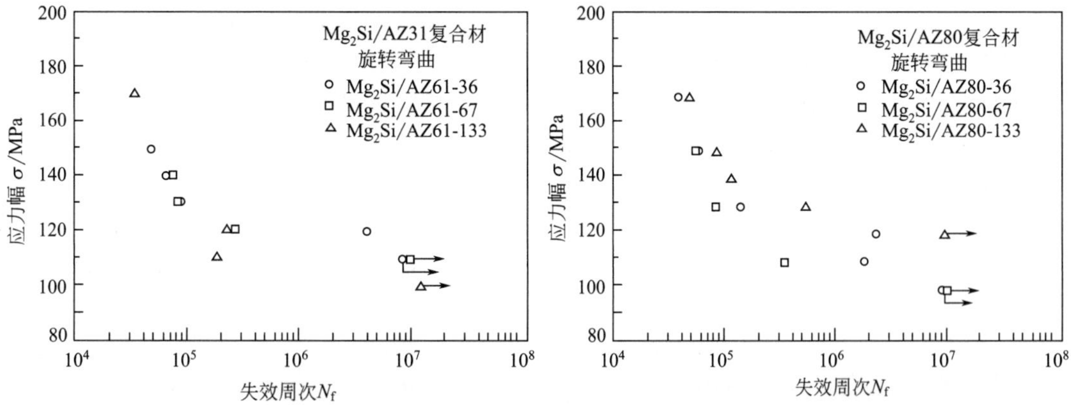

图 4-135 Mg_2Si/AZ61 和 Mg_2Si/AZ80 两种材料的挤压比对疲劳强度的影响[113]

Chino 等[115]研究了坯料含氧量对疲劳强度的影响。一般来说回收料与铸锭料含氧量相差 200 倍以上，虽然回收挤压料和铸锭挤压料强度相当，但其疲劳强度要差一些。如图 4-136所示在相同工艺下，挤压比为 5 时，铸锭挤压料的疲劳强度为 90MPa，回收挤压料疲劳强度为 80MPa，其原因为氧化夹杂引起裂纹萌生。裂纹相通连接，使扩展速率增大。特别值得注意的是，夹杂物的非均匀分布，加剧了力学性能的各向异性。Chino 等人[116]研究了回收 AZ31 轧制材中氧化物夹杂对疲劳性能的影响。图 4-137 给出了热轧回收料拉伸疲劳试样与轧制方向不同角度状态的 S-N 曲线。图中结果表明，回收料的各向异性远远大于铸锭料的各向异性。研究者采用二次轧制来促使氧化物的分布均匀。图 4-138 中结果表明，氧化物均匀分布，疲劳强度的各向异性得到很好的改善。

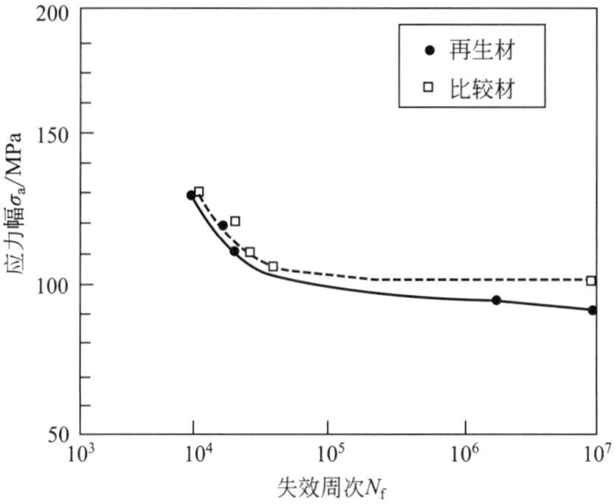

图 4-136　AZ31 再生材和比较材的 S-N 曲线[115]

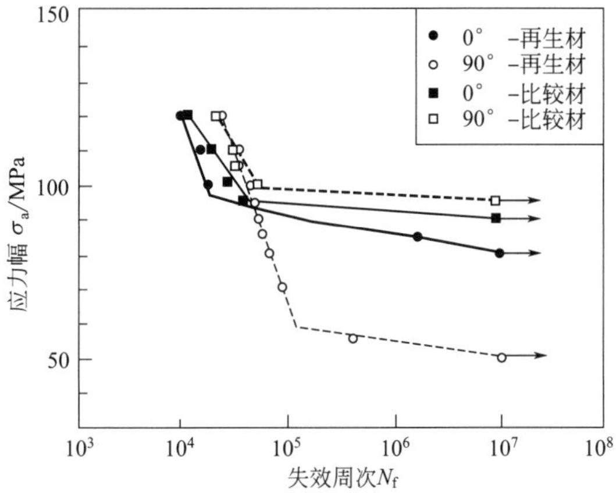

图 4-137　热轧回收料拉伸疲劳试样与轧制方向不同角度状态的 S-N 曲线[116]

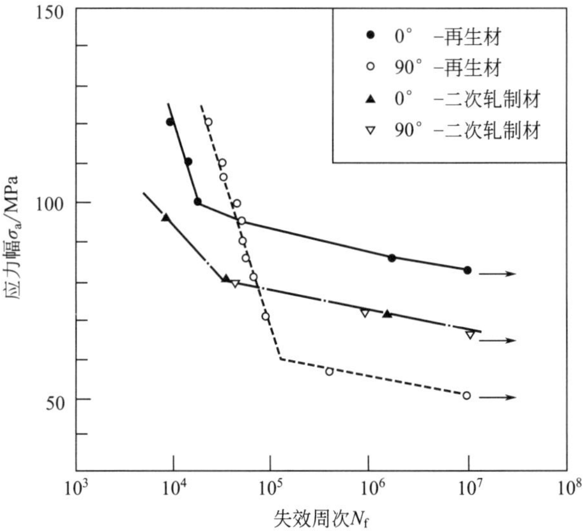

图 4-138　再生 AZ31 镁合金和二次轧制 AZ31 镁合金的 S-N 曲线[116]

（3）晶粒细化对粉末镁合金疲劳强度的影响

榎並啓太郎等人[117]通过等通道挤压块体机械合金化方法（equal channel angular bulk mechanical alloying method，ECABMA）制备 AM60-5%Ti（质量分数）粉末镁合金复合材料，ECABMA 方法如图 4-139 所示，切削屑粉末体在十字模中反复压制固结和压制破碎，最后得到均匀的微细组织压坯。再在模具中热挤（350℃）成材，挤压比为 14。材料平均晶粒尺寸与 BMA 加工次数有关，ECABMA 为 40 次，材料平均晶粒尺寸为 5.5μm；ECABMA 为 300 次时，平均晶粒尺寸为 1.4μm。图 4-140 给出了随着 ECABMA 加工次数增加，抗拉强度、屈服强度和伸长率的提高。ECABMA 加工 300 次，抗拉强度为 400MPa，屈服强度为 370MPa，而比较材 AZ31 的挤压材屈服强度为 180MPa 左右。图 4-141 给出通过 ECABMA 方法后再挤压材料 AM60-5%Ti（质量分数）（N=300，挤压比为 4）的 S-N 曲线。在旋转弯曲疲劳试验中疲劳强度为 150MPa，250℃高温拉伸性能为 65MPa。

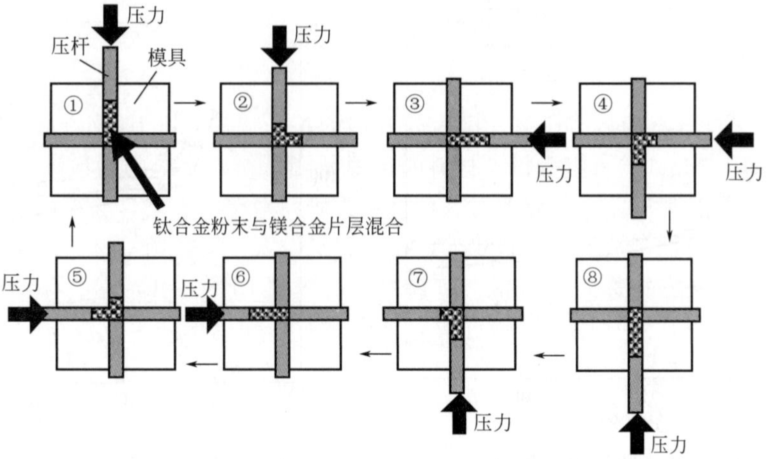

图 4-139　等通道挤压块体机械合金化法（ECABMA）图解[117]

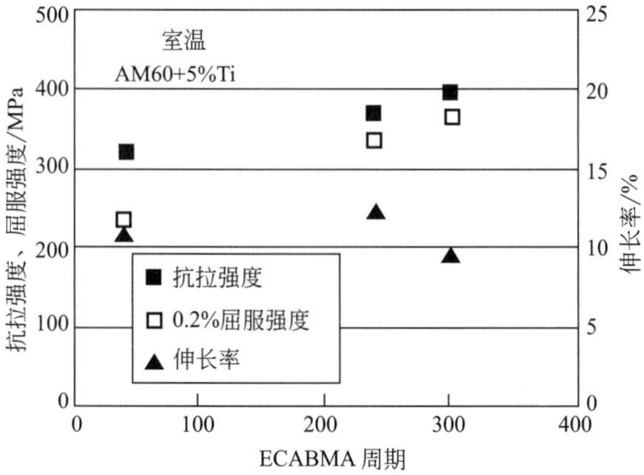

图 4-140　ECABMA 法对拉伸性能的影响[117]

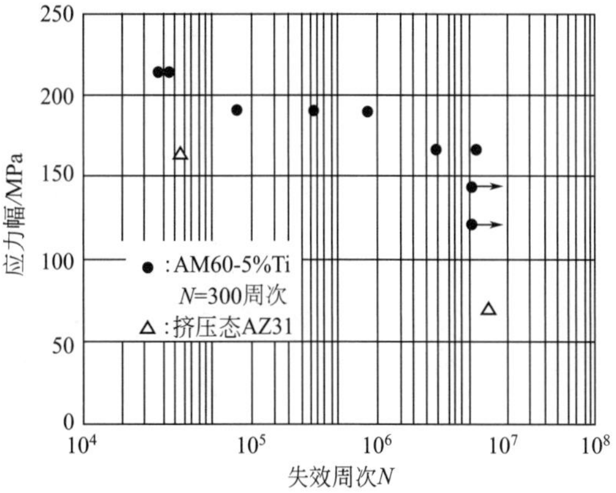

图 4-141　ECABMA 法制备的镁复合材料的旋转弯曲疲劳性能[117]

榎並啓太郎等人[118]通过 ECABMA 方法还开发了切削粉末 AM66＋10％CaO 的耐热粉末复合材料，室温强度为 442MPa，250℃强度为 156MPa。在旋转弯曲疲劳试验中，室温疲劳强度为 167MPa，150℃为 115MPa，250℃为 75MPa（图 4-142）。

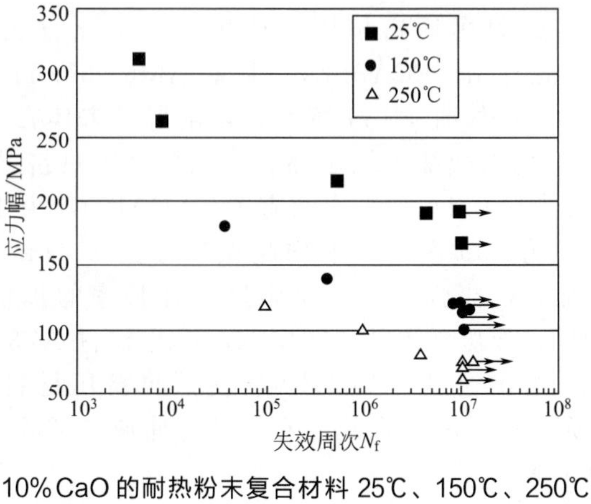

图 4-142　切削粉末 AM66+ 10%CaO 的耐热粉末复合材料 25℃、150℃、250℃时的旋转弯曲疲劳性能[118]

4.3 讨论

① 有关粉末镁合金的疲劳研究，国内外开展的工作比较少。其原因为，镁合金粉末越细，含氧量越高，MgO 严重阻碍粉末材料的冶金结合，粉末合金的裂纹萌生抗力减弱，裂纹扩展加速，疲劳性能较差，研究者对这种材料的研究兴趣不大。自从采用平面流铸造和离心雾化等快速凝固方法制造大块片状粉末，粉末含氧量大幅度降低，材料冷速增大，并且在镁合金基体中产生一些特殊的析出相（如长周期有序相 LPSO、$Ca_2Mg_6Zn_3$等），大幅度提高了挤压材的强度性能，其比强度超过粉末钛合金。同样也提高了快速凝固镁合金的疲劳强度。

② 采用镁合金切削屑加入弥散粒子制备复合材料、采用机械合金化和块体机械合金化制备超细晶材料均能提高镁合金的疲劳强度。

参考文献

[1] 陈振华．变形镁合金．北京：化学工业出版社，2005.

[2] 安藤新二，頓田英機．Mgの変形機構と疲労破壊．まてりあ，2003，42 (2)：124-132.

[3] 小池淳一，宮村剛夫．多結晶マグネシウム合金における塑性変形の微視的機構. 軽金属，2004，54 (11)：460-464.

[4] 村上雄．マグネシウム合金展伸材の集合組織．軽金属，2002，52 (11)：536-540.

[5] 染川英俊．マグネシウム合 s 金の破壊靭性に関する問題点とその改善策．まてりあ，2008，47 (3)：157-160.

[6] Bilby B A，Crocker A G. The theory of the crystallography of deformation twinning. Proceedings of the Royal Society of London，1965，288 (1413)：240-255.

[7] Mukai T，Watanabe H，Ishikawa K，et al. Guide for enhancement of room temperature ductility in Mg alloys at high strain rates [C] //Materials Science Forum. Trans Tech Publications Ltd.，Zurich-Uetikon，Switzerland，2003，419：171-176.

[8] 轻金属材料加工手册编写组．轻金属材料加工手册（上册）．北京：冶金工业出版社，1980.

[9] Lu Y，Taheri F，Ghargouri M. Study of fatigue crack incubation and propagation mechanisms in a HPDC magnesium AM60B alloy. Journal of Alloys and Compounds，2008，466 (1-2)：214-227.

[10] Lu Y，Taheri F，Ghargouri M，et al. Experimental and numerical study of the effects of porosity on fatigue crack initiation of HPDC magnesium AM60B alloy Journal of Alloys and Compounds，2009，470 (1-2)：202-213.

[11] Kadiri H E，Xue Y，Horstemeyer M F，et al. Identification and moeeling of fatigue crack growth mechanisms in a die-cast AM50 magnesium alloy. Acta Materialia，2006，54 (19)：5061-5076.

[12] 楠川量啓，高尾健一．AZ92Aマグネシウム合金の疲労き裂発生挙動と切欠き感度．日本機械学会論文集（A 編），2002，68 (71)：1092-1097.

[13] 澁澤俊紀，小林康男，石川圭介．AZ91Dマグネシウム合金ダイカスト材の疲労亀裂伝播特性．日本金属学会誌，1997，61 (4)：298-302.

[14] 石川圭介，小林康男，金子俊明，澁澤俊紀．AZ91Dマグネシウム合金の析出組織と機械的性質，日本金属学会誌，1997，61，(10)：1031-1036.

[15] Mayer H，Papakyriacou M，Zettl B，et al. Endurance limit and threahold stress intensity of die cast magnesium and aluminium alloys at elevated temperatures. International Journal of Fatigue，2005，27 (9)：1076-1088.

[16] 塩澤和章，池田惇，福森毅．マグネシウム合金展伸材の高サイクル疲労強度特性に及ぼす応力比並びに荷重負荷様式の影響．日本機械学会論文集（A 編），2013，79 (805)：1366-1381.

[17] 塩澤和章，長田浩平．展伸マグネシウム合金 AZ61の高サイクル疲労強度特性に及ぼす応力比の影響，材料，2009，58 (12)：982-989.

[18] 塩澤和章，宮崎雅士．展伸マグネシウム合金の超高サイクル疲労強度特性に及ぼす微粒子ショットピーニング処理の影響．日本機械学会論文集（A 編），2013，79 (802)：876-890.

[19] 塩澤和章，永井将之，村井勉等．マグネシウム合金 AZ61およびAZ80 押出し材の低サイクル疲労挙動．材料，2009，58 (3)：235-242.

[20] 鎌倉光利，戸梶惠郎，石泉有規，等．マグネシウム合金 AZ61 押出材の疲労挙動と破壊機構．材料，2004，53 (12)：1371-1377.

[21] Tokaji K，Kamnkura M，Thiiaumi Y，et al. Fatigue behaviour and fracture mechanism of a rolled AZ31 magnesium alloy. International Journal of Fatigue，2004，26 (11)：1217-1224.

[22] Uematsu Y，Tokaji K，Kamakura M，et al. Effect of extrusion conditions on grain refinement and fatigue behaviour in magnesium alloys. Materials Science & Engineering A，2006，434（1-2）：131-140.

[23] 加藤一，杜澤達美．Mg-Al-Zn 合金の疲労破壊特性．軽金属，1982，32（9）：473-478.

[24] 安藤新二，戸田和昭，津志田雅之，等．長周期構造型 Mg-Zn-Y 系合金の疲労破壊特性．日本金属学会誌，2007，71（9）：699-703.

[25] 北原陽一郎，池田健介，島崎洋明，等．難燃性マグネシウム合金の疲労强度特性. 日本機械学会論文集（A）編，2006，72（717）：661-668.

[26] Ogarevic V V，Stephens R I. Fatigue of magnesium alloy. Annual Review of Materials Research，1990，20：141-177.

[27] 许道奎，刘路，徐永波，等．挤压态镁合金 ZK60 的超高周疲劳行为．金属学报，2007，43（2）：144-148.

[28] 曾荣昌，韩恩厚，刘路，等．轧制组织对镁合金 AM60 疲劳性能的影响．材料研究学报，2003，17（3）：241-246.

[29] 杨晓明，杨帆，伊树明，等．Mg-12Gd-3Y-0.5Zr 镁合金的不同疲劳行为．机械工程材料，2000，35（4）：41-45.

[30] Hilpert M，Wagner L. Corrosion fatigue behavior of the high-strength magnesium alloy AZ 80. Journal of Materials Engineering and Performance，2000，9（4）：402-407.

[31] Ishikawa K，Kobayashi Y. Ito T. Characteristics of fatigue crack propagation in heat treatable die cast magnesium alloy. Lightweight Alloys for Aerospace Application Ⅲ，The Minerals，Metals and Materials Society. 1995：449-462.

[32] Clyneand T W，Withers P. J. An introduction to metal matrix composites. New York：Cambridge University，1993.

[33] Horstemeyer M F，Yang N，Gall K，et al. High cycle fatigue mechanisms in a cast AM60B magnesium alloy. Fatigue and Fracture of Engineering Materials and Structures，2002，25（11）：1045-1056.

[34] Eisenmeier G，Holzwarth B，Höppel H W，et al. Cyclic deformation and fatigue behaviour of the magnesium alloy AZ91. Materials Science and Engineering A，2001，319-321（4）：578-582.

[35] Wang X. S，Lu X，Wang D H. Investigation of surface fatigue microcrack growth behavior of cast Mg－Al alloy. Materials Science and Engineering A，2004，364（1-2）：11－16.

[36] 李锋，单飞虎，车欣，等．AS41 压铸镁合金的低周疲劳行为．沈阳工业大学学报，2011，33（5）：510-5165.

[37] Yang Y，Liu Y B. High cycle fatigue characterization of two die-cast magnesium alloys. Materials characterization，2008，59（5）：567-570.

[38] 戸梶惠郎，鎌倉光利，長谷川典彦，等．マグネシウム合金 AZ31 圧延材の疲労き裂進展特性. 材料，2003，52（7）：821-826.

[39] 伊藤安海，島本聡. マグネシウム合金の疲労き裂発生と伝ぱにおける局所ひずみ挙動．実験力学，2005，5（2）：120-124.

[40] 加藤一，杜沢達美．Mg-Al-Zn 合金の疲労破壊について. 軽金属，1981，31（4）：230-247.

[41] 加藤一，杜澤達美．室温（17℃ ±2℃）～150℃におけるAZ31マグネシウム合金の疲労き裂伝ぱ挙動．軽金属，1983，33（2）：76-81.

[42] 加藤一，杜澤達美，高山善匡．AZ31マグネシウム合金の真空中における疲労破壊. 軽金属，1990，40（8）：619-624.

[43] 中島正貴，戸梶惠郎，植松美彦，等．マグネシウム合金の疲労き裂進展に及ぼす湿度および水環境の影響. 材料，2007，56（8）：764-770.

[44] Sajuri Z B，Miyashita Y，Hosokai Y，et al. Effects of Mn content and texture on fatigue properties of as-cast andextruded AZ61 magnesium alloys. International Journal of Mechanical Sciences，2006，48（2）：198-209.

[45] Raju I S，Newman J C. Stress-intensity factors for circumferential surface cracks in pipes and rods under tension and bending loads. Fracture Mechanics：ASTM Special Technical Publication 905，1986，17：789-805.

[46] Zeng R C，Han E H，Ke W，et al. Influence of microstructure on tensile properties and fatigue crack growth in extruded magnesium alloy AM60. International Journal of Fatigue，2010，32（2）：411-419.

[47] Nan Z Y，Ishihara S，Mcevily A J，et al. On the sharp bend of the S-Curve and the crack propagation behavior of extruded magnesium alloy. Scripta Mater，2007，56（8）：649-652.

[48] Hasegawa S，Tsuchida Y，Yano H，et al. Evaluation of low cycle fatigue life in AZ31 magnesium alloy. International Journal of Fatigue，2007，29（9-11）：1839-1845.

[49] Ishihara S，Nan Z Y，Goshima T. Effect of microstructure on fatigue behavior of AZ31 magnesium alloy. Materials Science and Engineering A，2007，468-470（12）：214-222.

[50] 塩澤和章，北島純，上梨智弘，村井勉，高橋泰. 展伸マグネシウム合金の低サイクル疲労変形挙動と疲労寿命評価. 日本機械学会論文集（A 編），2011，77（780）：1225-1237.

[51] Horstemeyer MF，Yang N，Gall K，et al. High cycle fatigue of a die cast AZ91E-T4 magnesium alloy. Acta Materialia，2004，52（5）：1327-1336.

[52] Sertsyuk V A，Grinberg N M，Ostapenko I L. Fatigue fracture of some magnesium alloys in vacuum at room and low temperatures. Materials Science，1980，15（4）：362-365.

[53] 花木聡，後藤洋明，山下正人，等．腐食環境下におけるマグネシウム合金 AZ31Bの疲労信頼性評価. 材料，2006，55（11）：1011-1015.

[54] Eliezer A, Cutman E M, Abramov E, et al. Corrosion of fatigue of die cast and extruded magnesium alloys. Journal of Light Matals, 2001, 1 (3): 179-186.

[55] Eifert A J, Thomas J P, Rateick Jr R G. Influence of anodization on the fatigue life of WE43A-T6 magnesium. Scripta Materialia, 1999, 40 (8): 929-935.

[56] 中谷幸一郎，鈴木秀人，片平和俊，等. 表面改質 Mg 合金鋳物の軽量化設計法の構築と安全性保証：HAE 陽極酸化処理を施したAZ91D材の疲労强度に及ぼす極硬質スピネル皮膜の影響．日本機械学會論文集（A 編），1997，63（616）：2673-2678.

[57] 刘文才，董杰，张平，等. 表面处理镁合金疲劳性能的研究现状．材料导报，2008，22（7）：91-95.

[58] Wagner L . Mechanical surface treatments on titanium, aluminum and magnesium alloys. Materials Science and Engineering A, 1999, 263 (2): 210-216.

[59] Zhang P, Lindemann J . Effect of roller burnishing on the high cycle fatigue performance of the high-strength wrought magnesium alloy AZ80. Scripta Materialia, 2005, 52 (10): 1011-1015.

[60] Zhang P, Lindemann J. Influence of shot peening on high cycle fatigue proper ties of the high-strength wrought magnesium alloy AZ80. Scripta Materialia, 2005, 52 (6): 485-490.

[61] Osgood CC. Fatigue Design. New York : Wiley-Interscience, 1982.

[62] Saijo A, Hino M , Hiramatsu M , et al. Environmental friendly anodizing on AZ91D magnesium alloys and coating characteristics. Acta Metallurgica Sinica (English Letters), 2005, 18 (3): 411-415.

[63] Ferguson W G, Liu W, MacCulloch J. Corrosion-fatigue performance of magnesium alloys. International J Modern Physics B, 2003, 17 (8-9): 1601-1607.

[64] 陈振华. 镁合金. 北京：化学工业出版社，2004.

[65] Hehmann F, Jones H. Status and potential of rapid solidification of magnesium alloys. Materials Research Society Symposia Proceedings, 1986, 58: 259-274.

[66] Cahn R W. 非铁合金的结构与性能：第八卷．丁道云，等译．北京：科学出版社，1999.

[67] Inoue A. Stabilization of metallic supercooled liquid and bulk amorphous. Acta Materialia, 2000, 48 (1): 279-306.

[68] Hayashi K, Kawamura Y, Koike J, et al. High strength nanocrystalline Mg-Al-Ca alloys produced by rapidly solidified powder metallurgy processing. Materials Science Forum, 2000, 350-351: 111-116.

[69] Kawamura Y, Hayashi K, Inoue A, et al. Rapidly solidified powder metallurgy Mg97Zn1Y2 alloys with excellent tensile yield strength above 600 MPa. Materials Transactions, 2001, 42 (7): 1172-1176.

[70] Inoue A, Kawamura Y, Matsushita M, et al. Novel hexagonal structure and ultrahigh strength of magnesium solid solution in the Mg-Zn-Y system. Journal of Materials Research, 2001, 16 (7): 1894-1900.

[71] Abe E, Kawamura Y, Hayashi K, et al. Long-period ordered structure in a high-strength nanocrystalline Mg-1 at% Zn-2 at% Y alloy studied by atomic-resolution Z-contrast STEM. Acta Materialia, 2002, 50 (15): 3845-3857.

[72] Ping D H, Hono K, Kawamura Y, et al. Local chemistry of a nanocrystalline high-strength Mg97Y2Zn1 alloy. Philos Mag Lett, 2002, 82 (10): 543-551.

[73] 陈振华，周涛，陈鼎. 快速凝固高性能镁合金的研究进展——长周期堆垛有序结构镁合金．材料导报，2007，27（11）：50-54.

[74] Matsuda M, Ii S, Kawamura Y. Variation of long-period stacking order structures in rapidly solidified Mg 97Zn1Y2 alloy. Materials Science and Engineering A, 2005, 393 (1): 269-274.

[75] Amiya K, Ohsuna T, Inoue A. Long-period hexagonal structures in melt-spun Mg-In-2Zn1 (ln=lanthanide metal) alloys . Materials Transactions JIM, 2003, 44 (10): 2151-2156.

[76] Matsuura M, Konno K, Yoshida M, et al. Precipitates with peculiar morphology consisting of a disk-shaped amorphous core sandwiched between 14H-typed long period stacking order crystals in a melt-quenched Mg98Cu1Y1 Alloy. Materials Transactions, 2006, 47 (4): 1264-1267.

[77] Kawamura Y, Kasahara T, Izumi S, et al. Elevated temperature Mg 97Y2Cu1 alloy with long period ordered structure. Scripta Materialia, 2006, 55 (5): 453-456.

[78] Xu Y B, Xu D K, Shao X H, et al. Guinier-preston zone, quasicrystal and long-period stacking ordered structure in mg-based alloys. A review Acta Metallurgica Sinica-English Letters, 2013, 26 (3): 217-231.

[79] Itoi T, Seimiya T, Kawamura Y, et al. Long period stacking structures observed in Mg (97) Zn (1) Y (2) alloy. Scripta Materialia, 2004, 51 (2): 107-111.

[80] Yoshimoto S, Yamasaki M, Kawamura Y. Microstructure and mechanical properties of extruded Mg-Zn-Y alloys with 14H long period ordered structure. Materials Transactions, 2006, 47 (4): 959-965.

[81] Yamasaki M, Anan T, Yoshimoto S, et al. Mechanical properties of warm-extruded Mg-Zn-Gd alloy with coherent 14H long periodic stacking ordered structure precipitate. Scripta Materialia, 2005, 53 (7): 799-803.

[82] Matsuda M, Ii S, Kawamura Y, et al. Interaction between long period stacking order phase and deformation twin in rapidly solidified Mg 97 Zn 1 Y 2 alloy. Materials Science and Engineering A, 2004, 386 (1-2): 447-452.

[83] Matsuda M, Ando S, Nishida M. Dislocation structure in rapidly solidified Mg97Zn1Y2 alloy with long period stacking order phase. Materials Transactions, 2005, 46 (2): 361-364.

[84] Shibata T, Kawanishi M, Nagahora J, et al. High specific strength of extruded Mg-Al-Ge alloys produced by rapid solidification processing. Materials Science and Engineering A, 1994, 179-180 (1): 632-636.

[85] Uoya A, Shibata T, Higashi K, et al. Superplastic deformation characteristics and constitution equation in rapidly solidified Mg-Al-Ga alloy. Journal of Materials Research, 1996, 11 (11): 2731-2737.

[86] Kato A, Horikiri H, Inoue A, et al. Microstructure and mechanical properties of bulk Mg70Ca10Al20 alloys produced by extrusion of atomized amorphous powders. Materials Science and Engineering A, 1994, 179-180 (168): 707-711.

[87] Kawamura Y, Hayashi K, Koike J, et al. High strength nanocrystalline Mg-Al-Ca alloys produced by rapidly solidified powder metallurgy processing. Materials Science Forum, 2000, 350-351: 111-116.

[88] Shaw C, Jones H. Structure and mechanical properties of two Mg-Al-Ca alloys consolidated from atomised powder. Mater Science and Technology, 1999, 15 (1): 78 -84.

[89] Koike J, Kawamura Y, Hayashi K, et al. Mechanical properties of rapidly solidified Mg-Zn Alloys. Materials Science Forum, 2000, 350-351: 105-110.

[90] 佐藤聡之，金子純一，菅又信. Zr, Mn, Ni, Si, Ceを添加した急冷凝固Mg-6mass%Zn合金P/M材の組織と機械的性質. 軽金属，1992，42 (12)：720-726.

[91] 浅野祐一，金子純一，菅又信，等．急冷凝固法によるMg-5%Ca-Al-Zn合金の組織と性質．軽金属，2005，55 (3)：137-141.

[92] Lazionova T V, Park W W, You B S. A ternary phase observed in rapidly solidified Mg-Ca-Zn alloys. Scripta Materialia, 2001, 45 (1): 7-12.

[93] 千野靖正，馬渕守. 熱間押出を利用したマグネシウム合金切削屑の新再生法. 軽金属，2007，57 (6)：250-255.

[94] 李斗勉，李俊瑞，李智焕. AZ91Dマグネシウム合金切粉押出材の組織および機械的性質．軽金属，1995，45 (7)：391-396.

[95] Yamamoto A, Tsubakino H. Surface treatment of magnesium alloys by artificial corrosion oxidization. Method Materials Transactions, 2003, 44 (4): 511-517.

[96] Chino Y, Hoshika T, Lee JS, et al. Mechanical properties of AZ31 Mg alloy recycled by severe deformation. Journal of Materials Research, 2006, 21 (3): 754-760.

[97] 中西勝，馬渕守，久保田耕平，等. AZ9マグネシウム合金切粉押出し材の押出し比と機械的性質との関係. 粉体および粉末冶金，1995，42 (3)：373-377.

[98] 近藤勝義. マグネシウム合金の高機能化材料技術に 関する実用化研究，軽金属，2004，54 (5)：187-191.

[99] 荻沼秀樹，近藤勝義，佳田雅樹，等. Mg_2Si粒子添加によるマグネシウム基複合材料の作製およびその機械的特性．粉体および粉末冶金，2005，52 (4)：282-286.

[100] 孫斌，李樹豊，今井久志，等．粉末冶金法によるMg_2Siの固相合成機構の解明．高温学会誌，2011，37 (6)：321-325.

[101] 近藤勝義，都筑津子，杜文博，等．反復式塑性加工と固相合成法を利用したマグネシウム合金の高機能化リサイクル. まてりあ，2004，43 (4)：275-280.

[102] 近藤勝義．反復式塑性加工による高機能化材料技術. 塑性と加工，2004，45 (519)：228-232.

[103] 吉泽升. 日本镁合金研究进展及新技术．中国有色金属学报，2004. 14 (12)：1997-1984.

[104] Matsubara K, Miyahara Y, Horita Z, et al. Developing superplasticity in amagnesium alloy through a combination of extrusion and ECAP. Acta Materialia, 2003, 51 (11): 3073-3084.

[105] 山崎晃弘，金子純一，菅又信. メカニカルアロイング法によるMgと金属ケイ化物との固相反応．粉体および粉末冶金，2001，48 (10)：935-942.

[106] 林莺莺，胡杰仁. 粉末冶金法制备超细晶AZ31镁合金及其超塑性变形研究. 热加工技术，2013，42 (12)：84-86.

[107] 馬渕守. 高強度・高速超塑性マグネシウム合金の開発．粉体および粉末冶金，2001，48 (9)：779-783.

[108] Srivatsan T S, Wei L, Chang C F. The cyclic strain resistance, fatigue life and final fracture behavior of magnesium alloys. Engineering Fracture Mechanics, 1997, 56 (6): 735-758.

[109] 张振亚. 粉末热挤压制备高性能镁合金的研究. 济南：山东大学，2010.

[110] 吉泽升，胡茂良. 镁合金固相再生与固相合成. 北京：科学出版社，2011.

[111] 鎌倉光利，戸梶惠郎，植松美彦．固相合成法によるMg_2Si分散マグネシウム合金の組織と疲労挙動．材料，2006. 55 (1)：55-60.

[112] 植松美彦，戸梶惠郎，眞鍋隆雄，鎌倉光利．Mg_2Si粒子強化マグネシウム合金基複合材料の疲労挙動．日本機械学会論文集（A編），2007，73 (726)：252-257.

[113] 植松美彦，戸梶惠郎，眞鍋隆雄，等．Mg_2Si粒子強化マグネシウム合金基複合材料の疲労挙動に及ぼす押出比の影響．日本機械学会論文集（A编），2008，74 (739)：459-466.

[114] Okouchi H, Seki Y, Sekigawa T, et al. Nanocrystalline LPSO Mg-Zn-Y-Al alloys with high mechanical strength and corrosion resistance. Materials Science Forum, 2010, 638-642: 1476-1481.

[115] Chino Y, Furuta T, Hakamada M, et al. Fatigue behavior of AZ31 magnesium alloy produced by solid-state recycling. Journal of Materials Science, 2006, 41 (11): 3229-3232.

[116] Chino Y, Furuta T, Hakamada M, etal. Influence of distribution of oxide contaminants on fatigue behavior in AZ31 Mg alloy recycled by solid-state processing. Materials Science and Engineering A, 2006, 424 (1-2): 355-360.

[117]　榎並啓太郎，藤田行俊，本江克次，等.バルクメカニカルアロイング法によるマグネシウム複合材料の開発.粉体および粉末冶金，2008，55 (4)：244-249.
[118]　榎並啓太郎，大原正樹，五十嵐貴教，等.バルクメカニカルアロイングによる耐熱性マグネシウム複合材料の開発.粉体および粉末冶金，2009，56 (12)：717-721.

第5章

铁基粉末冶金材料的疲劳特性

近些年来随着粉末成形和烧结技术的进步（如高速压制、温压、模具润滑、复压和复烧、滚压、热压、热锻、热等静压、喷射沉积、微细粉末烧结、高温烧结、超固相线液相烧结等），中、高密度的铁基粉末冶金零件大量应用在汽车、机械和冶金等行业中。这些零部件大多数都在动态载荷下服役，因此开展铁基粉末冶金材料的疲劳性能及其失效行为的研究，对进一步扩大铁基粉末冶金结构件的应用具有重要意义[1,2]。

一般来说，铁基粉末冶金材料是金属和孔隙的复合体，孔隙产生的原因有：①通过压制和烧结，材料没有达到致密，残存孔隙；②制粉、压制和烧结过程中气体的卷入；③烧结过程原料非均匀堆积、夹杂和脏化；④烧结过程产生液相（如铁基合金含有铜时），液相向固相扩散，不能补缩残留下的孔隙；⑤粉末材料发生塑性变形。材料粗大的第二相颗粒、夹杂物和基体变形不协调，发生断裂或从基体分离，形成孔隙。烧结铁基合金的孔隙大致可划分为两种，一种为原生孔隙，另一种为次生孔隙。原生孔隙由大气孔组成，主要是由于充填性能不足导致其在烧结时不能完全致密化，如①、②、③所述。次生孔隙为小孔，如④、⑤所述，为后续工艺引起。用粉末冶金制备的材料，其孔隙率、孔隙大小、孔隙形状、孔隙分布、孔隙间距对粉末冶金材料的静态性能、动态性能和疲劳性能有很大影响。

对铁基粉末合金来说，中、高密度没有严格定义。若要大体区分，孔隙率≤2%，称为高密度粉末铁基合金；孔隙率大于 2%、小于 10%称为中密度粉末铁基合金，俗称多孔钢。中密度和高密度粉末铁基合金疲劳裂纹萌生与扩展有所区别。

5.1　多孔钢的疲劳裂纹萌生与扩展[2～4]

5.1.1　多孔钢的疲劳裂纹萌生

对于多孔钢来说，很多研究表明[5～8]，裂纹萌生于试样表面较大孔隙和孔隙群中，所谓孔隙群，是指多个孔隙聚集和相连的区域[9]。Holmes 等人[10]认为较大的孔隙有较高的应力集中，尤其是表面孔隙是导致裂纹萌生的原因。Vedula 和 Heckel[11]认为，孔隙之间的烧结带为应变强化区，也可能成为裂纹萌生区域。Christian 和 German 认为[12]，孔隙率、孔径、孔隙形状、孔与孔之间距离是控制粉末冶金材料疲劳性能的重要因素。一般情况下，不规则形状的孔隙（如有角孔）比球形孔隙具有更大的应力，大的孔隙比小的孔隙球形度差，容易引起应力集中。Chawla 等人[4]提出采用形状因子 F 来定性表征孔隙形状。

$$F=\frac{4\pi A}{P^2} \tag{5-1}$$

式中，A 是测量孔隙的面积；P 是测量孔隙的周长。形状因子为 1 时表示圆形，F 越接近零时，表示孔隙越不规则。Chawla 等人采用 Fe-0.8%Mo（预合金化）-2%Ni-0.6%C（质量分数）合金在 1120℃烧结 30min 获得密度为 7.0g/cm^3 和 7.4g/cm^3 的试样，再采用复压复烧获得密度为 7.5g/cm^3 的样品，试样的孔隙分布如图 5-1 所示[4]。图 5-1（a）给出了大尺寸（>75μm^2）孔隙的分布图，其结果表明，粉末合金密度越低，孔隙尺寸越大。图 5-1（b）给出小尺寸（<75μm^2）孔隙的分布图，其结果表明，粉末合金密度愈高，孔隙尺寸愈小。图 5-2 给出了三种不同密度的 Fe-Mo-Ni-C 粉末合金的孔隙形状因子[4]。图 5-2（a）为三种不同密度合金孔隙尺寸小于 75μm^2 的孔隙形状因子。图 5-2（b）为三种不同密度合金孔隙尺寸大于 75μm^2 的孔隙形状因子。图 5-2（c）为孔隙的形状和孔隙的尺寸比较，孔隙尺寸增大导致孔的不规则形状的增加。图 5-2 结果表明，三种不同密度的合金具有大致相同的孔隙形状因子分布，虽然不断增大合金的密度会导致狭窄的孔隙数目增加，但是所有合金中比较小的孔隙（<75μm^2）多呈现球形。合金密度增大反而使球形孔隙的比例增

加，其原因可能是球形孔隙是由烧结直接得到的。

在孔隙度<5%的情况下，气孔相对孤立；孔隙度>5%时，孔隙有相互连通，形成孔隙群。在粉末冶金材料中孔隙分布不均匀是很常见的，在这种情况下[9]，应变局域化将会发生在孔隙群中，孔隙群萌生裂纹程度大于孤立的孔隙。

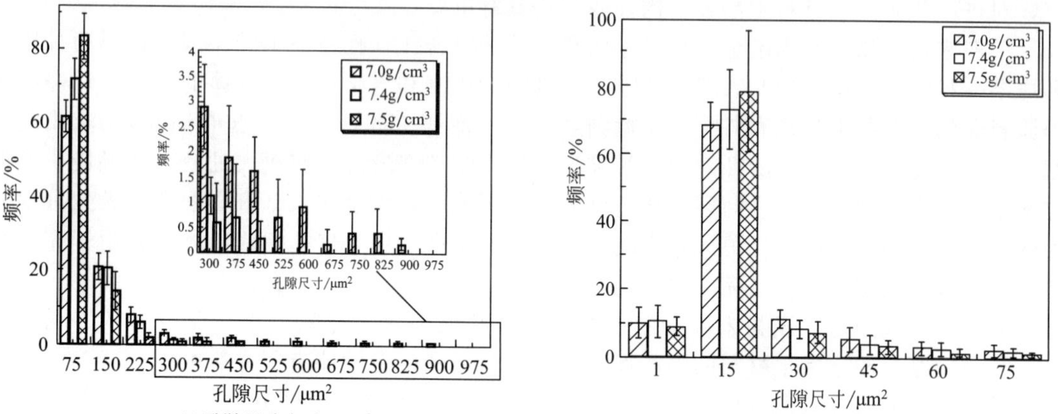

(a) 孔隙尺寸大于75μm²　(b) 孔隙尺寸小于75μm²

图 5-1　Fe-Mo-Ni-C 粉末合金材的孔隙尺寸分布[4]

（大孔是密度为 7.0g/cm³ 观察到的，小孔是密度为 7.5g/cm³ 观察到的）

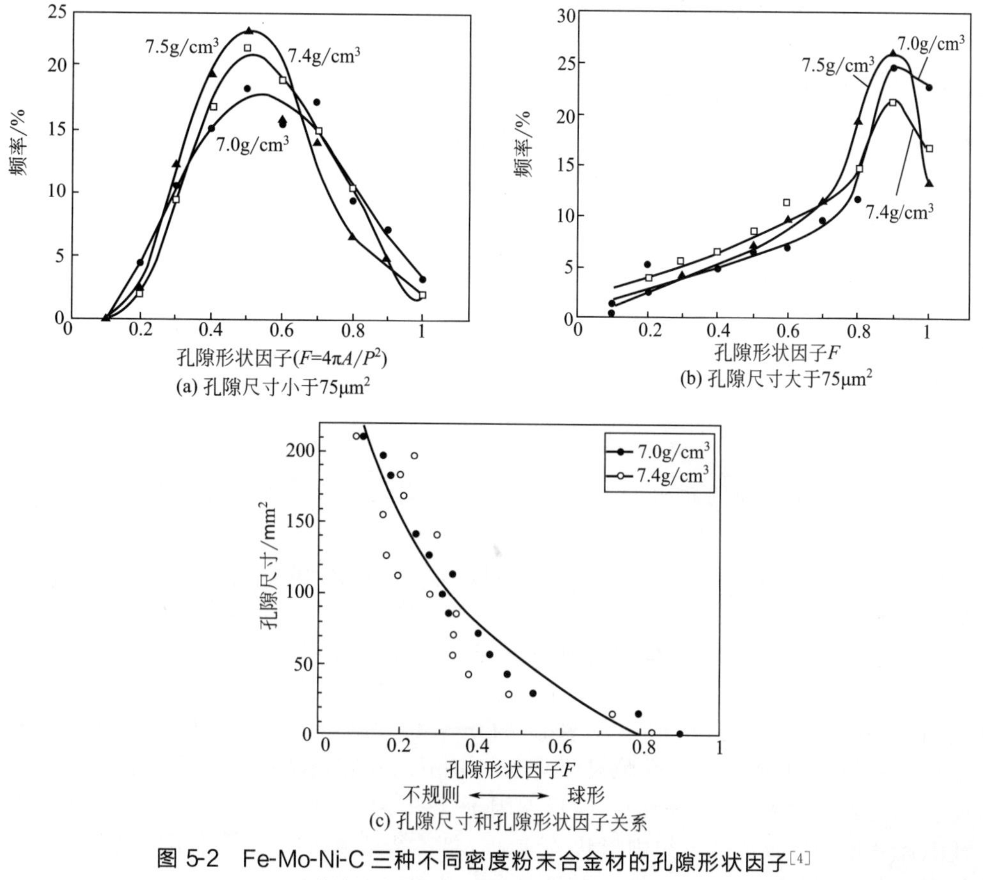

(a) 孔隙尺寸小于75μm²　(b) 孔隙尺寸大于75μm²

(c) 孔隙尺寸和孔隙形状因子关系

图 5-2　Fe-Mo-Ni-C 三种不同密度粉末合金材的孔隙形状因子[4]

（孔隙尺寸增加导致不规则形状孔隙增加）

裂纹除在表面形核外，材料在拉伸断裂时，样品内部裂纹主要在粉末颗粒的烧结颈部的孔隙处形核。这些微裂纹很容易连接起来，对疲劳寿命产生破坏性影响。另外表面强化使得裂纹萌生的位置向材料内部转移。Molinari 等人[13]对 Fe-3Cr-1.5Mo-0.5C（质量分数/%）合金经喷丸处理后的材料进行疲劳试验，发现裂纹萌生在表面下 250～300μm 的亚表面拉应力区域的孔隙群和形状不规则的大孔隙处。另外粉末冶金零件往往在棱角等尺寸突出的表面附近的孔隙、夹杂物等缺陷处产生裂纹，在进行疲劳试验时，选择的试样的形状也有影响，矩形试样比圆形试样更容易在棱角处产生应力集中，从而使裂纹在棱角处萌生[14]。

裂纹也有可能在夹杂物处萌生，当孔隙的尺寸比夹杂物尺寸大很多时，夹杂物对萌生裂纹的影响可以忽略不计。但当材料存在很大的夹杂物时，由夹杂引起的应力集中大于孔隙引起的应力集中，夹杂物代替孔隙成为裂纹萌生的主要诱因，裂纹就会在最大夹杂物处产生。Carabajar 等人[15]对 Fe-4Ni-1.5Cu-0.5Mo-0.8C（质量分数/%）的烧结合金进行了疲劳断口分析，裂纹从样品表面上的非金属夹杂处萌生。萌生点在最大夹杂物附近，夹杂物的平均尺寸约为 100μm。通过扫描电镜和 X 射线显微分析确定这些夹杂物含有 Ca、S、Mg、Si、Cl、Al、Ti、K 和 Br。声发射耦合测试表明萌生阶段占疲劳寿命的 6%。Polasik 等人[7]测试了裂纹萌生消耗的疲劳周次占总疲劳寿命的比例。对于低周疲劳裂纹来说，裂纹萌生寿命占总寿命的10%。对于高周疲劳来说，裂纹萌生寿命占总寿命的 70%，裂纹贯穿扩展时间比较短。图5-3给出了裂纹萌生寿命与总疲劳寿命的比例。此外，虽然在循环载荷作用下，可能存在着滑移带的挤压、侵入，引起表面应力集中，最终促使裂纹形核，但是在多孔钢中，这种机制并不是主要机制。多孔钢裂纹萌生主要发生在孔隙、孔隙群和夹杂物处。

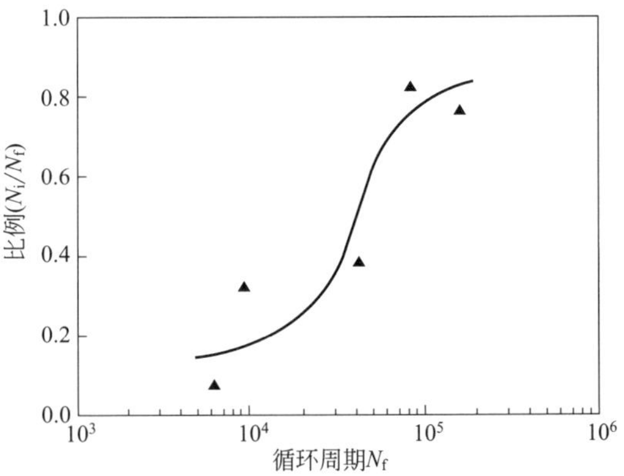

图 5-3　裂纹萌生寿命占总疲劳寿命的比例[9]

N_i—裂纹萌生周次；N_f—材料失效周次

5.1.2　多孔钢裂纹扩展路径

多孔钢疲劳裂纹扩展路径取决于孔隙率、孔隙大小、孔隙分布、孔隙形状、孔隙间距、显微组织特征和分布等因素，其结果非常复杂。Polasik 等人[7]研究了 Fe-0.85Mo-Cu-Ni 合金的疲劳行为，认为疲劳裂纹在表面和亚表面的孔隙萌生后，利用孔隙进行连接、增殖，并穿过孔隙间的韧性区而长大。由于短的疲劳裂纹萌生在表面孔隙或孔隙群中，短裂纹尺寸范围是从 1mm 到数毫米，和长的疲劳裂纹相比，其扩展速率更快，应力强度因子更低，这些短裂纹相互连接最后导致了材料的失效。通过表面覆膜得到的疲劳裂纹的扩展路径如图 5-4 所示。一些研究者[16,17]同意这个观点，他们认为表面覆膜可以对裂纹萌生和长大过程进行原位监控，并且能确认微裂纹连接形成最终裂纹，进而引起材料失效。

除了孔隙度外，铁基粉末合金还表现出因粉末颗粒不均匀分布而形成的不均匀微观结构，也可能是因为在烧结过程中合金添加物的不完全扩散所导致的[18]。例如，石墨通常在粉末冶金钢中用作碳源，所以由粗、细珠光体和贝氏体组成的微观组织并不少见，这主要是由碳含量不同和冷却速度的局部变化所导致。另外，镍通常在烧结过程中保持固态，而且只有一部分镍会扩散到铁中，也会导致不均匀的微观组织结构，并且镍主要存在于气孔边[5,6]。因此，粉末冶金钢微观组织的不均匀会在外加应力作用下，引起损伤的产生和演变。

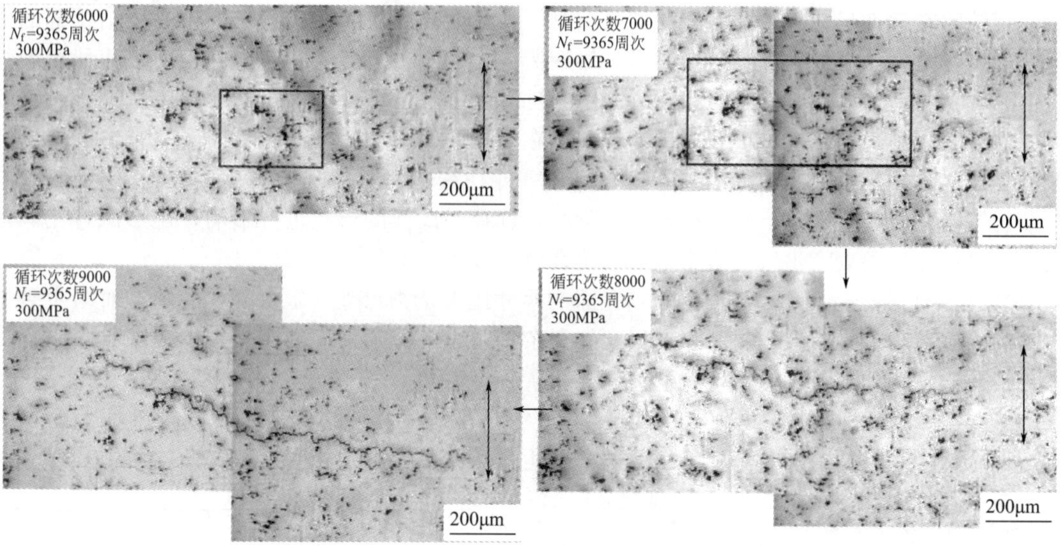

图 5-4　Fe-Mo 多孔钢裂纹扩展路径[7]

Deng 等人[19]研究了 Fe-0.85Mo-2Ni-0.6C（质量分数/%）预混合粉末和预合金粉末烧结钢的疲劳裂纹扩展行为。预合金粉末钢的显微组织主要是较粗大的珠光体，预混合粉末烧结钢含有粗、细珠光体，贝氏体和富 Ni 奥氏体。分析发现裂纹在富 Ni 奥氏体区域呈近似直线式扩展，而裂纹在珠光体区域扩展路径较为弯曲，这个结果表明，富 Ni 奥氏体区对裂纹扩展阻力较小。Chawla 等人[4]提出疲劳破裂似乎高度依赖于裂纹尖端的相结构，如图 5-5 所示。对于富 Ni 区域，裂纹倾向于以线性变化扩展，表明富 Ni 区域对于裂纹扩展几乎不提供阻力。维氏硬度数据表明，富 Ni 区域非常软，应为富 Ni 奥氏体相[20]。在富 Ni 区域裂纹扩展速率最高，然后是粗珠光体、细珠光体和贝氏体。富 Ni 奥氏体中的裂纹扩展速率是粗珠光体的 3 倍。因为富 Ni 奥氏体围绕孔隙边缘形成，所以其裂纹路径的比例也是最高的，而在穿过珠光体和贝氏体区域时由于与 Fe_3C 针状物相遇，裂纹会发生曲折和偏转。有些学者对这个结果持反对意见，Carabajar 等人[15]认为，裂纹在奥氏体区扩展，产生塑性变形和马氏体相变，裂纹钝化，延迟了疲劳裂纹的扩展。Abdoos 等人[21]研究了非均匀显微组织的粉末冶金钢的疲劳行为，他们采用 Distaloy AE 粉末（普通雾化铁粉），加入 4%Ni、1.5%Cu、0.5%Mo 和 0.5%C 粉（质量分数），在 600MPa 压力下成形，在 1120℃烧结 30min。这种非预合金化的粉末由于 Cu 和 Ni 的扩散速率较低，形成了不均匀组织，富 Cu/Mo 区形成了马氏体，强化了烧结颈，富 Ni 区域产生了被马氏体壳体包围的奥氏体区，两个区域均阻止了疲劳裂纹扩展。

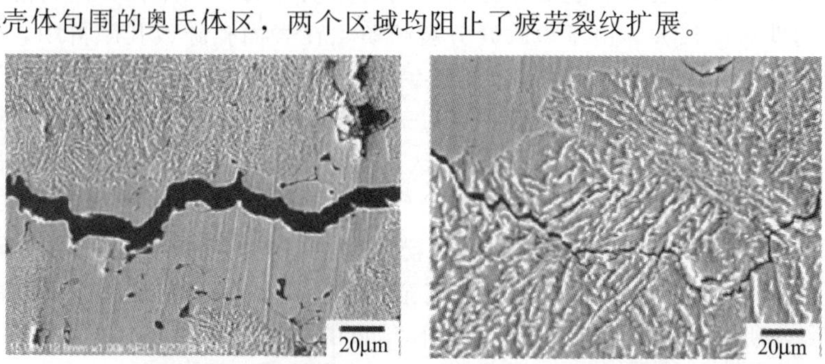

(a) 富Ni区域　(b) 珠光体

图 5-5　穿过不均匀微观结构时疲劳裂纹的行为[4]

（裂纹扩展直接穿过富 Ni 区域，但是在穿过珠光体区域时由于针状的 Fe_3C 而发生曲折和偏转）

Abdoos 等人还研究了多孔钢三种主要疲劳裂纹扩展机制[21]。如图 5-6 所示，第一种机制是由于疲劳裂纹通过烧结颈生长，微孔聚结形成韧窝，韧窝破裂构成断裂。第二种机制是穿过颗粒的解理断裂，产生解理小平面，其中次生孔隙也可能是 Cu 熔化后扩散而残留的空隙。第三种机制是裂纹尖端的塑性变形引起最大剪切应力面的局部滑移，产生疲劳条纹，裂纹扩展时裂纹尖端经历重复钝化和锐化，这些条纹呈现台阶状，与锻造材的疲劳辉纹不同。

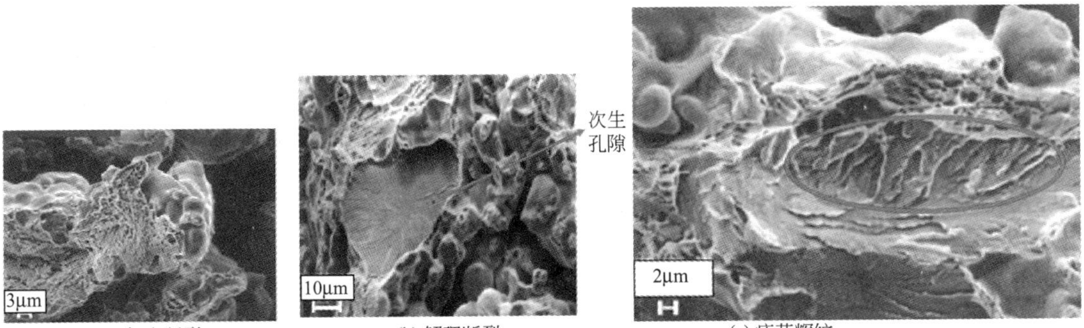

(a) 韧窝断裂　(b) 解理断裂　(c) 疲劳辉纹

图 5-6　多孔钢三种主要的扩展机制[21]

另外一些学者根据裂纹扩展路径和断口特征提出了一些看法。Carabajar 等人[15]对无缺口试样的断口进行扫描分析，认为从裂纹萌生到样品断裂失效存在四个连续的阶段：①试样表面的非金属夹杂萌生裂纹；②在前 200000 次循环中，裂纹穿过不同的相和孔隙而扩展；③裂纹路径发生变化，断裂表面呈现大量的连通孔隙，裂纹优先在奥氏体相上扩展；④裂纹达到临界尺寸，发生失效。Gerosa 等人[22]研究了含 Cr、Mo 预合金粉末冶金钢在循环载荷作用下的裂纹萌生与扩展，扫描电镜分析表明，在临界区域，裂纹首先在烧结颈和粉末颗粒中扩展，不受孔隙的形状和大小影响，断口形貌呈现锯齿形；当裂纹继续扩展时，孔隙则对裂纹扩展有较大影响，裂纹优先在烧结颈扩展，在裂纹扩展速率较高的区域断口呈现解理和韧窝特征。

5.1.3　多孔钢的裂纹扩展速率

疲劳破坏是在交变载荷作用下裂纹萌生和扩展的结果。裂纹萌生后，裂纹是否扩展取决于裂纹扩展门槛值 ΔK_{th}，如图 5-7 所示，裂纹扩展速率 da/dN 与应力强度因子幅 ΔK 曲线可分为低、中、高速率三个区域[23]。

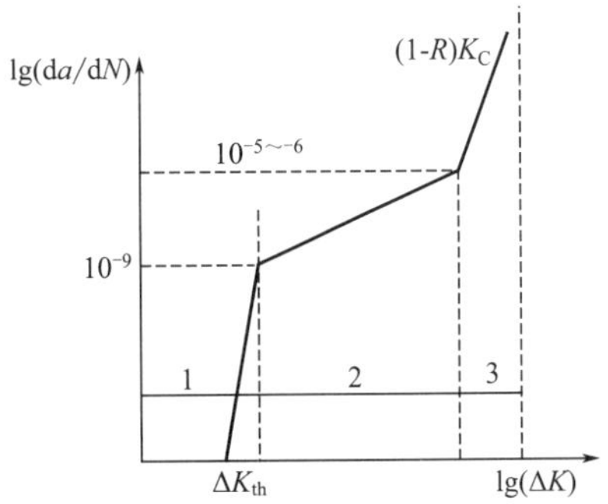

图 5-7　da/dN-ΔK 曲线[23]

1 区：是低速率区。该区域内，随着应力强度因子幅 ΔK 的降低，裂纹扩展速率迅速下降。到某一值 ΔK_{th}时，裂纹扩展速率趋近于零（$da/dN < 10^{-10}$ m/周次）。若 $\Delta K < \Delta K_{th}$，可以认为裂纹不会扩展。ΔK_{th}是反映疲劳裂纹是否扩展的一个重要的材料参数，称为疲劳裂纹扩展的门槛应力强度因子幅，是 da/dN-ΔK 曲线的下限。

2 区：是中速率裂纹扩展区。此时，裂纹扩展速率一般在 $10^{-9} \sim 10^{-5}$ m/周次。大量的实验研究表明：中速率区内，da/dN-ΔK 有良好的对数线性关系。

$$\frac{da}{dN} = C(\Delta K)^m \tag{5-2}$$

式中，C 和 m 是材料常数，与材料的微观组织结构、循环加载的频率、波形、环境、温度及应力比 R 有关。式（5-2）是著名的 Paris 公式（1963）。

3 区：是高速率区，在这一区域内，da/dN 大，裂纹扩展快，寿命短。其对裂纹扩展寿命的贡献，通常可以不考虑。随着裂纹扩展速率的迅速增大，裂纹尺寸迅速增大，断裂发生。断裂的发生由断裂条件 $K_{max}<K_C$ 控制。因为 $\Delta K=(1-R)K_{max}$，故图 5-7 中的上渐近线为 $\Delta K=(1-R)K_C$。

Deng 等人[24]研究了三种密度的预合金粉末冶金钢（Fe-0.85Mo-2Ni-0.6C）疲劳裂纹扩展速率问题。研究表明，孔隙率和应力比强烈影响裂纹扩展速率和疲劳裂纹扩展门槛值 ΔK_{th}。图 5-8 为三种不同密度粉末冶金钢在不同应力比（R）下 da/dN 与 ΔK 的曲线。当 $R=-2$ 时，$\Delta K_{th}=14.4\sim15.6\text{MPa}\cdot\text{m}^{1/2}$；当 $R=0.8$ 时，$\Delta K_{th}=3.3\sim4.9\text{MPa}\cdot\text{m}^{1/2}$。应力比增大导致 m 值变化，$R=-2$ 时的 m 值从 4 增大到 $R=0.8$ 时的 9。斜率增大表明裂纹的扩展速率增大，对于给定的 ΔK 值，导致 K_{min} 增大。图 5-9 为三种不同密度的预合金化和预混合粉末烧结钢在三种不同应力下的 da/dN-ΔK 曲线。图中结果表明孔隙率减小引起 ΔK_{th} 增大。该趋势在 $R=0.8$ 时尤为明显，K_{max} 占主导地位，在更高 R 值时，两种烧结钢的 ΔK_{th} 行为类似，当 R 值降至负数时，预混合烧结钢的 ΔK_{th} 比预合金化烧结钢的 ΔK_{th} 略微高些，高密度时这种增大很轻微，低密度时增大较为明显。R 值为负值时预混合烧结钢孔隙群比预合金化烧结钢的孔隙群要少一些，其抗裂纹扩展能力增大。图 5-10 表示孔隙率随粉末烧结钢的密度增大而增大，在相同密度下预合金化烧结钢比预混合烧结钢具有更多的孔隙群。孔隙群可用测量变化系数（cov）来表示，cov 值由孔隙间距标准偏差 σ_d 除以平均孔隙间距 λ_{avg} 得到：

$$\text{cov}=\sigma_d/\lambda_{avg} \tag{5-3}$$

cov 值接近于零，表示孔隙分布的有序度明显增大，cov 值增大表示孔隙群增加。

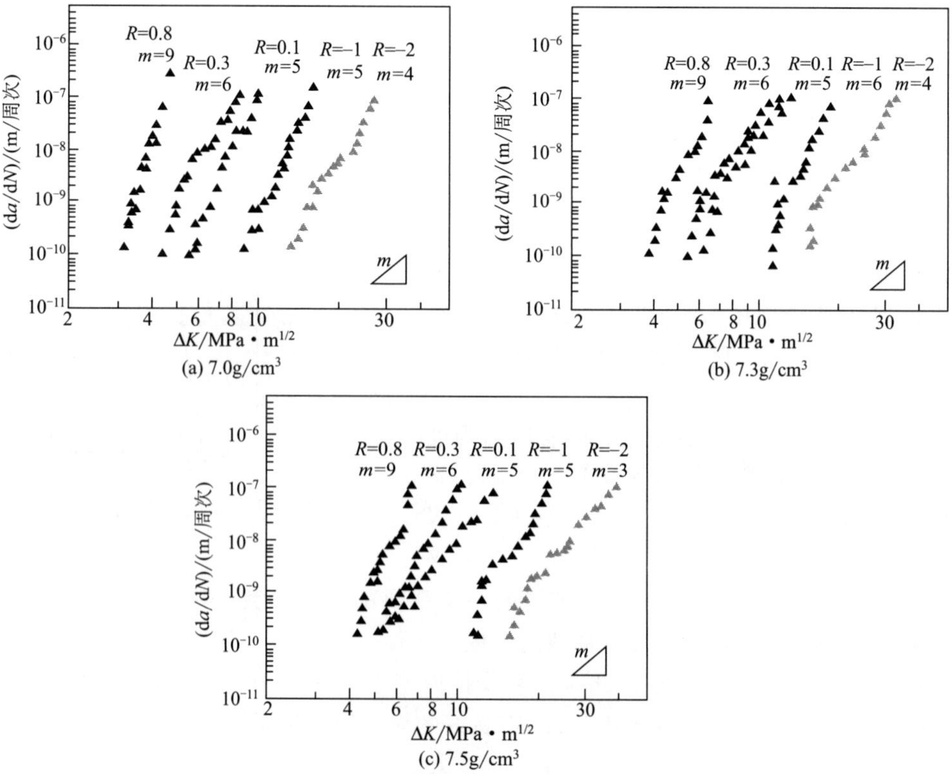

图 5-8 三种不同密度下预合金粉末烧结钢的 da/dN-ΔK 曲线[24]

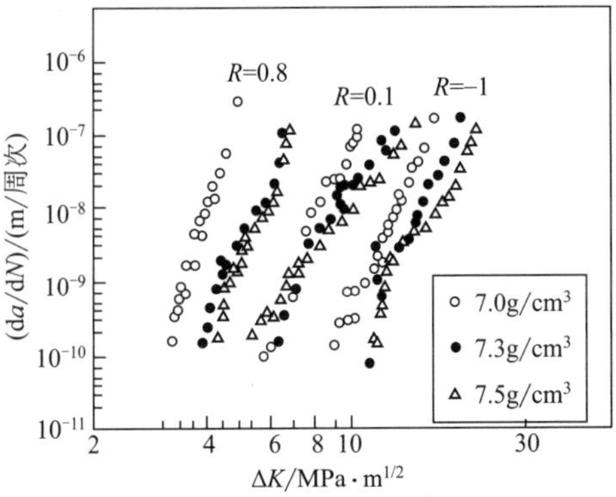

(a) 预合金化粉末烧结钢

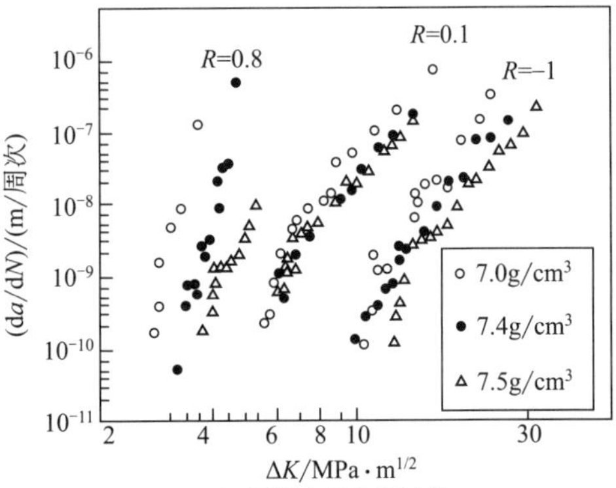

(b) 预混合粉末烧结钢

图 5-9　三种不同密度的预合金和预混合粉末烧结钢在三种不同应力比下的 da/dN-ΔK 曲线[24]

Carabajar 等人[15]对 Fe-4Ni-1.5Cu-0.5Mo-0.8C 的缺口试样进行疲劳试验，测定的 da/dN-ΔK 曲线如图 5-11 所示。确定三个阶段的 m 值为 15、3、15。当循环周次超过 10000 周次，在 $da/dN=1\times10^{-5}$mm/周次时，$\Delta K_{th}=(13.5\pm1)$MPa·m$^{1/2}$，Paris 方程为 $da/dN=11\times10^{-23}\Delta K^{15}$（Ⅰ）、$da/dN=7\times10^{-8}\Delta K^{3}$（Ⅱ）和 $da/dN=3\times10^{-25}\Delta K^{15}$（Ⅲ），值得注意的是，文献［25］的作者认为，对于烧结钢，断裂韧性的临界应力强度因子比锻钢要小，裂纹生长的三个阶段并无明显区别。

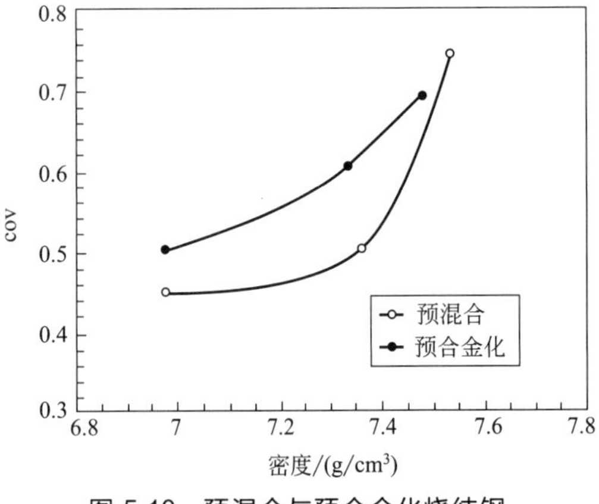

图 5-10　预混合与预合金化烧结钢的密度与 cov 关系[24]

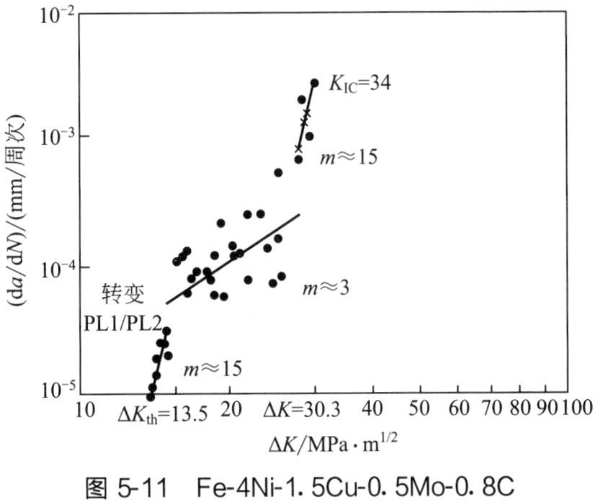

图 5-11　Fe-4Ni-1.5Cu-0.5Mo-0.8C 的 da/dN-ΔK 曲线[15]

Gerosa 等人[22]研究了 Fe-3Cr-0.5Mo-0.5/0.68C 合金三种牌号的 da/dN-ΔK 关系以及测定了 ΔK_{th}。表 5-1 为三种合金牌号的化学成分和工艺条件。表 5-2 为三种合金牌号的 Paris 公式的 C 和 m 以及 ΔK_{th}的测定值。表中结果表示相同的合金成分烧结温度、含碳量、冷却速度不一样，造成不同的 C、m 和 ΔK_{th}值，这表明孔隙的形态并没有强烈影响裂纹扩展门槛值，ΔK_{th}更多的受微观结构和工艺条件的影响。

表 5-1　三种牌号的化学成分与工艺条件①

材料牌号	化学成分	烧结温度/℃	烧结后含 C 量（质量分数）/%	烧结后冷速/(℃/s)
Cr1	Fe-3Cr-0.5Mo-0.5C	1120	0.47	0.8

续表

材料牌号	化学成分	烧结温度/℃	烧结后含C量(质量分数)/%	烧结后冷速/(℃/s)
Cr2	Fe-3Cr-0.5Mo-0.68C	1120	0.62	2.5
Cr3	Fe-3Cr-0.5Mo-0.68C	1250	0.57	2.5

①三种材料的密度为7.0g/cm³,孔隙率为10.1%,Cr2和Cr3在200℃空气中回火1h。

表5-2 三种合金牌号的Paris公式中 C、m 及 ΔK_{th}

材料牌号	C	m	ΔK_{th}
Cr1	9×10^{-15}	5.986	8.5
Cr2	2×10^{-14}	6.066	5.5
Cr3	4×10^{-13}	4.667	5.5

Iacoviello等人[26]制备了多种不同百分比的AISI 316LHC和AISI 434LHC的预混合粉末及其含有25%Cr、5%Ni、2%Mo（质量分数）的预合金粉末（Ospray公司生产的粉末），在不同应力比下研究了全铁素体、全奥氏体、奥氏体-铁素体（双相）、奥氏体-铁素体-马氏体（三相）烧结不锈钢的抗裂纹扩展能力，并与轧制的22CrNi5双相不锈钢进行了比较，得到如下结论：从预合金粉末获得的不锈钢中，双相不锈钢性能最好，这种钢有最高的 ΔK 值和最低的裂纹扩展速率da/dN，表5-3给出了由Ospray公司给出的预合金粉末制备的双相不锈钢在不同应力比下 da/dN-ΔK 值。

表5-3 在不同应力比下的 ΔK 与 da/dN 值[26]

R	ΔK/MPa·m$^{1/2}$	(da/dN)/(m/周次)
0.1	32	10^{-7}
0.5	10.1	4×10^{-9}
0.75	9	3×10^{-9}

Saritas等人[27]研究了Hoeganaes Ancorsteele三种粉末［FL-4405(Fe-0.6C)、FLC2-4405(Fe-2Cu-0.6C)和FLN2-4405(Fe-2Ni-0.6C)］烧结钢的后续处理对裂纹扩展速率的影响，得到如下结论：①在烧结、烧结硬化（烧结后急冷）、淬火和回火条件下，密度为7.4g/cm³的三种烧结钢在1000MPa·m$^{1/2}$应力强度因子范围内表现出类似的疲劳裂纹扩展速率（$1.1207\times10^{-4}\sim3.01815\times10^{-4}$mm/周次）；②淬火和回火的微观组织导致高的裂纹扩展速率；③FLC-4405和FLN2-4405烧结钢的烧结硬化工艺降低了疲劳裂纹扩展速率；④FL-4405多孔钢采用高温烧结降低了疲劳裂纹扩展速率，而对于FLC2-4405和FLN2-4405多孔钢则得到了相反的结果。

山口敏彦等人[28]研究了铁系烧结材料的疲劳裂纹的扩展速度问题，原料粉末为纯铁粉和合金钢粉［Distaloy-AE+0.5%石墨粉（质量分数)］，粉末烧结材料的力学性能如表5-4所示，表中FCD50为球墨铸铁，作为参照物。图5-12所示为烧结铁、烧结钢和球墨铸铁的裂纹扩展速率与应力强度因子幅的关系。图中结果表明，在相同的应力强度因子幅下，相同微观组织的烧结铁的烧结密度越低，裂纹扩展速率越快，烧结密度只有7.1mg/m³的烧结钢因微观组织不一样，和烧结密度为7.45mg/m³的烧结铁裂纹扩展速率几乎相同。图5-13所示为在不同应力比下，烧结铁和烧结钢的裂纹扩展速率和应力强度因子幅的关系。表5-5为在不同应力比下，Paris公式中 C、m 和 ΔK_{th} 的值。从表中的结果表明，当应力比增大时，

da/dN 和 ΔK 关系曲线向 ΔK 低值一侧移动，ΔK_{th} 也随着 da/dN 和 ΔK 曲线向低值一侧移动而变小。这表明应力比对全部范围内的 ΔK 都有影响。

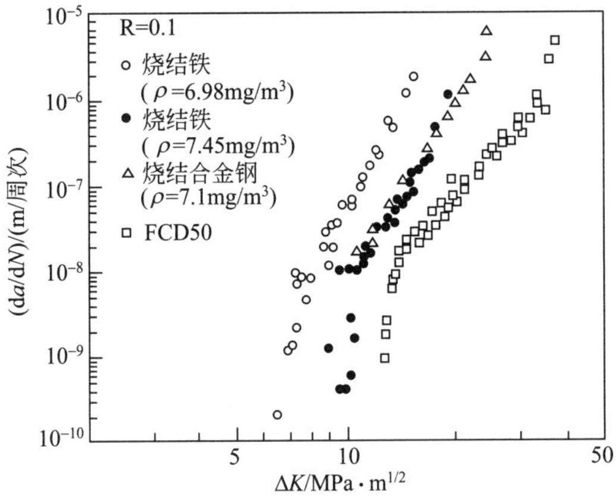

图 5-12　烧结铁、烧结钢和球墨铸铁的 da/dN-ΔK 曲线[28]

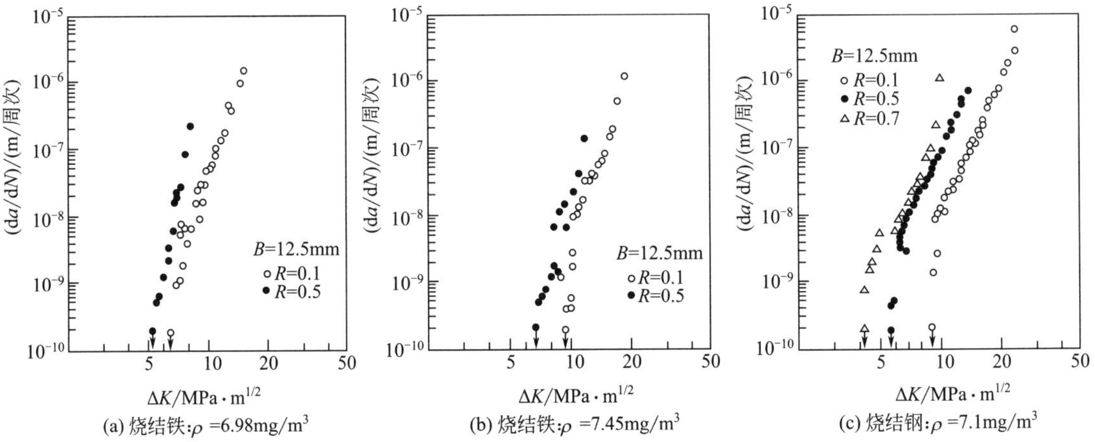

图 5-13　应力比对 da/dN-ΔK 的影响（B 为试样板厚）

表 5-4　试样的力学性能[28]

材料	抗拉强度/MPa	硬度	杨氏模量/GPa
烧结铁（ρ＝6.98mg/m³）	210	57(HV)	137.2
烧结铁（ρ＝7.45mg/m³）	265	75(HV)	176.4
烧结合金钢（ρ＝7.1mg/m³）	588	159(HV)	133.3
FCD50	686	212(HB)	171.9

表 5-5　C、m 和 ΔK_{th} 的值[28]

试样	应力比	m	C	ΔK_{th}/MPa·m$^{1/2}$
烧结铁（ρ＝6.98mg/m³）	R＝0.1	6.78	1.17×10^{-14}	6.4
	R＝0.5	7.36	1.79×10^{-14}	5.2

续表

试样	应力比	m	C	$\Delta K_{th}/MPa \cdot m^{1/2}$
烧结铁 ($\rho=7.45mg/m^3$)	$R=0.1$	6.50	2.37×10^{-15}	9.4
	$R=0.5$	5.91	2.69×10^{-14}	7.1
烧结合金钢 ($\rho=7.1mg/m^3$)	$R=0.1$	6.40	4.72×10^{-15}	9.1
	$R=0.5$	6.45	3.53×10^{-14}	5.6
	$R=0.7$	6.21	1.05×10^{-13}	4.2

岩田篤等人[29]研究了高强烧结钢的裂纹扩展特性，烧结钢的制造工艺如表 5-6 所示，烧结钢化学成分如表 5-7 所示，烧结钢的力学性能如表 5-8 所示。图 5-14 为多种烧结钢的裂纹扩展速率与应力强度因子幅的关系，图 5-14（a）为高密度烧结钢的 da/dN-ΔK 曲线，图 5-14（b）为低密度烧结钢的 da/dN-ΔK 曲线。图 5-14（a）中 HT-100 为高张力钢作为参照材料。图中结果表明，部分扩散型烧结钢 PA-A 和 Ni 含量最多的预合金化-预混合型烧结钢 PA-D 的应力强度因子幅门槛值 ΔK_{th}最高（$6.6MPa \cdot m^{1/2}$），预合金化烧结钢 PA-B 的 ΔK_{th}最低（$3.4MPa \cdot m^{1/2}$）。PA-A 烧结钢、PA-B 烧结钢、PA-C 烧结钢和 PA-D 烧结钢的裂纹扩展速率 da/dN-ΔK 曲线的对数值的斜率 m 值分别为 4.1、7.1、4.4 和 6.2。综合评价结果，PA-A 的抗裂纹扩展性能最好，但比高张力钢还是要差一些，PA-D 次之，PA-C 再次之，PA-B 最差。从图 5-14（b）中结果表明，低强度烧结钢（PA-K、PA-M、PA-P）的 m 值为 9～14，裂纹扩展速率快。经过热处理的 PA-F 的 ΔK_{th}（4.8）和 m（5.8）值比其他低强度烧结钢还是好很多。岩田篤等人的研究结果表明：①合金元素的添加方法不同对裂纹扩展特性有较大的影响；②合金的 Ni 含量越多，抗疲劳裂纹扩展的能力越强。

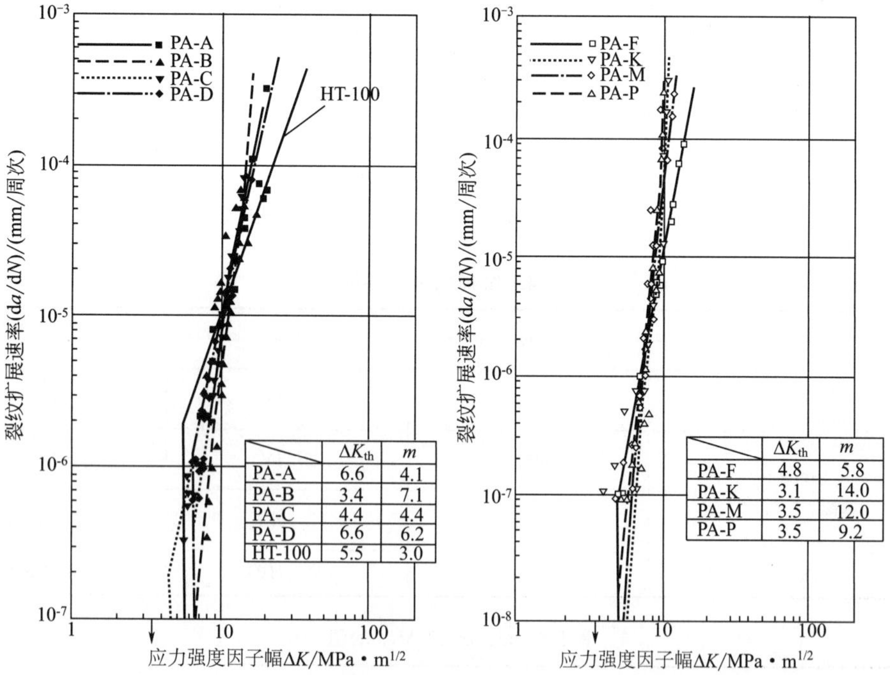

(a) PA-A、PA-B、PA-C、PA-D和HT-100　　(b) PA-F、PA-K、PA-M和PA-P

图 5-14　烧结钢的裂纹扩展速率（da/dN）与应力强度因子幅（ΔK）的关系[29]

表 5-6　烧结钢的制造工艺[29]

编号	成分	牌号	合金化方法	烧结条件	热处理
PA-A	0.4C-4Ni-0.5Mo-1.5Cu	400DF-Cu-0.5C	扩散	1140℃ 20min N_2气氛	880℃ 60min，油淬 180℃ 60min，空冷
PA-B	0.4C-0.5Ni-1Mo	46F4H-0.5C	预合金		
PA-C	0.4C-2.5Ni-1Mo	46F4H-2Ni-0.5C	预合金-预混合		
PA-D	0.4C-4.5Ni-1Mo	46F4H-4Ni-0.5C	预合金-预混合		
PA-F	0.5C-1.5Ni-1Mo-2Cu	46F3H-4Cu-0.6C	预合金-预混合		
PA-K	0.5C-0.3Mn-0.3MnS	300M-Mn	预混合		烧结态
PA-M	0.56C-0.6Mn-0.3S	400MSA	预合金		
PA-P	0.5C	300M-Mn	预混合		

表 5-7　烧结钢的化学成分[29]

编号	化学成分(质量分数)/%								
	C	Si	Mn	P	S	Ni	Cr	Mo	Cu
PA-A	0.42	0.01	0.08	0.008	0.004	4.22	0.02	0.55	1.5
PA-B	0.45	0.02	0.19	0.013	0.008	0.5	0.01	0.95	—
PA-C	0.46	0.02	0.19	0.013	0.007	2.53	0.02	0.94	—
PA-D	0.45	0.02	0.19	0.013	0.008	4.52	0.02	0.92	—
PA-F	0.56	0.01	0.19	0.014	0.007	1.44	0.01	1.05	1.98
PA-K	0.48	0.010	0.41	0.015	0.104	—	—	—	1.92
PA-M	0.46	0.014	0.61	0.015	0.281	—	—	—	1.98
PA-P	0.50	0.008	0.20	0.015	0.007	—	—	—	2.07

表 5-8　烧结钢的力学性能[29]

编号	力学性能						
	烧结密度/(mg/m^3)	屈服强度/MPa	抗拉强度/MPa	伸长率/% GL=2.5mm	断面收缩率/%	维氏硬度(10kgf)	杨氏模量/GPa
PA-A	7.00	833	1046	1.30	0.90	325	138
PA-B	7.01	968	1113	0.60	0.40	331	141
PA-C	7.02	951	1141	0.70	0.30	345	142
PA-D	7.02	877	1126	1.10	0.40	351	147
PA-F	6.83	806	869	0.50	0.00	318	127
PA-K	6.80	280	379	3.10	2.30	164①	131
PA-M	6.79	282	353	2.70	2.70	161①	124
PA-P	6.82	273	363	3.30	2.30	171①	130

① 维氏硬度 200gf。

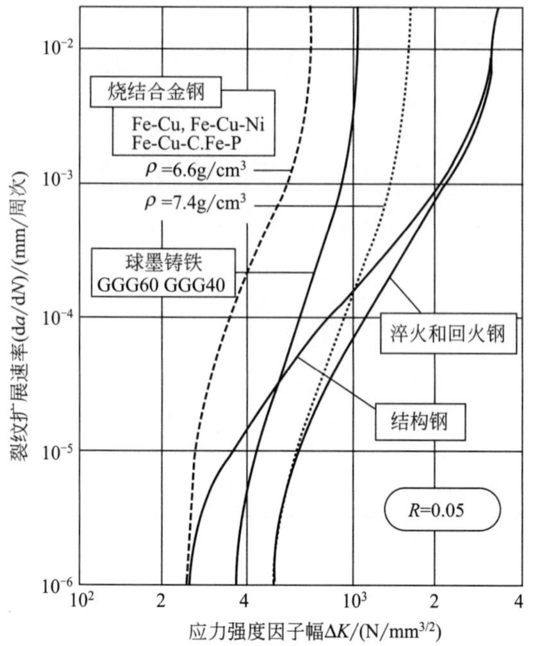

图 5-15 不同材料的 da/dN 与应力强度因子幅 ΔK 的关系[30]

Sonsino[30]比较了烧结合金钢和其他材料的裂纹扩展速率与应力强度因子幅的关系，当 ΔK_{th}比较低时，烧结合金钢的裂纹扩展行为与密度为 6.6g/cm³的结构钢、密度为 7.1g/cm³的球墨铸铁及密度为 7.4g/cm³的回火钢类似（如图 5-15 所示）。这些材料具有一定孔隙，裂纹扩展速率虽然较快，但也受到孔隙闭合和偏转影响，当烧结钢密度增大时，裂纹扩展速率随之降低。图 5-16 给出了 Fe-1.5%Cu 烧结钢的烧结温度和密度对疲劳和断裂力学性能的影响。当烧结钢密度增大到 7.5g/cm³以上时，裂纹扩展速率反而上升（图 5-17），其原因为密度增大导致没有更多的有效孔隙来闭合和偏转裂纹。对于高阈值的应力强度因子，烧结材料较低的韧性导致其比结构钢与回火钢具有更高的裂纹扩展速率和更低的断裂韧性 K_C。

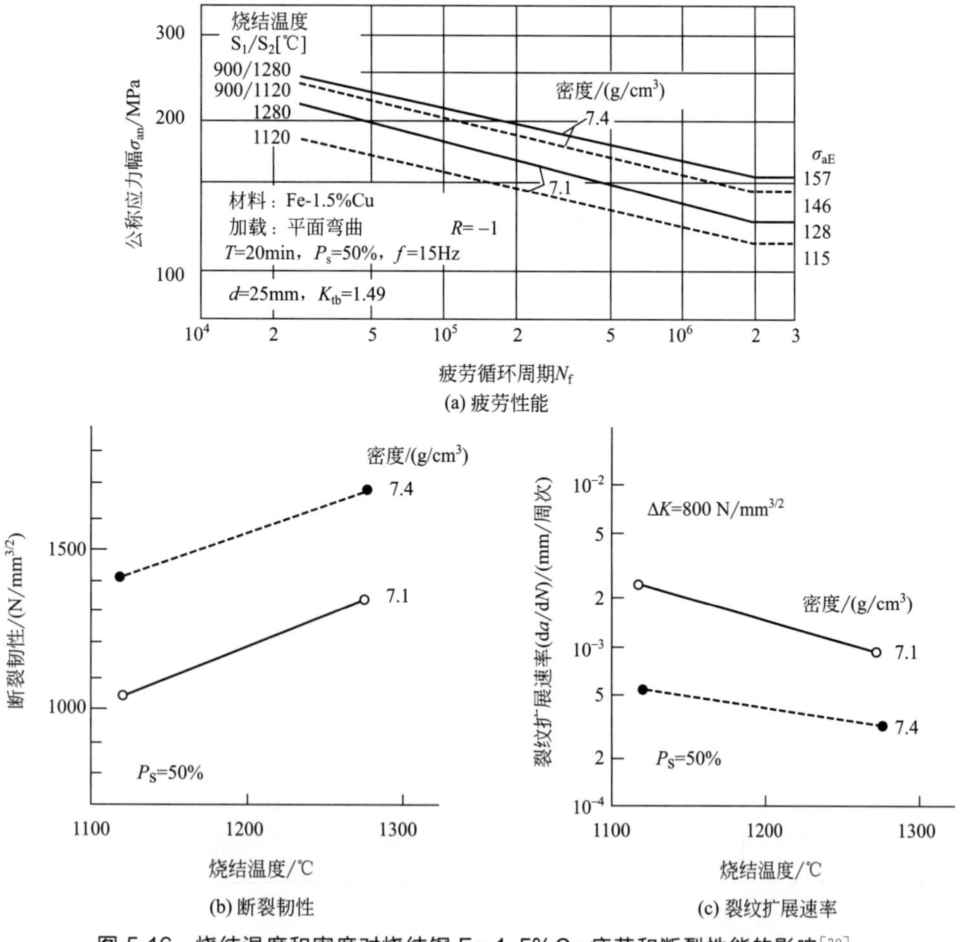

图 5-16 烧结温度和密度对烧结钢 Fe-1.5%Cu 疲劳和断裂性能的影响[30]

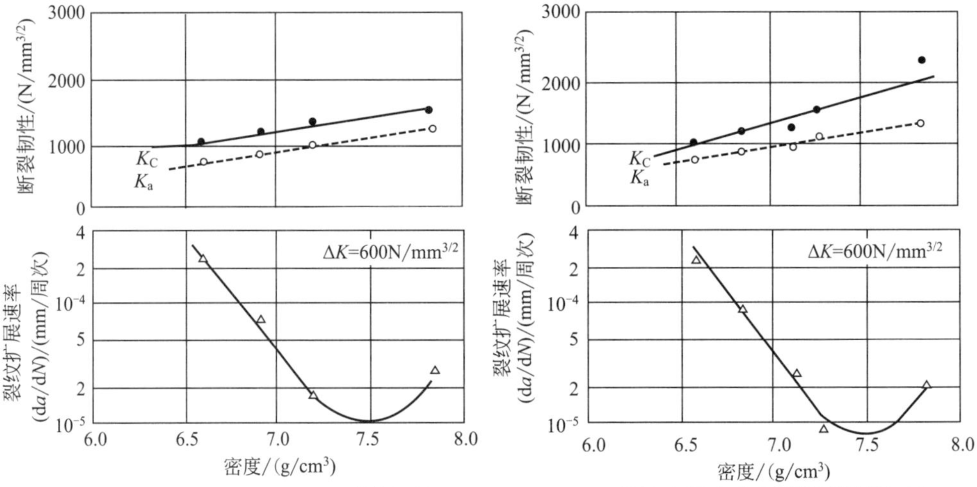

(a) Fe-1.5%Cu-0.5%C(1120℃/30min)　　(b) Fe-2.0%Cu-2.5%Ni(1250℃/60min)

图 5-17　密度对两种烧结钢断裂力学性能的影响[30]

5.1.4　多孔钢的疲劳裂纹扩展模式

多孔钢的疲劳裂纹扩展模式和硬质合金的扩展模式一样，同样存在两种模式：①循环疲劳断裂模式，裂纹扩展速率 da/dN 仅与应力强度因子幅 ΔK 有关；②静态断裂模式，裂纹扩展速率 da/dN 仅与最大应力强度因子 K_{max}及其作用时间有关。塑性金属在交变应力作用下，所导致材料性能下降的现象称为金属的循环疲劳；由于陶瓷材料无塑性变形能力，长久以来多数学者一直认为“陶瓷材料对疲劳不敏感”。20 世纪 70 年代中期日本和法国的一些学者进行过陶瓷材料的循环试验研究，认为失效并不是循环载荷所引起的疲劳造成的，而是静载荷所造成的延时破坏。为了与循环载荷疲劳有所区别，把陶瓷和玻璃这种在静载荷造成的延时失效称为静疲劳[31]。1986 年后，美日一些学者在真空条件下发现陶瓷材料的疲劳裂纹扩展，陶瓷材料的循环疲劳再次成为材料研究重点[32,33]。另外，对一些存在缺陷的塑性金属（如多孔材料）和陶瓷与金属组成的复合材料（如硬质合金）的静疲劳问题也引起了重视。多孔钢由于存在孔隙和其他缺陷，静载荷同样能够引起裂纹的萌生和扩展。对于哪种模式在疲劳损伤中占据主导地位的问题，不同研究者基于不同材料得出了不同结论[34~40]。1993 年美国海军实验室的 Vasudevan 等人[41~43]根据多年来所做的试验以及收集到的各种型号钢、铝合金、镁合金、钛合金、复合材料、陶瓷等材料的疲劳裂纹扩展数据进行综合研究分析后，提出了解释应力比、频率、温度等因素对材料裂纹扩展影响的两参数法（unified approach）。所谓两参数就是 ΔK 和 K_{max}，从原理上来讲，K_{max}或它的非线性等式对各种断裂过程来说都是基本的参数。对单纯的断裂来说，这个参数就是 K_{IC}；对时间相关的裂纹扩展过程，包括持续载荷的裂纹扩展、应力腐蚀或蠕变扩展，控制参数就是 K_{max}。另外还需要一个参数来描述循环载荷下裂纹尖端区域受力状态变化的幅度，这个参数就是 ΔK。K_{max}和 ΔK 同时提供了裂纹扩展所需的动力，对于裂纹扩展来说，K_{max}远大于 ΔK 的值，双参数法中 K_{max}控制着材料的直接断裂，使裂纹扩展进行下去，其受显微组织影响很大，是最主要的参数。ΔK 控制着裂纹尖端所需要的周期损伤程度，基体材料滑移不可逆程度越高，越不容易产生损伤[44]。

Deng 等人[24]为了更好地理解 PM 钢的疲劳特性，将不同应力比和不同密度的预合金化和预混合烧结钢的疲劳裂纹扩展数据用 Vasudevan 等人的两参数法进行分析，ΔK^* 和

ΔK^*_{max}两个渐进值被用在两组模型中，ΔK^*是在应力比 R 为 1 时的外推值，而 K^*_{max}是在应力比 R 为 0 时的外推值。在一系列 da/dN 值中通过测量 ΔK^* 和 K^*_{max}值，可以生成疲劳轨迹图，轨迹图可以被用来描述疲劳裂纹扩展在材料中的变化。Vasudevan 等人根据两参数法对材料的特性进行五种分类，“理想材料”被描述为第Ⅲ类型，其疲劳轨迹图呈现标准的“L 形”曲线。

材料性能随应力比的增大而变化，可由一系列 ΔK 与 K_{max}的图形来描述。如图 5-18 和图 5-19 所示，这些图形和标准的 L 形有明显偏差，如曲线的水平部分向下倾斜到 K_{max}轴，这是一个典型的Ⅱ类行为。

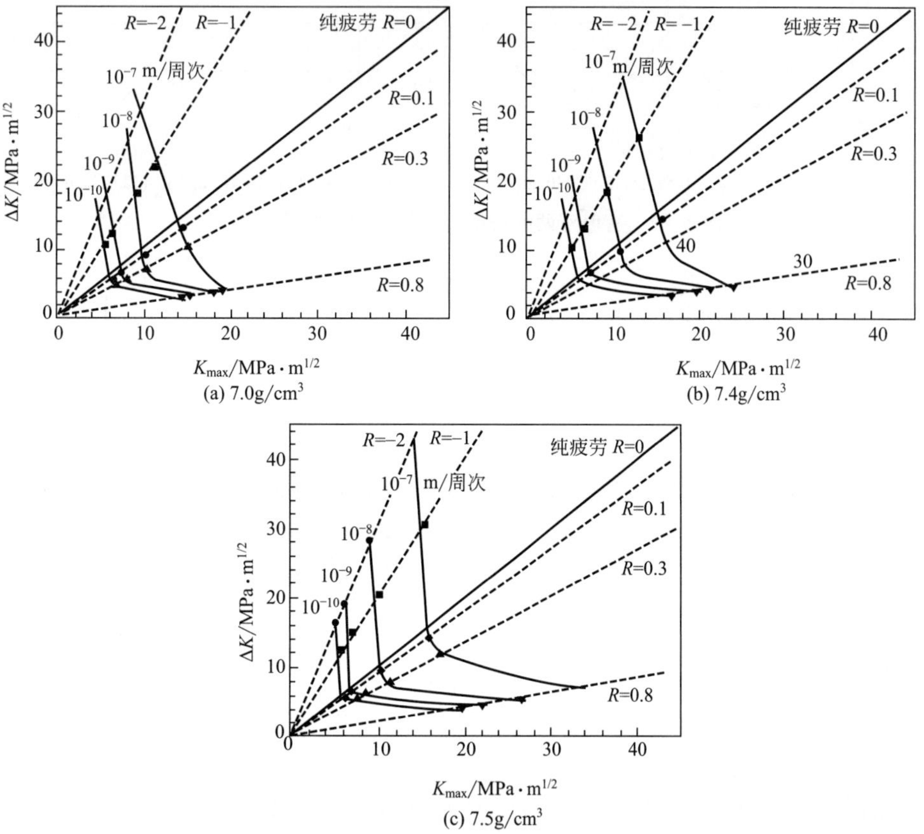

图 5-18 预混合烧结钢的 ΔK-K_{max}疲劳轨迹图[24]

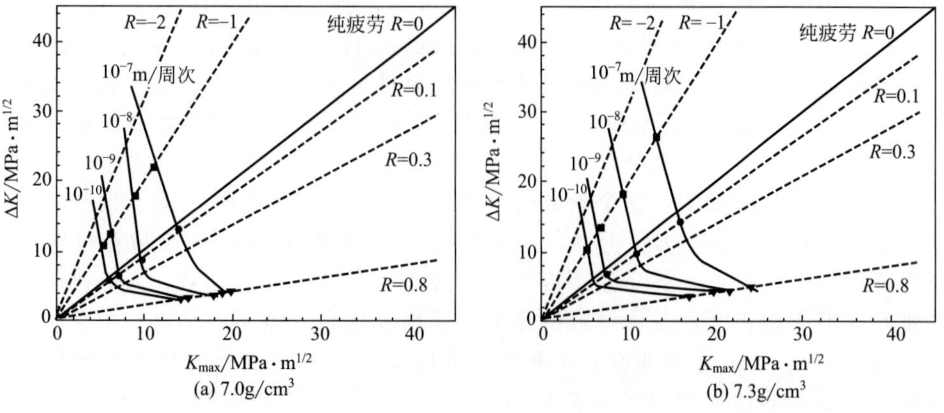

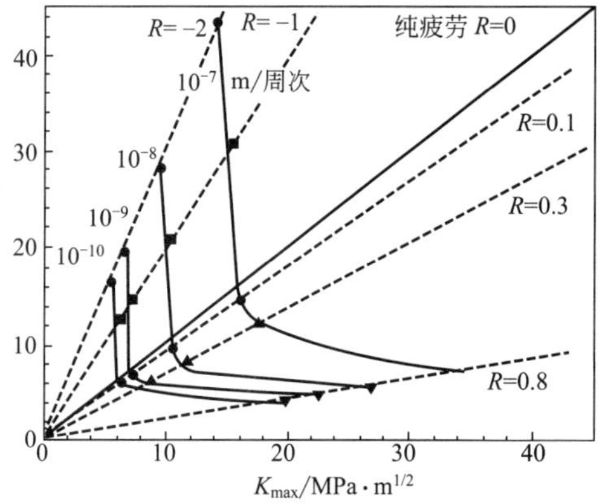

(c) 7.5g/cm³

图 5-19　预合金化烧结钢的 ΔK-K_{max} 疲劳轨迹图[24]

从图 5-18 和图 5-19 可看出，预混合烧结钢比预合金化烧结钢的轨迹图形与标准 L 形偏差更大。预混合烧结钢更受 K_{max} 影响，尤其是在 R 值为 0.8 的时候。这个问题可以解释预混合烧结钢存在较软的富 Ni 奥氏体区，裂纹尖端只需要一个较低的 ΔK 值就可以促使裂纹扩展。另外，从图 5-18（a）和（b）和图 5-19（a）和（b）可以观察到 L 曲线随裂纹扩展速度增大，偏差增大，特别是在较低密度下更为明显，这表明孔隙度越大越偏离理想材料，在密度较高的情况下，材料的行为更接近理想材料。

为了评价静态疲劳和循环疲劳的各自贡献，对上述两类材料实验的 ΔK^*-K^*_{max} 曲线和理论的纯疲劳曲线进行比较。所谓纯疲劳是指 $\Delta K^*=K^*_{max}$，并且除了循环疲劳损伤外没有发生其他损伤。与纯疲劳曲线的任何偏差一定是由于环境或静疲劳的效果，随着向水平轴 K_{max} 的倾斜，意味着静疲劳的贡献增加，这种现象在 $R=0.8$ 时尤为明显，表明了 K_{max} 在疲劳中占主导地位[43]。图 5-20 给出了预合金化烧结钢（PA）和预混合烧结钢（PM）的 ΔK^*-K^*_{max} 曲线。对于预混合烧结钢，低的密度、高的裂纹扩展速率使得曲线更接近 K_{max} 轴。虽然预合金化烧结钢也观察到静疲劳的作用，但是在三个密度范围内，其静疲劳作用比预混合烧结钢小。

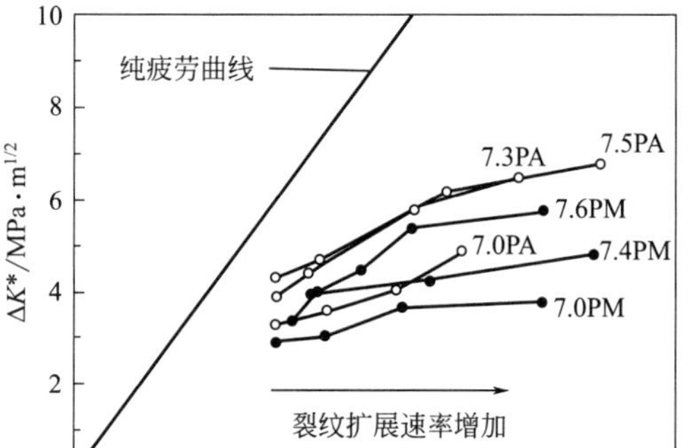

图 5-20　预合金化烧结钢(PA) 和预混合烧结钢(PM) 的 ΔK^*-K^*_{max} 曲线[17]

5.1.5　裂纹的闭合和偏转

在完全卸载之前（即在某一大于零的载荷下），疲劳裂纹上、下表面相接的现象，称为裂纹闭合（crack closure）。Elber 于 1971 年首先在试件进行拉-拉疲劳裂纹扩展试验中观察到裂纹闭合现象。

应力循环中，最大应力（σ_{max}）与张开应力（σ_{op}）之差，称为有效应力幅（$\Delta\sigma_{eff}$），且

$$\Delta\sigma_{eff}=\sigma_{max}-\sigma_{op} \tag{5-4}$$

相应有效应力强度因子幅为

$$\Delta K_{eff}=Y(a)\Delta\sigma_{eff}\sqrt{\pi a} \tag{5-5}$$

式中，$Y(a)$ 为和裂纹长度 a 相关的系数。

疲劳裂纹扩展速率 da/dN 应由 ΔK_{eff}控制。

$$da/dN=C(\Delta K_{eff})^m=C(U\cdot\Delta K)^m=U^m\cdot C(\Delta K)^m \tag{5-6}$$

式中，U 为裂纹闭合参数[23]。

$$U=\Delta\sigma_{eff}/\Delta\sigma=\Delta K_{eff}/\Delta K\leqslant 1 \tag{5-7}$$

对于多孔烧结钢来说，显著的塑性变形可以导致更早和更强的裂纹闭合。另外由于孔隙率较高和不均匀的微观结构，多孔烧结钢有更显著的裂纹分支和偏转，也有利于裂纹闭合。预混合烧结钢和预合金烧结钢裂纹扩展速率 da/dN 和 ΔK、ΔK_{eff}的关系如图 5-21 和图 5-22 所示[24]。

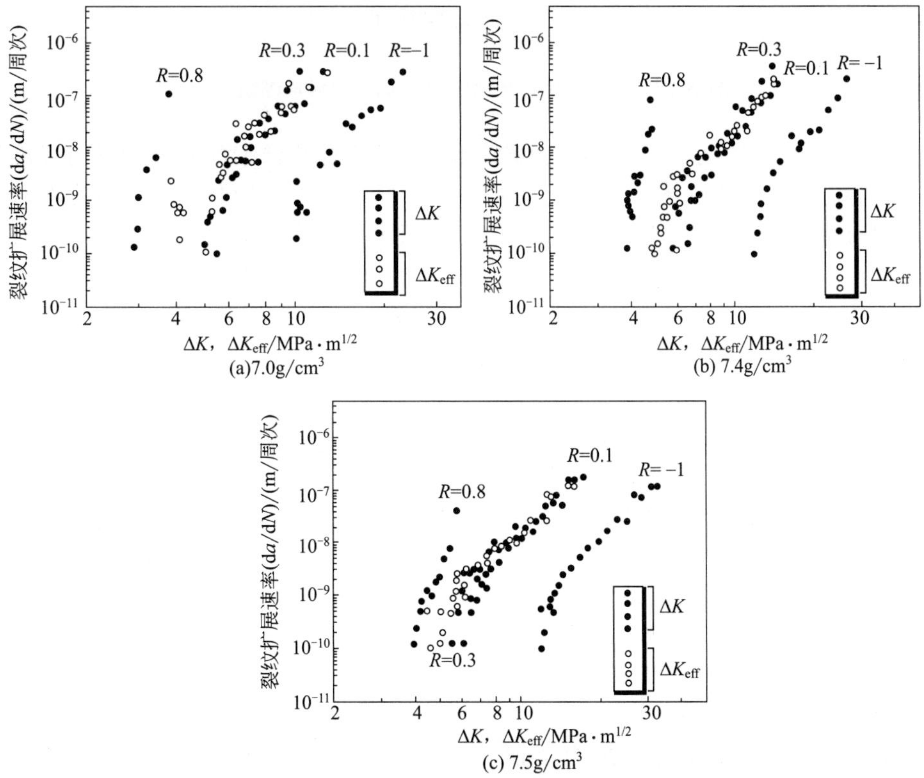

图 5-21　预混合烧结钢裂纹扩展速率 da/dN 与名义应力强度因子幅 ΔK、有效应力强度因子幅 ΔK_{eff}的关系[24]

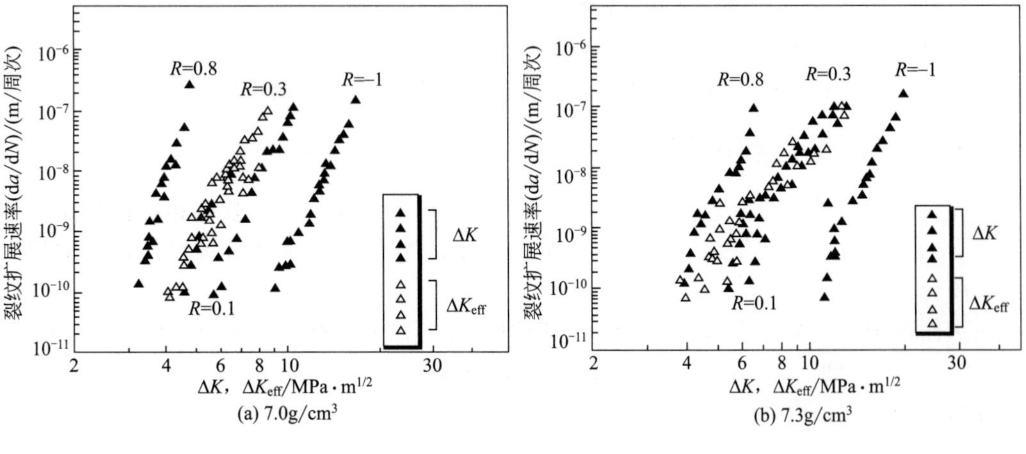

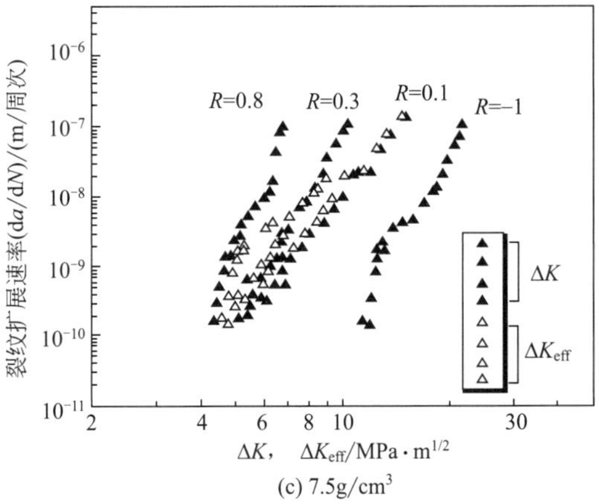

图 5-22　预合金化烧结钢裂纹扩展速率 da/dN 与名义应力强度因子幅 ΔK、有效应力强度因子幅 ΔK_{eff} 的关系[24]

图中结果表明，对于低应力比来说，尤其是对于 $R<0$，ΔK 和 ΔK_{eff} 有明显不同，它表明对两种烧结钢在三个密度下都有相当大的裂纹闭合效应。对于预混合和预合金化烧结钢来说，当 $R\leqslant 0.3$ 时，闭合消失，曲线坍陷成为单一曲线，当 $R>0.3$，因为 $K_{min}>K_{CL}$（裂纹闭合时的应力强度因子），观察不到闭合效应。裂纹闭合数据表明，即使闭合消除后，在较高的应力比（$R=0.8$）下的阈值应力强度因子比其它应力比减少得更多。

如前所述，Deng 等人[24]对不同显微组织的裂纹扩展速度进行对比，发现裂纹在富 Ni 奥氏体区或单相铁素体中扩展最快，其次是粗细珠光体，最后是贝氏体，裂纹在富 Ni 奥氏体扩展速度是珠光体的三倍。在珠光体区域，裂纹产生高度偏转，裂纹通过细珠光体和贝氏体产生裂纹分支，有利于裂纹的闭合，另外铁素体中 Fe_3C 也起着桥接疲劳裂纹作用。

5.1.6　多孔钢的疲劳性能

Chawla 等人[2]认为烧结钢的力学行为是孔隙度、微观组织和残余应力的复杂函数。孔隙度包括孔隙率、孔隙尺寸、最大孔隙尺寸和其所占比例、孔隙形状、气孔间隔、表面气孔的数目和大小等影响因素；微观结构包括马氏体、高碳马氏体、低碳马氏体、回火马氏体、残余奥氏体、奥氏体、渗碳体、珠光体的体积分数和硬度，富 Ni 区、富 Mo 区、富 Cr 区的结构和体积分数，针状碳化物的大小和数量，夹杂物的大小和分布等因素；残余应力包括热处理中淬火、回火、渗碳、去应力处理、机械加工（车削、磨削）、表面滚压、喷丸、电火花加工、电解抛光等工艺引起的压缩或拉伸残余应力的变化和表面粗糙度的变化。

多孔钢的疲劳强度取决于多孔钢（铁）的密度和硬度、多孔钢（铁）的微观组织（包括夹杂物和缺陷）、多孔钢的表面粗糙度和残余应力等因素。本田忠敏[45]研究了粉末粒度、烧结温度和时间对烧结铁的疲劳强度的影响，采用粉末为电解破碎铁粉，粉末粒度、烧结条件和密度如表 5-9 所示，图 5-23 为－100 目粒度的原料粉在 $412MN/m^2$ 的压力下成形，在 1073K 和 1423K 分别保温 3.6ks 的烧结铁的力学性能和烧结温度的关系。图 5-24 为在 1423K 温度下，烧结时间对电解铁压块的烧结密度、晶粒尺寸、拉伸和疲劳强度的影响。图、表中的结果表明，①－100 目粒度制得的多孔铁的疲劳强度在给定的烧结温度区域内与烧结温度没有很大的相关性，但是在 1423K 长时间烧结时，随着孔隙形状变圆、气孔间距增大，疲劳强度增大；②粗粉末（－100 目）和细粉末（－325 目）得到的多孔铁的疲劳强度，后者比前者大，其原因为粗粉末制备的材料孔隙形状复杂，并且粗大，引起疲劳强度降低；③随着烧结保温时间的延长，多孔铁的气孔组织（气孔形状、大小和分布）得以改善。两种粒度粉末制成的多孔铁疲劳强度增大，特别是粗粉末制取的多孔铁其疲劳比明显增大。表 5-10 为粗、细粉末和不同时间烧结保温得到的多孔铁的力学性能。

表 5-9　电解铁粉压块的烧结条件[45]

颗粒尺寸	烧结条件	密度/(Mg/m³)
－100 目	1073K、1123K、1173K、1223K、1273K、1323K、1373K 和 1423K×3.6ks	6.75～6.87
	1423K×3.6ks、14.4ks、28.8ks 和 86.4ks	7.05±0.03
－100 目 ＋150 目	1423K×3.6ks 和 86.4ks	7.17±0.06 6.85±0.08 6.49±0.07
－325 目	1423K×3.6ks 和 86.4ks	7.17±0.06 6.83±0.08 6.49±0.07

注：目数前加负号表示能漏过该目数的网孔，加正号表示不能漏过该目数的网孔。

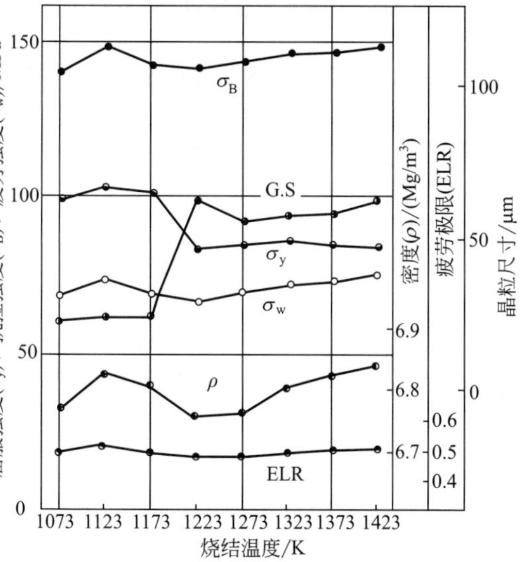

图 5-23　烧结温度对电解铁压块的烧结密度、晶粒尺寸、拉伸和疲劳强度的影响
(保持时间 3.6ks)[45]

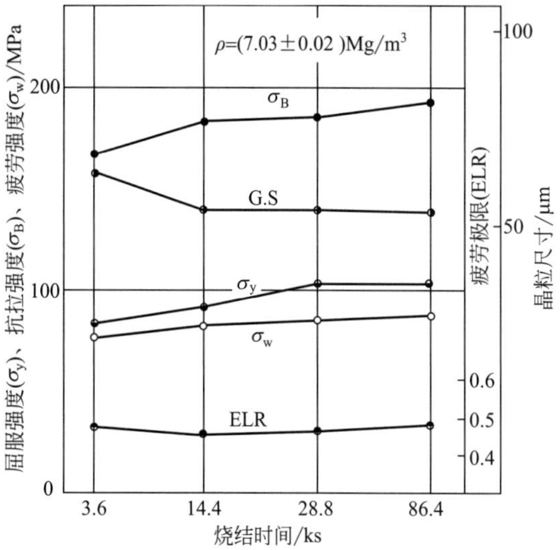

图 5-24　在 1423K 温度下，烧结时间对电解铁压块的烧结密度、晶粒尺寸、拉伸和疲劳强度的影响[45]

表 5-10　粗、细粉末长时间和短时间保温得到的多孔铁的力学性能[45]

烧结条件：1423K×3.6ks						
粉末级别	HF	HC	MF	MC	LF	LC
密度/(Mg/m³)	7.20～7.22	7.19～7.22	6.84～6.86	6.84～6.88	6.46～6.50	6.45
抗拉强度/MPa	216.7	162.8	181.4	128.5	156.9	112.8
屈服强度/MPa	127.3	87.3	96.7	77.1	88.3	70.3
伸长率/%	25.4	15.8	18.6	10.3	14.9	9.3
疲劳强度(无缺口)/MPa	106.9	66.7	87.3	55.9	67.7	41.2
疲强比	0.49	0.41	0.48	0.44	0.43	0.37
烧结条件：1423K×86.4ks						
粉末级别	DHF	DHC	DMF	DMC	DLF	DLC
密度/(Mg/m³)	7.13～7.23	7.16～7.21	6.78～6.81	6.81～6.83	6.43～6.48	6.45～6.46

续表

粉末级别	DHF	DHC	DMF	DMC	DLF	DLC
抗拉强度/MPa	228.5	180.4	191.2	152.0	167.7	112.6
屈服强度/MPa	128.6	107.4	111.4	98.0	113.0	83.8
伸长率/%	39.9	24.7	29.9	20.2	22.3	14.9
疲劳强度(无缺口)/MPa	122.6	97.1	93.2	74.5	80.4	64.7
疲强比	0.54	0.54	0.49	0.49	0.48	0.53

注：F—细粉末(−325 目)；C—粗粉末(−100 +150 目)。

本田忠敏[46]还研究了不同粒度制备的多孔铁的缺口效应，对有 V 形缺口的试样和无 V 形缺口试样的 S-N 曲线进行了比较，如图 5-25 所示，对于微细粉末制备的试样，不管烧结保温时间长短，无缺口试样的 S-N 曲线斜率小于有缺口试样的斜率，无缺口试样的疲劳强度大于有缺口试样的疲劳强度；对于粗粉末制备的试样，烧结时间短（3.6ks），无缺口试样和有缺口试样的疲劳强度相差不大；但当烧结时间较长时，两条 S-N 曲线平行，无缺口试样的疲劳强度高于有缺口试样的疲劳强度。表 5-11 给出了各种颗粒尺寸制备各种密度的有缺口和无缺口多孔铁的疲劳强度。多孔钢的疲劳性能取决于合金体系和制备工艺等因素。目前常用的合金体系有 Fe-Cu-C、Fe-Cr-Mo-C、Fe-Mo-Ni-C、Fe-Ni-Cu-Mo-C 等。

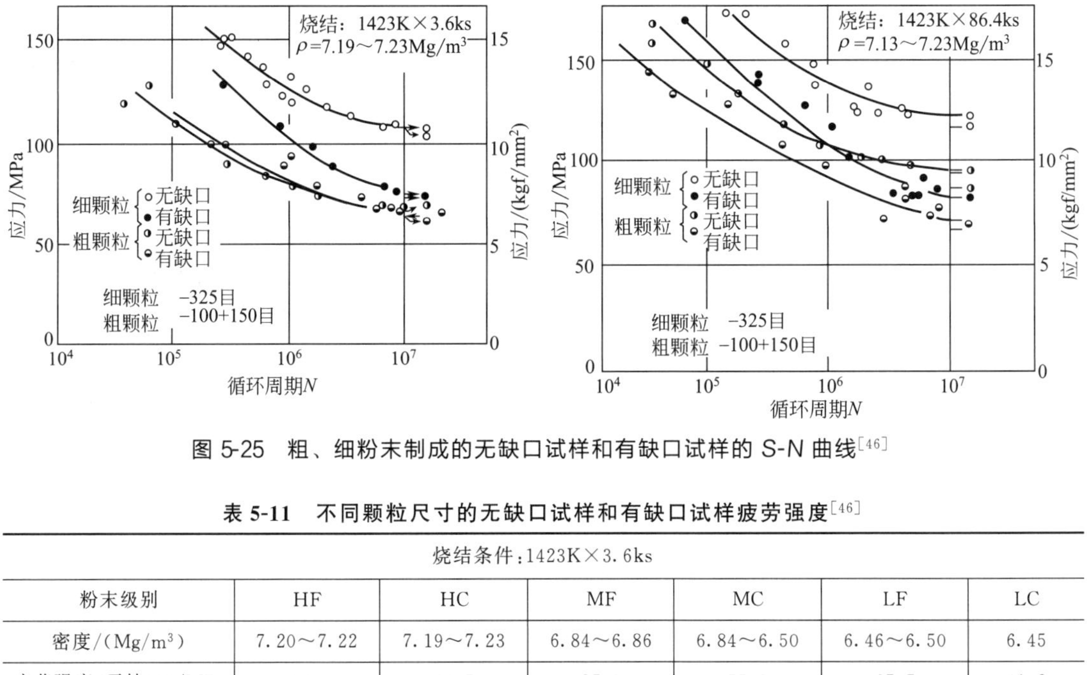

图 5-25　粗、细粉末制成的无缺口试样和有缺口试样的 S-N 曲线[46]

表 5-11　不同颗粒尺寸的无缺口试样和有缺口试样疲劳强度[46]

烧结条件：1423K×3.6ks						
粉末级别	HF	HC	MF	MC	LF	LC
密度/(Mg/m³)	7.20～7.22	7.19～7.23	6.84～6.86	6.84～6.50	6.46～6.50	6.45
疲劳强度(无缺口)/MPa	106.9	66.7	87.3	55.9	67.7	41.2
疲劳强度(有缺口)/MPa	74.5	65.7	66.7	54.9	53.9	39.2
烧结条件：1423K×86.4ks						
粉末级别	DHF	DHC	DMF	DMC	DLF	DLC
密度/(Mg/m³)	7.13～7.23	7.16～7.21	6.78～6.81	6.81～6.83	6.43～6.48	6.45～6.46
疲劳强度(无缺口)/MPa	122.6	97.1	93.2	74.5	80.4	64.7
疲劳强度(有缺口)/MPa	83.4	71.6	67.7	58.9	59.8	50.0

续表

烧结条件：1423K×3.6ks										
粉末级别	1	2	3	4	5	6	7	8	9	10
密度/(Mg/m^3)	6.05	6.19	6.32	6.49	6.56	6.74	6.85	6.94	7.17	7.28
疲劳强度(无缺口)/MPa	45.1	51.0	53.0	61.8	63.7	69.6	75.5	79.4	87.3	96.1
疲劳强度(有缺口)/MPa	42.2	46.1	48.1	54.9	54.9	63.7	65.7	70.6	75.5	80.4

注：F—细粉末(−325 目)；C—粗粉末(−100 +150 目)；H—高密度；M—中等密度；L—低密度；D—试样烧结条件为1423K×86.4ks；1～10—颗粒尺寸(−100 目)。

松本伸彦等人[47]研究了微观组织对高密度烧结钢疲劳强度的影响，研究者采用赫格拉斯 AB公司的低合金钢粉 Fe-1.5%Cr-0.2%Mo（质量分数）的细粉末（63μm 以下）和 Fe-1.5%Mo（质量分数）的粗粉末（250～63μm），按质量比 1∶1 混合。复合粉末和单种粉末的组成如表 5-12 所示，表中 Fe-5%Mn-33%Si 为抑制膨胀剂，粒度在 25μm 以下，石墨（Gr）粉末平均粒径为 5μm。成形润滑剂为硬脂酸锂，成形温度为 423K，光亮淬火试样的成形压力为 1960MPa，渗碳淬火试样的成形压力为 1127MPa，在 N_2气氛下 623K 烧结，烧结时间分别为 7.2ks 和 1.8ks，光亮淬火和渗碳淬火的热处理过程如图 5-26 所示，最终获得密度大于 7.7Mg/m^3、抗拉强度为 2200MPa 的烧结钢[48~51]。复合粉末制备的光亮淬火烧结钢组织基本为回火马氏体，部分结构为富 Mo 相和富 Cr 相等不均匀组织，单一粉末制备的光亮淬火钢组织为回火马氏体，三种光亮淬火烧结钢的组织中残存一部分气孔，最大气孔约为 20μm，疲劳裂纹源接近残留气孔源，并且残存孔隙相互联结形成 100μm 左右的粗大气孔。复合粉末和单相粉末的光亮淬火钢的旋转弯曲疲劳的 S-N 曲线如图 5-27 所示，其复合粉末材和单种粉末材的疲劳强度都为 580MPa。复合粉末的渗碳淬火钢和锻钢（scr420）的微观组织有所不同，复合粉末的渗碳淬火钢在表面没有明显的渗碳层，而锻钢有 10～15μm 的渗碳异常层，但两者内部都是回火马氏体。渗碳淬火复合粉末烧结钢和锻钢旋转弯曲疲劳的 S-N 曲线如图 5-28 所示，渗碳淬火复合粉末烧结钢的疲劳强度为 615MPa，裂纹源为表层的晶界。

表 5-12　复合粉末和单种粉末的组成成分[47]

结构	符号	基体粉末	混入粉末/%	
			石墨	Fe-Mn-Si
复合粉末	A	Fe-1.5%Cr-0.2%Mo(−63μm) Fe-1.5%Mo(+63μm)	0.55 或 0.2①	0.1
单相粉末	B	Fe-1.5%Mo	0.6	
	C	Fe-1.5%Cr-0.2%Mo	0.5	

①混入石墨的目的是渗碳。

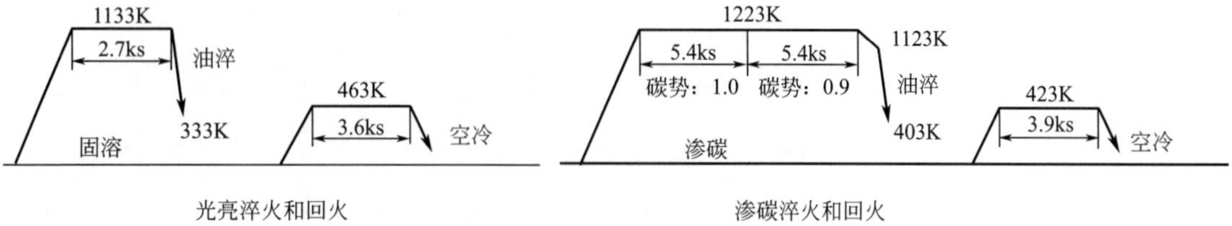

图 5-26　热处理条件[47]

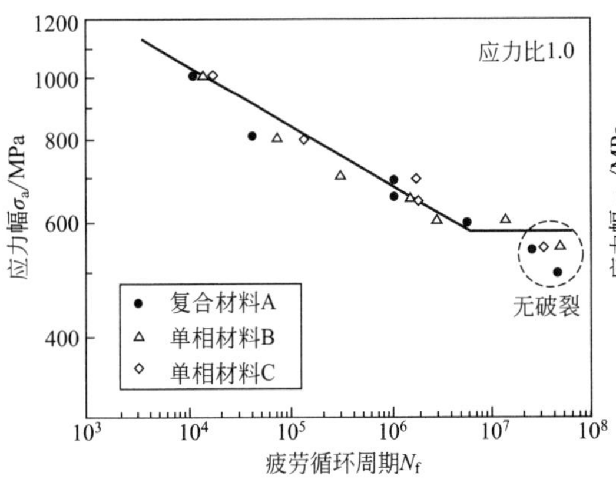

图 5-27　光亮淬火试样的旋转疲劳 S-N 曲线[47]

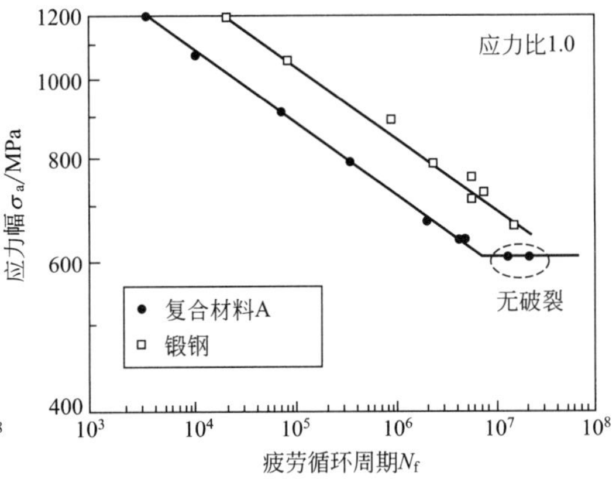

图 5-28　渗碳淬火试样的旋转疲劳 S-N 曲线[47]

菅野光輝等人[52]研究了渗碳淬火和喷丸处理对高温烧结低合金钢的疲劳强度的影响，采用的合金钢粉末种类如表 5-13 所示，各种粉末材料在 140℃ 温压成形，成形压力为 800MPa，在分解氨的气氛下 1250℃烧结 30min。部分烧结体进行渗碳淬火和退火处理，在 860℃渗碳 90min，在 50℃油中淬火，200℃回火 90min。采用普通喷丸（CSP）和超声喷丸（USP）对样品表面进行处理。试样在疲劳应力比 $R=-1$，频率 25Hz 下进行 4 点弯曲试验。表 5-14 为各种低合金烧结钢经过喷丸处理后试样的力学性能。表 5-15 为各种低合金烧结钢采用渗碳淬火和喷丸处理后疲劳强度和残余应力的变化。表 5-16 为各种低合金烧结钢采用喷丸处理后疲劳比的变化。图 5-29 为两种低合金烧结钢进行喷丸处理后的 S-N 曲线。表 5-17 为采用两种喷丸工艺，几种低合金钢的表面粗糙度的变化。图、表结果表明：①渗碳淬火和喷丸处理能大幅提高高温烧结钢的疲劳强度，如 DistaloyAE 达 390MPa，Astaloy CrM 达 470MPa；②一般来说，喷丸处理使材料表面塑性变形，产生压缩残余应力，使表面材料硬化，提高了材料的疲劳强度，但普通喷丸处理使表面更加粗糙，又会降低材料的疲劳强度，采用超声喷丸处理不仅能够提高疲劳强度而且能够改善高温烧结钢的表面粗糙度，渗碳淬火和超声喷丸处理是一种非常有前景的组合方法。

表 5-13　合金钢粉末成分[52]

编号	基础材料	石墨	润滑剂	备注
1	Fe-4%Ni-1.5%Cu-0.5%Mo (DistaloyAE)	0.5%	0.6%	
2	Fe-4%Ni-1.5%Cu-0.5%Mo (DistaloyAE)	无	0.6%	渗碳
3	Fe-3%Cr-0.5%Mo (AstaloyCrM)	0.5%	0.6%	
4	Fe-3%Cr-0.5%Mo (AstaloyCrM)	0.3%	0.6%	渗碳

表 5-14　烧结试样的力学性能[52]

材料	喷丸	表面硬度(HV_{10})	抗拉强度/MPa	伸长率/%	冲击功/J
DistaloyAE 0.48%C	无	290	864	3.34	34
	有	468	873	2.91	33

续表

材料	喷丸	表面硬度(HV_{10})	抗拉强度/MPa	伸长率/%	冲击功/J
DistaloyAE 渗碳	无	468	950	2.96	25
	有	635	975	2.85	23
AstaloyCrM 0.35%C	无	281	873	3.81	39
	有	476	874	3.60	38
AstaloyCrM 0.16%C 渗碳	无	539	984	1.30	23
	有	689	1015	1.09	20

表 5-15　不同加工条件下材料的疲劳强度和残余应力状况[52]

材料	烧结密度/(g/cm^3)	渗碳	喷丸	疲劳强度/MPa	表面残余应力/MPa	最大残余应力/MPa
DistaloyAE + 0.48%C	7.48	无	无	210	—	—
			CSP	340	−584	−697
			USP	340	−739	−739
DistaloyAE	7.53	有	无	390	—	—
			CSP	390	−818	−1064
			USP	390	−910	−1068
AtaloyCrM + 0.35%C	7.38	无	无	(310)	−69	−93
			CSP	390	−588	−694
			USP	390	−656	−715
AtaloyCrM + 0.16%C	7.39	有	无	470	−100	−146
			CSP	420	−654	−1065
			USP	470	−943	−1243

表 5-16　不同加工条件下材料的疲劳比[52]

材料	渗碳	喷丸	疲劳比 疲劳强度/抗拉强度	屈服强度/MPa	疲劳比 疲劳强度/屈服强度
DistaloyAE + 0.48%C	无	无	0.24	450	0.47
		CSP	0.39	—	—
		USP	0.39	—	—
DistaloyAE	有	无	0.41	690	0.56
		CSP	0.40	—	—
		USP	0.40	—	—
AtaloyCrM + 0.35%C	无	无	0.36	620	0.50
		CSP	0.45	—	—
		USP	0.45	—	—

续表

材料	渗碳	喷丸	疲劳比 疲劳强度/抗拉强度	屈服强度 /MPa	疲劳比 疲劳强度/屈服强度
AtaloyCrM + 0.16%C	有	无	0.48	730	0.64
		CSP	0.41	—	—
		USP	0.46	—	—

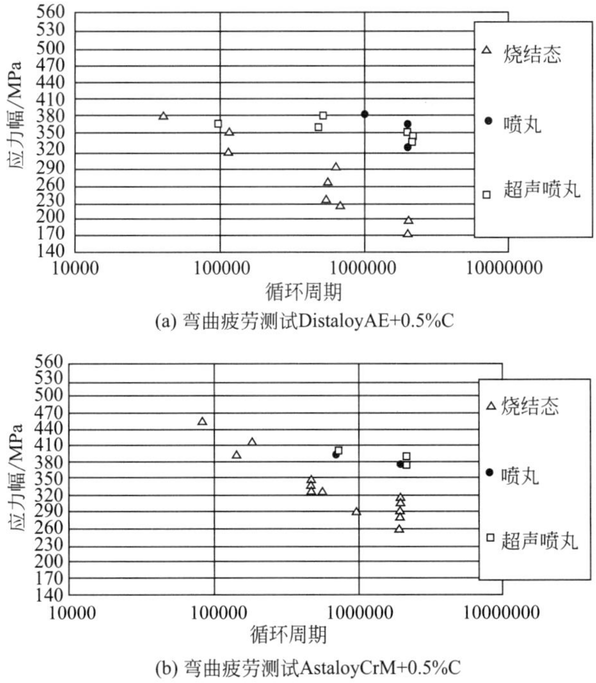

图 5-29　两种低合金烧结钢经过喷丸处理后的 S-N 曲线[52]

表 5-17　传统喷丸（CSP）和超声喷丸（USP）前后不同试样的粗糙度（R_Z）的变化[52]

序号	材料	R_z(喷丸前) /μm	R_z(喷丸后 CSP/USP)/μm
1	DistaloyAE+0.5%石墨 烧结零件	9.02	29.60/8.58
2	DistaloyAE 渗碳+回火	7.45	9.90/3.94
3	AtaloyCrM+0.5%石墨 烧结零件	8.99	24.10/6.95
4	AtaloyCrM+0.5%石墨 渗碳和回火	9.06	6.00/4.50

宇波繁等人[53,54]研究了采用混合型 Mo 系合金钢粉进行烧结、渗碳和热处理得到的烧结钢的疲劳强度问题。研究者认为，预合金化的 Mo 系合金钢粉，因为固溶强化，降低了 Mo 的浓度，并且粉末塑性降低。采用混合型的 Mo 系合金钢粉末烧结时局部区域 Mo 的浓度较高，靠近这种高浓度 Mo 区域的 Fe 粉，在烧结温度为 900℃时产生 α-Fe 相，而预合金钢粉

则全部为 γ-Fe 相（图 5-30），α-Fe 的扩散速度是 γ-Fe 扩散速度的 100 倍，促进了合金钢的烧结。宇波繁等人将钢粉质量 0.2%的 Mo 粉附着在 Fe-0.6%（质量分数）Mo 预合金化钢粉表面组成了混合型 Mo 系合金钢粉（见图 5-31）。表 5-18 给出了混合型和预合金化型合金粉的化学成分，两种粉末分别添加 0.3%（质量分数）石墨粉（平均粒径 4μm）和润滑剂，其中润滑剂 Lub A 适合室温成形，Lub B 适合粉末不加热、模具加热到 60℃的润滑剂，Lub C 为粉末模具均加热到 130℃的温压成形的润滑剂，几种粉末成形和润滑如表 5-19 所示，粉末成形后在 1130℃、吸热性气氛下烧结 20min，在 900℃渗碳 60min，渗碳气体的渗碳能力为 0.8%，淬火于 60℃的油中，在 180℃退火 60min。图 5-32 给出了四种工艺条件下的 Mo 系合金烧结钢的生坯密度和烧结密度的比较。图 5-33 给出四种工艺条件下的 Mo 系合金烧结钢的抗拉强度的比较。图 5-34 给出了四种工艺条件下的旋转弯曲疲劳强度的比较。图中结果表明，使用混合型 Mo 系合金钢粉末烧结后渗碳材的旋转弯曲疲劳强度高于预合金化粉末烧结后渗碳材的疲劳强度，混合型 Mo 系合金粉烧结渗碳材当烧结密度为 7.3mg/m^{3}时，其旋转弯曲疲劳强度为 430MPa。图 5-35 为四种工艺条件下的 Mo 系合金钢总孔隙度与超过 20μm 的大气孔的孔隙度的比较。图 5-36 为四种工艺条件下的 Mo 系合金钢旋转弯曲疲劳强度与超过 20μm 的大气孔的孔隙度的对应关系。图中结果表明，混合型 Mo 系合金钢烧结渗碳材与预合金化 Mo 系合金钢相比，粗大气孔减少，气孔周围的 Mo 含量增加，烧结颈强化，抑制了裂纹的萌生与扩展。

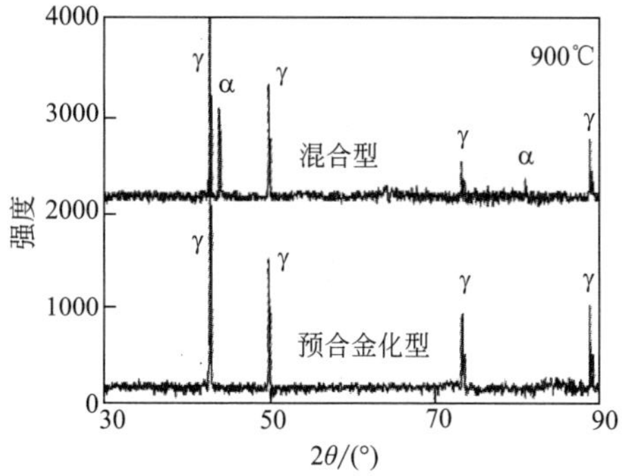

图 5-30　Mo 系混合型合金钢粉末和预合金化合金钢粉末生坯的高温 X 射线衍射结果[53]

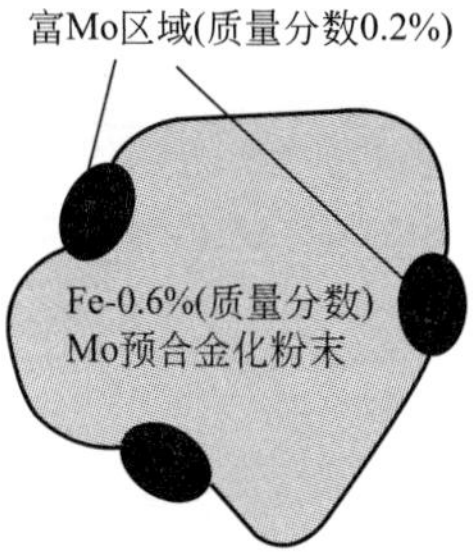

图 5-31　Mo 系混合型合金钢粉末的颗粒结构[53]

表 5-18　合金粉末的化学成分（质量分数）[53]　单位：%

名称	预合金化	部分合金化
	Mo	Mo
混合型	0.6	0.2
预合金化型	0.6	—

表 5-19　润滑剂和压实条件[53]

名称	润滑剂	润滑剂含量(质量分数)/%		压制温度		压制压力/MPa
		混合型	预合金化型	粉末	模具	
CC	Lub A	0.8		室温	室温	686
HD	Lub B	0.5		室温	60℃	686
WC	Lub C	0.6	0.6	130℃	130℃	686

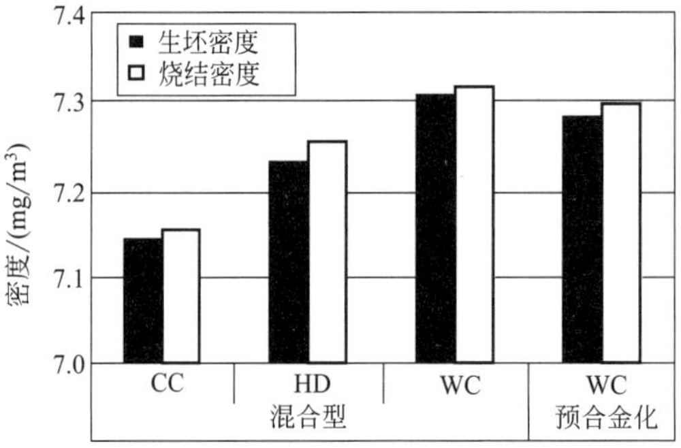

图 5-32　四种合金粉末的生坯密度和烧结密度

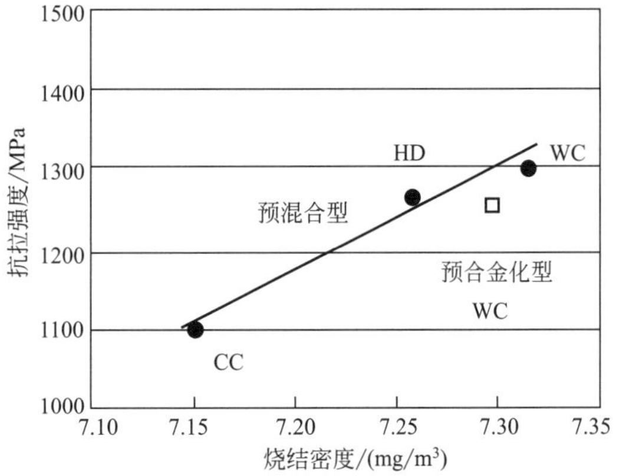

图 5-33　不同粉末的烧结和渗碳坯的抗拉强度与烧结密度的对应关系[53]

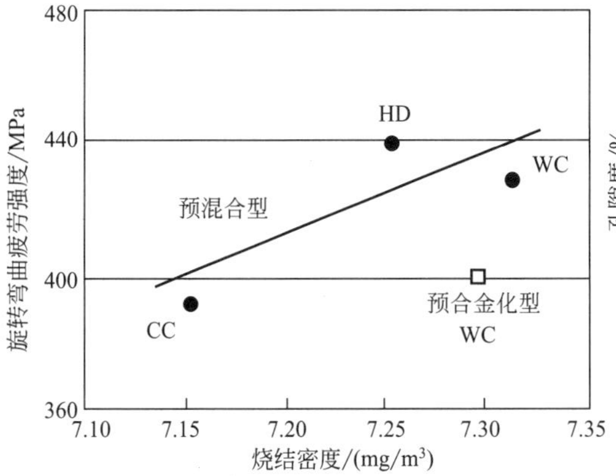

图 5-34　不同粉末的烧结和渗碳坯的旋转弯曲疲劳强度与烧结密度的对应关系[53]

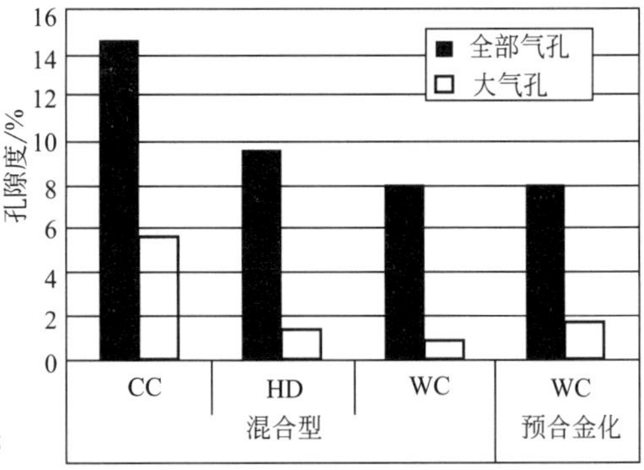

图 5-35　不同粉末的烧结和渗碳坯的总孔隙度与超过 20μm 的大气孔的孔隙度的比较[53]

郭瑞金等人[14]研究了烧结钼钢的动力学性能。Fe-Cu-Ni-Mo-C 体系中的合金成分如表 5-20 所示，表 5-21 给出了 Fe-Cu-Ni-Mo-C 合金烧结钢在密度为 7.0g/cm^{3}下抗拉和轴向疲劳极限。合金系中 Mo 含量从 0.5%增加到 1.5%，材料的 50%疲劳极限由 175MPa 提高到 210MPa。材料的显微组织主要为离异珠光体、细珠光体/贝氏体、马氏体和富 Ni 残余奥氏体的复相组织。图 5-37 给出了Fe-Cu-Mo-Ni-C 合金体系在 Mo 含量和粉末制取方法不同的 *S-N* 曲线。由图5-37 (a)得出 Mo 含量从 0.5%增加到 0.85%，显然有利于合金的疲劳性能改善，*S-N* 曲线上移或右移。然而，从图 5-37 (b) 看出不同制粉方法的 0.5%Mo 系列 *S-N* 曲线没有显著差异。发现对应循环载荷，两种钢粉（黏结和扩散黏结）没有明显不同，*S-N*曲线几乎是相同的。Mo 含量提高疲劳性能观点得到多数学者认同。

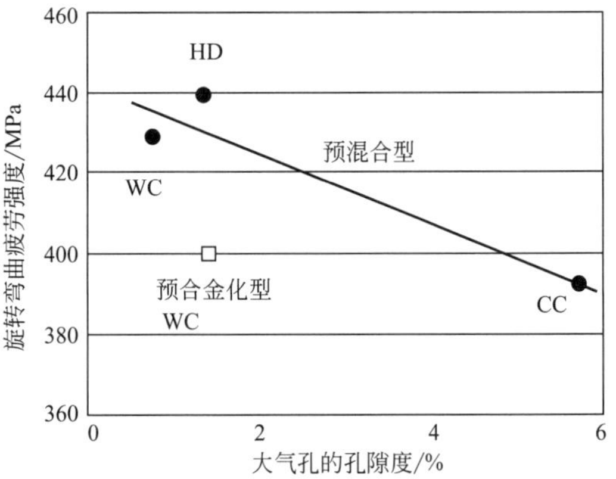

图 5-36　不同粉末的烧结和渗碳坯的旋转弯曲疲劳强度与超过 20μm 的大气孔的孔隙度的对应关系

表 5-20　Fe-Cu-Ni-Mo-C 合金系的钢粉和预合金粉的特性[14]

混合粉名称	混合粉的类型	化学成分(质量分数)%							流动性/[s/(50g)]	松装密度/(g/cm³)
		预合金元素		扩散元素		预混合元素				
		Mo	Mn	Ni	Cu	Ni	Cu	石墨		
R-0.5Mo (ATOMET 4001)	常规	0.5	0.15	—	—	4.0	1.5 (常规)	0.6	37.0	3.02
BT-0.5Mo (ATOMET 4001)	黏结处理	0.5	0.15	—	—	4.0	1.5 (细)	0.6	31.6	3.09
DB-0.5Mo (ATOM ET DB48)	常规	0.5	0.15	3.9	1.5	—	—	0.6	35.0	3.05
R-0.85Mo (ATOMET 4401)	常规	0.85	0.15	—	—	4.0	1.5 (常规)	0.6	36.3	3.00
R-1.5Mo (ATOMET 4901)	常规	1.5	0.15	—	—	4.0	1.5 (常规)	0.6	35.1	3.08

表 5-21　含 4%Ni、1.5%Cu 和 0.6%石墨的常规和扩散黏结 Mo 钢粉体[8]
在密度为 7.0g/cm³ 时的抗拉和轴向疲劳极限[14]

混合粉 ID	横向断裂强度/MPa	表观硬度(HRC)	尺寸变化与模具尺寸之比/%	尺寸变化与压坯密度之比/%	极限抗拉强度/MPa	屈服强度/MPa	伸长率/%
R-0.5Mo	1644	20	0.02	−0.14	854	545	1.7
R-0.85Mo	1762	26	0.01	−0.15	924	580	1.2
R-1.5Mo	1791	27	−0.07	−0.23	937	587	1.0
R-0.5Mo	1644	20	0.02	−0.14	854	545	1.7
BT-0.5Mo	1688	21	−0.06	−0.22	845	569	1.6
DB-0.5Mo	1781	22	0.01	−0.17	848	544	1.2

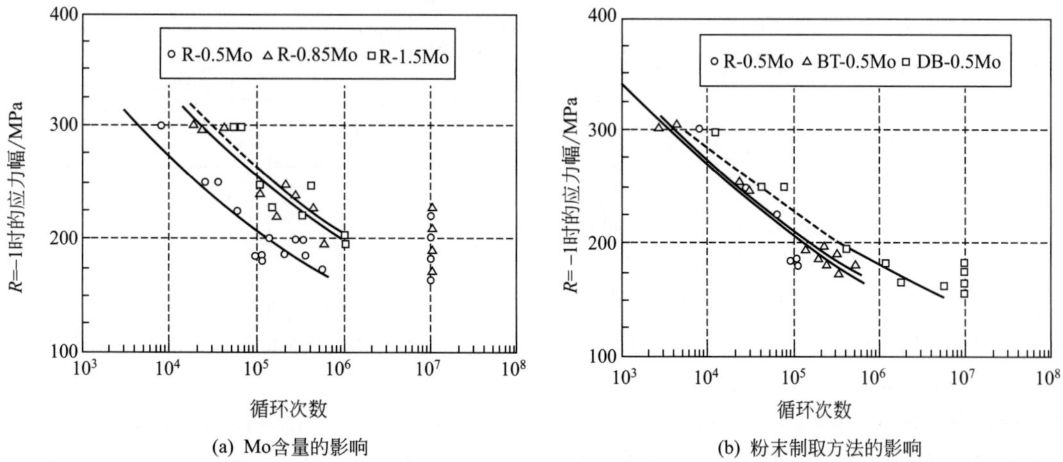

图 5-37　由混有 4%Ni、1.5%Cu、0.6%石墨的 Mo 铜粉体在 7.0g/cm³密度时的 S-N 曲线[14]

Ni 对多孔钢的疲劳性能也有很大的影响，由于元素 Ni 扩散不充分可阻碍裂纹扩展，因此镍钢在热处理状态下有较高的疲劳强度。Gething 等人[55]对 Fe-2/4/6Ni-0.85Mo-0.4C 烧结材料的疲劳强度测试表明，含 4%Ni 的材料的孔隙含量最小，萌生裂纹的可能性较小，疲劳强度最高。Wu 等人[56~59]认为，当加入 4%（质量分数）Ni 后，许多富 Ni 区形成微结构。采用电子背散射衍射（EBSD）与成分和显微硬度分析相结合，确定了在 Fe-4Ni-0.5Mo-1.5Cu-0.5C 烧结钢中富镍区为富镍铁素体、富镍马氏体、富镍奥氏体。富镍铁素体和富镍马氏体位于孔隙丰富的地区，在 Fe-4Ni-0.5C 的烧结颈中，也有人在孔隙丰富地区发现了少量富镍奥氏体。当加入 1.5Mo 或 1.5Cr-0.2Mo 后，微观结构得以改善，更多的贝氏体和富镍马氏体形成并取代珠光体和富镍铁素体。富镍马氏体被确认为 PM 钢中一个强而坚韧的相[59]。Mo 和 Cr 的添加，特别是 Cr，缓解了 Ni 和 C 的强排斥作用，改善了合金微观组织的均匀性。

制备工艺对疲劳性能的影响也很大，采用黏结处理和预合金化的粉末烧结材料的疲劳性能在低周次（$\leqslant 10^4$次）相差不大，但在高周次（$>10^4$次）预合金化的粉末烧结材料的疲劳性能高于黏结处理。另外提高烧结温度，提高冷却速度，进行喷丸处理均能提高疲劳性能。Kurgan[60]指出，1300℃烧结的 316L 不锈钢的旋转弯曲疲劳性能比 1200℃和 1250℃烧结提高了很多；在 1200℃烧结的 316L 不锈钢的旋转弯曲强度约为 65MPa，而在 1300℃烧结性能达到 165MPa。Molinari[13]指出，经过喷丸处理的 Fe-3Cr-1.5Mo-0.5C 烧结材料的抗弯强度大概提高 30%。

Tina 等人[61]研究 Fe-2Cu-0.5C 材料的显微结构对疲劳性能的影响，采用预混合粉在不同压力下，压制成拉伸与疲劳试样。在 75%H_2/25%N_2（体积分数）气氛中，在 1120℃与 1260℃下分别烧结 30min，试样经过各种测试。表 5-22 为预混合粉的组成。表 5-23 为在 1120℃、1260℃下烧结三种预混合粉试样的疲劳和拉伸性能，表 5-24 为在 1120℃、1260℃温度下三种预混合粉制备的试样体视数据。表 5-25 为在 1120℃、1260℃温度下烧结的三种预混合粉试样的显微结构分析。图 5-38 表示三种混合粉 A、B 和 C 的 UTS 与 50%FEL 的关系。图 5-39 为三种混合粉的平均孔隙间距与 50%FEL 的关系。从图、表中结果得出如下结论[62]：

① 粉末冶金材料和一般钢材不同，其 FEL（疲劳耐久极限）不是极限抗拉强度（UTS）的一个固定百分数。

② 粉末冶金材料中的孔隙大小和平均孔隙间距都是影响 FC-0205 材料 FEL 的重要参数。

③ 粉末冶金材料的密度较高时，显微组织对 FEL 的影响较大。

④ 粉末冶金材料密度较低时，混合粉中铜粉粒度减小时，对 50%FEL 有较大的影响。

表 5-22　预混合粉组成[61]

材料代号	基分	名义预混合粉添加剂		
		石墨(质量分数)/%	铜粉(质量分数)/%	铜粉粒度/μm
A	Ancorsteel 1000	0.6	2.0	d_{50}～98
B	Ancorsteel 1000	0.6	2.0	d_{50}～73
C	Ancorsteel 1000	0.6	2.0	d_{50}～30

表 5-23　在 1120℃、1260℃ 下烧结的三种预混合粉试样的疲劳耐久极限与拉伸性能[61]

材料代号	烧结温度/℃	密度/(g/cm³)	UTS/MPa	50% FEL/MPa	99.9% FEL/MPa	(50%FEL/UTS)/%
A	1120	6.89 7.06	483 547	174 207	140 163	36.2 37.9
B	1120	6.87 7.07	477 542	172 218	143 178	36.1 40.1
C	1120	6.89 7.08	498 552	211 219	169 185	42.3 39.6
A	1260	6.97 7.14	499 552	177 235	141 196	35.5 42.6
B	1260	6.94 7.15	503 562	204 239	161 192	40.5 42.5
C	1260	6.95 7.16	508 600	221 249	192 203	43.5 41.4

表 5-24　在 1120℃、1260℃ 下烧结的三种预混合粉试样的体视数据[61]

材料代号	烧结温度/℃	密度/(g/cm³)	平均孔隙间距/μm	每 1000μm² 的孔隙数
A	1120	6.89 7.06	54 63	107 118
B	1120	6.87 7.07	55 59	110 124
C	1120	6.89 7.08	55 59	99 119
A	1260	6.97 7.14	65 71	95 116
B	1260	6.94 7.15	63 70	93 107
C	1260	6.95 7.16	60 65	97 113

表 5-25　在 1120℃、1260℃ 下烧结的三种预混合粉试样的显微组织分析[61]

材料代号	烧结温度/℃	密度/(g/cm³)	珠光体/%	铁素体/%
A B C	1120	6.89 6.87 6.89	58.3 64.3 67.5	28.6 22.2 20.5
A B C	1260	6.97 6.94 6.95	57.0 63.7 61.5	32.4 26.2 28.8

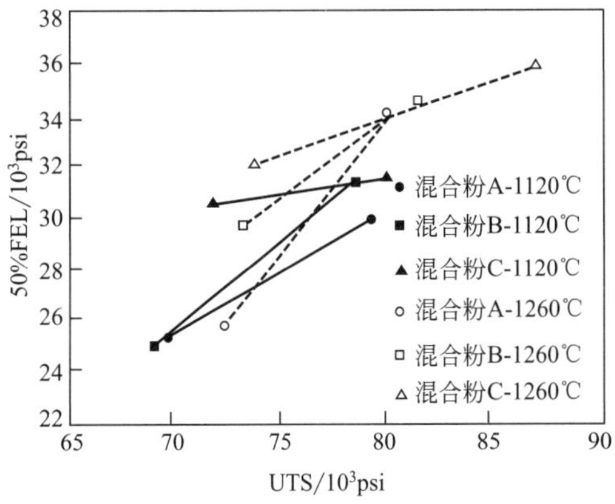

图 5-38　三种混合粉 A、B 及 C 的 UTS 与 50%FEL 的关系[61]（注：10^3 psi = 6.89 MPa）

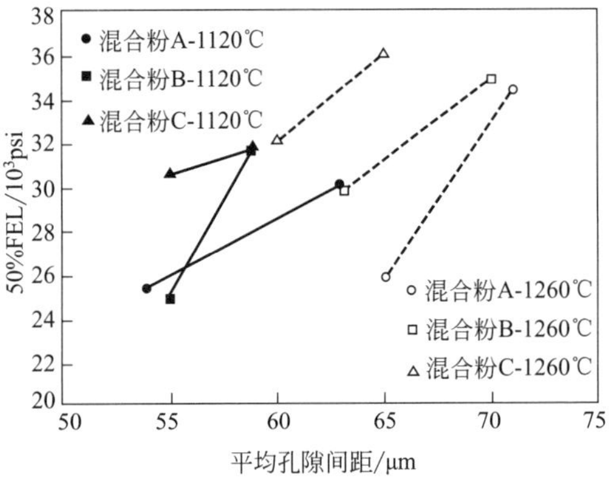

图 5-39　三种混合粉试样的平均孔隙间距与 50%FEL 的关系[61]（注：10^3psi = 6.89 MPa）

5.1.7　多孔钢的疲劳比和损伤参数[2，4，5，6]

粉末冶金材料的疲劳强度与极限抗拉强度有关，为了得到疲劳强度与相对抗拉强度的关系，可以通过疲劳比（$\sigma_{fat}/\sigma_{uts}$）来表示，疲劳比又称疲强比。铁基粉末冶金材料的疲劳比通常在 0.3～0.4，远低于传统锻钢所报道的 0.4～0.5[18]。粉末冶金材料较低的疲劳强度是由于粉末冶金材料存在孔隙，但也有可能是采用疲劳强度与抗拉强度的关系，并不是十分合适，因为极限抗拉强度实际上是测定相对大的外加应力或塑性变形下的大规模宏观损伤。另一方面，疲劳损伤更加复杂，通常在更低的外加应力下，通过在材料缺陷处局部塑性变形产生。因此，疲劳强度更为合适的表征可能是多孔材料的比例极限应力或杨氏模量。比例极限应力是单调加载中塑性变形开始的测量，尽管单调情况下塑性变形的开始肯定不能等同循环塑性变形，但它可能是一种比极限抗拉强度更好的测量疲劳强度的方法，因为塑性变形的开始与材料损伤的开始有关。

图 5-40 表示了疲劳强度、比例极限应力和杨氏模量之间的关系，虽然比例极限应力 σ_{PL} 和杨氏模量 E 与 σ_{fat} 没有精确联系，但是可以确定这些参数有很好的相关性。Danninger 等[63]证明在长时间疲劳情况下（超过 10^7 次循环），疲劳强度可能接近比例极限应力。

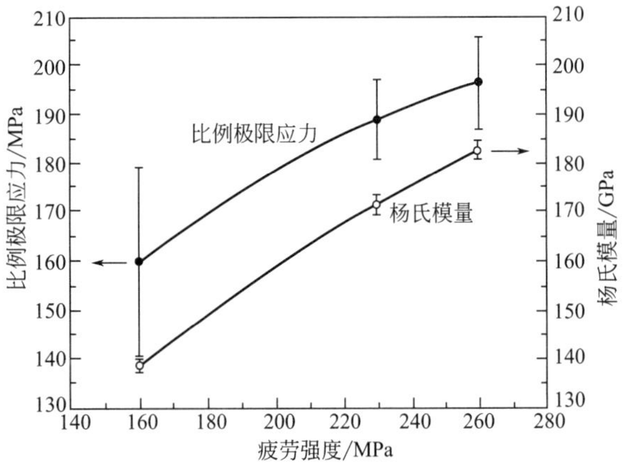

图 5-40　疲劳强度与比例极限应力和杨氏模量之间的相关性[2]

为了进一步量化烧结钢疲劳过程中的损伤演变，可以测量应力-应变滞回环与疲劳循环的关系。图 5-41 显示了三种密度的钢在 300MPa 应力幅下的滞回环的演变。随着提高循环次数，变化最大的是密度为 7.0g/cm³ 的合金。随着循环次数的提高，滞回环的宽度增加，且环的斜率明显降低。

塑性变形的演变可以通过塑性应变幅与循环周次的关系来量化，如图 5-42（a）所示。在更低的密度，塑性应变幅值快速增大直到断裂。损伤的演变也可以通过一个损

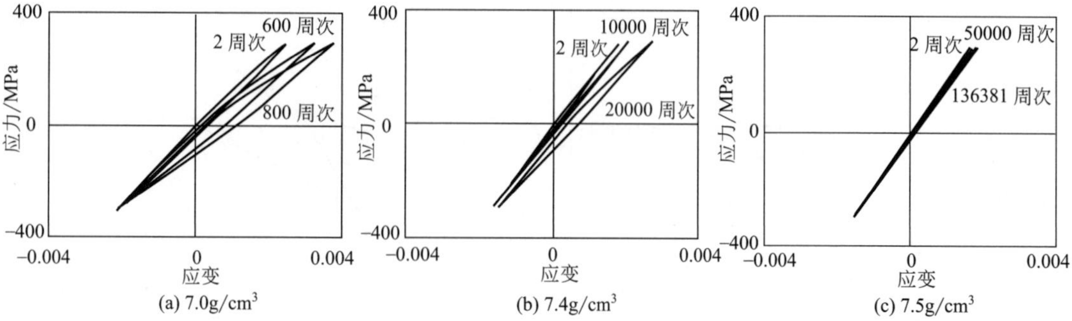

图 5-41　不同密度的合金在 300MPa 的应力幅的疲劳下观察到的滞回环[2]

伤参数 D_E 量化，它通过下式给定：

$$D_E=(1-\frac{E}{E_0}) \tag{5-8}$$

式中，E_0 是材料未损伤状态下的模量；E 是在给定疲劳循环数值下的材料的模量。这个参量已经被用于烧结钢和一些其他材料[64]。图 5-42（b）说明除了塑性应变演变，还有一个 D_E 的明显增大，特别是在较低密度的情况下。这表明除了在烧结韧带有广泛的塑性变形外，微裂纹的形成和扩展也会发生。在高密度材料中，在这个应力水平下，似乎只有塑性变形发生。另外，在断裂之前，塑性应变幅值和损伤参数在最后几个疲劳循环中增大得很快。在较低的密度下，塑性应变和损伤参数的增大速率最高。

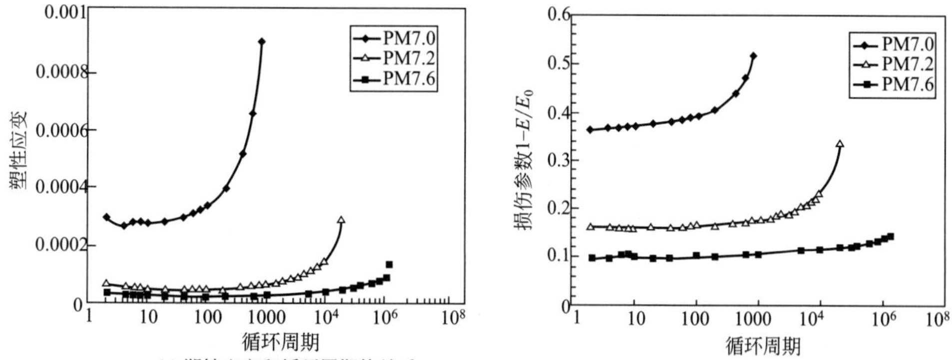

图 5-42　塑性应变和损坏参数与循环周期的关系

［对于给定的应力（300MPa），塑性应变和损伤速率在最低密度时最快］[3]

本田忠敏[65]对多孔钢的疲劳比进行了总结，图 5-43 给出了诸多学者提出的有关疲劳强度和抗拉强度的关系，其中图 5-43（a）是早期工作，图 5-43（b）为近期工作。疲劳比与多孔钢的强度、制备工艺、合金成分、孔隙率等诸多因素有关，当抗拉强度小于 400MPa 时，疲劳比为 0.4～0.6[66]；抗拉强度为 500MPa 以上时，疲劳比为 0.3～0.4[67,68]，微细粉末烧结钢疲劳比为 0.6～0.65（紺田功，1971）。紺田功等人给出了烧结铁疲劳比与孔隙度和粉末粒度的关系。如图 5-44 所示，孔隙度≥5%，其疲劳比降低；孔隙度在 12%～13%附近约为 0.45，和软钢的疲劳比相当；孔隙度到 25%，疲劳比急剧下降，接近 0.3，和铸铁的疲劳比相当。微细粉末和粗粉末制备的多孔钢在相同的孔隙度下，疲劳比相差较大，其原因为前者孔隙尺寸小，球形度好，疲劳比高，当孔隙率为 12%～25%时，疲劳比约为 0.6。

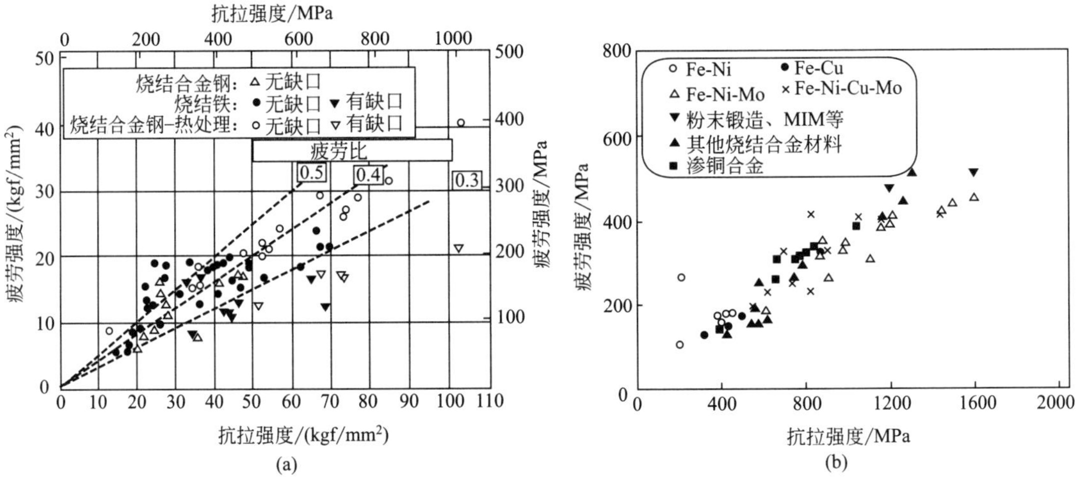

图 5-43　烧结铁和烧结合金钢的抗拉强度与疲劳强度的关系[65]

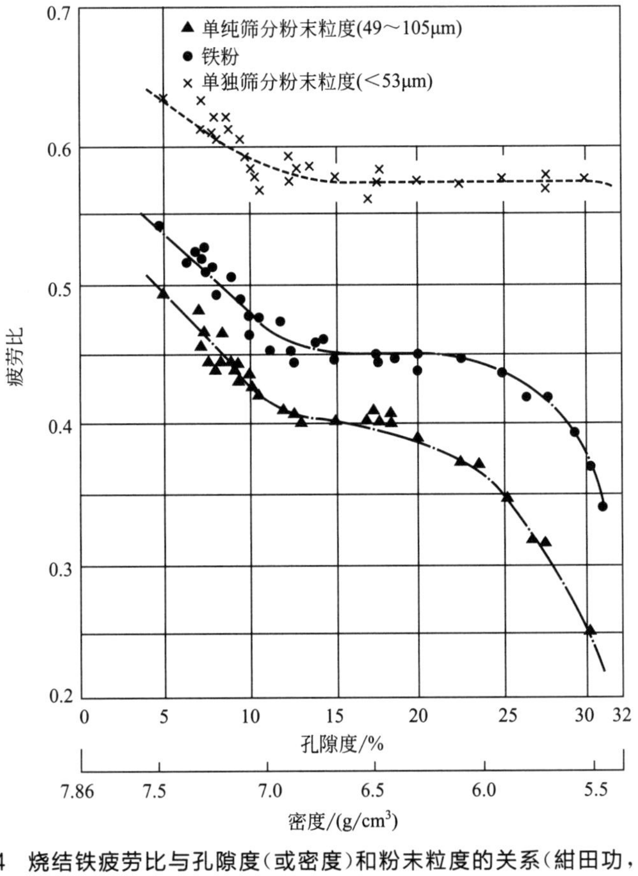

图 5-44　烧结铁疲劳比与孔隙度(或密度)和粉末粒度的关系(紺田功，1971)

5.2 多孔钢的滚动接触疲劳

5.2.1 多孔钢的表面致密化[69~72]

（1）多孔钢的表面致密化简介

多孔钢的强度、硬度和疲劳强度都受到残留孔隙的限制，多孔钢的残留孔隙一般为5%～15%。粉末冶金零件的静态强度比较高，如密度为6.8g/cm³（87%的理论密度）时，静态强度为锻钢强度的70%，密度为7.4g/cm³（94%理论密度）时，静态强度约为锻钢强度的95%，但是孔隙度对疲劳强度有重要的影响，如密度为7.1g/cm³的粉末冶金钢的弯曲疲劳强度不大于锻钢的60%。粉末冶金钢的低疲劳强度和低的疲强比一直是阻碍粉末冶金铁基结构零件应用的主要问题；同样，降低粉末冶金钢的孔隙度一直是铁基粉末冶金研究的主题。若能将粉末冶金钢孔隙度降低为零，粉末冶金钢的力学性能可能会与锻钢的力学性能相媲美或者超过之。近几十年来粉末体致密化技术获得了巨大进步，如高速压制、温压、模具润滑、复压复烧、热压、热锻、喷射沉积、微细粉末烧结、高温烧结、超固相线液相烧结等一系列技术的产生，对粉末冶金钢的致密化起了重要作用，但是一些工艺加工成本较高，影响了这些技术的应用和推广。

表面滚压强化工艺是一种无切削的冷加工工艺，是连续局部塑性成形技术在表面精加工方面的应用，也是传统表面精密加工方式的一种变革。它通过特制的滚压工具对工件表面施加一定压力，在常温下利用工件表面层金属的塑性变形，改变表层金属的组织结构、物理特性、机械特性、形状和尺寸。因此这种方法可同时达到光整和强化的目的，具有高效、环保、工艺简单、节能、节材等优点。滚压的表面强化效果显著。特别对于粉末冶金零件，由于冷塑性变形，会在零件表面层形成残余压应力，能使表面致密化的厚度达到0.2～1.0mm，表面致密化能显著提高多孔钢的滚动接触疲劳和弯曲疲劳寿命。为粉末冶金制造高强度和抗疲劳制品（如齿轮、凸轮、轴承、轴套等）提供了机遇。

众所周知，粉末冶金工艺生产的齿轮具有良好的强度性能和尺寸精度，但其齿面滚动接触疲劳和齿根的弯曲疲劳寿命较低，难于取代一些高性能的齿轮。很多学者经过大量的理论和实验研究，提出了“齿轮表面致密化技术”。所谓齿轮表面致密化技术，又称为选择性表面致密化方法（selecitive surface densification，SSD），可将齿轮表面0.2～1.0mm处完全致密化，而密度梯度的范围可以做到从表面孔隙度接近于零，到一般零件芯部的孔隙度。同时，这种具有密度梯度的零件的应力自表面向芯部迅速降低，故其特别适宜于承受弯曲载荷或表面高应力的机械结构件。1997年，Jones等人[73,74]提出了高承载粉末冶金零件的致密化策略，对汽车发动机传动系统中的粉末冶金齿轮进行研究，从提高密度的角度分析了提高齿轮承载能力的机理和方法。德国学者Günter和Sigl等[75~79]自2003年以来，一直致力于高性能粉末冶金齿轮的研究，其研究成果多次在PM国际会议上发表。他们分析了高载荷齿轮当前的发展趋势，利用专门的齿轮径向滚压装置研究了粉末冶金齿轮经滚压后的表面致密效果和性能测试方法，并分析比较了粉末冶金表面强化齿轮与16MnCr5标准齿轮的承载情况，显示了齿轮滚压技术在降低生产成本上的重要潜能。在Vienna召开的“2005世界粉末冶金大会”上，奥地利的Miba Sintermetal公司首次发表了使用表面致密化技术生产凸轮轴齿轮。该齿轮经表面热处理后齿面硬度达到750HV_5，其主要性能指标达到了16MnCr5合金钢齿轮热处理后的标准。该成果被“欧洲粉末冶金协会”（EPMA）授予2005年最佳粉末冶金零件奖。Miba Sintermetal公司正是采用了上述方法，每年为BMW车提供50万个烧结凸轮轴齿轮，这使得粉末冶金凸轮轴齿轮完全取代了传统的合金钢凸轮轴齿轮，也同时降低了成本。另外，日本的 Nissan 公司也使用温压技术与表面致密化技术相结合开发用于 V6 自动车的水泵链轮。其研究成果也在“2005 世界粉末冶金大会”上发表。在 PM^2 FEC2005 会议上加拿大学者 Lawcock[70] 发表了题为《表面致密化齿轮的滚动接触疲劳》的优秀论文，介绍了粉末冶金齿轮滚动接触应力的计算方法和齿轮滚动接触疲劳性能的测试方法。

2005 年瑞典研究者 Linnea、Forden 和 Sven Bengtsson 等[80,81] 对斯堪尼亚（Scania）卡车变速箱中行星齿轮进行了研究，通过烧结齿轮表面强化前后的对比分析，烧结表面强化齿轮与普通锻钢齿轮的性能比较，说明了齿轮表面强化的明显效果。他们还对汽车应用中的粉末冶金直齿轮和斜齿轮做了相关模拟和实验研究。2006 年，美国学者 Nigarura 等人[82] 针对表面致密化的粉末冶金齿轮的弯曲疲劳强度进行了研究，揭示了齿根致密深度与齿轮受载形式对疲劳寿命的影响。

日本学者三浦秀士等和竹增光家等对烧结钢的轴套和齿轮的滚压成形、非接触疲劳和弯曲疲劳进行了大量研究，发表了大量文章，取得了较多成果。详见 5.2.3 节。

如上所述，表面致密化技术已经不仅仅处于研究阶段，而且开始向批量化生产发展，据初步分析，适合于表面滚压强化技术生产的粉末冶金烧结齿轮包括汽车用的凸轮轴齿轮、凸轮轴链轮、平衡杆齿轮和初级传动齿轮，手动汽车变速箱中的传动齿轮，自动汽车变速箱中的行星齿轮、环状齿轮等。据初步统计，全球每年对上述高性能齿轮的市场总需求在 7 亿件以上，但目前几乎还都由传统方法生产。研究表明，在批量生产的前提下，如果能够正确选择材料、压制和烧结工艺，滚压工艺参数及热处理工艺参数，经表面致密化处理的粉末烧结齿轮的生产总成本将比传统方法的生产成本降低 30%左右。由此可见，经表面致密化处理的烧结齿轮是未来低成本高效率生产汽车变速齿轮的最有前景及竞争力的方法之一。

（2）粉末和制造工艺的选择

于洋等人[69] 介绍了用于制造经表面致密化处理的烧结齿轮的粉末需满足如下要求：

① 粉末的压制性及流动性好，压制密度高并且均匀。

② 材料经 1120 ℃烧结后，其尺寸变化应尽量接近于零。烧结后，材料的硬度应在 100～170HV_{10}，材料太硬，坯料滚压容易产生裂纹。

③ 所选材料应有一定的淬硬性，并适合表面热处理。

粉末牌号可参考表 5-26，所使用的润滑剂为 Amidwax，添加量为 0.8 %。为了进行比较，选用普通锰铬钢作为参考，其成分也列在表中。粉末压制压力根据粉末压制性而定，烧结温度一般在 1120～1140℃，烧结时间为 20～30min，保护气氛最好选择氮、氢混合气体，如果选择使用吸热性煤气，应注意控制碳势，防止烧结坯脱碳和渗碳。毛坯烧结密度为 7.0～7.2g/cm^3，密度过低的坯料会增加表面致密化难度，并且容易出现表面裂纹。

表 5-26　不同材料的化学成分[69]

材料	标准牌号	化学成分(质量分数)/%							密度/(g/cm^3)
		Cr	Ni	Mo	Mn	Si	石墨	Fe	
Astaloy A	4600	—	1.9	0.55	0.20	—	0.2～0.3①	余	7.2②
Astaloy 85 Mo	4400	—	—	0.85	—	—	0.2①	余	7.1②
Astaloy Mo	4400	—	—	1.5	—	—	0.2①	余	7.1②
Astaloy CrL	4400	1.5	—	0.2	—	—	0.2①	余	7.1②
DIN 16MnCr5/AISI 5115		0.80	—	—	0.80	0.25	0.16	余	7.9

① 在标准牌号粉末中添加。

② 烧结态。

由于烧结体存在大量孔隙，滚压使齿面及接近齿面区域的孔隙压实，其塑性变形量很大，烧结坯滚压成形尺寸留有一定余量。表面滚压处理是通过专门的齿轮滚压机来完成的，如图 5-45 所示。两个根据样品齿轮的几何形状而专门设计的主动滚压齿轮在高速旋转的同时又将压力施于“预齿轮”的齿面及齿根处，产生表面滚压的效果。滚压处理的初始阶段为滚压齿轮与“预齿轮”在旋转中接触并相互咬合；第二阶段为两个滚压齿轮沿与旋转轴垂直的方向对“预齿轮”加载，直到它们达到了预设的轴心距离；最后阶段为两个滚压齿轮在旋转的同时沿与前两个阶段相反的方向运动，直到将滚压处理后的齿轮取出。滚压处理效率高，完成一个滚压处理的周期只需 8～15 s，可批量生产。滚压齿轮的表面热处理工艺为 920℃下在碳势为 0.8%的保护气体下奥氏体化 80～60min，油淬至 80℃，待冷却到室温下，再在 170℃下回火 1h（不需要保护气氛）。

图 5-45　径向滚压加工装置[69]

表面致密层的厚度一般定义为从内表层密度大于 98 %理论值处到表面（致密化处理后其密度可达到材料的理论密度）之间的距离。由于齿轮在工作状态所承载的最大应力并不在齿面上，而是在亚表面（距表面 200～300μm）处，要想使表面致密化效果好，其致密层的厚度应大于这一深度。虽然致密层越厚，齿轮的性能越好，但过度致密化增加了“预齿轮”断齿的危险。图 5-46 示出了齿轮在工作状态时齿面下的应力分布与致密化后的最佳密度分布及热处理后的最佳硬度分布之间的关系。“预齿轮”与样品齿轮的尺寸及齿面轮廓关系非常重要。滚压齿轮对“预齿轮”各部分作用的特点是经过滚压后，在“预齿轮”齿顶部分表面致密化程度很小，在其齿面处致密化程度加大，而在其齿根部达到最大，如图 5-47（a）所示。如果表面致密化主要是为了增加齿轮的工作载荷，则需要提高齿根的弯曲疲劳性能，因此加工“预齿轮”根部位置需要留有更多的材料储积（齿根裕料，root stock），如图 5-47（b）所示。如果表面致密化的主要目的是增加齿轮的寿命，则需要加强齿面上的抗滚动接触疲劳（RCF）能力，应在齿面部位留有更多的材料储积（齿面裕料，flank stock），如图 5-47（c）所示。

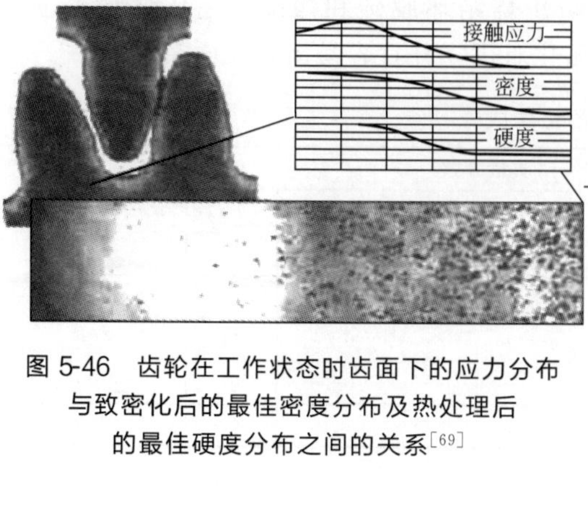

图 5-46　齿轮在工作状态时齿面下的应力分布与致密化后的最佳密度分布及热处理后的最佳硬度分布之间的关系[69]

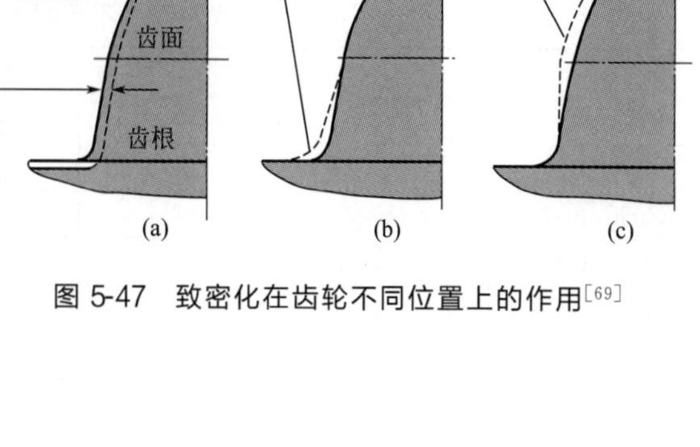

图 5-47　致密化在齿轮不同位置上的作用[69]

5.2.2　齿根的弯曲疲劳和齿面的滚动接触疲劳[69,72]

(1) 齿根疲劳性能

齿根的弯曲疲劳是由专门的齿根疲劳试验机测定的(图 5-48)。将交变载荷施加到被测齿轮的第一及第五个齿上。规定经过 10^7 周次的循环加载而 50% 被测齿没发生破坏的最高载荷为该齿轮的齿根疲劳强度。因为齿轮的几何形状较为复杂，齿轮的齿根疲劳强度只能用载荷而不能用应力来表示。

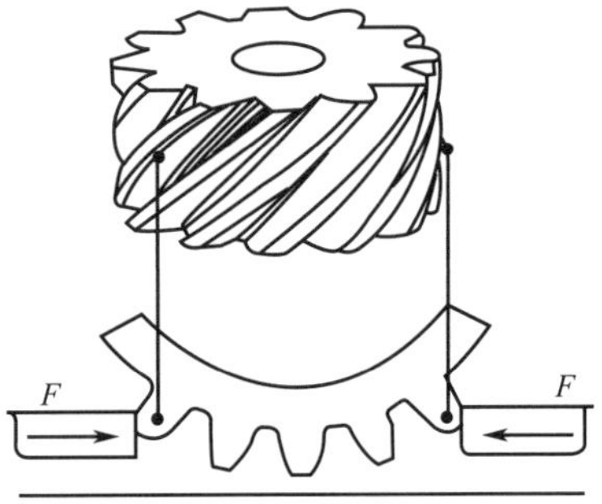

图 5-48　齿根疲劳试验[69]

(2) 齿面滚动接触疲劳

齿轮在运行过程中，主动轮与从动轮的齿面之间存在着大量的滚动接触，有时还加有一定量的滑动磨损。由于不同齿轮的尺寸及形状有很大的差异，很难用同一个测试设备对其滚动接触疲劳强度加以测量。以模拟齿面工作状态为目标的滚动接触疲劳测试机原理，如图 5-49 (a) 所示。三个尺寸相同的加载轮将被测试样夹在中央。测试样的几何尺寸见图 5-49 (b)。试验过程中，加到试样表面的载荷可以通过三个加载轮来调整。如果三个加载轮与被测试样接触面的线速度相同，它们与被测试样之间就是纯粹的滚动接触关系；如果三个加载轮与被测试样接触面的线速度不相同，它们与被测试样之间是滚动＋滑动的接触关系。试样的损坏以其表面出现点蚀 (pitting) 为标志，整个试验需在 80℃ 的机油中完成，并规定经过 5×10^7 周次而试样表面没发生破坏的最高压力 (赫兹压力，Hertzian pressure) 为该试样的滚动接触疲劳强度。图 5-50 给出了烧结态＋表面热处理、烧结态＋表面致密化＋表面热处理和 16MnCr5 钢＋表面热处理的滚动接触疲劳强度。可见，经表面滚压处理后的烧结材料 (尤其是以 Astaloy Mo 为基的烧结材料) 与普通钢 16MnCr5 的滚动接触疲劳强度十分接近。

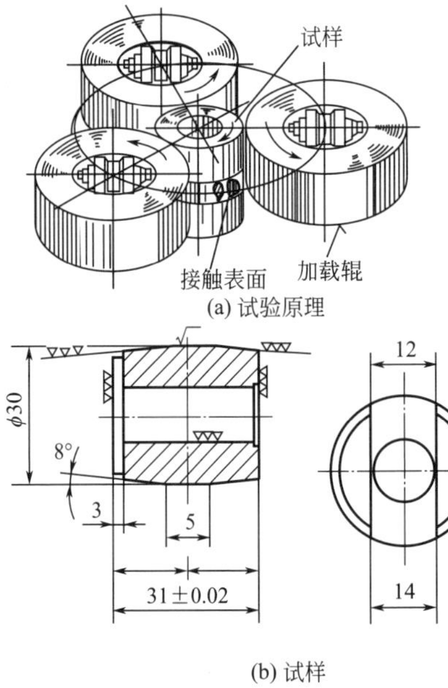

图 5-49　表面接触疲劳试验装置及试样尺寸[69]

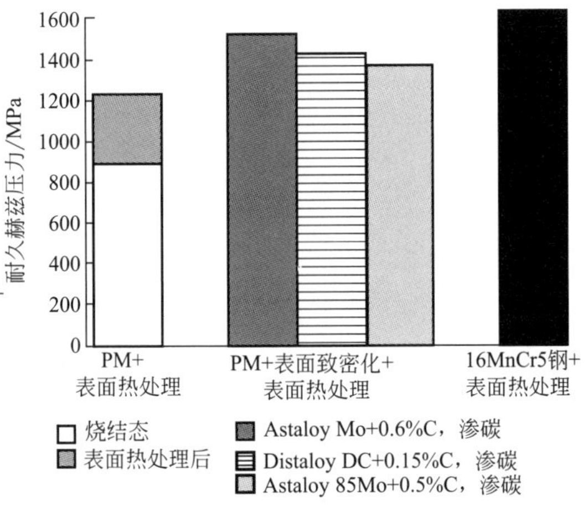

图 5-50　不同工艺、不同成分材料的滚动接触疲劳强度[69]

美国 MPIF 公布了 2007 年版粉末烧结钢滚动接触疲劳试验，简介如下[72]。

滚动接触疲劳（RCF）试验是用 Catepillar 试验机进行的。通过杠杆与静重，使试验滚子与荷载滚子在载荷作用下相接触。用齿轮组驱动滚子与试验试样，和滚子与试验试样的表面速度相同时的纯滚动相比，导致产生 43% 滑动（荷载滚子的表面速度比试验试样快 43%）。试验试样在 90℃的变速器油浴中以 1330r/min 的速度旋转。用 10μm 陶瓷过滤元件除去油液中的磨损颗粒，而且，在使用 1000h 后，要更换整个油液系统。由试验试样表面产生麻坑、剥落或裂纹确定失效，当发生这种事故时，用一振动传感器停止试验。设想试验进行 7×10^6 次循环后结束。为对试验结果进行 Weibull 分析提供充分数据，在失效应力下，至少应将试验进行 6 次。

产业界为进行这项研究试验制造了能代表各种材料与加工条件的、密度从 7.1g/cm³ 到接近无孔隙密度的一系列 19 种试验材料。其中包括一种锻轧钢作为参照基准（表 5-27）。

表 5-27　滚动接触疲劳试验数据[72]

材料代号	表面密度/(g/cm³)	烧结工艺	热处理方法	RCF 寿命（10^6 次循环）			接触疲劳应力/10^3psi(MPa)	韦伯斜率
				应力/10^3psi(MPa)	G50(50%置信度)	G10(50%置信度)	G50(10^7 次循环)	
FN-0205	7.10	Std	Q+T	180(1240)	3.5	2.1	165(1140)	3.6
FD-0200	7.12	HTS	Case	185(1275)	6.8	3.1	178(1230)	2.4
FLN2-4405	7.11	Std	Q+T	180(1240)	4.1	1.5	163(1125)	1.8
FLN2-4400	7.12	HTS	Case	210(1240)	3.1	1.2	184(1270)	2.1
FLN2-4405	7.35	Std	Q+T	215(1485)	5.8	3.3	202(1395)	3.3
FLN2-4400	7.38	Std	Case	225(1550)	3.3	1.8	199(1370)	2.9
FLC-4608	7.30	SH	—	210(1450)	6.0	4.7	198(1365)	8.0
FL-4200	7.31	Std	Case	215(1485)	5.9	3.5	203(1400)	3.6
FLN2-4405	7.49	Std	Q+T	225(1550)	4.1	3.1	204(1405)	3.3
FLN2-4400	7.51	HTS	Case	275(1895)	2.9	1.6	240(1655)	3.2
FL-4200	7.51	HTS	Case	250(1725)	6.1	4.4	237(1635)	5.6
Fe-3.5Mo	7.63	HTS	Case	275(1895)	4.1	2.5	249(1715)	3.7
FL-4400	7.5*	Std	Case	282(1945)	6.2	3.6	267(1840)	3.5
	7.7+							
FL-4400	7.7+	Std+	Case+FNC	260(1795)	3.0	1.8	227(1565)	3.4
FL-4400	7.7+	Std+	Case	300(2070)	3.0	1.7	262(1805)	3.3
Fe-0.9Mn-0.5Mo	7.5*	HTS	Case	305(2105)	3.9	2.4	275(1895)	3.8
	7.8+							
锻钢 4620M	7.85+		Case	300(2070)	5.9	4.0	283(1950)	5.0

注：1. 表面密实加工；带星号为体积密度 7.5g/cm³。

2. 烧结工艺代号：Std—常规烧结（1116～1138℃）；Std+—常规烧结（1182℃）；HTS—高温烧结 1280～1288℃；SH—1120℃+快速冷却。

3. 热处理工艺代号：Q+T—油淬+回火；Case—渗碳淬火；FNC—铁素体氮碳共渗。

RCF 试验试样是由 11 个不同来源提供的坯料经切削加工制成的。最终尺寸为外径 58.4mm，内径 24.1mm 及阶式端面宽度（依据抗拉强度荷载宽度为 7.67mm 或 5.13mm）。坯料经粗切削加工与磨削后，返回原制造单位进行最终处理（如热处理、表面密实加工等），然后进行精磨削与抛光。

荷载滚子是由和制造锻轧钢试样相同的锻轧钢（AISI）用切削加工制造的。滚子外径为 95.25mm，内径为 44.45mm ，宽度为 12.7mm，（为保证在试验时能将整个试样的宽度全部包括在内而选择的宽度）。荷载滚子要进行表面渗碳淬火，在渗碳深度 1.9～2.7mm 下，硬度为 58～63HRC。

表 5-27 中，在以“G50”与“G10”为标志的纵列中列出了给定应力下的 RCF 寿命（10^6次循环），G50 表示循环次数达到了 50%失效率，而 G10 表示循环次数达到 10%失效率，统计分析的可信度为 50%。在称为“接触疲劳应力”（于 10^7次循环下，G50 失效率）的纵列列出了在 10^7次循环下，对于 50%失效率，计算的接触应力。韦伯（Weibull）斜率值是数据的韦伯分布直线的斜率。通常，较大的数值有利。

（3）齿轮接触疲劳的理论基础[70]

Roger Law cock[70]对齿轮接触疲劳的理论进行了系统论述，介绍如下。

① 最大接触应力计算　根据 Herts 弹性理论，图 5-51 中最大接触应力为：

$$\sigma_{Hmax}=4F/(L\pi B) \tag{5-9}$$

接触带宽度 B 为：

$$B=\sqrt{\frac{16F(K_1+K_2)R_1R_2}{L(R_1+R_2)}} \tag{5-10}$$

$$K_1=(1-\nu_1{}^2)/(\pi E_1)$$

$$K_2=(1-\nu_2{}^2)/(\pi E_2)$$

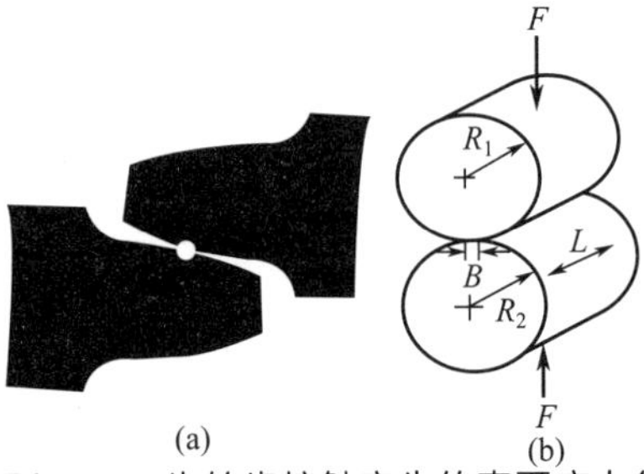

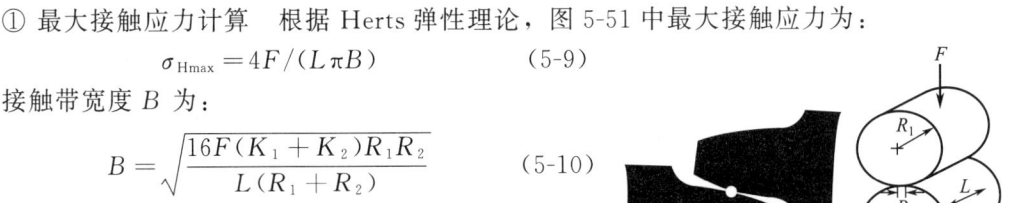

图 5-51　（a）齿轮齿接触产生的表面应力集中；（b）接触线上的等效柱体[70]

式中，F 是对长 L、半径 R 的柱体所施加的力，N；ν 为泊松比；E 为弹性模量，GPa。

最大剪切应力　$$\tau_{max}=0.295\sigma_{Hmax} \tag{5-11}$$

最大剪切应力深度　$$Z=0.393B \tag{5-12}$$

② 表面下的应力分布　由接触状态引起的表面下剪切应力分布，可由下述主应力方程确定。

$$\sigma_{xx}=-[\frac{(\sqrt{1+(z/b)^2}-z/b^2)}{\sqrt{1+(z/b)^2}}]b/\Delta \tag{5-13}$$

$$\sigma_{yy}=-2\nu[\sqrt{1+(z/b)^2}-z/b]b/\Delta \tag{5-14}$$

$$\sigma_{zz}=-[\frac{1}{\sqrt{1+(z/b)^2}}]b/\Delta \tag{5-15}$$

其中：

$$b=\sqrt{2w\Delta/\pi} \tag{5-16}$$

$$\Delta=\frac{1}{(1/2R_1)+(1/2R_2)}[\frac{1-\nu_1{}^2}{E_1}+\frac{1-\nu_2{}^2}{E_2}] \tag{5-17}$$

式中，z 为距表面距离，mm；w 为单位长度载荷，N；R 为曲率半径，mm；ν 为泊松比；E 为弹性模量，MPa。

最大剪切应力由下式给出：

$$\tau_{max}=\sqrt{(\sigma_{max}-\sigma_{min})}/2 \tag{5-18}$$

八面体剪切应力由下式给出：

$$\tau_{oct}=\sqrt{(\sigma_{xx}-\sigma_{yy})^2+(\sigma_{yy}-\sigma_{zz})^2+(\sigma_{zz}-\sigma_{xx})^2}/3 \tag{5-19}$$

图 5-52 示出了一个自动变速器中心齿轮与小齿轮齿轮组的表面下应力分布。它是令 $E=207$GPa，$\nu=0.3$，且假定表面接触应力为 1800MPa（这是较高级齿轮典型的工作接触应力），再利用式（5-5）～式(5-11)（取曲率半径 $R_1=6.1$mm，$R_2=15.1$mm）而计算出来的。

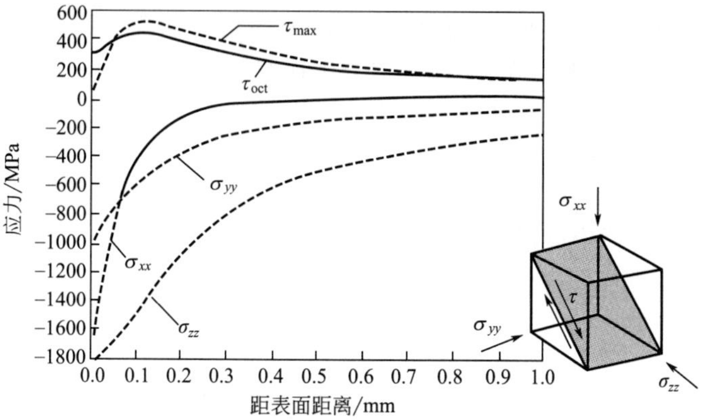

图 5-52 自动变速器中心轮与小齿轮组成的计算的表面下应力分布[70]

③ 齿面接触疲劳的计算[83]

点蚀是一种在节线附近靠近齿根部分齿面上出现的小块剥离而形成的麻点现象。齿面点蚀后会影响齿轮传动的平稳性，引起振动和噪声，甚至失效。形成点蚀的主要原因是最大接触应力 σ_{Hmax} 超过齿轮材料的接触疲劳极限，抗点蚀的对策是限制齿面上最大接触应力 σ_{Hmax} 的值，要求小于或等于齿轮材料的许用接触应力 $[\sigma]_H$。

$$\sigma_{Hmax}\leqslant[\sigma]_H \tag{5-20}$$

式（5-20）适用于两圆柱相接触的情况，将两个平行的圆柱体转化为两个渐开线齿轮的齿廓，以相应的参数与尺寸代替，并以交变接触应力代替静接触应力，用齿面节点作计算点，则齿面最大接触应力计算式为：

$$\sigma_{Hmax}=\sigma_H=Z_EZ_HZ_\varepsilon Z_\beta\sqrt{\frac{KF_1}{bd_1}\cdot\frac{u\pm1}{u}}=Z_EZ_HZ_\varepsilon Z_\beta\sqrt{\frac{2KT_1}{bd_1^{\,2}}\cdot\frac{u\pm1}{u}} \tag{5-21}$$

式中，Z_E为弹性系数；Z_H为节点区域系数；Z_ε为重合度系数；Z_β为螺旋角系数；b 为齿宽；u 为齿数比；F_1为端面内分度圆上名义切向力；d_1为小齿轮分度圆直径；“+”号用于外啮合传动；“−”号用于内啮合传动；T_1为小齿轮轴转矩；K 为载荷系数。

④ 表层下疲劳失效方式　滚动接触应力所致齿轮齿形损坏可能是由于点蚀或表层下疲劳失效方式。点蚀疲劳应力极限是由材料与工艺条件决定的，表层下疲劳失效可以通过表层深度来防止，通常采用满足表层下疲劳指标的最薄层深度。为使弯曲疲劳寿命最长，也应避免表层深度过深。对于锻钢齿轮的表层下疲劳，已开发出经验的表层深度设计指南，以式(5-22)与式（5-23）表示：

$$\mathrm{ECD}=12\times10^6W_t/F\cos\phi \tag{5-22}$$

式中，ECD 为达到 50HRC 的有效表层深度；W_t 为切向载荷；F 为齿轮端面宽度；ϕ 为压力角，度。

$$\mathrm{ECD}=\frac{\sigma_{Hmax}d\sin\phi}{4.4\times10^4\cos\psi_b}[N_G/(N_G+N_p)] \tag{5-23}$$

式中，ECD 为达到 50HRC 的有效表层深度；σ_{Hmax}为最大表面压应力，MPa；d 为小齿轮节圆直径，mm；ϕ 为横向压力角，度；ψ_b为基准螺旋角；N_G为齿轮齿数；N_p 为小齿轮齿数。

接触线处的曲率半径对表面下剪切应力分布有很大影响。图 5-53 示出图 5-52 的小齿轮与中心齿轮的剪切应力分布，并与基于滚动接触疲劳试验的两个圆柱体（表 5-28）的计算应力分布进行了对比。在这三种情形下，均使用 1800MPa 接触应力，提供了同样的峰值剪切应力值 473MPa。曲率半径的增大显著改变了最大应力深度（由 0.11 mm 增至 0.24mm，进一步增至 0.40mm）。同样，参照表 5-28 的表面下材料剪切强度状态并由于较深的表面下应力分布，圆柱体试验很可能引起了表层下疲劳失效，而非后来在齿轮上观察到的点蚀疲劳失效。图 5-54 示出剪切强度与剪切应力分布的相对位置。在较深的表面区，明显可见半径较大的圆柱体 b 与 c 的应力分布与剪切强度曲线 τ_f 的不利相互作用。可将试样加工成适应圆柱体试验时形成的应力分布状态，并可将齿轮剪切强度/剪切应力分布，乘以系数，使之等同于圆柱体试验试样所需的密度与表层分布。

表 5-28　粉末冶金多孔钢滚动接触疲劳试验方法[70]

试样直径/mm	滚子直径/mm	试验条件
30	30	1800～2500MPa[42]
58	94	1200～2000MPa，36%～43%滑动[43,48]
30	70	1900～2500MPa，24%滑动[12,40,44,45]
42	42	1600～2100MPa，24%滑动[46,47]

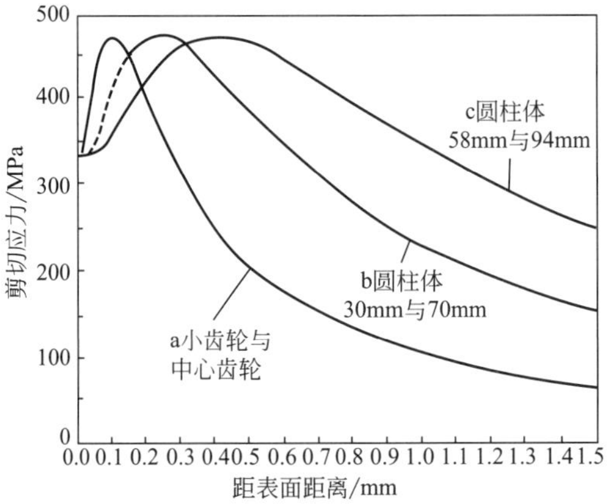

图 5-53　曲率半径对剪切应力分布 τ_{oct} 的影响（施加接触应力 1800MPa，加载条件见图 5-51）[70]

a—有效直径 12.3mm 与 30.2mm 的小齿轮与中心齿轮；b—直径 30mm 与 70mm 的试验圆柱体；c—直径 58mm 与 94mm 试验圆柱体（表 5-28）

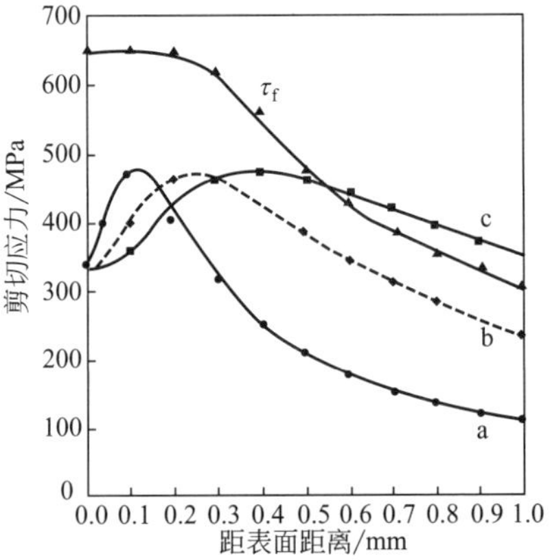

图 5-54　剪切疲劳强度 τ_f 和剪切应力曲线 a、b 和 c[70]

⑤ 剪切应力分布与剪切强度分布　为了避免齿轮表层下疲劳失效，Pederson 等人（1961）提出材料的剪切屈服强度与施加的剪切应力之比必须大于 1.8。后来，Sharma 等人（1977）又提出，为了防止齿轮表层下疲劳失效，材料的剪切疲劳强度应超过所施加的剪切应力的 0.3 倍。后一种方法看起来比较合理，因为它采用的是疲劳强度而非屈服强度。但齿轮试验表明，两种准则都被证明能成功防止表层下疲劳失效。为了避免表层下的疲劳失效，需要较深的渗碳层来提高剪切强度/剪切应力的系数，粉末冶金材料还需要较深的致密化表层。

可用粉末材料的硬度分布与密度分布，估算抗拉强度与密度的分布。粉末材料疲劳比受密度影响，为了估算局部疲劳强度，可假定疲劳比随密度呈线性关系，从而从抗拉强度估算出疲劳强度，再从轴疲劳强度估算出剪切疲劳强度。图 5-55 为粉末冶金齿轮计算出的材料剪切强度与工作剪切应力的分布。图中结果表明，工作应力包含在材料疲劳强度范围之内，也满足了表面下疲劳准则，在距离表层/心部界面 1.0mm 处，剪切疲劳强度与剪切应力之比为 2.7。

存在滑动力时，滚动接触疲劳耐久性降低，因为表面剪切应力增大，峰值剪切应力移向表面，从而产生断裂。图 5-56 为滑动对滚动接触疲劳寿命的影响，图中结果表明，在试验中引入 3%的小量滑动，疲劳强度显著降低（22%）；滑动量增大到 20%时，疲劳强度按比例降低约 14%。对锻钢齿轮所做的对比试验表明，当滑动比在 3%～10%时，点蚀频率最大[84]。对于表面致密化粉末冶金材料的滚动接触疲劳试验来说，小于 15%的滑动量是合适的，但以前的滚动接触试验使用的滑动值范围为 24%～43%[72]。一些试验表明，表面致密化粉末冶金材料在弹性流体动力学状态下的反应类似锻钢，表面致密化的粉末冶金材料的滚动接触疲劳极限，可能稍高于通常用来制造齿轮的锻造合金钢[85,86]。

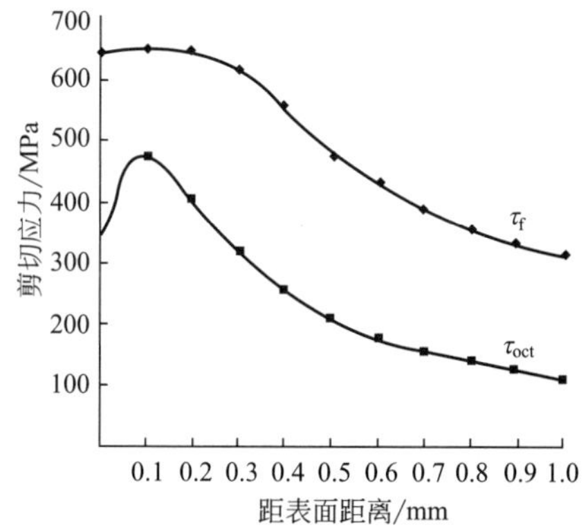

图 5-55 对表面致密化粉末冶金变速器小齿轮计算出的材料剪切强度τ_f与工作剪切应力τ_{oct}[70]

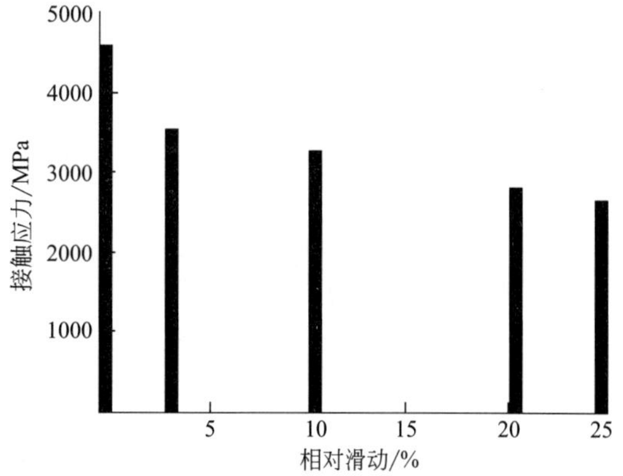

图 5-56 滑动对滚动接触疲劳寿命的影响[84]

（4）齿轮的裂纹萌生与扩展[87]

齿轮的失效主要是由齿面的接触疲劳和齿根的弯曲疲劳引起的。齿轮疲劳损坏方式有点蚀、断齿和表层下的疲劳失效，表现为浅层剥落和表层压碎两种形式。渗碳淬火齿轮的接触疲劳特性与软齿面齿轮不同，渗碳淬火使金属晶格位向发生改变，键能增加，表面致密化、磨削等加工工艺形成硬化层，在硬化层中存在热处理和加工硬化共同作用下产生的残余应力场，该应力场能抵抗外力，齿轮的接触疲劳强度大大提高；而软齿面疲劳源多发生在表面。

材料的疲劳失效总是发生在应力最大和强度最弱的区域，而渗碳层之下由于残余应力或强度较低，很可能首先形成裂纹源，但是表层之下的裂纹源受到周围晶粒的制约，裂纹的萌生、长大和扩展的门槛值均高于表面的裂纹源。因此，喷丸、渗碳、渗氮和碳氮共渗等表面强化材料的裂纹源，视工艺条件、强化层厚度等因素有可能在表面，也可能在内部[88]。

如前所述，为了避免表层下疲劳失效，施加的剪切应力与剪切强度比必须小于 0.55（pederson 准则）或者材料的剪切疲劳强度应超过剪切应力的 0.3 倍（Sharma 准则），当剪切应力与剪切强度比 $\eta>0.55$ 时，齿轮表层下疲劳失效表现为表层压碎；当 $\eta<0.55$ 时，齿轮将以表面裂纹产生的疲劳麻点剥落方式出现（点蚀）。图 5-57 给出了齿轮剪切应力和剪切疲劳强度

比值的曲线，从图中可以看出应力与强度比值 η 的最大值并不在表面，而是在表层和心部的交界处（大约在自表面下距离 0.4～0.45mm 处），其值大约为 0.25，远远小于 0.55，所以，表层下疲劳失效方式应表现为浅层剥落，发生浅层剥落的深度在 0.1～0.4mm 范围内。采用这一方法判定出的齿轮疲劳失效方式和疲劳源区域的结果与齿轮实际失效结果相吻合。

经过表面强化处理后，齿根不同深度下的疲劳极限变化。从表面开始至 0.15mm 的深度，疲劳极限有一上升到下降的过程，在表面深度约为 0.05mm 处为最大疲劳极限值。随着深度的增加，残余应力和硬度都开始下降，当深度为 0.45～0.5mm 时，疲劳极限基本保持不变，齿根表面下 0.25～0.45mm 的区间是疲劳危险区，如图 5-58 所示。齿轮表面强化结果，使得齿轮弯曲疲劳从表面转入次表面，疲劳裂纹在此区域萌生，裂纹萌生点主要是氧化物夹杂、孔隙和其他缺陷，其扩展沿奥氏体晶界，但受残余应力场阻碍。

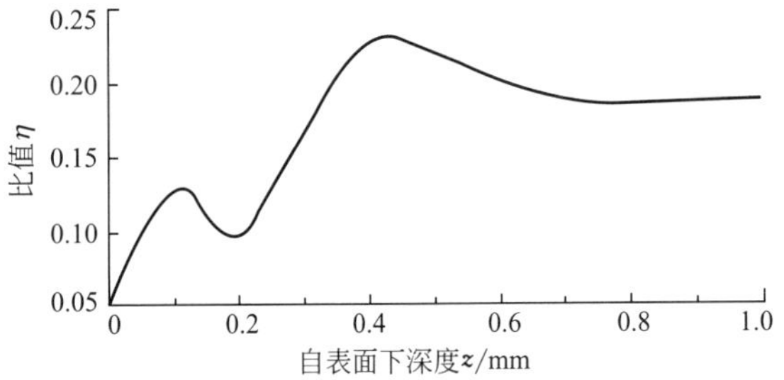

图 5-57　齿轮应力与强度比值的曲线[89]

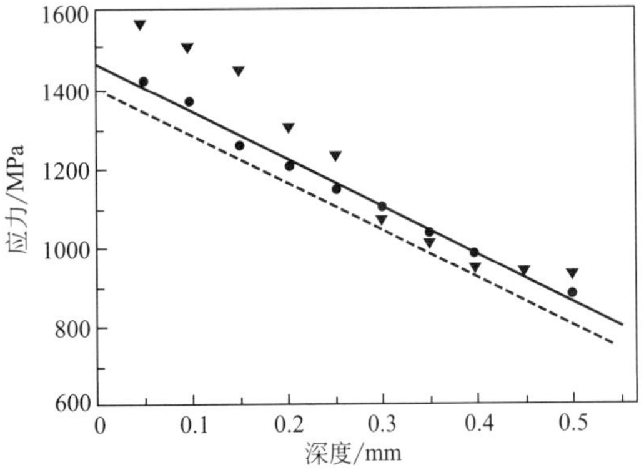

图 5-58　齿根不同深度下的估算疲劳极限和应力分布[90]

5.2.3　多孔钢滚压表面致密化工艺的研究

三浦秀士等人[91]研究了铁基烧结合金圆筒滚压表面致密化工艺和合金材料的接触疲劳问题。采用的原料成分为 Fe-0.6Mo-0.2Mn-0.37C（质量分数/%）预合金化粉末 A 和预合金粉中加入 Mo 粉（预合金粉末质量的 0.2%），通过扩散黏附在表面的 B 粉末含 C 量为 0.34%（质量分数）。A、B 粉末成形压力分别为 580MPa 和 608MPa，两者约在 1473K 烧结 2.7ks，烧结后性能如表 5-29 所示。滚压加工在轴交差式 CNC 滚压机上进行，滚压试样如图 5-59 所示，工件芯轴转速为 12r/min。滚压工具轴转速为 300r/min，压下量为 100～400μm。接触疲劳试验在油压式二圆筒式试验机上进行，滑动量为 4%。转动速度低速侧为 1742r/min（工件辊），高速侧为 1812r/min（SCM435）。图 5-60 为 A、B 两种烧结合金圆筒的直径减小量和压下量的关系。图 5-61 为 A、B 烧结合金圆筒表层孔隙度的减小量和直径减小量的关系。图 5-62 为 A、B 两种圆筒直径减小 300μm 后，表面孔隙度减少量的比较。图 5-63 为 A、B 两种材料接触疲劳的赫兹应力 σ_H 与疲劳损坏周次的比较。图中结果表明：①随着工作辊压下量增加，工件直径成比例减小。②随着工件直径减小，工件表面的孔隙度减小。材料 A 直径减小 100～200μm 时，最表面孔隙度降至 2%，直径减小 200～300μm 时，最表面的孔隙度降至 2%～1%，但材料 B 直径减小量变大时，最表面的孔隙度没有很大区别，直径减少 100μm 和减少 300μm 两者相差只有 0.3%左右。上述原因主要是材料 B 的硬度较高，并且烧结组织不均匀。③滚压处理后，A 材料的疲劳强度从 0.75GPa（未滚压）上升到 0.95GPa，B 材料疲劳强度从 0.5GPa（未滚压）上升到 0.75GPa。

表 5-29　铁基烧结合金圆筒的性能[91]

材料	烧结密度/(g/cm^3)	孔隙度/%	杨氏模量/GPa	硬度/HRB
A	7.10	10	145	60.2
B				68.0

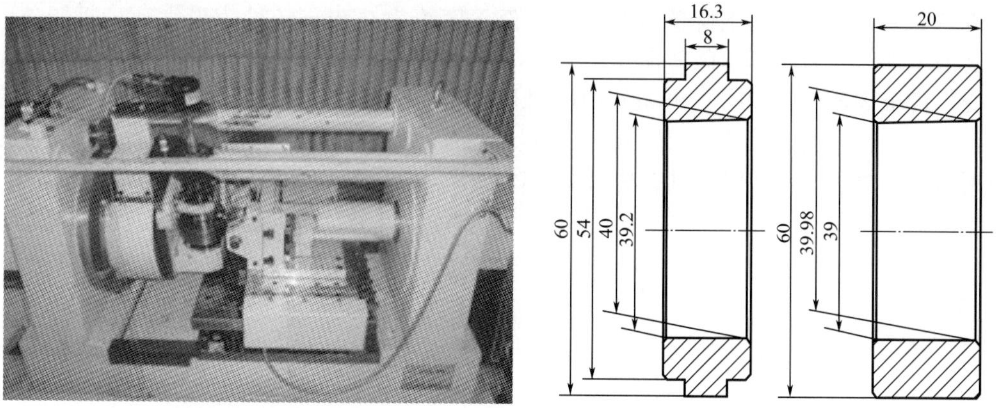

(a) 轴交差式CNC滚压机　(b) 铁基烧结合金圆筒　(c) SCM435圆筒

图 5-59　轴交差式 CNC 滚压机和铁基烧结合金圆筒与 SCM435 工作辊[91]

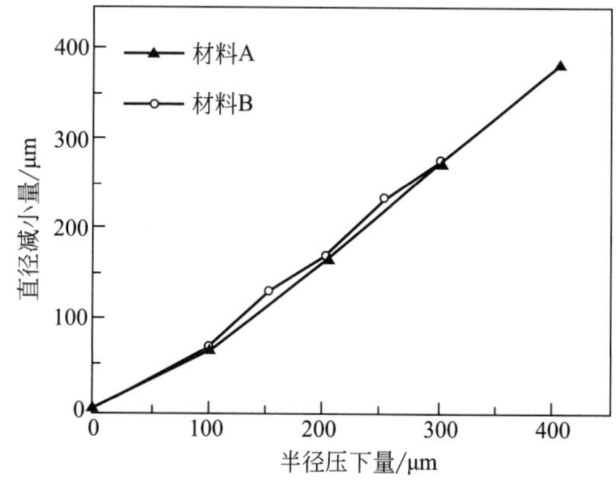

图 5-60　半径压下量和直径减小量的关系[91]

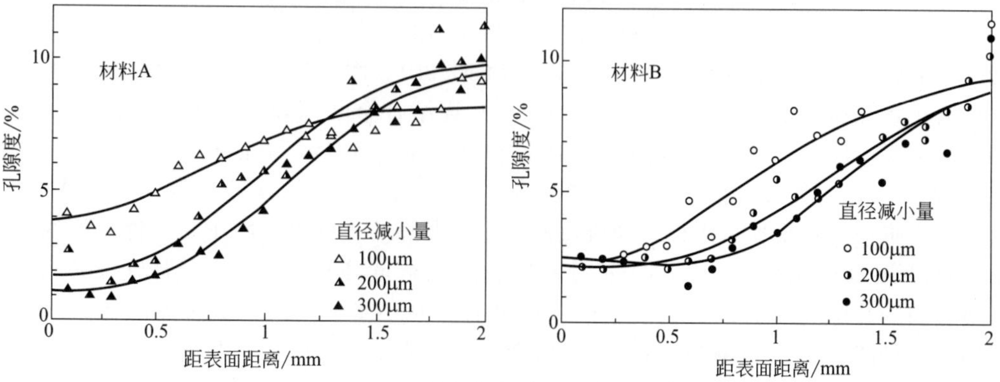

图 5-61　试验圆筒的表面层孔隙度分布

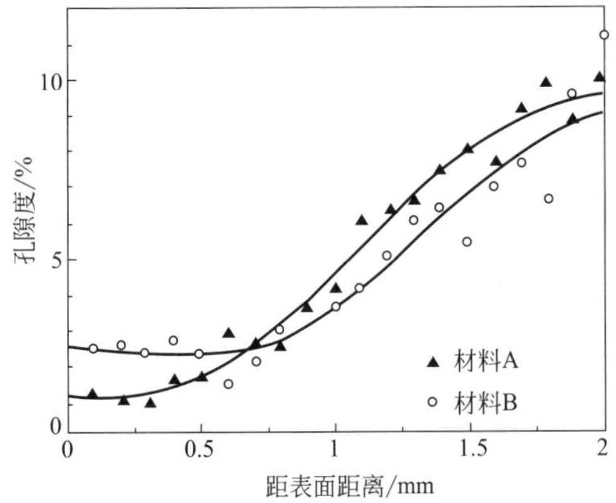

图 5-62　两种材料的试验圆筒的表面层孔隙度分布的比较[91]（直径减小量为 300μm）

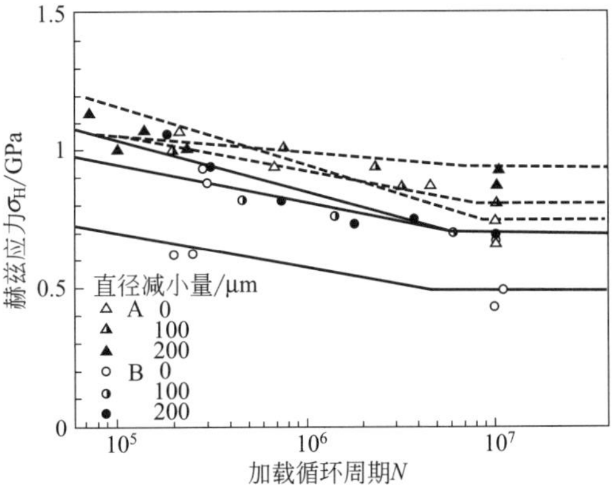

图 5-63　接触疲劳试验结果[91]

三浦秀士等人[92]为了提高烧结合金的接触疲劳性能，对文献［91］给出的 A、B 材料滚压后进行渗碳热处理，并且与熔铸合金 SCM415 渗碳热处理件进行比较，讨论疲劳过程中烧结滚压合金的损伤机理。渗碳热处理工艺如图 5-64 所示，渗碳淬火有效硬化层深度（≥550HV 的深度）分别为 0.6mm（A 材料）和 1.2mm（B 材料），淬火时有效硬化层的深度必须进行适当控制，在材料端面和内周面进行防碳处理。图 5-65 为渗碳热处理后，从表面到内部三种材料的硬度，淬火后有效硬化层材料 A 为 0.65mm，材料 B 为 1.45mm，内部硬度为 480HV，比熔铸合金 SCM415（280HV）还要高。A 和 B 两种粉末钢，内部孔隙度为 10%，并且大部分孔隙为开口孔隙，这类材料容易渗碳，其含碳量约为 0.4%，所以硬度比 SCM415 还要高很多。图 5-66 给出施加渗碳热处理的粉末烧结钢的接触疲劳强度。通过滚压的 B 材料，当有效硬化层为 0.6mm 时，接触疲劳强度为 1700MPa，当有效硬化层深度为 1.2mm 时，接触疲劳强度为 2100MPa，和没有渗碳淬火的 B 材料接触疲劳强度相比分别增大 1000MPa 和 1400MPa。这个试验表明，粉末烧结钢通过滚压和渗碳淬火，其接触疲劳强度增大很多，特别是有效硬化层深度加大，接触疲劳强度更加大幅上升。通过这种方法得到的接触疲劳强度和熔铸的 SCM415 渗碳淬火钢的接触疲劳强度（2000MPa）大致相等。

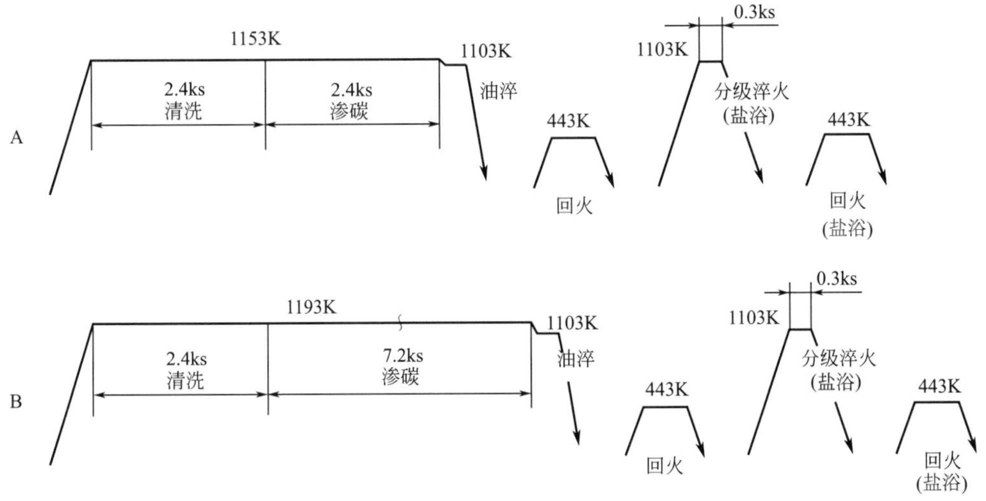

图 5-64　渗碳热处理工艺[92]

图 5-67 左侧是经接触疲劳试验后，渗碳淬火导致的有效硬化层深度不同的粉末合金钢圆筒损伤状态的扫描电镜照片；图 5-67 右侧为光学显微镜的照片。从图中可以看出，破断面都与试样的表面平行，渗碳淬火有效层深度为 0.6mm 和 1.2mm 时，通过损伤深度测定分别是 0.8mm 和 1.27mm，这表明有效硬化层深度不同，其损伤层深度不一样，并且渗碳淬火产生的有效硬化层深度比滚压产生的表面致密层厚度对损伤层深度的影响更大。图 5-68 为圆筒表面下裂纹扩展的路径，裂纹在圆筒内部产生，连接气孔扩展，在圆筒表面产生大的剥离和碎裂。图 5-69 为在接触疲劳试验中最大剪切应力的分布和渗碳淬火产生硬度分布以及裂纹萌生区域的关系图，其中最大剪切应力分布按照 Smith. J. 解析法求出。当有效硬化层深度为 0.6mm 时，最大剪切应力峰值深度和有效硬化层深度以及损伤深度位置一致[图 5-69(a)]；当有效硬化层深度为 1.2mm 时，最大剪切应力峰值深度与有效硬化层深度位置不一致，损伤层靠近硬化层，这种状态使得接触疲劳强度大幅上升[图 5-69(b)]。从图中可以看出随着有效硬化层深度增大，裂纹扩展区域向试样内部移动。

三浦秀士等人[93]在前面的基础上还研究了铁基烧结合金齿轮齿根的弯曲疲劳强度及滚压对弯曲疲劳强度的影响。采用完全预合金化的粉末 Fe-0.6Mo-0.20Mn（质量分数/%），加入 0.2%Mo 粉扩散黏附在预合金粉末表面上，加 0.45%石墨混合在

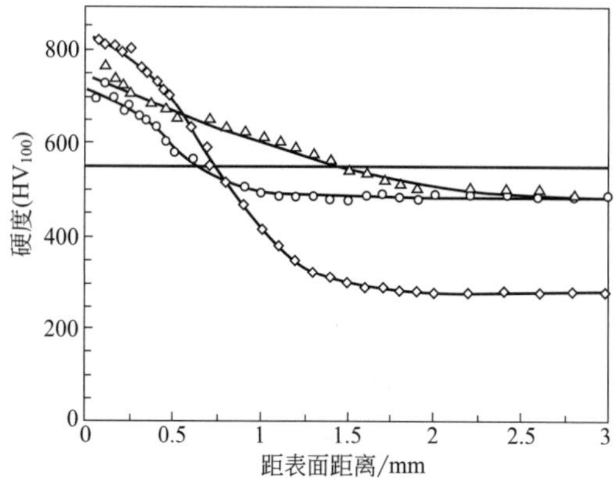

图 5-65 渗碳热处理后从表面到内部三种材料的硬度[92]

◇ SCM415
○ PM 材料（硬化层深度 0.6mm）
△ PM 材料（硬化层深度 1.2mm）

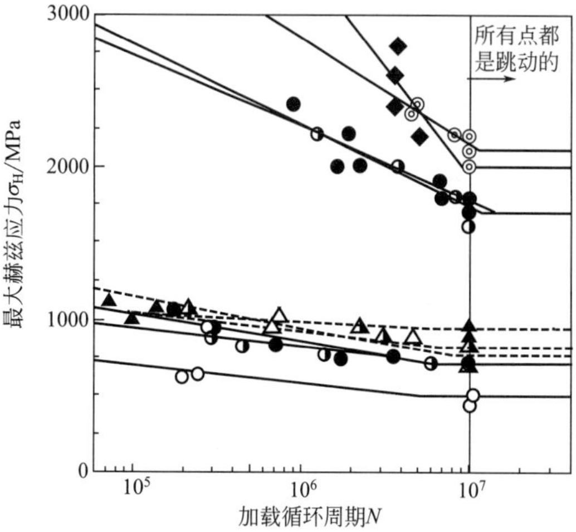

渗碳淬火处理的粉末烧结钢
◆ SCM415
◑ 材料 B(滚压100μm，有效硬化深度0.6mm)
● (滚压200μm，有效硬化深度0.6mm)
◎ 材料 B(滚压200μm，有效硬化深度1.2mm)

未渗碳淬火处理的粉末烧结钢
△ 材料 A未滚压
◭ 滚压100μm
▲ 滚压200μm
○ 材料 B未滚压
◑ 滚压100μm
● 滚压200μm

图 5-66 接触疲劳试验结果[92]

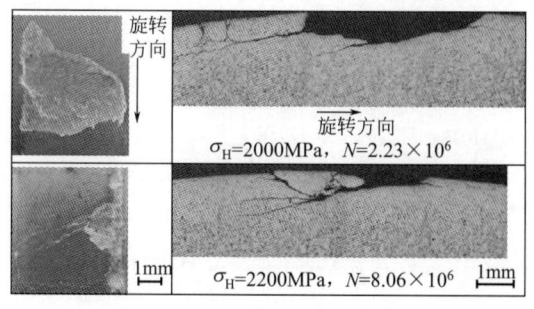

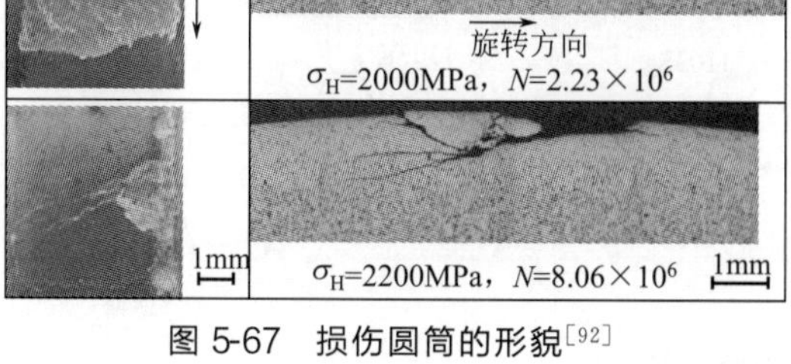

图 5-67 损伤圆筒的形貌[92]

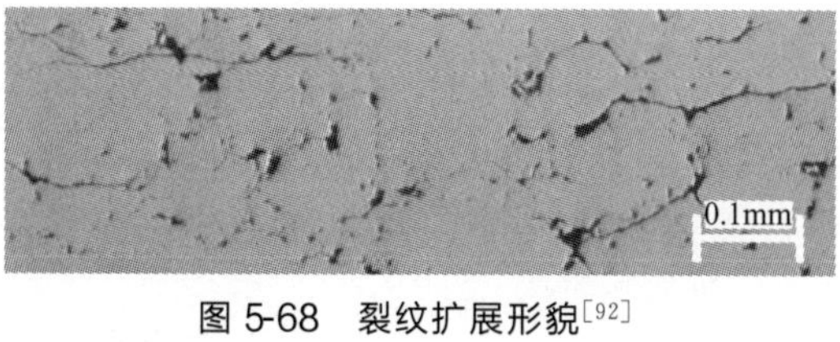

图 5-68 裂纹扩展形貌[92]

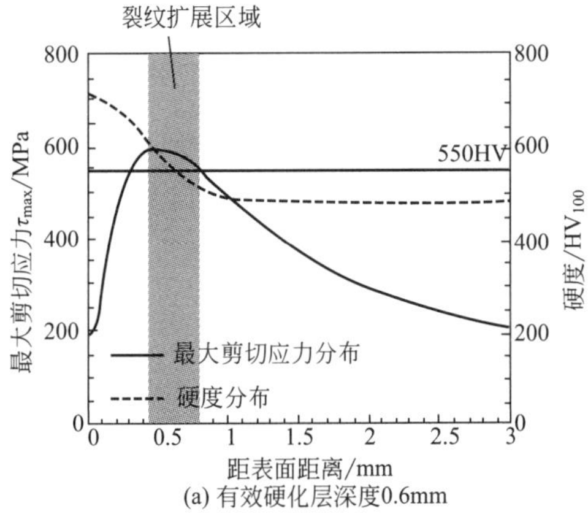

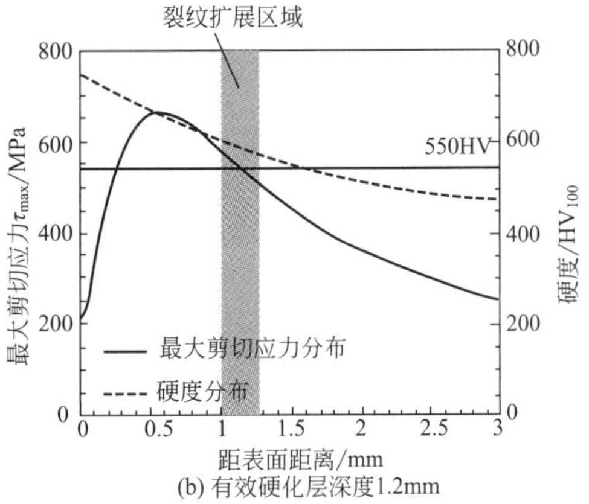

图 5-69　最大剪切应力和硬度的分布[92]

一起，在 580MPa 压力下冷成形，1473K 下烧结 2.7ks，烧结棒材进行滚齿。齿轮模数为 3，齿数为 26 齿，压力角为 20°，齿幅为 10mm，齿厚（4 枚相叠）为（32.090±0.01）mm，平齿。齿轮平均密度为 7.10mg/m³，硬度为 68.0HRB，采用汽车变速箱常用的熔制材 SCM415 滚齿为同样形状齿轮，作为试验的参照物。采用轴交差式滚齿机进行滚压，齿根滚压重要参数为板牙工具的齿顶圆半径 R 和齿顶高度。该研究采用板牙工具，齿顶圆半径固定为 0.8mm，齿顶高度分别为 3.6mm 和 3.5mm，前者称为 QE20，后者称为 QE21。齿轮滚压装置如图 5-70 所示，滚压工具齿的尺寸如图 5-71 所示，滚压压下量如表 5-30 所示。测量滚压前和滚压后的齿轮形状变化，从 Hofer30°切线测量危险断面形状的变化量（称为齿底滚压量）和从齿底到滚压区域的距离，前者称为齿根曲率法向方向的滚压深度，后者为齿轮半径方向的滚压深度。Hofer30°危险截面是指在齿根处产生应力集中部位为连接和齿廓对称中心成 30°且与齿根圆角相切直线的切点的平面（图 5-72），Hofer30°危险截面的计算可采用图解法或经验公式。齿根的弯曲疲劳试验装置如图 5-73 所示，试验装置按日本的齿轮工业协会标准 JGMA-4101 设计，按 ISO6336 标准设计危险断面的齿根弯曲应力，评价齿根的弯曲疲劳强度。

图 5-70　滚压装置[93]

表 5-30　滚压压下量[93]

项目	半径压下量/μm				
QE20	100	150	200		
QE21	100	200	300	400	500

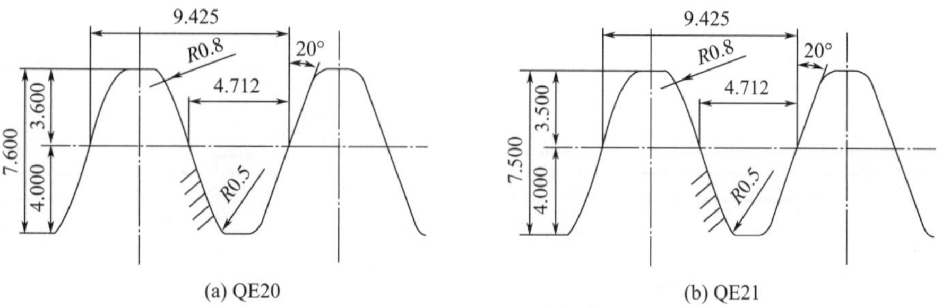

图 5-71　滚压工具的图纸[93]

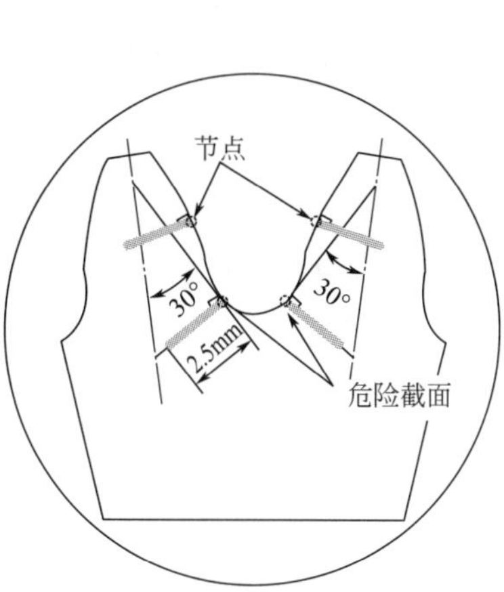

图 5-72　孔隙度测试的区域[93]

图 5-73　齿根弯曲疲劳试验装置[93]

随着滚压量的增加，Hofer 的 30°切线的法线方向滚压深度增加，齿底到滚压区域的距离减小，当为负数时，表明板牙工具齿与齿轮齿底完全接触，并且有压下量。图 5-74 和图 5-75 分别表明工具齿的压下量和齿底滚压量、齿底到滚压区域的距离的关系。图 5-76 表明两种工具齿的压下量不同时，在表面层下不同位置的孔隙度。图 5-77 表示两种工具齿压下量不同时，表面层下不同位置的硬度。图 5-78 表示两种工具齿压下量不同时，齿根弯曲应力与循环周次的关系。图 5-79 为两种工具齿齿根滚压量与齿根弯曲疲劳强度的关系。图 5-80为两种工具齿滚压时齿底到滚压区域距离与齿根弯曲疲劳强度的关系。从图中可以得出如下结论：①随着工具齿的压下量增加，齿根的滚压量呈线性增加，从齿底到滚压区域的距离线性减小，但齿底与工具过分接触容易破坏齿根表面；②滚压时，齿根表面气孔率减小，从表面到表面以下 0.5mm，气孔率可以小于 2%，表面硬度上升；③危险断面的齿底滚压

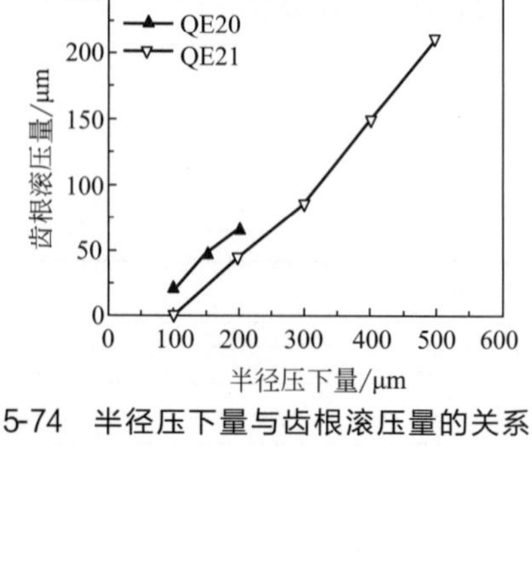

图 5-74　半径压下量与齿根滚压量的关系[93]

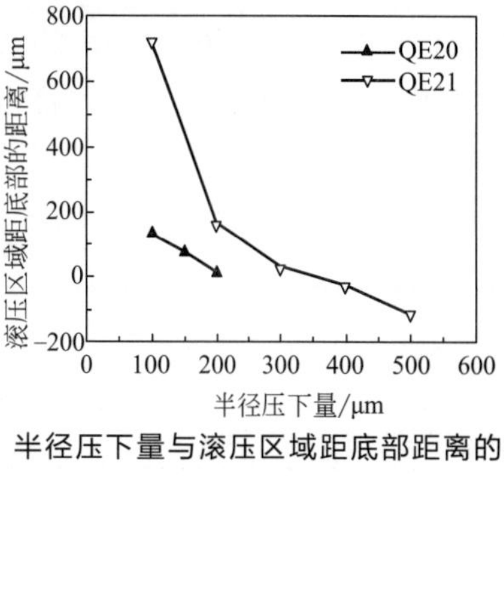

图 5-75　半径压下量与滚压区域距底部距离的关系[93]

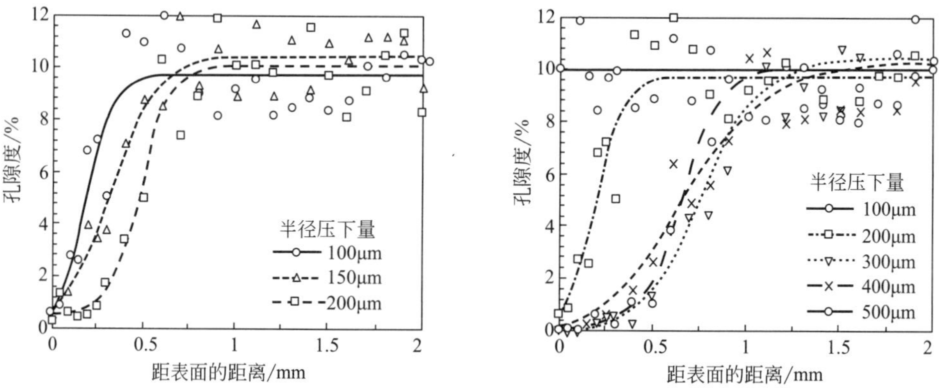

(a) QE20　　(b) QE21

图 5-76　齿根处距表面的距离与孔隙度的关系[93]

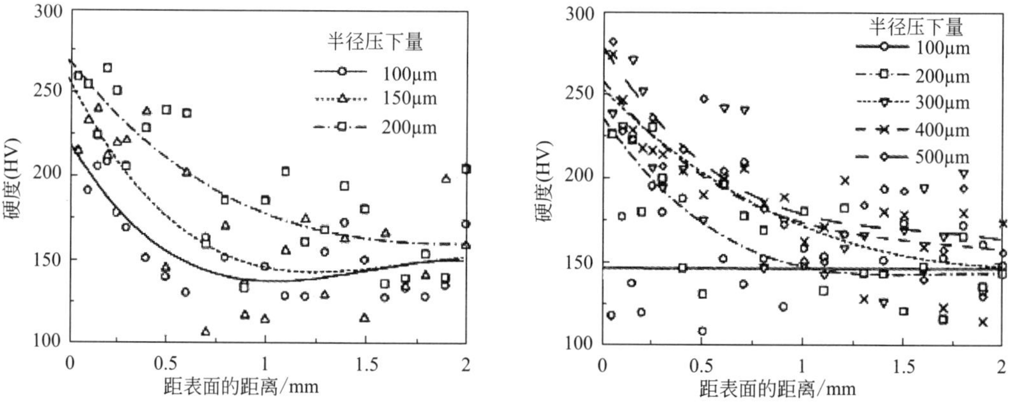

(a) QE20　　(b) QE21

图 5-77　齿根处距表面的距离与硬度的关系[93]

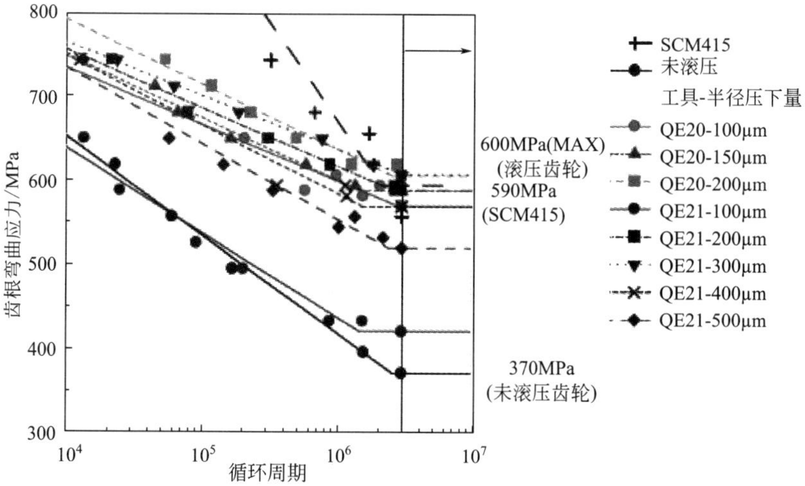

图 5-78　齿根弯曲试验结果(S-N 曲线)[93]

量比半径方向的滚压量更为重要，滚压量增加齿根的弯曲疲劳强度增大，其值达到 600MPa 以上，性能可以和熔制材 SCN415 媲美。工具齿压下量太大，疲劳强度反而降低，其原因为工具齿与齿底过分接触，破坏表面，压缩残余应力减小，疲劳强度降低。

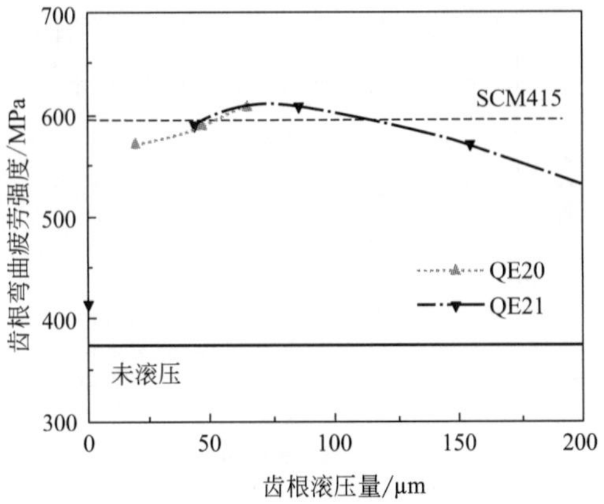

图 5-79 齿根滚压量与齿根弯曲疲劳强度的关系[93]

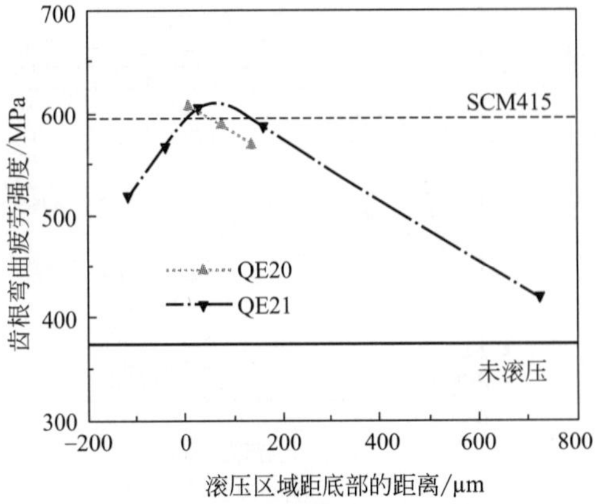

图 5-80 滚压区域距底部的距离与齿根弯曲疲劳强度的关系[93]

为了改善板牙状工具的性能，三浦秀士等人[94]开发了用数值齿形解析法得到的修整工具齿形，滚压后精度为 JIS 3～4 级，修整工具称为 QE13（图 5-81），这种工具齿形不仅能够修正齿面，还可以修整齿根附近的 Hofer30°危险断面。图 5-82 给出了多种工艺制备的齿轮齿根的弯曲疲劳强度值。图中 AS 为烧结材，SD 为采用 QE13 工具齿滚压材，压下量为 600μm，CD 为渗碳淬火材，硬化层深度 0.6mm 或 1.2mm，A、B 为前面所述的 A、B 粉末材。从 *S-N* 曲线可以看出 SCM415 渗碳熔制材的弯曲疲劳强度为 1500MPa，BSD 1.2 为 920MPa 约为渗碳溶制材的 60%，未滚压的渗碳淬火材为 730MPa，一般的熔制渗碳淬火材的弯曲疲劳强度为 0.9～1.2GPa，因此采用 QE13 工具齿滚压的 BSD 1.2 的弯曲疲劳强度与其相当。

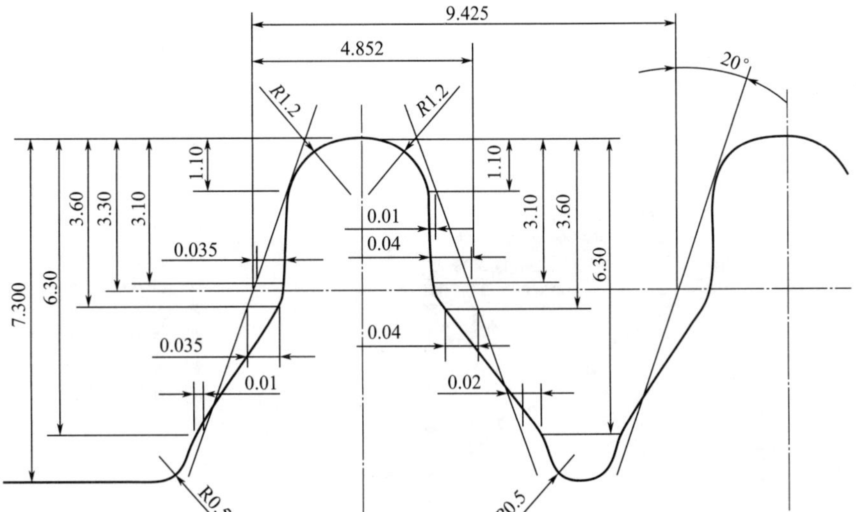

图 5-81 修整工具 QE13 的尺寸形状[94]

德岡輝和等人[95]研究了利用烧结 Ni 合金钢的非均匀结构产生马氏体提高滚压齿轮的弯曲疲劳强度的问题。粉末化学成分如表 5-31 所示，混合粉末在 980MPa 下压制成形，在 N_2 气氛下 1523K 烧结 3.6ks，制得的圆盘相对密度为 93.6%，加工成齿轮的初坯后，用修整工具齿 QE13 在轴交差式 CNC 滚压机实施滚压，压下量为 450μm 和 500μm，图 5-83 为压下量为 500μm 齿轮断面照片，从照片发现齿根 30°危险断面和节点致密层都比较浅。滚压后的齿轮在 1173K 的温度下加热 1.8ks，油淬，并在 473K 的温度下回火 3.6ks。热处理后的齿轮进行弯曲疲劳试验，表 5-32 为日本齿轮工业协会标准（JGMA 4101-01），为了进行比较，选择 SCM415 渗碳淬火钢作为参照物。如图 5-84 所示，研究者得到如下结论：①实施压下量为 500μm 的滚压后齿轮的齿根弯曲疲劳强度从没施加滚压的 550MPa 提高到 950MPa；②对已经进行滚压的齿轮进行热处理，齿轮齿根的弯曲疲劳强度降低为 630MPa，热处理没有改善齿轮的疲劳强度；③热处理降低了表面因压缩而产生的残余压应力，使得其弯曲疲劳强度降低。

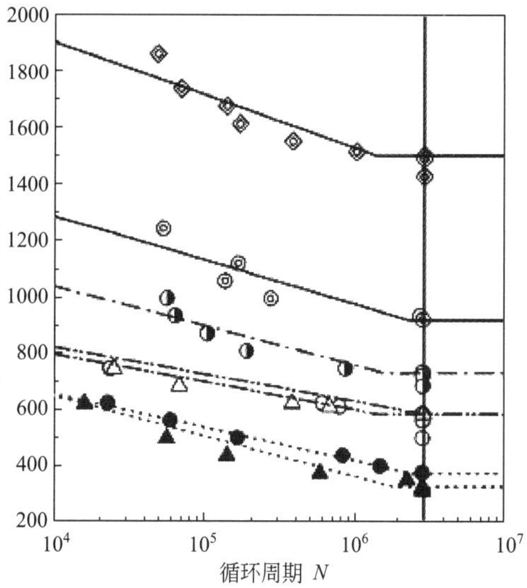

图 5-82　齿根弯曲疲劳试验结果[94]

◈ SCM415 CD0.6；

◎ B SD CD1.2；

◑ B AS CD1.2；

○ B SD；　△ A SD；

● B AS；　▲ A AS

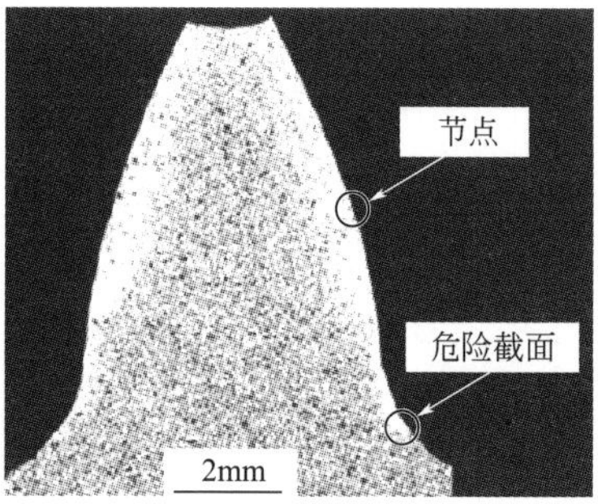

图 5-83　6%Ni 合金钢的正齿轮压坯滚压后的截面图片[95]

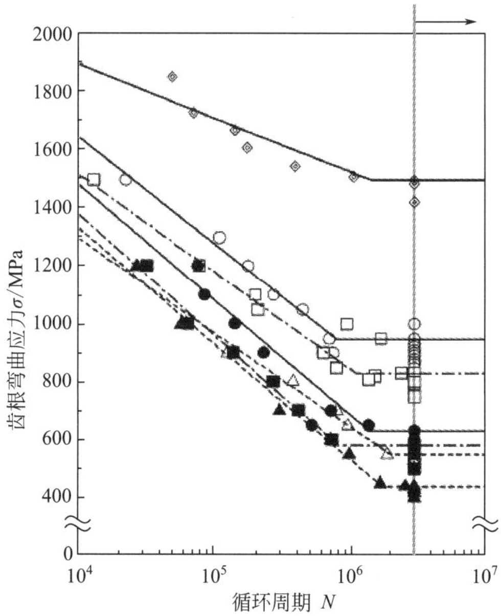

图 5-84　单齿弯曲疲劳试验结果（S-N 曲线）[95]

◈ SCM415 经表面硬化，

○ 6Ni 500μm 滚压；● 6Ni 500μm 滚压＋热处理；

□ 6Ni 450μm 滚压；■ 6Ni 450μm 滚压＋热处理；

△ 6Ni 未滚压；▲ 6Ni 未滚压＋热处理

表 5-31　6%Ni 合金钢齿轮的化学成分和密度[95]

组成元素(质量分数)/%				密度/(g/cm³)	相对密度/%
Ni	Mo	Mn	C		
6.12	0.53	0.15	0.45	7.40	93.6

表 5-32　齿根弯曲疲劳试验条件[95]

跨齿数	4
加载位置	距齿顶 1.0mm
波型	正弦波
振动频率	30Hz
最小载荷(预装载)	最大载荷的 0.5%
损坏判定	断裂
结束循环	3×10^6次

竹增光家等人[96]研究了 1.5Cr-0.2Mo 烧结合金钢圆筒的表面滚压特性和接触疲劳强度。采用赫格拉斯 AB公司的 Fe-1.5Cr-0.2Mo（质量分数,%）完全合金化粉末，添加 0.23%（质量分数）石墨，通过一次压缩、一次烧结（成形压力和烧结温度不一）制备成四种不同密度的试样（如表 5-33 所示），为了改善滚压时表面致密化特性，抑制加工硬化，试样含碳量设计比较低。试样进行滚压试验，采用圆筒的半径减小量（Δr）来评价表面致密化程度，从表面到表面以下 0.5mm 称为最表层部，最表层部的孔隙度≤1%作为滚压目的。接触疲劳强度试验在二圆筒接触式接触疲劳试验机上进行，试验机的原理图如图 5-85 所示，圆筒的粗糙度 $R_y=1.5\mu m$，试验用试样记号和特性如表 5-34 所示，RHS 表示未经滚压圆筒，RHR1 和 RHR2 表示 Δr 分别为 0.1mm 和 0.2mm 的滚压圆筒，有效接触幅为 8mm。粉末冶金圆筒渗碳淬火和回火的热处理条件如图 5-86 所示，各种试样表层硬度分布如图 5-87 所示，有效渗碳深度（550HV）为 0.4mm，全渗碳深度约为 1mm，在接触疲劳试验中试样的转动次数为 20.6 次/s，L 辊（SCM415）转动次数为 16.7次/s，滑动率为 24%，润滑油为日本石油株式会社的 R0150，接触疲劳极限次数为 2×10^7。研究者得出了如下试验结果：图 5-88 为四种材料在不同圆筒半径减小量下表面孔隙度的分布状态；图 5-89 为最大赫兹接触应力与循环周次的关系；图 5-90 为几种材料的接触疲劳强度的比较；表 5-35 给出了在最大接触应力下几种材料最大破坏深度。根据图表可得出如下结论：①初始密度为 7.25g/cm³ 的材料，给予适当的滚压量，从表面到表面下 0.5mm 能够达到几乎完全致密的材料；②初始密度为 7.55g/cm³ 的材料，通过滚压后渗碳淬火的接触疲劳强度和熔铸材 SCM415 渗碳淬火的接触疲劳强度相近；③渗碳淬火的 1.5Cr-0.2Mo 烧结合金钢圆筒的表面损伤状态均为碎裂，损伤区域在全硬化层边界附近。

表 5-33　四种材料特性的比较[96]

材料	密度/(g/cm³)	孔隙度/%	硬度/HRB
H-1	7.00	10.3	30
H-2	7.25	7.0	45
H-3	7.50	3.8	59
H-4	7.55	3.2	68

表 5-34　试验用粉末冶金圆筒的记号和特性[96]

圆筒记号	接触表面宽度/mm	半径的减少量 Δr/mm	有效硬化深度/mm
RHS	8.0	0.0	0.4
RHR1		0.1	
RHR2		0.2	

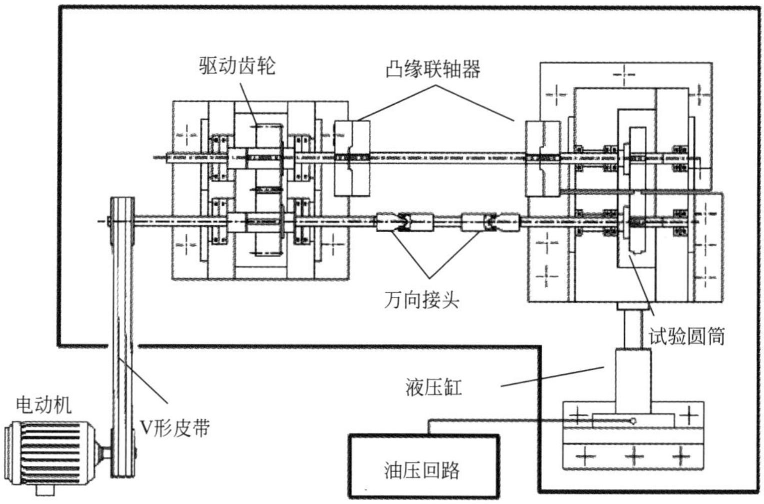

图 5-85　圆筒滚压接触疲劳试验装置[96]

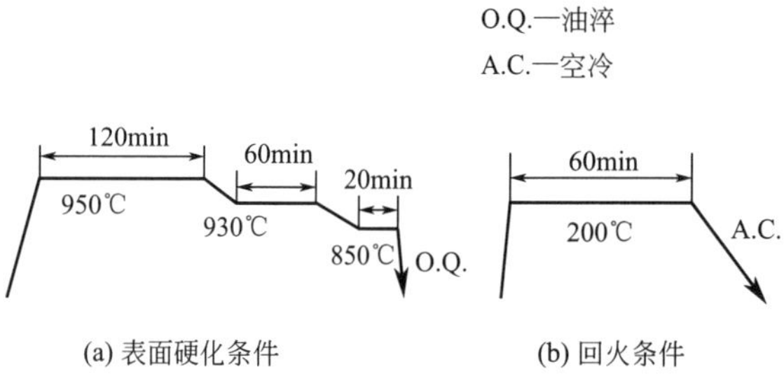

图 5-86　渗碳条件[96]

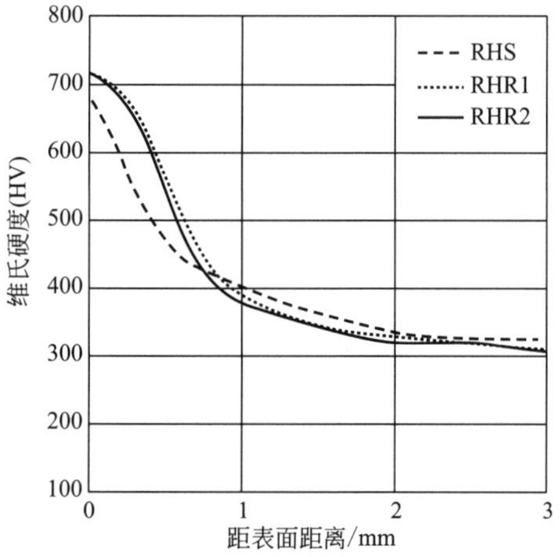

图 5-87　烧结合金钢试验圆筒的表面层维氏硬度分布[96]

表 5-35　烧结合金钢的最大表面破坏深度[96]

圆筒记号	赫兹应力 σ_H/GPa	最大剪切应力深度 /mm	最大表面破坏深度 /mm
RHS	1.5	0.33	0.96
	1.6	0.35	0.81
	2.0	0.44	1.10
RHR1	1.7	0.37	1.13
	1.8	0.39	1.05
RHR2	1.9	0.41	1.07
	2.0	0.44	1.13

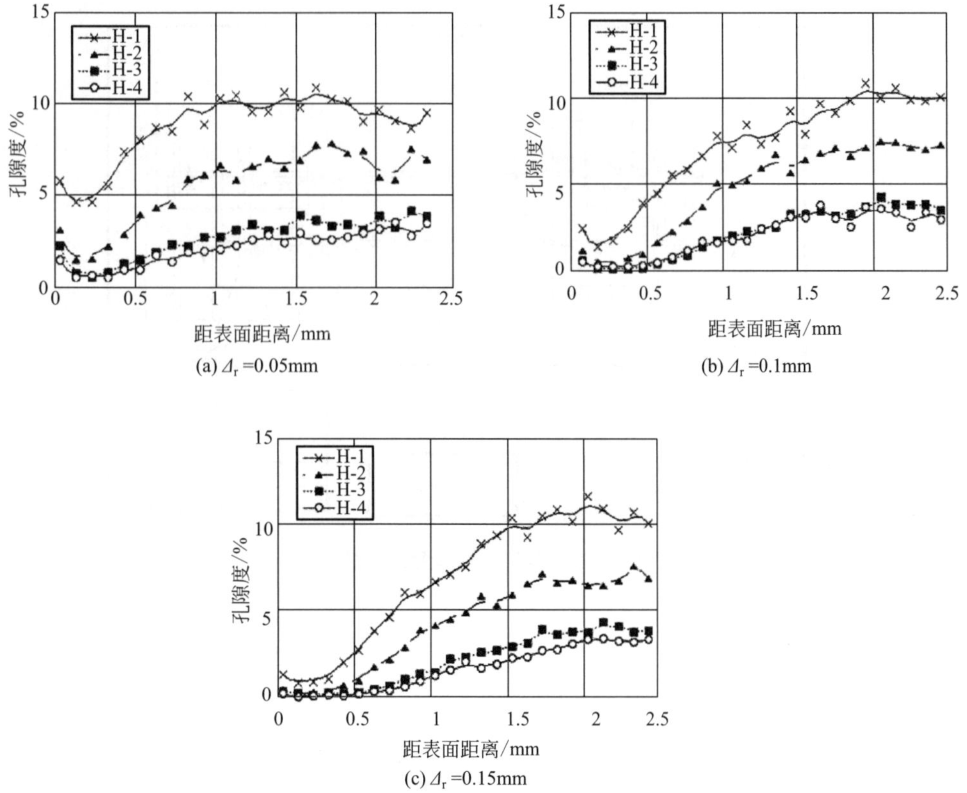

图 5-88 滚压烧结合金钢圆筒表面层孔隙度分布的比较[96]

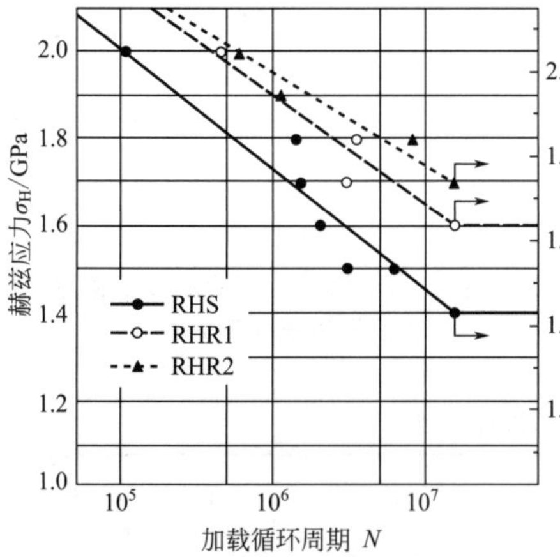

图 5-89 接触疲劳试验结果[96]

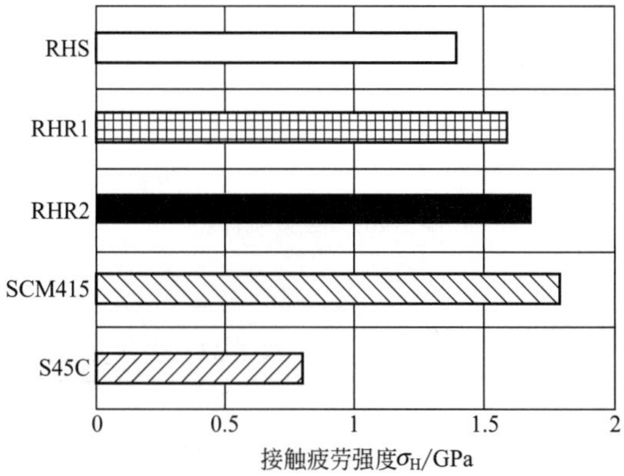

图 5-90 试验圆筒的接触疲劳强度的比较[96]

竹增光家等人[97]在文献［96］的工作基础上，进一步研究了试样的初期密度、渗碳深度、表面滚压压缩应力分布对 1.5Cr-0.2Mo 烧结合金钢圆筒的接触疲劳强度的影响。研究试样的标号、密度、渗碳时间如表 5-36 所示，表中 RM 为中密度（7.25g/cm^3）圆筒的记号（压制压力为 600MPa），RH 为高密度（7.6g/cm^3）圆筒的记号（压制压力为 1000MPa），RM 与 RH 试样烧结温度均为 1523K。RM_x（x＝1、2、3）和 RH_x 为未滚压圆筒，RM_xP 与 RH_xP 为表面进行滚压的圆筒，渗碳深度调节如图 5-91 所示，采用不同的渗碳时间，接触应力的分布采用有限元数值解析。试验得出结果为：图 5-92 为多种条件下制备的试样的孔隙度和距表面距离的关系；图 5-93 为多种试样的维氏硬度与距表面距离的关系；图 5-94 为多种条件下制备的试样接触疲劳的 S-N 曲线；图 5-95 为多种条件下制备的试样的接触疲劳强度的比较；表 5-37 表示多种条件下制备的试样在接触疲劳试验中的最大表面损伤深度；图 5-96 为采用二元平面应变的 FEM 模型计算的各种材料模型的接触界面上的应力分布的比较；图 5-97 为最大压缩应力作用点的表面法向方向上最大剪切应力的分布。

从图表中研究者得出如下结论：①Fe-1.5Cr-0.2Mo 的中密度（$\rho=7.25g/cm^3$）烧结圆筒在表面滚压渗碳淬火后，有效硬化层足够深，和同样处理的高密度（$\rho=7.60g/cm^3$）烧结圆筒接触疲劳强度相当；②当有效硬化层足够深时，不论试样初期密度大小或者有无表面滚压，最大表面损伤深度都与最大剪切应力峰值位置（如 RM_3、RM_3P、RH_3、RH_3P）一致；③根据 FEM 接触应力的解析结果，把有效硬化层深的区域假设为弹塑性体，最大剪切应力 τ_{max} 在比有效硬化层稍微深一点的位置突然急剧减小，这个位置和粉末冶金圆筒在有效硬化层深度为 1mm 以下时产生碎裂式的最大损伤深度非常一致。

表 5-36　圆筒记号、密度和渗碳时间[97]

圆筒记号	密度/(kg/m^3)	渗碳时间/min
RM1	7.25×10^3	63
RM1P		
RM2		177
RM2P		
RM3		600
RM3P		
RH1	7.60×10^3	63
RH1P		
RH2		177
RH2P		
RH3		600
RH3P		

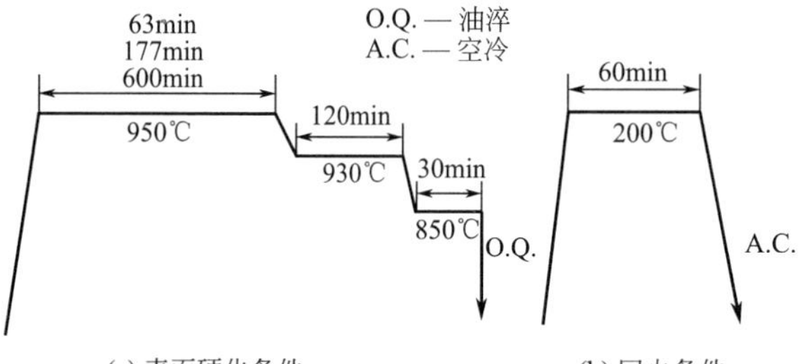

图 5-91　渗碳条件[97]

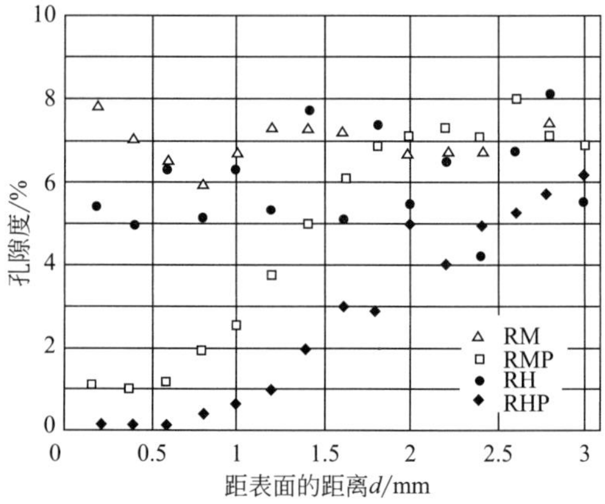

图 5-92　粉末烧结钢试验圆筒的表面层孔隙度分布比较[97]

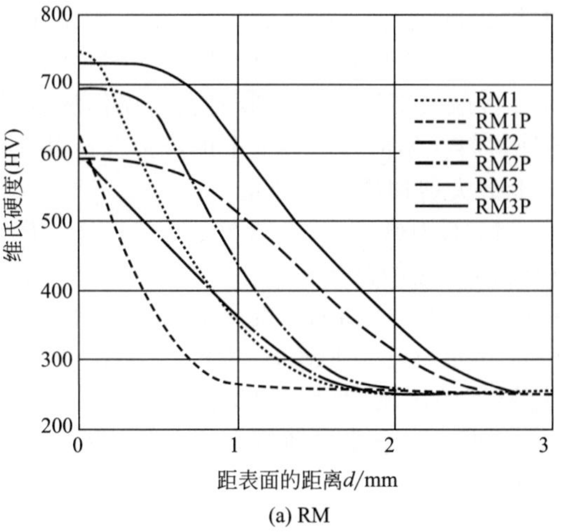

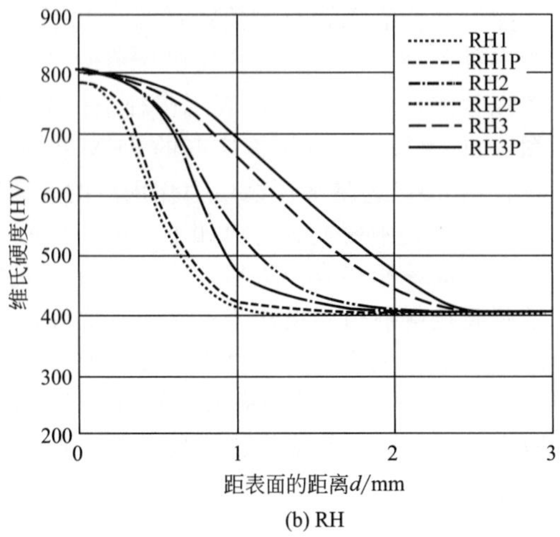

图 5-93 粉末烧结钢试验圆筒的显微硬度[97]

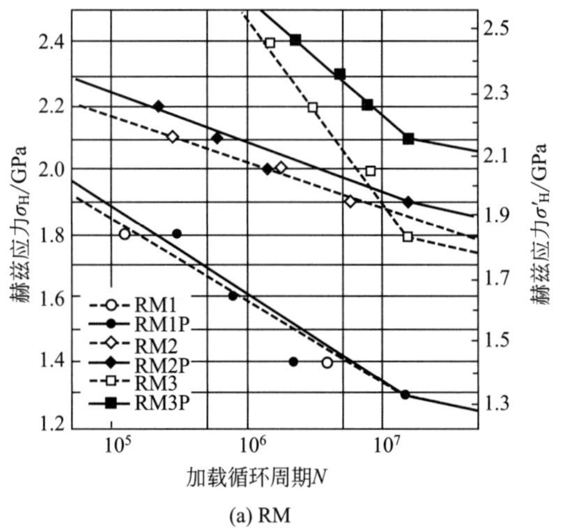

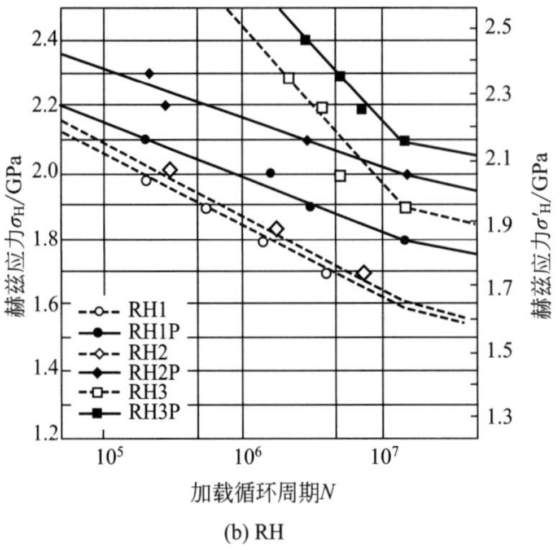

图 5-94 RCF 试验的 S-N 曲线[97]

表 5-37 最大表面破坏深度[97]

圆筒记号	赫兹应力 σ_H	最大剪切应力深度/mm	最大表面破坏深度/mm	有效渗碳层深度/mm	全渗碳层深度/mm
RM1	1.8	0.39	0.87	0.11	1.55
RMIP	1.4	0.31	0.69	0.45	1.72
RM2	2.1	0.46	1.25	0.17	1.72
RM2P	2.2	0.48	1.02	0.69	1.72
RM3	2.4	0.52	0.32	0.75	2.80
RM3P	2.3	0.50	0.22	1.18	2.80
RH1	1.9	0.41	0.68	0.58	1.00
RH1P	1.9	0.41	0.85	0.62	1.00
RH2	2.0	0.44	0.92	0.84	1.53

续表

圆筒记号	赫兹应力 σ_H	最大剪切应力深度/mm	最大表面破坏深度/mm	有效渗碳层深度/mm	全渗碳层深度/mm
RH2P	2.1	0.46	1.00	0.99	1.53
RH3	2.2	0.48	0.24	1.51	2.37
RH3P	2.2	0.48	0.20	1.63	2.37

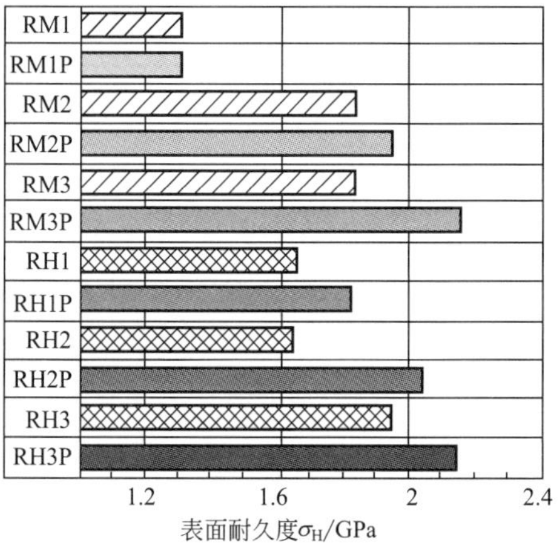

图 5-95　在 2×10^7 个循环周期后表面疲劳强度的比较[97]

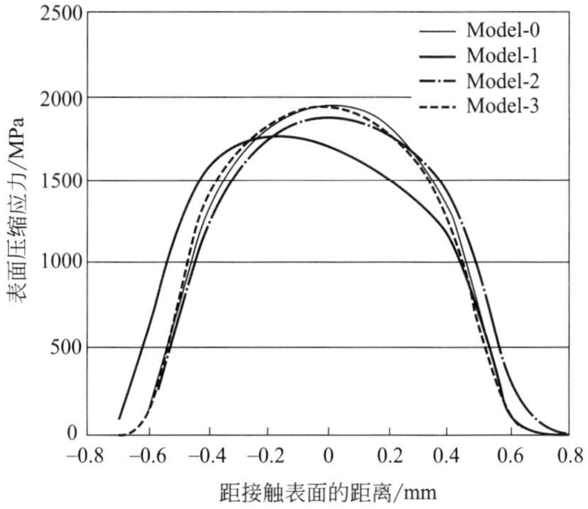

图 5-96　接触区域的表面压缩应力的比较[97]

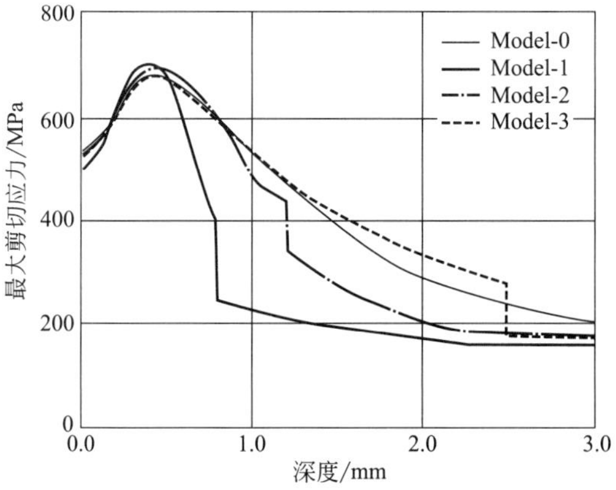

图 5-97　表面以下最大剪切应力分布的比较[97]

竹增光家等人[98]研究了汽车变速箱用 Fe-1.5Cr-0.2Mo（质量分数,%）的烧结钢齿轮的表面滚压特性和承载能力。采用初期密度为 7.55g/cm³ 的烧结合金进行滚压试验，参照物为 Fe-Cu-C 烧结合金，两种材料的化学成分如表 5-38 所示，材料力学性能如表 5-39 所示。滚压后材料标号为 GL、GH，滚压后进行渗碳淬火，热处理工艺如图 5-98 所示，表 5-40 为多种牌号材料工艺流程。试验结果表明：①根据滚压试验结果，齿面法线方向的实际滚压量为 0.15mm，达到齿表面层致密化的目标；②具有实际滚压量和同等的修整量的中凸齿形的粉末冶金齿轮，进行最合适的工具齿滚压，可以得到高精度齿形的齿轮；③根据测试结果，高密度的 Fe-

1.5Cr-0.2Mo（质量分数，%）的烧结钢渗碳淬火齿轮和SCM415熔铸钢渗碳淬火齿轮具有同等的承载能力，图5-99给出了齿轮接触疲劳的S-N曲线，图5-100给出了各种材料的接触疲劳的比较。

表 5-38　烧结钢齿轮的化学成分(质量分数)[98]　　单位：%

材料	C	Mo	Cr	Cu	Fe
L：Fe-Cu-C	0.80	—	—	2.00	其余
H：Fe-Cr-Mo-C①	0.23	0.20	1.50	—	其余

①由 Hoganas A B 提供。

表 5-39　材料力学性能的比较[98]

材料	加工过程	密度/(g/cm³)	孔隙度/%	硬度/HRB
L	1P1S	6.88	11.8	77
H	1P1S	7.55	3.2	85

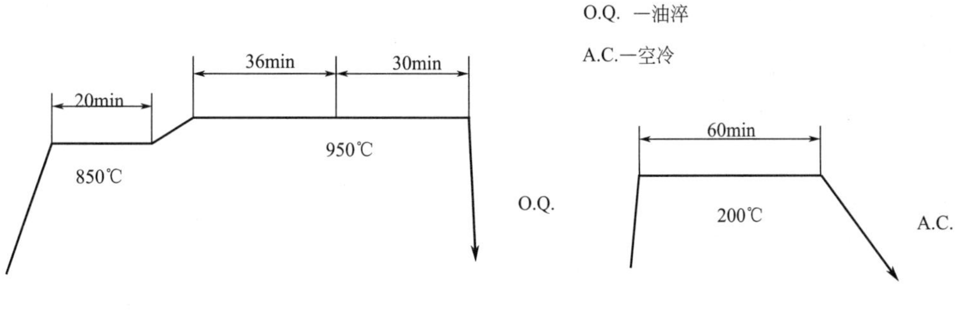

图 5-98　热处理工艺条件[98]

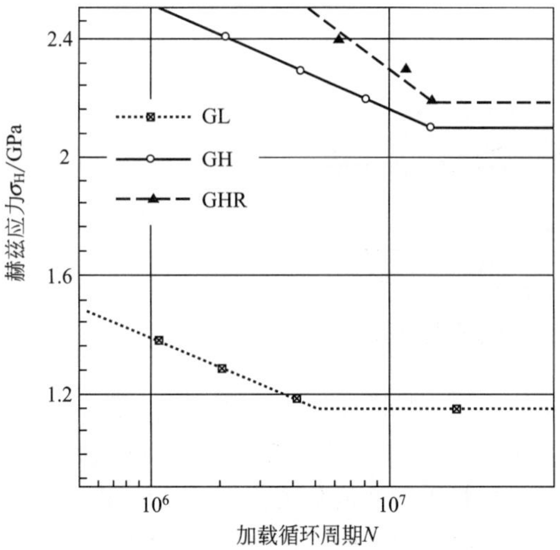

图 5-99　齿轮接触疲劳试验结果[98]

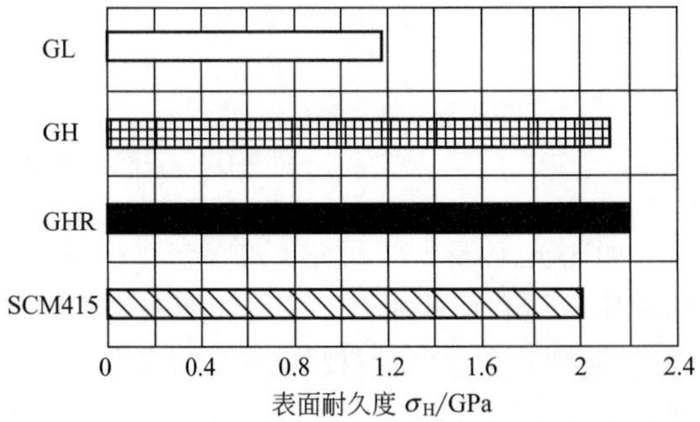

图 5-100　试验齿轮的表面耐久度[98]

表 5-40 烧结钢齿轮的规格和处理工艺[98]

项目	齿轮			小齿轮
齿轮记号	GL	GH	GHR	GP
模数	3			
压力角	20°			
齿数	26			13
表面宽度	10mm	6mm		17mm
齿顶高修正	0			0.24
材料	L	H		SNCM420
HOB	HOB-0		HOB-1	HOB-0
滚压压下量	—	—	150μm	—
热处理	标准化处理	渗碳处理		
齿面最终修整	研磨			

竹增光家等人[99]在文献［97］的基础上深入研究了用于汽车变速箱的 Fe-1.5Cr-0.2Mo 烧结合金钢齿轮的承载能力，试验发现烧结钢齿轮承载能力受驱动方式影响，充当传动齿的烧结合金齿的接触疲劳强度比充当从动烧结齿的接触疲劳强度大幅度减小，并且配对齿轮的材质和齿数与接触疲劳强度没有很大关系（图 5-101 和图 5-102）。图中 PH、GH 为未经滚压的小齿轮和齿轮，PHR、GHR 为已经滚压的小齿轮和齿轮，PS、GS 为熔铸合金 SNCM 420 的小齿轮和齿轮，PH_1、PH_2为未经滚压的传动小齿轮。

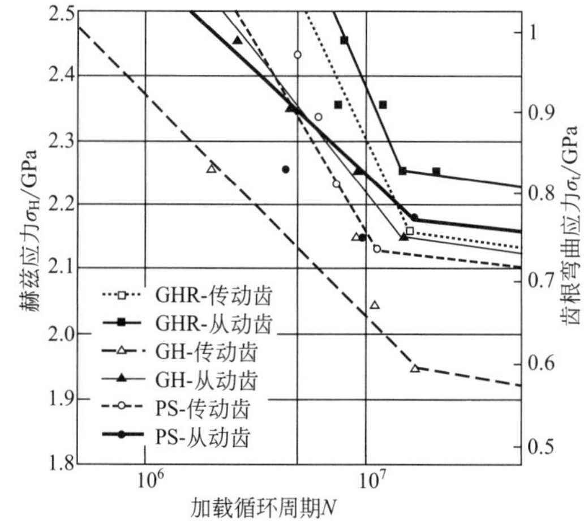

图 5-101 试验 1 齿轮的 S-N 曲线[99]

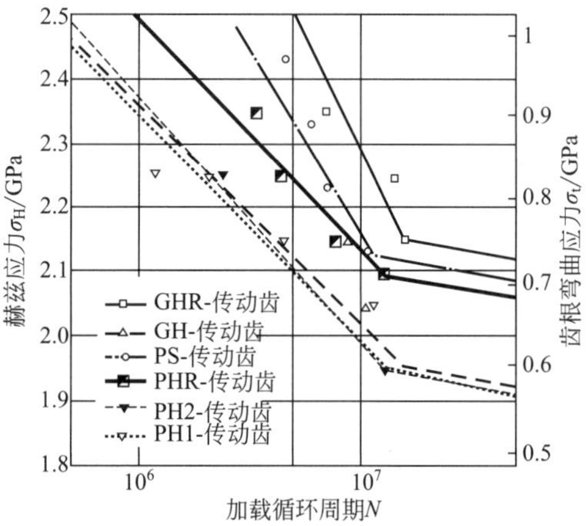

图 5-102 试验 2 齿轮的 S-N 曲线[99]

研究者认为，表面滚压的高密度 Fe-1.5Cr-0.2Mo 烧结钢在 1.5×10^7周次下，接触疲劳强度超过 2GPa，图 5-103 给出了各种方式制备的齿轮的接触疲劳强度。从 FEM 模型分析得到接触应力来解释结果，最大剪切应力峰值距表面深度为 0.12～0.13mm，全硬化层深度为 0.3m（m 为模数），通过滚压达到 0.1～0.15m（m 为模数）致密层最为重要。图 5-104 给出了驱动方式对最大剪切应力的影响。另外，垂直应力和剪切应力峰值受到材料特性的影响（特别是杨氏模量），并且小齿轮的接触点随着从齿根到齿尖的移动，缓慢减小。

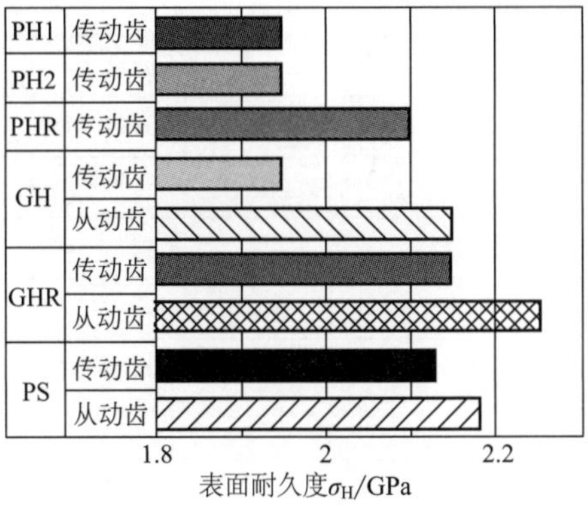

图 5-103　在 1.5×10^7 后表面疲劳强度的比较[99]

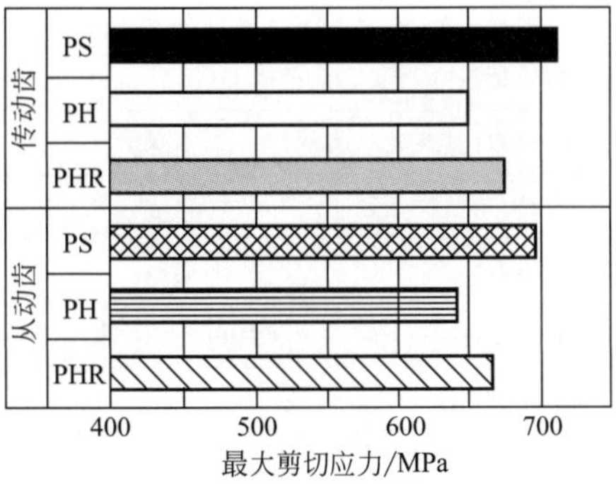

图 5-104　最大剪切应力的峰值的比较[99]

Bengtsson 等人[100]研究了 Scania 载重车变速箱中的行星齿轮，该齿轮具有中等模量及正向齿高修正等特点，其质量为 700g 左右。目前该齿轮的生产是用合金钢（瑞典标准 SS 92506 或 DIN 21NiCrMo2）经机加工及表面热处理制成的。如果该齿轮的生产能为 PM 方法所替代，其总成本将会降低 20 %～30 %。为了比较不同材料及生产工艺对 PM 齿轮性能的影响，同时也为了比较 PM 方法及传统方法生产的齿轮在性能上的差异，此处选用三种材料（两种 PM 材料，一种合金钢，表 5-41 列出了所选材料的化学成分）及四种齿轮的生产工艺（图 5-105）。对四种不同工艺所生产出的齿轮进行了如下的测试：齿面表层密度分布、显微硬度分布、齿根疲劳性能及齿表面下的残余应力分布，其结果见图 5-106～图 5-108。图 5-106 示出不同工艺加工出来的齿轮经表面热处理后从齿表面到其内部的显微硬度分布。用工艺 1 生产出的齿轮，经过适用于普通钢齿轮的渗碳工艺处理后，因其密度较低（约 $7.0g/cm^3$），表面又未经过致密化处理，因此从表面到内部的碳浓度的分布比较均匀，显微硬度变化亦不大。工艺 2 的齿轮是经温压生产出来的，其密度约为 $7.4g/cm^3$。在这种密度下，材料内部的孔隙大部分为闭孔，渗碳过程中，在同样的温度下，碳的扩散行为比前者（工艺 1）大大降低，因此从其表面到内部显微硬度的分布比前者有较大的改善，其渗碳层的厚度为 1.1mm。这一指标达到了设计的要求。但是可以看出，其表层最大的显微硬度还明显低于工艺 3 和工艺 4 生产出的齿轮。用工艺 3 和工艺 4 生产出的齿轮，其表层显微硬度分布状态明显优于工艺 1 和工艺 2 生产出的齿轮。其中经表面致密化处理的齿轮（工艺 3），其渗碳层的厚度为 1.2mm 左右。此外，其表层最大的显微硬度还明显高于后者（工艺 4）。可见表面致密化处理对改善齿轮的齿面显微硬度的分布状态及增大齿面硬度具有明显的作用。

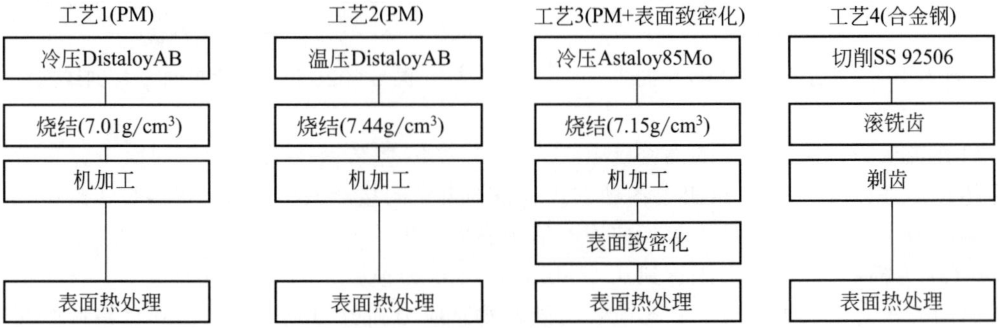

图 5-105　四种不同的齿轮生产工艺[100]

表 5-41　Scania 行星齿轮所选粉末及钢材的化学成分（质量分数）[100]　　单位：%

材料	C	Mn	Cr	Mo	Ni	Cu	Fe
Distaloy A B+0.2%石墨	0.19	—	—	0.50	1.75	1.5	余
Astaloy 85Mo+0.3%石墨	0.28	—	—	0.85	—	—	余
SS 92506①	0.20	0.50	0.55	0.20	0.55	—	余

①对应于 DIN 21 NiCrMo2。

图 5-107 为不同工艺生产出的齿轮的齿根疲劳曲线。图 5-108 为不同工艺生产出的齿轮齿表层残余应力的分布。从中可见，工艺 1 和工艺 2 生产出的齿轮，其齿根疲劳性能仍远低于普通钢齿轮（工艺 4），尽管温压有效地增大了齿轮的整体密度（工艺 2）。而经表面致密化处理过的齿轮（工艺 3），虽然其整体密度低于温压齿轮（工艺 2）及合金钢齿轮（工艺 4），但其齿根疲劳强度（33kN）仍优于合金钢齿轮（31kN）。这说明表面致密化处理对改善齿轮的齿根疲劳性能具有非常明显的作用。

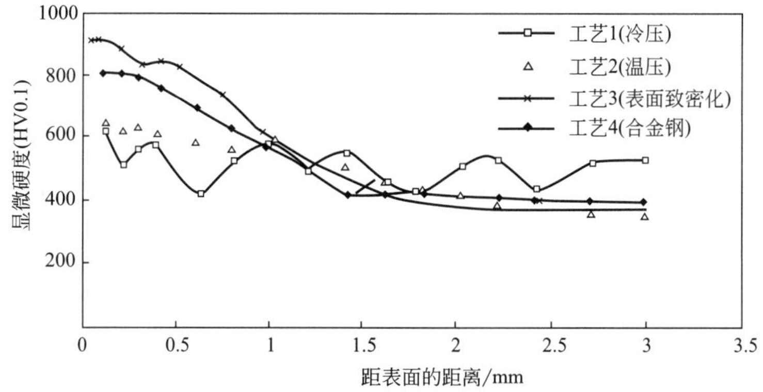

图 5-106　不同工艺生产出的齿轮从齿表面到内部的显微硬度分布[100]

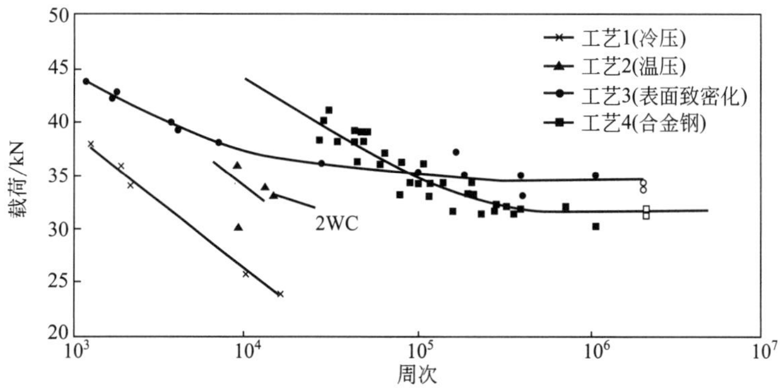

图 5-107　不同工艺生产出的齿轮的齿根疲劳曲线[100]

四种不同工艺生产出同样的齿轮，前三种用 PM 方法而后一种用传统方法。在分解了每种生产工艺所有过程的基础上，量化出每一过程的生产成本，其结果见表 5-42。虽然表 5-42 所列出的生产成本只是一个相对的概念，但其结果却令人振奋：工艺 2（PM＋表面致密化）与工艺 4（传统方法）相比，其总成本降低了 60%。从已经完成的项目得知，实际生产中由工艺 2 替代工艺 4 的总成本降低率为 20%～40%。

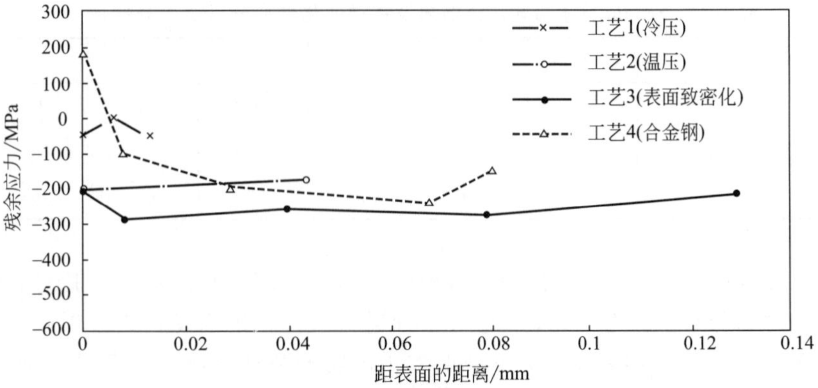

图 5-108 不同工艺生产出的齿轮齿表层残余应力的分布[100]

表 5-42 使用不同生产工艺生产某一齿轮的成本比较[100] 单位：欧元

生产工艺	材料	冷压①	烧结	表面滚压	锻造	切削	滚铣	刮屑	表面热处理	总成本
1	1.1	0.1	0.1						0.44	1.74
2	1.1	0.1	0.1	0.1					0.44	1.84
3	1.1	0.1	0.1		0.4				0.44	2.14
4	0.66					0.7	1.4	1.4	0.44	4.6

①冷压指粉末在室温下的单轴向压制。

Forden等人[101]利用表面致密化技术研究了Volvo 850第五挡变速齿轮，该齿轮转速高、载荷低和齿面压力小，由于赫兹压力较低，其表面接触疲劳破坏程度较低，齿根疲劳破坏为主，这些特点适合表面致密化粉末钢齿轮取代DIN 16MnCr5/AISI 5115齿轮。采用两种烧结材料（代号A和B）与普通钢（代号R）进行比较，其材料牌号及化学成分见表5-43。A、B两种PM材料烧结后的硬度分别为130HV_{10}及120HV_{10}，经表面滚压处理后与普通钢（R材料）的齿轮一起进行热处理，在920℃碳势为0.8%的保护气氛中奥氏体化80min（B材料）和160min（A材料），油淬80℃，冷至室温，再在170℃下回火1h。为了防止滚压面过度渗碳，热处理前将一种特殊的涂剂涂于B的非滚压表面。滚压处理后的齿轮从齿根到齿顶表面致密化的程度不同，其中齿根最大，齿面次之，齿顶最小，此现象对材料B尤为明显。滚压处理后的A、B材料渗碳的金相组织为，接近齿面处为高碳马氏体，随着碳含量及密度的降低，A材料齿轮齿表面及亚表面主要为高碳马氏体掺杂少量残余奥氏体，再往心部为低碳马氏体；B材料表面及亚表面也主要为高碳马氏体掺杂少量残余奥氏体，再往里为贝氏体，齿心部主要为贝氏体及少量的低碳马氏体。

表 5-43 Volvo 850 系第五挡变速齿轮所用材料的化学成分及密度[101]

代号	材料	标准牌号	化学成分(质量分数)/%							密度/(g/cm³)
			Cr	Ni	Mo	Mn	Si	石墨	Fe	
A	Astaloy A	4600	—	1.9	0.55	0.20	—	0.3①	余	7.2②
B	Astaloy 85 Mo	4400	—	—	0.85	0.10	—	0.2①	余	7.1②
R	DIN 16MnCr5/AISI 5115		0.80	—	—	0.80	0.25	0.16	余	7.9

① 在标准牌号粉末中添加。
② 烧结态。

图 5-109 示出了经表面滚压及渗碳后 A 材料齿轮不同部位显微硬度的分布。规定显微硬度达到 550HV0.1 处的深度为渗碳层（处理层）厚度。此材料在齿面处的渗碳层厚度为 0.7mm，在齿根处的渗碳层厚度为 0.5mm，而在齿顶处因其显微硬度超过了 550HV0.1 而无法定义。齿顶处为高碳马氏体结构，其硬度较高但韧性较差，因此容易在齿顶发生脆性断裂。图 5-110 示出了经表面滚压及渗碳后 B 材料齿轮不同部位显微硬度的分布。可见齿面处的渗碳层厚度为 0.35～0.45mm，满足了预设的渗碳层厚度为 0.15～0.2 法向模数的条件。此外，因为齿顶涂层对控制碳扩散发挥了作用，所以其渗碳层厚度也满足了要求。图 5-111 示出了经渗碳后基准材料 R 齿轮不同部位显微硬度的分布。从中可见，齿面处的渗碳层厚度为 0.9mm 左右，其齿面的显微硬度明显低于材料 B。图 5-112 示出三种材料齿轮经渗碳后的齿根疲劳强度。可见，由普通钢（材料 R）制作的齿轮具有最高的齿根疲劳强度，材料 B 的齿轮次之，达到前者的 94%，而材料 A 的齿轮仅为材料 R 的 86%。图 5-113 示出三种齿轮的齿根疲劳曲线，可见三者齿根疲劳强度的分散度（scatter）非常接近。

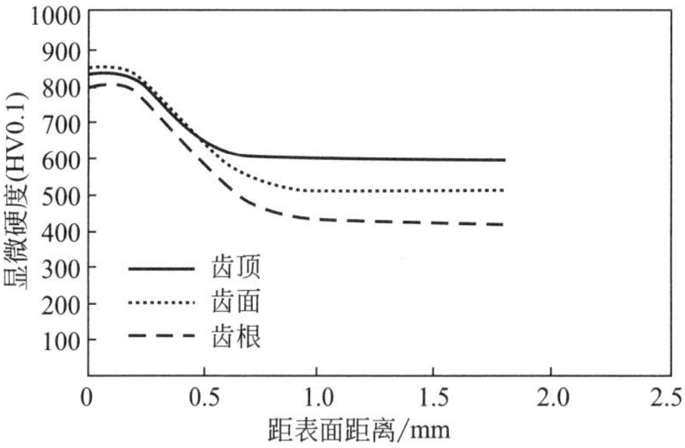

图 5-109　材料 A 齿轮表面滚压及渗碳后不同部位的显微硬度分布[101]

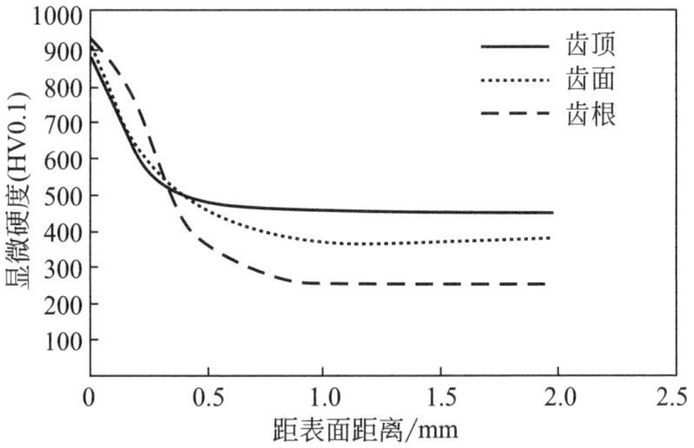

图 5-110　材料 B 齿轮表面滚压及渗碳后不同部位的显微硬度分布[101]

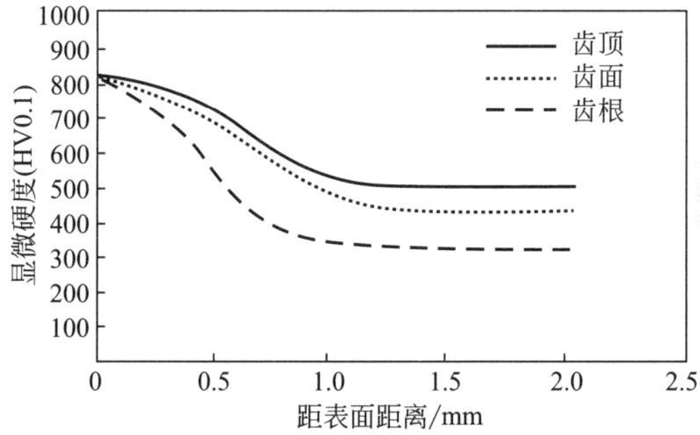

图 5-111　材料 R 渗碳后不同部位的显微硬度分布[101]

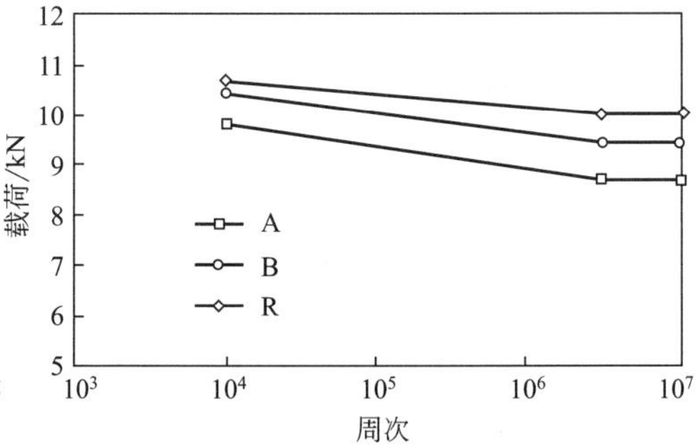

图 5-112　三种材料的齿轮经渗碳后的齿根疲劳强度[101]

Sigl 等人[71]采用辊压或挤压分别对粉末烧结齿轮和链轮进行选择性表面致密化，采用 1.5%（质量分数）Mo 预合金粉末，添加 0.2%（质量分数）石墨，压制压力为 600～650MPa，在吸热性煤气中 1120℃下烧结 30min，严格控制碳势，使碳含量控制在初始水平，齿轮和链轮烧结后冷却速度为 0.2K/s，形成铁素体-珠光体的显微组织，两个部件的烧结密度均匀，为 6.98～7.02g/cm^3，表面致密化后进行表面渗碳处理，使表面含碳量为 0.5%（质量分数）。表面致密化的螺旋齿轮和链轮的表面层的密度梯度如图 5-114 所示，表面致密化齿轮与常规钢齿轮的 S-N 曲线如图 5-115 所示，图中结果表明：表面致密化与研

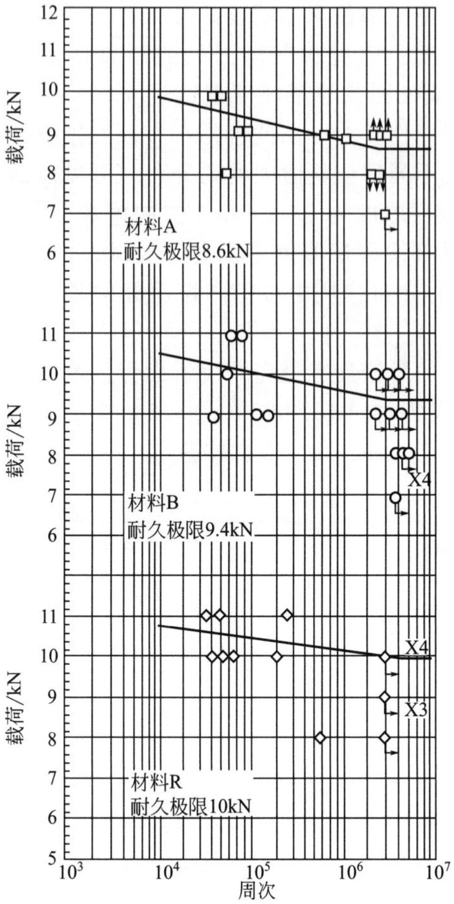

图 5-113　三种材料的齿轮的齿根疲劳 S-N 曲线[101]

磨后的粉末冶金齿轮的承载能力和形状相同的常规钢齿轮位于同一范围之内。例如，施加的转矩为 340N・m（相当于齿根应力为 700MPa）时，齿轮因在 10×10^6～50×10^6 周之间齿根断裂而失效，而齿腹未损坏和无点蚀痕迹，即在这个负载图中，齿轮是由于齿根的疲劳裂纹扩展，而不是因点蚀而失效。在变速器的工况下，在用户的试验台架上用研磨的粉末冶金齿轮与常规钢齿轮进行了补充试验。采用的试验条件如下：在 2500r/min 下输入的转矩为212N・m。粉末冶金齿轮和常规钢齿轮都顺利地通过了这种负载试验而没有失效。另外，将经过表面硬化处理的表面致密化链轮和未经表面致密化加工的参照零件，安装在用户的拥有专利权的链条驱动试验装置中，用无声链条进行了试验。在预定的时间间隔内中断，然后检验链与链条的磨耗情况。未经致密化加工的链轮磨耗非常严重，仅经过预计试验时间的 25%之后，就将所有的齿全部磨损；另一方面，经过表面致密化加工的链轮，在预计的试验时间间隔以内仍保持完好，齿腹的磨损几乎可忽略不计。

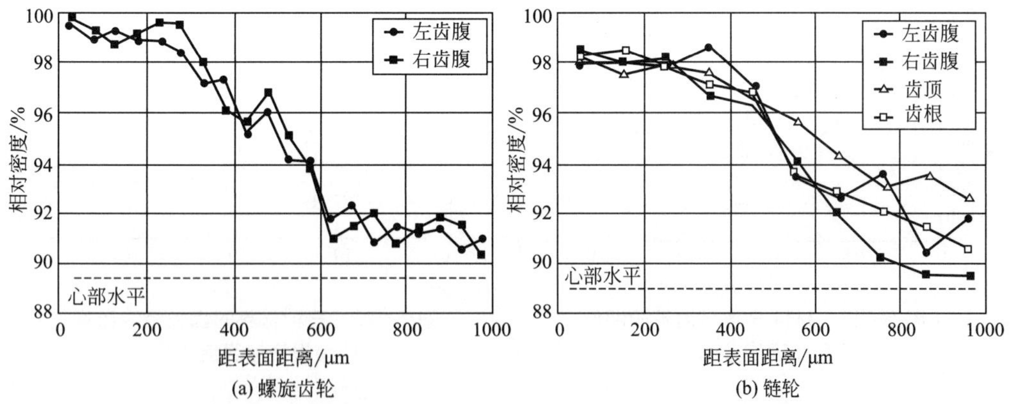

图 5-114　表面致密化后螺旋齿轮和链轮的表面层的密度梯度[71]

吴荣伟等人[102]研究了表面滚压强化对粉末冶金烧结钢疲劳强化的影响。采用高强度烧结钢，其化学成分为 2.5%～3.0% Ni、0.5%～1.0% Mo、0.6%C 和 Fe。粉末坯块 500℃预热 1h，1130～1150℃烧结 1h，900℃预冷 1h，水套中冷却 0.5h。烧结保护气氛为 65%甲醇和 35%乙醇混合裂化气体。淬火、回火工艺为：加热到 860℃，保温 1h 后油淬，189～200℃回火。两种状态下的常规性能见表 5-44。

试验在自制的滚压机上进行。滚压时，试样旋转，滚压轮也相对旋转。滚压力分别为：烧结态 2000N，淬火低温回火态 3500N（指滚轮上受力）。滚压时间均 1min。将滚压后的试样在弯曲疲劳试验机上进行疲劳试验。为便于比较，还做了淬火低温回火无缺口试样和烧结态光滑试样的疲劳试验。图 5-116 为经滚压强化和未经滚压强化试样的 S-N 曲线。滚压后，淬火低温回火缺口的疲劳极限 σ_{-1n} 为 330MPa（滚压前为 186MPa）；烧结态的 σ_{-1n} 270MPa（滚压前为 152MPa）。N-110 钢的缺口敏感性很低，当缺口半径 R =1mm 时，$\sigma_{-1n}/\sigma_{-1}\approx1$，这里烧结态的 σ_{-1n} 实际上取自光滑试样的 σ_{-1}。从提高的幅度看，淬火低温回火态为 147MPa，烧结态的为 118MPa，滚压后两种状态的 σ_{-1n} 相差 63MPa，滚压前相差 34MPa。

烧结钢 N-110 经滚压后缺口疲劳极限大幅度提高的原因为：表面孔隙数量减小，表层引入压应力。

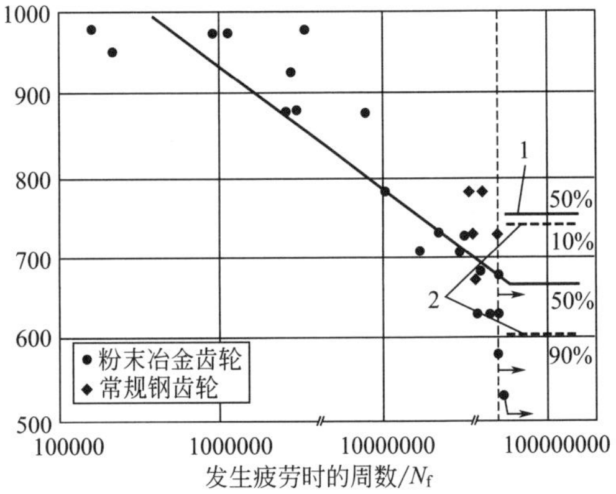

图 5-115　表面致密化粉末冶金齿轮与常规钢齿轮的 S-N 数据（Woehler-曲线）[71]

1—粉末冶金齿轮；2—常规钢齿轮

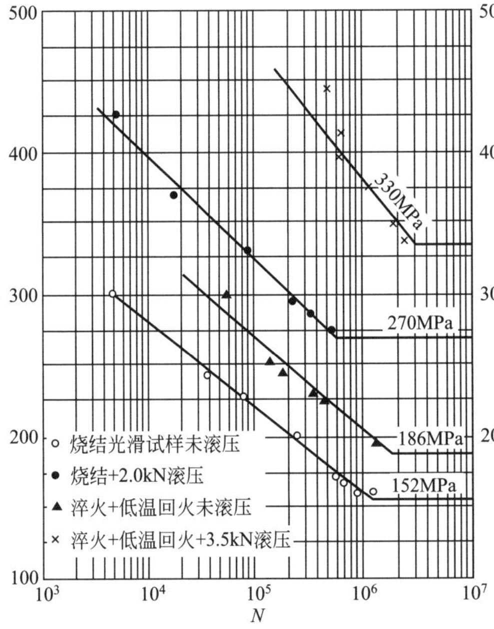

图 5-116　滚压前后的 S-N 曲线[102]

表 5-44　N-110 烧结钢常规力学性能[102]

材料状态	密度/(g/cm³)	硬度	抗拉强度/(N/mm²)	一次冲击 α_k/(J/cm²)
烧结	＞6.9	85～96HRB	530～610	1.99～2.48
淬火低温回火	＞6.9	34～43HRC	1060～1166	1.25～1.72

5.3　注射成形烧结钢的疲劳特性

金属粉末注射成形（MIM）是一种从塑料成形中发展而来的新形粉末冶金技术，它是传统粉末冶金技术和现代注塑成形相结合的产物，注射成形可以生产高精度三维立体复杂的金属制品，与传统压制成形的传统粉末冶金技术相比其特点如下。

① 金属粉末注射成形技术比传统的粉末冶金技术使用的粉末更细，粉末粒度一般都在 10μm 以下，并且粉末的球形度好。

② 粉末注射成形坯烧结后有15%以上的线收缩率，能达到95%以上的理论密度，注射成形合金钢有很好的力学性能，可以和粉末热锻钢相媲美，其疲劳强度接近热锻钢。对于某些特殊应用，如汽车、医疗与航天、航空等领域。可用热等静压和准热等静压除去残存的孔隙，由于MIM零件一般都较小，关键结构件采用热等静压的生产成本是较低的。

③ MIM工艺可高度自动化，成形壁非常薄的管、精镗的孔和螺纹等部件，能生产状复杂、中等/高的表面精度及中等/精密的公差部件。对于小形结构部件的生产具有极高的竞争力。

注射成形合金钢的疲劳研究，国内外都进行得不多，但随着注射成形部件在结构零件中的应用，其疲劳行为的研究越来越重要。

5.3.1 注射成形烧结钢的缺陷

MIM工艺由于黏结剂的大量加入和脱除，易产生缺陷和难于致密化烧结，顾虎等人[103]研究了17-4PH钢金属注射成形的缺陷形成，分析了脱黏过程产生的变形和开裂以及残留孔隙在最终烧结中造成的缺陷。研究结果表明：①注射成形坯脱黏引起缺陷。由于注射生坯在热脱黏过程中，受内部残余应力、热膨胀、黏结剂分子的定向排列等因素影响，常会产生变形、气泡、开裂等缺陷，因此温度、环境压力、成形条件、黏结剂组成、临界升温速度、成形坯的厚度等诸多因素都对生坯的缺陷构成影响。如当脱黏温度在350℃时，试样表面出现微小裂纹，生坯内部也有孔洞和裂纹存在；当升温速度超过临界升温速度时，生坯也容易产生缺陷（对于17-4PH钢来说，厚度10mm，临界升温速度为0.5℃/min)。②注射成形坯烧结引起的缺陷。由于黏射成形的黏结剂不可能完全脱除，因此烧结过程同样能引起缺陷。在烧结过程中，若孔隙内气体扩散通道较顺，则不会在烧结坯内部局部偏聚，产生的孔隙为球化小孔隙，若扩散通道不顺畅，或升温速度过快，则产生形状复杂的大孔隙。研究者认为采用溶剂萃取-热解两步脱脂，是一种有效降低注射成形产品缺陷的方法。孙红霞等人[104]认为，在黏结剂脱除过程中，粉末颗粒会发生重排过程。粉末重排出现高密度区域和低密度区域，在高低密度区域内容易结产生裂纹，在烧结时容易形成缺陷，降低缺陷的有效方法是降低升温速率，选择较低的烧结温度和延长烧结时间来实现致密化。

German[105]认为，脱脂产生缺陷主要由四个因素造成：与黏结剂相关的因素，与过程控制相关的因素，与气氛相关的因素，与喂料相关的因素。在脱脂过程中，随着温度的升高热塑性黏结剂慢慢软化，强度越来越低。这时，由重力和成形坯质量引起的黏滞流动就会导致成形坯畸变。错误的黏结剂选择将不可避免地导致缺陷的产生，所选择黏结软化和分解的温度过高，或者黏结剂分解产物和成形坯中金属粉末产生的反应，都会导致缺陷的产生。如果脱脂中由于黏结剂软化导致成形坯强度不够而坍塌，这种情况可以通过采用短链聚合物、多组元黏结剂体系，以及在脱脂时埋置粉末等措施来缓解。

过快的脱脂速率会导致开裂和畸变。快速的加热会使黏结剂迅速膨胀导致成形坯形状的改变，并且在结合相对比较薄弱的地方产生裂纹，随着温度的升高裂纹扩展。同时，过快加热在成形中产生的温度梯度所引起的热应力也会导致裂纹和畸变的产生。高分子黏结剂分解时往往有气体产生。快速加热使黏结剂迅速分解，气体分子在成形坯中压力增加来不及释放，聚集到一定的程度将迫使粉末分离。在内部聚集的气体将产生气孔。气孔喷出表面形成贯穿的裂纹和表面凹坑。在脱脂的高温条件下，坯件中的粉末颗粒非常容易氧化，尤其是对于一些易氧化的合金粉末，因此，脱脂的气氛通常选择真空、惰性气体保护或者还原性气氛

(H_2)。真空条件的低气压有利于脱脂产生的水蒸气和一些碳氢化合物快速离开成形坯表面。气氛的控制对成形坯中碳的含量会有重大的影响。快速脱脂时，成形坯中更多的黏结剂会分解成碳滞留在坯件中，增加坯件的含碳量。滞留的碳能够增强硬质合金、钢的硬度和强度。因此，滞留的碳对于此类材料是有益的。而对其他材料如不锈钢、氧化铝和铁-镍磁性合金，碳是有害的污染物（过多的碳会加剧不锈钢的晶界腐蚀）。喂料的松装密度太低也会导致成形坯在脱脂过程中产生裂纹。随着温度的升高黏结剂软化，如果喂料松装密度小，则脱除黏结剂后产生的孔隙就大，由于粉末的粒径有一定的分布范围，在重力作用下，一些粒径小于孔隙的粉末就有可能填充这些孔隙造成坯件各部分在密度上产生差异，从而导致开裂。脱脂中，黏结剂流向成形坯表面的移动会带走细粉粒，使表面粉粒的松装密度变大。烧结时，松装密度较大的表面在成形坯外部和内部之间产生不同的收缩，导致开裂。一个避免这种开裂的方法是减缓脱脂速率，通常是降低脱脂温度或加热速率。

也有一部分学者认为，因为注射成形使用的粉末非常细，若控制脱脂工艺，则注射成产品的孔隙是非常小的球状，并且单独均匀分布在基体中。三浦秀士等人[106]认为，这种均匀分布的细孔和普通的粉末冶制品的复杂形状的气孔相比，其缺口效应极小，材料的拉伸性能和塑性都非常好。

5.3.2　注射成形 4600 烧结合金钢的疲劳特性[106~109]

4600 钢（Fe-1.8Ni-0.5Mo-0.2Mn）原为高强粉末锻造用钢的一种低合金钢。注射成形 4600 烧结钢是采用微细的羰基铁粉和其他元素粉末组成的混合粉，在脱脂和烧结中调整 C 含量，制备的高强度的注射成形烧结钢。原料粉末的性能如表 5-45 所示，黏结剂组成和各个成分的性能如表 5-46 所示，黏结剂的体积比 65∶35，在 418K 温度下混炼 1.8ks，注射成形温度为 358K，模具温度为 313K，注射射出率为 $7.5cm^3/s$，在有机溶剂中，庚烷气相下，保持 18ks，将石蜡抽出，在 H_2/N_2混合气氛下加热将剩余的黏结剂排除，在 H_2/N_2气氛下，1572K 温度下烧结 1h，通过 H_2浓度调整得到不同含 C 量的 4600 烧结钢，图 5-117 为采用元素混合法在 1527K 烧结时，不同烧结气氛对材料性能的影响。图 5-118 为不同烧结气氛对 4600 烧结钢含碳量和硬度的影响，图中结果表明，H_2浓度越低，烧结钢的含碳量越高，极限抗拉强度越高。

表 5-45　使用粉末的特性[107]

特性	Fe(0.9%C,0.4%O)	Ni	Mo	Fe-Mn
平均粒径/μm	4～5	3～7	4	30
颗粒形状	球形	球穗形	多边形	角

表 5-46　黏结剂组成和各个成分的性能[107]

组成成分	质量分数/%	密度/(Mg/m^3)	熔点/K
石蜡	69	0.895	330
聚丙烯	20	0.854	390
棕榈蜡	10	0.995	350
硬脂酸	1	0.941	346

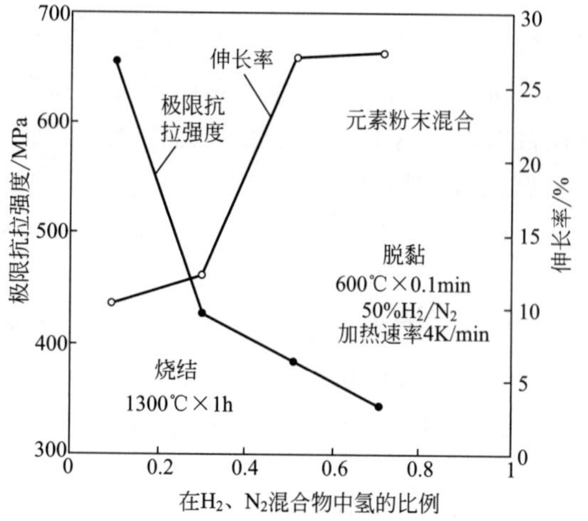

图 5-117　烧结气氛对 4600 钢的拉伸性能的影响（在 1300℃烧结 1h）[107]

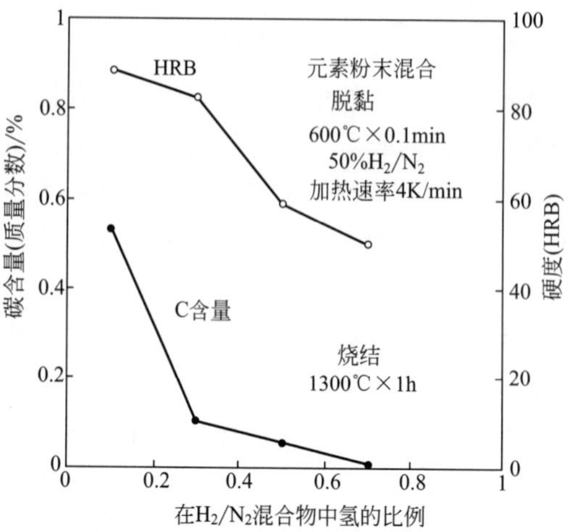

图 5-118　4600 钢的碳分析和硬度以及每个部分的元素粉末氢比例[107]

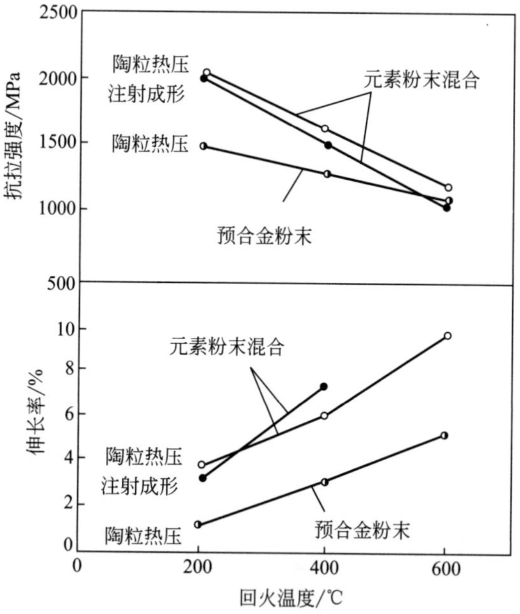

图 5-119　回火温度对 4600 钢元素和预合金粉末拉伸性能的影响[107]

W4600 注射成形烧结钢密度可达到理论密度的 95%～96%，其微细的球形孔隙均匀分布，和普通的粉末冶金制品的复杂孔隙相比，内部缺口效应极小，强度高、塑性好。10% H_2 浓度的烧结试样，含碳 0.54%，抗拉强度约为 660MPa，伸长率为 10%；与这个强度相当的烧结钢（Fe-9Ni%-0.6C，相对密度为 93.5%）的伸长率为 3%～4%，元素混合法的 4600 注射成形烧结钢比预合金化粉末注射成形烧结钢强度要高。如图 5-119 所示，在退火温度为 200℃时，混合法的注射成形材料抗拉强度达到 2000MPa，伸长率＞3%，可以和陶粒热压的致密材基本相当，高于预合金粉末的致密材性能，是一种可以和粉末热锻钢媲美的材料。4600 混合粉末烧结时产生了 Ni 的偏析，产生偏析的白区含 Ni 量为 7%～20%（质量分数），白区的组织为富 Ni 马氏体和富 Ni 残余奥氏体，硬度为 710HV，这种不均一组织不但提高了注射成形材的强度，而且使疲劳裂纹产生偏转，提高了材料的疲劳强度和疲强比。图 5-120 和图 5-121 分别表示退火温度为 473K 和 823K 的注射成形 4600 烧结钢的 S-N 曲线。表 5-47 表示由各种工艺生产的 4600 钢的力学性能，表中结果表明，注射成形 4600 烧结钢的疲强比最高。

表 5-47　各种工艺生产的 4600 钢的力学性能[108]

工艺	回火温度/K	抗拉强度/MPa	疲劳强度/MPa	疲强比
P/M(锻造)	473	2120	650	0.31
P/M(压制)		1920	390	0.20
MIM		1900	570	0.30
	623	1500	509	0.34
	823	1000	458	0.46

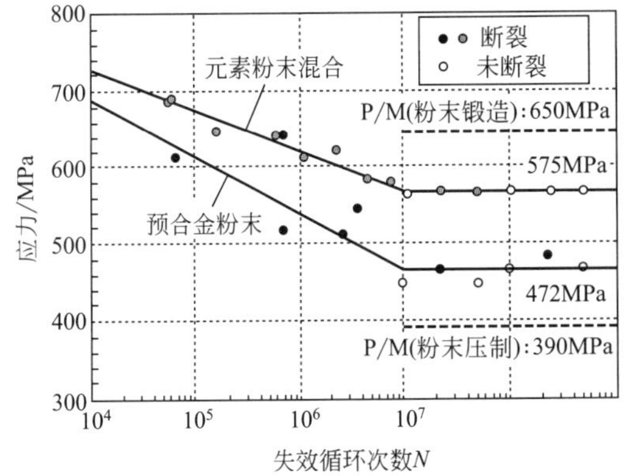

图 5-120　473K 下 MIM4600 钢回火 S-N 曲线[108]

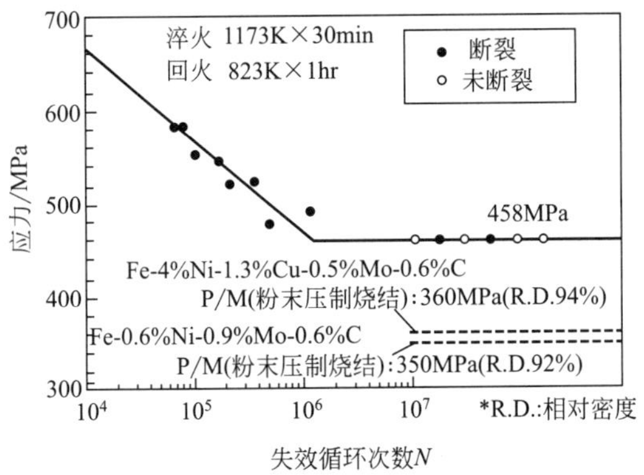

图 5-121　823K 下回火的烧结 MIM4600 钢的 S-N 曲线

5.3.3　注射成形不锈钢的疲劳特性[110~112]

注射成形不锈钢零件占 MIM 零件的 50%以上，316L 奥氏体不锈钢、马氏体硬化钢 17-4PH 和铁素体钢 430 是 MIM 应用最广泛的几种材料。表 5-48 给出了 BASF 公司提供的注射成形不锈钢的钢种。表 5-49 给出了 BASF 公司提供的最重要的 MIM 不锈钢的相应材料牌号和化学成分。

表 5-48　MIM 不锈钢[110]

材料类别	BASF 生产线	其他
奥氏体钢	316L. P. A. N. A C. E. A	304L(1.4306),904L (1.4539),UNS S20910①
铁素体钢	430	
铁素体-奥氏体钢		MIM-Duplex② UNS S31803③
镍-马氏体钢	17-4PH	
马氏体钢	420,440C	410(1.4006)
耐热钢		310(1.4841)

① ASTM XM-19，Nitronic 502 最大 0.03%C，20.5%～24.0%Cr，16%～20%Ni，0.70%～1.5%Cu，4%～7%Mn，1.5%～3%Mo，0.1%～0.3%N。

② MPIF 标准 35.1993～1994 版：19.0%～21.0%Cr，7.5%～8.5%Ni，1.5%～2.5%Mo，最大 0.03%C，最大 2.0%其他。

③ 没有相应的 DIN 牌号；典型成分：23%Cr，7%Ni，3.3%Mo，0.19%N。

表 5-49　MIM 不锈钢的化学成分[110]

BASF 名称	DIN 简称	DIN 号	AISI/SAE	C/%	Cr/%	Ni/%	Mo/%	其他/%	显微组织	说明
Catamold® 316L	X2 CrNiMo 17-13-2	1.4404	316L	≤0.03	16～18	10～14	2～3	Si≤1；Mn≤2	奥氏体	非磁化
Catamold® P.A.N.A.C.E.A	X15 CrMnMoN 17-11-3	—	—	≤0.15	16.5～17.5	≤0.05	3.0～3.5	N 0.8～1.0 Mn10～12	奥氏体	无镍非磁化
Catamold® 430	X 6 Cr 17	1.4016	430	≤0.08	15.5～17.5	—	—	Mn≤1；Si≤1	铁素体	铁磁体
Catamold® 17-4PH	X5 CrNiCu 17-4	1.4542	J467 (17-4PH)	≤0.07	15.0～17.5	3～5	—	Cu 3～5 Nb 0.15～0.45 Mn≤1；Si≤1	软马氏体	可淬硬铁磁体
Catamold® 420	X20 Cr 13 / X30 Cr 13	1.4021/1.4028	420	0.20～0.35	12～14	—	—	Mn≤1；Si≤1	马氏体	可淬硬铁磁体
Catamold® 440C	X105 CrMo 17	1.4125	440C	0.95～1.20	16～18	—	—	Mn≤1；Si≤1	马氏体	可淬硬铁磁体

在奥氏体不锈钢中最有代表性和应用最广的是 Mo-Cr-Ni 钢 316L，由于含 2%～3%的 Mo，它比 314L 的耐腐蚀性好得多，Mo 特别能改善耐点腐蚀性。马氏体硬化钢 17-4PH，Ni 超过碳的作用，固溶退火和淬火后得到的镍马氏体比马氏体钢中的马氏体软得多，其硬化靠弥散析出（沉淀硬化）。17-4PH 在时效处理时析出很细的铜质点，其硬度高达 42HRC，且耐腐蚀性好。铁素体铬钢 430 应用于耐腐蚀性的软磁材料中。三浦秀士等人[111]研究了金属粉末注射成形 SUS316 奥氏体不锈钢的疲劳破坏特性。采用水雾化粉末（平均粒径 8μm）粉末化学成分如表 5-50 所示。为了保持耐晶间腐蚀的特点，SUS316L 粉末应控制含 C 量不大于 0.015%（质量分数），黏结剂为石油石蜡 69%、聚丙烯 20%、巴西棕榈蜡 10%和硬脂酸 1%（质量分数）。金属粉末和黏结剂的体积比为 57∶43，在 423K 温度下混炼 3.6ks，射出成形后，在庚烷气氛下，348K 温度保持 18ks，抽出有机溶剂，残余的黏结剂在马弗炉或管式炉（图 5-122），在 H_2 气氛下，加热到 1323K 会发散除去，在氧气气氛下或真空下（4×10^{-3}Pa）1573K 温度烧结 3.6ks，部分试料在 973K 进行敏化处理 3.6ks。

三浦秀士等人的研究结果表明：①采用马弗炉和管式炉脱黏，并采用 H_2 气氛烧结和真空烧结，试样的含 C 量不一样，马弗炉脱黏不干净，残存含 C 量 0.3%（质量分数），经烧结后含碳量较高（表 5-51），没有经过敏化处理的试样存在晶界腐蚀，其腐蚀的原因是，碳和晶界的铬反应析出碳化铬，使晶界某些区域 Cr 贫乏，易被腐蚀。采用管式炉脱黏和排气比较干净，残存含 C 量为 0.09%（质量分数），经烧结后试样的含碳量低于或等于粉末的含碳量。另外，真空烧结的含碳量低于 H_2 气氛烧结含 C 量，其原因是粉末表面的氧化物和 C 比较容易生成 CO 气体，降低了试样的含碳量（表 5-52）。②如图 5-123 所示，烧结气氛对疲劳强度有较大影响，采用 H_2 气氛烧结材，虽然相对密度为 95%，但其疲劳强度为 275MPa 和熔铸材相差甚少；采用真空烧结材的疲劳强度为 230MPa，和 H_2 气氛烧结材相差

45MPa。研究者认为两者疲劳强度差别不是由碳含量不同而引起的，其理由为碳含量并没有引起两种材料的强度性能有很大变化（表 5-53），另外碳含量微量变化对疲劳断裂周次没有直接影响（图 5-124）。疲劳强度差别主要是由于真空烧结试样在近表面的不规则气孔和在晶界气孔数目较多（表 5-54），这些气孔容易产生裂纹传播，使得疲劳强度降低。

表 5-50　SUS316L 粉末的化学成分（质量分数）[111]　　单位：%

C	Si	Mn	P	S	Ni	Cr	Mo	Fe
0.015	0.80	0.20	0.03	0.03	13.0	16.9	2.09	其余

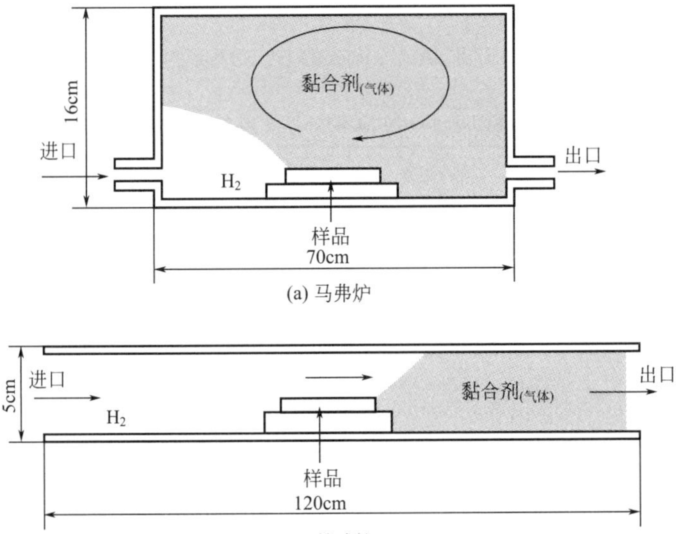

图 5-122　马弗炉和管式炉的气体流动示意[111]

表 5-51　采用马弗炉脱脂和烧结的 SUS316L 的含碳量[111]

SUS316L	含碳量(质量分数)/%	
粉末	0.015	
脱黏(1323K,H_2)	0.3	
烧结(1573K,3.6ks)	H_2 气氛	真空
	0.073	0.041

表 5-52　采用管式炉脱脂和烧结的 SUS316L 的含碳量[111]

SUS316L	含碳量(质量分数)/%	
粉末	0.015	
脱黏(1323K,H_2)	0.09	
烧结(1573K,3.6ks)	H_2 气氛	真空
	0.015	0.012

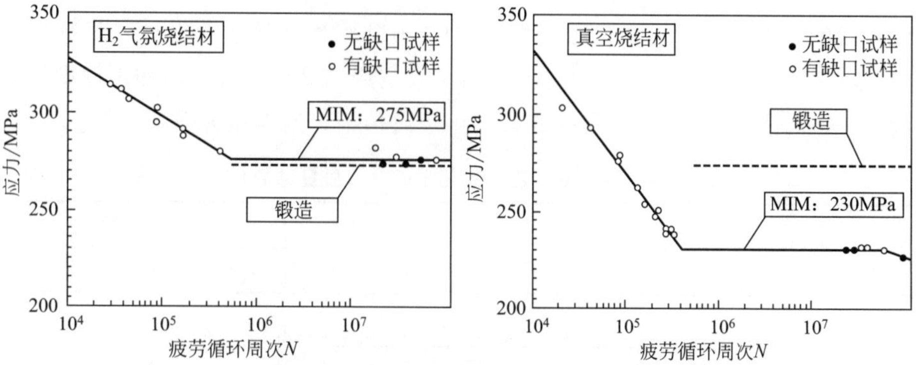

图 5-123 在 1573K 烧结 3.6ks 的 SUS316L 的 S-N 曲线[111]

表 5-53 在 1573K 烧结 3.6ks 的 SUS316L 注射成形不锈钢的力学性能[111]

烧结气氛	疲劳强度/MPa	相对密度/%	硬度/HRB	UTS/MPa	含C量（质量分数）/%
H_2	275	95.1	65	555	0.015
真空	230	95.1	62	530	0.012

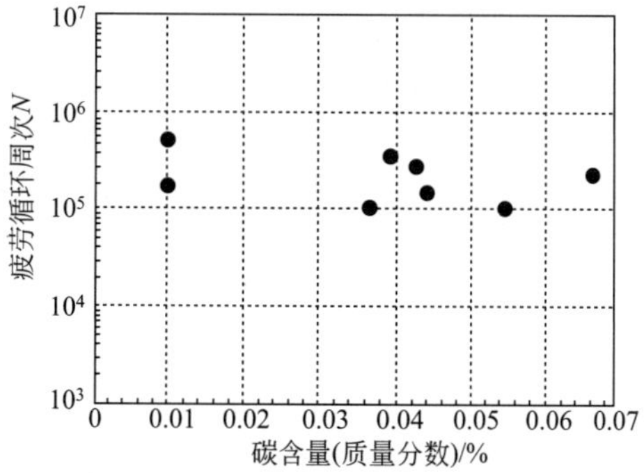

图 5-124 微量碳含量变化对 SUS316L 疲劳循环周次的影响[111]

表 5-54 在 1573K 温度下烧结 3.6ks 的 SUS316L 两种烧结气氛试样的颗粒数和孔隙数[111]

烧结气氛	H_2 气氛	真空
晶粒数	25	24
晶界孔隙数	35	43
晶内孔隙数	91	70

Kyogoku 等人[112]研究了粉末注射成形奥氏体不锈钢 304L 的疲劳和冲击特性，采用水雾化（WA）和气雾化（GA）的奥氏体 304L 不锈钢粉末，粉末化学成分如表 5-55 所示，粉末性能如表 5-56 所示，WA 和 GA 的粉末含氧量分别为 0.39%（质量分数）和 0.07%（质量分数），粉末与聚酰胺黏结剂混炼后，注射坯于 563K、583K、593K 和 603K，脱黏 108ks，脱黏坯于 1573K、1623K、1673K 烧结 3.6～28.8ks。研究结果表明，脱黏条件影响烧结体的显微组织和力学性能，如图 5-125 所示，对于水雾化粉末，相对密度随脱黏温度升

至 583K，烧结密度一直升高，但高于 583K 则下降，下降原因主要 WA 粉末含氧量高，温度太高析出 Si 的氧化物，在烧结过程中，阻碍烧结进行，气雾化粉末含氧量低，相对密度随脱黏温度上升烧结体密度没有下降，很少有析出物。因此，对于 WA 的脱黏温度定为 583K，而 GA 粉末脱黏温度为 603K，图 5-126 给出了烧结温度对于 WA 和 GA 粉烧结体相对密度的影响。两者相对密度随烧结温度的升高而增大，但 GA 粉末烧结体的致密化速率比 WA 粉的要快。在 1637K 烧结的 WA 粉和 1683K 烧结的 GA 粉的烧结体最终达到 98%的相对密度。因此 WA 和 GA 粉末体的烧结温度分别确定为 1673K 和 1683K。

图 5-127 为 WA 和 GA 粉末烧结体拉-拉疲劳试验的 *S-N* 曲线。WA 和 GA 粉末烧结体的疲劳强度分别为 300MPa 和 310MPa，GA 粉末烧结体疲劳强度略高于 WA 粉末烧结体，其原因为两者的孔隙度和析出物数量不同，为了比较，相同成分的锻造材的疲劳极限是 350MPa。WA 粉末烧结体疲劳断口的 SEM 照片如图 5-128 所示，由图可观察带韧窝的静态区以及疲劳区。在 GA 粉末烧结体和锻造材上观察到带疲劳解理层的疲劳区。GA 粉末烧结体的解理层面积比锻造材要宽，前者的疲劳区也比后者大。

表 5-55　WA 和 GA 粉末的化学组成[112]

粉末	化学组成(质量分数)/%							
	C	Si	Mn	S	Ni	Cr	O	Fe
WA	0.01	0.85	0.09	0.01	10.4	19.1	0.39	余量
GA	0.02	0.67	0.09	0.01	11.4	19.6	0.07	余量

表 5-56　WA 和 GA 粉末的特性[112]

粉末	颗粒度分析/%				平均粒径/μm	振实密度/(mg/m^3)
	0/11/μm	11/12/μm	22/31/μm	31/μm		
WA	49.0	39.6	11.6	2.5	10.2	3.69
GA	47.8	43.2	9.0	0.0	11.5	4.78

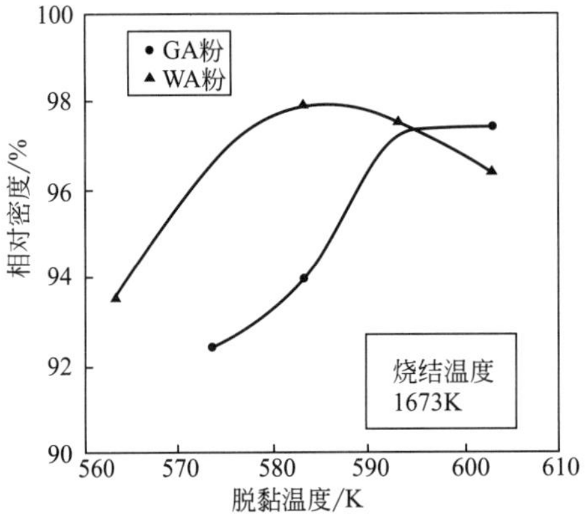

图 5-125　脱黏温度对烧结体相对密度的影响[112]

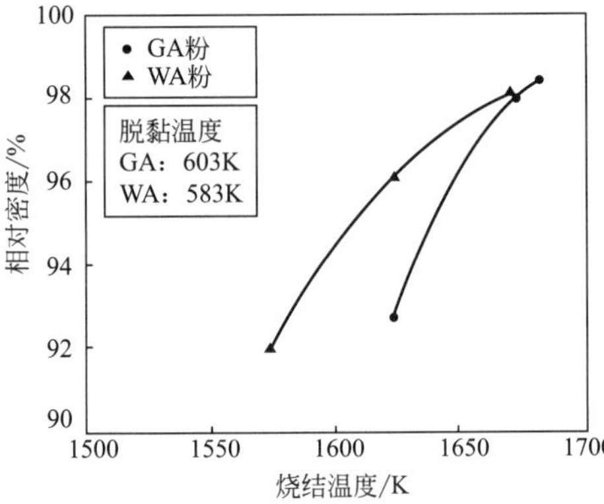

图 5-126　烧结温度对烧结体相对密度的影响[112]

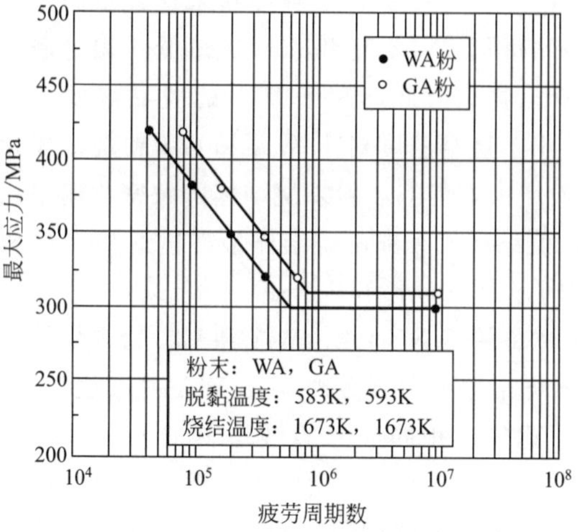

图 5-127 由拉-拉负荷下的疲劳试验得到的 WA 和 GA 烧结体的 S-N 曲线[112]

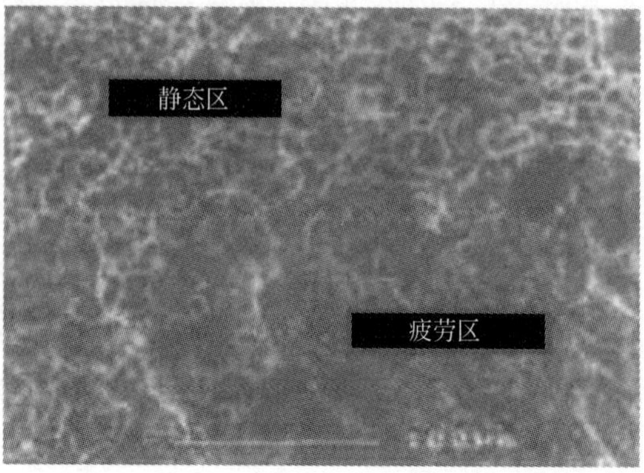

图 5-128 WA 烧结体疲劳断裂表面的 SEM 形貌[112]

5.3.4 注射成形 Fe-Ni 合金的疲劳特性

Fe-Ni 合金也是一种有代表性的 MIM 粉末烧结钢，日本学者三浦秀士等人[113]采用羰基铁、镍粉末（表 5-57），按镍的添加量（质量分数）为 0%、2%、4%、7%的比例配制，黏结剂为石油蜡 69%、聚丙烯 20%、巴西棕榈蜡 10%和硬脂酸 1%（质量分数），粉末和黏结剂的体积比为 60∶40，在 423K 温度加热混炼 3.6ks 后，注射成形成生坯，在庚烷气氛下保持 18ks，从有机溶剂中抽出石蜡，改用 H_2 气氛下，在同一炉内加热脱去剩余黏结剂，并加热到 1573k，保温 3.6ks 得到烧结体。试验结果表明，尽管 Ni 的添加量不同，但各种 Fe-Ni 合金的相对密度基本不变，约为理论密度的 96%（图 5-129）；含 Ni 量为 2%（质量分数）时，Fe-Ni 注射成形材冲击强度最高（图 5-130）；随着 Ni 含量增加，材料的硬度值急剧上升（图 5-131）；随着 Ni 含量的增加，材料的疲劳强度增加（图 5-132）。研究者认为，含 Ni 含量为 2%（质量分数）的 Fe-Ni 合金晶粒细小，所以冲击强度最高，随着 Ni 含量的增加，固溶强化增加，对疲劳裂纹扩展起了重要作用，因此疲劳强度增加，并且疲强比增加至 0.65 和熔制材几乎相等（图 5-133）。

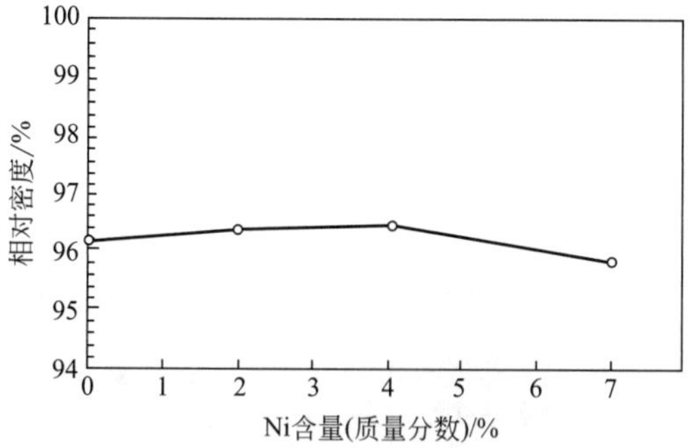

图 5-129 Ni 含量与相对密度的关系[113]

表 5-57 使用的粉末组合[113]

粉末	质量分数/%				平均粒径/μm
	Fe	Ni	C	O	
羰基铁粉	其余	—	0.003	0.65	4
羰基镍粉	<0.01	其余	<0.1	0.15	3.9

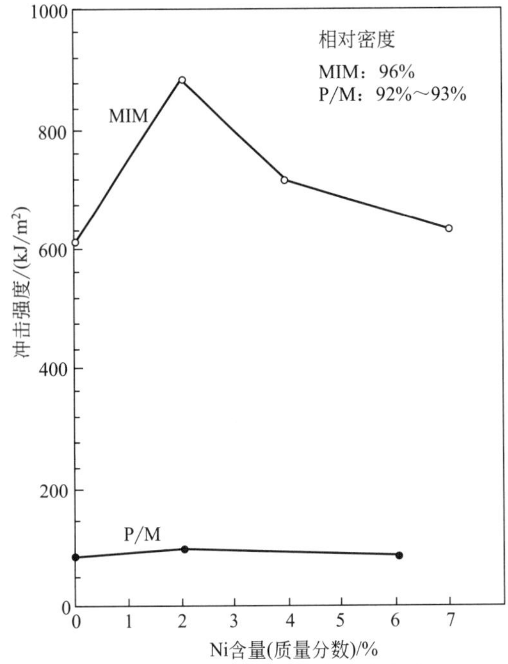

图 5-130　在 1573K 烧结铁镍合金中 Ni 含量对 U 形缺口冲击强度的影响[113]

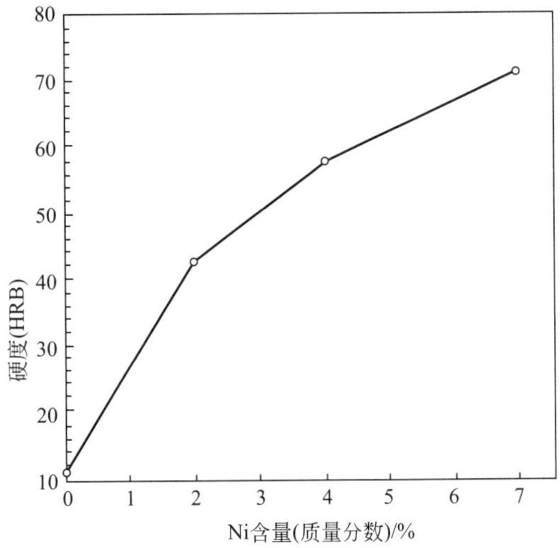

图 5-131　Ni 含量对硬度的影响[113]

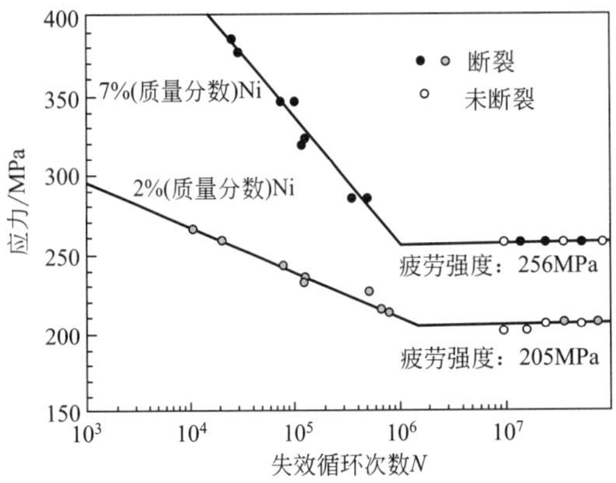

图 5-132　在 1573K 烧结的铁镍合金 S-N 曲线[113]

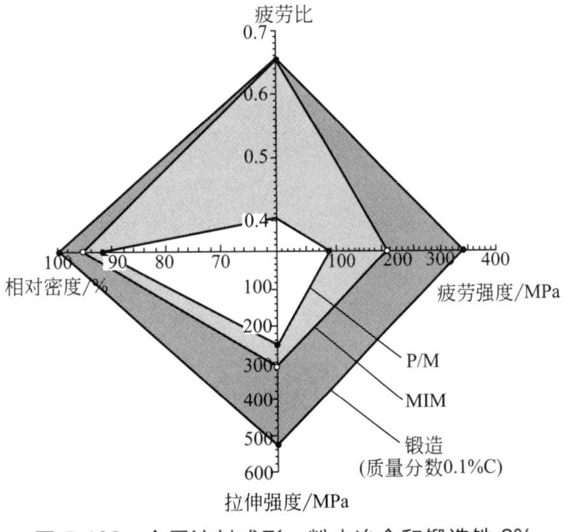

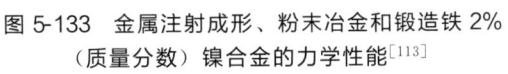

图 5-133　金属注射成形、粉末冶金和锻造铁 2%（质量分数）镍合金的力学性能[113]

5.3.5　注射成形 Fe-Ni-C 系低合金钢的疲劳特性

三浦秀士等人[114]研究了注射成形 Fe-2%Ni-0.7%C 合金钢的疲劳特性。采用的羰基铁粉和镍粉成分如表 5-58 所示，采用的黏结剂为石油蜡 69%、聚丙烯 20%、巴西棕榈蜡 10%和硬脂酸 1%（质量分数），金属粉末与黏结剂体积比为 60∶40，在 423K 加热混炼 3.6ks，注射成形试样，在庚烷气氛下 348K 从有机溶剂中抽出石蜡，在 N_2/H_2 混合气氛下，923K 加热脱脂，

再在纯 N_2 气氛下 1527K 烧结 7.2ks，得到相对密度为 97%的烧结体，加热脱脂时控制合金钢的含 C 量为 0.7%（质量分数）左右，在 473K 温度下退火 5.4ks 或在 753K 温度下退火 3.6ks。研究结果表明：①MIMFe-Ni-C 低合金钢的性能如表 5-59 所示，Fe-Ni-C 低合金钢的 S-N 曲线如图 5-134 所示；②溶媒抽去后，加热脱脂（20% H_2/N_2 混合气氛）和烧结（纯 N_2 气氛）在同一炉内连续进行，烧结材的含碳量可控制在（0.7±0.03）%（质量分数）；③热处理 MIM 材在 243K 以下，才产生脆性断裂，但断裂面上大部分仍为韧性断面，表明材料的韧性优良；④由于注射成形材晶粒微细孔隙为微细球状，材料具有优异的疲劳特性。

表 5-58　研究中所使用粉末的特征[114]

羰基铁粉				
成分	C	O	N	Fe
质量分数/%	0.78	0.34	0.6	其余
羰基镍粉				
成分	C	O	S	Ni
质量分数/%	0.076	0.14	<0.001	其余

表 5-59　回火 Fe-2%Ni-0.7%C 合金的力学性能[114]

材料		拉伸强度/MPa	冲击强度/(kJ/m²)	疲劳强度/MPa	疲劳比
Fe-2%Ni-0.7%C（MIM R. D. 97%）	回火温度 753K	920	1401	365	0.39
	回火温度 473K	1900	270	470	0.25
Fe-1.6%Ni-1.0%Mo-0.6%C（回火温度 473K，相对密度 93%）		1262	220	401	0.31

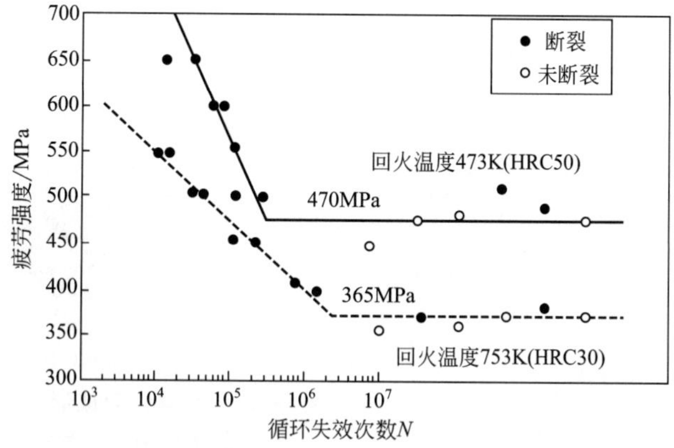

图 5-134　回火 Fe-2%Ni-0.7%C 合金 S-N 曲线[114]

5.3.6　金属注射成形冷作工具钢的超声疲劳性能[115]

Doi 等人[115]用超声疲劳试验研究了 MIM 钢试样和冷作工具钢（JIS SK D11）制造的锻轧钢试样的高周疲劳性能，制作 MIM 试样，使用的是平均粒度为 10.22μm 的冷作工具钢粉。表 5-60 列出了金属粉末与锻轧钢试样所用材料的化学成分。粉末和聚合物黏结剂及石蜡在加压捏合机中混合均匀注射成形试样，在溶剂萃取，加热脱黏后进行烧结，得到试样。试样于1040℃加热1h，淬火，在两种条件下进行回火，回火条件为低温回火150℃×4h，高温回火510～515℃×3h。同时将锻轧钢切削加工成试样，在1040℃加热1h，淬火，然后150℃回火4h。在该研究中使用的超声疲劳试验装置为SHI-MADZU Corp提供的USF-2000，超声疲劳试验是在频率为20kHz±0.5Hz、疲劳寿命 $N=10^3\sim10^8$ 下进行的。

图5-135为冷作工具钢（JIS SK D11）的注射成形钢和锻轧钢的 S-N 图，如图所示低温回火的MIM烧结钢疲劳强度为725MPa，高温回火的MIM烧结钢的疲劳强度为625MPa，锻轧钢的疲劳强度为675MPa。低温回火注射成形钢的疲劳强度超过锻轧钢的疲劳强度的原因是，两者的碳化物大小和形状不同，锻轧钢和MIM钢中碳化物最大颗粒尺寸分别为52.5μm和6.4μm。锻轧钢的碳化物沿轧制方向长大，而MIM钢中碳化物细小、圆形、分布均匀。图5-136是冷作工具钢的疲劳强度与硬度的关系。图中结果表明疲劳强度随硬度增大而增大。

研究者还对冷作工具钢的断裂表面进行观察。锻轧钢和MIM钢试样的断裂表面表明，断裂是围绕四周发生的，另外在每个试样中都产生了一个断裂源。一般来说，断裂扩展时，超声疲劳试验的共振频率发生变化，但是，进行疲劳试验时，所有试样的共振频率都没有发生变化，这个结果表明，断裂的扩展是瞬时的，然后试样断裂。

表5-60　材料的化学组成（质量分数）[115]　　单位：%

材料	C	Si	Mn	P	S	Cr	Mo	V
锻轧钢	1.45	0.26	0.40	0.023	0.001	11.83	0.84	0.24
金属粉末	1.55	0.31	0.38	0.012	0.013	11.58	1.10	0.38

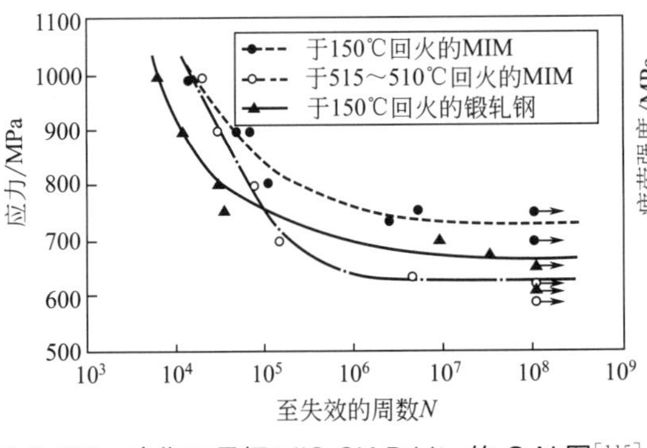

图5-135　冷作工具钢(JIS SK D11)的 S-N 图[115]

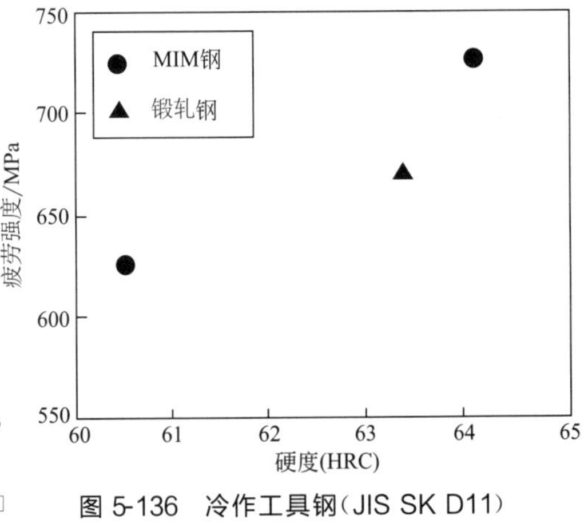

图5-136　冷作工具钢(JIS SK D11)疲劳强度与硬度的关系[115]

5.4　粉末热锻钢的疲劳裂纹萌生与扩展

20世纪60年代中期，粉末热锻工艺开始引起人们的注意。粉末热锻是将烧结的预成形坯加热后，在闭式模中锻造零件的工艺。粉末热锻兼有粉末冶金和精密模锻两者的优点，可以制取相对密度在98%以上的粉末热锻件，可获得均匀的细晶组织，并可显著提高材料的强度和韧性，使粉末锻件的力学性能接近，达到甚至超过传统锻件水平，同时又保持了粉末冶金少、无切削的特点，并且具有精密成形、材料利用率高、锻造能量低一系列特点。特别是近年来粉末热锻钢在制备汽车部件中大量使用，创造了巨大的经济价值，使得粉末热锻技术成为最重要的粉末冶金新技术之一。由于粉末热锻部件主要处在动态载荷下服役，为了扩大其应用范围，深入开展粉末冶金热锻钢的疲劳裂纹萌生与扩展的研究具有重要的意义。

5.4.1 粉末热锻钢的疲劳裂纹萌生[116]

通常，多孔烧结钢的疲劳裂纹起始于自由表面的孔隙和孔隙群中，而裂纹的扩展需借助于孔隙的连接。高密度的粉末热锻钢（相对密度＞98%）与中等密度的烧结钢（相对密度90%～95%）疲劳特征有很大差别。Brown（1974）认为，随着密度的增大，达到一个临界密度，对裂纹扩展控制和疲劳强度的增大，钢中夹杂物可能变得比残留孔隙更为重要。夹杂的形貌、尺寸（直径或面积）、取向、平均间距、化学成分均影响粉末热锻钢的疲劳特性，这些缺陷可以成为内裂纹的萌生地、裂纹的起点和裂纹的连接点。

热锻钢的夹杂物除在钢水脱 S、脱 P 和脱 O 及雾化制粉中带来非金属夹杂，在粉末成形、烧结和锻造中也能产生氧化物夹杂等。尽管采用种种纯净化措施可以减少材料中的非金属夹杂，但完全消除非金属夹杂是不可能的。非金属夹杂超过一定尺寸，夹杂物内裂纹的萌生发生在材料屈服之前，夹杂物的形状复杂，夹杂物形成集群或连成串状，对某些硬脆的夹杂物，夹杂物平均间距减小，在外力作用下与基体变形不协调，均易产生应力集中，容易形成裂纹[117～119]。范红妹等人[120]研究了夹杂物特征参数对拉伸载荷超高强度钢裂纹萌生与扩展的影响，得到如下结论，无论夹杂物的几何长轴与外加载荷方向呈何角度，在拉伸载荷下，裂纹均首先在夹杂物内部萌生，且瞬间即可形成。随着外加载荷的增加，夹杂物内的裂纹数不断增加，但已形成的裂纹并不向基体扩展，待相互平行且垂直外加载荷方向的裂纹将夹杂物分割成数个小夹杂物后，夹杂物即沿与初始裂纹约成45°角的方向开裂。

高橋和彦等人[121～123]研究了烧结锻造材表面缺陷对裂纹萌生与扩展的影响，提出了粉末的未烧结部、粉末的脱碳和锻件的表面粗糙是引起裂纹萌生和扩展的原因之一。粉末烧结坯加热锻造时产生氧化黑皮并进入锻料内部，或者采用了氧化粉末直接进行锻造，已经氧化粉末不能和未氧化粉末进行冶金结合，把这种氧化粉末称之为非烧结部。这种非烧结部的边界会引起裂纹萌生。粉末的脱碳使珠光体组织部分变为铁素体，在珠光体和铁素体的边界上裂纹容易萌生和优先扩展。表面粗糙实际上是表面缺陷和孔隙，同样容易萌生成裂纹源。

对于铁基粉末合金来说，裂纹萌生与扩展往往和合金的显微结构有关。山口敏彦等人[124]研究含铜的热等静压铁合金时，发现在铁素体和铜相的混合组织中，首先形成密集的滑移带，然后萌生成裂纹，并且裂纹优先在软相组织中扩展，裂纹尖端碰上渗 C 组织和富 Ni 马氏体相产生偏转和停滞。

川北宇夫等人（1971）研究了超高密度的锻造钢的强度和断裂，他们认为超高密度的锻造钢（7.8g/cm^3）与中密度烧结钢（7.0g/cm^3）的疲劳特征有很多区别，高密度锻造钢最初在试样内部产生滑移线，随着疲劳试验进行，滑移线的密度慢慢增加，裂纹从晶界或者珠光体、铁素体的边界开始产生，这与一般钢的疲劳过程非常相似。孔隙的影响很小，用显微镜观察不出来。一般来说，具有粗大网状铁素体-珠光体组织，由于存在软相铁素体，其疲劳裂纹基本萌生在试样表面的铁素体/珠光体边界并优先沿边界扩展。

有学者研究了残余孔隙和成分偏析对粉末锻件力学性能的影响，得出如下结论：残余孔隙率小于体积的0.5%时，孔隙对断裂取向的影响消失，在粉末颗粒直径范围内的成分偏析会影响断裂方向，对力学性能的影响不大。

综上所述，粉末热锻钢的裂纹萌生可归纳为三个方面：①在拉伸载荷下裂纹首先在夹杂物内部萌生（夹杂包括冶炼夹杂和氧化夹杂）；②滑移变形使裂纹在晶界或显微软相组织边界萌生；③在外力作用下，裂纹在试样表面的孔隙、孔隙群处萌生。

5.4.2　粉末热锻钢疲劳裂纹扩展路径

有关粉末热锻钢疲劳裂纹的扩展路径，有一些学者进行了研究。Williams 等人（1975）研究指出，高应力水平疲劳数据散乱，所有断裂基本上判断为晶间断裂，甚至低应力水平也辨别不出疲劳裂纹确切的萌生区域，他们认为在疲劳载荷作用下，晶界的内聚力被削弱，容易为疲劳裂纹扩展开辟途径。

Phillips 等人[125]给出了四种材料采用压制烧结和粉末锻造两种方法得到的试样的单调断裂断面的观察结果。表 5-61 给出四种材料、两种制备方法的试样单调断裂断面情况的总结。图 5-137 所示为压制烧结试样的断面，相对密度为 $\rho_r=0.9$，颗粒之间的烧结颈连接因微孔聚合导致失效，产生典型的韧窝断面。对于热锻钢来说，如图 5-138 所示，在相对密度为 0.99 时。断裂完全为微孔聚集导致［图 5-138（a）］或完全为解理［图 5-138（c）］或两者混合［图 5-138（b）］。

表 5-61　四种材料、两种制备方法得到的试样的单调断裂断面情况的总结[125]

材料	压制烧结，相对致密度为 0.9		粉末锻造，相对致密度为 0.99	
	压制烧结后	热处理	锻造后	热处理
Fe-0.6C	由显微孔洞聚合导致的延性颈部断裂，大面积的游离颗粒产生	由显微孔洞聚合导致的韧性颈部断裂，大面积游离颗粒产生	100%解理	10%～20%延性，80%～90%解理
Astaloy 0.2%C	由显微孔洞聚合导致的延性颈部断裂，大面积的游离颗粒产生	由显微孔洞聚合导致的韧性颈部断裂，大面积游离颗粒产生	100%由显微孔洞聚合导致的延性断裂	100%由显微孔洞聚合导致的延性断裂
Astaloy 0.6%C	由显微孔洞聚合导致的延性颈部断裂，大面积的游离颗粒产生	由显微孔洞聚合导致的韧性颈部断裂，大面积游离颗粒产生	100%解理	100%解理
Distaloy 0.6%C 异质	由显微孔洞聚合导致的延性颈部断裂，大面积的游离颗粒产生	由显微孔洞聚合导致的韧性颈部断裂，大面积游离颗粒产生	50%解理，50%由微孔洞聚合导致延性断裂	50%解理，50%由微孔洞聚合导致延性断裂

对于均质的含 0.2%C 的 Astaloy 合金，微孔聚合是唯一被观察到的模式，K_p（断裂韧性）大于 80MPa·$m^{1/2}$，σ_y（屈服强度）在 450～600MPa。解理断裂是含 0.6%C 的 Astaloy 合金（经过淬火和回火）中唯一观察到的模式，K_p 为 20～30MPa·$m^{1/2}$，σ_y 是 1150MPa。在未热处理时为成形态，更软的情况下，是微孔聚合和理解的混合状态，对应 K_p 有所提高。不均匀扩散的 Distaloy 合金特别有趣，所用的样品给出的 K_p 为 50～

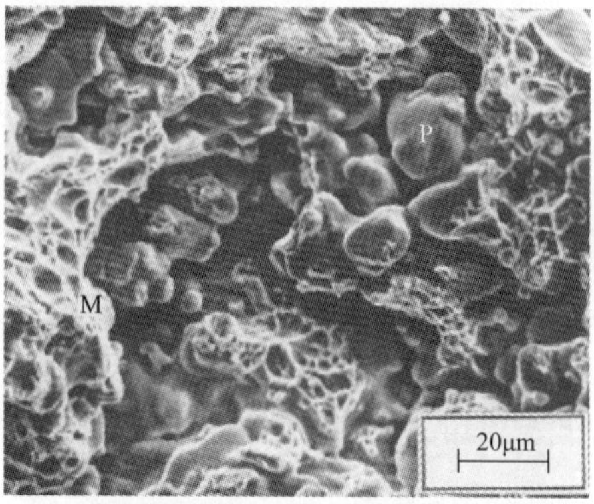

图 5-137　Astaloy 0.2%C 烧结的显微结构（烧结形成的颈部微孔聚合形成断裂，总面积的 35%被凹痕占据）[125]

$65MPa \cdot m^{1/2}$，成形态 σ_y 为 515MPa，淬火和回火后为 930MPa。断面显示出大约等数量的微孔聚合与解理断裂。

在均质 Fe-C 和 Astaloy 合金中，颗粒的颈部局域和整体局域相比，在成分、微观结构和性能方面差异不大。非均质的 Distaloy 合金具有局部富 Ni 和其他合金金属元素的颗粒表面，在淬火中 Ni 特别有利于残余奥氏体的保留，有利于强度提高和加工硬化效应以及提高颈部的断裂阻力。颗粒内部缺少合金元素，颗粒由细的铁素体和珠光体组成，同等尺寸下比颈部更弱。

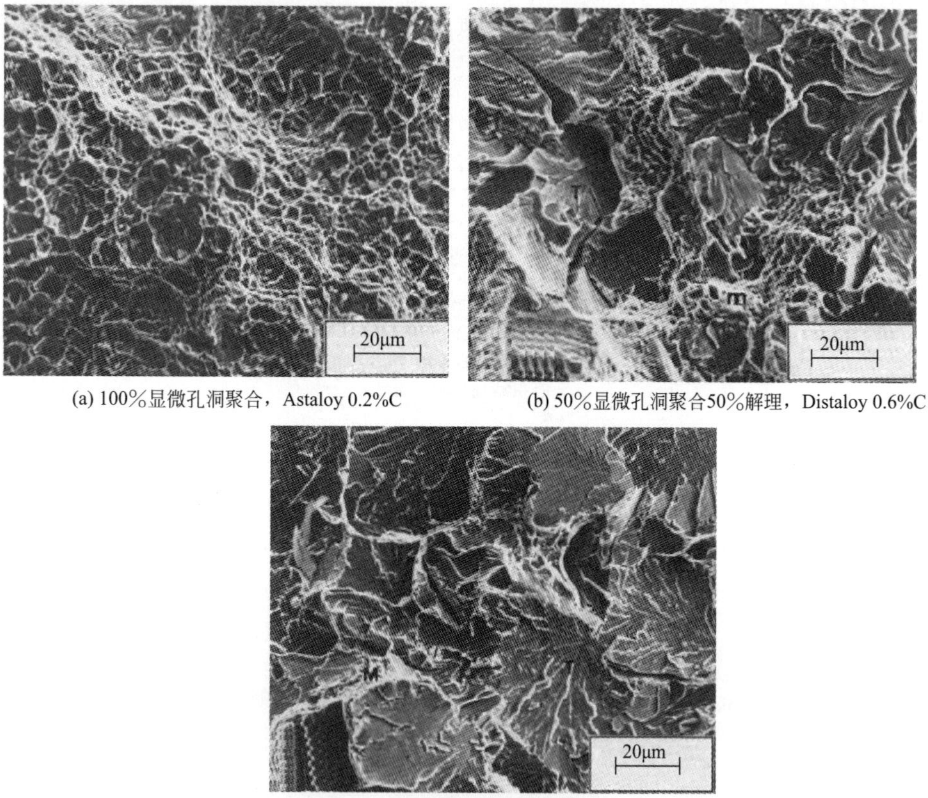

(a) 100%显微孔洞聚合，Astaloy 0.2%C

(b) 50%显微孔洞聚合50%解理，Distaloy 0.6%C

(c) 100%解理Astaloy 0.6%C

图 5-138　粉末锻造材料断裂面的单调特性(ρ_r= 0.99) [125]

全致密材料的力学行为取决于基体的结构和性能，均质合金化材料与锻钢直接类比比较容易理解。低 C 含量的韧性基体通过显微孔洞聚合而失效，具有高的 K_p 值。高 C 含量导致解理和低的 K_p 值。Distaloy 合金在粉末锻造过程中依然保持其不均匀性。裂纹通过坚韧区域和不坚韧区域，导致出现混合的断面和中等的 K_p 值。

Distaloy 合金经过热处理后的微观结构由被马氏体和残余奥氏体围绕的岛状的细珠光体组成(图 5-139)，大约整体有 5%的奥氏体，这是因为 Ni 没有深度扩散到 Fe 颗粒中。表 5-62给出在给定的烧结状态下，合金元素扩散距离的计算结果。C 随意流动直到局部的金属成分达到热力学平衡为止。奥氏体中高的 Ni 含量降低了 C 的固溶度，所以在颗粒中心发现了很多 C，这个区域基本上是纯的 Fe-C，具有很低的淬透性，产生珠光体或者在淬火中形成的上贝氏体。两种微观组织都不利于韧性，且都是呈解理失效。然而，颗粒表面具有高 Ni 和低 C，淬火产生了一个柔软而强韧的 Fe-Ni 马氏体和残余奥氏体。很可能是这些区域产生了韧窝断裂。

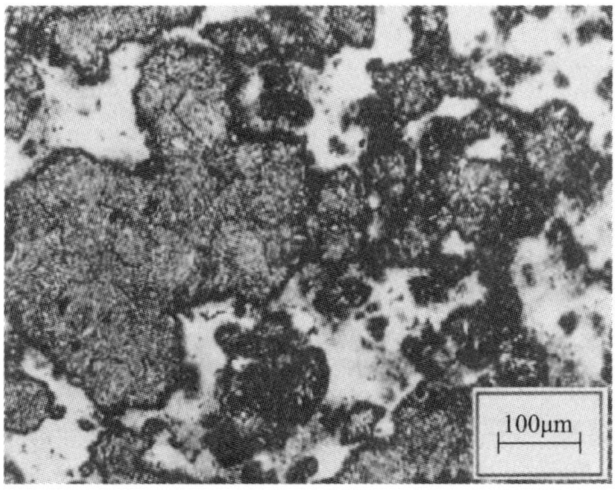

图 5-139　锻造 Distaloy 0.6%C 粉体的微观结构[125]
（在 850℃油淬并在 180℃回火 60min）

在热复压材料中出现另一种可能。有时候，表面污染，可在整个过程中存在如原始颗粒的氧化。最终产品的断裂表面上可看到膜状的孔洞。显然这会影响力学性能，材料受到疲劳载荷时更加明显，在应力幅接近疲劳极限时，裂纹尖端的平面应变塑性区通常为几十微米。相比而言，断裂韧性测试时的塑性区有几毫米。小的夹杂物在微孔形核时起到了作用，但是不会像影响疲劳极限值那样强烈地影响断裂韧性。

表 5-62　在烧结过程中扩散距离[125]［扩散距离 $r=(Dt)^{1/2}$］

漫射元件	$D_0/(m^2/s)$	$Q/(kJ/mol)$	温度/℃	$D/(\mu m^2/s)$	时间/s	距离/μm
C	30×10^{-6}	146	1150 1200	136 207	1800 1800	495 610
Ni	25×10^{-6}	314	1150 1200	0.00008 0.00020	1800 1800	0.4 0.6
Mo	7×10^{-6}	247	1150 1200	0.0064 0.0130	1800 1800	3.4 4.8

李荫松等人[126]研究了多次冲击载荷下粉末冶金热锻钢的振动疲劳裂纹萌生、扩展与断裂，他们认为用传统检测钢材的方法去检测粉末热锻钢难于得到裂纹萌生与扩展的完整过程。因而采用大幅降低应力水平的小能多冲方法，并得到如下结论：①低倍宏观裂纹大多数萌生于缺口根部的孔隙与夹杂物，并不一定萌生于缺口中垂线的基体，微观裂纹大多数萌生于孔隙和夹杂物与基体交错的边界线上以及一些烧结颈上；②裂纹扩展速率与载荷大小，加载方式和加载频率，孔隙与夹杂物的含量、大小和平均间距，基本成分、组织、性质和粉末有关；③裂纹的停歇与扩展方向发生多次转折是粉末热锻钢特有的性质，在一定低的载荷下这种现象对疲劳寿命是有利的；④断裂属于脆性疲劳性质，低应力水平下粉末热锻钢有裂纹萌生、亚临界扩展直到最后断裂，可以出现界限分明的各个区域清晰的断口。

在较低的冲击载荷下，裂纹扩展时快时慢，前沿遇到薄膜状或坑道状孔隙及带有尖锐棱角的夹杂物，扩展速率就比较快；裂纹前沿遇到圆球状孔隙或夹杂物，扩展速率就比较慢，甚至产生停歇一段时间的现象，等到重新向前扩展，有时扩展方向会发生偏转，当冲击载荷较大时，裂纹前沿遇到孔隙和夹杂物时迅速向前扩展，没有停歇。孔隙与夹杂物对裂纹有吸引作用，在距离前沿一定距离内存在孔隙与夹杂物时，即使裂纹前沿不在同一方向，也往往把前沿吸引过去，距离近就汇合，距离远时就促使裂纹前沿朝它这边靠拢。

早期有关孔隙对裂纹的作用也有争论，Gell 等人（1961）认为应力在大孔隙中衰退较

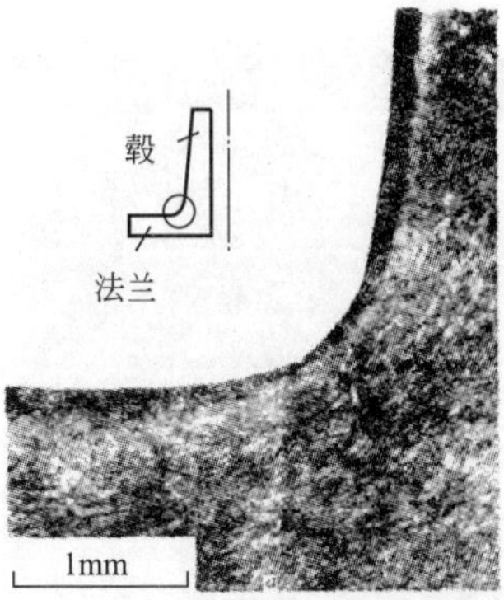

(a) 复压

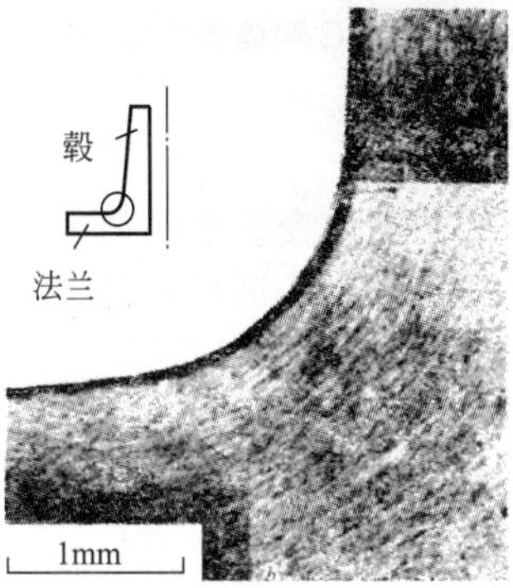

(b) 挤压

图 5-140 粉末冶金典型零件拐角接合处的晶粒流线花样的宏观图

慢，衰退的距离更远，引起滑移带与剪切带位移更大，因而使得裂纹萌生与扩展更为急剧。山田邦博（1979）等人发现了 S_{25c} 与黄铜材料孔隙对疲劳裂纹有停歇与改变方向现象，但他们没有发表令人信服的结构。西谷弘信（1979）在 S_{50c}、S_{10c} 及黄铜的非常规疲劳试验中也发现了裂纹的停歇和转折现象。近年来，粉末孔隙对裂纹有停歇、偏转和闭合作用，已经成为共识。

刘少兵[127]研究了稀土对粉末热锻钢裂纹扩展路径的影响，他认为由于粉末热锻钢颗粒间界存在大量氧化物夹杂，裂纹扩展大多都是沿颗粒间界断裂，加入稀土后断口上夹杂大量减少，使主要以粉末颗粒边界脆性断裂为主的机制转变为穿晶断裂机制。

库恩和劳利[116]研究了锻造零件的形状、金属流动方式对裂纹扩展路径的影响，选择的零件是轴向对称的多层法兰一毂联轴，通过锻造两个不同结构的预成形坯，获得两个流动量，通过支承部件法兰并沿毂的轴向施加循环载荷，测量其轴向疲劳和观察其裂纹萌生及扩展路径。研究结果表明，从显微组织上看，在两种情况下流动产生的晶粒流线花样是完全不同的，在复压成形的零件中，材料的侧向流动限制在紧靠拐角接合处表面附近［图 5-140（a）］。挤压方式成形的零件，材料流动在致密零件的整个横断面出现［图 5-140（b）］。在复压的零件中，初始疲劳主要垂直流动方向扩展，即垂直最大拉应力方向，一旦裂纹进入轴向压缩区，裂纹沿压扁孔隙和原先颗粒边界偏离，裂纹扩展方向大约平行于法兰基底，裂纹扩展方向的改变与流动-复压边界相符。对于挤压零件，疲劳裂纹起始于拐角接合处，然后扩展到整个零件，当裂纹遇到夹杂物时，裂纹发生偏转或裂成细条状。

5.4.3 粉末热锻钢疲劳裂纹的扩展速率

Moon 等人[128,129]对一些牌号的粉末冶金钢粉采用压制烧结、粉末锻造、旋锻、热处理等工艺制备多种粉末钢，对这些粉末钢进行了疲劳裂纹扩展的研究，并进行了比较。采用的粉末牌号如表 5-63 所示。所采用的压制和烧结工艺为：金属粉末与石墨混合，并在石墨模中压制，在吸热性煤气（74%H_2、25%Ni_2 和 1%CH_4）中烧结，圆坯的直径为 105mm，厚度为 25mm，烧结相对密度为 0.9。粉末锻造工艺为：在 1200℃复压，圆坯变为高度 80mm、厚度 50mm，再锻成 120mm×30mm×30mm 的棒材，锻造相对密度为 0.99，接近理论密度。热处理工艺为：在 850℃加热 60min 进行奥氏体化，在 40℃油中淬火，然后在 180℃回火 1h。裂纹扩展采用三点弯曲试验在正弦波 50Hz 状态进行，裂纹深度采用直流电位下降法来表征。

表 5-63 材料成分研究（所有粉末由 HÖganäs AB 提供）[128]

代码	粉末类型	元素质量分数/%							
		C	Ni	Mo	Cu	Cr	Mn	Cr_{eq}	Ni_{eq}
Fe0.5C	水雾化 ASC 1000.29	0.5	—	—	—	—	—	0	15.0

续表

代码	粉末类型	元素质量分数/%							
		C	Ni	Mo	Cu	Cr	Mn	Cr_{eq}	Ni_{eq}
DAB0.6C	ASC 1000.29 扩散结合	0.6	1.75	0.5	1.5	—	—	0.75	20.2
AA0.2C	均质水雾化	0.2	1.9	0.5	—	0.08	0.25	0.83	8.0
AA0.6C	均质水雾化	0.6	1.9	0.5	—	0.08	0.25	0.83	20.0

注：DAB 0.6C 为 Distaloy AB-0.6C%，AA0.2C 为 Astaloy A-0.2C%，AA0.6C 为 Astaloy A-0.6C%。

图 5-141 为未进行热处理的粉末热锻钢的裂纹扩展速率与应力强度因子幅的关系。图 5-142为不同烧结温度的压制烧结钢裂纹扩展速率与应力强度因子幅的关系。图 5-143 为裂纹扩展指数 m 与试样制备工艺的关系。图 5-144 为裂纹扩展门槛值 ΔK_{th}与制备工艺的关系。图中结果表明，当压制烧结钢相对密度为 0.9 时，$m=10\sim18$，而相对密度为 0.99～1 的粉末热锻钢，其 m 值为 2.6～4，这是传统锻钢的典型数值范围（2～4）。裂纹扩展门槛值 ΔK_{th}在 $R=0.1$ 时，Fe-0.5%C 和 DistAB-0.6C 两个合金不受密度影响，而 Ast A-0.2%C 和Ast A-0.6%C两个合金相对密度由 0.9 升至 0.99，其 ΔK_{th}略有下降。热处理对各种合金影响不一，如 Fe-0.5%C 不受影响，Ast A-0.2%C当相对密度由 0.9 升至 0.99 时 ΔK_{th}显著升高。但在相对密度为 0.9 时，热处理影响不大。Ast A-0.6%合金在相对密度为 0.9 时，热处理使得 ΔK_{th}略有提高，但在相对密度为 0.99 时，热处理使得 ΔK_{th}明显减小。裂纹扩展门槛值 ΔK_{th}在应力比 $R=0.8$ 时，各种工艺制备的四个钢种均有降低。其中粉末锻造钢均比压制烧结钢的略高一点，热处理对一些钢种有一定影响。图中结果表明，当 $R=0.1$ 时，裂纹扩展门槛值 ΔK_{th}在 5.5～10.8MPa·$m^{-1/2}$，当 $R=0.8$ 时，ΔK_{th}在 2.75～5.0 MPa·$m^{-1/2}$。随着 R 值升高，ΔK_{th}大幅度减小，可归结于裂纹闭合效应。

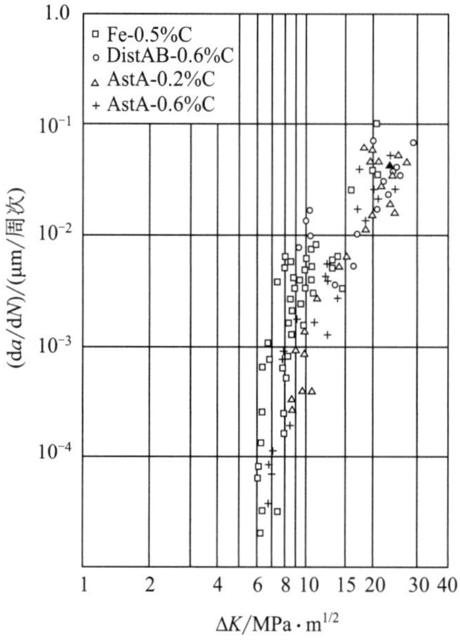

图 5-141　未进行热处理的粉末热锻钢的裂纹扩展速率与应力强度因子幅的关系（da/dN-ΔK 曲线，应力比 $R=0.1$）[128]

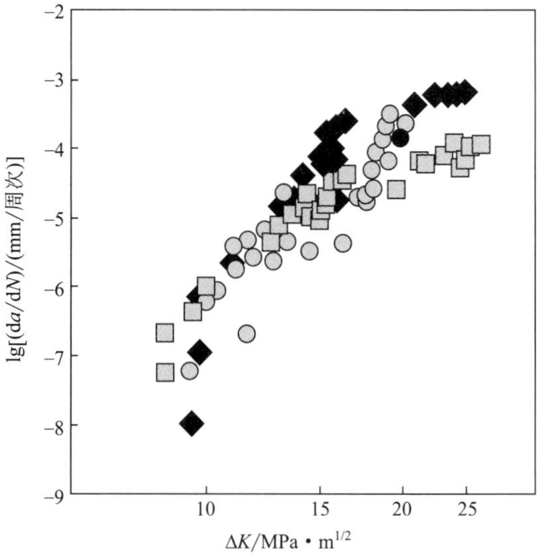

图 5-142　不同烧结温度 Ast A-0.2%C 压制烧结钢的裂纹扩展速率和应力强度因子幅的关系[129]

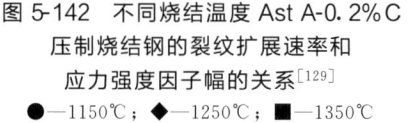

●—1150℃；◆—1250℃；■—1350℃

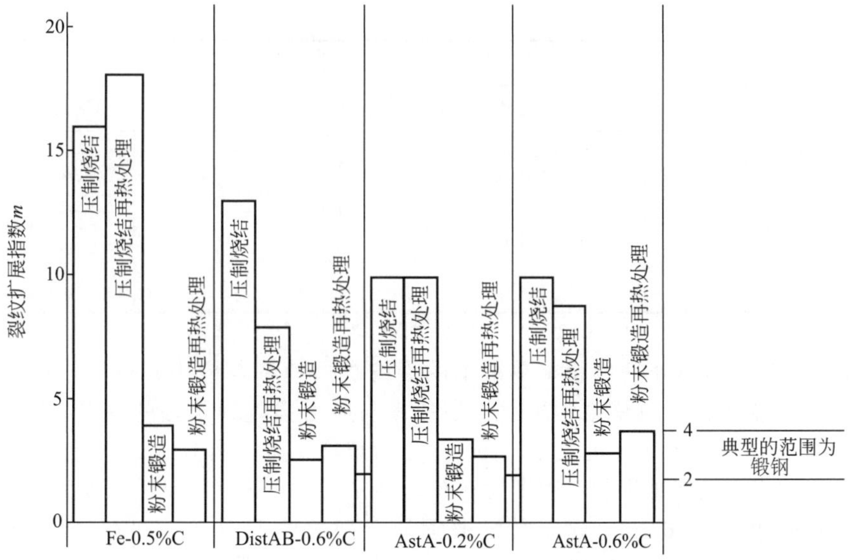

图 5-143 裂纹扩展指数 m 的测量值(应力比 $R=0.1$) 和试样制备工艺的关系[128]

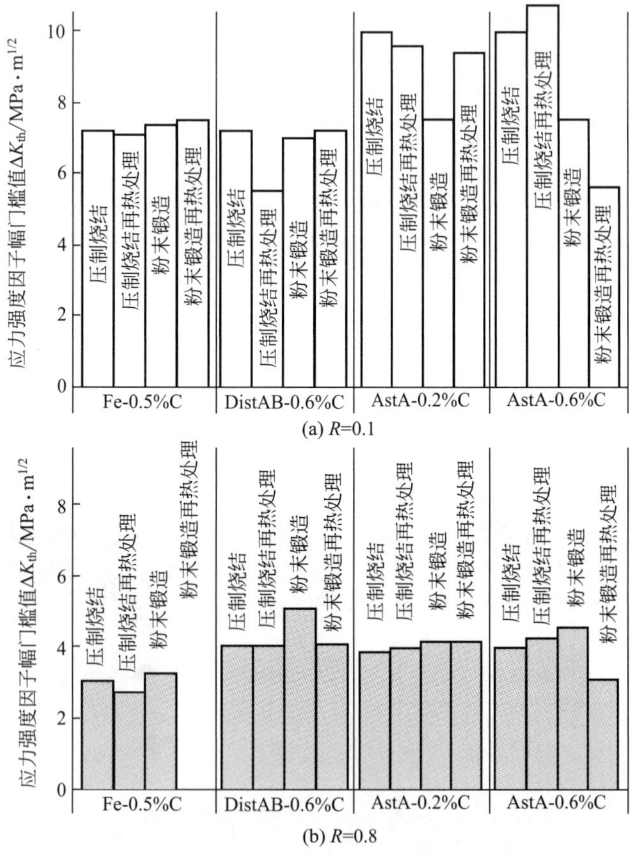

图 5-144 裂纹扩展门槛值 ΔK_{th}和试样制备工艺关系[128]

一般来说，孔隙率的减小会导致裂纹扩展速率指数 m 减小，这个规律适合整个孔隙率范围，特别是在粉末钢相对密度在 0.9 以下更为明显。对于裂纹扩展门槛值 ΔK_{th}来说是个相当复杂的问题，在相对密度 0.9 以下，孔隙率减小，ΔK_{th}增大。但是在相对密度 0.9 以

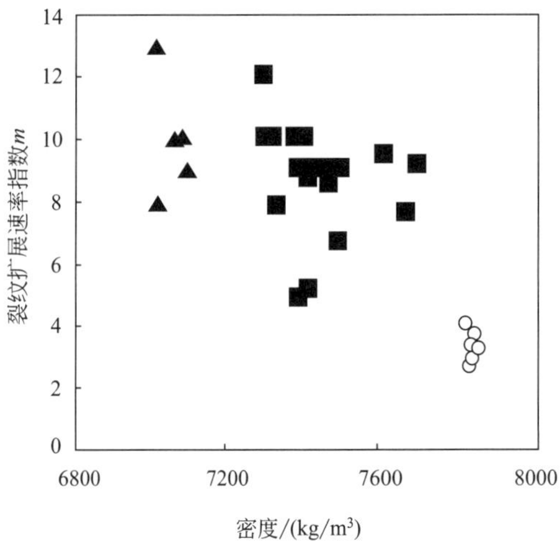

图 5-145　粉末冶金钢的密度和裂纹扩展速率指数 m 的关系[129]

▲—压制烧结钢；■—烧结旋压钢；○—粉末热锻钢

上直至完全致密范围内，ΔK_{th}保持一个常数，有时候甚至随着相对密度增大 ΔK_{th}减小[130~134]。图 5-145 为粉末冶金钢的密度与裂纹扩展速率指数 m 的关系。图5-146为粉末冶金钢的密度与裂纹扩展门槛值 ΔK_{th}的关系。

图 5-147 给出了粉末冶金钢的裂纹扩展速度指数（m）与断裂韧性的关系；与 K_{IC}关系期望和锻钢一样，m 必须小于 4，则 K_{IC}必须大于 60MPa・m$^{1/2}$，对于上述四种材料必须相对密度趋于 1 才可能达到。另外长时间烧结和提高烧结温度，能够达到提高 K_{IC}和 K_{th}的效果。

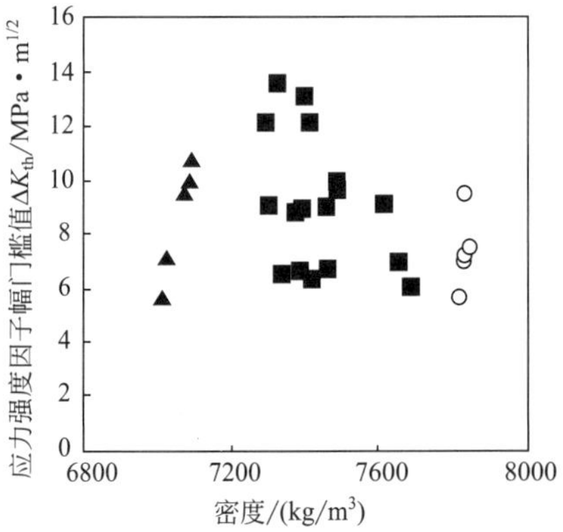

图 5-146　粉末冶金钢的密度和裂纹扩展门槛值的关系[129]

▲—压制烧结钢；■—烧结旋压钢；○—粉末热锻钢

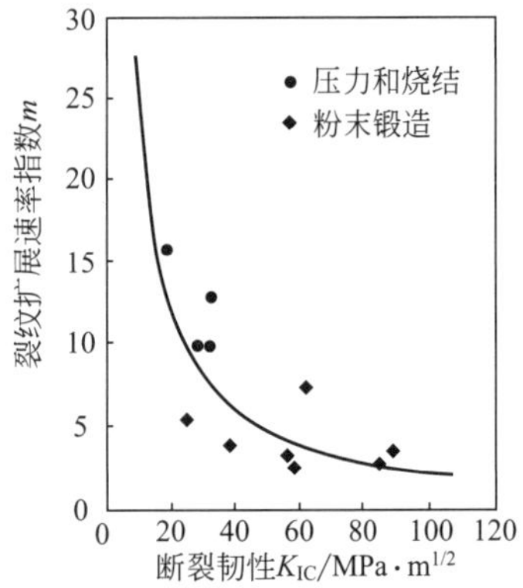

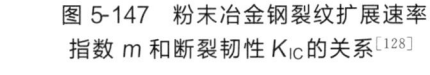

图 5-147　粉末冶金钢裂纹扩展速率指数 m 和断裂韧性 K_{IC}的关系[128]

图 5-148 给出了粉末冶金钢疲劳裂纹扩展门槛值与屈服强度的关系，图中结果表明粉末冶金钢和锻钢数据重叠，表明在高密度下粉末锻钢可以替代锻钢。

图 5-149 给出了粉末冶金钢断裂韧性与疲劳裂纹扩展门槛值的关系，图中结果表明 ΔK_{th}不受断裂韧性的影响。

Phillips 等人[125]讨论了粉末冶金钢高于 ΔK_{th}和接近 ΔK_{th}的裂纹扩展问题，认为高于 ΔK_{th}的裂纹扩展在 Paris 区域一部分是真实疲劳模式，另一部分是爆发式的单调失效。单调平面应变塑性区和反向（循环）平面应变塑性区的尺寸如表 5-64 和表 5-65 所示。在高 ΔK 时，相对密度为 0.9 的压制烧结试样，其反向塑形区尺寸大大超过其他材料，比颗粒尺寸还要大，意味着这个区域微观结构平均，裂纹通过最容易的途径前进，经过狭窄的烧结颈的连续失效而扩展，失效是烧结颈单调模式和颗粒烧结颈断裂。这些观察结果说明了 Fe-C 合金 m 值比较大的原因。对于相对密度为 0.9 的 Astaloys 和 Distaloy 合金，观察结果表明，裂纹沿着一个最小阻力的路程前进，裂纹尖端具有较小的塑性区。断裂路径通过反复的上升和下降，得到粗糙和不规则断面，在更高的 ΔK 时，失效主要是颈上微孔的聚合。当相对密度接近 1 时，高的屈服应力意味着塑性区更小，整体失效是平坦的，裂纹扩展是部分真实疲劳模式和部分爆发式的单调解理。当 ΔK 接近 ΔK_{th}时，反向塑性区的尺寸接近，甚至比一个单独的颗粒尺寸要好，另外 Fe-C 与其他的材料不一样，在塑性区颗粒接触情况较少，裂纹扩展接近平面方式，在相对密度为 0.9 的试样中，裂纹经常偏移，但偏离程度较小

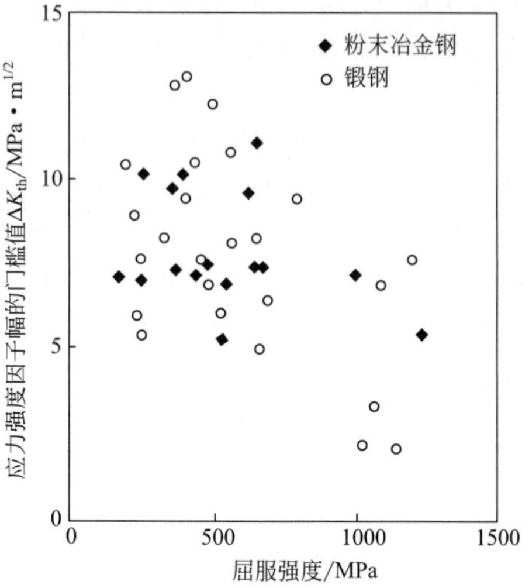

图 5-148　粉末冶金钢和锻钢的疲劳裂纹扩展门槛值 ΔK_{th}与屈服强度的关系[128]（应力比 R= 0. 1）

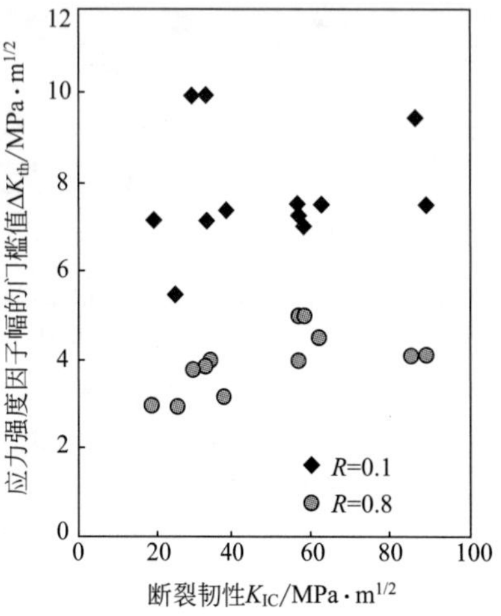

图 5-149　粉末冶钢和锻钢的疲劳裂纹扩展门槛值 ΔK_{th}与断裂韧性 K_{IC}的比较[128]（应力比 R= 0. 1）

表 5-64　粉末冶金钢在 K_{max}＝ $(K_{max}/\sigma_y)^2/6\pi$ 和 q＋t（淬火＋回火）条件下计算平面应变、单调塑性区尺寸（PSZ）[125]

材料制备	R	ΔK/MPa·m$^{1/2}$	K_{max}	K_{min}	Fe-0.5				DAB0-6				AA0-2				AA0-6			
					素材		q＋t180		素材		q＋t180		素材		q＋t180		素材		q＋t180	
					σ_y/MPa	pzs/μm	σ_y/MPa	pzs/μm	σ_y/MPa	pzs/μm	σ_y/MPa	pzs/μm	σ_y/MPa	pzs/μm	σ_y/MPa	pzs/μm	σ_y/MPa	pzs/μm	σ_y/MPa	pzs/μm
PS. ρ_τ≈0.90	0.1	20	22.2	2.2	160	1023	240	455	413	154	505	103	260	387	340	227	380	181	615	69
	0.1	10	11.1	1.1	—	256	—	114	—	38	—	26	—	97	—	57	—	45	—	17
PF. ρ_τ≈1.0	0.1	20	22.2	2.2	352	211	612	70	515	99	933	30	463	122	588	76	650	62	1158	20
	0.1	10	11.1	1.1	—	53	—	17	—	25	—	8	—	31	—	19	—	15	—	5

表 5-65　粉末冶钢在 K_{max}＝ $(K_{max}/\sigma_y)^2/6\pi$ 下计算的平面应变反向塑性尺寸[125]

材料制备	R	ΔK/MPa·m$^{1/2}$	K_{max}	K_{min}	Fe0-5				DAB0-6				AA0-2				AA0-6			
					素材		q＋t180		素材		q＋t180		素材		q＋t180		素材		q＋t180	
					σ_y/MPa	pzs/μm	σ_y/MPa	pzs/μm	σ_y/MPa	pzs/μm	σ_y/MPa	pzs/μm	σ_y/MPa	pzs/μm	σ_y/MPa	pzs/μm	σ_y/MPa	pzs/μm	σ_y/MPa	pzs/μm
PS. ρ_τ≈0.90	0.1	20	22.2	2.2	160	621	240	276	413	93	505	62	260	235	340	138	380	110	615	42
	0.1	10	11.1	1.1	—	155	—	69	—	23	—	16	—	59	—	34	—	28	—	11
PF. ρ_τ≈1.0	0.1	20	22.2	2.2	352	128	612	42	515	60	933	18	463	74	588	46	380	110	1158	12
	0.1	10	11.1	1.1	—	32	—	11	—	15	—	5	—	19	—	12	—	28	—	3

注：PS 为压制烧结，PF 为粉末热锻，σ_y为屈服强度，t180 为回火温度为 180℃。

山口敏彦等人[124]采用热等静压制备了无孔隙的三种合金钢，并对合金钢的显微组织对疲劳裂纹扩展速度的影响进行了研究。表 5-66 给出三种材料（A、B、C）化学成分和组成方式，这些材料的力学性能如表 5-67 所示，图 5-150 为三种材料（A、B、C）的显微结构。图 5-151 为四种材料（A、B、C、参照物烧结铁）在应力比为 0.1 时，裂纹扩展速率（da/dN）和应力强度因子幅（ΔK）的关系。图中结果表明，在 $da/dN=10^{-7}\sim10^{-9}$m/周次区域内，在同一 ΔK 值下，材料 C 的裂纹扩展速率最低，材料 A、B 相差不大，烧结 Fe 的裂纹扩展速率最大，分析其原因，材料 C 含合金元素较多，Ni 和富 Ni 相硬度大，使裂纹扩展偏转。在裂纹扩展速度大于 10^{-7}m/周次时，含合金元素较少的 B 材料，在同一 ΔK 值下，裂纹扩展率比 A 大。在裂纹扩展速度比 10^{-9}m/周次小时，数据比较散乱，四种材料的 ΔK 值均低。图 5-152 为四种材料在应力比 0.5 时裂纹扩展速率和应力强度因子幅的关系。在这种状况下，A、B、C 三种材料在疲劳裂纹稳定生长期和裂纹速度低的扩展期，基本相差不大，实际上在应力比为 0.1 时也有这种倾向。同样在 da/dN 小于 10^{-9}m/周次时，图 5-152 也有图 5-151 的倾向。通过上述两图根据 Pairs 公式 [$da/dN=C(\Delta K)^m$] 求出 C 和 m，根据 ASTM Standards E647-81，求出 ΔK_{th}（应力强度因子幅的门槛值）。表 5-68 给出了四种材料在不同应力比下的 C、m、ΔK_{th}的实际计算值。图 5-153 给出了 B、C 两种材料在不同应力比下的 da/dN-ΔK 关系。从总体考虑，应力比增大，对于同一 ΔK 值来说，裂纹扩展速率 da/dN 变大。

表 5-66　混合粉末的化学组成[124]

材料 A	雾状粉末(-2Cu-0.6Gr)
材料 B	预合金粉末(-0.6Gr)
材料 C	预扩散合金粉(-0.6Gr)

注：Gr—石墨。

表 5-67　使用试样的力学性能[124]

试样	抗拉强度/MPa	伸长率/%	断面收缩率/%
材料 A	391.8	32.6	32.6
材料 B	575.3	17.4	22.1
材料 C	681.4	2.7	53

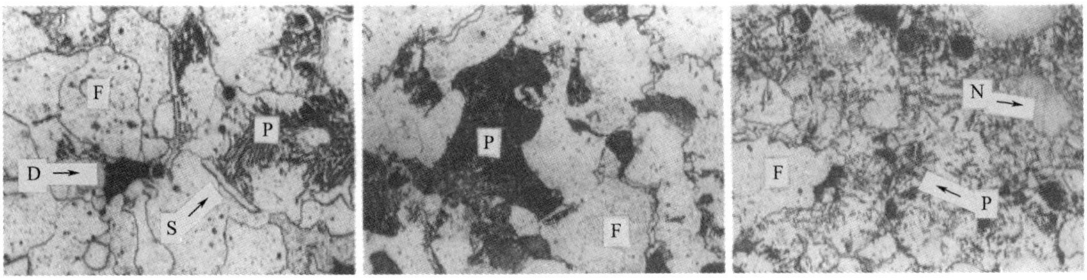

(a) 材料A (F:104；P:257；S:900；D:115)　(b) 材料B (F:167；P:333)　(c) 材料C (F:131；P292；N:602)

图 5-150　材料的显微组织［图中铁素体(F)、珠光体(P)、渗碳体(S)、Cu(D) 和富镍(N) 相，字母后数字为硬度(HV)］[124]

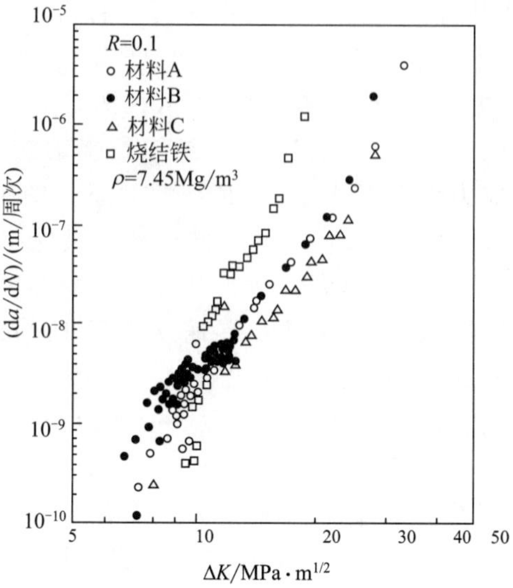

图 5-151　通过 HIP 和铁烧结坯材料的 da/dN 和 ΔK 的关系[124]

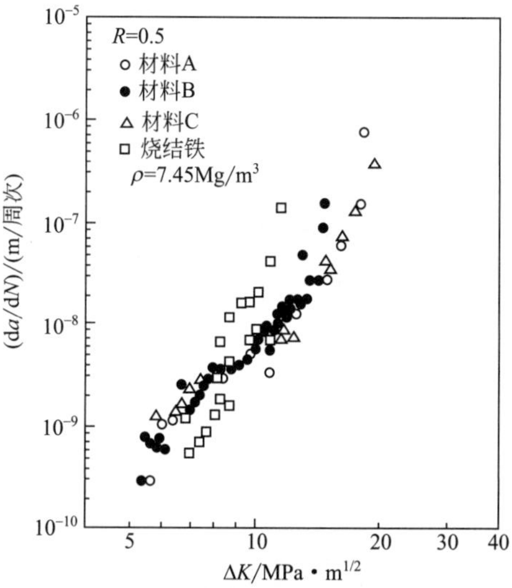

图 5-152　通过 HIP 和铁烧结坯材料的 da/dN 和 ΔK 的关系[124]

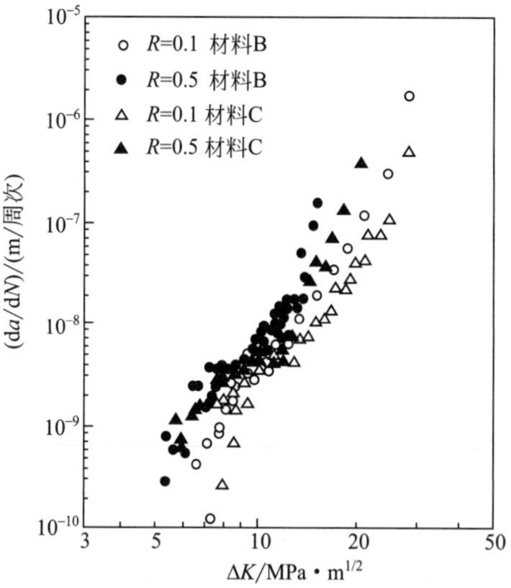

图 5-153　材料 B 和 C 的 da/dN 和 ΔK 的关系[124]

表 5-68　C、m 的值[124]

样本	应力比					
	$R=0.1$			$R=0.5$		
	C	m	ΔK_{th}	C	m	ΔK_{th}
材料 A	1.0×10^{-14}	5.3	7.2	8.0×10^{-13}	3.9	5.5
材料 B	9.2×10^{-14}	4.5	7.2	7.9×10^{-13}	3.9	5.3
材料 C	1.9×10^{-13}	4.1	7.9	1.0×10^{-12}	3.8	5.8
烧结铁 ($\rho=7.45Mg/m^3$)	2.3×10^{-15}	6.5	9.0	2.6×10^{-14}	5.9	6.8

5.4.4　粉末热锻钢的疲劳特性

川北宇夫等人（1971）早期研究了粉末热锻钢的疲劳特性，原料粉末特性和锻造烧结钢的制备的工艺流程如表 5-69 所示。研究者将烧结合金、粉末热锻钢和结构钢的硬度、拉伸性能和疲劳强度、疲劳比进行了对比（表 5-70）。粉末冶金材料的疲劳比比致密金属的疲劳比要低，通常密度为 7.0g/cm^{3}的烧结铁合金泊松比为 0.3～0.4，而熔铸的铁合金，通过淬火退火得到的碳素钢为 0.4～0.5，合金钢为 0.5～0.6，值得注意的是粉末锻造碳素钢为 0.45，粉末锻造合金钢为 0.49，两者相差不大。粉末冶金材料的相对密度大于 98%时，粉末的缺陷（孔隙）对强度影响不大，但是对疲劳强度的影响仍然比较大，这也许是造成低疲劳比的原因之一。粉末锻造钢只有将密度提高到接近理论密度，才能提高其疲劳比。

高橋和彦等人[122]研究了 Fe-2%Cu-0.6%C（质量分数）热锻钢，缺陷对疲劳强度的影响，图 5-154 为脱碳层深度对疲劳强度的影响。如图所示当脱碳层深度为 0～0.15mm 时，没有未烧结部的粉末热锻试样，随着脱碳层深度的增大，疲劳强度大幅度减小，含有未烧结部的热锻试样，由于本身疲劳强度低，随着脱碳层深度的增大，疲劳强度的降低不是很敏感。图5-155为表面粗糙度对疲劳强度的影响，如图所示，没有未烧结部的粉末热锻试样，随着表面粗糙度增大，疲劳强度大幅度减小。同样，含有未烧结部的粉末热锻试样，对表面粗糙度的影响也不敏感。图 5-156 为未烧结部面积对疲劳强度的影响。图中结果表明，随着未烧结部面积增大，粉末热锻试样的疲劳强度明显降低。

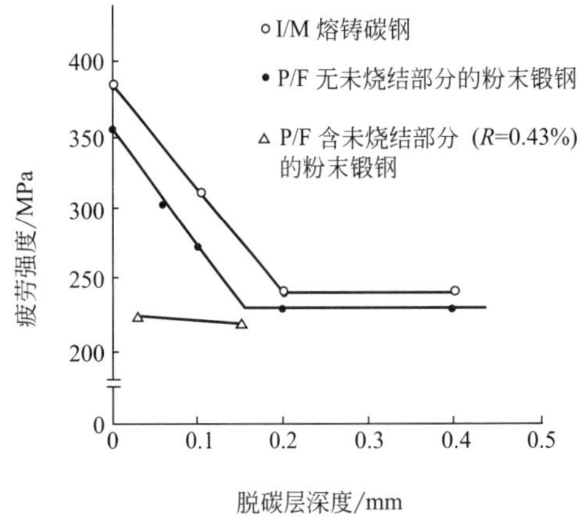

图 5-154　脱碳层深度对疲劳强度的影响[122]

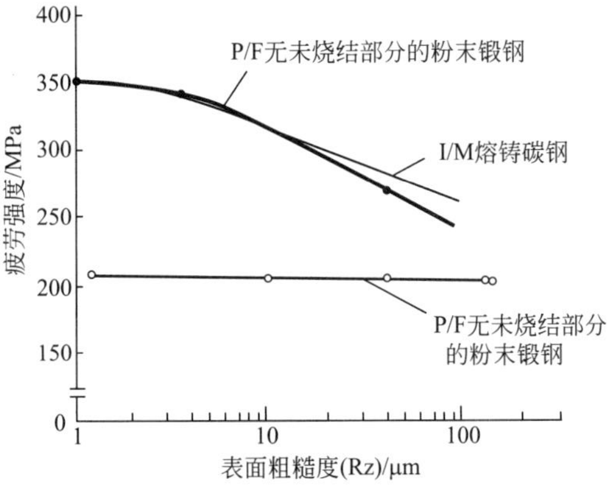

图 5-155　表面粗糙度对疲劳强度的影响[122]

表 5-69　原料粉末的特性和制备工艺[122]

粉末特性				
粉末特性	铁电解	羰基镍	Mn 锰铁	Mo 钼铁
粉末尺寸/目	－100	－325	－325	－325
松装密度/(g/cm^3)	2.4	—	—	—
流动性/(s/50g)	29	—	—	—
制备工艺				
处理工艺	条件			
混合	Fe-2Ni-0.3Mo-0.3Mn-0.4C Fe-0.2～0.4C ＋0.8%硬脂酸锌 在 V 形混合器混料 30min			

处理工艺	条件
压制	$d=7.0g/cm^3$
烧结锻造	1200℃×30min(H_2) 1000～1200℃,锻造压力 5～13t/cm² 密度 7.8g/cm³
热处理	850～900℃ 油淬　200～600℃锻造　(900℃ 退火)

表 5-70　材料硬度、拉伸性能和疲劳性能对比[122]

材料		密度/(g/cm³)	热处理	硬度	抗拉强度/(kgf/mm²)	疲劳极限(σ_{wp})/(kgf/mm²)	σ_{wa}/σ_B
烧结锻钢	A	7.8	退火	60～65HRB	41.5	16.0 (16.0)	0.39
		7.8	淬火、回火	10～15HRC	53.0	26.0 (25.0)	0.49
	B	7.8	退火	80～90HRB	70.0	22.0 (22.0)	0.31
		7.8	淬火、回火	30～35HRC	117.5	54.0 (42.0)	0.45
烧结钢	S45C	7.0	烧结	55～65HRB	49.0	13.0 (0.12)	0.27
		7.0	淬火、回火	90～100HRB	71.0	21.0 (20.0)	0.30
钢	SCM-4	—	淬火、回火	18～20HRC	65.0	—	(0.50)
		—	淬火、回火	30～35HRC	105.0	55.0 (45.0)	0.52

注：σ_{wB}— 在旋转弯曲条件下的疲劳极限；σ_{wp}—在平面弯曲条件下的疲劳极限

库恩和劳利[116]对粉末冶金热锻材料进行了深入研究，通过致密化和孔隙闭合形式来分析粉末材料的力学行为和性能。他们认为复压和镦粗锻造是两种不同性质的粉末锻造方式，复压的应力状态接近水静压状态，而镦粗是侧向流动不受约束的状态，存在偏应力的分量和水静应力分量，如图 5-157 所示，剪切应力会使压扁孔隙相对移动，破坏氧化膜，得到冶金结合组织，另外材料的侧向流动会在水平方向产生纤维状的夹杂，同时纤维状夹杂，会引起纤维组织结构上的各向异性，同样引起力学性能的各向异性。但比致密金属的各向异性影响要小。综上所述，孔隙的致密化和闭合形式对材料的疲劳性能均有很大影响。

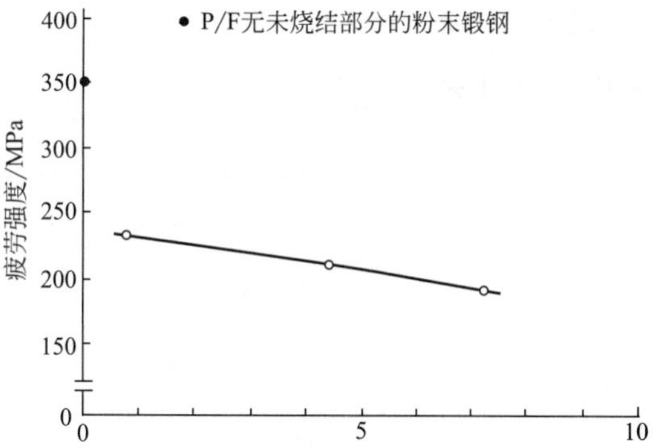

图 5-156　未烧结部分的量对疲劳强度的影响[122]

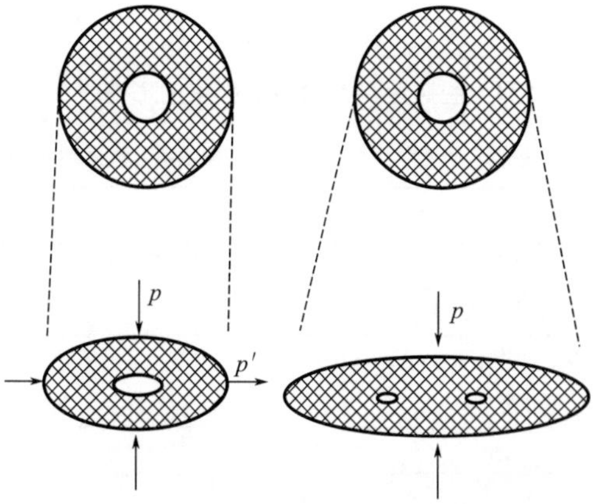

图 5-157　孔隙闭合方式示意[116]

一些研究表明，完全致密材料，其在循环载荷下的韧性、疲劳强度和裂纹扩展的阻力均通过侧向流动变形而增强。Ferguson（1976）等采用热锻的方法制备了完全致密的 4620 钢，在实际镦粗和复压过程中，通过控制预成形坯的几何形状，分别获得了高的或低的侧向流动量。图 5-158 给出了 4620 钢粉末未完全致密锻件的轴向疲劳 S-N 曲线与高度应变的关系。图 5-159 给出了经热处理的 4620 钢粉末完全致密锻件的轴向疲劳的 S-N 曲线与高度应变的关系。在两个曲线中均可以看出，由于侧向流动的变形结果，疲劳极限确实提高了。图 5-160给出了 4620 钢粉末锻件疲劳比（疲劳极限与最大抗拉强度之比）与高度应变的关系。

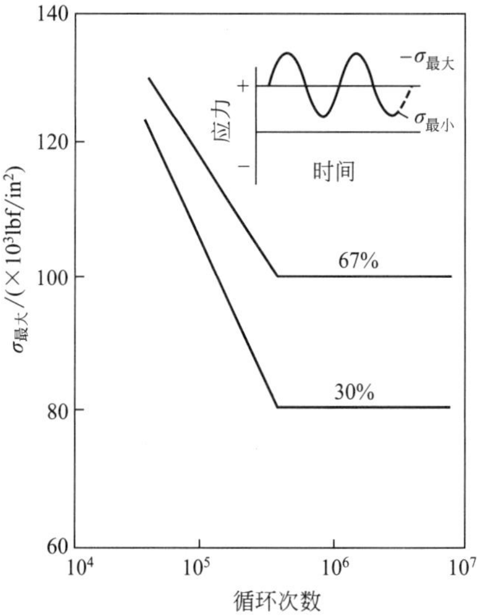

图 5-158　4620 钢粉末完全致密锻件的轴向疲劳 S-N 曲线与高度应变的关系[116]

（$10^3 lbf/in^2 = 6.9MPa$）

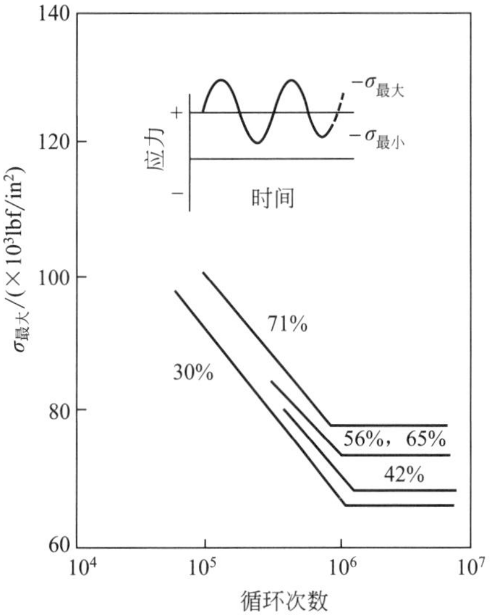

图 5-159　经过热处理的 4620 钢完全致密粉末锻件的轴向疲劳 S-N 曲线与高度应变的关系[116]

（$10^3 lbf = 6.9MPa$）

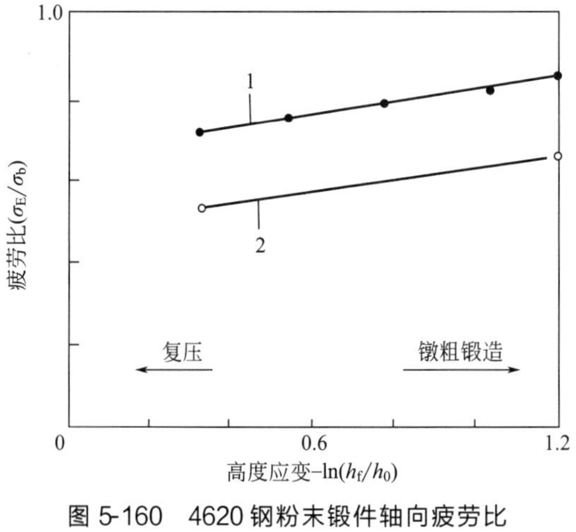

图 5-160　4620 钢粉末锻件轴向疲劳比与高度应变的关系[116]

1—经锻造的；2—经热处理的

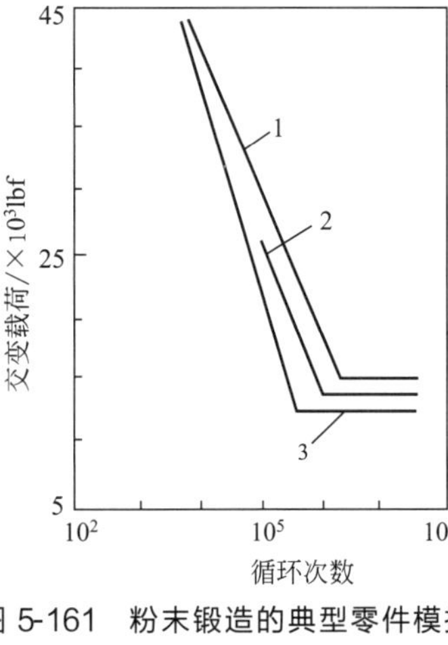

图 5-161　粉末锻造的典型零件模拟轴向疲劳的 S-N 曲线[116]

1—镦锻（粉末冶金）；2—复压（粉末冶金）；3—铸锻加工（1lbf＝4.448N）

图中结果表明，在轴向疲劳方面，材料在锻压下的流动增加了 4620 的耐疲劳性。不论是熟化的还是回火马氏体的组织结构均是如此。另外，图 5-161 给出多种加工工艺制备的法兰-毂联轴承零件的 S-N 曲线的比较，图中结果说明用棒坯加工成的零件的耐疲劳性不如粉末锻件的任何一种情况（复压或挤压）。

经过锻造和热处理的试样进行旋转弯曲疲劳试验所得的 S-N 曲线如图 5-162 和图 5-163 所示。与轴向疲劳大不相同，复压和镦粗锻造的粉末热锻钢，旋转弯曲疲劳曲线是相互重叠的，另外疲劳比与侧向流动量无关（图 5-164），这表明在旋转弯曲疲劳试验中，材料的侧向流动对 4620 粉末热锻钢的耐疲劳性没有明显影响。

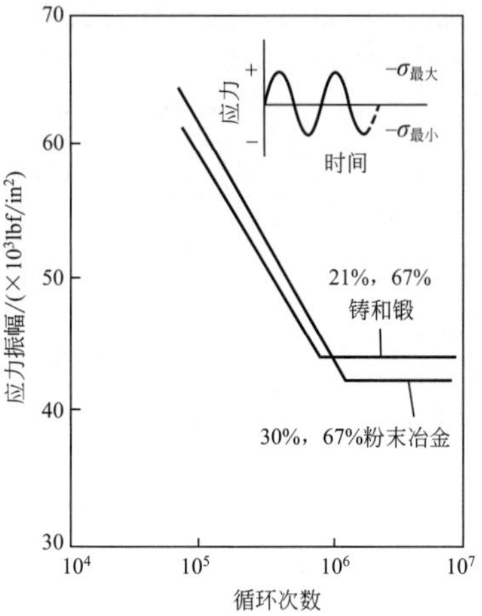

图 5-162　完全致密的 4620 钢粉末锻件的旋转弯曲 S-N 曲线与高度应变的关系[116]
（10^3 lbf/in² = 6.9MPa）

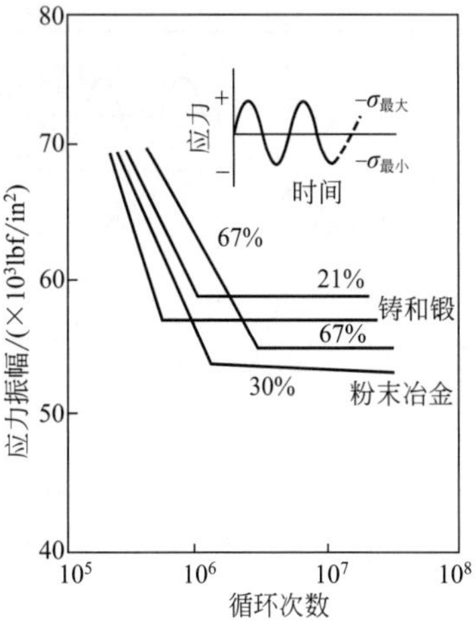

图 5-163　热处理后的完全致密的 4620 钢粉末锻件的旋转弯曲 S-N 曲线与高度应变的关系[116]
（10^3 lbf/in² = 6.9MPa）

由于粉末锻造件中的夹杂物呈微细点状分布，而铸钢经轧制后夹杂物呈伸长状分布，如图 5-165 所示粉末锻造件的各向异性较小。

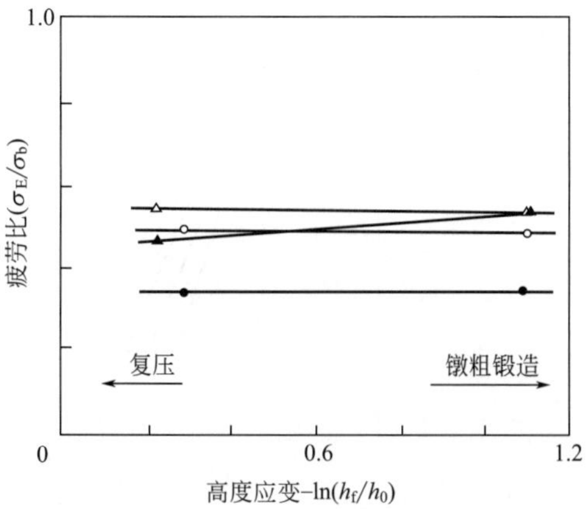

图 5-164　4620 钢粉末锻件在旋转弯曲疲劳试验中的疲劳比与高度应变的关系[116]
○—粉末冶金锻件；●—经热处理后的粉末冶金锻件；△—经锻造的铸锻件；▲—经热处理后的铸锻件（铸锻件是用棒坯材料加工而成）

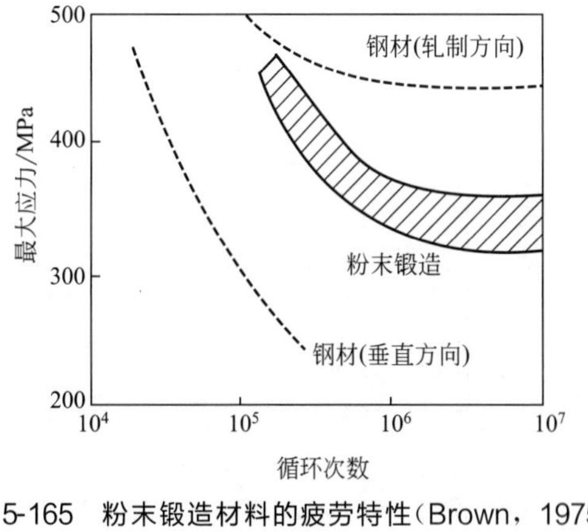

图 5-165　粉末锻造材料的疲劳特性（Brown，1975）

5.4.5 粉末锻造连杆的疲劳强度

（1）粉末锻造连杆的简介[135～137]

连杆是汽油、柴油发动机的关键部件，它将活塞的往复运动转变为曲轴的旋转运动，承受气缸内气体压力和活塞组往复惯性力所产生的交变载荷。连杆的设计要求是质量轻，刚度和疲劳强度高，机加工性能好，良好的生产改性和有竞争的性价比。制造连杆的工艺主要有两类：落锤钢锻和粉末锻造。粉末锻造连杆与落锤钢锻相比，具有的主要优势是：①由于粉末锻造有初成形步骤，烧结锻造时的变形可以准确控制，生产工艺可靠性高；②粉末锻造属于近净成形加工工艺，减少了切削工序的加工量，材料的利用率高达 84%，远远超出钢锻连杆的材料利用率（40%～50%）；③由于粉末锻造连杆的伸长率比钢锻连杆低 20%。粉末锻造连杆在连杆大头涨断前后的变形量比钢锻连杆低，弥补了落锻连杆材料（C70）涨断变形量大的问题；④在规定的疲劳试验负荷下，疲劳周次能够提高 10 倍，质量轻 10 倍，总成本显著降低[138～142]。

粉末锻造连杆自 1985 年以来，全世界范围内已生产并装机使用超过 5 亿根，在北美粉末锻造连杆已占据市场 60%的份额，年生产量超过 6000 万根。粉末锻造连杆按材料不同可分为 Fe-C-Cu 系和 Fe-C-Ni-Mo 系。韩国 HMC 公司与 GKIV 合作开发了牌号为 Werhodit70 [Fe-（0.3～0.5）C-（0.2～0.4）Ni-（0.2～0.4）Mo-（0.3～0.4）Mn-（0.1～0.25）Cr（质量分数/%）] 的材料，抗拉强度为 794MPa，屈服强度为 530MPa，伸长率为 14%。硬度为 245HB。近年来 Fe-C-Ni-Mo 系因其成本、性能和质量存在劣势，逐渐被淘汰。日本 Toyota 公司首先开发了 Fe-0.55C-2Cu-0.1S（质量分数/%）粉末，生产粉末锻造连杆，之后美国 Ford. GM. chrysler 和日本的 Mazad 公司也先后采用了美国 Metalclyne 公司生产的 Fe-（0.4～0.6）C-2Cu-0.32MnS（质量分数/%）的粉末连杆，其中 S 和 MnS 是为了提高材料的切削加工性。近年来美国 Metaldyne 公司 Ilia 团队开发了含 Cu 为 3%左右的 HS150、HS160、HS170 等系列高工业化粉末连杆，其化学成分如表 5-71 所示，粉末连杆与 C70、$36MnVS_4$ 锻钢连杆材料的力学性能的比较如表 5-72 所示。表中结果表明上述各系列粉锻连杆的抗拉强度、屈服强度和疲劳极限均高于常规的 C70 锻钢连杆，且疲劳极限分散度只有 C70 的1/4～1/10。与最新开发的 $36MnVS_4$ 微合金化锻钢相比，粉末锻杆的抗拉强度几乎都比其略高，而屈服强度和疲劳强度比 $36MnVS_4$ 微合金化锻钢连杆高出 5%，且疲劳极限分散度只有后者的 36%[143～144]。

表 5-71　Metaldyne 粉末锻造连杆材料的化学成分（质量分数）[138,143]　　单位：%

系列		Cu	C	MnS	KSX①	$Fe_{总}$
第一系列	HS150	3.00	0.50	0.32		其余
	HS160	3.00	0.57	0.32		其余
	HS170	3.00	0.64	0.32		其余
第二系列	HS150M	3.0～3.5	0.45～0.55	0.32		其余
	HS160M	3.0～3.5	0.52～0.62	0.32		其余
	HS170M	3.0～3.5	0.59～0.69	0.32		其余
第三系列	HS150M+KSX	3.0～3.5	0.45～0.55		0.1	其余
	HS160M+KSX	3.0～3.5	0.52～0.62		0.1	其余
	HS170M+KSX	3.0～3.5	0.59～0.69		0.1	其余

①用于代替 MnS 的新型切削添加剂。

表 5-72 Metaldyne 粉末锻造连杆与 C70、$36MnVS_4$ 锻造连杆材料的力学性能[138,143]

系列		抗拉强度/MPa	屈服强度/MPa	伸长率/%	90%存活率疲劳极限/MPa			
					应力比 $R=-1$		应力比 $R=-2$	
					疲劳极限	分散度	疲劳极限	分散度
第一系列	HS150	994	698	12.2	328	12	352	13
	HS160	1 071	725	11.1	335	9	363	8
	HS170	1 113	757	10.9	351	5	400	5
第二系列	HS150M	1 027	706	13.2	337	10	—	—
	HS160M	1 082	744	9.5	—	—	391	9
	HS170M	1 129	810	8.7	—	—	—	—
第三系列	HS150M+KSX	987	701	11.8	362	4	—	—
	HS160M+KSX	1 071	744	11.6	—	—	403	9
	HS170M+KSX	1 101	788	10.0	—	—	—	—
C70		957	568	14.8	252	58	283	48
$36MnVS_4$		1054	802	14.9	344	11	—	—

表 5-73 P/F-11C50 与 P/F-11C60 的化学组成[144]（质量分数） 单位：%

牌号	Ni_{max}	Mo_{max}	Mn	Cu	Cr_{max}	S_{max}	Si_{max}	P_{max}	C	O	$Fe_{总}$
P/F-11C50	0.10	0.05	0.3～0.6	1.8～2.2	0.1	0.23	0.3	0.3	0.5	（未测定）	其余
P/F-11C60	0.10	0.05	0.3～0.6	1.8～2.2	0.1	0.23	0.3	0.3	0.6	（未测定）	其余

表 5-74 P/F-11C50 与 P/F-11C60 材料力学性能[144]

材料牌号	热处理状态	标准值							
		拉伸性能				硬度（HRC）	冲击能量/J	压缩屈服强度/MPa	平均疲劳极限/MPa
		极限抗拉强度/MPa	屈服强度/MPa	伸长率/%	面缩率/%				
P/F-11C50	正火	860	590	15	30	24	5	620	340
P/F-11C60	正火	900	620	11	23	28	4	620	340

注：P/F-11C50 与 P/F-11C60 的无孔隙密度不小于 7.79g/cm³。

粉末冶金 Fe-Cu-C 合金，一般称为烧结铜钢，广泛用于生产中等载荷的粉末冶金零件，例如连杆、齿轮、链轮和凸轮等。2000 年美国 MPIF 标准 35P/F 钢零件材料标准（2000 版）中首次公布了粉末锻造的连杆材料标准。用于粉末锻造连杆的材料牌号为 P/F-11C50 与P/F-11C60，其化学组成见表 5-73 和力学性能见表 5-74。

（2）粉末热锻连杆的失效分析[145]

连杆承受活塞传递过来的气体压力和零件质量产生的惯性力。这两种力使连杆材料产生轴向的拉伸-压缩应力和横向的弯曲应力，惯性力的大小和发动机的转速成正比，在连杆负荷中占有很大的比例。连杆的负荷是在最大和最佳应力幅不变的拉压负荷和方向可变的变幅弯曲应力。连杆的破坏可能出现在以下几个部位：①连杆大头与工字形杆身连接的截面转变区；②连杆大头与杆身连接处的截面转变区域；③连杆中螺栓定位槽的应力集中区；④杆身中段、连杆盖和直角台阶处断裂。

疲劳断裂失效原因有如下几种：①冶炼和粉末冶金材料带来的缺陷；②连杆锻造过程引

起的缺陷；③热处理过程产生的缺陷；④机械加工、装配和设计过程出现的问题。材料中存在 S、P、Al、Si、Ca、Mg 等氧化物夹杂在交变应力载荷作用下，引起裂纹萌生和扩展。在锻造中氧化夹杂、表面缺陷（折叠）卷入内部，锻造工艺中的温度偏低，横向变形量过大，是因其锻造裂纹形成的主要原因。在热处理过程中，连杆的回火温度偏低是造成塑韧性偏低的主要原因，表面脱 C 使连杆组织中铁素体增多，在外力作用下铁素体首先产生塑性变形，金属的塑性变形是位错运动的结果。当位错运动遇到阻力后，产生位错塞积区，位错塞积区为高应力区，当应力超过原子结合强度时，形成微裂纹，并出现裂纹长大，失稳扩展。连杆螺栓在中部疲劳断裂的主要原因为微动磨损和划伤等微观表面缺陷诱发疲劳裂纹萌生与扩展。连杆断裂的裂纹源位于连杆与螺栓结合面的直角台阶处，该区过渡圆角极小，孔隙较多，机械加工粗糙，应力集中严重。

对于粉末锻造连杆来说，粉末锻造连杆的孔隙可能产生裂纹，并长大扩展，引起零件的早期失效，故此为了保证粉末锻造连杆的疲劳强度，必须提高锻造坯料的密度，密度是粉末锻造连杆的重要性能指标，无孔隙密度应该不小于 7.79g/cm^3。当孔隙得到控制后，粉末锻件内部的夹杂物就是引起失效的主要原因。消去粉末冶金夹杂能够有效地控制裂纹萌生与扩展。控制粉末锻件的氧化，控制碳含量（防止脱 C），粉末锻件的氧含量，氧化物的形态及分布对锻件的断裂韧性有很大影响，例如氧含量从 200μg/g 提高到 1000μg/g，断裂韧性 K_{IC} 下降了近 40%，氧来源于粉末和锻造，粉末连杆必须采用低杂质的粉末原料，一般要求粉末连杆中的氧含量≤300μg/g，另外在锻造过程中要尽量控制在空气中的氧化时间，避免氧化皮（未烧结部）卷入内部。

（3）粉末锻造连杆的疲劳性能

在发动机的开发设计中对连杆的疲劳极限（疲劳强度）、刚度和韧性有较高的要求。根据发动机的开发流程，要求必须对连杆的疲劳性能和力学性能进行常规检测，以确定连杆的设计、选材及工艺合理性。一般来说，所有的试验都根据以下三条来进行[135]。

① 每项应力阶梯试验做 20 根连杆；

② 循环次数和对应的极限应力（S-N 曲线）试验分 3 级，每级做 3 根；

③ 韦布尔（Weibull）试验。每组 6～8 根连杆。

所谓应力阶梯试验又称升降法，是一种常用方法，已被很多国际标准采用，如美国金属粉末工业联合会的一些标准。应力阶梯法按下列程序进行：试验从高于疲劳极限的应力水平开始，然后逐级降低。在应力 σ_0 作用下，试验第一根试件，若该试件在未达到指定寿命 $N=10^7$ 次之前发生了破坏，则第二根试件就在第一级的应力 σ_1 下进行试验。一直到某一试件在某一应力水平 σ_1 下经过 10^7 次循环没有破坏（越出），则进行第 $i+1$ 根的高一级应力 σ_{i-1} 下的试验。以此类推，凡前一根试件达不到 10^7 次循环而破坏，则随后的一次试验就要在低一级的应力下进行，相反则要在高一级应力下进行，直至完成全部试验为止。各级应力之差 $\Delta\sigma$ 叫作“应力增量”，在整个过程中 $\Delta\sigma$ 应保持不变，如图 5-166 所示。

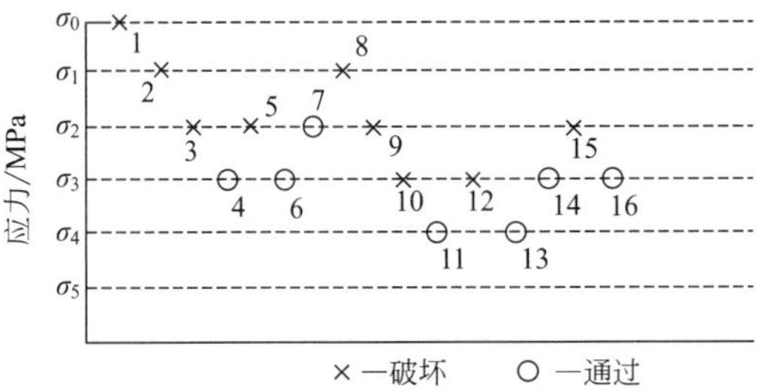

图 5-166　升降法测试条件疲劳极限[146]

各评估步骤中所用到的方法介绍如下。

处理数据时，在出现第一对相反结果以前的数据均舍弃，其余数据均为有效数据。因此图 5-166 的统计计算结果为：

$$\sigma=\frac{1}{16}(1\sigma_1+5\sigma_2+6\sigma_3+2\sigma_4) \tag{5-24}$$

通常，至少取 5 级应力水平。各级应力水平上试样的数量分配应随着应力水平的降低而逐渐增加。用升降法求得的条件疲劳极限作为 S-N 曲线上最低应力水平点。

以 σ_a 为纵坐标，N 为横坐标，用最佳拟合法绘制成一条曲线，即为 S-N 曲线。横坐标一般采用 $\lg N$。

所谓韦布尔试验也是一种疲劳统计方法。1951 年由瑞典工程师 Weibull 提出，假定在同一应力负荷条件下，一组相同规格的试样，疲劳破坏的循环次数服从最小第三渐进分布，这种分布亦称为韦布尔分布函数，韦布尔分布函数可写成：

$$F(x)=1-e^{-\left(\frac{x}{v}\right)^a} \tag{5-25}$$

式中，x 为试样的寿命（可用时间和次数表示）；$F(x)$ 为一组相同规格的试样在一定载荷下，试验到 x 时的破坏概率；v 为在 $F(x)=63.212\%$ 时的特征寿命参数（也就是说当 $x=v$ 时，$F=0.63212$），v 与负荷有关；a 为斜率参数，它表征试样的离散性和稳定性，与负荷无关，当 a 越大时离散性越小，试样质量稳定。根据试验数据处理得到 v 和 a 的值。可求得破坏概率为 10%的额定寿命 B_{10} 和破坏概率为 50%的中值（平均）寿命 B_{50}。

在涉及多轴载荷时，Dang Van 疲劳破坏准则被用来评估材料的力学特性。Dang Van 假设认为疲劳极限可以用微观尺度的剪切应力（τ）和正向应力（p_h）作为准则。由 τ 和 p_h 来评价材料力学特性，并遵循以下线性关系：

$$\tau=a\pm bp_h \tag{5-26}$$

式中，a 和 b 为准则参数，要确定 a 和 b，至少在两个应力比条件下（如 $R=-1$ 和 $R=-2$）进行两组疲劳试验。在 τ-p_h 坐标系里，Dang Van 准则线将区域分为了两块：线以上的区域为失效区，根据此图，在做有限元分析时，将零件中的最大应力点绘到 τ-p_h 图上，此点在该材料的准则线以下，越远离准则线，说明安全系数越高。从另一角度，也可以阐述为材料准则线下面覆盖的面积越大，该材料的强度就越高[135]。

Ilia[135]对高强度粉末锻造连杆的疲劳问题进行了详细研究，用作疲劳试验的沙钟状样品取自锻压后没有经过喷丸处理的圆柱体，并用细金刚砂纸沿加载方向手工打磨。轴向加载条件为等幅值，应力比 $R=-1$，用 MTS 公司的伺服液压闭环控制的试验机在室温下进行试验。首先对 30 件 2Cu5C 试样和 27 件 HS150 材料的试样进行疲劳试验。

表 5-75 是 50%和 90%存活率通过 1000 万次循环的疲劳极限。当铜含量仅增加 1%（从 2%增加到 3%），50%存活率的疲劳极限改善高达 36%。试样的离散度小，解释了 50%存活率的疲劳极限与 90%存活率的疲劳极限相差不大的原因。

表 5-75　疲劳试验结果[135]

性能	2Cu5C	HS150™
疲劳强度(50%存活率)/MPa	294.3	400.2
疲劳强度(90%存活率)/MPa	279.3	386.8

接着对 4 种材料的连杆在室温下，在 MTS 公司的伺服液压闭环控制试验机上进行 1000 万循环试验。轴向等幅度应力比分别为 $R=-1$ 和 $R=-2$。

图 5-167 是应力比 R 为 -2 和 -1 的采用阶梯法所得到的疲劳试验结果。$R=-2$ 的试验研究中可以得到两个显著结论：①粉末锻造连杆能承受的疲劳应力明显高于传统钢锻连杆；②粉末锻造连杆疲劳极限的离散度只有 40MPa，而锻钢连杆疲劳极限的离散度高达

70MPa。在 $R=-1$ 的试验研究中出现了同样的结果。从连杆在发动机中的实际受载情况看，压应力大于拉应力，$R=-2$ 的疲劳循环试验更接近连杆在实际工作中的受载情况。

通过这组试验数据计算获得的应力比 R 为−2，90%概率通过的疲劳极限如表 5-76 所示，用 HS150™、HS160™和 HS170™制成的粉末锻造连杆的疲劳极限与 C70 钢锻连杆相比，分别提高了 24.4%、28.3%、41.3%。同时，钢锻连杆疲劳极限的离散度是粉末锻造连杆的 3.7～9.6 倍。

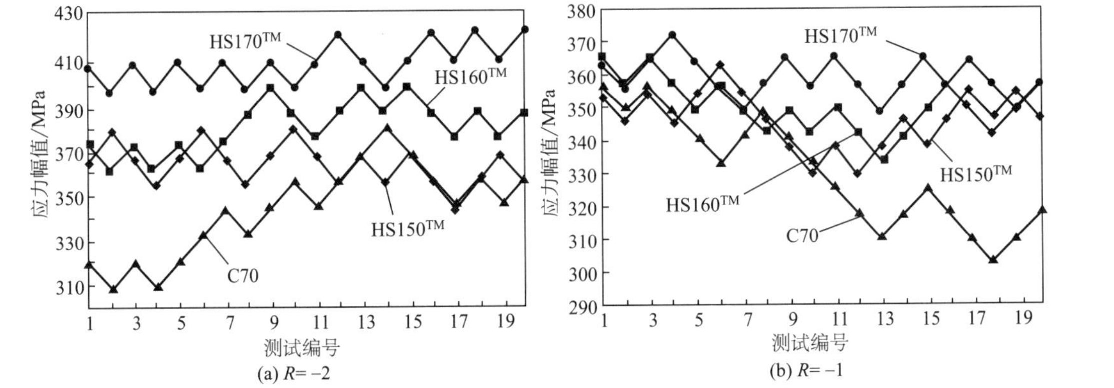

图 5-167　疲劳试验结果

表 5-76　连杆疲劳极限结果（$R=-2$）[135]

性能	HS150™	HS160™	HS170™	C70
90%疲劳极限/MPa	352	363	400	283
离散度/MPa	13	8	5	48

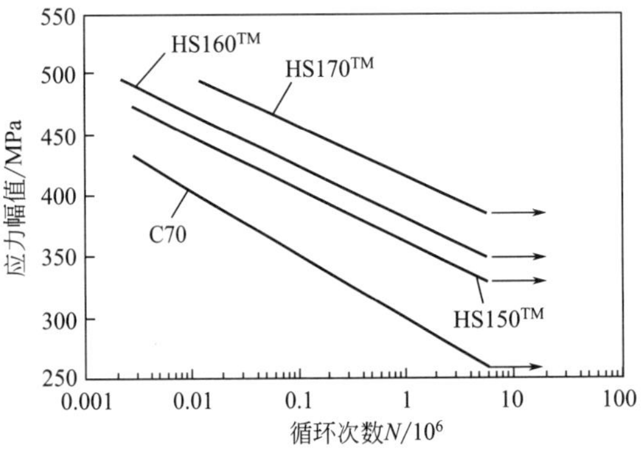

图 5-168　90%存活率的 S-N 曲线[135]

图 5-168 是应力比 R 为−2 的 S-N 图。代表 C70 的线处于远低于 HS150™、HS160™和 HS170™相应直线的位置。图中结果表明所开发的粉末材料具有更为优异的疲劳极限特性。

为了对不同材料和工艺制成连杆的可靠性进行韦布尔统计分析，在应力比为−1 和−2 的条件下，进行疲劳试验，每种试验每种材料选取 6 根连杆。加以定常应力幅度，记录达到连杆失效的循环数。上限为 1000 万次循环，所获得的循环次数如表 5-77所示，粉末锻造连杆都具有高得多的循环次数。在这组试验中，粉末连杆的最低循环次数为 1.218×10^6 次循环，而锻钢连杆只有 1.64×10^5 次循环。

对这组试验数据进行韦布尔分布分析处理，图 5-169 为 90%确定性的针对 C70 和 HS150™材料试验结果的韦布尔线。计算所得的韦布尔参数表 5-78 所示。对于 C70 钢锻连杆，其韦布尔的斜率为 0.77（小于 1）。这意味在此疲劳试验中过早失效。而对于 HS150™配方粉末锻造连杆，其斜率远大于 1（1.356）。这说明粉末连杆具有更优的耐久性（粉末连杆的 B_{10} 寿命是钢锻连杆的 20 倍，B_{10} 为达到 10%失效概率时的疲劳试验循环次数）。图 5-170 是根据本研究中疲劳试验数据所获得的针对 C70 和 HS150™两种材料制成连杆的 Dang Van 线。从此图中可以清楚地看到粉末锻造连杆的安全区比传统锻造连杆的安全区要大得多。这也就是说，粉末锻造连杆在同样负荷下可以做得更为轻巧，或在同样的重量条件下可以承受更高的负荷。

表 5-77　韦布尔疲劳试验结果[135]

$R=-1$		$R=-2$	
C70	HS150™	C70	HS150™
2.190×10^5	4.753×10^6	1.640000×10^5	1.218×10^6
2.920×10^5	5.386×10^6	8.422580×10^5	2.679×10^6
3.330×10^5	5.867×10^6	2.112083×10^6	6.824×10^6
8.290×10^5	6.940×10^6	3.390856×10^6	7.768×10^6
2.456×10^6	8.272×10^6	4.599023×10^6	8.037×10^6
10^7	10^7	10^7	10^7

表 5-78　连杆疲劳寿命韦布尔分布参数（$R=-2$）

参数	C70	HS150™
典型寿命/次	3.728877×10^6	7.095654×10^6
倾斜度	0.770	1.356
回归系数	0.984	0.908
B_{10}/次	2.2355×10^4	4.38245×10^5
平均寿命/次	4.343900×10^6	6.505508×10^6

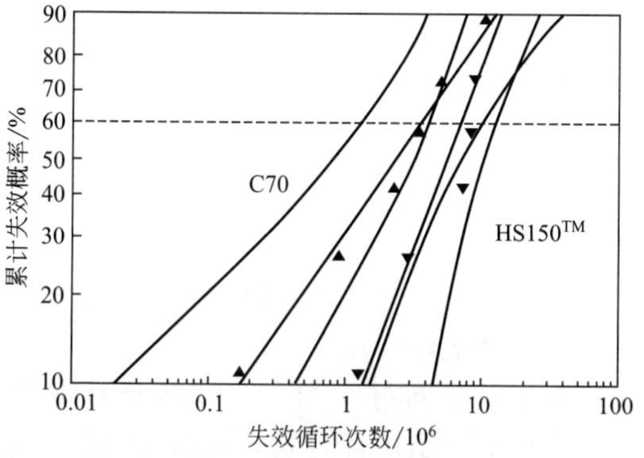

图 5-169　90%可信度的韦布尔线[135]

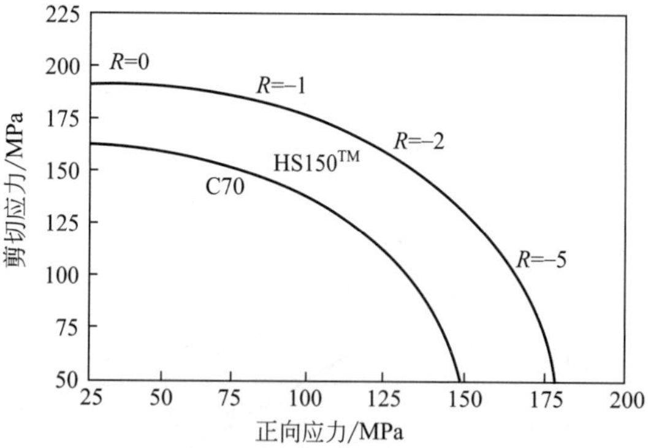

图 5-170　HS150™和 C70 材料的 Dang Van 线

（4）粉末锻造连杆的喷丸处理

零件疲劳破坏时的裂纹源，大多数情况下产生在零件表面。因此提高零部件的疲劳强度，延长其寿命，需要表面应变强化。一般来说表面强化的主要手段是表面滚压和表面喷丸，对于连杆来说主要是表面喷丸，连杆经表面喷丸后，表面产生压应力，这种残余的压应力，可以减少或消除拉应力的破坏作用，阻止裂纹的产生和扩展，提高了连杆的疲劳寿命。另外喷丸能够引起金属表层组织发生结构变化，如亚晶粒细化、晶格畸变、位错密度增加，这些变化使零件表面的屈服强度增大，使零件在强化层表面内不容易形成裂纹源，同样提高了材料的疲劳强度。表 5-79 给出了各种钢铁材料喷丸后疲劳极限的提高程度，表 5-80 给出了某些零件喷丸后寿命的提高。

表 5-79　各种材料喷丸后疲劳极限（БолховигиноваЕ. Н. , 1953）

材料	硬度(HRC)	强度极限 σ_b/(kgf/mm²)	屈服极限 σ_s/(kgf/mm²)	延伸率 δ/%	断面收缩率 Ψ/%	疲劳极限 σ_{-1}/(kgf/mm²)		喷丸后疲劳极限的提高/%
						喷丸前	喷丸后	
纯铁试样(无缺口)	—	34.5	19	41	75.6	21	24.9	18.5
纯铁试样(有缺口)	—	34.2	19	38	69.8	14.4	18.1	25.7
钢 1Cr18Ni9Ti	164HB	—	—	—	—	30.8	36.2	20.1
钢 20(无缺口)	137HB	66	38	23	51	25.4	—	—
钢 20(有缺口)	137HB	66	38	23	51	16.4	21	28
钢 45	20～26	87.9	77.6	19.8	57.8	22.9	28.3	23.5
钢 20Cr	58～61	—	—	—	—	26.3	39.4	50
钢 40Cr	52～57	156.7	—	8.2	24	35	51.5	47.1
60SiZMn	42～48	147.7	121	10.2	13	35.8	51.5	43.8
T8	12～15	78	31.6	9.4	—	21	24	14
T10	30～32	104	61.8	10.0	—	27.2	28.4	4

表 5-80　某些零件喷丸后寿命的提高[147]

零件名称	寿命增加/%	零件名称	寿命增加/%
螺旋弹簧	2900	传动齿轮箱的轴	500
板簧	600	传动箱的小齿轮	560
汽车发动机曲轴	900	汽车后桥小齿轮	600
飞机发动机曲轴	2900	锤	475
传动轴	100	各种焊接件	310

Chernenkoff 等人[148]采用优化喷丸强化工艺来提高粉末锻造连杆的疲劳强度，为了优化喷丸强度，采用 230 号铁丸对几组疲劳试棒进行了喷丸强化，喷丸强度为 6A～24A (Almen)，喷丸覆盖面为 150%。通过对连杆和试棒的精密喷丸，确定了最有效喷丸强化工艺。试验用连杆是一组去掉毛刺但未进行喷丸处理的粉末锻造连杆。这些连杆有轻微的氧化，经金相检验发现有少许脱碳。全部连杆用喷砂清理除去氧化层，在 920℃进行渗碳处理 1h，使之含 C 量达到 0.5%，然后空冷。再将这些连杆分成两组，一组不经喷丸，直接进行切削加工和疲劳试验；另一组先在 20A 的喷丸强度下进行喷丸强化，然后再进行切削加工和疲劳试验。

根据若干试棒在不同应变幅度下的试验结果可以得出其循环特性。图 5-173 为用 6 种喷丸强度进行喷丸的试棒和未喷丸试棒的“最佳拟合”应变－寿命曲线的对比。通过外插 10^7 次循环曲线，根据 10^7 次循环寿命时的应变幅度和材料模量进行计算，就可以估算出每种喷丸强度下试棒的疲劳强度。

喷丸强度对试棒疲劳强度的影响如图 5-172 所示。未喷丸试棒的疲劳强度大约是 262MPa，而采用 20A 喷丸强度进行喷丸的试棒，其疲劳强度最大可达 407MPa。

用 X 射线衍射技术测量了试棒的残余应力。不同喷丸强度下的残余应力深度如图 5-173 所示。图 5-174 是喷丸强度为 20A 时的残余应力分布图。

从图 5-173 可以看出，在 17A～20A 的喷丸强度下进行喷丸，试棒的疲劳寿命最长。如果再进一步提高喷丸强度，就会产生“过度喷丸”，使试棒晶粒出现挤压、折叠和撞击现象。这种缺陷称为“喷丸表面挤压缺陷”（PSEF），在零件表面上形成裂纹，从而使其疲劳寿命降低。对未喷丸试棒和喷丸试棒在中-高应变幅度下进行的试验表明，疲劳源发生在试棒表面。而在低应变幅度下的试验表明，疲劳源发生在试棒次表层，此处的残余应力是拉应力。

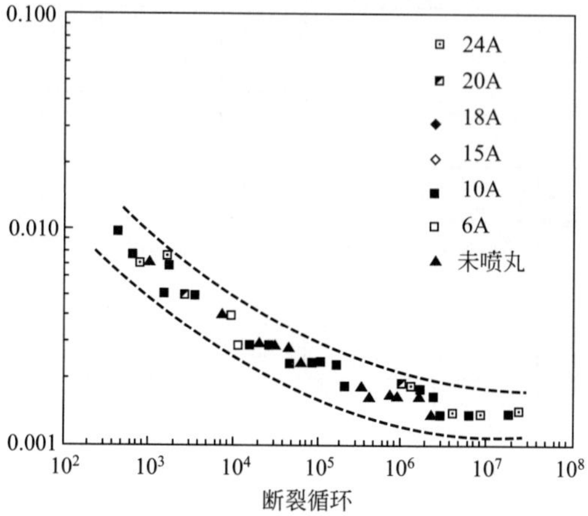

图 5-171　喷丸与未喷丸试棒的应变-疲劳寿命曲线[148]

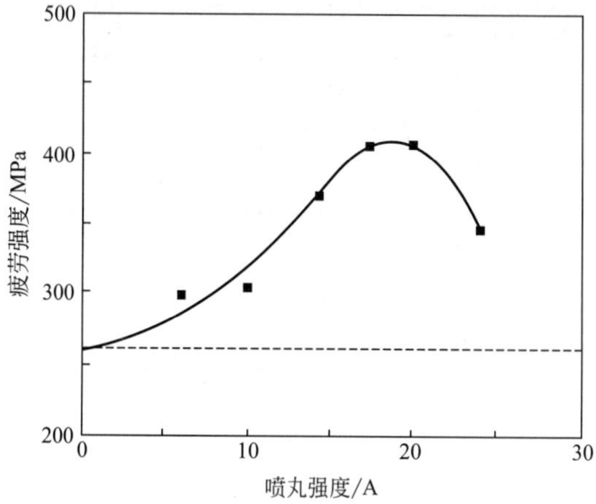

图 5-172　喷丸强度对试验试棒疲劳强度的影响[148]

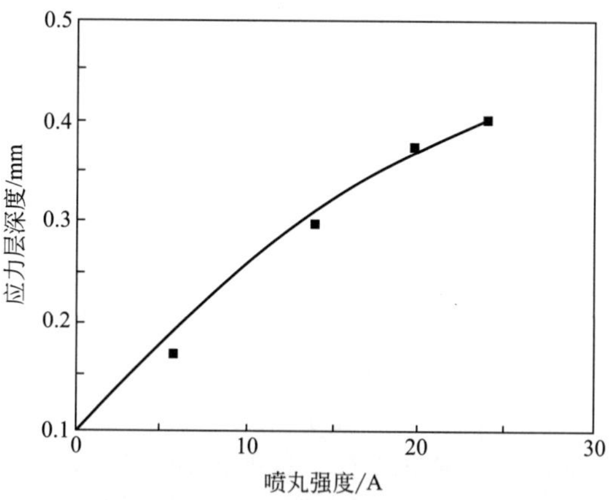

图 5-173　残余应力深度-喷丸强度图[148]

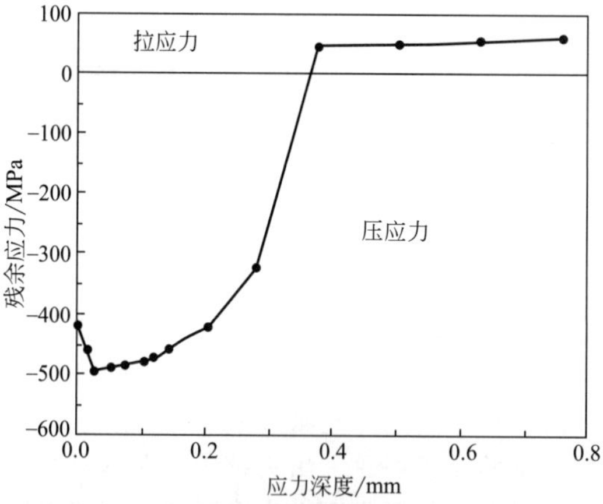

图 5-174　喷丸强度为 20A 时疲劳试棒的残余应力分布图[148]

图 5-175 是根据试验结果绘制的折线图。用统计法对喷丸和未喷丸连杆在可靠性为 90% 时的疲劳强度进行了比较（见图 5-176），未喷丸连杆的疲劳强度为 207MPa，而喷丸连杆的疲劳强度为 262MPa，提高了 27%。采用最优喷丸强化处理后的连杆，其珠光体-铁素体晶粒尺寸为 ASTM9-7 的占 40%～60%，其余的晶粒尺寸则为 ASTM6。连杆平均硬度为 84～86HR。

疲劳断口的检查结果表明，在多数情况下疲劳源位于喷丸表面下的某一点。喷丸强度为 20A 时，喷丸深度可达 0.37mm，断口上的疲劳源位于连杆表层下约 1.5mm 处。这样断口疲劳源从连杆表层转移到连杆内部残余拉应力处。由此可以看出，采用最优喷丸强化工艺后，连杆对其表面缺陷不太敏感了。

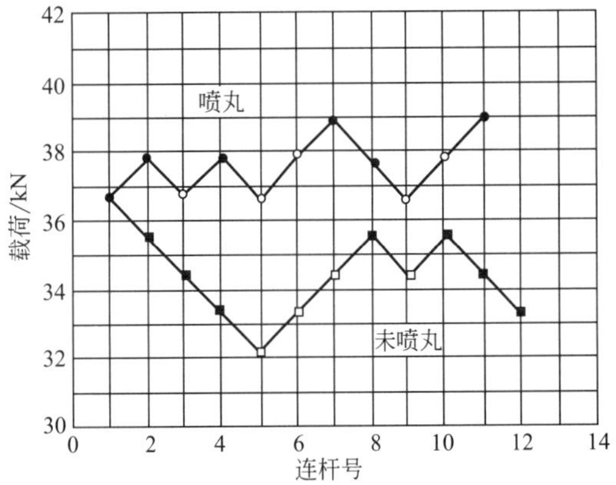

图 5-175　喷丸与未喷丸连杆的阶梯疲劳试验结果[148]

○喷丸—通过；□未喷丸—通过
●喷丸—失效；■未喷丸—失效

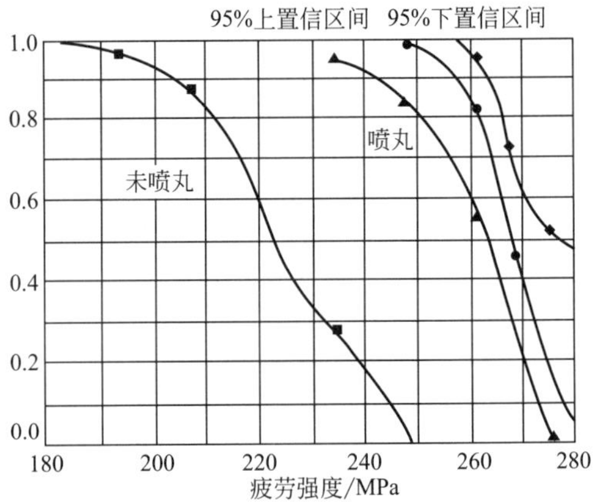

图 5-176　喷丸与未喷丸连杆疲劳度的统计比较[148]

综上所述研究者得出了如下结论：

① 采用最优喷丸强化工艺，喷丸试棒的疲劳强度最大可达 407MPa，而未喷丸试棒的疲劳强度只有 262MPa，即提高了 55%。

② 在最优喷丸强度下对标准粉末锻造连杆进行喷丸强化，在可靠性为 90%时，其疲劳强度要比未喷丸连杆高出 27%。

③ 在 15～20A 的喷丸强度下，喷丸零件的疲劳强度最大。

④ 若喷丸强度超出 15～20A，再继续提高，反而会导致疲劳强度下降，要想取得最好的喷丸强化效果，就必须采取严格的控制措施。必须按期对铁丸进行筛选分析，检查并记录测量弧高、热点位置、铁丸硬度和零件面积。在生产过程中，要将磨损或破损的铁丸挑出，并补充新的铁丸。控制如下参数：铁丸速度、铁丸直径、铁丸大小及分布、铁丸形状、铁丸硬度、铁丸类型、铁丸密度、铁丸碰撞角度、铁丸流动速率、喷丸模式、喷嘴与工件的相对位置、喷丸时间。

5.5　粉末高速钢的疲劳裂纹萌生与扩展

5.5.1　熔铸高速工具钢的裂纹萌生与扩展

(1) 熔铸高速钢裂纹的萌生

高速工具钢是一种具有高硬度、高耐磨和高耐热性的工具钢，最初主要用于制造高效率的切削工具。近年来高速钢的应用领域不断扩展，高速钢被应用在制造轧辊、冷热模具、高温轴承和机械零件等方面。高速钢按钢种来分类基本上可以分为低合金高速钢、通用高速钢、特种高速钢（高钒、含钴、含铝）和超硬高速钢。若按成分分类高速钢可分为钨系高速钢（含钨 9%～18%）、钨钼系高速钢（含钨 5%～12%，含钼 2%～6%）、高钒系高速钢（含钒量为 3%～4%）、含钴系高速钢（5%和 8%）、高碳高速钢（碳含量 0.9%）、含铝高速钢（牌号为 $W_6Mo_5Cr_4V_2Al$、$W_6Mo_5Cr_4V_5SiNbAl$）。高速钢均为高碳合金钢，主要合金元素为钨、铬、钒、钼、钴、铝等，属于莱氏体型钢种，含有大量的合金碳化物，碳化物使合金具有高的红硬性、硬度和耐磨性。但是在凝固过程中，当冷却速度缓慢时，不可避免产生粗大的莱氏体碳化物偏析组织，碳化物偏析和堆积易使碳化物剥落，高速钢粗大颗粒主要

指粗大角状 M_6C 碳化物、复合碳化物 M_6C+MC 和 M_6C+M_2C+MC、M_2C、MC 以及块状莱氏体。粗大碳化物在外力作用下易产生微裂纹和剥落。另外，在高速钢的冶炼过程中容易在锭坯中产生非金属夹杂，其原因为脱氧和脱硫物质没有及时清除，钢液降温时溶解度较小的杂质元素沉淀析出，炉渣和耐火材料的混入，钢液氧化等。非金属夹杂主要有 Al_2O_3、TiN、MgO、CaO、SiO_2、硅酸盐类、Cr_2O_3 和硫化物等。夹杂物以群聚、连接网络或成串链状存在，引起应力集中，引起剥落，形成裂纹源。因此粗大的碳化物偏析和非金属夹杂是高速钢中最主要的缺陷。

一般来说，高硬度的疲劳破坏是由两种不同裂纹萌生机制所引起的，即材料的表面发生裂纹萌生和材料内部发生裂纹萌生，前者对应的 S-N 曲线出现在高应力幅短寿命区，后者对应的 S-N 曲线出现在低应力幅长寿命区。在高强度钢超长寿命疲劳破坏机理研究中，日本学者村上敬宜等人[149,150]在 1999 年报道了在裂纹萌生的夹杂物周围出现了异常区域问题，如图 5-177 所示，该区在金相显微镜下显示为黑色粗糙的形貌（optically dark area，ODA）。村上敬宜认为材料在制造过程中氢被夹杂物捕获，ODA 是氢在长期交变应力作用下形成的氢脆破坏。Ochi 等人[151]将此区称为“粗糙表面区”（rough surface area，RSA），并且给出了 RSA 尺寸和样品寿命的关系。Sakai 等人[152]认为在夹杂物应力场作用下形成的微裂纹和缺陷，是形成周围细颗粒区的原因，并将 ODA 区称为细颗粒区（fine granular area，FGA）。随后，日本学者塩澤和章等人[153~155]在研究高碳铬轴承钢疲劳问题时，使用扫描电镜发现内部裂纹的萌生处存在非金属夹杂，在夹杂的周围有一个与通常平滑的疲劳裂纹不同的白色颗粒形貌异常区域，如图 5-178 所示。盐泽等人将其命名为粒状白区（granular bright facet，GBF）。塩澤和章在后期的研究过程中，发现白区的形成与材料组织中的碳化

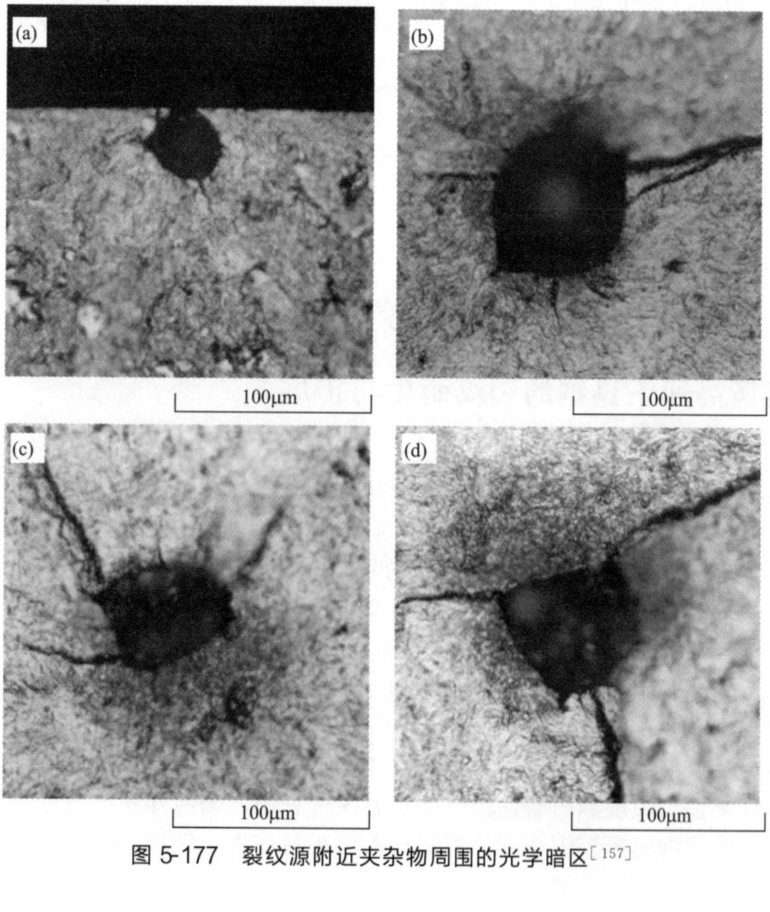

图 5-177　裂纹源附近夹杂物周围的光学暗区[157]

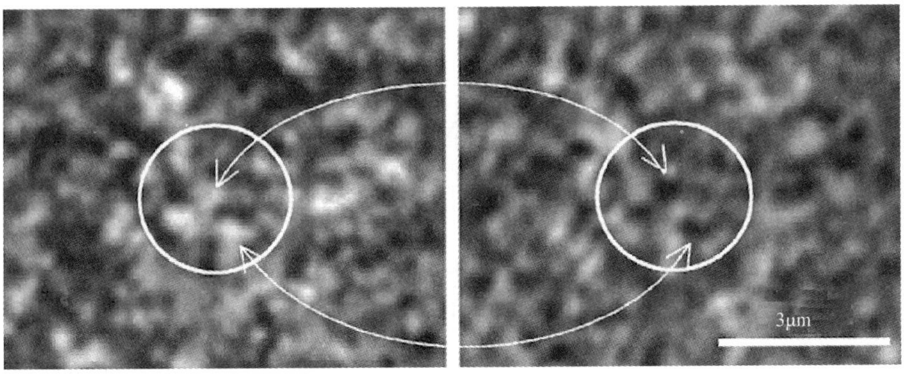

图 5-178　GBF 区的 SEM 图[161]

物有关，在 GBF 内存在大量直径小于 1μm 的球形碳化物颗粒。将 GBF 的形成与断裂过程中产生的这些碳化物颗粒联系起来，提出了 GBF 形成模型：①在夹杂物附近形成微小的裂纹，裂纹连接、合体、长大；②裂纹沿着微细碳化物扩展，缓慢形成微细碳化物并呈现凹凸的 GBF；③GBF 形成后，裂纹不受组织影响，直接扩展形成鱼眼；④GBF 区域微小碳化物剥离，形成残余碳化物和比剥离的穴更大的凹凸断面。这个模型称为微细碳化物离散剥离模型。塩澤和章等人认为疲劳寿命大部分花费在形成粒状区域、在疲劳过程中产生细小的球状碳化物、微细碳化物离散和剥离上。

塩澤和章和鲁连涛等人[155~157]认为 GBF 实际上就是 ODA，GBF 是材料内部夹杂物周围的球形碳化物从组织中离散剥离后出现微小裂纹成长形成的凹凸不平的区域，GBF 在全寿命时间的 5%～10%形成，然后缓慢长大，当到了全寿命的 90%以后迅速扩展，超长寿命的疲劳过程主要是 GBF 的形成过程构成的。鲁连涛和塩澤和章等人[156,157]研究了裂纹萌生点的破坏力学。研究者根据村上敬宜等人提出的公式来求出 GBF 区域裂纹萌生的应力强度因子幅。村上敬宜等人[158]给出的公式如下。

在试样表面的夹杂物区域裂纹萌生的应力强度因子幅 $\Delta K_{inc.s}$ 为：

$$\Delta K_{inc.s}=0.65\sigma_{at}\sqrt{\pi\sqrt{area_{inc.s}}} \tag{5-27}$$

式中，σ_{at} 为夹杂物所在位置的负载应力；$area_{inc.s}$ 表示表面夹杂物的面积。

在试样内部的夹杂物区域裂纹萌生的应力强度因子幅 $\Delta K_{inc.i}$ 为：

$$\Delta K_{inc.i}=0.5\sigma_{at}\sqrt{\pi\sqrt{area_{inc.i}}} \tag{5-28}$$

式中，$area_{inc.i}$ 表示内部夹杂物的面积。

图 5-179 为 $\Delta K_{inc.s}$、$\Delta K_{inc.i}$ 与疲劳周次 N_f 的关系，在表面的夹杂物引起裂纹萌生的应力强度因子幅 $\Delta K_{inc.s}=4\sim7\text{MPa}\cdot\text{m}^{1/2}$，呈现离散关系与 N_f 相关性不大。在试样表面承载的应力幅值小于 $4\text{MPa}\cdot\text{m}^{1/2}$ 时，不会引起裂纹萌生。在试样内部夹杂物应力强度因子幅 $\Delta K_{inc.s}$ 为 $2\sim5\text{MPa}\cdot\text{m}^{1/2}$，并且伴随 N_f 的增加有减小的趋势。另外，$\Delta K_{inc.s}$ 的值随着夹杂物的 $\sqrt{area_{inc}}$ 的增大而增大，与退火温度、表面加工没有关系。同样采用式（5-27）和式(5-28)计算 GBF 的尺寸 $\sqrt{area_{GBF}}$ 与粒度白区裂纹萌生的应力强度因子幅的 ΔK_{GBF}；对于萌生内部裂纹的内部夹杂物和 GBF，表示为 $\Delta K_{inc.i(GBF)}$（或 $\Delta K_{inc.i}$ 和 ΔK_{GBF}），其计算公式为：

$$\Delta K_{inc.i(GBF)}=0.5\sigma_{at}\sqrt{\pi\sqrt{area_{GBF}}} \tag{5-29}$$

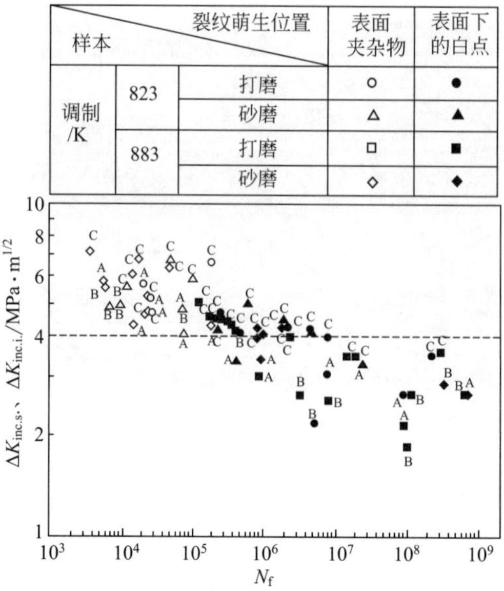

图 5-179　ΔK_{inc}和 N_f的试验关系[156]

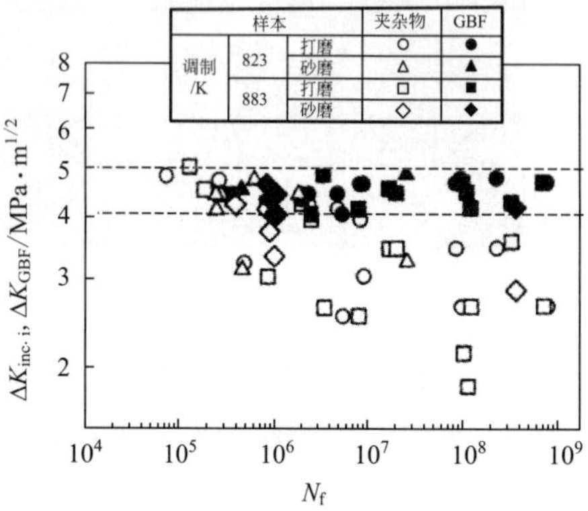

图 5-180　ΔK_{GBF}、$\Delta K_{inc.f}$和 N_f的实验关系[156]

图 5-180 为 $\Delta K_{inc.i}$和 ΔK_{GBF}与疲劳周次的关系，图中结果表明 $\Delta K_{inc.i(GBF)}=4\sim5MPa\cdot m^{1/2}$。鲁连涛等人[156]认为在 1×10^6周次以前的短寿命区，内部夹杂物周围没有形成 GBF，而在 1×10^6周次以上的长寿命区，夹杂物周围形成 GBF，当 ΔK_{GBF}达到$4\sim5MPa\cdot m^{1/2}$后，裂纹发生扩展，然后形成鱼眼，直到最终破坏。GBF 是长寿命区内部裂纹萌生的一个重要阶段，$\Delta K=4\sim5MPa\cdot m^{1/2}$可以认为是试验材料内部裂纹扩展的门槛值范围，是夹杂物周围形成 GBF 的力学条件，而夹杂物主要是 VC、$(V+Mo+W)_xC_y$和 Al_2O_3。

俞峰等人[159]认为在高速钢中常见的碳化物缺陷有以下几种：①碳化物分布不均匀；②颗粒尺寸粗大；③形状不规则；④碳化物存在微裂纹；⑤碳化物粘连；⑥二次碳化物稀少等。在 W 系高速钢中易存在角状 MoC 颗粒，有时还有未被破碎的残余莱氏体。在 W-Mo 系钢中，存在大块碳化物的多复合碳化物，如 M_6C+MC、$M_6C+MC+M_2C$。在 W 含量较高的 W-Mo 系钢中也存在粗大角状的 MoC。在 Mo 系钢中存在大颗粒 M_2C。在高 V 高速钢中存在粗大的 MC。在后续的加工过程中，高速钢的碳化物易解理开裂或与基体的界面分离，从而增生微裂纹。

束德林[160]研究了高速钢的韧性和韧化，得出如下结论，粗大的碳化物形成大的微孔并以此经过基体和小碳化合物形成小微孔连通，使裂纹扩展。粗大碳化物本身又易于产生解理开裂，堆积碳化物、微孔之间间距减小，裂纹易扩展，因此在锻造和热处理中不形成粗大碳化物，不使碳化物成堆，尽可能增大碳化物之间间距，对提高高速钢的断裂韧性是有利的。

Johnson[161]研究了 M2 高速钢的断裂特性，认为裂纹源可能由低韧性碳化物、孔隙和一些夹杂物构成。Kim 等人[162]在研究了 M2 高速钢后提出，M2 没有预存裂纹，临界裂纹由下列几种机制起作用，即碳化物粒子开裂、碳化物和夹杂物与基体脱开、晶粒断裂、夹杂物断裂、晶界断裂、残存奥氏体断裂等。Shelton 等人[163]研究了 M2 高速钢开裂过程后指出，M2 钢在四点弯曲时，当应变量达到 0.7%屈服应变、应力低于宏观屈服或韧性和脆性断裂应力时，发现钢中有开裂的碳化物（非扩展微裂纹），碳化物开裂后再通过基体相互连接，即有裂纹亚临界长大过程，最后才是失稳扩展。Berns 等人[164]认为除了非金属夹杂物是裂纹源外，初生碳化物和位于表面和内部的碳化物团聚体也是裂纹萌生处，他们对 AISID2 工具钢进行了研究，认为较大的初生碳化物破裂也是疲劳裂纹的起点。Fukaura 等人[165]测试了一种 JIS-SKD11 工具钢（相当于 AISID2 型），加载循环次数为 10^7次，观察到在应力幅高于 1100MPa 时有位于表面和接近表面的初生碳化物粒的裂纹源，在低于 1000MPa 时内部裂纹在碳化物粒子处形核，在断面中形成粒状白区。Fukaura 认为断裂碳化物或者碳化物从基体中剥离，可以萌生疲劳裂纹，为了减少粗大碳化物的影响，将 JISKD11 组分 1.4C-11.1Cr-0.8Mo-0.23V改为 M-SKD11 的组分（0.8C-8Cr-2Mo-0.5V），降低了碳、铬，提高了钼、钒，减少和细化初生碳化物 M_7C_3，经过热处理后发现 M-SKD11 的 S-N 曲线比 JISKD11 至少高出 20%，M-SKD11 的应力强度因子门槛值 K_{th}（3.7MPa・$m^{1/2}$）比 SKD 提高了 12%。Meurling 等人[166]也观察到不同类型的工具钢内部夹杂氧化物和碳化物均可作为裂纹源。Sohar 等人[167]使用超声共振法研究了 AISID2 型工具钢 10^{10}次循环的疲劳特性，也发现了在样品表面和内部的初生碳化物颗粒为裂纹源。Sohar 等人[168]还对高铬合金冷作工具钢千兆周疲劳裂纹萌生和扩展断口进行了评估。研究结果表明，内部断裂源是直径范围 17～130μm 的较大初生碳化物团簇，只有在少数情况下为尺寸较大的单一碳化物，也有一些碳化物团簇在几微米距离下紧密排列，构成 GBF 区，在表面/近表面诱导断裂的情况下，观察到半白点，在许多情况下对于表面/近表面处裂纹萌生在单一的初生碳化物中，并引起疲劳断裂，因此在那里不存在碳化物团簇。用几个扩展阶段断口数据计算应力强度因子 ΔK，ΔK 约为 4.9～6.2MPa・$m^{1/2}$，代表短疲劳裂纹扩展的门槛值，使用 $\Delta K_{单一化合物}$（1.9MPa・$m^{1/2}$）和 $\Delta K_{碳化物团簇}$（2.6MPa・$m^{1/2}$）估算在 10^{10}次加载循环时疲劳耐久极限强度对于近表面断裂为 380～440MPa，内部断裂耐久强度为 550～570MPa，跟试验数据相当符合。

（2）熔铸高速钢裂纹扩展路径和速率

高速钢的断裂微观机制至今并未完全查明，断裂是解理断裂还是韧窝断裂存在争议，裂纹沿晶扩展还是穿晶断裂也不是很清楚。Okorafor[169]在研究 M2 高速钢断裂韧性时看到，多数裂纹是穿过基体晶粒扩展的，但是也有少数区域的裂纹沿晶界网状碳化物扩展，或在碳化物解理面上、碳化物与基体界面上扩展。崔崑等人[170]对 W-Mo 高速钢的疲劳裂纹扩展机制和扩展速率进行了研究，得出疲劳裂纹扩展的 da/dN-ΔK 关系明显分为三段，即近门槛值的低速区、稳态扩展的中速区和近失稳态扩展的高速区。在近门槛值的低速区，裂纹主要以沿晶断裂为主并伴以局部晶内不连续解理；中速区则按穿晶的准解理＋流变带开裂机制扩展；高速区以主裂纹前方塑性区内裂纹再生核方式延伸。da/dN-ΔK 曲线的转折是相邻区域不同扩展机制相互竞争和转化的结果。图 5-181 给出了 M2 高速钢的 da/dN-ΔK 曲线。

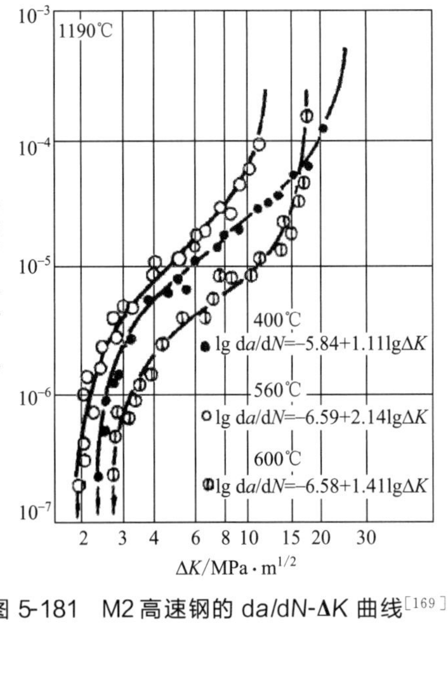

图 5-181　M2 高速钢的 da/dN-ΔK 曲线[169]

Averbach 等人[171,172]认为，疲劳裂纹扩展速率主要取决于材料的断裂韧性 K_{IC}，K_{IC} 越高，疲劳裂纹扩展速率越慢，而未溶碳化物对 da/dN 影响较小。残余奥氏体对提高断裂韧性和减缓裂纹扩展速率有利[173,174]。方其先等人[175]对 $W_6Mo_5Cr_4V_2$ 高速钢的断裂行为进行了研究，认为低温淬火和回火的 M2 高速钢断裂机制为韧窝断裂，正常温度淬火的 M2 钢断裂机制为韧窝＋准解理断裂，高速钢的疲劳裂纹扩展速率与未溶的碳化物量有关，当疲劳裂纹尖端塑性区尺寸与未溶碳化物的平均自由能相近时，未溶碳化物促进疲劳裂纹的扩展。图 5-182 给出了不同热处理工艺的 $W_6Mo_5Cr_4V_2$ 高速钢的 da/dN-ΔK 曲线。

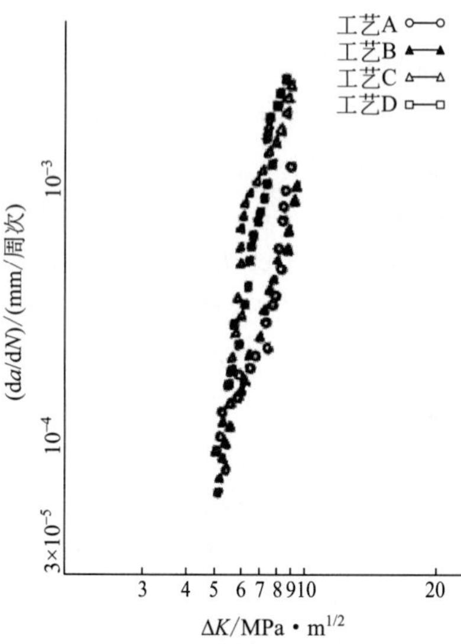

图 5-182　$W_6Mo_5Cr_4V_2$ 高速钢的 da/dN-ΔK 曲线[175]

（图中工艺 A 为退火预处理，工艺 B 和 C 为调制预处理，工艺 D 为淬火预处理）

魏世忠等人[176]研究了高钒高速钢轧辊的疲劳裂纹萌生与扩展特征，结果表明，高钒高速钢轧辊中的裂纹主要萌生于 VC 与基体界面，有少量裂纹由于 VC 的破碎萌生于 VC 内部，还有少量裂纹萌生于 M_7C_3 与基体间面和 M_7C_3 内部。裂纹主要沿 VC 的表面扩展，扩展到 VC 侧面时出现明显的裂纹钝化，使扩展速度减慢或停止。这是由于高钒高速钢中 VC 周围存在大量的奥氏体，且奥氏体有微小的析出物，有较高的韧性，可以较为有效地抑制 VC 与基体界面的裂纹向基体内部扩展。

徐流杰等人[177]研究了碳化物对冷轧过程中高铬铸铁及高钒高速钢轧辊中裂纹行为的影响。结果表明，裂纹萌生及扩展与碳化物的精细结构、碳化物与基体界面结构及碳化物形态有关。高铬铸铁中的 M_7C_3 具有层错结构，轧制过程中 M_7C_3 内部易于造成位错塞积而萌生裂纹，经短距离扩展后形成贯穿的主裂纹，导致轧辊迅速失效。高钒高速钢中的 VC 内部弥散分布着大量富钼的纳米级 MC 型碳化物，起到钉扎 VC 内部位错的作用，促使形成位错环而吸收轧制能量，裂纹不易在 VC 内部萌生，而主要萌生于 VC 与基体界面，并沿球形 VC 的表面扩展，扩展到 VC 侧面时出现裂纹钝化现象。VC 与基体界面的部分共格关系能够延缓界面裂纹萌生，VC 良好的形态有助于裂纹钝化，提高轧辊的抗疲劳性能及寿命。

黄玉龙等人[178]研究了连续浇注外层成形法（CPC）和离心铸造法（CF）制备高速钢的热疲劳性能，表 5-81 为高速钢板状试样经一定冷热循环周次后疲劳裂纹总长的统计结果，表中结果表明，在相同循环次数下，CPC 法制备的轧辊裂纹扩展速度远低于 CF 法制备的轧辊。

表 5-81　600℃热疲劳裂纹总长度统计[178]

循环次数	10	30	50	70
CF	87.6	157.4	165.5	198.8
CPC	0	6.3	8.3	8.8

两种工艺制备的高速钢轧辊，其组织中的碳化物有非常明显的不同。CF 高速钢轧辊工作层碳化物尺寸粗大，含有大量的沿晶界分布的块状复合碳化物，且碳化物有明显的网状特征；CPC 工艺得到的碳化物颗粒相对细小且均匀弥散分布，含有少量沿晶分布的板状碳化物，无明显网状组织。热疲劳裂纹主要萌生于沿晶界分布的大块共晶碳化物，并且沿碳化物或者碳化物与基体的界面扩展，该类碳化物会大大降低高速钢轧辊的抗冷热疲劳性能，进而导致轧辊的使用性能大大降低；CPC 工艺制造的高速钢组织细小弥散，具有优异的抗热疲劳性能。

曹燕等人[179]研究了高速钢轧辊的组织性能及失效机制。针对高速钢轧辊剥落试样，通过 SEM 对试样表面裂纹、内部裂纹和断口形貌进行了观察，同时对样品进行了 EDS 分析及硬度测试，研究了高速钢轧辊组织中碳化物种类、形态及分布，分析了影响疲劳裂纹形成、扩展的因素，以及硬度和耐磨性变化的影响因素。结果表明：高速钢轧辊表面产生热疲劳裂纹的主要原因是轧辊受到剧烈的冷热温度交替变化，在辊表面产生严重的热应变，出现热疲劳裂纹，扩展后造成剥落。裂纹萌生、扩展路径和方式与热疲劳或接触疲劳应力有关，减少轧辊中夹杂物的数量，细化夹杂物形态，改善轧辊组织中碳化物的形态和分布，有利于减轻热疲劳裂纹的萌生和扩展。

宋亮等人[180]研究了碳化物分布对高速钢轧辊使用性能的影响，研究表明在晶界处分布的大块未溶共晶碳化物周围容易萌生裂纹甚至发生破碎、脱落，加速裂纹扩展；晶界处分布的 M_2C 和 M_6C 等类型碳化物对裂纹扩展有促进作用，若这些碳化物结成网状结构，则会大大增加裂纹扩展速率，但与晶界成一定角度的 M_2C 型碳化物会改变裂纹方向，阻碍裂纹扩展。高速钢组织应当保证晶内 MC 型碳化物弥散分布，在晶界处有少量的 M_2C 和 M_6C 等类型碳化物，且不能联结成网状，同时 M_2C 与晶界成一定角度分布。

Zhang 等人[181]研究了长时间奥氏体化对高速钢轧制轧辊耐磨性和热疲劳性能的影响，认为在适当的条件下，奥氏体化导致高速钢轧辊材料中相邻碳化物之间的平均间距减小，这来源于 M_3C 碳化物的分解，M_2C 碳化物的转变，以及合金晶界处 MC 碳化物析出，使得耐磨性和热疲劳性同时提高。一般来说高速钢轧辊形成大量硬脆碳化物，轧辊耐磨性提高，轧辊使用寿命也同时提高；但基体硬度低、碳化物含量少的高速钢轧辊有更好的热疲劳性能[182,183]，原因是高速钢具有一个宽的凝固范围和一个复杂的共晶反应，导致浇注和凝固过程中合金元素的偏析和几种不同类型的脆状碳化物形成，并且粗大碳化物沿着脆状结构的边界分布，为裂纹扩展提供了便捷路径[184]，减少或细化碳化物，使碳化物均匀，有利于提高高速钢性能。

（3）高速钢缺陷对疲劳特性的影响

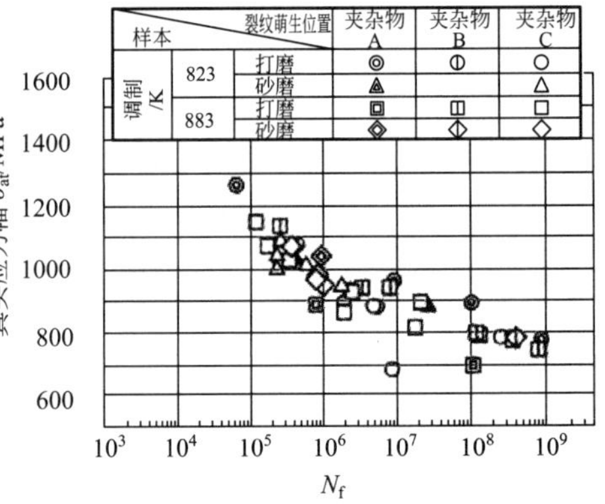

图 5-183　修正 S-N 曲线
（考虑包含施加的应力幅）[156]

鲁连涛等人[156]研究了 SKH51 高速工具钢超长寿命 S-N 曲线特征和内部裂纹萌生行为，结果如图 5-183 所示，材料的 S-N 曲线均由表面裂纹型和内部裂纹萌生型组成。表面裂纹萌生的 S-N 曲线位于高应力幅短寿命区，内部裂纹萌生的 S-N 曲线位于低应力幅长寿命区，回火温度对疲劳强度和寿命没有明显影响。如图所示，内部裂纹萌生型的 S-N 曲线在 1×10^6 周次以前，S-N 曲线的倾斜度较大，它对应于没有 GBF 的裂纹萌生的疲劳破坏；另一方面，在 1×10^6 周次以后，S-N 曲线的倾斜度相对较小，它对应于有 GBF 的裂纹萌生的疲劳破坏。这说明试样材料的应力-寿命特性能较好地反映疲劳破坏过程中存在的不同裂纹萌生机制。另外，图中试样 A、B、C 为含尺寸不同夹杂物的试样，其中 A、B 试样的夹杂物面积平方根为 6～18μm，平均尺寸为 12.2μm，C 试样夹杂物面积平方根为 18～43μm，平均尺寸为 6～18μm。图中结果表明，夹杂物的尺寸越大，其疲劳强度和寿命越低。

塩澤和章等人[185]研究了在不同应力比下 SKH51 高速钢的疲劳特性，图 5-184 所示为在不同应力比下 JIS SKH51 的表面萌生裂纹和内部萌生裂纹引起断裂的 S-N 曲线。图中结果表明，应力比越低，疲劳强度越高，并且不管应力比大小如何，都会产生内部萌生裂纹引起的断裂，但是，应力比越低，在短寿命区域内部萌生裂纹越容易引起断裂。图 5-185 为在不同应力比条

件下 $\Delta K_{inc.s}$、$\Delta K_{inc.i}$、ΔK_{GBF} 和疲劳寿命的关系，通过夹杂物尺寸计算 $\Delta K_{inc.s}$ 和 $\Delta K_{inc.i}$ 为 3～12MPa，图中结果表明，应力比 $R=-1.3$、$R=-1$ 的 $\Delta K_{inc.s}$ 和 $\Delta K_{inc.i}$ 要比应力比 R 为 0、0.3、0.5 的 $\Delta K_{inc.s}$ 和 $\Delta K_{inc.i}$ 要大。同样对 ΔK_{GBF} 来说，应力比越小，ΔK_{GBF} 越大。

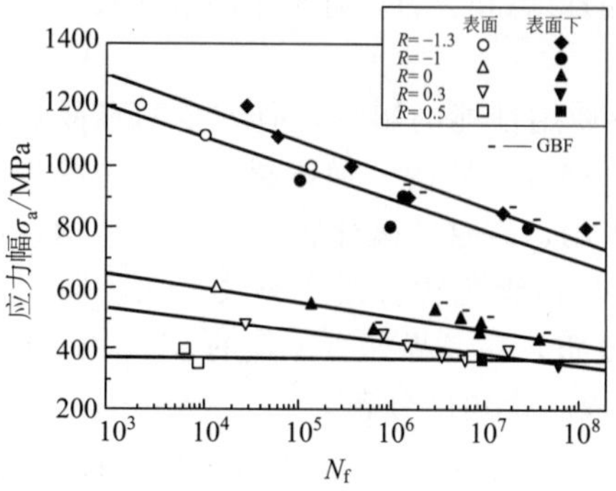

图 5-184　JIS SKH51 的 S-N 曲线[185]

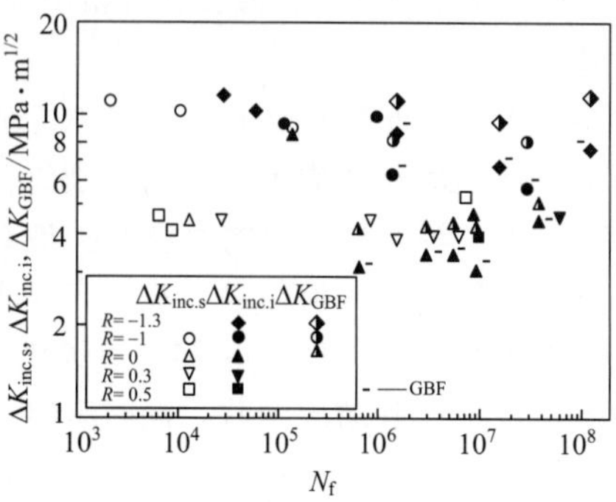

图 5-185　在不同应力比条件下 $\Delta K_{inc.s}$、$\Delta K_{inc.i}$、ΔK_{GBF} 和疲劳寿命的关系[185]

塩澤和章等人认为，在不同应力比条件下，疲劳裂纹大多来自夹杂物，但是破坏形态与应力比有关。对于高速工具钢来说，主要的破坏形态有三种：①表面裂纹引起的破坏形态（S 型）；②不在 GBF 区域的内部裂纹引起的破坏形态（I 型）；③在 GBF 区域内的内部裂纹引起的破坏形态（IG 型）。图 5-186 为从 S 型破坏转变为 I 型破坏以及从 I 型破坏转变为 IG 型破坏的转移寿命与应力比的关系。图中从 S 型转变为 I 型的转移寿命为 $N_{f,tr}$，从 I 型转变为 IG 型的转移寿命为 $N_{f,GBF}$。图中结果表明，对于 S 型转变到 I 型的转移寿命，应力比越小时间越短，但应力比对 I 型转变到 IG 型的转移寿命没有很大的影响。图 5-187 为在不同应力比下，应力幅和 ΔK^*_{inc} 的关系图，图 5-187（a）$R=-1$，在高应力幅区，考虑残余应力 $\Delta K^*_{inc.s}>\Delta K^*_{inc.i}$，但是在 ΔK_{th} 某段应力幅区域 $\Delta K^*_{inc.s}<\Delta K^*_{inc.i}$，在这种情况下，$\Delta K^*_{inc.i}$ 比 ΔK_{th} 大，在 GBF 区域内没有内部裂纹引起破坏的形态。伴随应力幅继续降低，$\Delta K^*_{inc.i}$ 在 ΔK_{th} 以下，在夹杂物周围形成的 GBF 区域里 $\Delta K_{GBF}>\Delta K_{th}$，向着 IG 型破坏转移。这种情况 $R=0$ 时也存在，以上分析说明了 S 型、I 型、IG 型三种破坏形态与负荷应力幅的关系。图 5-187（b）所示 $R=0.3$，在最小应力 $\sigma_{min}<|\sigma_r|$ 时的应力幅区域，$\Delta K^*_{inc.s}$ 不受残余应力的影响，但是在 $\sigma_{min}<|\sigma_r|$ 时，$\Delta K^*_{inc.s}$ 受到残余应力影响，$\Delta K^*_{inc.s}<\Delta K^*_{inc.i}$，这时 S 型破坏在不出现 I 型破坏的情况下直接向 IG 型转变。

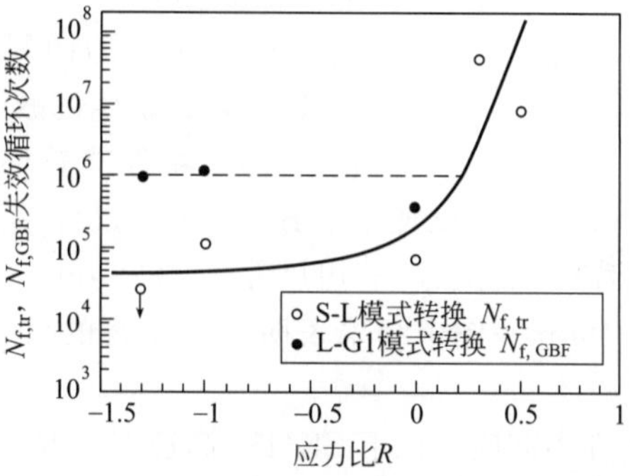

图 5-186　从 S 型破坏转变为 I 型破坏以及从 I 型破坏转变为 IG 型破坏的转移寿命与应力比的关系[185]

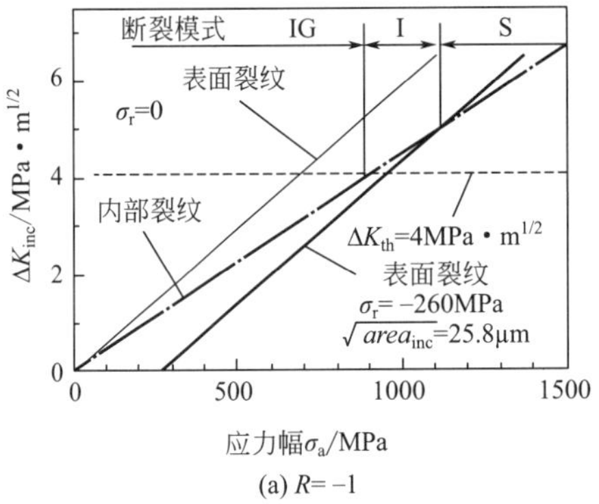

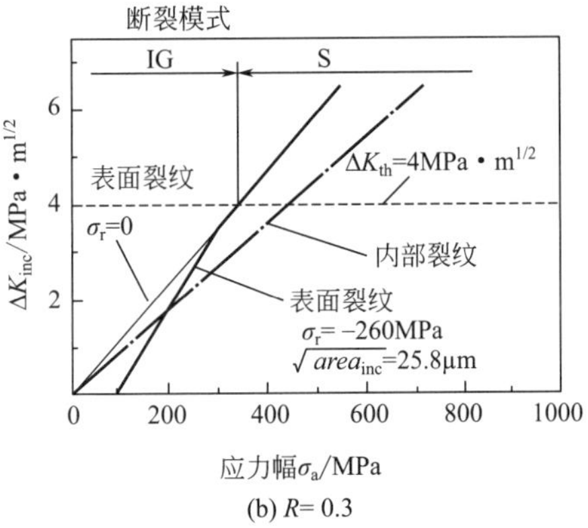

图 5-187　在不同应力比下，应力幅和 ΔK_{inc}^{*}的关系图[185]

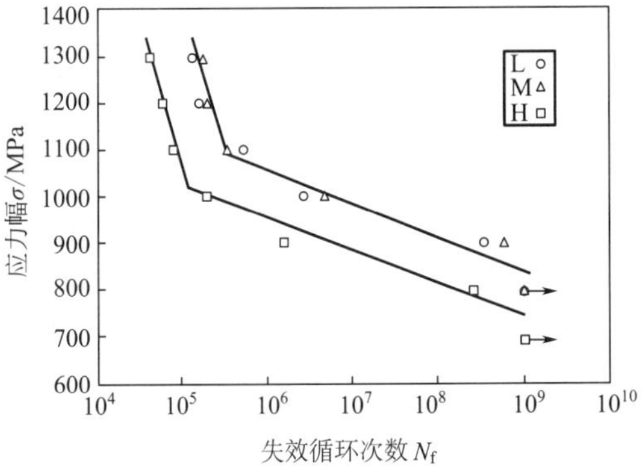

图 5-188　高速钢低 N、中 N、高 N 的 *S-N* 曲线[186]

三谷狀士等人[186]研究了高速工具钢氮含量对疲劳性能的影响。在成分为 1.3% C、4.0% Cr、6.0% W、5.0% Mo、3.0% V 和 8.0% Co（质量分数%）的 W-Mo 系高速工具钢中含 N 量为 40μg/g（L 材）、160μg/g（M 材）和 400μg/g（H 材）的三种材料的疲劳试验表明，含 N 量越高，其疲劳强度越低（图 5-188），另外含氮量越高 MC 的晶粒越大（表 5-82）；粗大的 MC 容易萌生裂纹，并且快速扩展和断裂，因而疲劳强度较差。

表 5-82　高速钢含 N 量与碳化物的平均直径和最小直径[186]

样品	平均碳化物直径/μm			碳化物最小直径/μm		
	MC	M_6C	$M_6C \cdot MC$	MC	M_6C	$M_6C \cdot MC$
低 N(40μg/g)	0.8	1.2	2.5	6.5	4.2	7.8
中 N(160μg/g)	0.8	1.3	2.4	6.4	4.0	7.6
高 N(400μg/g)	0.8	1.2	2.5	13	4.1	7.8

5.5.2　粉末高速钢的疲劳裂纹萌生与扩展

（1）粉末高速钢的简介

熔铸高速钢由于合金含量高，铸锭凝固时不可避免地会产生粗大的莱氏体碳化物偏析组织，碳化物偏析是高速钢中存在的一个严重的质量问题。偏析的存在严重损害了高速钢的各种性能，还给高速钢的锻、轧等热加工造成了困难，偏析限制了高速钢合金含量的增加，影响了高速钢的发展。与熔铸高速钢相比，粉末高速钢具有以下一系列优异性能[187]：

① 无偏析、晶粒细小、碳化物细小；

② 热加工性好；

③ 热处理变形小；

④ 力学性能（韧性、硬度、高温硬度等）佳；

⑤ 可扩大高速钢含量，创造新的超硬高速钢；

⑥ 提高了刀具的切割寿命，扩大了使用领域。

粉末高速钢研究始于1965年，20世纪70年代由美国的Craciblet和瑞典的Storat相继投入工业性生产，采用惰性气体雾化+热等静（HIP）技术。近年来日本和丹麦一些公司采用喷射沉积直接制造大块坯锭，与粉末冶金工艺相比，喷射沉积工艺简单、不需要热等静压。沉积坯同样可以进行锻造和轧制。粉末高速钢牌号如表5-83所示。

表5-83 粉末冶金高速钢标称成分[188]

牌号					成分(质量分数)%					W_{eq}	硬度(HRC)
商业名称	AISI	UNS	JIS	Werk 号	C	W	Mo	V	Co		
含3%～4%V的耐磨损的高速钢											
ASP23，APM23，CPM M3，MicromeltM3，FAX31，DEX20，KHA32	M3	T11323	SKH53	1.3344	1.3	6.25	5	3		16.25	65～67
CPM M4，Micromelt M4，Isomatrix S690，HAPM4	M4	T11304	SKH54		1.4	5.75	5	4		15.75	65～67
含5%～12%Co和2%～6.5%V的耐热超高速钢											
CPM M35	M35		SKH55	1.3243	1	6	5	2	5	16	65～67
CPM REX 54					1.5	5.75	5	4	5	15.75	66～68
ASP30，APM30，CPMREX45，MicromeltHS30 Isomatrix S790，Fax38. DEX40，HAP40，KHA30					1.3	6.25	5	3	8	16.25	66～68
CPMT15，Micromelt T15，FAX55，DEX61，HAPT15，KHA50	T15	T12015	SKH10	1.3202	1.6	12		5	5	12	66～68
CPM REX76，Micromelt HS76	M48	T11348			1.5	10	5.25	3	8.5	20.5	67～69
HAP 50，DEX62					1.5	8	6	4	8	20	67-69
Isomatrix S390					1.6	11	2	5	8	15	66～68
ASP60，APM60，KHA60				1.3241	2.3	6.5	7	6.5	10.5	20.5	67～69
DEX 80					2.1	14	6	5.5	12	26	68～70
HAP 70					2.2	12	9	5	12	30	69～71
无钴超高速钢											
CPM REX 20	M62	T11362			1.3	6.25	10.5	2		27.25	66～68
CPM REX 25	M61	T11361			1.8	12.5	6.5	5		25.5	67～69

注：所有粉末冶金高速钢大型材均含4%Cr以得到淬硬性。硅、锰、硫的最高含量一般分别为0.5%、0.3%和0.03%。对于要求改善可切削性的特别用途，硫含量增至0.1%或0.22%，并相应增加锰含量，W_{eq}为钨当量。

近年来粉末高速钢在雾化前钢液熔炼工艺和雾化制粉设备进行了改进，开发了第三代粉末高速钢。第三代粉末高速钢的特点是，夹杂物大量减少，其夹杂物最大尺寸减小，粉末颗粒尺寸进一步细化，D50 为 60μm 左右，粉末冷速增大，二次枝晶约为 1μm。抗弯强度大幅度增大。由于夹杂物减少，而钢的强韧性增大，法国 Erasteel 公司开发了 Dvalin™ASP2080 粉末高速钢，淬回火硬度达到了 71 HRC。Bohle Uddeholm 也开发了 S290 Microclean 超硬粉末高速钢，淬回火硬度最高可达 70HRC。两个产品的化学成分如表 5-84 所示。

表 5-84　新开发的高合金、高硬度 PMHSS[188]

钢种	成分含量(质量分数)/%						淬回火硬度(HRC)	热处理规范
	C	W	Mo	Cr	V	Co		
Dvalin™ ASP2080	2.45	11.0	5.0	4.0	6.3	16.0	71	1 180℃,560℃×1h×3
S290Microclean	2.0	14.3	2.5	3.8	5.1	11.0	70	1 180℃,540℃×1h×3

粉末工具钢是粉末高速工具钢的重要组成部分，主要有高钒冷作模具钢、耐蚀耐磨工具钢和粉末易切割工具钢，表 5-85 给出了部分粉末冶金冷作模具钢的成分。

表 5-85　粉末冶金冷作模具钢的成分[189]

公司名称	AISI	商业名称	成分(质量分数)/%						硬度(HRC)
			C	Cr	W	Mo	V	其他	
Bohler/Uddeholm		VANADIS-4E	1.50	8.00	—	1.50	4.00		60～62
		VANADIS-10	2.90	8.00	—	1.50	9.80		62～63
	M3	VANADIS-23	1.30	4.20	6.25	5.00	3.00		59～66
		VANCRON40	Cr-W-Mo-V 合金						62～65
		MICROCLEAN-K390	2.45	4.15	1.00	3.75	9.00	Co=2.00	60～65
		MICROCLEAN-K890	0.85	4.35	2.55	2.80	2.10	Co=4.50	58～62
Crucible		CPM 1V	0.55	4.50	2.15	2.75	1.00		55～60
	3V	CPM 3V	0.80	7.50		1.30	2.75		58～62
	M4	CPM M4	1.40	4.00	5.50	5.25	4.00		58～65
	9V	CPM 9V	1.80	5.25		1.30	9.00		51～57
	A11/10V	CPM 10V	2.45	5.25		1.30	9.75		54～63
		CPM 15V	3.40	5.25		1.30	14.50		58～63
		CPM 18V	3.90	5.25		1.30	17.50		58～63
Erasteel	M4	ASP2004	1.40	4.30	5.00	5.00	4.10		57～66
		ASP2005	1.50	4.00	2.50	2.50	4.00		56～64
	9V	ASP2009	1.80	5.25		1.30	9.10		51～57
	A11	ASP2011	2.45	5.25		1.30	9.75		54～63
		ASP2012	0.60	4.00	2.10	2.00	1.50		48～59
	M3	ASP2023	1.28	4.10	6.40	5.00	3.10		59～66

续表

公司名称	AISI	商业名称	成分(质量分数)/%						硬度(HRC)
			C	Cr	W	Mo	V	其他	
安泰科技	A11	AHP10V	2.45	5.25		1.30	9.75		54～63
		AHP9VNb2	2.45	5.25		1.30	8.65	Nb=1.70	54～63

粉末冶金高速钢目前的制备方法如下。

① 粉末烧结高速钢：高速钢烧结时，通过对烧结温度的控制，利用共晶反应，可以产生部分液相，使烧结体的密度接近理论密度。烧结高速工具钢是一种较为简单的制备方法。

② 粉末热等静压高速钢：通过粉末坯块的热等静压，可以得到全致密的粉末高速钢，它是一种生产优质粉末高速钢的方法。

③ 粉末锻造高速钢：对粉末烧结高速钢进行锻造，也可得到性能优异的粉末高速钢。

④ 喷射沉积高速钢：通过喷射沉积制备的高速钢，可制造接近理论密度的大型粉末高速钢部件。

⑤ 注射成形粉末高速钢：利用金属粉末注射成形（MIM），利用微细粉高的收缩性能和液相烧结，使烧结体的密度接近理论密度，得到高精度的粉末高速钢。

（2）粉末高速工具钢的裂纹萌生与扩展

平野明彦等人[190]研究了采用热等静压生产的粉末高速钢的疲劳特性。研究者采用热等静压（HIP）烧结的三种 HS・P/M 材（ASP23、ASP30 和 ASP60）和三种熔铸生产的 HS・I/M材的化学成分如表 5-86 所示，HS・P/M 和 HS・I/M 的生产方法如图 5-189 所示，图 5-190 给出了六种材料的力学性能。

表 5-86　材料的化学组成（质量分数）　　单位：%

材料		Fe	C	Si	Mn	Cr	Mo	W	V	Co
HS・P/M 合金	ASP23	其余	1.31	0.35	0.26	4.20	4.91	5.96	3.00	0.49
	ASP30	其余	1.33	0.34	0.29	4.19	4.95	5.77	3.28	8.30
	ASP60	其余	2.29	0.26	0.32	4.02	7.00	6.60	6.65	10.30
HS・I/M 合金	C23	其余	1.24	1.07	0.26	4.38	5.07	5.76	2.78	0.05
	C30	其余	1.31	0.56	0.25	4.30	5.43	5.86	2.95	8.30
	C60	其余	2.07	0.60	0.26	4.55	7.79	5.99	6.66	11.40

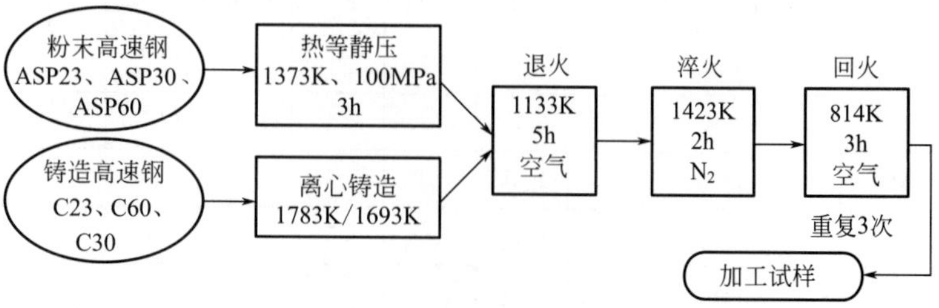

图 5-189　材料制作工艺[190]

从两类材料的断面分析得知，HS・P/M 材断面比较平坦，裂纹萌生点和放射状破坏痕迹清晰；HS・I/M 材断面起伏，裂纹萌生点难于确定，但裂纹萌生点附近比其他区域结构微细，并且存在小面积的平坦区域。HS・P/M 材裂纹萌生点为靠近表面的气孔和夹杂物引起裂纹，也有很少的情况下在试样边角上产生。通过 EPMA 的面分析，大部分裂纹萌生在 Si、Al 和 O_2形成的内部夹杂物内，或者由试样的加工缺陷而引起。

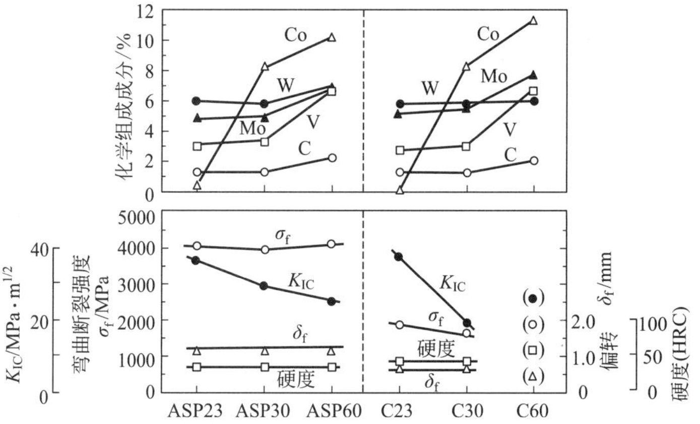

图 5-190　六种材料的力学性能[190]

图 5-191（a）、（b）给出了 HS·P/M 和 HS·I/M 的裂纹扩展速率与应力强度因子幅的关系，图中结果表明，HS·P/M 材的疲劳裂纹扩展速度与合金的添加量有关，伴随着合金添加元素的增加，裂纹扩展速率加快，并且 HS·P/M 材的 ΔK_{th} 低于 HS·I/M材。几种 HS·I/M 材的裂纹扩展速率没有很大差异，与合金成分没有很大的依存关系。另外，在图5-191（a）中 HS·P/M ASP60 材比 HS·I/M 材的裂纹扩展速率快很多，HS·P/M ASP30 在高裂纹扩展速率区域中数据很离散。通过 SEM 的观察，HS·I/M 材裂纹扩展路径为沿晶内扩展，并且呈锯齿形扩展，HS·P/M 材沿着碳化物和基体的边界扩展。合金元素增加，促进了碳化物的析出，使裂纹扩展速率增大。图 5-192 给出了 HS·P/M 材和 HS·I/M 材的 *S-N* 曲线和标准化曲线。从 *S-N* 曲线得知 HS·P/M 材比对应的 HS·I/M 材的疲劳强度要大得多，但从标准化 *S-N* 曲线得知，HS·P/M 材的疲劳比仍然低于 HS·I/M 材。

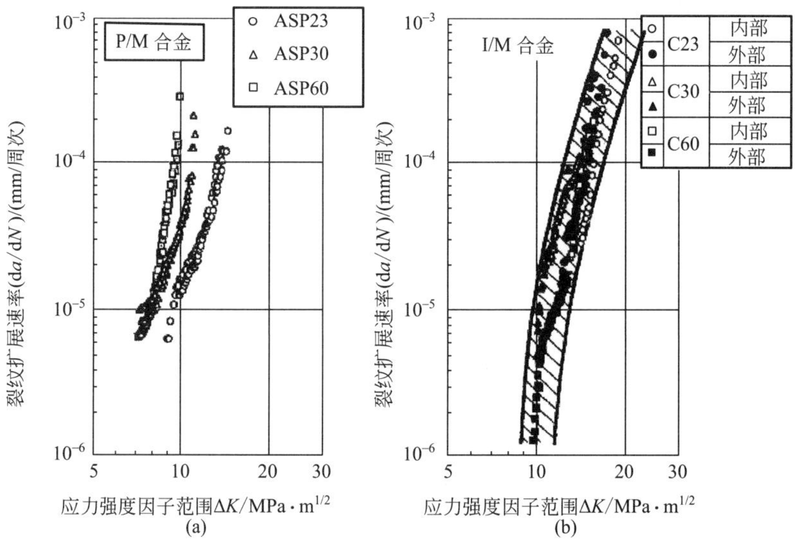

图 5-191　HS·P/M 和 HS·I/M 的裂纹扩展速率与应力强度因子幅的关系[190]

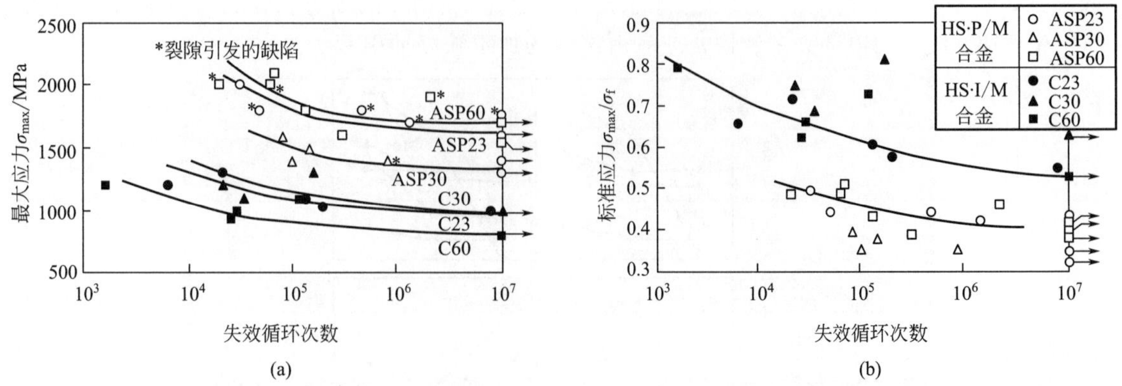

图 5-192 HS·P/M 材和 HS·I/M 材的 S-N 曲线和标准化曲线[190]

西田友久等人[191]研究了粉末高速钢的碳化物粒径对疲劳特性的影响，所研究的合金为与 JIS SKH57 相当的高钼型粉末高速钢，化学成分如表 5-87 所示，通过冷静压后进行烧结，退火工艺参数如表 5-88 所示。材料的微观组织如图 5-193 所示，所观察的主要碳化物为 VC，其中 A 材的 VC 平均粒度为 10μm，B 材的 VC 平均粒度为 4μm，C 材的 VC 平均粒度为 2μm，D 材的 VC 平均粒度为 1μm。疲劳开裂断面的 SEM 观察，A 材靠近表面有半圆状的裂纹形核区，尺寸 $2a=40\mu m$，C 材和 D 材有 24μm 左右的靠近夹杂物的裂纹形核区，疲劳裂纹形核区如图 5-194 所示。裂纹扩展速率 da/dN 与应力强度因子幅 ΔK 的曲线如图 5-195所示，da/dN 和 ΔK 的关系可以用下式表示：

$$\frac{da}{dN}=C_0\ (\Delta K^m-\Delta K_{th}^m) \tag{5-30}$$

式中，C_0为材料常数；ΔK_{th}为应力强度因子门槛值；m 为指数。通过图中得到结果求出材料常数 C_0、m 和应力强度因子幅门槛值 ΔK_{th}（表 5-89）。

表 5-87 化学成分（质量分数）[191] 单位：%

C	Si	Mn	P	S	Cr	W	Mo	V	Co
1.33	0.60	0.30	0.019	0.018	3.96	6.17	5.05	3.13	8.12

表 5-88 热处理条件和力学性能[191]

材料	热处理		拉伸强度 σ_a/MPa	硬度(HV)/GPa	碳化物体积分数/%
	固溶	淬火和回火			
A	1503K×3h,1143K 退火 1473K×6h	1403K×3min,淬火 848K×1h,回火	2336	8.36	10
B	1473K×6h,1143K 退火 1473K×6h	1403K×3min,淬火 848K×1h,回火	—	8.51	13
C	1473K×2h,1143K 退火	1403K×3min,淬火 848K×1h,回火	—	8.72	19
D	1373K×1h,1143K 退火	1403K×3min,淬火 848K×1h,回火	2824	8.75	27

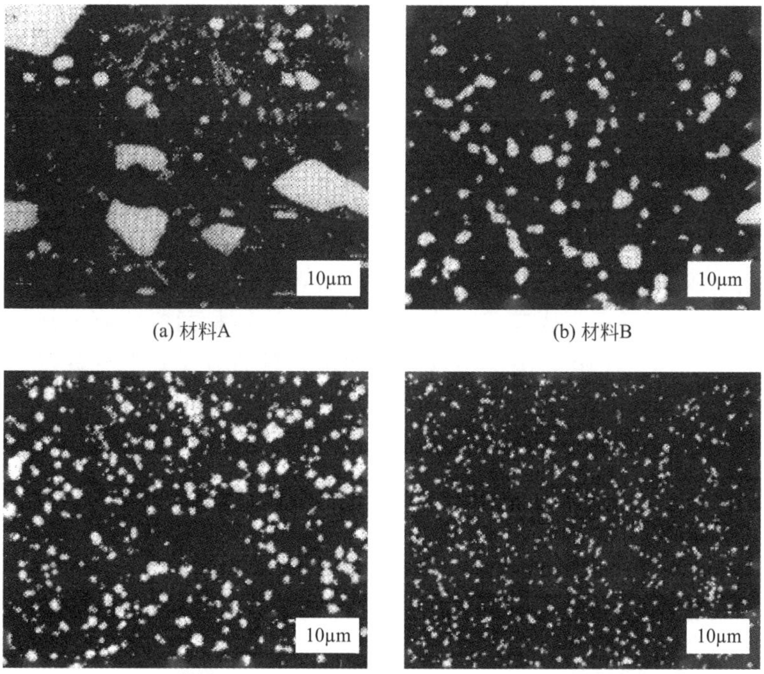

(a) 材料A　(b) 材料B

(c) 材料C　(d) 材料D

图 5-193　微观组织[187]

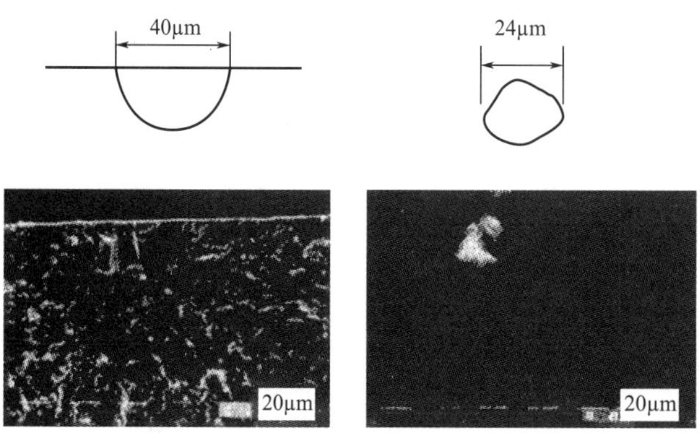

(a) 材料A　(b) 材料B

图 5-194　疲劳裂纹的 SEM 观察[191]

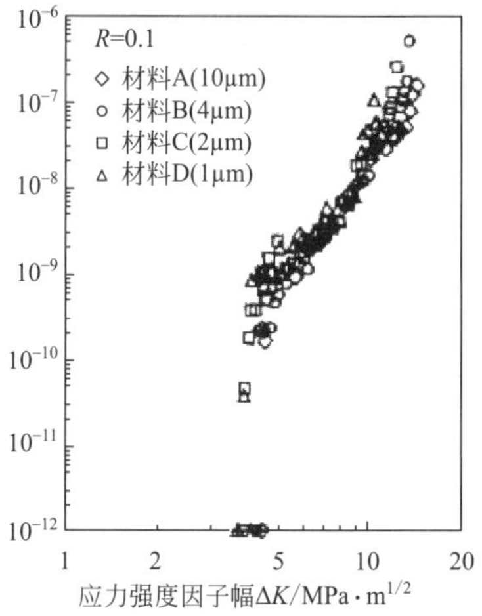

图 5-195　da/dN-ΔK 曲线[191]

表 5-89　图 5-195 中 S-N 曲线按式（5-30）计算出的 C_0、m 和 ΔK_{th} 值[191]

材料	$C_0/\times10^{-13}$	m	ΔK_{th}/MPa·m$^{1/2}$
A	4.69	4.55	4.4
B	1.13	5.22	4.2
C	1.08	5.35	4.0
D	8.15	5.49	3.6

图 5-196 给出了 A 材、C 材和 D 材的普通疲劳和摩擦疲劳的 S-N 曲线，图中结果表明对于普通疲劳来说，A 材的疲劳强度为 800MPa，而 C 材和 D 材的疲劳强度为 900MPa。这个结果表明碳化物粒度越大，疲劳强度越低。对于摩擦疲劳来说，A 材摩擦疲劳强度为 475MPa，C 材和 D 材的摩擦疲劳强度为 550MPa，摩擦疲劳和普通疲劳一样，碳化物粒度越大，其疲劳寿命越短。

西田友久等人[192]还研究了烧结高速钢 SKH10 的普通疲劳和摩擦疲劳的特性，实验材 SKH10（P/M 材）和比较材 SKH10（I/M 材）的成分如表 5-90 所示，前者采用水雾化粉末，分级、退火、压制和在 1523K 下真空烧结，后者采用熔铸、热间锻造。两者进行热处理后力学性能如表 5-91 所示。从疲劳断面分析得知，熔铸材的裂纹萌生都在母相和 VC 边界上或者 VC（平均粒径 11μm）本身裂纹上，而烧结材的裂纹萌生与熔铸材不一样，烧结材的碳化物尺寸很小（平均粒径 3μm），很难在 VC 上萌生裂纹，裂纹主要萌生在氧化物夹杂上（平均粒径约 40μm）或夹杂物和母相的边界上。图 5-197 给出了裂纹扩展速率 da/dN 与

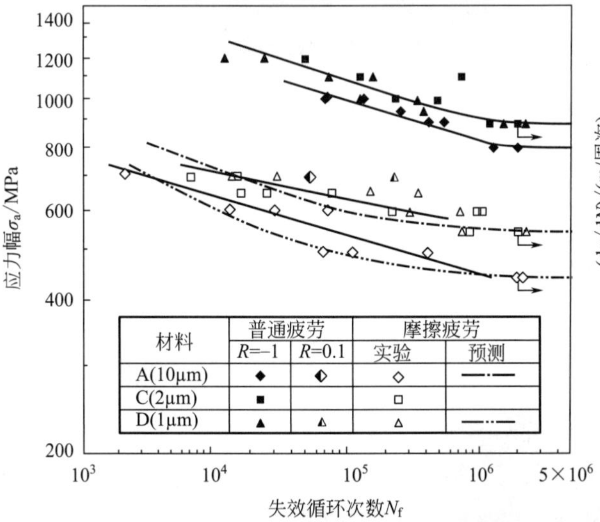

图 5-196 S-N 曲线[191]

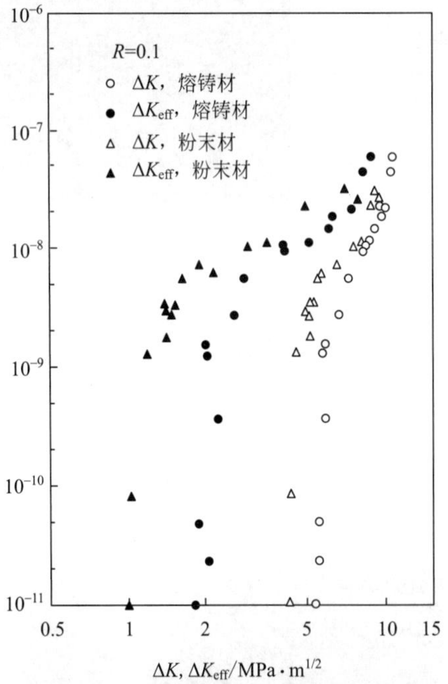

图 5-197 da/dN-ΔK 曲线

应力强度因子幅 ΔK 或有效应力强度因子幅的关系，图中结果表明，在高裂纹传播速度区域中，粉末烧结材和熔铸材的裂纹传播速度相差不大，在低裂纹传播速度区域中，同一粉末烧结材的裂纹扩展速率大于熔铸材的裂纹扩展速率。熔铸材裂纹扩展的门槛值为 5.5MPa·m$^{1/2}$，烧结材的裂纹扩展门槛值为 4.2MPa·m$^{1/2}$。由图 5-197 得到的实验数据，计算出式 (5-30) 的 C_0、m 和 ΔK_{th}值分别为：① 熔铸材，$C_0=7.23\times10^{-14}$，$m=5.51$，$\Delta K_{th}=5.31$ MPa·m$^{1/2}$；② 粉末烧结材，$C_0=6.12\times10^{-12}$，$m=3.71$，$\Delta K_{th}=4.18$MPa·m$^{1/2}$。

表 5-90 化学成分（质量分数）[192]　　单位：%

材料	C	Si	Mn	P	S	Cr	W	Mo	V	Co
熔铸材	1.56	0.28	0.33	0.019	0.004	3.86	12.63	0.78	4.71	4.71
粉末材	1.53	0.36	0.33	0.018	0.004	3.99	12.91	1.02	4.79	4.66

表 5-91　热处理条件下的力学性质[192]

材料	热处理	抗拉强度 σ_a/MPa	杨氏模量 E/GPa	硬度(HV)/GPa
熔铸材	1503KOQ(油淬),833K×1h×3AC	1964	218	9.69
粉末材	1503KOQ(油淬),833K×1h×3AC	2161	220	8.49

图 5-198 给出了 SKH10（P/M 材）和 SKH10（I/M 材）的普通疲劳和摩擦疲劳的 S-N 曲线，图中结果表明，SKH10（P/M 材）和 SKH10（I/M 材）的普通疲劳强度分别为 700MPa 和 600MPa，摩擦疲劳强度分别为 325MPa 和 250MPa。图 5-199 给出了高速钢烧结材和熔铸材的摩擦系数和相对滑移量的关系。图 5-200 给出了高速钢烧结材和熔铸材表面最大粗糙度与相对滑移量的关系。图 5-201 给出了高速钢烧结材和熔铸材磨损量与相对滑移量的关系，图中结果表明，粉末烧结材的摩擦磨损特性比熔铸材更加优异。

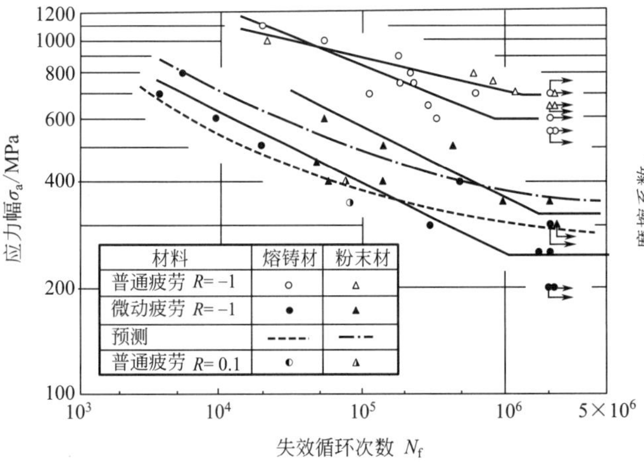

图 5-198　S-N 曲线

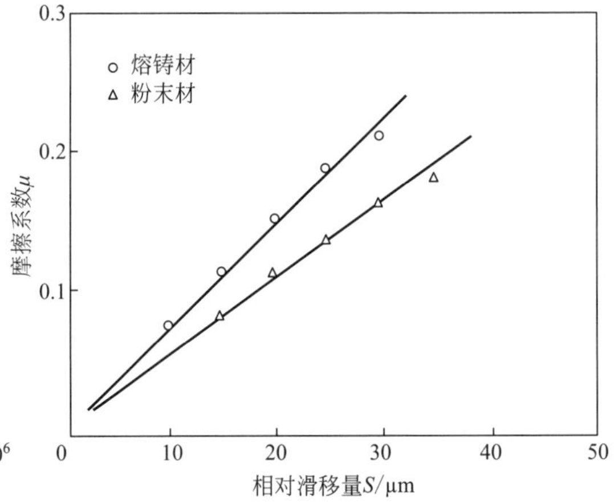

图 5-199　摩擦系数和相对滑移量的关系[192]

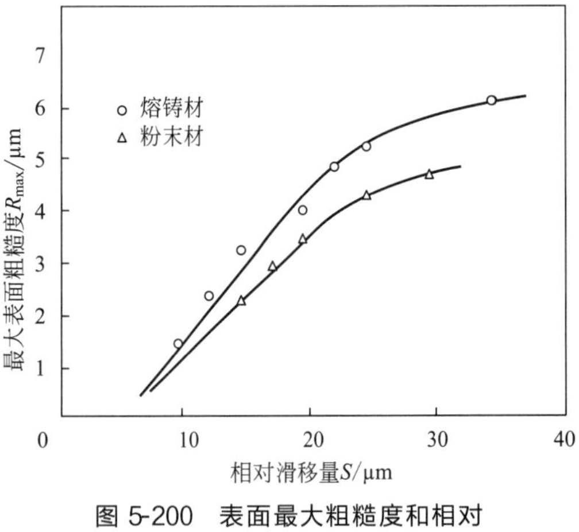

图 5-200　表面最大粗糙度和相对滑移量的关系[192]

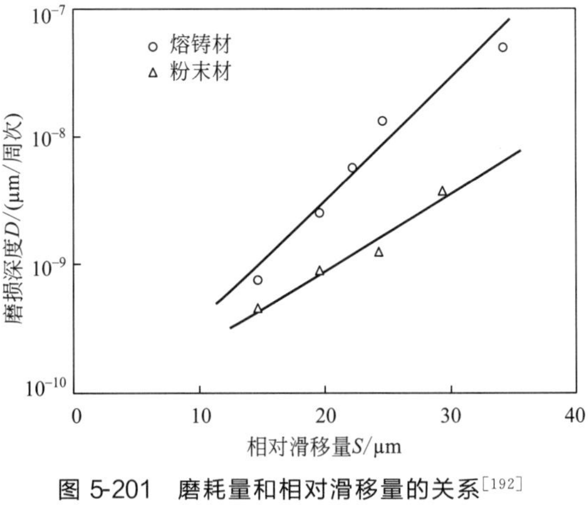

图 5-201　磨耗量和相对滑移量的关系[192]

河合伸泰等人[193]研究了 W-Mo 系烧结高速钢的疲劳特性与含氮量和含碳量的关系，高速钢钢种为 SKH51，采用 N 置换一部分 C，减少 W、Mo 碳化物的形成，增加了 Cr、V 的碳化物的形成，几种材料化学成分如表 5-92 所示。制备工艺为，采用氮气雾化得到 −80 目的粉末，在1150℃充氮6h，并在1kg/cm³高纯氮气下氮化处理3h，1100℃、150MPa下进行HIP烧结达到致密，950℃进行退火1h，以20℃/h速度进行冷却，并且对试样在退火温度区域再一次热锻。图5-202给出了以N置换C的SKH51高速钢的S-N曲线，曲线的结果表明含N量高的PB、PD试样的弯曲疲劳强度大于PA、PC、M，用N取代部分C提高了合金的疲劳强度。

表5-92　化学成分（质量分数）[193]　　单位：%

材料	C	N	W	Mo	Cr	V	C_{eq}①	工艺
PA	1.31	0.01	5.80	5.06	4.14	2.10	1.32	粉末冶金（热等静压）
PB	0.86	0.46	6.17	4.98	4.00	1.79	1.25	
PC	0.91	0.02	6.11	4.83	4.16	2.05	0.93	
PD	0.45	0.49	5.36	4.70	3.88	1.72	0.87	
M	0.87	0.02	6.21	5.02	4.26	1.94	0.89	传统

① C_{eq}=C(%)+6/7 XN(%)。

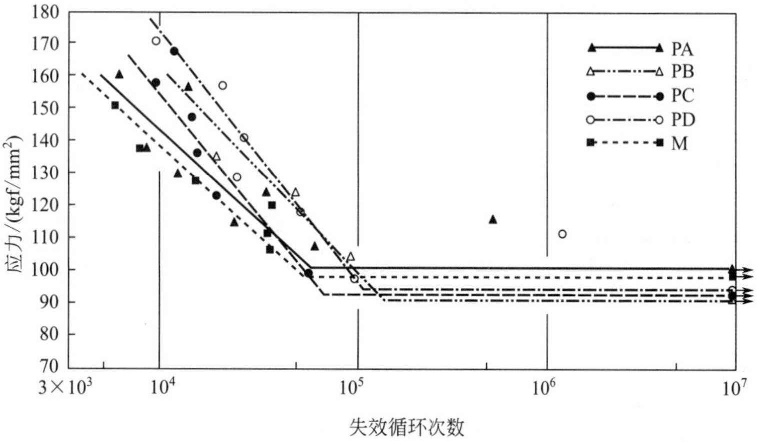

图5-202　失效试验结果[193]

納富完至等人[194]研究了热等静压和热锻高碳高铬粉末工具钢的力学性能，实验提供了粉末工具钢（KAD181）热等静压材、KAD181热等静压后热锻材、熔铸合金SKD11锻造材三种材料，其化学成分和锻造比如表5-93所示。图5-203为三种材料的S-N曲线，图中结果表明，KAD181粉末工具钢的热等静压材、热等静压后锻压材其疲劳强度高于熔铸合金SKD11锻造材，并且前者的抗弯强度、冲击强度、磨损特性均优于后者，仅断裂韧性前者低于后者。图5-204为三种材料力学性能的比较。

表5-93　试样材料的化学组成和锻造比[194]

材料	化学成分（质量分数）/%							锻造比
	C	Si	Mn	Cr	Mo	V	O	
热等静压 KAD181	2.24	0.35	0.36	18.13	1.98	1.07	0.010	—
热等静压锻造 KAD181	2.22	0.32	0.35	18.08	2.00	1.07	0.010	7.8
熔铸 SKD11	1.46	0.38	0.43	11.94	0.84	0.21	0.002	>10

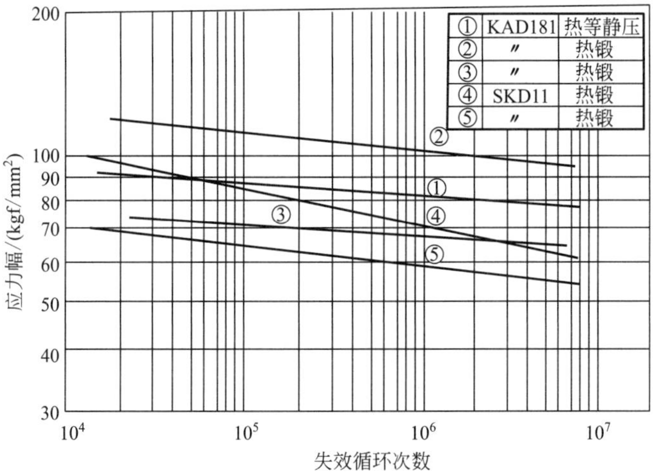

图 5-203　试件的疲劳性能[194]

表 5-94　SKD11 气雾化和水雾化粉末的化学成分和粉末特性[195]

粉末		平均粒径 /μm	振实密度 /（Mg/m³）	化学成分（质量分数）/%							
				C	Si	Mn	Cr	Mo	Co	V	O
A 粉末	WA	4.15	4.21	1.46	0.35	0.42	11.98	1.00	—	0.35	0.27
B 粉末	WA	10.08	4.23	1.58	0.29	0.16	11.75	1.00	—	0.43	0.47
C 粉末	GA	10.78	5.10	1.57	0.34	0.20	12.69	1.15	0.08	0.40	0.05

八賀祥司等人[195]研究了金属注射成形制备 SKD11 高速钢的力学性能和疲劳性能，采用气雾化（GA）粉末和水雾化（WA）粉末按不同比例组成 6 种混合粉末，表 5-94 给出了气雾化和水雾化粉末的化学成分和粉末特性。表 5-95 给出了混合粉末的混合比和振实密度。图 5-205 给出了 AC7525 和 BC7525 的 S-N 曲线，另外研究者对粉末注射成形烧结高速钢和熔铸材 SKD11 力学性能进行了比较，其结果如图 5-206 和表 5-96 所示，其中 AC7525 和 AC5050 材，抗拉强度为 1600 ～ 1800MPa，抗弯强度 3400 ～ 3600MPa，冲击强度 23～32kJ/m²，疲劳强度为 456MPa。

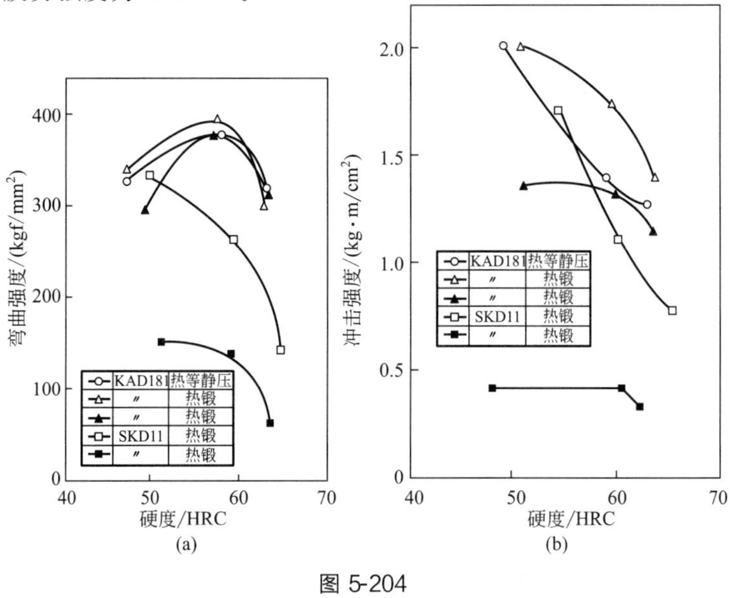

图 5-204

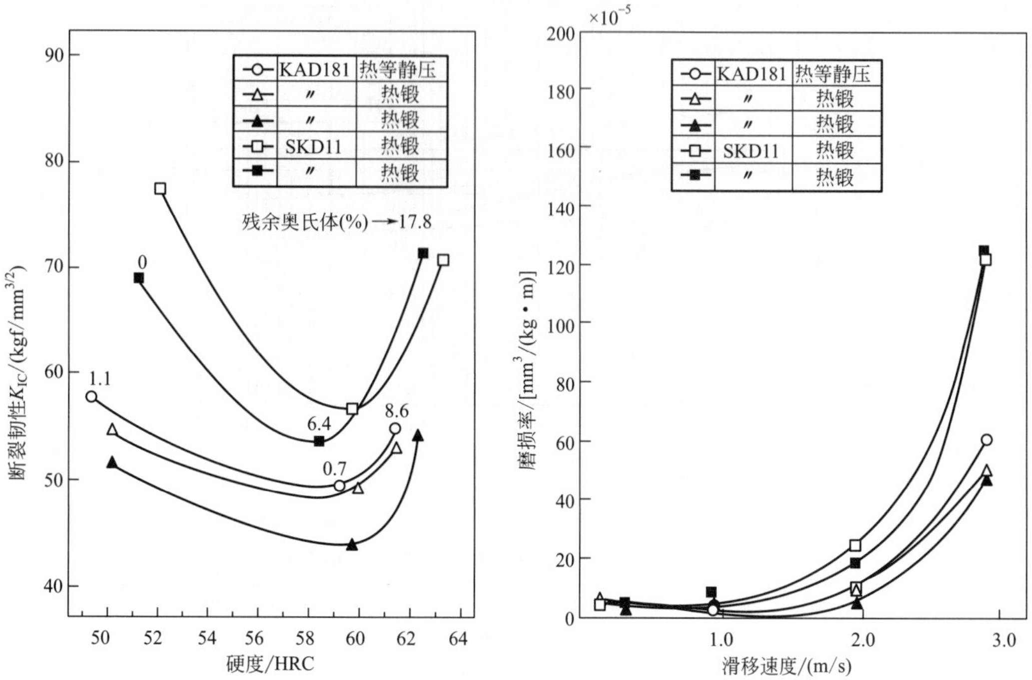

(c) (d)

图 5-204 三种材料的力学性能在同等硬度情况下的比较[194]

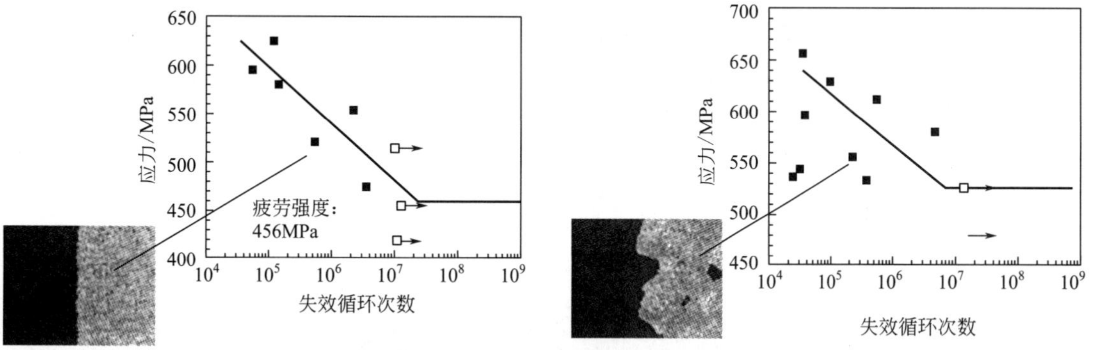

(a) AC7525的S-N曲线回火的影响及其稳定表面的横截面微结构 (b) BC7525的S-N曲线回火的影响及其稳定表面的横截面微结构

图 5-205 注射成形粉末高速钢 AC7525 和 BC7525 的 S-N 曲线[195]

表 5-95 混合比和振实密度[195]

混合粉末	WA	GA	混合比（质量分数）/%		振实密度/(Mg/m^3)
			WA	GA	
AC7525	A 粉末	C 粉末	75	25	4.44
AC5050	A 粉末	C 粉末	50	50	4.76
AC2575	A 粉末	C 粉末	25	75	5.00
BC7525	B 粉末	C 粉末	75	25	4.44
BC5050	B 粉末	C 粉末	50	50	4.57
BC2575	B 粉末	C 粉末	25	75	4.88

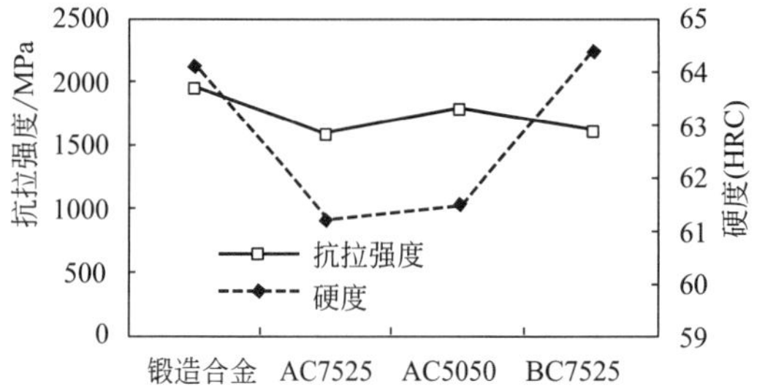

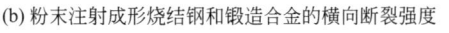

(a) 粉末注射成形烧结钢和锻造合金的抗拉强度

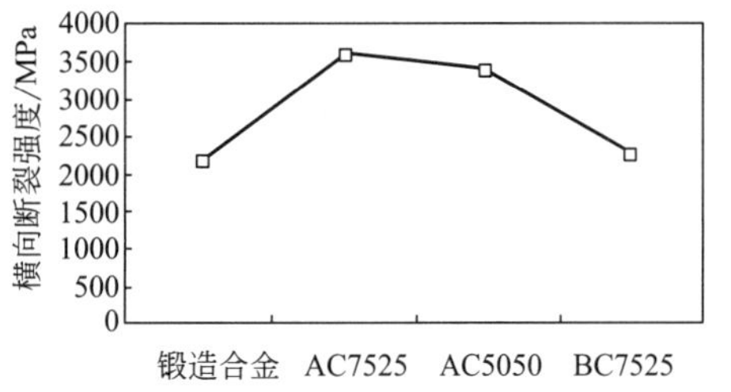

(b) 粉末注射成形烧结钢和锻造合金的横向断裂强度

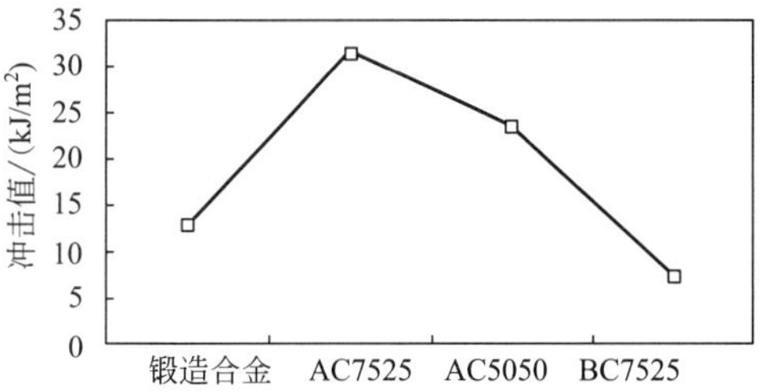

(c) 粉末注射成形烧结钢和锻造合金的冲击值

图 5-206　注射成形粉末高速钢和熔铸高速钢的性能比较[195]

表 5-96　SKD11 注射成形粉末高速钢和熔铸高速钢的疲劳强度[195]

项目	SKD11			
	锻造合金	AC7525	AC5050	BC7525
含碳量(质量分数)/%	1.48	1.46	1.50	1.67
疲劳强度/MPa	541	456	(563)	(525)

注:括号内数值为参考值。

如前所述，粉末冶金高速工具钢由于碳化物比较细小，因而疲劳裂纹通常在夹杂物处萌生，偶尔发现在碳化物或者孔洞处[196~199]。高速钢的夹杂物多种多样，夹杂物的种类、尺寸大小和形状的研究对粉末高速钢的疲劳特性影响尤为重要。

Yao 等人[200]研究了受夹杂物控制的高 V 合金粉末工具钢 AISI11 的高周疲劳行为。粉末冶金高 V 冷作工具钢一般由回火马氏体及高体积分数的碳化物来强化，初生碳化物大小为1～10μm，二次析出硬化碳化物大小小于 100nm。经过高周疲劳测试，在粒状白区中有氧化铝、氧化钛、铝硅酸盐和硫化物，这些夹杂物总是充当疲劳裂纹的形核质点，在压缩残余应力作用下，脆性夹杂物引发内部疲劳断裂。Yao 等人对美国坩埚公司生产的粉末冶金工具钢［2.45C-5.25Cr-1.3Mo-9.75V-Fe(质量分数/%)］进行研究，该材料由 HIP 制备，测试样在真空中 1120℃加热，15min 后气淬，使其奥氏体化，540℃下回火 2h，重复进行 3 次，回火工具钢的硬度为 62HRC，热处理的试样表面压缩残余应力约为 300～456MPa，断面夹杂物为 10～30μm，EDS 结果表明这些夹杂物是镁铝硅酸盐或者 Al_2O_3，夹杂物源与试样表面的距离（d_m）通常在 200～1300μm 范围内，疲劳试验表明，应力幅值和失效循环次数（或疲劳寿命）没有明显联系，因此从裂纹起源位置考虑，裂纹为内部失效模式。内部失效的发生是由于压缩残余应力的存在，断口为准解理和小韧窝的混合，表明疲劳裂纹为穿晶断裂。SEM 电镜结果表明，疲劳断裂面显示不同的区域具有不同的表面形貌，内部裂纹萌生缺陷表示微裂纹形核区（f_1阶段），断口表面粗糙度随裂纹扩展速率的提高而增加，位于夹杂物源周围具有较低表面粗糙度的区域的 f_{za}阶段由 Pairs-Law 所控制，表面粗糙度较为显

著的区域的 f_{2b} 阶段应为疲劳裂纹快速扩展阶段。在 f_1 阶段，疲劳寿命不仅受夹杂物尺寸控制，而且依赖夹杂物的临界尺寸，在最大应力为 1650MPa 下，夹杂物的临界尺寸估计为 11.7μm。图 5-207 给出了夹杂物源点（a_{inc}，f_1）和粒状白区（a_{fe}，$f_1+f_{2a}+f_{2b}$）的当量直径与疲劳失效循环次数 N_f 的对数关系图。图中结果表明尺寸小于 11.7μm 的夹杂物不会在疲劳循环周期为 10^7 的 1650MPa 应力下屈服断裂。另外图中还清楚地表明寿命不是由最大裂纹尺寸而是由裂纹扩展长度来确定的。

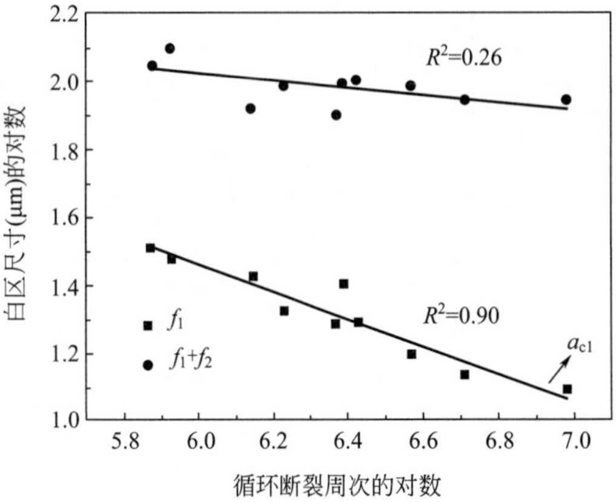

图 5-207 样品在最大应力 1650MPa 下 a_{inc}（f_1）、a_{fe}（f_1+f_2）和循环断裂周次的对数关系图[200]

对于内部失效模式可以采用式（5-31）来表示应力因子幅 ΔK_{I}[197,198]：

$$\Delta K_{I}=2\sigma_{a}\sqrt{\frac{2a}{\pi}} \tag{5-31}$$

式中，$2\sigma_a$ 和 a 分别代表应力范围和裂纹当量直径。图 5-208 给出了内部夹杂物在疲劳循环周期 $10^5\sim10^7$ 次的 ΔK_I 值，这些数据都是通过式（5-31）计算得到的[199,200]，夹杂物应力强度因子幅 $\Delta K_{|f|}$ 都在 $4MPa\cdot m^{1/2}$，这与报道的粉末冶金工具钢和常规钢的裂纹扩展应力强度门槛值 ΔK_{th} 相似，适用于研究粉末冶金工具钢。

图 5-209 为样品疲劳寿命与应力强度因子幅的关系图，从疲劳寿命和应力强度因子的关系来看，高周疲劳行为不是由形核阶段控制的，而是受到裂纹扩展阶段控制，裂纹扩展应力强度门槛值 ΔK_{th} 为 $3.9MPa\cdot m^{1/2}$。

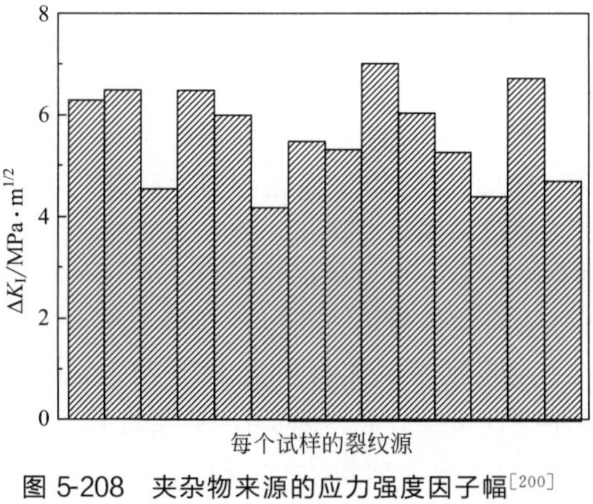

图 5-208 夹杂物来源的应力强度因子幅[200]

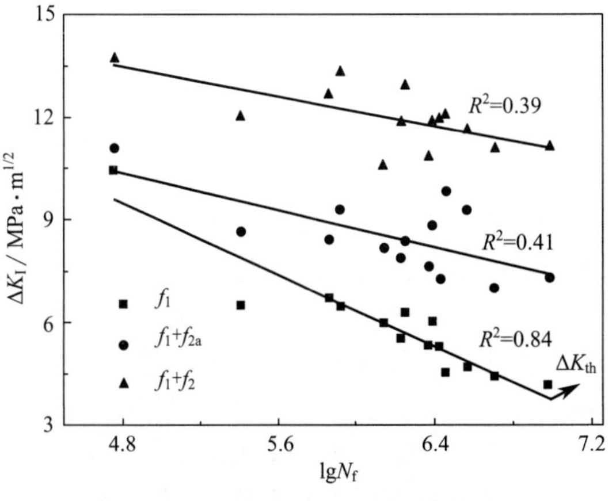

图 5-209 疲劳寿命与应力强度因子的 ΔK_I-$\lg N_f$ 关系[200]

图 5-210 为由阶梯法测得的 AISI11 粉末工具钢硬度为 62HRC 时，最高寿命为 10^7 次的疲劳强度为 1538MPa。AISI11 表现出相当高的疲劳强度归功于它较细的晶粒和细小的板条马氏体。马氏体的细小孪晶结构细化晶粒提高了疲劳强度。另外，样品压缩应力对疲劳强度有轻微影响，压缩应力防止裂纹在表面萌生，改善了疲劳强度。

一般来说，缺陷诱发疲劳断裂通常形成所谓的粒状白区。高速钢的疲劳强度受裂纹源尺

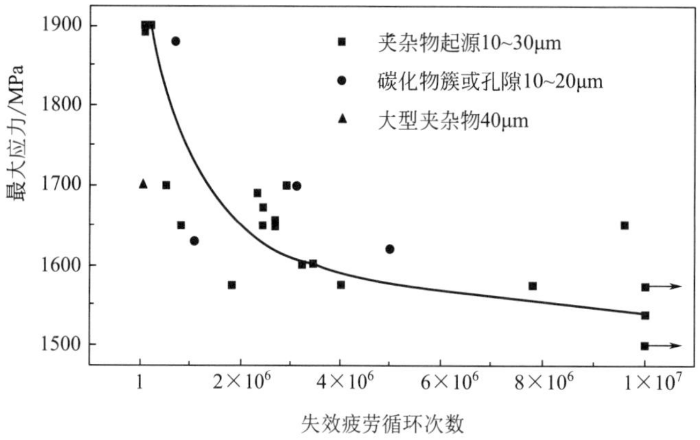

图 5-210　用于研究的工具钢 S-N 曲线[200]

寸影响显著[201~205]，减小夹杂物的尺寸可以改善疲劳特性[206~208]，因此对粉末冶金工具钢来说，夹杂物的临界尺寸对裂纹形核、扩展的研究尤为重要。

Yao[209]等人还研究了高 V 粉末冶金工具钢的夹杂物尺寸对高周疲劳强度和断裂模式的影响。研究中所给出的两种高 V 钢的成分如表 5-97 所示，其中钢 A 主要是在硅酸盐处断裂，钢 B 主要在 Al_2O_3 处断裂，如图 5-211 所示，钢种 A_1 尺寸为 10～30μm 的夹杂物大多为球形和椭球形，图 5-211（a）表明离表面距离与夹杂物尺寸没有关系，其疲劳断裂是一种内部断裂模式。图 5-211（b）中钢种 B_1 的夹杂物的尺寸随着离表面距离的增大而增大，断口观察表明两种断裂模式都存在，当夹杂物接近表面约 30～120μm 范围时，在表面以下断裂，并且粒状白区都是半圆形，当夹杂物离表面较远，大约 120～1200μm 范围，产生内部断裂。如图 5-212 所示，钢种 A_1 在最大应力为 1650MPa 时，粒状白区尺寸 D_{fe} 约为 70～130μm，钢 B_1、B_2、B_3 在最大应力 1050 MPa 时 D_{fe} 分别为170～420 μm、220～550μm 和 710～1510μm。众所周知，作为明显的疲劳裂纹扩展阶段，粒状白区尺寸取决于应力幅值，应力幅值越低裂纹扩展越大[167]，也有人认为粒状白区尺寸取决于断裂韧性[73]，A_1 和 B_1 钢取决于不同应力幅，B_1、B_2 和 B_3 的区别归结于它们的不同断裂韧性。

表 5-97　所研究材料的化学成分（质量分数）[209]　　单位：%

样品	C	V	Cr	Mo	O
高速钢 A	2.45	9.40	5.44	1.24	0.011
高速钢 B	2.46	9.76	5.20	1.26	0.016

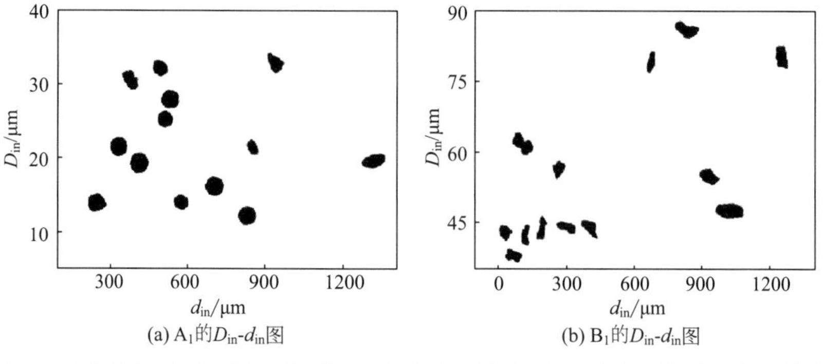

图 5-211　夹杂物尺寸 D_{in} 和离表面距离 d_{in} 的关系[209]（图中点的形状代表夹杂物形状）

图 5-213 给出了高周疲劳下在不同应力幅值下夹杂物粒状白区的尺寸和疲劳寿命的关系，在 1050MPa 下钢 B_1 样品的疲劳寿命随着夹杂物尺寸减小而增大。根据 B_1 的拟合曲线，回火温度为 550℃，尺寸小于 40.7μm 的夹杂在 10^7 次高周循环、应力幅值为 1050MPa 时，不会产生疲劳断裂。

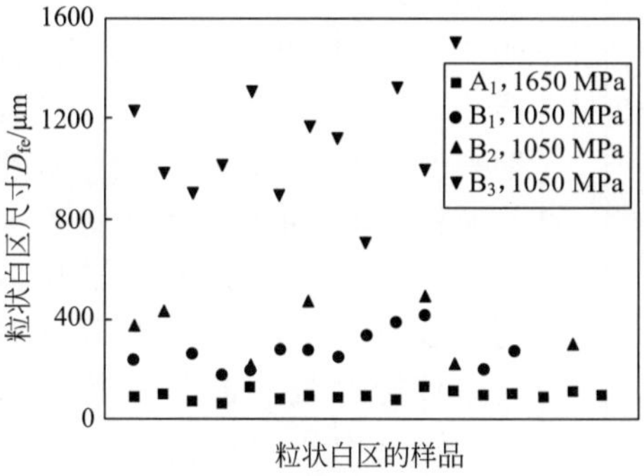

图 5-212 研究材料 N_f、粒状白区尺寸 D_{fe}和疲劳寿命的关系

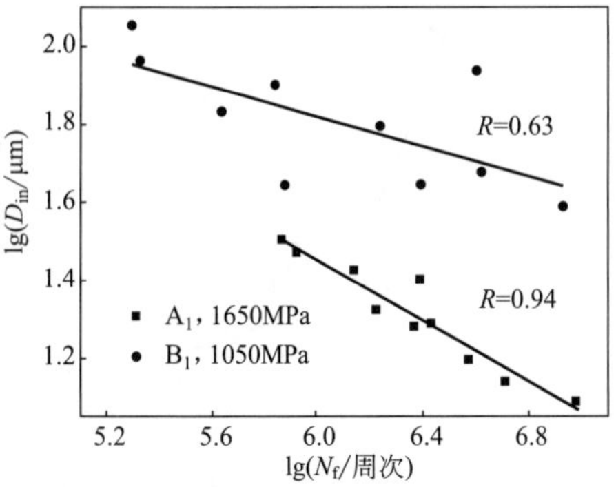

图 5-213 夹杂物原始尺寸 D_{in}和特定最大应力下的循环断裂周次 N_f的关系[209]

研究者得出有关夹杂物与疲劳强度的一系列结论：①尺寸小于 13.1μm、15.3μm 和 16.3μm 的脆性夹杂物的疲劳强度分别为 1538MPa、1425MPa 和 1380MPa；②当夹杂物大于 30μm 时，疲劳强度与回火温度无关；③钢 A_1、A_2、A_3和 B_1的 ΔK_{th}估算值为 4MPa·$m^{1/2}$，钢 B_2、B_3的分别为 4.2MPa·$m^{1/2}$和 4.4MPa·$m^{1/2}$。钢 A_1、A_2、A_3和钢 B_1、B_2、B_3试验确定的性能如表 5-98 所示；④粒状白区的应力强度因子的平均值（ΔK_{fe}）可以用来评估 56HRC 以上样品的断裂韧性。

表 5-98 所研究材料的力学性能[209]

样品	T_{temper}/℃	σ_b/MPa	σ_f/MPa	K_{IC}/MPa·$m^{1/2}$	硬度(HRC)
A_1	540	2432	1538	13.4	62
A_2	550	2273	1425	14.4	59
A_3	565	2232	1380	15.2	58
B_1	550	2087^a	1000	10.7	60
B_2	580	2093	1000	11.9	56
B_3	620	1584	1025	21.5	49

注：σ_b为最大断裂应力；σ_f为疲劳强度

Torres 等人[197]研究了成分为 1.6C-4.75Cr-2Mo-5V-10.5W-8Co 的粉末高速钢，所研究材料的名义抗弯强度（σ_r）为（2530 ＋ 0.9）MPa·$m^{1/2}$，断裂韧性（K_{IC}）为(12.4＋0.9)MPa·$m^{1/2}$，材料经过热处理过程（退火去应力，淬火和回火），硬度达到理想状态 64～66HRC，其微观结构为具有细小和均匀碳化物的回火马氏体。断口分析表明，裂纹源为孔洞，碳化物和夹杂物，尺寸为 30～40μm。图 5-214 给出了阶梯试验（17 个试样）的平均疲劳极限的结果，经过实验数据的统计分析，具有 95％置信度的确定平均疲劳极限为 1041MPa（＋80MPa）。

图 5-215 给出了粉末冶金高速钢的疲劳裂纹扩展速率 da/dN 和 ΔK（疲劳裂纹扩展的应力强度因子幅）的关系。

图中结果表明，疲劳裂纹扩展门槛值 ΔK_{th}以及观察到的 Paris-Erdogan 指数 m 分别为 5.4MPa·$m^{1/2}$和 7。Torres 等人认为图 5-215 给出的 da/dN 与 ΔK 关系，具有较大的预测不确定性，可用下列公式来预测疲劳极限（$\Delta\sigma_f$）。

$$\Delta\sigma_f \propto \frac{\Delta K_{th}}{\sqrt{a_{cr}}} \tag{5-32}$$

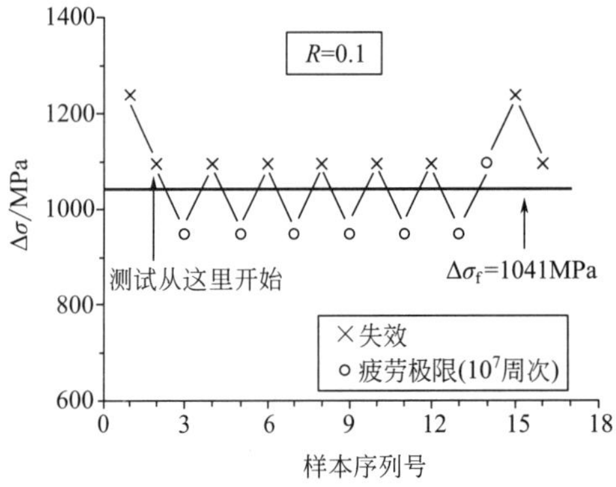

图 5-214　阶梯实验测定平均疲劳极限[197]

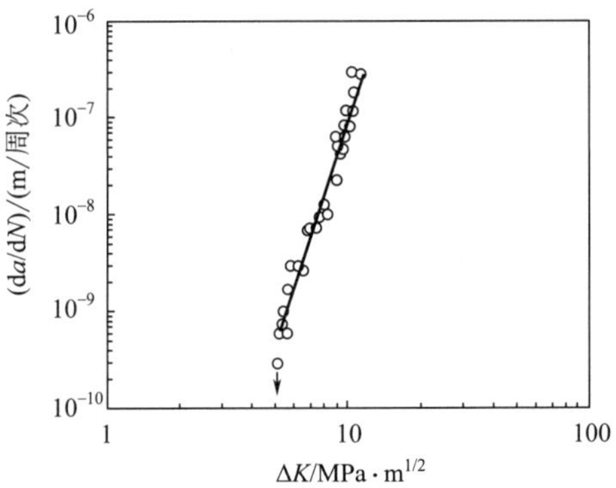

图 5-215　PM-HSS 的 da/dN 和 ΔK 关系（载荷比 0.1）[197]

式中，a_{cr}为裂纹扩展临界尺寸。

由于细晶材料的小裂纹扩展和大裂纹扩展显著不同，粉末高速钢也可用式（5-33）来预测疲劳极限。

$$\Delta\sigma_f = \left(\frac{\Delta K_{th}}{K_{IC}}\right)\sigma_r \tag{5-33}$$

疲劳极限的实测值和预测值两者吻合得很好，并且支持了疲劳裂纹扩展的门槛值与疲劳极限的相关性，同时也支持了（硬/脆）细晶材料直接用 $\Delta K_{th}/K_{IC}$（疲劳敏感性）来预测疲劳极限值。这种材料的疲劳行为被固有的裂纹的亚/临界扩展控制。

Meurling 等人[166]研究了碳化物和夹杂对高速钢和工具钢疲劳特性的影响。该研究对三种高速钢和一种冷作工具钢进行了测试，其中高速钢 PM23（对应 ASP2023/VANADIS23）、ASP2014、冷作工具钢 VANADIS10 由粉末冶金工艺制备，M2 是传统铸造高速钢，四种钢的化学成分如表 5-99 所示，热处理工艺如表 5-100 所示。四种钢均由碳化物和回火马氏体组成。其中三种粉末冶金制备的钢比传统铸造的 M2 钢表现出更均匀的碳化物分布，主要碳化物类型有 MC、M_6C 和 M_7C_3。大碳化物的数量 M2 钢最多，ASP2014 钢最少，大夹杂物的数量 M2 钢最多，PM23 和 ASP2014 最少。

表 5-99　材料的化学成分（质量分数）[166]　单位：%

材料	C	Si	Mn	P	S	Cr	Mo	W	V	Nb
PM23	1.29	0.65	0.27	0.028	0.0004	3.91	4.92	6.19	3.18	—
ASP2014	0.73	0.55	0.30	0.016	0.012	3.97	3.00	3.03	1.03	1.01
VANADIS10	2.92	0.60	0.52	0.021	0.018	8.01	1.49	0.018	9.73	—
M2	0.90	0.27	0.27	0.019	0.001	3.91	4.75	6.08	1.76	—

表 5-100　热处理数据[166]

材料	目标硬度	奥氏体化	回火	测量硬度
PM23	62 HRC	1100℃/15 min	560℃/31h	62 HRC
PM23	66 HRC	1180℃/6 min	560℃/31h	65 HRC
ASP2014	62 HRC	1180℃/15 min	560℃/31h	62 HRC
VANADIS10	62 HRC	1020℃/30 min	200℃/22h	61 HRC
M2	62 HRC	1150℃/10 min	560℃/21h	60 HRC

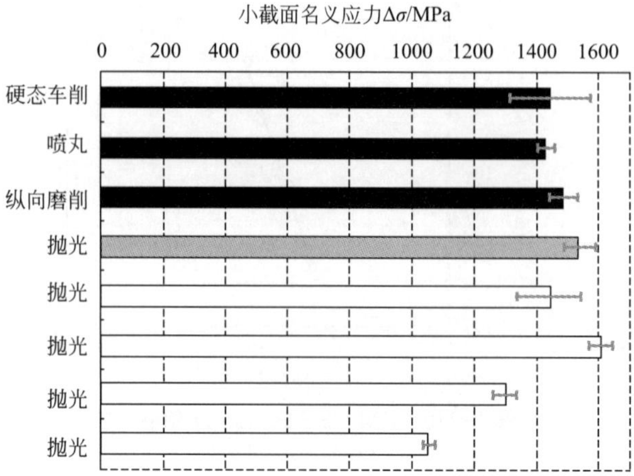

图 5-216　2×10⁷周次时的疲劳强度

（T形条代表95%的置信区间）[166]

在研究过程中四种钢材进行抛光处理，对 PM23 还进行了硬态车削、磨削和喷丸处理，如图 5-216 所示，铸态 M2 钢疲劳强度最低，ASP2014 疲劳强度最高。

大多数情况下，疲劳裂纹萌生在样品的夹杂物中，碳化物也导致 M2 和含碳化物较多的 VANADIS10 钢中的裂纹萌生，在长度方向上磨削的 PM23，样品也从表面碳化物处断裂，对于喷丸处理的 PM23，样品也在由硬态车削产生的凹槽处断裂。在整个过程中夹杂物和碳化物裂纹扩展的应力强度门槛值（ΔK_{th}）控制疲劳强度。

Meurling 等人根据式（5-31）得出了内部夹杂物和碳化物的应力强度因子幅，图 5-217（a）给出了几种材料内部夹杂物裂纹扩展的应力强度因子幅的范围，从图中可观察到应力强度因子幅位于 $4MPa\cdot m^{1/2}$以上，可以认为是这种材料的裂纹扩展门槛值（ΔK_{th}），裂纹存在于内部夹杂物中，疲劳强度由这些裂纹阻滞或传播而控制。图 5-217（b）是几种材料内部碳化物裂纹扩展的应力强度因子幅的范围，该图支持了断裂可由碳化物引起，裂纹阻滞和传播也能控制材料的疲劳强度的观点。根据计算表面碳化物的应力强度因子幅预估超过 $3MPa\cdot m^{1/2}$，表面缺口预估的应力强度因子幅 $2MPa\cdot m^{1/2}$，但这些预估并不是十分准确。

Jesner 等人[210]研究了进行不同热处理后的 PM 工具钢 S390 Microclean 在不同应力比下的疲劳裂纹增长行为，所研究的材料是一种具有多种硬度的高强工具钢，材料的化学成分见表 5-101，通过特殊热处理达到 62HRC 硬度的样品的力学性能见表 5-102。

表 5-101　所研究材料的化学成分（质量分数）[210]　　单位：%

材料	C	Cr	W	Mo	V	Co
S390 Microclean	1.60	4.80	10.50	2.00	5.00	8.00

表 5-102　所研究材料的力学性能[210]

材料	E/GPa	σ_y/MPa	σ_{UTS}/MPa	ε_f/%	硬度(HRC)
S390 Microclean	230	2450	2730	1.05	62
S390 Microclean	220	—	1030	—	32

所研究材料的热处理包括淬火和多次回火，进行回火是为了提高硬化材料的韧性，一方面选择热处理条件达到 62HRC 的硬度，另一方面通过退火达到 32HRC 得到很好的韧性。材料显微组织由回火马氏体和 MC、M_6C 碳化物组成，初生碳化物体积分数为 15%。图 5-218给出了淬火和多次回火后硬度达到 62HRC 的 S390 Microclean 在四个应力比下疲劳裂纹扩展速率与 ΔK 和 K_{max}的关系。图中结果表明应力比对裂纹扩展有较大影响。

高强模具钢在接近阈值区域的疲劳裂纹扩展行为显示出类似延性钢的特征，应力比的作用似乎主要是由裂纹闭合的多样性引起的。Topper 等人[211]认为，在大的压缩应力下，裂纹张开接近零负载，负载幅度正的部分对裂纹扩展起作用。因此 ΔK_{eff}大约为 K_{max}，在较大的 R 时，很多试验表明在塑性材料中裂纹的闭合效应很小，因此 ΔK_{eff}大约为 ΔK，与所研

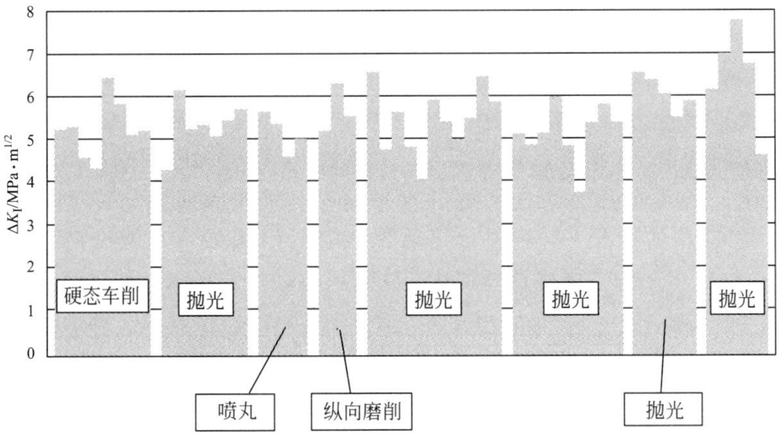

(a) 内部夹杂物的应力强度因子

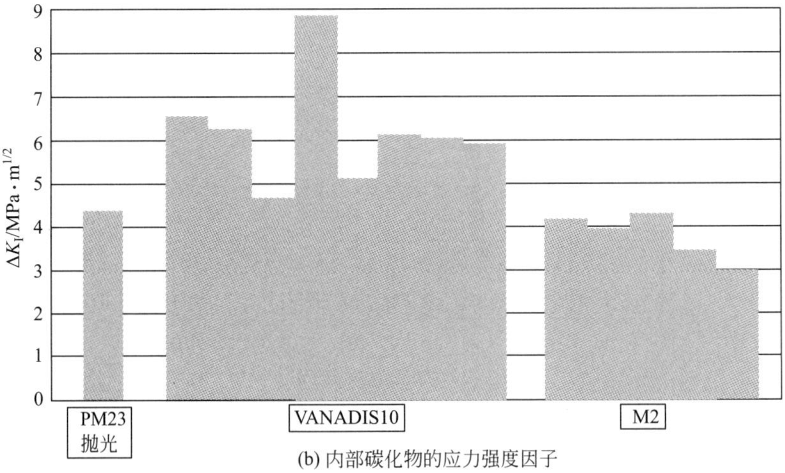

(b) 内部碳化物的应力强度因子

图 5-217　夹杂物和碳化物的裂纹扩展应力强度因子幅的范围[166]

究的工具钢的这种行为是类似的。假设在 $R=0.1$ 和 $R=-1$ 的应力比下，阈值和更低的 Paris 区域塑性和韧性诱发裂纹闭合引起了图 5-218（a）中裂纹扩展曲线向右发生了偏移。

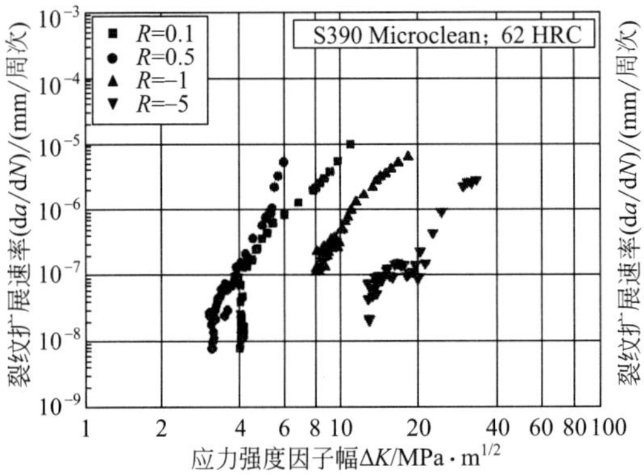

(a) 裂纹扩展速率与应力强度范围的关系

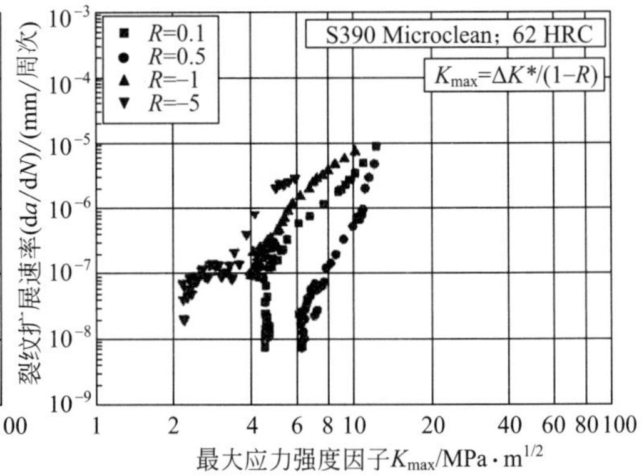

(b) 裂纹扩展速率与最大应力强度的关系

图 5-218　应力比 $R=0.5$、0.1、−1、−5 时硬度为 62HRC 的 S390 Microclean 工具钢的疲劳裂纹扩展曲线[211]

S390 Microclean 钢在软化区退火后硬度降低到 39HRC，这一硬度值通常不应用在生产中，只是在工具制造过程中使用，这种状态相当于初生碳化物存在于塑性较好的基体中。为了比较这种极端微观结构，同样进行了疲劳试验。图 5-219 给出了在应力比 $R=0.1$ 时，热处理对疲劳裂纹扩展行为的影响。图中结果表明，在 Paris 区域内，淬火和回火以及退火软化的材料具有相同的 Paris 指数，约为 3.5，这种 Paris 指数和塑性钢、铝合金相同。与淬火及回火材料相比，退火软化 ΔK_{th}向更好的水平偏移，其原因通常与裂纹闭合有关。在硬度为 62HRC 和 32HRC 的情况下，通过计算估算 $\Delta K_{eff\ th}$（有效应力强度门槛值）大约是相同的（约 2.5MPa・$m^{1/2}$）。为了更好地理解疲劳断裂机制，进行了单过载试验。淬火和回火状态

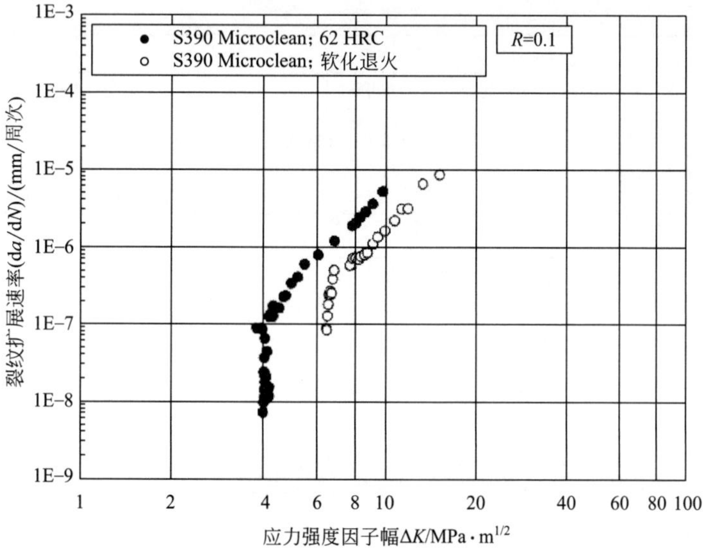

图 5-219　硬度 62HRC 和退火软化态的 S390 Microclean 工具钢的疲劳裂纹扩展曲线对比[211]

[在 $R=0.1$ 时淬火、回火（62HRC）和软化退火的裂纹扩展速率与应力强度范围的关系]

和退火软化状态在试验开始时应力强度范围分别为 5MPa・$m^{1/2}$ 和 8MPa・$m^{1/2}$。62HRC 的样品裂纹扩展速率约为 3×10^{-7} mm/周次，软化退火状态的裂纹扩展速率为 8×10^{-7}mm/周次。每个样品进行了约 1mm 的稳定裂纹扩展后，再施加单过载，过载会导致裂纹清晰扩展。在进行单过载后，将淬火、回火样品重新加载 5MPa・$m^{1/2}$，对退火软化样品重新加载到 8MPa・$m^{1/2}$，此过程增加过载重复两次，如图 5-220 所示，第三次过载后，样品直至最终断裂，过载的差异导致断裂韧性的差别。

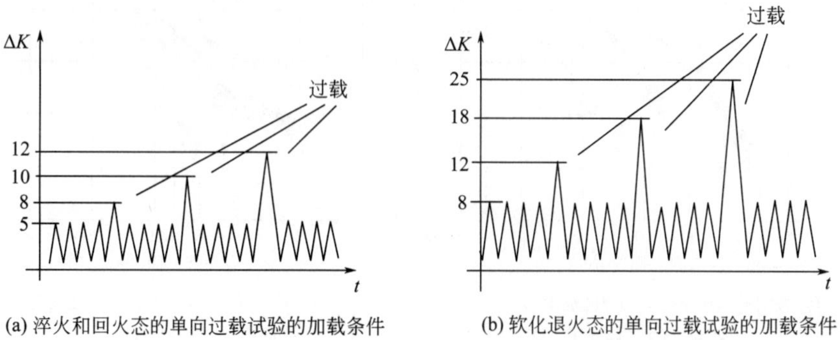

(a) 淬火和回火态的单向过载试验的加载条件　(b) 软化退火态的单向过载试验的加载条件

图 5-220　试验的加载条件[211]

淬火和回火状态和退火软化状态断裂过程的区别为，在靠近门槛值区域和低 Paris 的区域内，疲劳裂纹主要在基体（碳化物周围）中生长，并且碳化物颗粒发生裂解，特别是裂纹前端靠近中间部分的平面粒子。在更高的载荷下，如在较高的 Paris 区域内，破裂和断裂的碳化物会增加。因此裂纹扩展速率增大。在退火软化状态，疲劳裂纹扩展区域和近门槛值区域与 Paris 区域非常类似，疲劳裂纹主要生长在碳化物周围的基体中，并且有非常少量的初化碳化物破裂。

Bern 等人[164]研究了传统高速钢和粉末冶金钢的断裂行为，粉末高速钢的液滴凝固速率和熔铸高速钢相比，高出几个数量级，碳化物尺寸大约为 1～10μm，随后采用真空烧结或热等静压，初始的碳化物长大，而且前者的晶粒粒度比后者长大更多。Bems 等人认为真空烧结产品裂纹主要在孔洞中萌生，热等静压高速钢中非金属夹杂比碳化物或孔洞大，裂纹主要萌生在非金属夹杂物中。真空烧结钢经过热加工后，裂纹也萌生在非金属夹杂中。传统的熔铸钢由于碳化物粗化，裂纹萌生在表面的初始碳化物中，而粉末冶金钢萌生在表面以下的可能性更大。能谱分析结果表明，热等静压钢具有高成分含量的 Ca、Si、Al，说明有较多的 Ca、Si、Al 氧化物夹杂，应该进行精炼处理，同样真空熔炼钢也存在这些夹杂。热等静压中夹杂物在热加工中不会产生变形，而真空烧结的夹杂在后续加工中产生夹杂排列。在压缩和拉伸的试样中，疲劳裂纹萌生相对独立，不连续生长。粉末冶金和传统高速钢的裂纹扩展速率并无不同，但是失稳在热等静压高速钢中比较早到达。在旋转弯曲中的疲劳寿命主要取决于裂纹的萌生寿命，粉末冶金高速钢比传统高速钢寿命要长。

Bems 等人采用的钢种的化学成分如表 5-103 所示，其工艺条件如表 5-104 所示。

表 5-103　样品的化学成分（质量分数）[164]　　单位：%

样品	指定名称	C	Cr	W	Mo	V	Co
H1～H7	S6-5-3-9	1.3	4.1	6.3	5.0	3.0	8.1
V1～V4 C2～C4	S10-4-3-10	1.4	4.0	9.7	3.2	2.9	10.0
C5～C7	S6-5-2	0.9	4.0	6.2	4.8	2.0	0.6

表 5-104　样品的工艺条件[164]

样品①	λ②	l,t③	HT④/℃	硬度⑤(HRC)	工艺
H1	—	—	1180	67	热等静压
H2	15	l	1180	67	
H3	15	t	1180	67	热等静压＋热加工
H4	15	t	1075	64	
H5⑥	14	l	1180	67	
H6⑥	14	t	1180	67	
H7	250	l	1180	67	
V1	—	—	1180	67	烧结
V2	30	l	1180	67	
V3	5	t	1180	67	烧结＋热加工
V4	5	t	1075	64	

续表

C2	9	l	1180	67	
C3	9	t	1180	67	铸造＋热加工
C4	9	t	1075	64	铸造＋热加工
C5	15	l	1220	65	铸造＋热加工
C6	15	t	1220	65	铸造＋热加工
C7	250	l	1220	65	铸造＋热加工

① H—平均 100μm 的粉末晶粒周围喷射氮，冷等静压，在约 1150℃热挤压；V—水喷射粉末颗粒形状不规则，平均尺寸 150μm，冷等静压，在约 1250℃烧结；C—传统的 300mm 直径的浇注铸锭。

② 初始和最终截面热加工比。

③ 样品从轴向(l)或断面(t)取样(热加工棒)。

④ 淬火后且在 560℃硬化，1h3 次。

⑤ 平均硬度。

⑥ 高纯度。

图 5-221 为压缩拉伸试样的裂纹扩展速率与应力强度因子 ΔK 的关系。图中箭头表示快速断裂的开始，热等静压高速钢在 $\Delta K=7\text{MPa}\cdot\text{m}^{1/2}$ 开始失稳，传统高速钢在 $\Delta K=15\text{MPa}\cdot\text{m}^{1/2}$ 开始失稳。

图 5-222 为旋转弯曲试样的疲劳寿命曲线。图中结果表明由于热等静压具有低的孔隙率，热等静压样品 H1 比真空烧结样品 V1 显示出更高的疲劳寿命。通过热加工后样品的各向异性增加，并且按热等静压、传统工艺、真空烧结的顺序增加。热等静压高速钢截面样品的疲劳寿命具有最高值，尤其 H5 和 H6 截面样品的疲劳寿命提高了较多，但 H5 和 V2 在轴向的样品具有相等的疲劳寿命。

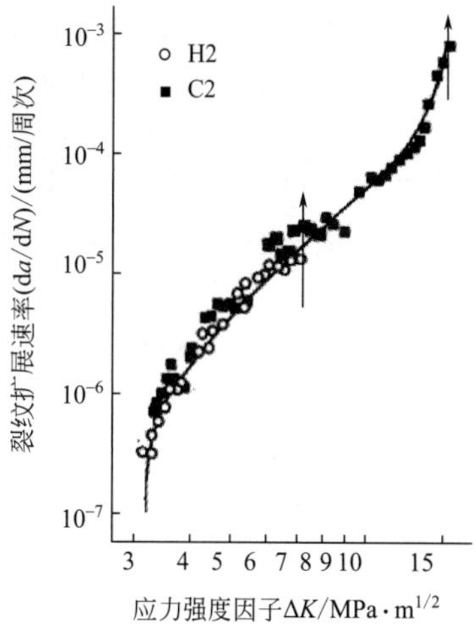

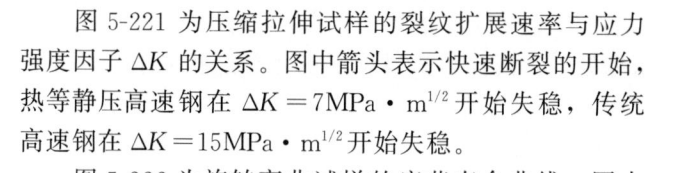

图 5-221 压缩拉伸样品的裂纹扩展速率和沿箭头方向的快速断裂[164]

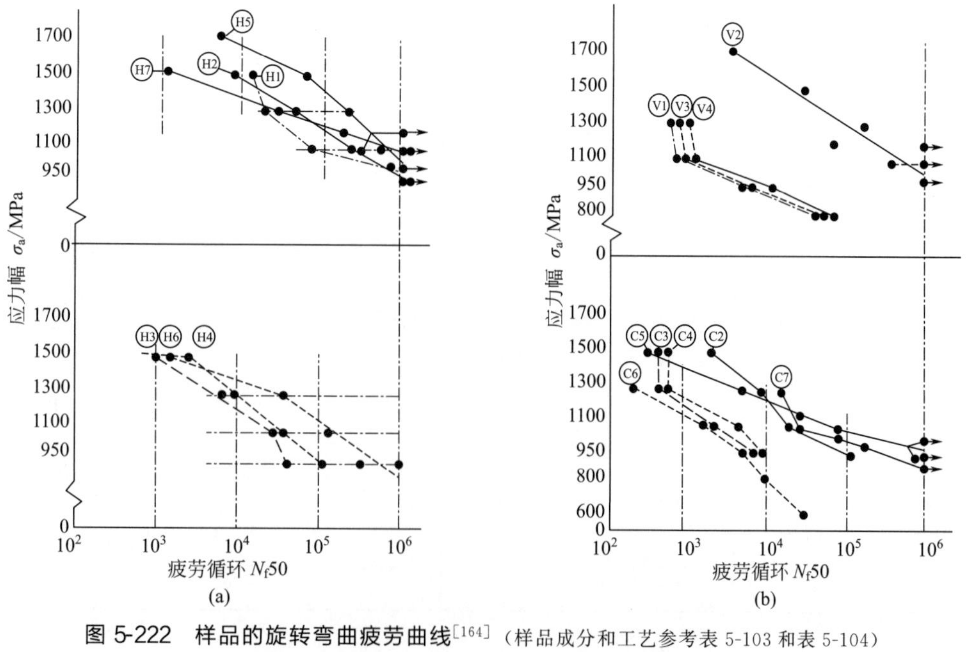

图 5-222 样品的旋转弯曲疲劳曲线[164]（样品成分和工艺参考表 5-103 和表 5-104）

热加工：轴向取样—；断面取样———；无热加工—•—

Brandrup-Wagnsen 等人[212]研究了粉末冶金高速钢的疲劳性能，采用两种测试材料进行对比研究，其化学成分如表 5-105 所示，ASP30 由瑞典 KSSAB 公司生产，为粉末冶金高速钢，M 2高速钢采用铸造和热锻工艺生产，表 5-106 为试样状况。得出如下结论：①具有压缩应力的高速钢样品对疲劳寿命有负面影响。图 5-223 表明具有压缩应力的拉伸疲劳样品的疲劳寿命比仅受拉伸应力的疲劳样品的相对要短。②粉末冶金高速钢 ASP30 比传统工艺的 M2 高速钢具有更好的疲劳抗力，这与 ASP30 具有更均匀和更微细的微观结构有关（图 5-224）。③研磨表面的样品比抛光表面的样品具有更低的疲劳寿命（图 5-225）。

表 5-105　试样材料的化学成分（质量分数）[212]　　单位：%

材料	C	Si	Mn	Cr	Mo	W	V	Co
ASP30	1.27	0.3	0.3	4.2	5.0	6.4	3.1	8.5
M2	0.85	0.3	0.3	4.2	5.0	6.4	1.9	—

表 5-106　样品状况[212]

序号	材料	与锻造轴方向	硬度/HRC	尺寸	表面状态
1	ASP 30	纵向	67	平板 200mm×27mm	抛光
2	ASP 30	横向	67	平板 200mm×27mm	抛光
3	ASP 30	纵向	67	平板 200mm×27mm	研磨
4	ASP 30	横向	67	棒 ϕ200mm	抛光
5	M2	横向	65	平板 150mm×40mm	抛光
6	M2	横向	65	棒 ϕ200mm	抛光

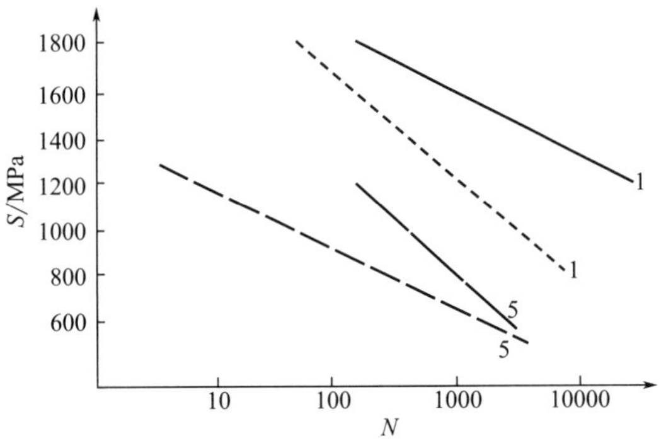

图 5-223　在 S-N 中体现了压缩应力对疲劳寿命的影响[212]（虚线和实线的压缩应力分别为 3100MPa 和 0MPa，数字表示材料序号）

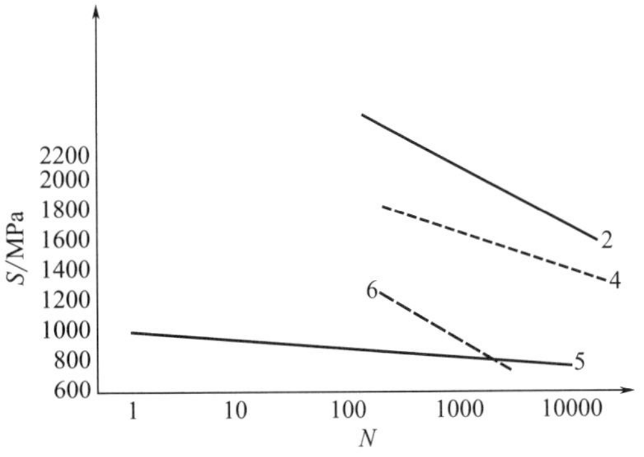

图 5-224　在 S-N 曲线中体现的锻造比对疲劳寿命的影响[212]

苏联学者 CoKoдbμчK 等人[213]研究了粉末高速钢的断裂韧性与强度。研究者认为，粉末冶金高速钢主要优点是碳化物分布均匀，弥散度高，碳化物的细化效果使得抗弯强度、冲击韧性大幅度提高，并且可以超过粉末高速钢因含氧量较高而形成较多氧化夹杂的不利影响。如表

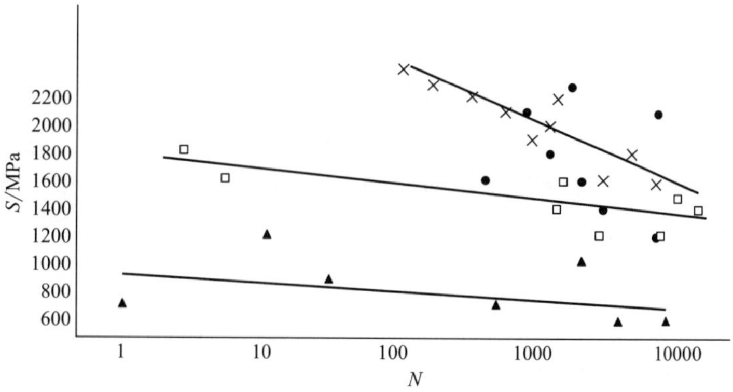

图 5-225　在 S-N 曲线中表面状态对疲劳寿命的影响[212]

5-107所示，粉末高速钢具有较高的抗弯强度，但 K_{IC} 比熔铸高速钢要低。研究者认为粉末高速钢微粒间平均空间距离（ΔS）比熔铸高速钢要小得多（表 5-108），导致粉末钢应力松弛倾向降低。无论是外部应力集中（顺变形方向的夹角孔隙、伤痕、缺口、磨削裂纹等），还是内部应力集中（氧化物夹杂、夹渣、其他成分的粉末微粒）存在时，粉末高速钢过早断裂的危险性比熔铸法同类高速钢要大得多。另外在被研究的高速钢中，不论其生产方法如何，在冲击载荷和弯曲载荷作用下，断口特征是室温沿晶界和相间界面脆性断裂，550℃时为韧性断裂。

表 5-107　粉末高速钢（$P_6M_5K_5$-Mπ）和常规高速钢（$10P_6M_5K_5$）的力学性能[213]

淬火温度/℃	回火温度/℃	硬度(HRC)	抗弯强度/(N/mm²)	冲击韧性/(J/cm²)		K_{IC}/(N/cm$^{3/2}$)	
				20	550	20	550
1160	550①	66	4100/2600	25/20	50/30	375/(405)	500/555
1210	550①	68	3600/2300	20/10	40/30	350/470	490/570
1210	550①+640，30min	64.5	3200/2100	20/10	35/25	415/(460)	500/570

①三次回火，每次 1h。
注：分子为粉末高速钢的性能，分母为常规高速钢的性能。

表 5-108　粉末高速钢和常规高速钢微观组织的参数[213]

钢号	碳化物体积分数/%	碳化物平均尺寸/μm	相间单位表面积/mm⁻¹	微粒间平均距离/μm	微粒间平均空间距离/μm
$P_6M_5K_5$-Mπ	15.4	1.78	470	7.2	1.49
$10P_6M_5K_5$	29.1/5.3	3.33/1.78	565/192	5.1/19.7	2.26/2.13

注：$10P_6M_5K_5$ 钢分子为碳化物块的数据，分母为碳化物之间中间过渡区的数据。

5.5.3　喷射沉积高速工具钢

（1）喷射沉积高速工具钢简介

粉末冶金高速钢一直是材料科学领域中的研究热点，但是采用粉末冶金方法生产高速钢时，存在粉末氧化严重和材料性能较低等问题。采用喷射沉积方法制备高速钢时，不仅能够克服材料的氧化问题，而且能够减少生产工序，提高生产效率，节约成本和改善材料性能[214]。

Ikawa 等人[215]对采用几种不同方法制备的高速钢（HSS）中的碳化物颗粒的特性进行了对比研究，发现采用铸造冶金（IM）、快速凝固/粉末冶金（RS/PM）和喷射沉积（SD）三种方法制得的材料中碳化物颗粒的尺寸分别为 10～20μm、＜2μm 和＜6μm，并且采用 SD 方法时碳化物颗粒呈球形，分布均匀。另外，Khare 和 Laporte[216]对 M15（HSS）钢中碳化物颗粒的特点也进行了系统研究，并进一步证实了此结论：采用 SD 方法制备工具钢时，碳化物呈近球形，最大尺寸 12.7μm，平均尺寸为 2.1～5.1μm。

采用喷射沉积工艺还能抑制钢中二次碳化物的长大和硬度降低，使工具钢的耐磨性比传统方法所生产的材料有大幅度提高。Nama 等人[217]的研究表明，当 SD 坯件锻造后的面积收缩率为 4 时，材料的弯曲强度可以达到 3800MPa，与 RS-PM 材料的相等。图 5-226（a）对比了采用 SD 和 RS/PM 方法制备的高速钢的耐磨性。从图中可以看出，在相同的测试条件下，SD 材料的磨损速度比 RS/PM 的低 25%。HSS 的喷射沉积坯由于存在气孔，其弯曲强度一般较低，但经锻造后，可以大幅度提高。图 5-226（b）对 SD 和 RS/PM HSS 材料的弯曲断裂强度进行了对比。此外，Megusar 等人[218]发现采用液体动态压实工艺方法制得的 Fe-9Cr-1Mo 铁素体钢热轧其伸长率为 18%，而采用普通铸造法所制得的材料的伸长率仅为 11%。Rodenburg 等人[219]研究了喷射成形高速钢 M3（class2）合金，在 20～600℃温度区间耐磨性优于同成分的粉末高速钢。周灿栋等人[220]采用喷射成形技术制备了名义成分为 1.31C-0.34Si-0.4Mn-4.20Cr-5.18Mo-3.1V-6.4W-8.31Co（质量分数/%）的高钒高钴高速钢，性能优异，并且和日本生产的同成分的粉末高速钢（DEX40）性能相同。

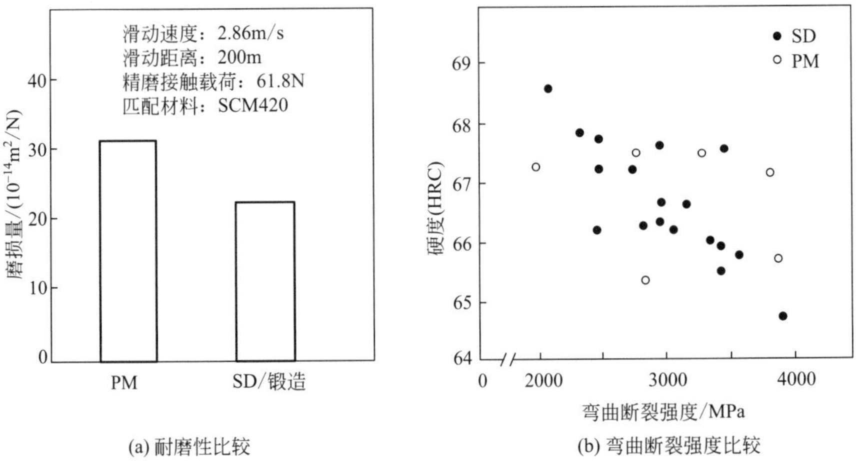

(a) 耐磨性比较　　(b) 弯曲断裂强度比较

图 5-226　采用 SD 和 RS/PM 方法制备的 HSS 耐磨性和弯曲断裂强度对比[217]

近年国外喷射成形的高速钢已经进行工程化研究[221～225]，丹麦 Dan Spray 公司生产的喷射成形 T15 高速钢量产可达 1 万吨/年，T15 是一种美国牌号的高 V 加 Co 钨钼系高速钢，因为加入 3%～5%的 V，显著提高了高速钢的耐磨性和耐用性，被称为超级高速钢，是美国标准（AISI）工具钢中最耐磨、耐热的高速钢。2009 年 Spiegelhauer 在丹麦组建了新公司 Spray Steel，其产品包括 AISI M2、AISI M3（class 2）、AISI M4 等高速钢。日本住友重型机械铸锻公司采用喷射沉积方法生产了高速钢轧辊套，由于碳化物细小均匀分布，使其寿命提高了 2～4 倍。德国 EWK（Edelstahl Witter Krefeld）公司采用喷射沉积制备的高速钢具有高的纯净度和良好的组织均匀性，接近球状均匀分布的碳化物，使其强度大大超过了熔铸工具钢。

英国Osprey公司是最早采用喷射沉积工艺生产高速钢锭的研究单位。1980年英国Aurora钢铁公司将喷射沉积技术应用于高速钢、高合金工具钢的生产，进一步发展了雾化沉积工艺，开发出“控制喷射沉积法（CSD）”，采用这种方法一次可连续雾化2T工具钢，但是由于当时英国经济萧条，Aurora公司被迫在1983年停止了CSD工艺的研究开发。20世纪90年代初期英国Sheffield Forgemaster Rolls公司生产的喷射成形高碳高速钢用作轧辊或包覆轧辊，英国国家轧辊制辊公司用喷射成形工艺生产了ϕ400mm×1000mm的高速钢轧辊，其组织比锻造轧辊组织微细得多，完全消除了粗大的共晶碳化物，辊芯和喷射层之间具有良好的冶金结合，轧辊的抗疲劳性能提高，使用寿命延长。

（2）喷射沉积高速钢的微观结构

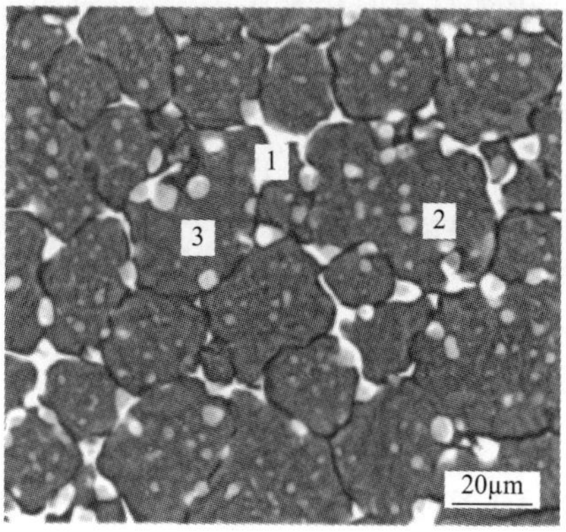

图5-227　热处理前SFT15高速钢沉积坯的微观组织

1—共晶莱氏体组织的组成相；
2—灰色球状相（VC，WC）；
3—高碳钢基体相

喷射成形高速钢与铸造高速钢相比，消除了碳化物偏析，并且具有粉末冶金高速钢类似的细小而均匀的微观组织，虽然尺寸稍大，但含氧量更低，晶粒稍粗，但具有等轴结构，各自具有各自特点。

Wei等人[226]研究了喷射成形高速钢，其碳化物以M6C和MC形态均匀分布在基体中，无M_2C型碳化物。张勇等人[227]研究了喷射成形T15钢，其微观组织如图5-227所示，微细的等轴晶粒周围断续分布白色相为钢液中析出的一次碳化物，即共晶莱氏体组织的组成相，在晶粒内部弥散析出的灰白色球形颗粒为尺寸更小的碳化物（VC、WC）。宋学森等人[228]采用喷射成形技术制备了成分（质量分数）为Mo、3.0%～3.2%V、12.1%～12.2%W、0.09%～0.11%N的高速钢，发现M_6C型碳化物的三维形貌为骨骼状，沿晶界镶嵌在基体内，在碳化物上生长着尖锐的碳化物膜片；MC型碳化物优先在基体中长出，并弥散分布在晶粒内部，呈细小笋状，较大颗粒的MC型碳化物的三维形貌为镶嵌在晶界交界处的圆球状。

于一鹏等人[229]研究了喷射成形M3型高速钢碳化物组织与加热过程演化。M3高速钢的铸态组织是典型的莱氏体共晶组织，粗大共晶碳化物分布在枝晶间，一次枝晶尺寸最大达到毫米级，粗大的共晶组织给后续的热变形加工带来困难，也大幅降低材料的塑韧性，恶化材料综合性能。喷射成形冷速快，大幅抑制了枝晶生长，组织主要为等轴晶组织，共晶碳化物的尺寸极大地减小，共晶碳化物团一般小于10μm。沉积坯试样X射线衍射分析表明，其相组成为M_2C、MC、α和γ。结合扫描电镜分析，M_2C主要为片层状和短棒状；由于MC析出温度范围较大，其在晶粒内部和晶界上均有分布，喷射成形冷速快，抑制其长大，尺寸在2～3μm，成球形或近球形；α由少量高温残留（晶粒心部）的δ相和马氏体组成；残余γ相主要存在于共晶的晶界部位，其碳含量高，稳定性好，凝固过程中未完全转变成马氏体。沉积坯试样在1080℃保温60min，片层厚度为亚微米级的M_2C碳化物发生分解、断裂和球化，M_2C碳化物完全转化成M_6C和MC碳化物。

（3）喷射沉积高速钢的缺陷

喷射沉积成形是一种半固态成形，在半固态区间冷却和凝固产生的热应力和补缩不充分是造成坯料热裂、疏松和气孔的一个重要原因，另外在金属气体雾化成粉时惰性气体被称为热诱导孔，这种带气孔隙在热等静压时产生了拉普拉斯应力，很难将孔弥合。一般来说用

Ar 气雾化，易产生热诱导孔，采用 N_2 气雾化，N_2 气和金属反应，孔隙残存气体很少。目前国内外主要采用热等静压、准热等静压、锻轧或热挤压来消除沉积坯中的这些冶金缺陷。

喷射沉积高速钢沉积坯和基体结合界面处，孔隙和缺陷较为密集，其原因为，沉积初期金属液粒与基体接触，液粒的冷却速度较大，补缩不足和马氏体转变点（M_s）降低，引起缺陷增加和残余奥氏体增加，随着喷射成形继续进行，液粒产生热量来不及散失，沉积坯温度升高，M_s 逐步升高，补缩逐渐充分，缺陷和残余奥氏体逐步减少。

残存孔隙、非金属夹杂物、较为粗大的碳化物、热裂、残余奥氏体断裂和晶界断裂等，是裂纹萌生和扩展的主要原因。

5.6 讨论

① 多孔钢的表面致密化技术是铁基粉末冶金零件生产技术的重大突破。由于表面层完全致密，很大程度上提高了多孔钢零件的疲劳特性，并且降低了由于多孔钢零件致密化的生产成本。经表面致密化处理的烧结齿轮是未来低成本高效率生产汽车变速齿轮最具竞争力的方法之一。因此，开展滚动接触疲劳的研究非常重要。

② 粉末注射成形坯烧结后有 15%以上的线收缩，能达到 95%以上的理论密度，注射成形合金钢（不锈钢）有很好的力学性能，可以和粉末热锻钢相媲美，其疲劳强度接近热锻钢，可以广泛用于汽车、航天、航空、医疗等领域，对小型结构部件的生产具有极高的竞争力，因此，开展 MIM 零件的疲劳行为研究越来越重要。

参考文献

[1] 陈振华．现代粉末冶金技术．第 2 版．北京：化学工业出版社，2013.

[2] Chawla N, Williams. Fatigue and fracture of powder metallurgy//. Isaac Chang, Yuyuan Zhao. Advances in powder metallurgy, properties, processing and applications. Woodheed publishing Limited, 2013.

[3] 肖志瑜，叶旋，陆宇衡，等．铁基粉末烧结材料的疲劳与失效行为研究进展．粉末冶金技术，2012，30（5）：381-387.

[4] Chawla N, Piotrowski G B, Deng X, et al. Fatigue crack growth of Fe-0.85Mo-2Ni-0.6C steels with a heterogeneous microstructure. International Journal of Powder Metallurgy, 2005, 41 (1): 31-41.

[5] Chawla N, Polasik S, Narasimhan K S, et al. Fatigue behavior of binder-treated powder metallurgy steels. International Journal of Powder Metallurgy, 2001, 37 (3): 49-57.

[6] Chawla N, Murphy T F, Narasimhan K S, et al. Axial fatigue behavior of binder-treated versus diffusion alloyed powder metallurgy steels. Materials Science and Engineering A, 2001, 308 (1-2): 180-188.

[7] Polasik S J, Williams J J, Chawla N. Fatigue crack initiation and propagation in binder-treated powder metallurgy steels. Metallurgical and Materials Transactions A, 2002, 33 (1): 73-81.

[8] Hadrboletz A, Weiss B. Fatigue behavior of iron based sintered material: A review. Internal Materials Review, 1997, 41 (1): 1-44.

[9] Danninger H, Tang G, Weiss B, et al. Microstructure and mechanical properties of sintered iron Part II- Experimental study. International Journal of Powder Metallurgy, 1993, 25 (4): 170-173.

[10] Holmes J, Queeney R A. Fatigue crack initiation in a porous steel. Powder Metallurgy, 1985, 28 (4): 231-235.

[11] Vedula K M, Heckel R W. Modern developments in powder metallurgy. Princeton: Metal Powder Industries Federation, 1981.

[12] Christian K D, German R M. Relation between pore structure and fatigue behavior in sintered iron-copper-carbon. International Journal of Powder Metallurgy, 1995, 31 (1): 51-61.

[13] Molinari A, Santuliana E, Cristofolini I, et al. Surface modifications induced by shot peening and their effect on the plane bending fatigue strength of a Cr-Mo steel produced by power metallurgy. Materials Science and Engineering A, 2011, 528 (6): 2904-2911.

[14] 郭瑞金．St-Laurent S, Chagnon F. 烧结钼钢的动力学性能．粉末冶金技术，2003，21（6）：338-346.

[15] Carabajar S, Verdu C, Hamel A, et al. Fatigue behavior of a nickel alloyed sintered steel. Materials Science and Engineering A, 1998, 257 (22): 225-234.

[16] Drar H, Bergmark A. Initial fracture mechanisms in nickel alloyed PM steel. Fatigue and Fracture of Engineering Materials and Structures, 1997, 20 (9): 1319-1330.

[17] Drar H. Metallographic and fractographic examination of fatigue loaded PM-steel with and without MnS additive. Materials. Characterization, 2000, 45 (3): 211-20.

[18] Salak A. Ferrous Powder Metallurgy. Cambridge: Cambridge International Science Publishing, 1997.

[19] Deng X, Piotrowski G, Chawla N, et al. Fatigue crack growth behavior of hybrid and prealloyed sintered steels Part Ⅱ. Fatigue behavior. Materials Science and Engineering A, 2008, 491 (1-2): 28-38.

[20] Prasad S N, Mediratta S R, Sarma D S. Influence of austenitisation on the structure and properties of weather resistant steels. Materials Science and Engineering A, 2003, 358 (1): 288-297.

[21] Abdoos H, Khorsand H, Shahani A R. Fatigue behavior of diffusion bonded powder metallurgy steel with heterogeneous microstructure. Materials and Design, 2009, 30 (4): 1026-1031.

[22] Gerosa R, Rivolta B, Tavasci A, et al. Crack initiation and propagation in chromium pre-alloyed PM-steel under cyclic loading. Engineering Fracture Mechanics, 2007, 75 (3-4): 750-759.

[23] 陈传尧．疲劳与断裂．武汉：华中科技大学出版社，2002.

[24] Deng X, Piotrowski G B, Chawla N, et al. Fatigue crack growth of prealloy Fe-0.85Mo-2Ni-0.6C steels with a homogeneous microstructure. Advances in Power Metallurgy and Particulate Materials-2005, Proceedings of the 2005 International Conference on Power Metallurgy and Particulate Materials, 2005: 111-124.

[25] Cotterell B, He S Q, Mai W Y. Fatigue of sintered steel. Acta Metallurgica et Materialia, 1994, 42 (1): 99-104.

[26] Iacoviello F, Cocco V D. Sintered stainless steels: Fatigue crack propagation resistance under hydrogen charging condition. Corrosion Science, 2007, 49 (5): 2099-2117.

[27] Saritas S, Causton R, James W B, etal. Effect of microstructural inhomogeneities on the fatigue crack growth response of a prealloyed and two hybrid P/M steel. Orlando, Florida: World Congress on Powder Metallurgy & Particular Material, 2002.

[28] 山口敏彦，本田忠敏，井畑康，等．鉄系焼結材料の疲労き裂進展挙動．粉体および粉末冶金，1993，40 (7): 723-729.

[29] 岩田篤，山口和幸，下山仁一，等．高強度焼結鋼の疲労亀裂伝播特性．粉体および粉末冶金，2003，50 (10): 780-784.

[30] Sonsino C M. Fatigue design for powder metallurgy. Metal Powder Report, 1990, 45 (11): 754-764.

[31] 詹国栋，张以增，周详．陶瓷与陶瓷基复合材料的疲劳研究进展．力学进展，1994，24 (3): 399-408.

[32] Reece M J, Guiu F, Sammur M F R. Cyclic fatigue crack propagation in alumina under direct tension—compression Loading. Journal of the American Ceramic Society, 1989, 72 (2): 348-352.

[33] Okazaki M, McEvily A J, Tanaka T. On the mechanism of fatigue crack growth in silicon nitride. Metallurgical and Materials Transactions A, 1991, 22 (6): 1425-1434.

[34] Kawakubo T, Komeya K. Static and cyclic fatigue behavior of a sintered silicon nitride at room temperature. Journal of the American Ceramic Society, 1987, 70 (6): 400-405.

[35] Zelizko V, Swain M V. Influence of surface preparation on the rotating flexural fatigue of Mg-PSZ. Journal of Materials Science, 1988, 23 (5): 1077-1082.

[36] Ko H N. Fatigue strength of sintered Al_2O_3 under rotary bending. Journal of Materials Science Letters, 1986, 5 (4): 464-466.

[37] Dauskardt R H, Yu W, Ritchie R O. Fatigue crack propagation in transformation-toughened zirconia ceramic. Journal of the American Ceramic Society, 1987, 70 (10): C-248-252.

[38] Lily X H, Subra S. High-temperature failure of an alumina-silicon carbide composite under cyclic loads: mechanisms of fatigue crack-tip damage. Journal of the American Ceramic Society, 1989, 72 (7): 1233-1238.

[39] Fry P, Garre G. Fatigue crack growth behavior of tungsten carbide-cobalt hardmetals. Journal of Materials Science, 1988, 23 (7): 2325-2338.

[40] Lanes L, Torres Y, Anglada M. On the fatigue crack growth behavior of WC-Co cemented carbides: kinetics description, microstructural effects and fatigue sensitivity. Acta Materialia, 2002, 50 (9): 2381-2393.

[41] Vasudevan A K, Sadananda K. Classification of fatigue crack growth behavior. Metallurgical and Materials Transactions A, 1995, 26 (5): 1221-1234.

[42] Vasudevan A K, Sadananda K. Fatigue crack growth behaviour in titanium aluminides. Materials Science and Engineering A, 1995, 192-193 (1): 490-501.

[43] Vasudevan A K, Sadananda K, Kang I W. Effect of superimposed monotonic fracture modes on the ΔK and K_{max} parameters of fatigue crack propagation. Acta Materialia, 2003, 51 (12): 3399-3414.

[44] 高文柱，吴欢，赵永庆．金属材料疲劳裂纹扩展综述．钛合金进展，2007，24 (6): 33-37.

[45] 本田忠敏．粉末粒度の異なる鉄圧粉体の疲労強さに及ぼす焼結温度と時間の影響．粉体および粉末冶金，1983，30 (9): 273-277.

[46] 本田忠敏．粉末粒度の異なる焼結鉄の疲労強さに及ぼす切欠き効果と有効断面率の影響．粉体および粉末冶金，1984，31 (7): 163-168.

[47] 松本伸彦，三宅賢武，近藤幹夫，等．高密度焼結鋼の疲労強度に及ぼすミクロ組織の影響．粉体および粉末冶金，2010，57 (6): 409-413.

[48] Kondoh M, Okajima H. High density compaction using die wall lubrication. Advances in Powder Metallurgy &

Particulate materials，MPIF，2002，3：47-54.
[49] Matsumoto N，Miyake T，Kondoh M，et al. Development of high strength sintered steel by high pressure warm compaction using die wall lubrication. Extended Abstracts of 2006 PM World Congress，KPMI，2006：197-198.
[50] 松本伸彦，三宅賢武，近藤幹夫，等．高密度焼結鋼の膨れ挙動に及ぼすSi微量添加の影響．粉体および粉末冶金，2009，56（1）：3-8.
[51] 松本伸彦，三宅賢武，近藤幹夫，等，ミクロ組織制御による高密度焼結鋼の強度向上検討．粉体および粉末冶金，2009，56（6）：313-318.
[52] 菅野光輝，武田義信，ビヨンリンドクヴィスト，等．高温焼結した低合金鋼の疲労強度に及ぼす浸炭焼入れ並びにショットピーニングの影響．粉体および粉末冶金，2003，50（10）：764-773.
[53] 宇波繁，尾崎由紀子，上ノ薗聡．ハイブリッド型Mo系合金鋼粉を用いた焼結・浸炭熱処理材の疲労強度．粉体および粉末冶金，2007，54（7）：519-524.
[54] 宇波繁，尾崎由紀子，後迫勉，等．高疲労強度焼結部品用ハイブリッド型Mo系合金鋼粉の開発．粉体および粉末冶金，2010，57（5）：341-347.
[55] Gething B A，Heaney D F，Koss D A，et al. The effect of nickel on the mechanical behavior of molybdenum P/M steels. Materials Science and Engineering A，2005，309（1-2）：19-26.
[56] Wu M W Tsao L C，Shu G，et al. The effects of alloying element and microstructure on the impact toughness of powder metal steels. Materials Science and Engineering A，2012，538（1）：135-144.
[57] Wu M W，Hwang K S. Improved homogenization of Ni in sintered steels through the use of Cr-containing prealloyed powders. Metallurgical and Materials Transactions A，2006，37（12）：3577-3585.
[58] Wu M W，Hwang K S，Huang H S. In-Situ observations on the fracture mechanism of diffusion-alloyed Ni-containing powder metal steels and a proposed method for tensile strength improvement. Metallurgical and Materials Transactions A，2007，38（7）：1598-1607.
[59] Wu M W，Hwang K S. Formation mechanism of weak ferrite areas in Ni-containing powder metal steels and methods of strengthening them. Materials Science and Engineering A，2010，527（21-22）：5421-5429.
[60] Kurgan N，Varol R. Mechanical properties of P/M 316L stainless steel materials. Powder Technology，2010，201（3）：242-247.
[61] Tina M Cimino，Howard G，et al，The Effect of microstructure on fatigne properties of ferrous P/M materials. Chicago：Presentecl at PM2TEC' 97 International Conference on Powder Metallurgy & Particulate Materials，1997.
[62] 韩凤麟．粉末冶金Fe-2Cu-0.5C材料的显微结构对疲劳性能的影响．粉末冶金工业，2011，21（4）：1-11.
[63] Danninger H，Spoljaric D，Weiss Brigitte. Microstructural features limiting the performance of P/M steels. International Journal of Powder Metallurgy，1997，33（4）：43-53.
[64] Xu Z R，Chawla K K，Wolfenden A，et al. Stiffness loss and density decrease due to thermal cycling in an alumina fiber/magnesium alloy composite. Materials Science and Engineering A，1995，203（1-2）：75-80.
[65] 本田忠敏．鉄系焼結部品の疲労強度特性の現状と課題，粉体および粉末冶金，1997，45（5）：475-482.
[66] O'Brien，R C Impact and fatigue characterization of selected ferrous PM materials. Metal Powder Report，1988，43（11）：744-746.
[67] Satoh M，Sakuma H，Miyashita T，et al. Characteristics of low-alloy sintered materials after cold repressing. Advanced in Powder Metallurgy，1989，1：339-350.
[68] Moon J R. Towards high performance PM parts. Powder Metallurgy，1990，33（2）：114-115.
[69] 于洋，Linnea Fordén. 表面致密化——一种提高烧结齿轮性能的有效方法．粉末冶金技术，2005，23（1）：62-74.
[70] Lawcock R. Rolling-contact fatigue of surface-densified gears. Intermational Journal of Powder Metallurgy 2006，42（1）17-29.
[71] Sigl L S，Günter R，Christian D. Selective surface densification for high performance P/M components. Advances in Powder Metallurgy and Particulate Materials - 2007，Proceedings of the 2007 International Conference on Powder Metallurgy and Particulate Materials，Powder Met 2007：1047-1055.
[72] 韩凤麟．美国MPIF《粉末冶金结构零件材料标准（2007年版）》简介．粉末冶金工业，2007，25（5）：393.
[73] Jones P K，Buckley-Golder K，Lawcock R，et al. Densification strategies for high endurance P/M components. International Journal of Powder Metallurgy，1997，33（3）：37-44.
[74] Jones P K，Buckley-Golder K，David H，et al. Fatigue properties of advanced high density powder metal alloy steels for high performance powertrain applications. Grenada，Spain：Powder Metallurgy World Congress and Exhibition，1998：155-166.
[75] Sigl L S，Günter R，Patrice D. Quantification of selective surface densificationin P/M components. Montreal，Canada：International Conference on Powder Metallurgy and Particulate Materials，2005.
[76] Günter R，Sigl L S. P/M gear for a passenger car gear box VDI Berichte，2005，19041 181-196.
[77] Sigl L S，Günter R，Christian D. When the going gets tough PM gears can cope. Metal Powder Report，2007，62（10）：22-26.
[78] Sigl L S，Günter R，Michael K. Properties of surface densified P/M gears. SAE Technical Papers，2005 SAE World Congress，2005.
[79] Sigl L S，Günter R，Zingale P，et al. Evolution of gear quality in helical PM gears. Vienna，Austria：Processing PM2004 World Congress & Exhibition，2004，3：649-656.

[80] Forden L, Bengtsson S, Bergstrom M. PM takes on truck test in the gearbox. Metal Powder Report, 2004, 59 (11): 14-17.
[81] Bengtsson S, Forden L, Bergstrom M, et al. Surface densification of helical and spur gears. Advances in Powder Metallurgy and Particulate Materials - 2005, Proceedings of the 2005 International Conference on Powder Metallurgy and Particulate Materials, PowderMet 2005: 56-70.
[82] Nigarura S, Parameswaran R, Trasorras J R L. Bending fatigue of surface densified gears: Effect of root densification depth and tooth loading mode on fatigue life. Advances in Powder Metallurgy & Particulate Materials, 2006.
[83] 印宣怀．机械设计：北京：高等教育出版社，1997.
[84] Hoffmann G, Sonsino C M, Michaelis K. Rolling contact fatigue component design and testing for PM applications, SAE 1999-PM materials for gear box applications. SAE 1999-01-0333.
[85] Sarafmchan D, Gones P K, Bockley-Golder K, et al. Powder metal bearings and gears with steel like performance. Michigan: SAE 2001-01-0401, 2001.
[86] Gandeska W, Hoffman G, Slattery R, et al. Rolling contact fatigue of surface densified material: Microstructural aspects. Advances in Powder Metallurgy and Particulate Materials, Part 10. Chicago: MPIF, 2004: 35-52.
[87] 韩存仓，林士兰．齿轮表层下疲劳失效的预测研究．机械传动，2011，35 (8)：1-5.
[88] 姚枚，王声平，李金魁，等．表面强化件的疲劳强度分析及金属的内部疲劳极限．金属学报，1993，29 (11)，511-519.
[89] 韩存仓，林士兰．硬齿轮屈服强度与疲劳裂纹源的判定，中国机械工程，2011，22 (13)：1620-1623.
[90] 卢曦，郑松林，冯金芝．齿轮疲劳强度与裂纹萌生区域的预测研究．材料热处理学报，2008，29 (1)：80-84.
[91] 三浦秀士，長田稔子，浜本昭太，等．鉄系焼結合金ローラの転造による面圧疲労強度の向上－第1報．粉体および粉末冶金，2009，56 (6)：325-329.
[92] 三浦秀士，津守不二夫，浜本昭太，等．鉄系焼結合金ローラの転造による面圧疲労強度の向上－第2報．粉体および粉末冶金，2010，57 (6)：430-434.
[93] 三浦秀士，長田稔子，周田直樹，等．鉄系焼結合金歯車の歯元曲げ疲労強度に及ぼす転造の影響．粉体および粉末冶金，2009，56 (6)：344-349.
[94] 三浦秀士，津守不二夫，竹増光家，等．鉄系焼結合金歯車の転造による高精度化・高強度化——第3報．粉体および粉末冶金，2010，57 (6)：435-441.
[95] 徳岡輝和，山本龍，工藤健太郎，等．焼結Ni合金鋼歯車におけるメゾヘテロ組織及び転造の歯元曲げ疲労特性に及ぼす影響．粉体および粉末冶金，2011，58 (6)：350-354.
[96] 竹増光家，小出隆夫，武田義信，等．1.5Cr-0.2Mo焼結合金鋼ローラの表面転造特性と面圧疲労強度．粉体および粉末冶金，2010，57 (6)：424-429.
[97] 竹増光家，仲元雅人，小出隆夫，等．1.5Cr-0.2Mo焼結合金鋼ローラの面圧疲労強度（初期密度，浸炭焼入れ深さ，表面転造の影響）．粉体および粉末冶金，2013，60 (6)：278-283.
[98] 竹増光家，小出隆夫，石丸良平，等．自動車トランスミッション用1.5Cr-0.2Mo焼結合金鋼歯車の表面転造特性と荷重負荷能力．粉体および粉末冶金，2010，57 (6)：442-448.
[99] 竹増光家，仲元雅人，小出隆夫，等．自動車トランスミッション用1.5Cr-0.2Mo焼結合金鋼歯車の荷重負荷能力（駆動方式，歯数，相手歯車の材質，表面転造の影響）．粉体および粉末冶金，2013，60 (6)：271-277.
[100] Bengtsson S, Forden L, Bergstrom M. High performance Gears. Vienna, Austria: Paper presented at PM2004 World Congress, 2004.
[101] Forden L, Bengtsson S, Kuylenstierna C. Performance and properties of surface densified PM transmission GEAR. Orlando, USA: Paper presented at PM2002 World Congress on Powder Metallurgy and Particulate Materials, 2002.
[102] 吴荣伟，刘建新．表面滚压强化对粉末冶金烧结钢疲劳强度的影响．粉末冶金技术，1987，5 (4)：207-209.
[103] 顾虎，李铮，毕景维，等．17-4PH金属注射成形（MIM）材料缺陷的实验分析．粉末冶金工业，2005，15 (5)：5-10.
[104] 孙红霞，张蕾．金属粉末注射成形工艺控制和缺陷分析．工艺与装备，2013，6：51-52.
[105] German R M. 粉末注射成形．曲选辉译．长沙：中南工业大学出版社，2001.
[106] 三浦秀士，本田忠敏，German R M. 射出成形法による焼結4600鋼の機械的性質．粉体および粉末冶金，1992，39 (4)：254-259.
[107] 馬場剛治，山西祐司，本田忠敏，等．高強度MIM焼結合金鋼の疲労破壊試験．粉体および粉末冶金，1996，43 (7)：863-867.
[108] 馬場剛治，本田忠敏，三浦秀士．MIMプロセスによる4600鋼の疲労特性に及ぼす均質および不均質組織の影響．粉体および粉末冶金，1997，44 (5)：443-447.
[109] 三浦秀士，本田忠敏，Randall M German. 射出成形法による4600鋼の炭素量制御．粉体および粉末冶金，1991，6：767-773.
[110] Wohlfromm H, Blomacher M, Weinand D. 粉末注射成形不锈钢．粉末冶金工业，2002，12 (4)：7-15.
[111] 三浦秀士，豊福里枝，馬場剛治，等．金属粉末射出成形法によるSUS316Lステンレス鋼の疲労破壊特性．粉体および粉末冶金，1997，44 (5)：432-436.
[112] Kyogoku H, Kamatsu S, Shinzawa M, et al. Fatigue and impact strengths of austenitic stainless steel by powder

injection molding. 粉体および粉末冶金，2003，50 (11)：903-907.
[113] 三浦秀士，中井真澄，馬場剛治，等．射出成形 Fe-Ni 合金の衝撃，疲労破壊特性．粉体および粉末冶金，1997，44 (11)：999-1003.
[114] 三浦秀士，宮田一真，大塚昭仁，等．射出成形によるFe-Ni-C 系低合金鋼の衝撃，疲労破壊特性．粉体および粉末冶金，2000，47 (12)：1267-1271.
[115] Doi K，Hanami K，Teraoka T et al. 金属注射成形冷作工具钢的超声疲劳性能．粉末冶金技术，2005，23 (2)：88-90.
[116] 库恩 H A，劳利 A. 粉末冶金工艺．任崇信译．北京：冶金工业出版社，1982.
[117] Murakami Y. Metal Fatigue：Effects of small and defects nonmetallic inclusions. UK：Elservier，2002.
[118] Maropoulos S，Ridley N. Inclusions and fracture characteristics of HSLA steel forgings. Material Science and Engineering A，2004，384 (1-2)：64-69.
[119] Yang Z G，Yao G，Li G Y，et al. The effect of inclusions on the fatigue behavior of fine-grained high strength 42CrMoVNb steel. International Journal of Fatigue，2004，26 (9)：959-966.
[120] 范红妹，曾燕屏，王习术，等．夹杂物特征参数对拉伸载荷下超高强度钢裂纹萌生与扩展的影响．航空材料学报，2007，27 (4)：6-9.
[121] 高橋和彦，庄子哲雄，中島美樹子．鉄系焼結鍛造材の疲労特性に及ぼす表面欠陥の影響．日本金属学会誌，1996，60 (9)：816-825.
[122] 高橋和彦，保科栄介．焼結鍛造材の機械的性質に及ぼす表面欠陥の影響．粉体および粉末冶金，1994，41 (3)：285-288.
[123] 高橋和彦，保科栄介．焼結鍛造材の表面欠陥発生に及ぼす製造条件の影響．粉体および粉末冶金，1994，41 (3)：281-284.
[124] 山口敏彦，井畑康，渡辺真，等 HIP 処理した鉄系焼結材料の疲労き裂進展に及ぼす組織の影響．粉体および粉末冶金，1994，41 (1)：88-92.
[125] Phillips R A，King J E，Moon J R. Fracture toughness of some high density PM steels. Powder Metallurgy，2000，43 (1)：43-48.
[126] 李荫松，李自力，沈乐棣，等．多次冲击载荷下粉末冶金热锻钢的振动疲劳裂纹萌生、扩展与断裂．西安交通大学学报，1981，15 (3)：33-46.
[127] 刘少兵．RE 在 Fe-Mn 系粉末热锻钢中作用机制．水电师院自然科学学报，1993，8 (2)：173-177.
[128] Phillips R A，King J E，Moon J R. Fatigue crack propagation in some P M steels. Powder Metallurgy，2000，43 (2)：149-156.
[129] Peacock S，Moon J R. Fatigue crack growth in some P M low alloy steels consolidated by rotary forging and sintering. Powder Metallurgy，2000，43 (4)：345-349.
[130] Douib N，Mellanby I J，Moon J R. Fatigue of inhomogeneous low alloy P M steels. Powder Metallurgy，1989，32 (3)：209-214.
[131] Mellanby I J，Moon J R，Leheup E R. Effects of hot repressing on fatigue behaviour of powder metallurgy，normalized Fe-O・3C steels. Powder Metallurgy，1987，30 (2)：125-132.
[132] Fleck N A，Smith R A. Effect of density on tensile strength，fracture toughness，and fatigue crack propagation behaviour of sintered steel. Powder Metallurgy，1981，24 (3)：121-125.
[133] Sonsino C M，Schlieper G，Huppman W. Influence of homogeneity on the fatigue properties of sintered steels. The International Journal of Powder Metallurgy，1984，20 (1)：45-50.
[134] Mellanby I J，Moon J R. Fatigue properties of heat-treatable low alloy，powder matallurgy steels. Princeton：Proceedings of the 1988 International Powder Metallurgy Conference，1988：183-195.
[135] Ilia E，George L，辛军，等．高强度粉末锻造钢连杆的研究．内燃机学报，2008，26 (5)：463-469.
[136] 郭彪，葛昌纯，张随财，等．粉末锻造技术应用进展．粉末冶金工业，2011，21 (3)：45-52.
[137] 柏琳娜，刘福平，王邃，等．Fe-C-Cu 粉末锻造汽车发动机连杆的组织与力学性能．金属学报．2016，52 (1)：41-50.
[138] Edmond I Michael O' N，Kevin T，et al. Benchmarking the industry：Powder forging makes a better connecting rod. SAE Paper，2005-01-0713.
[139] Kato S，Kano T，Hobo M，et al. Development of microalloyed steel for fracture split connecting rod. SAE Paper，2007-01-1004.
[140] Capus J. PM progress in automotive applications. From engine to brakes Met Powder Report，2014，69 (5)：31-33.
[141] Ilia E，Tutton K O，Neill M. Forging a way towards a better mix of PM automotive steels Metal Powder Report，2005，60 (3)：38-44.
[142] Afzal A. Master Thests. Toledo：University of Toledo，2004.
[143] Ilia E，Tutton K，O' Neill M，et al. New improvements in materials used to manufacture powder forged connecting rods. SAE paper 2007-01-1556，2007.
[144] 韩风麟．粉末冶金零件设计与应用必备——设计、材料标准、应用．北京：中国机械通用零部件工业协会粉末冶金专业协会，2001.

[145] 孙占刚，贾志宁．内燃机连杆疲劳破坏机理研究综述．内燃机，2006，4：1-3.
[146] 姚远．不同应力下钢材疲劳极限测试方法．建筑与结构设计，2014，7：41-43.
[147] 徐灏．疲劳强度设计．北京：机械工业出版社，1981.
[148] Chernenkoff R A，Mocarskis，Yeager D A. 采用优化喷丸强化工艺来提高粉末锻造连杆的疲劳强度．车用发动机，1998，3：42-46.
[149] Murakami Y，Nomoto T，Ueda T. Factors influencing the mechanism of superlong fatigue failure in steels. Fatigue & Fracture of Engineering Materials & Structures，1999，22（7）：581-590.
[150] 村上敬宜，野本哲志，植田徹，等．SEM/AFM 破面観察による超長寿命疲労機構の考察．材料（日），1999，48（10）：1112-1117.
[151] Ochi Y，Matsamura T，Masaki K et al. High-cycle rotating bending fatigue property in very long-life regime of high strength steels. Fatigue & Fracture of Engineering Materials & Structures，2002，25（8-9）：823-30.
[152] Sakai T，Sato Y，Oguma N. Characteristic S-N properties of high carbon-chromium bearing steel under axial loading in long-life fatigue. Fatigue & Fracture of Engineering Materials & Structures，2002；25（8-9）：765-73.
[153] Shiozawa K，Lu L T，Ishihara S. S-N curve characteristic and subsurface crack initiation behavior in ultra long life fatigue of a high carbon-chromium bearing steel. Fatigue & Fracture of Engineering Materials & Structures，2001，24（12）：781-790.
[154] Shiozawa K，Lu L T. Very high-cycle fatigue behavior of shot-peened high-carbon-chromium bearing steel. Fatigue & Fracture of Engineering Materials & Structures，2002，25（8-9）：813-822.
[155] 塩澤和章，森井祐一，西野精一．SKH51 鋼の超長寿命域の疲労における内部疲労き裂発生・進展機構に関する破面解析的検討．日本機械学会論文集（A 編），2004，70（3）：495-503.
[156] 鲁连涛，塩澤和章．高速度工具鋼 SKH51の超長寿命域の疲労挙動に及ぼす表面処理の影響．日本機械学会論文集（A 編），2003，69（8）：1195-1202.
[157] 鲁连涛，盐泽和章．高速工具钢超长寿命 S-N 曲线特征和内部裂纹萌生行为．机械工程学报，2006，42（12）：89-94.
[158] 村上敬宜，児玉昭太郎，小沼静代．高強度鋼の疲労強度に及ぼす介在物の影響の定量的評価法．日本機械学会論文集（A 編），1988，54（4）：688-696.
[159] 俞峰，许达，罗迪．高速钢中碳化物缺陷．钢铁研究学报，2008，20（6）：1-6.
[160] 束德林．高速钢的韧性与韧化．金属热处理，1988，（6）：28-32.
[161] Johnson A R. Fracture toughness of AISI M2 and AISI M7 high-speed steels. Metallurgical Transactions A，1977，8（6）：891-897.
[162] Kim C M，Johnson A R，Hosford W F. Fracture toughness of AISI M2 high-speed steel and corresponding matrix tool steel. Metallurgical Transactions A，1982，13（9）：1595-1605.
[163] Shelton P W，Wronski A S. Cracking in M2 high speed steel. Metal science，1983，17（11）：533-539.
[164] Berns H，Lueg J，Trojahn W，et al. Fatigue behaviour of conventional and powder metallurgical high speed steels. Powder Metallurgy International，1987，19（4）：22-26.
[165] Fukaura K，Yokoyama Y，Yokoi D，et al. Fatigue of cold-work tool steels：effect of heat treatment and carbide morphology on fatigue crack formation，life，and fracture surface observation. Metallurgical and Materials Transactions A，2004，35（4）：1289-300.
[166] Meurling F，Melander A，Tidesten M，et al. Influence of carbide and inclusion contents on the fatigue properties of high speed steels and tool steels. International Journal of Fatigue，2001，23（3）：215-224.
[167] Sohar C R，Betzwar-Kotas A，Gierl C，et al. Gigacycle fatigue behavior of a high chromium alloyed cold work tool steel. International Journal of Fatigue，2008：30（7）：1137-1149.
[168] Sohar C R，Betzwar-Kotas A，Gierl C，et al. Gigacycle fractographic evaluation of gigacycle fatigue crack nucleation and propagation of a high Cr alloyed cold work tool steel. International Journal of Fatigue，2008：30（12）：2191-2199.
[169] Okorafor O E. Fracture toughness of M2 and H13 alloy tool steels. Materials Science and Technology，1987，3（2）：118-124.
[170] 崔崑，袁杰锋，胡镇华，等．工模具钢中疲劳裂纹扩展特征和机制．钢铁，1987，22（5）：36-40.
[171] Averbach B L，Lou B Z，Pearson P K，et al. Fatigue crack propagation in carburized high alloy bearing steels. Metallurgical Transactions A，1985，16（7）：1253-1265.
[172] Lou B Z，Averbach B L. Fracture toughness and fatigue behavior of matrix ii and M-2 high speed steels. Metallurgical Transactions A，1983，14（9）：1889-1898.
[173] Lee S L，Worzala F J. Fracture behavior of AISI M-2 high speed tool steel. Metallurgical Transactions A，1981，12（8）：1477-1484.
[174] Kim C M，Johnson A R，Hosford W F. Fracture toughness of AISI M2 high-speed steel and corresponding matrix tool steel. Processing and Properties of High Speed Tool Steels. Proceedings of a Symposium at the 109th AIME Annual Meeting，1980：32-74.
[175] 方其先，马新沛．W6Mo5Cr4V2 高速钢的组织与性能．机械工程材料，1986，3，28-32.
[176] 魏世忠，徐流杰，陈慧敏，等．高钒高速钢轧辊疲劳裂纹特征研究．哈尔滨工业大学学报，2006，38（S）：14-17.

[177] 徐流杰，魏世忠，邢建东，等．碳化物对冷轧条件下轧辊中裂纹行为的影响．机械工程学报，2008，44（9）：50-55.

[178] 黄玉龙，顾卫伟，李博，等．轧辊用高速钢的组织特征及热疲劳性能．上海金属，2012，34（4）：24-28.

[179] 曹燕，张军田，殷福星，等．高速钢轧辊的组织性能及失效机制．材料热处理学报，2012，33（7）：50-54.

[180] 宋亮，张晓月，孙大乐，等．不同类型碳化物在基体中分布对高速钢轧辊性能的影响．金属热处理，2006，31（9）：1-4.

[181] Zhang X D，Liu W，Godrey A，et al. The effect of long-time austenization on the wear resistance and thermal fatigue properties of high-speed steel roll. Metallurgical and Materials Transactions A，2009，40（9）：2171-2176.

[182] Hwang K C，Lee S H，Lee H C. Effects of alloying elements on microstructure and fracture properties of cast high speed steel rolls：Part II. Fracture. Materials Science and Engineering A，1998，254（1-2）：296-304.

[183] Sono Y，Hattori T，Haga M. Characteristics of high-carbon high speed steel rolls for hot strip mill. ISIJ International，1992，32（11）：1194-201.

[184] Hwang K C，Lee S H，Lee H C. Effects of alloying elements on microstructure and fracture properties of cast high speed steel rolls：Part I. Microstructural analysis. Materials Science and Engineering A，1998，254（1-2）：282-295.

[185] 塩澤和章，西野精一，谷内康之．高速度工具鋼 SKH51の内部疲労破壊に及ぼす応力比の影響．日本機械学会論文集（A 編），2006，72（8）：1153-1160.

[186] 三谷状士，沙魚川智之，渡邊千尋，等．高速度工具鋼の疲労挙動への窒素の効果．日本金属学会誌，2008，72（2）：105-110.

[187] 韩风麟，马福康，曹勇家．中国材料工程大典：第 14 卷，粉末冶金材料工程．北京：化学出版社，2006.

[188] 韩风麟，马福康，曹勇家．粉末冶金技术手册．北京：化学工业出版社，2009.

[189] 曹勇家，钟海林，郝权，等．粉末冶金生产工艺的两大发展．粉末冶金工艺，2011，1：45-53.

[190] 平野明彦，中山英明，船越淳，等．ハイス系粉末焼結体の疲労特性について．材料，1997，46（10）：1161-1166.

[191] 西田友久，武藤睦治，田中紘一，等．焼結高速度鋼 SKH10の通常疲労およびフレッティング疲労特性．日本機械学会論文集（A 编），1985，51（5）：1073-1079.

[192] 西田友久，武藤睦治，辻井信博．高速度鋼（粉末ハイス）の疲労特性に及ぼす炭化物粒径の影響．日本機械学会論文集（A 編），1993，59（10）：2213-2219.

[193] 河合伸泰，平野稔，本間克彦，等．W-Mo 系焼結高速度鋼の材料特性に及ぼす窒素および炭素当量の影響．鉄と鋼，1986，72（14）：1921-1928.

[194] 納富完至，河合伸泰．高クロム粉末工具鋼 HIP 材の機械的諸特性．粉体および粉末冶金，1989，36（12）：963-968.

[195] 八賀祥司，椎名好弘．金属粉末射出成形法によるロバスト性の高いSKD11の創製．粉体および粉末冶金，2005，52（10）：717-721.

[196] Danninger H，Weiss B. The influence of defects on high cycle fatigue of metallic materials. Journal of Materials Processing Technology，2003，S143-144（1）：179-184.

[197] Torres Y，Rodríguez S，Mateo A，et al. Fatigue behavior of powder metallurgy high-speed steel：fatigue limit prediction using a crack growth threshold-based approach. Materials Science and Engineering A ，2004，387-389（1）：501-504.

[198] Wang X S，Zhang L N，Zeng Y P，etal. SEM in-situ investigation on fatigue cracking behavior of P/M Rene95 alloy with surface inclusions. Journal of University of Science and Technology Beijing ，2006，13（3）：244-249

[199] Sohar C R，Betzwar-Kotas A，Gierl C，et al. Gigacycle fatigue response of tool steels produced by powder metallurgy compared to ingot metallurgy tool steel. Internal journal of materials research，2010，101（9）：1140-1150.

[200] Yao J，Qu X H，He X B，et al. Inclusion-controlled high cycle fatigue behavior of a high V alloyed powder metallurgy cold-working tool steel. Materials Science and Engineering A ，2011，528（12）：4180-4186.

[201] Meurling F，Melander A，Tidesten M，et al. Influence of carbide and inclusion contents on the fatigue properties of high speed steels and tool steels. International Journal of Fatigue，2001，23（3）：215-224.

[202] Murakami Y. Stress Intensity Factors Handbook. Oxford：Pergamon Press，1987.

[203] Yu W，Bergstroem J. Fatigue and microstructure of iron based sintered alloys. Journal of Iron and Steel Research International，2007，14（S1）：137-141.

[204] Monnot J，Heritier B，Cogne Y. American Society for Testing and Materials，ASTM Special Technical Publication，Philadelphia，PA，USA，1988.

[205] Murakami Y，Endo M. Effects of defects，inclusions and inhomogeneities on fatigue strength. International Journal of Fatigue，1994，16（3）：163-182.

[206] Tchuindjang J T，Lecomte-Beckers J. Fractography survey on high cycle fatigue failure：Crack origin characterization and correlations between mechanical tests and microstructure in Fe-C-Cr-Mo-X alloys. International Journal of Fatigue，2007，29（4）：713-728.

[207] Kazymyroych V，Bergstrom J，Burman C. Evaluation of the giga-cycle fatigue strength，crack initiation and growth in high strength H13 tool steel，Michigan：Proceedings of Fourth International Conference on Very High Cycle Fatigue（VHCF-4），2007：209-215.

[208] Medvedeva A, Bergstrom J, Gunnarsson S. Inclusions, stress concentrations and surface condition in bending fatigue of an H13 tool steel. Steel Research International, 2008. 79 (5): 376-381.
[209] Yao J, Qu X H, He X B, et al. Effect of inclusion size on the high cycle fatigue strength and failure mode of a high V alloyed powder metallurgy tool steel. International Journal of Minerals, Metallurgy and Materials, 2012, 19 (7): 608-614.
[210] Jesner G, Pippan R. Failure mechanisms in a failure-loaded high-performance powder metallugical tool steel. Metallurgical and Materials Transactions A, 2009, 40 (4): 816-819.
[211] Topper T H, Yu M T. Effect of overloads on threshold and crack closure. International Journal of Fatigue, 1985, 7 (3): 159-164.
[212] Brandrup-Wagnsen H, Engstrom J, Grinder O. Fatigue properties of P/M high speed steels. Powder Metallurgy International, 1988, 20 (11): 18-20.
[213] CoKодbμчкK. Ю, 等. 粉末高速钢的断裂韧性与强度. 韦思译. 国外金属热处理, 1989, 5: 57-59.
[214] 陈振华. 多层喷射沉积技术及应用. 长沙: 湖南大学出版社, 2003.
[215] Ikawa Y, Itami T, Kumagai K, et al. Spray deposition method and its application to production of mill rolls. ISIJ International, 1990, 30 (9): 756-763
[216] Khare A K, Laporte A J. Characterization of spray formed test pieces produced by osprey. Technical Report, Report No. 0742-066, Dec, . Neuhausen, Switzerland, 1985.
[217] Nama Y, Saito M, Matsushita T, Takigawa H. Properties of tool steel by spray forming process// Lavernia E J, Wu Y. Spray atomization and deposition West Sussex England: John Wiley & Sons Ltd, 1996: 503.
[218] Megusar J. Structure and properties of rapidly solidified 9Cr-1Mo steel. Journal of Nuclear Materials, 1984, 122-123 (1): 789-793.
[219] Rodenburg C, Rainforth W M. A quantitative analysis of the influence of carbides size distributions on wear behaviour of high speed steel in dry rolling/sliding contact. Acta Materialia, 2007, 55 (7): 2443-2454.
[220] 周灿栋, 樊俊飞, 乐海荣, 等. 喷射成形取代粉末冶金生产超高合金高速钢的可行性研究. 稀有金属, 2006, 30 (Z2): 57-62.
[221] 皮自强, 路新, 贾成厂. 喷射成形高速钢的研究进展. 粉末冶金技术, 2013, 31 (5): 379-384.
[222] Zhang G Q. Research and development of high temperature structural materials for aero-engine applications. Acta Metallurgica Sinica, 2005, 18 (4): 443-452.
[223] Mi J, Grant P S, Fritsching U, et al. Multiphysics modeling of the spray forming process. Materials Science and Engineering A, 2008, 477 (1-2): 2-8.
[224] Kgai K, Itanmi T, Kawashime Y. Latest status of developments and applications of the osprey process// Proceedings of the Second International Conference on Spray Forming. Cambridge: Woodhead Publishing, 1993: 363-375.
[225] Leatham A. Spray forming: alloys, products and markets. Metal Powder Report, 1999, 54 (5): 28-37.
[226] Wei Y, Mu D B, Zhang L Y, et al. Microstructures and properties of tungsten carbide particle-reinforced high-speed composites fabricated by spray forming. Powder Technology, 1999, 104 (1): 100-104.
[227] 张勇, 张国庆, 李周, 等. 喷射成形高速钢内部组织研究. 航空材料学报, 2010, 30 (5): 20-24.
[228] 宋学森, 周灿灿, 轩福贞, 等. 喷射成形高速钢中碳化物的类型与形貌. 机械工程材料, 2009, 33 (3): 57-64.
[229] 于一鹏, 黄进峰, 崔华, 等. 喷射成形 M3 型高速钢碳化物组织特征与加热过程演化. 北京科技大学学报, 2012, 34 (7): 793-798.

第6章 粉末冶金硬质合金的疲劳特性

6.1 引言

硬质合金（cemented carbide），又称为硬金属（hard metal），是指元素周期表中ⅣB、ⅤB、ⅥB族中的过渡元素（钛、锆、铪、钒、铌、钽、铬、钨、钼）的碳化物和ⅧB族元素（铁、钴、镍）以及其他微量元素粉末采用粉末冶金技术烧结而成的硬质材料。硬质合金具有高强度、高硬度、耐磨损、高弹性模量、耐高温和膨胀系数小等一系列优点，在切削工具、石油矿山钻具、耐磨零件和超高压装置等方面得到了广泛的应用，是加工其他各种工程材料和采掘各种自然资源的重要工具材料，被誉为工业的“牙齿”，对推动国民经济的发展有着举足轻重的作用。硬质合金最早问世于20世纪20年代末期，伴随着近代工业的快速发展，硬质合金的研究和应用也取得了巨大的成就，已由最初的小规模生产逐步形成了一套完整的产业体系。它的应用范围几乎延伸到所有工业和技术部门，已成为现代工业部门和新技术领域不可缺少的工具材料和结构材料[1~6]。

20世纪70年代之前，各国硬质合金企业和研究机构都是采用抗弯强度作为材料韧性的检测标准。但是常用的硬质合金抗弯强度试验方法并不能全面地反映合金的固有性能，也不能充分地反映合金性能随内部组织结构的变化情况，且所测得的性能数据随试样大小而不同，数据分散性特别大，因此单用抗弯强度值来表示合金的基本性能就显得不够全面。作为硬质脆性材料，硬质合金在受到外力作用时，在某些局部区域最先出现短裂纹和宏观裂纹，然后这些裂纹逐渐扩展，最后引起整体断裂。根据断裂力学的有关概念，阻止裂纹失稳扩展的能力就是材料的断裂韧性，以临界应力强度因子 K_{IC} 来表示，它是材料抵抗应力脆断的韧性参数。断裂韧性的重要性已在钢铁和有色金属材料上得到证实，并且得到很大发展。近年来不少学者提出采用断裂韧性来描述硬质合金韧性。测试的 K_{IC} 数据分散性小，重现性好，能在一定程度上反映材料本征的韧性（如材料成分和晶粒大小对材料韧性的影响），但是硬质合金测试 K_{IC} 的试样都需要进行裂纹预制，这些预制的裂纹更容易引起应力集中，优先产生裂纹扩展，并导致最终断裂。所以 K_{IC} 的测定虽然数据分散性不大，但忽略了粉末冶金缺陷对硬质合金性能的影响。

众所周知，粉末冶金材料和制品由于受到制备技术的限制会产生一系列缺陷，如孔隙、短裂纹、氧化、原始颗粒边界、非金属夹杂物、粗大晶粒和第二相颗粒、残存气体、黏结相池和晶界玻璃相等，这些缺陷可以统称为“粉末冶金缺陷”。粉末冶金缺陷影响了粉末冶金材料的力学性能，容易成为合金的疲劳裂纹源，并且引起裂纹扩展产生断裂，降低了粉末冶金材料的低周疲劳寿命，不利于材料的安全使用，因此研究粉末冶金缺陷并尽可能消除粉末冶金缺陷，对开发高性能粉末冶金材料具有十分重要的意义。

硬质合金也是一种金属陶瓷（metal ceramic），它是由金属相和陶瓷相组成的复合材料，它的疲劳模式有循环断裂模式和静态断裂模式，两者分别俗称动疲劳、静疲劳。与其他材料相似，对硬质合金的疲劳性能的研究也存在总寿命法和损伤容限法[7]。总寿命法是对光滑试样施加不同的应力幅 S（或应变幅），并记录下试样产生疲劳破坏所需的应力循环次数 N（或应变循环次数）的方法。结果表明硬质合金的 S 和 N 的数据呈现较好的线性关系，在这种研究方法中，S-N 直线的斜率（疲劳敏感性）和标准差（数据分散度）是两个重要的疲劳性能参数。疲劳敏感性可以在一定程度上反映材料抵抗疲劳裂纹扩展的能力，S-N 直线的斜率越小，则表明材料抵抗疲劳裂纹扩展的能力越好，对循环应力的变化也越不敏感，疲劳敏感性越低。而数据分散度则反映了疲劳性能对微观缺陷的敏感程度，数据分散度越大，则疲劳性能对微观缺陷越敏感。另一种研究方法损伤容限法，通常是研究疲劳裂纹扩展速率

da/dN和裂纹尖端应力强度因子幅 ΔK 或最大应力强度因子 K_{max}之间的关系，以及裂纹扩展门槛值 ΔK_{th}来表征材料的疲劳性能。

研究硬质合金的疲劳行为，了解硬质合金裂纹萌生与扩展，给硬质合金增韧提供有力的理论支持，对硬质合金产品的性能提高有着重要的作用。

6.2　硬质合金疲劳裂纹萌生行为[1, 3, 4]

根据疲劳裂纹形核的微观机理[8]，疲劳裂纹形核方式包括：①滑移带在样品表面上形成的“挤出”和“侵入”台阶导致应力集中而萌生的疲劳裂纹[9~11]；②金属多晶体中大角度晶界对滑移带所携带位错具有塞积作用，多次循环变形引起应力集中逐步加剧，最终导致疲劳裂纹沿大角度晶界萌生扩展[12]；③合金中存在夹杂物、第二相粒子或其他外来缺陷，在循环加载过程中这些缺陷与基体发生塑性应变不协调导致疲劳裂纹萌生。对于塑性金属来说，滑移带的挤出和侵入是常见的疲劳裂纹主要的发源地，对于金属和碳化物复合的硬质合金来说，裂纹萌生有其自身特点。硬质合金作为一种粉末冶金制品，往往会存在一系列的粉末冶金缺陷，如孔隙、短裂纹、粗大的 WC 硬质相和第二相颗粒以及黏结相池等，这些缺陷在循环应力的作用下容易发生微观不可逆的形变，从而成为疲劳裂纹的形核点，使疲劳裂纹容易在此萌生。

苏联学者 Sharrock[13]认为，当有石墨存在时，孔隙对硬质合金断裂的影响显著减少，在这种情况下断裂源往往是石墨，硬质合金表面有凹穴，在凹穴中心有石墨质点。在疲劳变形过程中，在石墨夹杂附近形成孔隙，这些孔隙促使裂纹生成。粗大（直径大于 10μm）的 WC 颗粒具有较低硬度，并容易在较低的应力下被破坏，从而促使疲劳裂纹产生和扩展。这些粗晶的聚积危害特别大，往往一个晶粒的破坏会导致接触区破坏，因而引起其他晶粒的连接破坏。当合金中没有石墨、η（Co_3W_3C）相和粗大 WC 晶粒时，硬质合金试样的疲劳断口分析结果表明：产生疲劳断裂的主要原因是孔隙，这些孔隙存在于试样的表面和内部。

20 世纪 70 年代初期，日本学者鈴木寿和林宏爾[14]对硬质合金的断裂机理进行了系统研究，提出硬质合金的破坏起源于“白点”，所谓白点是一个直径很小（0.3～0.5mm）的较平滑区域，在偏光下平滑区为微白色，并且有放射状形态。这种硬质合金的断裂源有 3 种情形：直径为 10～120μm 的孔隙，直径为 3～20μm 的粗粒 WC，直径为 10～100μm 的 Co 泡。图 6-1 所示为 WC-Co 合金中白点中心附近断裂源的位置，试样在最大张力面上破坏，而且从白点开始破裂，则此处的应力比跨距中心最大张力面上的应力偏低。

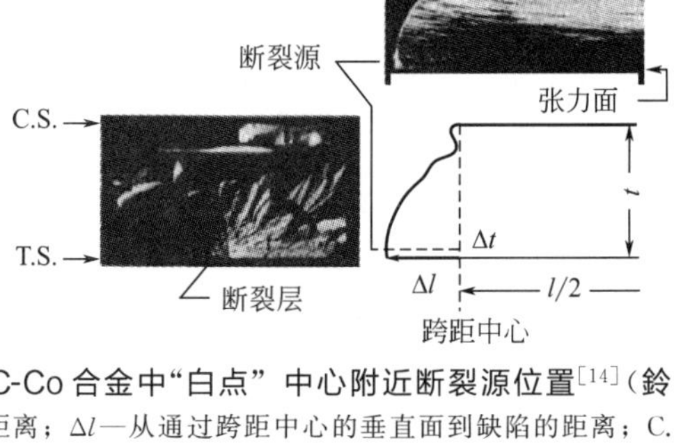

图 6-1　WC-Co 合金中“白点”中心附近断裂源位置[14]（鈴木寿，1974）

t—从张力表面到缺陷的距离；Δl—从通过跨距中心的垂直面到缺陷的距离；C.S.—压缩面；T.S.—张力面

还有很多研究者对硬质合金疲劳裂纹萌生行为进行了研究，如 Torres 等人[15]对细晶 WC-10%Co（质量分数）疲劳行为的研究表明：单调载荷和循环载荷下的裂纹源是一样的，裂纹起源于试样亚表面的孔隙、异常粗的碳化物颗粒、无黏结剂的碳化物聚集区和不连续的 WC-Co 的团聚区。图 6-2 为 WC-Co 合金裂纹萌生的 SEM 图。

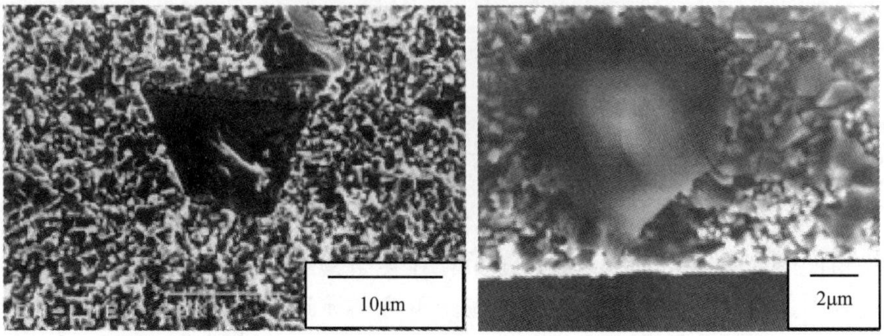

(a) 裂纹萌生在粗大碳化物边缘　　(b) 裂纹萌生在亚表面孔隙中

图 6-2　WC-Co 合金裂纹萌生的 SEM 图[15]

Li 等人[16]的研究表明，与单调递增载荷相比，循环载荷下的疲劳裂纹源的种类更多，疲劳裂纹通常起源于缺口尖端附近的微孔或 WC 聚集区。Padovani 和 Gouvea[17]通过 SEM 观察 WC-Co 疲劳断裂面，发现疲劳短裂纹起源于亚表面 Co 池和孔隙。Klüsner 等人[18]研究了 WC-12%Co（质量分数）的室温疲劳性能，试样形状是沙漏状的，对疲劳断裂的试样进行统计分析，发现并不是所有的试样都从最小截面处断裂，有些试样可能从远离最小截面的 10mm 处的缺陷处开始断裂，这些缺陷包括孔隙、粗的 WC 颗粒和 Co 含量稀少的区域。研究者认为这些不同尺寸的缺陷是导致疲劳数据具有很大分散性的原因。

20 世纪末硬质合金的烧结技术得到了很大发展，特别是低压热等静压技术的应用，硬质合金的宏观孔隙得到很好的控制。裂纹萌生和扩展的研究主要是关于产品在服役过程中的失效分析，裂纹萌生和扩展已经从宏观分析走向微观分析（如 WC/Co 界面的弱化、WC 晶内和 WC/WC 界面的位错塞积、硬质合金涂层的残余应力、切削刀具的有害相和 Co 相相变等）。硬质合金由于在工作时受到冷热冲击、摩擦、腐蚀和冷热交替等多种复杂工况的影响，表现出独特的裂纹形核与扩展方式，如：大颗粒在外加应力作用下容易在 WC 晶内形成短裂纹，短裂纹在亚晶界形核扩展，导致穿晶断裂。WC-Co 类硬质合金在使用过程中外部有冷热交替的变化而产生温度梯度，由于 Co 相的膨胀系数比 WC 大 3.2 倍，热胀冷缩导致 WC/Co 界面弱化和破坏，产生微空洞[19]。另外硬质合金遇到腐蚀物质时，Co 黏结相被腐蚀脱落，也能形成短裂纹[20]。

宋士泓和李健纯[21]通过疲劳变形试样的扫描和透射电镜的观察得出如下结论：① WC 晶体中位错之间以及位错与层错之间可以在有序点阵中形成高能的局部缺陷，在足够大的外加应力作用下，缺陷可以作为裂纹胚芽而转变成短裂纹；②短裂纹形核与 WC 晶体中运动位错在 WC 晶内的亚晶界和 WC/WC 晶界附近的塞积密切相关，短裂纹总是在这两种界面上形核扩展的；③减小 WC 亚晶粒尺寸可以减少位错在 WC 晶界和亚晶界的堆积现象，减少晶内界面附近的部分应力集中现象，从而降低 WC 晶内短裂纹形核概率，合金的断裂韧性得到提高。该研究解释了大颗粒 WC 的穿晶短裂纹在 WC-Co 硬质合金起主要作用的原因。对于 Co 相对裂纹萌生的作用，也有很多学者进行了研究。日本学者三宅一男等（1968）发现在进行循环疲劳时 FCC 的 γ-Co 相会转变为 HCP 的 ε-Co 相，图 6-3 为 WC-

20%Co（质量分数）合金疲劳前后 γ-Co 相和 ε-Co 相变化的 X 射线谱。图 6-4 给出了 ε-Co/γ-Co 与疲劳循环周次的关系。图 6-5 给出了 WC-20%Co（质量分数）合金疲劳前后矫顽力的变化，随着加载应力（S）和循环周次（N）的增加，矫顽力变大。

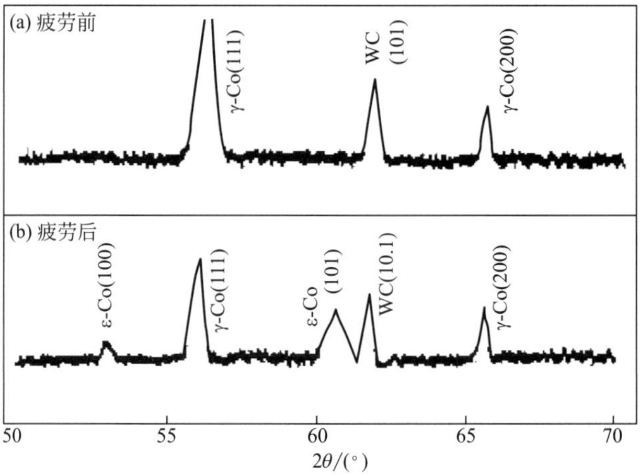

图 6-3　WC-20%Co(质量分数）合金疲劳前后 γ-Co 相和 ε-Co 相变化的 X 射线谱（α-Fe 靶）(三宅一男等，1968)

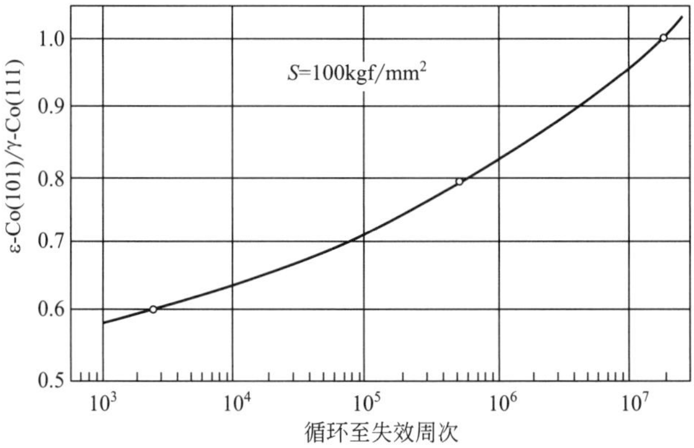

图 6-4　在 WC-20%Co(质量分数）合金中 ε-Co/γ-Co 与疲劳周次的关系(三宅一男等，1968)

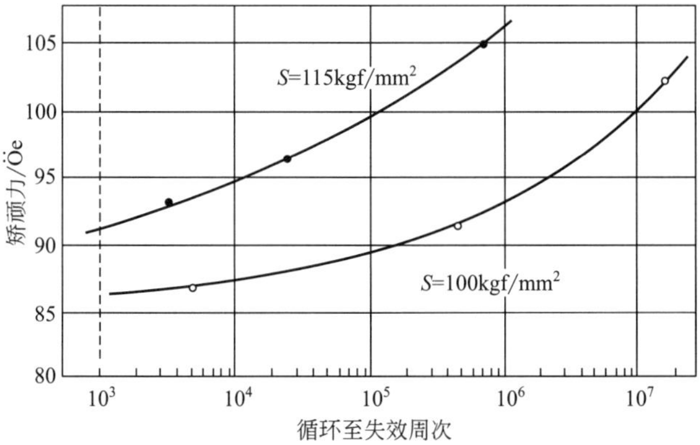

图 6-5　WC-20%Co(质量分数）合金疲劳前后矫顽力的变化(三宅一男等，1968)

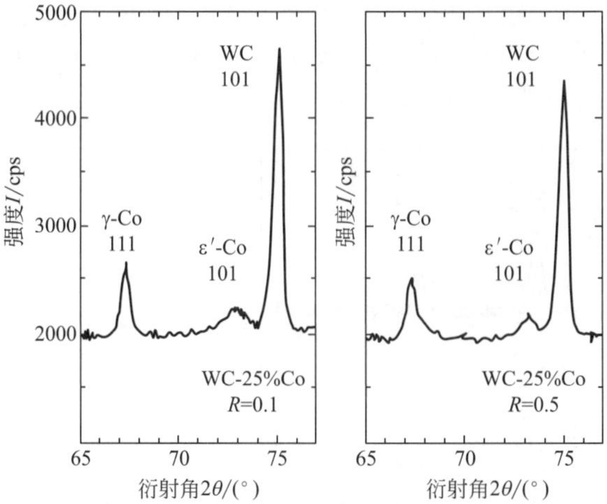

图 6-6 WC-25%Co 合金中 γ-Co 相转变为 ε′-Co 相与疲劳试验应力比的关系（K_{max}= 10～12MPa・$m^{1/2}$）[22]

広濑幸雄等人[22,23]则发现随着在裂纹尖端处 Co 相由 γ-Co 相转变为 ε′-Co 相时会产生短裂纹，并且增大裂纹扩展速率。研究者所指的 ε′相和前面所指 ε 相为同一相。在相同应力比下，Co 含量越高，γ-Co相转变为 ε′-Co 相的量越多，裂纹扩展速率更快。在不同应力比下，R＝0.1 比 R＝0.5 时相转变为 ε′-Co 相的数量更多。広濑幸雄等人还认为 ε′相的体积比 γ 相的体积小，相变引起了应力集中，相变后的 ε′相有短裂纹存在，促进了裂纹扩展。图 6-6 给出了W-25%Co合金中 γ 相转变为ε′-Co相与疲劳试验应力比的关系。表 6-1 给出了不同成分的 WC-Co 合金 γ 相转变为 ε′-Co 相的数据。

表 6-1 相转变的积分强度[22]

材料	应力比 R	积分强度比 I_N/I_{NO}
WC-16%Co	0.1 0.5	0.297 0.110
WC-25%Co	0.1 0.5	0.701 0.269

注：I_N—ε′-Co(101)的积分强度；I_{NO}—γ-Co(111)的积分强度。

Vasel 等人[24]报道了循环载荷比单调载荷更容易促进从 FCC-Co（γ 相）向 HCP-Co（ε 相）的转变。Lisovsky 等人[25]认为，在应力作用下，硬质合金 Co 相由面心立方结构转变为密排六方结构，并且硬质相与黏结相发生脱离现象，撤去应力，脱离现象仍然存在，再施加应力脱离层进一步增加，并在循环冲击载荷作用下进一步扩展形成网格状短裂纹，产生三维立体结构缺陷，硬质合金结构发生劣化现象。Sharrock[13]认为，根据塑性变形理论，在正常条件下 Co 黏结剂的行为和一般面心立方晶格金属一样，随着位错增殖，位错被 WC 晶粒拦截和阻止；但是硬质合金变形时 Co 相中无滑移线，变形过程中 FCC-Co 相通过马氏体切变转变为 HCP-Co 相。Co 的面心立方晶型在室温下的不稳定性导致大量的堆垛层错产生，这些层错缺陷可能存在于硬质合金未变形状态中，这些缺陷可以看作密排六方晶型在 ε-Co 相中的显微夹层。姜勇等人[26]研究表明：疲劳变形的 Co 相产生大量明锐的层错条纹，并出现板条状或针片状的组织（马氏体相变）。在马氏体相变过程中，伴随孪晶亚结构的存在，密排六方结构的 Co 相在外力作用下很快丧失其协调应变的能力。李亚林等[27]比较了 WC-6%Co 梯度结构硬质合金和均质硬质合金的疲劳断口，结果表明：两种硬质合金的疲劳裂纹均在距表面约 100μm 处形核，而 Co 相在应力集中效应、循环应力作用下发生的马氏体相变是裂纹在亚表面萌生的主要原因。

山本勉[28]和阪上楠彦等人[29]对硬质合金制备工艺和表面处理对裂纹萌生的影响进行了系统研究，当 WC-12%（质量分数）硬质合金没有经过 HIP 处理时，裂纹萌生点均为 Co 池，经过 HIP 处理的坯料的抗弯断面裂纹萌生点为 γ-Co（fcc）的横向断裂，而弯曲疲劳的裂纹萌生点多数在比较大的 Co 池中，这些 Co 池从 γ-Co 相转变为ε-Co相时，裂纹前沿沿着

hcp 的滑移面扩展，并且形成一些阶梯形的凹凸状组织（图 6-7）。在硬质合金进行涂层处理后，涂层的工艺对裂纹萌生也有影响。PVD 和 CVD 工艺涂覆的材料断口表明，两者均由表面缺陷引起断裂，但 PVD 断裂平坦区比 CVD 的大，PVD 材的裂纹萌生几乎都是由涂层和母材附近大的 WC 颗粒引起的（图 6-8）。但是 CVD 材的裂纹萌生点的组织还不能确认。一般来说，CVD 处理温度（1273K）比 PVD 处理温度（773K）要高得多。CVD 涂层试样中残余拉应力，而 PVD 试样中残余压应力。经 CVD 处理的试样在涂层和界面处产生 η 相（Co_3W_3C）使裂纹易萌生扩展。为了改善 CVD 涂覆材的疲劳性能，降低裂纹的萌生和扩展，可以采用母材表面富 Co 和表面脱 β_t层等措施。所谓 β_t相是指 WC-TiC-TaC 的固溶体，其组成为 WC/TiC/TaC，组成比为 49/21/30。β_t相比 WC 还脆，添加少量 β_t会使维氏硬度直线上升，但 β_t相为裂纹萌生源。因此消除 β_t层，有利于疲劳性能提高[30]。

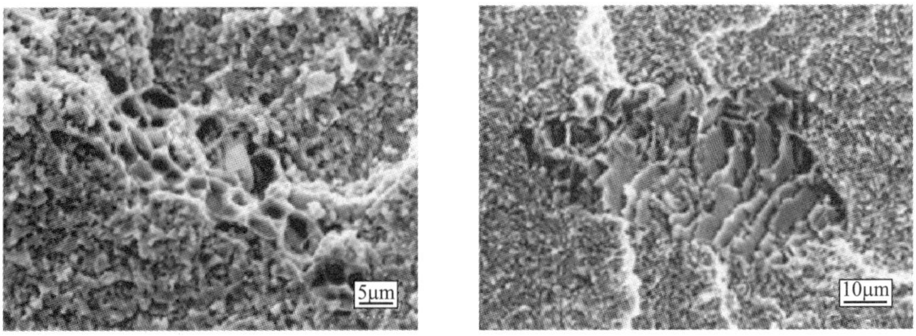

(a) 横向断裂表面　　(b) 弯曲断裂表面

图 6-7　中等 WC 晶粒尺寸的 WC-12%Co 合金经 HIP 处理后的横向断裂表面(a)和弯曲断裂表面(b)上观察到的由 Co 池构成的裂纹萌生源的 SEM 图[28]

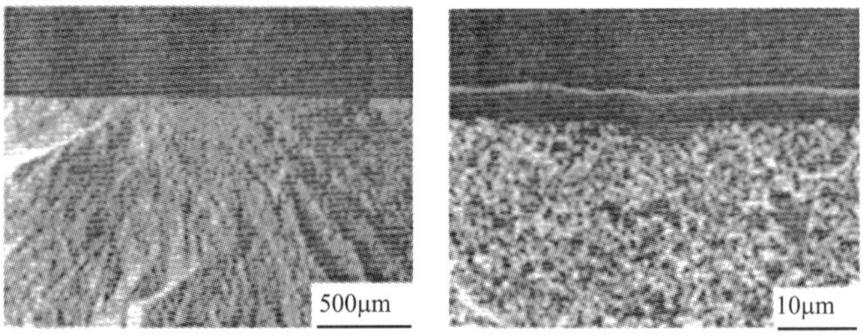

(a) PVD涂层

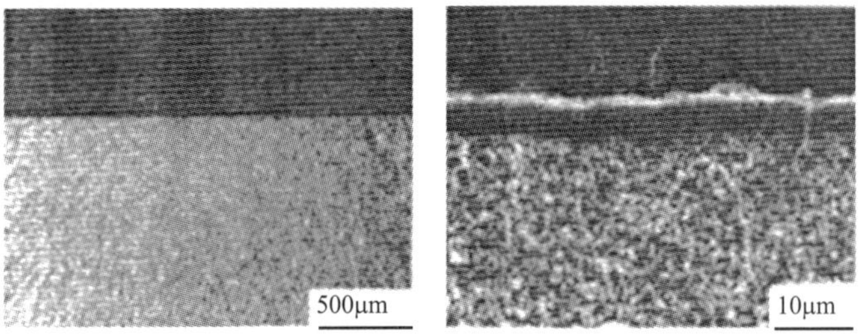

(b) CVD涂层

图 6-8　分别用 PVD 和 CVD 涂层的 WC-12%Co 合金经过弯曲疲劳试验后的疲劳断面和疲劳源的 SEM 图[29]

鈴木寿等人[31]研究了硬质合金 PVDTiN 涂层和硬质合金界面组织的关系。在 PVD 界面部分不管合金种类成分如何，在母材一边都有极薄的 Co-W-C 复合体，厚度约为 0.5μm。这种复合体没有特定的晶体结构，可以认为是一种原子团。这种相在 1073～1173K 退火时，

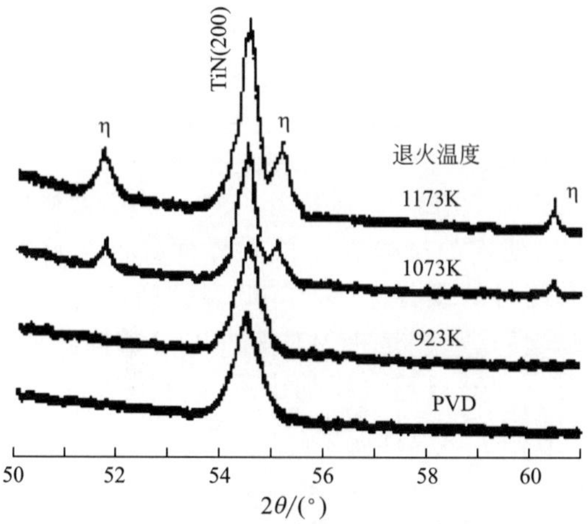

图 6-9　1.5μm 厚薄膜的 X 射线衍射图谱与基板退火温度的关系（α-Fe 靶）[31]

厚度并没有变化，但会转变为 η 相（Co_3W_3C），退火温度超过 1373K 时，η 相消失（图 6-9）。η 相是一个脆性相，裂纹萌生在其附近，使得 WC-10%（质量分数）Co（TiN）涂层（≤5μm）抗弯强度下降。

为了提高涂层刀片的切削寿命，細田幸宏等人[32]对 WC-β_t-Ti（C，N）-Co 合金的近表面组织和切削性能的关系进行了研究。采用平均粒径为 4.0μm 的 WC、1～2μm 的 Ti（$C_{0.5}N_{0.5}$）、1.0μm 的（$Ta_{0.67}Nb_{0.33}$）C 和 1.3μm 的 Co，按 55% WC-21.5%Ti（C，N）-10%（TaNb）C-13.5% Co（质量分数）来配料。湿式混料，压制成形。在 1673K、534Pa 的氩气氛下烧结 3.6ks，或在 1673K、800Pa 的氮气氛下烧结 3.6ks。研究结果表明，采用氩气气氛下烧结的 WC-β_t-Ti（C，N）-Co 合金近表面的脱 β_t 相层比氮气层要厚，且合金构成元素（W、Ti、Co）变化显著，切削刀具的摩擦损耗要小，抗裂纹萌生和扩展性好。图 6-10 所示为氩气和氮气两种气氛下合金近表面的 SEM 图（左侧为表面，右侧为内部），白色为 WC 相，黑色为 Ti（C，N）相，灰色为 β_t 相，残余为 Co 相。氩气气氛下烧结的最表面脱 β_t 层的厚度要比氮气气氛烧结的最表面脱 β_t 层厚 8%。并且在氩气气氛烧结 WC 相所占面积分数要高于氮气气氛下烧结的，而 Ti（C，N）相所占面积分数则大大低于氮气气氛下烧结的。图 6-11 为 WC-β_t-Ti（C，N）-Co 合金在两种烧结气氛下得到的刀具在切削产品时的寿命和刀具的月牙洼磨损的宽度，其结果表明表面脱 β_t 层减少，改善了刀具性能。

烧结气氛	Ar	N_2
SEM图	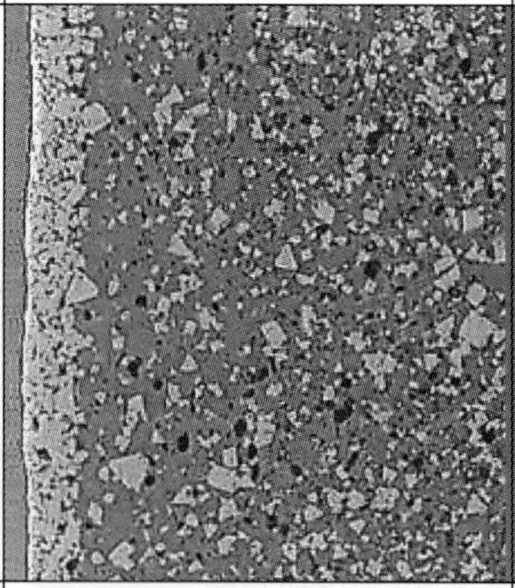	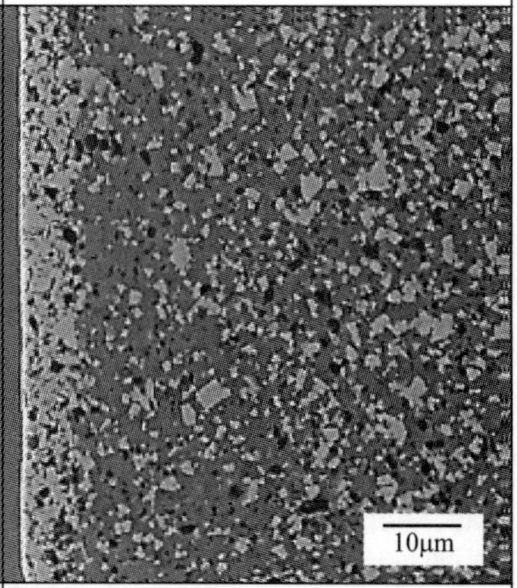
WC相面积分数/%	24.2	20.4
Ti(C, N)相面积分数/%	1.4	4.3
没有β_t相的外延层厚度/μm	5.2	4.8

图 6-10　氩气和氮气两种气氛下烧结的硬质合金近表面的 SEM 图（左侧为表面，右侧为内部）[32]

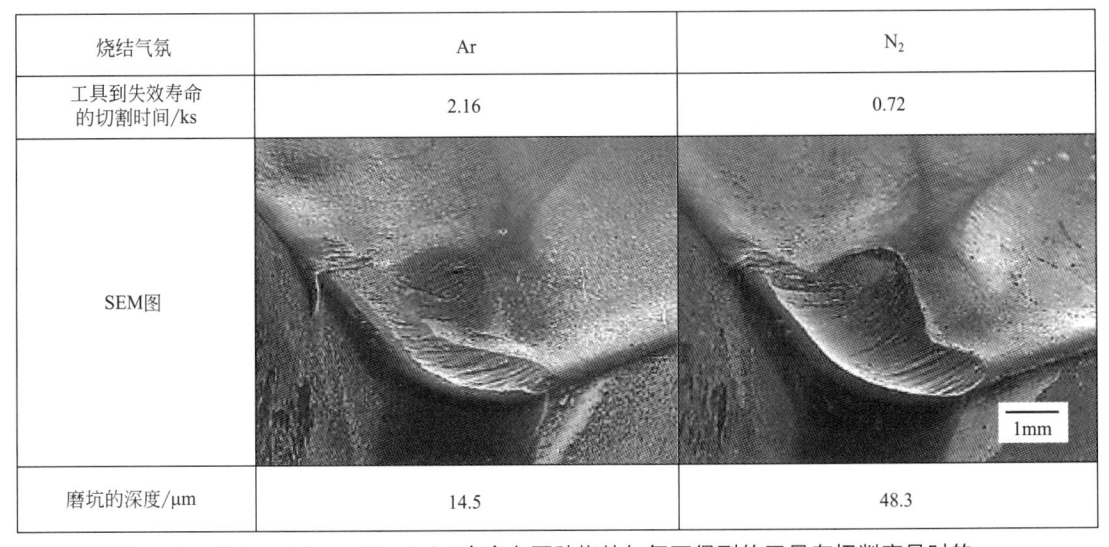

烧结气氛	Ar	N_2
工具到失效寿命的切割时间/ks	2.16	0.72
SEM图	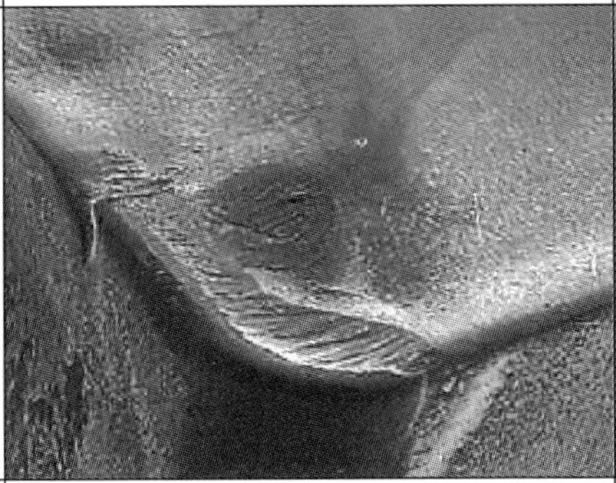	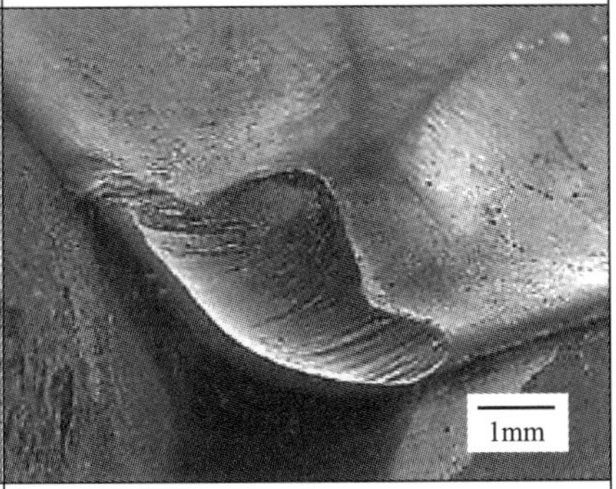
磨坑的深度/μm	14.5	48.3

图 6-11　WC-β_t-Ti(C，N)-Co 合金在两种烧结气氛下得到的刀具在切削产品时的寿命和刀具的月牙洼磨损的宽度(切削深度为 0.3mm)[32]

6.3　疲劳裂纹扩展行为[1, 3, 4, 6]

硬质合金由于不可避免地具有很多微观缺陷，因此疲劳裂纹的萌生比较容易，佐藤建吉等人[33]研究了 WC-5%Co、WC-15%Co、WC-25%Co 硬质合金的疲劳性能，发现疲劳裂纹萌生寿命仅占疲劳寿命的 1/10。因此硬质合金的疲劳裂纹扩展阶段对整个疲劳过程有着更为重要的影响。Hireko 等人[34]认为 WC-Co 硬质合金裂纹萌生的寿命与裂纹扩展相比可以忽略不计，疲劳寿命实际上是裂纹扩展寿命。

硬质合金是由韧性的黏结相和脆性的硬质相所组成的，其增韧机制主要是桥联增韧机制，图 6-12 所示为桥联增韧机制[35]。当裂纹扩展时，在裂纹尖端的尾部会形成一个多韧带区，在这个区域内，韧性相会对裂纹起到牵扯作用，从而起到阻碍裂纹扩展和增韧的作用。疲劳裂纹穿过韧性相后，会在断裂面上形成韧窝，可以根据韧窝的性质来判断桥联增韧作用的大小。

Tarragój 等人[36]利用 FIB/FESEM（聚焦等离子束/场发射电镜）技术观察到了硬质合金裂纹尾迹中韧带断裂的过程，如图 6-13 所示。硬质合金的裂纹扩展首先是在碳化物相中形成一条连续的裂纹，裂纹先穿过脆性相，然后穿过黏结相区域而被韧带桥接。按照这种方式，包含 2～4 个韧带的多韧带区沿着裂纹扩展方向扩展，随着裂纹扩展，黏结相韧带被拉长，为了保持体积不变，微孔在黏结韧带中形成。有限元分析表明承受高局部塑性应变和三向应力的黏结相区域是微孔的优先形核区。微孔会在碳化物中裂纹前沿的黏结相中形成，微孔长大、连接以致韧带断裂。韧带沿着 B/C 路径（B 为黏结相，C 为 WC）断裂的过程与沿着 B 路径的相同，即微孔的萌生、长大和连接。可是沿

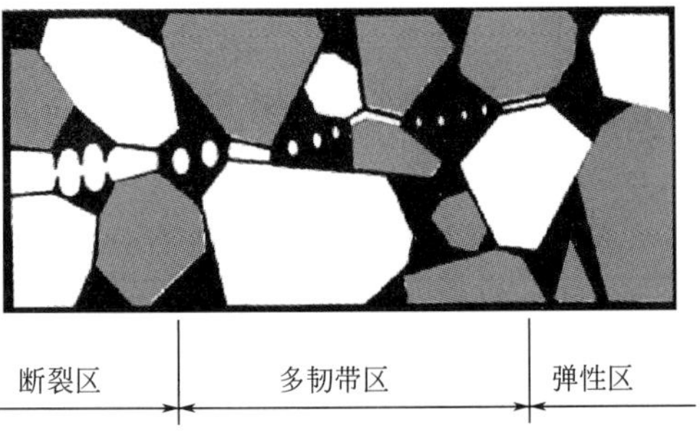

图 6-12　桥联增韧机制[35]

着 B/C 路径形成的微孔更加细小而密集，Fischmeister 等人[37]认为这种细小韧窝的形成主要是因为靠近碳化物界面处的黏结相中具有很高的三向应力。

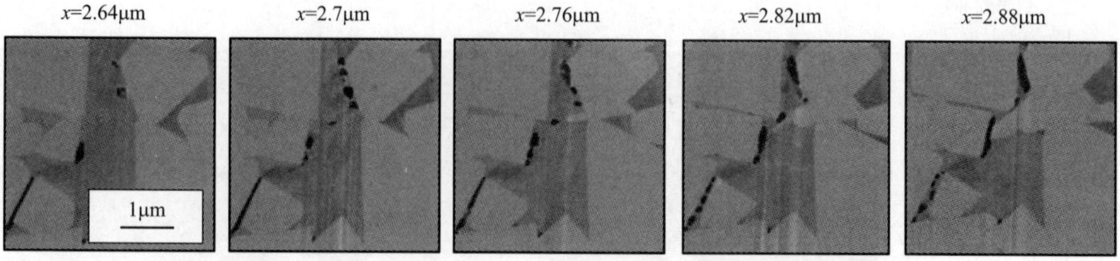

图 6-13 硬质合金裂纹尾迹中多韧带区的场发射电镜系列图像[37]
（这组图像清晰地表明了随着距裂纹尖端距离增加裂纹尾迹中韧带损伤演变的过程，x 为距裂纹尖端的距离）

6.3.1 裂纹扩展路径

在研究合金断裂机理的过程时，很多学者都同时研究了断裂路径，各自得出了不同的结论。Chermant 等人在 1976 年研究 WC-Co 硬质合金裂纹扩展路径，认为存在四种扩展路径，即 WC 相晶粒内、WC 和 WC 的相界、WC 和 Co 的相界和 Co 相晶内。Hong 等人[38]对 WC-Co 合金断裂路径的观察表明，WC-Co 合金断裂路径有四种具体形式：沿 WC-WC 合金晶界的脆断，沿 WC-Co 相界的脱裂，穿 WC 相的晶间劈断和穿 γ 相层的韧性撕裂。Liu 等人[39]对 WC-Co 硬质合金的断裂强度与结构参数间的关系分析表明，不同 Co 含量的 WC-Co 硬质合金存在不同的临界 WC 晶粒尺寸 R_c 和不同的相平均自由程 M_c，R_c 和 M_c 可作为衡量裂纹扩展能力的一种间接指标。当 γ 相平均自由程 $M<M_c$ 或 WC 晶粒尺寸 $R<R_c$ 时，裂纹主要是穿过 γ 相进行扩展，此时的断裂方式是穿 γ 相层的韧性撕裂；当 $M>M_c$或者 $R>R_c$时，此时的断裂形式是穿 WC 相晶粒的劈裂；当 $M=M_c$或者 $R=R_c$时，以上四种断裂形式同时存在。R_c 和 M_c 随着 Co 含量的增加而减小，即 WC-Co 硬质合金的断裂过程取决于 γ 相和 WC 相两者的存在状态。裂纹基本都是穿过 γ 相的韧性断裂，说明裂纹失稳扩展前合金中所发生的微量范性变形基本上局限于接近裂纹尖端的 γ 相中，即 WC-Co 硬质合金断裂时单位体积的塑性变形功主要消耗于 γ 相中，因此两相 WC-Co 硬质合金的断裂韧性取决于 γ 相的体积分数和分布（γ 相平均自由程）及 γ 相的成分。广濑幸雄等人[22,23]研究了高 Co 硬质合金的断面金相学问题，在含 25%Co 的合金断面的裂纹路径只发现了三种，即 WC 和 WC 的相界、WC 和 Co 的相界和 Co 相晶内。当应力比 R 为 0.1 时，Co 相发生脆性断裂；当 $R=0.5$ 时，Co 相发生韧性断裂，产生韧窝；当 $R>0.5$ 时，WC 破坏部分呈劈开特征，呈河流状。日本东芝公司采用电子显微镜研究了 WC-Co 断裂现象，并将断裂特征分为三个类型：①A 型，WC 晶粒剪断出现在 WC 晶粒大于 5μm、Co 含量小于 15%的合金中；②BC 型，WC-WC 或 WC-Co 界面断裂，出现在 WC 晶粒小于 2μm、Co 含量小于 7%的合金中；③D 型，Co 相断裂，出现在 WC 尺寸小于 4μm、Co 含量大于 20%的合金中。此外还有混合型断裂，出现于三种合金的中间区域。Gurland[40]认为无论是低 Co 还是高 Co 合金，断裂都有避开 Co 相的倾向，多发生在碳化物相和 WC-WC 边界上。当 WC 晶粒尺寸不超过 1～2μm 时，裂纹仅分布在 Co 层内，且大多数沿 WC-Co 相界面[41]。日本三菱金属公司[42]用扫描电镜研究了抗拉试样的裂纹行径，发现裂纹都是穿过相界和黏结相，因此提出 WC-Co 边界断裂取代碳化物晶粒断裂机理。德国学者 Sigl 和 Exner[43]提出 WC-Co 合金中裂纹扩展路径有四种：①B 路径，贯穿黏结相；②B/C 路径，沿着黏结相/WC 界面；③C/C 路径，沿着碳化物之间的晶界扩展；④C 路径，WC 中穿晶扩展。并且确定了这四种机制对整个裂纹扩展区域的贡献，研究表明：B/C 路径不会出现在黏结相/WC 的界面上，而是在黏结相内，离黏结相/WC 界面很近并平行于该界面的区域上。与 B 路径相比，裂纹经 B/C 路径扩展会形成更细小的韧窝结构。图 6-14 所示为 WC-Co 裂纹尖端区域传播路径[43]。裂纹分为断裂区、多韧带区和弹性区。裂纹明显扩展穿过 WC 基体（白区），被韧性黏结相（黑区）包围和桥联，形成韧带。当裂纹继续张开时，韧带会伸展直至破裂，裂纹在黏结相区域是沿 B 还是 B/C 路径扩展取决于微观结构局部的几何形貌（图 6-14）。裂纹尖端周围区域观察不到陶瓷材料那种分散的短裂纹[44,45]。韧带断裂过程如下：如果周围的碳化物骨架保持完整的话，黏结相的塑性变形将受到严重的制约。当碳化物与黏结相中裂纹毗连时，黏结相受到高的局部变形；当韧带延伸时，由于韧带与 WC 的连续性阻碍其侧面的收缩，为了维持黏结相的体积不变，裂纹尖端将会钝化，韧带中也会出现微孔和空洞[46]。钝的裂纹尖端和内部孔隙的长大和合并会导致韧带破裂，裂纹失稳。韧带区的长度大致为合金碳化物平均自由程的 5 倍，Evans 等[47]将其称为多韧带区。

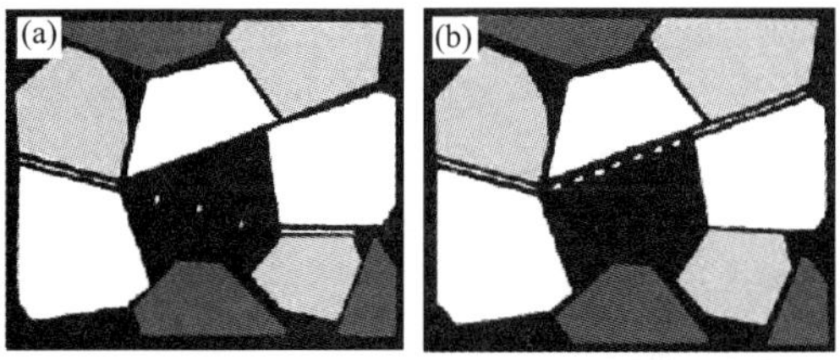

图 6-14　WC-Co 裂纹传播的路径[43]

有关热疲劳裂纹扩展也有一些研究，石原外美等人[48]研究了硬质合金 P30 和高氮化物陶瓷在反复热冲击下的裂纹扩展行为，得出如下结果：P30 硬质合金在反复热冲击下 WC 和 Co 相边界产生较多热裂纹。而高氮陶瓷的相边界热裂纹较少。硬质合金热冲击裂纹扩展方向为沿 WC 和 Co 相边界和 Co 相内部，裂纹连接并以锯齿形状扩展。石原外美等人[48]认为 WC 和 Co 的膨胀系数分别为 3.84×10^{-6}m/K和 12.3×10^{-6}m/K，高氮陶瓷中（TiC/TiN）相和（Ni、Co）相的膨胀系数分别为 9.35×10^{-6}m/K 和 13.3×10^{-6}m/K，WC-Co 合金与高氮陶瓷相比，WC 与 Co 两者膨胀系数相差较大。另外 WC 的杨氏模量比（TiC，TiN）相的要大，因而在热冲击下硬质合金比高氮化物陶瓷产生的热应力大。石原外美还研究了热冲击疲劳裂纹扩展特征，在较大的温差下进行反复热冲击，两种材料的短裂纹随冲击次数增加而增加，经过一段时间裂纹扩展期，产生达 4mm 的长裂纹。图 6-15 为两种材料裂纹扩展时，最大热应力和冲击次数的关系。图中的 N_f 为冲击次数，σ_{max} 为三点弯曲的弯曲强度。从图中可知，经过多次小温度差的热冲击，金属陶瓷的最大热应力超过硬质合金的最大热应力。尤显卿等人[49]对 WC 钢结硬质合金热疲劳裂纹形成机理进行了研究得到如下结论：WC 钢结硬质合金在冷热循环过程中热疲劳裂纹的形成分两个过程，即孕育期和萌生期。孕育期中，在试样 V 形缺口边缘上的钢基体相首先发生“塌陷”形成凹坑，使整个缺口边缘凹凸不平。随着热循环次数的增加，凹坑的数目不断增加，尺寸增大，WC 粒子支持着坑底，而钢基体相塑性变形。此外尤显卿等人研究发现，在他们的试验条件下，材料孕育期约为 50 次的循环周次。随后，在缺口尖端最先形成的凹坑底部萌生裂纹。萌生裂纹处为 WC 粒子及其聚集区。在其前沿处的钢基体相中的微孔沿循环方向连接形成裂纹，且与坑底的裂纹相连形成主裂纹。控制好合金中 WC 含量，使 WC 粒子以细小弥散的颗粒状态均匀地分布在钢基体中，可以减少钢基

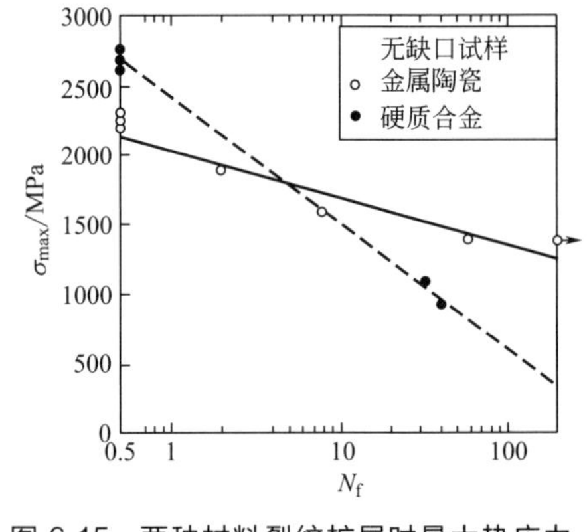

图 6-15　两种材料裂纹扩展时最大热应力与冲击次数的关系[48]

体相中的孔隙，而通过热处理等手段增大热强度都会阻碍裂纹的形成。

6.3.2 硬质合金的疲劳裂纹扩展模式[4]

硬质合金的疲劳裂纹扩展存在两种模式：①真疲劳（循环断裂模式）。裂纹扩展速率 da/dN 仅与应力强度因子幅 ΔK 有关，遵循 Paris 公式 $da/dN=C(\Delta K)^n$，该种机制在金属材料中比较常见。②静态疲劳（静态断裂模式）。裂纹扩展速率 da/dN 仅与最大应力强度因子 K_{max} 及其作用时间有关，该种机制在脆性材料中比较常见。当真疲劳占据主导地位时，在硬质合金中桥联作用的效果会减弱，因此断裂面上往往呈现脆性断裂的特征，而当静态疲劳模式占据主导地位时，桥联增韧会起到作用，断裂面则与静载断裂面相同，具有明显的韧窝特征。

关于哪种断裂模式在硬质合金的疲劳损伤中占据主导地位的问题，不同的研究者得到不同的结论。Lueth 等人[50]的研究发现，硬质合金的疲劳断裂模式主要为静态模式，韧性黏结相呈现韧窝断裂特征，断裂形貌与静载断裂相同。而 Almond[51]等人研究则认为，其疲劳断裂模式主要是真疲劳断裂模式，虽然黏结相还会发生少量的塑性变形，但是循环载荷导致 Co 相加工硬化造成的疲劳脆断才是主要的断裂形式。Fry 和 Garre[52]认为在硬质合金的疲劳裂纹扩展过程中这两种机制同时存在，断裂形貌以晶间断裂为主，Co 相发生塑性变形并形成韧窝，还伴随着 WC 晶粒的解理断裂。而 Torres 等人[15]和 Llanes 等人[53]的研究也认为这两种断裂机制是共同存在的。研究者除了从微观断裂形貌上证实了这点外，还从裂纹扩展速率与应力强度因子之间的关系证实了上述结论，并且发现硬质合金裂纹扩展速率更加符合 Paris-Erdogan 公式的修正式：$da/dN=C(K_{max})^m(\Delta K)^n$，且 m 远大于 n，表明硬质合金中两种断裂模式都存在，其中静态失效模式起主导作用。图 6-16 所示为疲劳敏感性和 Co 相平均自由程的关系，图中 K_{th}/K_{IC} 定义为疲劳敏感性参数，该值越大则疲劳敏感性越低，材料循环载荷下的疲劳行为越接近陶瓷材料特性，断裂模式越接近静疲劳模式，材料黏结相越容易发生韧性断裂。反之该值越小，则材料在循环载荷条件下的疲劳断裂行为越接近金属，黏结相越易发生疲劳断裂，韧性得不到发挥，增韧机制的有效性降低。

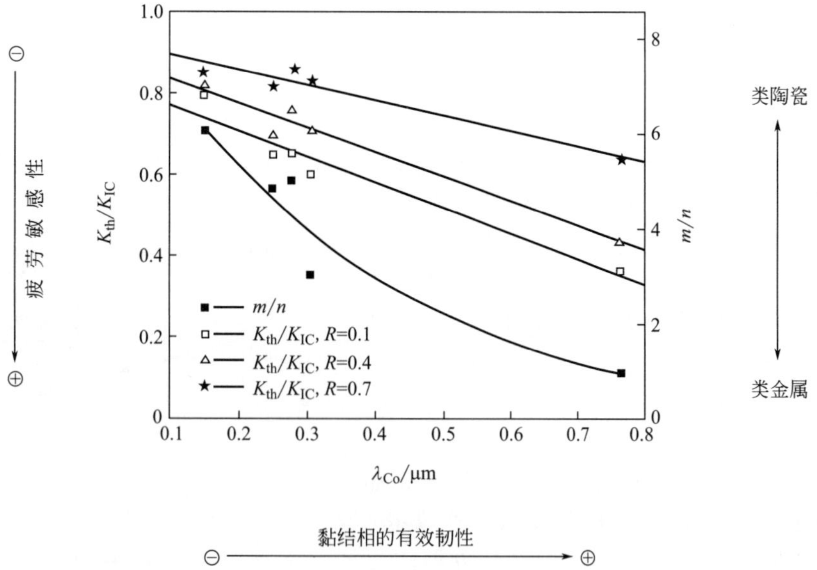

图 6-16 硬质合金疲劳敏感性和 Co 相平均自由程的关系[53]

6.3.3　影响疲劳裂纹扩展的外在因素

影响疲劳裂纹扩展的外在因素主要为：应力比、加载频率、试验温度和环境等。

（1）应力比对裂纹扩展的影响

Llanes 等人[53]对硬质合金疲劳裂纹扩展行为进行研究，对五种不同黏结相含量（V_{Co}）、晶粒尺寸（d_{WC}）、钴相的平均自由程（λ_{Co}）和碳化物的邻结度（C_{WC}）的样品（表 6-2），测定了在不同应力比下裂纹扩展速率与应力强度因子幅 ΔK 的关系（图 6-17）和裂纹扩展速率和最大应力强度因子 K_{max}的关系（图 6-18）。Llanes 等人认为可以用 Paris-Erdogan 公式修正式来描述硬质合金裂纹扩展速率：

$$da/dN=C(K_{max})^m(\Delta K)^n \tag{6-1}$$

式中，m、n、C 均为常数。因为：

$$K_{max}=\frac{\Delta K}{1-R} \tag{6-2}$$

式（6-1）可变为

$$\frac{da}{dN}/(1-R)^n=C_{WC}K_{max}{}^{m+n} \tag{6-3}$$

表 6-2　五种不同硬质合金的数据[53]

样品牌号	V_{Co}/%	d_{WC}/μm	C_{WC}	λ_{Co}/μm
10F	10.2	0.39	0.70	0.15
16F	16.3	0.50	0.61	0.25
10M	10.1	0.79	0.68	0.28
16M	16.4	1.06	0.32	0.30
27C	27.4	1.66	0.18	0.76

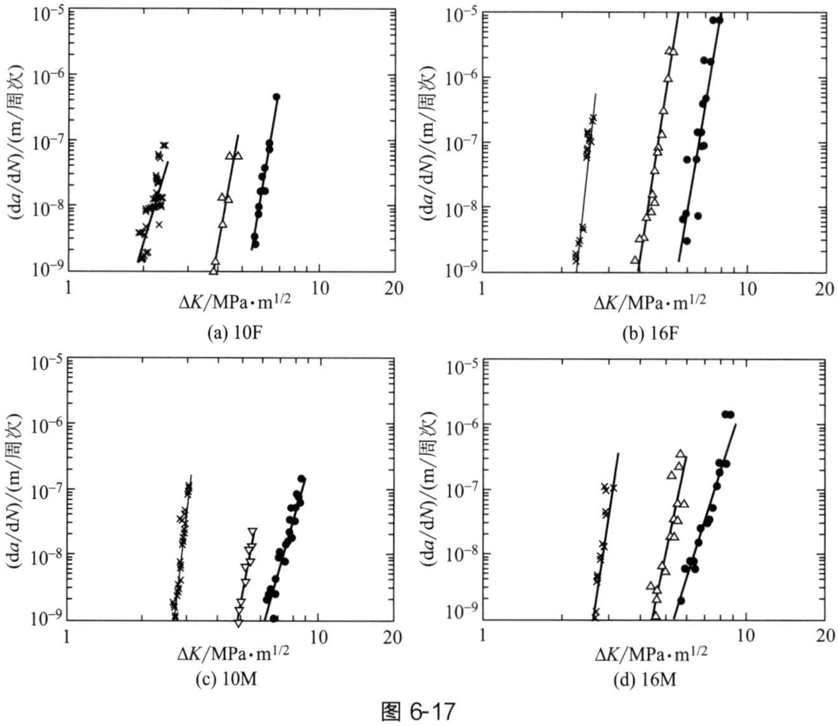

图 6-17

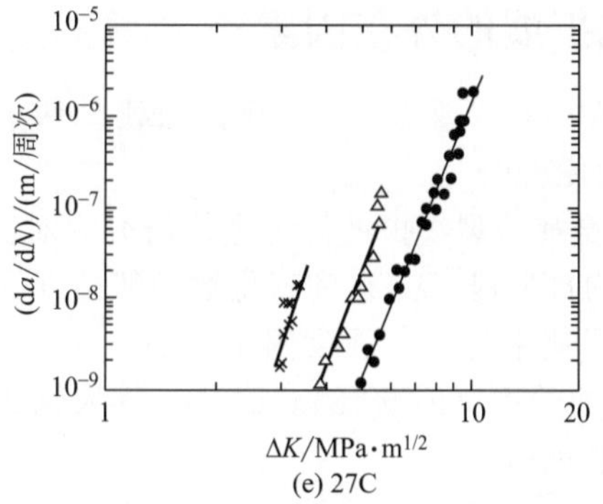

(e) 27C

图 6-17　不同应力比下裂纹扩展速率 da/dN 和应力强度因子幅 ΔK 的关系[53]

● $R=0.1$；△ $R=0.4$；∗ $R=0.7$

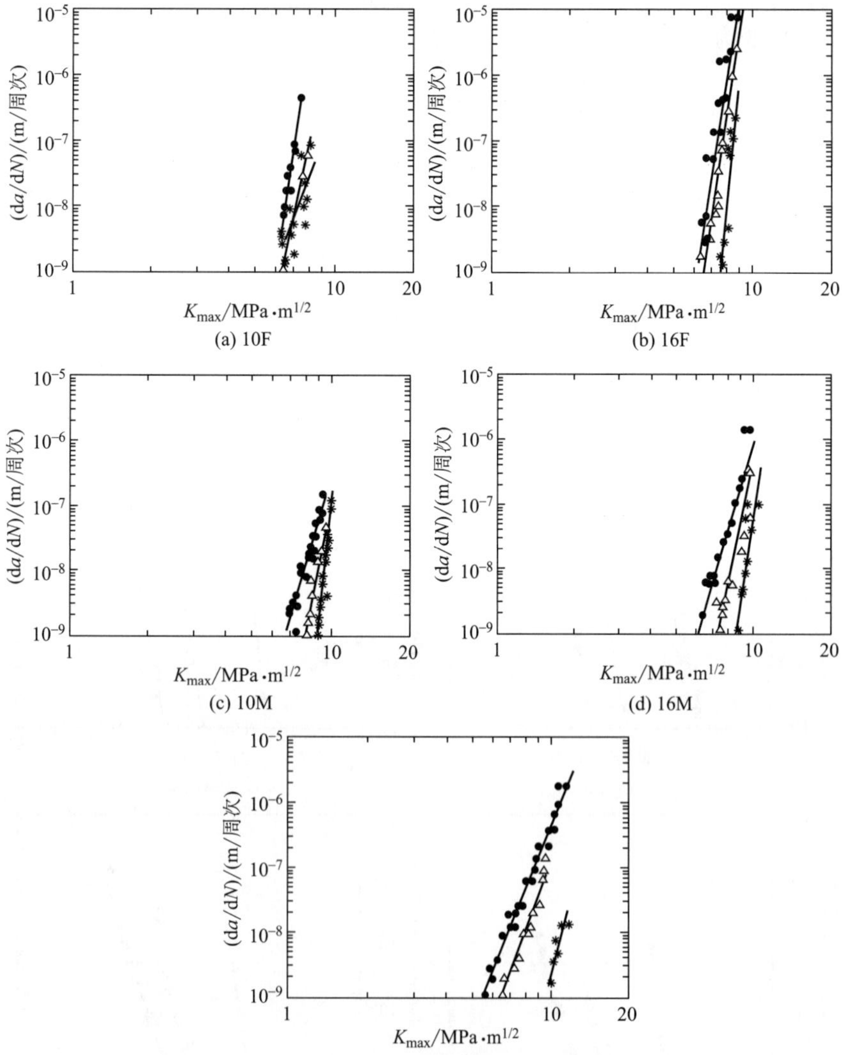

图 6-18　不同应力比下裂纹扩展速率 da/dN 和最大应力强度因子 K_{max} 的关系[53]

● $R=0.1$；△ $R=0.4$；∗ $R=0.7$

从式（6-3）可以看出，合适的 n 值可以使所有试验数据落在一条直线上，最理想的 n 值及求出的相应 C_{WC} 和 m 值见表 6-3。对 R 归一化处理后得到裂纹扩展速率和 K_{max} 的关系（图 6-19）。图中直线斜率为 $m+n$。从 n 求出 m，数值回归分析表明 m 值比 n 大，表明 K_{max} 的影响比 ΔK 大，随着断裂韧性不断增大，两种参数数据的差值在不断减小。

表 6-3　五种成分硬质合金的断裂韧性和裂纹扩展参数[53]

样品牌号	K_{IC}/MPa・m$^{1/2}$	C_{WC}	m	n	ΔK_{th}/MPa・m$^{1/2}$		
					R=0.1	R=0.4	R=0.7
10F	7.5	1×10^{-25}	18	3	5.9	6.1	6.4
16F	9.2	1×10^{-32}	24	5	6.0	6.4	7.5
10M	10.4	1×10^{-24}	15	3	6.8	7.9	8.9
16M	10.5	1×10^{-22}	12	4	6.3	7.4	8.7
27C	14.7	4×10^{-17}	5	5	5.4	6.5	9.4

注：表中 ΔK_{th} 为应力强度因子门槛值。

Llanes 等人从五种不同成分的硬质合金的疲劳试验数据得出，硬质合金的裂纹扩展速率强烈依赖于 K_{max}，当黏结相的平均自由程增大时，这种依赖性减弱，这种行为产生的原因是：裂纹扩展的静态断裂模式和循环模式作用程度的相对变化。同样，当黏结相平均自由程增大时，应力比对疲劳裂纹扩展速率的影响更为明显。

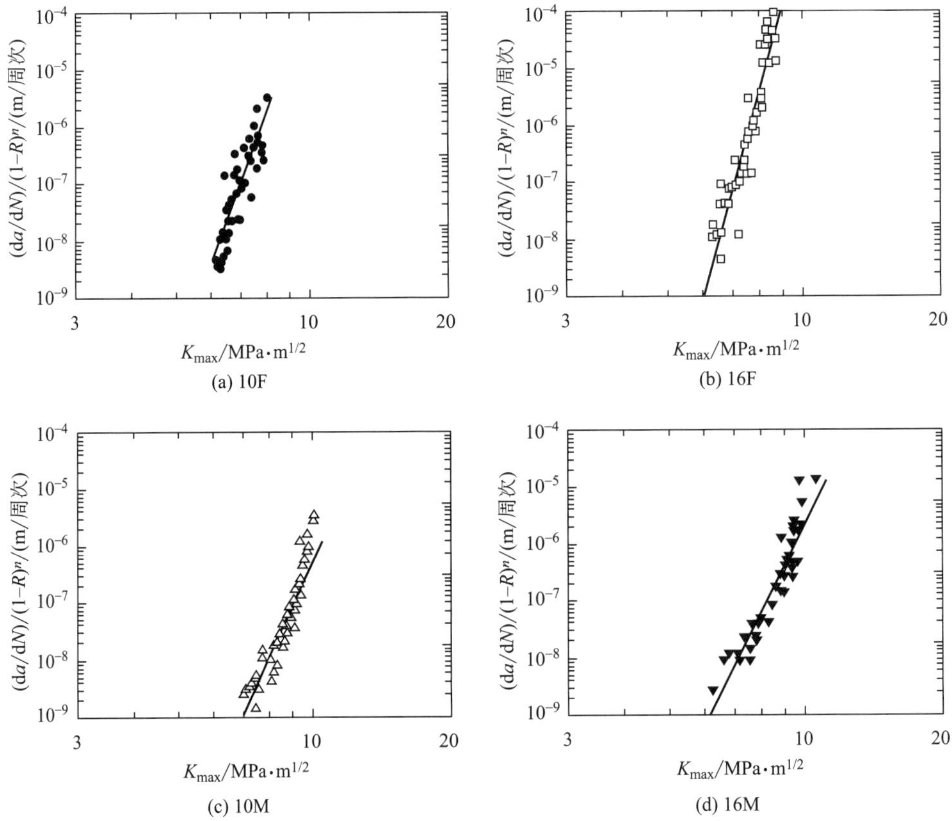

图 6-19

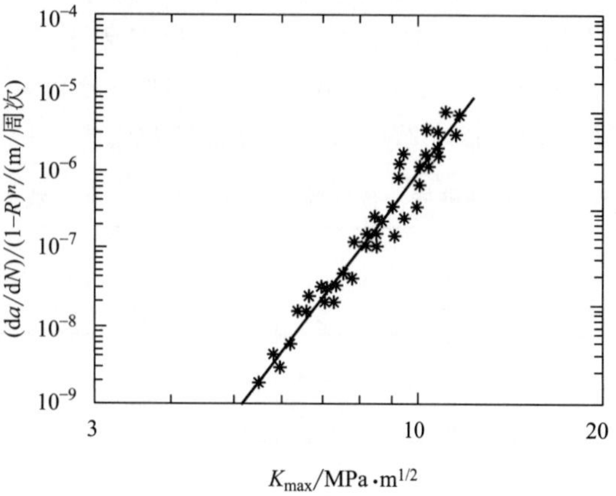

(e) 27C

图 6-19 $\frac{da}{dN}/(1-R)^n$ 和 K_{max} 的关系[53] [m 和 n 是式（6-3）的幂指数]

从 Llanes 等人所得图表中可以得知，随着应力比增大，应力强度因子门槛值增大，对于同一应力强度因子幅 ΔK 来说，应力比越大，平均应力越大，静疲劳效应越强，裂纹扩展速率越大；对于同一最大应力强度因子 K_{max} 来说，应力比越大，循环疲劳效应越弱，裂纹扩展速率越低。

Ishihara 等人[54,55]给出如表 6-4 和表 6-5 所示成分和力学性能的硬质合金在不同应力比下的 da/dN 与 ΔK 曲线（图 6-20）和 da/dN 与 K_{max} 曲线（图 6-21），并且给出了不同应力比的 Paris 公式。公式中随着应力比从 0.1 变为 0.9 时，有三种情况：

$$①R=0.1,\quad \frac{da}{dN}=10^{-16.5}\Delta K^{13} \tag{6-4}$$

$$②R=0.7,\quad \frac{da}{dN}=10^{-16}\Delta K^{30} \tag{6-5}$$

$$③R=0.9,\quad \frac{da}{dN}=10^{5}\Delta K^{60} \tag{6-6}$$

研究的合金其 m 指数变化很大，当 $R=0.9$ 时静疲劳效应增强，类似陶瓷材料的裂纹扩展。

表 6-4 试验用材料的化学成分(质量分数)[54] 单位：%

TiC	TiN	WC	TaC	Mo	Ni	Co
26	26	15	11	6	8	8

表 6-5 试验用材料的力学性能[54]

杨氏模量/GPa	442.38
断裂韧性/MPa·m$^{1/2}$	10.8
抗弯强度/MPa	2600
0.03%屈服强度/MPa	1600
泊松比	0.230

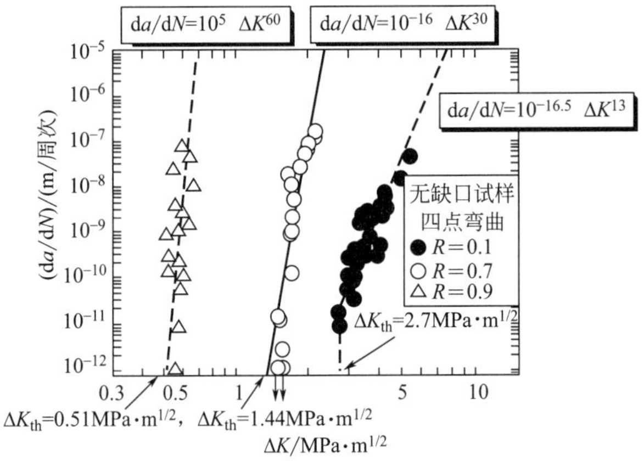

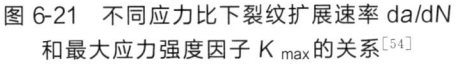

图 6-20　硬质合金在不同应力比下裂纹扩展速率 da/dN 和应力强度因子幅 ΔK 的关系[54]

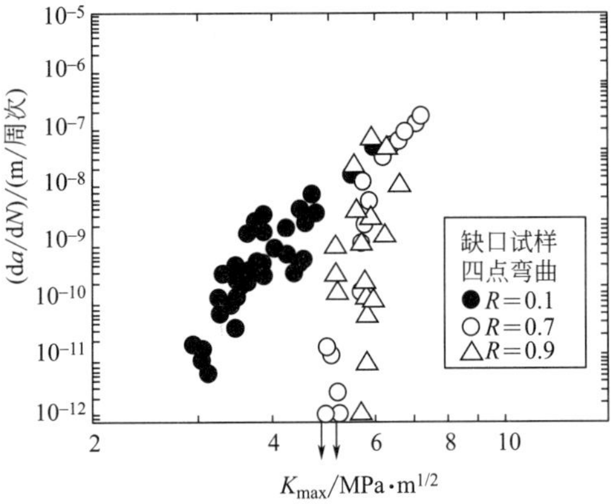

图 6-21　不同应力比下裂纹扩展速率 da/dN 和最大应力强度因子 K_{max}的关系[54]

图 6-21 的研究结果表明，对于指定的 K_{max}，当裂纹扩展速率较小（约为 1×10^{-11}m/周次）时，da/dN 随着应力比 R 的减小而增大；当裂纹扩展速率较大（约为 1×10^{-7}m/周次）时，da/dN 仅由 K_{max}决定，与应力比 R 无关。Ishihar 等人认为当裂纹扩展速率较小（1×10^{-11}m/周次）时，循环应力会削弱碳化物相与黏结相的界面结合强度，在界面处出现许多短裂纹，减弱了韧带区的桥联增韧效果，而这种削弱效果随着 R 值的减小而增加，因此 da/dN 随着应力比 R 的减小而增大。研究者对应力比对裂纹扩展速率的影响进行了深入的研究。图 6-22 给出了在相同的裂纹扩展速率时，K_{max}、ΔK 和应力比的关系。疲劳裂纹扩展的研究表明：裂纹尖端塑性区尺寸是影响裂纹扩展行为的一个重要因素，当裂纹扩展被颗粒阻碍时，只有在尖端塑性区尺寸 R_P大于颗粒尺寸时，裂纹才会连续扩展，类陶瓷材料裂纹扩展行为中，这个参数极具意义。Irwin 给出了裂纹尖端塑性区尺寸的计算公式：

$$R_p=\frac{1}{\pi}\left(\frac{K_{max}}{\sigma_{ys}}\right)^2 \tag{6-7}$$

式中，σ_{ys}为屈服强度。表 6-6 给出了 K_{max}阈值下，不同应力比下的 R_p及 R_p除以颗粒尺寸 d_m的倍数，在这种情况下，$\sigma_{ys}=1600$MPa，当 $R=0.9$ 时，R_p为颗粒尺寸的 2 倍，在低的裂纹扩展速率下，也能使试样失效（图 6-20），当裂纹扩展速率高于 10^{-7}m/周次时，扩展速率与 R 无关，只依赖于 K_{max}（图 6-21），当单调塑性区尺寸 4 倍于颗粒尺寸时，通过 K_{max}与 ΔK 和 R 的关系（图 6-22），可以根据式（6-4）～式（6-6）来预测硬质合金的疲劳寿命。

表 6-6　K_{max}阈值下的裂纹塑性区尺寸[54]

R	$K_{max,th}$/MPa·m$^{1/2}$	R_p/μm	R_p/d_m
0.1	2.9	1.04	1.12
0.7	3.5	1.52	1.64
0.9	4.1	1.98	2.14

注：d_m 为颗粒尺寸。

石原外美等人[56]对硬质合金短裂纹的扩展行为及应力比对裂纹扩展行为的影响进行了研究。所研究的合金成分如表 6-7 所示，硬质合金的力学性能如表 6-8 所示。图 6-23 给出了不同应力比短裂纹扩展速率 da/dN 与应力强度因子幅 ΔK 的关系。从图中可以看出应力比

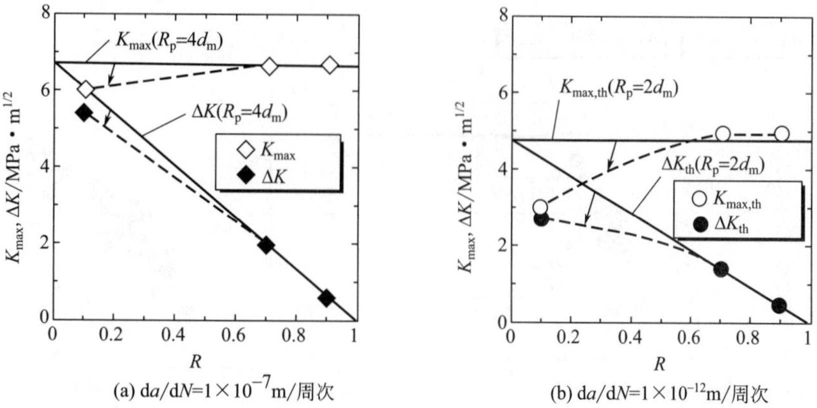

图 6-22 在恒定的裂纹扩展速率下，不同的 K_{max} 和 ΔK 值与 R 的关系[54]

越大，裂纹扩展速率越快，当 $R=0.8$ 时，$\Delta K=0.98\sim1.08\text{MPa}\cdot\text{m}^{1/2}$；而 $R=-1$ 时，$\Delta K=7.0\sim11\text{MPa}\cdot\text{m}^{1/2}$，两者裂纹扩展速率基本相同，但两种应力比的 ΔK 相差 10 倍之多。图 6-24 为在不同应力比下，裂纹扩展速率 da/dN 与最大强度因子 K_{max}的关系。图中结果表明，当 $K_{max}>6\text{MPa}\cdot\text{m}^{1/2}$时，裂纹扩展速率加速不依赖于应力比，而取决于 K_{max}。但是当裂纹扩展速率比较低时和低 K_{max}区域，裂纹扩展速率不取决于 K_{max}，应力比越小，裂纹扩展速率越快。如 $R=-1$，$K_{max}=2.9\text{MPa}\cdot\text{m}^{1/2}$，而 $R=0.8$，$K_{max}=6.3\text{MPa}\cdot\text{m}^{1/2}$。以上结果表明，在裂纹扩展速率快速的区域受 K_{max}支配，而在裂纹扩展速率较慢的区域受 ΔK 的影响。

表 6-7 硬质合金的化学成分(质量分数)[56] 单位：%

WC	TiC	TaC	NbC	Co
72	8	8	2	10

表 6-8 硬质合金的力学性能[56]

杨氏模量/GPa	527.2
断裂韧性/MPa • $m^{1/2}$	12.7
弯曲强度/MPa	2600
泊松比	0.222

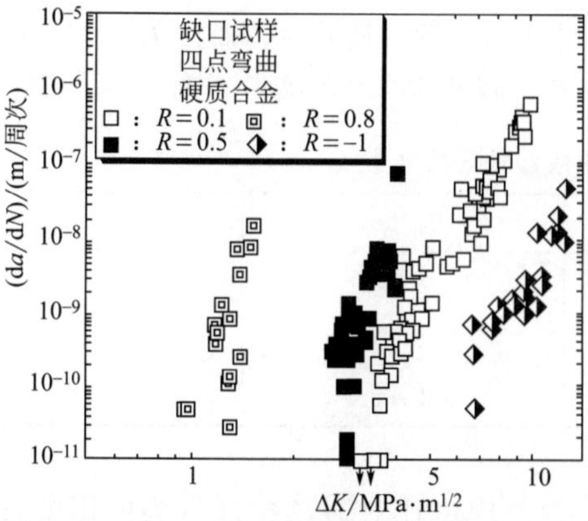

图 6-23 不同应力比短裂纹扩展速率 da/dN 与应力强度因子幅 ΔK 的关系[56]

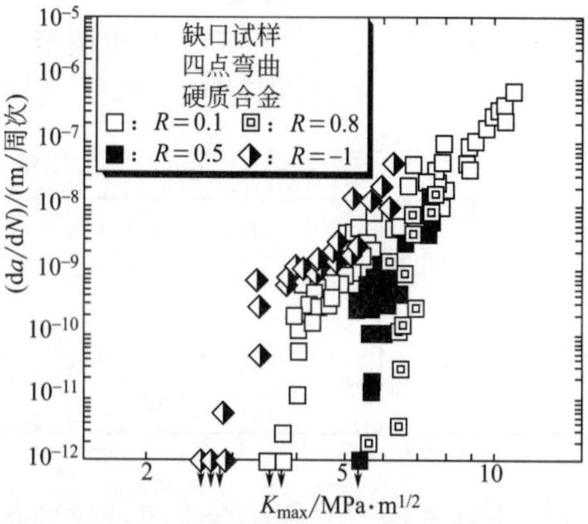

图 6-24 在不同应力比下，裂纹扩展速率 da/dN 与最大强度因子 K_{max}的关系[56]

为了对裂纹扩展速率快的高 K_{max} 区域和对裂纹扩展速率慢的低 K_{max} 区域的裂纹扩展路径进一步了解，对裂纹微观形貌的形态进行了研究，如图 6-25 所示。单位裂纹长度为 C_i，裂纹偏离基准线的角度为 α_i，C_i 与 α_i 的韦伯分布如图 6-26 所示。从图 6-26 可知，$K_{max}=4.0MPa \cdot m^{1/2}$ 的低裂纹扩展速率区域，裂纹平均单位长度 $C_i=0.5 \sim 1.0\mu m$，短裂纹比较多。而在 $K_{max}=7.2MPa \cdot m^{1/2}$ 的低裂纹扩展速率区域，裂纹平均单位长度 $C_i=1.0 \sim 1.3\mu m$，与低 K_{max} 区域相比，裂纹较长。在低 K_{max} 区域，裂纹的偏转角 α_i 大多数超过 30°，超过 50°的有 30%。在高 K_{max} 区域，α_i 大多数低于 30°，超过 50°的仅 16%。另外观察到 50%以上的单位裂纹长度 C_i 和 WC 的平均晶粒尺寸 d_m 以及晶粒间平均间隔 d_i 长度相接近。

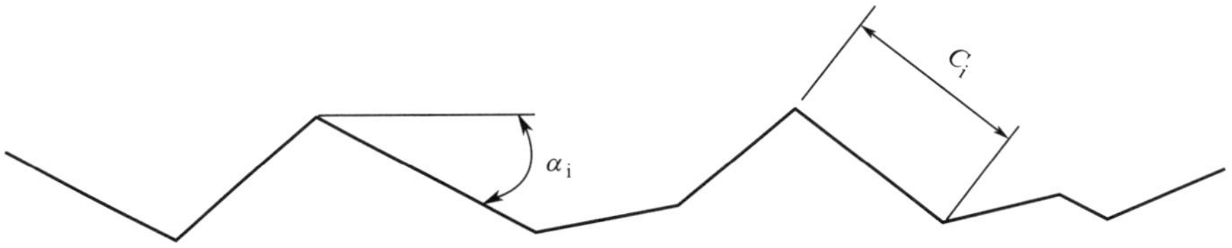

图 6-25　单位裂纹长度为 C_i，裂纹偏离基准线的角度 α_i 示意[56]

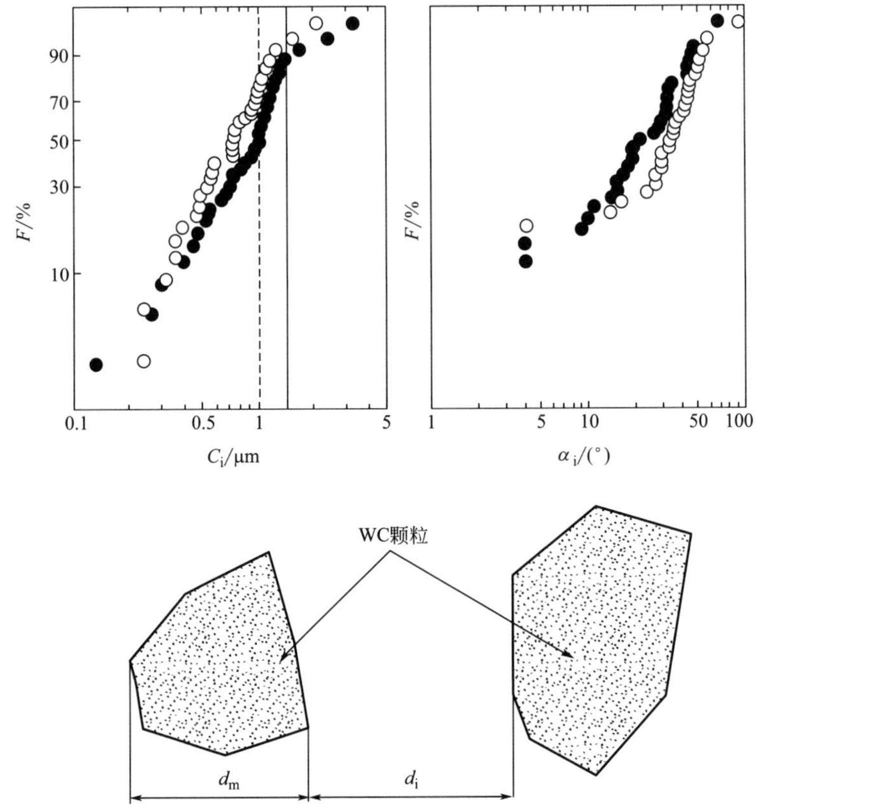

图 6-26　在 $K_{max}=4.0MPa \cdot m^{1/2}$ 和 $K_{max}=7.2MPa \cdot m^{1/2}$ 时，单位裂纹长度 C_i 与裂纹偏离基准线角度 α_i 的分布[56]

● $R=0.1$，$K_{max}=7.2MPa \cdot m^{1/2}$；○ $R=0.1$，$K_{max}=4.0MPa \cdot m^{1/2}$；---- $d_i=1.0\mu m$；—— $d_m=1.4\mu m$

研究者给出了低 K_{max} 和高 K_{max} 区域的裂纹扩展原理图。如图 6-27 所示，在低 K_{max} 区域，主裂纹尖端在 WC 粒子和 Co 相的界面上产生松弛和微细裂纹。并且裂纹沿着 WC 晶界偏转和迂回。而在高 K_{max} 区域，裂纹切割 WC 晶粒，穿晶断裂，直线前进（图 6-28）。

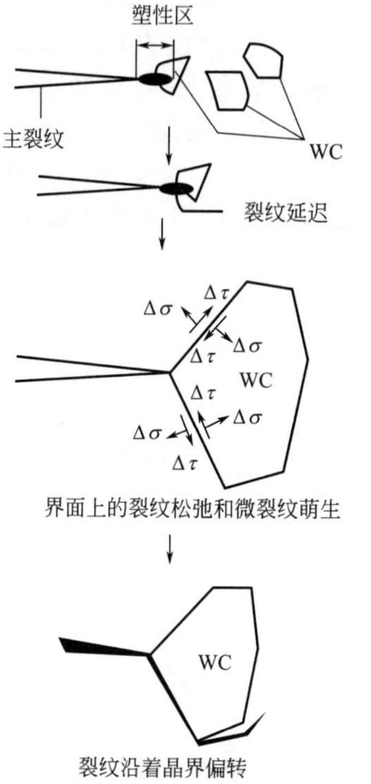

图 6-27 在低 K_{max} 区域由循环应力导致裂纹的裂纹扩展加速机制[56]

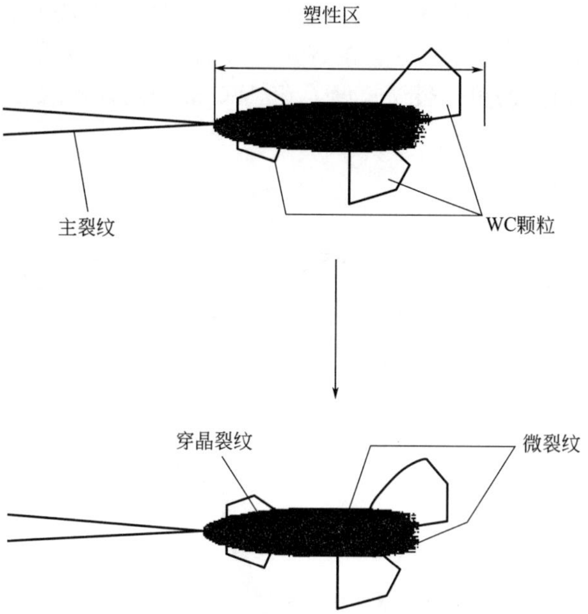

图 6-28 高 K_{max} 区域裂纹的裂纹扩展机制[56]

但 Boo 等人[57]认为应力比的影响主要体现在对 Co 相马氏体相变的影响：当 K_{max} 一定时，应力比 R 越小，黏结剂 Co 相的循环变形程度越大，Co 相中的堆垛层错数量增加，更多的 Co 相发生马氏体相变。与面心立方 Co 相比，密排六方结构的马氏体 Co 相的滑移系十分有限，几乎不可能发生滑移或孪生变形，所以表现为脆性断裂。随着应力比 R 的增大，硬质合金的断裂形式会从脆性断裂转变为韧性断裂。Llanes 等人[53]和 Torres 等人[15]通过观察断口形貌，发现应力比 R 越小时，真疲劳失效越明显，此时 Co 相不会发生很大的塑性变形，断口上呈现脆性断裂特征；而应力比 R 越大时，黏结相的韧性断裂越明显。这也进一步表明随着应力比 R 的增大，硬质合金的断裂模式越来越接近静态断裂模式。Roebuck 和 Almond[58]的研究也得到了相似的结论。

広濑幸雄等人[22,23]研究了在不同 Co 含量、不同 WC 粒径情况下应力比对硬质合金裂纹扩展速率的影响。图 6-29 给出了在不同应力比下两种 Co 含量不同的硬质合金的 da/dN 与 ΔK 的曲线。试验材料的力学性能如表 6-9 所示。图中结果表明，两种合金的 da/dN 与 ΔK 的曲线符合 Paris 公式，其中公式中的常数值如表 6-10 所示，表中数据表明应力比对裂纹扩展有一定的影响，对于 WC-15%Co 合金来说，在给定的 ΔK 值下，应力比越大，裂纹扩展速率越大。另外 $R=0.5$ 的 ΔK_{th} 比 $R=0.1$ 的 ΔK_{th} 要小。对于 WC-25%Co 合金来说，应力比对 da/dN-ΔK 曲线来说，没有多大影响。根据日本学者玉井富士夫的观点[59]，金属材料的 m 值一般为 2～5，氧化铝陶瓷的 $m=20.65$～29.3，而硬质合金的 m 值，处于中间值。属于金属和陶瓷之间的裂纹扩展特性。

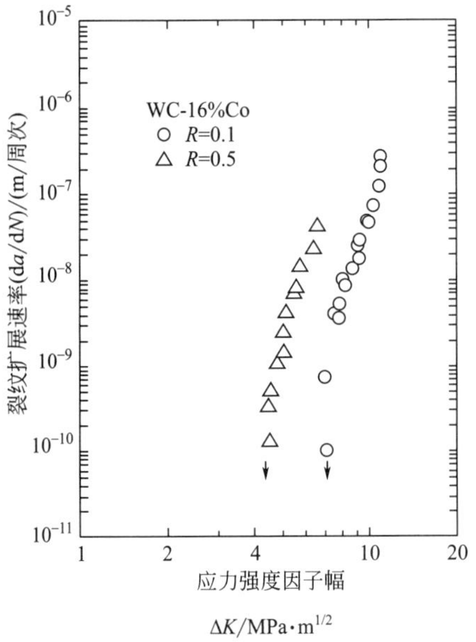

(a) WC-16%Co

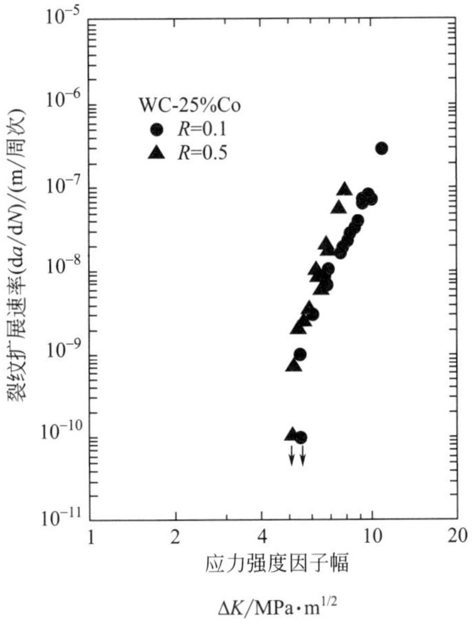

(b) WC-25%Co

图 6-29　两种不同 WC-Co 硬质合金 da/dN 与 ΔK 的关系[22]

表 6-9　两种 WC-Co 硬质合金材料的力学性能[22]

材料	杨氏模量 E/GPa	抗弯强度 σ_f/MPa	断裂韧性 K_{IC}/MPa · $m^{1/2}$	维氏硬度/HV
WC-16%Co	516	2925	14.4	969
WC-25%Co	456	2666	16.3	812

表 6-10　两种 WC-Co 硬质合金材料的 C_{WC} 和 m 值[22]

材料	R	C_{WC}	m
WC-16%Co	0.1 0.5	2.23×10^{-15} 2.77×10^{-14}	10.36 11.14
WC-25%Co	0.1 0.5	1.15×10^{-11} 2.32×10^{-13}	6.92 9.33

图 6-30 所示为裂纹开口比（$U=\Delta K_{eff}/\Delta K$）与 ΔK 的关系，仅 WC-16%Co 合金在 $R=0.1$ 时，U 值才小于 1，表明在这种情况下有裂纹闭合行为，即在 U 值为 0.8 左右，随着 ΔK 的增大稍有增大，而 WC-16%Co 在 $R=0.5$ 时，WC-25%Co 在 $R=0.1$、0.5 时，裂纹开口比均为 1，表明在高 ΔK 区域均无裂纹闭合行为，产生这种现象的原因为裂纹的闭合取决于 Co 相的厚度，厚度越厚，越容易直线扩展，难于引起闭合现象。另外，应力比 $R=0.5$ 的断口呈现塑性断裂模式，$R=0.1$ 的断口呈现脆性断裂模式，后者更容易发生闭合行为。

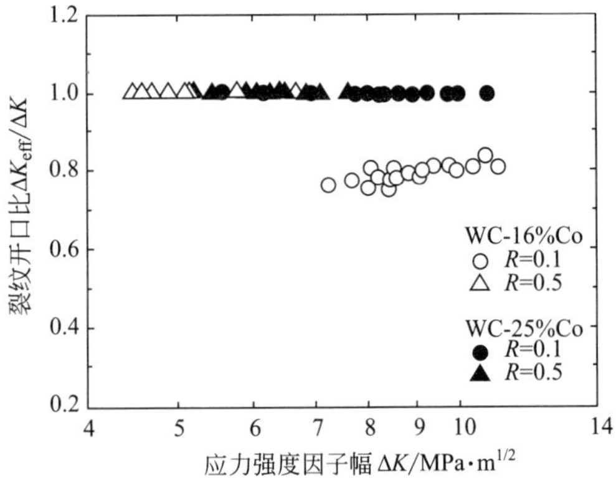

图 6-30　裂纹开口比（$U=\Delta K_{eff}/\Delta K$）与 ΔK 的关系[22]

图 6-31 为 da/dN-ΔK_{eff}关系，从图中结果可知，da/dN-ΔK_{eff}关系基本不受应力比的影响。图 6-32 给出了 da/dN-$\Delta K_{eff}/E$ 关系，在 $da/dN=10^{-9}\sim5\times10^{-8}$m/周次得到：

$$da/dN=2.04\times10^{31}\ (\Delta K_{eff}/E)^{8.07} \tag{6-8}$$

而球磨铸铁、铝合金和钛合金的 da/dN-$\Delta K_{eff}/E$ 关系曲线为[60]：

$$da/dN=2.66\times10^{9}\ (\Delta K_{eff}/E)^{3.37} \tag{6-9}$$

以及氧化铝陶瓷的 da/dN-$\Delta K_{eff}/E$ 关系曲线为[59]：

$$da/dN=2.09\times10^{117}\ (\Delta K_{eff}/E)^{23.05} \tag{6-10}$$

上述结果表明 WC-Co 硬质合金与金属材料、陶瓷材料的断裂特性有着本质的不同。

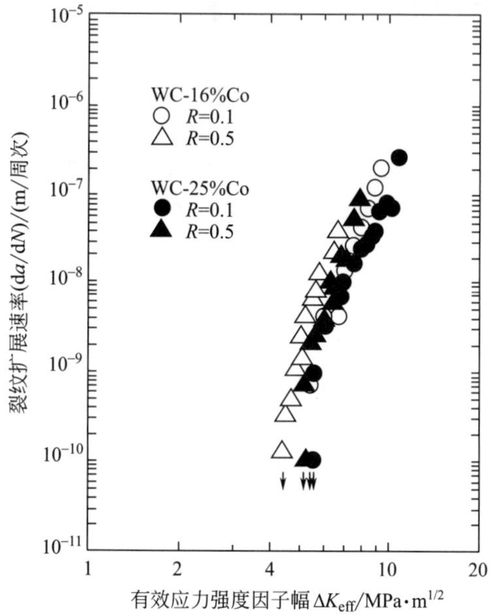

图 6-31 da/dN-ΔK_{eff} 关系[22]

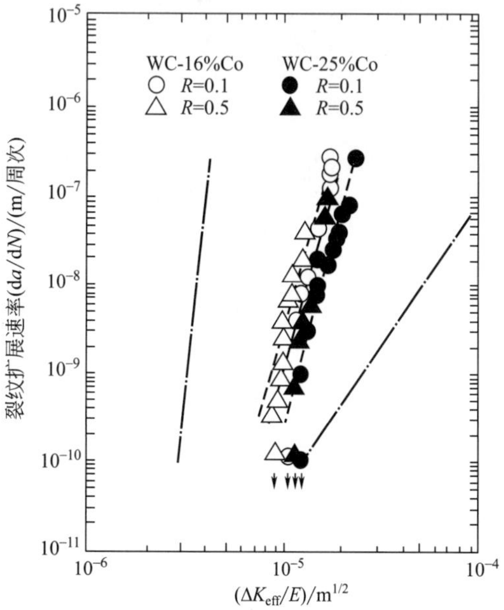

图 6-32 da/dN-$\Delta K_{eff}/E$ 关系[22]

広瀬幸雄等人[23]还研究了 22Co3 和 22Co6 硬质合金裂纹扩展行为，试验材料的力学性能如表 6-11 所述，而不同 WC 粒径硬质合金的 da/dN 与 ΔK 的曲线如图 6-33 所示，图中结果表明，疲劳裂纹的扩展速率受应力比影响，对于同一 ΔK 来说，应力比越大，裂纹扩展速率越大；WC 粒径越大，裂纹扩展速率越大。另外对于同一粒径的硬质合金，应力比越大，其 ΔK_{th}越小，而应力比相同时，粒径越小，其 ΔK_{th}越大。图 6-34 为两种硬质合金的裂纹扩展速率 da/dN 与最大应力强度因子 K_{max}的关系。其结果表明，对于同一 K_{max}来说，应力比越小，裂纹扩展速率越大。对于同一应力比来说，WC 晶粒尺寸越大，裂纹扩展速率越快。图 6-35 为两种硬质合金的裂纹扩展速率 da/dN 与有效应力强度因子幅 ΔK_{eff}的关系。在较小的 ΔK_{eff}时，应力比和晶粒尺寸的影响都不大，但在较大的 ΔK_{eff}时，晶粒越细和应力比越大时，裂纹扩展速率越快。

表 6-11 两种硬质合金材料的力学性能[23]

牌号	Co 含量(质量分数)f/%	WC 晶粒尺寸 d/μm	Co 平均自由程 λ/μm	杨氏模量 E/GPa	抗弯强度 σ_f/MPa
22Co3	22	3	0.99	490	3136
22Co6	22	6	1.97	480	2352

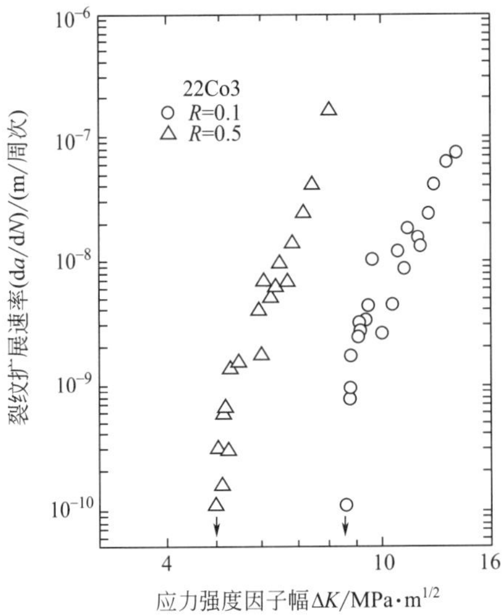

(a) 22Co3

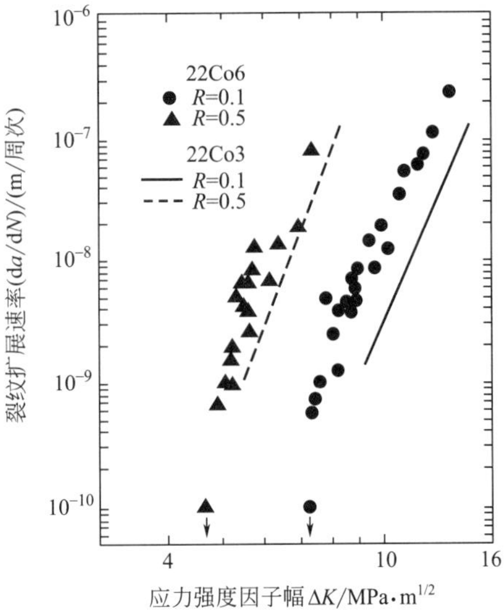

(b) 22Co6

图 6-33　WC-22% Co（质量分数）硬质合金 da/dN 与 ΔK 的关系[23]

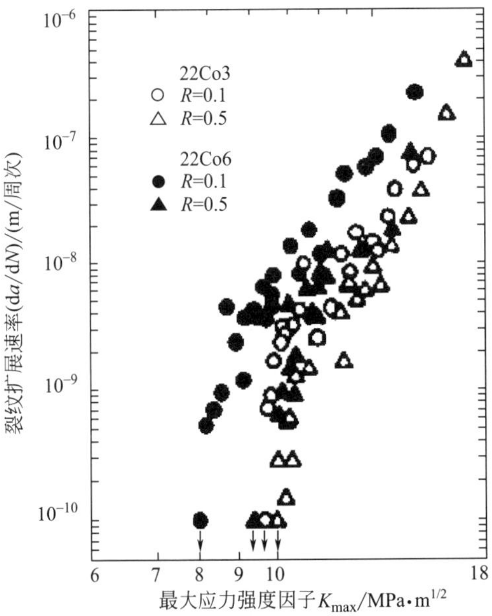

图 6-34　两种硬质合金的裂纹扩展速率 da/dN 与最大应力强度因子 K_{max} 的关系[23]

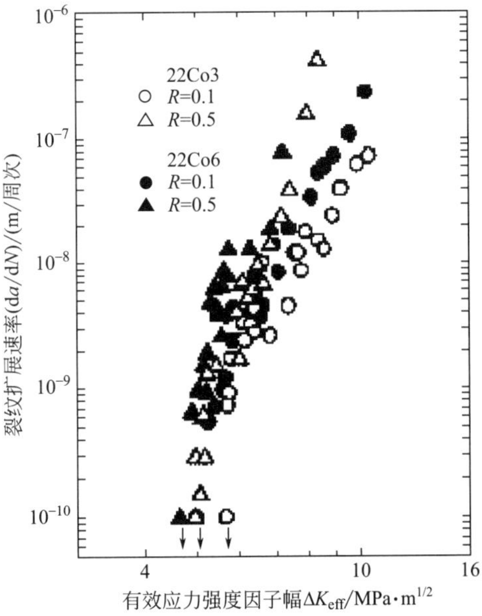

图 6-35　两种硬质合金的裂纹扩展速率 da/dN 与有效应力强度因子幅 ΔK_{eff} 的关系[23]

（2）加载频率对裂纹扩展的影响

一般认为硬质合金在循环载荷下存在着静态模式和真疲劳模式两种断裂机制。当疲劳为真疲劳断裂模式时，疲劳行为与频率无关，只与循环次数相关；当疲劳为静态断裂模式时，频率会影响疲劳裂纹扩展速率。但大多数研究并没有发现加载频率对硬质合金或金属陶瓷的疲劳裂纹扩展速率有显著的影响，这种现象很可能是由于试验的频率范围太窄或者黏结相含量太高所致[52,61,62]。

(3) 温度对疲劳裂纹扩展的影响

硬质合金用作切削刀具材料时，除了承受复杂的机械载荷外，往往还要承受循环的温度变化和高温环境，因此有必要了解硬质合金的高温疲劳破坏机理。

Ishihara 等人[55]认为高温对疲劳裂纹扩展的影响主要体现在以下三个方面：①在高温下，金属黏结相会发生高温扩散，从而导致碳化物与金属黏结相的界面结合强度下降，降低了桥联增韧效果，减小裂纹扩展阻力。②在高温下，金属黏结相的屈服强度下降，从而导致裂纹尖端塑性区的尺寸增加，当塑性区尺寸大于碳化物尺寸，即当裂纹遇到碳化物时，裂纹主要以穿碳化物和在其周围萌生短裂纹的方式进行扩展，这种扩展方式使得裂纹扩展速率增大。③温度还会显著地影响裂纹扩展路径。当室温下裂纹扩展速率很低时，裂纹沿着 WC/Co 界面扩展；当裂纹扩展速率很高时，裂纹既会沿着 WC/Co 界面扩展，又会穿过 WC 颗粒扩展。而在高温下裂纹都是沿着 WC/Co 界面扩展。Ishihara 等人对表 6-12 所示合金进行疲劳试验，该合金力学性能如表 6-13 所示，图 6-36 表示在不同温度下和不同应力比下裂纹扩展速率 da/dN 和 ΔK 的关系，图 6-37 表示在不同温度和不同应力比下裂纹扩展速率 da/dN 和 K_{max}的关系，图 6-38 表示在 573K、773K 温度下和在应力比 R 分别为 0.1 和 0.5 时，裂纹扩展速率 da/dN 和 K_{max}的关系。分析图中结果，可以得到如下结论：①在中等和低的温度下，材料的裂纹扩展速率与 K_{max}和 ΔK 有关；②在低的 K_{max}区域，裂纹扩展速率与循环载荷相关；③在 773K 温度下，裂纹扩展速率仅取决于 K_{max}。

表 6-12　硬质合金的化学成分(质量分数)[55]　　单位：%

WC	TiC	TaC	NbC	Co
72	8	8	2	10

表 6-13　硬质合金的力学性能[55]

杨氏模量/GPa	527
泊松比	0.222
断裂韧性/MPa・m$^{1/2}$	12.7
抗弯强度/MPa	2600

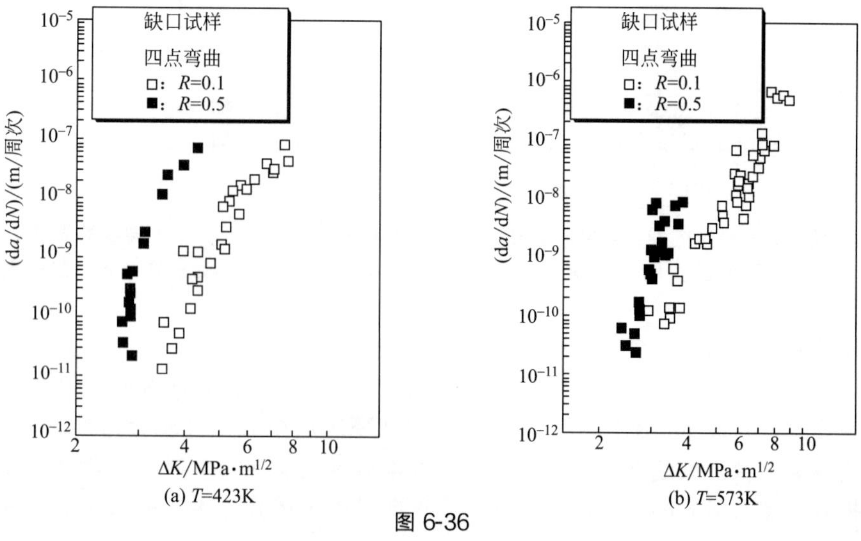

图 6-36

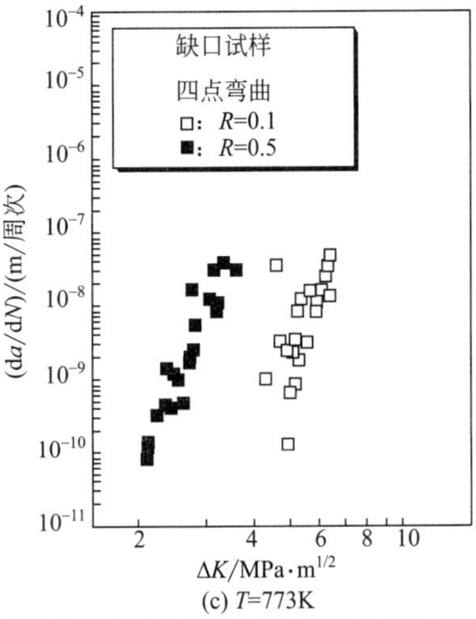

(c) T=773K

图 6-36 不同温度下裂纹扩展速率 da/dN 和应力强度因子幅 ΔK 的关系[55]

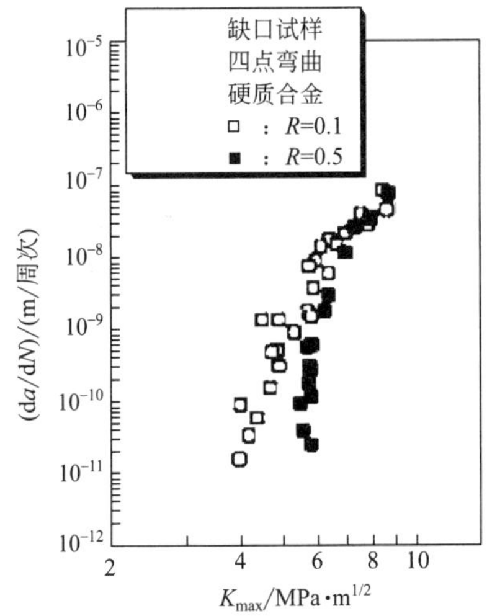

(a) T=423K

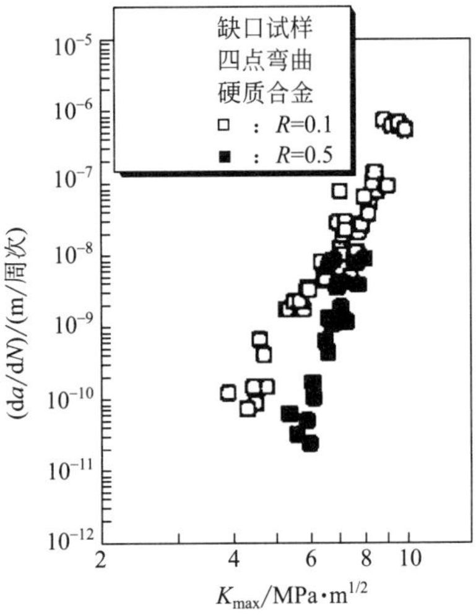

(b) T=573K

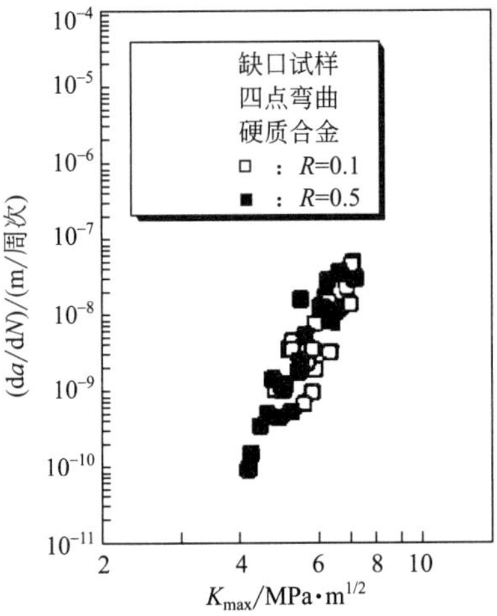

(c) T=773K

图 6-37 不同应力比下裂纹扩展速率 da/dN 和最大应力强度因子 K_{max} 的关系[55]

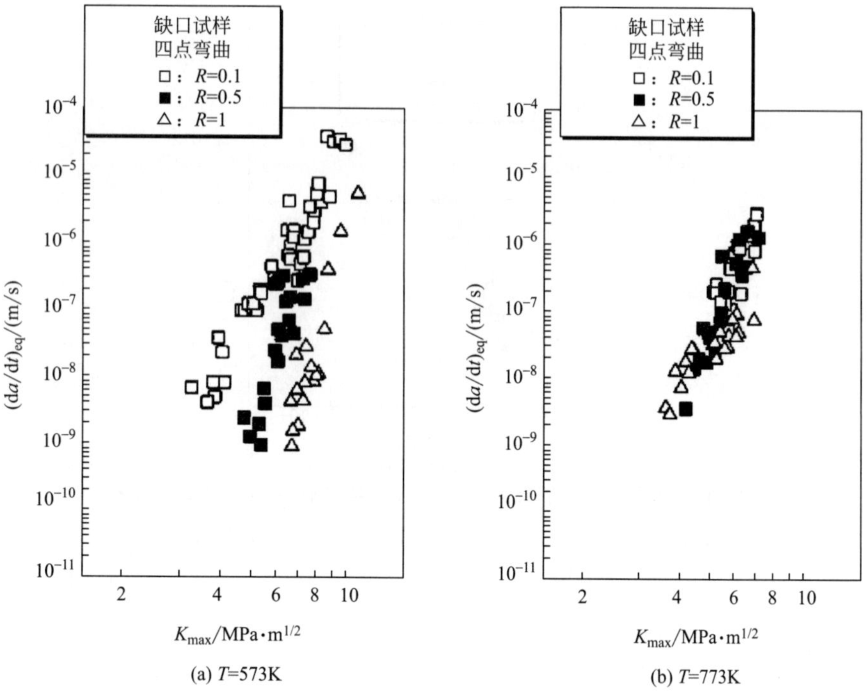

图 6-38 不同应力比和不同温度下裂纹扩展速率和最大应力强度因子 K_{max} 的关系[55]

石原外美等人[48]给出了金属陶瓷和硬质合金的热冲击疲劳裂纹扩展速率和应力强度因子的关系图（图 6-39）。试验用材的成分和力学性能如表 6-14 和表 6-15 所示。图中结果表明，在低 ΔK 区域硬质合金的裂纹扩展速率比金属陶瓷快，而在高 ΔK 区域内，两种材料裂纹扩展速率没有太大的差异，金属陶瓷在裂纹扩展速率为 $5\times10^{-9}\sim5\times10^{-7}$ m/周次范围内与硬质合金裂纹扩展速率相比其斜率更大。

表 6-14 材料的化学成分(质量分数)[48]　　单位：%

材料	WC	TiC	TaC	NbC	Co	
硬质合金	72	8	8	2	10	
材料	WC	TiCN	TaC	Ni	Co	Mo
金属陶瓷	15	50	10	8	8	9

表 6-15 试验材料的力学性能[48]

力学性能	金属陶瓷	硬质合金
线膨胀系数	7.96×10^{-6}	5.34×10^{-6}
杨氏模量/GPa	428.26	527.24
泊松比	0.233	0.222
K_{IC}/MPa·m$^{1/2}$	10.86	12.7
抗弯强度/MPa	2150	2600

舒士明等人[63]研究了 WC-Co 系硬质合金抗热冲击疲劳性能，图 6-40 给出了 YG8 缺口试样在温度分别为 400℃、500℃、600℃、700℃、800℃水冷时的热冲击疲劳行为。由图可

见，在 700℃以下时，裂纹的萌生及扩展的过程为：裂纹在一定次数的循环后才开始形成，裂纹形成存在孕育期（一般规定，当缺口根部出现 0.15mm 长的裂纹时的循环次数作为孕育期），称为热冲击疲劳裂纹萌生孕育期 N_0。裂纹形成后会缓慢扩展，当达到一定循环次数后再迅速扩展，达到一定尺寸后停止扩展。但当温度在 800℃以上时，裂纹萌生却不存在孕育期，热循环一次时裂纹就已经形成，并在经历几次循环后裂纹发生失稳扩展，到一定长度即停止扩展。热循环温度越高，裂纹萌生孕育期越短，裂纹扩展速率就越快，裂纹从稳态扩展到失稳态扩展的循环次数越少，热循环上限温度 T 越高，则材料内部热应力越大，裂纹越容易萌生和扩展，而材料达到热冲击疲劳破坏所需循环次数变少。因此，热循环温度越低，热冲击疲劳效应越明显。

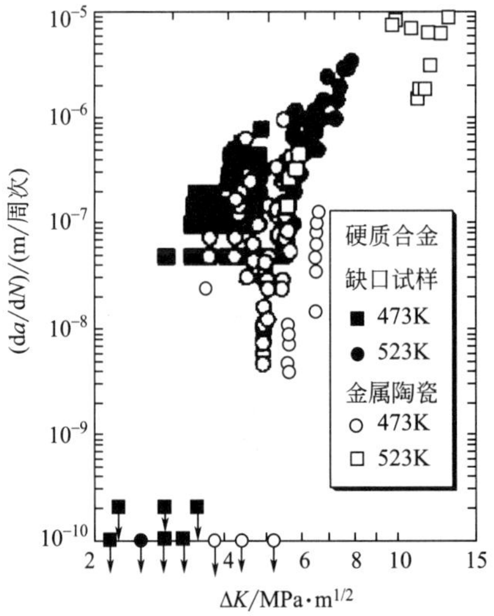

图 6-39　热冲击下疲劳裂纹扩展速率 da/dN 与应力强度因子幅 ΔK 的关系[48]

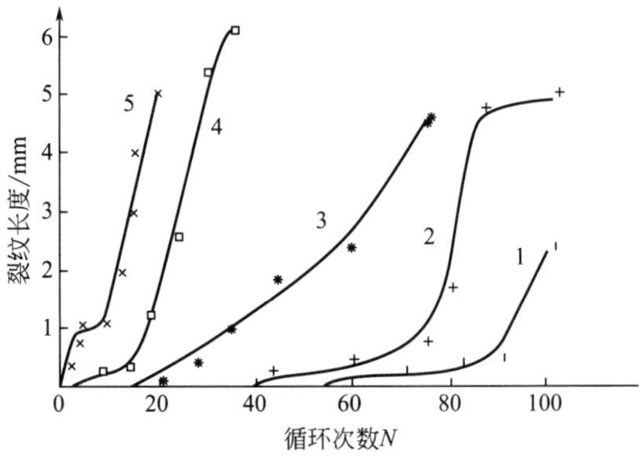

图 6-40　YG8 缺口试样在不同循环温度下的热冲击疲劳行为[63]

1—400℃；2—500℃；3—600℃；4—700℃；5—800℃

研究者还研究了黏结相含量对热冲击疲劳裂纹扩展速率的影响，图 6-41 是 5 种硬质合金试样在水冷条件下裂纹萌生孕育期 N_0与循环温度的关系曲线。由图可知，随黏结相 Co 含量增加，裂纹萌生孕育期 N_0变短。此外，裂纹萌生孕育期随循环温度升高而变短。因为缺口会造成局部应力集中，再与加热循环过程中的热应力相互叠加后可以进一步促使短裂纹萌生，导致缺口试样裂纹萌生孕育期较无缺口试样更短。

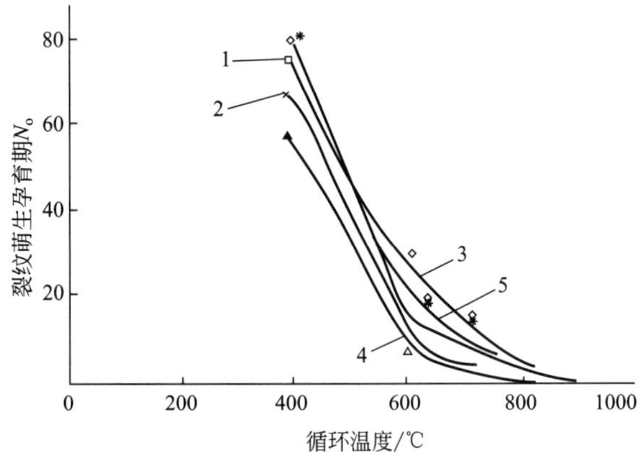

图 6-41　循环温度及黏结相含量对硬质合金裂纹萌生孕育期的影响[63]

1—YG6（Y）；2—YG8（Y）；3—YG8（N）；4—YG20（Y）；5—YG20（N）

图 6-42 是两种硬质合金试样在温差 $\Delta T=600$℃油中的热冲击疲劳行为，试样均表现出明显的热冲击疲劳特征，即裂纹形成有一定的孕育期，而如图所示 YG8 裂纹扩展速率比 YG20 要快。这主要是因为

黏结相 Co 的存在钝化了裂纹尖端，且 Co 相会在钝化的裂纹尖端以及在前方不断长大的孔隙之间的颈脖处集中，因而对裂纹的扩展起到了缓冲作用。黏结相含量越高，这种缓冲作用越大，从而裂纹扩展速率就越慢。由图 6-42 还可知，缺口试样的裂纹扩展速率比无缺口试样要快，缺口促进了疲劳裂纹的扩展。

研究发现，冷却介质的冷却速率对材料热冲击疲劳裂纹的萌生及扩展也有很大的影响。图 6-43 是 YG8 缺口试样在 $\Delta T=600℃$ 不同冷却介质中冷却的热冲击疲劳行为。由图可知，在水冷条件下，裂纹的扩展速率比油冷及 PVA（8%聚乙烯醇）冷却要快得多。当水冷裂纹已处于失稳扩展阶段时，油冷及 PVA 冷的裂纹尚处于稳态缓慢扩展阶段。这主要是因为冷却速率越快，单位热循环时材料内部的损伤累积程度就较大，裂纹形成后的扩展速率也就越快。热冲击疲劳断口疲劳条纹特征也反映出冷却速率的影响，冷却速率快，试样达到破坏时的热循环次数少，热冲击疲劳效果不明显，断口上的疲劳条纹数少，条纹间距较大。YG20 试样的试验结果也证实了这一点。

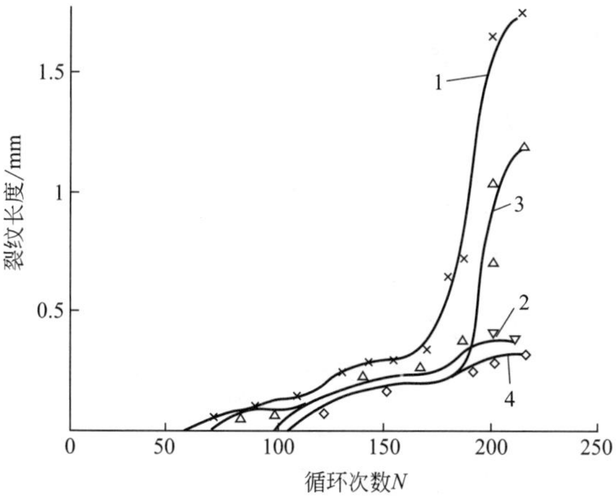

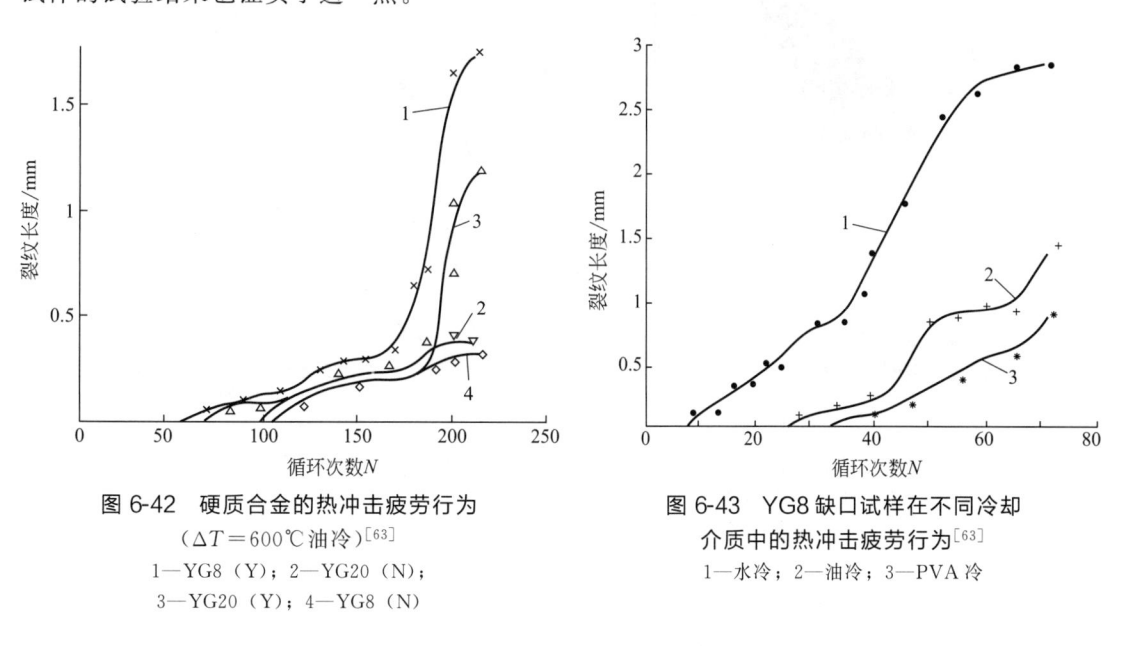

图 6-42　硬质合金的热冲击疲劳行为（$\Delta T=600℃$ 油冷）[63]

1—YG8（Y）；2—YG20（N）；3—YG20（Y）；4—YG8（N）

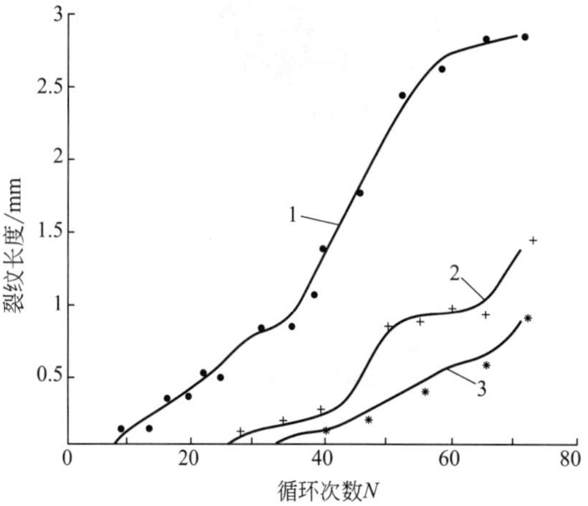

图 6-43　YG8 缺口试样在不同冷却介质中的热冲击疲劳行为[63]

1—水冷；2—油冷；3—PVA 冷

而 Kindermann 和 Sockel[64] 则认为温度主要会影响 Co 相的马氏体相变、氧化、塑性以及碳化物的韧脆转变。研究者研究了温度对 WC-Co 硬质合金疲劳敏感性的影响，结果如图 6-44 所示[64]。在室温时，循环载荷会导致 WC-Co 硬质合金中的 Co 相发生 FCC-HCP 相变而变得更脆，进而减弱了裂纹尖端前沿的屏蔽效应和裂纹尖端尾部的桥联增韧作用，疲劳敏感性很大；当温度升高到 300℃时，由于 Co 相的马氏体相变减少，同时 Co 相的塑性增加并且未发生明显的氧化，屏蔽效应和桥联增韧效果增强，疲劳敏感性减小；当温度升高到 500℃时，Co 相沿着亚临界裂纹扩展方向发生显著的氧化而脆化，疲劳敏感性增大；当温度继续升高到 700℃时，碳化物发生脆韧转变，疲劳敏感性又减小。而金属陶瓷的试验现象却与硬质合金的有所不同，由于黏结相 Co 和 Ni 几乎不发生马氏体相变，当温度为 25～500℃时，疲劳敏感性几乎不变；温度升高到 700℃时，由于碳化物相发生脆韧转变，疲劳敏感性减小；当温度继续升高到 900℃时，由于黏结相和碳化物相的氧化脆化，其疲劳敏感性增大[64,65]。

Dary 等人[66] 和 Roebuck 等人[67] 发现，温度的变化还会导致硬质相和黏结相的残余应力的变化，从而影响硬质合金的疲劳寿命。

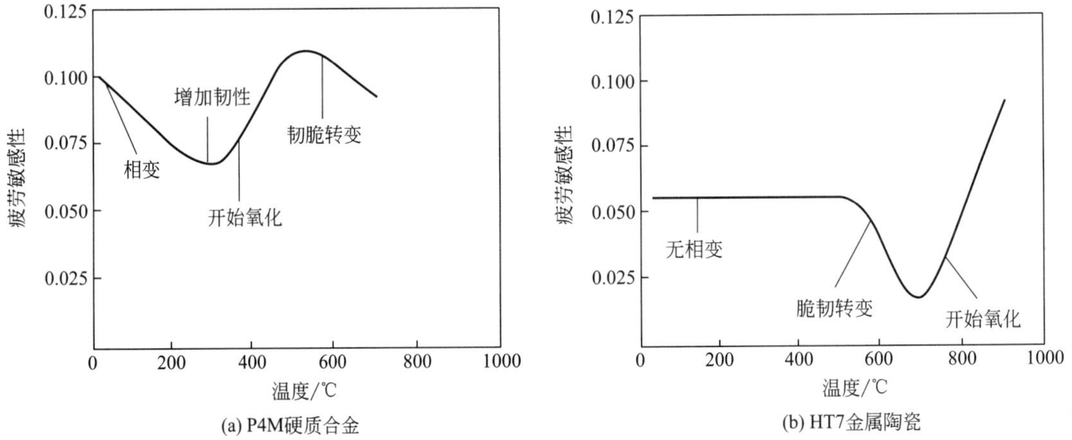

图 6-44　P4M 硬质合金和 HT7 金属陶瓷的疲劳敏感性与温度的关系[64]

WC-Co 类硬质合金在使用过程中有温度冷热交替的变化，内部有温度梯度的产生，WC 相和 Co 相的热膨胀系数相差 3 倍，合金导热性差，很多工具材料同时受到压应力和剪切应力的作用。Upadhyaya[68]认为，硬质合金工具材料磨损或断裂失效的最主要原因是热疲劳裂纹形成和扩展。Akerman 和 Ericson[69]认为当温度升高时 Co 相承受压应力，当温度下降时，Co 相承受拉应力。由热胀冷缩产生的热应力值大于硬质合金的抗弯强度时，将导致 WC/Co 相界面弱化，使 Co 黏结相界面弱化，弱化和破坏 Co 相对 WC 颗粒的支撑粘连作用，WC 相由于缺少 Co 黏结相的黏结作用，而不断被剥落产生微孔隙。随着孔隙不断变大，相邻孔隙连成短裂纹，裂纹沿着 WC/Co 界面和 WC 相向深处扩展，发展成热疲劳典型特征——龟裂纹。

（4）环境对疲劳裂纹扩展的影响

陈振华等人[70]采用 V 形缺口试样，研究了 YG8 硬质合金在 10～650℃热循环下，冷却介质分别为 pH＝5.2 的盐酸溶液、pH＝7.4 水和 pH＝8.8 的氢氧化钠溶液的热疲劳行为。通过扫描电镜和变焦体显微镜观察疲劳断口形貌和疲劳裂纹形貌，研究热疲劳裂纹形成与扩展机制。结果表明：冷却介质对热疲劳性能影响显著，同样循环次数下在 pH＝5.2 的盐酸中冷却先出现裂纹，且扩展速率较快；pH＝8.8 的氢氧化钠溶液次之，水（pH＝7.4）是三者中抗热疲劳性能最好；在中性介质中，裂纹的扩展方式主要为 WC 相缺少 Co 黏结相的粘接作用而不断被剥落产生微孔隙，随着微孔隙尺寸不断变大，相邻的孔隙将相连形成短裂纹，沿 WC/Co 相界面扩展，在腐蚀介质中，疲劳裂纹形成过程变得十分复杂，扩展方式主要为裂纹穿过腐蚀疲劳坑和通过大尺寸的团聚物扩展。图 6-45 给出了裂纹长度和循环次数的关系。

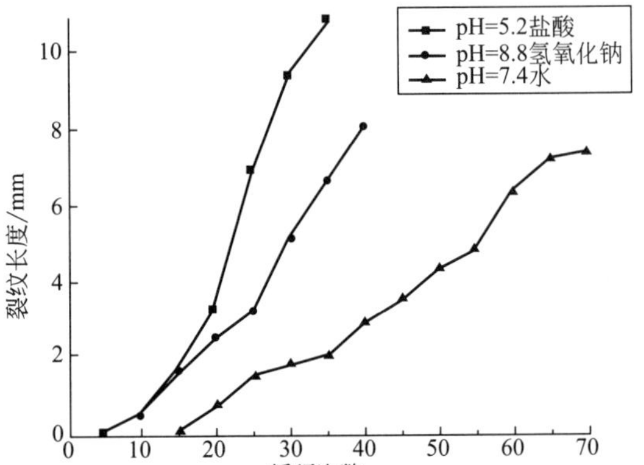

图 6-45　裂纹长度和循环次数的关系[70]

杨庆海等人[71]对表面化学镀钴磷层的钢结硬质合金的热疲劳特性进行了研究，探讨了热疲劳寿命与镀层厚度的关系，采用的钢结硬质合金为 CJW50，表 6-16 为施镀时间与镀层厚度的关系，图

6-46 为镀层厚度与热疲劳裂纹长度之间的关系。从图中可见，镀层为 22μm 的试样，热裂纹最短，超过该厚度热裂纹长度逐渐增大。镀层表面的热裂纹形态如图 6-47 所示。图 6-48 给出了热疲劳裂纹长度与镀层厚度和循环次数的关系。图中结果说明：镀层的热疲劳寿命和镀层厚度和热循环次数有关。在全部热循环周次中，镀层厚度为 22μm 的试样热裂纹长度最短。

表 6-16　施镀时间和镀层厚度的关系[71]

施镀时间/h	1	2	3	4	5
镀层厚度/μm	15	22	30	46	51

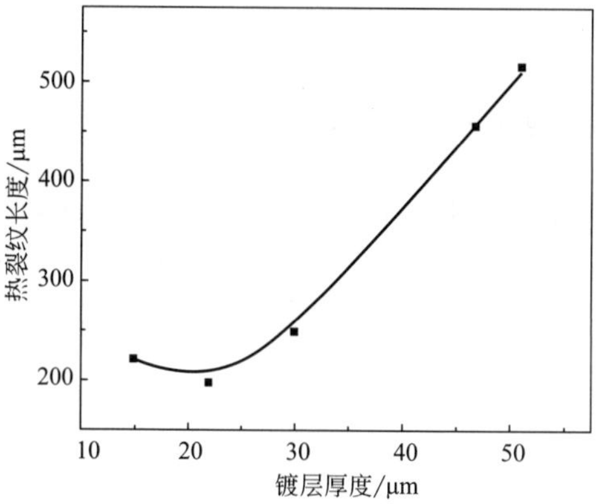

图 6-46　镀层厚度与热裂纹长度的关系[71]

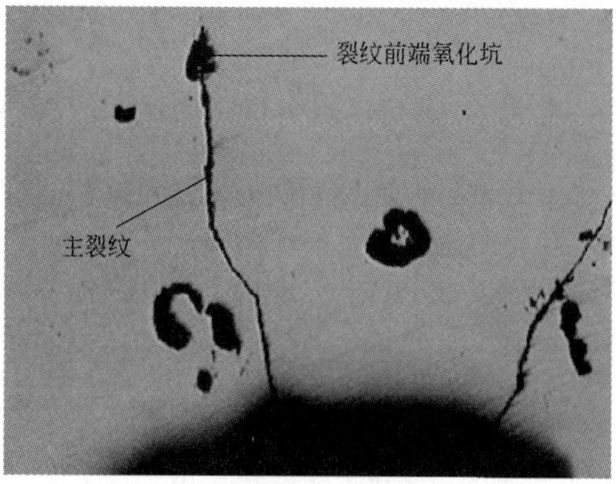

图 6-47　镀层表面热裂纹形态[71]

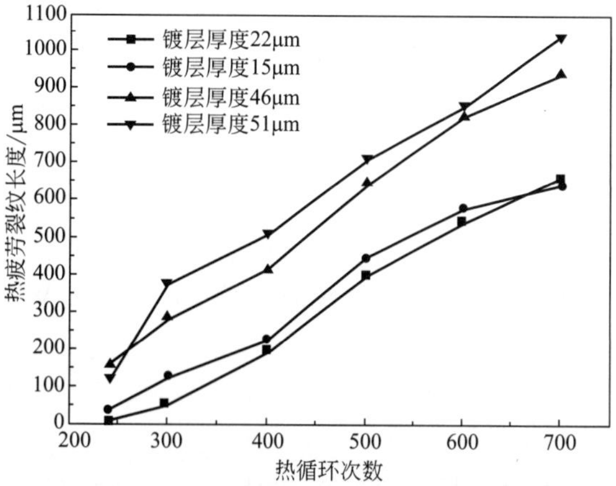

图 6-48　热疲劳裂纹长度与镀层厚度和循环次数的关系[71]

6.3.4　影响疲劳裂纹扩展的内在因素

影响疲劳裂纹扩展的内在因素包括碳化物和黏结剂的化学成分和显微结构。显微结构参数包括碳化物和黏结剂的含量、碳化物的晶粒尺寸、碳化物的形状和分布等，其中独立的显微结构参数是黏结相的平均自由程和硬质相的邻接度。

（1）黏结相的平均自由程对裂纹扩展的影响

早期研究表明：疲劳裂纹扩展抗力随着黏结相的平均自由程 λ_{Co} 的增大而增大[52,72,73]。

Fry 和 Garre[52]认为裂纹尖端尾部 Co 相的韧带断裂导致了疲劳裂纹的扩展，而该机理可解释裂纹扩展速率随着 Co 相的平均自由程增大而减小的现象。

Fry 等人所测试的样品化学成分和力学性能如表 6-17 所示[52]，图 6-49 给出了 WC-Co 合金 Co 相平均自由程和裂纹扩展速率（da/dN）、Paris 裂纹扩展方程的指数 m 的关系。

表 6-17　测试样品的化学成分和力学性能[52]

合金（宝石等级）	Co 质量分数/%	Co 体积分数(f_{Co})/%	WC 名义晶粒大小	WC 实测晶粒大小/μm	邻接度	名义平均自由程/μm	实测平均自由程/μm	硬度 VPN /(kgf/mm²)	K_I /(MN/m$^{3/2}$)
S6	6	0.101	细晶	1.0	0.50	0.093	0.186	1541	8.2
S10	10	0.164	细晶	1.1	0.36	0.216	0.338	1337	9.1
G6	6	0.101	粗晶	2.9	0.50	0.327	0.654	1377	10.0
G10	10	0.164	粗晶	3.1	0.36	0.608	0.950	1215	11.3
G15	15	0.237	粗晶	3.5	0.25	1.090	1.453	104	13.3
25E	25	0.370	粗晶	3.2	0.13	1.882	2.163	798	15.7

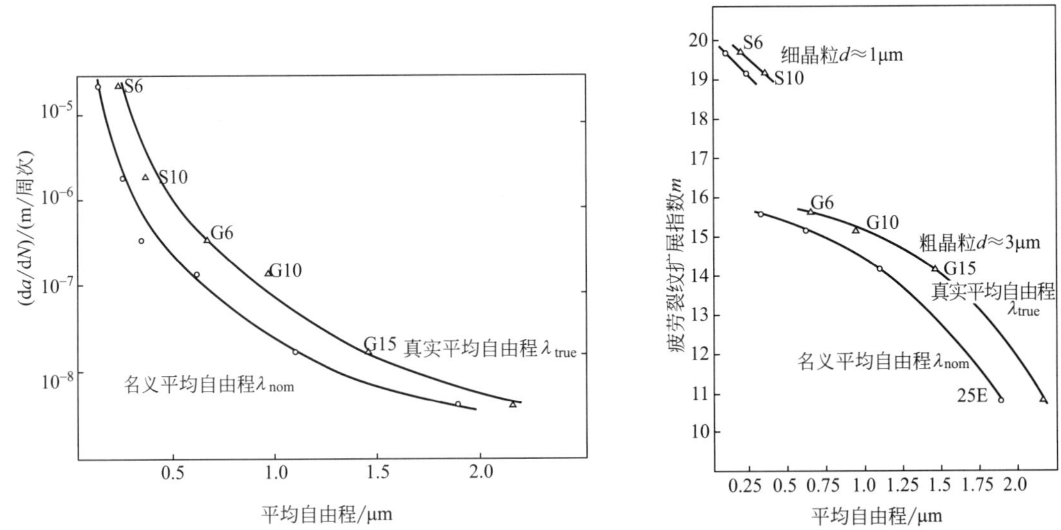

(a) 裂纹扩展速率和Co相平均自由程关系
(ΔK=8.5MN/m$^{3/2}$，R=0.04～0.08)

(b) 裂纹扩展指数m与Co相平均自由程的关系
(R=0.04～0.08)

图 6-49　WC-Co 合金 Co 相的平均自由程和裂纹扩展速率（da/dN）、裂纹扩展指数（m）的关系[52]

但是 Llanes 等人[53]的研究却认为黏结相的影响并不如此简单，研究者的研究结果如图 6-50 所示。当黏结相的平均自由程 λ_{Co}增大（与碳化物的邻接度 C_{WC}成反比）时，金属黏结相的韧性将会明显增加，硬质合金的疲劳行为由类陶瓷行为转变为类金属行为，即更易发生真疲劳断裂。随着 λ_{Co}的增大，虽然断裂韧性是单调增大的，但是疲劳裂纹扩展门槛值 K_{th}却先增大后减小，断裂韧性和疲劳裂纹扩展抵抗力之间并不表现出单调的关系。研究认为主要原因是在循环载荷下，硬质合金中的黏结相既是增韧相，同时又是易受疲劳影响相，两者之间存在一个临界点。一方面，裂纹桥联和钴相受约束的塑性延伸是断裂时最主要的能量耗散点；另一方面，黏结相具有金属材料易受疲劳损伤影响的本质特征，特别是黏结相中发生了 FCC-HCP 马氏体相变的情况下，这不仅导致了裂纹尖端尾部韧带的过早失效，同时也减小了裂纹尖端的屏蔽效应。

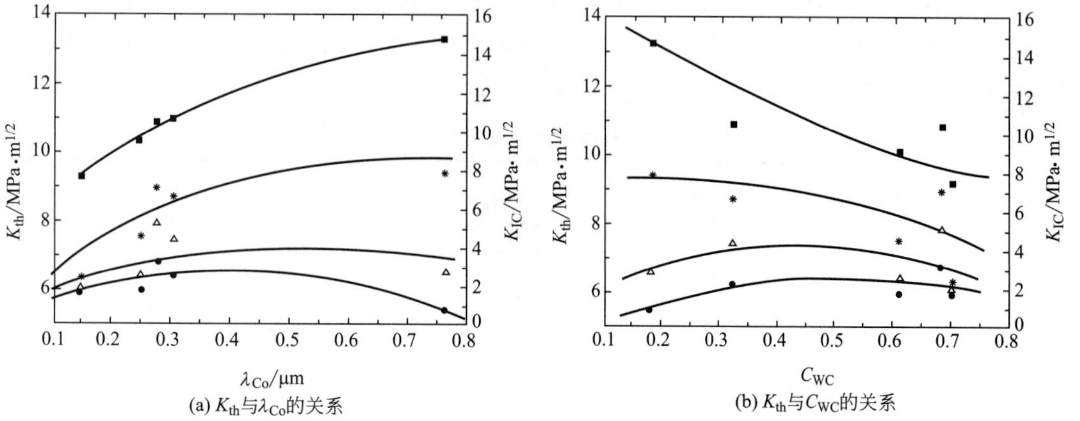

图 6-50 给定应力比为 R 时硬质合金的 Co 相平均自由程λ_{Co}、WC 邻接度 C_{WC} 与裂纹扩展门槛值 K_{th}、断裂韧性 K_{IC} 的关系[53]

■—K_{IC}；●—K_{th}，$R=0.1$；△—K_{th}，$R=0.4$；✱—K_{th}，$R=0.7$

Llanes 等人还给出了 Co 相平均自由程 λ_{Co}、WC 的邻接度（C_{WC}）和 Paris-Erdogan 公式修正式中 m、n 的关系，如图 6-51 所示，当 λ_{Co}越来越小时，$m+n$ 和 m/n 就越来越大，合金接近类陶瓷；若 λ_{Co}越来越大，则 $m+n$ 和 m/n 就越来越小，合金接近类金属。

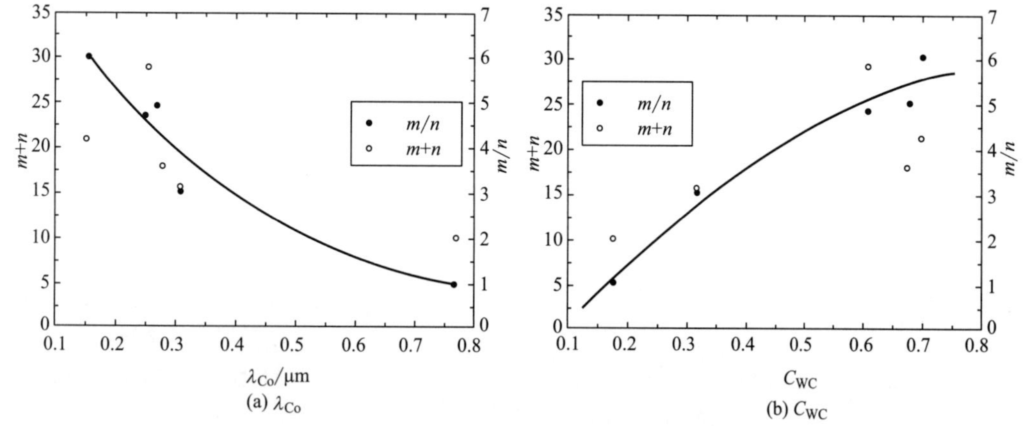

图 6-51 Co 相平均自由程λ_{Co}、WC 邻接度 C_{WC} 与 Paris-Erdogan 公式中 m、n 的关系[53]

有关黏结相的平均自由程对硬质合金 S-N 曲线的影响的研究也存在着争论。Padovani、Gouvea[17] 和 Nakajima 等人[74]的研究表明：随着黏结相含量的增加，硬质合金的疲劳敏感性减小。但是，Sailer 等人[75]对细晶硬质合金疲劳性能的研究表明，疲劳敏感性随着 Co 含量增加而增大，与 WC 晶粒尺寸的相关性却相对弱一些。原因是疲劳损伤主要发生在韧性黏结相中，而在高黏结相含量的硬质合金中这种效应更加显著。Kuresawe 等人[76]的研究表明：黏结相含量对 WC-Co 的疲劳行为几乎没有影响，但黏结相含量对 WC-Co（Ni，Fe）合金的疲劳敏感性有显著影响，研究者认为这是由于疲劳损伤主要集中在钴池的剪切带和发生马氏体相变的 Co 中所导致。

（2）WC 的晶粒尺寸对裂纹扩展的影响

一般来说细晶的裂纹扩展速率大于粗晶的裂纹扩展速率，Chermant[77]研究表明，在给定 WC 粒度时 K_{IC}值与 Co 层平均自由程厚度之间呈线性关系（图 6-52）；当黏结相平均自由程值不变时，K_{IC}与 WC 平均粒度的平方根之间呈线性关系（图 6-53）；并且断裂韧度 G_{IC}与 $\lambda_{Co}^2/\overline{D}_{WC}$呈线性关系（图 6-54）。

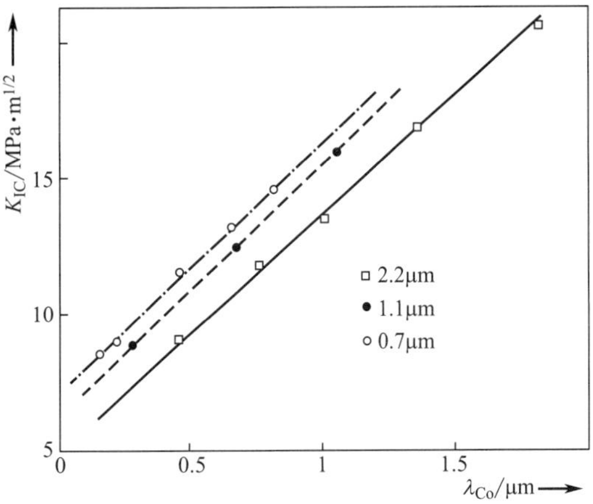

图 6-52　WC 晶粒尺寸一定时 K_{IC} 与钴相平均自由程 λ_{Co} 的关系[77]

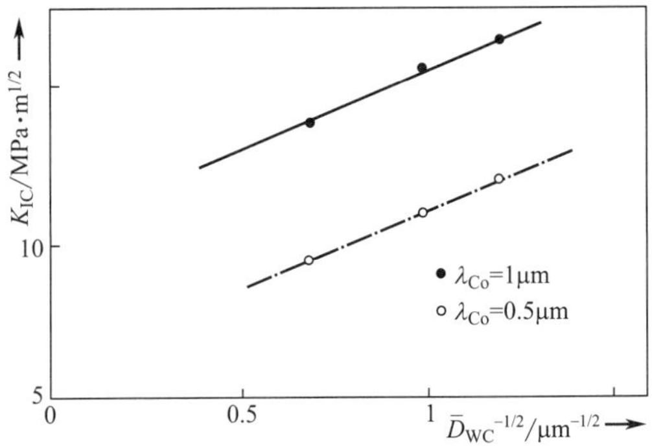

图 6-53　钴相平均自由程一定时，K_{IC} 与 WC 平均粒度的关系[77]

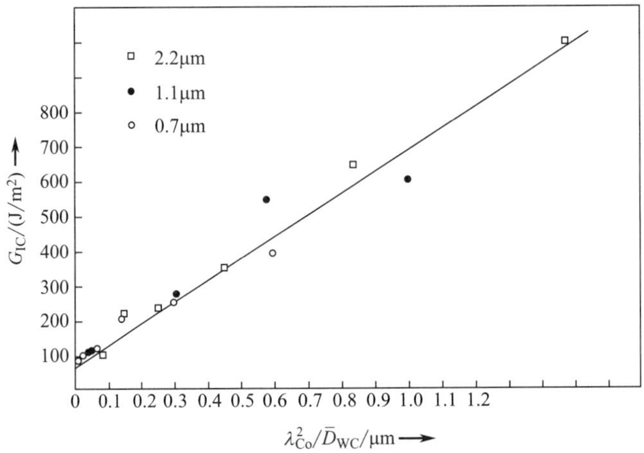

图 6-54　断裂韧度 G_{IC} 与 $\lambda_{Co}^2/\overline{D}_{WC}$ 的关系[77]

硬质合金的疲劳敏感性和 K_{IC}有密切关系，而 K_{IC}可以写成如下关系[78,79]：

$$K_{IC}=\sqrt{K_t+\frac{D^*E\sigma_y A_f\frac{\lambda_{Co}}{2}}{1-\nu^2}} \tag{6-11}$$

式中，D^*为断裂功函数；E 为杨氏模量；σ_y 为黏结相流变强度（由霍尔佩奇公式决定）；A_f 为断裂面黏结相面积分数；λ_{Co}为 Co 的平均自由程；ν 为材料的泊松比。

Torres 等人[80]给出了 K_{IC}与 $D^*E\sigma_y A_f\frac{\lambda_{Co}}{2}$的关系图（图 6-55），图中结果表明，对于同

一 $D^* E\sigma_y A_f \frac{\lambda_{Co}}{2}$来说或者对于同一程度的$\lambda_{Co}$来说，细颗粒的$K_{IC}$要小，粗颗粒$K_{IC}$要大。同样对于同一程度$\lambda_{Co}$来说，粗颗粒的合金偏向类陶瓷，因为其合金 Co 的总量比细颗粒 WC 的硬质合金含 Co 总量要低（图 6-56）。另外，对于同一λ_{Co}来说，粗颗粒 WC 的硬质合金的疲劳敏感性要比细颗粒 WC 的硬质合金低一些（图 6-57）。上述图表说明了 WC 的晶粒尺寸对裂纹扩展的影响。

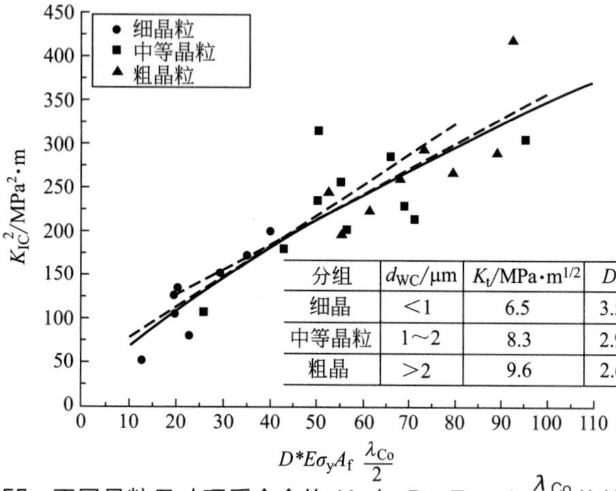

分组	d_{WC}/μm	K_t/MPa·m$^{1/2}$	D^*
细晶	<1	6.5	3.5
中等晶粒	1～2	8.3	2.9
粗晶	>2	9.6	2.6

图 6-55　不同晶粒尺寸硬质合金的 K_{IC}与 $D^* E\sigma_y A_f \frac{\lambda_{Co}}{2}$的关系[80]

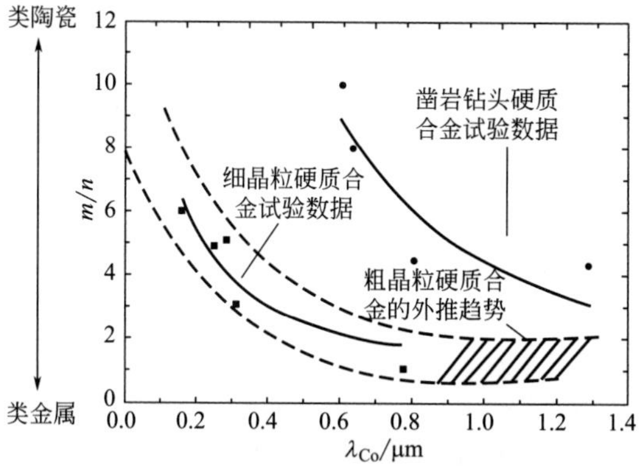

图 6-56　不同晶粒尺寸的硬质合金平均自由程与 m/n 的关系[80]

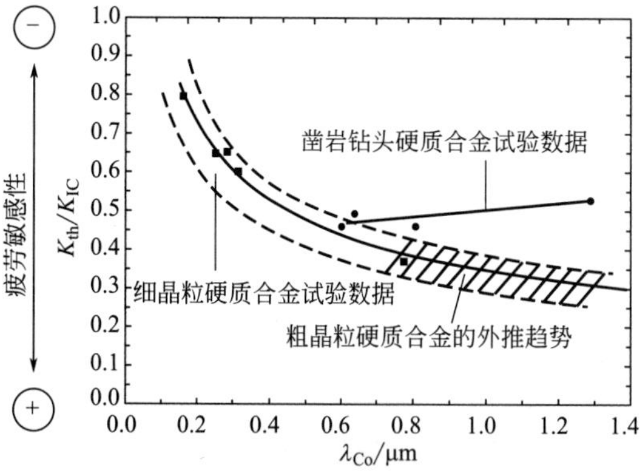

图 6-57　不同晶粒尺寸的硬质合金平均自由程与疲劳敏感性的关系[80]

Fry 等人[52]给出了五种不同成分和不同晶粒尺寸的 WC-Co 合金的 da/dN-ΔK 曲线，图 6-58 中结果表明随着 Co 含量的增加和 WC 晶粒尺寸的增大，裂纹扩展速率降低。图 6-59 为五种不同 WC-Co 硬质合金的裂纹扩展速率 da/dN 和应力强度因子幅/断裂韧性（$\Delta K/K_{IC}$）的关系曲线，随着 ΔK 通过K_{IC}归一化处理，所有的数据都分布在一个较小的分散带中。同样随着$\Delta K/K_{IC}$的增大，裂纹扩展速率增大。图 6-60 为K_{IC}和 Paris 裂纹扩展方程指数 m 的关系，随着平均自由程的增大，指数 m 下降。图 6-61 为裂纹扩展方程指数 m 和平均应力强度因子的关系。图中结果表明，当平均应力强度因子低于某一个特定值时，m 值是基本恒定的。当 K_{max}接近 $0.9K_{IC}$时，m 值才会迅速增大，在此应力区间，静疲劳裂纹扩展占主导地位。

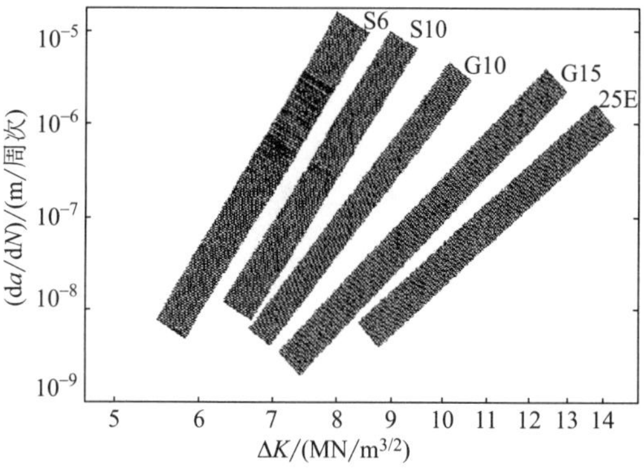

图 6-58　当 $R=0.04\sim0.08$ 时，频率为 5Hz、不同成分和晶粒尺寸对 WC-Co 硬质合金的疲劳裂纹扩展行为的影响(晶粒尺寸等数据参考表 6-17)[52]

S6—WC-6Co，细晶，$m=19.7$；S10—WC-10Co，细晶，$m=19.2$；G10—WC-10Co，粗晶，$m=15.2$；G15—WC-15Co，粗晶，$m=14.2$；25E—WC-25Co，粗晶，$m=10.9$

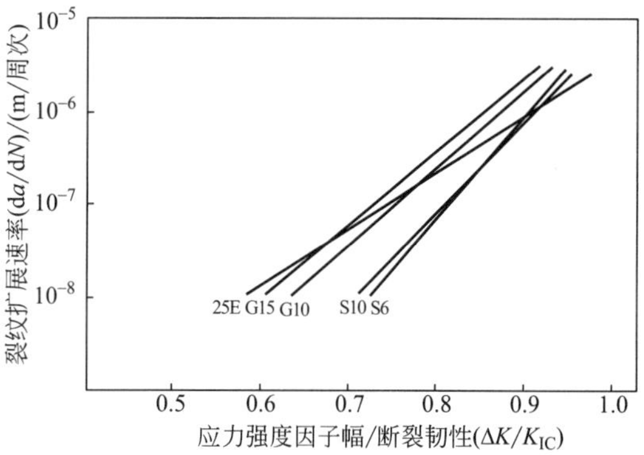

图 6-59　当 $R=0.04\sim0.08$ 时，图 6-58 中五种不同 WC-Co 硬质合金的裂纹扩展速率 da/dN 和应力强度因子幅/断裂韧性（$\Delta K/K_{IC}$）曲线[52]

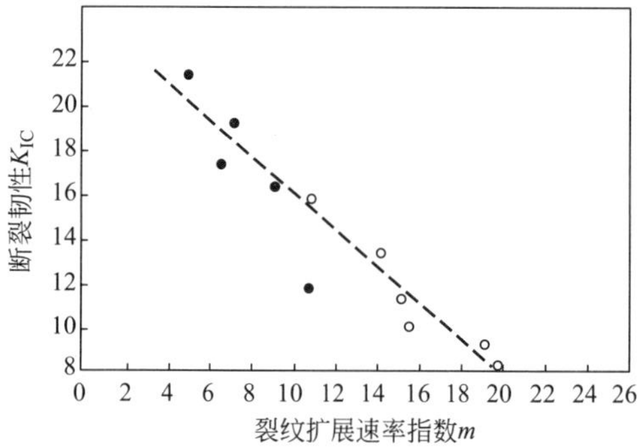

图 6-60　K_{IC}和 Paris 裂纹扩展方程指数 m 的关系（R 近似为 0.1，•数据来自文献 [81]，∘数据来自文献 [52]）[52]

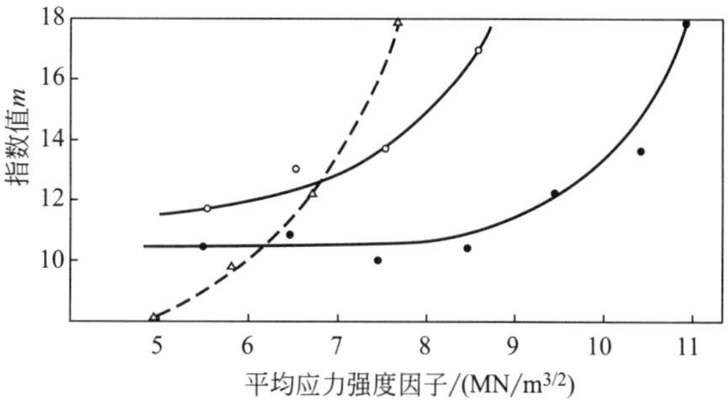

图 6-61　三种硬质合金裂纹扩展方程指数 m 和平均应力强度因子的关系

▵—S10；∘—G6；•—G10

Fry 等人根据上述研究结果得出如下结论。

① WC-Co 硬质合金疲劳裂纹扩展速率遵循 Paris 公式 $da/dN=C(\Delta K)^m$，随着 Co 相平均自由程的增大，疲劳裂纹扩展速率降低，m 值在 10～20。

② 随着平均自由程或者平均应力的增大，裂纹扩展速率增大，当 K_{max}接近 $0.9K_{IC}$时，静态疲劳裂纹发生扩展，疲劳裂纹显著增长。在静态断裂模式中（如脆性解理断裂或者微孔形核断裂），m 值相当高，静态模式叠加在动态疲劳模式中，对整体疲劳裂纹扩展发生了影响。这种静态模式与单调载荷的静态裂纹扩展机理不一样（如应力腐蚀和氢脆裂纹）。前者可以通过平均应力对裂纹扩展产生显著的影响，以及高的 m 值来证明。因此可以认为 WC-Co 合金的疲劳裂纹扩展是静态机制和动态机制的综合作用。

③ 平均自由程（黏结相的平均厚度）会强烈地影响疲劳裂纹扩展抗力和断裂韧性。脆性 WC 相嵌入高韧的黏结相中，WC 相在三个轴向都会限制黏结相，限制程度取决于黏结相的厚度，随着黏结相的增加，限制作用下降，韧带失效变形也会增加。使得在疲劳过程中产生晶粒脱黏、晶粒断裂、黏结相断裂。在这些区域中变形 Co 韧带、晶粒边界、WC 晶粒以

及高度受限的黏结相（低黏结相厚度）通过微孔形核和解理等静态模式失效。

（3）裂纹模式对裂纹扩展的影响

裂纹模式也会对疲劳裂纹扩展产生影响，但有关这方面的报道较少。Torres 等人[80]研究了裂纹从Ⅰ型模式（张开模式）逐渐变为Ⅱ型模式时疲劳性能的变化。研究认为Ⅱ型模式（剪切模式）的裂纹闭合效应更加显著，而且还存在着剪切摩擦效应，故当加载模式从Ⅰ型变为Ⅰ＋Ⅱ型混合模式时，疲劳裂纹扩展门槛值 K_{th}会增大。

6.4 硬质合金的疲劳特性

6.4.1 化学成分对疲劳特性的影响

WC-Co 是开发最早也是应用最为广泛的硬质合金，其产量占到总产量的一半以上[82]。但是 WC 基的耐腐蚀性和耐氧化性较差以及金属钨的自然资源变得越来越少等因素限制了 WC 基硬质合金的广泛应用。无钨硬质合金的出现可以解决这一难题，目前代替 WC 的碳化物主要有 TiC、TiCN 和（Ta、Nb）C 等。由于金属钴的价格昂贵、耐腐蚀性和耐氧化性相对较差，人们开发了新型黏结相成分的硬质合金，如采用 Ni、Cr 和 Fe 部分或全部取代 Co，也有采用 Ni_3Al、NiAl、Fe_3Al 和 FeAl 等作为黏结相[83]。虽然如此，但是至今为止没有找到完全可以取代 Co 的黏结剂。阪上楠彦等人[84]研究了 WC-1%Cr_3C_2-12%Ni（质量分数）硬质合金的疲劳性能，如图 6-62 所示，WC-12%Ni（质量分数）合金的弯曲疲劳和压缩疲劳寿命均低于 WC-12%Co（质量分数）合金。显微组织观察结果表明，由 Ni 池产生的裂纹源是 Co 池产生的裂纹源尺寸的两倍（图 6-63）。WC-12%Ni（质量分数）合金虽然耐腐蚀性好，无磁性，但其静态和动态的疲劳特性均不如 WC-12%Co（质量分数）合金（图 6-64）。如前所述，众多研究者将 Co 相变引起的裂纹萌生与扩展，作为导致断裂的主要原因，但不产生相变的 Ni 相，在高应力下产生韧窝的 Ni 池，并没有起到明显增韧的作用，反而使疲劳寿命降低，因此对 Co 相增韧应进一步加深认识。

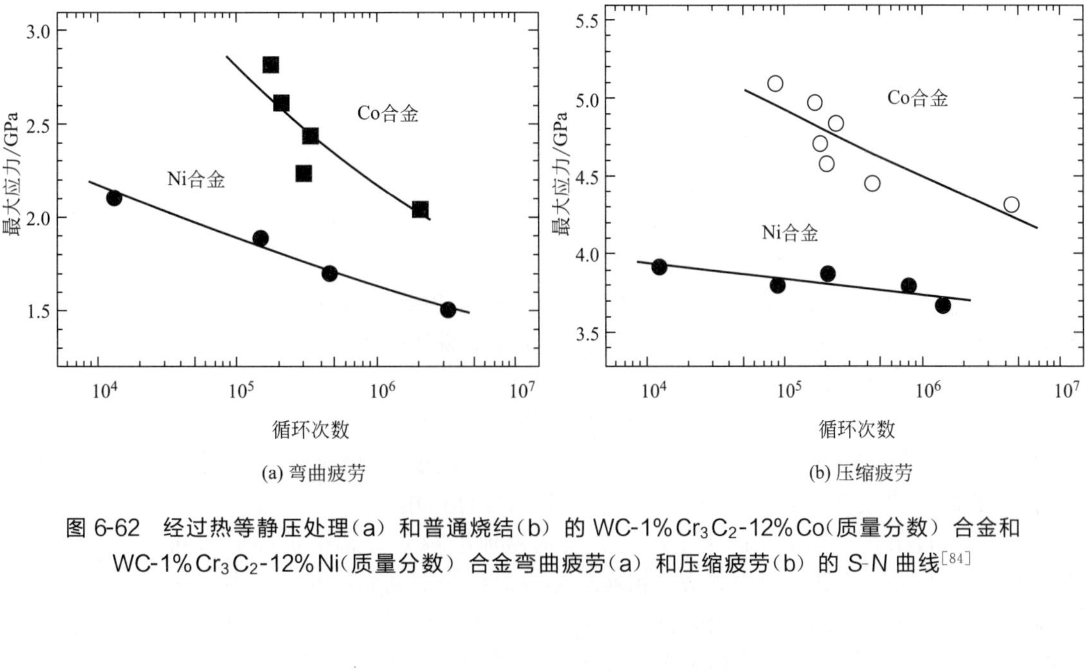

图 6-62　经过热等静压处理（a）和普通烧结（b）的 WC-1%Cr_3C_2-12%Co（质量分数）合金和 WC-1%Cr_3C_2-12%Ni（质量分数）合金弯曲疲劳（a）和压缩疲劳（b）的 S-N 曲线[84]

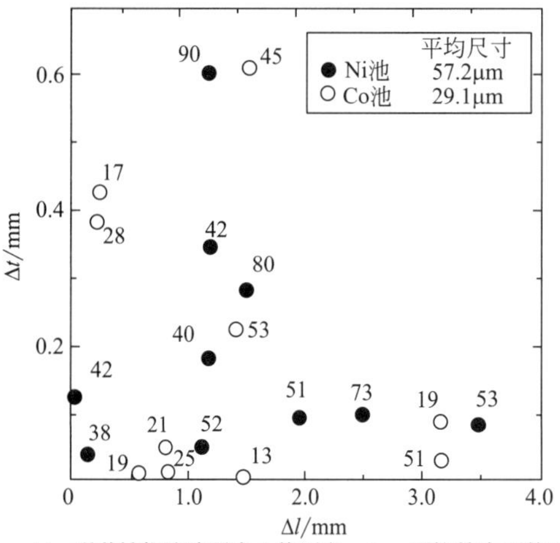

Δl—到黏结相池跨距中心的距离；Δt—到拉伸表面的距离

图 6-63　经 HIP 处理的 WC-Co 合金和 WC-Ni 合金在弯曲疲劳中裂纹源的位置和尺寸[84]

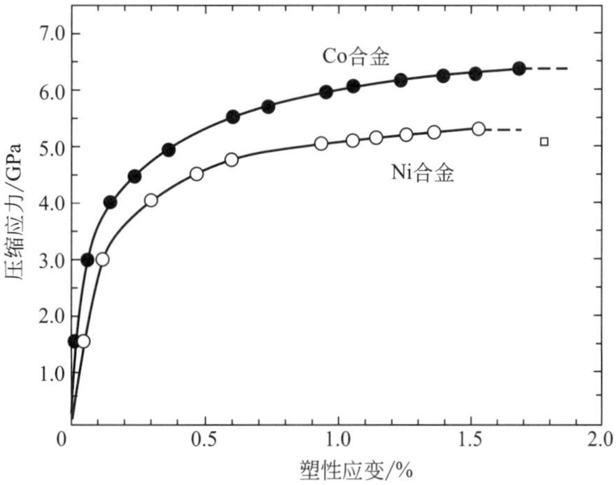

图 6-64　普通烧结的 WC-Co 合金和 WC-Ni 合金压缩应力和塑性变形的关系[84]

硬质合金是由脆性硬质相和韧性黏结相组成的复合材料，因此硬质相和黏结相的化学成分都会显著影响硬质合金的疲劳性能。研究表明在循环载荷下，TiC 基金属陶瓷和 WC 基硬质合金中的各相尤其是碳化物相的塑性会显著降低，施加循环载荷后 TiC 的塑性大于 WC，故 WC 基硬质合金的疲劳敏感性大于 TiC 基金属陶瓷的疲劳敏感性[85~87]。Sailer 等人[75]的研究表明，在 Co 黏结相中加入 Fe 和 Ni 后也会降低马氏体相变程度，导致硬质合金的疲劳敏感性减小。Kuresawe 等人[76]采用 TEM 观察疲劳断面时发现：在 WC-Co 硬质合金中存在堆垛层错，该层错是应力诱发 Co 相发生马氏体相变的形核处，但在 WC-Co（Ni，Fe）中没有堆垛层错。Schleinkofer 等人[88~90]研究了黏结相为 Co 的硬质合金和黏结相为 Co、Ni 的金属陶瓷的室温疲劳，发现循环载荷下的亚临界裂纹扩展主要发生在黏结相中。较高的累积变形或应力导致硬质合金中的黏结剂 Co 相发生马氏体相变，从而导致多韧带区的 Co 相韧性下降和裂纹尖端尾部的屏蔽效应减弱，疲劳敏感性很大。但金属陶瓷中的 Co-Ni 相没有发生明显的马氏体相变，具有更高的韧性，故疲劳敏感性更小。Lisovsky 等人[91]在生产WC-Co硬质合金时添加微量的 Ta 和 Mo，研究认为 Ta 和 Mo 在 WC 相颗粒间形成了一层复杂的碳化物，有部分 Mo 元素溶入 Co 黏结相中，改善了黏结相成分和结构，提高了合金耐磨性和抗热冲击性。Xu 等人[92]在 WC-Co 中加入适量的稀土（Ce 和 Y 等）或化合物，提高了合金的强度和韧性，研究认为稀土的加入减少了 γ-Co 向 ε-Co（HCP）的转变，材料表现出良好的抗疲劳性。

6.4.2　疲劳加载模式对疲劳强度的影响

阪上楠彦等人[93~95]对弯曲疲劳载荷和压缩疲劳载荷对裂纹扩展的影响进行了研究，如图 6-65 所示，在弯曲疲劳中通过热等静压（HIP）处理的样品疲劳寿命得以提高，表明弯曲疲劳寿命与缺陷大小、数量、分布有关，热等静压大幅降低了 Co 池的大小和数量；但在压缩疲劳中 HIP 处理的样品疲劳寿命基本上没有提高，说明压缩疲劳对缺陷（Co 池）的影响不敏感。在压缩和弯曲疲劳中，WC 粒度和 Co 含量对疲劳寿命的影响也略有不同，如图 6-66（a）所示，在压缩疲劳中，对于 WC-7%～15%Co（质量分数）的中颗粒（1.6μm）和 WC-10%～20%（质量分数）的粗颗粒（3μm）来说，随着 Co 含量减少，疲劳寿命增加；在弯曲疲劳中，如图 6-66（b）所示，含 Co 在 6%～12%（质量分数）的合金疲劳寿命没有很大差别，但含 Co 为 15%（质量分数）的合金疲劳寿命比较低。由于弯曲疲劳的疲劳寿命与 Co

池有关，而普通烧结中WC颗粒越小，越容易产生Co池，也越容易产生孔隙。Co池的初始尺寸和疲劳寿命有很大关系。WC-12%-1.0%Cr_3C_2（质量分数）的超微合金（0.8μm），在最大弯曲应力2.45GPa作用下，普通烧结（NS）＋热等静压（HIP）和烧结-热等静压（sinter-HIP）的Co池起始裂纹长度和疲劳循环次数的关系，如图6-67所示，图中结果表明，Co池初始尺寸越小，疲劳寿命越高，图中数字表示作用在Co池的应力值。

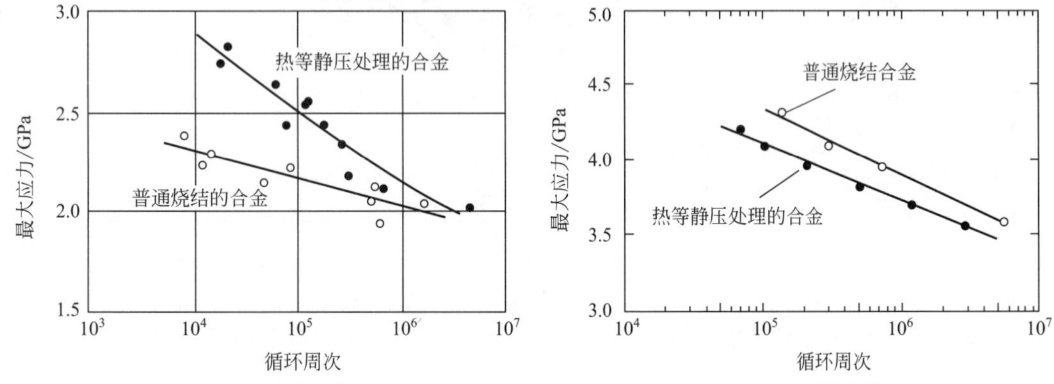

(a) 弯曲疲劳 (b) 压缩疲劳

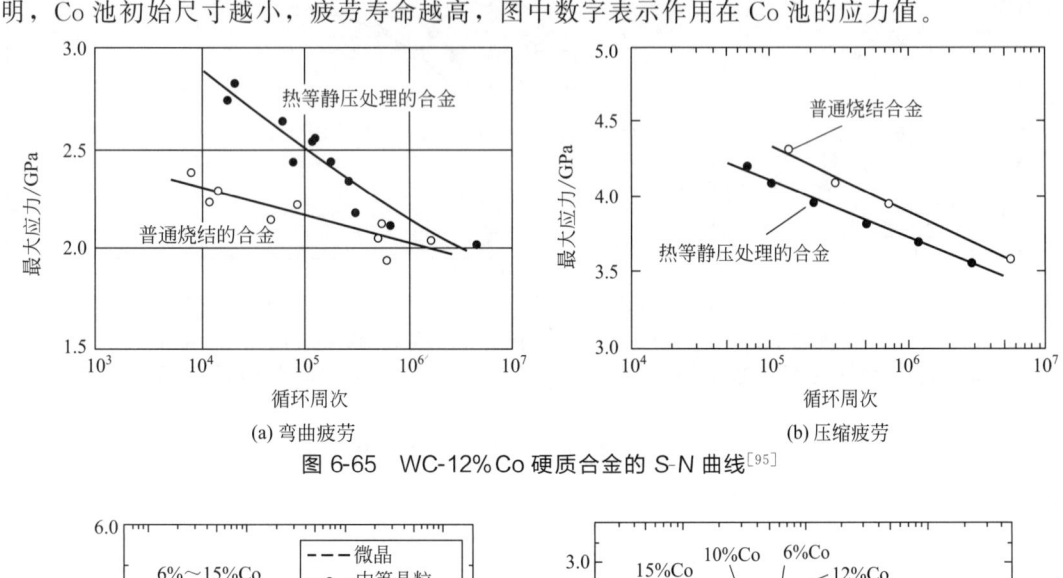

图6-65 WC-12%Co硬质合金的S-N曲线[95]

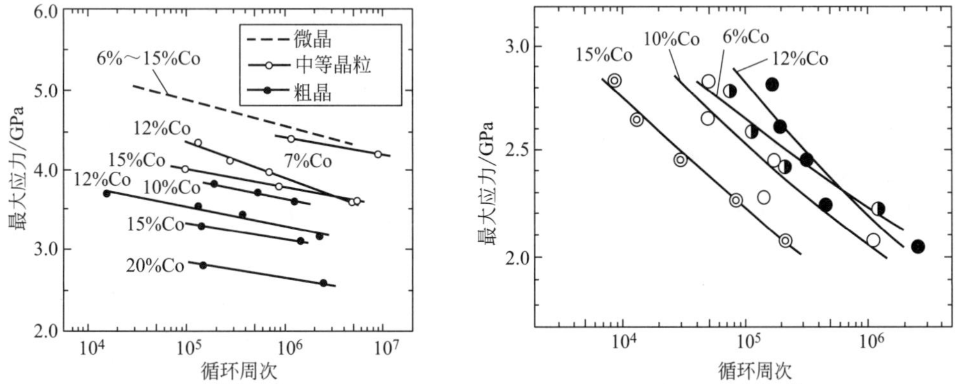

(a) 压缩疲劳 (b) 弯曲疲劳

图6-66 不同晶粒尺寸、不同Co含量的硬质合金S-N曲线[95]

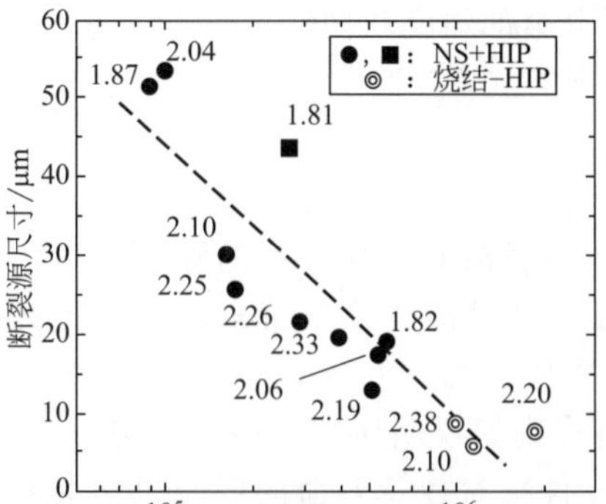

图6-67 在最大弯曲应力为2.45GPa的弯曲疲劳中，断裂源的初始尺寸和疲劳循环次数的关系[95]

还有少数人研究了应力比R对硬质合金S-N曲线的影响，研究结果存在一定的差异。Klünsner等人[18]发现不同应力比R下的硬质合金S-N曲线是不相同的，随着应力比R的减小，即平均压缩应力的增大，疲劳寿命和疲劳裂纹扩展门槛值ΔK_{th}都会相应增大。而Ferreira等人[96]的研究表明，硬质合金的S-N曲线与应力比无关，疲劳寿命主要取决于最大应力。

6.4.3 环境对疲劳特性的影响

阪上楠彦等人[93~95]还研究了通过 CVD 和 PVD 方法制备 TiN 涂层对 WC-12%Co（质量分数）合金弯曲疲劳寿命的影响。图 6-68 为涂覆 CVD 和 PVD 涂层的 WC-12%Co 合金在压缩疲劳中的 *S-N* 曲线。图中结果表明，PVD 涂层试样在高应力状态下疲劳强度低于无涂层的试样，CVD 涂层的疲劳强度最低，其主要原因是涂层材料的薄膜存在较大残余应力。如图 6-69 所示，残余应力可以通过退火来消除，由于 PVD 涂层试样残余应力为压缩应力，而 CVD 涂层试样残余应力为拉应力，因此 PVD 涂层退火温度要低一些，约为 873K，CVD 涂层试样退火温度为 1273K。阪上楠彦等人认为 CVD 和 PVD 的涂层在压缩疲劳试验中对疲劳寿命的影响基本一样。图 6-70 为中等晶粒尺寸 WC-12%Co 的 PVD 和 CVD 涂层合金在压缩疲劳中的 *S-N* 曲线。

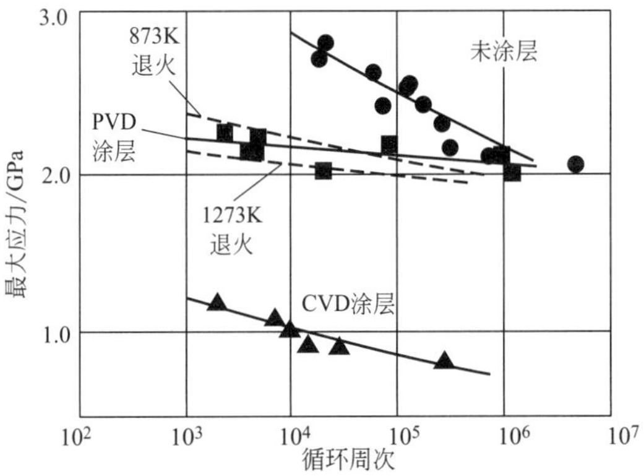

图 6-68　通过 PVD 和 CVD 方法涂覆 TiN 涂层的 WC-12%Co 合金的压缩疲劳 *S-N* 曲线[95]

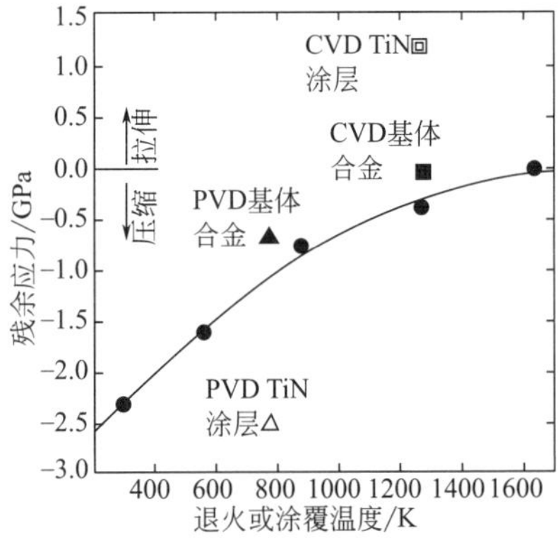

图 6-69　WC-12%Co(质量分数）合金 WC 相中的残余应力与退火温度的关系(基体合金和在用 PVD 和 CVD 法涂覆 TiN 层的合金中的 WC 相的数据也作为成膜温度的函数给出）[95]

硬质合金在使用过程中往往会接触到腐蚀性介质，如硬质合金刀具常用于切割各种金属、塑料和纤维板等，在工作时可能接触到一些腐蚀性化合物[97,98]。研究表明，这些腐蚀性介质会与机械应力发生交互作用，进而影响硬质合金的疲劳性能，但是这种交互作用仅仅会在某一段中间应力范围内出现，相关的研究结果如图 6-71 所示[98]。

当应力幅大于某一临界值时，机械载荷引发的裂纹扩展速率很大，腐蚀作用的有效时间很短，因此在空气中和在腐蚀性环境中试样的疲劳寿命相当。当应力幅在 500MPa 和临界值之间时，腐蚀性环境中试样的疲劳寿命明显低于在空气中的疲劳寿命，并且随着应力幅的降低，疲劳寿命降低的程度更大。Pugsley 和 Sockel[98]认为应力幅的降低会导致机械载荷引发的裂纹扩展速率减小，从而使腐蚀作用的有效时间延长，腐蚀疲劳效应显著。而当应力

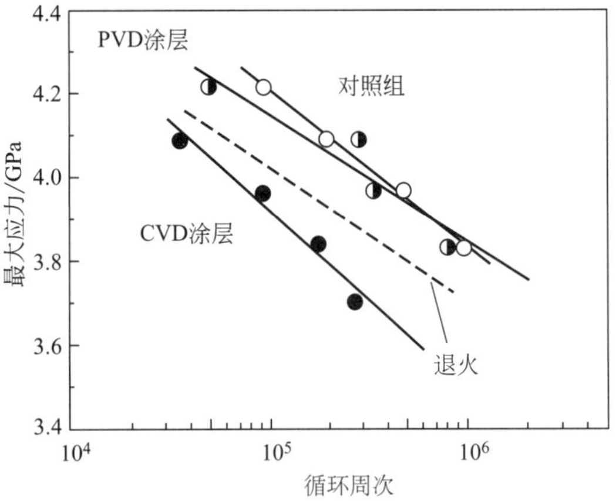

图 6-70　中等晶粒尺寸 WC-12%Co(质量分数）的 PVD 和 CVD 涂层合金在压缩疲劳中的 *S-N* 曲线[95]

幅低于 500MPa 时（最大应力低于屈服强度），黏结相只能发生弹性变形，不会出现塑性变形和腐蚀介质的交互作用。另外频率对金属陶瓷的腐蚀疲劳性能会产生影响，随着频率的减小，腐蚀作用的有效时间得到延长，从而显著降低其疲劳强度。

徐盛乾和陈振华等人[99]对 WC-Co 硬质合金热机械腐蚀疲劳性能进行了研究，热机械腐蚀疲劳装置如图 6-72 所示。

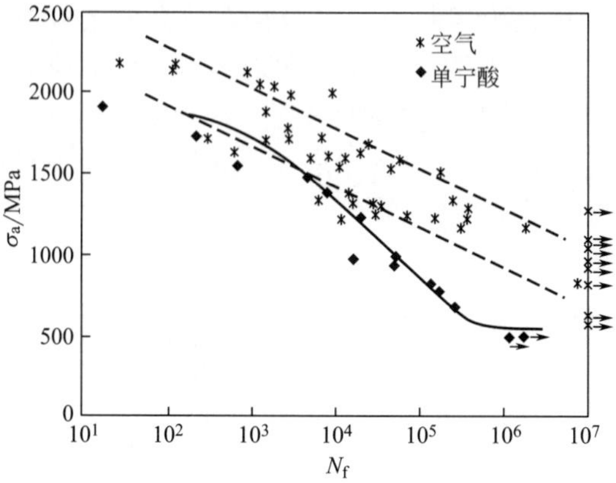

图 6-71 在频率为 4Hz 单宁酸环境中与空气中的硬质合金 *S-N* 曲线（箭头代表试验结束时仍未断裂的试样[98]）

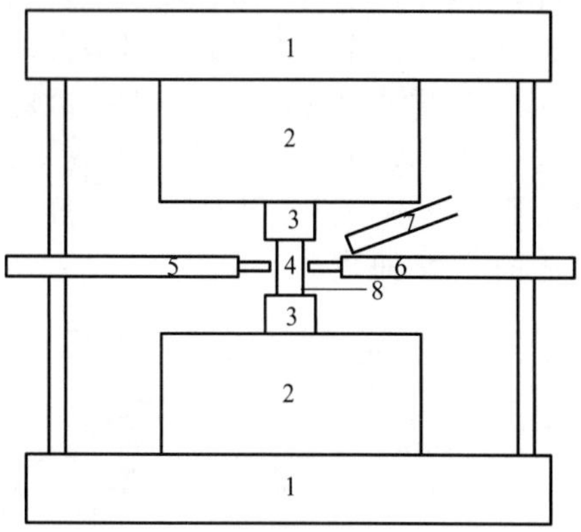

图 6-72 热-机械-腐蚀疲劳装置[99]

1—电液伺服阀疲劳机；2—上、下压头；3—垫块；4—试样；5—氧炔焰喷枪；6—冷却液喷射器；7—红外测温仪 8—Cu 箔

热机械腐蚀疲劳条件如下：机械加载采用压-压循环加载方式，循环载荷为正弦波形，频率为 6Hz，应力比（$\sigma_{min}/\sigma_{max}$）为 0.1。一个温度循环周期为 6min，其中加热时间为 5min，冷却时间为 1min。加热温度的控制是通过调节氧气和乙炔气体的送入速率并配合红外测温仪对试样温度进行实时观察来实现的，加热最高温度控制在（550±20)℃的范围内。冷却介质采用 pH 值为 5 的 HCl 溶液和中性的去离子水。试验结果表明：疲劳断裂的宏观形貌主要是切断型的断裂，疲劳裂纹稳定扩展区上存有很多摩擦碎屑，在稳定扩展区并没有发现疲劳条纹的存在，瞬断区的断裂形貌与静态断裂特征一致。在上述所提供的热机械腐蚀疲劳试验条件下，并未发现冷却介质 pH 值对两种 WC-Co 系列硬质合金的热机械腐蚀疲劳性能的影响，低 Co 含量的硬质合金 YGH30 具有比高 Co 含量硬质合金 YGH60 更优异的热机械腐蚀疲劳性能（图 6-73）。试验结果和文献[98]所给结果相似。

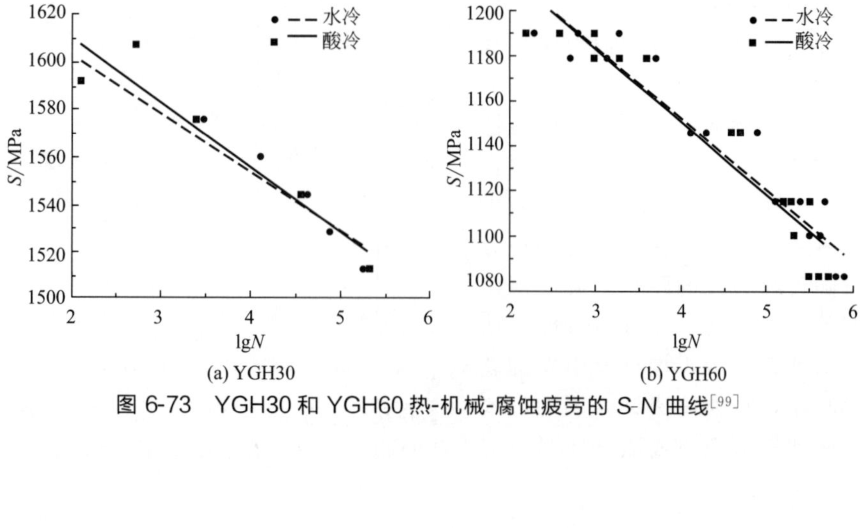

图 6-73 YGH30 和 YGH60 热-机械-腐蚀疲劳的 *S-N* 曲线[99]

6.4.4　表面状态对疲劳强度的影响

阪上楠彦等人[29]研究了硬质合金表面状态对弯曲疲劳强度的影响，采用的原料为 WC-12%（质量分数）的硬质合金粉末，经过普通烧结（1623K，1.8ks）和烧结后热等静压（1573K，3.6ks，Ar，98MPa）；普通烧结产品使用 200 号金刚石砂轮研磨加工，经 HIP 的样品采用 100 号、200 号、600 号砂轮研磨加工，且在 600 号砂轮加工完后，用金刚石研磨膏进行镜面加工。如表 6-18 所示，表面粗糙度减小并没有引起抗弯强度的显著变化。表 6-19 给出了各种表面加工状态下，合金粗糙度和残余应力的变化。图 6-74 给出了表面加工后材料的 S-N 曲线，图中弯曲强度随着粗糙度的降低而降低。从裂纹萌生点的观察可知，采用 100 号和 200 号金刚石砂轮加工的组织中，缺陷在内部 Co 池和粗大的 WC 组织中，600 号砂轮研磨的试样，裂纹萌生在亚表面的粗大 WC 中，镜面加工的试样也一样。图 6-75 给出经过研磨和镜面加工的 WC-12%Co（质量分数）硬质合金样品经弯曲疲劳失效后断裂源位置的观察结果，由图可知，100 号和 200 号金刚石砂轮加工试样裂纹萌生在距表面 8μm 以上，而 600 号砂纸加工和镜面加工的试样是在距表面 10μm 以下。图 6-76 给出了热等静压处理 WC-12%Co（质量分数）硬质合金残余应力与疲劳循环周次之间的关系（弯曲疲劳断裂发生在最大应力 2.2GPa 处），由图可知，表面粗糙度越大，压缩残余应力越大，则疲劳寿命越长。

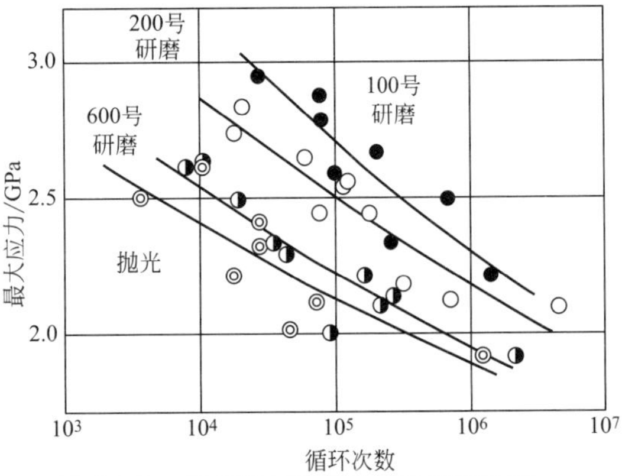

图 6-74　不同研磨和镜面加工状态热等静压处理的 WC-12%Co（质量分数）合金的弯曲疲劳强度的 S-N 曲线[29]

表 6-18　不同处理状态的 WC-12%Co(质量分数)硬质合金的横向断裂强度[29]

序号	样品状态	横向断裂强度/GPa
1	普通烧结试样	3.00
2	热等静压试样	3.48
3	100 号砂轮研磨样品	3.48
4	200 号砂轮研磨样品	3.48
5	600 号砂轮研磨样品	3.41
6	镜面加工样品	3.49
7	PVD 涂覆样品	3.00
8	CVD 涂覆样品	2.01

注:1 和 2 号样品经 200 号砂纸金刚石砂轮研磨,3～8 号样品是热等静压的合金。

表 6-19　采用不同研磨工艺热等静压处理的 WC-12%Co(质量分数)合金 WC 相的残余应力(表面粗糙度)[29]

研磨工艺	100 号砂轮研磨	200 号砂轮研磨	600 号砂轮研磨	镜面加工
表面粗糙度 R_{max}	3.24	2.45	0.76	0.16
残余应力/GPa	−2.80	−2.30	−1.50	−0.77

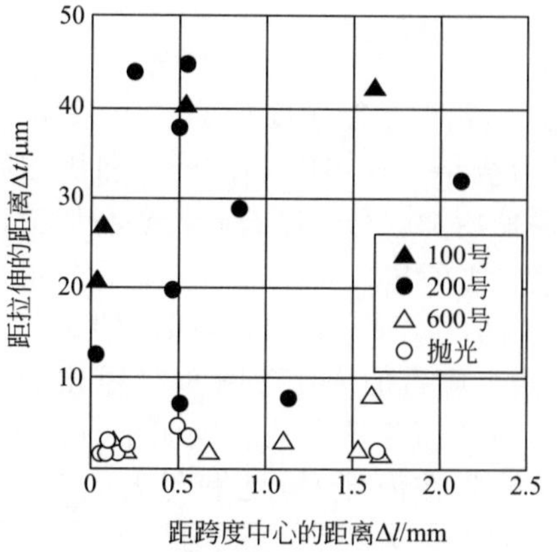

图 6-75　经过研磨和镜面加工的 WC-12%Co（质量分数）硬质合金样品经弯曲疲劳失效断裂源位置的观察结果[29]

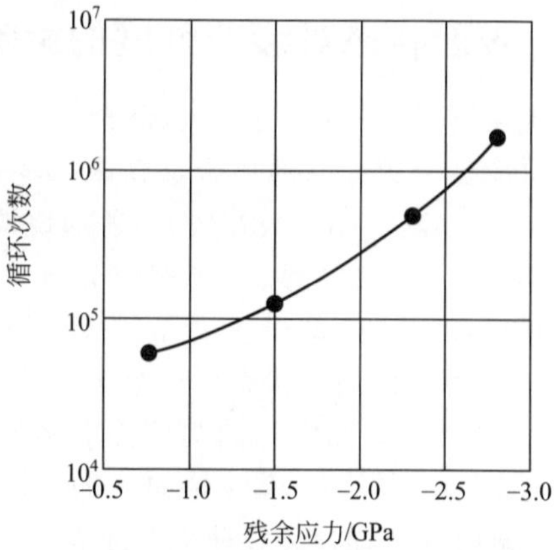

图 6-76　热等静压处理 WC-12%Co（质量分数）硬质合金残余应力与疲劳循环周次之间的关系（弯曲疲劳断裂发生在最大应力 2.2GPa 处）[29]

6.5　硬质合金的增韧处理

6.5.1　硬质合金增韧理论

硬质合金的增韧处理是硬质合金中最重要的问题之一。根据 Torres[100] 给出的粗晶碳化钨阻力曲线（R 曲线）图 6-77，裂纹的扩展阻力来自三部分：第一部分来自 WC 的本征韧性，第二部分来自粗晶产生的裂纹偏转产生的增韧，第三部分来自 Co 相的桥联增韧。现将硬质合金的增韧理论和实践简介如下。

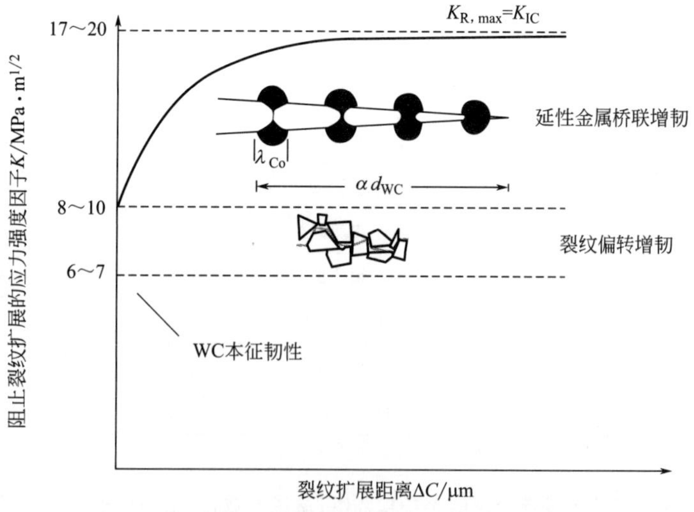

图 6-77　粗晶硬质合金裂纹扩展的阻力曲线[100]

λ_{Co}—钴的平均自由程；d_{WC}—碳化钨的晶粒尺寸；α—α 个碳化钨相组成裂纹；

$K_{R,max}$—裂纹扩展最大阻力的应力强度因子；K_{IC}—断裂韧性，$K_R=K_{IC}-(K_{IC}-K_t)\exp\left(\frac{-\Delta C}{t}\right)$；

ΔC—裂纹扩展距离；K_t—裂纹萌生应力强度因子；t—归一化裂纹长度常数

（1）WC 相的本征增韧

WC 相与其他碳化物不一样，具有一定的塑性。很早就有研究者指出 WC 晶体具有一个滑移系统（0001）$<11\bar{2}0>$（Ивенсе，1969 和 Lewis，1969），还有更多的研究者也观察到碳化物晶粒中存在变形并产生的滑移带，X 射线研究表明，在非均匀压缩时，碳化物颗粒存在变形。从塑性变形的观点来看，碳化物的这种独特性能，可以用碳化物位错结构中存在部分网状结构加以解释[13]。尽管 Takahasi 和 Frieise 早在 1965 年就提出了 WC 在某基面上的滑移，仅在高温下进行，但 Lewis 还是认为在室温下 WC 的滑移主要发生在棱柱面的$<11\bar{2}0>$ $\{1\bar{1}00\}$ 滑移系上，柏氏矢量反应为：

$$\frac{1}{3}<11\bar{2}0>\longrightarrow\frac{1}{3}<10\bar{1}0>+\frac{1}{3}<01\bar{1}0> \tag{6-12}$$

黄新[101,102]等人对粗晶 WC 显微组织进行 TEM 分析，指出普通晶粒合金中 WC 相存在 WC_{1-x} 等杂相，难以发生孪生滑移变形，而粗晶中只含有单一的 WC 相，相内杂质含量少，WC 晶粒能够通过孪生-滑移协调变形，提高了合金整体的塑性变形能力，使得合金中裂纹扩展速率下降，从而具有更好的韧性。WC 中孪生面如图 6-78 所示，对密排六方晶体中孪晶的产生及交互作用的研究是近年来的一个研究热点，WC 的塑性变形首先通过孪生系统的运动可以补充滑移系统的不足，随后孪晶在基体晶粒中的成核和裂纹扩展又增加了界面能，造成局部应力集中，但通过孪晶-孪晶、孪晶-晶界以及孪晶-位错之间的交互作用或孪晶的断开得到部分消除[103]。另外，由于 hcp 晶体的滑移系有限，利用孪晶强化是提高塑性的重要途径。孪生系统可以提供一个重要的阻碍裂纹扩展的壁垒[104]，而且可以提供许多位错堆积点和更多的裂纹形核点，以避免应力集中，孪晶之间的交割点和孪晶与基体界面均有这样的作用[105]。同时孪晶可以充当一种中介变形模式，改变滑移方向，从而使滑移变得更加容易进行[106]。

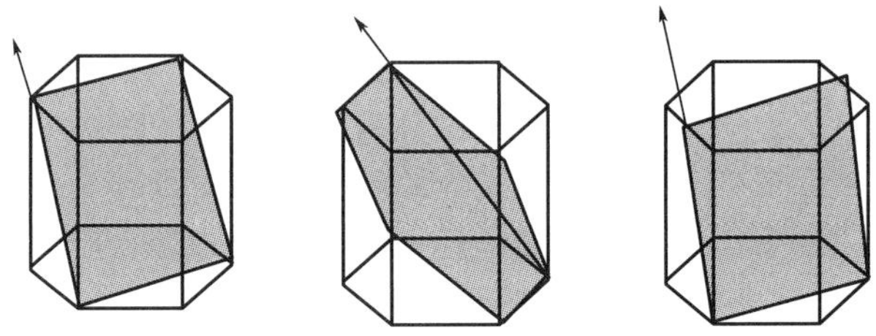

图 6-78　WC 中孪生面[102]

另外，由于 Co 的液相不能完全分开相邻的 WC 晶粒，只有晶界能大于固液相界面积时才有可能。然而，即便在 Co 液相完全润湿 WC 相的情况下，这种条件也远未能达到，因此合金中存在大量的 WC-WC 边界，若能提高 WC 的塑性变形，对提高合金的韧性有很大益处。

从 WC 相本征增韧来看，WC 颗粒应具有如下特点：①化合碳高，游离碳低，单相、有害杂质少；②晶粒均匀，亚晶（镶嵌块）尺寸粗大，缺陷少。

按照瑞典 Sandvik 公司分级标准，WC 晶粒尺寸为 3.5～4.9μm、5.0～7.9μm、8.0～14μm分别为粗晶粒、超粗晶粒和特粗晶粒；WC 总 C 量在 6.12%～6.16%，游离C≤0.04%。

（2）裂纹偏转增韧

Suresh[106]提出了裂纹偏转理论，如图 6-79 所示，裂纹路径周期性地偏离它的名义扩展平面是一种提高疲劳裂纹扩展阻力的可能机制，可以认为裂纹的偏转是脆性基体和延性基体复合材料的增韧机制之一，位于裂纹路径上的障碍，使裂纹前沿倾斜或扭曲，可以明显提高裂纹的扩展阻力。

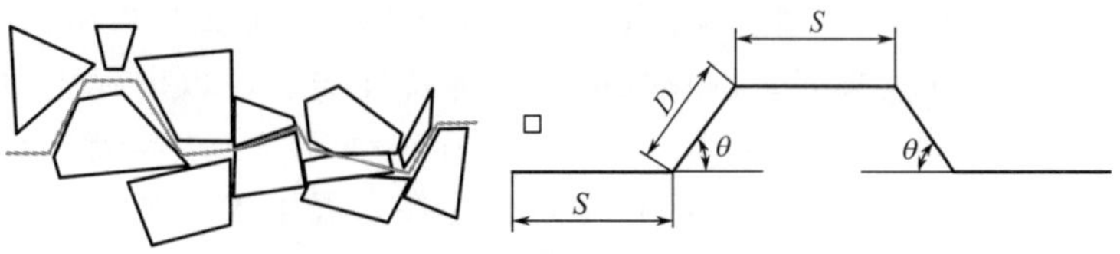

图 6-79　硬质合金裂纹偏转增韧示意[106]

D—偏转跨度；S—I 类裂纹扩展的距离；θ—偏转角

裂纹偏转的有效应力强度因子 $K_{\text{deflection}}$ 为：

$$K_{\text{deflection}}=\left[\frac{D\left(\cos\dfrac{\theta}{2}\right)^2+S}{D+S}\right]K_{\text{I}} \tag{6-13}$$

式中，D 为偏转跨度；S 为Ⅰ类型裂纹扩展的距离；θ 是偏离转角；K_{I} 是Ⅰ类型裂纹名义应力强度因子。用 λ_{Co} 代替 S，d_{WC} 代替 D，且 $\theta=50°\sim60°$，则可以从式（6-13）求出偏转有效应力强度因子约为 0.8～0.9 的名义应力强度因子值，裂纹偏转带来韧性的增加约为 $2\sim4\text{MPa}\cdot\text{m}^{1/2}$，和阻力（$R$ 曲线）的值十分吻合。

如果总是沿Ⅰ型扩展方向测量裂纹长度，可得周期性偏转裂纹沿投影的Ⅰ型平面的表观扩展速率（$\mathrm{d}a/\mathrm{d}N$）为：

$$\frac{\mathrm{d}a}{\mathrm{d}N}=\left(\frac{D\cos\theta+S}{D+S}\right)\left(\frac{\mathrm{d}a}{\mathrm{d}N}\right)_{\text{L}} \tag{6-14}$$

式中，$\mathrm{d}a/\mathrm{d}N$ 为受到相同大小的有效应力强度因子作用的裂纹扩展速率。另外，由于疲劳断裂面的凹凸不平之间存在净错配（由各种不可逆的变形机制引起），也可促进断裂面提前接触。这种错配导致出现断裂而粗糙诱发的闭合，进一步降低了疲劳裂纹扩展的有效驱动力。

（3）延性金属桥联增韧

在脆性材料中加延性金属能明显提高材料的断裂韧性，其增韧机理为：①塑性变形区导致裂纹尖端屏蔽；②主裂纹微开裂；③延性裂纹桥接。图 6-80 为延性颗粒裂纹桥联示意图。Krstic[107] 认为复合材料的 K_{IC} 值可以写为：

$$K_{\text{IC}}=K_{\text{cm}}+\sqrt{\frac{\pi D}{2}}\frac{\sigma_{\text{y}}\phi}{\left[1+\dfrac{2}{3}\left(\dfrac{1}{V_{\text{f}}}-1\right)\right]^2} \tag{6-15}$$

式中，K_{cm} 为基体的临界断裂强度因子；D 为裂纹桥长度；σ_{y} 为延性颗粒的屈服强度；ϕ 为常数；V_{f} 为延性颗粒的体积分数。Krstic 认为当基体与延性颗粒的热膨胀系数和弹性模量相等时，延性颗粒桥联效果最好，而当两者相差很远时，裂纹将绕过金属颗粒扩展，桥联增韧效果较差。Marshall 等人[108]考虑裂纹尖端形成塑性变形过程区可观察到更大的增韧效果。K_{IC} 可写成如下形式：

$$K_{\text{IC}}=K_{\text{cm}}+K_{\text{b}}+K_{\text{s}} \tag{6-16}$$

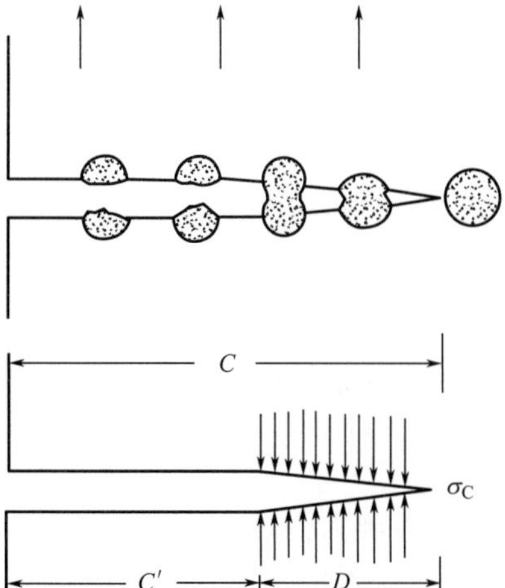

图 6-80　延性颗粒裂纹桥联示意[107]

D—裂纹长度；C′—裂尾长度；C=D+C′；σC—临界应力

式中，K_b为延性颗粒桥联增韧值；K_s为过程区增韧值：

$$K_s = 0.31 E_p e^T \sqrt{W} \left(\frac{1-1.2V_p}{1-V_p^{\ 2}} \right) \tag{6-17}$$

式中，E_p 为第二相颗粒的弹性模量；e^T 为热膨胀系数不一样引起的应变；V_p为第二相颗粒的泊松比；W 为过程区的宽度。Evans[109]认为延性颗粒增韧的主要机理是裂纹尖端后尚未断裂的延性颗粒在裂纹上、下表面起桥接作用，并随裂纹的张开扩展而发生塑性变形，直至断裂破坏，从而吸收能量到达增韧目的。材料的应变能释放量（ΔG_C）为：

$$\Delta G_C = f \int_0^{u^*} \sigma_{(u)} \mathrm{d}u \tag{6-18}$$

式中，f 为颗粒在裂纹表面所占面积分数；u 和 u^* 分别为颗粒桥接区张口位移和颗粒断裂时的裂纹最大张开位移。如图 6-77 所示，σ 为桥接颗粒带上的拉应力，式（6-18）可化简为

$$\Delta G_C = f a_0 \sigma_0 W \tag{6-19}$$

式中，a_0 为韧性颗粒半径；σ_0 为屈服强度；W 由下式决定：

$$W = \int_0^{\frac{v^*}{a_0}} \left(\frac{\sigma}{\sigma_0} \right) \mathrm{d} \left(\frac{u}{a_0} \right) \tag{6-20}$$

W 是关联颗粒塑性变形的几何形状参数、基体对变形约束状况和颗粒机械性能参数等各种因素的标量因素，要求出 W 值就必须首先导出$\left(\frac{\sigma}{\sigma_0} \right)$与$\left(\frac{u}{a_0} \right)$的关系式，但目前一些计算的理论值远低于试验值，其原因是基体约束条件下，颗粒变形状况复杂，以往提出的界面剥离模型与实际情况相差较大。一般来说，当界面结合强度高时，裂纹扩展过程中桥接裂纹的延性被基体约束，断裂过程中产生的塑性变形较小，增韧效果较差。当界面结合强度相对较低时，裂纹穿过延性相可以发生相界面的部分分离，增大了延性相断裂过程的塑性变形，增韧效果好。很强的相界面结合将导致高形变应力、低的塑性位移，最后应变能释放量变小。反过来，相界面分离则导致形变应力变低，但塑性位移增大，ΔG_C 变大。结合很好的界面 W 值为 0.3～10，而界面发生局部分离 W 值可达 6。虽然对纤维、片层及网状结构延性相增韧的脆性、较弱的界面结合对增韧是有益的，但是对弥散颗粒延性增韧的材料来说，强的界面结合是重要的，因为颗粒完全拔出，造成颗粒的塑性变形非常小，即 ΔG_C 变小[110,111]。

Torres 给出的图 6-77 结果表明，裂纹延性结合金属增韧贡献约为 9～10MPa・$m^{1/2}$，并且占总 K_{IC}的 50%左右，这与一些文献给出结果相差不远[110～112]，所以延性金属增韧是最重要的增韧手段。而裂纹偏转增韧为 2～3MPa・$m^{1/2}$，约占总 K_{IC}的 15%左右，小于 WC 本征韧性的 35%。

6.5.2　硬质合金增韧方法

（1）粗晶低钴

美国 Smith 公司发表了“粗晶低 Co”的矿用硬质合金钻头的断裂和耐磨性专利，所谓的粗晶化是指 WC 晶粒尺寸大于 4μm，钴含量低于 14%（质量分数），当 WC 晶粒尺寸增大时，WC 结晶完整，亚晶粒增大，缺陷减少，粒度均匀，减少了 WC/WC 界面、WC/Co 界面和 WC 颗粒的聚集区，从而减少了热疲劳裂纹源存在数量，改善了合金韧性，提高了合金的抗热疲劳性能和抗热冲击性能。

一般来说，WC-Co 硬质合金的断裂韧性 K_{IC}取决于 Co 的含量和 WC 的晶粒尺寸，当 Co 含量一定时，随着 WC 晶粒尺寸增大，Co 的平均自由程增大，Co 相的桥接作用、WC

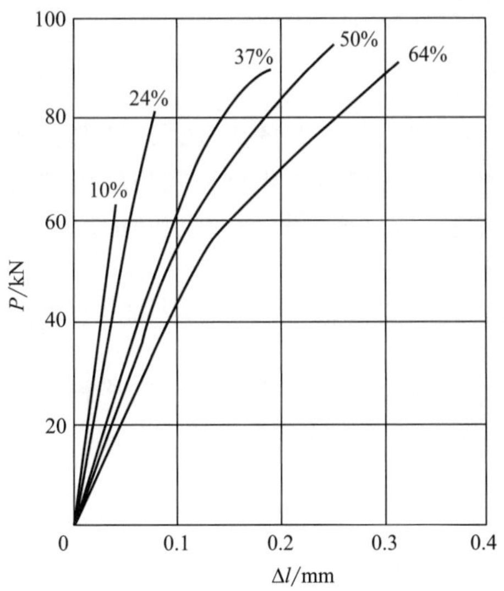

图 6-81　不同钴体积含量的硬质合金的载荷-变形曲线[13]

的本征增韧和 WC 的裂纹偏转作用均得到很好的发挥，断裂韧性大幅增大。虽然在 WC 晶粒尺寸一定的情况下，随着 Co 相的增加，K_{IC}也随之增大，但是 Co 含量增加后，容易发生塑性变形，萌生裂纹，导致疲劳断裂。Sharrock[13]认为，当硬质合金含 Co 量超过 15%时，其拉伸和弯曲曲线出现塑性变形特征（图 6-81），这种现象表明已发生沿 WC-WC 界面的局部断裂，随着合金黏结相增加，碳化物晶粒的黏结性和邻接度急剧降低，并且 WC-WC 界面断裂，促使 Co 层更显著地变形。

从粗晶低 Co 的本质上来说，根据硬质合金产品的工况状态来设计最佳的硬质合金的 Co 相平均自由程（WC 的邻接度）和碳化物晶粒尺寸，同时考虑 WC 晶粒完整度，硬质合金中 C 含量是硬质合金增韧最重要的环节，这种依据不能完全建立在K_{IC}的数值大小上，而是要充分考虑硬质合金的裂纹萌生、扩展、疲劳断裂等因素。

（2）片晶增韧[113,114]

传统硬质合金中 WC 晶粒的形状呈三棱柱状，基面（0001）的硬度比棱面（11$\bar{1}$0）的硬度高一倍，如图 6-82 所示，而板状增强硬质合金中 WC 晶粒呈扁平状即板状，使得 WC 晶粒基面（0001）所占比例增大，从而提高了硬度。Shatov[115,116]研究了 WC 晶体形状对硬质合金硬度的影响，认为当合金中 WC 相体积分数较高时，合金的硬度主要由 WC 相决定，并对 Hall-Petch 硬度公式进行修改，如式（6-21）：

$$\Delta H_{WC}^{HP} \propto \frac{1}{\sqrt{h}} \tag{6-21}$$

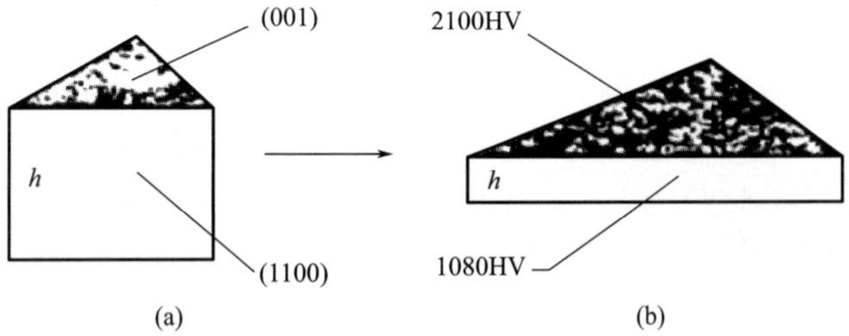

图 6-82　WC 晶粒形状变化

式中，ΔH_{WC}^{HP}为 WC 晶粒的 Hall-Petch 硬化因子的变化量；h 为 WC 晶粒的高度。当 WC 晶粒变成板状时，h 变小，WC 晶粒的 Hall-Petch 硬化因子增大，WC 晶粒的硬度随之增大，从而使得合金的硬度增大。普通合金中 WC 晶粒大都呈三棱柱状，WC 晶粒之间的接触比较紧密，所以，裂纹前端遇到碳化物-碳化物晶粒边界接触的可能性非常大，导致大量裂纹通过 WC 晶粒边界扩展。当 WC 晶粒形状变成板状时，增加了 WC 晶粒基面（0001）的相对尺寸，这样就增加了裂纹尖端指向 WC 晶粒基面（0001）的可能性，而同时板状晶粒使得合金中 WC 晶粒之间的接触减少。在这种情况下，裂纹只有穿过 WC 晶粒或者穿过 WC 晶粒周围的 Co 相和沿着碳化物-黏结相边界进行扩展，增加裂纹偏转，才使得裂纹的扩展消耗了更多的能量，提高了抗弯强度和断裂韧性。

板状晶粒强化的硬质合金具有以下优点：①硬度高，耐磨性好；②韧性好，抗破损性、耐崩刃性、抗热裂纹性能好；③高温硬度好，高温下的耐磨性和抗塑性变形性能优越；④蠕变变形小，抗热变形性能优异。

片晶合金作为切削刀具材料已应用到加工淬硬材料等难加工材料，并取得良好的效果。Kobayashi[117]等人分别研究了 WC-4%Co 合金和 WC-3%TiC-2%TaC-4%Co 两种晶粒形状合金对硬态切削难加工材料的切削性能。研究结果表明片晶合金显示出优异的耐磨性和抗崩刃性，提高了刀具的使用性能。两种晶粒形状合金车削冷硬铸铁轧辊时背刀面磨损与切削时间的关系如图 6-83 所示[117]。Kobayashi 等还以 WC-2%TiC-4%TaC-7%Co 片晶合金作基体，用 CVD 法进行涂层，内层为 10μmTiN，外层为 TiCN/Al_2O_3/TiN，片晶合金与普通合金为基体的涂层刀具切削性能对比见图 6-84。

研究结果表明，由于片晶改善了刀具的抗塑性变形能力，从而可减缓刀尖的磨损，表现出优异的耐磨性和较高的使用寿命，而且，由于片晶合金提高了基体的韧性，大幅提高了刀尖的抗破损能力，使得断续切削加工也能稳定进行。

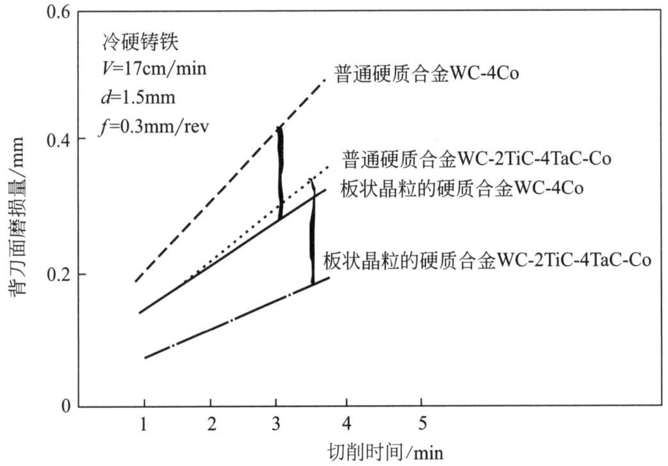

图 6-83　片晶合金和普通刀具加工冷硬铸铁轧辊时切削性能对比[117]

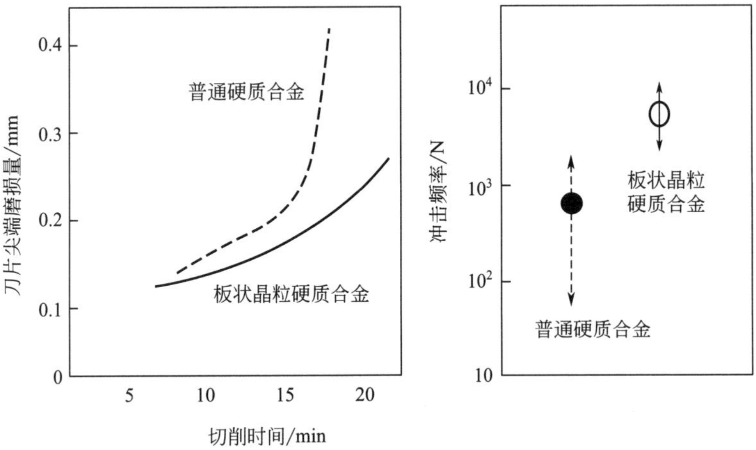

图 6-84　涂层片晶和涂层普通合金切削性能对比[117]

(3) 复合增韧

Fang 和 Sue[118]开发了一种新的具有混杂复合结构的双相硬质合金（简称 DC)。这种结构是在金属基质上嵌入硬质合金颗粒，这种材料被描述为“复合材料中的复合材料”，WC-Co 颗粒镶嵌在金属基质上[119,120]。开发这种 DC 材料的目的是在和传统硬质合金材料相比，在保持耐磨性的前提下提高材料的韧性。这是因为包围硬质相颗粒的连续分布黏结相提高了裂纹钝化和裂纹偏转效应，故与传统硬质合金相比，在没有牺牲材料整体硬度或耐磨损性的前提下，通过钝化或偏转裂纹，增大了材料整体的断裂韧性。加入第二相后，原始硬质相颗粒中的韧性相（如 WC-Co 硬质颗粒）仅在硬质相颗粒与第二韧性相之间重新分布，因此没有降低材料整体的硬度。黏结相含量相同时，双相硬质合金在保持整体高应力的情况下耐磨损性比传统硬质合金更高。

株洲硬质合金集团的张颢[121]在双相硬质合金的基础上用硬度较低的硬质合金网基体代替金属基体开发出了一种网状结构硬质合金。这种硬质合金的特征是在硬度较低的硬质合金网状基体上分布一定数量的另一种高硬度的硬质合金团粒。这种硬质合金用于制作硬质合金球齿，适宜在高硬度、致密性岩层中使用，寿命比常规硬质合金球齿提高 15%以上。

20 世纪 70 年代瑞典山特维克（Sandvik）公司率先采用低成本的缺碳硬质合金渗碳技术开发出双相梯度硬质合金 DP（dual property)，1985 年申请了专利，并于 1988 年获得正式专利授权[122]。DP 合金技术主要包括两个方面，首先制得含均匀细小且体积分数可控的脱碳 WC+Co+η 三相非正常组织合金，然后对此进行渗碳处理，并对合金内各梯度层的厚度进行有效控制。它的实质是在制取含有均匀分布的缺碳 η 相硬质合金的基础上，通过渗碳处理来改变合金中黏结相的分布，赋予合金不同部位以不同的性能。经渗碳处理后制品形成三明治结构：表层的 η 相被消除，Co 向中心部位迁移，使表层 Co 含量偏低；中间存在一个富 Co 层；而心部仍有 η 相存在。这种 Co 含量梯度分布的硬质合金表层硬度高，耐磨性好，心部具有良好的冲击韧性，合金的耐磨性和韧性得到了很好的协调，使用效果较传统制品有显著提高[123]。

Mehrotra[124]报道了一种具有梯度结构的 WC-Co 复合材料金属切削工具，该材料通过控制粉末的组成、烧结气氛组成和烧结条件，形成厚达 20～30μm 的近表面富含黏结剂区域，这些区域中钴含量是整体含量的 300%。与整体相比，富黏结剂区域固溶碳化物含量减少，而表面区域黏结剂含量较高，能增大切削刀具的边缘韧性，在富黏结剂区域以下低的黏结剂含量和高的固溶碳化物含量会提高耐热变形性和耐磨性，韧性测试表明较厚的富黏结剂区域能提高工具的寿命和可靠性。

6.6 硬质合金的多冲和静疲劳试验

6.6.1 多冲试验的发展历程[125~127]

多冲试验本身是一个较老的试验方法，迄今已有一百多年的历史。有关多冲试验的评价一直争论不休。Lesslls（1954)、Фридман（1952)、Siebel（1955）等人认为冲击能量较小时，多冲试验可用疲劳试验代替，冲击能量很大时，多冲试验可用一次摆锤冲击试验代替。但也有学者如 Ludwik（1930）认为，多次冲击的断裂次数与疲劳试验结果和一次摆锤冲击试验并不一样。多年来，很多学者把多冲试验看作冲击疲劳，而以寻找冲击疲劳极限为研究的最终目的。20 世纪 60 年代周惠久等人（周惠久，1962）提出对多次重复冲击试验的看法：①金属材料在多次冲击试验中所表现的行为与一次摆锤冲击试验和疲劳试验中所表现的行为只是在极端条件下（例如在极大的能量负荷下数次冲击就导致发生破裂，或在很小的能量负荷经过百万次以上才能破裂）才有相似之处。在多次冲击的能量范围超过材料的冲击疲劳极限，但冲击所带来的能量远远小于一次冲击破断所需的能量时，金属材料表现出的行为是多次重复冲击下所独有的力学行为，它既不同于一次冲击，也不同于疲劳。它反映的是大多数运转中承受冲击载荷机件遭致破坏的实际情况。②多次冲击不同于一次大能量冲击是因为这两种冲击断裂过程不同，前者是较小能量多次冲击的损伤积累所导致的裂纹萌生和扩展的过程，而后者却不存在损伤积累，只是一次的冲击断裂。③多次冲击不同于疲劳，因为疲劳是一个反复静载荷引起断裂的现象，金属材料的疲劳抗力（以疲劳极限为代表）主要取决于材料的强度而不是取决于其宏观塑性。多次重复冲击却是一种能量负荷，它包括加载速率的影响、体积因数和加载过程中引起的震动等多种影响因素。对多次冲击抗力的材料而言，就必须考虑其断裂前所能吸收的塑性功。因此多次冲击断裂抗力除了主要取决于材料的强度之外，还在一定程度内取决于材料的宏观塑性。而对塑性的要求将随冲击能量大小不同而不同。多次冲击则是一个主要取决于强度和韧度的问题。疲劳不是一个纯的强度问题，很多材料的强度高但疲劳性能却很差。④多次冲击破损是裂纹的萌生与扩展的过程，裂纹萌生的抗力主要取决于强度因素，而裂纹扩展的速率则取决于塑性因素。⑤与静载荷相比，由于多次冲击载荷下增加了加载速率和振动的影响以及变形体积的影响，因此可以推测在多次冲击载荷下材料的缺口敏感度与静载荷下的有所不同，同时也与静疲劳载荷下的缺口敏感度有所差异，这种差异显然也会随冲击能量大小和材料的强度与塑性特征的变化而发生改变。⑥除了能量负荷的特征外，多次冲击负荷的加载过程是一个包括时间因素在内的长期加载过程。在此冲击加载过程中金属材料有可能发生微观和超微观的组织变化，如内应力的重新分布、脱溶沉淀、扩散强化、机械强化等。当这些冲击过程中所伴随产生的现象的影响足够大时，或因为材料本身原存在着晶粒粗大、过热、过烧、晶界脆化、回火脆性、低温脆化等不正常现象时，材料的多次冲击抗力将发生很大的变化。周惠久等人[125～127]在多冲加载断裂方面得到如下一些规律：①设计寿命（冲击破断周次）对强塑配合的要求；②不同冲击能量要求不同的强塑配合；③不同应力集中系数 K_t（缺口尖锐度）下，多冲抗力强塑配合的要求不同；④不同加载应力状态（弯曲、拉伸、侧压等）情况下多冲抗力对强塑配合的要求不同；⑤淬火回火状态钢中含碳量与多冲抗力高峰的关系；⑥高强度及超高强度钢对多冲抗力的影响。上述研究工作对机械零件的设计选材起了重要作用，并对材料减重、部件延长寿命起了重要作用。

20 世纪 80～90 年代，有很多国内学者[128～130]研究了烧结钢和热锻钢的多冲问题，同样取得了一些成果，并发现了粉末冶金缺陷对多冲试验结果有较大的影响。

6.6.2　陶瓷材料的静疲劳

陶瓷静疲劳是通过一定载荷下，陶瓷中裂纹扩展与寿命的关系进行研究的，通常用裂纹尖端的应力强度因子 K_1 和裂纹扩展速率 V 的关系曲线表示。

以玻璃、陶瓷等材料为例，其寿命估算的基本公式如式（6-22）所示：

$$V=AK_1^n \tag{6-22}$$

式中，A、n 为材料常数，n 又称为应力腐蚀指数。其中应力腐蚀指数 n 是描述陶瓷材料疲劳特性的重要参数。陶瓷材料的 n 值与金属 Paris 公式中指数 n 值不同，金属中 n 值在 2～7 范围内（一般为 2～4）变化。陶瓷材料 n 值的分布范围很宽，可以从玻璃的 10～20 至非氧化陶瓷的 100 以上。若用试验测得了陶瓷裂纹扩展的规律，即测得了式（6-22）中的材料常数 A 与 n，则可估算陶瓷材料（或构件）的寿命。

6.6.3 硬质合金的小能多冲和静载疲劳研究[131]

陈振华和陈鼎等人考虑小能多冲的损伤积累导致裂纹的萌生和发展、小能多冲采用冲击能量接近零件服役工况、小能多冲影响部件的微观组织的结构变化和静疲劳对硬质合金的影响，对硬质合金的多冲和静疲劳试验进行了研究。

（1）试验方法

试验使用的硬质合金由株洲硬质合金集团有限公司提供，材料的基本信息见表 6-20。

表 6-20 材料成分和结构参数[131]

合金编号	WC 平均晶粒尺寸/μm	WC(质量分数)/%	Co(质量分数)/%	密度/(g/cm³)
211#	0.8～2.0	89.0	11.0	14.35
215#	0.8～2.0	85.0	15.0	14.15
218#	0.8～2.0	82.0	18.0	13.97

分别对上述三种合金进行了抗弯强度、维氏硬度、冲击韧性与断裂韧性一系列常规力学性能的测量。小能多冲试验在机械摆锤式冲击试验机上进行，每次以恒定的冲击能量冲击试样，直至试样断裂，记录冲击次数 N，设定冲击疲劳周次上限为 10^4 次，冲击频率为 1Hz。使用的样品尺寸为 55mm×10mm×5mm，其中跨距为 40mm。小能量多次冲击试验方案有两种。方案一：三种编号合金在同一能量值下冲击，记录冲击次数。方案二：记 λ 为小能多冲能量与 α_K 值的比值，如式（6-23）所示：

$$\lambda=\frac{\alpha_K}{\alpha_{冲}} \tag{6-23}$$

式中，$\alpha_{冲}$ 为同一编号合金的小能冲击值。

三种编号合金分别在 λ 为 0.8、0.7 和 0.6 下冲击，记录冲击次数。静疲劳试验是在自行改装的微机控制电液伺服疲劳试验机上进行，每次以恒定的静弯力静压试样的正中，直至断裂，记录断裂时间 t，设定静疲劳时间上限为 200h。使用的样品尺寸为 45mm×5mm×5mm，记 θ 为应力 σ 与抗弯强度 σ_{bb} 的比值，如式（6-24）所示：

$$\theta=\frac{\sigma}{\sigma_{bb}} \tag{6-24}$$

三种编号合金分别在 θ 为 0.95、0.90、0.85 和 0.80 下静压，记录断裂时间。另一组中间带 1mm 深缺口的试样，样品有预制缺口的一面，试验中处于弯曲载荷的拉伸面，并使预制缺口与三点弯曲加载装置的中间压头严格居中，三点弯曲加载，跨距为 30mm，三种编号合金在 θ 分别为 0.90、0.80、0.70 和 0.60 下静压，记录断裂时间。所有样品表面都经金刚石砂轮磨平并抛光，以减少表面缺陷对试验的影响。对样品断裂后断口的微观观察采用 QUANTA-FEG-250 扫描电镜进行。

三种编号合金的常规力学性能见表 6-21。三种合金 WC 平均晶粒尺寸相同，随着 Co 含量从 11%到 18%的上升变化，冲击韧性、抗弯强度和断裂韧性分别出现从 5.2J/cm² 提高到 8J/cm²、2945MPa 升高到 3346MPa 和 10.2MPa・m$^{1/2}$ 增加到 15.3MPa・m$^{1/2}$ 的相同增加趋势。而只有硬度出现从 1680kgf/mm² 到 1386kgf/mm² 的下降趋势。这与文献[77.96,132]报道的 K_{IC} 随 Co 含量增加而增大，σ_{bb} 随 Co 含量增大而提高，硬度随 Co 含量增大而降低，K_{IC} 与硬度有负相关的变化趋势，抗弯强度与冲击韧性有正相关的变化趋势的结论相对应。

表 6-21　常规力学性能试验数据[131]

合金编号	维氏硬度(HV)/(kgf/mm²)	冲击韧性 α_K/(J/cm²)	抗弯强度 σ_{bb}/MPa	断裂韧性 K_{IC}/MPa・m$^{1/2}$
211＃	1680	5.2	2945	10.2
215＃	1584	6.2	3165	12.6
218＃	1386	8	3346	15.3

（2）小能量多次冲击性能

三种编号合金试验过程中发现试验数据分散性较大，要求每个能量点每组合金不少于 6 个样，结果取平均值。图 6-85 中可以观察到同冲击能量下 Co 含量较高的 218＃合金比其他两种合金有更高的冲击寿命，而 Co 含量最低的 211＃合金比其他合金冲击寿命都短，这与文献[133]研究结果相符。假如采用 λ 值相同的小能多冲试验，得到了不同的结果。图 6-86 为三种编号合金冲击寿命 N 和冲击能量比值 λ 的关系图，同时体现了各种合金的自身抗冲击损伤能力，直线斜率的倒数为该合金抗冲击损伤敏感性。图中观察到 Co 含量较高的 218＃合金变化速率最慢，斜率最小，反而 Co 含量最低的 211＃合金变化速率最快，斜率最大。这说明在服役条件下 211＃合金抵抗裂纹扩展的能力最好，裂纹损伤敏感性最低。Llanes 等人[53]曾研究了疲劳敏感性和 Co 平均自由程的关系，他认为随着 Co 平均自由程的增大，疲劳断裂行为接近金属，黏结相易发生疲劳断裂，韧性得不到发挥，增韧机制有效性降低，导致疲劳敏感性增大。Sailer 等人[75]对细晶硬质合金的疲劳性能的研究表明，疲劳敏感性随着 Co 含量增加而增大，与 WC 晶粒尺寸的相关性却相对弱一些，原因是疲劳损伤主要发生在韧性黏结相中，而高黏结相含量的硬质合金中这种效应更加显著。211＃、215＃、218＃三种合金 WC 晶粒尺寸相当，随着 Co 含量增大，Co 相平均自由程增加，这就导致 218＃合金损伤敏感性比 215＃和 211＃大，在工程技术上，这也表明高钴合金在服役条件下需要选择更高的安全系数。也可以通过这个规律将产品的寿命估计和多冲试验联系起来。

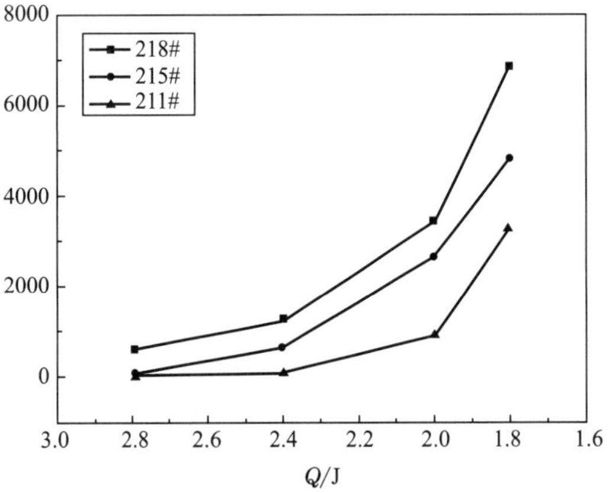

图 6-85　同能量下冲击数与能量值的关系[131]

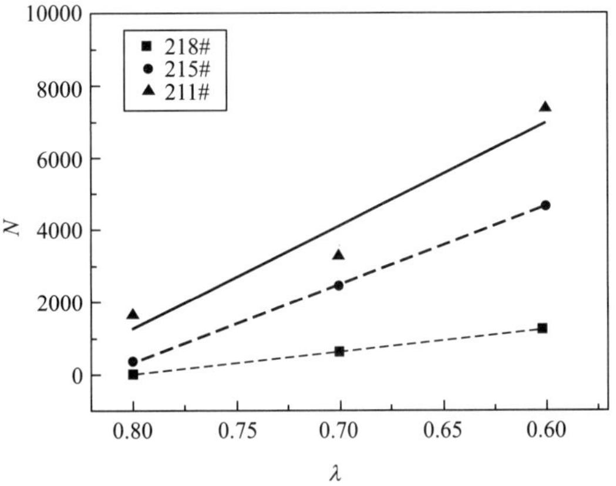

图 6-86　冲击寿命与冲击能量比值的关系[131]

合金这种抗冲击损伤能力，在 K_{IC} 和 α_K 值测定中，是不能表现出来的，假如不考虑多冲是否是疲劳的概念，抗冲击损伤能也可称为抗冲击疲劳能力。

（3）静疲劳性能

硬质合金静疲劳试验采用研究陶瓷材料静疲劳的试验方法进行[134,135]。本试验对比了三种不同 Co 含量硬质合金的静疲劳寿命，同时也对其进行了缺口样和光滑样的对比。图 6-87 是三种合金在 θ 为 0.95、0.90、0.85 和 0.80 时的应力 S 与断裂时间 t 的关系图。图中可以看出三种合金都有明显的静疲劳现象（即材料在低于其断裂强度的恒定载荷下的延迟断裂），试验数据分散性比较大。相同弯曲应力下（图中画一水平线），三者静疲劳寿命长短为218＃>215＃>211＃，然而在相同θ下静疲劳寿命长短为211＃>215＃>218＃。通过S-lg$t$曲线的斜率观察三种合金的疲劳敏感性大小，211＃斜率最小，疲劳敏感性不高，抗疲劳裂纹扩展能力强，218＃斜率最大，疲劳敏感性较大，抗疲劳裂纹扩展能力较差，这一结果与小能多冲相对应。静载荷下裂纹的扩展主要发生在黏结相中，Schleinkofer等人[88~90]认为较高的累积变形或应力导致硬质合金中的黏结剂Co相发生马氏体相变，从而导致多韧带区的Co相韧性下降和裂纹尖端尾部的屏蔽效应减弱，疲劳敏感性很大。所以Co含量较大的218＃合金疲劳敏感性大，另外Co含量较低的211＃合金WC颗粒之间黏结相厚度薄，Co的塑性变形受到强烈限制，从电镜图中可以发现裂纹的扩展出现很多穿晶断裂，这使得裂纹扩展抗力得到大大增加，疲劳敏感性得到降低。

图6-88为缺口样静疲劳弯曲能量比θ与断裂时间t的柱状图。三种合金寿命仍然是211＃>215＃>218＃。从图中数据来看，可以发现缺口样寿命明显低于光滑样，如215＃光滑样与缺口样在θ均为0.8时寿命就相差了近20倍。静疲劳寿命主要由裂纹萌生和扩展两部分组成，缺口样更易产生裂纹萌生点，使得裂纹萌生寿命大大缩短，导致缺口样寿命明显低于光滑样。Schleinkofer等人[61,88~90]曾对一种硬质合金在室温做过类似的静疲劳试验，发现当静态应力超过材料弯曲强度时，材料迅速断裂，相反，当施加应力低于弯曲强度的95%时，基本没有发现材料断裂，这些现象得出的结论是室温环境静态加载条件下亚临界裂纹扩展可以忽略。但这个结论和著者试验的结果不相符，室温静态加载在低于弯曲强度的95%时，200h内仍然能观察到断裂，出现这种相悖结论的原因可能有：①加载方式不同，Schleinkofer等人加载装置见文献[61]，这种装置加载导致材料受力不集中，而著者是通过三点弯曲加载，样品中间受力比较集中，样品基本都是从中间断裂。②材料不同，忽略了材料成分、组织及本身缺陷的影响，缺陷的多少、大小、类别、分布等等都对试验结果有很大影响。

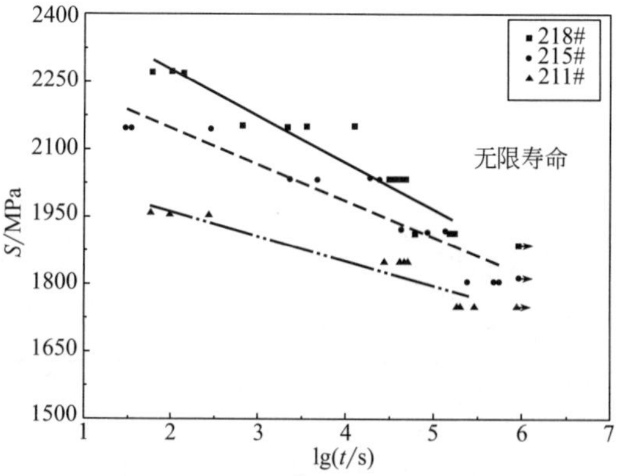

图6-87 光滑样静疲劳S-lg$t$曲线[131]

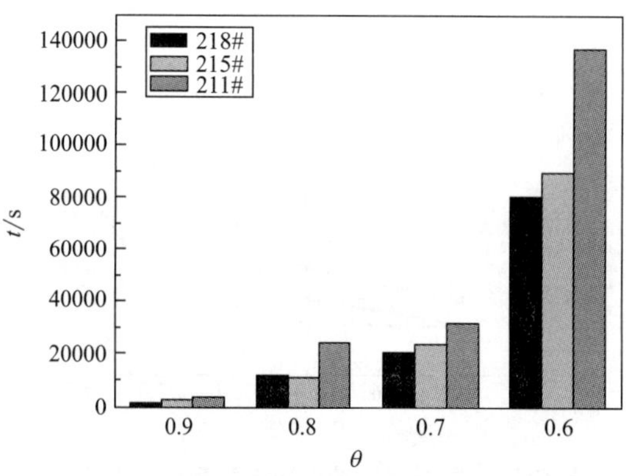

图6-88 缺口样与光滑样的静疲劳寿命柱状图[131]

试验过程中作者观察到带缺口样试验数据分散性比光滑样小。根据Tiryakioğlu等人[136]得出的Weibull分布函数：

$$\ln\ln[1/(1-F_0)]=m\ln\sigma-m\ln\lambda \quad (6\text{-}25)$$

来研究其分散性，以lnln[1/(1-F_0)]为纵坐标，lnσ为横坐标，则可得到两者的关系曲线，直线的斜率m即为Weibull模量（m值越大，材料强度的分散性越小，反之亦然）。

图 6-89 是 215＃开口样与光滑样的抗弯强度 Weibull 统计分布图，从图中可以观察到 215＃合金光滑样与缺口样的 Weibull 模量，开口样 $m=18.566$，光滑样 $m=7.667$，这说明带缺口的样品材料强度分散性较小。图 6-90 是光滑样和开口样的静疲劳平均寿命图。图中可观察到缺口样寿命随 θ 的变化速率明显低于光滑样，且在 θ 为 0.8 时，218＃、215＃和 211＃三种合金光滑样与缺口样的静疲劳寿命比值分别约为 1：2：7 与 1：1：2。这说明对材料引入缺口或者预制裂纹，这些缺口处容易引起应力集中，优先产生裂纹扩展，最终导致断裂，这种方法只能反映材料的本征性能（取决于材料成分、结构等），而在一定程度上掩盖了材料粉末冶金缺陷对材料性能的影响。

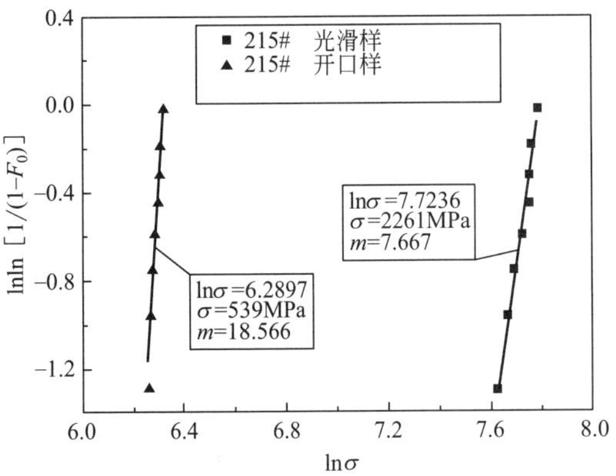

图 6-89　215# 开口样与光滑样的抗弯强度 Welbull 分布[131]

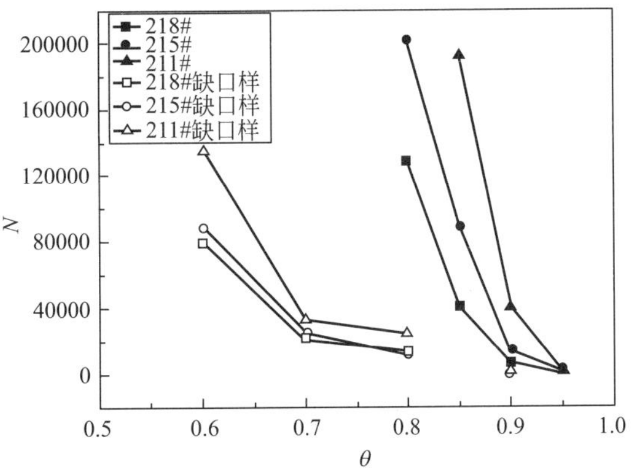

图 6-90　开口样与光滑样静疲劳曲线[131]

（4）断口形貌

20 世纪 70 年代初期，日本的铃木寿、林宏尔等人对硬质合金的断裂机理进行了系统研究，通过研究，铃木寿等人提出硬质合金的破坏起源于“白点”，白点主要由孔隙、粗粒 WC、Co 泡等粉末冶金缺陷组成。对小能多冲和静疲劳试样断口进行扫描电镜观察，两者断口都能看到裂纹萌生区、裂纹扩展区和瞬断区。

裂纹萌生区主要在材料表面和亚表面较小的一个区域[137]，图 6-91（a）、（b）列出了较为常见的粉末冶金缺陷，这也是裂纹源的主要来源。试样在小能量冲击载荷下，裂纹从材料缺陷处（如粗大晶粒、孔隙、短裂纹等）首先萌生，随着冲击次数的增加，对材料的损伤得到积累，Co 相发生塑性变形，硬质相 WC 保持骨架稳定，导致 Co 相对 WC 颗粒的支撑黏结作用弱化或者破坏，WC 相由于缺少 Co 相黏结作用而不断被剥落产生微孔隙，随着孔隙的不断变大，相邻孔隙相互连接形成短裂纹，短裂纹慢慢长大达到临界裂纹长度时导致材料断裂。同样试样在小能量静载荷下服役，裂纹首先从受拉应力表面或亚表面的缺陷处开始萌生，由于孔隙或短裂纹受到来自静载荷施加的拉应力，应力集中在缺陷处，缺陷周围的 Co 相和 WC 颗粒处于很大的应力处，Co 相通过塑性变形来释放应力，图 6-91（c）可以明显地看到 Co 相塑性变形产生的韧窝形貌，而 WC 颗粒保持着骨架的稳定承受着很大的应力，当应力足够大时，裂纹会穿过 WC 晶粒和撕裂 Co 相继续扩展，当相邻孔隙与短裂纹相连接时，裂纹进一步得到扩展，短裂纹慢慢长大达到临界裂纹长度时导致材料断裂。这与陶瓷材料中亚稳态裂纹扩展相似，裂纹的扩展过程如图 6-91（d）所示。可以得出结论：硬质合金在小能量下服役（小能多冲与静疲劳试验），导致其断裂由内部孔隙（或粗大 WC 之类的缺陷）与试验过程中产生的缺陷在累积受力情况下慢慢长大，孔隙相互连接形成短裂纹，短裂纹慢慢长大达到临界裂纹长度时导致材料断裂。

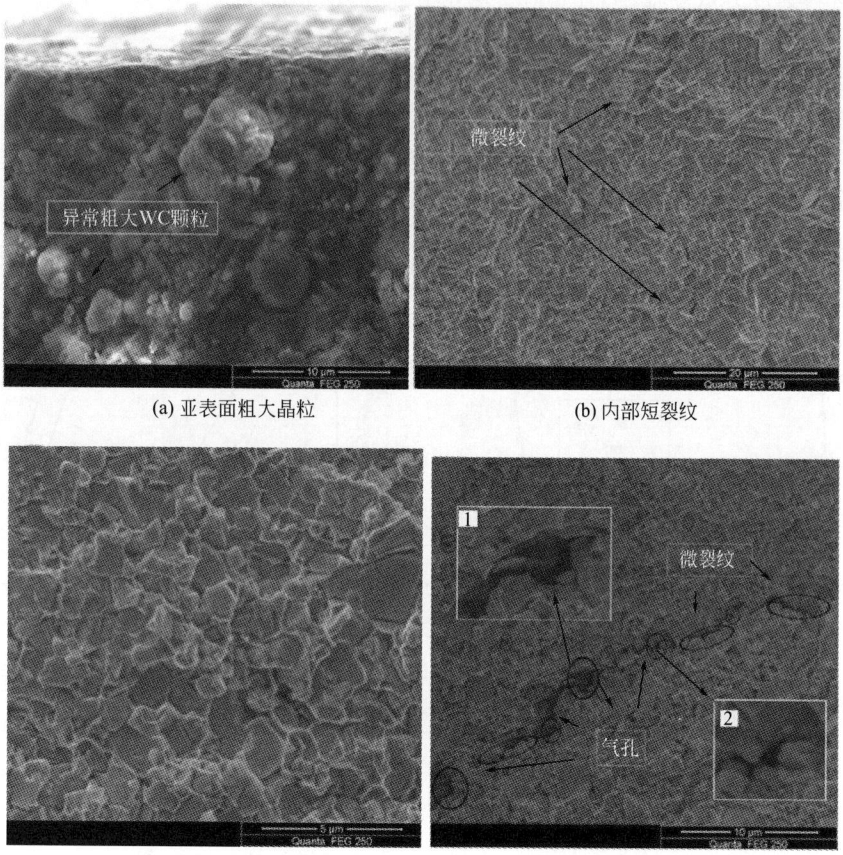

(a) 亚表面粗大晶粒　　(b) 内部短裂纹

(c) 静疲劳断口韧窝形貌　　(d) 裂纹扩展路径

1—WC脱黏形成的微孔隙；2—材料内部微孔隙

图 6-91　三种合金的 SEM 图[131]

（5）结论

通过对 211＃、215＃、218＃合金进行小能量多次冲击试验与静疲劳试验可以得到以下结论。

① 三种合金在低于 α_K 值与 σ_{bb} 值的相同小能冲击与弯曲能量下，Co 含量越高，小能多冲与静疲劳寿命越长；但是，在 λ 和 θ 相同的情况下，Co 含量越高，小能多冲与静疲劳寿命越短。

② 服役条件下 218＃合金具有较高的动疲劳和静疲劳敏感性，抗疲劳裂纹扩展能力较弱；同样也表明高钴合金在服役条件下需要选择更高的安全系数。

③ 三种带缺口试样静疲劳寿命明显低于光滑试样，且在 θ 为 0.8 时，钴含量为 18％、15％、11％的三种合金缺口样与光滑样的静疲劳寿命比值分别约为 1∶1∶2 与 1∶2∶7，这说明缺口预制试样掩盖了硬质合金的缺陷。

④ 硬质合金在小能量下服役断裂的一种裂纹扩展方式是内部孔隙（或粗大 WC 之类的缺陷）与试验过程中产生的缺陷在累积受力情况下慢慢长大，内部孔隙相互连接形成短裂纹，短裂纹慢慢长大达到临界裂纹长度时导致材料断裂。

6.7　硬质合金的厚度效应与工具设计[138]

6.7.1　单位质量的疲劳寿命

硬质合金作为一种类似于陶瓷的粉末冶金材料，由于受到制备技术的限制会产生一系列缺陷，如孔隙、短裂纹、原始颗粒边界、非金属夹杂物、粗大晶粒和第二相颗粒、黏结相池和晶界玻璃相等。这些粉末冶金缺陷的存在使得硬质合金的力学性能呈现出明显的尺寸效应。所谓尺寸效应就是在保持试样相似几何形状和相同结构的情况下，材料的力学性能与在同一条件下所试验的试样尺寸的关系。

目前工业上广泛使用硬质合金工具和零部件如印刷电路板钻头、金属切削刀具和冷锻模具等，它们的尺寸变化范围非常大，从几微米到几米。因此，硬质合金工具的尺寸对其力学性能的影响需要进行深入的研究。根据 Weibull（1949）理论，硬质合金的强度和寿命随着体积的增大而减小，因为大体积的材料存在更多的缺陷，较多的缺陷更容易导致裂纹萌生和扩展。Klünsner 等[139]发现当硬质合金的有效载荷体积从 $100mm^3$ 下降到 $10^{-8}mm^3$ 时，硬质合金的强度值从 2500MPa 增大到 6000MPa。他认为硬质合金与大多数高强度材料一样，其强度是由微孔、非金属夹杂物和短裂纹等粉末冶金缺陷控制的，缺陷的种类、尺寸分布和空间分布取决于材料的化学成分和应用的生产制备技术。在此基础上提出了硬质合金的体积效应，即体积越大缺陷越多，硬质合金使用寿命越低。

先前的学者基本都是在研究硬质合金工具尺寸在大幅度变化的情况下，工具的强度和寿命与尺寸的关系。对于基础研究来说，这些结果也是非常有意义的；但是，对于工程实际应用来说，尺寸在如此大的范围内变化对硬质合金工具的设计并没有实际的指导意义。在设计硬质合金工具和零部件的时候，除了满足基本的使用性能之外，还需要想方设法提高工具的使用寿命。但是为了提高工具的强度和使用寿命，并不可能大幅度改变工具的尺寸，因为还要考虑成本、装夹等方面的影响。因此，当硬质合金试样尺寸在小范围内变化时，研究工具尺寸对寿命的影响，这对硬质合金工具的设计具有重要的意义。

著者假设引入一个新的概念，即单位质量的疲劳寿命（或者单位质量的疲劳强度），就会得出和 Weibull 理论和体积效应都不相同的结论。著者进行了一个试验，一个矩形硬质合金工件，静疲劳寿命为 20h，受力面厚度为 4.7mm，将厚度改为 5mm，其静疲劳寿命为 130h，工件的质量增加了 6.4%，但静疲劳寿命增加了 110h。单位质量疲劳寿命增加了 6 倍之多。

单位质量的疲劳寿命 N_m 可以写成工件的疲劳寿命 N_f 除以工件质量 m：

$$N_m = N_f / m \tag{6-26}$$

单位质量的疲劳强度 σ_{ma} 可以写成工件的疲劳强度 σ_a 除以工件质量 m：

$$\sigma_{ma} = \sigma_a / m \tag{6-27}$$

工件的受力面厚度增加，体积也跟着增加，但疲劳寿命增加的原因为：

① 硬质合金和粉末冶金合金一样具有静疲劳断裂模式，疲劳裂纹的萌生和扩展很多情况下取决于 K_{max}。

② 厚度增加，裂纹尖端的塑性区减少。

③ 粉末冶金缺陷多在表面和亚表面。厚度增加，表面和亚表面的缺陷增加得非常少。

④ 厚度增加，静疲劳寿命大幅增加，裂纹扩展驱动力大幅度减小。

从节约成本、改善恶劣疲劳环境的工件寿命角度，引入单位质量的疲劳寿命（疲劳强度）具有一定的实用价值。

6.7.2 硬质合金静疲劳寿命的厚度效应

Llanes 和 Torres 等人[53]研究发现硬质合金的疲劳裂纹扩展速率主要取决于最大应力强度因子 K_{max}而非应力强度因子幅 ΔK，也就是静态疲劳断裂模式占主导作用。同时，Fry 等人[52]研究认为平均应力对硬质合金的疲劳裂纹扩展有显著影响。因此硬质合金的静态疲劳断裂模式是所有疲劳断裂的共性特征，对静态疲劳的研究有利于加深对其他疲劳模式的理解。为了探讨试样尺寸在小范围内变化时，硬质合金静态疲劳寿命与尺寸的关系，著者对 YL20.5、HZ10、YGA10 和 YGA20 四个牌号的硬质合金进行了试验。其中四种牌号合金的 Co 含量、WC 晶粒尺寸（d_{WC}）、WC 邻接度（C_{WC}）、黏结相平均自由程（λ_{Co}）、断裂韧性和抗弯强度如表 6-22 所示。

表 6-22 四种牌号硬质合金的性能数据

合金牌号	Co 含量(质量分数)/%	$d_{WC}/\mu m$	C_{WC}	$\lambda_{Co}/\mu m$	断裂韧性 $K_{IC}/MPa \cdot m^{1/2}$	抗弯强度 σ_{bb}/MPa
HZ10	8	0.72	0.52	0.22	11.4±0.3	3721±92
YL20.5	8	0.95	0.48	0.29	12.7±0.3	3285±61
YGA10	10	3.18	0.35	0.87	15.7±0.2	2871±43
YGA20	15	3.21	0.22	1.22	19.5±0.4	3016±54

四种牌号的硬质合金是采用线切割方法切割成长和宽分别为 45mm 和 5mm，厚度分别为 4.6mm、4.7mm、4.8mm、4.9mm 和 5.0mm 的试样，各个表面进行抛光处理。在电液伺服疲劳试验机上给各个试样施加 80%σ_{bb}的静态压力，记录试样断裂的时间，即静态疲劳断裂寿命。每组试验不少于 8 个试样，试验结果取平均值。

硬质合金静态疲劳寿命与试样厚度的关系如图 6-92 所示。随着试样厚度增加，静态疲劳寿命大幅度增加。正如在静态疲劳和小能多冲的断裂机制中所述的一样，裂纹主要是从硬质合金试样的表面和亚表面缺陷处开始萌生，当试样的厚度从 4.6mm 增加到 5.0mm 时，试样的体积略有增加，但是承受三点弯曲加载的硬质合金试样的拉伸面和压缩面的面积并没有变化，也就是说试样厚度的增加并没有增加试样表面和亚表面的缺陷数量，从而裂纹萌生源数量基本保持不变。因而，试样厚度增加，静态疲劳寿命并不会降低。此外，根据 Griffith-Irwin 断裂理论[140~142]，施加在材料上的力转化为内部的弹性应变能。在裂纹扩展过程中，裂纹扩展时释放的弹性应变能不仅用以提供裂纹扩展所产生的新的表面能，还用以克服裂纹前端的塑性应变能，因此 Griffith 裂纹扩展的条件为：

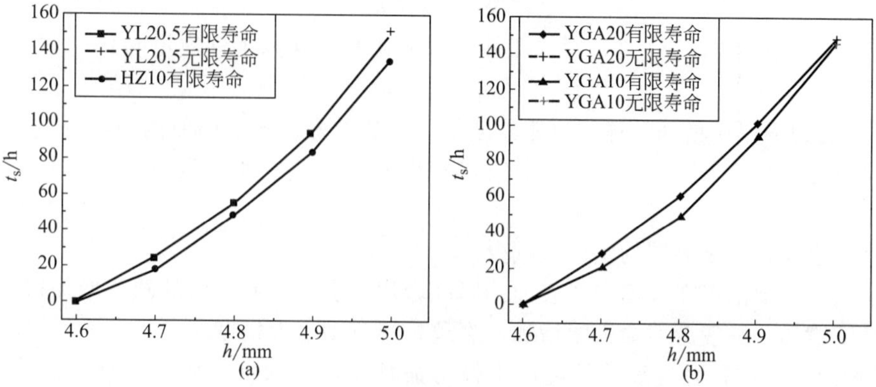

图 6-92 硬质合金试样厚度对静态疲劳寿命的影响

$$\frac{F^2L^3}{8Ebh^3} \geqslant (\gamma_s+\gamma_p)\ S_{mf} \qquad (6\text{-}28)$$

式中，F 是施加的静态载荷；L 是试样的长度；E 是杨氏模量；b 是试样宽度；h 是试样厚度；γ_s是比表面能；γ_p是单位塑性变形能；S_{mf}是试样总的宏观断面面积。

式（6-28）左边是作为裂纹扩展驱动力的弹性应变能，右边是作为裂纹扩展阻力的表面能和塑性应变能。当试样厚度增加时裂纹扩展的驱动力大幅度减小；同时，由于试样总的宏观断面面积增加，裂纹扩展的阻力增加，从而裂纹扩展速率降低，静态疲劳寿命延长。

从断裂力学的应力强度来看，由于试样的宽度大于 $2.5\left(\frac{K_{IC}}{\sigma_y}\right)^2$，所以承受三点弯曲加载的硬质合金试样处于平面应力状态，裂纹从缺陷处萌生，在裂纹扩展过程中，裂纹尖端产生一个塑性区。当试样厚度增加时，裂纹尖端的塑性区减小，静态疲劳裂纹扩展速率降低，静态疲劳寿命提高。

6.7.3 微观组织参数对硬质合金厚度效应的影响

硬质合金的厚度效应受到其微观组织参数（Co 含量和 WC 晶粒尺寸）的影响。在硬质合金 Co 含量相同时，WC 晶粒尺寸越大，硬质合金的厚度效应越显著；当 WC 晶粒尺寸相同时，随着黏结相含量增加硬质合金的厚度效应趋向于显著。以上结果与硬质合金有效的增韧机制有关系。

当 WC 晶粒尺寸较大的时候，由于 WC 晶粒比较完整，其中大多是亚晶界，裂纹穿过大颗粒的 WC 使之发生穿晶断裂比较困难，消耗的能量比较大。因而硬质合金裂纹扩展主要是沿着 WC 与 WC、WC 与 Co 的晶界以及在 Co 相中扩展。此时，正是因为 WC 颗粒比较大，相界面和晶界非常曲折，裂纹按照曲折的路径扩展需要外界提供更多的能量，所以裂纹扩展就比较困难，即裂纹偏转增韧机制。在 WC 晶粒尺寸越大的硬质合金试样中，由于裂纹偏转增韧机制的存在，硬质合金的厚度效应越显著。

当硬质合金黏结相含量较高时，硬质合金的疲劳断口呈现出更多的韧窝（图 6-93），较多的韧窝以及其撕裂带反映了硬质合金在裂纹扩展时的延性相桥接增韧，当裂纹扩展时，在接近裂纹尖端区域黏结相 Co 可以将裂纹桥接在一起，并对裂纹面施加一个拉应力，以达到阻止裂纹进一步张开而扩展的效果。Co 黏结相形成连续延性相所起到的桥接增韧作用在硬质合金的增韧机制中起主要作用[143]。

(a) YL20.5

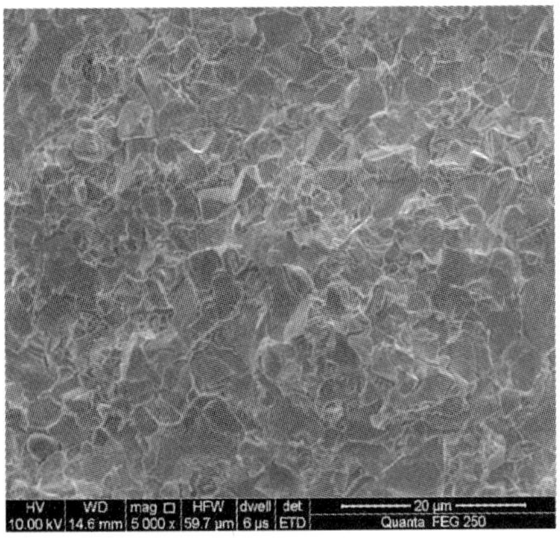

(b) YGA20

图 6-93　硬质合金断口形貌

根据上面的讨论可以看出，硬质合金试样在小范围内增大尺寸（1mm 左右），可以在一定程度上提高其疲劳寿命，这为更长寿命的硬质合金工具的设计提供了新的思路。同时，在硬质合金工具设计选材时，也要考虑微观组织参数对硬质合金静态疲劳寿命的影响。

6.7.4 工业装备的实际应用的验证

厚度效应在工业装备的实际应用中也证实了该理论的正确性。生产人造金刚石的两面顶式模具（或年轮式模具）经过 50 多年的改进和发展，派生出了多种类型，其中美国发展的称为 GE 型，中国改进的称为中国型。这种两面顶式模具主要由硬质合金两面顶顶锤和压缸组成，压缸如图 6-94 所示。GE 型模具压缸内孔的径高比 D/H 一般为 1∶（1.2～1.3），俗称细长缸。中国在美国和欧洲模具的基础上设计了中国型模具，为了避免长件硬质合金制造的困难，中国型模具的压缸径高比 D/H 一般为 1∶1.1[144]。这两种压缸虽然在生产实践中都有成功的应用，但是由于压缸径高比的增大（厚度减薄），中国型压缸的失效概率比 GE 型压缸大得多。

(a) 实物图

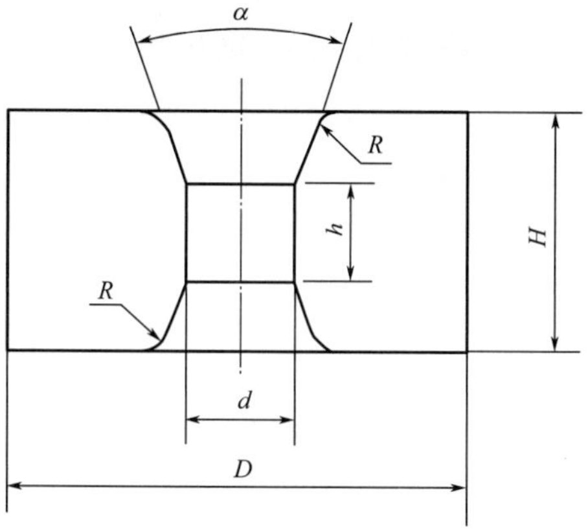

(b) 尺寸

图 6-94 硬质合金压缸

除了两面顶式模具的压缸，厚度效应也在硬质合金六面顶锤（图 6-95）的设计上得到了充分的体现。赵云良[145]研究发现，硬质合金六面顶锤的外径 D 与高度 H 之比应该设计为 1～1.27。实践证明，当径高比 $D/H>1.35$ 时，在六面顶锤使用过程中，塌锤失效的比例大幅度上升。

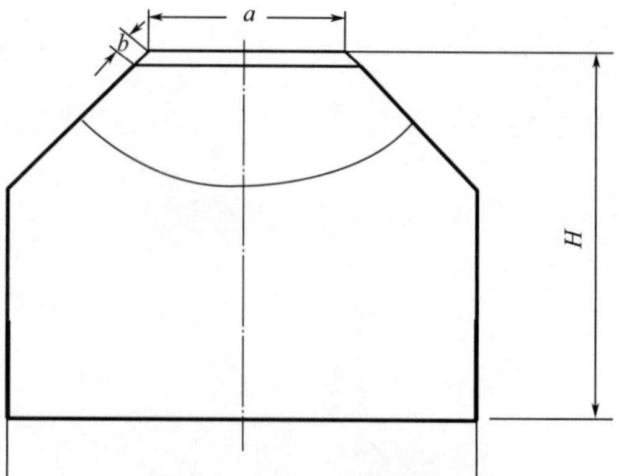

图 6-95 硬质合金六面顶锤

6.8 讨论

① 硬质合金的疲劳失效是循环疲劳和静疲劳的综合作用结果，减少静疲劳的影响可有效提高硬质合金的疲劳特性，可以采用厚度效应来提高硬质合金的疲劳特性。

② 硬质合金产生裂纹扩展阻力有三部分，其中延性增韧占 50%，WC 颗粒本征增韧占 35%，裂纹偏转增韧占 15%。从硬质合金增韧来看，应该挖掘 WC 颗粒的增韧能力，如提高 WC 颗粒的塑性，WC 颗粒应该具有化合碳高、游离碳低、单相、晶粒均匀、亚晶尺寸大和缺陷少等性能。

③ 可将静疲劳和小能多冲测试列入硬质合金产品性能检测中。

参考文献

[1] 陈振华，陈鼎. 现代粉末冶金原理. 北京：化学工业出版社，2013.

[2] 韩凤麟，马福康，曹勇家. 粉末冶金技术手册. 北京：化学工业出版社，2009.

[3] 陈振华，姜勇，陈鼎，等. 硬质合金的疲劳与断裂. 中国有色金属学报，2011，21 (10)：2394-2401.

[4] 张忠健，赵声志，彭文，等. 硬质合金的疲劳裂纹萌生与扩展行为. 中国有色金属学报，2014，24 (12)：3031-3041.

[5] 郭圣达，张正富. WC-Co 类硬质合金疲劳特性的研究现状. 材料导报，2009，23 (6)：69-72.

[6] 黄莉玲，张正富，周盛. 钻岩用硬质合金韧性和断裂的研究现状. 材料导报，2008，22 (8) 专辑：428-430.

[7] Suresh S. 材料的疲劳. 王中光译. 北京：国防工业出版社，1999.

[8] 张哲峰，张鹏，田艳中，等. 金属材料疲劳损伤的界面效应. 金属学报，2009，45 (7)：788-800.

[9] Essmann U，Gosele U，Mughrabi H. A model of extrusions and intrusions in fatigued metals Ⅰ . Point-defect production and the growth of extrusions. Philosophical Magazine，1981，44 (2)：405-426.

[10] Basinski Z S，Pascual R，Basinski S J. Low amplitude fatigue of copper single crystals Ⅰ. The role of the surface in fatigue failure. Acta Metallurgica，1983，31 (4)：591-602.

[11] Hunsche A，Neumann P. Quantitative measurement of persistent slip band profiles and crack initiation. Acta Metallurgica，1986，34 (2)：207-217.

[12] Liu W，Bayerlein M，Mughrabi H，Daya，Quested P N. Crystallographic features of intergranular crack initiation in fatigued copper polycrystals. Acta Metallurgica et Materialia，1992，40 (7)：1763-1771.

[13] Sharrock M. 硬质合金的强度和寿命. 黄鹤翥译. 北京：冶金工业出版社，1987.

[14] 鈴木寿，林宏爾. WC-10%Co 超硬合金の抗折強度と破壊の起源との関係. 日本金属学会誌，1974，38 (11)：1013-1019.

[15] Torres Y，Anglada M，Llanes L. Fatigue mechanics of WC-Co cemented carbides. International Journal of Refractory Metals and Hard Materials，2001，19 (4)：341-348.

[16] Li A H，Zhao J Wang D，Gao X L，Tang H W. Three-point bending fatigue behavior of WC-Co cemented carbides. Materials and Design，2013，45：271-278.

[17] Padovani U，Gouvea D. Fatigue life of tungsten carbide plungers operating in reciprocating compressors for ethylene [EB/OL] . [2013-08-03] . http：//www. artigocientifico. com. br/upload/artc _ 1152724378 _ 43. pdf.

[18] Klüsner T，Marsoner S，Ebner R，et al. Effect of microstructure on fatigue properties of WC-Co hard metals. Procedia Engineering，2010，2 (1)：2001-2010.

[19] Baily S G，Perrott C M. Wear processes exhibited by WC-Co rotary cutters in mining. Wear，1974，(1)：117-128.

[20] Jan A K，Thoms E. Cemented carbide body with improved high temperature and thermomoechanical properties. US，6692690B2. 2004-02-17.

[21] 宋士泓，李健纯. WC-Co 合金短裂纹形核过程的探讨. 金属学报，1987，23 (6)：A521-A525.

[22] 広瀬幸雄，夫明煥，岸陽一，等. WC-Co 超硬合金の疲労き裂進展特性の評価. 材料，1997，46 (7)：726-73.

[23] 広瀬幸雄，夫明煥，松岡秀，等. WC-Co 超硬合金の疲労き裂進展特性に及ぼす応力比およびWC 粒径の影響. 材料，1997，46 (12)：1402-1408.

[24] Vasel C H，Kraitz A D，Drake E F，et al. Binder deformation in WC- (Co，Ni) cemented carbide composites. Metallurgical and Materials Transactions A，1985，16 (12)：2309-2327.

[25] Lisovsky A F. Some speculations on an increase of WC-Co cemented carbides service life under dynamic loads. International Journal of Refractory Metals and Hard Materials，2003，21 (1-2)：63-69.

[26] 姜勇，李中权，钟益平，等. WC-Co 硬质合金疲劳断裂机制研究. 粉末冶金技术，2012，30 (5)：341-347.

[27] 李亚林，刘咏，周永贵，等. 梯度结构硬质合金的疲劳断裂. 粉末冶金材料科学与工程，2011，16 (5)：747-754.

[28] 山本勉. 各種表面改質および加工を施した超硬合金の技術開発. 粉体および粉末冶金. 2009，56 (8)：512-518.

[29] 阪上楠彦，河野信一，山本勉. WC-12mass%Co 超硬合金の曲げ疲労特性に及ぼすHIP 処理および表面性状の影響. 粉体および粉末冶金，2002，49（4）：306-311.

[30] 山本勉. 超硬工具材料の最近の動向. 粉体および粉末冶金，1993，40（8）：763-769.

[31] 鈴木寿，林宏爾，松原秀彰，等. イオンプレーティング（PVD）法によって窒化チタンを被覆した超硬合金の界面部組織と抗折力. 日本金属学会誌，1984，48（2）：214-219.

[32] 細田幸宏，阪上楠彦，中田敏也，等. WC-β_t-Ti（C，N）-Co 合金の切削性能に及ぼす表面近傍組織の影響. 粉体および粉末冶金，2012，59（8）：489-493.

[33] 佐藤建吉，吉田雅信，浅見朋志. WC-Co 系超硬合金の圧縮疲労破壊. 日本機械学会論文集（A 编），1992，58（556）：2293-2298.

[34] Hireko M，Sotomi I，Noriyasu O，et al. Fatigue lifetime and crack growth behavior of WC-Co cemented caibide. Advanced Materials Research 2014，891-892：955-960.

[35] Sigl L S，Schmauder S. A finite element study of crack growth in WC-Co. International Journal of Fracture，1988，36（4）：305-317.

[36] Tarragój M，Jiménez-Piqué E，Schneider L，et al. FIB/FESEM experimental and analytical assessment of R-curve behavior of WC-Co cemented carbides. Materials Science and Engineering A，2015，645（1-2）：142-149.

[37] Fischmeister H F，Schmauder S，Sigl L S. Finite element modeling of crack propagation in WC- Co hard metals. Materials Science and Engineering A，1988，105/106（88）：305-311.

[38] Hong J，Gurland J. A study of the fracture process of WC-Co alloys//Viswanadham R K. Science of hard materials. New York：Plenum Press，1983. 649-669.

[39] Liu B H，Zhang Y，Ouyang S X. Study on the relation between structural paramenters and fracture strength of WC-Co cemented caibides. Materials Chem istry and Physics，2000，62（1）：35-43.

[40] Gurland J. The fracture strength of sintered tungsten carbide-cobalt alloys in relation to composition and particle spacing. Trans TMS-AIME，1963，227：1146-1152.

[41] 黄培云. 粉末冶金原理. 北京：冶金工业出版社，1997.

[42] 《国外硬质合金》编写组. 国外硬质合金. 北京：冶金工业出版社，1976.

[43] Sigl L S，Exner H E. Experimental study of the mechanics of fracture in WC-Co alloys. Metallurgical and Materials Transactions A，1987，18（7）：1299-1308.

[44] Evans A G，Cannon R M. Overview no. 48：Toughening of brittle solids by martensitic transformations. Acta Metallurgica，1986，34（5）：761-800.

[45] Almond E A. Microstructural basis of strength and toughness in hardmetals//Speciality Stells and Hard Materials. Oxford：Pergamon Press，1983，353-360.

[46] Evans A G，Mcmeeking R M. On the toughening of ceramics by strong reinforcements. Acta Metallurgica，1985，34（12）：2435-2441.

[47] Evans A G，Heuer A，Porter D L. Toughening mechanisms in cemented carbides//Taplin D M R. Proceedings of the 4th International Conference on Fracture. Oxford：Pergamon Press，1977：529.

[48] 石原外美，五嶋孝仁，中山一陽，吉本隆志. 超硬合金およびサーメットの繰返し熱衝撃下のき裂進展挙動. 日本機械学会論文集（A 编），1996，62（598）：1327-1332.

[49] 尤显卿，郑玉春，陈娟文. 碳化物钢结硬质合金热疲劳裂纹形成机理的研究. 矿冶工程，2002，22（2）：93-95.

[50] Lueth R C. Determination of fracture toughness parameters for tungsten carbide-cobalt alloys//Bradt R C，Hasselman D P H，Lange F F. Fracture Mechanics of Ceramics. NewYork，1974：791-806.

[51] Almond E A，Roebuck B. Fatigue crack growth in hardmetal WC-Co. Metals Technologies，1980，7（1）：83-85.

[52] Fry P，Garre G. Fatigue crack growth behaviour of tungsten carbide-cobalt hardmetals. Journal of Materials Science，1988，23（7）：2325-2338.

[53] Llanes L，Torres Y，Anglada M. On the fatigue crack growth behavior of WC-Co cemented carbides：kinetics description，microstructural effects and fatigue sensitivity. Acta Materialia，2002，50（9）：2381-2393.

[54] Ishihara S，Goshima T，Yoshimoto Y，Sabu T. The influence of the stress ratio on fatigue crack growth in a cermet. Journal of Materials Science，2000，35（22）：5661-5665.

[55] Ishihara S，Shibata H，Goshima T. Effect of environmental temperature on the fatigue crack propagation behavior of cemented carbides. Journal of Thermal Stresses，2008，31（11）：1025-1038.

[56] 石原外美，五嶋孝仁，足立晃一，等. 超硬合金の微小疲労き裂進展挙動に及ぼす応力比の影響. 日本機械学会論文集（A 编），1998，64（624）：2145-2151.

[57] Boo M H，Oh H W，Park Y C，et al. The effect of Co content on fatigue crack growth characteristics of WC-Co cemented. International Centre for Diffraction Data，1999，C：528-535.

[58] Roebuck B，Almond E A. Deformation and fracture processes and the physical metallurgy of WC-Co hardmetals. International Materials Reviews，1988，33（1）：90-112.

[59] 玉井富士夫，平野一美. アルミナセラミックスの疲労き裂進展特性の評価. 日本機械学会論文集（A 编），1994，60（573）：2145-2151.

[60] 小川武史，大矢耕二，戸梶惠郎. Ti-6Al-4V 合金の疲労き裂進展特性に及ぼす組織の影響. 材料，1992，41（463）：502-508.

[61] Schleinkofer U, Sockel H G, Gorting K, et al. Fatigue of hard metals and cermets. Materials Science and Engineering A, 1996, 209 (2): 313-317.

[62] Sergejev F, Klaasen H, Kubarsepp J, et al. Fatigue mechanics of carbide composites. International Journal of Materials and Product Technology, 2011, 40 (1-2): 140-163.

[63] 舒士明，许育东，曹文荣. WC-Co 系硬质合金抗热冲击疲劳性能的研究. 金属热处理，1998，3: 26-28.

[64] Kindermann P, Sockel H G. Mechanisms of fatigue in cemented carbides at elevated temperatures. Advanced Engineering Materials, 2000, 2 (6): 356-358.

[65] Kindermann P, Schlund P, Sockel H G, et al. High-temperature fatigue of cemented carbides under cyclic loads. International Journal of Refractory Metals and Hard Materials, 1999, 17 (1): 55-68.

[66] Dary F C, Roebuck B, Gee M G. Effects of microstructure on the thermo-mechanical fatigue response of hardmetals using a new miniaturized testing rig. International Journal of Refractory Metals and Hard Materials, 1999, 17 (1): 45-53.

[67] Roebuck B, Maderud C J, Morrell R. Elevated temperature fatigue testing of hardmetals using notched testpieces. International Journal of Refractory Metals and Hard Materials, 2008, 26 (1): 19-27.

[68] Upadhyaya G S. Cemented tungsten carbides: Production, properties, and testing. New Jersey: Noyes Publications, 1997.

[69] Akerman J, Ericson T. Cemented carbide body with improved high temperature and thermomechanical properties. US, 6692690B2. 2004-02-17.

[70] 陈振华，史媛媛，姜勇. 冷却介质对 YG8 硬质合金热疲劳性能的影响. 湖南大学学报（自然科学版），2011. 38 (3): 60-64.

[71] 杨庆海，尤显卿，陈丽娜. 钢结硬质合金表面化学镀钴-磷层的热疲劳特性. 热处理，2010，25 (1): 53-57.

[72] Fry P R, Garrett G G. The inter-relation of microstructure, toughness and fatigue crack growth in WC-Co hardmetals. Speciality Steels and Hard Materials, 1983: 375-381.

[73] Suresh S, Sylva L A. Room temperature fatigue crack growth in cemented carbides. Materials Science & Engineering, 1986, 83 (1): L7-L10.

[74] Nakajima T, Hosokawa H, Shimojima K. Influence of cobalt content on the fatigue strength of WC-Co hardmetals. Materials Science Forum, 2007, 534-536: 1201-1204.

[75] Sailer T, Herr M, Sockelh G, et al. Microstructure and mechanical properties of ultrafine-grained hardmetals. International Journal of Refractory Metals and Hard Materials, 2001, 19 (4-6): 553-559.

[76] Kuresawe S, Pott P H, Socker H G, et al. On the influence of binder content and binder composition on the mechanical properties of hardmetals. International Journal of Refractory Metals and Hard Materials, 2001, 19 (4-6):335-340.

[77] Chermant J L, Osterstock F. Fracture toughness and fracture of WC-Co composites. Journal of Materials Science, 1976, 11 (10): 1939-1951.

[78] Ashby M F, Blunt F J, Bannister M. Flow characteristics of highly constrained metawires. Acta metal 1989, 37 (7): 1847-57.

[79] Roebuck B, Almond E A, Cottenden A M. The influence of composition, phase transformation and varying the relative FCC and HCP phase contents on the properties of Co-WC alloys. Materials Science and Engineering A, 1986, 66 (2): 179-94.

[80] Torres Y, Sarin V K, Anglada M, Llanes L. Loading mode effects on the fracture toughness and fatigue crack growth resistance of WC-Co cemented carbides. Scripta Materialia, 2005, 52 (11): 1087-1091.

[81] Knee N, Plumbridge W J. The influence of microstructure and stress ratio on fatigue crack growth in WC-Co hardmetals. Fracture, 1984, 4: 2685-2692.

[82] Prakash L J. Application of fine grained tungsten carbide based cemented carbides. International Journal of Refractory Metals and Hard Materials, 1995, 13 (5): 257-264.

[83] 龙坚战，陆必志，易茂中，等. 新型粘结相硬质合金的研究进展. 硬质合金，2015，32 (3): 204-212.

[84] 阪上楠彦，河野信一，山本勉. WC-1mass%Cr3C2-12mass%Ni 超硬合金の疲労特性. 粉体および粉末冶金，2004，51 (5) : 368-373.

[85] Kubarsepp J, Klaasen H, Sergejev F. Performance of cemented carbides in cyclic loading wear conditions. Materials Science Forum, 2007, 534-536: 1221-1224.

[86] Klaasen H, Kubarsepp J, Sergeje F. Strength and failure of TiC based cermets. Powder Metallurgy, 2009, 52 (2): 111-115.

[87] Klaasen H, Kubarsepp J, Preis I. Wear behaviour, durability, and cyclic strength of TiC base cermets. Materials Science and Technology, 2004, 20 (8): 1006-1010.

[88] Schleinkofer U, Sockel H G, Gortin K, et al. Fatigue of hard metals and cermets-new results and a better understanding. International Journal of Refractory Metals and Hard Materials, 1997, 15 (1-3): 103-112.

[89] Schleinkofer U, Sockel H G, Schlund P, et al. Behaviour of hard metals and cermets under cyclic mechanical loads. Materials Science and Engineering A, 1995, 194 (1): 1-8.

[90] Schleinkofer U, Sockel H G, Gorting K, et al. Microstructural processes during subcritical crack growth in hardmetals and cermets under cyclic loads. Materials Science and Engineering A, 1996, 209 (1): 103-110.

[91] Lisovsky A F, Gracheva T E, Kulakovsky V N. Composition and properties of (Ti, W) C-WC-Co sintered carbides alloyed by MMT-process. International Journal of Refractory Metals and Hard Materials, 1995, 13 (6): 379-383.

[92] Xu Ch, Ai X, Huang C Z. Research and development of rare-earth cemented carbides. International Journal of Refractory Metals and Hard Materials, 2001, 19 (3): 159-168.

[93] 阪上楠彦，山本勉. WC-Co系超硬合金の圧縮疲労特性. 粉体および粉末冶金. 2003, 50 (5) : 400-403.

[94] 阪上楠彦，河野信一，山本勉. 超微粒子超硬合金の曲げ疲労特性. 粉体および粉末冶金, 2003, 50 (5): 396-399.

[95] 阪上楠彦，山本勉. 超硬合金の曲げおよび圧縮疲労特性に関する研究. 粉体および粉末冶金, 2006, 53 (2): 202-207.

[96] Ferreira J A M, Amaral M P A, Antuness F V, et al. A study on the mechanical behaviour of WC/Co hardmetals. International Journal of Refractory Metals and Hard Materials, 2009: 27 (1): 1-8.

[97] Pugsley V A, Korn G, Luyckx S, et al. The influence of a corrosive wood-cutting environment on the mechanical properties of hardmetal tools. International Journal of Refractory Metals and Hard Materials, 2011, 19 (4): 311-318.

[98] Pugsley V A, Sockel H G. Corrosion fatigue of cemented carbide cutting tool materials. Materials Science and Engineering A, 2004, 366 (1-2): 87-95.

[99] 徐盛乾，陈振华，张忠健，等. WC-Co硬质合金热机械腐蚀疲劳性能的研究. 硬质合金, 2013, 30 (3): 161-166.

[100] Torres, Y, Tarrago J M, Coureaux D, et al. Fracture and fatigue of rock bit cemented carbides: Mechanics and mechanisms of crack growth resistance under monotonic and cyclic loading. International Journal of Refractory Metals and Hard Materials, 2014, 45 (45): 179-188.

[101] 黄新，孙亚丽，颜杰，等. 硬质合金WC相的塑性变形. 稀有金属与硬质合金, 2006, 34 (1): 26-29.

[102] 黄新，孙亚丽，颜杰，等. 硬质合金 WC 相的孪生变形机制. 稀有金属与材料与工程, 2006, 35 (12): 1888-1890.

[103] Bronkhorst C A, Kalidindi S R. Textures and microstructures. Physics of metals and Metallography, 1991, 14: 1031.

[104] Kalidindi S R. Incorporation of deformation twinning in crystal plasticity models. Journal of Mechanics and Physics of Solid, 1998, 46 (2): 267-271, 273-290.

[105] Fichmeister H, Exner H E. The mechanical properties of cemented carbide-cobalt alloys as dependent on structure. Archiv Fuer Das Eisenhuttenwesen, 1966, 37: 499-503.

[106] Suresh S. Fatigue crack deflection and fracture surface contact: micromechanical models. Metallurgical and Materials Transactions A, 1985, 16 (1): 259-50.

[107] Krstic V V, Nicholson P S, Hoagland R G. Toughening of glasses by metallic particles. Journal of the American Ceramic, Society, 1981: 64 (9): 449-504.

[108] Marshall D B, Morris W L, Cox B N. Toughening mechanisms in cemented carbides. Journal of the American Ceramic. Society, 1990, 73 (10): 2938-2943.

[109] Evans A G. Perspective on the development of high-toughness ceramics. Journal of the American Ceramic. Society, 1990, 73 (2): 187-206.

[110] 李海林，葛晓陵，金政武，等. 韧性颗粒增韧脆性材料的桥接变形计算模型. 无机材料学报, 1994, (01): 77-82.

[111] 孙旭东. 延性相增韧的陶瓷材料中相界面对韧性的作用. 粉末冶金材料科学与工程, 1998, 3 (4): 264-268.

[112] Sigl L S, Mataga P A, Dalgleish B J, et al. On the toughness of brittle materials reinforced with a ductile phase. Acta Metallurgica, 1988, 36 (4): 945-953.

[113] Kinoshita S , Saito T , Kobayashi M, et al . Mechanisms for formation of highly oriented plate-like triangular prismatic WC grains in WC-Co base cemented carbides prepared from W and C instead of WC . Journal of the Japan Society of Powder Metallurgy , 2001, 48 (1): 51-60.

[114] 张卫兵，刘向中，陈振华，等. WC-Co硬质合金最新进展. 稀有金属, 2015, 39 (2): 178-186.

[115] Shatov A V, Ponomarev S S, Firstov S A. Modeling the effect of flatter shape of WC crystals on the hardness of WC-Ni cemented carbides. International Journal of Refractory Metals and Hard Materials, 2009, 27 (2): 198-212.

[116] Shatov A V, Ponomarev S S, Firstov S A. Fracture of WC - Ni cemented carbides with different shape of WC crystals. International Journal of Refractory Metals and Hard Materials, 2008, 26 (2): 68-76.

[117] Kobayashi M, Kobari. Progress of plate-like WC grains enhanced cemented carbide. Fukuoka, Japan: The 8th International Symposium, 1999: 146-152.

[118] Fang Z, Sue J A. Double cemented carbide compositions. US, 5580382. 1999-03-09.

[119] Fang Z, Lockwood G, Griffo A. A dual composite of WC-Co. Metallurgical and materials Transactions A, 1999, 30 (12): 3231-3238.

[120] Deng X, Patterson B R, Chawla K K. Mechanical properties of a hybrid cemented carbide composite. International Journal of Refractory Metals and Hard Materials, 2001, 19 (4): 547-552.

[121] 张颢，徐涛，张忠健，等. 网状结构硬质合金及其制备方法. 中国, CN2010100761. 6. 2011-12-07.

[122] Fischer-Udo K R, Hartzell E T, Akerman Jan G H. Cemented carbide body used preperably for rock drilling and mineral cutting. USA, 4743515. 1988-05-10.

[123] 陈巧旺，姜中涛，刘兵，等. 梯度硬质合金的发展趋势. 重庆文理学院学报（自然科学版）, 2012, 31 (5): 9-12.

[124] Mehrotra P K, Mizgalski K P, Santhanam A T. Recent advances in tungsten-based hardmetals. International Journal of Powder metallgury, 2007, 43 (2): 33-41.

[125] 周惠久，涂铭旌，邓增杰，等. 再论发挥金属材料强度潜力问题——强度、塑性、韧度的合理配合. 西安交通大学学报，1979，13 (4)：1-20.

[126] 周惠久，涂铭旌，邓增杰，等. 再论发挥金属材料强度潜力问题——强度、塑性、韧度的合理配合（续完）. 西安交通大学学报，1980，14 (1)：25-38.

[127] 于杰，金志浩，涂铭旌，等. 关于多冲实验方法的评价. 贵州工学院学报，1990，19 (4)：100-106.

[128] 李荫松，李自力，胡光中. 多次冲击载荷下粉末冶金热锻钢的振动疲劳裂纹萌生、扩展与断裂. 西安交通大学学报，1981，15 (3)：86-95.

[129] 曹顺华，徐润泽. 用小能量多冲击法测量烧结钢的断裂韧性. 粉末冶金技术，1997，(15) 3：217-219.

[130] 曹顺华，徐润泽. 烧结钢在小能量多次冲击条件下的断裂行为. 粉末冶金工业，1997. 7 (4)：22-25.

[131] Liu W, Chen Z H, Wang H P, et al. Small energy multi-impact and static fatigue properties of cemented carbides. Powder Metallurgy and Metal Ceramics, 2016, 55 (5-6): 312-318.

[132] Torres Y, Bermejo R, Gotor F J. Analysis on the mechanical strength of WC-Co cemented carbides under uniaxial and biaxial bending. Materials & Design, 2014, 55 (6): 851-856.

[133] 陈鼎，胡山，陈振华，等. 低周冲击加载评价硬质合金韧性的研究. 湖南大学学报（自然科学版），2014，41 (2)：102-107.

[134] Liu T S, Matt R, Grathwohl G. Static and cyclic fatigue of 2Y-TZP ceramics with natural flaws. Journal of the European Ceramic Society, 1993, 11 (2): 133-141.

[135] Jacobs D S, Chen I W. Mechanical and environmental factors in the cyclic and static fatigue of silicon nitride. Journal of the American Ceramic Society, 1994, 77 (5): 1153-1161.

[136] Tiryakioğlu M, Weibullj C. Analysis of mechanical data for castings: A guide to the interpretation of probability plots. Metallurgical and Materials Transactions A, 2010, 41 (12): 3121-3129.

[137] Shiozawa K, Weertman J R. Studies of nucleation mechanisms and the role of residual stresses in the grain boundary cavitation of a superalloy. Acta Metallurgica, 1983, 31 (7): 993-1004.

[138] Chen D, Yao L, Chen Z H, et al. Investigation on the static fatigue mechanism and effect of specimen thickness on the static fatigue lifetime in WC-Co cemented carbides. Journal of Superhard Materials, 2018, 40 (2): 118-126.

[139] Klünsner T, Wurster S, Supancic P, et al. Effect of specimen size on the tensile strength of WC-Co hard metal. Acta Materialia, 2011, 59 (10): 4244-4252.

[140] Griffith A A. The Phenomena of rupture and flow in solids. Philosophical Transactions of The Royal Society of London Series A, 1921, 221 (582-593): 163-198.

[141] Sanders J L. On the Griffith-Irwin fracture theory. Journal of Applied Mechics, 1960, 27 (2): 352-355.

[142] Anderson T L. Fracture mechanics: Fundamentals and applications. Boca, Raton: CRC Press, 2005.

[143] Mataga P A. Deformation of crack-bridging ductile reinforcements in toughened brittle materials. Acta Metallurgica, 1989, 37 (12): 3349-3359.

[144] 姚裕成. 人造金刚石和超高压高温技术. 北京：化学工业出版社，1996.

[145] 赵云良. 六面顶压机用顶锤的基础研究//中国材料研究学会超硬材料及制品专业委员会. 中国超硬材料与制品 50 周年精选文集. 杭州：浙江大学出版社，2014：100-105.

第7章 粉末冶金高温合金的疲劳特性

高温合金一般是以 Ni、Co、Fe 形成的面心立方基体（γ 基）为基，可以在 600℃以上承受一定应力的条件下工作，具有良好的高温抗氧化性、抗腐蚀性，并且具有较高的高温强度、蠕变强度、持久强度和抗疲劳性的合金。镍基高温合金主要用于航空发动机的工作叶片、涡轮盘、燃烧室等，由于高温合金在制备过程中产生一系列缺陷，严重地影响了材料的疲劳性能，使结构材料部件的寿命得不到保证，限制了高温合金的广泛应用。本章从实际应用出发，着重讨论 Ni 基粉末冶金高温合金的疲劳特性。

7.1　铸造和变形高温合金的疲劳特性简介

7.1.1　铸造和变形高温合金的裂纹萌生和扩展

（1）裂纹萌生

高温合金的裂纹萌生与使用温度有一定关系。小野嘉則等人[1]研究了 Inconel 718 超合金极低温度的疲劳特性，在 4K、77K 和 293K 的疲劳试验中发现，疲劳裂纹的萌生点呈现在亚表面微小平坦部分（几十微米），在高应力载荷下，裂纹萌生在粗大的富 Nb 的碳化物上，在低应力载荷下裂纹萌生在 γ 相晶内，虽然 γ 晶界有片状 δ 相析出，但在微小平坦部分（裂纹萌生区域），通过 EDS 分析没有发现 δ 相（Ni_3Nb）。图 7-1 给出了在 4K 温度不同应力下，疲劳断口观察与分析的 SEM 和 EDS 图。

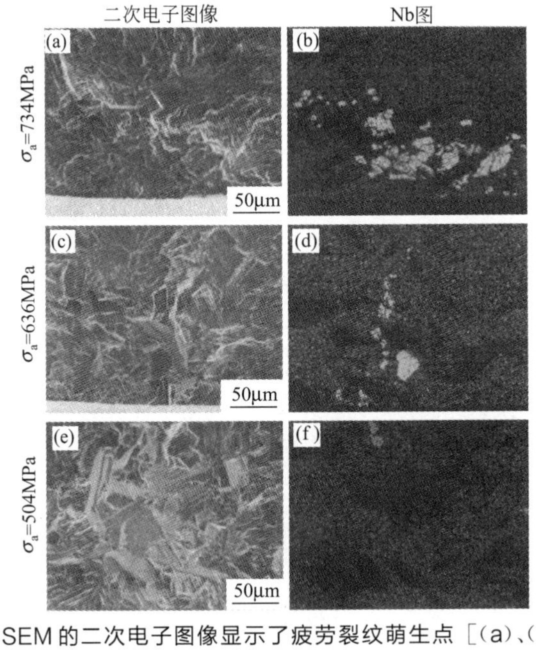

图 7-1　SEM 的二次电子图像显示了疲劳裂纹萌生点［(a)、(c)、(e)］和使用 EDS 测量的 Nb 面扫描图像［(b)、(d)、(f)］[1]

皮籠石紀雄等人[2]研究了 Inconel 718 超合金室温下的疲劳特性及时效条件的影响。研究发现，欠时效材裂纹萌生在晶界上，其他时效材（过时效或峰值时效）均在晶内萌生，特别是双级时效材，裂纹萌生在晶内析出物附近。就疲劳裂纹萌生时间而言，过时效材最迟，其他时效材相差不大。图 7-2 给出了各种时效工艺对疲劳试样表面状态的影响。皮籠石紀雄等人[3]还研究了 Inconel 718 的超声波疲劳特性及晶粒尺寸的影响，得到如下结论：①裂纹萌生在晶内滑移带、孪晶晶界、晶界等场所都被观察到；②材料的晶粒尺寸越大，裂纹萌生时间越早；③材料断面观察到疲劳条纹和小平台，晶粒尺寸越大，疲劳小平台占的比例越多；④晶粒尺寸的大小对裂纹扩展速率没有多大影响，但晶粒尺寸越大，裂纹扩展途径越曲折；⑤晶粒尺寸越大，疲劳强度越高。

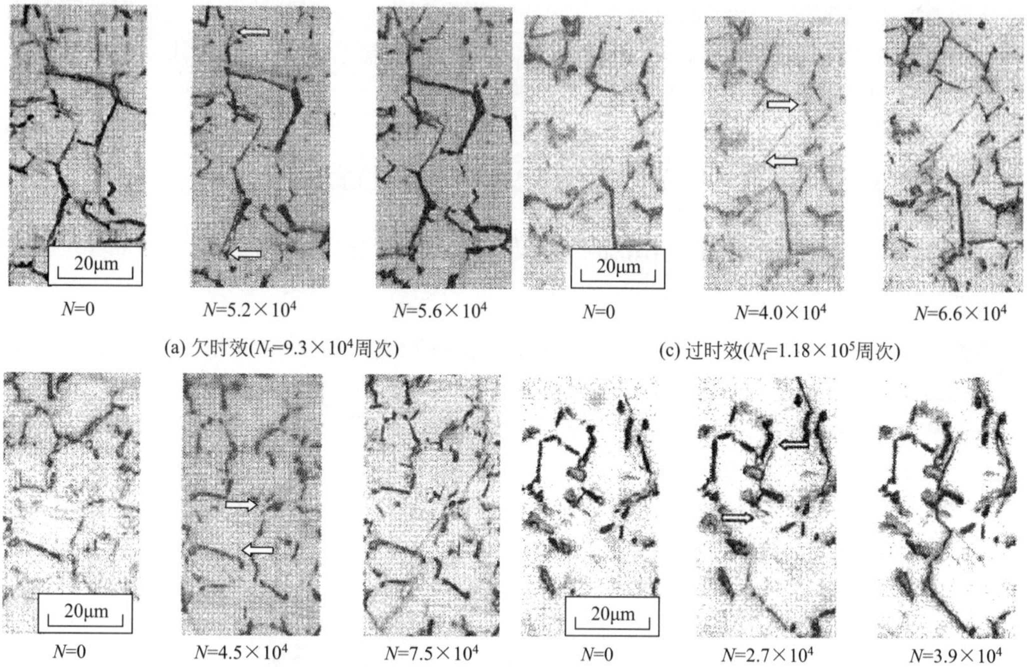

图 7-2　时效工艺对疲劳试样表面状态影响的复型照片[2]（σ_a= 700MPa，←→轴向方向，⇨裂纹前端）

後藤真宏等人[4]研究了 Udimet 720Li 超合金的裂纹萌生问题，如图 7-3 所示，在循环加载初期，在试样表面不规则形状的 TiN 颗粒中，部分 TiN 颗粒开裂，裂纹以 TiN 开裂处为起点沿着开裂方向扩展。试样表面除 TiN 颗粒开裂外没有观察到由滑移带和基体内产生的裂纹。

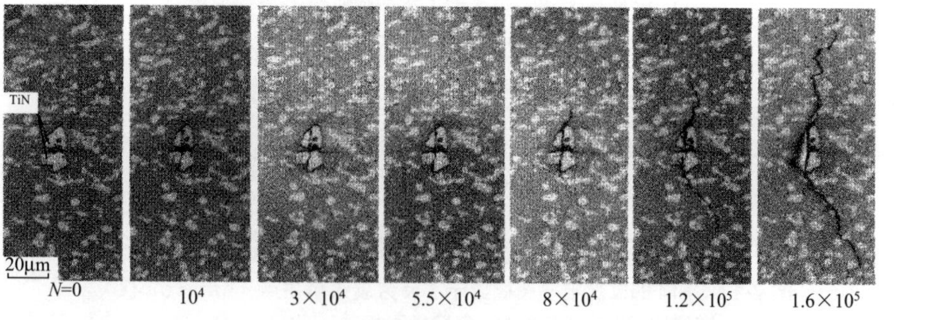

图 7-3　在σ_a= 550MPa 时，围绕着一个主裂纹的表面状态的改变[4]

皮籠石紀雄等人[5,6]对 Alloy 718 的高温疲劳裂纹的萌生进行研究，并且确定了材料的晶粒尺寸对裂纹萌生的影响。通过不同热处理工艺分别得到细晶（18μm）材和粗晶（88μm）材。试样断口观察结果表明：①在室温到 300℃的细晶材和室温到 500℃的粗晶材中，在高应力作用下，裂纹萌生在表面；②细晶材在 500～600℃和低应力作用下，产生内部损伤，裂纹萌生在晶界和孪晶边界上；③表面断裂的断面也能观察到裂纹萌生在孪晶中；④500℃温度时，因产生高温氧化，使得表面裂纹萌生和扩展停止，高温软化基体，使得基体内部易萌生裂纹。

山本優等人[7]研究了 Inconel 751 镍基高温合金高温高周疲劳特性及微观组织的影响，得出如下结论：高周疲劳在 750℃以下，晶粒越小，疲劳强度越高，在这个温度下，裂纹沿着平面滑移产生粗大的滑移带，但晶粒越小，裂纹的扩展越缓慢。在 900℃时，裂纹在滑移带萌生困难，并且晶粒越小越困难；裂纹在晶界萌生，但裂纹萌生比较慢，扩展速率非常快，产生了晶界-晶内混合型破坏。粗大的碳化物形成的弯曲状晶界，对疲劳强度没有很大影响。松原雅昭[8]研究了 Ni 基超合金的蠕变疲劳裂纹扩展特性，研究材料为 Mar-M247 DS（定向凝固合金）和 Mar-M247 CC（普通铸造合金），疲劳试验温度为 1173K（900℃），加载应力波形如图 7-4 所示，研究者发现，普通铸造和定向凝固合金蠕变疲劳裂纹扩展特性可大致分为与循环次数有依存性和与时间有依存性两种。它们的裂纹萌生机制为：与循环次数有依存性时，在枝晶内萌生裂纹，与时间有依存性时，在枝晶边界萌生裂纹；Mar-M247 DS、CC 材在与时间有依存性的蠕变疲劳扩展中，CP 波形加载比 CC 波形加载对裂纹扩展的抗力要差。总的来说，从多晶的耐热钢到单晶的超合金，蠕变疲劳破坏机制若与循环次数有依存性时，会发生晶内萌生裂纹、枝晶开裂和 γ' 相内开裂；若与时间有依存性时，则产生晶界开裂、枝晶晶界开裂和 γ' 相边界开裂。松原雅昭等人[9]研究了 CMSX-2Ni 基单晶合金蠕变疲劳的扩展特性，试验温度 1173K，应力加载波形如图 7-4，同样分为循环次数依存型和时间依存型，前者在 γ' 相内萌生裂纹，后者在 γ' 相边界萌生裂纹，在蠕变疲劳扩展中，CP 波形加载比 CC 波形加载裂纹扩展抗力要差一些。

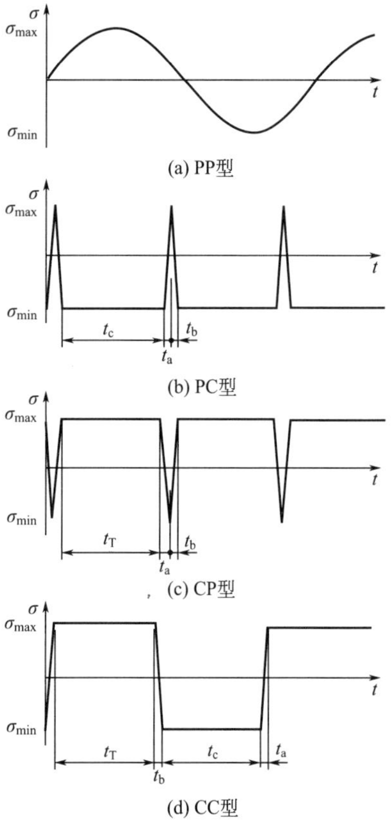

图 7-4　加载波形[8]

Floreen 等人[10]研究了镍基合金蠕变-疲劳-环境交互作用行为，并总结出一些规律，镍基合金在室温下对频率的影响是不敏感的，但在高温下，特别是在空气中进行的疲劳试验，较低的频率提高了疲劳裂纹扩展速率，这种效应在以晶界开裂为主的情况下较为明显。一般来说，引起这种行为有三种原因：①裂纹扩展速率增大是由于蠕变的作用。在较低的频率下，重要的是加载时间，而不是循环次数，这种状态促进了裂纹萌生和加速了裂纹的扩展。②在较低的频率下，环境因素变成了控制因素，空气是一种侵蚀性环境。氧化裂纹尖端沿晶界扩散，加速空穴的形成和长大，较低的频率使腐蚀行为在裂纹萌生和扩展方面起重要作用。③裂纹扩展速率的变化是由于对应变速率的敏感性所致，在较低的频率下，较低的应变速率可能改变变形机理，例如加速平面滑移方式的作用，加大侵蚀环境，加速裂纹扩展。

Kanssner 等人[11]认为在高温低应力水平下，高温合金会以晶界损伤的方式产生脆性断裂，在晶界损伤应力范围内，在较高的应力范围内，晶界滑动会引起晶界三叉点处产生应力集中，从而形成楔形裂纹，导致晶界局部分离；而在较低的应力下，空洞会优先在晶界碳化物处形核，并产生应力集中，析出相粒子与基体的结合力较弱容易发生分离，且析出相粒子与晶界交界处容易捕捉空位，空洞形核后，形核长大，并且沿着晶界发生聚集、连接、合体，最终导致沿晶断裂。

高温合金疲劳裂纹萌生比一般材料的裂纹萌生要复杂得多，它涉及试验的温度、频率和环境，还取决于合金的夹杂物、析出物、成分和热处理条件，涉及材料的抗蠕变、抗氧化、抗腐蚀性能，因此具体情况需具体分析。

（2）裂纹扩展

影响高温合金裂纹扩展速率的因素有：温度、应力、频率、环境和氧化作用、应力比和保载时间、晶粒尺寸、γ'析出相晶界、材料成分等。影响裂纹扩展的因素较多，并且存在疲劳-蠕变-环境交互作用，因此如何获得高强度和低裂纹扩展速率是高温合金的研究重点。

① 温度和应力的影响　皮籠石紀雄等人[12]研究了温度对 Ni 基超合金裂纹扩展速率的影响，试验材料为 Inconel 718 合金，经 982℃、1h 固溶处理，水冷。时效处理温度和时间为 720℃、8h，在 621℃保持 8h，空冷。试样如图 7-5 所示，在中心钻 ϕ0.3mm 微孔，疲劳裂纹沿小孔边缘扩展，疲劳试验温度分别为室温、300℃、500℃ 和 600℃，频率为 50Hz。图 7-6为在不同加载应力下，温度为 500℃时裂纹长度与循环周次的关系。图中结果表明，在同一应力加载下，在裂纹长度不太长的情况下，裂纹长度的对数与循环周次为线性关系。图 7-7 为室温和 500℃下裂纹扩展速度 dl/dN 与裂纹长度 l 的关系，当裂纹不是很长时，在各种温度和加载应力下，存在如下关系：

$$\frac{dl}{dN} \propto l \tag{7-1}$$

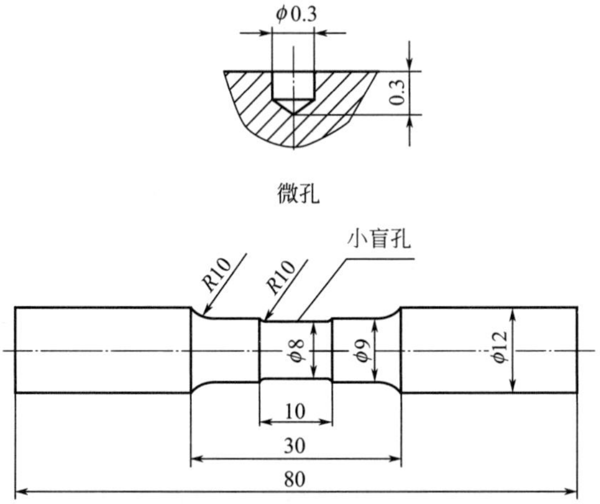

图 7-5　试样的形状和尺寸[12]

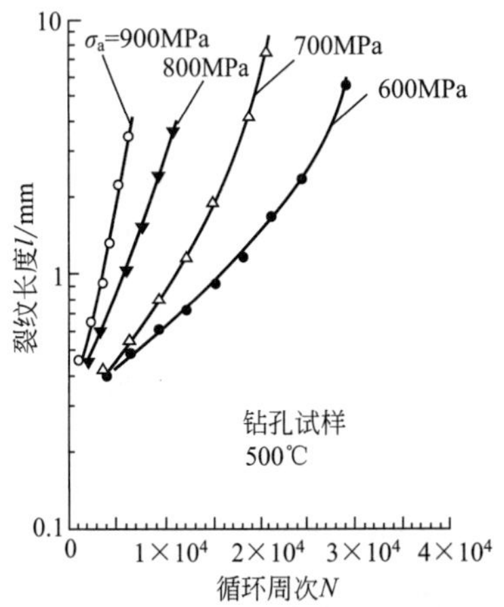

图 7-6　钻孔试样的裂纹扩展曲线[12]

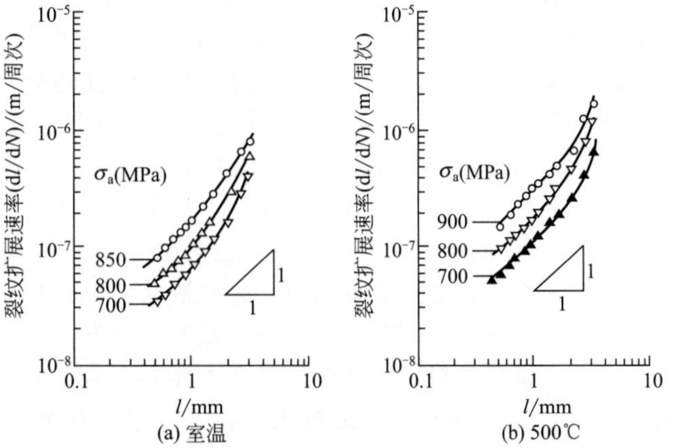

图 7-7　室温和 500℃下裂纹扩展速率 dl/dN 与裂纹长度 l 的关系[12]

图 7-8 给出了各个温度下裂纹扩展速率 dl/dN 和应力 σ_a 的关系。图形表明，在各个温度下 ln（dl/dN）与 $\ln\sigma_a$ 存在直线关系：

$$\frac{dl}{dN} \propto \sigma_a{}^n (n=5) \tag{7-2}$$

考虑式（7-1）和式（7-2），裂纹的扩展速率 dl/dN 和 $\sigma_a{}^n l$ 成比例关系（图 7-9）。

$$\frac{dl}{dN} = C_1 \sigma_a{}^n l \tag{7-3}$$

式中，C_1 和 n 为常数，并且 n 是与温度无关的常数。各个温度下的 S-N 曲线的斜率几乎相同，则表示 n 是常数（图 7-10）。图 7-11 给出了 $C_{1\mathrm{R.T.}}/C_1$、$N_f/N_{f\mathrm{R.T.}}$ 与温度的关系。图中结果表明，C_1 对温度的依存性和疲劳寿命对温度的依存性有很好的对应。由于温度对静强度的影响，皮籠石紀雄提出采用下面公式来修正裂纹扩展速率公式：

$$\frac{dl}{dN} = C_2 (\sigma_a/\sigma_B)^n l \tag{7-4}$$

式中，σ_B 为抗拉强度；当 $\sigma_a=\sigma_B$，$l=1$ 时，$dl/dN=C_2$，C_2 是各个温度的裂纹扩展速率，$1/C_2$ 为裂纹扩展的阻力。图 7-12 给出了 σ_B 和 $1/C_2$ 与温度的关系，图中表示温度上升，静强度下降，温度越高，裂纹扩展阻力越小。

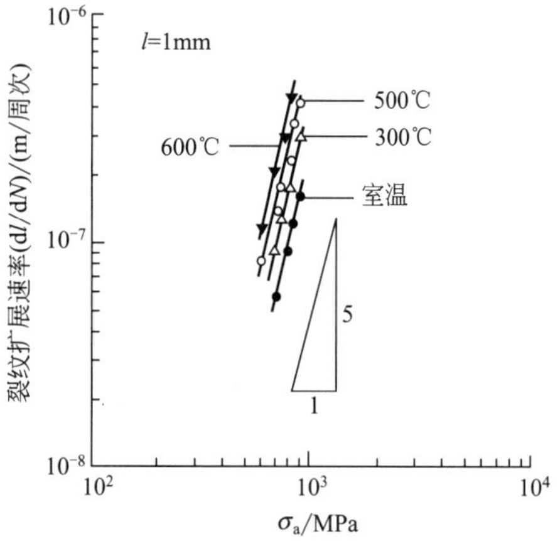

图 7-8　裂纹扩展速率和应力的关系[12]

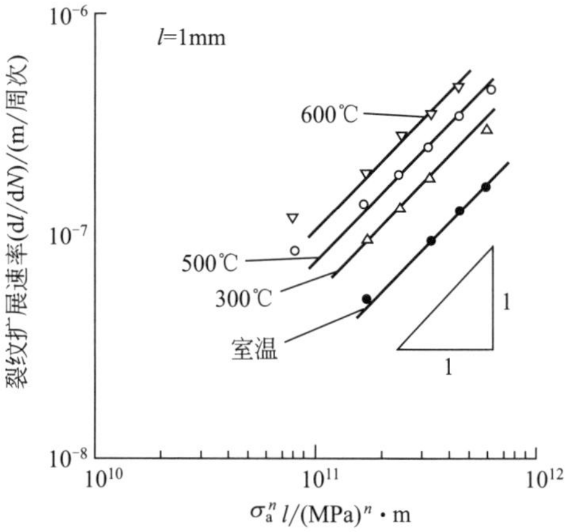

图 7-9　裂纹扩展速率 dl/dN 与 $\sigma_a^n l$ 的关系[12]

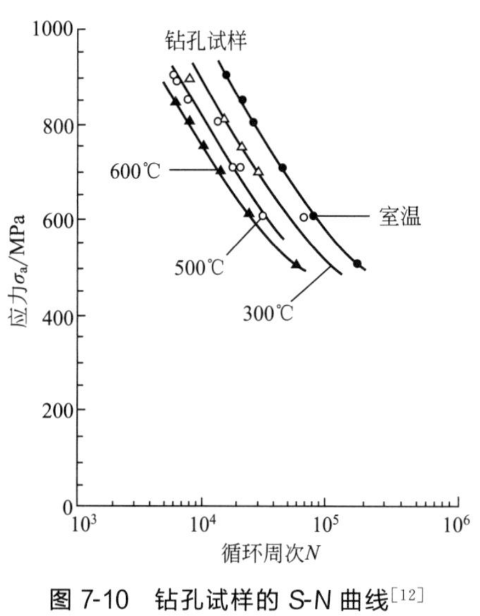

图 7-10　钻孔试样的 S-N 曲线[12]

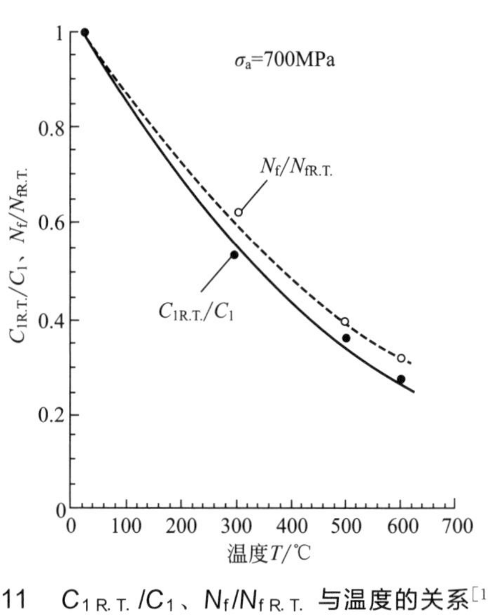

图 7-11　$C_{1\mathrm{R.T.}}/C_1$、$N_f/N_{f\mathrm{R.T.}}$ 与温度的关系[12]

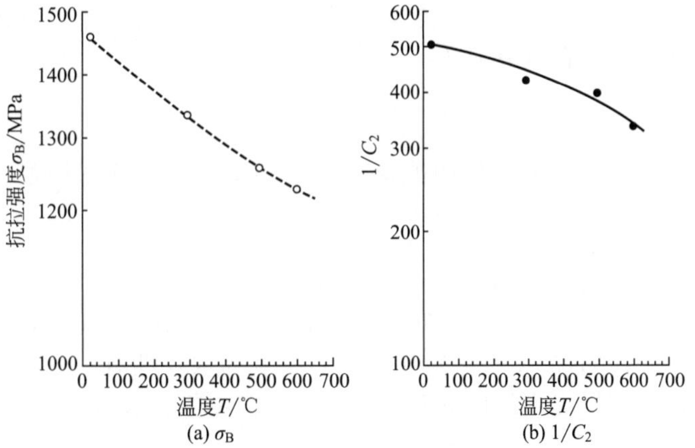

图 7-12 σ_B与 $1/C_2$ 随着温度变化的改变[12]

岡崎正和等人[13]研究了 Ni 基超合金 CM247 LC-DS（定向凝固合金）、CM247 LC-CC（多结晶合金）和 CMSX-2（单晶合金）短疲劳裂纹扩展及温度的影响。图 7-13 给出了短裂纹和长裂纹在不同温度的裂纹扩展速率与应力强度因子幅的关系，其中有斜率区域表示长裂纹的扩展速率区域，在同一 ΔK 下，短裂纹的扩展速率大于长裂纹的扩展速率，并且短裂纹的数据比较发散。图 7-14 总结了几种材料的短裂纹在不同温度下的裂纹扩展速率 $\mathrm{d}a/\mathrm{d}N$ 与应力强度因子幅 ΔK 的关系。图中小裂纹数据在低的 ΔK 区域比较发散，判断有一定困难，但至少可以看出在 $\mathrm{d}a/\mathrm{d}N$ 图中有些材料的裂纹扩展速率与温度的依存性较小。图 7-15 为裂纹的开口比（$\Delta K_{eff}/\Delta K$）和 ΔK 的关系，随着温度上升，$\Delta K_{eff}/\Delta K$ 减小，而在同一温度下，随着 ΔK 增大，$\Delta K_{eff}/\Delta K$ 也渐渐减小，换言之，裂纹长度增大的同时，裂纹闭合效应明显。图 7-16 和图 7-17 为裂纹扩展速率与 ΔK_{eff}、$\Delta K_{eff}/E$ 的关系图。两图同时表明，随着温度上升，对于同一 ΔK_{eff}或 $\Delta K_{eff}/E$，裂纹扩展速率增大。

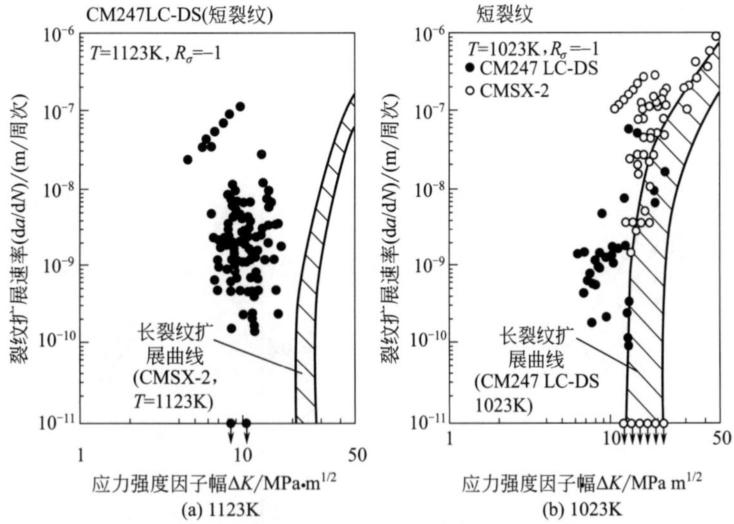

图 7-13 在 1123K 和 1023K 时，长裂纹和短裂纹的扩展速率的比较[13]

对于长裂纹来说，其裂纹扩展速率 $\mathrm{d}a/\mathrm{d}N$-ΔK 曲线与短裂纹不一样，如图 7-18 所示，对于同一 ΔK 来说，温度升高，CM247 LC-CC 和 CMSX-2 合金的裂纹扩展速率降低，ΔK_{th} 增大。图 7-19 给出了裂纹开口比（$\Delta K_{eff}/\Delta K$）与 ΔK 的关系，随着温度的升高，CM247 LC-

CC 合金的 $\Delta K_{eff}/\Delta K$ 值降低，表明温度升高，裂纹的开口比降低。图 7-20 给出了长裂纹的扩展速率与 $\Delta K_{eff}/E$ 的关系，结果表明 CM247 LC-CC 和 CMSX-2 合金的 da/dN-$\Delta K_{eff}/E$ 曲线在各个温度下基本相同，并且随着温度升高，裂纹扩展速率降低，ΔK_{th} 增大。

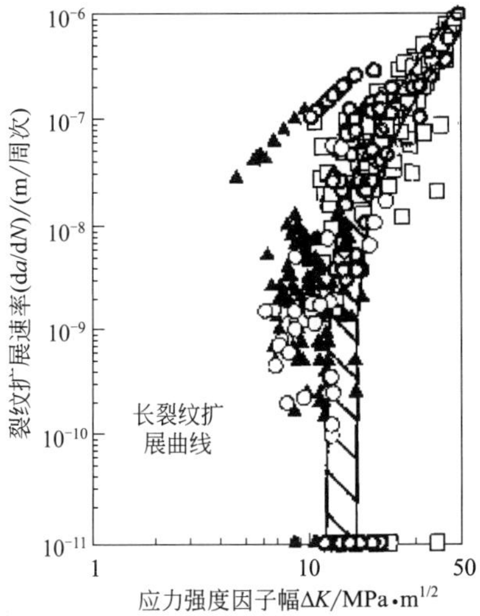

图 7-14　不同温度下的短裂纹扩展速率的比较[13]

短裂纹

○：CMSX-2（1023K）　□：CM247 LC-DS（873K）

○：CM247 LC-DS（1023K）　▲：CM247 LC-DS（1123K）

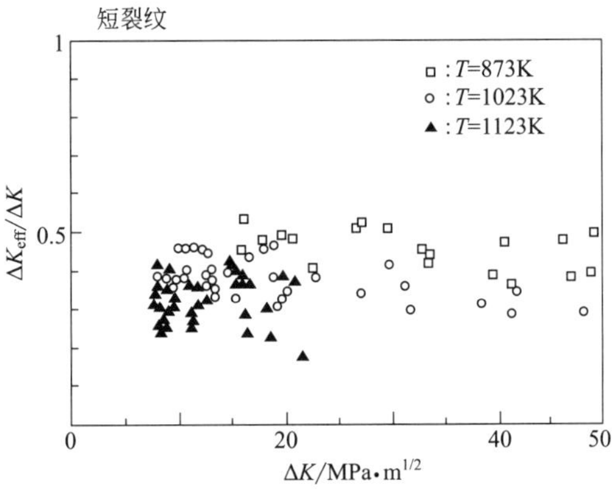

图 7-15　在三种不同温度下的裂纹开口比与 ΔK 的关系[13]

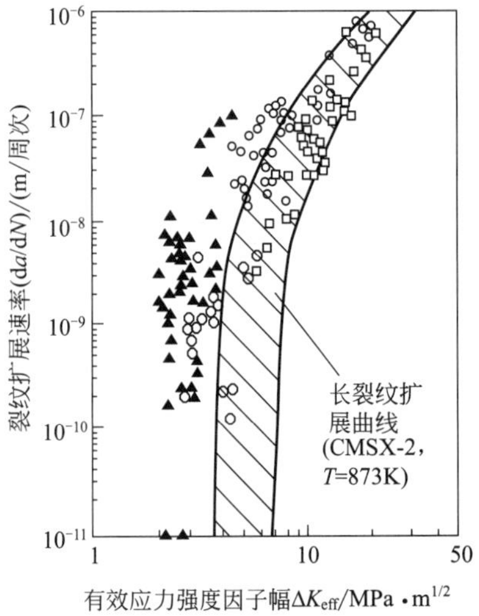

图 7-16　短裂纹的扩展速率与有效应力强度因子幅的关系[13]

短裂纹

○：CMSX-2（1023K）　□：CM247 LC-DS（873K）

○：CM247 LC-DS（1023K）　▲：CM247 LC-DS（1123K）

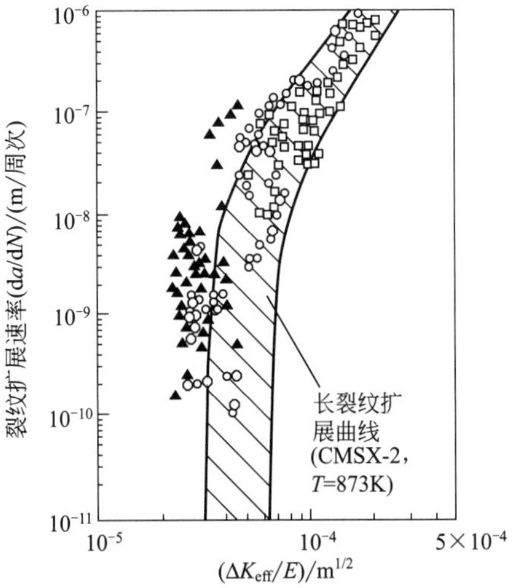

图 7-17　短裂纹的扩展速率与 $\Delta K_{eff}/E$ 的关系[13]

短裂纹

○：CMSX-2（1023K）　□：CM247 LC-DS（873K）

○：CM247 LC-DS（1023K）　▲：CM247 LC-DS（1123K）

有关温度对裂纹扩展速率的影响还有很多学者进行了很多研究，例如 Clavel 和 Pineau 认为[14]试验温度从 25℃提高到 650℃或者在 550℃以下降低加载频率，多晶 IN718 高温合金的疲劳裂纹扩展速率（FCGRs）会显著增大。Xiao L 等人[15~17]研究了在室温和 650℃下加

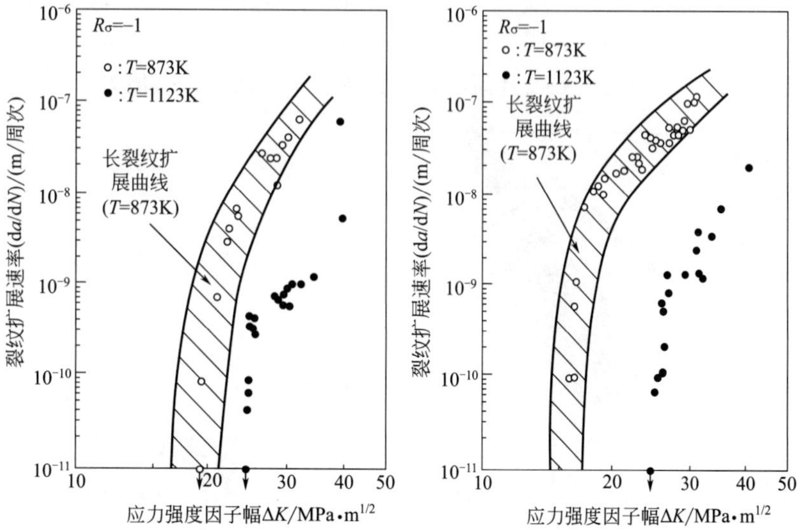

(a) CM247 LC-CC　　(b) CMSX-2

图 7-18　CM247LC-CC 和 CMSX-2 的长裂纹扩展速率与应力强度因子幅的关系[13]

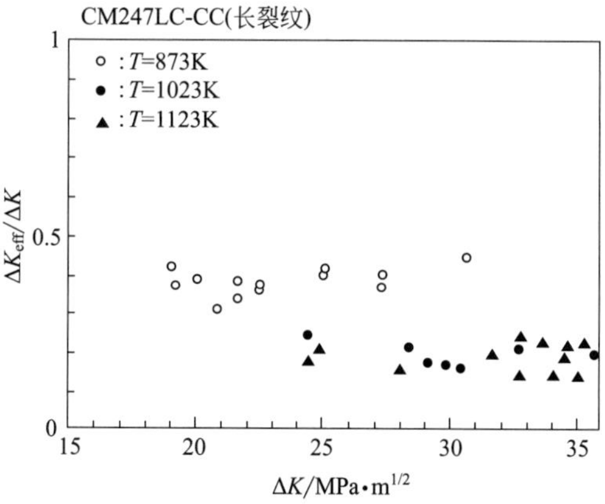

图 7-19　CM247 LC-CC 合金的裂纹开口比与 ΔK 的关系[13]

B 的 IN718 高温合金的疲劳裂纹扩展性能，图 7-21 结果表明，随着测试温度升高，FCGRs 明显增大，然而随着测试温度接近门槛区温度 650℃ 时，FCGRs 急剧减小。Osinkolu 等人[18]研究了大晶粒尺寸（LGS，100μm）和小晶粒尺寸（FGS，12μm）的 IN718 高温合金的疲劳裂纹扩展速率，图 7-22 结果表明，650℃真空中的裂纹扩展速率要比 25℃空气中裂纹扩展速率高，并且 650℃ 空气中要比 650℃真空中裂纹扩展速率高。温度对高温材料裂纹扩展速率的影响可由 Speidel（1974）提出的方程 $\frac{da}{dN} \propto \frac{\Delta K}{E}$ 得知，温度升高，弹性模量降低，裂纹扩展速率增大。一般来说，裂纹扩展速率通常与裂纹尖端开口位移（CTOD）成比例，而 CTOD$\propto \Delta K^2/(\sigma E)$，当温度升高时，材料强度下降和模量降低，在同样的载荷下，裂纹尖端前沿塑性变形增加，开口位移增大，裂纹扩展速率增大。另外，温度升高，交滑移占主导地位，加之氧化速率增大，蠕变作用加剧，晶界滑移及孔洞增加，使晶界变弱，材料由穿晶断裂变成沿晶断裂，加速了裂纹扩展[18]。

温度对裂纹扩展速率的影响在不同情况下有不同的结果。一般来说，在低温下，温度对高温合金裂纹扩展速率影响不明显，温度升高有可能加速裂纹扩展，但温度升高，特别是比较高的温度会引起弹性模量的降低，降低裂纹扩展速率，究竟谁占主导因素需要具体分析。短裂纹和长裂纹的扩展速率与温度的关系也有不同。另外，温度升高交滑移占主导地位，氧化速率加快、蠕变加剧、晶界滑移及孔洞的增加，都会影响裂纹扩展速率。

② 环境的影响[18~21]　20 世纪 70 年代有些学者认为，在高温下环境介质可以严重影响镍基合金的裂纹扩展速率，他们认为空气与真空和惰性气体介质相比具有氧化性，在高温疲

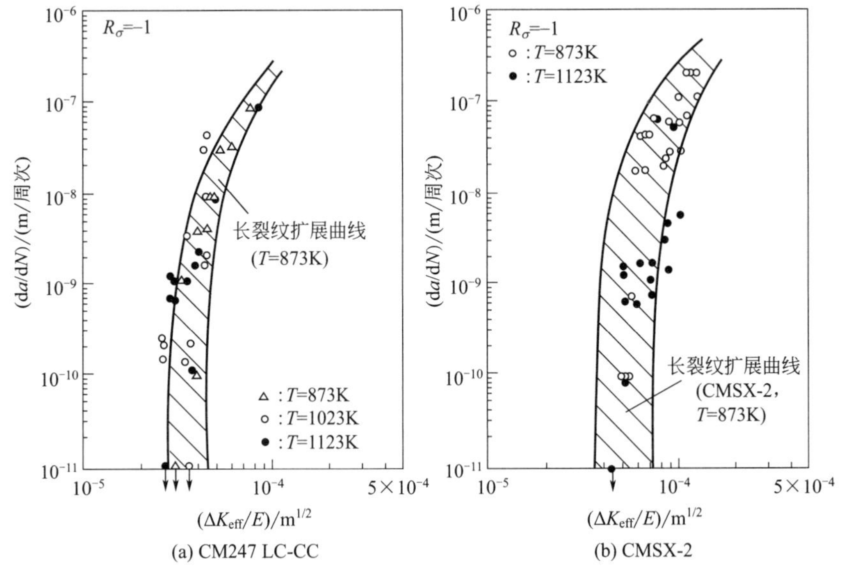

图 7-20　CM247 LC-CC 和 CMSX-2 的长裂纹扩展速率与 $\Delta K_{eff}/E$ 的关系[13]

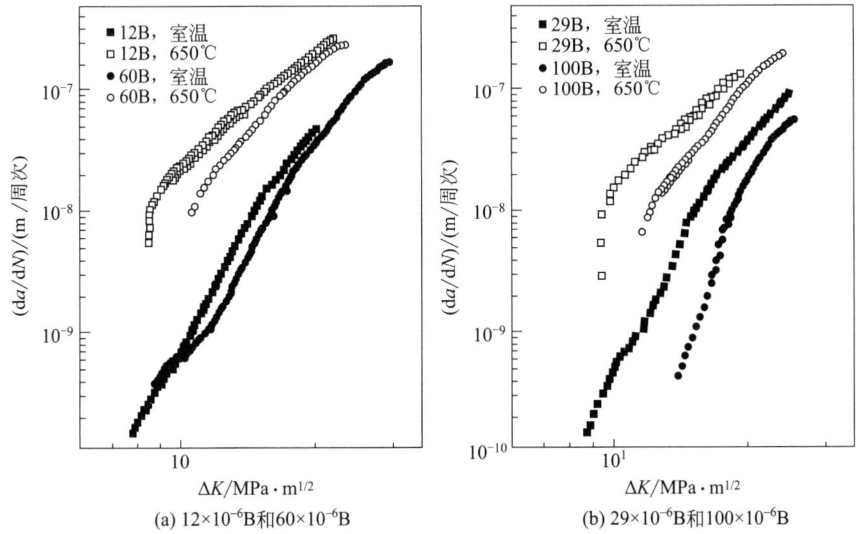

图 7-21　试验温度对不同 B 含量的 IN718 合金的疲劳裂纹扩展速率的影响[15]

劳试验中降低频率时，介质只是导致裂纹扩展速率增大，Floreen 和 Kane（1979）研究了环境介质对高温合金高温下疲劳裂纹扩展的影响，测定了 14 种不同气体介质对 IN718 合金在 650℃下的疲劳裂纹增大速率的影响。图 7-23 给出了几种不同介质下 IN718 合金在 650℃下裂纹扩展速率与 ΔK 的关系。结果表明，介质中少量的氧和硫都使裂纹扩展速率大大提高。

Woodford 等人[20]认为在真空中裂纹扩展是由蠕变引起的，而在空气中则是由蠕变与环境的共同作用导致的，蠕变和晶界氧扩散/氧化共同加速了裂纹扩展。在高温下，氧的作用会加速晶界孔洞的形核和长大，另外氧原子可以在晶界偏聚，与其他活泼金属形成氧化物，这些氧化物在拉伸载荷下萌生孔洞，加速了蠕变裂纹扩展速率。Floreen 等人[19]进行了镍基

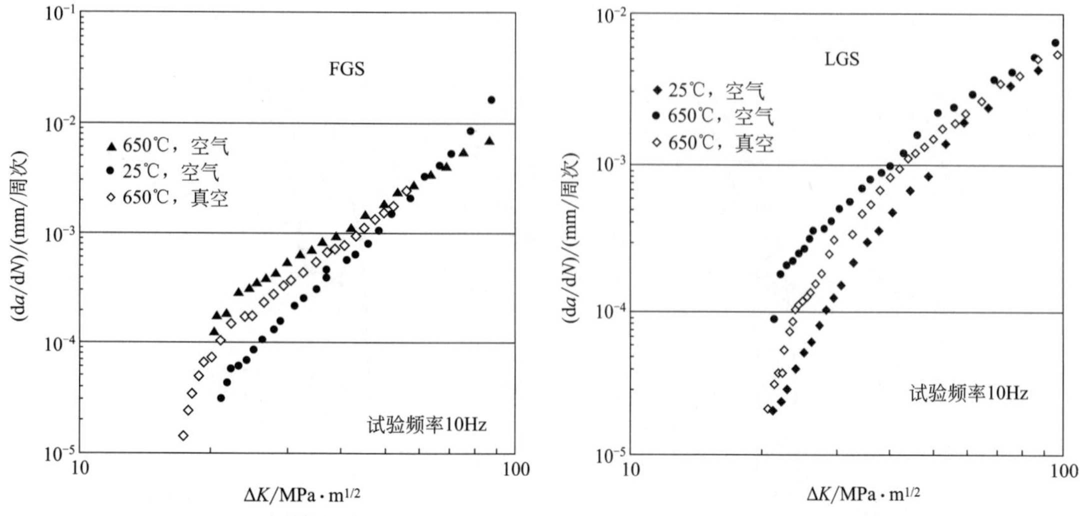

(a) 小晶粒尺寸　　(b) 大晶粒尺寸

图 7-22　在 10Hz、$R=0.05$ 时温度和环境对疲劳裂纹扩展速率的影响[18]

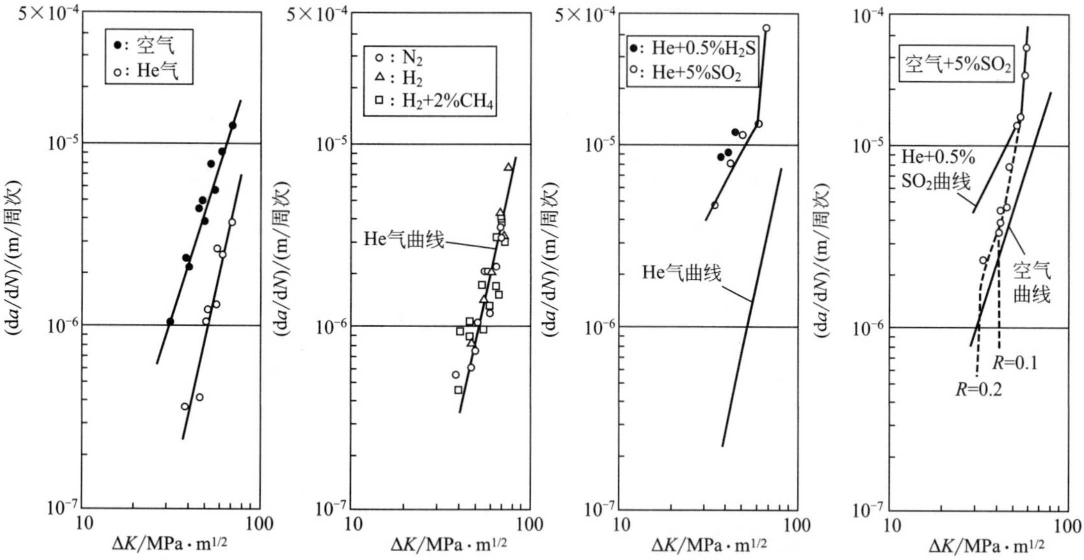

(a)　(b)　(c)　(d)

图 7-23　几种不同环境介质下 IN718 合金在 650℃下裂纹扩展速率和 ΔK 的关系（Floreen，1979）

高温合金 IN718 蠕变-疲劳-环境交互作用的研究，在空气和氦气环境中于 650℃进行了蠕变试验以及 0.01Hz、0.1Hz 和 1Hz 三种频率的疲劳试验，发现蠕变裂纹扩展在空气中比在氦气中快 50～100 倍，在氦气中的疲劳试验表明，裂纹扩展速率对频率几乎不敏感，但在空气中的试验表明，在较低频率下，裂纹扩展速率显著增大。这些结果表明：无论在蠕变试验还是疲劳试验中，空气环境都起了主要的作用。氧扩散到晶界处应该是加速空气中裂纹扩展速率的原因。另外，过时效热处理降低了裂纹扩展速率，图 7-24 给出了 IN718 合金常规时效材和过时效材在空气和氦气中蠕变裂纹扩展速率和应力强度因子幅的关系。图 7-25 给出了 IN718 合金疲劳裂纹扩展速率和 ΔK 的关系。上述图中结果表明蠕变裂纹扩展速率明显受到环境的影响。

福山誠司等人[22]研究了 Ni 基超合金的氢脆问题，采用高压氢环境的疲劳试验装置，为了确定频率（f）对裂纹扩展速率（da/dN）的影响，采用的频率范围 $f=0.01\sim10$Hz，比较气体为氩气，压力为 1.1MPa，氢气压力为 19.7MPa，均为超高纯气体。图 7-26（a）给出了 MarM247LCDS 合金裂纹扩展速率与频率的关系，图 7-26（b）给出了 Inconel 718 合金

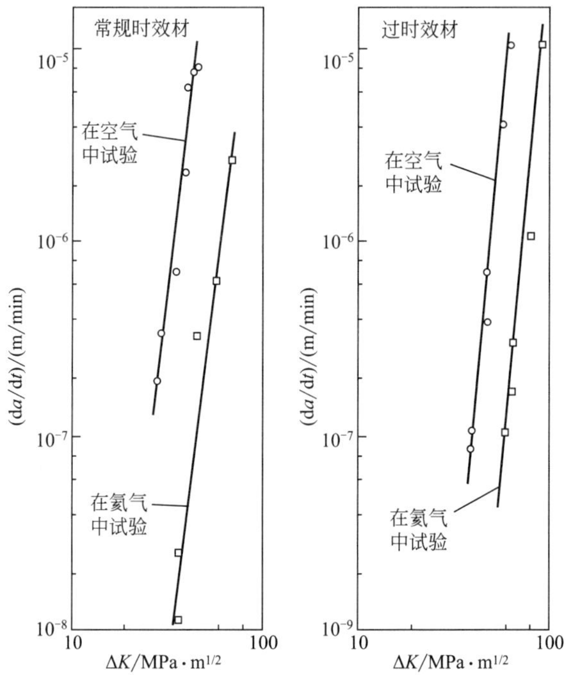

图 7-24　IN718 镍基高温合金的蠕变裂纹扩展速率（650℃）[19]

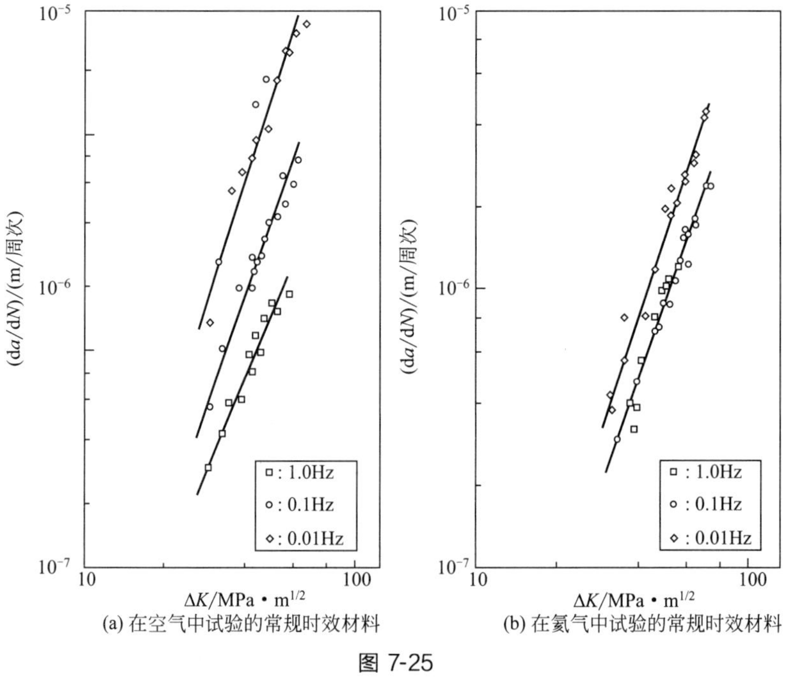

图 7-25

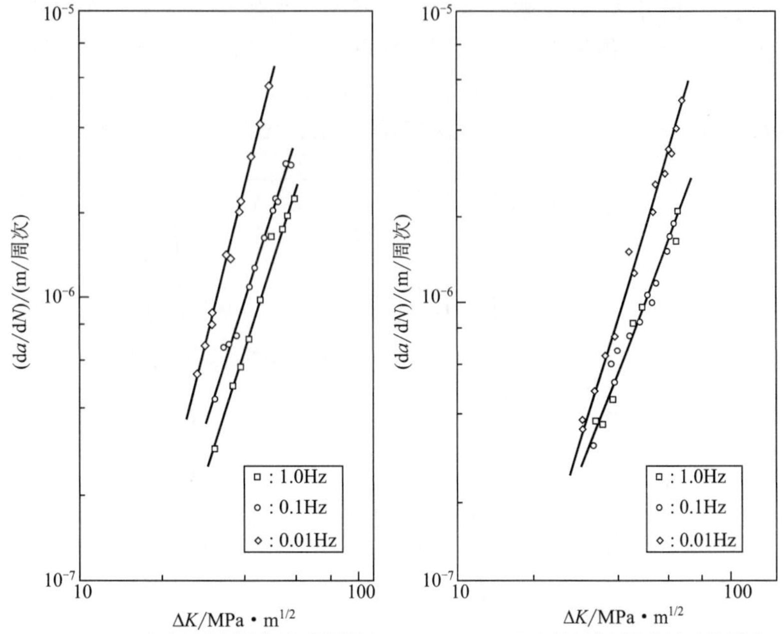

(c) 在空气中试验的过时效材料　(d) 在氦气中试验的过时效材料

图 7-25　IN718 合金疲劳裂纹扩展速率 da/dN 与应力强度因子幅 ΔK 的关系[19]

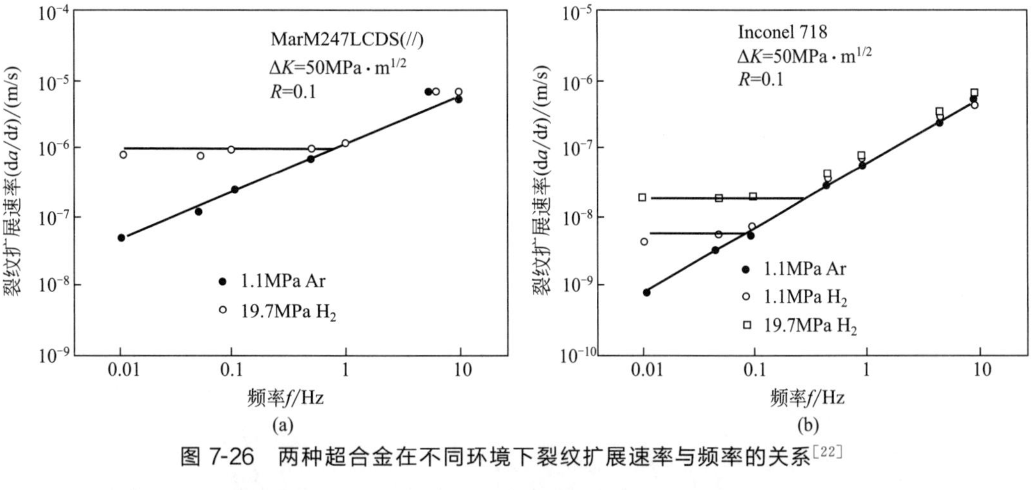

(a)　(b)

图 7-26　两种超合金在不同环境下裂纹扩展速率与频率的关系[22]

裂纹扩展速率与频率的关系。图中结果表明，氢脆引起的裂纹扩展速率大于在氩气环境中的裂纹扩展速率，并且随着频率的增大，裂纹扩展速率加快。

皮籠石紀雄等人[23]研究了 Ni 基超合金的高温氧化膜对疲劳裂纹萌生和初期裂纹扩展的影响。研究者发现在不同温度下，Inconel 718 合金在 500℃时疲劳强度最高（图 7-27 和图 7-28），其原因是在 500℃形成的氧化膜对裂纹扩展起了阻碍作用。图 7-29 给出了浅缺口试样在室温和 500℃时裂纹长度和循环周次的关系，图中数据表明，在裂纹扩展初期，500℃的裂纹长度低于室温试样。图 7-30 表明浅缺口试样和小孔缺口试样的裂纹扩展速率与裂纹长度的关系。在裂纹扩展初期，500℃的裂纹扩展速率低于室温的扩展速率。图 7-31 给出了裂纹长度 l 和循环周次 N/短裂纹寿命 N_f 的关系，如图所示，浅缺口试样在短裂纹（1mm）中的裂纹萌生扩展期占微裂纹寿命的 80%。图 7-32 为在室温和 500℃加热 10min 的试样的 S-N 曲线。图 7-33 为在室温和 500℃加热 10min 试样的小裂纹长度 l 与疲劳循环周次的关系。图中结果表明，温度为 550℃和 650℃的 l-N 关系完全不一样。在 650℃时有氧化膜的裂纹扩展速率大于无氧化膜的裂纹扩展速率，而在 550℃时，结果相反。

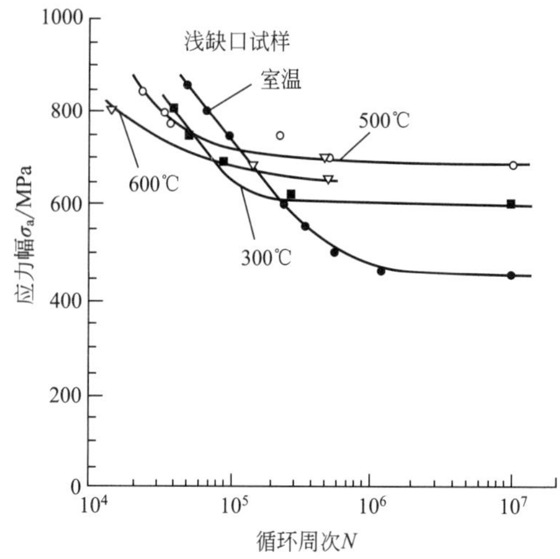

图 7-27　浅缺口试样的 S-N 曲线[23]

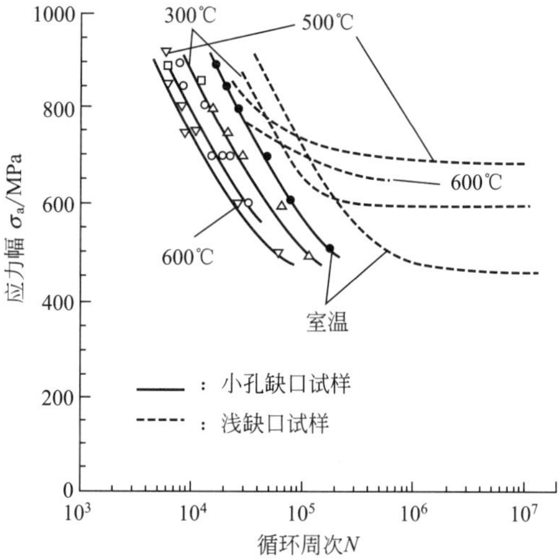

图 7-28　小孔试样的 S-N 曲线[23]

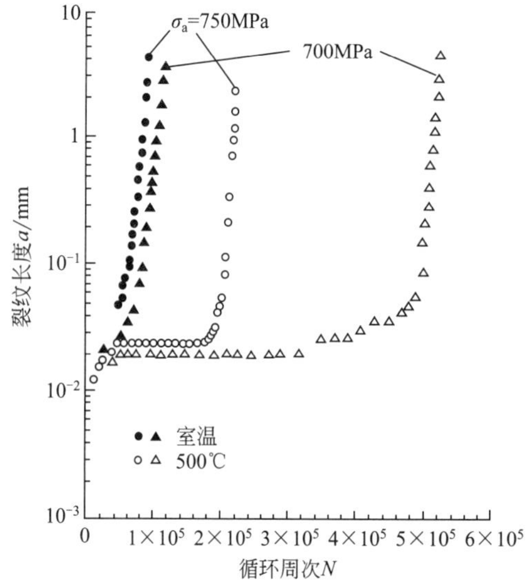

图 7-29　浅缺口试样的裂纹扩展曲线[23]

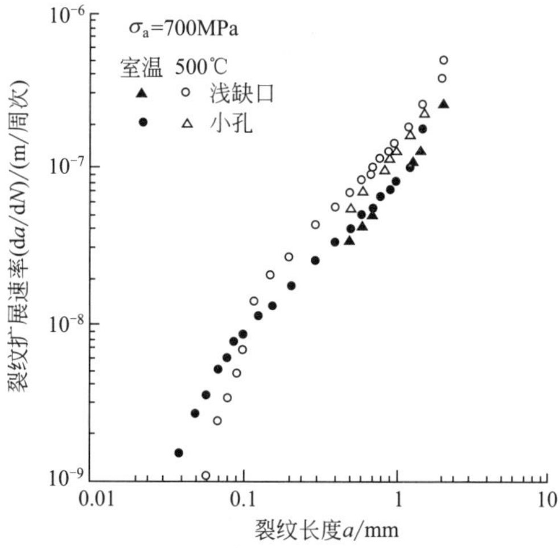

图 7-30　浅缺口试样和小孔缺口试样的裂纹扩展速率与裂纹长度的关系[23]

松田憲昭等人[24]研究了 Ni 基超合金 René80 的蠕变疲劳相互作用下的疲劳寿命问题和耐腐蚀涂层对寿命的影响，材料 René80 和涂层 CoNiAlY 的成分如表 7-1 所示。实施试验为高温低周疲劳，试验温度为 815℃，不含蠕变分量的疲劳试验采用三角波形，应变速度 0.1%/s，这种波形叫作 F-F（fast-fast）波形，考虑蠕变效果的疲劳试验为 F-S（fast-slow）波形，应变速度在 fast 场合的三角波形为 0.1%/s，slow 场合为 0.001%/s。涂层比较材为 NiAl 涂层。图 7-34 为不考虑蠕变作用，采用 F-F 波形的表面裂纹长度 $2a$ 和循环次数 N 的关系。表面裂纹扩展为 0.3mm 时，短裂纹的循环次数 NiAl 涂层比非涂层稍微小一点，但

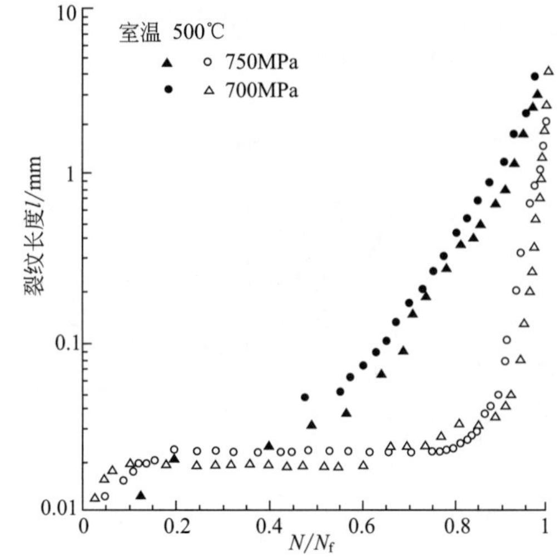

图 7-31　浅缺口试样的裂纹长度 l 和循环周次 N/短裂纹寿命 N_f 的关系[23]

CoNiCrAlY 涂层材料的循环次数要多得多。图 7-35 为在不考虑蠕变作用时，裂纹长度 2a 与应变周次比的关系。0.3mm 的表面裂纹产生的应变周次比为 N/N_f（N_f 为破损循环次数），NiAl 涂层材料的 N/N_f 为 0.23，非涂层合金的 N/N_f 为 0.17，CoNiCrAlY 涂层的 N/N_f 为 0.59，超过破损寿命 N_f 的 50%以上。图 7-36为考虑蠕变疲劳相互作用，采用 F-S 波形的表面裂纹长度 2a 与循环周次的关系；图7-37为采用 F-S 波形的表面裂纹长度 2a 与应变周次比 N/N_f的关系。从图中可以看出 $N/N_f=0.2$ 时，涂层材料表面裂纹为 0.1～0.2mm，而非涂层材料表面裂纹长度为 0.7mm。图 7-38 总结了两种波形、三种涂层状态下裂纹萌生周次和裂纹扩展速率的关系。

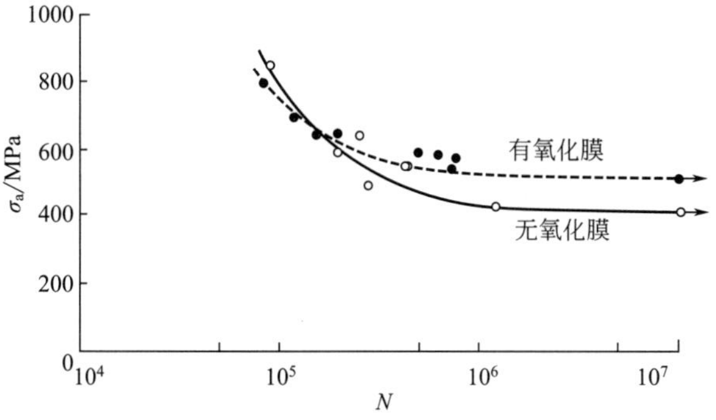

图 7-32　经 500℃加热 10min 后在室温测试的 S-N 曲线[23]

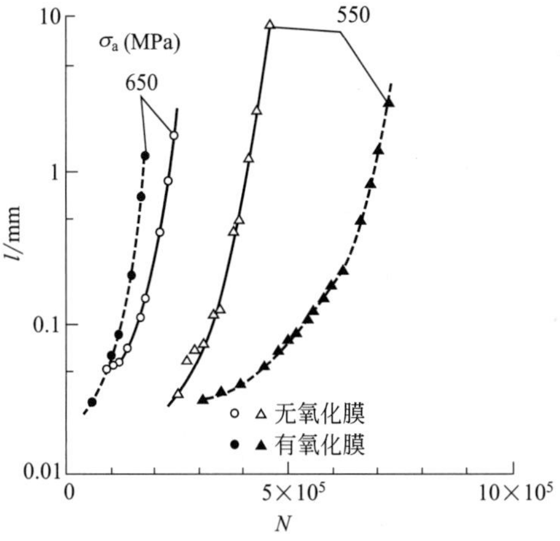

图 7-33　经 500℃加热 10min 后在室温测试的裂纹扩展曲线[23]

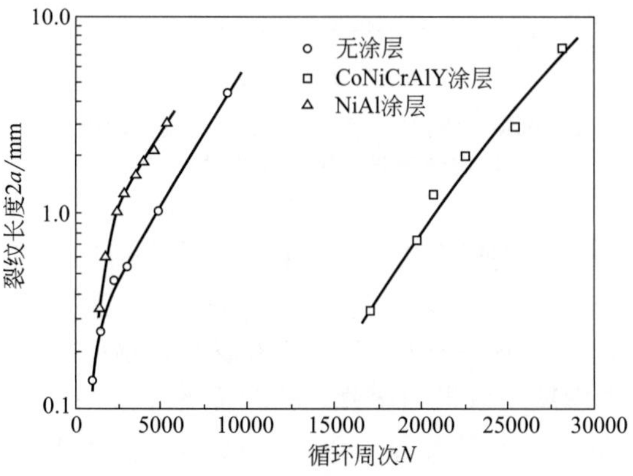

图 7-34　采用 F-F 波形的表面裂纹长度 2a 和循环周次 N 的关系[24]

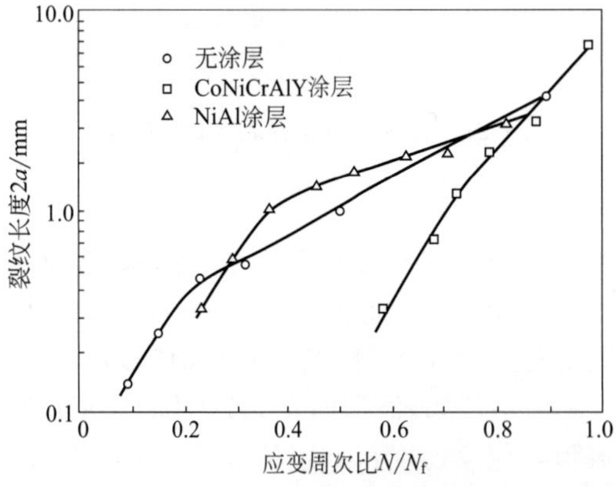

图 7-35　René80 基体金属和涂层试样在 F-F 波形下的裂纹长度 2a 与应变循环周次比的关系[24]

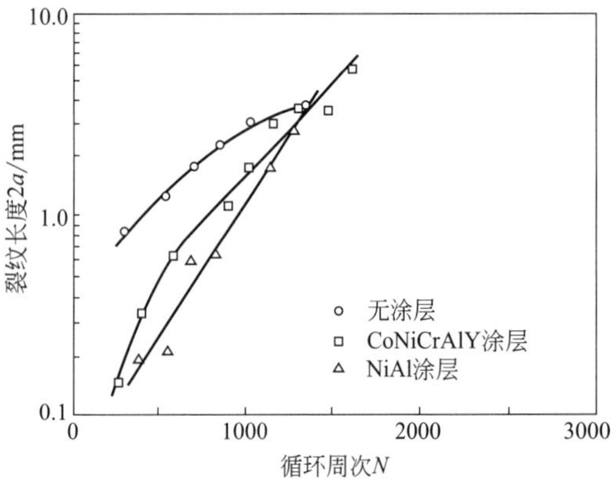

图 7-36　René80 基体金属和涂层试样在 F-S 波形下的表面裂纹扩展行为[24]

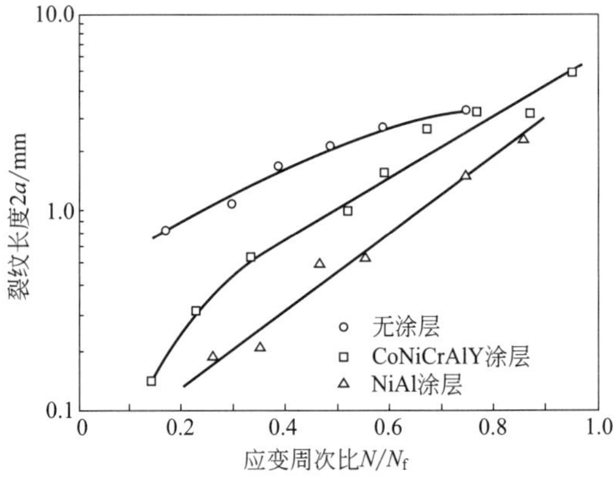

图 7-37　René80 基体金属和涂层试样在 F-S 波形下的裂纹长度 2a 与应变循环周次比的关系[24]

表 7-1　材料的化学成分（质量分数）[24]　　单位：%

材料	C	Cr	Co	Mo	W	Ti	Al	B	Y	Ni
René80	0.15	13.9	9.2	4.0	4.0	4.9	3.02	0.014	—	其余
CoNiCrAlY	—	21.0	38.5	—	—	—	8.0	—	0.5	32.0

③ 保载时间的影响[21,25,26]　Liu X. 等人[25]认为疲劳裂纹的扩展通常归结于裂纹尖端的损伤，并且裂纹尖端的材料只因循环载荷损坏。如果测试在高温下实施并且在最大负载下引入保载时间，依赖时间的疲劳行为必须考虑。考虑在最大负载下保载时间内，裂纹尖端由于氧的扩散和蔓延而损伤，并且抗裂纹扩展能力降低。在下一个卸载和加载期间，裂纹将会穿过损伤区，并且导致进一步的裂纹扩展。这种裂纹的扩展行为明显依赖于保载时间。

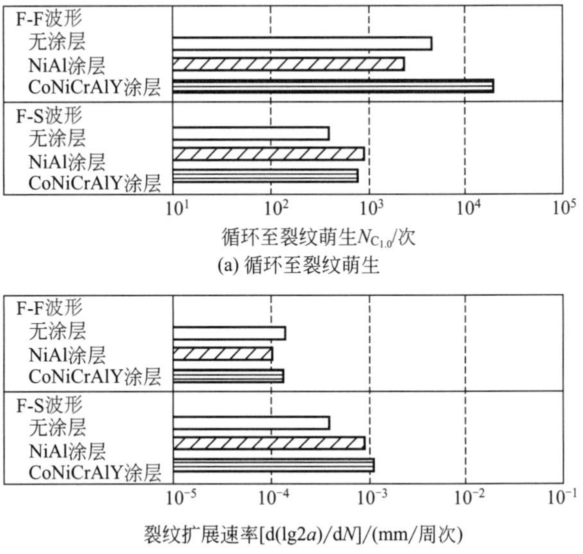

图 7-38　René80 基体金属和涂层试样的高温低周疲劳试验的表面裂纹萌生行为和裂纹扩展速率[24]

Liu Xingbo[26]还发现了各种不同条件下保载时间对裂纹扩展速率的影响有所不同，在 650℃或 705℃下，保载时间延长使裂纹扩展速率增大，如图 7-39 所示，但在 760℃和较低应力强度因子范围（ΔK 值）时，保载时间延长却抑制了裂纹的扩展，如图 7-40 所示，其原因为温度升高，蠕变产生的应力松弛减缓了裂纹尖端的应力集中，但当 ΔK 值较高时，保载时间又起了促进作用。实际上保载时间是考虑了裂纹的蠕变、疲劳的共同作用，蠕变、疲劳促进了裂纹扩展速率的增大。

松原雅昭[8]研究了应力加载波形对定向凝固高温合金 Mar-M247DS 和常规铸造高温合金 Mar-M247CC 的蠕变疲劳裂纹扩展的影响。合金成分如表 7-2 所示，合金的热处理条件如表 7-3 所示，蠕变疲劳试验条件如表 7-4 所示。图 7-41 给出了在加载各种应力波形下 Ni

基超合金蠕变疲劳的裂纹扩展特性。图中比较合金为 CMSX-2 单晶合金，图中结果表明对于 Mar-M247DS 和 Mar-M247CC 合金，在同一 ΔJ 下，CP 波形加载的试样裂纹扩展速率最快，PP 波形加载的试样裂纹扩展速率最慢。

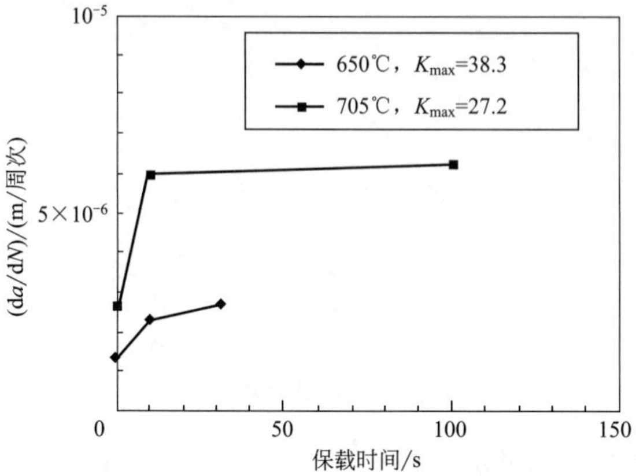

图 7-39　WASPALOY 合金在 650℃和 705℃下 ΔK 为恒量时的疲劳裂纹扩展行为[26]

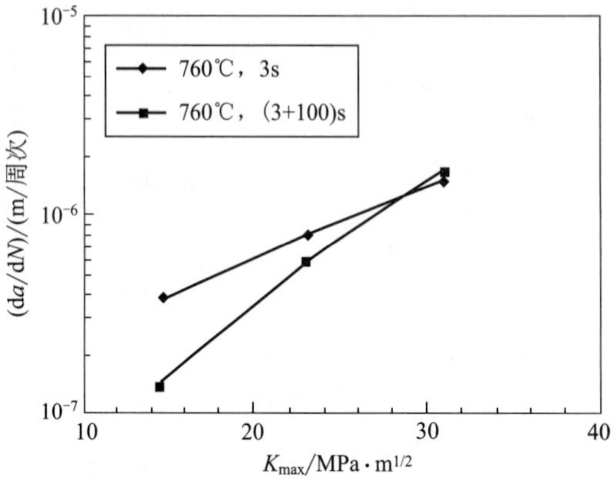

图 7-40　WASPALOY 合金在 760℃下保持 3s 和（3+100）s 时 K_{max} 对疲劳裂纹扩展速率的影响[26]

表 7-2　合金的化学成分（质量分数）[8]　　单位：%

材料	Cr	Co	W	Mo	Ta	Al	Ti	C	Hf	B	Zr	Re	Ni
Mar-M247	8.0	9.5	9.5	0.55	3.3	5.6	0.8	0.074	1.4	0.016	0.015	—	其余

表 7-3　合金的热处理条件[8]

材料	热处理条件
Mar-M247	1494K×2h,IGRC→1144K×20h,FC

表 7-4　蠕变疲劳裂纹扩展试验条件[8]

材料	温度/K	最大应力/MPa	最小应力/MPa	应力波形	频率/Hz	拉力保载时间/min	比较保载时间/min	图 7-41 中符号
Mar-M247 定向凝固	1173	294.2	−294.2	PP	0.5	0	0	●
		343.2	−245.2	PC		0	10	▲
		294.2	−294.2	CP		10	0	▼
				CC		10	10	■
Mar-M247 普通铸造				PP		0	0	◐
				PC		0	5	◭①
				CP		10	0	⧨
				CC		5	5	◧①
CMSX-2 单晶合金①				PP		0	0	○
				PC		0	10	△
				CP		10	0	▽
				CC		10	10	□

① 先前报道的数据。

张礼敬等人[27]研究了保载时间对镍基合金 GH169 裂纹扩展速率的影响，如图 7-42 所示，仅引入 10s 的保载时间便可以显著增大高温疲劳裂纹扩展速率。

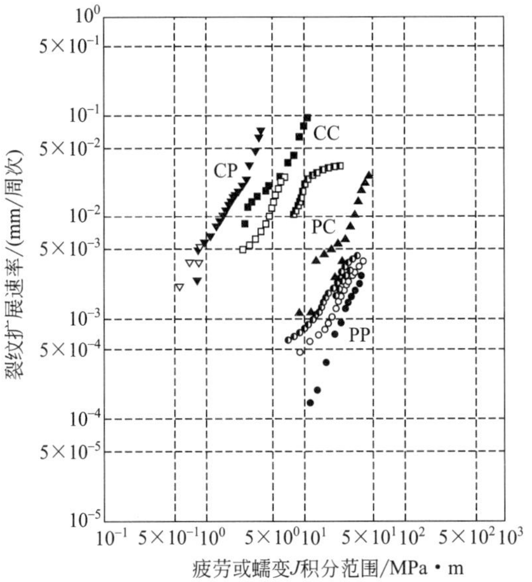

图 7-41　Ni 基超合金蠕变疲劳的裂纹扩展特性[8]

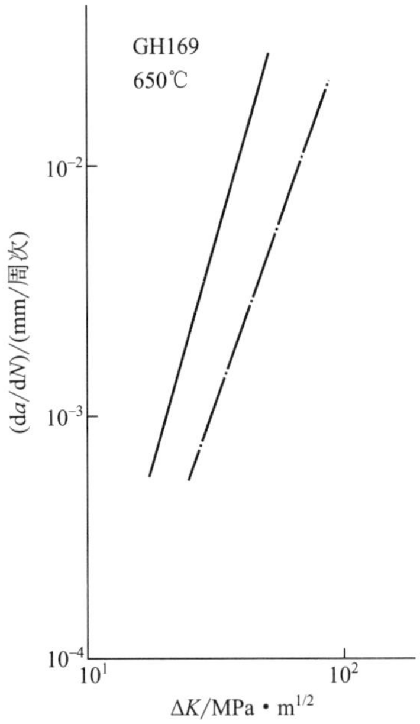

图 7-42　650℃时保载时间的影响[27]

—— 10s 保载时间；—·— 无保载时间

④ 频率和应力比等因素的影响　频率对裂纹扩展速率的影响十分复杂，各种说法不一。Floreen 等人[19]认为大多数铁基和镍基合金的裂纹扩展速率，在室温下对频率是不敏感的，但在高温空气中，较低频率下，疲劳裂纹扩展速率增大，总体来说，IN718 合金在试验温度为熔点的一半时，频率降低至原来的 1/10，裂纹扩展速率增大了 3 倍，这种效应在以沿晶断裂为主时，尤为明显，其原因为：

a. 裂纹扩展速率增大是由于蠕变作用，在较低的频率下重要的是加载时间，而不是循环次数，加载时间长，促进了沿晶断裂。

b. 高温下空气侵蚀加剧，在低频下，腐蚀机理在裂纹扩展中起了重要作用。在真空中试验发现，疲劳寿命对频率的敏感度甚至消失。

c. 裂纹扩展速率的变化是由于对应变速率的敏感性所致，在较低的频率下，较低的应变速率可能改变变形机理。例如平面滑移方式起作用，就可能加速裂纹扩展。

如前面的图 7-25 所示，在 Floreen 等人的疲劳试验中，当频率为 1.0Hz 时，空气中和氮气中疲劳裂纹的扩展速率相差无几。在较低频率下，空气中的裂纹扩展速率明显增大，而在氮气中只是稍有变化。在所有频率下，在氮气中裂纹路径都是穿晶的，在空气中，裂纹路径在高频是穿晶的，但在低频则变成以沿晶为主。频率为 0.1～0.01Hz 时，环境似乎是控制空气中疲劳裂纹扩展的主要因素。氧扩散到晶界中是导致环境效应的可能原因。

有人认为随着频率增大，由氧化和蠕变引起的沿晶断裂变得不重要，疲劳寿命也增加，但频率提高时，形变集中在少数几个滑移带中，导致裂纹过早形成，降低了寿命。另外当较低 ΔK（应力强度因子幅）加载时，频率对扩展速率影响较小，在 ΔK 较高时，频率对裂纹扩展速率影响较大，频率较低裂纹扩展速率增大[21]。

多数金属材料的疲劳裂纹扩展速率均受到平均应力和应力比（R）的影响，有多种疲劳裂纹扩展速率关系式考虑了应力比的影响，著名的公式有 Forman 公式和 Walker 公式，Forman 公式如下：

$$\frac{da}{dN}=\frac{c(\Delta K)^m}{(1-R)K_{IC}-\Delta K} \tag{7-5}$$

式中，da/dN 为裂纹扩展速率；c、m 为常数；R 为应力比；K_{IC}为断裂韧性；$\Delta K=(1-R)K_{max}$；$R=K_{min}/K_{max}$。当 K_{max}趋近于 K_{IC}时，则式中右端分母趋近于零，da/dN 趋近于无穷大，裂纹失稳扩展而发生断裂。

一般来说，当应力强度因子为一定的情况下，裂纹扩展速率随应力比增大而增大，而应力比的增大，反映了平均应力的增加，通常会增大裂纹扩展速率。裂纹扩展在近门槛值区域或高应力强度因子区域，裂纹扩展速率对应力比 R 的变化敏感，而在 Paris 区域应力比 R 的影响较小[28]。随应力比 R 值的增大，近门槛值左移表示门槛值有降低趋势，中等及高应力强度因子裂纹区的裂纹扩展速率升高，增加了裂纹的张开位移，降低了裂纹的闭合效应，从而提高了裂纹扩展速率[29]。

Zapatero 等人[30]通过有限元分析手段测定裂纹的闭合，认为 K_{max}和裂纹长度对疲劳裂纹的闭合没有任何影响，而应力比 R 对裂纹的张开和闭合有较大影响，并且观察到在高应力比下裂纹有闭合现象。

综上所述，上述章节的论述均为影响高温合金裂纹扩展速率的外在因素。温度升高、加载频率降低、保载时间延长、应力比增大都能导致裂纹前端发生变化，促使高温裂纹扩展速率的增大，在多数情况下都显示氧化效应和蠕变效应作用。在低的应力强度区氧化物可引起裂纹扩展受阻，减小裂纹扩展速率[31]。氧化物引起裂纹闭合是近门槛区裂纹扩展速率减小的原因，而氧化作用所引起的裂纹尖端脆化是 Paris 区裂纹扩展速率增大的原因[32]。

⑤ 组织特征的影响[21]

a. 晶粒大小的影响　一般来说，裂纹扩展速率随着晶粒尺寸减小而加快，粗晶增加了基体对裂纹扩展的抗力，而细晶则提高了对裂纹萌生的抗力。Gayda 等人[33]的研究工作表明，晶粒尺寸减小，晶界增加，大量晶界加速了裂纹沿晶扩展。细晶（小于 20μm）为沿晶断裂，裂纹扩展速率快；粗晶为穿晶断裂，在高温下晶界的减少降低了环境对晶界的有害作用，裂纹扩展速率降低。Chang 等人[34]认为评价晶粒尺寸的影响必须在相同的状况下（取决于循环时间或时间条件）进行比较才有意义，例如，穿晶断裂不应该和沿晶断裂比较。也有研究者认为[21,33]，粗晶组织的断口不论保载时间的长短，都是呈典型的沿晶断裂特征，且晶间存在二次裂纹，晶粒尺寸增大时，增强裂纹沿晶体学小平面扩展并延迟条纹的出现。这种特征不仅增大了裂纹面的粗糙度，而且造成裂纹扩展路径的曲折，降低单位体积的晶界面积，减小了高温下的氧化损伤和沿晶界的蠕变损伤，从整体上有效降低高温裂纹扩展速率。细晶组织的断口虽然也基本是沿晶断裂，但裂纹表面较为曲折，主裂纹在扩展过程中受到晶界析出相的阻碍而分叉，降低了裂纹的扩展速率。

有关晶粒大小对裂纹扩展速率的影响，各个研究者存在不同看法。Chang 等人[34]认为晶粒尺寸对裂纹扩展速率没有显著影响。细晶粒和等轴晶粒 718 合金的裂纹扩展速率相近。Jiang 等人[18]研究了两种不同晶粒尺寸（36.05μm 和 8.42μm）Ni 高温合金涡轮盘在梯形加载波形 1∶1∶1∶1 时，650℃和 725℃下在空气和真空的疲劳裂纹扩展行为，如图 7-43 所示，在真空和空气中粗晶粒材料（CG）耐疲劳裂纹扩展能力要优于细晶粒材料（FG），在 725℃下这种现象更为明显。皮籠石紀雄等人[3]揭示了 N718 合金三种不同晶粒（US-S 为 18μm、US-M 为 88μm 和 US-L 为 188μm）的裂纹扩展速率 dl/dN 和裂纹长度 l 的关系，裂纹扩展速率与晶粒大小无依存关系（图 7-44）。姚志浩等人[35]研究了 GH864 三种不同晶粒A（133μm）、B（85μm）、C（24μm）的 da/dN-ΔK 公式。结果表明，粗晶有利于降低合金的裂纹扩展速率，当晶粒尺寸为 85μm 时，其蠕变寿命最好，细晶的裂纹扩展速率最大（图 7-45）。

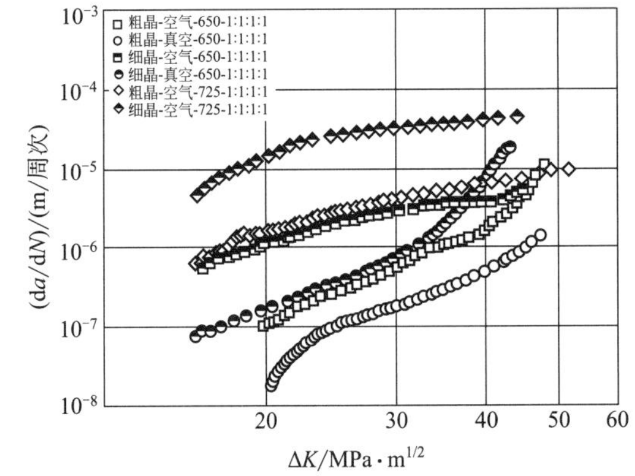

图 7-43　在梯形加载波形 1：1：1：1 时，在 650℃和 725℃，空气和真空条件下，粗晶和细晶 LSHR 超合金的疲劳裂纹扩展行为

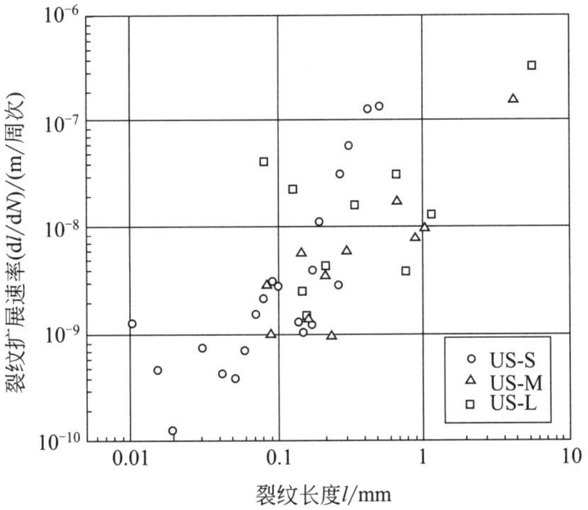

图 7-44　裂纹扩展速率与裂纹长度的关系[3]

改变晶粒尺寸可以通过多种方法控制，如改变热处理和热机械处理的制度、采用熔铸法或粉末冶金方法得到，各种工艺方法得到的晶粒尺寸，对裂纹扩展速率的影响有所不同，统一进行比较也没有多大意义。

b. 析出相的影响　Mao Jian 等人[36]认为，根据经典的形核理论，γ′相形核取决于过饱和程度和晶格错配度（γ 和 γ′相），而 γ′相的长大取决于热处理温度、时间和冷却速度，因此可以调整热处理工艺，调节 γ′相的尺寸及状态，减小 γ′相的尺寸将引起位错切割析出相，导致平面滑移产生非均匀切变，裂纹扩展速率减小。Al、Ti、Nb、Ta 等析出强化元素均会增加 γ′相的析出量，Al/Ti 和Nb/Ta 的质量比对 γ′相的析出行为有较大影响，Al/Ti 比较大时，γ′相的固溶温度升高，γ′相析出量增多，当 Al/Ti 比较小时，γ′相稳定性降低，长时间时效使 γ′相转化为 η 相（Ni_3Ti），但 Al 超过上限时会出现有害的 β 相（NiAl），过多的 Al 会使 γ 基体内的 Cr 富集，增加 TCP 相的形成倾向。Nb/Ta 比增大时，γ′相固溶温度先升后降，但 γ′相的析出量却不断增加[37]。关于 γ′相对裂纹扩展速率的影响很

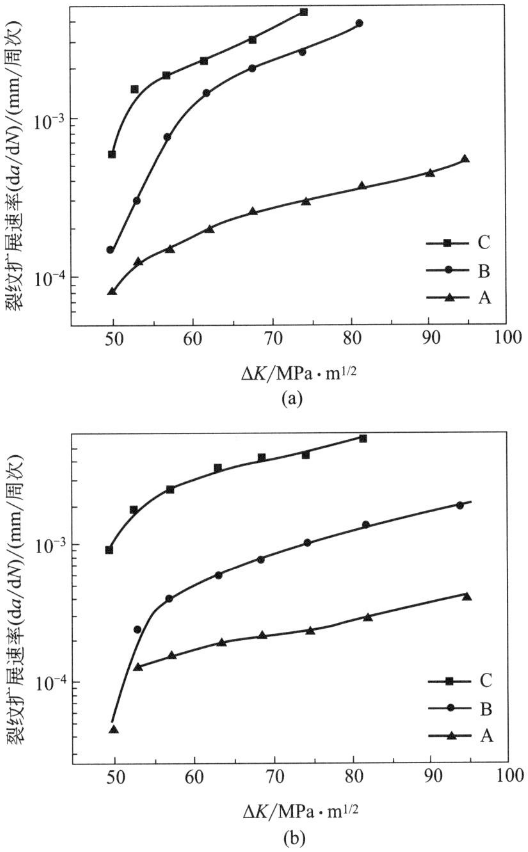

图 7-45　合金试样的裂纹扩展速率曲线[35]

多人也有不同意见，如王璞等人[38]对GH864合金裂纹扩展行为进行了研究，认为热处理后合金的裂纹扩展速率都明显降低；晶粒度对合金的裂纹扩展速率影响较大，且粗晶组织能显著降低裂纹扩展速率，晶界析出相对裂纹扩展速率有较大作用，而强化相γ'相的大小对裂纹扩展速率影响不明显。从组织形貌及断口分析，可较好地解释不同热处理制度下裂纹扩展速率曲线的试验结果。具有疲劳条纹特征的断口对应较慢的裂纹扩展速率，而沿晶断裂对应较快的裂纹扩展速率。

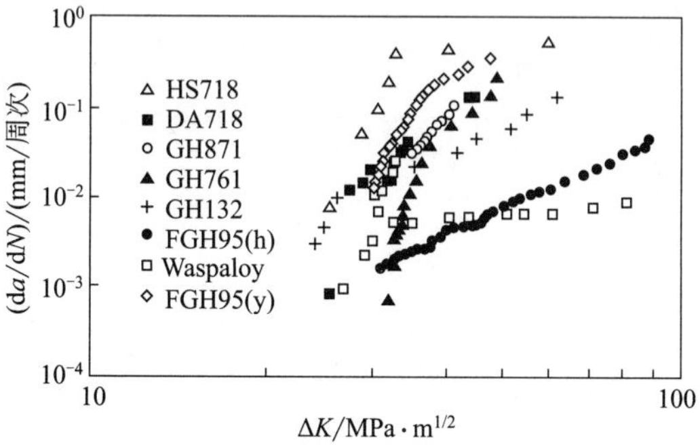

图 7-46　几种涡轮盘材料在650℃保载90s周期持久条件下的裂纹扩展速率[39]

c. 不同成分的影响　徐志超等人[39]研究了不同成分的高温合金的裂纹扩展速率，得到不同高温合金涡轮盘材料在650℃疲劳、蠕变交互作用下（即保载90s）的裂纹扩展速率的比较图，如图7-46所示，裂纹扩展速率最慢的为Waspaloy和固溶后缓冷处理的FGH95（h）合金，居中的是GH132、HSGH169（HS718）、DAGH169（DA718），裂纹扩展速率较快的合金为GH871、GH761和固溶后盐淬处理的FGH95（y）合金。比较这些合金的裂纹扩展速率曲线，可以发现这样的特点：凡是裂纹扩展速率缓慢的合金不是曲线的斜率发生锐减就是曲线出现明显的拐点，且曲线所对应的应力强度因子幅ΔK的范围是较宽的，而裂纹扩展速率较快的合金其曲线总是很陡的，曲线的斜率变化较小，曲线所对应的ΔK也较窄。上述结果表明，高温合金涡轮盘材料的裂纹扩展速率取决于合金化程度的高低和合金强度高低，还取决于时间相关的断裂塑性，考察高温合金裂纹扩展时，不能仅凭扩展速率曲线在da/dN-ΔK坐标系中位置的高低，而是凭曲线斜率是否出现明显拐点，以及曲线所对应的应力强度因子幅ΔK的范围来决定。

d. 晶界的影响　晶界形貌会影响断裂类型，影响裂纹扩展速率，Z字形晶界能够阻碍裂纹扩展，但这种晶界促进裂纹的萌生，晶界上碳化物析出状态也影响裂纹扩展速率，当碳化物为网状结构时容易导致沿晶裂纹，加快裂纹扩展速率，夹杂物、孔洞、原始颗粒边界也强烈影响裂纹扩展速率。

7.1.2　铸造和变形合金的疲劳特性

皮籠石紀雄等人[6]研究了Inconel 718合金在室温、300℃、500℃和600℃下高周（10^8）旋转弯曲疲劳行为，试样材料经982℃、1h固溶处理，再经过两级时效处理（720℃、8h后，再在621℃、8h），如图7-47所示，在低于10^5周次的区域，500℃试样的疲劳强度低于室温，随着循环周次的增加，室温试样的疲劳强度低于500℃试样的疲劳强度，而且500℃的试样在10^6～10^7循环周次区域出现平台。从裂纹扩展的结果可知，在室温下裂纹在表面产生，裂纹长度达30μm后，在10^6～10^7周次循环区域，裂纹停滞，不继续扩展。在大于10^7周次区域，裂纹萌生点从表面转于内部，约距表面150～380μm，施载应力越低，转于内部越深（图7-48），产生试样的内部破坏，一般来说，都是引起晶界开裂。图7-49所示为各种温度下的S-N曲线，从曲线得知，500℃的高周疲劳强度最高，300℃次之，600℃再次之，室温最低。500℃和600℃的试样在循环周次为10^6～10^7左右产生二段曲线。研究者解释了其原因，认为表面高温氧化抑制了裂纹萌生，并且裂纹闭合抑制了其扩展，但内部高温氧化产生晶界滑移，内部破坏容易进行，两者平衡产生平台区域。

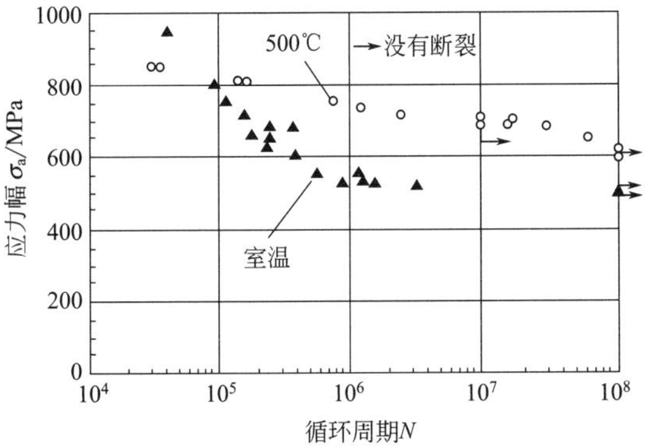

图 7-47　S-N 曲线[6]

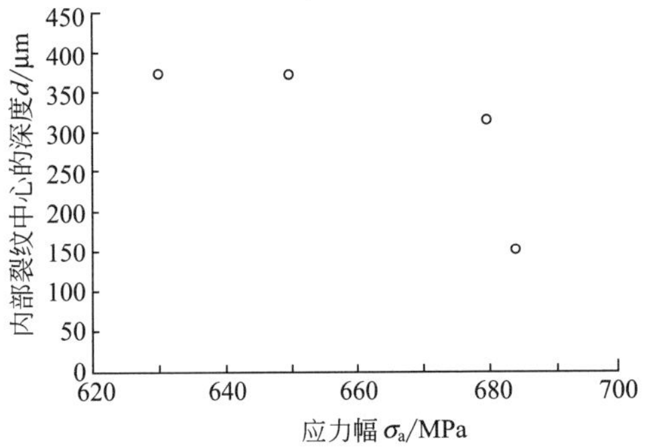

图 7-4 8 在 500℃时，内部裂纹中心深度与应力幅的关系[6]

桑原和夫等人[40]研究了锻造 Ni 基超合金 IN 718 的高温低周疲劳强度，研究的材料有 A 材和 B 材，其化学成分和热处理条件如表 7-5 所示，材料的力学性能如表 7-6 所示，表中结果表明 A 材比 B 材晶粒尺寸要小一些，该合金析出相为 δ 相 (Ni_3Nb)，δ 相在 A 材中为粒状，在 B 材中为针状，两种状态的微观组织不一样，引起硬度、蠕变断裂伸长率相差很大。光滑试样的疲劳试验条件如表 7-7 所示，带缺口试样的裂纹扩展试验条件如表 7-8 所示，采用三角、梯形（保持最大拉伸应变）、锯齿波形进行低周疲劳试验，温度为 600℃和 650℃，采用三角应变波形进行热机械疲劳试验，试验温度为 300～650℃。

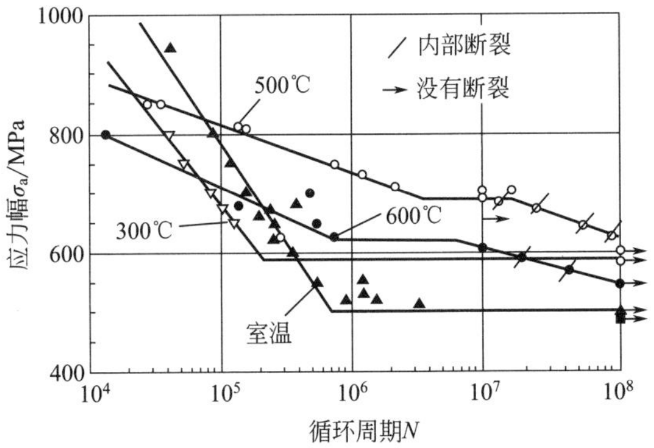

图 7-49　室温和升高温度的 S-N 曲线[6]

表 7-5　试验材料的化学成分和热处理条件[40]

材料	组成(质量分数)/%													
	C	Si	Mn	P	S	Cu	Ni	Cr	Mo	Co	Al	Ti	Nb+Ta	B	Fe
A	0.043	0.17	0.06	0.003	0.002	0.02	52.36	18.03	3.05	0.09	0.56	0.86	5.23	0.0046	其余
B	0.04	0.05	0.06	<0.002	0.004	0.01	53.25	18.19	3.10	0.01	0.46	1.02	5.30	0.005	其余

材料	热处理条件	
	固溶处理	时效
A	1263K×1h(油冷)	991K×8h(冷却速度 55K/h)+894K×8h(空冷)
B	1253K×1h(水冷)	993K×8h(冷却速度 55K/h)+893K×8h(空冷)

表 7-6　试验材料的力学性能[40]

材料	拉伸性能								持久强度			布氏硬度(HBW)	晶粒尺寸等级
	T=室温				T=923K				T=923K,σ=637MPa				
	$\sigma_{0.2}$/MPa	σ_B/MPa	δ/%	ϕ/%	$\sigma_{0.2}$/MPa	σ_B/MPa	δ/%	ϕ/%	t_r/h	δ/%	ϕ/%		
A	1187	1412	19	31	1000	1147	16	22	163.3	17.7	27.4	429	8-9
B	1147	1344	19.5	31	951	1098	15	28	114.8	7.0	12.9	401～415	4-5

表 7-7　光滑试样的疲劳试验条件[40]

应变条件		等温疲劳		热疲劳 573～923K	
		873K	923K	同相位	反相位
$\nu=0.0056\mathrm{Hz}$		—	B	A,B	A,B
$\dot{\varepsilon}=5\times10^{-3}\mathrm{s}^{-1}$		—	A	—	—
$\dot{\varepsilon}=10^{-3}\mathrm{s}^{-1}$		A,B	A	—	—
最大拉伸应变保持	$t_H=0.5\mathrm{h}$	A,B	A,B	—	—
	$t_H=1\mathrm{h}$	A,B	A,B	—	—
PP:$\dot{\varepsilon}_t=\dot{\varepsilon}_c=10^{-2}\mathrm{s}^{-1}$		—	A,B	—	—
PC:$\dot{\varepsilon}_t=10^{-2}\mathrm{s}^{-1}$,$\dot{\varepsilon}_c=1.7\times10^{-5}\mathrm{s}^{-1}$		—	A,B	—	—
CC:$\dot{\varepsilon}_t=\dot{\varepsilon}_c=1.7\times10^{-5}\mathrm{s}^{-1}$		—	A,B	—	—
CP:$\dot{\varepsilon}_t=1.7\times10^{-5}\mathrm{s}^{-1}$,$\dot{\varepsilon}_c=10^{-2}\mathrm{s}^{-1}$		—	A,B	—	—

注:A—材料 A;B—材料 B;ν—频率;$\dot{\varepsilon}$—应变速率;$\dot{\varepsilon}_t$—拉伸应变速率;$\dot{\varepsilon}_c$—压缩应变速率;t_H—保载时间。

表 7-8　带缺口试样的裂纹扩展试验条件[40]

类型	加载波形	试验号	σ_{max}/MPa	σ_{min}/MPa
PP	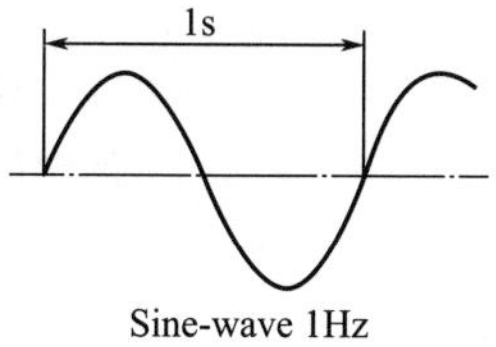	PP1	441	−441
		PP2	392	−392
PC	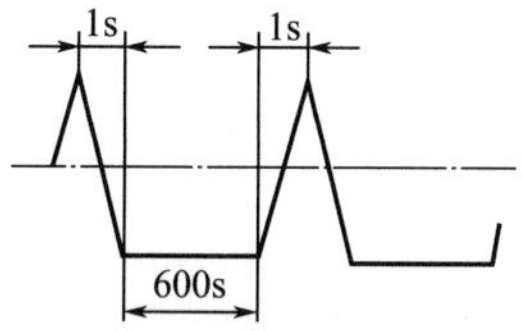	PC1	441	−441
CC	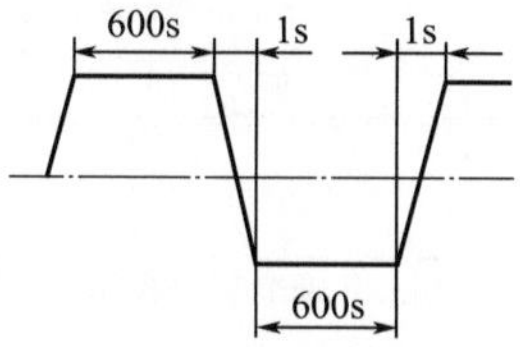	CC1	490	−490
		CC2	441	−441
CP	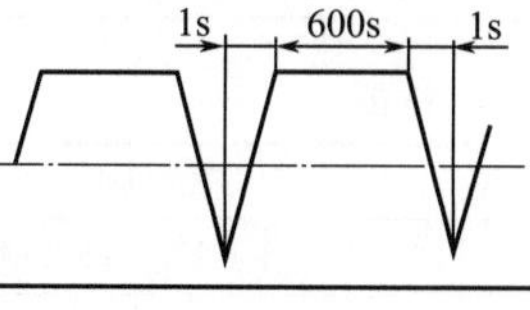	CP1	441	−441
		CP2	392	−392

图 7-50 给出了热机械疲劳试验中总应变 $\Delta\varepsilon$、非弹性应变 $\Delta\varepsilon_{in}$ 与疲劳寿命（N_f）的关系。图中结果表明，A、B 材的热机械疲劳强度相差不大，在 B 材中同相位（in-phase）热机械疲劳寿命在 650℃左右，与等温机械疲劳寿命基本相等，但同相位热机械疲劳和不同相位（out-of-phase）热机械疲劳寿命相比较，在高应变区域同相位热机械疲劳寿命为短寿命，

而在低应变区域，两者寿命基本相等。在这种状况下，等温机械疲劳和同相位热机械疲劳断面在晶界旁有结晶小平面，而不同相位的热机械疲劳断面呈现辉纹。图 7-51 给出了疲劳寿命与时间效应的关系，如图所示，循环一周的速度比较慢，N_f 比较短，并且破坏形态从晶内破坏转移为晶界破坏。在本试验中，A 材的应变保持时间几乎没有，而 B 材为具有应变保持时间的试样，会引起 N_f 显著降低。在这种情况下，B 材呈现明显的晶界破坏，A 材虽然有一部分晶界破坏断面，但大部分受晶内平坦断面控制，即在同一应变保持条件下 B 材（粗晶）比 A 材（细晶）更容易呈现晶界破坏，N_f 降低比较多。

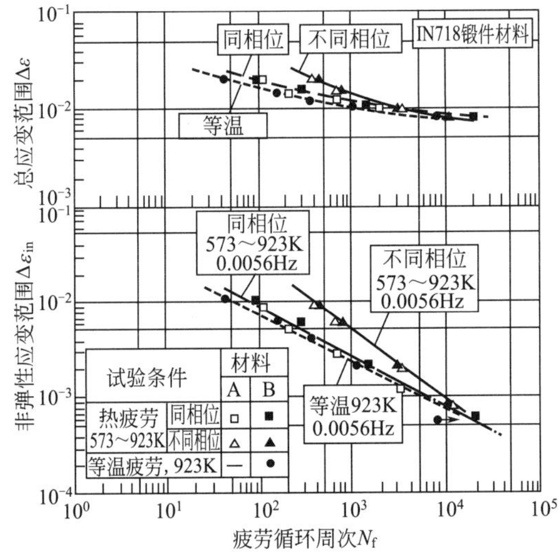

图 7-50　热疲劳和等温疲劳寿命的关系[40]

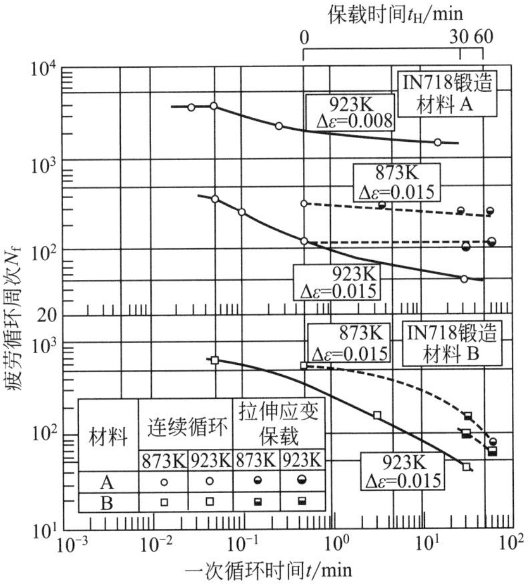

图 7-51　在 $\Delta\varepsilon$ = 0.8%和 1.5%的等温疲劳中，频率和应变保持时间对疲劳寿命的影响[40]

图 7-52 为不同的应变波形下 $\Delta\varepsilon_{ij}$ 和 N_{ij} 关系图，Manson（1971）提出非弹性应变能 $\Delta\varepsilon_{ij}$ 是表征循环变形引起材料内部损伤的参数，每个循环周次的非弹性应变能可定义为循环变形期间单位体积的材料所吸收的机械能，由应力-应变滞后回线的面积量度。Manson（1973）根据交互作用损伤规律，按照应变分割法求出 $\Delta\varepsilon_{ij}$ 和寿命 N_{ij} 的关系。从图 7-52 结果可以看出 PP 和 PC、CC 和 CP 的寿命关系一致，前者为晶内破坏形态，后者为晶界破坏形态。假如按 A、B 两材进行比较，则 PP、PC 寿命关系两材一致；CC、CP 寿命关系两材不同，B 材在短寿命侧。但在图 7-52 下方采用 $\Delta\varepsilon_{ij}/D_i$ 和 N_{ij} 关系（D_i 为延性），则上述寿命关系中两材不同的现象消失。

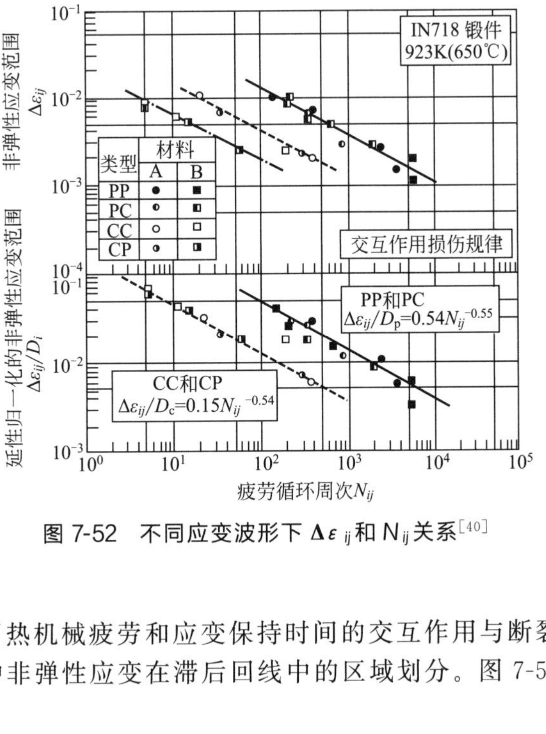

图 7-52　不同应变波形下 $\Delta\varepsilon_{ij}$和 N_{ij}关系[40]

此结果表明，采用 $\Delta\varepsilon_{ij}/D_i$ 和 N_{ij} 关系表征了热机械疲劳和应变保持时间的交互作用与断裂寿命的关系。图 7-53 给出了在热机械疲劳中非弹性应变在滞后回线中的区域划分。图 7-54

给出了在蠕变疲劳加载条件下实测寿命和预测寿命的比较。从图中结果得知，大部分数据都落在 2 倍线内，说明了实测寿命和预测寿命相当。图 7-55 给出了在蠕变疲劳加载条件下裂纹扩展速率 dl/dN 与应力强度因子幅的关系。从图中可以看出，PP 和 PC 波形、CC 和 CP 波形的 dl/dN-ΔK 曲线分别相同，前者断面可以看到疲劳条带的穿晶断裂，后者断面为晶界破坏。

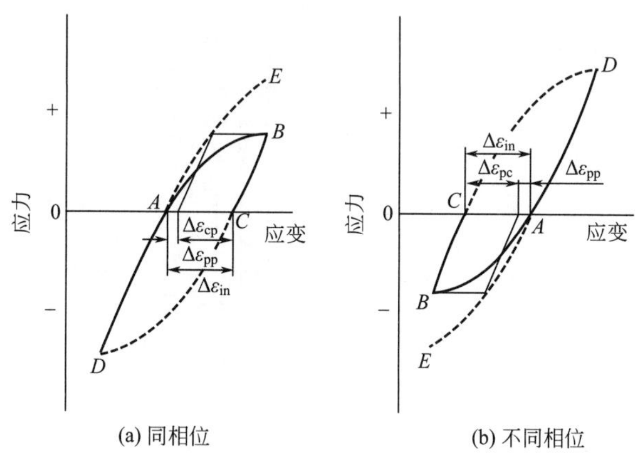

图 7-53 热机械疲劳中非弹性应变在滞后回线中的区域划分[40]

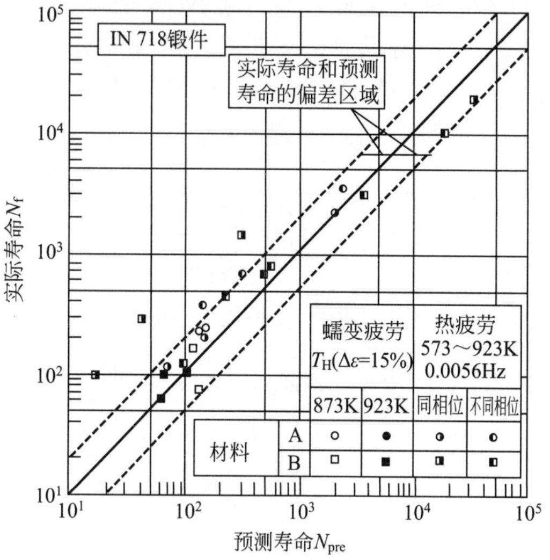

图 7-54 蠕变疲劳加载条件下实测寿命和预测寿命的比较[40]

松原雅昭等人[41]研究了 Ni 基单晶超合金的蠕变疲劳强度特性，所用材料为美国 Martin-Metal 公司开发的 Ni 基铸造超合金 Mar-M247 和美国 Cannon-Muskegon 公司的单晶合金 CMSX-2。常规铸造和定向凝固的 Mar-M247 两合金分别称为Mar-M247CC和 Mar-M247DS，材料化学成分如表 7-9 所示，热处理工艺如表 7-10 所示，表 7-11 为室温下的力学性能，表 7-12 为高温（900℃）下的力学性能。蠕变疲劳试验温度为 900℃±5℃，应变载荷波形如图 7-56 所示，PP 波形为应变速度 0.1%/s 的对称三角波，在压缩和拉伸中无蠕变变形，PC、CP 和 CC 波形为压缩、拉伸或者拉压慢加载，应变速率为 0.00167%/s，在过程中产生蠕变应变，试验中采用总应变范围为 1.5%、1.0% 和 0.8% 三种。为了研究 CMSX-2 的 γ′相的大小对蠕变疲劳强度的影响，给出了两种尺寸的 γ′相材料。图 7-57为 CMSX-2 的 γ′相结构，如图 7-57 所示，γ′相尺寸大的材料称为 CMSX-2A。γ′相尺寸小的材料称为 CMSX-2M（后者 γ′

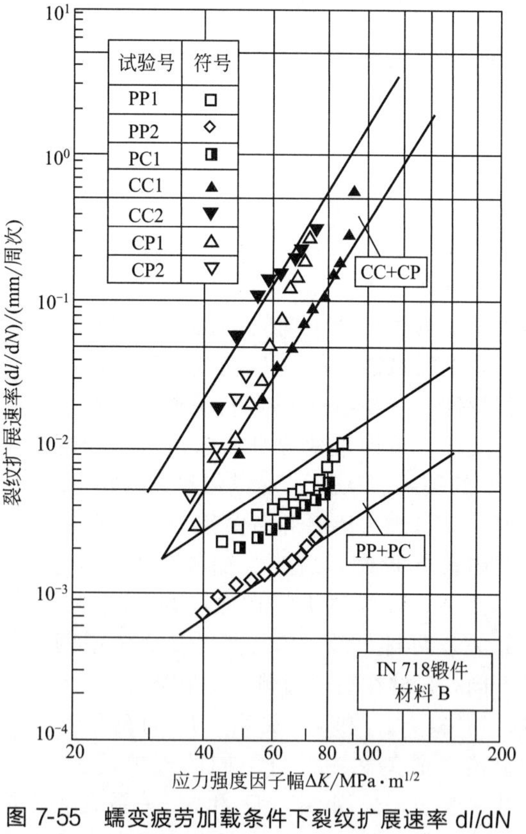

图 7-55 蠕变疲劳加载条件下裂纹扩展速率 dl/dN 与应力强度因子幅的关系[40]

相的尺寸约为前者的 1/2)。

表 7-9　试验材料的化学成分 (质量分数)[41]　　单位:%

材料	Cr	Co	W	Mo	Ta	Al	Ti	C	Hf	B	Zr	Re	Ni
CMSX-2	7.9	4.7	7.9	0.6	6.0	5.75	1.02	0.0016	<0.001	<0.001	<0.005	—	其余
Mar-M247	8.0	9.5	9.5	0.55	3.3	5.6	0.8	0.074	1.4	0.016	0.015	—	其余

表 7-10　试验材料的热处理条件[41]

材料	热处理条件
CMSX-2	1589K×3h,AC→1253K×5h,AC→1143K×20h,AC
Mar-M247	1494K×2h,IGRC→1144K×20h,FC

表 7-11　室温下试验材料的力学性能[41]

材料	屈服强度 /MPa	抗拉强度 /MPa	伸长率 /%
CMSX-2A	925.5	925.5	6.9
CMSX-2M	938.5	939.5	6.0

表 7-12　1173K 下材料的力学性能[41]

材料	弹性极限应力 /MPa	抗拉强度 /MPa	伸长率 /%
CMSX-2M	583	931	10.6
Mar-M247DS	565	827	13.4

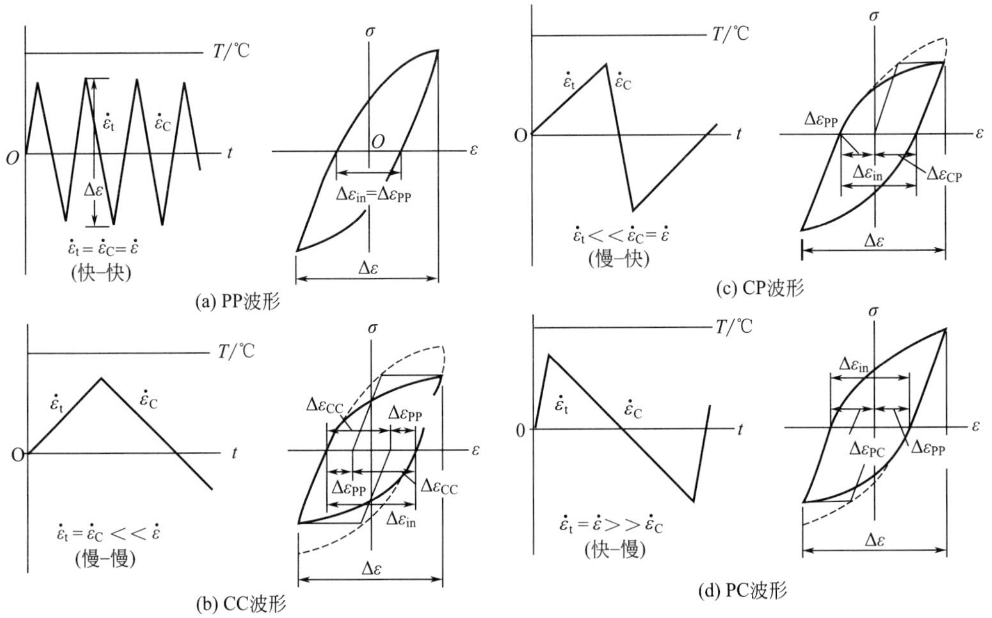

图 7-56　蠕变疲劳试验中的应变载荷波形[41]

(a) CMSX- 2A　　(b) CMSX-2M

图 7-57　CMSX-2 的γ′相结构[41]

图 7-58 给出了 CMSX-2A 合金的蠕变疲劳特性图。图 7-59 给出了 CMSX-2M 合金的蠕变疲劳特性图。图 7-60 给出了 CMSX-2A、CMSX-2M、Mar-M247DS 和 Mar-M247CC 在总应变范围为 1%、蠕变疲劳温度为 900℃的寿命特性比较。图 7-56 结果所示，在同一总应变范围下，施载 PP 波形的试样，其疲劳寿命最长，施载受疲劳支配型应变波形（PP 和 PC 波形）的试样比施载蠕变支配型的应变波形（CP 和 CC 波形）的试样疲劳寿命要长一些。

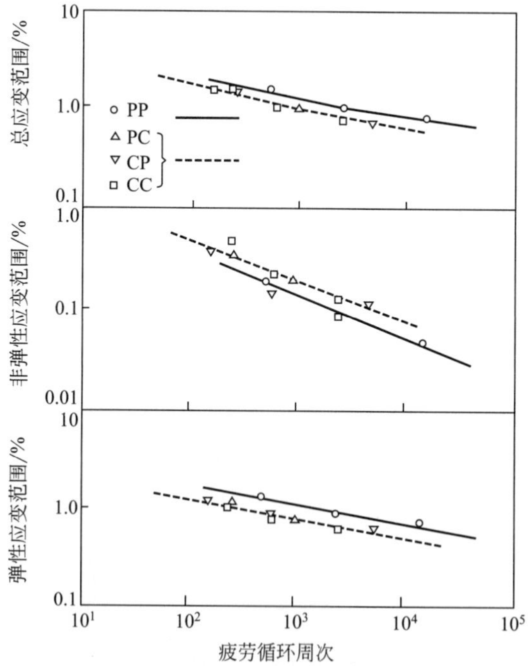

图 7-58　CMSX-2A 的蠕变疲劳强度[41]

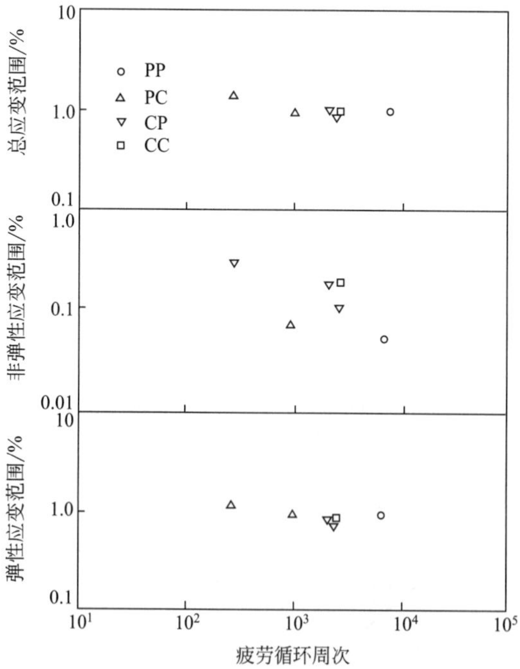

图 7-59　CMSX-2M 的蠕变疲劳强度[41]

根据 Manson-coffin 公式：

$$\Delta\varepsilon_t = \Delta\varepsilon_e + \Delta\varepsilon_{in} \tag{7-6}$$

$$\Delta\varepsilon_t = C_1 N_f^{\alpha_1} + C_2 N_f^{\alpha_2} \tag{7-7}$$

式中，$\Delta\varepsilon_t$为总应变范围；$\Delta\varepsilon_e$ 为弹性应变范围；$\Delta\varepsilon_{in}$为非弹性应变范围；C_1、C_2、α_1、α_2 为材料常数。PP 波形和 PC、CP、CC 波形分别为两大类型，对于 PP 波形，经回归

处理：

$$\left.\begin{aligned}C_1&=3.84\times10^{-2},\ \alpha_1=-0.163\\C_2&=2.81\times10^{-2},\ \alpha_2=-0.417\end{aligned}\right\}\tag{7-8}$$

PC、CP 和 CC 波形中，经回归处理：

$$\left.\begin{aligned}C_1&=3.84\times10^{-2},\ \alpha_1=-0.163\\C_2&=2.81\times10^{-2},\ \alpha_2=-0.417\end{aligned}\right\}\tag{7-9}$$

在蠕变疲劳试验中，蠕变产生的应变对 PP 波形来说要小些，而其他波形由蠕变产生的应变要大些，所以施载 PP 波形的试样其疲劳寿命要长些。

图 7-59 给出的 CMSX-2M 合金的蠕变疲劳试验结果表明，在施载 4 个应变波形的试样中疲劳寿命最长的仍然是 PP 波形，并且比 CMSX-2A 合金施载 PP 波形的寿命还要长一些，表明 γ′相大小对疲劳寿命的影响。另外在低周疲劳中（≤10^4次），疲劳寿命依存于弹性疲劳的倾向强烈，所以施载 PP 波形试样的疲劳寿命高这一特征明显。图 7-60 给出了多种材料在施载不同波形下，其疲劳寿命的比较，其中 CMSX-2M 在 PP 波形下的最高。而表 7-12 给出的 CMSX-2M 的高温强度也是最高，明显表现出疲劳寿命和高温强度的依存性。

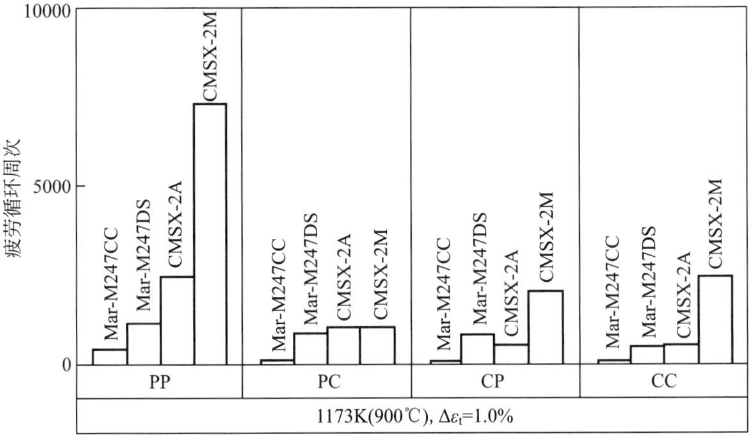

图 7-60　不同材料在施载不同波形下，其疲劳寿命的比较[41]

研究者从图 7-60 得出如下结论：

① 在 PP、PC、CP 和 CC 波形下的蠕变疲劳试验中，施加依赖高温强度特性并具有强烈弹性疲劳特征的 PP 波形的试样疲劳寿命最长。

② 相同成分的定向凝固和普通铸造的超合金 Mar-M247 的蠕变疲劳特性，在施载 4 种波形中，PP 波形的试样寿命最高，其原因为 CMSX-2 材高温强度高，二次枝晶量较少，抑制了微裂纹的生长。

③ γ′相比较小的 CMSX-2M 合金比 γ′相比较大的 CMSX-2A 合金的疲劳寿命长。

陈立佳等人[42]研究了 3 种高温合金的蠕变-疲劳交互作用行为。采用合金为钴基高温合金 HAYNES 188、镍基高温合金 HAYNES 230 和 HASTELLOY X（分别为合金 1、2、3），合金均属固溶退火态的变形高温合金，原始组分由等轴奥氏体晶粒和一些退火孪晶组成，此外还有一些 M_6C 型碳化物。3 种合金的初始晶粒尺寸分别为 45μm（合金 1）、65μm（合金 2）、95μm（合金 3）。高温低周疲劳试验中，总应变范围为 0.4%～2%，循环频率为 1Hz，引入拉伸应变保持时间为 0～60min，应力松弛试验是在 0.5%拉伸应变（相当于 1%的总应变）下进行的，时间大约 150h，所有的高温低周试验均至试样断开为止，与此对应的循环疲劳周次则作为合金的应变疲劳寿命。

图 7-61 为 3 种合金在温度 816℃和 927℃及应变保持时间 τ_h 分别为 0 和 2min 时的总应变范围 $\Delta\varepsilon_t$ 与应变疲劳寿命 N_f 的关系曲线。图中结果表明，对于合金 1，当无应变保持时间，且外加总应变范围 $\Delta\varepsilon_t>0.7\%$时，两种试验温度下的应变疲劳寿命相差很小；但当 $\Delta\varepsilon_t=0.4\%$时，该合金在 816℃的应变疲劳寿命高于在 927℃的应变疲劳寿命。对于合金 2，在 $\Delta\varepsilon_t=0.7\%$和 1.0%两个中等应变范围，合金在两个试验温度下具有相近的应变疲劳寿命；但在 $\Delta\varepsilon_t=0.4\%$的低应变范围，该合金在低的试验温度下表现出更长的疲劳寿命；当 $\Delta\varepsilon_t>1.5\%$时，该合金则在高的温度下有更好的疲劳抗力。在所有的外加总应变范围 $\Delta\varepsilon_t$ 下，合金 3 的应变疲劳寿命均非常接近，这表明在纯疲劳加载条件下，提高试验温度对该合金的疲劳寿命不会产生明显影响。由图 7-61 所示，在最大拉伸应变处引入 2min 的保持时间将导致 3 种合金的应变疲劳寿命显著减少，且 3 种合金在 927℃时比在 816℃时有更低的应变疲劳寿命。这表明拉伸应变保持在 927℃时所造成的损伤比在 816℃时的损伤更显著。其中的例外出现在外加总应变范围 $\Delta\varepsilon_t>1.5\%$的试验条件下，3 种合金在 927℃下反而具有更长的应变疲劳寿命。研究者为了确定拉伸应变保持时间对应变疲劳寿命的影响，在 $\Delta\varepsilon_t=1.0\%$下进行了具有不同应变保持时间的低周疲劳试验。图 7-62 为 3 种高温合金在 816℃和 927℃下的保持时间 τ_h 与应变疲劳寿命 N_f 的关系曲线。图中结果表明，当应变保持时间由 2min 延至 60min 时，3 种合金的应变疲劳寿命均呈现出明显缩短的趋势。在 816℃和 927℃以及不同应变保持时间下，合金 3 通常显示出最长的疲劳寿命，其次为合金 2，而合金 1 则表现出相对差的蠕变-疲劳抗力。

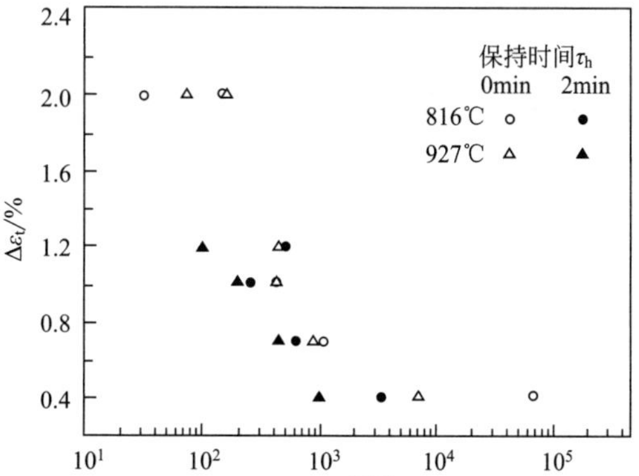

(a) 合金1

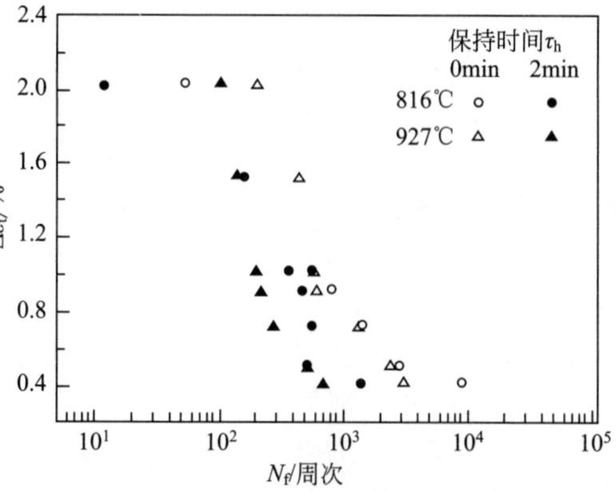

(b) 合金2

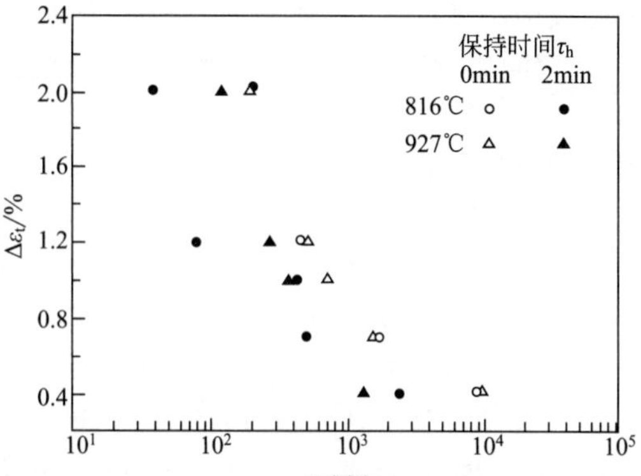

(c) 合金3

图 7-61 3 种高温合金在不同试验条件下的总应变范围与应变疲劳寿命的关系[42]

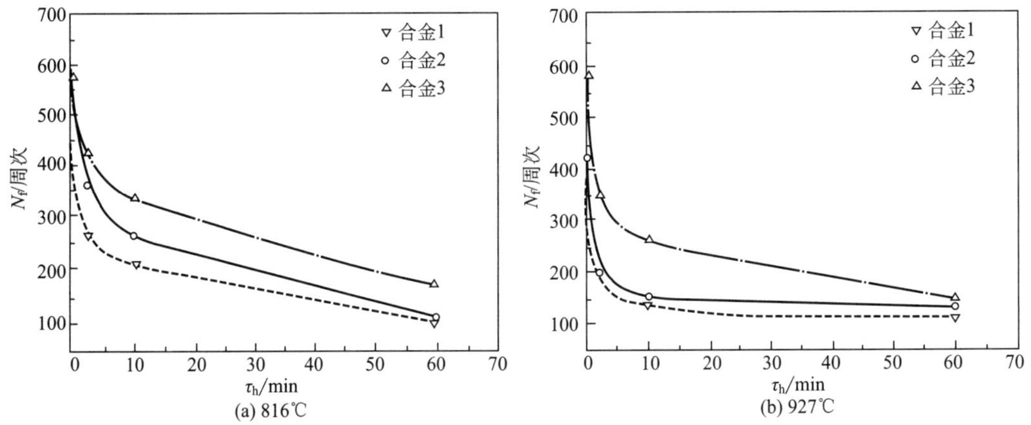

图 7-62　不同保持时间和温度下的疲劳寿命[42]

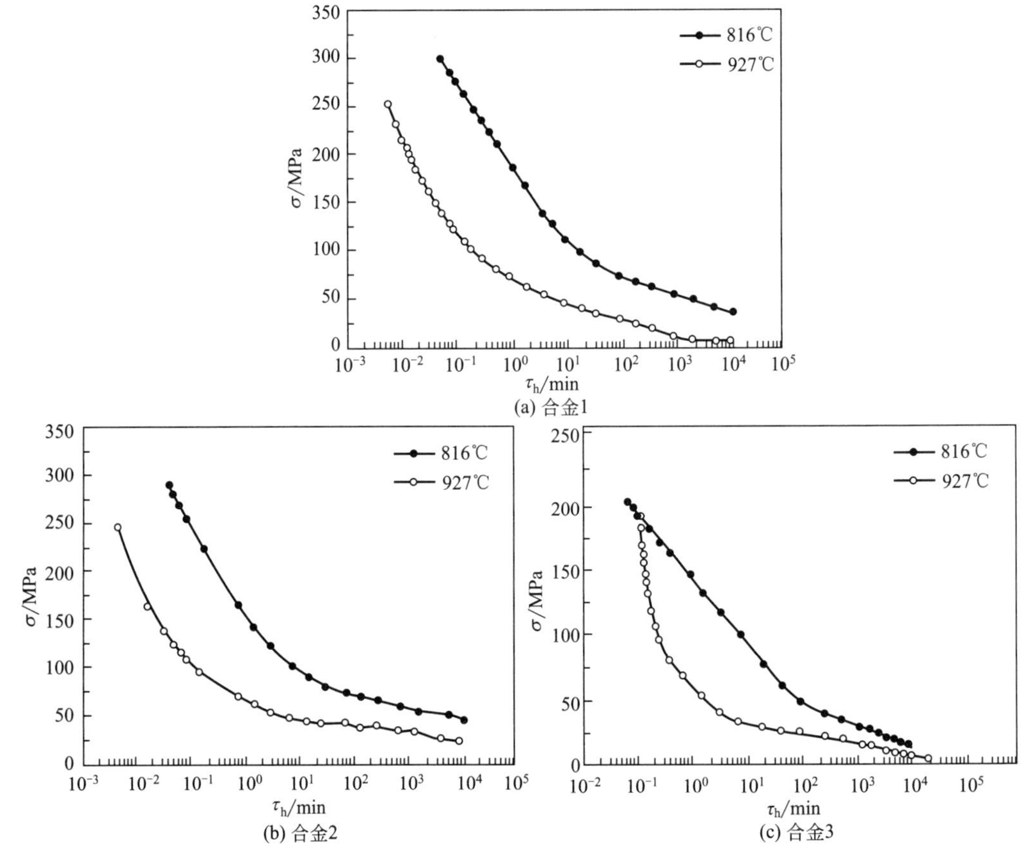

图 7-63　3 种合金在不同温度下的应力松弛曲线[42]

根据流变学理论，在低周疲劳中，应变保持期间将发生应力松弛，图 7-63 给出了 3 种高温合金在不同温度以及 $\Delta\varepsilon_t = 1.0\%$的总应变范围下进行长时间保持时的应力-时间（$\sigma$-$\tau_h$）曲线。在应变保持初期，应力急剧下降；但随着保持时间的延长，应力下降曲线逐渐趋于平缓。合金 1 和合金 2 的应力松弛行为在两个试验温度下极为相似，而合金 3 在应变保持初期的应力下降更加迅速。研究者通过数据拟合得出，3 种合金在应变保持期间所发生的应力松弛行为可用如下多项式描述：

$$\sigma = A_0 + A_1 \lg\tau_h + A_2(\lg\tau_h)^2 + \cdots + A_n(\lg\tau_h)^n \tag{7-10}$$

式中，τ_h 为保持时间，min；σ 为应变保持时间 τ_h 时刻的应力，MPa；A_0，A_1，…，A_n 均为与温度相关的材料常数。确定的 3 种合金在不同温度下材料的具体数值如表 7-13 所示。研究者认为，在高温加载条件下，合金的应变疲劳寿命随温度和保持时间的变化规律一般根据蠕变和氧化这两个时间相关的损伤机制来解释。氧化损伤可促进疲劳裂纹的萌生并有助于裂纹的扩展过程，因此可导致合金疲劳寿命的降低。尽管在纯疲劳加载条件下温度对 3 种高温合金疲劳寿命的不利影响很小（特别是在高应变范围下），但引入应变保持时间后，由于合金在高温下滞留的时间更长，故氧化损伤的作用将变得更加显著，因此可以预期合金的疲劳寿命将由于保持时间的引入而大大降低。另外，应变保持期间发生的应力松弛将使得一部分弹性应变转化为蠕变应变并增加裂纹尖端的累积应变，这将会诱发沿晶裂纹生长，加速疲劳裂纹的扩展，最终导致疲劳寿命降低。研究者根据非弹性应变能 ΔU_{in}是表征循环变形引起材料内部损伤的一个物理量，将其作为损伤函数预测材料疲劳寿命。

ΔU_{in}可以写为下式：

$$\Delta U_{in} = \alpha\sigma_T \Delta\varepsilon_{in} \tag{7-11}$$

式中，α 为形状系数；σ_T 为最大拉伸应力，MPa；$\Delta\varepsilon_{in}$为非弹性应变分量，m/m。研究通过一些形状系数求法得出了 3 种高温合金 ΔU_{in}-N_f 的双对数关系（图 7-64）。

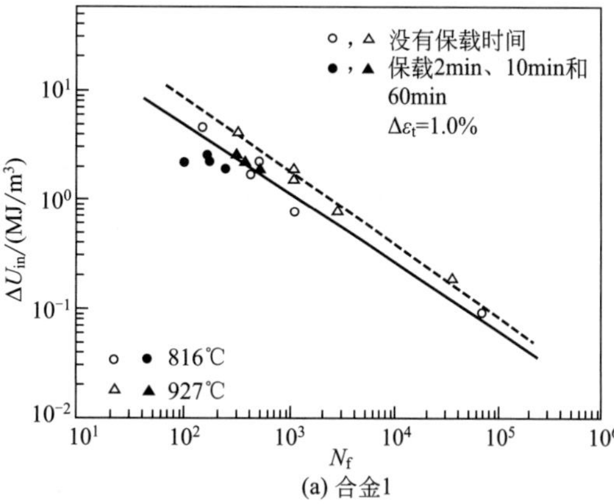

(a) 合金1

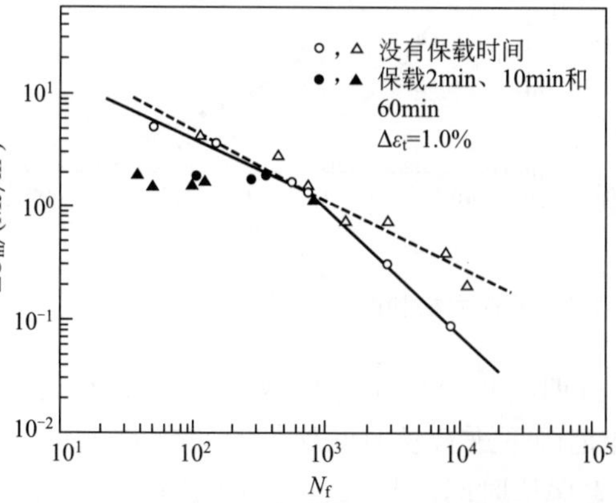

(b) 合金2

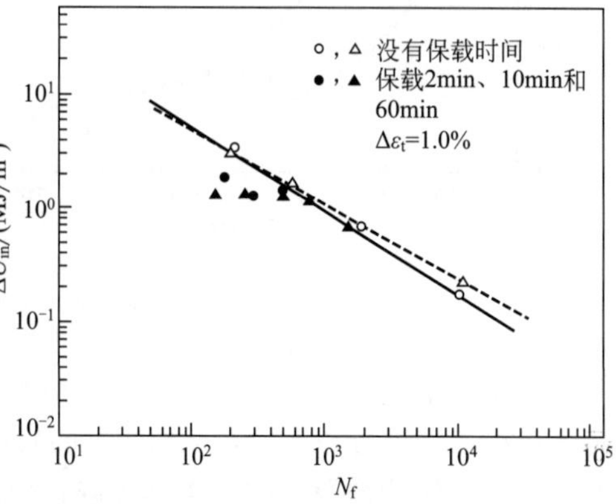

(c) 合金3

图 7-64 3 种合金的非弹性拉伸应变能与应变疲劳寿命间的关系[42]

表 7-13　式（7-10）中 3 种合金相应的材料常数[42]

合金编号	温度/℃	常数							
		A_0	A_1	A_2	A_3	A_4	A_5	A_6	A_7
1(HAYNES 188)	816	182.0	−83.6	10.5	3.6	−0.82	—	—	—
	927	69.2	−28.2	11.4	−5.2	0.80	—	—	—
2(HAYNES 230)	816	161.5	−78.5	20.0	−1.1	−0.18	—	—	—
	927	67.7	−27.7	11.8	−2.6	0.18	—	—	—
3(HASTELLOY X)	816	132.4	−57.2	−11.2	6.5	6.30	−3.6	0.48	—
	927	49.4	−33.6	12.8	−9.3	18.30	−12.8	3.50	0.34

研究者认为非弹性拉伸应变能 ΔU_{in}与低周疲劳寿命 N_f 有一定的函数关系，在无应变保持时间的情况下，可用类似 Coffin-Manson 指数公式来表达：

$$\Delta U_{in}(N_f)^{\beta}=C_1 \tag{7-12}$$

式中，N_f 为合金循环至破坏的周次；β 和 C_1 为材料常数。通过线性拟合，分别求得 3 种合金的材料常数（表 7-13）。

在应变保持时间的低周疲劳试验，可以用频率修正的 ΔU_{in}与低周疲劳寿命关系来表示。

$$\Delta U_{in}(N_f\nu^{k-1})^{\beta}=C_2 \tag{7-13}$$

式中，k 和 C_2 为材料常数；ν 为循环频率，Hz。定义 ν 为：

$$\nu=\frac{1}{\tau_c+\tau_h} \tag{7-14}$$

式中，τ_c为纯疲劳试验的每周次循环时间；τ_h 为每一循环周次所引入的保持时间。由于纯疲劳循环所使用的频率为 1Hz，式中的常数项 C_1 和 C_2 应具有相同的数值。如图 7-65 所示，当以双对数形式再次表示出 3 种合金的频率修正的非弹性拉伸应变能与疲劳寿命之间的关系曲线时，表明了以频率修正的非弹性拉伸应变能作为损伤函数，能够相当好地表征纯疲劳以及蠕变-疲劳加载条件下的应变疲劳寿命行为。

基于在总应变 $\Delta\varepsilon_t=1.0\%$的相同范围内分别引入 2min、10min 和 60min 保持时间的低周疲劳试验得到的数据，可以确定式（7-13）中对应于各种高温合金的 k 值（亦见表 7-14）。在上述条件下的低周疲劳试验被作为基准试验来确定式（7-13）中的相应材料常数，然后再利用式（7-13）预测 3 种高温合金在不同外加总应变范围以及具有 2min 应变保持时间时的应变疲劳寿命。

另外，研究者对 3 种合金的疲劳寿命进行了预测。当引入拉伸应变保持时间后，非弹性应变范围 $\Delta\varepsilon_{in}$为：

$$\Delta\varepsilon_{in}=\Delta\varepsilon_{PP}+\Delta\varepsilon_{CP} \tag{7-15}$$

式中，$\Delta\varepsilon_{PP}$为塑性应变范围，m/m；$\Delta\varepsilon_{CP}$为蠕变应变范围，m/m。根据式（7-10）可以估算在不同应变范围下应变保持结束时相应的应力值，而在应变保持开始时的应力值则可用相同应变范围下进行的纯低周疲劳试验中的最大拉伸应力近似地表示，由此可估算出在一定的应变保持时间内松弛的拉伸应力 $\Delta\sigma_r$（MPa）。一部分弹性应变在保持期间由于应力松弛将转变为蠕变应变。相应的蠕变应变范围分量 $\Delta\varepsilon_{CP}$可以由下式求得：

$$\Delta\varepsilon_{CP}=\Delta\sigma_r/E \tag{7-16}$$

式中，E 为杨氏模量。塑性应变范围分量 $\Delta\varepsilon_{PP}$以及最大拉伸应力 σ_T 均可从纯低周疲劳试验中获得。据此估算出引入不同保持时间的低周疲劳试验中每循环周次的非弹性拉伸应变能，然后即可应用式（7-13）进行应变疲劳寿命预测。图 7-66 所示为 3 种高温合金的预测寿命 N_f^p 与实测寿命 N_f^m 的关系曲线（其涵盖了在 816℃、927℃和 0.4%～2.0%的外加总应变范围以及 2～60min 的应变保持时间进行的所有应变保持疲劳试验）。从图可见，绝大部分数据点均落在了 2 倍线以内，说明以频率修正的非弹性拉伸应变能作为损伤函数能够很好地预测 3 种高温合金的应变疲劳寿命。

表 7-14　式（7-12）、式（7-13）中三种合金相应的材料常数[42]

合金编号	温度/℃	常数			$\Delta\varepsilon_t$/%
		β	$C_1(=C_2)$	k	
1	816	0.641	95.3	0.871	—
	927	0.834	265.7	0.824	—
2	816	0.555	58.5	0.912	>0.9
		1.146	3008.7	0.808	≤0.9
	927	1.110	1909.5	0.808	—
3	816	0.739	144.6	0.916	—
	927	0.689	109.7	0.858	—

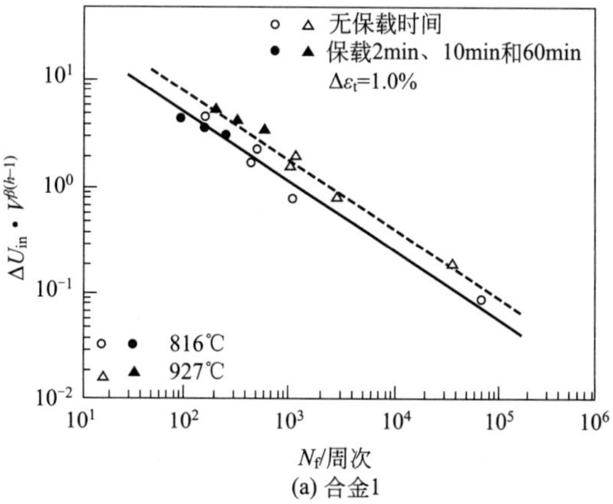

(a) 合金1

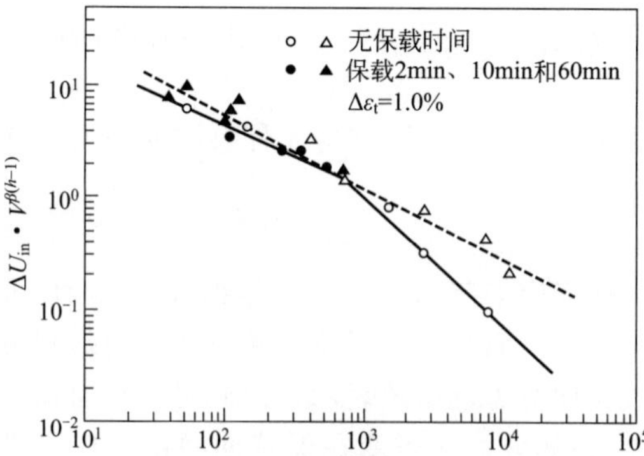

(b) 合金2

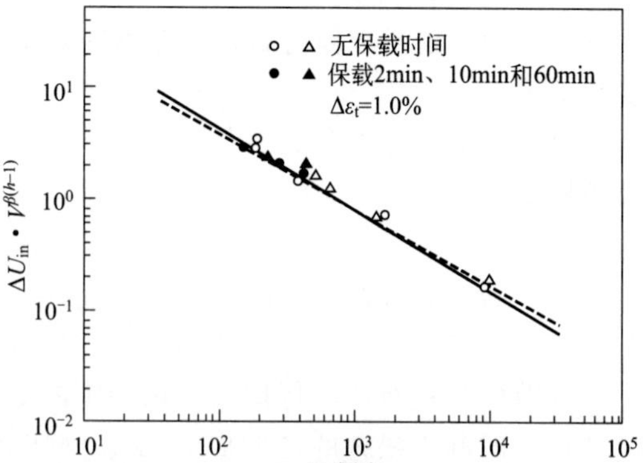

(c) 合金3

图 7-65　3 种合金的频率修正的非弹性拉伸应变能与应变疲劳寿命的关系[42]

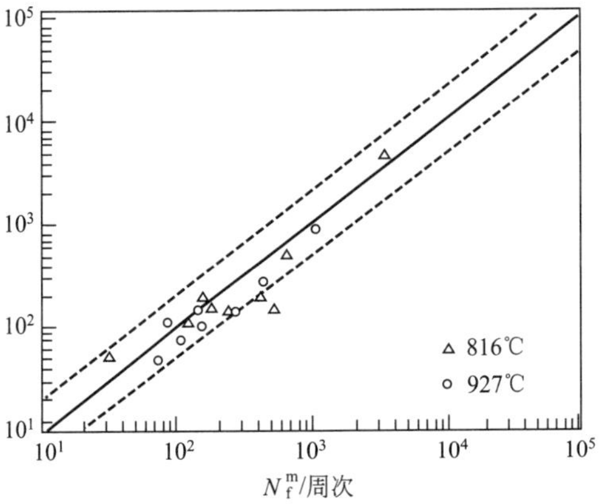

(a) 合金1

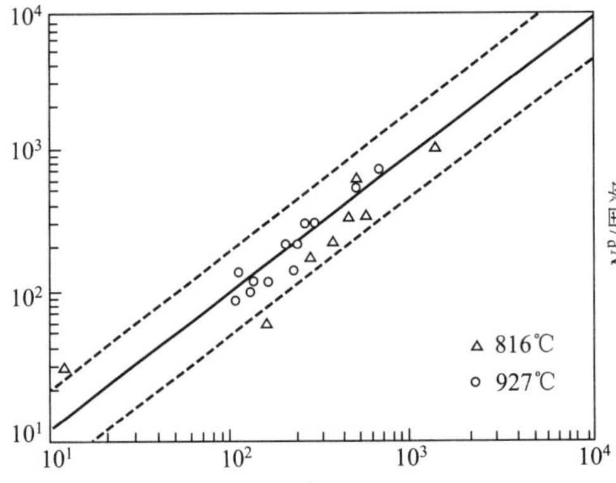

(b) 合金2

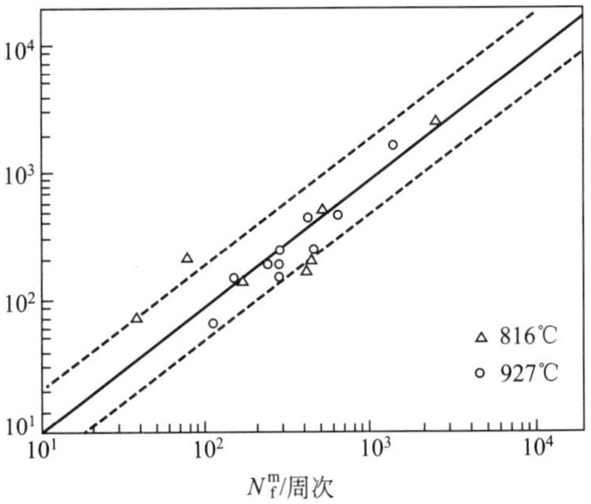

(c) 合金3

图 7-66　3 种合金在蠕变-疲劳加载条件下的实测寿命与预测寿命[42]

7.2　粉末高温合金的疲劳特性

7.2.1　粉末冶金高温合金的应用与发展[43~47]

（1）粉末冶金高温合金的发展历程

粉末冶金高温合金最早起源于 1960 年美国杜邦（Dupout）公司发明的 TD 镍。这种弥散强化镍基合金的主要优点为，能在接近熔点下保持一定强度，当 ThO_2 弥散粒子含量为 2%～3%（质量分数）时，合金在 1273K 温度下抗拉强度超过 200MPa，但是由于 ThO_2 有轻度的辐射性，有损人体的健康，致使 TD 镍的广泛应用受到限制。

20 世纪 60 年代末期，美国在采用粉末冶金工艺制造高温合金方面迅速进展，如用惰性气体雾化制取高纯粉末，使合金中形成间隙原子的元素含量极大降低，与同成分的铸造合金比较，粉末冶金的热加工性能明显改善，采用真空烧结预成形件加热锻致密化的成形工艺制造的 IN718 合金，其所有性能指标包括疲劳强度均达到使用要求，粉末冶金高温合金在当时得到长足发展的主要原因是：20 世纪 70 年代初期美国普拉特-惠特尼公司研制的锻造的 Waspaloy 和 René41 涡轮盘的高温强度不能满足要求，而新研制的 Astroloy 合金由于组织偏析和成分不均匀，力学性能极不稳定，所以考虑采用粉末冶金方法制备的高温合金来解决当时铸锭偏析和粗大柱状结晶所带来的种种问题。另外预合金化高温合金粉末热加工性优异，给高温合金的热加工提出了新途径，美国普拉特-惠特尼（P&W）公司和美国通用电气

(GE) 公司分别开发出 Astroloy 和 René95 粉末高温合金。目前国外已研究了三代粉末高温合金。粉末高温合金在高性能发动机上的应用如表 7-15 所示。

表 7-15　粉末冶金高温合金在高性能发动机上的应用[46]

合金牌号及特点	发动机	军用飞机
第一代 (650℃,高强) René95 IN100 MERL76 Astroloy ЭЛ741НЛ	推重比 8 发动机 GE:F404,RM12,F101,T700, CF6-80,CFM56 P&W:F100,PW2037 国际合作:V2500 法国 SNECMA:M88-2 俄罗斯:РЛ33,ПС90,Т В 7-117	F-15 战斗机 F-18Y,瑞典鹰狮 米格-29
第二代 (750℃,损伤容限) René88DT DTP IN100 N18 U720 RR1000	推重比 10 高涵道比发动机 GE:F414,XF120(GE37),GE90 F110-129,CFM56-5C2,CF6-80E P&W:XF119(PW5000)、PW4000 法国 SNECMA:M88-3 欧洲合作:EJ200 英国 R-R 公司	F/A-18E/F 海军机 F-15,F-16 战斗机 F-22 战斗机 法国阵风战斗机 欧洲台风战斗机
第三代 (高强+损伤容限) CH98	推重比 10 以上发动机 盘件考核阶段	

第一代粉末高温合金是以 René95 为代表的一类合金，它是在变形盘件或铸造叶片合金的成分上稍加调整，适当降低碳含量并添加 MC 型强碳化物的形成元素 Nb 或者 Hf 等，防止原始颗粒边界（PPB）形成。该类合金的特点是 γ' 相含量高（>45%），在低于 γ' 相固溶温度下进行固溶处理，晶粒细小，抗拉强度高，使用温度为 650℃。第二代粉末高温合金通过特殊的冶金工艺获得晶粒适中的组织，γ' 相低于 50%，虽然抗拉强度比第一代合金有所降低，但损伤容限性和高温持久性比第一代合金有明显提高，最高使用温度为 700～750℃。典型牌号有美国研制的 René88DT（DT 表示 damage tolerant，损伤容限），法国研制的 N18 和英国研制的 RR1000 合金等。René88DT 合金是在 René95DT 合金的基础上降低了 Al、Ti、Nb 的含量，从而降低了 γ' 相的含量；提高 W、Mo、Co 的含量，加强固溶强化效果，弥补了由于 γ' 相减少引起的强度下降，增加了 Cr 含量，提高了抗氧化性。为了满足新一代航空发动机的要求，研制出具有高强度/高损伤容限、耐高温、持久性好，使用温度超过 750℃的新型高温合金，西方各国开发了第三代高温合金。第三代典型高温合金通过合金成分的调整，改变了 γ/γ' 相错配度。从表 7-16 可知，René95 合金（第一代）的 γ/γ' 相错配度最高，René88DT 合金（第二代）最低，与第一代 René 合金相比高温抗拉强度降低了 10%，但疲劳裂纹扩展速率降低了 50%。René104 合金（第三代）的 γ/γ' 相错配度介于两者之间，其目的是保证一定的高温强度，并兼顾组织稳定性，使得这类合金抗拉强度高于第二代合金，比第一代合金稍低，裂纹扩展速率比第二代合金低。典型牌号有 René104、Alloy10、LSHR、NF3、C498 和 NR3 等。其中相对较为成熟的是 C498，C498 是美国在 René88DT 的基础上研发出的合金。

表 7-16　三代粉末高温合金的 γ 相、γ' 相晶格常数和 γ/γ' 错配度[43]

合金	γ 相晶格常数/Å	γ' 相晶格常数/Å	γ/γ' 错配度/%
René95	3.5798	3.5928	0.3625
René88DT	3.5797	3.5902	0.2929
René104	3.5780	3.5901	0.3376

注：1Å=10^{-10}m。

表 7-17 给出了一些典型粉末镍基高温合金的成分。其中第三代合金中，René104 合金（ME3）是美国航天局（NASA）、美国通用电气公司（GE）、太平洋西部航空公司（P&WA）联合开发的合金[48~50]，Alloy10 是美国霍尼韦尔（Honeywell）公司通过 AF115 合金改进而来[51,52]，LSHR 合金是 NASA 格伦研究中心在 Alloy10 和 René104 合金基础上优化的产品[53]。NF3 是美国开发的可用于 760℃以上的一种镍基高温合金，是制造发动机高温涡轮盘的极佳材料[54]，制造工艺为真空熔炼，氩气雾化，挤压后锻造成形，1200℃下固溶处理，760℃下时效 8h。NRx 系列合金是法国从 N18 改进的产品。它的成分特点是降低了 Mo 元素的含量，避免了 TCPC（topologically close-packed）相在高温长时间下的晶内和晶间析出[55]。其中 Alloy10 加入更多 W 是为了固溶强化，C498 和 LSHR 的 Co 含量增加是为了提高合金的抗蠕变能力，LSHR 和 NF3 合金强调了 Al 和 Ti 含量平衡，NRx 加入 Hf 用以全面提高合金性能。一般来说，Al/Ti 比为 0.94～1.0，在保证蠕变性能的同时，淬裂的概率更小，加入 1%～2%的 Nb 和 2%～3.5%的 Mo 可以提高强度和塑性。CH98 属于高强型粉末高温合金，其 γ' 相含量达 60%。在该合金中加入一定量的 W 和 Nb 元素，可以提高其抗拉强度和蠕变性能，通过中间稳定化处理，在不影响蠕变性能的前提下，还能进一步提高合金的热加工性能[56,57]。

表 7-17　镍基粉末高温合金成分（质量分数，余 Ni）[47,57]　　单位：%

合金	Cr	Co	Mo	W	Ta	Re	Nb	Al	Ti	Hf	C	B	其他
第一代粉末高温合金													
IN100	12.4	18.4	3.2	—	—		—	4.9	4.3	—	0.07	0.02	0.07Zr
René95	13.0	8.0	3.5	3.5	—		3.5	3.5	2.5	—	0.065	0.013	0.05Zr
第二代粉末高温合金													
René88DT	16.0	13.0	4.0	4.0	—		0.7	2.1	3.7	—	0.03	0.015	0.03Zr
U720Li	16.0	15.0	3.0	1.25	—		—	2.5	5.0	—	0.025	0.018	0.03Zr
N18	11.2	15.6	6.5	—	—		—	4.4	4.4	0.5	0.02	0.015	0.03Zr
第三代粉末高温合金													
René104	13.0	20.6	3.8	2.1	2.4		0.9	3.4	3.7	—	0.05	0.025	0.05Zr
RR1000	15.0	18.5	5.0	—	2.0		1.1	3.0	3.6	0.5	0.027	0.015	0.06Zr
Alloy 10	11.5	15.0	2.3	5.9	0.7		1.7	3.8	3.9	—	0.03	0.02	0.05Zr
LSHR	12.7	20.8	2.7	4.37	1.6		1.5	3.5	3.5	—	0.024	0.028	0.049Zr
NF3	10.5	18.0	2.9	3.0	2.5		2.0	3.6	3.6	—	0.03	0.03	0.05Zr

吴超杰等人[58]提出了第四代粉末高温合金成分的选取范围。其力学指标为：①细晶（晶粒度 10 级或更细）状态，室温拉伸性能 $\sigma_b \geqslant 1520$MPa、$\sigma_{0.2} \geqslant 1170$MPa、$\delta_5 \geqslant 18\%$；②粗晶（晶粒度 5～7 级）状态，850℃拉伸性能 $\sigma_b \geqslant 900$MPa、$\sigma_{0.2} \geqslant 800$MPa、$\delta_5 \geqslant 8\%$，蠕变性能在 815℃、400MPa、50h 条件下 $\varepsilon_p \leqslant 0.2\%$，持久性能在 815℃、400MPa 条件下 $\tau \geqslant$ 100h；③裂纹扩展速率，650℃、$R=0.05/1.5$-90-1.5s/30MPa·$m^{1/2}$ 条件下，$da/dN < 5\times10^{-4}$mm/周次；④组织稳定性，850℃、100h 无明显 TCP 相析出。

研究者从影响高温强度的组织因素出发。高温强度主要依靠高 γ' 相形成元素和高固溶强化元素的加入，γ' 相沉淀强化的效果随含量和合金化程度的提高而增强。因此，应加入一定量的 Ti、Nb 和 Ta。同时，不同 Al+Ti 含量和 Al/Ti 对组织和性能有不同影响。Cao 等人在研制 ALLVAC718PLUS™时发现，Al/Ti 比对合金稳定性影响明显，当 Al＋Ti 约为 4％（原子分数）、Al/Ti 约为 4 时合金的组织和性能最佳[59]。若从影响裂纹扩展抗力的组织因素出发，由于高温下裂纹扩展是蠕变和疲劳的共同作用，扩展主要是沿着晶界，必须考虑位错运动、位错与晶界交互作用和 γ 相晶界等因素。从固溶强化分析，应加入 W、Mo 等扩散系数较低的元素，以增加位错滑移阻力；从沉淀强化分析，应加入 Nb、Ta 等 γ′相形成元素，以提高 γ′相含量和合金化程度，增加位错切割 γ′相时的反相畴界（APB）能；从晶界强化分析，应加入 C、B、Zr、Hf，以强化晶界，降低晶界扩散，减慢位错攀移。若从影响高温组织稳定性的组织因素出发，应考虑 TCP 相析出的问题，粉末高温合金在高温长时间工作后，易析出对性能有害的 TCP 相，常见的有 σ 相和 μ 相，Cr、Mo、W 是其主要形成元素[60]。另一方面，还应考虑碳化物的稳定性。合金中 MC 型碳化物在长期时效过程中会发生向 TCP 相的转变：$MC+M \longrightarrow M_{23}C_6+TCP$。除了考虑 TCP 相析出，还应考虑 γ′相的稳定性问题，较高的晶粒点阵错配度 δ，在高温下（$T>0.6T_{熔}$）下会促使 γ-γ′相共格关系破坏，导致 γ′相丧失稳定性（长大、粗化），减弱其强化效果，并且粗化速度随温度上升而急剧增大[61,62]。可见，γ′相稳定性是影响高温性能的重要因素，这就要求相对较低的 δ。晶格点阵错配度 δ 的定义如下（a_γ和 $a_{\gamma'}$为 γ 和 γ′的晶格常数）：

$$\delta=\frac{2(a_{\gamma'}-a_\gamma)}{a_{\gamma'}+a_\gamma} \tag{7-17}$$

依据上述分析，应控制 Al、Ti、Nb、Ta 含量（控制 $a_{\gamma'}$）和 W、Mo 含量（控制 a_γ），降低 |δ|。

研究者在综合分析第一～三代粉末高温合金发展思路并借鉴叶片合金的基础上，从高强度、高损伤容限和高工作温度出发，围绕固溶强化、沉淀强化和晶界强化，研究并确定了第四代粉末高温合金的成分选取范围：①γ′相形成元素 Al＋Ti＋Ta＋Nb≈9％～15％；②固溶强化元素 Cr＋Co＋Mo＋W≈30％～40％；③TCP 相形成元素 Cr＋Mo＋W≤20％；④一定量晶界强化元素（C、B、Zr、Hf）。

（2）粉末高温合金制备工艺的进展

粉末冶金高温合金制备工艺诞生在 20 世纪 60 年代末，历经半个世纪的发展，成为先进燃气发动机涡轮盘材料制造的成熟工艺。粉末高温合金的制备工艺流程大致如下：a. 高纯净母合金的制备；b. 预合金粉末的制备，粉末坯料的热致密化（热压、热等静压、热挤压、热锻等）；c. 无损检测；d. 热处理。

① 高纯母合金熔炼技术　在高温合金中多采用陶瓷坩埚制取母合金，母合金不可避免地引入陶瓷和熔渣夹杂等缺陷。母合金在铸锭过程还会产生缩孔、疏松、偏析等缺陷。上述缺陷一般可以在铸造成品中消除，但对于制备高温合金粉末会产生很大的影响，其中夹杂物无法清除，缩孔、疏松会造成空心粉的形成和粉末表面的氧化，采用真空感应熔炼，电渣重熔/真空电弧重熔，能够去除母合金中大部分非金属夹杂、使内生夹杂弥散细化分布、含氧量降低。另外通过泡沫陶瓷过滤技术也能有效地过滤非金属夹杂物，采用无接触熔炼、凝壳炉熔炼也是一种消除夹杂物的有效方法。

② 预合金雾化技术　目前高温合金粉末的制备采用氩气雾化法（AA 法）和等离子旋转电极雾化法（PREP）两种方法。AA 法是氩气雾化高温合金液流制得合金粉末；PREP 是将制粉的合金制造成电极，采用等离子局部熔化电极棒。合金电极在惰性气体中高速旋转，在离心力作用下熔体形成粉末。两者进行比较，AA 法粉末粒度细，冷却速度大。由于继续使用陶瓷坩埚和陶瓷漏嘴，易污染产生夹杂物，AA 法存在卫星粉、空心粉，但粉末粒度变细后，空心粉数量大幅度下降。PREP 粉末由于没使用陶瓷坩埚和漏嘴，其非金属夹杂

较少，但同样存在空心粉和卫星粉，PREP 粉末较粗而且难于采用其他方法改进。由于两种方法过热度和冷却速度不一样，其微观组织不同，AA 法是以胞状晶为主、树枝晶为辅的组织（近快速凝固组织），PREP 法是以树枝晶为主、胞状晶为辅的组织（近铸造凝固组织）。

福田匡等人[63]提出了采用 AA 法减少空心粉的方法。试验工艺为：合金为 Inconel 625，成分如表 7-18 所示。合金熔体雾化前温度为 1500℃，熔体流量为 11～15kg/min，雾化气体压力为 4.5～5.0MPa，气体流量为 12～43kg/min，雾化粉末中位粒径为 60～120μm。喷雾前雾化装置内氧气浓度为 10μg/g，露点为－65℃。如图 7-67 所示，雾化粉末出现很多闭口空心粉末，这种闭口空心粉末是熔体将 Ar 气卷入形成的闭口空心粉，这种闭口空心粉一旦形成，将很难排出，遇力压缩孔隙变小，遇热膨胀，孔隙变大，是最重要的高温合金缺陷之一，不能完全用光学形貌观察来评价它，应该采用氩气含量来判断空心粉的影响。雾化后粉末粒径变小，其含氩气量降低。图 7-68 给出了雾化粉末的粒径与 Ar 含量的关系，如图所示，当粒径为 30～40μm 时，其 Ar 的含量为 $0.5\times10^{-4}\%$。图 7-69 为空心粉的孔隙截面积与粉末含量的关系。图中结果表明孔隙的截面积和粉末含氩量的依存性很大，疏松度大的粗粉末含有较多氩，光学显微镜没有看出孔隙的微粒也含有 $0.5\times10^{-4}\%$的氩气。氩气大部分都在粉末内部，在外表面吸附的氩较少。图 7-70 给出了热挤压和热等静压的显微结构比较。如图 7-70 所示，通过热挤压的 625 合金在平行挤压方向的截面上发现有 100μm 长的空穴群，而在热等静压的截面上只有很少的微孔。引起上述孔隙变化的主要原因为，热挤压件没有经过固结处理，在高温下直接挤压，含氩气孔，沿着挤压方向拉长、聚集，产生比较长的空穴群，而通过热等静压的试样，引起了氩气孔的收缩、分散，氩扩散到内部，光学显微镜有时都观察不出来。

表 7-18　Inconel 625 粉末的化学成分（质量分数）[63]　　单位：%

成分	C	Si	Mn	P	S	Cr	Mo	Nb	Fe	Al	Ti	Ni	O	N
产品	0.004	0.48	0.48	0.002	0.002	21.1	8.90	3.56	3.95	0.06	0.005	59.3	0.007	0.002
规格①	<0.015	<0.5	<0.5	<0.015	<0.015	20.0～23.0	8.0～10.0	3.15～4.15	<5.0	<0.4	<0.4	>58.0		

① UNS N06625，UNS：统一编号系统（ASTM）；N06625：Ni-Cr-Mo-Nb 合金代码。

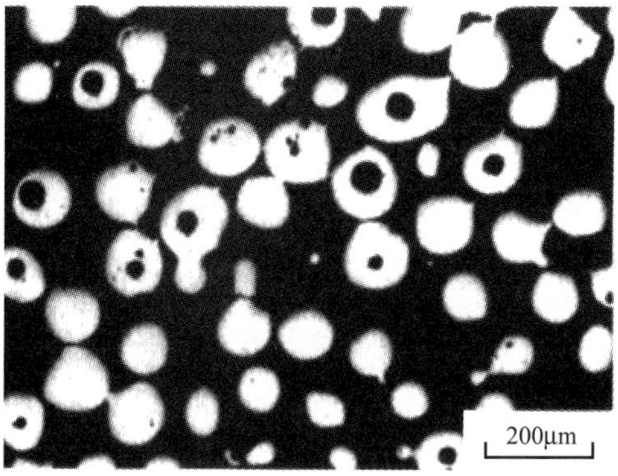

图 7-67　A625 粉末截面[63]

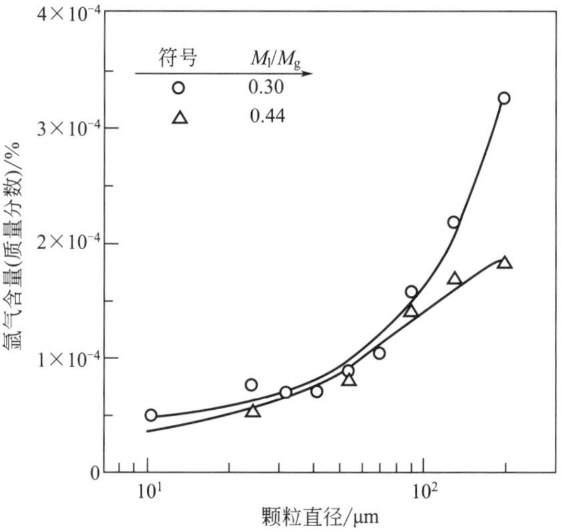

图 7-68　雾化粉末的粒径与 Ar 含量的关系[63]

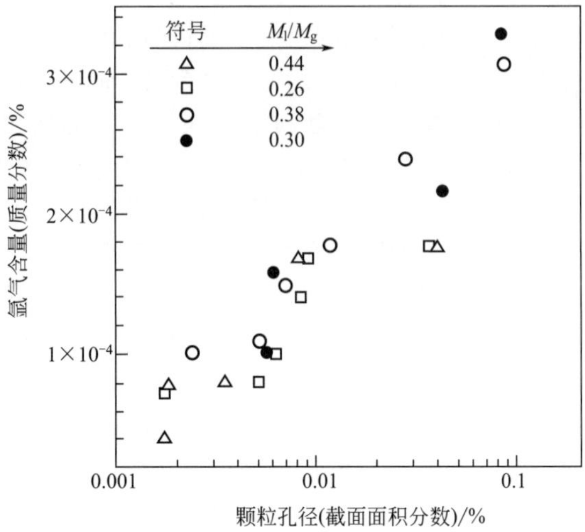

图 7-69　空心粉的孔隙截面积与粉末含量的关系[63]

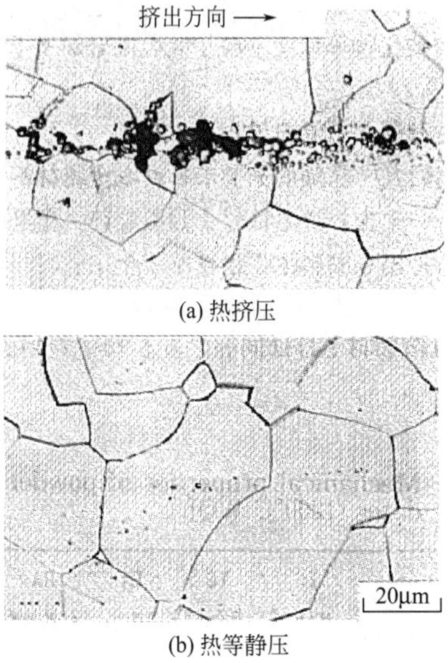

图 7-70　热挤压和热等静压的显微结构的比较[63]

研究者认为：a. 细的粉末凝固时间短，不容易卷入气体，含氩气量较低；b. 在雾化过程中降低金属熔体质量/雾化气体质量（M_l/M_g），则粉末含氩量降低，但 $M_l/M_g>0.8$，氩含量降低趋近于平衡，图 7-71 给出了雾化过程中 M_l/M_g与粉末 Ar 含量的关系；c. 熔体温度越高，粉末凝固时间越长，粉末含氩气量增加越多（表 7-19）。

表 7-19　金属液温度对粉末氩气含量的影响[63]

金属液温度/℃	粉末氩气含量/% 150～250μm	M_l/M_g
1420	1.8×10^{-4}	0.45
1510	3.1×10^{-4}	0.39
1660	4.1×10^{-4}	0.42

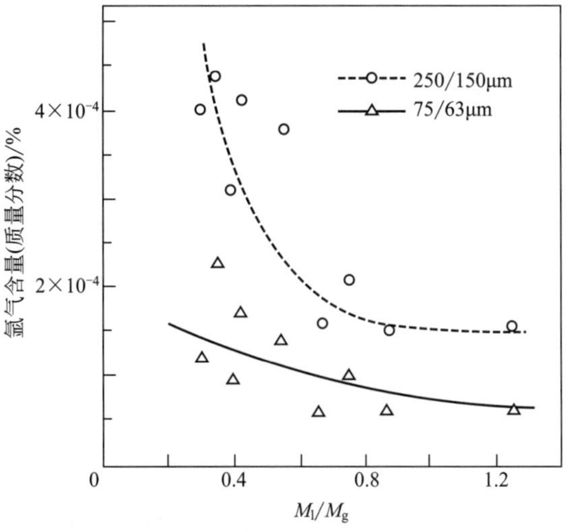

图 7-71　雾化过程中 M_l/M_g与 Ar 含量的关系[63]

AA 法制备的高合金粉末存在卫星粉末和 PPB，中山義博等人[64]采用热等离子微粒精炼（thermal plasma droplet refining，PDR）[65]，在减少粉末表面不纯物和原始颗粒边界、消除卫星粉末、提高粉末球形度等方面进行了有效的研究工作。采用粉末为 Inconel 718 粉末（≤30μm），没有经过 PDR 处理粉末和经过 PDR 处理粉末的 SEM 照片如图 7-72 所示，经 PDR 处理后卫星粉大部分消失，粉末球化。图 7-73 为经 PDR 处理粉末的粒度分布。经处理的粉末直径大多数为 5～15μm，另外，经 PDR 处理的粉末的不纯物中含氧量降低了 1/3，含 N 和 C 量降低了 1/2（表 7-20），表 7-21 为经 PDR 处理的粉末经 HIP 致密化后

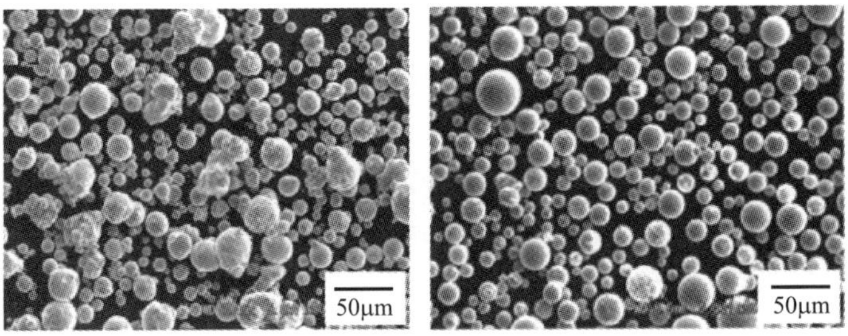

(a)　　(b)

图 7-72　没有经过 PDR 处理粉末和经过 PDR 处理粉末的 SEM 照片[64]

其密度值和其他样品的比较，表明没有经过 PDR 处理的 HIP 样品其致密度比经过 PDR 处理的 HIP 样品要低，后者和熔炼锻造材（C&W）的密度相当。图 7-74 是没有经过 PDR 处理的热等静压样品的 TEM 组织照片。图片中沿着 PPB 界面，析出粗大的 δ 相和氧化物，另外沿着 PPB 界面的微细粒子成分判断可能是 γ′相（表 7-22），但在 Inconel 718 中，基体中强化相为 γ″相（Ni_3Nb）和 γ′相 Ni_3（Al、Ti），分别以圆板状和 1/2 方体同时析出，并且沿着母相 γ 的 $\{110\}_\gamma$ 面上 $<100>_\gamma$ 方向析出，一般来说单独析出来是不可能的，因此 γ′相是从 PPB 中微细粒子处形核，在 HIP 过程中析出。粉末粒子表面污染是常有现象，污染氧化物、氮化物、碳化物构成无活性的表面膜，使得粉末烧结受阻，并引起 PPB 界面形成 δ 相和氧化物等析出物。PPB 界面降低了高温塑性，在高温拉伸中，PPB 界面产生急剧脆化，并产生剥离。图 7-75 给出了氧化物引起的高温脆性。中山義博等人认为，减少 PPB 的原因主要是氧、氮、碳等元素的减少，并且随着氧、氮、碳元素的减少，δ 相单独析出 γ′相、金属间化合物，氧化物、碳化物粒子也同样减少。因此采用热等离子精炼减少 PPB 的生成是一种有效方法，当然与 PPB 中析出相的固溶处理并用也是必要的手段。

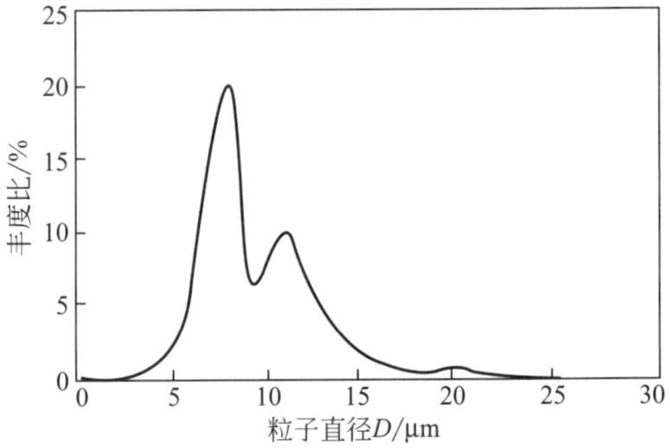

图 7-73　经 PDR 处理粉末的粒度分布[64]

表 7-20　PDR 处理前、后粉末纯度[64]　　单位：10^{-6}

元素	O	N	C	S
PDR 处理前	360.3	132.0	253.4	4.0
PDR 处理后	232.3	63.6	132.5	3.8

表 7-21　经 PDR 处理的粉末经 HIP 致密化后其密度值和其他样品的比较[65]

样品	密度 $\rho/(kg/m^3)$
PDR	8226±2
未 PDR 处理	8204±2
锻造处理	8221±2
商品目录值	8220

表 7-22　PPB 粒子的 EDS 分析（原子分数）[65]　　单位：%

Al	Ti	Cr	Fe	Ni	Nb	Mo
25.85	4.26	15.22	13.36	34.10	3.73	3.49

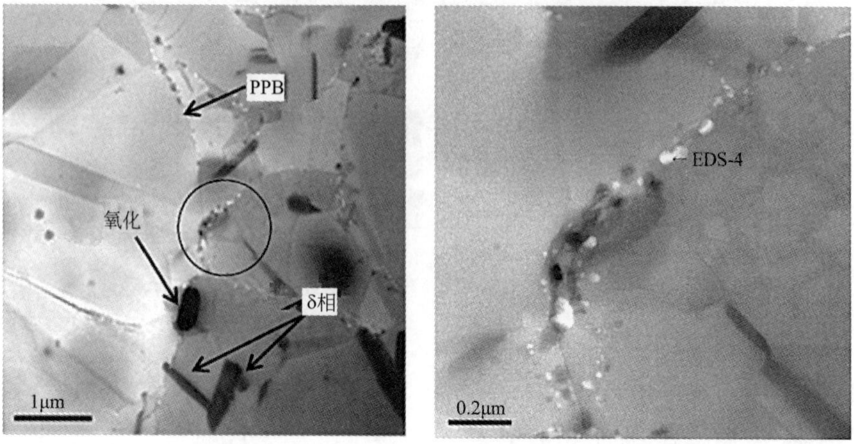

(a) PPB　　(b) 放大的PPB和EDS分析点

图 7-74　没有经过 PDR 处理的热等静压样品的 TEM 组织照片[65]

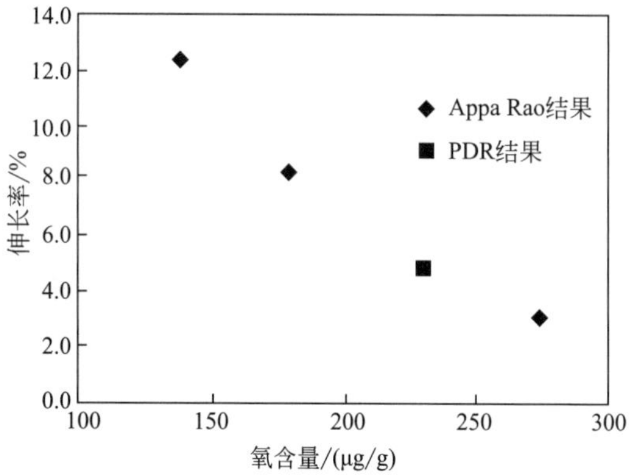

图 7-75　氧化物引起的高温脆性[65]

滝川博等人[66]研究了 Ar 气雾化 Ni 基超合金粉末的特性。粉末雾化装置如图 7-76 所示。粉末雾化、过筛、分级、混合、脱气、密封一体化，均在 Ar 气的保护下进行，厂房室内空气净化等级为 100000～10000（$1ft^3$ 0.5μm 以上粉尘为 100000 和 10000 个粉尘的个数，$1ft^3=0.0283168m^3$）。图 7-77 给出了雾化熔粒大小与氩气雾化下飞行凝固完毕所需腔体高度的关系（数据为 Schmitt1979 年在 PMI No11. 71 给出）。从图中可以看出 300μm 熔粒所需凝固高度为 8.5m。雾化的高温合金为 MERL 76，雾化气体（氩气）的压力为 4MPa，腔体初始真空度为 10^{-5} Torr（1Torr＝133.322Pa），装入原料 100kg，由于熔体表面混入很多非金属夹杂物，只雾化 95kg 就关停，5kg 残存在坩埚中。粉末中的非金属夹杂物采用图 7-78 所示装置测定，利用金属粉与非金属粉密度差分离，捕获夹杂物在 40～80 倍显微镜下计数。雾化试验所用合金 MERL 76 的化学成分如表 7-23 所示。雾化粉末的 O、N、Ar 成分如图 7-79 所示，其中细粉末的含氧量增加了不少，氩含量不管粉末大小，增加都不多。在粗粉末中残存氩气，虽然含量很低，但对高温合金低周疲劳影响很大。图 7-80 为 MERL 76 合金粉末的粒度分布，粉末－60 目回收得率为 98%，－350 目回收得率为 36%，粉末的平均粒径为 56μm。图 7-81 给出了 MERL 76 粉末的显微结构。粉末越细胞状晶越多，其中二次枝晶臂间距越小；粉末粒径越大，枝晶组织越多，二次枝晶臂间距越大。图 7-82 给出粉末粒径与二次枝晶臂间距的关系。图 7-83 给出了粉末粒径和冷却速度的关系。采用图 7-78 装置对－100～＋145 目范围的粉末 100g 处理 10min，测得捕捉的非金属夹杂物如表 7-24 所示，并且与美国制造的 IN100 超合金粉末、日本制造的高速钢粉末进行了比较。如表 7-25 所示，减少粉末夹杂物，首先是选择清洁的铸锭，然后是对有了夹杂物的粉末进行分离，并经常检查。图7-84给出了高温合金粉末非金属夹杂清除的一些装置[67]，通过装置清除非金属粉末夹杂也是一种有效方法。

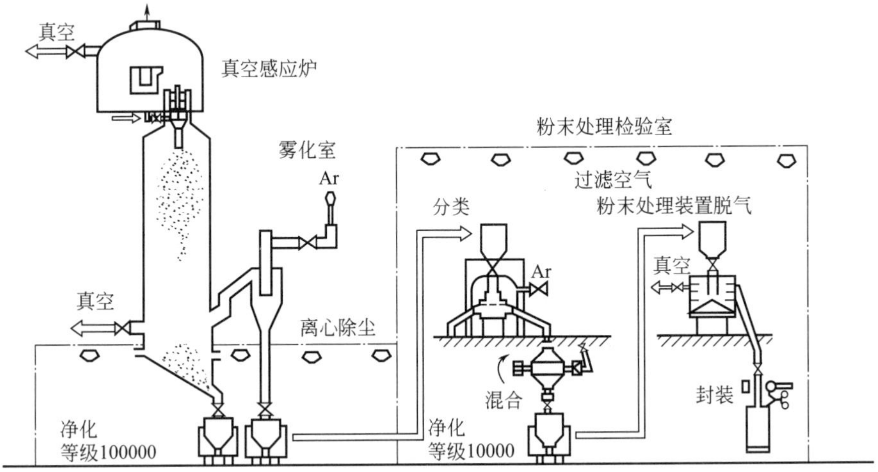

图 7-76　粉末雾化装置[66]

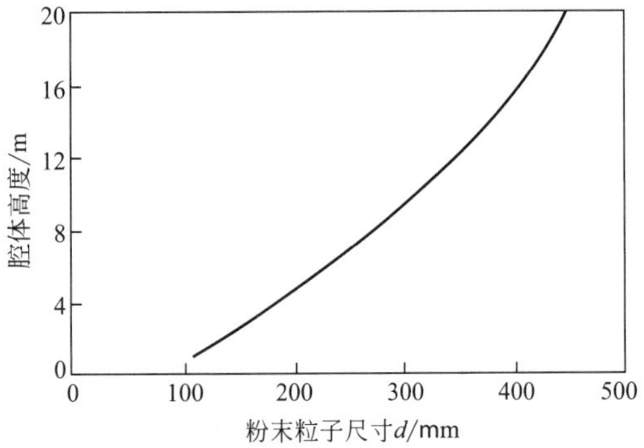

图 7-77　雾化熔粒大小与氩气作用下飞行凝固完毕所需腔体高度的关系[66]

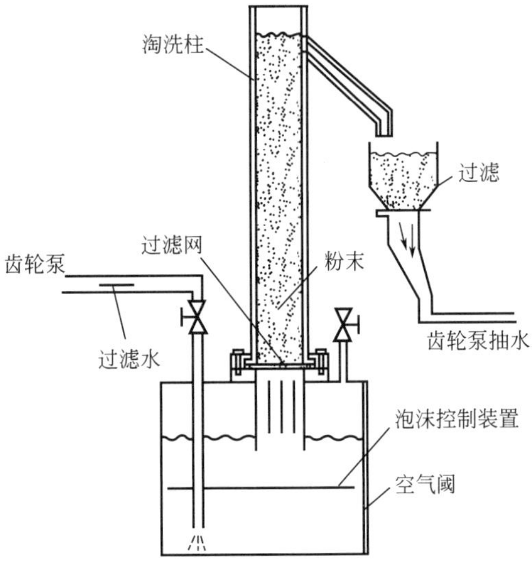

图 7-78　水淘洗法原理[66]

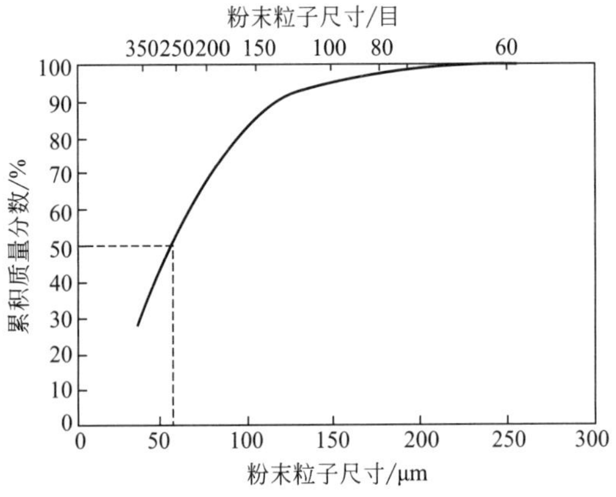

图 7-79　雾化粉末的 O、N、Ar 成分[66]

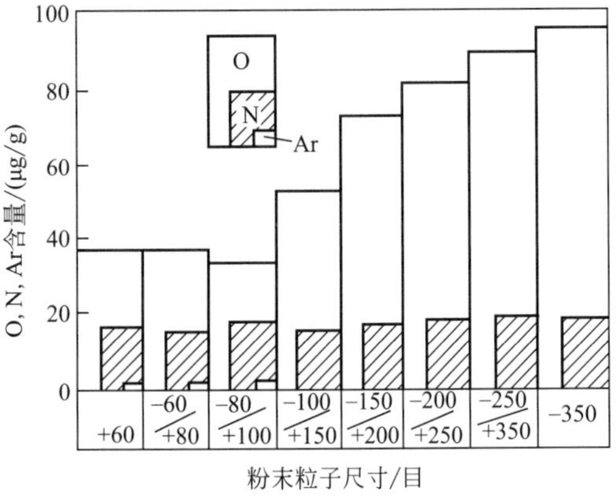

图 7-80　MERL 76 合金粉末的粒度分布[66]

表 7-23　合金 MERL 76 的化学成分（质量分数）[66]　　单位：%

Ni	Cr	Co	Mo	Al	Ti	Nb	Hf	B	Zr	C
Bal②	12.2	18.6	3.16	4.97	4.33	1.32	0.41	0.020	0.07	0.023

Mn	S	P	Si	Fe	Cu	Bi	Pb	O	N
<0.02	0.002	<0.01	<0.10	<0.22	<0.10	<0.5①	<2①	7①	12①

① μg/g。
② 其余为 Ni。

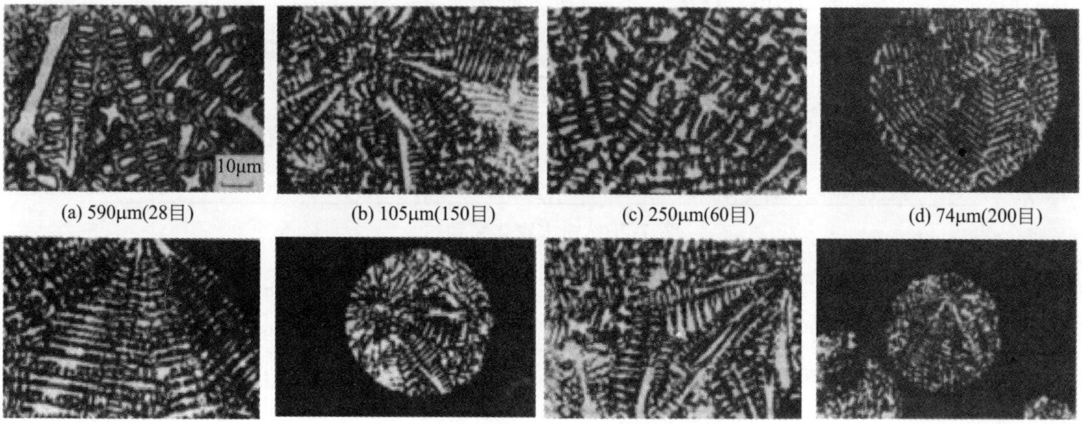

(a) 590μm(28目)　(b) 105μm(150目)　(c) 250μm(60目)　(d) 74μm(200目)
(e) 177μm(80目)　(f) 62μm(250目)　(g) 147μm(100目)　(h) 44μm(350目)

图 7-81　MERL 76 粉末的显微结构[66]

表 7-24　测得捕捉的非金属夹杂物[66]

粉末等级	MERL76（超合金）	IN 100①（超合金）	KHA 30②（超合金）
制造商	滝川博工作	美国制造	日本制造
雾化气	Ar	Ar	N_2
处理气氛	Ar	Ar	空气
夹杂/100gr 数量	5	6	15

① 0.07C-12.5Cr-18.3Co-3.2Mo-0.71V-4.35Ti-5.05Al-0.02B-0.05Zr-其余 Ni，质量分数，%。
② 1.25C-4.02Cr-8.12Co-4.97Mo-3.01V-6.07W-其余 Fe，质量分数，%。
注：1gr（格令）＝0.0648g。

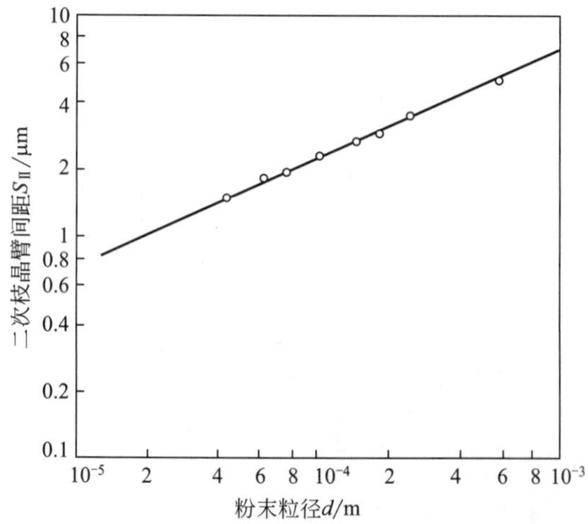

图 7-82　粉末粒径与二次枝晶臂间距的关系[66]

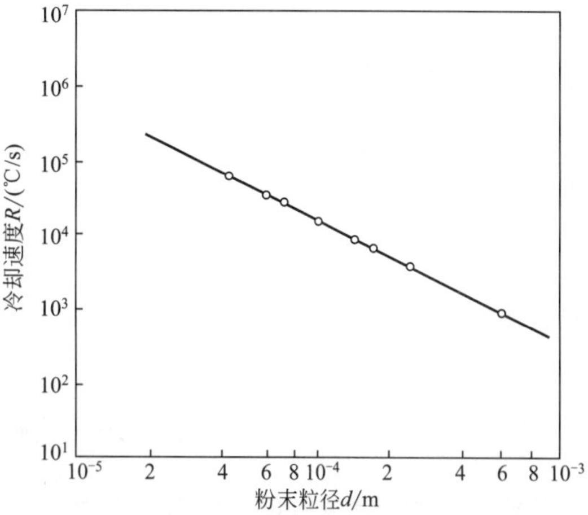

图 7-83　粉末粒径和冷却速度的关系[66]

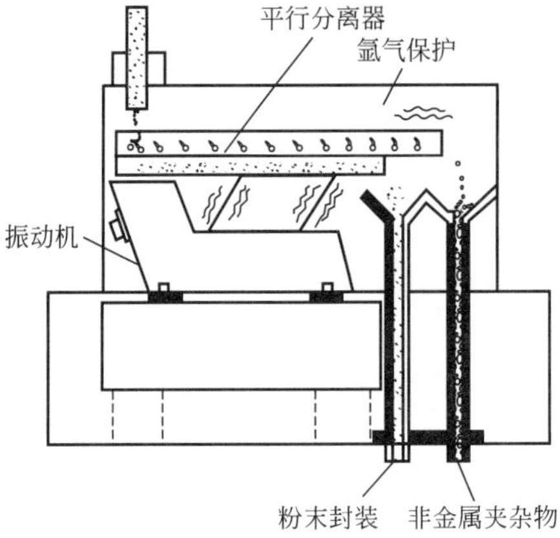

(a) 振动清除非金属夹杂物的装置

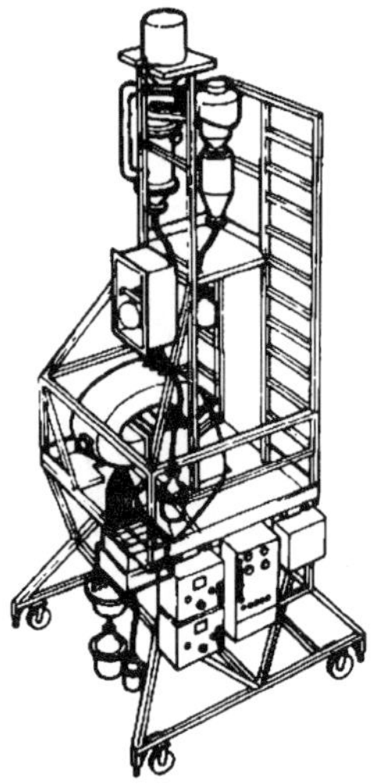

(b) 连续处理装置

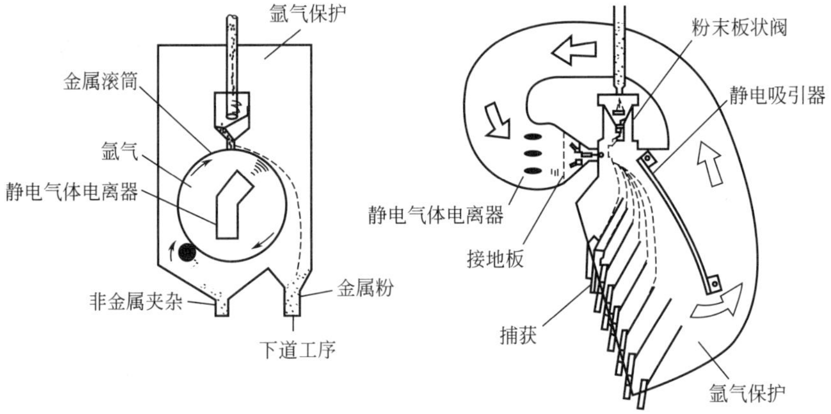

(c) 静电清除非金属夹杂物装置

图 7-84　高温合金粉末非金属夹杂物清除的一些装置[67]

表 7-25　粉末中夹杂物的预防方法[66]

项目	方法
消除夹杂源	用纯净的母合金 在中间包中保持熔体 将粉末置于保护气中 将所有设备放在干净的房间中
混合夹杂物的去除	筛分
夹杂物的检测	定量分析(水淘洗,电子束熔炼)

佐藤義智等人[68]采用超声速多孔旋流紧耦合喷嘴装置制备 Co 基超合金粉末。气体喷射压力 5MPa，Ar 气体流速为 3 马赫（1020m/s），熔柱直径 5mm，气体流量和熔融合金的质量比为 $2m^3/kg$，得到粉末的平均粒度为 $30\mu m$。图 7-85 给出了超声速旋流紧耦合喷嘴。图 7-86 给出了多孔旋流紧耦合喷嘴制备 Co 基超合金粉末的形貌。

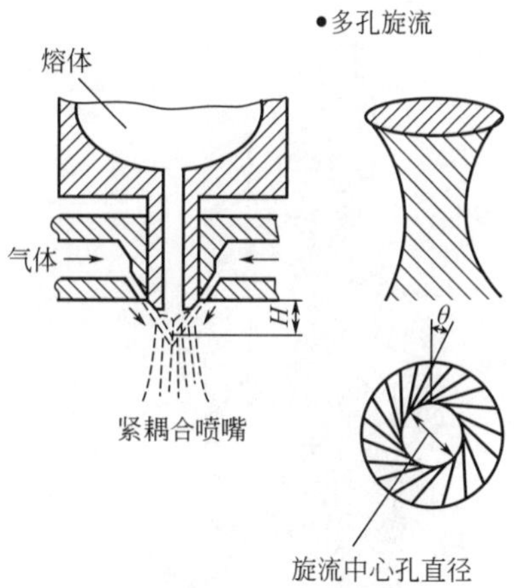

图 7-85 超声速旋流紧耦合喷嘴[68]

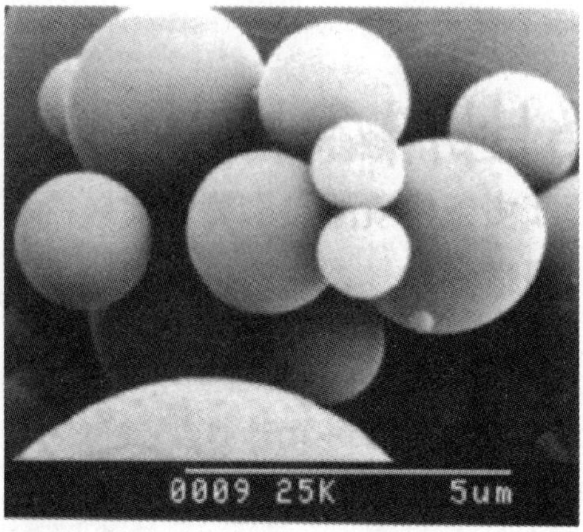

图 7-86 多孔旋流紧耦合喷嘴制备 Co 基超合金粉末的形貌[68]

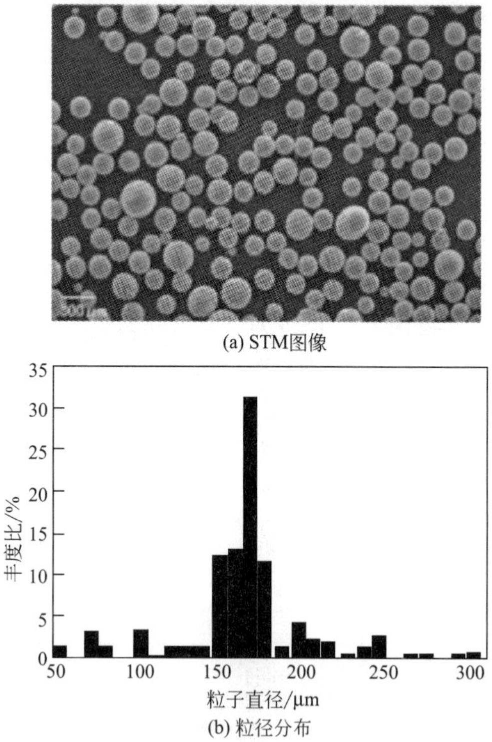

图 7-87 Inconel 718 粉末的 STM 图像和粒径分布[69]

筧幸次等人[69]研究了用等离子旋转电极法制备的 Inconel 718 合金的粉末特性和经过热致密工艺制备材料的微观组织和强度。粉末制备过程中旋转电极最大转速为 16000r/min，在旋转电极周围有配置了雾化喷嘴，采用气体进行了二次雾化粉碎，雾化气体和炉内保护气氛为氦气。如图 7-87 所示，电极转速为 16000r/min 粉末颗粒的 STM 图像表明有小部分卫星粉末，粉末粒径比较分散，在粒径分布图中 175μm 左右粉末含量最多，约占 31%，粉末平均粒径为 172μm。粉末粒径大小依赖于电极旋转速度，转速越大，粒径越小。图 7-88 给出了 Inconel 718 粉末的 SEM 二次电子图像，图像中 PREP 粉末表面和内部均为枝晶结构。一般来说，Inconel 718 合金 HIP 温度为 1180℃，但温度过高，晶粒容易长大，难以得到细晶材料，研究者采用在 δ 相（Ni_3Nb）固溶温度以下（980℃）进行热等静压烧结（压力 177MPa，Ar 气、2h），烧结完了样品再在 980℃下加热，在 1.5t 的气锤下热锻，压下率为 50%，将 PPB 粉碎。比较材（熔铸锻造材）同样在相同条件下热锻，二者再进行固溶热处理（980℃/1h 水冷＋621℃/10h 空冷）。研究结果表明，热等静压温度低存在空穴，空穴存在原始颗粒边界（PPB）近旁，并且在枝晶间连续析出 δ 相（图 7-89）；HIP 低温烧结的密度比铸锻件密度低（表 7-26），并且塑性差（表 7-27），但经固溶热处理后，空穴明显减少（图 7-90）。材料经热锻后，空穴完全消失（图7-91），性能和铸锻件（C&W）相差不多，强度略高，伸长率略低（表 7-28）。该研究结果仅通过降低热等静压烧结温度，不能消灭原始颗粒边界，只有通过热加工和再结晶才能减少 PPB。试验表明单纯的热等静压烧结的合金比经过热等静压烧结＋热加工的合金的塑性要差。

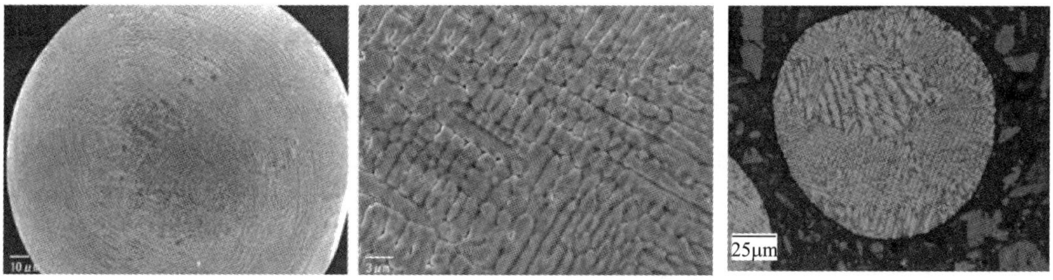

(a)　(b)　(c)

图 7-88　Inconel 718 粉末的 SEM 二次电子图像[69]

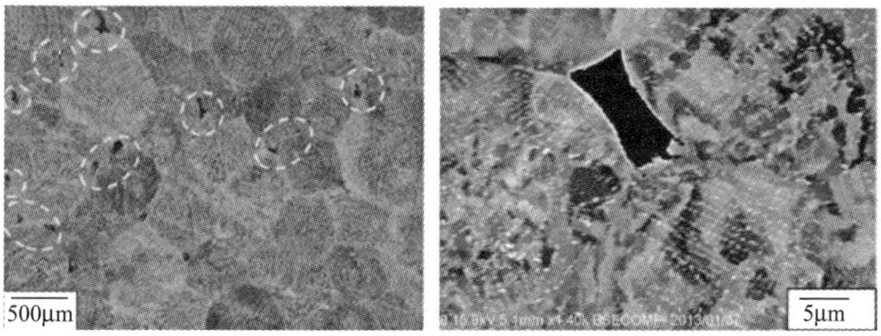

(a) 空穴　(b) δ析出相(白色δ析出相)

图 7-89　Inconel 718 热等静压试样的缺陷[69]

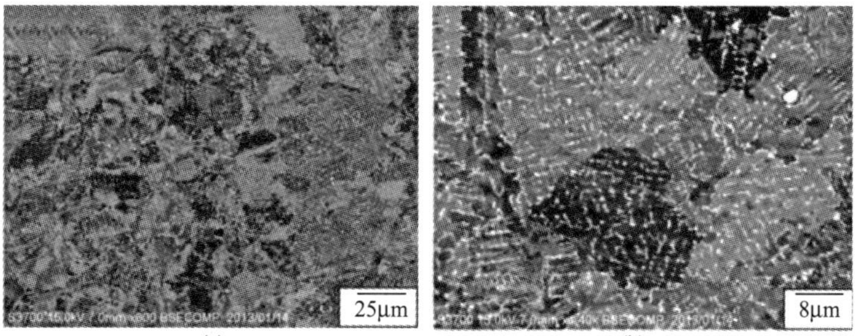

(a)　(b)

图 7-90　982℃固溶处理后烧结合金的 SEM-BSE 图像(a) 及颗粒中白色 δ 析出相[69] (b)

表 7-26　Inconel 718 合金粉末 HIP 低温烧结件和铸锻件密度比较[69]

项目	HIP 低温烧结	铸锻件
密度/(g/cm^3)	8.20	8.22
和铸锻件比值	0.997	1

表 7-27　STA① 试样拉伸性能[69]

样品	0.2%屈服强度/MPa	抗拉强度/MPa	伸长率/%
HIP 低温烧结＋STA	1147	1352	3.65
铸锻件	1186	1322	6.45

① STA:固溶热处理和老化处理。

表 7-28　热锻件和铸锻件拉伸性能比较[69]

样品	屈服强度/MPa	抗拉强度/MPa	伸长率/%
HIP 低温烧结＋STA＋锻造	1239	1479	12.9
铸锻件＋锻造	1123	1421	15.5

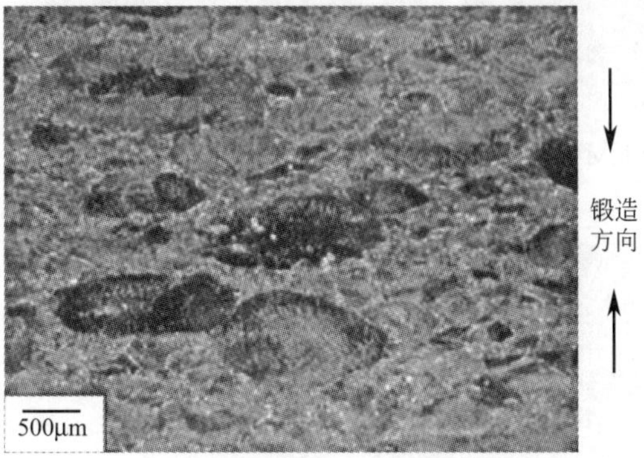

图 7-91　锻造后烧结合金 SEM-BSE 图像[69]

张义文[70]研究了等离子旋转电极工艺制备高温合金粉末的内部孔洞问题。试验的主要参数为：雾化室直径 2m，混合惰性气体（He＋Ar）的工作压力 0.11～0.55MPa，棒料直径 75mm，最大转速 15000r/min，等离子弧最大电流 300A，粉末粒度 50～800μm。采用光学显微镜观察空心粉的个数。研究结果表明，棒料转速越高，空心粉数量越多（图 7-92）；腔室气体压力越大，空心粉的数量越多（图 7-93）；腔室混合气体氩气含量提高，空心粉数量减少（图 7-94）；空心粉的孔隙尺寸与粉末粒度有关，如图 7-95 所示，粉末粒度越大，孔隙尺寸越大。

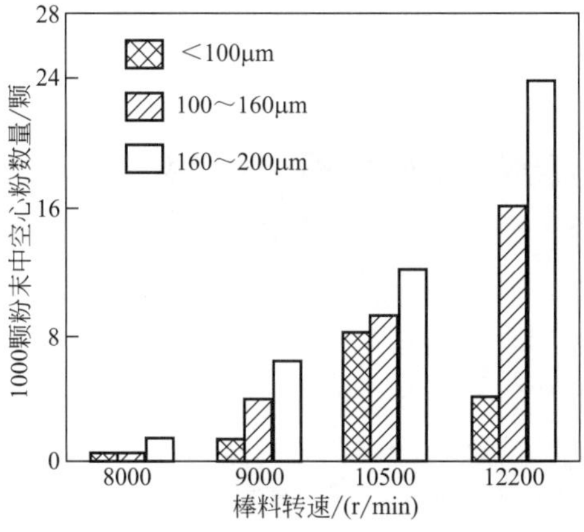

图 7-92　空心粉数量与棒料转速的关系[70]

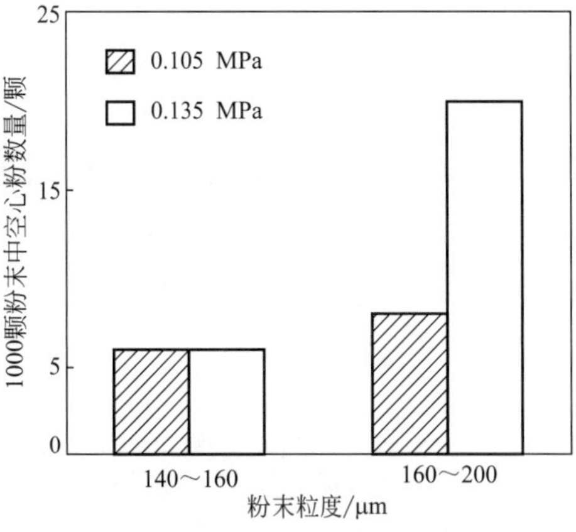

图 7-93　空心粉数量与气体压力的关系[70]

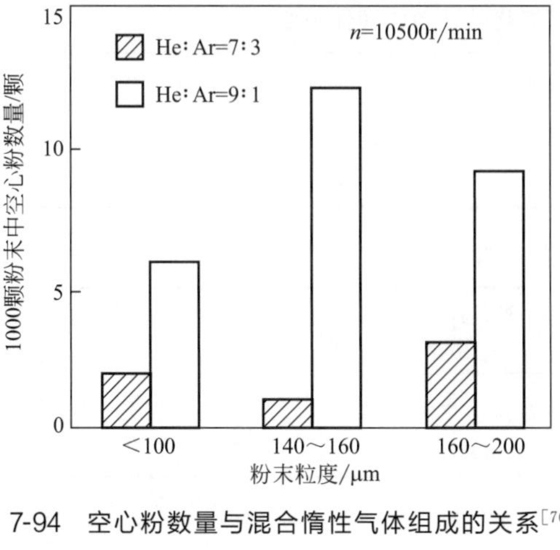

图 7-94　空心粉数量与混合惰性气体组成的关系[70]

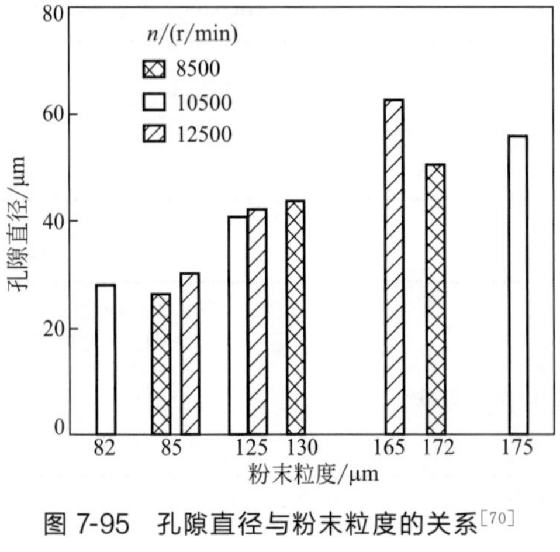

图 7-95　孔隙直径与粉末粒度的关系[70]

一般来说，树枝晶组织中各类相的析出动力学和胞状晶组织有明显差别[71]，刘建涛等[72]发现等离子旋转电极雾化工艺制备 FGH96 合金粉末中有大量碳化物在枝晶壁和胞壁处析出，如图 7-96 和表 7-29 所示，碳化物作为主要析出相，其形貌一定程度上随着粉末颗粒尺寸大小而变化。较大尺寸粉末颗粒的碳化物分布在枝晶间，形态有规则块状（regular）和蝶状（butterfly），而在更小尺寸的粉末中出现蛛网状（cobweb）。对这些碳化物进行结构分析和成分分析表明，碳化物的类型为 MC′型，但是与最终热处理态的 MC 碳化物相比，这些碳化物中往往富含 Cr、Mo、W 等元素，这在蝶状和花朵状的碳化物中尤其明显。除 MC′型外原始粉末还存在微量 Laves 相 Co_2Nb 和 $(Nb_2Cr)_3B_2$ 等。这些亚稳相的存在对热等静压 PPB 的形成有多大影响还值得深入研究。

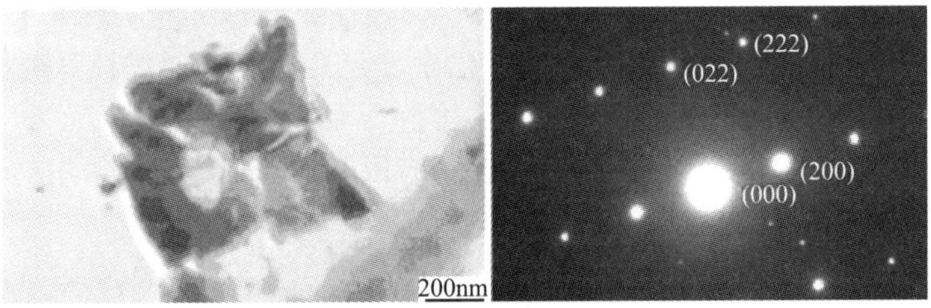

(a)

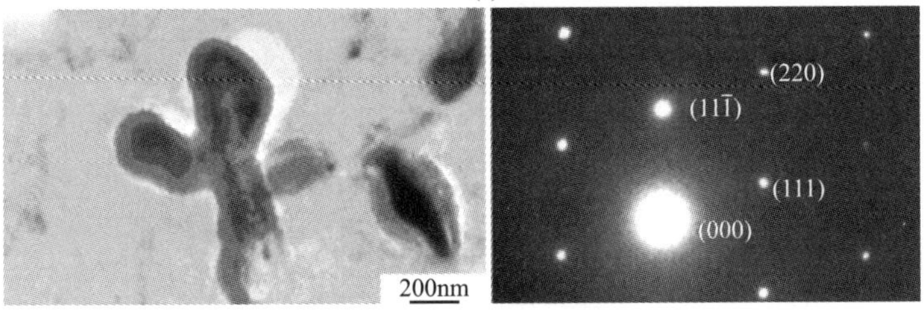

(b)

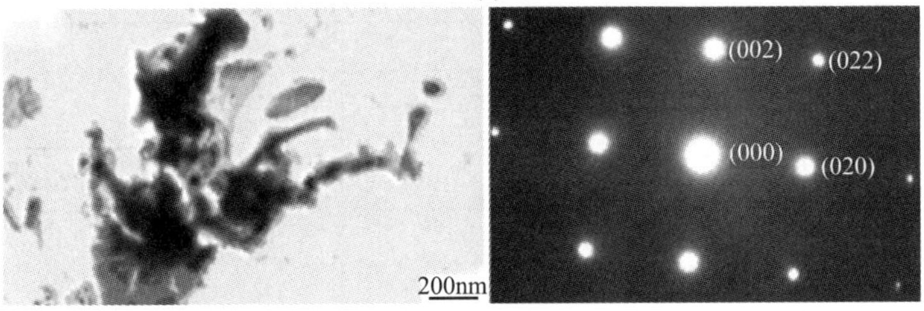

(c)

图 7-96　FGH96 合金粉末颗粒中亚稳碳化物形貌及衍射斑点[72]

表 7-29　FGH96 粉末合金中萃取 MC′碳化物的化学组成和点阵常数[72]

形状	化学组成(质量分数)/%			类型	点阵常数/nm
	Ti+Nb+Zr	Cr+Mo+W	Ni+Co+Al		
规则块状	87.27	12.73	微量	MC′	0.4330
蝶状	58.10	34.03	7.88	MC′	0.4392
蛛网状	59.96	26.31	6.55	MC′	0.4383

综上所述，AA 法和 PREP 法的优劣目前还不能下定论，AA 法粉末冷却速度大，粉末粒径小，亚稳碳化物析出少，生产效率高，虽然存在空心粉和卫星粉，但可通过粉末细化来解决，虽然存在非金属夹杂物较多的问题，但可以选择无接触熔点和凝壳炉等新技术来解

决，还可通非金属夹杂电选装置将其清除。PREP法粉末冷却速度低，粉末较粗，空心粉和卫星粉较少，特别是非金属夹杂非常少，可以通过提高旋转电极速度来制备更细的粉末，解决粉末冷却速度的问题，减少亚稳碳化物的产生。

（3）粉末坯料的热致密化成形

高温合金的热致密化成形主要是热等静压成形和热加工成形。热加工成形主要采取热挤、热锻（模锻、等温锻造），很多高温合金生产中采用热等静压成形＋热加工成形。

热等静压（HIP）烧结是一种材料加工技术，它是在高温下，对粉末施加等静压力，使其致密化的工艺。1985年Helle、Easterling和Ashby等[73]分别给出了热等静压烧结机制，即：①扩散（diffusion）；②幂指数蠕变（power-law creep）；③纳巴罗-赫林体积扩散蠕变和Coble蠕变（Nabroo-Herring/Coble creep）；④塑性屈服（plastic yielding）。四种机制的致密化方程如图7-97所示。烧结相对密度变化率确定后，可以通过计算机程序构成等静压图来评估各种HIP烧结机制的作用。另外热等静压也可以通过有限元来分析，野原章等人[74]对MERL 76金属粉末热等静压成形进行了有限元计算机模拟，采用的屈服准则为岛进一大矢根1976年提出的公式：

$$G=\{[(\sigma_1-\sigma_2)+(\sigma_2-\sigma_3)+(\sigma_3-\sigma_1)]/2+(\sigma_m/f_x)^2\}-(f'\sigma_0)=0 \quad (7\text{-}18)$$

机制	开始阶段($D_0<D<0.9$)	最终阶段($0.9<D<1.0$)
扩散	$\frac{dD}{dt}=\frac{43D^2(1-D_0)}{D-D_0}\frac{(\delta D_b+\rho D_v)}{kTR^3}\Omega P_{ell}$ 其中 $P_{ell}=\frac{(1-D_0)}{D^2-(D-D_0)}P, \rho=R(D-D_0)$ 式中，R为粒子直径；δD_b为晶界扩散系数乘以其厚度；D_v为体积扩散系数；Ω为原子体积；k为Boltamann常数	$\frac{dD}{dt}=\frac{270(1-D)^{1/2}(\delta D_b+r_e D_0)}{kTR^3}\Omega P$ 其中 $r_0=R\left[\frac{(1-D)}{6}\right]^{1/3}$
幂指数蠕变	$\frac{dD}{dt}=5.3(D^2D_0)^{1/3}\left(\frac{r_0}{R}\right)A\left(\frac{P_{ell}}{3}\right)^n$ 其中 $r_n=\frac{1}{\sqrt{3}}\left\{\frac{(D-D_0)}{(1-D_0)}\right\}^{1/2}R$ 式中，A, n为蠕变常数	$\frac{dD}{dt}=\frac{3}{2}\frac{D(1-D)}{\left[1-(1-D)^{1/n}\right]^n}A(\frac{3}{2n}P)^n$
纳巴罗-赫林体积扩散蠕变和Conle蠕变	$\frac{dD}{dt}=24.9(D^2D_0)^{1/2}\left(\frac{r_n}{R}\right)\frac{\Omega}{k T\overline{G}^2}\cdot\left(D_0+\frac{x\delta D_b}{G}\right)P_{ell}$ 式中，$\overline{G}$为晶粒尺寸	$\frac{dD}{dt}=31.5(1-D)\frac{\Omega}{kT\overline{G}^2}\cdot\left(D_0+\frac{x\delta D_b}{\overline{G}}\right)P$
塑性屈服	$D_{yield}=\left\{\frac{(1-D_0)P}{13\sigma_y}+D_0^2\right\}^{1/3}$ 式中，σ_y为屈服应力	$D_{yield}=1-\exp\left(-\frac{3P}{2\sigma_y}\right)$

图 7-97 四种机制的致密化方程[73]

式中，σ_1、σ_2、σ_3 为主应力；$\sigma_m=(\sigma_1+\sigma_2+\sigma_3)/3$；$\sigma_0$ 为致密材屈服应力；f_x 和 f' 为相对密度 ρ_r 的函数，通过图 7-98、图 7-99、图 7-100 的试验结果得出。

$$f_x=1/[2.5-(1-\rho_r)^{0.5}] \tag{7-19}$$

$$f'=\rho_r^{5.5} \tag{7-20}$$

$$\sigma_0(T\dot{\varepsilon}_{eq})=(2317-1.66T)+(11170-76.24T)\dot{\varepsilon}_{eq} \tag{7-21}$$

式中，$\dot{\varepsilon}_{eq}$ 相当应变速度，s^{-1}；T 为温度，K；$\sigma_0(T\dot{\varepsilon}_{eq})$ 为致密材在温度为 T、应变速度为 $\dot{\varepsilon}_{eq}$ 时的屈服应力。图 7-101 为涡轮盘的有限元模型，图 7-102 为涡轮盘的 HIP 参数，模拟结果如图 7-103～图 7-105 所示。模拟结果表明，热等静压样品各个区域中密度有较大差别，密度低的区域仍然存在孔隙，其疲劳性能较差。另外，如何判断热等静压制品的完全致密化问题还值得深入研究。

Davidson 等人[75]认为，在 γ′ 相固溶温度以上进行热等静压时，合金持久寿命增加，但强度降低；在 γ′ 相固溶温度以下进行热等静压时，合金持久寿命低，有缺口敏感性。没有完全再结晶的合金有明显的残余枝晶和原始颗粒边界，有利于裂纹的萌生和扩展。

在热等静压中合金的完全致密化需要较大压力和较长时间，完全的再结晶也同样需要较高的温度和较长的时间，但这种工艺条件往往有利于高温合金的疲劳特性。

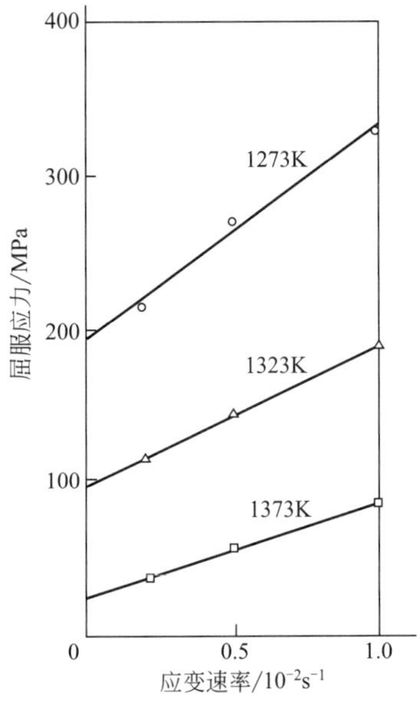

图 7-98 MERL76 致密材的屈服应力[74]

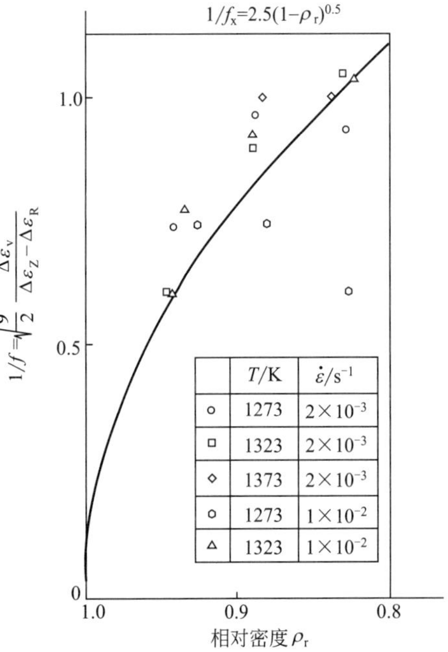

	T/K	$\dot{\varepsilon}/s^{-1}$
○	1273	2×10^{-3}
□	1323	2×10^{-3}
◇	1373	2×10^{-3}
○	1273	1×10^{-2}
△	1323	1×10^{-2}

图 7-99 MERL76 参数 f_x[74]

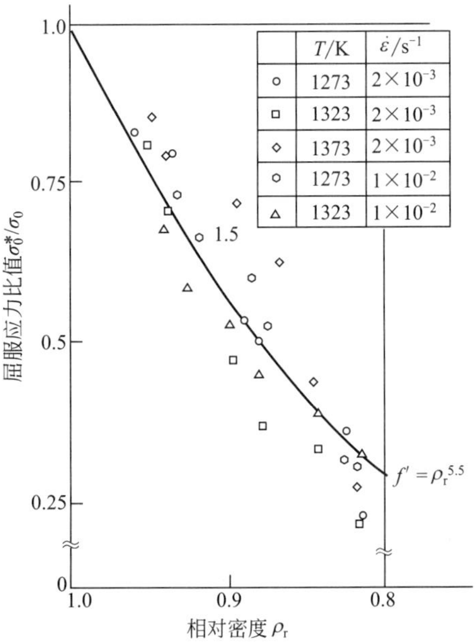

	T/K	$\dot{\varepsilon}/s^{-1}$
○	1273	2×10^{-3}
□	1323	2×10^{-3}
◇	1373	2×10^{-3}
○	1273	1×10^{-2}
△	1323	1×10^{-2}

图 7-100 MERL76 的参数 f'[74]

σ_0—致密材料屈服应力；σ_0^*—非致密材的屈服应力

热等静压＋热加工成形的高温合金能够获得微细晶粒，并且有超塑性。特别是Pratt&Whitney公司称其为Gatorizing超塑性锻造或等温热锻法，采用IN100制备引擎的压缩机部件或者涡轮盘取得了比较大的成功，引起了人们对超塑性变形的重视。滝川博等人[76]通过超合金的再结晶和超塑性的研究将MERL 76粉末分为－28目＋60目、－325目两组，在室温下轧制进行预变形，将没有开裂、长宽比超过2.5的粉末收集，在1000℃、1050℃、1100℃、1150℃下进行再结晶处理1h（真空度10^{-3} Torr），再将粉末包套在1000℃、1050℃、1100℃、1150℃，压力为90MPa下热等静压1h（真空度10^{-3} Torr），试样最后经拉伸处理，温度1050℃，变形速度$4\times10^{-5}\sim8\times10^{-3}$/s。试验结果表明轧制粉末在1050℃、变形速度$4\times10^{-5}\sim8\times10^{-3}$/s下，试样的伸长率为110%，特别细的粉末（－325目）试样的伸长率为235%，表明轧制粉末经HIP烧结后，具有优良的超塑性。轧制预变形粉末再结晶微细化是一种有效方法，但为防止PPB的产生要考虑在保护气氛下进行轧制。

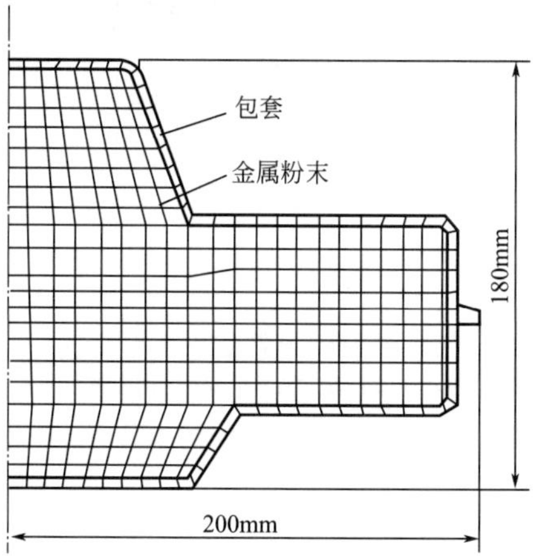

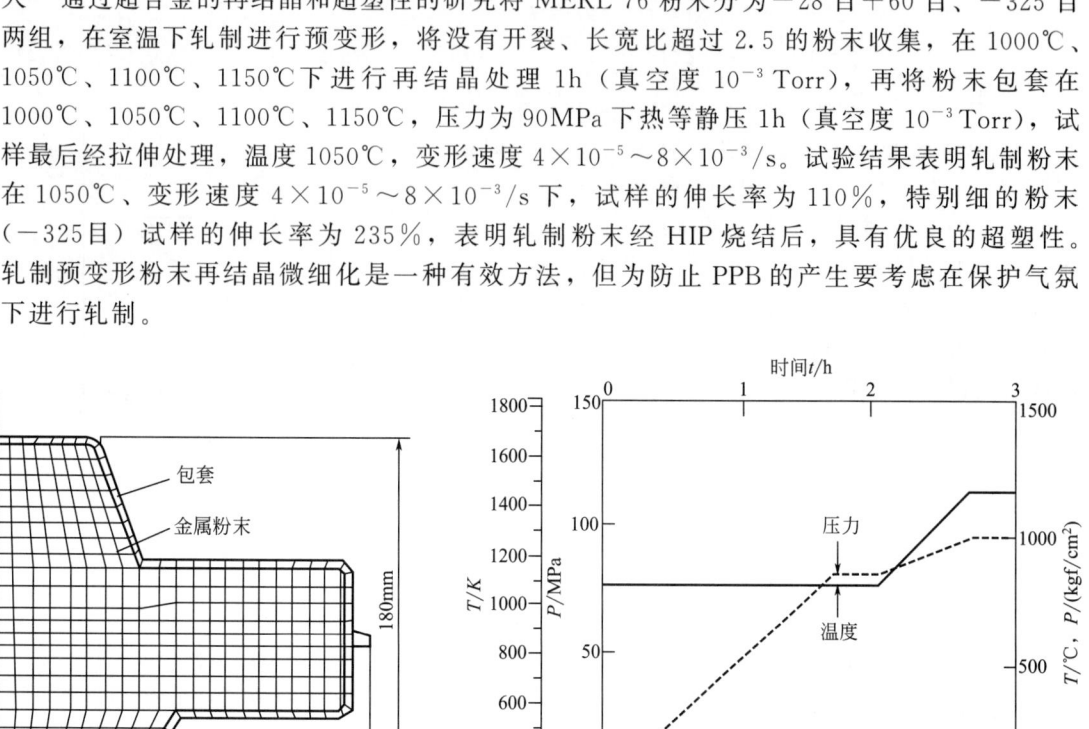

图7-101 涡轮盘的有限元模型[74]

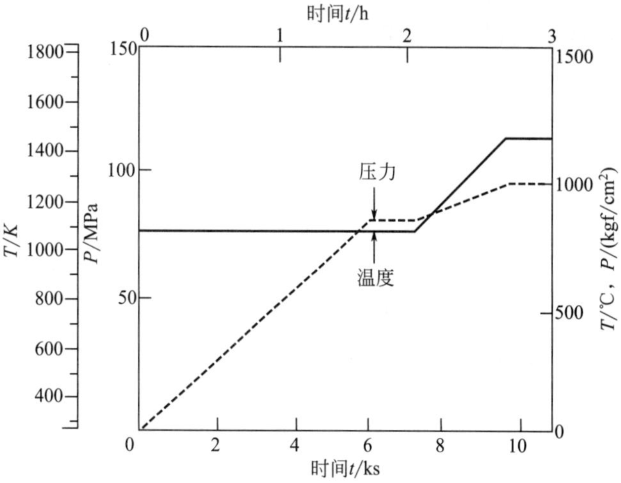

图7-102 涡轮盘的HIP参数[74]

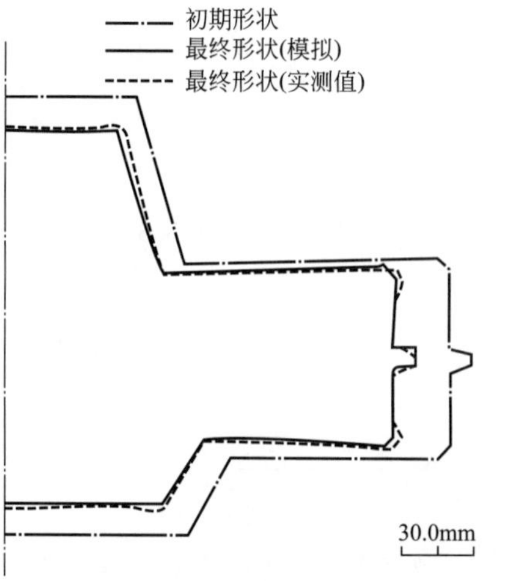

图7-103 涡轮盘升温加压时的温度分布等轴线[74]

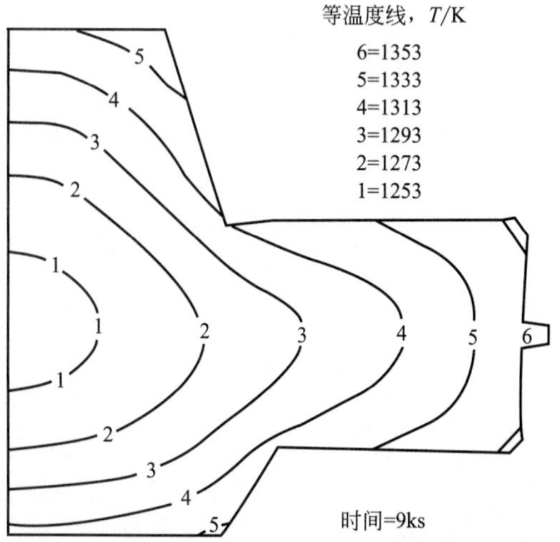

图7-104 涡轮盘升温加压时的密度分布等轴线[74]

中沢静夫等人[77]研究了 TMP-3 Ni 基高温合金热等静压＋超塑锻造材加工工艺对性能的影响。TMP-3 合金是在 René95 基础上改良的合金，粉末采用旋转圆盘（液氮冷却）离心雾化，成分如表 7-30 所示。该合金工艺条件如表 7-31 所示，合金性能如表 7-32 所示。研究结果为：①粉末的粒径大小对超塑性锻造难易程度和制品的特性有影响。使用－60 目和＋50 目以下，在同一应变速度下超塑性锻造，前者的应变速度为后者的 50%，后者力学性能优于前者。②在低温高速下进行超塑性锻造的样品性能与高温低速下进行超塑锻造样品相比，前者高温拉伸的伸长率增大，但蠕变寿命变短。③采用搅拌球磨处理粉末，样品性能变差。具体数据参考表 7-32 和表 7-33。

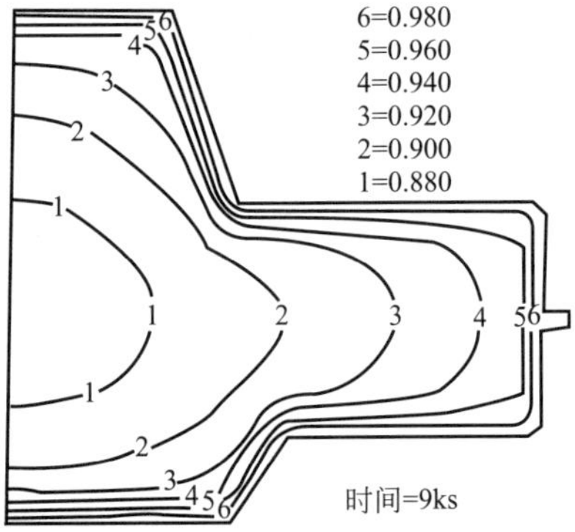

图 7-105　涡轮盘的最终形状[74]

表 7-30　TMP-3 合金成分（质量分数）[77]　　单位：%

Co	Cr	Mo	W	Al	Ti	Nb	C	B	Zr
6.9	10.8	3.1	3.4	3.9	2.8	3.9	0.07	0.01	0.05

表 7-31　TMP-3 合金制备的工艺条件[77]

条件 工艺参数	样品					
	单位	A	B	C	D	E
粉末制备过程		LHC	←	←	←	←
分类	泰勒目数	－60	－150	－150	60～150	60～150
Atlitor						
球质量	kg	…	…	…	85	←
粉末质量	kg	…	…	…	5	←
旋转	r/min	…	…	…	195～200	←
气氛	—	…	…	…	Ar	←
时间	h	…	…	…	1	7
HIP						
初始尺寸						
直径	mm	130	102	←	72	←
高度	mm	130	240	←	70	←
温度	℃	1100	←	1000	1180	←
压力	kgf/cm^2	1700	←	1700	1800	←
时间	h	3	←	←	1	←
超塑性锻造						
温度	℃	1100	←	1050	←	←
应变速率	$\times 10^{-4}/s$	0.2～0.5	1	2	←	←
初始尺寸						
直径	mm	110	75	←	70	67
高度	mm	30	56	←	64	60
最终尺寸						

续表

条件 工艺参数	样品					
	单位	A	B	C	D	E
直径	mm	142	125	128	←	116
高度	mm	18	20	19	←	20
热处理						
阶段 1. 温度	℃	1220	←	←	←	←
时间	h	2	←	←	←	←
气氛	—	Ar	←	←	←	←
阶段 2. 温度	℃	1080	←	←	←	←
时间	h	4	←	←	←	←
气氛	—	Ar	←	←	←	←
阶段 3. 温度	℃	843	←	←	←	←
时间	h	16	←	←	←	←
气氛	—	Ar	←	←	←	←
阶段 4. 温度	℃	760	←	←	←	←
时间	h	24	←	←	←	←
气氛	—	空气	←	←	←	←

注:LHC—液态氮冷却;←—和左边相同;…—样品未搅拌球磨。

表 7-32　TMP-3 合金的性能[77]

测试	A	B	C	D	E
最大超塑性变形抗力/(kgf/mm^2)	0.8	5.3	13.6	1.5	0.5
拉伸性能(热处理之前)					
屈服强度①/(kgf/mm^2)	87.1	82.4	82.1	76.1	66.8
抗拉强度②/(kgf/mm^2)	118.9	103.1	105.7	101.2	96.0
伸长率/%	3.3	5.7	6.3	5.3	3.3
断面收缩率/%	10.2	13.7	13.2	9.5	7.4
拉伸性能(热处理之后)					
屈服强度①/(kgf/mm^2)	87.4	86.3	83.4	78.1	—
抗拉强度②/(kgf/mm^2)	120.9	119.7	118.6	107.2	69.8
伸长率/%	4.6	3.9	7.9	2.0	0.9
断面收缩率/%	8.2	7.6	4.2	5.0	4.2
蠕变性能(热处理之后)					
寿命/h	148.0	108.4	72.9	13.7	1.4
伸长率/%	4.7	3.4	3.5	1.9	1.0
断面收缩率/%	8.9	7.1	7.2	5.1	4.6

① 0.2%屈服应力。
② 极限抗拉强度。
注:该研究为日本通产省工业技术研究院次时代研究项目“高性能可控制结晶合金”项目的一部分。

乌阪泰憲等人[78]研究了获取 Ni 基超耐热合金 Mod. IN100 粉末等静压细晶材的工艺条

件。粉末来源于美国 Homogeneous Metals Inc 生产的－325 目 Mod. IN100 粉末，粉末用 Sus 304 不锈钢包套（板厚 1.5～2mm），填充后密度比为 60%～65%。在 5×10^{-3}Torr 脱气处理，在 1373K×91.2MPa×3600s 进行热等静压，为了除掉热诱导孔（TIP）的氩气，在 1453K、3000s 加热后空冷，防止在热 HIP 中表面氩气向内部微量侵入。加工表面，去掉包套，改用 S35C 包套。采用活塞速度为 20mm/s 速度在不同温度下挤压 Mod. IN100。粉末化学成分如表 7-33 所示，工艺条件如图 7-106 所示。研究者发现 Ni 基超耐热合金在挤压过程中有峰值（hump）温度，挤压温度超过峰值温度，产生动态再结晶，晶粒粗大（图 7-107），抗拉强度急剧降低（图 7-108）。研究者认为，为了得到微细晶粒的挤压材应在峰值温度以下进行挤压，并以静态再结晶辅助，IN100 粉末高温制备细晶材料工艺条件为：①以静态再结晶为主的晶粒微细化工艺，压下率为 70%；挤压温度为 1353～1393K，最佳挤压温度为 1393K；②辅助静态再结晶工艺，在压下率为 72%、温度为 1373K 挤压后，在 1343K 退火 1h，材料在 1323K 温度下，变形速度为 $10^{-3}\sim10^{-2}$/s，其总伸长率可达到 500%以上；③没有进行退火的挤压材抗拉强度在峰值温度非常高，超过峰值温度显著下降，加工的挤压件常温下硬度越大，峰值温度越低；④在中温区域制备的微晶挤压材其高温抗拉强度如图 7-109 所示，其中强度性能接近目标值，图 7-110 给出了几种超合金的抗拉强度对应的伸长率。图中结果表明在中温区域制备的微晶挤压材其伸长率较高。

表 7-33　Mod. IN100 粉末冶金高温合金化学成分（质量分数）[78]　　单位：%

材料	C	Si	Mn	P	S	Cu	Ni	Cr	Mo	Co	Ti	Al
Mod.IN100P/M	0.063	<0.05	<0.008	<0.005	<0.003	0.002	其余	12.43	3.40	18.36	4.27	4.84
材料	Nb	Hf	Zr	B	W	Fe	V	Cd+Ta	Pb	Bi	O	N
Mod.IN100P/M	—	—	0.053	0.023	0.03	0.088	0.650	<0.02	<0.1 μg/g	<0.2 μg/g	103μg/g	23μg/g

（4）热处理工艺

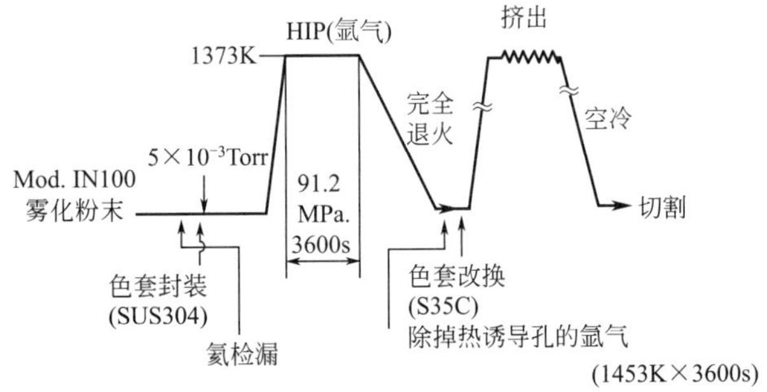

图 7-106　Mod. IN100 粉末冶金高温合金制备工艺[78]

热处理工艺是制备高性能粉末高温合金的关键技术，其热处理制度为固溶处理＋时效处理。粉末高温合金是一种沉淀强化型合金，有序的 γ′相［Ni_3(AlTiNb)］的含量和尺寸配比决定了强化效果，γ′相沉淀特性又取决于固溶温度、冷却速度和时效温度。在低于 γ′相溶解温度进行固溶处理可以得到屈服强度高和疲劳性能好的细晶材料；在高于 γ′相溶解温度进行固溶处理得到蠕变强度高和裂纹扩展速率低的粗晶材料。固溶冷却速度快的合金，时效析出的 γ′相密度大。屈服强度高的细晶材料，其低周疲劳寿命和蠕变强度得到改善，但冷却速度过快，则容易淬裂。较慢的固溶冷却速度使得 γ′尺寸增大，有利于锯齿状晶界的形成，阻碍裂纹沿晶扩展。另外，随着时效温度的升高，晶界碳化物析出量增大，裂纹扩展速率增大，但时效时间延长，细小的三次 γ′析出相增加，对裂纹扩展速率影响不大。固溶后采用的淬火冷却方式包括炉冷、空冷、气淬、盐淬、油淬、水淬等。美国通常采用油淬冷却，俄罗斯采用空冷、风冷或炉冷等。张莹等人[79]研究了两种热处理制度对 FGH4097 镍基高温合金组织性能的影响。结果表明，固溶和时效温度、保温时间及冷却方式直接影响该合金中 γ′相、不同类型碳化物等析出相的形貌、尺寸、数量和

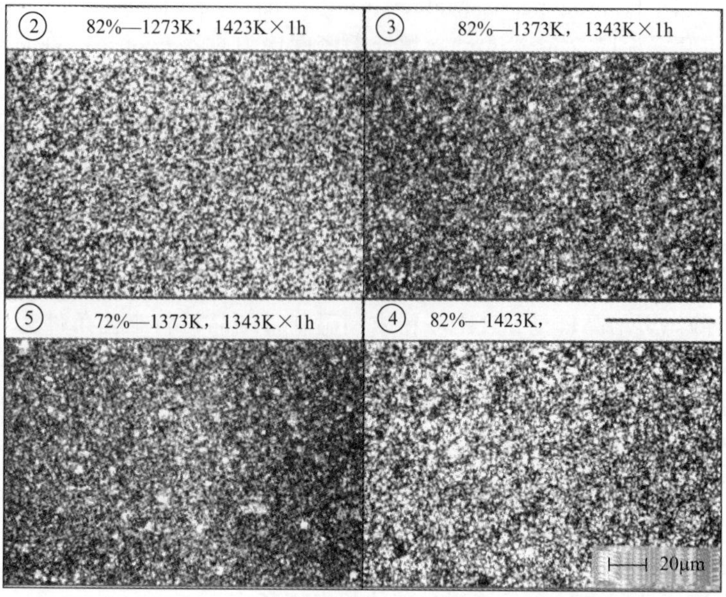

图 7-107 Mod. IN100 粉末冶金高温合金挤压和再结晶后退火样品的光学显微镜图片[78]

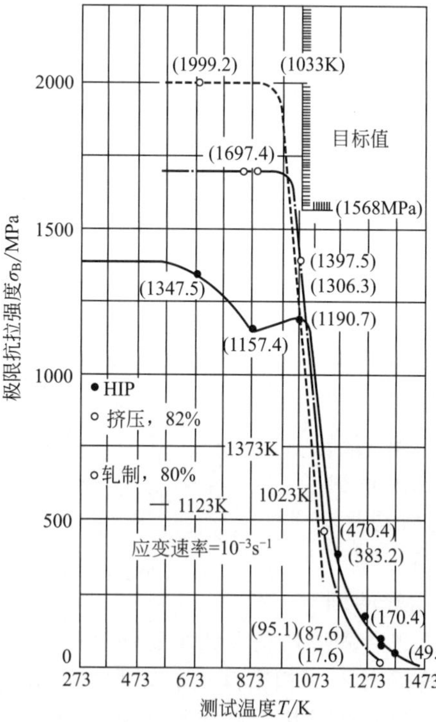

图 7-108 Mod. IN100 粉末冶金高温合金极限抗拉强度与温度的关系[78]

（Target 为日本通产省工业技术研究所次时代研究项目高性能可控制结晶合金项目的一部分，项目目标值为 1023K，抗拉强度＞1568MPa，伸长率＞20%）

分布。两种制度热处理后的试样中 γ' 相和碳化物的不同匹配度，决定其各自具备良好的综合力学性能。贾建等人[80]研究了 FGH4097 合金在不同时效制度下的显微组织和力学性能。结果表明，单级时效（760℃×16h/AC）和两级时效（870℃×1.5h/AC＋650℃×24h/AC）

对相同固溶（1140℃）淬火处理的 FGH4097 合金的组织无显著影响，最终的晶粒度、γ'相形貌、尺寸和分布均无明显差异。二者的硬度、室温冲击韧度、室温和 650℃ 的拉伸性能相当，单级时效的持久塑性低于两级时效。

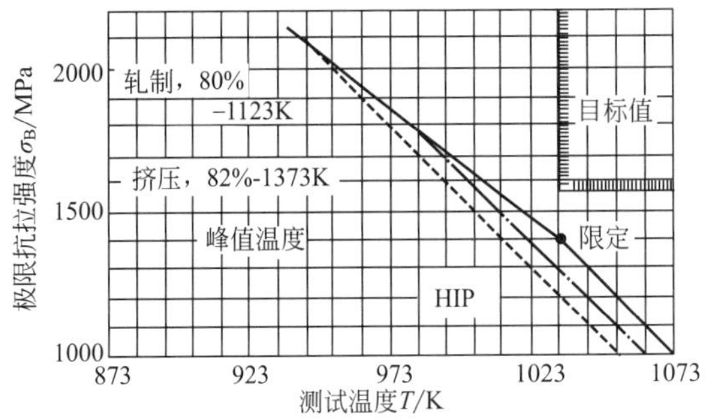

图 7-109　中温区域制备的微晶挤压材的高温抗拉强度和温度的关系[78]

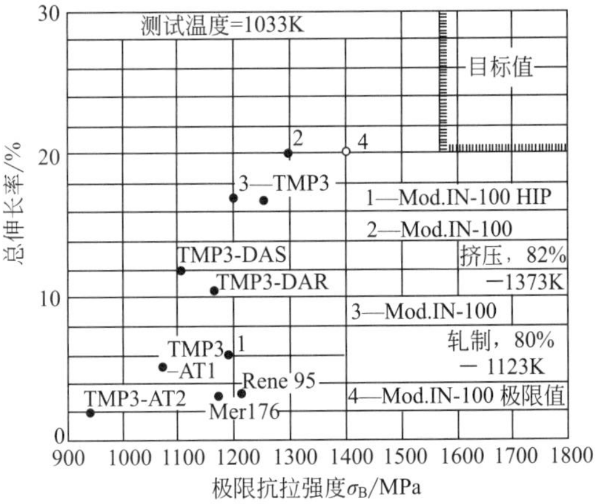

图 7-110　1033K 下镍基超合金的力学性能[78]

7.2.2　粉末高温合金的裂纹萌生与扩展

（1）粉末高温合金的裂纹萌生

粉末冶金高温合金的裂纹萌生一般分为裂纹源区有缺陷和无缺陷两种。裂纹源区没有缺陷的疲劳一般起源于表面，镍基高温合金应变疲劳的形变结构具有平面滑移特性，裂纹沿交滑移带形核和扩展。在应变循环下位错仍多以超位错组态形式运动并切过 γ 相。由于反复挤出和侵入，形成驻留滑移带，通常裂纹在驻留滑移带形核，形成裂纹源，裂纹源区有缺陷时裂纹的萌生机制为在外加载荷下，由于局部应力集中，在缺陷周边和自身形成裂纹源[81,82]。粉末高温合金的缺陷与传统的铸锻高温缺陷既有不同之处，又有相同之处。其主要缺陷有热诱导孔（TIP）、原始颗粒边界（PPB）、夹杂物和异质金属等。

热诱导孔是由粉末在雾化、真空脱气和包套抽气过程中不溶于合金的残留氩气或氮气所引起的缺陷，残留气体在粉末冷成形、烧结、热成形和热处理后形成封闭的气孔。热诱导孔成为粉末高温合金的裂纹源后，低周疲劳性能严重降低[83,84]。在氩气雾化过程中，惰性气体压力、金属液流速和喷嘴形状等工艺参数会影响空心粉的形成。同样等离子旋转电极雾化（PREP）制粉过程中，棒料在高速旋转时，沿棒料端面流动的熔膜包裹着气体，液滴凝固后在颗粒内部形成了空洞，变成空心粉。空心粉的数量取决于制粉工艺、棒料转速、雾化室空气的压力和组成。美国 Crucible 公司进行了空洞对合金力学性能影响的研究，用合金在 1200℃ 加热 4h 引起密度的变化不大于 3% 作为热诱导孔（TIP）的容限和检验标准。

原始颗粒边界来源于快速凝固制粉和热等静压成形工序，通过快速凝固制备的高温合金粉末表面有一些氧化物质点，同时还存在 Ti、Cr、Al 等元素的富集。在热等静压（HIP）加热过程中，快冷粉末中的亚稳相分解，析出稳定的第二相颗粒。表面生成的氧化物质点和被吸附的 O_2 能促使这一过程进行，最终导致粉末颗粒边界迅速析出大量第二相颗粒。Ingesten 等人[85]认为在粉末颗粒边界表面 Ti、Cr、Al 氧化物以及吸附的 O_2、C，在 HIP 过程中由于表面张力在烧结颈处产生的过剩空位浓度为原子扩散提供了动力学条件，颗粒内部的 Ti、Nb 及 C 等合金元素扩展到表面，而颗粒表面原来存在的低能氧化物/氧化物界面又为碳化物形核提供了结构条件，从而在颗粒边界处析出一层稳定的 Ti、Nb 的碳化物、碳氧化物或氧碳氮化合物的网状薄膜。过成按下列化学方程式进行：

$$(Al,Cr)_{表层氧化物}+Ti\ (Nb)_{表层及内部}+Ni+C \longrightarrow (Ti,Nb)_{表层}\ (C,O)+Ni_3Al_{向内或溶解}+Cr$$

包围颗粒的网状析出物在高温下有较高的高温强度，在 HIP 过程中不会破碎和变形，最终导致合金锭坯组织中保留原始颗粒形貌，颗粒与颗粒之间产生非冶金结合。Rao 等人[86]认为合金粉末表面富集的氧化物和吸附的氧是形成 PPB 的重要原因，对于碳及氧等杂质含量高的异常粉末会形成严重的 PPB。也有研究者[87]指出，在合金含氧量较低时，FGH95 粉末高温合金原始颗粒边界主要由大尺寸的 γ'（Ni_3Al）相组成，也存在少量碳化物，当合金氧含量比较高时，合金的原始颗粒边界主要由碳化物组成，也有一定数量的大尺寸 γ'相。粉末表面的网状碳氧化物薄膜析出阻碍了粉末颗粒之间的元素扩散和冶金结合，导致粉末颗粒的再结晶不充分，甚至未发生再结晶，PPB 还阻碍了晶粒的长大，不利于粗晶材料的发展。从孔洞长大导致断裂的理论得知，当材料发生塑性变形时，材料的夹杂物和第二相颗粒发生断裂或从基体中分离，由此引起的孔洞长大和粗化导致断裂。PPB 碳氧化物网膜和基体的塑性不同，位错堆积和应力集中，会在 PPB 析出物/基体界面处形成孔洞，进而成为裂纹源，并为裂纹的扩展提供一个连续通道。

夹杂物是粉末高温合金中出现数量最多和出现概率最大的缺陷。在现有技术条件限制下，粉末高温合金比铸造高温合金的夹杂物更多，特别是氧化物夹杂和有机物夹杂。在粉末制造和处理过程中，夹杂还不能完全消除，但是夹杂物对粉末高温合金材料和部件的力学性能、失效性质和机理以及使用寿命有至关重要的甚至决定性的影响。1980 年美国 F404 发动机的 René95 粉末冶金涡轮盘就曾经由于夹杂物导致断裂，使 TF/A-18 飞机坠毁，发生空难事故[88]，致使粉末高温合金涡轮盘研发工作一度因为夹杂物问题受阻，自此以后夹杂物问题引起国内外学者高度重视。高温合金粉末中的夹杂物按形态可分为独立存在的夹杂物和黏附在粉末表面的夹杂物。按来源可分为由母合金带入的陶瓷和熔渣，由制粉和粉末处理系统带入的异类金属或有机夹杂物。大量的试验表明粉末高温合金中的外来非金属夹杂物主要为氧化物颗粒[89~92]，也有少量有机杂质。陶瓷夹杂物以 Al_2O_3、SiO_2 最为常见，它们的尺寸从几百纳米到几百微米，主要来源于坩埚和导流管材料。另外，母合金不纯、冶炼过程脱氧不完全、原始粉末处理情况不同以及环境污染都可能引入氧化物陶瓷颗粒。有机类夹杂包括粉末处理过程中带入的丁腈橡胶、聚四氟乙烯、树脂等。无机类夹杂主要是母合金棒材遗留的陶瓷、熔渣等。另外，由于高温合金中 Nb、Mo、W 等含量较高，粉末液滴凝固时遗留下来的合金中高熔点偏析物会产生异金属夹杂物。根据塑性变形理论，粗大的第二相颗粒和非金属夹杂在塑性变形时会产生孔洞的萌生、扩展，并引起断裂。

Bretheau 等人[93]研究了拉伸和低周疲劳过程中夹杂物、基体处的裂纹萌生机制，结果表明两种过程中裂纹均萌生于夹杂物处，且大部分裂纹是由陶瓷夹杂物、基体界面开裂形成的。Ambroise 等人[94]研究表明，夹杂物、基体界面的结合强度和夹杂物的形态参数对受力状态下的裂纹萌生有很大的影响，在外加拉伸应力作用下，夹杂物、基体界面容易开裂形成裂纹，同时脆性夹杂物易沿自身的赤道面断开。Shailesh 等人[95]在 René88DT 合金中人工加入夹杂物，进行低周疲劳试验，结果表明，含有夹杂物试样的低周疲劳寿命明显降低，且随着夹杂物尺寸的增大，寿命降低幅度增加。随温度的升高，夹杂物对低周疲劳性能的影响显著增大。法国的 Grison 等人[96]以 PM ASTROLOY 合金为研究对象，建立了包含夹杂物尺寸、形状和位置参数在内的粉末高温合金疲劳断裂概率模型。并将计算结果与试验数据相比较，符合情况较好。通过预测模型计算得到：近表面（亚表面）夹杂比表面夹杂更危险。在低应力水平下，断裂源更可能来自内部夹杂。而在高应力水平下，疲劳断裂源自表面与亚表面夹杂的可能性更大。

高温下疲劳裂纹的萌生通常发生在微观结构不连续区或表面附近的缺陷处。实际上引起粉末高温合金裂纹萌生的源区更为复杂。如机械加工痕迹或抛光斑纹、脆性相、晶界和孪晶界面、γ'相、碳化物等均能引起裂纹萌生。

Woodford 等人[20]认为在高温下空气中的氧造成了晶界脆化，氧能够促进晶界孔洞的形核和长大，另外氧原子易在晶界偏聚，氧和活泼金属在晶界可以形成氧化物，这种氧化物在拉伸载荷下可能萌生孔洞。在多晶合金中，如果温度足够高，裂纹可以在氧化的碳化物上萌生，以及沿着滑移带挤压处或者晶界处扩展。另外晶界氧化或氧元素渗透到裂纹前端可使晶界变脆，并促进晶界裂纹扩展[97]。Bricknell 等人[98,99]将 Ni270 合金在空气氧化前在氢气下退火除去碳，发现氧气不会引起高纯度 Ni270 中的晶界脆化。Pandey 等人[100]认为碳在晶界脆化中起了重要的作用，在碳的作用下氧化导致了晶界表面处孔洞的扩展，暴露于高温空气下的部分镍基合金会在表面形成气泡。这些气泡可能是二氧化碳，也可能掺杂了一些一氧化碳。Woodford 等人[101]还指出，在 800℃以下镍基高温合金在硫和氯蒸气下暴露脆化现象更加严重，会产生晶界脱黏（图 7-111），和暴露在空气中的沿晶界断裂现象完全不同。硫的最低脆化温度为 450℃，比其他镍硫化物的熔融温度均低，硫脆化的原因是沿着晶界硫元素的扩散。其他氧族元素（Se、Te）、卤族元素（F、Cl、Br、I）和金属蒸气（Pb、Bi）同样会导致晶界脆化。Gao 等人[102]在 IN718 中检测到了持续载荷裂纹区域，晶界上的碳化铌最容易受到氧原子的攻击，NbC 的分解产生了氧化金属并脆化了晶界，图 7-112 给出了几种合金的环境敏感性与铌含量的相关性。虽然在后面的研究中，他们也承认在无铌合金中，氧也能促进脆化的发生[103]，但这个工作还是受到了高温合金界的足够重视。

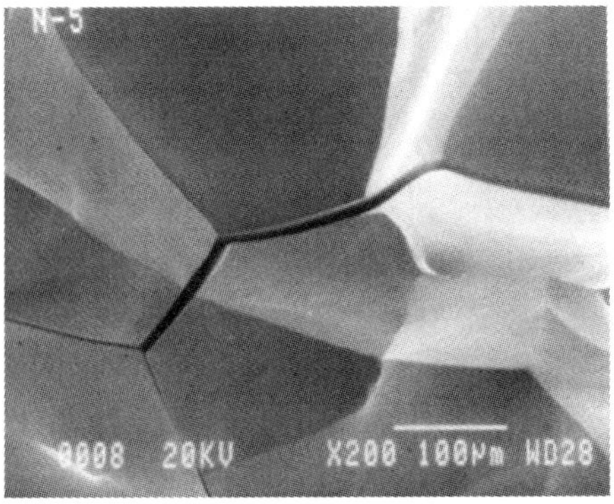

图 7-111　暴露于硫蒸气中 Ni270 合金的晶界脱黏（Chang W. H.，1972）

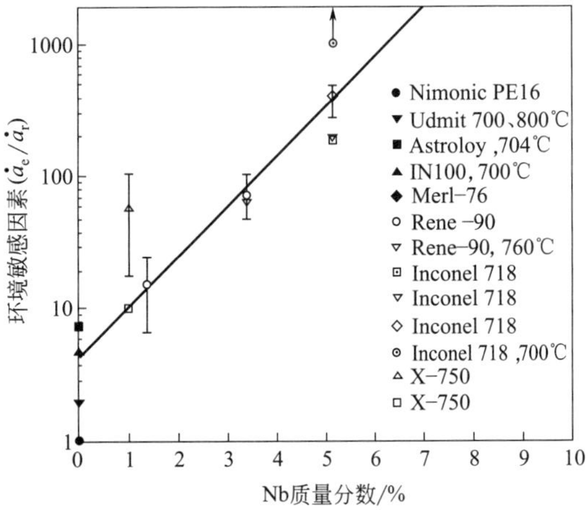

图 7-112　空气中的裂纹生长速率与真空或氩气中裂纹生长速率的比值 $\dot{a}_e/\dot{a}_r$ 与 Nb 含量的关系（测试温度除了标明的以外，均为 650℃）[102]

碳化物、脆性相和夹杂物的大小、形状、种类、析出量和分布均对裂纹的萌生有很大的影响。拓扑密堆相（TCP 相）是高温合金的有害相，它是沿面心立方基体的八面体的面，以“编篮”网络的形式构成的原子密排面，通常在晶界碳化物上形核，呈薄片状，是裂纹的重要发源地，常见的有 σ 相和 μ 相。Cr、Mo、W 是主要的形成元素。TCP 相随 Cr 含量升高而迅速增加，而随 Co 含量增加而缓慢增加。TCP 相还随 Mo 含量升高而迅速增加，而随着 W 含量增加而缓慢增加。在高温合金成分设计时，往往 Co 增 Cr 降，W 增 Mo 降，但后者提高了 W 的含量则增大了合金的缺口敏感性，需综合考虑其配比[104,105]。在高温合金中适当增加 C、B 元素可以改变 TCP 相的析出量。如图 7-113（a）所示，C 含量增加，σ 相的析出量减少，μ 相的析出量略有增加；如图 7-113（b）所示，随着 B 含量增加，σ 相和 μ 相的析出量均减少[106]。

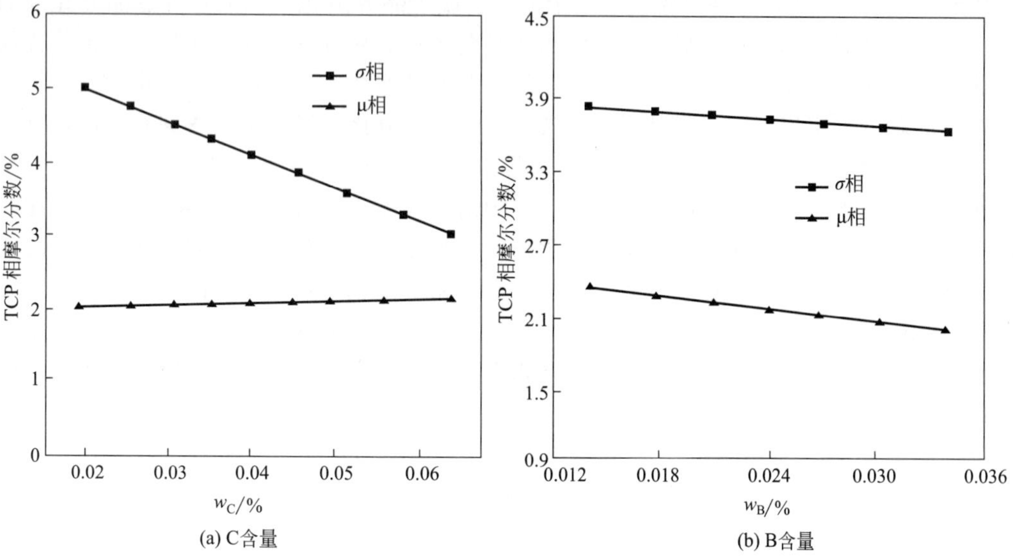

图 7-113　René104 合金在 760℃时 C、B 含量对 TCP 相析出量的影响

碳化物的稳定性对于 TCP 相的析出和其他缺陷的产生的影响，也是值得注意的问题，高温合金中 MC 型碳化物在长时间时效过程中会发生 TCP 相的转变，如 $MC+M\longrightarrow M_{23}C_6+TCP$。另外，MC 型碳化物在转变为 M_6C 型碳化物（$MC+\gamma'\longrightarrow M_6C+\gamma'$）时会产生微孔，为裂纹萌生提供了位置[107]。碳化物量和分布必须小心控制，否则它们也可能导致裂纹的产生。Barbosa 等人[108]研究了镍基高温合金析出相的微观结构对材料失效的影响。他们指出 γ 相和碳化物粒子的分布不均匀是材料失效的原因之一。彼此对齐排列且相连的碳化物和 γ′ 相是裂纹形核和萌生的优选区域。裂纹的萌生位置与温度也有一定的关系。Jablonski 等人[109]对 PM Astroloy 合金的研究表明，在 25℃时，疲劳裂纹多，源自夹杂/基体界面，而 500℃裂纹源自夹杂本身的开裂，后者导致疲劳寿命下降很多。侯铁翠等人[110]研究了镍基高温合金 GH169 疲劳和蠕变复合作用下的裂纹萌生，结果表明高温疲劳裂纹在滑移带与晶界相交处萌生，以晶内驻留滑移带处微裂纹连接方式扩展。疲劳与蠕变复合作用下裂纹在垂直于应力轴向的晶界处萌生，以晶界滑动方式扩展。疲劳与蠕变复合作用使裂纹扩展方式由切变型转变为正应变型。

一般来说，高温疲劳的裂纹萌生以微裂纹群的形式出现，裂纹虽然萌生，但该裂纹不一定发展或者并入主裂纹中，小于一定尺寸的夹杂物导致的微裂纹并不会发展成为裂纹或者并入主裂纹中，但大于一定尺寸的夹杂物引起的微裂纹很可能发展成为裂纹或者并入主裂纹中。另外，裂纹萌生寿命（夹杂附近或本身的初始裂纹萌生或以滑移机制形成的初始裂纹的萌生）是一个非常重要的问题，裂纹萌生寿命占疲劳总寿命的比例关系到粉末高温合金寿命的预测。裂纹萌生寿命的情况非常复杂，它涉及基体材料的性质，夹杂物材料的性质、尺寸、几何形状、使用状态及相互耦合等诸多因素，目前国内外对这个问题均未有深入的研究[111]。

（2）粉末高温合金裂纹的扩展路径和断裂特性

申辉旺[81]研究了镍基高温合金室温下应变疲劳断裂的机制，在应变疲劳试样断口上经常观察到疲劳裂纹沿着固定的晶体学方向发展，这种特征是裂纹沿着特定的晶面（通常是滑移面）扩展的结果，这种裂纹被 Purushothaman 和 Tien（1978）称之为晶体学型扩展，在高温合金中疲劳裂纹所在晶面为｛111｝面。另外，M17G 铸造镍基合金在第一阶段疲劳断口有阶梯状和镜面状两种形态，疲劳裂纹都是沿着｛111｝滑移面扩展，这一类合金在室温和中温下第一阶段裂纹有充分的扩展[112]。

Hyzak 等人[113]研究了两种 Ni 基粉末超合金 AF115 和 AF2-1DC 的裂纹萌生特性，采用应变控制的连续疲劳方式（室温和高温），利用断口观察对疲劳源位置与特征进行表征。分析结果表明，裂纹萌生区域随应变区域的变化而变化，在高应变区域，裂纹萌生于表面或靠近表面，在低应变区域，失效点在样品内部。高温下在高应变区域孔隙或较小的缺陷处萌生裂纹，在低应变区域导致失效的裂纹萌生于较大非金属夹杂物。在高温下开裂同时具有第一阶段（裂纹沿着滑移带）和第二阶段（裂纹生长到一个晶粒尺寸后扩展）特征，裂纹萌生与合金种类和应变范围有关。对于两种合金，室温下裂纹萌生模式的差别大于高温，主裂纹在表面或近表面萌生，没有内部缺陷失效源，第一阶段控制裂纹萌生与扩展。

Hyzak 等人[114]还研究了 AF115 和 AF2-1DC 的缺陷对疲劳过程中裂纹源从表面向次表面（实际上是内部）转移的影响，如图 7-114 和图 7-115 所示，在高应变区域裂纹均萌生于表面或靠近表面（内部）存在的一些缺陷内，而在低应变区域，裂纹萌生在次表面的一些缺陷内，产生二次裂纹源。如图 7-116 所示，对于 AF115 合金来说，在高应变区域孔隙是萌生裂纹的主要缺陷，非金属夹杂、金属夹杂物也能萌生裂纹；对于 AF2-1DC 合金来说，非金属夹杂物是高应变区域裂纹萌生的主要位置。在低应变区域 AF115 合金的孔隙缺陷已不是裂纹萌生位置，对于 AF2-1DC 合金，非金属夹杂物作为裂纹萌生位置也在减少。上述研究表明，缺陷对 Ni 基粉末超合金的疲劳行为有重要影响，裂纹萌生位置由表面向次表面转化的现象，可以根据它们的影响来解释，在高应变区域大多数缺陷可以诱发裂纹的产生，裂纹萌生寿命占疲劳寿命小部分，裂纹扩展寿命占疲劳寿命的大部分，裂纹的应力强度因子与缺陷位置、分布与尺寸有关。在低应变区域，不是所有的缺陷都能诱发裂纹，决定应变强度因子大小的缺陷形状很关键，然而缺陷的尺寸与位置依然决定总的循环寿命，裂纹扩展寿命占总寿命的大部分。

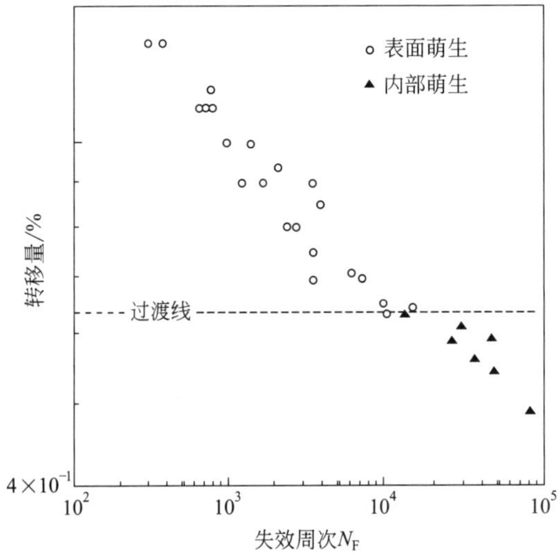

图 7-114　AF2-1DC 的缺陷对疲劳过程中裂纹源从表面向次表面转移量的影响[114]

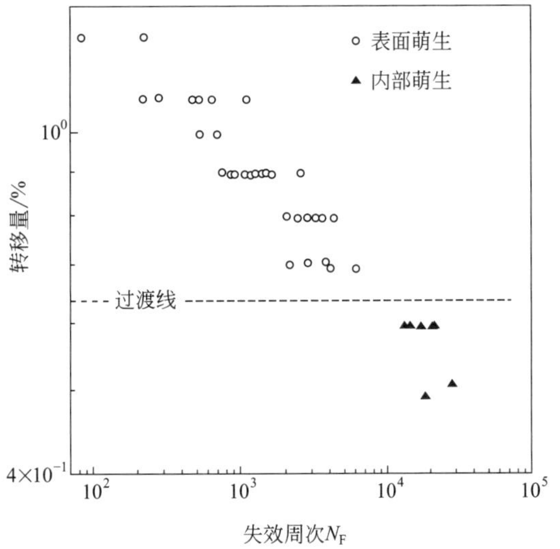

图 7-115　AF115 的缺陷对疲劳过程中裂纹源从表面向次表面转移量的影响[114]

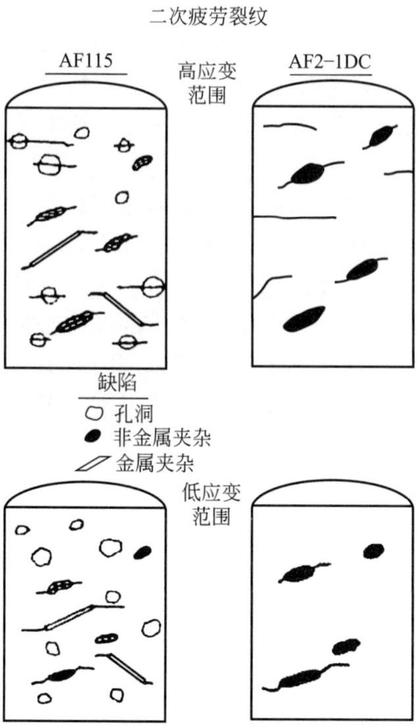

图 7-116 高温下 AF115 和 AF2-1DC 合金二次裂纹的观察结果[114]

刘德林等人[115]对 FGH97 粉末高温合金的断裂特征进行了研究，结果表明：低周疲劳断裂在小应变条件下的裂纹源为单裂纹源，疲劳裂纹稳定扩展第一阶段为类解理小平面特征；在大应变条件下，裂纹源转变为多源，裂纹扩展第一阶段即可见裂纹条带特征；高周疲劳裂纹稳定扩展第一阶段有较大区域的类解理形貌；持久试验温度为 500℃时，断口为穿晶特征，表现为类解理形貌；在 500℃以上时，其断裂机制为晶内发生单取向和双取向滑移，随蠕变进行，位错在晶界处塞积，进而引起应力集中，致使裂纹在晶界处萌生并扩展。谢锡善等人[116]利用扫描电镜原位拉伸和原位疲劳试验，直接跟踪观察人工植入夹杂（Al_2O_3）的粉末高温合金（P/M René95）中夹杂物的微观力学行为，发现人工夹杂（Al_2O_3）的P/M René95合金于 SEM 原位拉伸中，早在合金屈服前，即在夹杂物/基体界面以及夹杂物内部萌生裂纹，裂纹沿夹杂物/基体界面并延伸到基体内部，夹杂物内部的裂纹极易在垂直于主应力方向贯穿整个夹杂物进而向基体内部扩展延伸。另外，SEM 原位疲劳试验时的夹杂物行为与拉伸时相似。刘新灵等人[82]研究了 FGH96 粉末高温合金不同阶段的断裂特征，认为可用滑移理论解释各阶段断裂特征的形成机理。在整个断裂的扩展过程中，裂纹尖端的应力状态不同、应力强度因子范围不同、开动的滑移数量和滑移的方式不同，从而形成了不同的裂纹扩展速度和不同滑移方式形成的断裂特征。在疲劳扩展的第一阶段，开动的滑移数量少，且主要是在｛111｝滑移面内进行滑移；在疲劳扩展的第二阶段，虽然也主要在｛111｝滑移面内进行滑移，但必须同时具有两个滑移系进行滑移才能形成一条疲劳条带；在裂纹快速扩展阶段，开动的滑移系数量多，滑移方式多，除了在｛111｝滑移面内进行滑移外，还有交滑移和攀移等滑移方式，具有很大的灵活性，当位错在滑移面上受到阻碍时，位错可以离开原来的滑移面继续运动，裂纹扩展速率加快。因此，虽然疲劳裂纹形成和扩展的不同阶段均可以用滑移机制进行解释，但形成的特征形貌有很大的差别。

（3）粉末高温合金的裂纹扩展

粉末高温合金的裂纹扩展规律大体和致密金属的裂纹扩展规律相同，但由于粉末高温合金的制备方法有很大差异，使得粉末高温合金的裂纹扩展有自己的特点。

Telesman 等人[51]研究了粉末高温合金 Alloy10 的显微结构对具有保载时间的疲劳裂纹扩展（TDCG）的影响。由于 Nb 元素的碳化物在晶界上容易受到氧化，脆化了晶界，降 Nb 加 Ta 是否能够提高 TDCG 的阻力？另外超合金化超固溶处理再缓慢冷却导致在晶界处 γ'相择优生长，沉淀相的增长导致晶界成为锯齿状，能否提高 TDCG 的阻力？研究者为解决这些疑难问题，进行针对性研究，首先在 Alloy10 合金成分上做了一些修改（表 7-34），然后对超合金的热处理工艺进行一些选择（表 7-35），并且给出在 704℃亚固溶和超固溶的力学性能（表 7-36），得到图 7-117 所示的裂纹扩展速率$\frac{da}{dt}$与最大应力强度因子 K_{max} 的关系。图中结果表明，TDCG 对铌钽比和 Co 含量等不是很敏感，但 7 种成分含量对固溶处理方式、冷却速度较为敏感，超固溶处理的 7 种合金的 TDCG 抗力比一般固溶处理的 TDCG 抗力要高一个数量级。图 7-118 给出了超固溶处理后炉冷和空冷晶界形状的变化，图中结果表明炉冷的冷却速度低，γ'相在晶界择优生长形成锯齿晶界。表 7-37 给出了不同热处理产生的γ'晶粒尺寸大小，表 7-38 给出不同热处理材料的力学性能。表 7-39 给出了超固溶处理后不同冷却方式和重新固溶后得到的 γ' 相平均尺寸（μm^2）和体积分数（%），图 7-119 给出了六种不同的固溶体冷却方式下裂纹扩展速率$\frac{da}{dN}$与最大应力强度因子 K_{max} 的关系。图中结果表明，固溶后冷却方式采用炉冷，不重新固溶的 F-N 方式，其 TDCG 阻力最大；采用空冷，在 1149℃重新固溶的 A-0 方式，其 TDCG 阻力最小。所有保载时间的裂纹扩展，展现的失效模式为晶界间失效的模式，断面的粗糙度或扭曲程度和 TDCG 抗力没有关联。三个炉冷方式的冷却样品断裂后比空冷冷却样品要粗糙，晶界更曲折。这种粗糙和曲折是 γ' 相在晶界上优先成长的结果，由于 A-N 没有重新固溶而 F-0 炉冷后在 1149℃重新固溶，F-0 试样的裂纹扩展速率比 A-N 试样快 3～5 倍。图 7-120 给出了固溶冷却后 γ' 相的大小对裂纹扩展速率的影响。图中结果表明 γ' 相平均粒径越大，裂纹扩展速率越低。

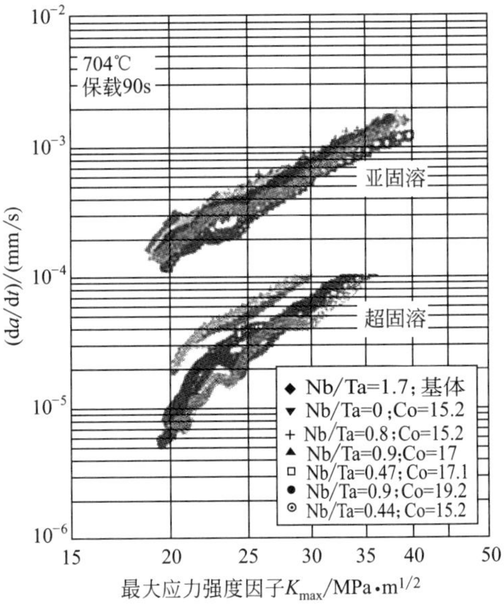

图 7-117 七种化学成分材料的$\frac{da}{dt}$与 K_{max} 关系[51]

表 7-34 Alloy10 合金的成分（质量分数）[51] 单位：%

元素＼试样	D	C	E	N	A	B	Alloy 10 的成分
Cr	11.2	11.2	11.3	11.0	11.0	11.2	11.2
Co	15.3	15.2	17.1	15.2	17.0	19.2	15.7
Mo	2.6	2.6	2.6	2.6	2.5	2.6	2.6
Ti	3.8	3.8	3.8	3.8	3.8	3.8	3.8
Al	3.9	3.9	4.0	3.9	3.8	3.9	3.9
W	5.7	5.9	5.8	5.6	5.60	5.8	5.8
Nb	0	0.8	0.9	0.8	0.9	0.9	1.7
Ta	1.8	1.8	1.9	1.0	1.0	1.0	1.0
C	0.03	0.042	0.04	0.036	0.04	0.045	0.045
B	0.03	0.03	0.03	0.03	0.03	0.03	0.03
Zr	0.1	0.1	0.1	0.1	0.1	0.1	0.1
Ni	55.5	54.6	52.4	55.9	54.2	51.4	54.1
Nb/Ta	0	0.44	0.47	0.8	0.9	0.9	1.7

表 7-35　改性的 Alloy10 高温合金的热处理工艺[51]

试样	超固溶处理	冷却类型	冷却速率/(℃/m)	亚固溶再处理
F-N	1199℃	炉冷	27	无
F-0	1199℃	炉冷	27	1149℃
F-4	1199℃	炉冷	27	1171℃
A-N	1199℃	空冷	183	无
A-0	1199℃	空冷	183	1149℃
A-4	1199℃	空冷	183	1171℃
固溶时间/h	1			1

注：所有坯料随后在 760℃老化 16h。

表 7-36　改性 Alloy10 高温合金在 704℃的拉伸性能[51]

成分改性	亚固溶		超固溶	
	Y. S. /MPa	T. S. /MPa	Y. S. /MPa	T. S. /MPa
Nb/Ta=0. 0;Co=15. 3%	1130	1351	1074	1379
Nb/Ta=0. 44;Co=15. 2%	1167	1385	1116	1425
Nb/Ta=0. 47;Co=17. 1%	1169	1402	1134	1445
Nb/Ta=0. 8;Co=15. 2%	1154	1374	1104	1406
Nb/Ta=0. 9;Co=17. 0%	1159	1422	1093	1405
Nb/Ta=0. 9;Co=19. 2%	1132	1382	1092	1413
Nb/Ta=1. 7;Co=15. 7%	1186	1398	1151	1462

表 7-37　不同热处理工艺得到的 γ′相的晶粒尺寸[51]

热处理	晶粒尺寸等级
炉冷，不重新固溶(F-N)	7. 44
炉冷，在 1149℃重新固溶(F-0)	7. 37
炉冷，在 1171℃重新固溶(F-4)	7. 34
空冷，不重新固溶(A-N)	7. 38
空冷，在 1149℃重新固溶(A-0)	7. 11
空冷，在 1171℃重新固溶(A-4)	7. 12

表 7-38　采用不同热处理方式得到的 Alloy 粉末高温合金的力学性能[51]

热处理	屈服强度/MPa	抗拉强度/MPa
炉冷，不重新固溶	1036	1329
炉冷，在 1149℃重新固溶	1095	1350
炉冷，在 1171℃重新固溶	1112	1369
空冷，不重新固溶	1133	1413
空冷，在 1149℃重新固溶	1099	1364
空冷，在 1171℃重新固溶	1103	1380

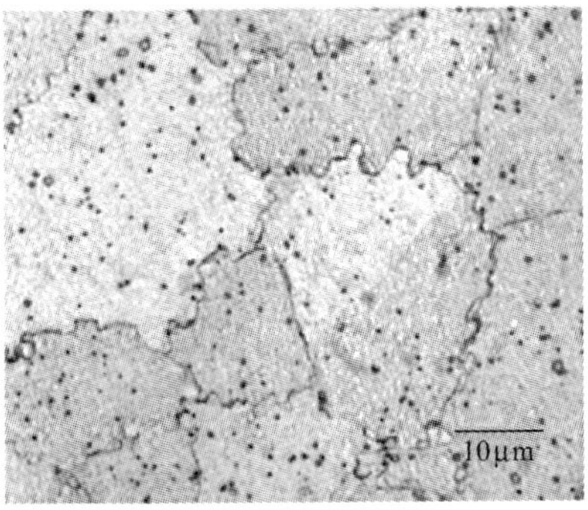

(a) 炉冷，不重新固溶

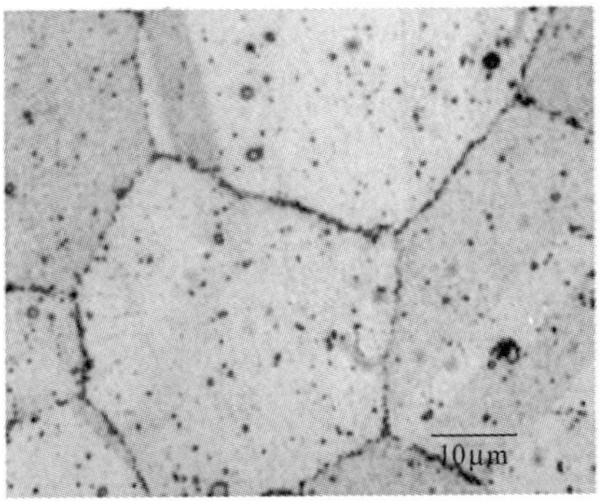

(b) 空冷，不重新固溶

图 7-118　固溶后炉冷条件下和空冷条件下的晶界形状[51]

表 7-39　冷却后 γ′相分析结果[51]

热处理	超固溶处理 γ′平均尺寸(μm²)和体积分数	重新固溶处理 γ′平均尺寸(μm²)和体积分数
炉冷	0.064[42%]	数据不适用
炉冷+1149℃	0.13[27%]	0.0096[17%]
炉冷+1171℃	0.18[25%]	0.012[24%]
空冷	0.028[53%]	数据不适用
空冷+1149℃	0.079[37%]	0.0059[11%]
空冷+1171℃	0.125[25%]	0.012[26%]

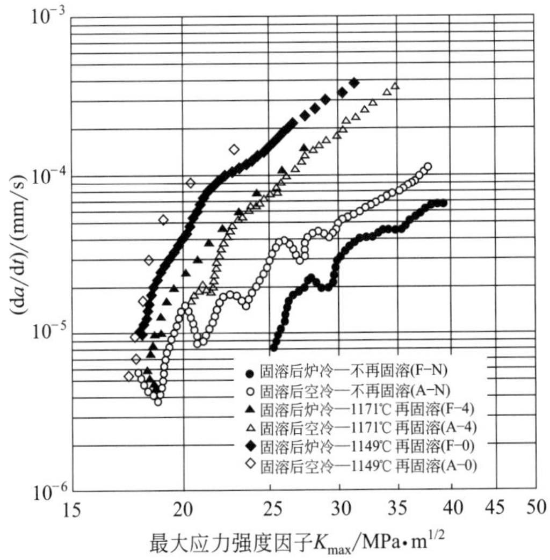

图 7-119　六种不同的固溶后冷却方式下裂纹扩展速率与最大应力强度因子的关系[51]

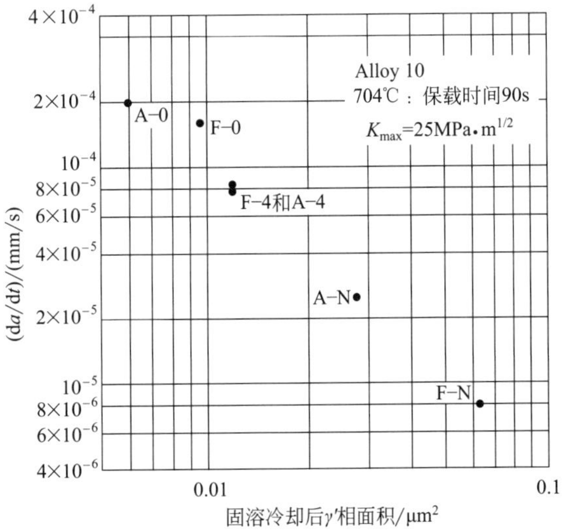

图 7-120　固溶冷却后 γ′相的面积与裂纹扩展速率的关系[51]

Chang 等人[34]对高温合金疲劳裂纹扩展的冶金控制因素进行了系统的研究，就高温下的超合金疲劳裂纹扩展而言，当温度升至 500℃以上时，应力强度因子幅 ΔK 不再是唯一控制$\frac{da}{dN}$的参数，随着疲劳时间的增加，蠕变疲劳加快了裂纹扩展速率。在 540℃进行疲劳试验，循环周期增到200s以上，就能观察到裂纹扩展速率的加快，温度升高至650℃，3s的疲劳循环周期也能使裂纹快速扩展，合金在650℃，200s的周期下，观察到$\frac{da}{dN}$比无保载时间的$\frac{da}{dN}$增大两个数量级。表7-40给出了部分粉末冶金涡轮盘的成分和650℃的强度。

控制疲劳裂纹扩展速率的冶金因素可以分为两类，一是合金的显微组织，二是合金的化学成分。显微组织的控制包括控制冷却速度、热机械处理和晶粒尺寸的控制。

表7-40　部分粉末冶金涡轮盘的成分和650℃的强度[34]

合金	组成(质量分数)/%	屈服强度/MPa	抗拉强度/MPa
Astroloy	Ni-15Cr-17Co-5Mo-4Al-3.5Ti-0.025B-0.025C	965	1240
AF2-1DA	Ni-12Cr-10Co-2.75Mo-6.5W-4.6Al-2.8Ti-1.5Ta-0.015B-0.04C	1000	1415
IN-100	Ni-12.4Cr-18.5Co-3.2Mo-5Al-4.3Ti-0.8V-0.06Zr-0.02B-0.07C	1035	1345
N18	Ni-12Cr-15Co-7Mo-4.5Al-4.5Ti-0.5Hf-0.03Zr-0.015B-0.015C	1035	1380
MERL 76	Ni-12.4Cr-18.5Co-3.2Mo-5Al-4.3Ti-1.4Nb-0.75Hf-0.06Zr-0.02B-0.025C	1070	1415
AF115	Ni-10.7Cr-15Co-2.8Mo-5.9W-3.8Al-3.9Ti-1.7Nb-0.75Hf-0.05Zr-0.02B-0.05C	1105	1450
René95	Ni-13Cr-8Co-3.5Mo-3.5W-3.5Al-2.5Ti-3.5Nb-0.05Zr-0.01B-0.06C	1170	1515

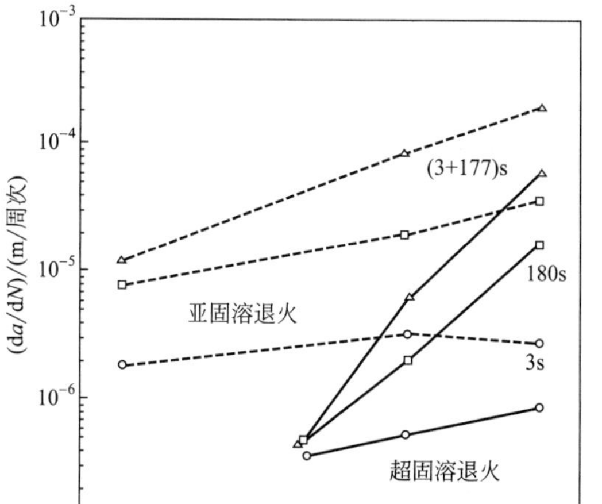

图7-121　René95粉末固溶后的冷却速率与疲劳裂纹扩展速率的关系[34]

① 控制冷却速度　在大多数高沉淀相含量的高温合金中，强化相γ′的动力学过程太快而不能阻止固溶处理后的冷却析出，这些析出物的粒子尺寸比时效处理得到的细小析出物的尺寸大一个数量级，可在晶内均匀析出，也可在晶界处非均匀析出，不过沿晶粒边界分布则不均匀，在冷却沉淀相和晶界之间有非平衡反应，沿晶界产生的显微组织由冷却过程来决定。

在γ′固相线以上和以下固溶处理后，高温合金René95以不同冷却速度冷却。采用不同循环周期和最大应力处持续加载，650℃时测量疲劳裂纹扩展速率。图7-121给出了René95粉末固溶后的冷却速率对疲劳裂纹扩展速率的影响。如图所示，固溶处理的冷却速率在高γ′相高温合金的抗疲劳裂纹扩展中起着主要的作用。当疲劳循环由标准周期（每周期为3s）变为长周期（每周期为180s）时，冷却速率的依赖性变得越来越重要，最大应力持续加载177s的循环冷却速率对裂纹扩展速率的影响显得更重要。三种疲劳循环引起的裂纹扩展速率的不同表明时间依赖的程度。如果冷却速率控制在100℃/min以下，超固溶退火的三条曲线的裂纹扩展速率对保载时间没有依赖性。Astroloy和IN100中也观察到类似的效应。

图7-122为三种不同疲劳循环下的断裂模式，金相照片表明这三种疲劳周期条件得到的断口形貌的特点是断口表面的晶粒边界上有许多亚微米至微米级大小的颗粒，而且分布均匀，这些颗粒被认为是在受控冷却过程中形成的，而且冷却沉淀颗粒形成一种锯齿形晶界。

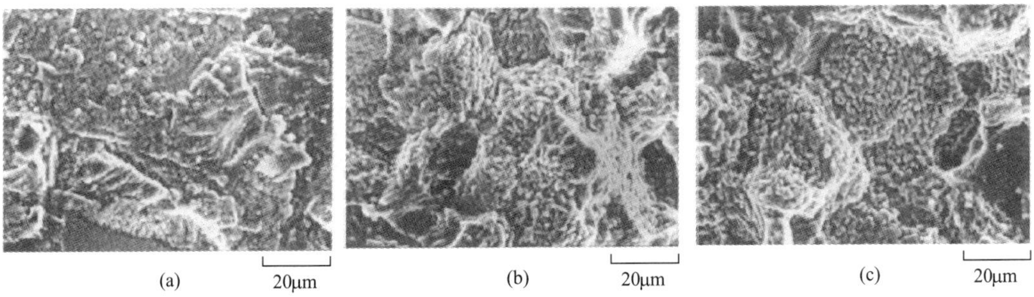

图 7-122　三种不同疲劳循环［3s、180s、(3+ 177) s］下的 René95（经过超固溶退火和受控冷却）断口形貌[34]

试验证明锯齿晶对防止晶界裂纹扩展有利，其理由为：a. 抗氧化元素 Cr 沿着晶界的局部富集。当 γ′沉淀相在晶界成核时，它只黏附在一个晶粒上，而不再依附在别的晶粒上。沉淀相颗粒朝着邻接的晶粒的晶界交互面发展，并且通过晶界的扩散作用加速进行。由于 Cr 在 γ′相中的溶解度非常低，过剩的 Cr 原子将在沉淀相发展的前沿被排离，其结果是晶界局部富集 Cr。当裂纹沿着晶界发展时，局部富集的 Cr 能够提高抗氧化能力。这种 Cr 富集现象已被原子探针、扫描隧道电子显微镜和 X 射线分析所确认。b. 观测到锯齿形晶界处的有效应力强度有所降低。在显微镜下观察，裂纹前沿不再是直线。裂纹的扩展从主方向偏转到不同的各个方向。在晶界两边成核的 γ′沉淀相在相反方向生成，并进一步使裂纹的轨迹发生偏转。如果邻近晶粒内的沉淀相长度超过沉淀相粒子间的间距，就可能发生一种连锁机制，使得裂纹更难以发生。

为了将控制冷却工艺中的形态效应和局部化学效应分开，研究者制备了一种基于无 Cr 的 René95 成分的新型合金。没有 Cr 的合金很容易氧化，疲劳裂纹扩展 FCP 的时间相关性在 400℃就出现。图 7-123 比较了不同速率冷却后超固溶退火的样品裂纹扩展曲线。控制冷却可产生锯齿状晶界形貌而无 Cr 富集。控制冷却的有利效应在这种无 Cr 合金中仍很明显，表明效应的一部分是形态方面的而非完全归结于晶界富 Cr 有关的化学效应。

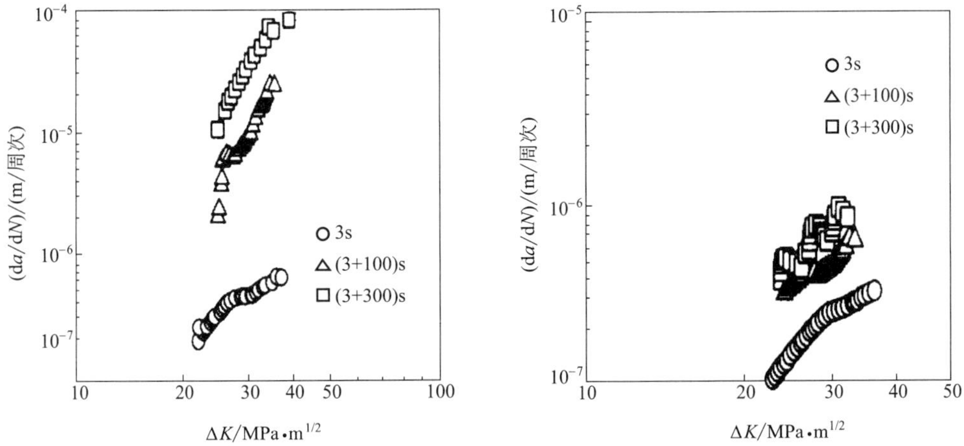

图 7-123　快速冷却和控制冷却两种速率下的无 Cr René95 合金的裂纹扩展曲线（400℃，空气）[34]

② 热机械处理　含沉淀相小于 35%（体积分数）的高温合金不会形成冷却析出物。早期的盘形合金如 IN901、Waspaloy 和 718 合金属于这一类。低合金成本和良好的热加工性

是这些低沉淀物高温合金的优点。

低沉淀物含量高温合金的热机械处理（TMP）用来控制晶粒细化，获得高合金强度，最成功的例子是 718 合金。特定温度范围内的大量热变形引起锻造和退火时的均匀再结晶。由于残余应变的有益效应，适当锻造工艺后直接时效可产生更高强度。

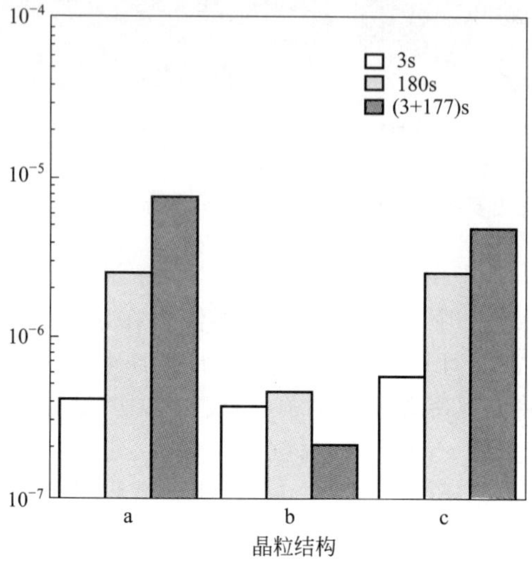

图 7-124　在 ΔK= 30MPa · $m^{1/2}$时，590℃下晶粒结构对 718 合金裂纹扩展速率的影响[34]

a—等轴晶粒；b—变形晶粒；c—细晶粒

如果合金经温加工或冷加工后直接进行时效处理，不经受任何高温，可获得不寻常的晶粒结构。因为锻造后未发生再结晶，拉长晶粒的变形结构被保留。变形晶粒结构的裂纹扩展行为与完全再结晶等轴晶结构的完全不同。图 7-124 比较了几种晶粒结构 718 合金在三种疲劳下的裂纹扩展曲线。590℃时等轴晶 718 合金的裂纹扩展速率和周期时间变化有很大关系。而变形晶粒的裂纹扩展速率和周期时间的变化关系不大，即使疲劳周期增加 60 倍（每周期 3s 增加到 180s），da/dN 的数值也相差无几。对于给定的 ΔK，持续加载循环（3s＋177s）的裂纹扩展速率比 3s 标准循环要低。

仔细分析断裂过程可解释变形晶粒结构的这种异常现象。氧化脆性引起不寻常的断裂过程。当变形晶粒结构在长周期或持续加载循环下试验时，粗糙断口表面观察到大量二次裂纹。这些二次裂纹与最初裂纹扩展方向相互平行，间距为 100μm。断口表面二次裂纹间发现穿晶断裂模式。有人提出变形晶粒结构中的残余应变沿变形流线产生新的氧化脆性点。如果初级裂纹沿有利方向扩展，大量二次裂纹将被裂纹尖端吸收的氧气诱发。初级裂纹将不再与氧化脆性晶界作用，时间相关行为不会出现。由于有效应力强度被裂纹前沿的二次裂纹减小，裂纹扩展速率进一步下降。

当有大量变形但无再结晶时，则发生理想的残余应变效应。部分再结晶会减弱该效应至可察觉的水平。据报道，类似项链状分布的再结晶晶粒提高了 René95 和 718 合金的疲劳性能。如果二次裂纹位于平行于初级裂纹的方向，残余应变会产生退化情况。

③ 晶粒尺寸　由于晶粒尺寸显著影响合金强度和疲劳寿命，研究者开展了许多工作研究疲劳裂纹扩展抗力和晶粒尺寸互相关联。一般来说，细晶结构引起快速裂纹扩展速率。但是前面图 7-121 的数据代表了 P/M René95 材料的两种晶粒尺寸。超固溶退火产生 25～30μm 的细晶粒尺寸，而亚固溶退火则保持锻造工艺产生的细晶结构（＜5μm）。快速冷却速率下，粗晶和细晶结构在 650℃同时表现出强烈的 FCP 时间相关性。疲劳周期增加或施加持续载荷时观察到相同的裂纹扩展速率增大。从固溶温度开始的冷却速度在 da/dN 中起重要作用，这种效应在超固溶温度退火的粗晶结构中更明显。因此，γ'固相线以下的晶界析出相成为时间相关条件下提高疲劳裂纹扩展抗力的重要因素。晶粒尺寸对高强度高温合金疲劳裂纹扩展的速率没有重要影响。

④ 添加 Cr 的影响　在 718 合金中添加铬对抑制疲劳裂纹扩展有好的影响。如图 7-125 所示，在 540℃按 3s 周期进行疲劳试验时，三个炉次铬含量不同的 718 合金的裂纹扩展速率（da/dN）几乎相同。只有在疲劳循环时间增加（180s）和保载疲劳循环（3s＋177s）试验

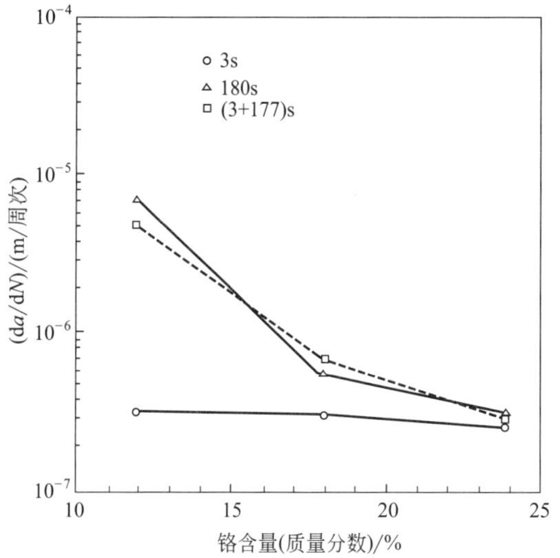

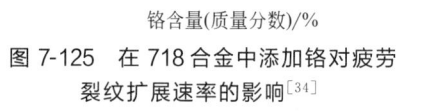

图 7-125　在 718 合金中添加铬对疲劳裂纹扩展速率的影响[34]

条件下，才能看到不同铬含量对疲劳裂纹扩展速率的影响，在低铬含量（质量分数为12%）时，随疲劳循环时间的增加（从 3s 增加到 180s），疲劳裂纹扩展速率加快近 10 倍。但在铬含量高达 24%（质量分数）时，所有三种疲劳波形试验条件下的裂纹扩展速率（da/dN）几乎是相同的。商品化的 718 合金的标称含铬量为 18.5%（质量分数）。认为这一含铬量能使基体和晶粒边界之间的铬保持平衡。如果再增加总的铬含量，那就相当于用铬富化晶粒边界，从而提供较好的抗应力氧化能力。如果沿晶界形成沉淀物的铬含量意外地富集，那么也就可能出现铬的贫乏区，从而产生有害的影响。在沉淀物含量高的高温合金中总是存在晶界沉淀物。在这种情况下，受控冷却过程中产生的晶界 γ′ 沉淀物就变得非常重要。

⑤ 沉淀相的体积分数　图 7-126 表示疲劳裂纹扩展速率和 γ′沉淀相体积分数之间的关系。高 γ′含量的合金，不仅裂纹生长速度低，而且受疲劳周期时间变化的影响也很小。

增加沉淀相的体积分数，可以增大合金的强度和疲劳裂纹抗力，也可以改善耐高温性能、蠕变性能及断裂寿命。在高含量 γ′高温合金中，主要是冷却沉淀相和晶界的相互作用而不是晶粒内细小的时效沉淀相对减缓疲劳断裂产生有利影响。

⑥ 基体中固溶强化元素　许多合金元素（例如 Co、Cr、Mo、W 和 Re）在 γ′相沉淀时，容易保留在面心立方固溶体基体中。这些元素在 γ′沉淀结束之后，被富集在基体的点阵中。固溶强化的效果可以增加合金的强度和持久强度。不过它对抗疲劳裂纹生长的影响可能和冷却时影响 γ′沉淀反应的能力有关。

钴作为镍的替代元素，能降低沉淀元素在时效温度的溶解度。添加钴可以增加给定沉淀元素含量下沉淀相的体积分数。钴合金化最显著的影响是能控制 γ′溶解度线的温度在 1100℃以上。对于沉淀相含量很高的高温合金，当需要在 γ′溶解度线以上的温度进行固溶处理并利用控制冷却速度的方法得到良好的抗疲劳裂纹组织时，钴的这种影响是很关键的。添加适当的钴可以有效地扩大开始熔化温度和 γ′固溶线之间的温度区间。添加钴还能消除不希望的 γ/γ′共晶体。

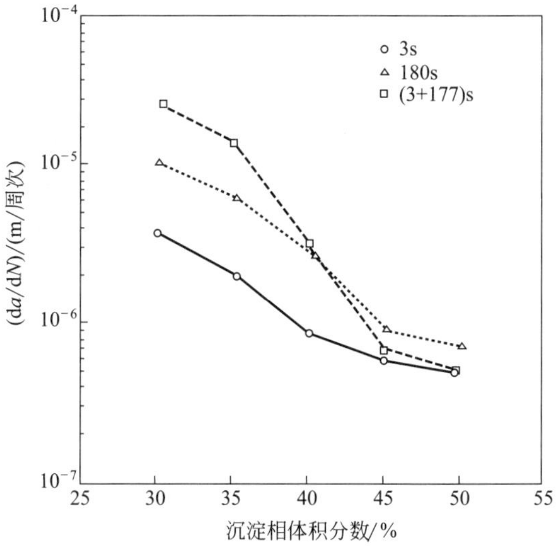

图 7-126　疲劳裂纹扩展速率和 γ′相沉淀相体积分数之间的关系[34]

在合金基体中最好保留 Mo、W、Re 等高熔点元素，因为这些元素扩散缓慢，可以提高合金的抗蠕变性能。

⑦ 沉淀相中的固溶强化元素　除了 Al 之外，高温合金中的沉淀元素包括 Ti、Nb 和 Ta。它们的平衡 Ni_3X 相不是有序的 $L1_2$ 结构，后三种元素是 γ' 相中有效的固溶强化元素。固溶强化元素的合金化有两个重要作用：

a. γ'沉淀物的共格应变随固溶强化元素的含量增加而增大，合金强度显著提高。

b. 由于这些基体中的固溶强化元素扩散系数低，γ'沉淀物的生长速率减小。

为获得良好的拉伸和断裂强度，高温合金需要高含量的沉淀固溶强化元素。Nb 和 Ta 可添加到可接受的极限。上述效应都不能帮助高温合金获得理想的抵抗疲劳开裂的晶界结构。

图 7-127 为不同疲劳循环下测得的AF2-1D粉末高温合金的裂纹扩展速率与应力强度因子幅的曲线。

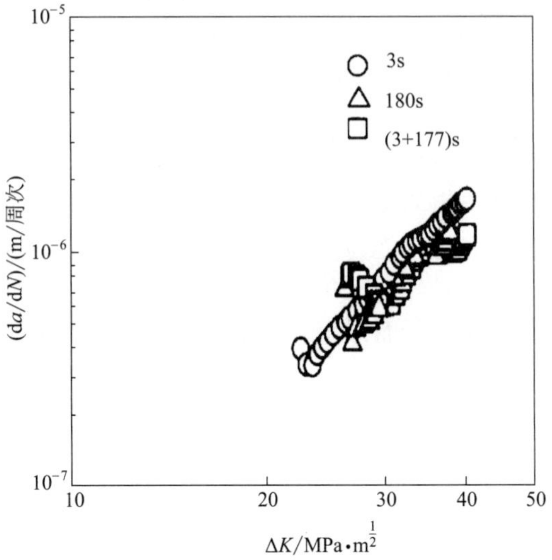

图 7-127　不同疲劳循环下 AF2-1D 粉末高温合金的裂纹扩展速率与应力强度因子幅的曲线[34]

⑧ 微量元素　向高温合金中添加微量元素，如 C、B、Zr 和 Hf，与缺口断裂敏感性直接相关。这些微量的元素通过不同的机制显著提高晶界强度。除了 B 以外，这些元素的主要作用是清除有害杂质；B 提高晶界的黏结力。与时间相关的 FCP 中晶间断裂的本质表明这些元素扮演主要角色。试验数据显示含这些元素的合金性能有所提高，但效果没有预计的那么好。

这些微量元素不能完全阻止时间相关疲劳断裂的原因还不明确。一般来说，晶界上微量元素的存在阻碍了沉淀物沿晶界形核。因此，晶界上产生的析出物在控制冷却时可能被抑制。

对裂纹扩展有较大影响的粉末高温合金缺陷主要有：原始颗粒边界（PBB）、热诱导空隙及夹杂物。这些缺陷的大小、形状、种类、析出量、分布不仅对裂纹的萌生有很大影响，而且对裂纹扩展速率也有很大影响。PBB 是一种非冶金结合的晶界，粉末表面的网状碳氧化合物的析出阻碍了颗粒的元素扩散和冶金结合，不利于粗晶的成长，当材料发生变形时，PBB 碳氧化合物膜与基体的塑性不同，位错堆积和应力集中，会在 PBB 析出物/基体界面处形成空洞，进而成为裂纹源，空洞的相互连接，为裂纹扩展提供了一个顺畅的通道，提高了裂纹的扩展速率。即使充分破碎，碳氧化合物仍然保持在晶界（或间面）中，这些碳化物在高温蠕变下也会萌生空穴，对镍基合金来说，粗大碳化物也是萌生空穴的位置。从 Wilkinson 等人[117]提出的蠕变裂纹扩展的空洞长大模型得知，某些局部空洞比较密集，空洞在断裂前合并为裂纹，裂纹以一定时间间隔跳跃式扩展。

大量的研究表明，外来非金属夹杂对粉末高温合金的力学性能有很大的影响，它们易成为裂纹源，增大了裂纹的扩展速率，大大降低了粉末高温合金的低周疲劳性能。夹杂物的形状、大小、数量及分布对裂纹扩展速率有很大影响，夹杂物在基体内部所引起的应力集中的大小与夹杂物的形状有密切关系，裂纹优先在垂直于拉应力方向的夹杂物尖角处萌生，裂纹扩展速率比球状夹杂物快得多。裂纹尖角曲率半径越小，裂纹扩展速率越大，其抗疲劳寿命越低。同一粒度的夹杂物，越靠近表面，疲劳寿命越低。同一位置的夹杂尺寸越大，数量越多，疲劳寿命越低。Huron 等人[118]给出了在 René88DT 合金中加入人工夹杂物的低周疲劳试验结果，如图 7-128 所示，随夹杂物尺寸增大，寿命降低幅度增加，图中大夹杂尺寸为 80～100 目，小夹杂物尺寸为 270 目。Patel 等人[119]对 René95 中夹杂物位置和夹杂物面积对低周疲劳寿命的影响进行了研究。如图 7-129 所示，表面夹杂物比内部夹杂物对材料的低周疲劳寿命影响更大，近年来，在由夹杂物引起疲劳裂纹方面国内外学者进行了大量工作。赵勇铭等人[120]研究了 FGH95 中夹杂对裂纹扩展寿命的影响。他们采用有限元方法中的奇异单元，研究了当粉末高温合金 FGH95 中存在由夹杂引起的裂纹时，夹杂对裂纹应力强度因子的影响，利用 Paris 公式计算了夹杂对裂纹扩展的影响。研究结果表明：当夹杂处于裂纹的不同位置时，对应力强度因子的影响趋势也不同，且硬夹杂的影响趋势和软夹杂相反。存在软夹杂时，将夹杂当作初始裂纹，不考虑夹杂的影响得出的裂纹扩展寿命结果是安全的，而对于硬夹杂得出的结果偏于危险。对于 FGH95 粉末高温合金，夹杂相对于基体材料其弹性模量偏小，为软夹杂，因此将夹杂当作初始裂纹计算裂纹扩展寿命时不考虑夹杂的影响，将得到偏于安全带的裂纹扩展寿命计算结果。初始裂纹半径对裂纹扩展相对寿命的影响如图 7-130 所示，表 7-41 列出了含夹杂裂纹扩展计算寿命与不含夹杂裂纹扩展计算寿命比较。表 7-42 为夹杂物弹性模量对裂纹扩展寿命的影响。

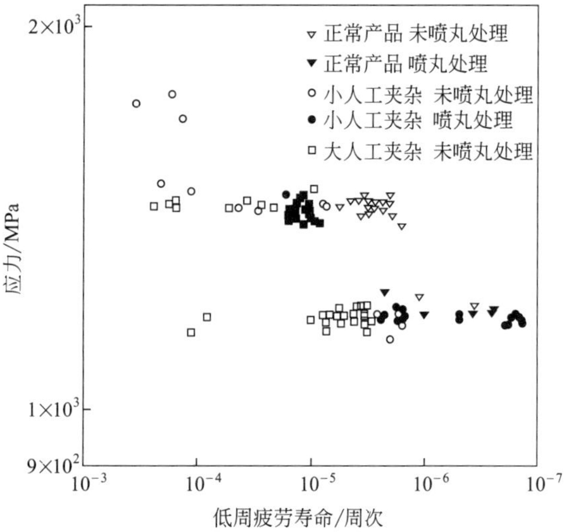

图 7-128　人工夹杂 P/M René88DT 合金低周疲劳试验结果（649℃）[118]

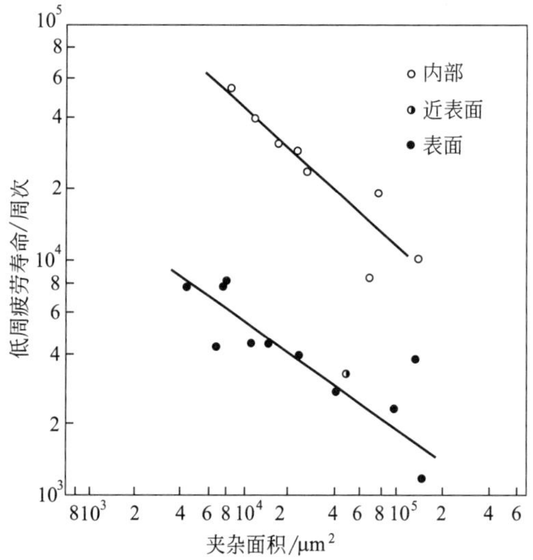

图 7-129　P/M René95 合金中的夹杂物对低周疲劳寿命的影响（538℃）[119]

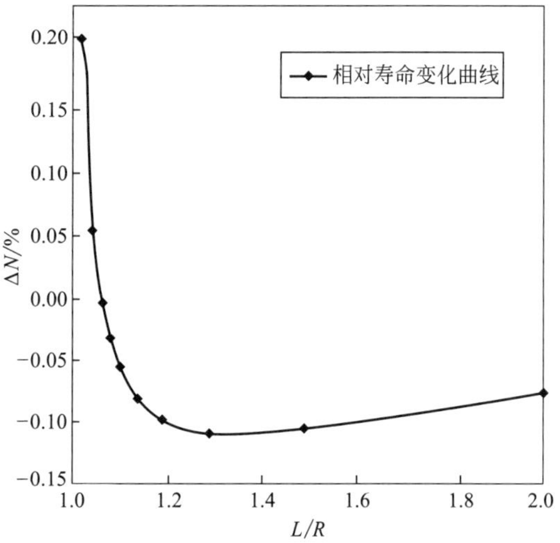

图 7-130　初始裂纹半径对裂纹扩展相对寿命的影响曲线[120]

L—初始裂纹半径；R—夹杂物颗粒半径

表 7-41　含夹杂裂纹扩展计算寿命与不含夹杂裂纹扩展计算寿命比较[120]

项目	裂纹	夹杂对 K 因子的影响	寿命 N/次		
			含夹杂	不含夹杂	ΔN/%
夹杂裂开	三维中心裂纹	有高有低	251 418	248 186	1.30
	三维表面裂纹	有高有低	191 890	179 434	6.94
	三维角裂纹	$K_{有夹杂} \leqslant K_{无}$	182 552	170 129	7.30
界面脱开	三维中心裂纹	有高有低	258 228	248 186	4.05
	三维表面裂纹	有高有低	209 114	179 434	16.54
	三维角裂纹	$K_{有夹杂} \leqslant K_{无}$	201 749	170 129	18.58

表 7-42　夹杂物的弹性模量对裂纹扩展寿命的影响[120]

弹性模量 E/Pa	2.05×10^{11}	3.0×10^{11}	4.5×10^{11}	6.25×10^{11}
裂纹扩展寿命/次	64 033	63 772	63 134	62 159
相对寿命差/%	0	0.4	1.4	29

在高温合金制粉、热等静压包装时，粉末表面和内部残存气体在后续热处理中发生热膨胀、在合金内显微组织中产生不连续的孔洞，即所谓热诱导孔（TIP）。热处理后的快速冷却中，TCP 处会出现应力集中，形成裂纹，裂纹在连接合并时产生跳跃式扩展，使得裂纹扩展速率加快。这方面的研究开展得很多，特别是一些孔隙度较大的材料。实际上，由于基体变形，在 PBB、夹杂物和 TIP 的位置产生应力集中，萌生孔隙、裂纹和空穴，通过长大和连接，提供裂纹扩展通道，裂纹跳跃式扩展是粉末冶金材料特有的性质。

粉末高温合金的缺陷除 PBB、夹杂物外，一些有害的硬脆相如 TCP 相、碳化物相等，在基体变形过程中，由于不协调产生应力集中，在硬脆相周边产生裂纹，或在硬脆相中产生裂纹（断裂），同样提供裂纹扩展通道，加速裂纹扩展。

Crison 等人[96]研究了粉末镍基合金（PM Astroloy）在 400℃和 650℃，不同应力比条件下时，长裂纹和短裂纹在空气和真空中的裂纹扩展速率（da/dN）和应力强度因子幅 ΔK 的关系。如图 7-131 所示，在空气中 400℃短裂纹的 ΔK_{th}低于 650℃时长裂纹的 ΔK_{th}，短裂纹裂纹扩展速率在裂纹扩展初期高于长裂纹的扩展速率。采用 Paris 公式（$\frac{da}{dN}=C\Delta K^{m}$）来描述短裂纹参数时，$C=1.1\times10^{-11}$，$m=2.81$。如图 7-131 和图 7-132 所示，在真空中短裂纹和长裂纹的 ΔK_{th}比在空气中要低。另外对于短裂纹来说应力比越大，裂纹扩展速率越大。但在高 ΔK 区域，应力比的影响，甚至裂纹种类的影响都逐渐消失。采用 Paris 公式（$\frac{da}{dN}=C\Delta K^{m}$）来描述真空下短裂纹的参数时，当 $\Delta K<11.5\text{MPa}\cdot\text{m}^{1/2}$ 时，$C=2.0\times10^{-19}$，$m=2.8$，当 $\Delta K>11.5\text{MPa}\cdot\text{m}^{1/2}$ 时，$C=6.0\times10^{-12}$，$m=3.05$。Crison 等人研究了金属夹杂物尺寸、形状和位置等参数的粉末高温合金疲劳断裂概率模型。计算的结果与试验数据相比较，符合较好。通过预测模型计算得到：次表面（1～6μm）夹杂比表面夹杂更危险。在低应力水平下，疲劳断裂源自表面与次表面夹杂的可能性更大。

横幕俊典等人[121]研究了 Ni 基超合金 AF115 的疲劳裂纹扩展和疲劳寿命的关系，采用合金 AF115 的化学成分如表 7-43 所示，采用氩气雾化并且将粉末筛分到－150 目，热等静压（1163℃、98MPa、3h）后，在 1175℃固溶 2h，750℃处理时间为 15h。为了研究缺陷材料的影响，采用下列 3 个方法：a. 粉末在热等静压前在空气中暴露；b. 脱气管封装前抽真空不够（真空度比 1Pa 还差）；c. 在包套封装前放入直径为 0.05～1mm 的 Al_2O_3 粉末。采用光滑疲劳试样进行裂纹扩展试验。表 7-44 给出了原材料的力学性能。表 7-45 给出了循环载荷弹塑性应力-应变关系式和蠕变关系式。裂纹扩展试验实施热疲劳（5Hz 正弦波）、蠕变疲劳（保载 15min 的梯形波）和蠕变三个条件，在这个试验中 ΔJ_f 为疲劳 J 积分范围，ΔJ_c 为蠕变 J 积分范围，J^* 为修正 J 积分范围。在试验中记录载荷-裂纹开口位移图和裂纹开口位移和时间图（图 7-133），通过下列公式求出 ΔJ_f、ΔJ_c。

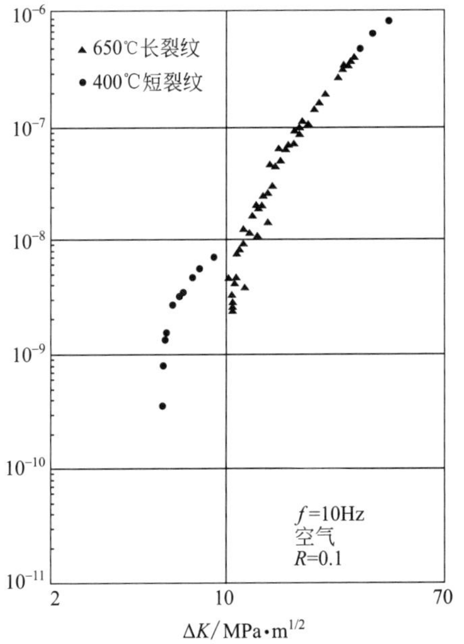

图 7-131　在空气中 400℃和 650℃ 10Hz 下裂纹扩展速率与应力强度因子幅的关系[96]

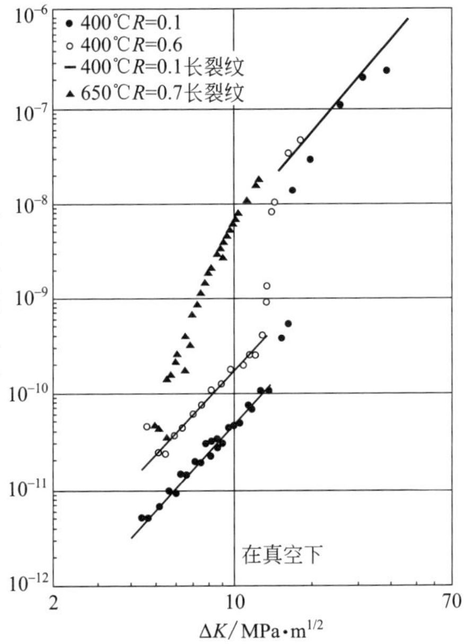

图 7-132　在真空下 400℃短裂纹和长裂纹的裂纹扩展速率与应力强度因子幅的关系（也包括在 650℃的长裂纹）[96]

$$\Delta J_f = \Delta K^2/E + S_p/[B(W-2a)] \tag{7-22}$$

$$\Delta J_c = [(n_c-1)/(n_c+1)]S_c/[2B(W-2a)] \tag{7-23}$$

$$J^* = \sigma_{net}V \tag{7-24}$$

式中，W 为试样宽度；B 为试样厚度；a 为裂纹长度；S_p、S_c 为载荷-开口位移的迟滞回线面积；S_p 为载荷-应变图中的塑性功；S_c 为载荷-应变图中的蠕变功；n_c 为蠕变指数；σ_{net} 为实际断面应力；V 为裂纹开口位移。

表 7-43　AF115 高温合金的化学成分（质量分数）[121]　　单位：%

C	Cr	Co	Mo	W	Ti	Al	Hf
0.05	10.9	14.9	2.8	5.9	3.81	3.71	0.81
Nb	B	Zr	Ni				
1.86	0.018	0.05	其余				

表 7-44　原材料的力学性能[121]

温度/℃	屈服强度/MPa	抗拉强度/MPa	伸长率/%	断面收缩率/%	杨氏模量 E/MPa
20	1105	1546	15.9	14.4	219000
650	1060	1360	12.3	16.5	174000
760	956	1057	6.7	10.4	165000

表 7-45 AF115 在 760℃的弹塑性和蠕变本构方程[121]

弹-塑性 ($\Delta\varepsilon_p = A\Delta\sigma^{n_f}$)	$A=3.78\times10^{-22}$ $n_f=5.56$
蠕变 ($\dot{\varepsilon} = B\sigma^{n_c}$)	$B=1.46\times10^{-32}$ $n_c=10$

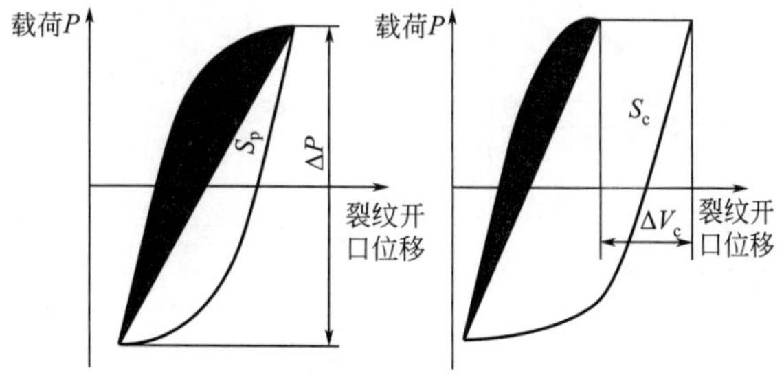

(a) 正弦或三角波形 (b) 保载波形

图 7-133 通过载荷-裂纹开口位移曲线求 ΔJ_f 和 ΔJ_c[121]

图 7-134 给出了从中央开裂的试样的热疲劳裂纹扩展速率$\frac{da}{dN}$与 ΔJ_f 的关系。

在应力比为 0～0.1，屈服变形非常小时，可以得到：

$$\Delta J_f = \Delta K/E \tag{7-25}$$

从图中可以看出，635℃裂纹扩展速率比 20℃大，760℃裂纹扩展速率更大，并且得到：

635℃， $da/dN = 6.35\times10^{-6}\Delta J_f^{2.97}(\Delta J_f < 5.6\text{kN/m})$

$= 4.27\times10^{-5}\Delta J_f^{1.86}(\Delta J_f \geqslant 5.6\text{kN/m})$ (7-26)

760℃， $da/dN = 2.24\times10^{-4}\Delta J_f^{2.85}(\Delta J_f < 2.1\text{kN/m})$

$= 7.76\times10^{-4}\Delta J_f^{1.21}(\Delta J_f \geqslant 2.1\text{kN/m})$ (7-27)

另外在 760℃蠕变裂纹传播速度（mm/h）可以采用修正 J^* 来表达：

760℃， $da/dN = 8.16\times10^{-2}J^*$ (7-28)

式中机械疲劳的 da/dN 为 1 个循环周次的裂纹扩展距离，而蠕变的 da/dN 为单位时间的裂纹扩展距离，两者没法进行比较。采用修正 J^* 可以从循环一个周次所需要的时间来进行置换，也可得到 da/dN-ΔJ_c 关系，如图 7-134 所示，蠕变扩展速率比热机械疲劳扩展速率快 100 倍。图 7-135 是在拉伸中保持 15min 的梯形波形下裂纹传播速率和 ΔJ_c的关系，这个图形与图 7-134 ΔJ_c位置不一样，ΔJ_c处在高裂纹扩展速率位置，导入了循环载荷的蠕变状态，其裂纹扩展速率更快。

横幕俊典等人[122]对粉末超合金 MERL76 的高温疲劳特性与缺陷和组织的关系进行了研究，采用氩气雾化制备的粉末，粉末分级为－60 目、－80 目和－325 目热等静压（1163℃、98MPa、3h）后热处理（1163℃/2h→871℃/40min→982℃/45min→649℃/16h），并在粉末中央放置了一个人工缺陷（0.05～1mm 的 Al_2O_3），热等静压坯料在 1100℃热挤压（挤压比为 5）。不同大小和不同类型的缺陷在不同粒度试样的个数如表 7-46 所示。图 7-136 为裂纹长度和循环周次的关系。裂纹初始速率比长裂纹扩展速率要快，但长裂纹扩展占全寿命的 90%以上。图 7-137 为短裂纹和长裂纹的 da/dN-ΔK 关系图。长裂纹扩展速率遵从 Paris 公式，$\frac{da}{dN}=C\Delta K^m$，其中 $C=1.64\times10^{-12}$，$m=3.103$，并且应力强度因子幅 ΔK 与缺陷尺寸 a 的关系为：

$$\Delta K = F\Delta\sigma\sqrt{\pi a} \tag{7-29}$$

式中，F 取决于裂纹和试样的形状；$\Delta\sigma$ 为应力幅。

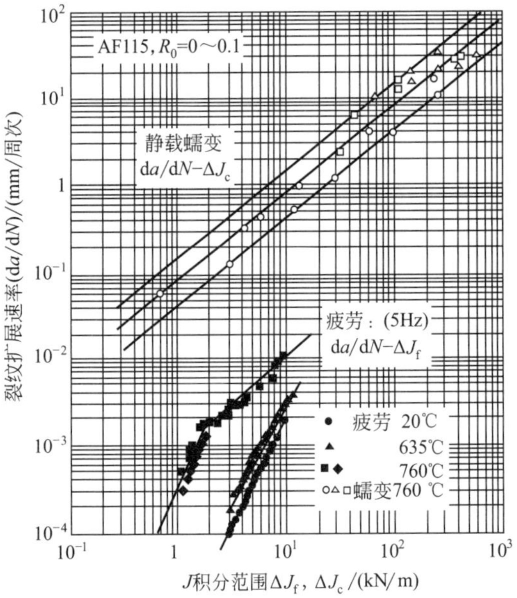

图 7-134　疲劳和单调蠕变裂纹扩展性能[121]

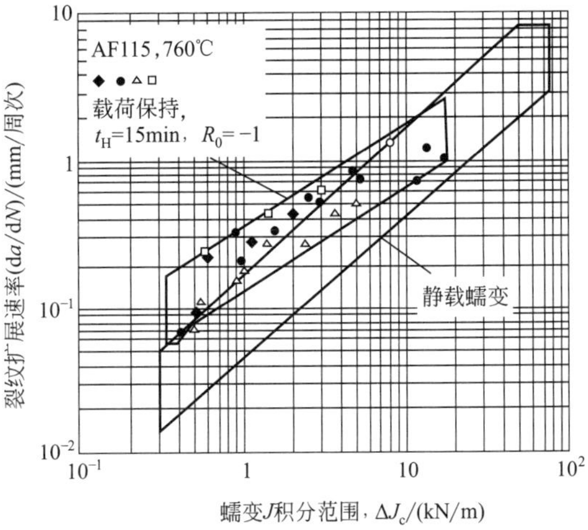

图 7-135　蠕变疲劳和单调蠕变裂纹扩展性能[121]

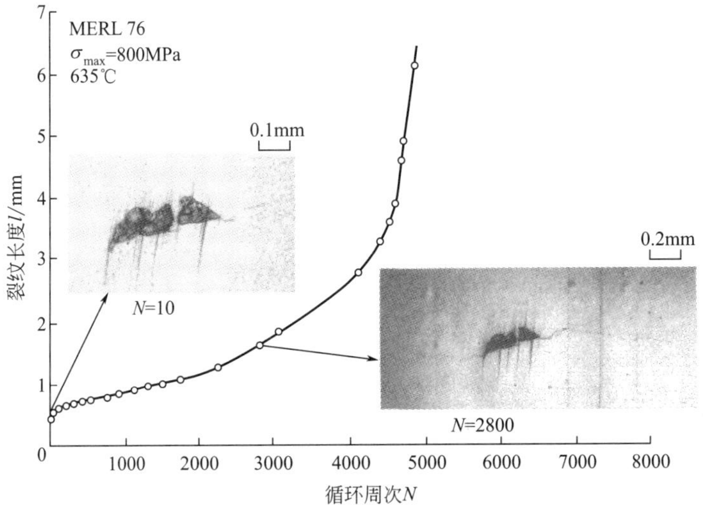

图 7-136　含有人为夹杂物时的疲劳裂纹扩展曲线[122]

图 7-138 给出了缺陷尺寸与应力幅门槛值的关系，图中直线为 ΔK_{th}=12MPa、$F=2/\pi$，其公式为：

$$\Delta K_{th} = F\Delta\sigma_{th}\sqrt{\pi a_i}\ (F=2/\pi) \tag{7-30}$$

a_i 越大越接近上式。考虑短裂纹和微小缺陷对 ΔK_{th}的影响，Hadad 等人（1979 年）提出采用如下公式：

$$\Delta K_{th} = F\Delta\sigma_{th}\sqrt{\pi(a_i + a_0)} \tag{7-31}$$

式中，a_0 取决于材料组织、屈服应力、应力比等因素。对于 MERL76 合金：

$$\Delta K = \frac{2}{\pi}\Delta\sigma_{th}\sqrt{\pi(a_i + 0.1\text{mm})} \tag{7-32}$$

表 7-46　疲劳断裂源区的缺陷类型和尺寸[122]

缺陷尺寸 2a/mm	在空气中 −60 目 HIP	在空气中 −325 目 HIP	在空气中 −60 目 +挤压	在氩气中 −80 目 HIP	在氩气中 −325 目 HIP
约 0.025					
0.025～0.050	P,P	PPB,I			I
0.050～0.075		PPB,I	P,P	I	I
0.075～0.100	I,P	I,PPB+I		I,S	
0.10～0.15		PPB		I,I,I	
0.15～0.20	I				
0.2～0.3	PPB				
0.3～0.4	PPB				
0.4～0.5	PPB				
0.5～0.6	PPB,PPB				
0.6～0.7	PPB				
0.7～0.8					
0.8～0.9					
1.0～1.1	PPB				

注：PPB—原始颗粒边界；I—夹杂物；P—孔隙；S—I 型裂纹。

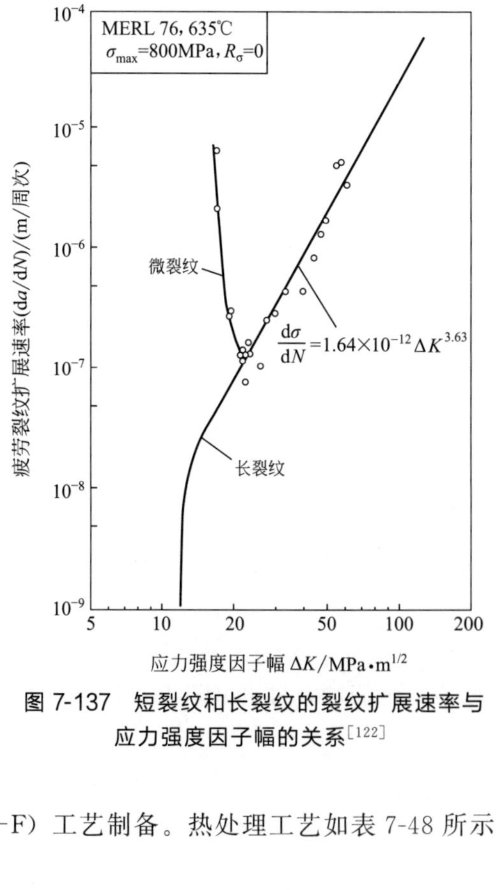

图 7-137　短裂纹和长裂纹的裂纹扩展速率与应力强度因子幅的关系[122]

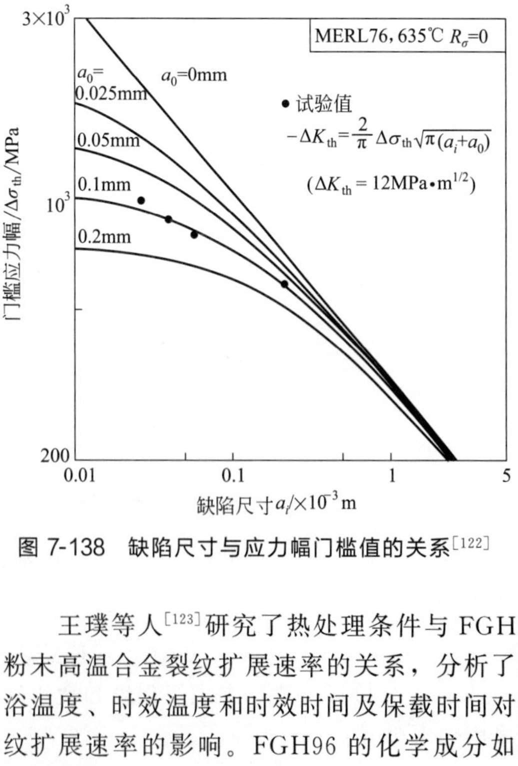

图 7-138　缺陷尺寸与应力幅门槛值的关系[122]

王璞等人[123]研究了热处理条件与 FGH96 粉末高温合金裂纹扩展速率的关系，分析了盐浴温度、时效温度和时效时间及保载时间对裂纹扩展速率的影响。FGH96 的化学成分如表 7-47 所示，合金由热等静压＋包套锻造（HIP＋F）工艺制备。热处理工艺如表 7-48 所示，标准紧凑拉伸试样如图 7-139 所示，试验温度为 650℃，加载方式为梯形波（15s-5s-15s）和（15s-90s-15s），最大载荷为 565kN，载荷比为 0。图 7-140 给出盐浴温度对裂纹扩展速率的影响。由图 7-140（a）可见，盐浴温度为 540℃的裂纹扩展速率明显高于 580℃的裂纹扩展速率。前者的应力强度因子变化范围小于后者，分别为 17MPa・$m^{1/2}$ 和 44MPa・$m^{1/2}$。由图 7-140（b）可见，在外加载荷相同时，540℃盐浴试样的裂纹萌生期较长，但裂纹一旦萌生后扩展迅速，整个断裂寿命较短，表明材料抗裂纹萌生的能力较好而抗裂纹扩展的能力较差，而 580℃盐浴试样的裂纹萌生期较短而整个断裂寿命较长，说明材料抗裂纹扩展能力较好。

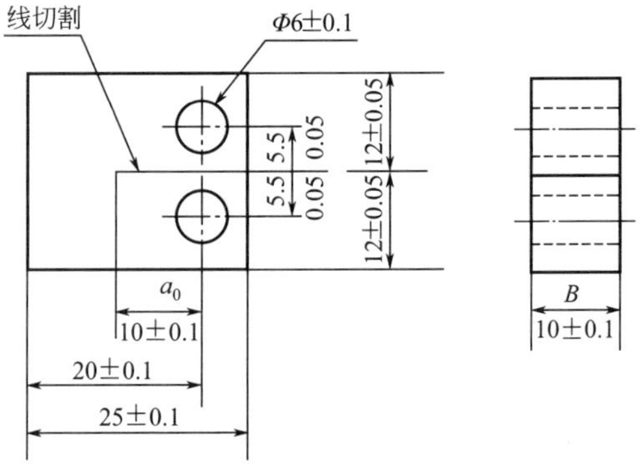

图 7-139　CT 裂纹扩展速率标准试样[123]

表 7-47　FGH96 粉末高温合金的化学成分（质量分数）[123]　　单位：%

元素	C	Cr	Mo	W	Al	Ti	Co	B	Nb	Ni
含量	0.03	16.0	4.0	4.0	2.1	3.7	13.0	0.015	0.7	其余

表 7-48　FGH96 合金的热处理制度[123]

试验号	热处理
1	1150℃,2h+540℃ SB+760℃,18h AC
2	1150℃,2h+580℃ SB+760℃,18h AC
3	1160℃,2h+600℃+760℃ SB,16h FC,550℃ AC
4	1150℃,2h+600℃+760℃ SB,16h FC,550℃ AC
5	1160℃,2h+540℃ SB+760℃,8h AC
6	1160℃,2h+540℃ SB+760℃,16h AC
7	1160℃,2h+540℃ SB+800℃,8h AC

注：SB—盐浴；AC—空冷；FC—炉冷。

图 7-141 为固溶温度对裂纹扩展速率的影响。如图 7-141（a）所示，随着固溶温度的升高，FGH96 合金的裂纹扩展速率降低，且裂纹扩展速率曲线有比较明显的孕育期，当应力强度因子达到 40MPa・$m^{1/2}$ 以后裂纹扩展进入稳态扩展区直至断裂，固溶温度升高对应的应力强度因子范围增大，固溶温度升高后对应试样的裂纹长度明显增加。如图 7-141（b）所示，且 1160℃、2h 时的断裂周次约为 1150℃、2h 时断裂周次的 6 倍。由此可见，提高固溶温度可明显降低合金的裂纹扩展速率。

图 7-142 为时效温度对裂纹扩展速率的影响。不同保载时间及不同时效温度的裂纹扩展速率曲线存在着明显的孕育期；提高时效温度，可增大合金的裂纹扩展速率，并增加对应的应力强度因子范围。同时，时效温度升高可增加试样的裂纹长度和断裂周次。图 7-143 为时效时间对裂纹扩展速率的影响。可见，在一定时效温度下，增加时效时间对合金的裂纹扩展速率影响不明显。在一定时效温度下增加时效时间，保载 90s 的裂纹扩展速率高于保载 5s 的裂纹扩展速率。

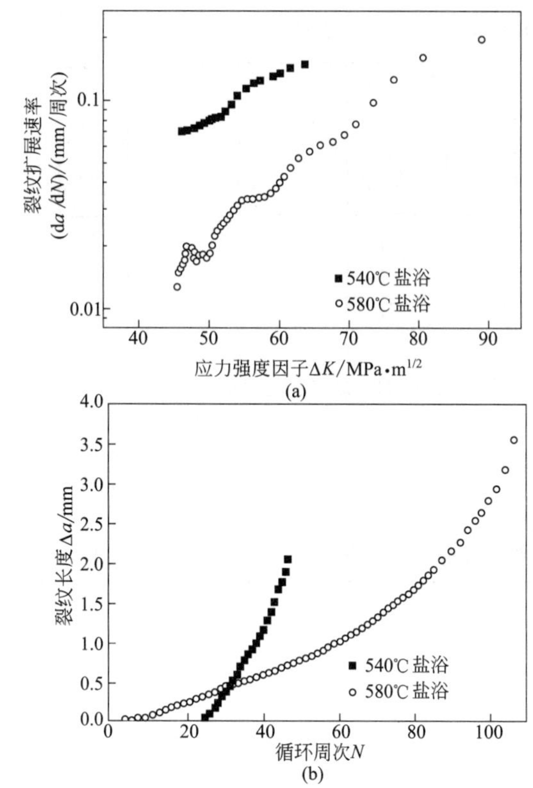

图 7-140　盐浴温度对裂纹扩展速率的影响[123]

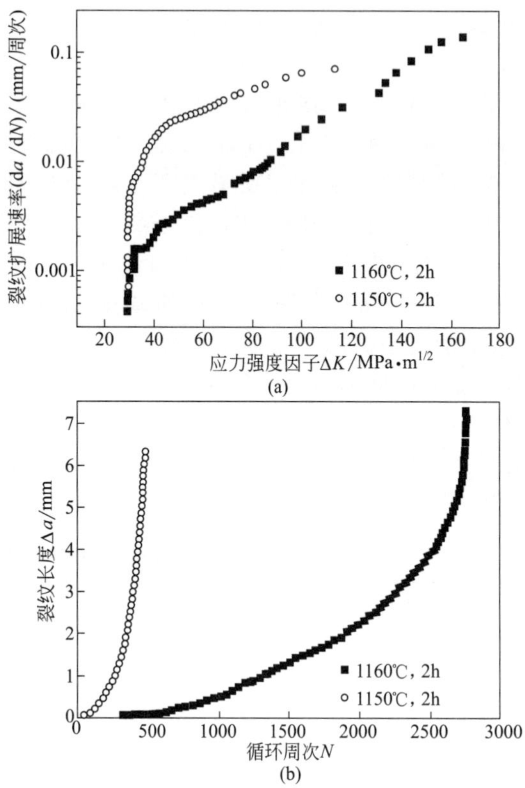

图 7-141　固溶温度对裂纹扩展速率的影响[123]

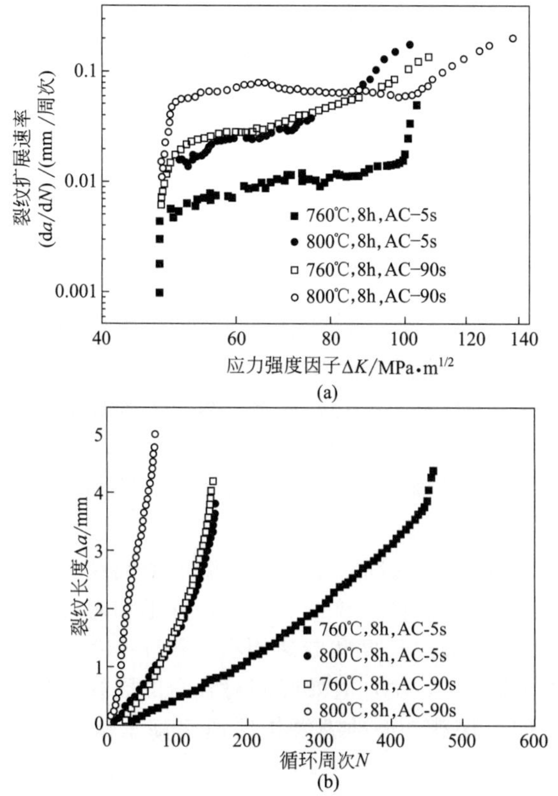

图 7-142　时效温度对裂纹扩展速率的影响[123]

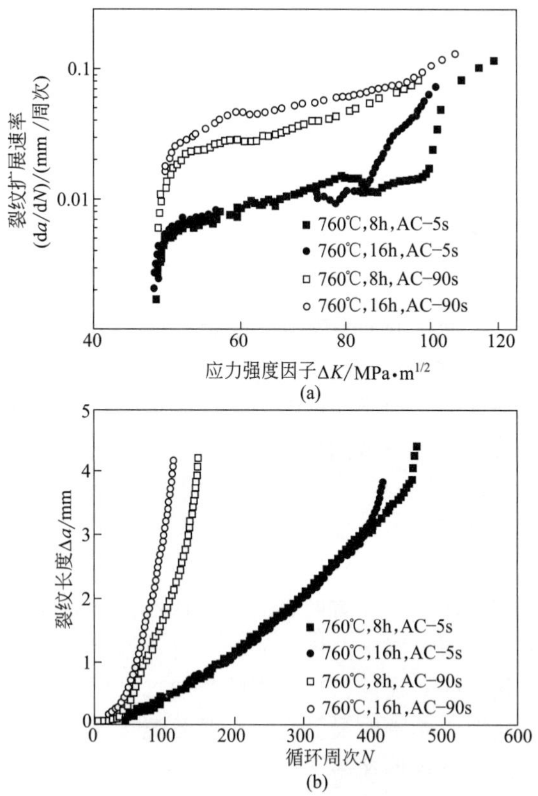

图 7-143　时效时间对裂纹扩展速率的影响[123]

表 7-49 为在稳态扩展区，当 $\Delta K=60\text{MPa}\cdot\text{m}^{1/2}$ 时，不同热处理条件对 FGH96 高温合金的裂纹扩展速率的影响，表中结果表明，温度对裂纹扩展速率的影响最明显，时效时间的影响最不明显。研究者认为，不同热处理制度主要影响 FGH96 合金的晶粒尺寸和 γ' 析出相的大小和数量，基体晶粒尺寸增大，二次 γ' 相数量增加和尺寸增大，形状趋于田字形有利于降低裂纹扩展速率。因此提高固溶温度和盐浴温度，降低时效温度和缩短时效时间及缩短保载时间都有利于降低裂纹扩展速率。

表 7-49　$\Delta K=60\text{MPa}\cdot\text{m}^{1/2}$ 时不同热处理 FGH96 合金的裂纹扩展速率及对应的增长倍数[123]

影响因素	热处理	(da/dN) /(mm/周次)	增长倍数
盐浴温度	540℃	13.52×10^{-2}	3.19
	580℃	4.23×10^{-2}	
固溶温度	1150℃,2h	29.83×10^{-3}	6.81
	1160℃,2h	4.38×10^{-3}	
时效温度	800℃,8h-90s	7.58×10^{-2}	2.69
	760℃,8h-90s	2.82×10^{-2}	
	800℃,8h-5s	22.82×10^{-3}	3.14
	760℃,8h-5s	7.26×10^{-3}	
时效时间	760℃,16h-90s	4.66×10^{-2}	1.65
	760℃,8h-90s	2.82×10^{-2}	
	760℃,16h-5s	8.85×10^{-3}	1.22
	760℃,8h-5s	7.26×10^{-3}	
保载时间	760℃,8h-90s	28.22×10^{-3}	3.89
	760℃,8h-5s	7.26×10^{-3}	
	800℃,8h-90s	7.58×10^{-2}	3.33
	800℃,8h-5s	2.28×10^{-2}	

佴启亮等人[124]研究了粉末高温合金 FGH97 的疲劳裂纹，讨论了晶粒尺寸、γ' 相和 Hf 含量对裂纹扩展速率的影响。FGH97 合金成分如表 7-50 所示，采用等离子旋转电极雾化制粉＋热等静压直接成形，热处理工艺为 1200℃、8h 炉冷＋1170°、空冷＋870℃、24h 空冷，疲劳试验温度为 650℃，应力比 $R=0.05$，最大载荷 4230N，加载波形如图 7-144 所示。图 7-145 给出了两种不同晶粒尺寸（100μm 和 170μm）的 da/dN-ΔK 和 a-N 曲线，如图7-145（a）所示，无论是在裂纹的萌生阶段还是稳定扩展阶段，粗晶都比细晶具有更低的裂纹扩展速率；从图 7-145（b）可见，细晶材疲劳断裂的循环周次较粗晶材的循环周次少，疲劳寿命短。图 7-146 给出了两种不同 γ' 相尺寸的 FGH97 合金试样的 da/dN-ΔK 和 a-N 曲线，其中 A 试样的 γ' 相尺寸分布在 100～200nm，且尺寸细小、分布紧密；B 试样 γ' 相尺寸为 300～400nm，主要呈方块状，比较均匀有序排列，空隙之间还有细小

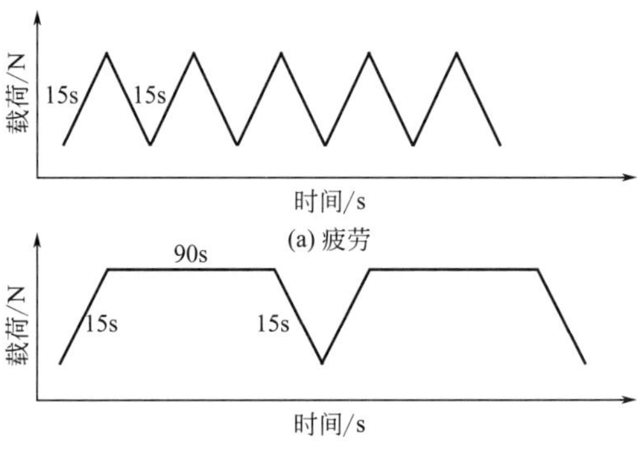

图 7-144　加载波形[124]

的三次 γ′相析出。图 7-146 给出了两种不同 γ′相尺寸的 FGH97 合金试样的疲劳寿命和裂纹扩展速率曲线。

表 7-50　FGH97 合金的化学成分（质量分数）[124]　　单位：%

Cr	Co	Mo	W	Al	Ti	Nb	Zr	B	C	Hf	Ni
9.02	15.69	3.76	4.96	4.91	1.74	2.59	0.017	0.012	0.045	0.30	余量

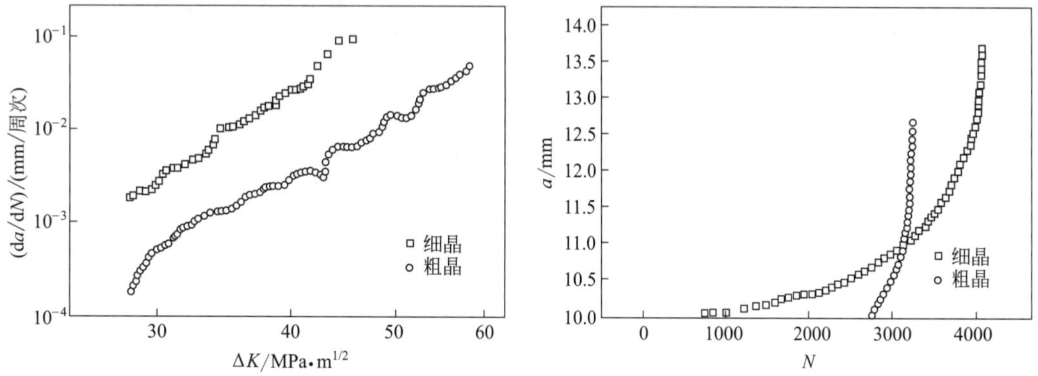

(a) $da/dN-\Delta K$　　(b) $a-N$

图 7-145　两种不同晶粒尺寸的 FGH97 合金试样（$R=0.05$，650℃）的 da/dN-ΔK 和 a-N 曲线[124]

从图 7-146（a）可见，A 试样扩展速率较高，而 B 试样裂纹扩展速率增速较快，B 试样在相对较低的 ΔK 下，疲劳进行瞬间断压扩展；从图 7-146（b）可见，B 试样启裂周次较高。对于 FGH97 合金来说 γ′相尺寸的增大、三次 γ′相析出和有序排列，有利于裂纹萌生抗力增大。图 7-147 给出不同 Hf 含量的 FGH97 合金的 da/dN-ΔK 和裂纹长度和循环周次 a-N 曲线，如图 7-147（a）所示，Hf 含量 0～0.6%（质量分数）试样的疲劳裂纹扩展速率降低，当 Hf 含量增至 0.9%（质量分数），试样疲劳裂纹扩展速率增大，如图 7-147（b）所示，随着 Hf 含量增加，疲劳寿命整体呈现增大趋势，Hf 含量为 0～0.6%（质量分数）时，疲劳裂纹启裂周次相当，Hf 增至 0.9%时启裂周次较高。研究者还对 FGH95、FGH96、FGH97 进行了比较，在成分设计上，FGH97 合金与 FGH95、FGH96 合金相比降低了 Cr

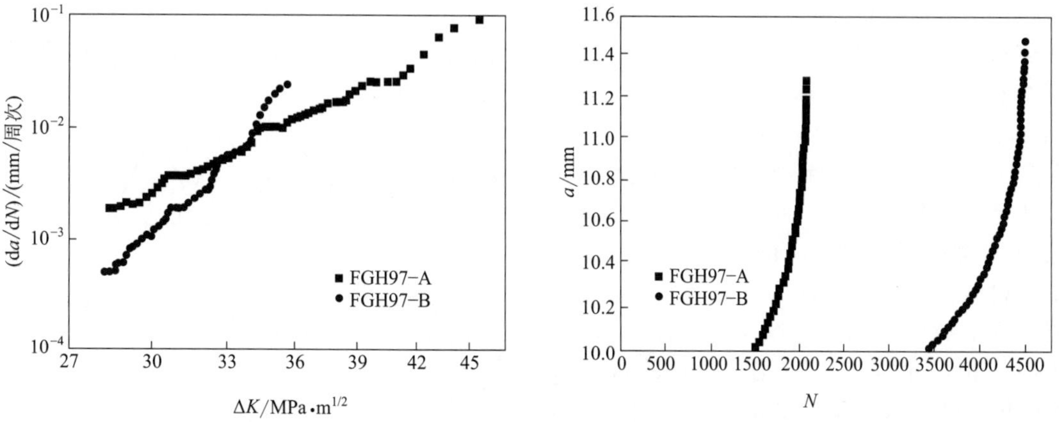

(a) $da/dN-\Delta K$　　(b) $a-N$

图 7-146　两种不同 γ′相尺寸的 FGH97 合金试样（$R=0.05$，650℃）的 da/dN-ΔK 和 a-N 曲线[124]

含量，提高了 Co 含量，使得合金的高温强度得到一定的提高，优化了 Al/Ti 比并添加了一定量的 Hf 元素，Hf 元素增加了 γ' 相含量并且适量地降低了 γ/γ' 晶格错配度，有利于提高材料的高温持久寿命，并且析出的晶界碳化物数量增多，提高了晶界强度。

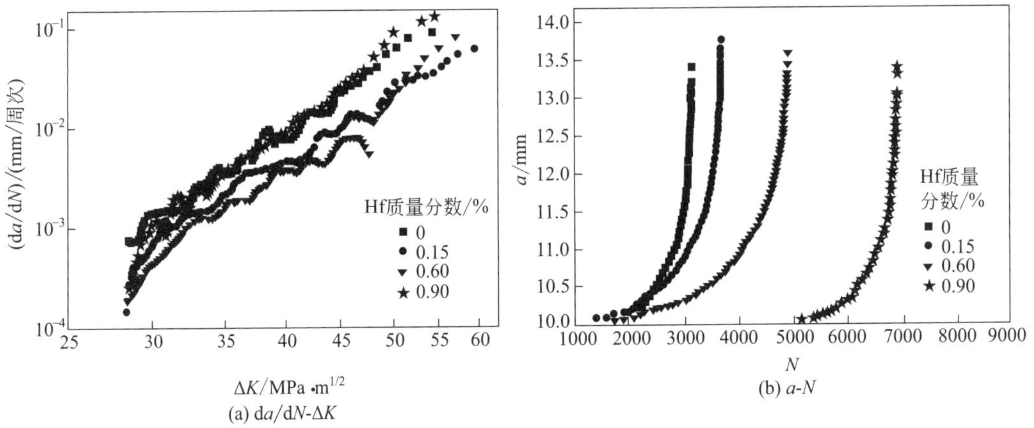

图 7-147　不同 Hf 含量 FGH97 合金（R= 0. 05，650℃）的 da/dN-ΔK 和 a-N 曲线[124]

从微观组织（图 7-148）上来看，FGH95 合金晶界和晶内具有粗大的一次 γ' 相。这是由于 FGH95 采用亚固溶处理，γ' 相没有完全回溶，在随后的热处理中仍残留 γ' 相弥散分布在二次 γ' 相之间，这种二次和三次 γ' 相的匹配析出提高了材料疲劳裂纹扩展的抗力。另外，FGH97 合金 γ' 的析出数量约 60%，较 FGH96 合金（35%左右）多，提高了合金的强度。

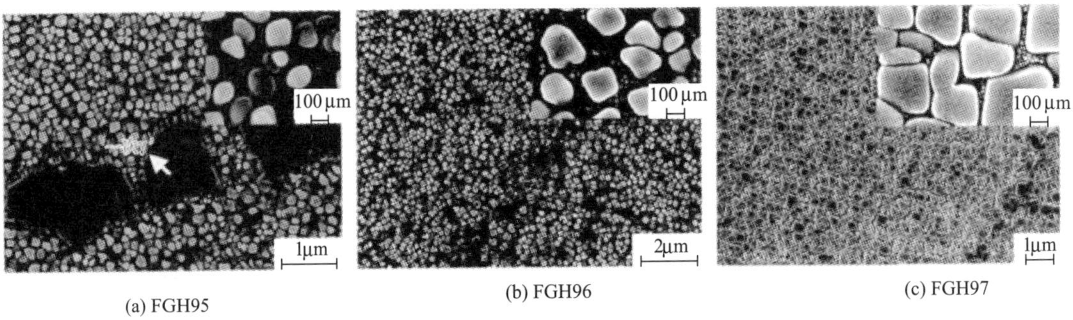

图 7-148　高温合金的微观组织形貌[124]

图 7-149 和图 7-150 给出了三种合金非保载疲劳和保载 90s 的 da/dN-ΔK 和 a-N 曲线。非保载疲劳加载下，FGH95 合金的裂纹扩展速率最高，FGH97 和 FGH96 合金裂纹扩展速率相当，但 FGH97 合金的启裂周次较 FGH96 高，因此呈现出最高的疲劳寿命。在疲劳-蠕变交互作用下（保载 90s），各种合金的疲劳裂纹扩展速率呈明显增大的趋势。FGH95 依然呈现出最高的裂纹扩展速率，FGH97 在低的强度因子幅 ΔK 裂纹扩展速率与 FGH96 相近，随着 ΔK 增大，FGH97 的裂纹扩展则显现出较低的扩展速率，使得应力循环周次增加，大幅度提高了循环寿命，加上启裂周次远远高于 FGH96 和 FGH95 合金，FGH97 合金依旧呈现出最高的疲劳寿命。

杨健等人[125]研究了新型镍基三代粉末高温合金 FGH98 的高温疲劳裂纹扩展行为，试验合金成分如表 7-51 所示，制备工艺为等离子旋转电极制粉，将粉末静电去夹杂后装入低

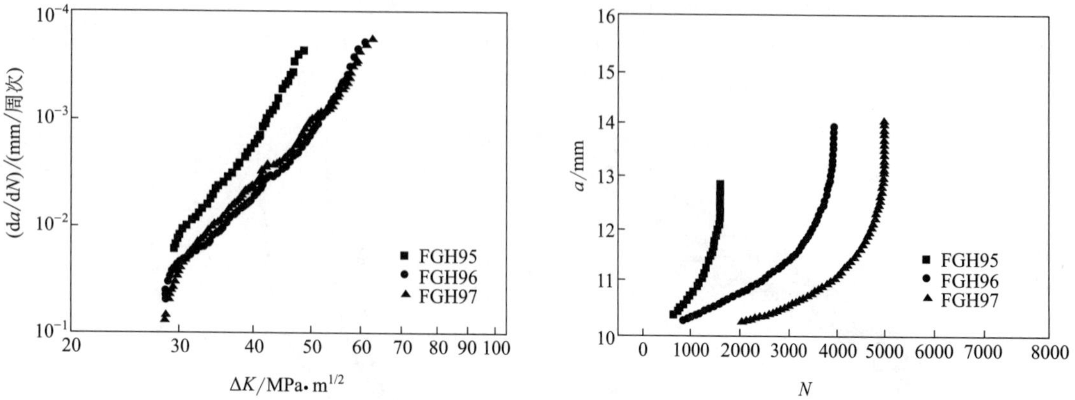

(a) $da/dN-\Delta K$ (b) $a-N$

图 7-149 非保载下三种合金（R= 0.05，650℃）的 da/dN-ΔK 和 a-N 曲线[124]

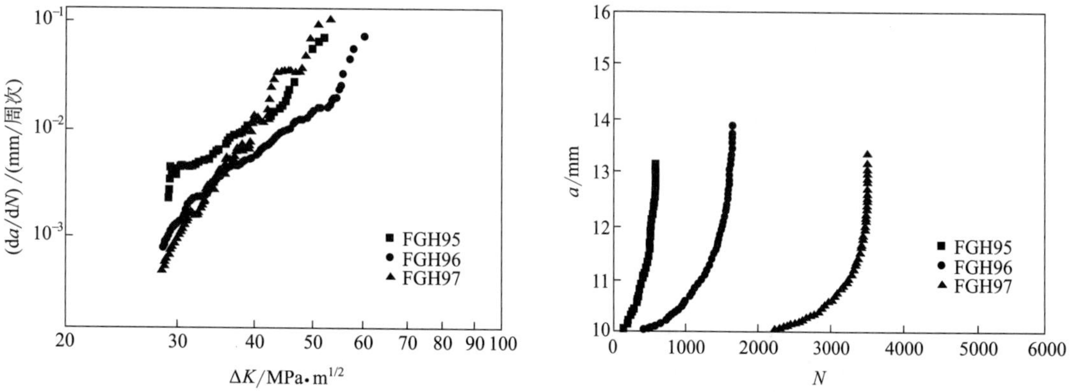

(a) $da/dN-\Delta K$ (b) $a-N$

图 7-150 保载 90s 下（R= 0.05， 650℃）的 da/dN-ΔK 和 a-N 曲线[124]

碳钢包套，真空脱气后电子束封装，热等静压成形（1180℃，4h，压力＞120MPa），去包套后热处理，1180℃固溶 1～2h，油淬，然后在 815℃时效 8h 后空冷。

粉末高温合金 FGH95 和 FGH96 的合金成分也列于表 7-51 中，热处理制度分别为：①FGH95，1140℃固溶 1h，600℃盐淬，870℃保温 1h 后空冷，在 650℃下保温 24h 后空冷；②FGH96，1150℃固溶 2h，600℃盐淬，760℃保温 16h 后空冷，炉冷至在 550℃后空冷。

为了研究晶粒尺寸对 FGH98 合金疲劳裂纹扩展行为的影响，在相同条件下通过等温锻造获取 2 组试样，对其中一组样品在亚固溶温度进行较长时间的保温，使得晶粒粗化，随后 2 组样品进行同样条件下的时效处理，尽量使得在晶粒度有差别的前提下析出相变化不大，即通过该处理，保证其显微组织主要的不同来自晶粒尺寸的不一样。为了研究析出相特征对合金裂纹扩展速率的影响规律，在相同的固溶温度下采取不同的冷却方式（直接冷却和分步冷却）获得 4 种具有不同 γ' 相特征的 FGH98 合金试样。4 种试样分别编号为 A、B、C、D。其中，A 和 B 试样经固溶处理后直接冷却，C 和 D 试样通过控制固溶后的冷却方式，分两步冷却，试样的固溶冷却曲线见图 7-151，4 种试样后续的时效制度是相同的。

表 7-51　三代粉末高温合金典型成分（质量分数）[125]　　单位：%

合金	C	B	Cr	Co	Al	Ti	Mo	W	Nb	Zr	Ta	Ni
FGH95	0.060	0.010	12.69	8.55	3.46	2.69	3.58	3.36	3.45	0.05	≤0.02	其余
FGH96	0.035	0.011	16.00	13.00	2.10	3.70	4.00	4.00	0.70	0.033	≤0.02	其余
FGH98	0.054	0.021	12.65	20.20	3.45	3.70	3.83	2.18	0.90	0.05	2.31	其余

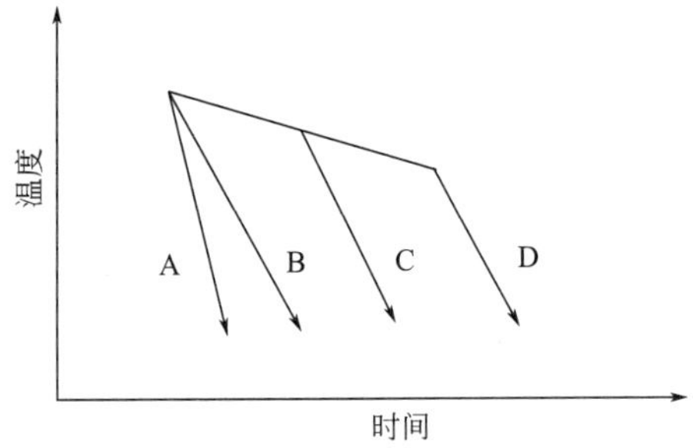

图 7-151　4 种试样的固溶冷却曲线[125]

试验温度为 650℃，加载方式分别为 5s-5s 的三角波（疲劳）以及 5s-90s-5s 的梯形波（最大载荷下保载 90s），最大载荷为 4230N，应力比 R 为 0.05。

图 7-152 给出了三代粉末高温合金的疲劳寿命和裂纹扩展速率的比较。从图中可以看出无论是非保载或保载 90s，FGH98 的疲劳寿命均高于前两代合金。疲劳条件下 FGH98 和 FGH96 合金的裂纹启裂周次相近，但在保载 90s 条件下 FGH98 合金的启裂周次明显大于 FGH96 合金。由于在空气环境中增加保载时间主要是增加了氧化作用对裂纹扩展的影响，这说明 FGH98 合金抵抗环境氧化的能力比 FGH96 合金有了较大提高。而从图 7-152（c）和（d）可以看出，在疲劳和保载 90s 条件下，3 种合金的裂纹扩展速率变化趋势是相近的：FGH98 合金的裂纹扩

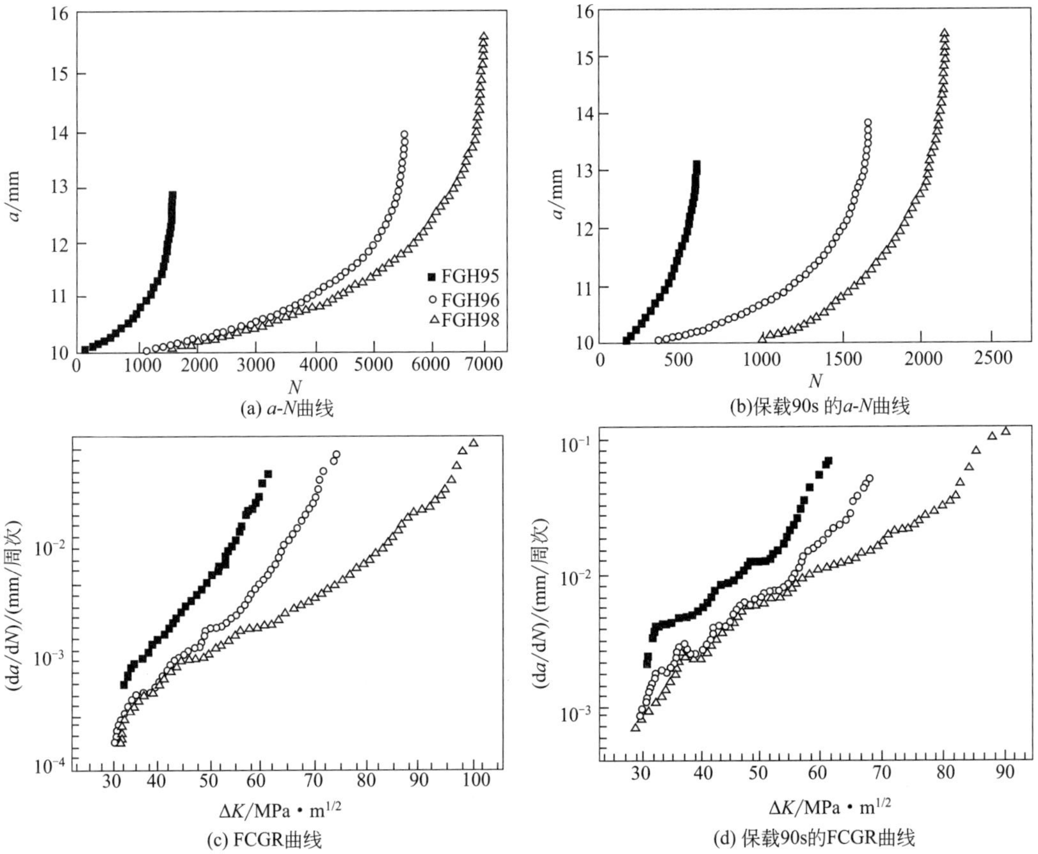

图 7-152　三代粉末高温合金的疲劳寿命和裂纹扩展速率的比较[125]

展速率较前两代粉末高温合金有明显的降低，FGH98 合金在裂纹扩展初期低应力强度因子范围的裂纹扩展速率与 FGH96 的相接近，但在裂纹扩展后期的高应力强度因子范围，其裂纹扩展速率明显低于 FGH96 合金，并且其应力强度因子变化的范围更宽（28～95MPa·$m^{1/2}$）。FGH98 合金在断裂过程中跨越了较宽的应力强度因子范围，说明该种新型合金具有很好的抗裂纹扩展能力，裂纹尖端能承受较大的应力而裂纹扩展仍保持较低的速率，与 FGH95 和 FGH96 相比，即使裂纹尖端应力达到很高的水平，FGH98 合金仍然可以有效抵抗裂纹的扩展而不发生断裂。

图 7-153 给出了晶粒尺寸对 FGH98 裂纹扩展速率的影响，由图 7-153（a）和（b）看出，粗晶试样的疲劳寿命明显高于细晶试样，在疲劳和保载 90s 时，粗晶试样的循环断裂周次分别是细晶试样的 1.43 倍和 1.38 倍，这说明粗晶试样的抗裂纹扩展能力要优于细晶试样；由图 7-153（c）和（d）可以看出，无论是疲劳还是保载 90s 条件下，粗晶试样在裂纹扩展前期的扩展速率要低于细晶试样，在裂纹扩展后期两者趋于接近。

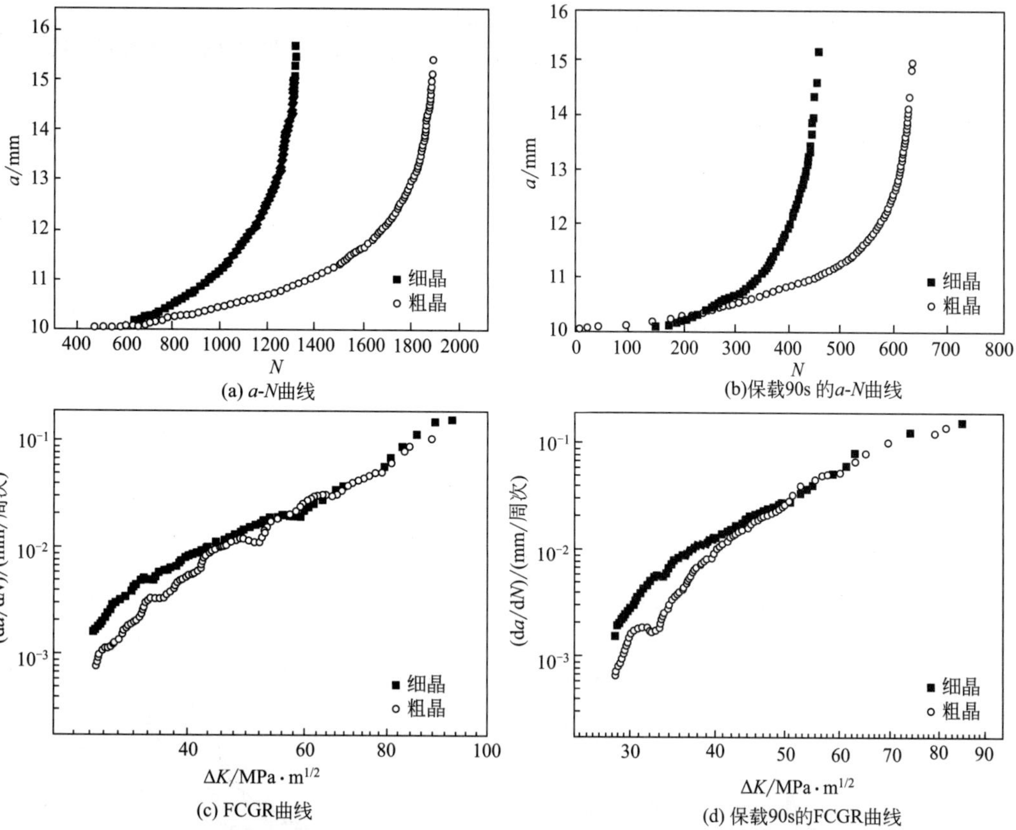

图 7-153　晶粒尺寸对 FGH98 合金疲劳寿命和裂纹扩展速率的影响[125]

图 7-154 给出了不同固溶冷却方式下 4 种试样的疲劳寿命及裂纹扩展速率的影响。由图 7-154（a）和（b）可知，在疲劳和保载 90s 条件下 C 试样的疲劳寿命都较长，尤其在疲劳条件下更为突出；而从图 7-154（c）和（d）可以看出，C 试样的裂纹扩展速率较低，具有最佳的抗裂纹扩展性能。综合来看，C 试样冷却条件下获得的合金组织具有最好的裂纹扩展抗力，无论在疲劳还是保载 90s 条件下，都表现出较低的裂纹扩展速率以及较长的疲劳寿命。固溶后的冷却方式对合金 γ' 相析出特征有很大的影响。

图 7-155 给出了不同保载时间 FGH98 合金的裂纹扩展曲线。从图中可以看出，随着保

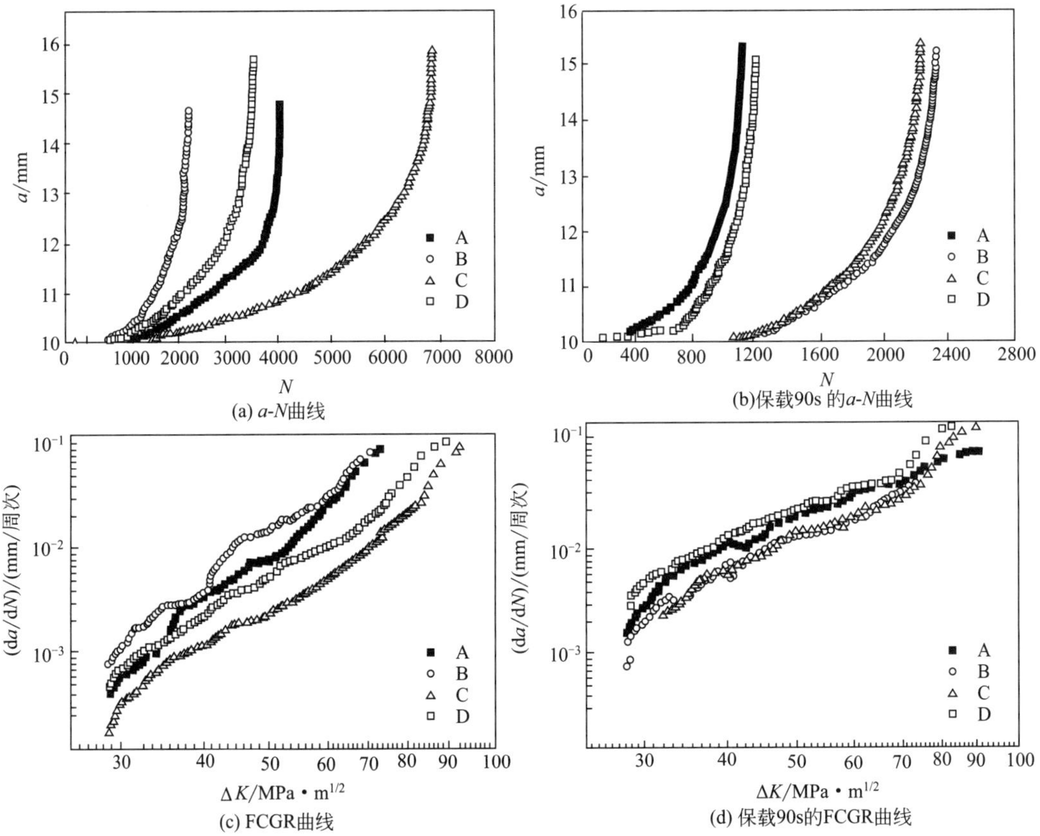

图 7-154　不同固溶冷却方式下 4 种试样的疲劳寿命及裂纹扩展速率比较[125]

载时间的增加，FGH98 合金裂纹扩展速率明显增大，说明在最大载荷保持时间内与时间相关的裂纹扩展部分增加；而在裂纹扩展的后期，保载时间长的试样的裂纹扩展速率增长趋势放缓，保载时间长的试样的裂纹扩展速率增长趋势放缓，与保载时间短的曲线相交。

研究者对晶粒尺寸和 γ' 相特征对 FGH98 合金裂纹扩展速率的影响进行了讨论。由于试验在空气中进行，裂纹扩展速率的增长与裂纹尖端附近晶界氧化有关。细晶试样具有较大的晶界面积，有利于氧在应力诱导下沿晶界快速扩散，加重晶界氧化，从而提高裂纹扩展速率[126]。而粗晶试样的晶界面积较小，因此氧化诱导的裂纹尖端损伤较小，裂纹扩展速率较小；而且粗晶试样能产生更加粗糙的断裂表面，在裂纹扩展过程中容易引起裂纹的闭合，从而降低试样的裂纹扩展速率。

裂纹扩展在近门槛区对微观组织结构较敏感，而在 Paris 区以后对微观组织结构不敏感，它们之间的转折点对应着裂纹尖端塑性区尺寸与晶粒尺寸相当时的 ΔK[127]。在近门槛区塑性区尺寸小于晶粒尺寸，微观组织结构（如晶粒尺寸）对裂纹扩展的影响显著，在低 ΔK 范围细晶试样的裂

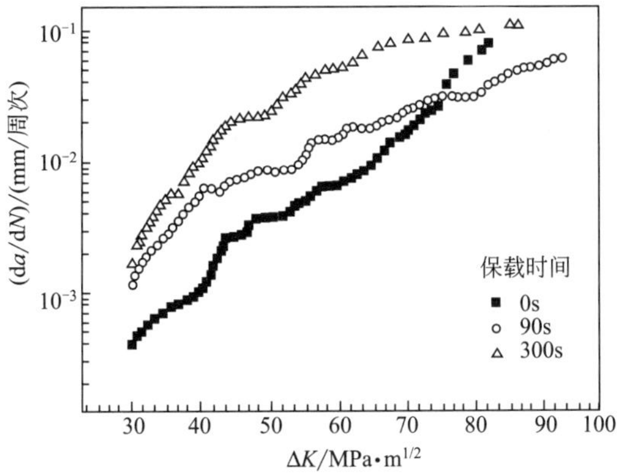

图 7-155　不同保载时间下 FGH98 合金的裂纹扩展速率[125]

纹扩展速率高于粗晶组织的，而在高 ΔK 范围两者相差不大。

除了晶粒尺寸，对裂纹扩展影响更为直接的是 γ' 相的大小以及二次和三次 γ' 相的数量比。

首先，尺寸较小、排列规则的二次 γ' 相有利于提高合金强度以及变形协调性。镍基高温合金中的 γ' 相与基体一般呈共格或半共格关系，位错运动以切割的方式通过 γ' 相。根据位错切割第二相粒子的强化机制，存在一临界尺寸，当 γ' 相尺寸小于此临界尺寸时，位错切割 γ' 相的临界分切应力 $\Delta\tau_0$ 随 γ' 相尺寸的增大而增大，而当 γ' 相尺寸超过该临界尺寸时，$\Delta\tau_0$ 随 γ' 相尺寸的增大而减小。一般情况下，该临界尺寸为 40nm[128]。

其次，数量较多的三次 γ' 相有利于提高合金的蠕变-疲劳裂纹扩展抗力。Telesman 等[129]认为三次 γ' 相是带保载时间的裂纹扩展及尖端应力释放过程中主要的显微结构控制因素，它促进了高温下载荷保持时间内裂纹尖端的应力释放，从而显著减小裂纹扩展的驱动力，提高合金的蠕变-疲劳裂纹扩展抗力。与其他试样相比，C 试样组织的一个明显特征就是含有数量较多的三次 γ' 相，这有利于裂纹在扩展过程中其尖端应力的释放，减小裂纹扩展的驱动力，从而降低裂纹扩展速率。另外，B 试样在保载 90s 条件下呈现出较低的蠕变-疲劳裂纹扩展速率也可能与其较多的三次 γ' 相有关。

综上所述，为了提高 FGH98 合金的裂纹扩展抗力，需要协调合金组织中二次和三次 γ' 相的匹配性，可以通过控制合金固溶后以适当的冷却速率冷却，使得二次和三次 γ' 相均匀匹配析出，从而获得具有良好抗疲劳裂纹扩展性能的合金组织。

为了进一步分析比较三代粉末高温合金的抗疲劳裂纹扩展性能，用 Paris 公式 $da/dN=C\Delta K^B$（可以反映裂纹扩展速率 da/dN 随应力强度因子幅 ΔK 变化幅度的大小）分别拟合了图 7-152（c）和（d）中 3 种合金裂纹扩展速率曲线中部的稳态扩展区，见表 7-52。可以看出，3 种合金的指数项 B 值依次减小，即随着裂纹尖端应力强度因子幅 ΔK 的增大，3 种合金裂纹扩展速率增大的幅度是依次减小的。这说明在相同的应力强度因子范围内，FGH98 合金抵抗裂纹扩展的能力是最强的。

表 7-52　图 7-152（c）和（d）中裂纹扩展速率 Paris 公式拟合[125]

合金	疲劳		保载时间 90s	
	B	C	B	C
FGH95	7.98	1×10^{-15}	4.52	6×10^{-10}
FGH96	6.45	8×10^{-14}	4.84	9×10^{-11}
FGH98	3.70	1×10^{-9}	2.83	2×10^{-7}

7.2.3 粉末高温合金的疲劳性能

（1）粉末冶金高温合金的低周疲劳寿命[130,131]

Mansoa 和 Coffin（1954）首次提出了循环塑性应变范围与循环寿命之间的指数定律。初期 Mansoa（1973）提出了通用斜率法，将定律写成：

$$\Delta\varepsilon=\Delta\varepsilon_e+\Delta\varepsilon_p=3.5\frac{\sigma_B}{E}N_f^{-0.12}+\sigma_f^{0.6}N_f^{-0.6} \tag{7-33}$$

$$\sigma_f=\sigma_B(1+\varepsilon_f) \tag{7-34}$$

式中，$\Delta\varepsilon$ 为总应变范围；$\Delta\varepsilon_e$ 为弹性应变范围；$\Delta\varepsilon_p$ 为塑性应变范围；σ_B 为屈服强度 E 为杨氏模量；σ_f 为断裂强度；N_f 为疲劳循环寿命；ε_f 为断裂韧度。

斜率法在预测高周疲劳寿命时不合适，Muralidharan 等人[132]进行了修改，降低了弹性和塑性的斜率，使用$\frac{\sigma_B}{E}$作为塑性部分分数，方程式如下：

$$\Delta\varepsilon = 1.17\left(\frac{\sigma_B}{E}\right)^{0.832} N_f^{-0.009} + 0.0266\varepsilon_f^{0155}\left(\frac{\sigma_B}{E}\right)^{-0.53} N_f^{-0.56} \tag{7-35}$$

Mitchell（1979）方法是一种最好的疲劳寿命的预测方法，方程式中用抗拉强度来获得弹性斜率，方程如下：

$$\frac{\Delta\varepsilon}{2} = \frac{\Delta\varepsilon_e}{2} + \frac{\Delta\varepsilon_P}{2} = \frac{\varepsilon'_f}{E}(2N_f)^b + \varepsilon'_f(2N_f)^c \tag{7-36}$$

$$\sigma'_f \approx \sigma_f = \sigma_B + 345 \tag{7-37}$$

式中，σ'_f为疲劳强度系数；b为疲劳强度指数；ε'_f为疲劳延展性系数；c为疲劳延展性指数。

为了近似计算，取：

$$b = \frac{\lg\left(\frac{\sigma'_f}{E}\right) - \lg\left(\frac{\sigma_B}{2E}\right)}{\lg(10^0) - \lg(10^6)} = -\frac{1}{6}\lg\left(\frac{2\sigma_f}{\sigma_B}\right) = -\frac{1}{6}\lg\left[\frac{2(\sigma_B + 345)}{\sigma_B}\right] \tag{7-38}$$

$$\varepsilon'_f \approx \varepsilon_f = \ln\left(\frac{100}{100 - R_A}\right) \tag{7-39}$$

式中，R_A为面积衰减率。

对于大部分材料，c取-0.6，该值被认为是大部分材料的平均值。因此，式（7-36）就变为：

$$\frac{\Delta\varepsilon}{2} = \frac{\Delta\varepsilon_e}{2} + \frac{\Delta\varepsilon_P}{2} = \frac{\sigma_B + 345}{E}(2N_f)^{-\frac{1}{6}\lg\left[\frac{2(\sigma_B+345)}{\sigma_B}\right]} + \varepsilon_f(2N_f)^{-0.6} \tag{7-40}$$

Baumel 和 Seeger[133]根据他们的研究数据提出了统一材料法则，与其他方法比较而言，这种方法的优点是只有抗拉强度一个未知量，即：

$$\frac{\Delta\varepsilon}{2} = \frac{\Delta\varepsilon_e}{2} + \frac{\Delta\varepsilon_P}{2} = 1.50\frac{\sigma_B}{E}(2N_f)^{-0.087} + 0.59\psi(2N_f)^{-0.58} \tag{7-41}$$

式中

$$\psi = 1 \qquad \left(\frac{\sigma_B}{E} \leqslant 0.003\right)$$

$$\psi = 1.375 - 125.0\frac{\sigma_B}{E} \qquad \left(\frac{\sigma_B}{E} > 0.003\right)$$

$$\frac{\Delta\varepsilon}{2} = \frac{\Delta\varepsilon_e}{2} + \frac{\Delta\varepsilon_P}{2} = 1.67\frac{\sigma_B}{E}(2N_f)^{-0.095} + 0.35(2N_f)^{-0.69} \tag{7-42}$$

Ong 提出了四点关联法则[134]，给出了如下所示的应变-寿命关系，这种方法和通用斜率法一样，需要σ_f值，σ_f可以由式（7-34）计算得到：

$$\frac{\Delta\varepsilon}{2} = \frac{\Delta\varepsilon_e}{2} + \frac{\Delta\varepsilon_P}{2} = \frac{\varepsilon'_f}{E}(2N_f)^b + \varepsilon'_f(2N_f)^c$$

$$b = \frac{1}{6}\left\{\lg\left[0.16\left(\frac{\sigma_B}{E}\right)^{0.81}\right] - \lg\left(\frac{\sigma_f}{E}\right)\right\} \tag{7-43}$$

$$c = \frac{1}{4}\left[\lg\left(\frac{0.00737 - \Delta\varepsilon_e^*/2}{2.074}\right) - \lg(\varepsilon_f)\right]$$

Lee 等人[131]将 INconel 718 HIP 材、INconel 718 HIP＋HT（热处理）材、MAR-M-

247 HIP 材、MAR-M-247 HIP＋HT 材和 Rene 95 HIT 材采用通用斜率法、改进通用斜率法、Mitchell 法、Baumel 和 Seeger 法、Ong 法对高温低周疲劳寿命进行预测，在进行预测前给出了不同温度下的抗拉强度、弹性模量和伸长率（图 7-156）。图中结果表明，五种材料的抗拉强度和弹性模量随温度升高而单调下降，而伸长率除 INconel 718 外也是随温度升高而下降。但 INconel 718 伸长率在 600～700℃下降，而在 800～900℃有轻微上升，图中热处理的 INconel 718 和 MAR-M-247 具有较高强度和较低的伸长率，表明了仅热等静压的材料和经热等静压再进行热处理材有较大区别。其原因为塑性变形后的退火产生孪晶，提高强度，也降低了伸长率。图 7-157 给出了五种材料在 627℃与 900℃的低周疲劳寿命曲线，低周疲劳寿命被定义为最大应力幅下降 10%。从图中可以看出同材料 900℃的疲劳寿命低于 627℃的疲劳寿命。对于材料来说，Inconel 718 的疲劳寿命最长，René 95 的疲劳寿命最短，仅热等静压的合金比热等静压＋热处理的合金具有更好的延展性和相对长的寿命。

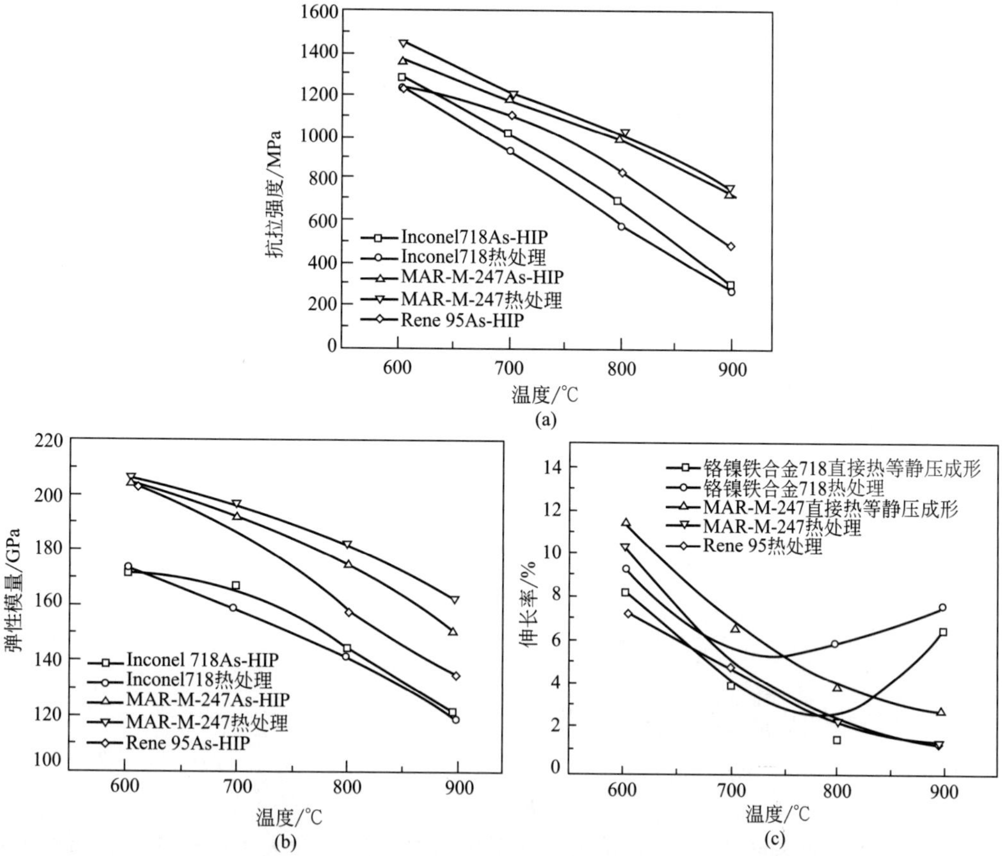

图 7-156 不同温度下的抗拉强度、弹性模量和伸长率[131]

对于粉末高温合金的低周疲劳寿命预测，以上所述的各种模型可以用 3 倍分散带来比较其准确性。3 倍分散带将每个 N_P/N_f 的值在图上标出，比较其在斜率为 1/3～3 的分散带内的分布情况（假设 $N_P=N_f$，其中 N_P 为预测寿命，N_f 为试验寿命，以 $1/3\leqslant N_P/N_f\leqslant 3$ 为比较区域）。

图 7-158～图 7-162 给出了五种材料在五个模型中寿命预测和试验值的比较。如图所示，

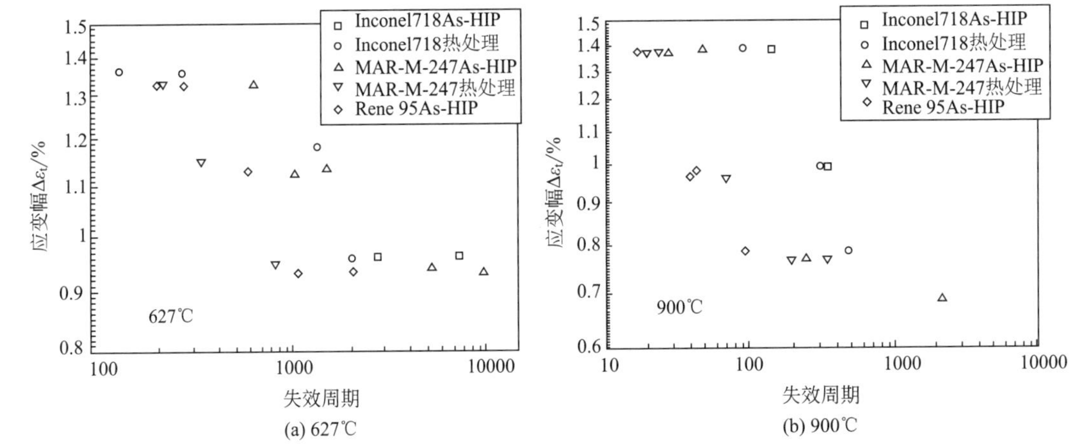

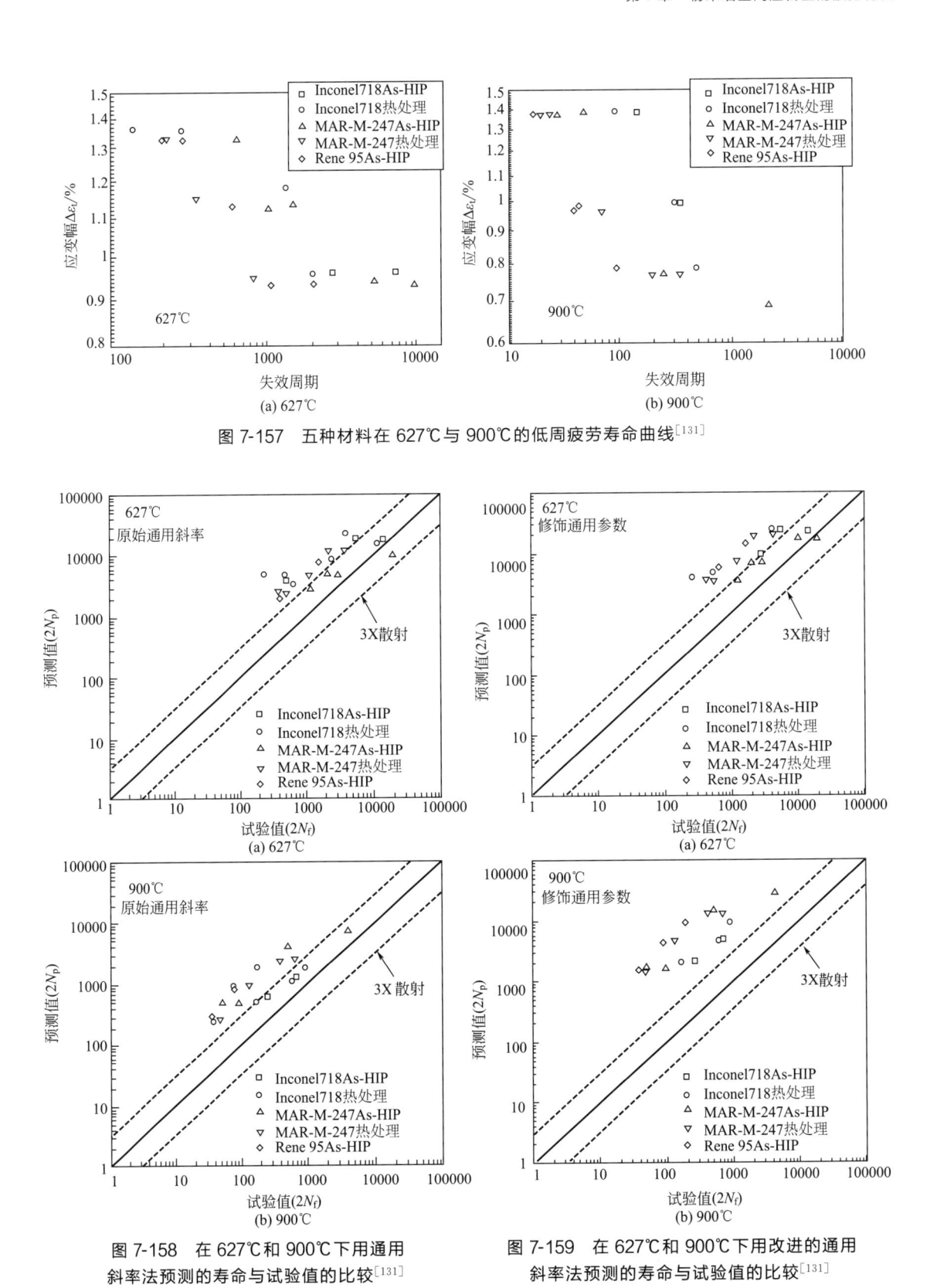

图 7-157　五种材料在 627℃与 900℃的低周疲劳寿命曲线[131]

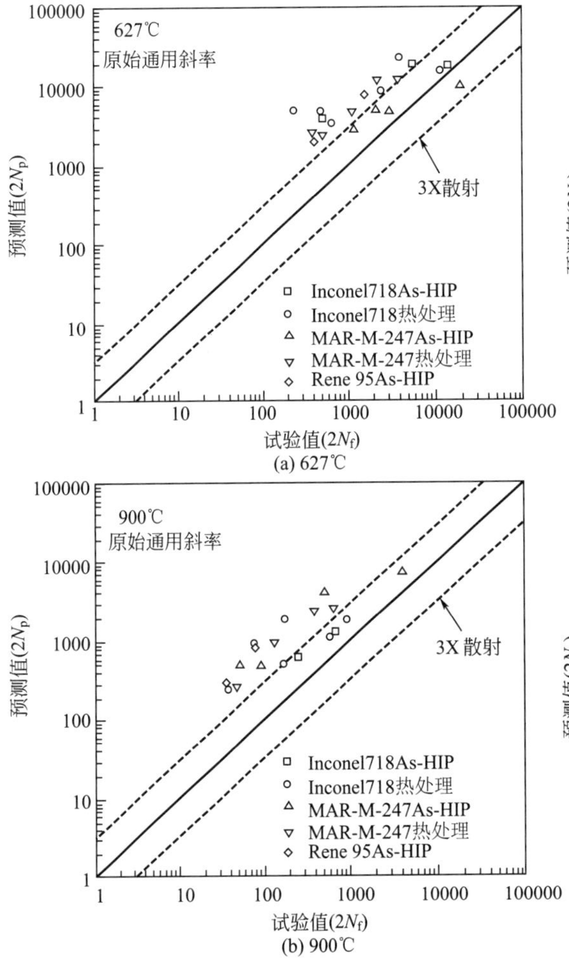

图 7-158　在 627℃和 900℃下用通用斜率法预测的寿命与试验值的比较[131]

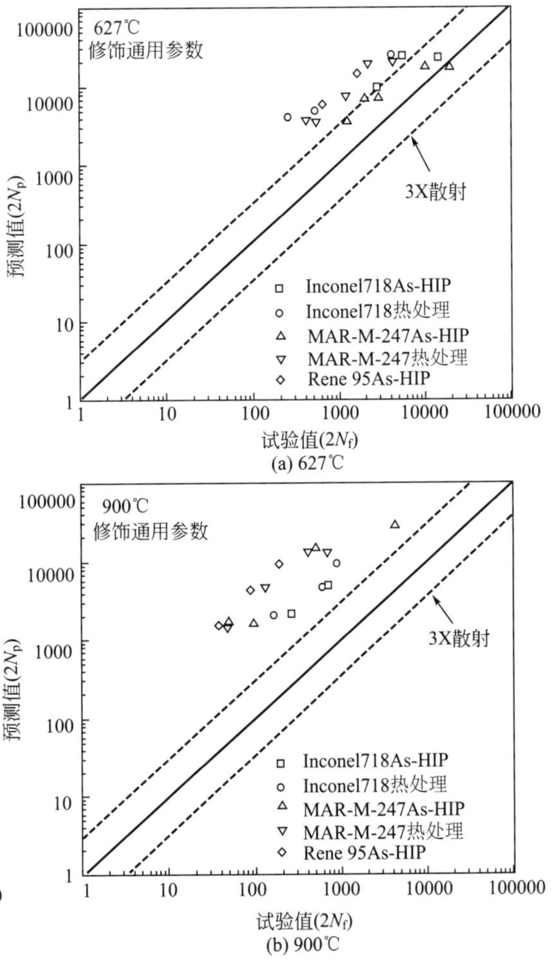

图 7-159　在 627℃和 900℃下用改进的通用斜率法预测的寿命与试验值的比较[131]

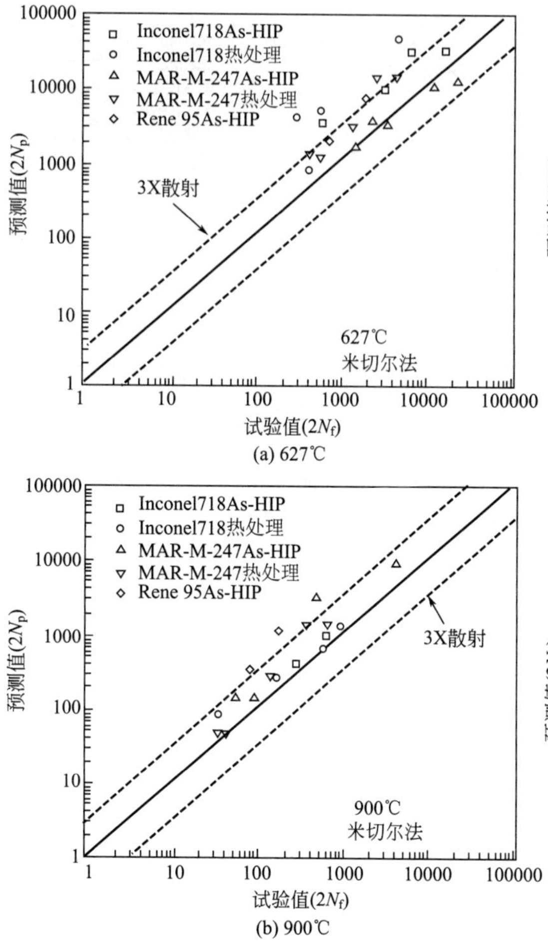

图 7-160 在 627℃和 900℃下用米切尔（Mitchell）法预测的寿命与试验值的比较[131]

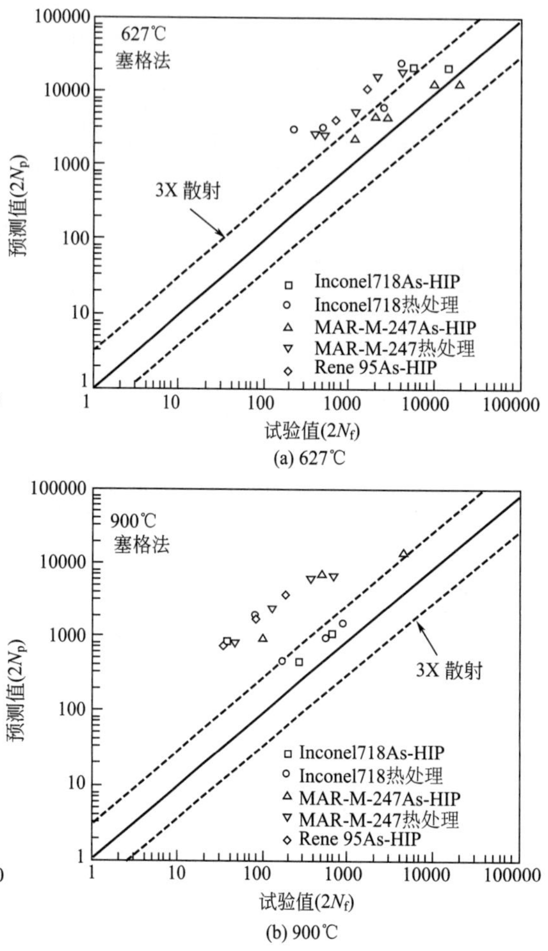

图 7-161 在 627℃和 900℃下用塞格（Seeger）法预测的寿命与试验值的比较[131]

通用斜率法的几乎所有预测值要比试验值大很多，而修正的通用斜率法预测值比试验值要大 10 倍，几乎没有数据落在 3 倍分散带内。Baumel 和 Seeger 模型、Ong 的模型也存在这种情况，除少部分数据落在 3 倍分散带内，大部分预测值过大。事实证明，通用斜率法和修正后的通用斜率法都不适合用作粉末高温合金的疲劳寿命预测准则。

综合比较以上寿命预测模型，Mitchell 方法被认为是最好的疲劳寿命预测方法，适用的材料范围较为广泛，它给出了较为保守的结果，并且对于高温合金、钛合金、铝合金在高温下的疲劳行为也比以前的研究效果都要好，但是仍然存在部分预测值过高的缺点。

Lee 等人在总结前人研究的基础上，提出了修正的 Mitchell 模型如下：

$$\frac{\Delta\varepsilon}{2}=\frac{\Delta\varepsilon_{e}}{2}+\frac{\Delta\varepsilon_{P}}{2}=\frac{\sigma_{B}+345}{E}(2N_{f})^{-\frac{1}{6}\lg\left[\frac{2(\sigma_{B}+345)}{\sigma_{B}}\right]}+0.64\varepsilon_{f}(2N_{f})^{-0.66} \tag{7-44}$$

由图 7-163 可知，对于修正 Mitchell 模型几乎所有的疲劳寿命都落在 3 倍分散带内，比初始 Mitchell 模型的误差值要小得多，因此疲劳寿命的预测值更准确。表 7-53 给出了 Mitchell 模型和修正 Mitchell 模型中系数与试验数据中系数的比较，所以对于粉末高温合金，特别是高温、低周疲劳，修正 Mitchell 模型是最合适的预测方法。

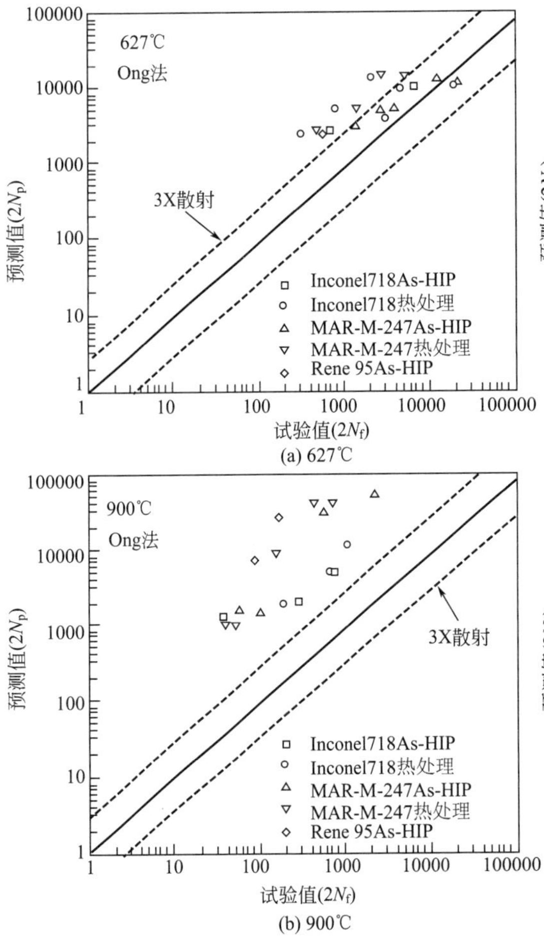

图 7-162　在 627℃和 900℃下用 Ong 法预测的寿命与试验值的比较[131]

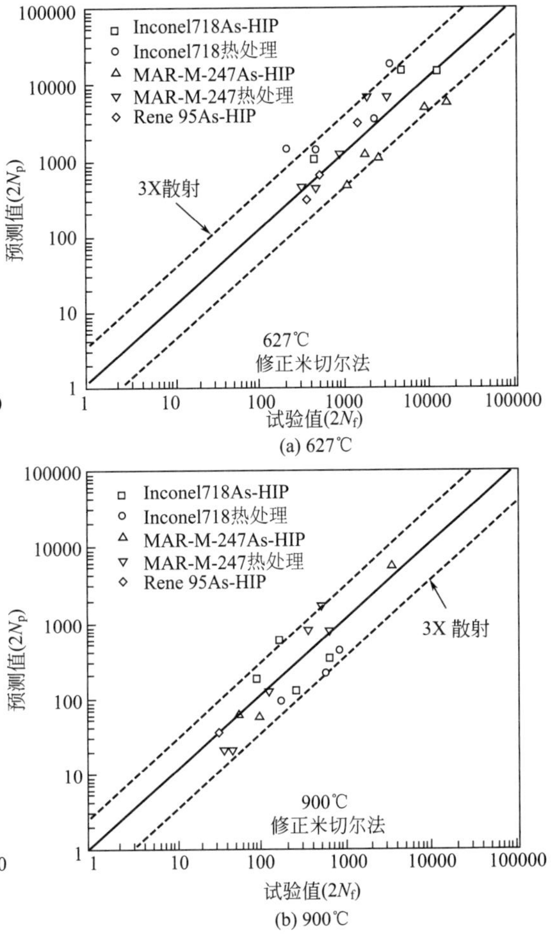

图 7-163　在 627℃和 900℃下用修正米切尔（Mitchell）法预测的寿命与试验值的比较

表 7-53　Mitchell 模型和修正 Mitchell 模型中系数与试验数据中系数的比较[131]

温度	627℃				900℃		
系数	σ'_f/E	ε'_f	b	c	σ'_f/E	ε'_f	b
数据拟合							
IN718-热等静压	0.004872	0.01338	−0.036	−0.26	0.001769	0.1183	−0.003
IN718-热处理	0.004817	0.01437	−0.029	−0.28	0.003339	0.0505	−0.088
MAR-热等静压	0.008564	0.07914	−0.07	−0.69	0.005373	0.0125	−0.089
MAR-热处理	0.010249	0.19169	−0.103	−0.84	0.00691	0.0144	−0.126
Rene-热等静压	0.009756	0.209	−0.117	−0.79	0.006904	0.0283	−0.0172
平均系数	0.007652	0.10162	−0.071	−0.55	0.004859	0.0448	−0.096
Mitchell 法							
IN718-热等静压	0.008762	0.1939	−0.069	−0.6	0.005548	0.1349	−0.1072
IN718-热处理	0.00886	0.2467	−0.068	−0.6	0.005199	0.1113	−0.1081
MAR-热等静压	0.007655	0.1334	−0.067	−0.6	0.006602	0.0472	−0.0789
MAR-热处理	0.007925	0.1094	−0.067	−0.6	0.006138	0.0234	−0.0777
Rene-热等静压	0.007663	0.0915	−0.068	−0.6	0.006205	0.0385	−0.088
Mitchell 平均系数	0.008173	0.15498	−0.068	−0.6	0.00594	0.0711	−0.092
平均系数/Mitchell 平均系数	0.9362	0.6557	1.046	0.917	0.8182	0.6306	1.0384

续表

温度	627℃				900℃		
系数	σ'_f/E	ε'_f	b	c	σ'_f/E	ε'_f	b
修正 Mitchell 法							
IN718-热等静压	0.008762	0.1241	−0.069	−0.066	0.00555	0.08634	−0.1072
IN718-热处理	0.00886	0.1579	−0.068	−0.066	0.0052	0.07123	−0.1081
MAR-热等静压	0.007655	0.0854	−0.067	−0.066	0.0066	0.03021	−0.0789
MAR-热处理	0.007925	0.07	−0.067	−0.066	0.00614	0.01498	−0.0777
Rene-热等静压	0.007664	0.0586	−0.068	−0.066	0.00621	0.02464	−0.088
修正 Mitchell 平均系数	0.008173	0.0992	−0.068	−0.066	0.00594	0.04548	−0.092
平均系数 / 修正 Mitchell 平均系数	0.9362	1.025	1.046	0.8336	0.8182	0.9854	1.0384

滝川博等人[135]研究了三种粉末高温合金的疲劳问题，三种粉末高温合金的热等静压工艺和热处理工艺如表 7-54 所示。Mod. IN100 合金由于在 HIP 时表面容易析出 MC 碳化物，因而 HIP 工艺采用低温高压。三种 HIP 材的成分如表 7-55 所示，HIP 固结材的试样取材按图 7-164 所示，试样尺寸如图 7-165 所示，拉伸试验、持久强度试验和低周疲劳试验的条件如表 7-56 所示。

表 7-54　三种粉末高温合金的热等静压工艺和热处理工艺[135]

合金	HIP	热处理
AF115	1160℃×1000kgf/cm²×3h	1180～1190℃×3h/AC→760℃×16h/AC
MERL76	1180℃×1000kgf/cm²×3h	1163℃ × 2h/AC → 871℃ × 40m/AC → 982℃ × 45m/AC→649℃×24h/AC→760℃×16h/AC
Mod. IN100	1000℃×1700kgf/cm²×3h	1220℃×2h/AC→1080℃×4h/AC→843℃×16h/AC→760℃×24h/AC

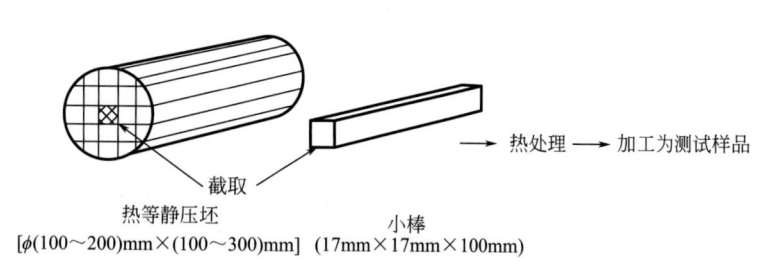

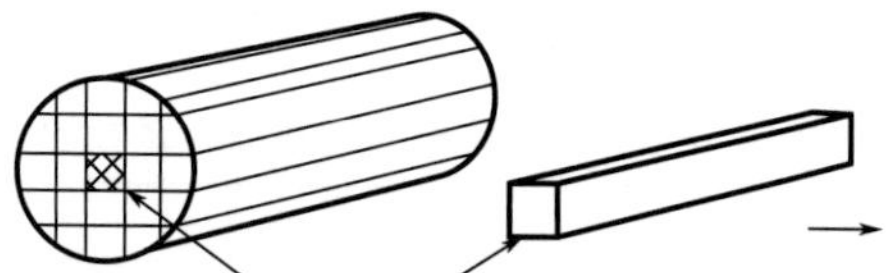

图 7-164　HIP 固结材的试样取材[135]

表 7-55　HIP 处理试样的化学成分（质量分数）[135]

单位：%

合金＼元素	C	Cr	Ni	Co	Fe	Mo	W	V	Ti	Al	B	Zr	Hf	Nb	O	N
AF115	0.05	10.9	其余	14.9	—	2.8	5.9	—	3.8	3.7	0.018	0.05	0.8	1.9	70	20
MERL76	0.02	12.2	其余	18.6	0.2	3.2	—	—	4.3	5.0	0.020	0.07	0.4	1.3	78	25
Mod. IN100	0.07	12.4	其余	18.5	0.1	3.1	—	0.8	4.4	5.0	0.020	0.05	—	—	50	22

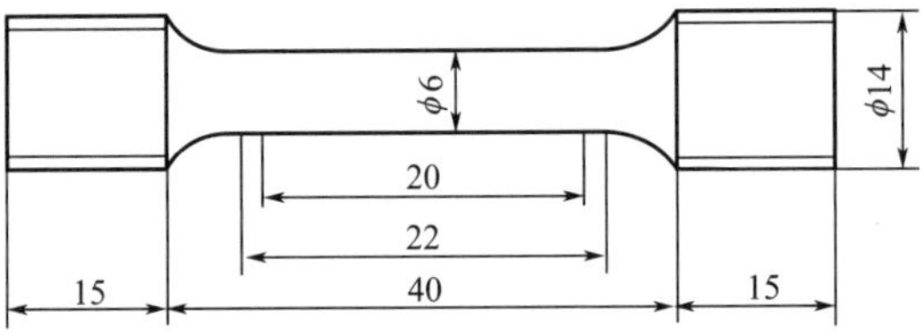

(a) 拉伸应力断裂试样

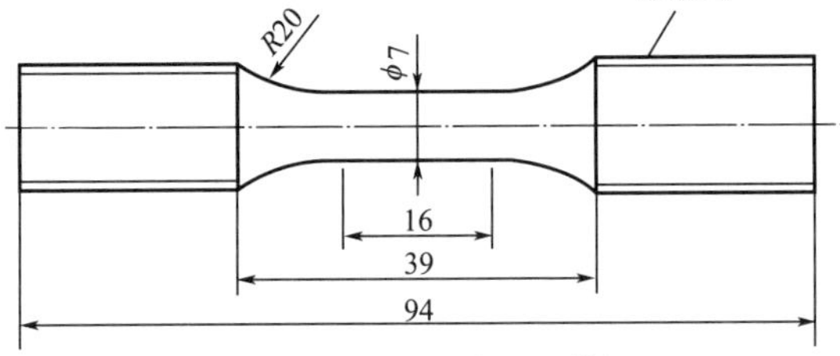

(b) 低周疲劳测试试样

图 7-165　试样尺寸[135]

表 7-56　拉伸试验、持久强度试验和低周疲劳试验的条件[135]

测试类型		测试条件
拉伸试验		温度：室温～760℃；应变速率 ε：0.5%/min 直到屈服强度的 0.2%
持久强度试验		温度×应力：670℃×105(kgf/mm²)～885℃×31(kgf/mm²)
低周疲劳试验(LCF)	应变控制	温度：760℃；$\dot{\varepsilon}=0.4\%/s$；$\Delta\dot{\varepsilon}$：0.4%～1.0%；$R_\varepsilon=0$
	应力控制	温度：635℃；$f=2Hz$；σ_{max}：80～130(kg/mm²)；$R_\sigma=0$

图 7-166 给出了在粉末处理时接触空气和没接触空气的热等静压 AF115 合金在应变控制下低周疲劳寿命的比较。图中结果表明虽然是氩气雾化粉末，一旦接触空气，其低周疲劳寿命明显降低。其原因为粉末接触空气会吸收空气中的水分，发生氧化，容易在热等静压后形成 PPB。图 7-167 为 Mod. IN100 合金在应力控制下的低周疲劳寿命图，严格控制氧化量，可以得到较高的疲劳寿命。图 7-168 为在应变控制下的低周疲劳试验，其数据与美国空军数据比较稍高[136]。图 7-169 为粉末高温合金 AF115 固溶热处理后的高温拉伸性能，这些数据和 Carlson 数据相当[137]。图 7-170 为粉末高温合金 AF115 固溶处理温度不同对高温持久强度的影响，该数据和美国空军数据相同[138]。图 7-171 为粉末高温合金 MERL76 在应力控制下，在 635℃下低周应变疲劳寿命，其数据与美国 NASA 的数据相同[139]。图中结果表明，AF115 合金的疲劳寿命比 MERL76 的疲劳寿命要长些。图7-172为 Mod IN10 合金的高温拉伸性能。另外，从图 7-173 可以看出其低周疲劳寿命比铸造合金要高（图 7-167），其高温拉

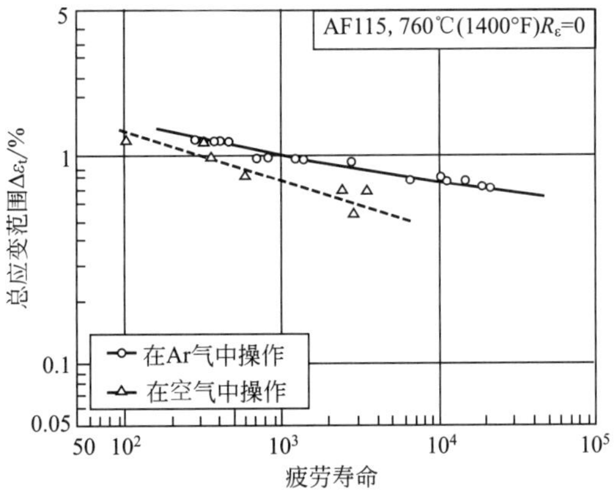

图 7-166　在粉末处理时接触空气和没接触空气的热等静压 AF115 合金在应变控制下低周疲劳寿命的比较[135]

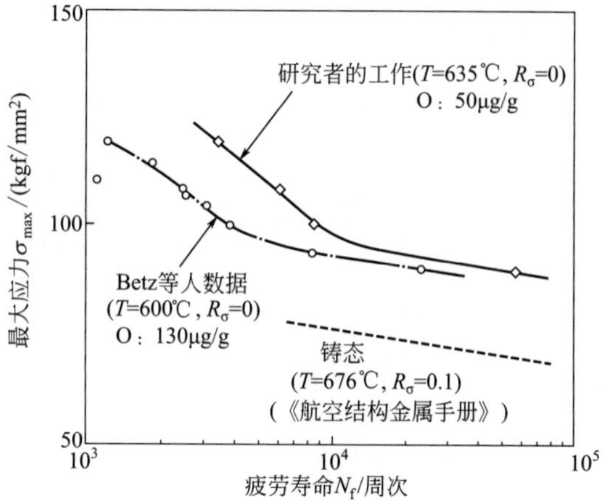

图 7-167 Mod. IN100 合金在应力控制下的低周疲劳寿命图[135]

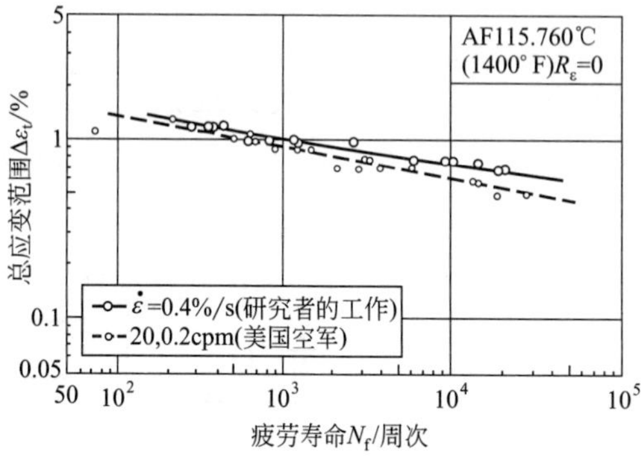

图 7-168 应变控制下的低周疲劳试验[135]

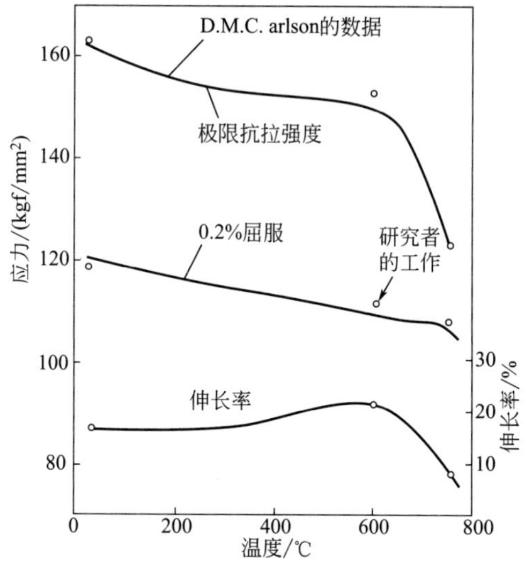

图 7-169 粉末高温合金 AF115 固溶热处理后的高温拉伸性能[135]

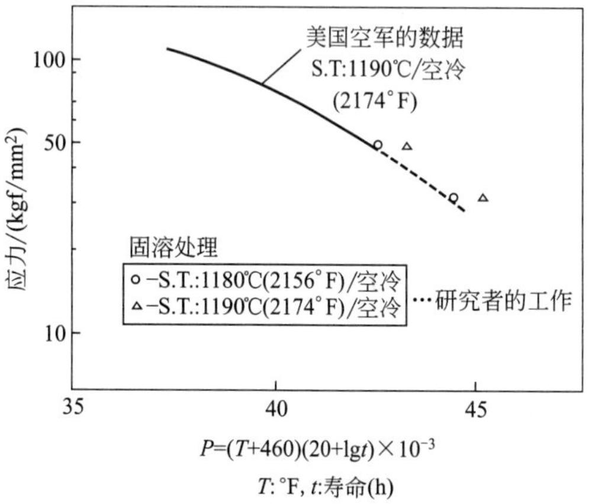

图 7-170 粉末高温合金 AF115 固溶处理温度不同对高温持久强度的影响[135]

伸性能比铸造合金更优异，但其持久强度在低应力区域比铸造合金更差。

横幕俊典等人[122]研究了粉末超合金 MERL76 高温低周疲劳特性，讨论了材料制备工艺、粉末粒度、氧化程度和缺陷尺寸对应力控制下低周疲劳的影响。如图 7-174 所示，图中结果表明，采用热等静压＋挤压工艺，在氩气中处理粉末，采用细小粉末进行热等静压均有助于低周疲劳寿命的增加。图 7-175 给出了在应力控制下，缺陷尺寸对低周疲劳寿命的影响，从图中可以看出低周疲劳寿命取决于缺陷尺寸的大小和应力大小。

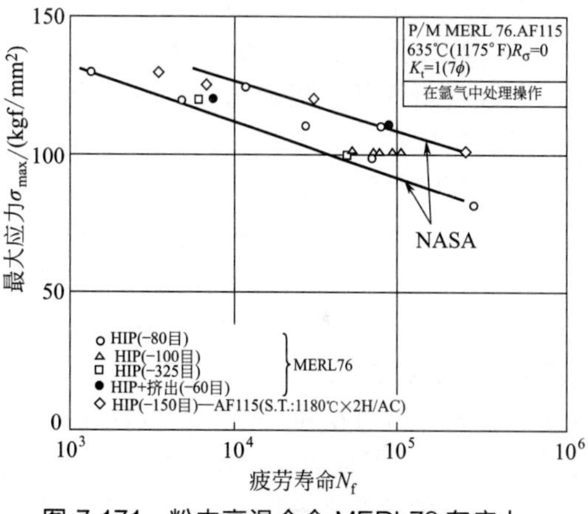

图 7-171 粉末高温合金 MERL76 在应力控制下 635℃低周应变疲劳寿命[135]

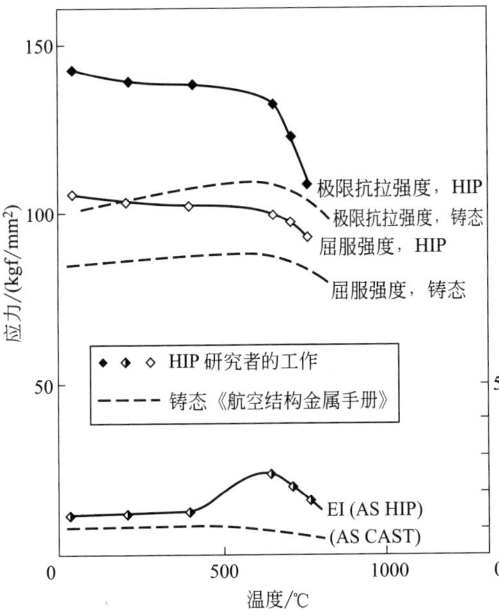

图 7-172　Mod IN10 合金的高温拉伸性能[135]

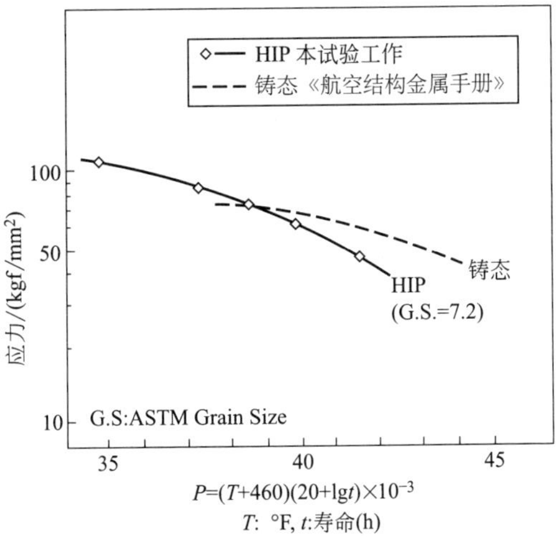

图 7-173　HIP 处理的 Mod. IN100 和铸造合金持久强度的比较[135]

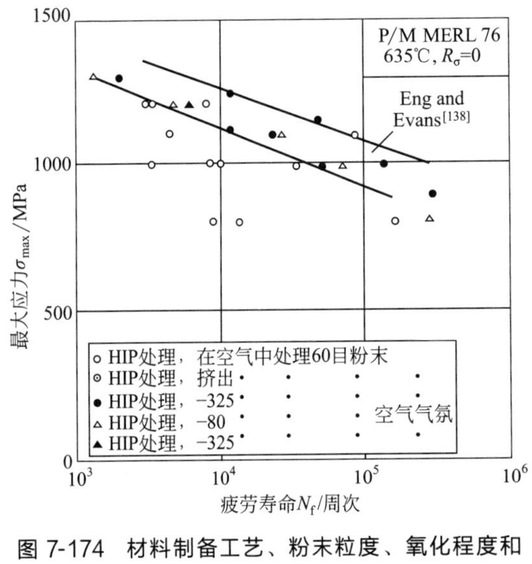

图 7-174　材料制备工艺、粉末粒度、氧化程度和缺陷尺寸对应力控制下低周疲劳的影响[122]

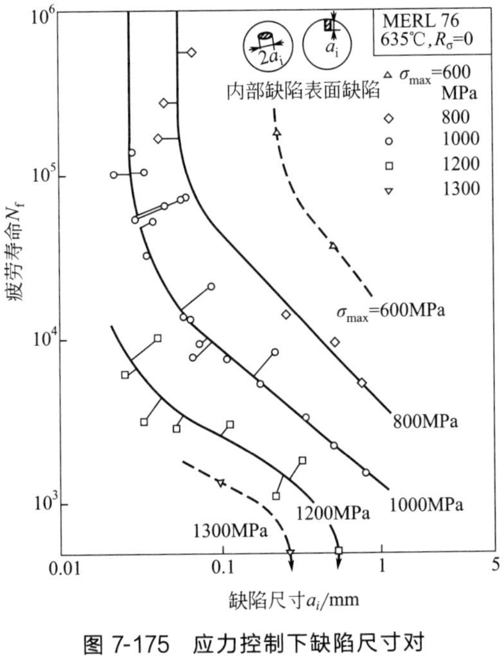

图 7-175　应力控制下缺陷尺寸对低周疲劳寿命的影响[122]

(2) 粉末高温合金的蠕变疲劳寿命[140,141]

为了使 Manson-Coffin 方程可以用来描述材料在高温下蠕变和疲劳的交互作用，Coffin (1970) 采用引用频率（时间）参数，用 $N_f\nu^{k-1}$ 代替原来 Manson-Coffin 公式中的 N_f，从而使高温下的时间相关损伤通过频率因子引入寿命方程，获得频率修正法的寿命公式：

$$\Delta\varepsilon^{in}=C(N_f\nu^{k-1})^{\beta} \tag{7-45}$$

式中，N_f 为疲劳寿命；$\Delta\varepsilon^{in}$表示非弹性应变范围；ν 为循环频率；β、k 和 C 为材料常数。频率修正法特点是简单、容易使用，但是由于频率 ν 为全循环，不能反映拉伸和压缩载荷保持方式不同对寿命的影响。Coffin 为了解决这个问题在 1976 年提出了频率分离法，认为只有在拉伸状态裂纹张口时，温度、频率和时间才有助于裂纹生长，裂纹扩展速率取决于拉伸时间与压缩时间的比值，从而得到寿命预测公式：

$$N_f = C(\Delta\varepsilon^{in})^{\beta}(\nu_i)^m(\nu_c/\nu_i)^k \tag{7-46}$$

式中，ν_c 和 ν_i 分别表示循环压缩过程中和循环拉伸进程频率。频率分离法在环境作用突出情况下适用性较好，但当蠕变作用明显时，误差较大。另外，Ostergren（1976）提出了拉伸滞后能作为损伤参量对 Coffin 频率修正法进行改正，得到蠕变疲劳预测的拉伸滞后能模型：

$$N_f = C(\sigma_i\Delta\varepsilon^{in})^{\beta}\nu^m \tag{7-47}$$

式中，σ_i 为最大拉伸应力。频率因子 ν 的选择取决于材料对加载波形的敏感性，但需要进行一系列频率的蠕变试验才能确定，太为繁琐，不大好使用。

Manson 等人（1971）为了将 Manson-Coffin 方程推广到蠕变疲劳，提出了应变范围区分（SPR）法，直接分析高温循环滞后回线的非弹性应变范围，认为可以将应变区分为与时间相关的应变（蠕变）和与时间无关的应变（塑性应变）。虽然应变量相同，但是所引起的损伤不一样，因此必须对非弹性应变范围进行区分，按拉、压载荷以及蠕变与塑性应变进行区别，将非弹性应变范围区分为 PP、PC、CP 和 CC 四种应变分量，分别建立四种应变分量对寿命的公式：

$$N_{ij} = A_{ij}(\Delta\varepsilon_{ij})^{\beta_{ij}} \tag{7-48}$$

式中，下标 i、j 分别表示 PP、PC、CP 和 CC。对于一般的高温循环滞后回线，其非弹性应变范围不只含上述一种应变类型，整个滞后回线的循环寿命由一定损伤法确定，Manson（1973）又从线性损伤提出了如下公式来预测寿命：

$$\frac{1}{N_f} = \sum\frac{f_{ij}}{N_{ij}} \tag{7-49}$$

其中加权系数 $f_{ij} = \dfrac{\Delta\varepsilon_{ij}}{\Delta\varepsilon^{in}}$，$N_{ij}$ 为总的非弹性应变范围。图 7-176 给出了循环非弹性应变过程的四种类型。应变范围区分法提出后引起了广泛关注，众多学者充分肯定了应变范围法对高温疲劳寿命的预测能力。

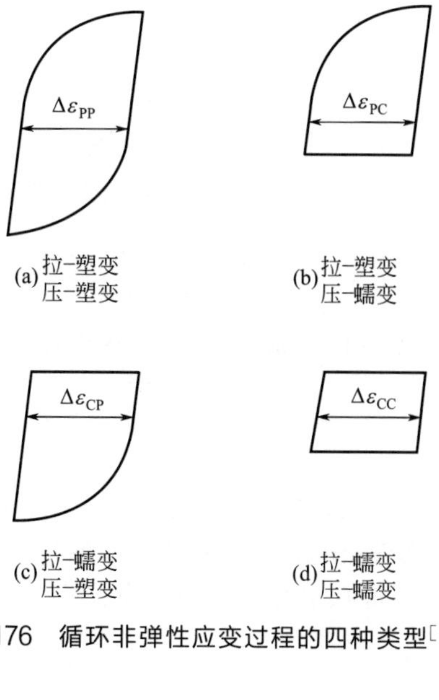

图 7-176　循环非弹性应变过程的四种类型[140]

应变能区分法是由何晋瑞等人[142]提出的一种疲劳-蠕变寿命预测方法。这种方法基于以下前提：决定疲劳-蠕变损伤的是材料的非弹性应变能，即材料在外力的作用下变形时，外力所做的功以应变能的形式储存在材料内部。材料因发生非弹性循环应变而消耗能量，但疲劳寿命主要是在裂纹增长至临界尺寸过程中消耗掉的，只有裂纹张开时的拉伸滞后能才可产生疲劳损伤，促使裂纹扩展。何晋瑞等人认为：决定时间相关疲劳寿命的既不是蠕变和塑变分量（如应变范围区分法那样），也不是总的非弹性应变能（如 Ostergren 模型那样），而是塑变应变能分量和蠕变应变能。应变能区分法综合了应变范围区分法与 Ostergren 模型的特点，以拉伸滞后能作为损伤函数，同时又将其区分为塑变应变能分量和蠕变应变能分量，从而给出了如下寿命预测方程：

$$N_{ij}=C_{ij}(\Delta U_{ij})^{\beta_{ij}}=C_{ij}(\sigma_T\Delta\varepsilon_{ij})^{\beta_{ij}}\quad (i,\ j=c\text{ 或 }p) \tag{7-50}$$

$$\frac{1}{N_f}=\sum\frac{F_{ij}^*}{N_{ij}} \tag{7-51}$$

式中，C_{ij} 和 β_{ij} 为材料常数；ΔU_{ij} 和 $\Delta\varepsilon_{ij}$ 分别为被区分的非弹性应变能分量和非弹性应变范围分量；σ_T 为最大拉伸应力；N_f 为复合循环条件下材料的寿命；N_{ij} 是与非弹性应变能分量 ΔU_{ij} 相对应的材料寿命；$F_{ij}^*=\Delta U_{ij}/\Delta U_{in}$ 为非弹性应变能分量分数，其中 ΔU_{in} 为总的非弹性应变能。

从损伤积累和损伤力学来考虑构筑蠕变疲劳寿命的模型，有时间分数法、损伤速率模型、损伤力学法等方法。实际上应变范围区分法、频率修正法也属于此类方法，不过后者均从修改 Manson-Coffin 公式的角度出发。

时间分数法是由 Taira（1962）最早提出的一种高温蠕变疲劳寿命的预测方法，将时间无关疲劳损伤和时间相关蠕变损伤相加，得到：

$$D_f+D_c=1 \tag{7-52}$$

式中，D_f 和 D_c 分别代表疲劳损伤和蠕变损伤。在一般的复杂或变载条件下，上述线性损伤累积法可表示为：

$$\sum\frac{n_i}{N_{fi}}+\sum\frac{t_j}{t_{Rj}}=1 \tag{7-53}$$

式中，n_i 和 N_{fi} 分别表示某一级疲劳载荷作用的循环数和相应的疲劳寿命；t_j 和 t_{Rj} 分别表示某一级蠕变载荷作用的时间和相应的蠕变断裂寿命。该数学公式简单，受到工程界重视，但无法直接反应疲劳与蠕变的交互作用对寿命的影响。

损伤速率（DR）模型是由 Majundar（1976）提出的，假设高温低周疲劳寿命取决于穿晶微裂纹和晶间微空穴的亚晶界扩展，其方程为：

微观裂纹增长率

$$\frac{1}{a}\frac{da}{dt}=\begin{cases}T\,|\varepsilon^{in}|^m\,|\dot{\varepsilon}^{in}|^k\text{（拉应力作用）}\\ C\,|\varepsilon^{in}|^m\,|\dot{\varepsilon}^{in}|^k\text{（压应力作用）}\end{cases} \tag{7-54}$$

空穴尺寸增长率

$$\frac{1}{c}\frac{dc}{dt}=\begin{cases}G\,|\varepsilon^{in}|^m\,|\dot{\varepsilon}^{in}|^{k_c}\text{（拉应力作用）}\\ -G\,|\varepsilon^{in}|^m\,|\dot{\varepsilon}^{in}|^{k_c}\text{（压应力作用）}\end{cases} \tag{7-55}$$

式（7-54）和式（7-55）中，a 和 c 分别为微裂纹和微空穴的长度和尺寸；T、C、G、k 和 k_c 为材料参数。临界裂纹长度 a_f 和临界空穴尺寸 c_f 由下面的方程决定：

$$\frac{\ln(a/a_0)}{\ln(a_f/a_0)}+\frac{\ln(c/c_0)}{\ln(c_f/c_0)}=1 \tag{7-56}$$

式中 a_0 和 c_0 分别为微观裂纹和空穴的初始长度和尺寸。针对不同的波形，由式（7-54）、式（7-55）和式（7-56）积分即可获得相应的蠕变疲劳寿命预测方程。损伤率模型使用塑性应变率来反映高温环境、保持时间和加载频率对疲劳损伤的影响，若塑性应变率不是常量，就会给运用带来麻烦。

连续介质损伤力学的发展为 HLF 寿命预测提供了一类新的方法。与经典的离散参数模型不同，连续介质损伤力学将 HLF 的损伤破坏视为一个连续的耗散过程，用一个能够反映这种连续耗散过程的内变量，即损伤变量 D 来表征材料的损伤程度，并规定 $D=0$，材料无损伤；$D=1$，材料临界破坏。根据不可逆过程热力学原理，建立起损伤变量 D 的演化过程，即可进行 HLF 的寿命预测。

应用连续介质损伤力学描述材料的蠕变疲劳交互损伤作用时，以蠕变损伤和疲劳损伤为基础，将交互作用下的损伤增量表示为两种损伤的线性叠加：

$$dD = F_c(\chi, \alpha, D)dt + F_f(\chi, \alpha, D)dN \tag{7-57}$$

式中，D 表示材料的损伤程度，介于 0～1 之间；下标 c 和 f 分别表示蠕变和疲劳；F_c 为蠕变损伤函数；F_f 为疲劳损伤函数；χ 为载荷控制参量（如应力、应变等）；α 为材料特性参数（如硬化指数等）。

与其他蠕变疲劳寿命预测方法相比，连续介质损伤力学方法理论严谨，适用性广泛，可用于变温、多轴应力状态等场合，并已应用于工程结构的高温疲劳寿命分析，具有较好的发展前景。

魏大盛等人[143,144]研究了保载条件下 FGH95 材料的疲劳特性及寿命建模，试验所用试样为 HIP 成形的涡轮盘，试验温度为 650℃，采用轴向应变控制，应变速率为 $5\times10^{-3}s^{-1}$，标距 12mm，应变比为－1；载荷波形为无保载，拉伸保载 60s，压缩保载 60s，拉伸、压缩保载各 30s 四种；应变范围为 2%、1.8%、1.6%、1.4%、1.2%、1.0%、0.8%共七种。图 7-177 给出了不同保载条件下总应变范围-寿命曲线，图中直线是采用寿命方程 $\lg N_f = a\lg\Delta\varepsilon + b$ 对不同保载条件下的数据进行拟合后得到的。从图中可以看出，拉保载对寿命的影响较小，无保载和拉保载条件下的寿命曲线十分接近；压保载将极大降低疲劳性能，使寿命分散带增加。这同René95 疲劳性能对保载的响应是一致的，对压保载敏感可能是高强度低延性材料的一种特性。

图 7-178 为总应变范围同平均应力的关系，这里的平均应力 $\sigma_m = (\sigma_{max} + \sigma_{min})/2$ 是半寿命循环下的，是循环稳定的状态。从图中可以看出：无保载条件下，试验中存在较小的压平均应力，并且随应变范围变化的趋势不明显；拉保载试验中同样存在较小的压平均应力，随应变范围的变化趋势也不明显，其值较无保载值稍大；压保载试验中则产生了较大的拉平均应力，产生了 200MPa 的拉平均应力，随着应变范围的增加平均应力有下降的趋势；拉压平衡保载时的平均应力没有压缩保载时显著，平均应力值也有正有负，随着应变范围的增加，拉平均应力逐渐转变为压平均应力。一般而言，拉保载将产生压平均应力，而压保载将产生拉平均应力。

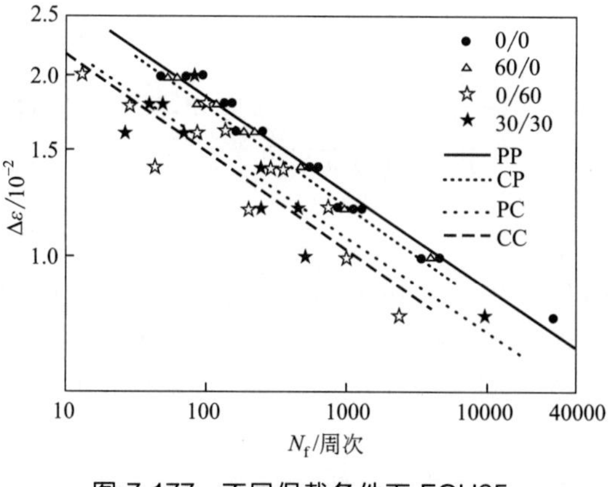

图 7-177 不同保载条件下 FGH95 总应变范围-寿命曲线[143]

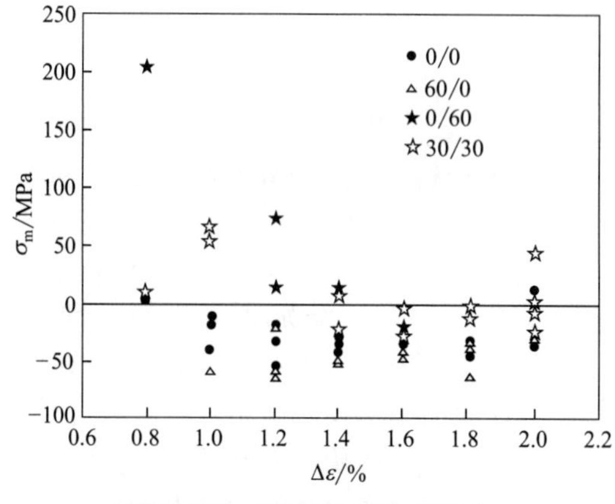

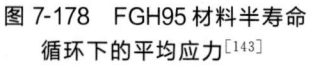

图 7-178 FGH95 材料半寿命循环下的平均应力[143]

图 7-179 给出了较低应变范围下产生的应力松弛，但松弛量较小；较高应变范围下将产生较大的应力松弛，图中总应变范围 2.0%、拉压各保载 30s 的试验条件下，拉保载应力松

弛和压保载应力松弛分别达到了 244MPa 和 258MPa，并且应力松弛速率在保载开始阶段较大，然后变化趋于平缓。

图 7-180 给出了应变范围为 1.8%时半寿命循环的应力-应变曲线，保载的存在使得非弹性应变范围比无保载时显著增加，这也使保载条件下的疲劳性能显著降低。研究者认为必须从迟滞环入手，如图 7-181 所示，迟滞环包围的面积为非弹性应变能 ΔW，x 轴以上部分的面积为拉伸非弹性应变能 ΔW_t，x 轴以下部分的面积为压缩非弹性应变能 ΔW_c，无保载且平均应力较小的情况下，这两部分的面积相差不大。对 FGH95 而言，图 7-178 中所示平均应力的存在，使迟滞环沿 y 轴发生了平移；另外，保载产生的那部分非弹性应变能（图 7-181 中阴影部分），使迟滞环的形状发生了变化，迟滞环包围的面积增大。以上两个因素改变了拉伸非弹性应变能 ΔW_t 及压缩非弹性应变能 ΔW_c 的大小，这是引起保载敏感性的重要因素。因此，对迟滞环的位置及形状进行修正，也相当于对非弹性应变能 ΔW 进行修正，就可以建立反映保载敏感性因素的修正的能量-寿命形式的预测方程。

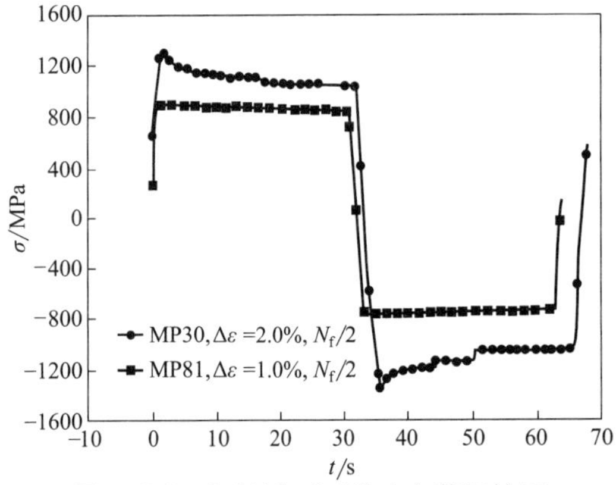

图 7-179　2.0%和 1.0%应变范围拉压循环半寿命时的应力松弛情况[143]

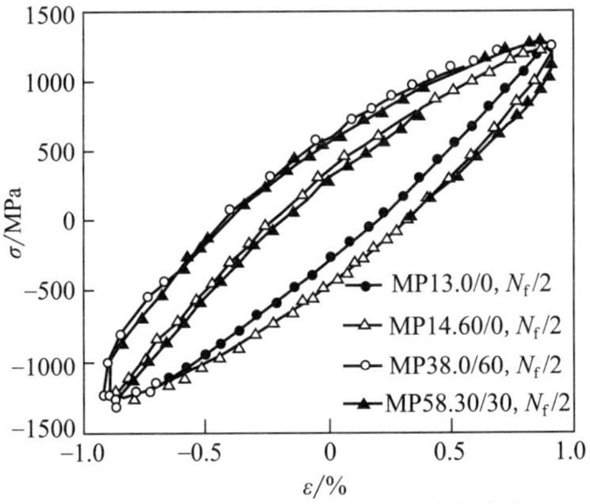

图 7-180　应变范围为 1.8%时半寿命循环的应力-应变曲线[143]

首先定义迟滞环的位置-形状修正因子，

$$P_t = 10^{\sigma_{max}} \tag{7-58}$$

$$P_c = 10^{\sigma_{min}} \tag{7-59}$$

$$S_t = 10^{\sigma_{max} \cdot \Delta\varepsilon_{in,t}} \tag{7-60}$$

$$S_c = 10^{\sigma_{min} \cdot \Delta\varepsilon_{in,c}} \tag{7-61}$$

式中，下标 t 表示拉保载；下标 c 表示压保载；P_t 和 P_c 为位置修正因子；S_t 和 S_c 为形状修正因子，P_t 和 S_t 可反映拉保载的影响，P_c 和 S_c 可反映压保载的影响；σ_{max} 为最大拉伸应力；σ_{min} 为最大压缩应力；$\Delta\varepsilon_{in,t}$ 为拉保载产生的非弹性应变范围。$\sigma_{max} \cdot \Delta\varepsilon_{in,t}$ 可近似表示图 7-181 中阴影 1 的面积，当无拉保载时，$S_t=1$；$\Delta\varepsilon_{in,c}$ 为压保载产生的非弹性应变范围，$\sigma_{min} \cdot \Delta\varepsilon_{in,c}$ 可近似表示图 7-181 中阴影 2 的面积，当无压保载时，$S_c=1$。

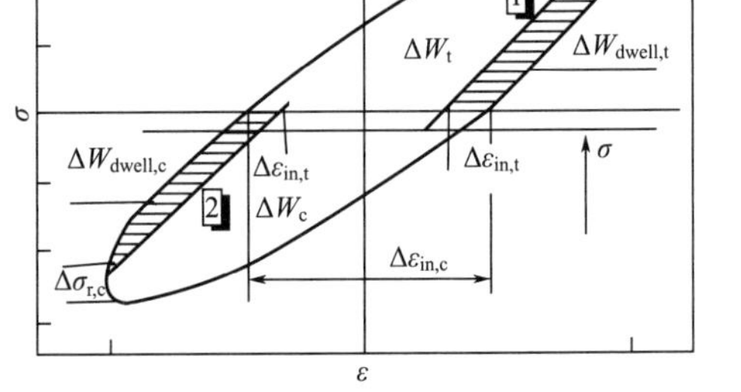

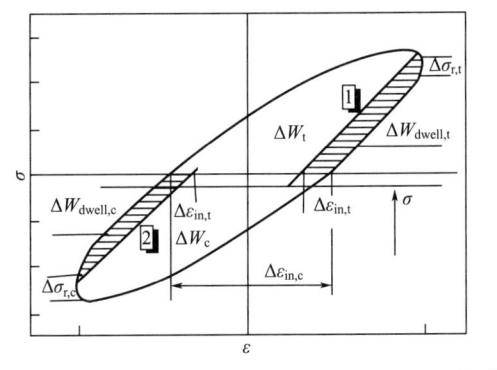

图 7-181　迟滞环修正因子中一些参量的说明[143]

研究者以能量法为基础的寿命预测模型，并采用迟滞环修正因子进行修正，即：

$$N_t = AP_t^{n_1} P_c^{n_2} P_t^{n_3} P_c^{n_4} (\Delta\varepsilon_{in}\Delta\sigma)^{n_5} \tag{7-62}$$

式中，$\Delta\varepsilon_{in}$为非弹性应变范围；$\Delta\sigma$ 为应力范围；$\Delta\varepsilon_{in}\Delta\sigma$ 为非弹性应变能；A，n_1，n_2，n_3，n_4和 n_5为待参定系数，采用最小二乘法对试验数据进行拟合分析，可以获得这些参数，见表 7-57。图 7-182 和图 7-183 中给出了 FGH95 及 René95 预测结果。采用几种工程中常用的寿命预测方法对 FGH95 的寿命进行评估，见图 7-184～图 7-187，并同上述提出的预测模型的结果进行对比，以寿命分散带 ΔN 及标准差 SN 2 个参数评价寿命预测方法的优劣，见表 7-58。

$$\Delta N = \max\left\{\frac{N_{pre}}{N_{exp}}(N_{pre} > N_{exp}),\ \frac{N_{exp}}{N_{pre}}(N_{pre} \leqslant N_{exp})\right\} \tag{7-63}$$

$$SN = \left\{\frac{\sum\ [\lg(N_{pre}) - \lg(N_{exp})]^2}{n}\right\}^{1/2} \tag{7-64}$$

式中，N_{pre}为预测寿命；N_{exp}为试验寿命。

预测结果表明：

① SRP 方法、频率分离方法、Ostergren 方法、损伤率方法对 FGH95 及 René95 的预测结果均较差，说明这几种方法不适于高强度、低韧性的粉末材料。

② 模型针对保载敏感性提出的能量修正模型的预测分散带在 2.50 倍以内（仅有 1 个试验寿命较长的数据点 A 的分散性较大，见图 7-182），标准差为 0.1568，两项评价指标均优于前面的几种方法。

③ 模型提出的能量修正模型物理含义明确，这对于唯象学的建模方法十分重要，它可以较好地表征试验中的平均应力（图 7-178）及保载条件下非弹性应变的增加（图 7-180）对寿命的影响。

④ 模型也存在一些不足，就是对较高寿命的预测不是十分理想，这在图 7-182 的数据点 A、图 7-183 的数据点 B 都可以得到体现，这可能是由于在较低应变范围时，对于非弹性应变的估算不够准确所致。

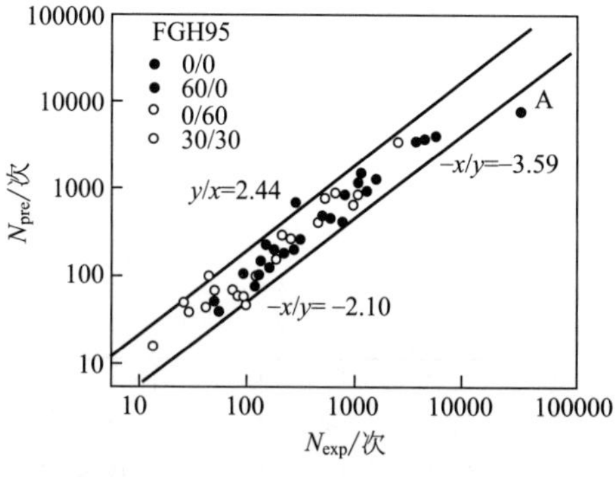

图 7-182 FGH95 寿命预测结果[143]

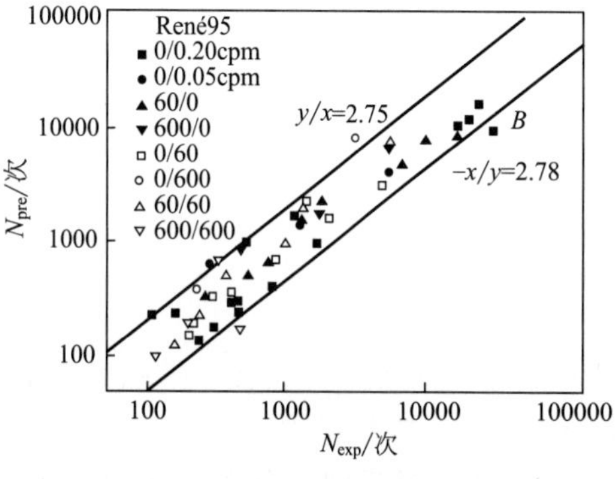

图 7-183 René95 寿命预测结果[143]

表 7-57 寿命预测方程中的参数[143]

参数	FGH95	René95
A	1252278	10277
n_1	−0.004	−0.001
n_2	−0.001	0.0003
n_3	−0.102	0.008
n_4	0.139	−0.017
n_5	−0.351	−0.807

表 7-58 寿命预测方法评估[143]

编号	预测模型	FGH95		René95	
		ΔN	SN	ΔN	SN
1	SRP 法	3.94	0.247	5.44	0.226
2	频率分离法	3.76	0.260	3.61	0.176
3	Ostergren	4.91	0.231	3.65	0.212
4	损伤率法	6.85	0.322	5.12	0.260
5	式(7-61)	3.59	0.156	2.78	0.206

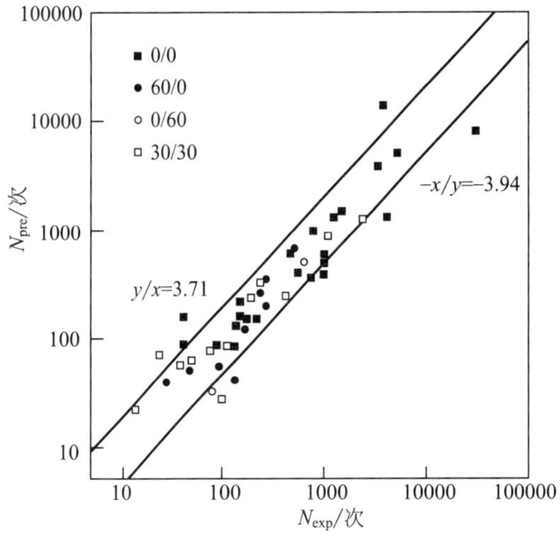

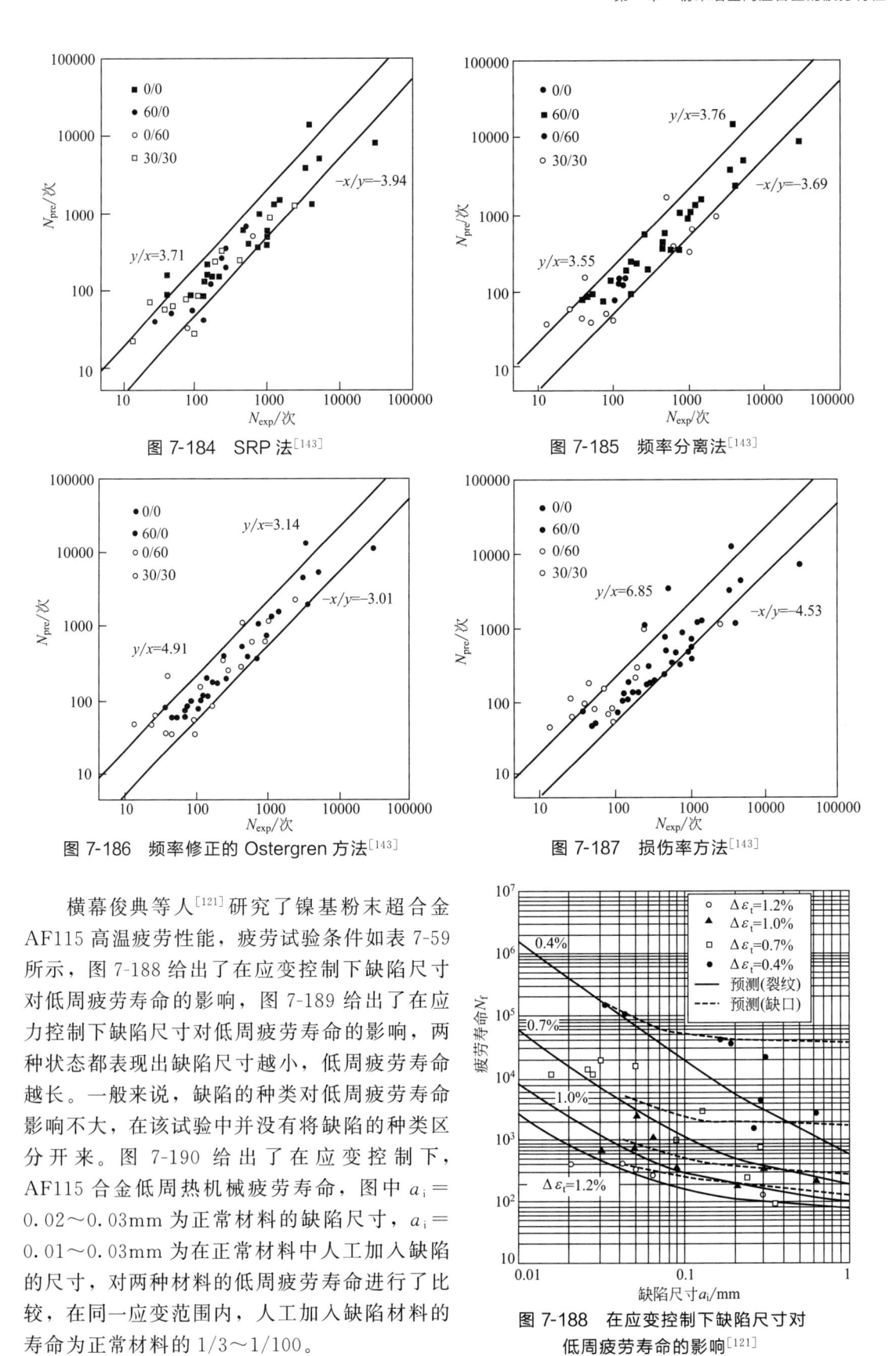

图 7-184　SRP 法[143]

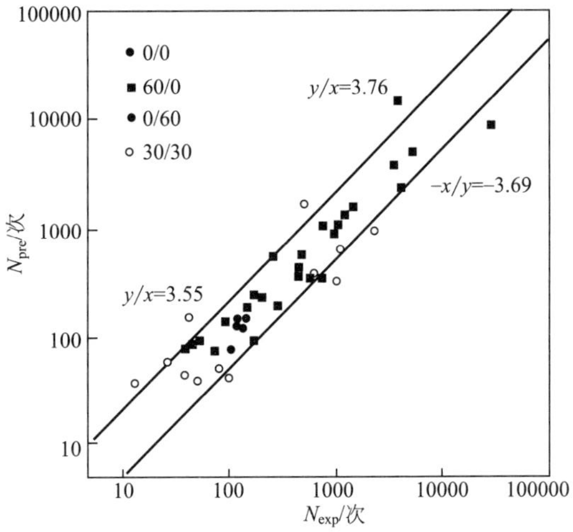

图 7-185　频率分离法[143]

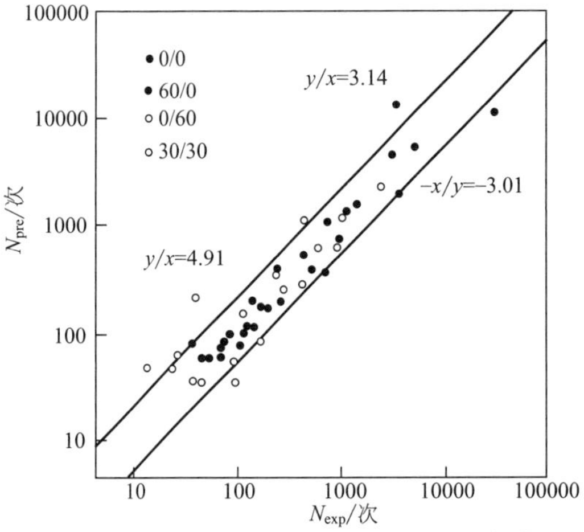

图 7-186　频率修正的 Ostergren 方法[143]

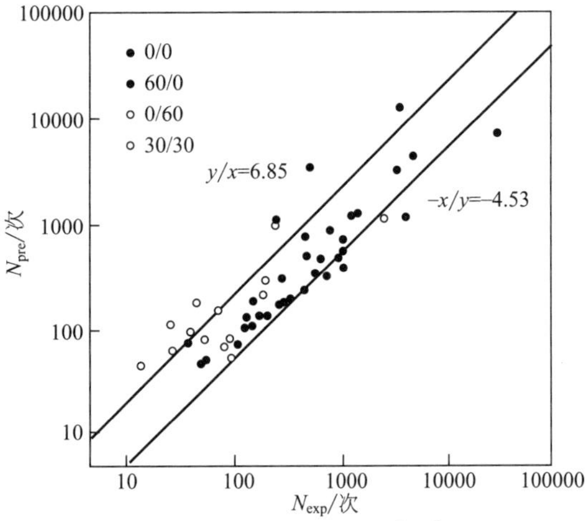

图 7-187　损伤率方法[143]

横幕俊典等人[121]研究了镍基粉末超合金 AF115 高温疲劳性能，疲劳试验条件如表 7-59 所示，图 7-188 给出了在应变控制下缺陷尺寸对低周疲劳寿命的影响，图 7-189 给出了在应力控制下缺陷尺寸对低周疲劳寿命的影响，两种状态都表现出缺陷尺寸越小，低周疲劳寿命越长。一般来说，缺陷的种类对低周疲劳寿命影响不大，在该试验中并没有将缺陷的种类区分开来。图 7-190 给出了在应变控制下，AF115 合金低周热机械疲劳寿命，图中 a_i = 0.02～0.03mm 为正常材料的缺陷尺寸，a_i = 0.01～0.03mm 为在正常材料中人工加入缺陷的尺寸，对两种材料的低周疲劳寿命进行了比较，在同一应变范围内，人工加入缺陷材料的寿命为正常材料的 1/3～1/100。

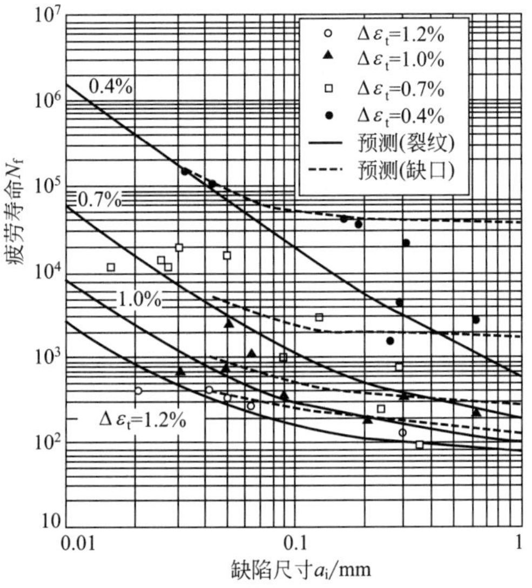

图 7-188　在应变控制下缺陷尺寸对低周疲劳寿命的影响[121]

表 7-59 疲劳试验条件[121]

测试类型		温度/℃	应力或应变比	频率或应变比
低周疲劳	纯疲劳	635 760 760	$R_\sigma=0$ $R_\sigma=0.1$ $R_{ij}=0$	25Hz 25Hz 0.4%/s
	蠕变疲劳	760 760	$R_\sigma=0.1$ $R_{ij}=0$	拉伸保载 ($t_\mu=15$min) 0.001%/s

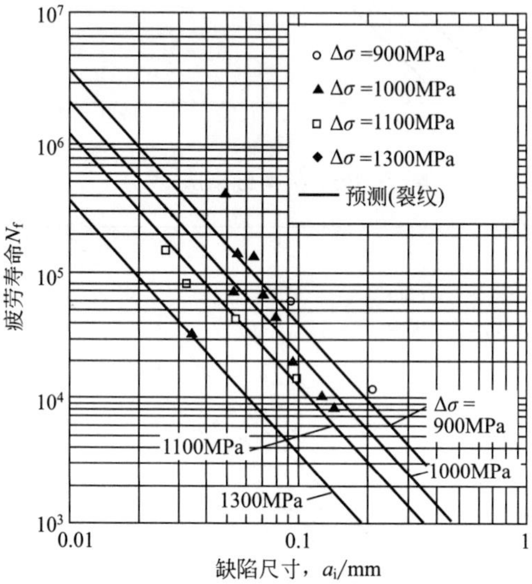

图 7-189 在应力控制下缺陷尺寸对低周疲劳寿命的影响[121]

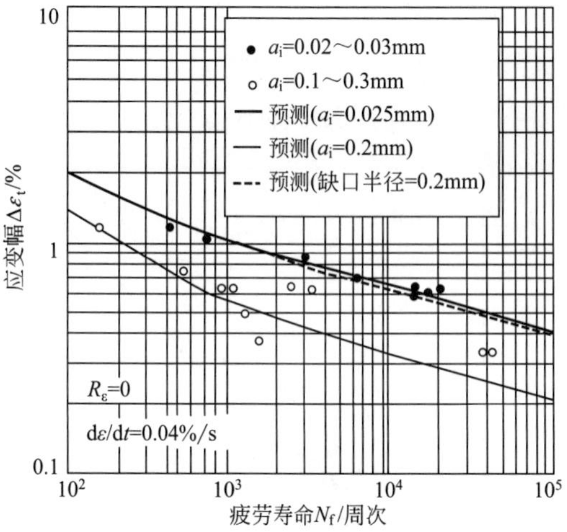

图 7-190 在应变控制下 AF115 合金低周热机械疲劳寿命[121]

图 7-191 为应变速率为 4%/s 的热机械疲劳和 0.001%/s 的蠕变疲劳的低周疲劳寿命的比较。后者的寿命约为前者的 1/5。图 7-192 为应力控制下，频率为 2.5Hz 的热机械低周疲劳和拉伸保载 15min 的蠕变疲劳的低周疲劳，后者的疲劳寿命为前者的 1/100～1/10000。

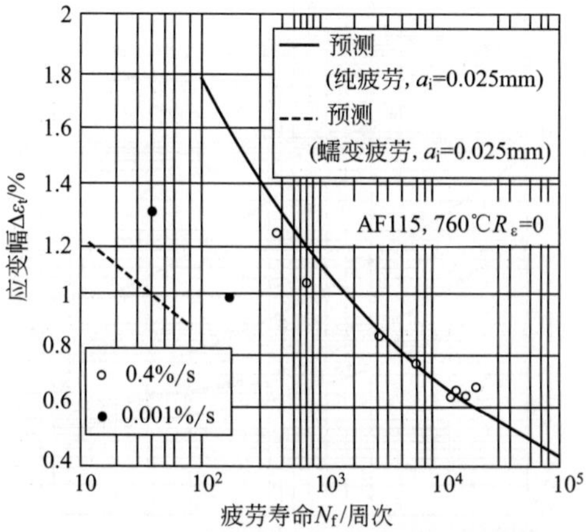

图 7-191 应变速率为 4%/s 的热机械疲劳、0.001%/s 的蠕变疲劳的低周疲劳寿命比较[121]

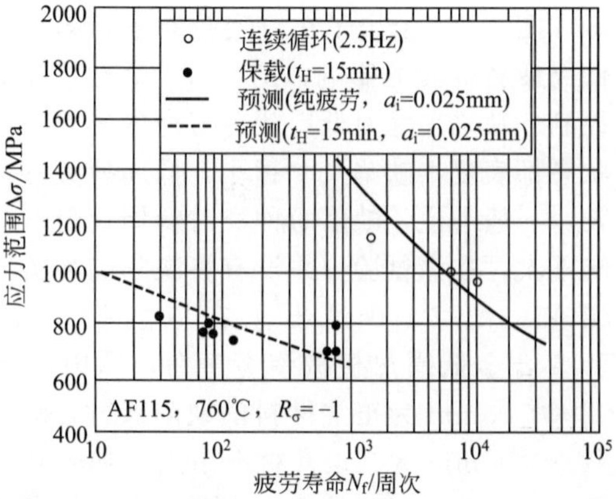

图 7-192 应力控制下，频率为 2.5Hz 的热机械低周疲劳和拉伸保载 15min 的蠕变疲劳的低周疲劳[121]

上述的结果表明，在粉末超合金中加入 0.1mm 的缺陷，应力保载一定时间和减小应变速度均能显著降低低周疲劳寿命。

横幕俊典等人还讨论了疲劳寿命预测问题，疲劳寿命预测分为两部分，一部分为缺陷材料低周疲劳寿命的预测，另一部分为蠕变疲劳寿命预测，缺陷材料低周疲劳寿命又分为初期缺陷引起开裂的情况和初期圆孔缺口引起开裂的情况，其低周疲劳寿命：

$$N_f = \int_{a_i}^{l_m} \frac{dl}{C_f[2\pi F^2 K_t^2 \Delta W_f l/(1-R_\sigma)^a]^{m_f}} + \int_{l_m}^{a_f} \frac{da}{C_f[2\pi F^2 \Delta W_f a/(1-R_\sigma)^a]^{m_f}} \tag{7-65}$$

式中，a_i 为初始裂纹长度；a_f 为裂纹最终长度；l_m 为圆孔缺陷引起的应力集中影响范围，$l_m = di/(K_t^2-1)$，K_t 为缺陷的弹性应力集中分数；l 为长度；a 为裂纹长度（从圆孔中心到裂纹尖端）；C_f 为裂纹扩展速率 $\frac{da}{dt} = C_f \Delta J^{m_f}$ 的参数；m_f 为裂纹扩展速率 $\frac{da}{dt} = C_f \Delta J_f^{m_f}$ 的指数；R_σ 为应力比；ΔW_f 为弹塑性应变能参数；F 为圆板状裂纹的应力强度因子的形状因子系数 $[F = K/\sqrt{\sigma(\pi a)}]$。另外其蠕变疲劳寿命为：

$$N_c = \int_{a_i}^{a_f} \frac{da}{C_c \Delta J_c^{m_c}} \tag{7-66}$$

式中，ΔJ_c 为蠕变裂纹扩展的 J 积分范围；C_c 为裂纹扩展速率公式中 $\frac{da}{dN} = C_c \Delta J_c^{m_c}$ 中的系数。

从 $\frac{da}{dN} = C_f \Delta J_f^{m_f}$ 和 ΔW_f 推出 N_f 可以采用下列公式：

$$\Delta J_f = 2\pi F^2 \Delta W_f a \tag{7-67}$$

$$\Delta W_f = \Delta\sigma^2/2E + [(n_f+1)/2\pi] f(n_f) \Delta\sigma \Delta\varepsilon_P/(n_f+1) \tag{7-68}$$

$$f(n_f) = 3.85\sqrt{n_f(1-1/n_f)} + \pi/n_f \tag{7-69}$$

$$F = 2/\pi \tag{7-70}$$

式中，n_f 为 $\Delta\varepsilon_P = A\Delta\sigma^{n_f}$ 中的指数（弹塑性应力-应变关系的指数）。从 $\frac{da}{dN} = C_c \Delta J_f^{m_c}$ 和 ΔW_c 中推出 N_c 可以采用下列公式：

$$\Delta J_c = 2\pi F^2 \Delta W_c a \tag{7-71}$$

$$\Delta W_c = [(n_c+1)/2\pi] f(n_c) \sigma_{max} \Delta\varepsilon_c/(n_c+1) \tag{7-72}$$

式中，n_c 为蠕变公式 $\varepsilon = B\sigma^{n_c}$ 中的指数。根据线性损伤规律：

$$\frac{1}{N} = \frac{1}{N_f} + \frac{1}{N_c} \tag{7-73}$$

可以预测疲劳寿命。

（3）缺陷对粉末冶金高温合金的疲劳寿命的影响[145]

缺陷对粉末冶金高温合金的疲劳寿命有很大影响，缺陷种类、尺寸、位置、形状不同对高温低周疲劳影响不一，对粉末高温合金来说主要是杂质物的影响。Huron 等人[146]在 René88 DT 中加入两种人工夹杂，两种夹杂各自尺寸不同，在两个温度下进行低周疲劳试验，两种人工夹杂为Ⅰ型夹杂和Ⅱ型夹杂，Ⅰ型夹杂为坚硬的块状粒子，成分为 Al_2O_3/MgO，模拟雾化时坩埚产生的夹杂。Ⅱ型夹杂为软的、可变形、结块的粒子，模拟炉子使用的耐火泥，如含磷、硅的 RAM90 耐火材料，这种粘接剂干燥时间为 54℃/5.5h＋110℃/16.5h，然后在 1149℃/4h 加热后炉冷。两种夹杂的尺寸分别为－80/＋100 目、－275/＋325 目，被加到－270目粉末中，混合料在封装、压实、挤压、等温锻造后进行超固相线热处理。挤压温度

1050℃，挤压比 5.5，等温锻造温度 1050℃，热处理温度 1149℃。René88 DT 材料晶粒尺寸为 ASTM7/8ALA4，在 204℃时抗拉强度为 1524MPa，屈服强度为 1062MPa，在 649℃抗拉强度为 1503MPa，屈服强度为 1007MPa，蠕变强度为 704℃/690MPa，155h/0.2%。在低周疲劳试验时试样的寿命和裂纹萌生位置如表 7-60 所示，表中结果表明，植入的人工夹杂类型、尺寸、形状和试样温度有很大影响：①在 204℃低周疲劳寿命随着植入夹杂尺寸加大而下降，最高寿命下降了 30%～50%，喷丸处理只能稍微提高小尺寸夹杂物植入试样的寿命。②在 649℃时，植入夹杂影响较大，小尺寸夹杂物植入，能使寿命降低 1～2 个数量级，大的夹杂甚至更高地降低试样的寿命，喷丸能抑制表面裂纹的萌生，提高寿命。③在 204℃大多数失效萌生在小平面上（由滑移引起裂纹萌生），在这个温度下，植入小尺寸夹杂对寿命影响不大，大尺寸Ⅰ型夹杂植入大约有 40%试样失效在植入夹杂处，对于大尺寸的Ⅱ型夹杂植入，约有 75%失效在植入夹杂处。在 204℃喷丸能够强烈影响失效的位置，对于未喷丸的试样，91.1%失效在表面。对于喷丸的试样只有 4.6%失效在表面。④在 649℃，大多数失效（98.7%）发生在夹杂处，且寿命与夹杂尺寸紧密相连，未喷丸的小尺寸夹杂植入的试样寿命为未喷丸未植入夹杂试样的 1/10～1/4，喷丸的小尺寸夹杂植入试样寿命为未植入小尺寸夹杂试样寿命的 1/4～1/2，大尺寸的Ⅰ型夹杂植入的试样寿命是无夹杂植入试样的 6%。⑤在 649℃，喷丸表现在表面萌生裂纹萌生，未喷丸的试样往往失效在表面植入的夹杂处。在高应力下，未喷丸的材料也失效在表面，对于大尺寸Ⅰ型夹杂植入试样，若未喷丸，大多数失效都在表面；对于大尺寸的Ⅱ型夹杂植入材料，经喷丸后失效位置既有内部也有近表面，但寿命未提高，表明Ⅱ型夹杂可能比Ⅰ型夹杂更有害。

表 7-60　裂纹源观察结果总结[146]

疲劳测试 温度/℃	人工夹杂 参数	喷丸处理	应力	人工夹杂数量	最短寿命/次	最长寿命/次	中值寿命/次	晶内裂纹源	夹杂物裂纹源	其他裂纹源	晶内裂纹源比例	表面裂纹源	近表面裂纹源	内部裂纹源	表面裂纹源比例
204	基体	是	高	15	67480	83808	83808	15	0	0	100%	0	1	14	0%
			低	15	267084	360842	317617	14	0	1	93%	1	0	14	7%
		否	高	5	48180	64017	52838	5	0	0	100%	5	0	0	100%
			低	4	247822	302506	263565	4	0	0	100%	4	0	0	100%
	Ⅰ型小尺寸夹杂	是	高	15	69385	85067	75201	14	1	0	93%	1	1	13	7%
	(680/kg)		低	15	267530	358258	304016	15	0	0	100%	0	0	15	0%
		否	高	4	43086	59964	51080	4	0	0	100%	3	1	0	75%
			低	5	240091	317258	276005	4	1	0	80%	5	0	0	100%
	Ⅱ型小尺寸夹杂	是	高	14	72526	94648	79473	14	0	0	100%	0	0	14	0%
	(680/kg)		低	15	258918	357909	312821	15	0	0	100%	0	0	15	0%
		否	高	5	29284	54050	52453	1	4	0	20%	5	0	0	100%
			低	5	216456	305988	237117	5	0	0	100%	5	0	0	100%
	Ⅰ型大夹杂	否	高	9	26703	59074	45677	6	3	0	67%	7	1	1	78%
	(36/kg)		低	8	87513	305186	189908	5	3	0	63%	7	1	0	88%

续表

疲劳测试温度/℃	人工夹杂参数	喷丸处理	应力	人工夹杂数量	最短寿命/次	最长寿命/次	中值寿命/次	晶内裂纹源	夹杂物裂纹源	其他裂纹源	晶内裂纹源比例	表面裂纹源	近表面裂纹源	内部裂纹源	表面裂纹源比例
	Ⅱ型大夹杂	是	高	10	34451	91644	77589	2	8	0	20%	2	1	7	20%
	(36/kg)		低	10	114809	350287	276678	3	7	0	30%	1	1	8	10%
649	基体	是	高	15	161661	590762	291091	0	15	0	0%	0	0	15	0%
			低	15	520998	9529000	3926400	0	15	0	0%	0	0	6	0%
		否	高	6	244058	447111	357255	0	6	0	0%	0	0	6	0%
			低	3	430022	2734736	2513086	0	3	0	0%	0	0	3	0%
	Ⅰ型小夹杂	是	高	15	52723	115550	81277	0	15	0	0%	0	1	14	0%
	(680/kg)		低	14	158024	628103	292015	0	14	0	0%	0	0	14	0%
		否	高	5	8006	124028	58768	0	4	1	0%	2	0	3	40%
			低	5	130027	605028	276926	0	5	0	0%	0	1	4	0%
	Ⅱ型小夹杂	是	高	15	68520	232180	101601	0	15	0	0%	0	0	15	0%
	(680/kg)		低	14	275640	1057073	472588	0	14	0	0%	0	1	13	0%
		否	高	5	10174	152172	76818	0	4	1	0%	2	0	3	40%
			低	5	422392	2015326	764733	0	5	0	0%	0	1	4	0%
	Ⅰ型大夹杂	否	高	14	2572	95583	6338	2	12	0	14%	8	0	6	57%
	(36/kg)		低	8	8411	174889	124725	0	8	0	0%	2	1	5	25%
	Ⅱ型大夹杂	是	高	10	5887	64339	29963	0	10	0	0%	0	1	9	0%
	(36/kg)		低	10	25372	227432	116941	0	10	0	0%	0	1	9	0%

图 7-193 和图 7-194 分别为Ⅰ型和Ⅱ型夹杂的大小在 204℃对低周疲劳的影响。图 7-195 和图 7-196分别为Ⅰ型和Ⅱ型夹杂的大小在 649℃对低周疲劳的影响。图 7-197 为同一温度/应变状态下喷丸样品的失效分布和预测分布的比较。图 7-198 和图 7-199 分别为 P/M René88 DT 合金和 P/M René95 合金断裂力学计算数据和疲劳试验数据的对比。

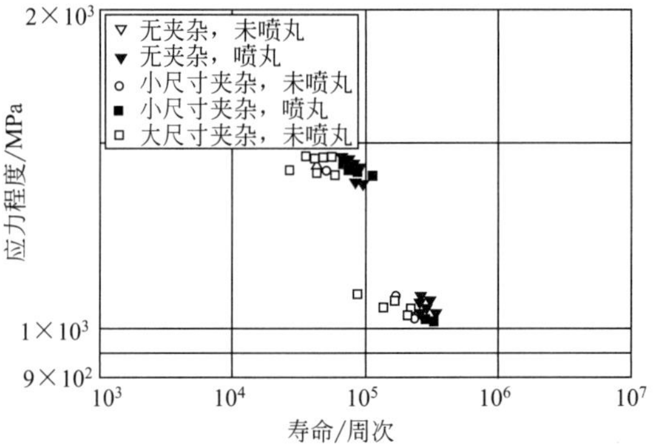

图 7-193　Ⅰ型夹杂的大小在 204℃对低周疲劳的影响[146]

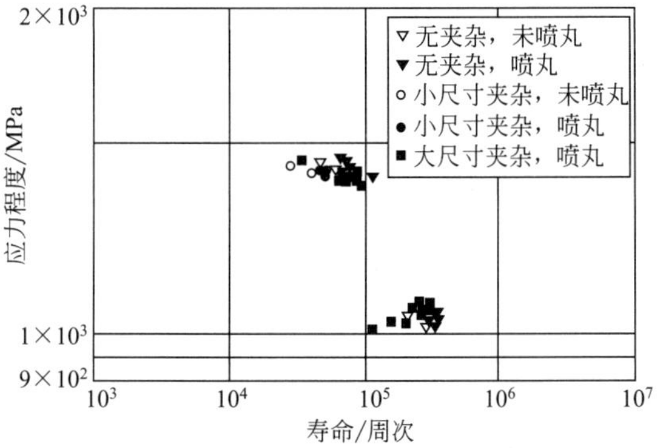

图 7-194　Ⅱ型夹杂的大小在 204℃对低周疲劳的影响[146]

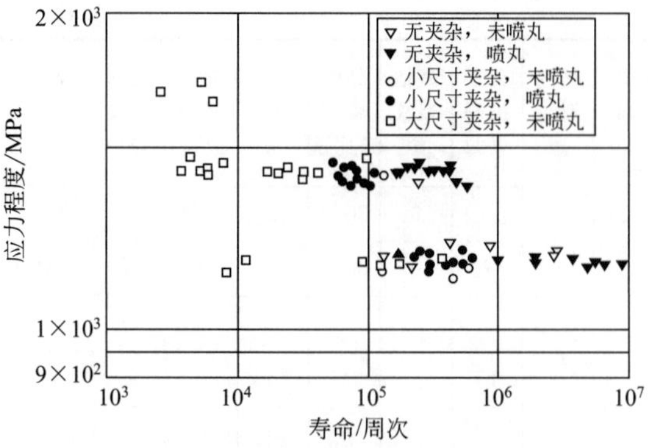

图 7-195 Ⅰ型夹杂的大小在 649℃对低周疲劳的影响[146]

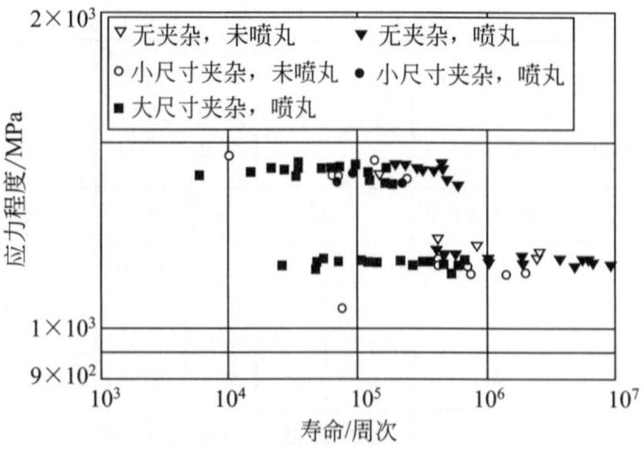

图 7-196 Ⅱ型夹杂的大小在 649℃对低周疲劳的影响[146]

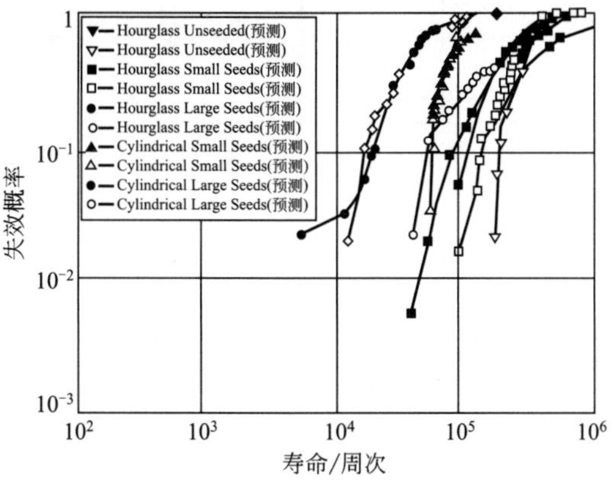

图 7-197 同一温度/应变状态下喷丸试验样品的失效分布和预测分布的比较[146]

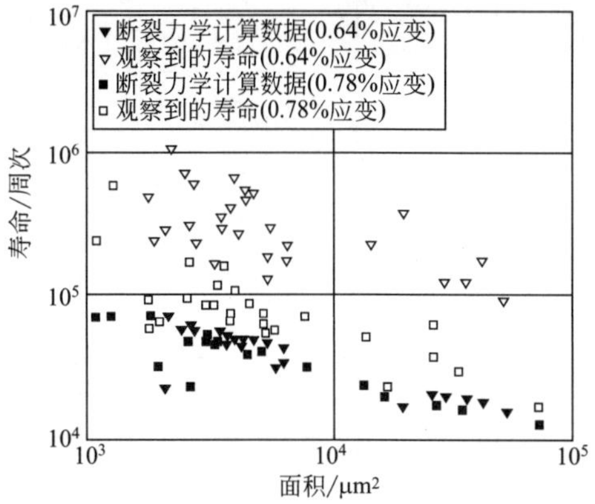

图 7-198 P/M René88 DT 合金断裂力学计算数据和疲劳试验数据的对比[146]

Grison 等人[96]从考虑夹杂位置影响的应力强度因子计算方法出发，比较了表面、亚表面及内部夹杂对疲劳失效的不同影响，把夹杂物看作裂纹初始长度、不考虑裂纹萌生寿命，建立了基于夹杂尺寸和位置的寿命模型。在样品全部体积 V_{fi} 内，考虑 i 级的 n_i 个夹杂，在临界体积 V_{ci} 至少出现一个夹杂颗粒的概率为：

$$P_1=1-\left(1-\frac{V_{ci}}{V_{fi}}\right)^{n_i} \tag{7-74}$$

对于 P 级夹杂在临界体积 V_{ci} 中至少出现一个 i 级夹杂颗粒概率为：

$$P_1=1-\left[\prod_{i=1}^{i=P}\left(1-\frac{V_{ci}}{V_{fi}}\right)^{n_i}\right] \tag{7-75}$$

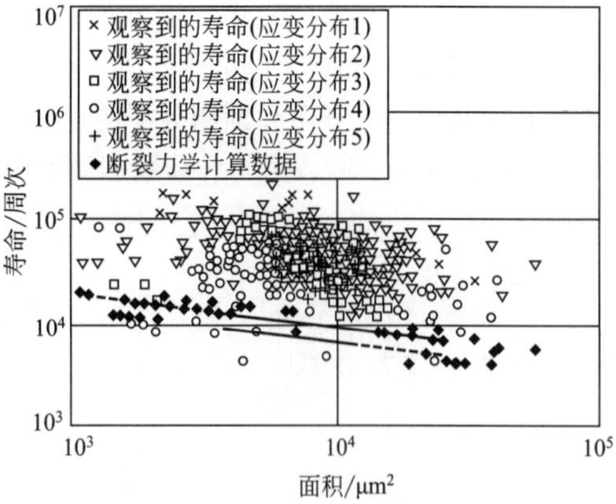

图 7-199 P/M René95 合金断裂力学计算数据和疲劳试验数据的对比[146]

$$n_i=\alpha_i N \tag{7-76}$$

式中，α_i 为 i 级夹杂的百分比（$\sum\alpha_i=1$），N 为在 V_f 中所有夹杂的总量。研究者通过

图 7-200 所示的 N 次循环失效前的位置参数 d_i（内部夹杂颗粒与试样自由表面的距离）、W_i（表面夹杂颗粒与试样自由表面的距离）、Q_k（角度参数）来确定任何级夹杂位置，并用来计算 V_{ci}。例如对于一个圆柱体样表面夹杂，其 V_{ci}（N）/n 为：

$$\frac{V_{ci}(N)}{h}=\pi[(R+W_i)^2-(R-a_i)^2] \tag{7-77}$$

式中，h 为试样使用部分的高度；R 为样品半径；a_i 为 i 级夹杂的半径。对于内部夹杂，其 V_{ci}/n 为：

$$\frac{V_{ci}(N)}{h}=\pi[(R-a_i)^2-(R-d_i)^2] \tag{7-78}$$

表 7-61 给出所计算的疲劳寿命和试验所得的疲劳寿命比较，试验有三组数据，第一组是在巴尔矿业大学测试的 Astroloy 合金粉末中，每千克加入 6000 个 Al_2O_3-MgO 颗粒，通过 45μm 的筛，样品疲劳试验加载应力为 1080MPa，应力比为 0.1,温度为 400℃，频率 10Hz。第二组为 SNECMA 公司的样品，将 6000 个 Al_2O_3-MgO 颗粒植入每千克 Astroloy 粉末中，过 45μm 筛，样品加载应力为 1050MPa，应力比为 0，在 400℃和 0.5Hz 下进行疲劳试验。第三组为 SNECMA 试验样品，在每千克 Astroloy 粉末中植入 2000 个 Al_2O_3-MgO 颗粒，过 80μm 筛，样品加载应力为 1050MPa，应力比为 0，温度 400℃。图 7-201～图 7-206 给出了整体表面、近表面和内部夹杂的失效概率和疲劳周次关系，图 7-201 和图 7-202 表明：表面和亚表面的失效概率曲线首先是快速上升突然停止，主要是在计算时给出了表面和亚表面裂纹扩展的应力强度因子门槛值 ΔK_{th} 为 5.5MPa・m$^{1/2}$，因此这种状态阻碍了表面小裂纹的扩展。图 7-204 给出了 ΔK_{th} 为 7MPa・m$^{1/2}$ 的计算失效概率；从表面引起的失效概率近似为 0，在这种情况下第一失效风险源为亚表面。图 7-205 给出了低应力状态下的失效概率，如前所述，表面缺陷失效风险很低，亚表面缺陷失效概率曲线初始有一个快速上升，其十分接近自由表面（1～6μm）的缺陷，在这种情况下自由表面提高应力强度因子在很少的循环周次就达到了，当缺陷远离表面时，裂纹生长速度慢，疲劳寿命变长，失效概率曲线升高更慢，所以对近表面缺陷失效概率的预测要在计算应力强度因子幅时对自由表面有一个正确描述。

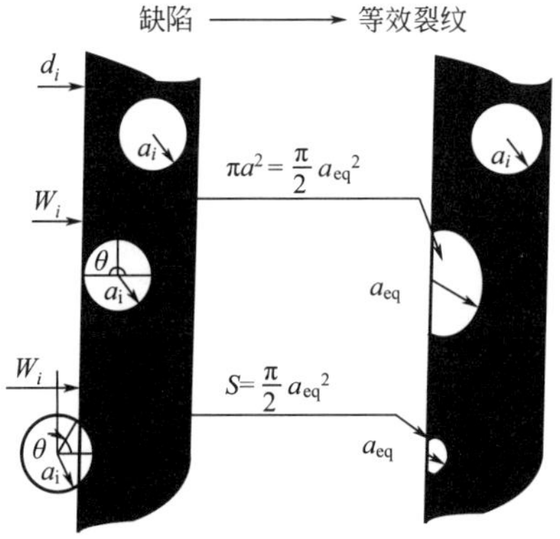

图 7-200　N 次循环失效前的位置参数 d_i、W_i、Q_k 来确定任何级夹杂位置并用来计算 V_{ci}[96]

图 7-206 给出了 400℃时 N 周次前失效概率的理论值和试验值的比较（圆柱试样）。从研究者给出的模型得出：①表面和近表面（1～6μm）失效概率在高应力水平下（$\Delta\sigma>$1500MPa）占主导地位；②在低应力水平下，内部缺陷的失效概率占主导地位；③近表面夹杂比表面夹杂失效风险略大，其原因为前者具有更大的应力强度因子和一个更低的 ΔK_{th}。

表 7-61　计算的疲劳寿命和试验所得的疲劳寿命比较[96]

试样编号	夹杂物表面积/μm^2	平均半径/μm	d/μm	N 的实验值	N 的计算值	N_{cat}/N_{exp}
G1	820	23	0	29000	23000	0.79
B1	370	16	0	37000	21000	0.57
F1	1260	20	10	87000	120000	1.51
R1	2830	30	57	113000	220000	1.96

续表

试样编号	夹杂物表面积/μm^2	平均半径/μm	$d/\mu m$	N 的实验值	N 的计算值	N_{cat}/N_{exp}
$\Delta\sigma=1050MPa;R=0;6000incl./kg;$筛:45～50$\mu m$						
11	3920	35	17	230000	146000	0.63
12	3260	32	67	265000	403000	1.51
13	1380	21	14	92700	139000	1.49
14	4180	36	102	223000	423000	1.89
15	4100	51	0	25300	—	—
$\Delta\sigma=1050MPa;R=0;2000incl./kg;$筛:80～100$\mu m$						
128	7240	48	50	156000	149000	0.95
129	—	—	—	23600	—	—
130	17000	73	>2000	217000	—	—
132	14100	67	>2000	252000	206000	0.82
133	10200	57	84	233000	151000	0.65
134	9010	75	0	20800	—	—
136	6280	63	0	20900	—	—
137	10620	58	>2000	333000	292000	0.88
138	9760	55	100	298000	181000	0.61
139	14070	67	695	237000	203000	0.85
140	4980	56	0	26000	—	—

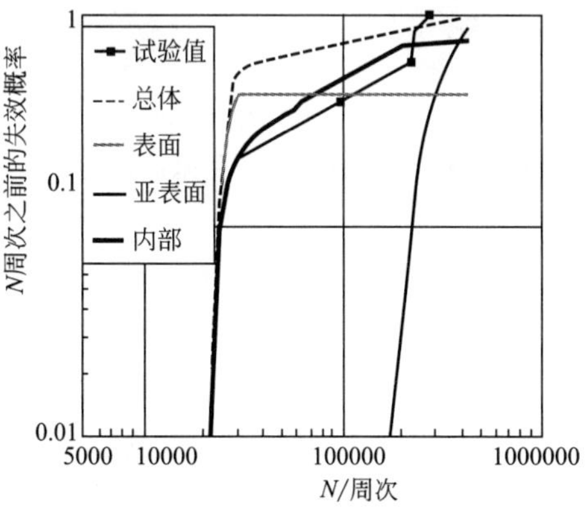

图 7-201　400℃时 N 周次前失效概率试验值的比较(圆柱试样)[96]

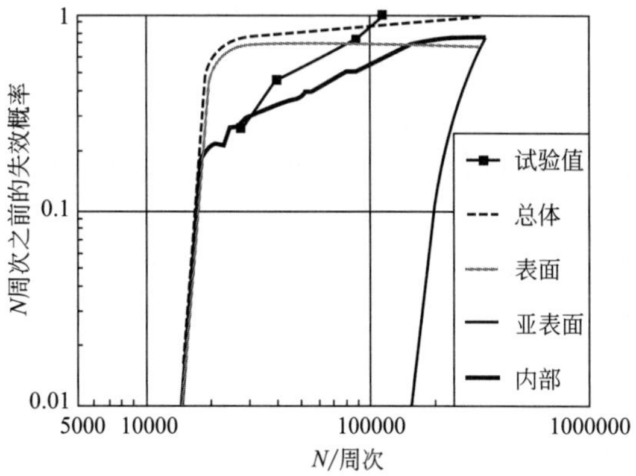

图 7-202　400℃时 N 周次前失效概率的理论值和试验值的比较(矩形试样)[96]

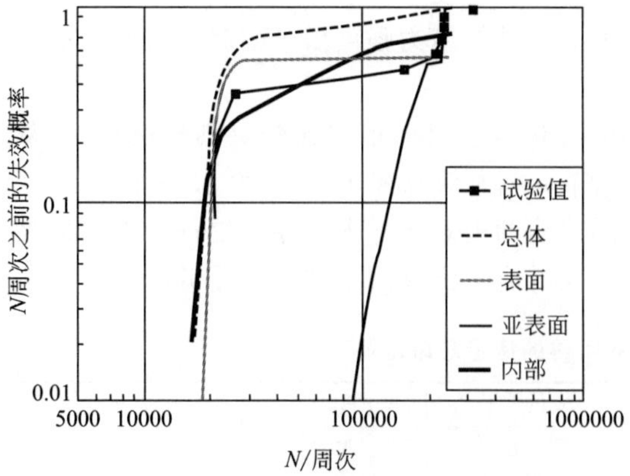

图 7-203　400℃时 N 周次前失效概率的理论值和试验值的比较(圆柱式样)[96]

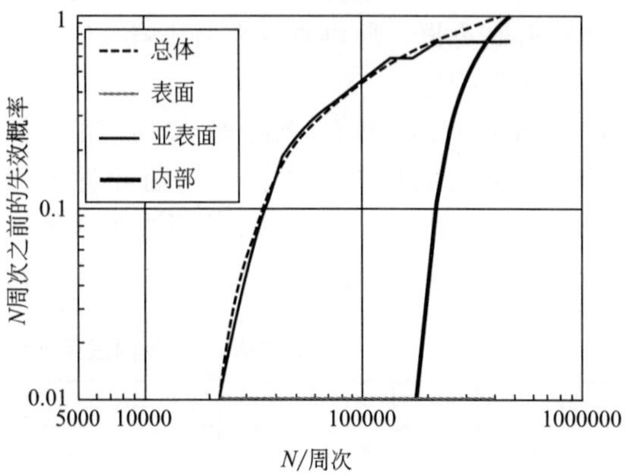

图 7-204　ΔK_{th}为 7MPa·$m^{1/2}$的计算失效概率[96]

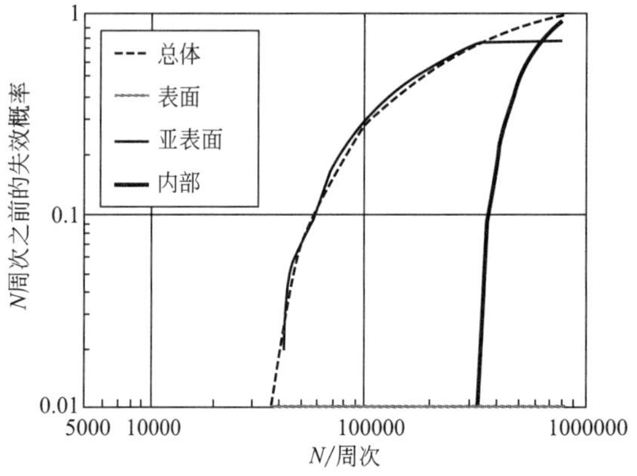

图 7-205　低应力状态下的失效概率[96]

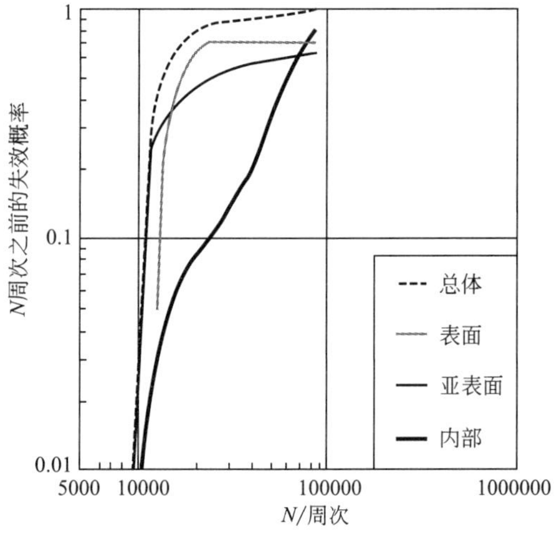

图 7-206　400℃时 N 周次前失效概率的理论值和试验值的比较(圆柱式样)[96]

Shamblen 等人[147]对加入夹杂的 René95 合金在 538℃下进行低周疲劳试验，结果表明陶瓷夹杂物使 René95 的低周疲劳性能下降，低周疲劳寿命是夹杂物尺寸和位置的函数，随着夹杂物尺寸的增大，低周疲劳寿命下降增多，而对于相同尺寸的夹杂物，位于表面比处于内部对材料的低周疲劳寿命影响更大，两种情况的寿命数值几乎相差 1～10 倍。

Bussac 等人[148]开展了一系列针对粉末高温合金 Udimet700 和 N18 的低周疲劳试验，通过断口分析和统计方法建立了表面夹杂物最大尺寸和低周疲劳寿命的对应关系，结合夹杂物尺寸分布的无损检测结果估算涡轮盘的可靠寿命。Bussac[149]还研究了夹杂物概率寿命预测模型。发现，夹杂物尺寸一定，深度不同，LCF 变化很大。试验结果和模拟结果都表明近表面夹杂影响最大，内部夹杂的副作用小些。

国内外研究表明，夹杂物对低周疲劳寿命的影响必须综合考虑，当夹杂物在材料中以不利尺寸、位置和形状出现时，会较大地降低材料的低周疲劳性能。不足的是，目前这些研究成果多为统计分析，虽然形成了一定的规律，但还只是定性描述，缺少定量评价和表征，无法应用于粉末冶金涡轮盘寿命预测[145]。

Miner 等人[150]研究了微孔对粉末高温合金疲劳特性的研究，由于雾化过程中产生的空心粉或粉末在保存、压制等过程氩气的进入，通过热等静压后材料(Astroloy)的晶界上存在 1.4%的微孔，这些孔隙的平均尺寸为 2μm，间隔 20μm。图 7-208 给出了致密和多孔的 Astroloy 合金的显微结构图。表 7-62 给出了致密和多孔的 Astroloy 高温合金的高温拉伸性能和高温持久强度的比较。结果表明在 650℃时孔隙的存在，对抗拉强度性能没有什么影响，仅是伸长率降低了 17%，但是材料的持久强度却降低了 7%。由于多孔的

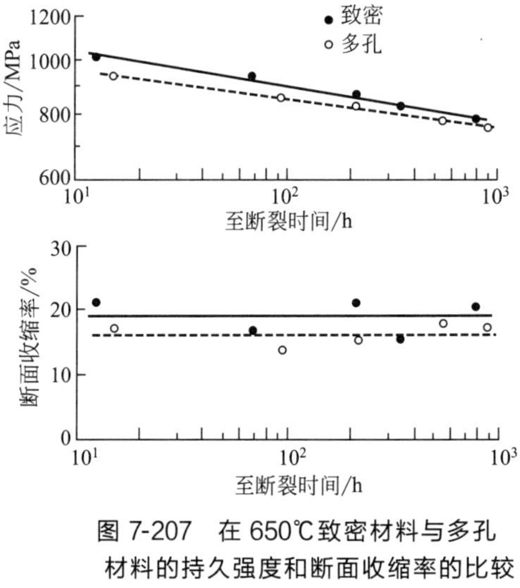

图 7-207　在 650℃致密材料与多孔材料的持久强度和断面收缩率的比较

Astroloy 合金拉伸塑性降低了 40%，引起原来的穿晶失效变成了沿晶断裂。图 7-207 给出了在 650℃致密材料和多孔材料的持久强度的比较。图 7-208 给出了致密和多孔 Astroloy 合金的显微结构。图 7-209 给出了 650℃、$R=-1$ 时，致密材料和多孔材料的循环应力 $\Delta\sigma_{N_{f/2}}$ 与非弹性应变幅 $\Delta\varepsilon_{in}$ 的关系，从图中可以看出两种材料在两个循环类型中表现出非常相似的应力-应变关系，在较高应变范围蠕变疲劳也符合这种关系，但在较低应变范围略有偏差。图7-210给出了在 650℃，$R=-1$ 下，非弹性应变范围 $\Delta\varepsilon_{in}$ 和疲劳寿命 N_f 的关系图。若不考虑装置，多孔材料非弹性应变范围的寿命比致密材料寿命低 40%。图 7-211 给出了两种材料的高温低周疲劳曲线，即材料总应变 $\Delta\varepsilon_t$ 与 N_f 的关系式为 $\Delta\varepsilon_t=a N_f^b$，$\varepsilon_t=\varepsilon_e+\varepsilon_{in}$，因为非弹性应变 $\Delta\varepsilon_{in}$ 很少，因而可以将弹性能写成 $\Delta\varepsilon_e=a N_f^b+c$。在低应变范围 $\Delta\varepsilon_t\approx0.008$，多孔材料疲劳失效萌生点在孔隙，当孔隙为 5μm 时，疲劳寿命降低不明显，出现一个孔隙为 25μm 的空心粉，疲劳寿命降低 60%，在 $\Delta\varepsilon_t=0.014$ 时多孔材料疲劳失效趋向晶界，一般来说多孔材料的寿命比致密材料的疲劳寿命降低 30%，另外多孔材料蠕变疲劳寿命比致密材料的蠕变疲劳寿命也要降低 30%。

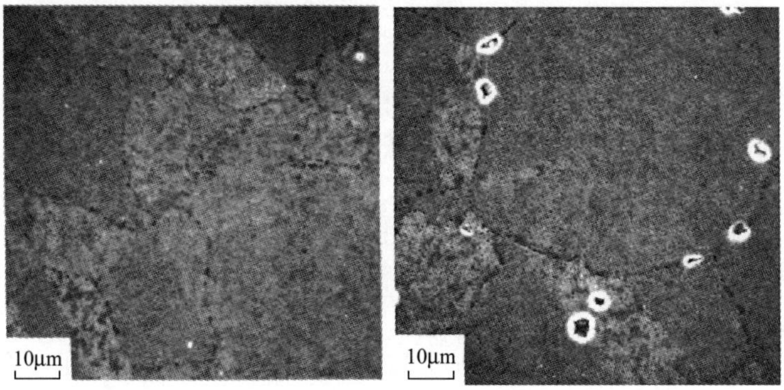

(a) (b)

图 7-208 致密和多孔 Astroloy 合金的显微结构[150]

表 7-62 在 650℃致密材料和多孔材料的高温拉伸性能和高温持久强度的比较

650℃拉伸性能							
合金	0.2%屈服强度 σ_y/MPa	极限拉伸强度 σ_u/MPa	弹性模量 $E/10^{-5}$MPa	σ_u/E	伸长率 /%	断面收缩率 /%	真正断面收缩率
致密的 Astroloy 合金	880±5①	1230±19	1.77	0.00695	30±0.5	36±0.3	0.46
多孔的 Astroloy 合金	880±6	1150±2	1.68	0.00685	25±1	25±0.3	0.28
减小率/%	9	7	5	1.5	17	31	0.39

650℃持久强度						
合金	持久强度 (10h)/MPa	持久强度 (100h)/MPa	持久强度 (1000h)/MPa	10～1000h 寿命的平均延性		
				伸长率/%	断面收缩率/%	真正断面收缩率
致密的 Astroloy 合金	1030	890	775	15	19	0.21
多孔的 Astroloy 合金	960	850	750	13	16	0.17
减小率/%	7	5	3	13	16	0.19

① 重复实验的平均偏差。

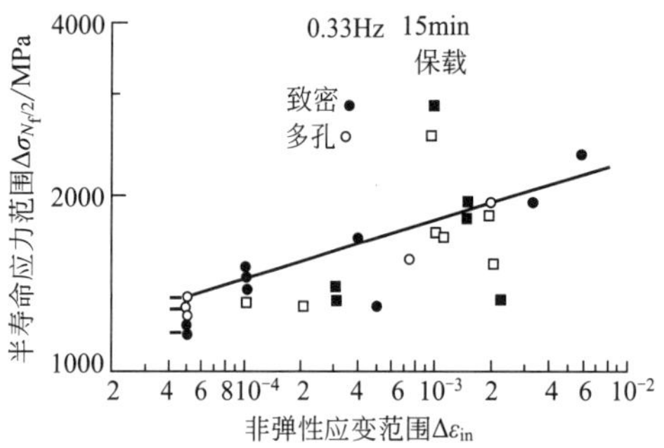

图 7-209　650℃、 $R=-1$ 时， 致密材料和多孔材料的循环应力与非弹性应变幅的关系[150]

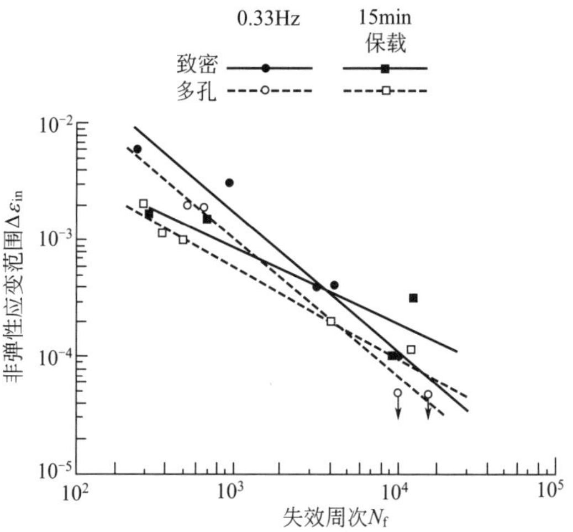

图 7-210　在 650℃、 $R=-1$ 下非弹性应变范围和疲劳寿命 N_f 的关系[150]

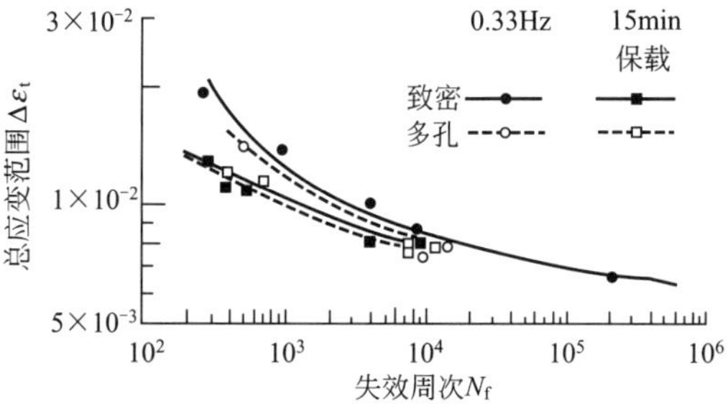

图 7-211　两种材料的高温低周疲劳曲线[150]

7.3　氧化物弥散强化高温合金的疲劳特性

7.3.1　氧化物弥散强化高温合金的发展历史[151~153]

最早的氧化物弥散强化镍合金是 Grant 在 1956 年采用 10%（体积分数）的 Al_2O_3强化的镍合金，这种弥散强化的方法可以明显提高镍合金的高温性能。1962 年杜邦（DuPont）公司 Anders 等人采用共沉淀方法生产了含 2%（体积分数）ThO_2的 TD-Ni，这个 20 世纪材料领域标志性成果引起了众多研究者的极大兴趣，并且对镍合金弥散强化机理开展了大量的工作。不久，Sherrit Gorden 公司也生产了一种含 ThO_2的 DS-Ni 合金，在 1974 年苏联也公布了 ThO_2、HfO_2弥散强化 Vou-2（BⅡY）型合金。

如图 7-212 所示，单纯利用氧化物弥散强化的 TD 镍，其低温和中温下的蠕变断裂强度都比 γ′相析出强化合金的蠕变断裂强度低得多，而单纯的 γ′相析出强化合金高温蠕变强度又比较低，因此需要开发出兼有 γ′相析出强化与氧化物弥散强化相结合的超合金生产工艺。另外，ThO_2的放射性也迫使人们寻找新的氧化物弥散相来取而代之。

1970 年美国国际镍公司（INCO）Benjamin 采用机械合金化（MA）技术，将镍、铬、镍-钛-铝、氧化钛粉末，通过高能球磨、热致密化和热处理制备了镍基氧化物弥散强化

（ODS）合金（图 7-213）。MA 制备的 ODS 高温合金是高温材料最重要的成果之一，它解决了共沉淀法很难将 Al、Ti 等活泼元素加入基体中的难题，大大地提高了低温和中温下的蠕变断裂强度，并具有较高的高温蠕变强度。

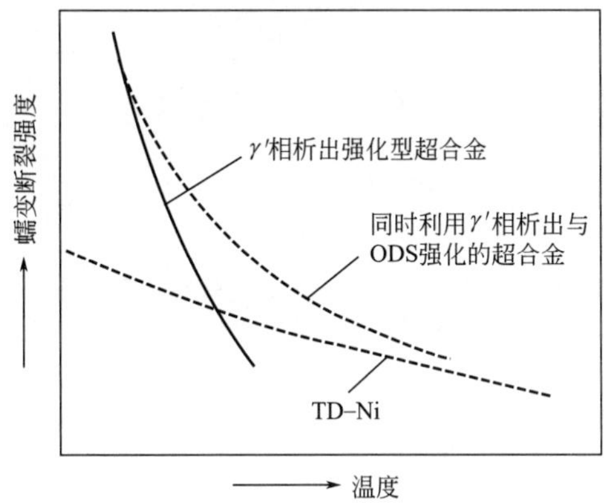

图 7-212 利用 γ′析出强化和氧化物弥散强化的镍基超合金的高温蠕变强度[152]

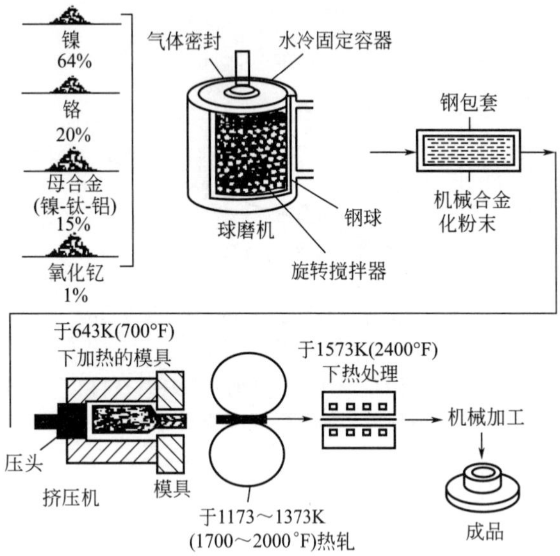

图 7-213 ODS 镍基高温合金制备工艺流程[153]

如表 7-63 所示，Y_2O_3是一种在高温下比碳化物还要稳定的氧化物弥散相，但是使用Y_2O_3作为弥散相时，只有粒子的平均直径在 30nm 以下时才能得到最好的强化效果，因此只有使用机械合金化工艺，才能使这种高熔点粒子非常好地弥散分布于超合金基体中，其他任何方法都存在一定的缺点。机械合金化法生产的 ODS 合金是一种或数种金属粉末在高能球磨机中混合，热致密化和热处理制备优异的高温强度材料。通过氧化物弥散强化的方法来提高合金高温强度的机理为：细小的 Y_2O_3 粒子能够阻碍位错的运动，增大合金的蠕变抗力，弥散相粒子还可以阻碍再结晶过程，从而在最终退火期间可以促进稳定的大晶粒生成。在高温加载期间，这种粒子可以阻碍晶粒转动和晶界滑移，使合金的高温蠕变强度增大。

表 7-63 高温下各种弥散相的稳定性比较[152]

分散相	1273K 时生成自由能的估算值/(kJ/mol)
γ'	−105
碳化物	−170
Y_2O_3	−920

在镍基高温合金粉末中获得均匀分布的弥散相粒子仅仅是充分发挥氧化物粒子的弥散强化作用的第一步。若要使合金的高温持久强度高，还要靠二次再结晶来获得具有很高晶粒方位比的粗晶组织，晶粒方位比的定义是平行于试验方向的平均晶粒截距长度除以垂直于试验方向的平均晶粒截距长度。典型的平行于加工方向的晶粒尺寸为 500～700μm，垂直截面上的晶粒尺寸为 15μm。图 7-214 为 MA753 合金的持久强度和晶粒方位比之间的关系，采用中等挤压温度以及挤压后再轧制的工艺，可以获得所希望的粗大的且晶粒方位比又高的组织，即获得的持久强度相当高。表 7-64 给出了美国国际镍公司（INCO）开发的镍基 ODS 合金

成分，其中 MA754 和 MA6000E 是在 20 世纪 70 年代研制成功的。MA754 合金是含有 1%（体积分数）Y_2O_3强化粒子的 Ni-20Cr 合金。其制备方法为球磨 Ni、Cr 和 Y_2O_3 粉末的混合物，直至实现 Y_2O_3粒子均匀分布，得到均匀的 Ni-20Cr 合金粉末，弥散相粒子的尺寸为 14nm，片层平均厚度为 0.2μm。MA6000E 是含有大量 Al、Ti、W、Mo、Ta 和微量 B、Zr 等元素，用 $YAlO_3$加入弥散强化的超合金。加入的弥散相颗粒尺寸为 10～100nm，平均晶粒尺寸为 350nm。在 Ni 基 ODS 合金中加入了 Al、Ti 使合金中 γ′相含量可以达到 40%～50%（体积分数），W、Mo、Ta 为稳定 γ′相元素，而 MA754、MA755、PM1000 合金 Al、Ti 含量很低，基本不含 γ′相。机械合金化也有两种方法[154]，一种方法叫作 Benjamin 法，另一种方法叫 Grant 法[155]。如图 7-215 所示，Benjamin 法是将 Ni、Co、NiAl、Mo 等多种粉末，其中塑性金属粉末占 15%以上，进行球磨处理，球料比（10～30）：1，球磨机转速 100～300r/min。Grant 法是将预合金粉末（50μm 以下）在高能球磨机中进行湿式球磨，磨成厚度小于 1.5μm 的片状粉末，两种方法制得的粉末均能达到晶粒度小于 1μm，弥散相粒子为 20nm，氧化物间隔为 0.1μm。

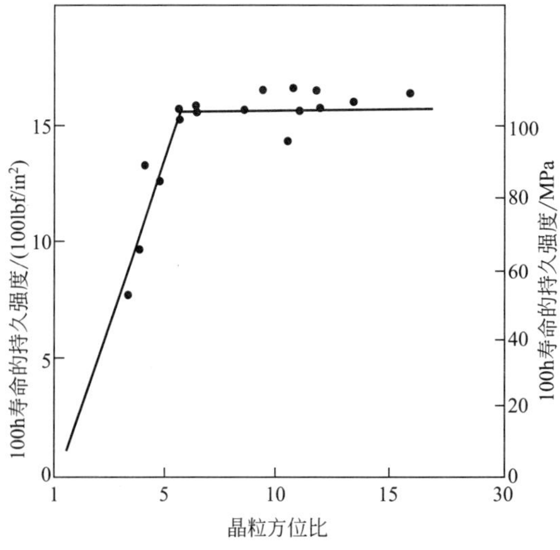

图 7-214　MA753 合金的持久强度和晶粒方位比之间的关系[154]
（Gorden，Bread，1968）
（$1lbf/in^2=6894.76Pa$）

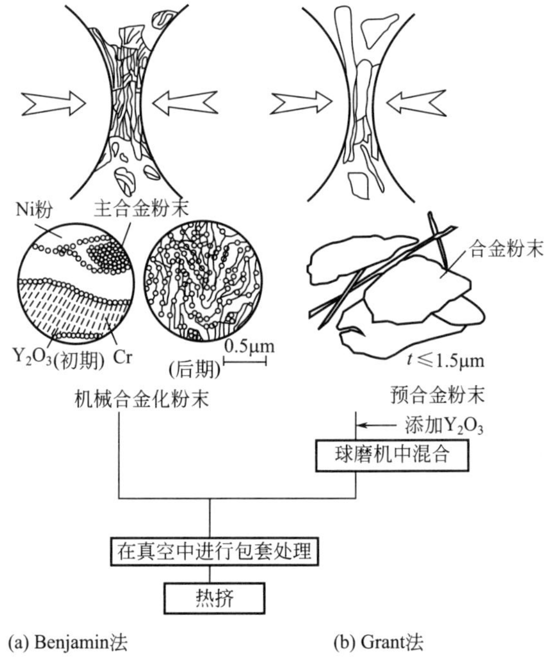

图 7-215　机械合金化制备氧化物弥散强化合金的两种球磨方法[154]

表 7-64　INCO 开发的镍基 ODS 合金成分（质量分数）[156]　　单位：%

合金	Al	Cr	Ti	Ta	W	Mo	Fe	Zr	C	B	Ni	Y_2O_3
MA6000	4.5	15	2.5	2.0	4.0	2.0	—	0.15	0.05	0.01	其余	1.1
MA760	6.0	20	—	—	3.5	2.0	—	0.15	0.05	0.01	其余	0.95
MA754	0.3	20	0.5	—	—	—	1.0	—	0.05	—	其余	1
MA758	0.3	30	0.5	—	—	—	1.0	—	0.05	—	其余	0.6
MA757	4.0	16	0.5	—	—	—	—	—	0.05	—	其余	0.6
合金 3002	4.0	20	0.5	—	—	—	—	—	0.05	—	其余	0.6

20 世纪 80 年代后期，日本金属材料研究所川崎要造、楠克之等人[156~158]根据金属材料研究所开发的铸造超合金成分设计规则（如：①γ 和 γ′两相的组分和比例；②γ 和 γ′相的固溶强化元素含量；③有无脆性 σ 类似相的生成；④C、B、Zr 等晶界强化元素含量；⑤材料的密度和膨胀系数的选择；⑥弥散氧化物的种类、粒径和含量。），在 TM202 铸造合金的基础上，减少了提高材料耐腐蚀性的 W 的含量、增加了改善材料延性的元素 Cr、Ta 的含量，保留了原有的 Co 元素含量，并以 MA6000E 为参考基础，开发了高温强度优良的 TMO 系列合金（表 7-65），其中 TMO-2 合金的 γ′相含量高达 55%。TMO-9、TMO-8、TMO-7、TMO-20 均属于 TMO-2 合金系列，它们的 γ 和 γ′相的组成不变。而 γ′相的量分别为 35%、45%、65%、75%。TMO-10 合金是为了改善 TMO-2 合金耐腐蚀性而设计的，其 Cr 含量增加，W 含量减少。为了消除 TMO-2 合金中的针状碳化物，TMO-15 合金中取消了 Mo，TMO-16 合金则减少了碳含量，而 TMO-17 合金则增加了 Zr 含量。

表 7-65　镍基 ODS 合金的组成成分（质量分数）[156~158]　　单位：%

合金	γ′相	Ni	Al	Co	Cr	Ti	Ta	W	Mo	Y_2O_3	备注
TMO-2	55	59.0	4.2	9.8	5.9	0.8	4.7	12.4	2.0	1.1	
γ′相	（原子分数）	65.0	16.4	7.8	2.7	1.8	2.4	3.4	0.5	—	
γ 相	（原子分数）	62.9	2.7	13.9	12.6	0.2	0.6	5.0	2.2	—	
TMO-9	35	57.7	3.1	10.7	7.4	0.6	3.7	13.1	2.4	1.1	
TMO-8	45	58.3	3.7	10.2	6.6	0.7	4.3	12.7	2.2	1.1	
TMO-7	65	59.5	4.9	9.2	5.1	1.0	5.4	12.0	1.7	1.1	—
TMO-20	75	60.1	5.5	8.7	4.3	1.1	6.0	11.6	1.5	1.1	
TMO-10	55	59.9	4.6	9.1	9.2	0.9	5.0	8.0	2.1	1.1	
TMO-15	65	60.4	5.0	9.0	5.2	1.0	5.5	12.3	—	1.1	C0.04
TMO-16	65	59.5	4.9	9.2	5.1	1.0	5.4	12.0	1.7	1.1	Zr0.15
TMO-17	65	59.4	4.9	9.2	5.1	1.0	5.4	12.0	1.7	1.1	

注：0.05Zr/0.05C/0.01B（没有标注的成分）。

楠克之等人[158]研究了 Ni 基 ODS 合金的蠕变强度和 γ′相的关系，得出下列结论：①在 1073～1233K 中低温区域，γ′相含量的增加使得 ODS 合金的蠕变抗力和断裂寿命大幅提高（表 7-66），其原因为在这个温度区域，主要是蠕变变形为主，伴随 γ′相的晶粒剪断，引起了 γ 相变形；②在 1323K 温度下，ODS 合金的蠕变抗力和断裂寿命与 γ′相含量不存在依存关系，在这个温度区域，晶内析出的碳化物周围产生孔隙，孔隙相连，裂纹产生扩展；③蠕变断裂的伸长率与 γ′相含量无关，其值为 1%～4%。

表 7-66　在不同试验条件下 TMO 系合金的蠕变性能[158]

合金	γ′ 摩尔分数/%	样品	T/K	σ/MPa	t_r/h	ε_r/%	$\dot{\varepsilon}_s/s^{-1}$	LMP/$\times10^{-3}$
TMO-9	35	a	1123	343	571	3.6	8.4×10^{-9}	25.6
		b	1123	343	559	1.2	—	25.6
		c	1123	343	122	0.4	1.8×10^{-9}	24.8
		d	1173	245	219	4.7	1.6×10^{-8}	26.2
		e	1323	157	5552	2.3	9.8×10^{-10}	31.4
		f	1323	157	6373	2.7	1.1×10^{-9}	31.5

续表

合金	γ' 摩尔分数/%	样品	T/K	σ/MPa	t_r/h	ε_r/%	$\dot{\varepsilon}_s/s^{-1}$	LMP/$\times 10^{-3}$
TMO-2	55	a	1123	343	830	3.4	2.7×10^{-9}	25.7
		b	1123	343	1126	4.7	2.3×10^{-9}	25.9
		c	1123	392	103	4.8	1.7×10^{-8}	24.7
		d	1233	225	1622	3.6	2.1×10^{-9}	28.6
		e	1323	157	4993	—	2.2×10^{-9}	31.4
		f	1323	157	3773	1.3	2.8×10^{-9}	31.2
		g	1323	157	9435	1.7	1.1×10^{-9}	31.7
		h	1323	157	7476	4.1	1.6×10^{-9}	31.6
		i	1323	176	1590	4.6	2.4×10^{-9}	30.7
TMO-7	65	a	1073	490	199	4.2	2.8×10^{-8}	23.9
		b	1123	343	>19014①	—	1.3×10^{-10}	>27.3
		c	1123	343	>17213②	—	2.2×10^{-10}	>27.2
		d	1123	392	22	4.7	1.1×10^{-7}	24.0
		e	1223	245	694	4.6	4.6×10^{-9}	27.9
		f	1323	157	7681	3.5	1.7×10^{-9}	31.6
		g	1323	157	10508	1.5	1.6×10^{-9}	31.8
		h	1323	176	4534	1.6	2.4×10^{-9}	31.3
TMO-20	75	a	1033	490	>5033①			>24.5
		b	1123	392	>5675①			>26.7
		c	1233	245	>5033①			>29.2
		d	1323	176	3558	2.5	2.0×10^{-9}	31.2

①加载，1998 年 12 月 20 日 11：00 测量。

②断裂，LMP＝(T/K)[lg(t_r/h)＋20]。

7.3.2 几种典型的 MAODS 的性能

（1）MA 系列 ODS 超合金的性能[159～163]

Howson 等人[161]研究了 INCO-MA754 和 MA6000E 的高温持久强度和蠕变特性。表 7-67 给出了最常见的 MA 系列镍基 ODS 超合金的典型性能[162]。表中 MA754 合金与早期氧化钍弥散强化材料很类似，但其弥散氧化物无放射性，该晶体方位比大于晶粒厚度，在纵向有极强的（100）晶体织构，抗疲劳性能较高，其 100h 的持久强度随着温度升高下降缓慢，在 1368K 保持 102MPa，MA754 是第一种大批量生产的 MAODS 合金。MA6000 合金高温性能优异，经过热挤和热处理得到最佳晶粒方位比，在 1368K 中持久强度保持 131MPa。MA6000 结构中有很高比例的 γ' 相（体积分数 45%～50%），图 7-216 给出了四种材料在不同温度下的高温 1000h 寿命的比断裂强度。图 7-217给出了几种材料在不同温度下 100h 断裂寿命下的断裂强度。如图 7-216 所示，MA6000E 的 100h 持久强度在 960℃以上就显著高于定向凝固合金 MAR-M200（DS），在中温区域（900℃）附近，MA6000E 与 DSMAR-M200＋Hf、单晶 SC-PWA454 三者接近，但

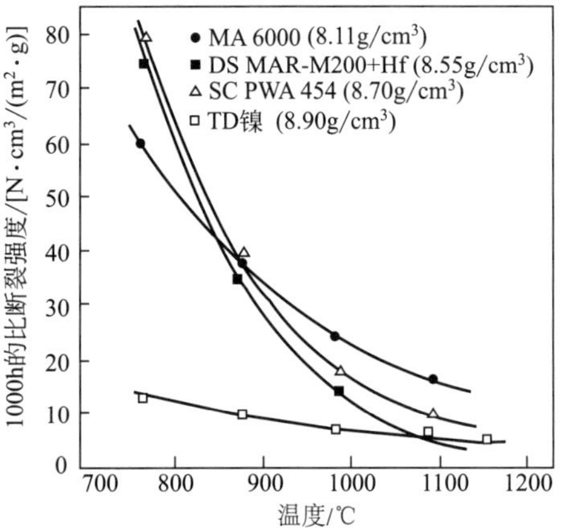

图 7-216　四种材料在不同温度下的高温 1000h 寿命的比断裂强度[161]

比 TDNi 高 3 倍之多，在高温区（约 1095℃）DSMAR-M200Hf 和 SC-PWA 的高温强度丧失殆尽，因其 γ′相析出物已长大，并且部分溶解，只有 MA6000 由于氧化物弥散强化作用，仍然保持一定的强度。图 7-218 给出了 MA6000 合金在 1093℃/100h 时比断裂强度（断裂强度/密度）与 DSMAR-M200＋Hf 及 $NiTaC_{13}$、γ/γ′-δ、γ/γ′-α 镍基共晶合金的比较。对比结果表明，MA6000E 显著优于其余四种合金。图 7-219 给出了 MA754 合金在不同温度和不同试样取向下断裂寿命和应力的关系，图 7-220 给出了 MA6000E 合金在不同温度下断裂寿命与应力的关系。

表 7-67　几种机械合金化 ODS 超合金的典型性能[162]

性能	合金			
	MA754	MA6000	MA758	MA760
合金类型	Ni-Cr	Ni-Cr-γ′	Ni-Cr	Ni-Cr-γ′
密度/(g/cm³)	8.3	8.11	8.14	7.88
弹性模量(293K)/GPa	149	203	—	—
屈服强度(0.2%残余变形)/MPa	134	192	147	140
抗拉强度/MPa	148	222	153	141
断裂伸长率/%	12.5	9	9	15
断裂应力(1368K)/MPa				
100h	102	131	50	110
1000h	94	127	—	107

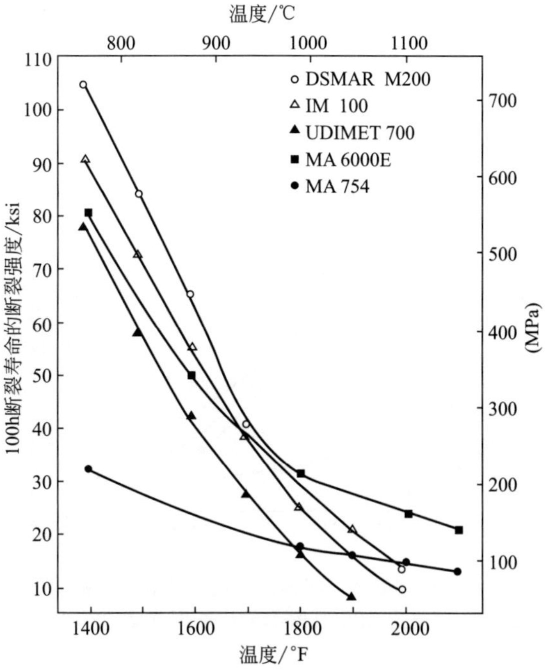

图 7-217　几种材料在不同温度下的高温 100h 断裂寿命的断裂强度[161]

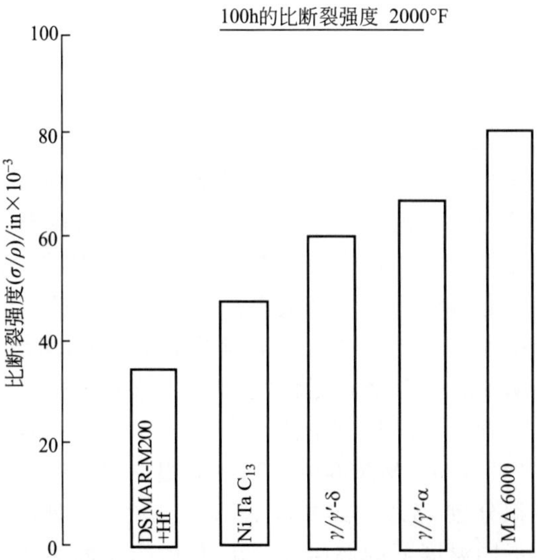

图 7-218　MA6000 合金在 1093℃/100h 时比断裂强度与 DSMAR-M200+Hf 及几种镍共晶合金 $NiTaC_{13}$、γ/γ′-δ、γ/γ′-α 的比较[164]

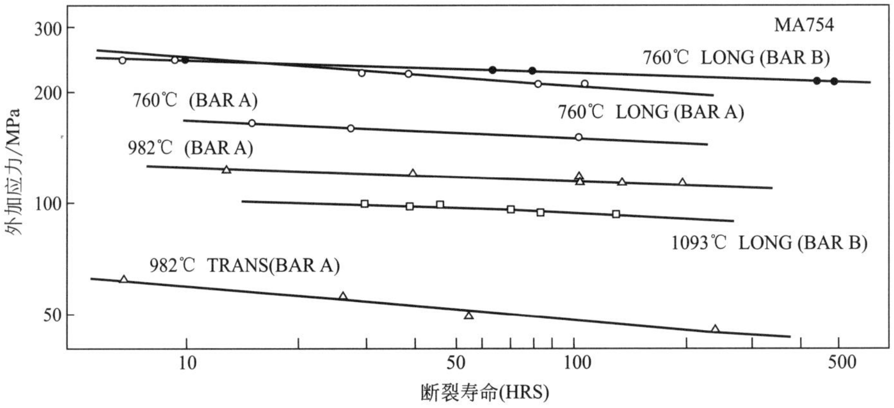

图 7-219　在不同温度和不同试样比取向下，MA754 合金断裂寿命与应力的关系[161]

Howson 等人[161]还发现，一定量的预变形或热等静压处理均能进一步改善合金的中温蠕变断裂性能（图 7-221 和图 7-222）。研究者认为，热等静压和预变形，使合金产生不均匀的塑性流动，使晶界和大颗粒夹杂与基体的配合得到改善，另外某些合金（如 MA754）表现出良好的缺口性能，如图 7-223 所示，带有缺口的 MA754 合金，其高应力蠕变断裂寿命远高于光滑试样。另外，图 7-224 给出了 MA754 合金在不同温度下最小蠕变速率与应力的关系，图 7-225 给出了 MA6000E 在不同温度下最小蠕变速率和应力的关系。

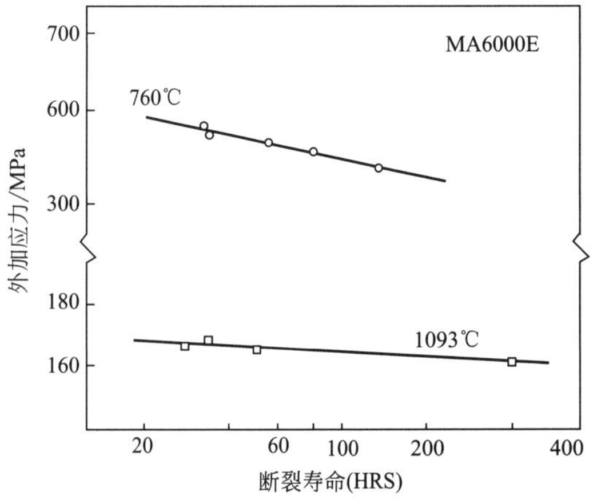

图 7-220　MA6000E 合金在 760℃和 1093℃下的断裂寿命和应力的关系[161]

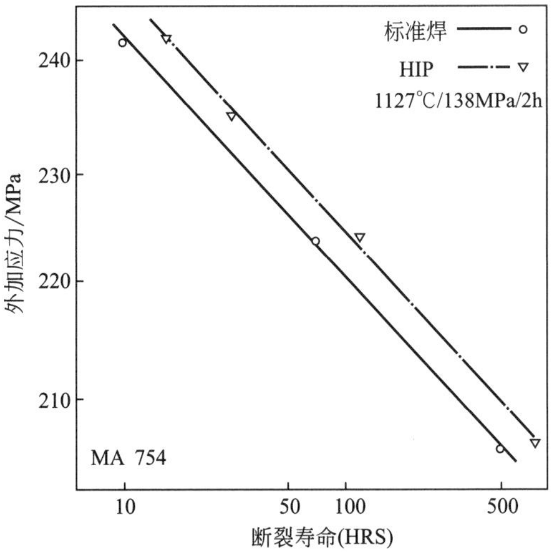

图 7-221　热等静压对 MA754 合金蠕变断裂性能的影响[161]

Michels（1976）系统地研究了 ThO_2、Y_2O_3、Al_2O_3、La_2O_3 等氧化物对 Ni-Cr 合金高温抗氧化性能的影响，得出多种热力学稳定的氧化物都能提高合金的抗氧化性（表 7-68），但抗氧化作用的大小，则根据氧化物的性质、含量及温度的不同而定。氧化物弥散相之所以能提高抗氧化性能的原因为：当合金生成 Cr_2O_3 的保护层时，存在于保护层中的氧化物弥散质点，通过离子尤其是 3 价离子与 Cr_2O_3 作用，使 Cr_2O_3 保护层结构缺陷浓度降低，从而使 Cr 的扩散受到抑制，ODS 高温合金与不含氧化物同成分高温合金相比，表现出较好的抗热腐蚀性能，如 MA6000E，其含 Cr 仅仅为 14%，Al 含量高于钛，但合金的抗热腐蚀性远优于同成分的普通高温合金，甚至优于 IN738 合金。

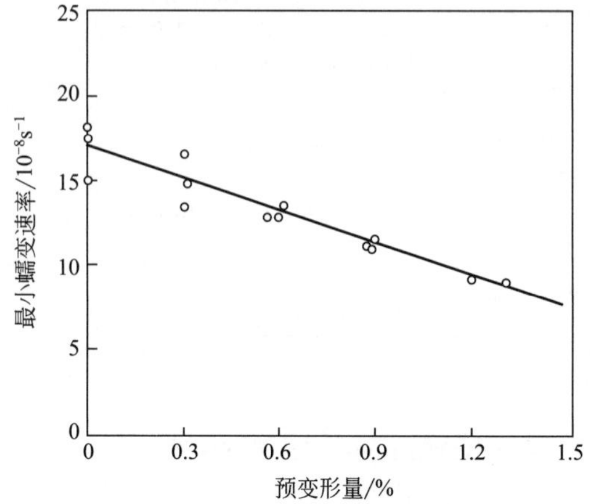

图 7-222 MAODS 合金预变形对 760℃最小蠕变速率的影响[161]

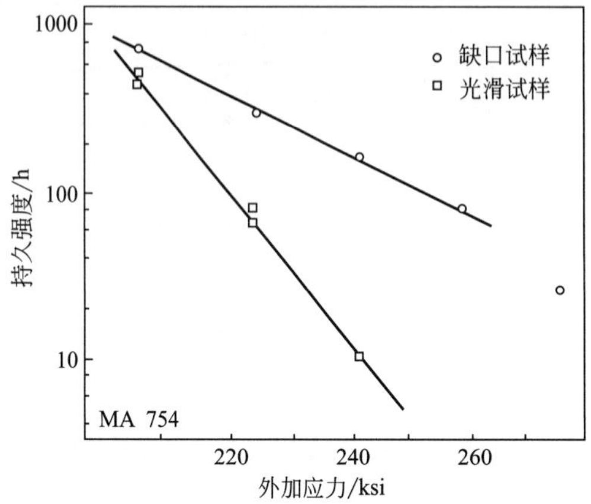

图 7-223 MA754 合金在 760℃的缺口（K_t= 3）试样和光滑试样的持久强度[161]

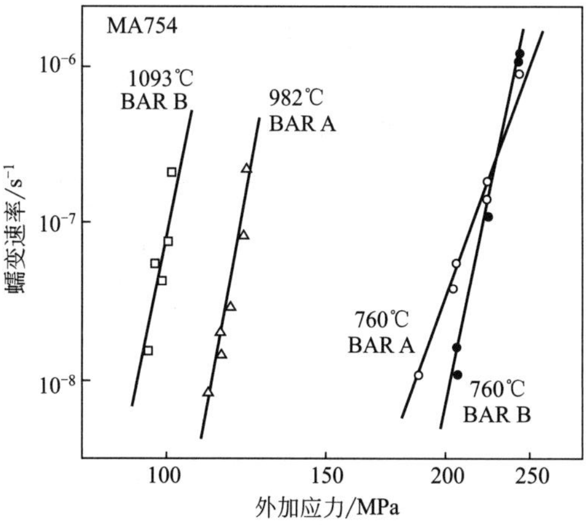

图 7-224 MA754 合金在 754℃、760℃、982℃和 1093℃下，最小蠕变速率和施加应力的关系[161]

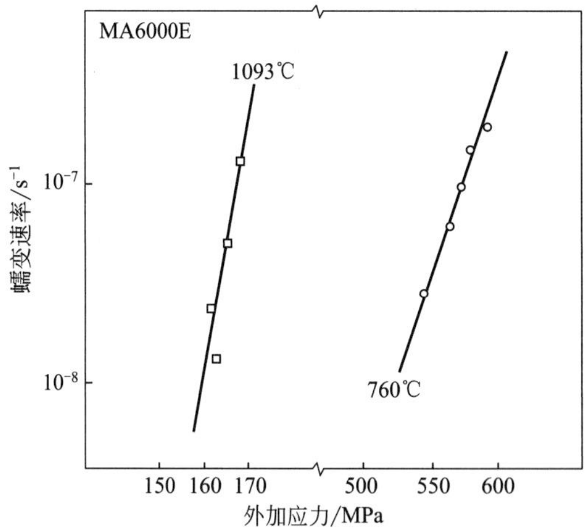

图 7-225 MA6000E 合金在 760℃和 1093℃下，最小蠕变速率和施加应力的关系[161]

表 7-68 1000℃、1100℃、1200℃温度下干空气中等温氧化 Ni-20Cr 合金的增重（Michels，1976）

合金	增重量/(mg/cm^2)								
	1000℃			1100℃			1200℃		
	10h	50h	100h	10h	50h	100h	10h	50h	100h
Ni-20Cr-2.38ThO_2	0.16	(0.20)		0.23	0.30	(0.30)	0.34	0.40	0.42
Ni-20Cr-2.41ThO_2	0.20	0.26	(0.28)	0.25	0.30	(0.29)	0.36	0.38	(0.37)
Ni-20Cr-2.03ThO_2	0.16	(0.20)		0.23	(0.28)		0.34	0.36	(0.32)
TDNiCr 薄板	0.26	0.34	(0.36)	0.26	0.31	(0.25)	0.30	0.40	0.34
Ni-20Cr-1.13Y_2O_3	0.04	0.09	(0.10)	0.22	0.33	(0.30)	0.52	0.73	(0.75)
Ni-20Cr-0.24Y_2O_3	0.61	0.78	(0.85)	0.69	0.92	(1.00)	0.88	1.33	(1.50)
Ni-20Cr-1.48Al_2O_3	0.17	0.23	(0.23)	0.23	0.30	(0.35)	0.62	0.81	(0.85)
Ni-20Cr-0.65Al_2O_3	0.17	0.28	(0.30)	0.38	0.55	(0.61)	0.87	1.33	(1.56)

续表

合金	增重量/(mg/cm²)								
	1000℃			1100℃			1200℃		
	10h	50h	100h	10h	50h	100h	10h	50h	100h
Ni-20Cr-1.60La_2O_3	0.12	0.14	(0.16)	0.19	0.24	(0.25)	0.34	0.38	(0.30)
Ni-20Cr-1.20La_2O_3	0.16	0.20	(0.20)	0.14	0.16	(0.17)	0.32	0.35	(0.35)
Ni-20Cr-0.40La_2O_3-0.04Y_2O_3	0.21	0.34	(0.34)	0.56	0.90	(1.10)	1.12	1.68	(1.85)
Ni-20Cr-0.02La_2O_3	0.30	(0.40)		0.55	0.87	(1.03)	1.70	2.81	(3.60)
Ni-20Cr-1.27La_2O	0.78	1.73	(2.10)	1.29	2.01	(2.30)	2.34	4.43	3.10
商用 Ni-20Cr	0.35	0.75	(1.00)	0.92	1.63	(2.00)	1.75	2.70	(3.40)
实验用 Ni-20Cr	0.57	1.07	(1.40)	1.10	2.66	(3.50)	2.80	4.80	6.00

注：括号中为外推值。

（2）TMO 系列 ODS 超合金的性能

TMO-2 系列 ODS 超合金的制备方法为，采用羰基镍粉末（INCO，＃123，3～7μm，质量分数 0.1%）、Co、Mo、Ta（≤44μm）、W（≤63μm），Cr（≤73μm），粉碎后配成母合金粉末［Ni-48Al，Ni-18Al-20Ti，Ni-28Zr，Ni-14B（≤73μm）］和 Y_2O_3（18nm）粉末。按照 TMO-2 的成分在普通球磨机混合 4h，这些粉末按 BN-2-1、BN-2-2、BN-19 坯料在 MA-ID 搅拌球磨机球磨，BN-S 在 MA-5D 搅拌球磨机球磨，除 BN-19 在 N_2 中球磨 48h 外，其余均在 Ar 中球磨 50h，BN-2-1 和 BN-2-2 采用 ϕ3～7mm 镍球球磨，BN-19、BN-6 和 BN-S 采用 ϕ9.5mm 钢球球磨。包套将粉末封装。400℃，2.6×10^{-2}Pa 真空度，30min 后脱气后用电子束密封。1080℃保温 2h（仅坯料 6-3 为 1050℃），挤压比为 15∶1（仅 BN-2-1 为 19∶1），挤压速度为 80cm/s（BN-2-1、BN-2-2、BN-19）和 40cm/s（BN-6-2、BN-6-3、BN-S），ODS 合金挤压后，进行等温退火和带域退火（挤压料固定，采用一匝高频线圈以 100mm/h 移动），带域退火为 1300℃×1h 和 1300℃×0.5h，空冷＋1080℃×4h，空冷＋870℃×20h，空冷。表 7-69 为 TMO-2 合金的 BN-1 和 BN-2 等温退火材料的蠕变特性。表 7-70 为 TMO-2 合金的 BN-6 和 BN-19 1300℃×1h 带域退火和热处理材料的蠕变特性。表 7-71 为 TMO-2 合金的 BN-S 1300℃×0.5h＋1080℃×4h＋870℃×20h 带域退火材料和热处理材料的蠕变特性。表 7-72 为 TMO-10 等改良型合金的断裂寿命。

表 7-69　TMO-2 合金的 BN-1 和 BN-2 等温退火材料的蠕变特性[157]

样品编号	热处理/℃	处理时间/h	蠕变温度/℃	应力环境/(kgf/mm²)	寿命/h	伸长率/%	截面收缩率/%
2-1-1	1280	1	1050	16	3500	3.7	7.0
2-1-11	1180 ＋1280	4 1	1050	16	278.4	5.9	9.1
2-2-34①	1280	1	1000	12	12000	2.9	2.5
2-1-8②	1350	1	1000	12	37553		
2-1-38②	1260	16	1000	12	36640		
2-2-35	1260	1	900	25	1832		
2-2-39	1260	16	900	25	3151	3.8	6.0
2-1-15	1350	1	900	25	4685	5.6	12.6
2-1-12	1180 ＋1280	4 1	850	35	229.9	0.2	3.7

① 在蠕变测试中断裂。
② 在测试中(1988.1.23)。

表 7-70　TMO-2 合金的 BN-6 和 BN-19 1300℃×1h 带域退火和热处理材料的蠕变特性[157]

合金编号	样品编号	蠕变温度/℃	应力环境/(kgf/mm^2)	寿命/h	伸长率/%	截面收缩率/%	L-M①参数
BN-6	6-2-1Z	1050	16	4992	1.3	4.9	31352
	6-2-2Z	850	35	829	1.1	4.5	25735
	6-3-1Z	1050	16	9434	1.7	3.1	37719
	6-3-2Z	850	35	716	1.2	3.8	25666
BN-19	19-1Z	1050	16	3773	1.3	1.7	31192
	19-2Z	850	35	529	2.8	5.5	25518

① L-M：LARSON-MILLER。

表 7-71　TMO-2 合金的 BN-S 1300℃×0.5h+1080℃×4h+870℃×20h 带域退火材料和热处理材料的蠕变特性[157]

样品编号	蠕变温度/℃	应力环境/(kgf/mm^2)	寿命/h	伸长率/%	截面收缩率/%	L-M①参数
S-1z	1050	16	7476	4.1	8.8	31585
S-5z	1050	18	1590	4.6	8.2	30695
S-4z	960	23	1622	3.6	5.7	28618
S-2z	850	35	1126	4.7	8.7	25887
S-3z	850	40	102.6	4.8	8.5	24719

① L-M：LARSON-MILLER。

表 7-72　TMO-10 等改良型合金的断裂寿命[156]

合金试样	蠕变/K	条件/MPa	寿命/h	伸长率/%	截面收缩率/%
TMO-10	(γ'=55%)				
47-1-1	1323	177	15893	3.9	5.8
47-1-2	1123	392	3240	3.9	3.1
TMO-15	(γ'=65%)				
55-1-1	1323	177	437	2.0	4.4
55-1-2	1123	392	1255	4.7	4.6
TMO-16	(γ'=65%)				
57-1-1	1323	177	16725	2.9	3.6
57-1-2	1123	392	5041	4.0	6.2
TMO-17	(γ'=65%)				
61-2-1	1323	177	111527	2.3	3.4
62-2-1	1123	392	7655	2.6	3.5

注：热处理 1573K(1553K)×0.5h+1353K×4h+1143K×20h。

如前面的图表所示，TMO-2 合金的坯料采用 ϕ3～7mm 球搅拌球磨，挤压成形和等温退火，在 1050℃，应力 16kgf/mm^{2}下的蠕变寿命为 3500h，而采用 ϕ9.5mm 钢球搅拌球磨，挤压成形、带域退火、固溶时效热处理的材料，在 1050℃，应力 16kgf/mm^{2}下的蠕变寿命达 7476h。长时间承受高温的负载，虽然有针状的 MoC 形成，但对蠕变断裂寿命没有多大的影响。

从图 7-226 可以看出，TMO 系列合金在相同温度下 1000h 比蠕变强度比 MA 系列合金要高。从图 7-227 中可以看出在相同 Larson-Miller 参数 $\{[T(℃)+273][\lg t_r(h)\times 20]\cdot 10^{-3}\}$ 下 TMO 系列合金的蠕变断裂强度比 MA 系列合金要高，并且当 L-M 参数超过 27 后，TMO 系列合金蠕变断裂强度超过单晶 PWA1480 合金。表 7-73 给出了几种 Ni 基 ODS 合金的物理性能及持久强度的比较，TMO-2 合金在高温下持久强度最高。

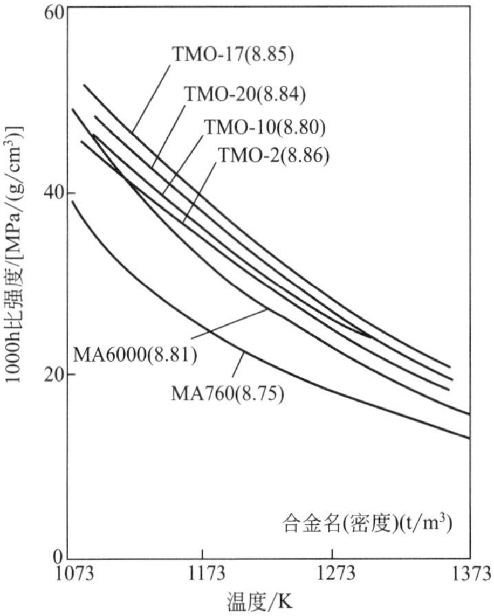

图 7-226　各种镍基 ODS 合金蠕变寿命（1000h 比强度）与温度的关系[156]

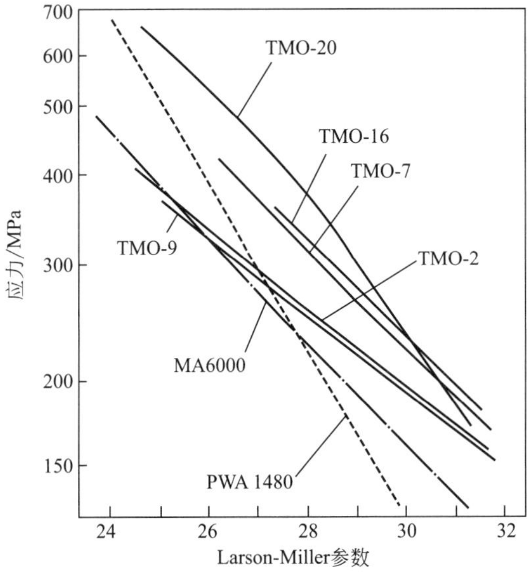

图 7-227　氧化物弥散强化合金持久强度的比较[165]

表 7-73　几种 Ni 基 ODS 合金的物理性能及持久强度[166]

合金	熔点/℃	密度/(g/cm³)	持久强度/MPa			
			760℃ 100h	760℃ 1000h	1093℃ 100h	1093℃ 1000h
MA754	1400	9.3	214	199	102	94
MA758	—	8.1	—	—	50	—
MA6000	1293	8.1	517	434	138	128
TMO-2	1320	8.86	—	—	196	160
MA760	—	7.9	—	360	105	7
合金 98	—	8.6	—	—	165	135

7.3.3　氧化物弥散强化高温合金的疲劳特性

（1）MAODS 高温合金的裂纹萌生与扩展

岡崎正和等人[167]研究了氧化物弥散强化 MA758 合金的高温高周疲劳强度及微观组织的影响。在高负载应力下，疲劳破坏裂纹均萌生在样品的表面。室温下在表面晶粒的内部产生裂纹，高温下在表面晶界产生裂纹；在低负载应力下，特别是在高温条件下，某些热轧材料在内部的氧化物萌生裂纹，产生这种形态的破坏，在 S-N 曲线中有两段曲线倾向。诱发这种内部裂纹萌生的因素有元素的稳定性、基材的保护性、氧化膜的再生

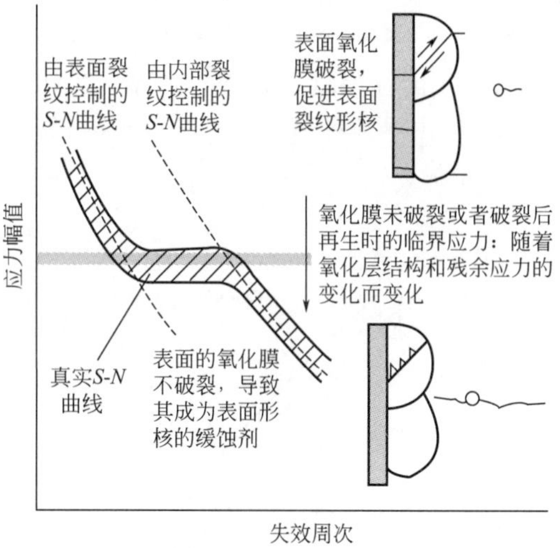

图 7-228 氧化膜的裂纹对疲劳 S-N 曲线的影响[167]

能力、氧化膜和基体的结合力等。MA 系列的 ODS 合金 Cr 含量较高在材料表面形成Cr_2O_3，在室温下 Cr_2O_3 破坏应力为 270MPa，断裂韧性 $K_{IC}=3.9MPa\cdot m^{1/2}$，当循环应力超过氧化膜的破坏应力时，氧化膜容易开裂，促使了材料在颗粒表面产生裂纹。因此氧化膜的构造、厚度、温度、成分都会影响氧化膜的开裂。同样也可以通过预氧化成膜增加氧化物的厚度，抑制表面裂纹的萌生，提高材料的疲劳强度。图 7-228 给出氧化膜的裂纹对疲劳 S-N 曲线的影响，图 7-229 给出了预氧化成膜的材料 C 在亚表面萌生裂纹图。

研究者研究了三种热机械加工材料的 MA758 合金的 S-N 曲线与微观组织的关系。C 材为机械合金化粉末 1100℃ HIP 处理，再 1100℃热轧，材料断面为 70mm×120mm 的板材；D 材在 C 材基础上在 1316℃×1h 时二次再结晶；A 材和 D 材的 HIP 处理温度、热轧温度、二次再结晶温度一样，但热轧的压延率不一样，最终断面为 40mm×130mm。经热机械处理后三者微观组织不一样。A 材晶粒沿热轧方向有伸长的柱状晶（平均晶粒为 2mm），垂直热轧方向晶粒为 100μm，长宽比在 10 以上；C 材晶粒尺寸为 2～3μm，基本为等轴微细晶粒；D 材的晶粒尺寸在轧制方向为 100μm，在垂直轧制方向为 50μm，长宽比为 2～3，在各种温度下的 S-N 曲线如图 7-230～图 7-232 所示。如图 7-230 所示，细晶的 C 材在室温下具有较高的疲劳强度，粗晶的 A 材具有较低的疲劳强度。图 7-231 给出了 600℃的 S-N 曲线，D 材的疲劳强度比 A 材和 C 材都高，C 材出现两段曲线，C′材为 C 材在 1050℃空气中预氧化 1h，其疲劳强度最高。图 7-232 给出了 950℃的 S-N 曲线，高温下具有柱状晶的 A 材的疲劳强度，其中 IN738LC 为比较材。图 7-233 给出了 600℃疲劳强度比（σ_a/σ_B）与循环周次的关系，其中 D 材最高约为 0.45，C 材最小约为 0.25。在 900℃也会出现同样趋势，在室温下三种材料的疲劳强度比约为 0.4。图 7-234 给出了三种不同显微结构材料在三种温度下的疲劳强度。图 7-235 给出了 950℃ MA758 两种不同显微结构的裂纹扩展速率 da/dN 与 ΔK（ΔK_{eff}）的关系，两种材料的 da/dN-ΔK（ΔK_{eff}）关系没有多大区别，其 ΔK_{th}约为 $5.5MPa\cdot m^{1/2}$，大于比较材料 IN738LC（800℃）的 ΔK_{th}（$1MPa\cdot m^{1/2}$）。另外，图中结果表示，裂纹扩展速率和开闭口行为与材料的显微组织没有依存关系。图 7-236～图 7-238 给出了不同温度 A 材和 D 材裂纹萌生的光学显微镜图，裂纹从萌生到小裂纹形成的寿命占疲劳寿命的 70%以上。

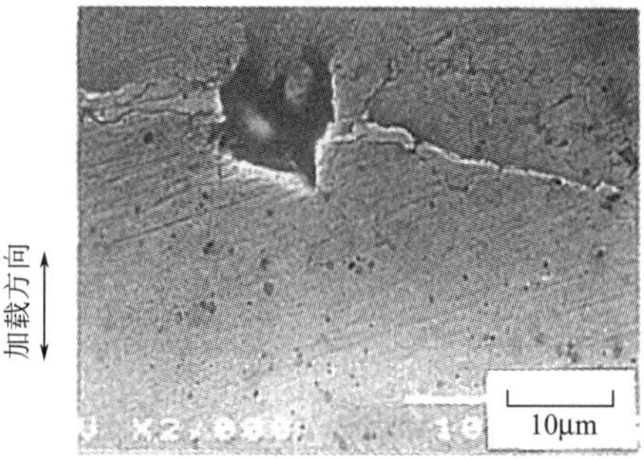

图 7-229 预氧化成膜的材料 C 在亚表面萌生裂纹[167]

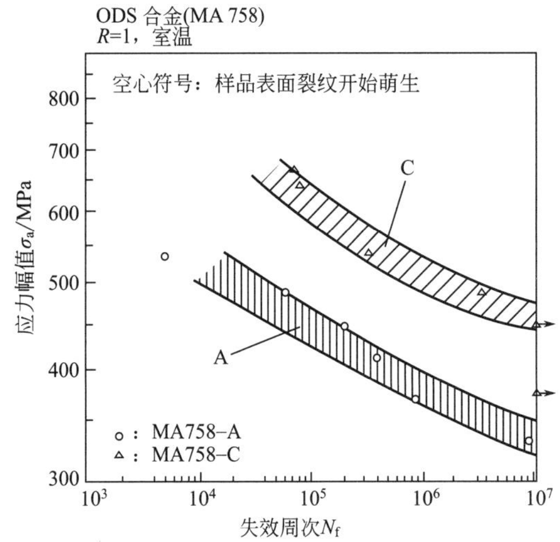

图 7-230　室温的 S-N 曲线[167]

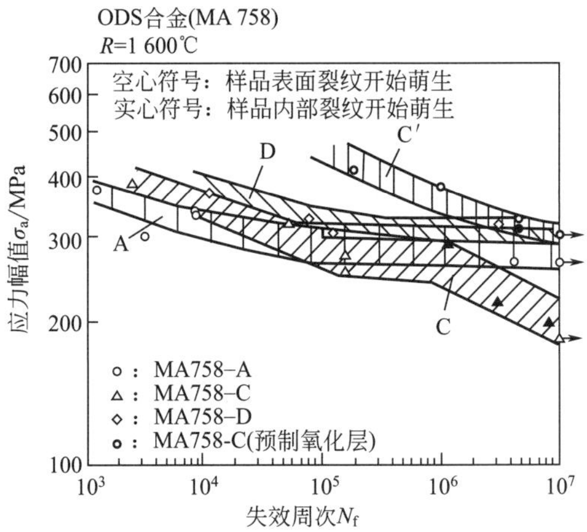

图 7-231　600℃的 S-N 曲线[167]

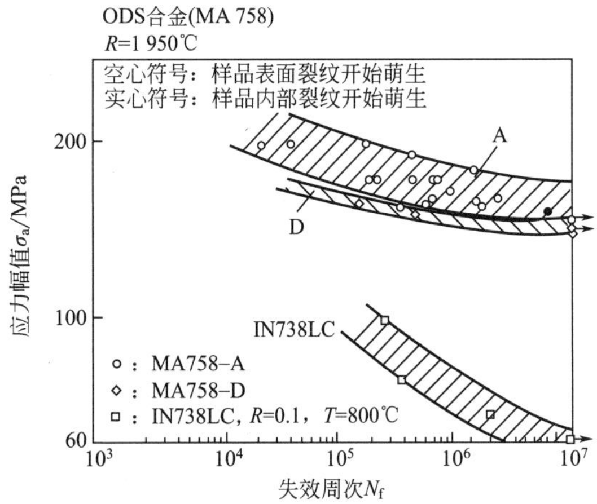

图 7-232　950℃的 S-N 曲线[167]

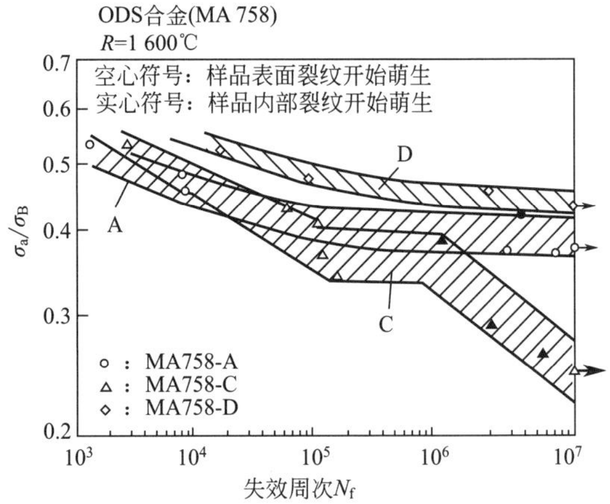

图 7-233　600℃疲劳强度比(σ_a/σ_B)与循环周次的关系[167]

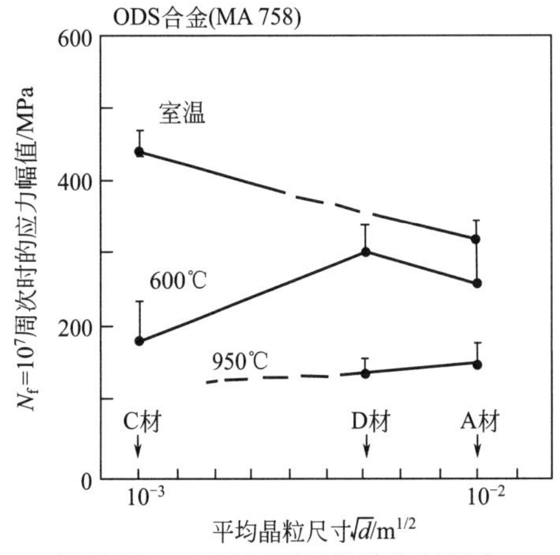

图 7-234　三种不同显微结构材料在三种温度下的疲劳强度[167]

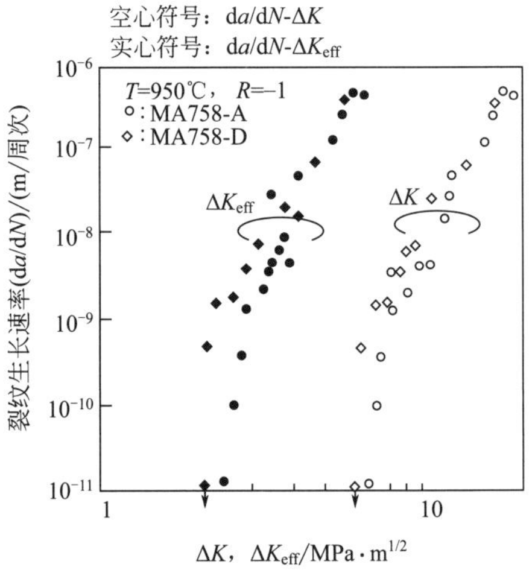

图 7-235　给出了 950℃ MA758 两种不同显微结构的裂纹扩展速率 da/dN 与 $\Delta K(\Delta K_{eff})$ 的关系[167]

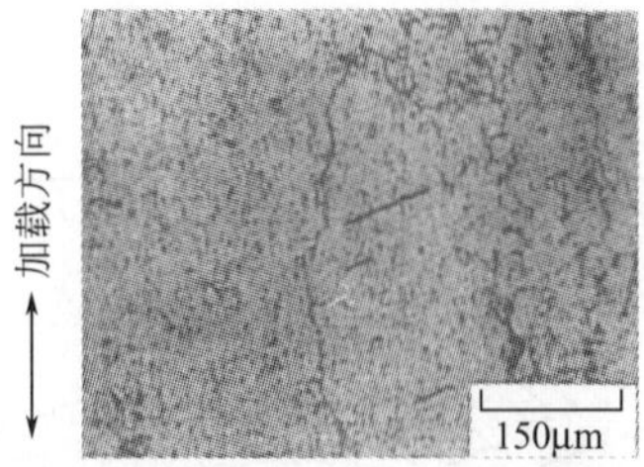

图 7-236 室温下 A 材中裂纹萌生图像

($\sigma_a=369$MPa，$N=7.0\times10^5$，$N_f=8.76\times10^5$)[167]

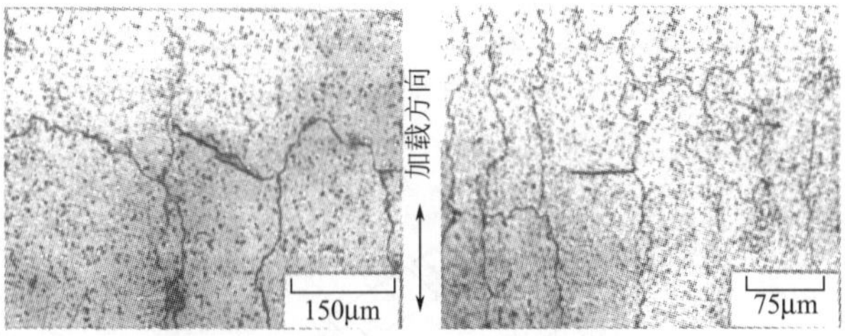

图 7-237 600℃的裂纹萌生图像[167]

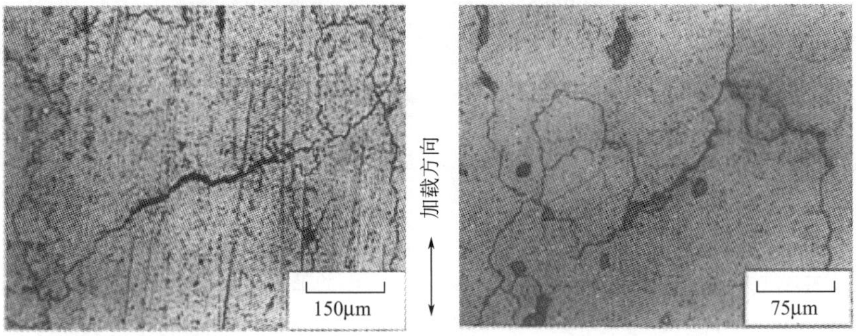

图 7-238 950℃的裂纹萌生图像[167]

大谷隆一等人[168,169]研究了 MA754 合金的高温蠕变疲劳微小裂纹萌生和扩展。MA754 热挤压之后，在 1588K 进行 1h 静止退火，二次再结晶在挤压方向得到粗大的再结晶组织，挤压方向（应力轴方向）晶粒尺寸为 4mm，垂直挤压方向为 200μm（图 7-239），蠕变疲劳试样温度 1273K，蠕变疲劳试样如图 7-240 所示，在大气中施加保持拉伸的台形应力波形（C-P 型），如图 7-241 所示，应力比为 −1.35，试样破损周次为 220 次。裂纹萌生有两种类型：A 类型，垂直加载应力方向的晶界上萌生的裂纹、B 类型，垂直加载应力方向的晶内萌生的裂纹。如图 7-242 所示，黑色虚线为晶界，A 类裂纹夹

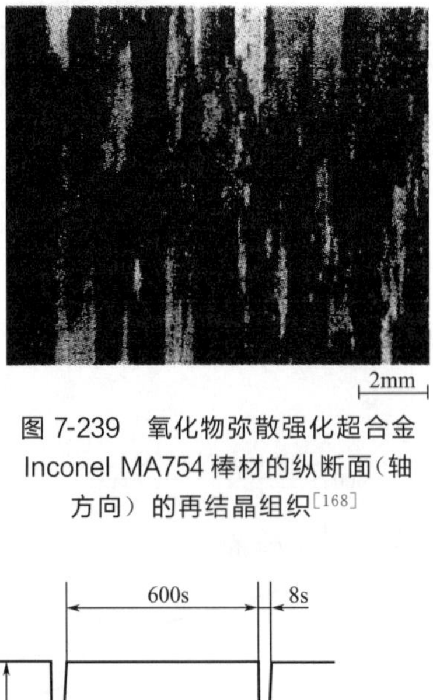

图 7-239 氧化物弥散强化超合金 Inconel MA754 棒材的纵断面（轴方向）的再结晶组织[168]

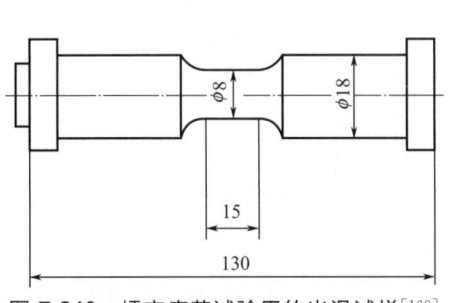

图 7-240 蠕变疲劳试验用的光滑试样[168]

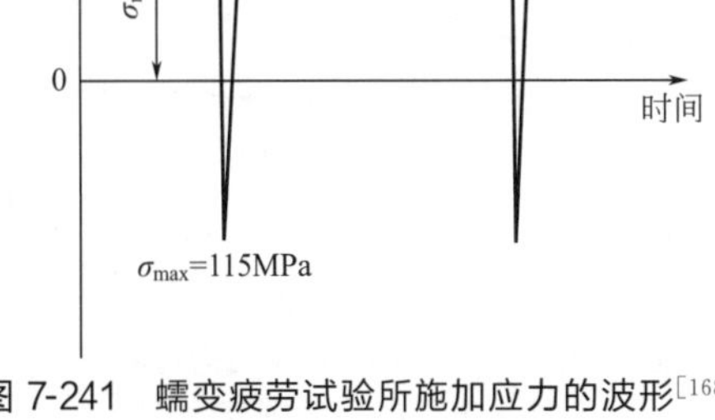

图 7-241 蠕变疲劳试验所施加应力的波形[168]

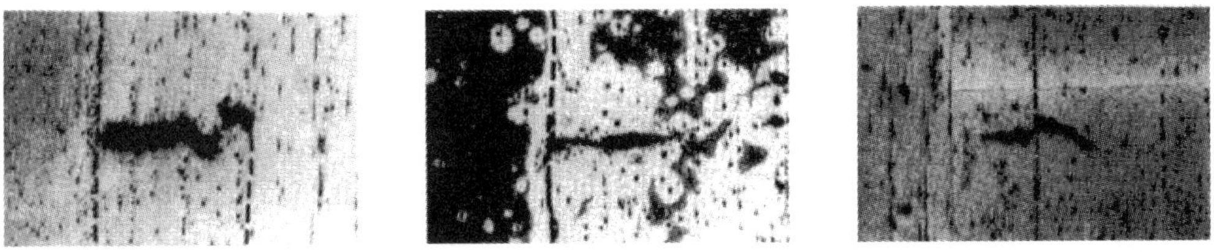

(a) A类裂纹　(b) B类裂纹(晶界单边产生的晶内裂纹)　(c) B类裂纹(晶界两边产生的晶内裂纹)

图 7-242　裂纹萌生场所分类[168]

在两个应力轴方向平行晶界内，沿着与应力轴垂直方向的晶界萌生裂纹［图 7-242（a）］，而 B 类裂纹是沿着重复应力轴单边产生的晶内裂纹［图 7-242（b）］或者垂直应力轴两边产生的晶内裂纹［图 7-242（c）］。图 7-243 给出了两类裂纹密度随疲劳循环周次的变化（所谓裂纹密度为单位表面积的裂纹条数），从图中可以看出，A 类裂纹在裂纹寿命初期和中期，随着循环周次增加而增加，到了后期裂纹密度趋于饱和。B 类裂纹萌生期比较晚，寿命中期以后裂纹密度开始增加，寿命末期时裂纹密度迅速增加，这表明 B 类裂纹和 A 类裂纹明显不一样，潜在的裂纹萌生场所非常多。

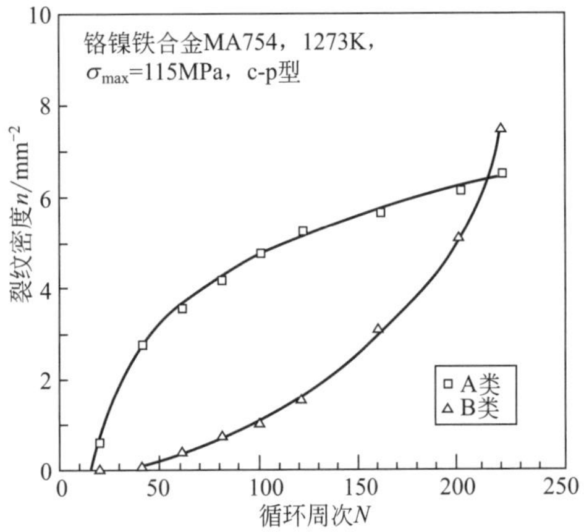

图 7-243　微裂纹密度随循环周次的变化[168]

图 7-244（a）和（b）是 A 类裂纹和 B 类裂纹微（小）裂纹扩展曲线。大部分 A 类裂纹萌生后的扩展受到负载方向的晶界和屈曲的晶界阻碍，使得裂纹扩展受阻，也有少数裂纹由晶界迁移到晶内，裂纹继续扩展［图 7-244（a）］。B 类裂纹由于萌生在晶内，在晶内扩展，阻碍裂纹的障碍物较少，裂纹扩展比较快［图 7-244（b）］。图 7-245 为 A 类裂纹和 B 类裂纹的萌生点在应力轴方向晶界的间距的累积概率。如图中所示，A 类裂纹比 B 类裂纹间距累积长度明显短一些，表明 A 类裂纹受到阻碍，裂纹扩展时间短。图 7-246为一根微裂纹的裂纹扩展速率和晶界的关系。在应力轴方向的晶界对 A 类和 B 类裂纹同样有阻碍作用，但是 B 类裂纹尖端达到应力轴方向的晶界时，在前方相邻的晶内产生微小的裂纹，两者合并迅速跨越晶界障碍继续扩展。图 7-246 上方为裂纹生长的光学照片。图 7-247 为 B 类裂纹的扩展速率（$\frac{dc}{dN}$）和半裂纹长度（c）的关系，并得到$\frac{dc}{dN}$与 c 的方程式：

$$\frac{dc}{dN}=9.0\times10^{-3}\Delta J_c \tag{7-79}$$

$$\Delta J_c=M_J f(n)\int\sigma\varepsilon\,dt\cdot c \tag{7-80}$$

$$\frac{dc}{dN}=7.13\times10^{-3}c \tag{7-81}$$

式中，n 为蠕变指数；M_J为表面裂纹形状和边界条件的修正系数；f（n）是关于 n 的影响系数；t 为拉伸应力施加时间；σ 为应力；ε 为应变；ΔJ_c 为半裂纹长度的 J 积分。

Elzey 等人[170]研究了氧化物弥散强化超合金在高温低周疲劳过程中的裂纹萌生与扩展。研究合金为 MA6000 和 MA754，失效合金的金相和断口结果表明，MA6000 合金失效的疲劳裂纹萌生于表面（近表面）。图 7-248 为对称高温低周疲劳的断面（MA6000，850℃），四个裂纹源三个在表面（如箭头所示），一个在内部，光滑区域为快速断裂区。MA6000 合金断面也观察到裂纹经常萌生在细晶内，图 7-249 给出了在两个细晶界面上的裂纹萌生，裂纹穿过周围粗晶扩展，并垂直于所施加应力方向的平面（MA6000，850℃）。如图 7-250 所示，粗糙度不同的 MA754 合金在低周疲劳断面，具有比 MA6000 更高的塑性。断面观察表明，没有证据说明只有一个单独的宏观裂纹导致失效，而是多个微裂纹相互连接导致断裂。图 7-251 给出了图 7-250 的断面详细情况，可以确定几个断面圆形凹处（见箭头），其中最大的一个凹处被一个相对平直的穿晶裂纹扩展区域包围，这样的坑是晶粒破坏被拔出所致。图7-252给出了一个萌生在与表面连接的晶界裂纹。图 7-253 为 MA6000 高温低周疲劳萌生机制与温度和应变幅的关系，裂纹萌生大多数是细晶内部破坏所致，并且随着温度升高而加剧，在高的应变幅下晶体的损伤和滑移带的开裂越来越明显。MA6000 裂纹主要是穿晶断裂，部分穿晶/沿晶混合断裂。图 7-254 为 MA6000 合金低周疲劳过程中裂纹扩展与温度的关系。测试样品均为穿晶断裂，其原因归结为被拉长的晶粒，随着温度上升，越来越容易断裂。图 7-255 给出了 MA754 合金在高温低周疲劳中裂纹萌生机制与温度和应变幅的关系。同样温度较低时 MA754 合金在高温低周疲劳裂纹萌生主要在晶界上，并且在较低温度下和较高的应变幅下，和表面相连的界面（环境因素）萌生裂纹，当温度升高时，可以在细晶的内部萌生。

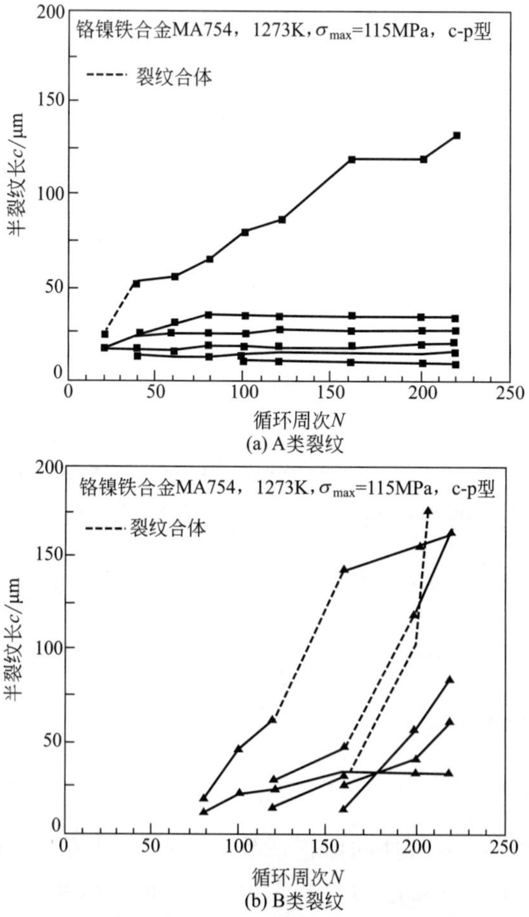

图 7-244　A 类和 B 类裂纹的生长曲线[168]

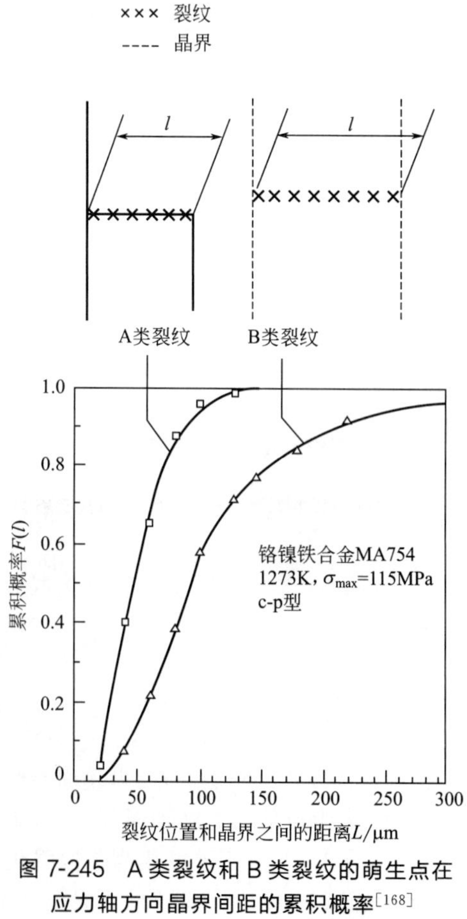

图 7-245　A 类裂纹和 B 类裂纹的萌生点在应力轴方向晶界间距的累积概率[168]

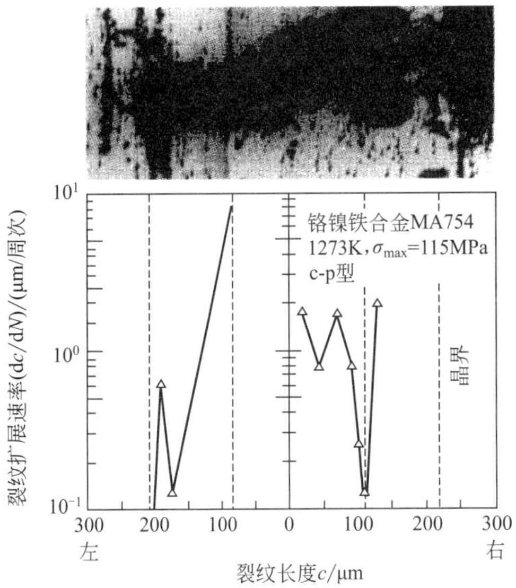

图 7-246　裂纹扩展速率和晶界的关系[168]

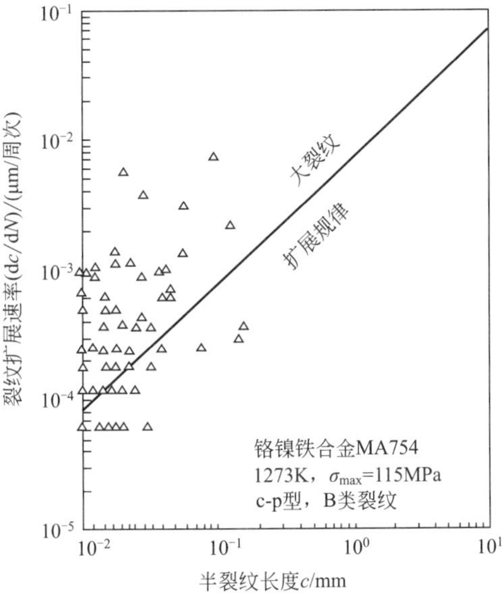

图 7-247　B 类裂纹生长速率与半裂纹长度关系[168]

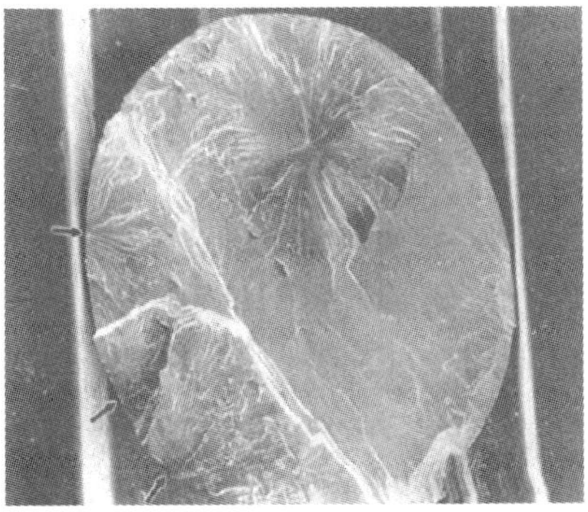

图 7-248　对称高温低周疲劳的断面(MA6000, 850℃)[170]

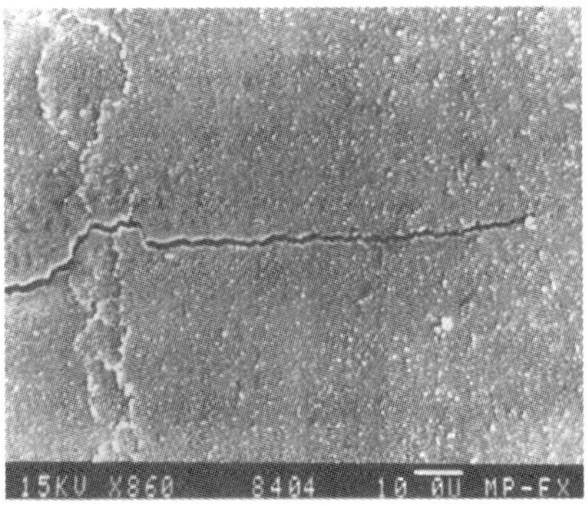

图 7-249　在两个细晶界面上的裂纹萌生[170]

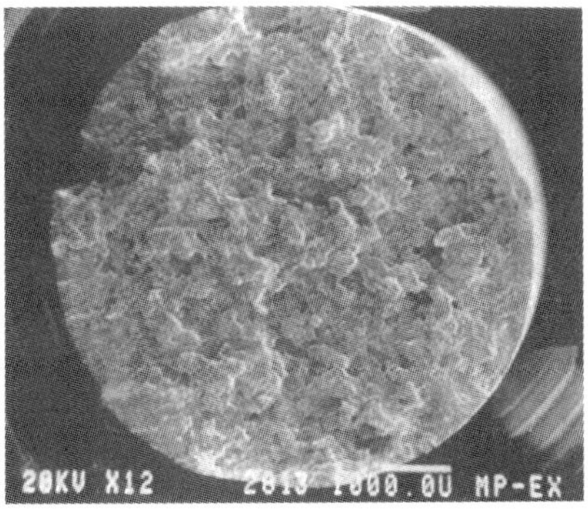

图 7-250　MA754, 850℃低周疲劳的断面表面[170]

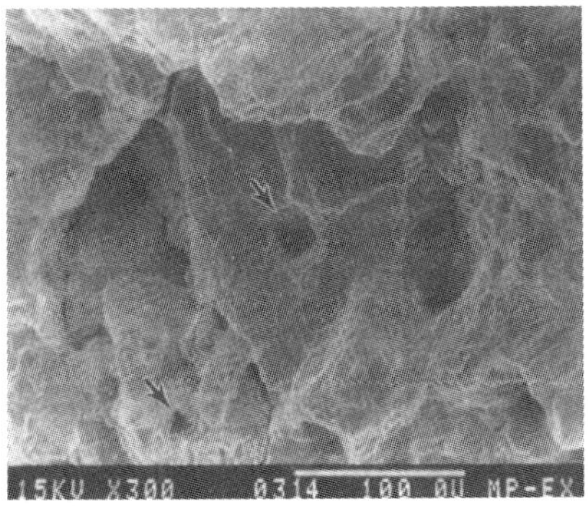

图 7-251　MA6000, 850℃低周疲劳试样裂纹萌生(细晶晶界间)[170]

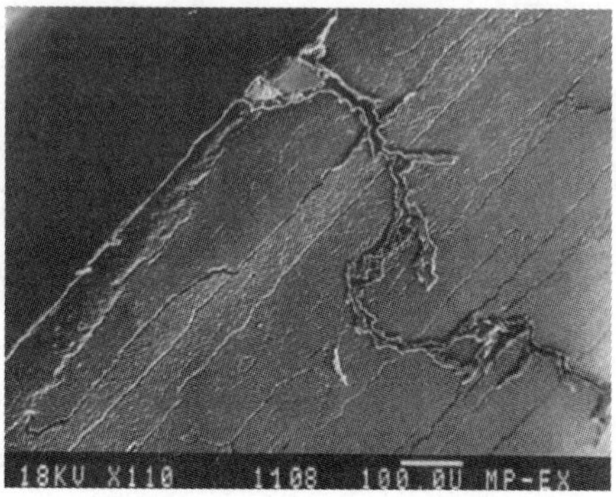

图 7-252 一个萌生在与表面连接的晶界的裂纹[170]

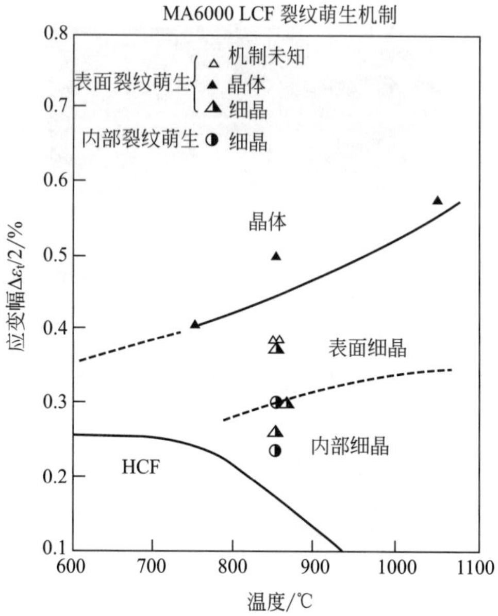

图 7-253 MA6000 高温低周疲劳裂纹萌生机制与温度和应变幅的关系[170]

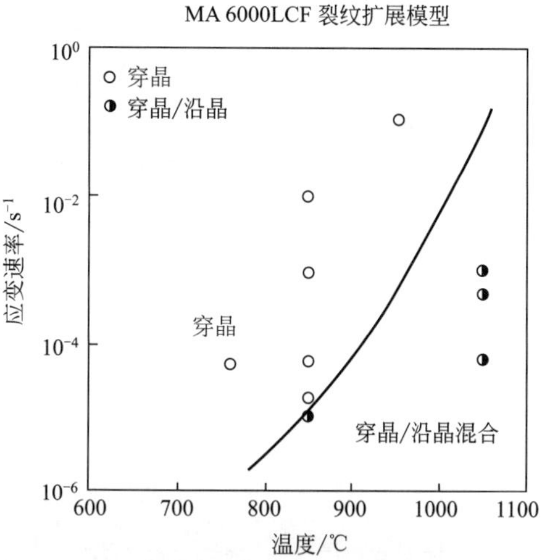

图 7-254 MA6000 合金低周疲劳过程中裂纹扩展与温度的关系[170]

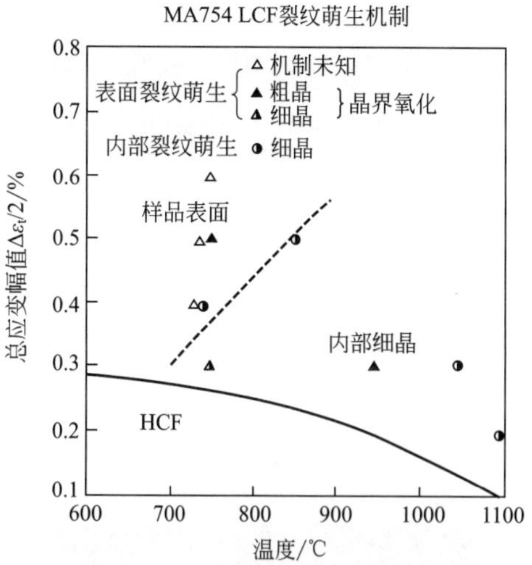

图 7-255 MA754 合金在高温低周疲动中裂纹萌生机制与温度和应变幅的关系[170]

MA6000 在蠕变-疲劳共同作用下的典型断面如图 7-256 所示，断面观察可以得知，失效是由一系列内部裂纹萌生、长大与合并导致的。图 7-257 为裂纹萌生的细节。图中可以看到突出的细晶尖端、围绕细晶尖端的穿晶裂纹的生长区域（平坦区和暗区）。

Elzey 等人的研究表明，在高温低周疲劳中晶粒结构缺陷易于引起裂纹萌生，这对于两种 ODS 合金都是一样的，再结晶结构缺陷主要指以细晶的形式插入完全再结晶的粗晶中、拉长晶粒的横向边界和串状夹杂物等。在 MA6000 合金中裂纹萌生在表面和近表面。MA754 合金裂纹萌生在表面和近表面，通常在与表面相平行的晶界或样品内部的细晶组织。在蠕变中观察到高密度的裂纹群（S-F、H-T），施载 S-S 波形裂纹密度最低。蠕变疲劳裂纹萌生几乎完全通过晶间蠕变空洞的形核和长大实现。另外，Elzey 等人认为，对于 MA6000 来说，在高的晶粒长宽比（GAR>20）的合金中，高温低周裂纹扩展均为穿晶断裂，但在高温下（>1000℃），晶界的弱化导致了穿晶和沿晶复合式扩展，与 MA6000 合金相比，MA754 高温低周疲劳时，裂纹经常分叉，并沿着最大剪切面（即与施加应力成 45℃）扩展（图 7-252）。在蠕变疲劳中，如图 7-258 所示，在 850℃，S-F 载荷下在细晶萌生裂纹，横向边界被破坏，穿晶裂纹延伸到周围粗晶中，在穿晶裂纹的根部附近发现无沉淀析出区，这表明扩散作为空穴生长机制的重要角色，当裂纹比较短（≤20μm）时，通过裂纹尖端的空穴形核长大而实现扩展。在蠕变疲劳中细晶萌生裂纹与加载波形无关，但是裂纹萌生后的扩展速率与施加波形有很大的关系，加载波形对空穴的约束对裂纹扩展速率和蠕变疲劳寿命有很大影响，在 S-F 波形下，对空穴生长速率不约束，致使裂纹扩展速率增大和蠕变疲劳寿命减小，反过来 H-T 和 S-S 对空穴生长速率进行约束，对应低的裂纹扩展速率和较高的蠕变疲劳寿命。

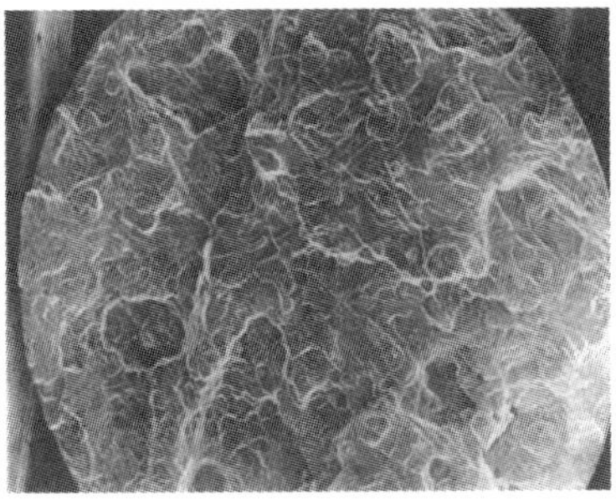

图 7-256　MA6000 在蠕变-疲劳共同作用下的典型断面[170]

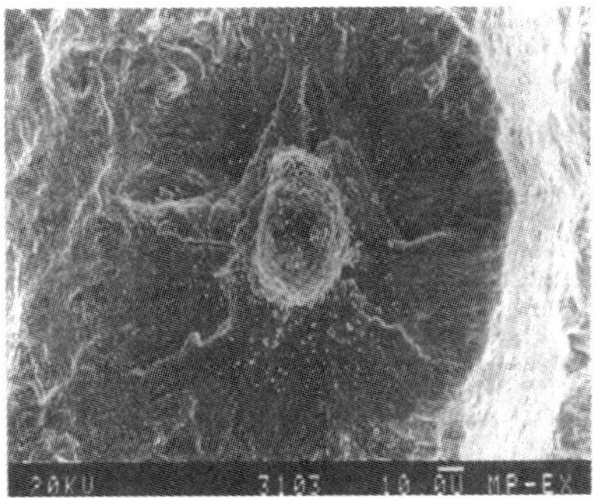

图 7-257　MA6000 在蠕变-疲劳共同作用下典型断面的裂纹萌生细节[170]

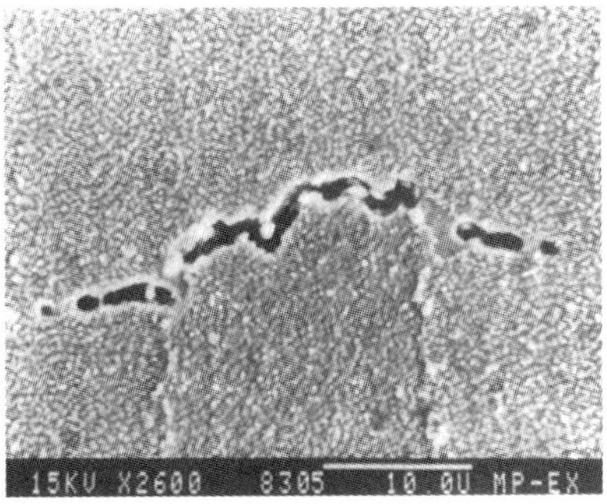

图 7-258　由于空穴凝聚及形核造成的短裂纹生长[170]

（2）MAODS 高温合金的疲劳特性

Kim 等人[164]研究了 MA6000E 合金的高周、低周和热疲劳特性，并且和其他型号的高温合金进行了比较。图 7-259 为 MA6000E 高周疲劳特性图。室温、760℃和 982℃旋转弯曲疲劳强度分别为 676MPa、483MPa 和 287MPa。MA6000E 室温疲劳强度显著高于通常铸造和变形高温合金，其室温疲劳强度的比较如表 7-74 所示。图 7-260 给出了 MA6000E850℃与 IN738LC、IN939 高周疲劳强度的比较。图中结果所示，MA6000E 在高温下疲劳强度明显高于 IN738LC、IN939 等合金。

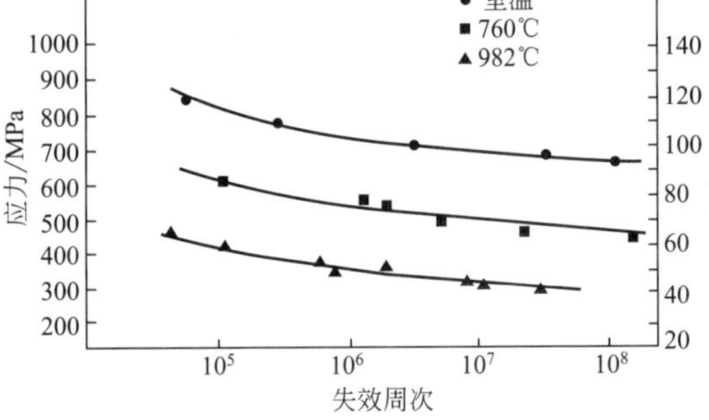

图 7-259　MA6000E 高周疲劳特性[164]

表 7-74　MA6000E 室温疲劳强度与铸造和变形高温合金的比较[164]

合金	10^7周次疲劳强度/MPa	抗拉强度/MPa	疲强比
MA6000E	676.6	1290.3	0.52
Udimet 700	276.0	1407.6	0.20
Waspaloy	303.6	1276.5	0.24
Inconel 718	558.9	1390.4	0.40
Inconel 706	499.5	1274.7	0.39
MA 753	558.9	1161.1	0.48

Kim 还研究了 MA6000E 在 760℃总应变控制条件下的低周疲劳（图 7-261），如图7-262 所示，MA6000E 的应变控制的低周疲劳性能明显高于定向凝固（DS）Max-M200 和普通粉铸的 Mar-M200 合金。

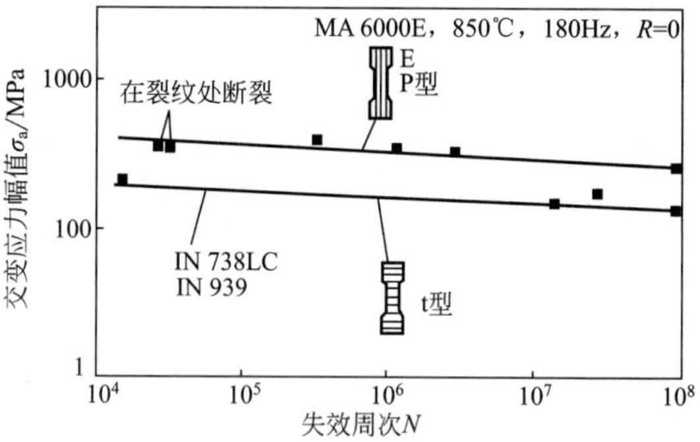

图 7-260　MA6000E850℃与 IN738LS、IN939 高周疲劳强度的比较[164]

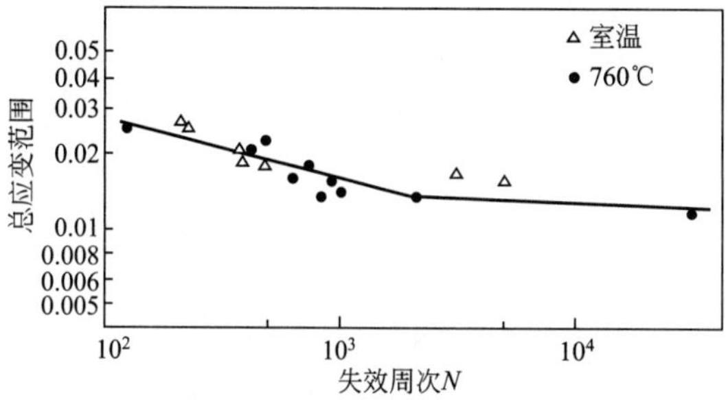

图 7-261　MA6000E 在 760℃应变总量控制的低周疲劳强度的比较[164]

一般来说，沉淀硬化型高温合金在室温、中温都发生循环硬化，但对于弥散强化合金 MA6000E 来说，仅在室温下有此现象，其原因为，对沉淀硬化加弥散强化合金来说，γ′相不容易被剪切和无序化。另外，沉淀硬化型 ODS 合金的低周疲劳性能较高，也可能与合金中位错分布均匀有关。

Kim 等人研究发现，ODS 高温合金具有优异的热疲劳性能，特别是有 NiCrAlY 涂层的 MA6000E 合金其热疲劳性能优于很多高温合金，包括定向凝固并加有涂层的合金，甚至接近 MAR-M200 单晶合金。表 7-75 给出了 MA6000E 合金和其他高温合金的热疲劳性能（1088℃⇌316℃）。

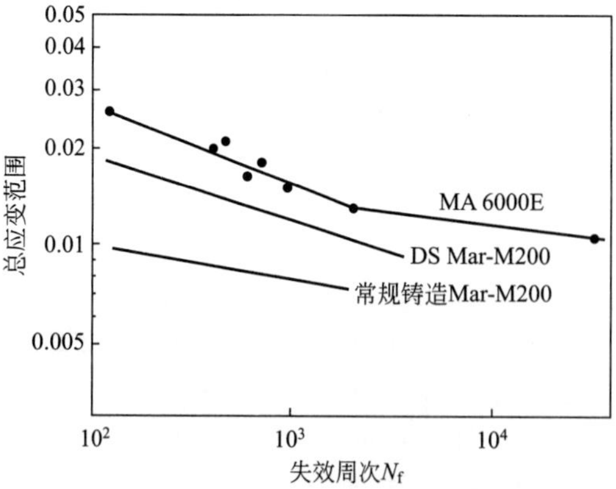

图 7-262　MA6000E 和 DS Mar-M200、Mar-M200 的低周疲劳[164]

表 7-75　MA6000E 合金和其他高温合金的热疲劳性能（1088℃⇌316℃）[164]

合金	出现第一条裂纹的循环周次
MA6000E	10250
MA6000E＋NiCrAlY 涂层	12750
IN-738	100
MAR-M509	238

续表

合金	出现第一条裂纹的循环周次
B-1900	400
DS IN-100	2400
DS MAR-M200	2450
DS MaeM200＋NiCrAlY 涂层	6500
MASA TAZ-8A＋RT-XP 涂层	12500
单晶 MAR-M200	＞15000

Whittenberger 等人[172]研究了 MA754 和其他 ODS 高温合金的热疲劳性能，所研究材料的编号和成分如表 7-76 所示。表 7-77 给出了 MA754 和其他 ODS 高温合金的热疲劳性能（1130℃⟺357℃）。图 7-263 给出了几种类型合金的高温热疲劳试样开始出现裂纹的循环次数的范围（热疲劳试样在液态床中进行，1130℃⟺357℃各 3min 组成）。

表 7-76　ODS 合金的晶粒尺寸参数及晶粒取向[172]

合金	特征长度/μm			平均晶粒尺寸/μm	晶粒长宽比		晶粒取向		
	挤压轴 L_1	长轴 L_2	短轴 L_3	$0.85\sqrt[3]{L_1L_2L_3}$	纵向 $L_1/\sqrt{L_2L_3}$	长轴 $L_2/\sqrt{L_1L_3}$	挤压轴	长轴	短轴
MA754	700	120	95	170	6.5	0.47	[100]	[011]	[01$\bar{1}$]
MA956	①	①	①	—	—	—	[$\bar{1}$13]	[110]	[3$\bar{3}$2]
STCA-262	810	330	145	290	3.7	0.96	[100]②	—	—
STCA-264	＞6000	900	110	＞700	＞19	＜1.1	[100]②	—	—
STCA-265	1500	440	160	400	5.7	0.90	[100]②	—	—
STCA-266	＞6500	660	275	＞900	＞15	＜0.5	[100]②	—	—

①比 1cm 长。
②织构。

表 7-77　MA754 和其他 ODS 高温合金的热疲劳性能（1130℃⟺357℃）[172]

合金	条件	第一次出现小半径(0.64mm)裂纹的周期
MA 754	裸露	1750
	裸露	＞3000
	涂层	＞3000
MA 754	涂层	＞3000
MA 956	裸露	12
MA 956	裸露	37
STCA-262	裸露	1250
	裸露	1750
	裸露	＞3000
	涂层	5250
STCA-262	涂层	＞6000
STCA-264	裸露	850
	裸露	1750
	裸露	3750
	涂层	1750
	涂层	1750
STCA-264	涂层	5250
STCA-265	裸露	＞6000
	涂层	＞3000
STCA-265	涂层	＞3000
STCA-266	裸露	4250
	裸露	＞6000
	涂层	＞6000
STCA-266	涂层	＞6000

Elzey 等人[170]研究了氧化物弥散增强超合金的高温疲劳特性，采用材料为 Inconel MA6000 和 MA754，比较合金为非弥散强化合金 IN735 和 NIMONIC75，四种材料的化学成分如表 7-78 所示。如图 7-264 所示，MA6000 沉淀强化相为 γ' [具有 LI_2 结构的 Ni_3 (AlTi)]，弥散强化相为 Y_2O_3 (1.08%)，Y_2O_3 的平均粒径为 33nm。热致密化料经过两次再结晶热处理后，MA6000 沿挤压方向晶粒拉长，长宽比 (GAR) 为 15～25 (图 7-265)，在挤压方向上存在<110>织构，强织构的出现被认为是 ODS 超合金的一个特征。MA754 由奥氏体固溶体 (Ni-20%Cr) 和 0.5%Y_2O_3弥散相组成，GAR>10，在挤压方向有<100>织构，在横向为<110>，如表 7-79 所示，两种 ODS 合金含有多种缺陷：①存在许多很微细 (直径为 1～5μm) 的未再结晶晶粒；②10μm 左右的类球形夹杂物来源于粉末球磨的不充分；③串列缺陷，由 Cr、Al 和/或富 Ti 的夹杂物的颗粒破碎后在挤压中卷入排成一串的缺陷；④细晶粒单独或成链堆成 10 晶粒以上，尺寸范围为 10～100μm。

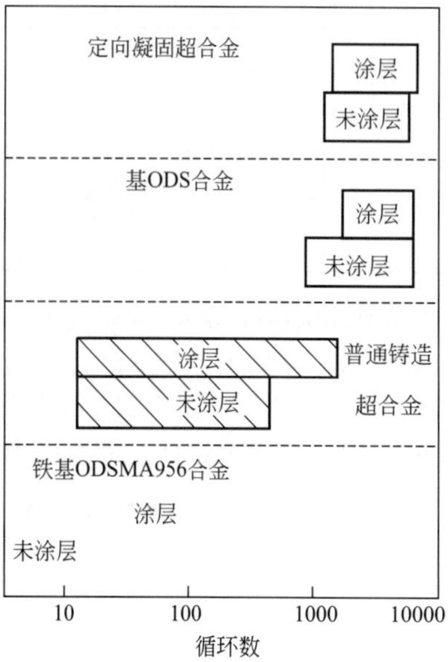

图 7-263　几种类型合金的高温热疲劳试样开始出现裂纹的循环次数的范围[172]
(热疲劳试样在液态床中进行，1130℃⇌357℃各 3min)

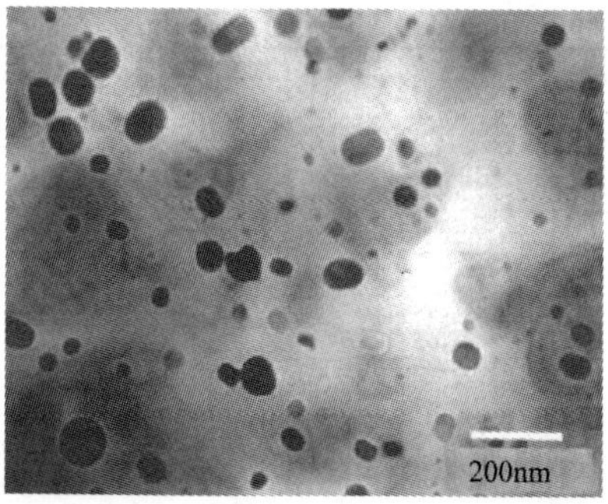

图 7-264　MA6000 中 Y_2O_3弥散强化相的 TEM 图像(Y_2O_3的平均晶粒为 33nm)[171]

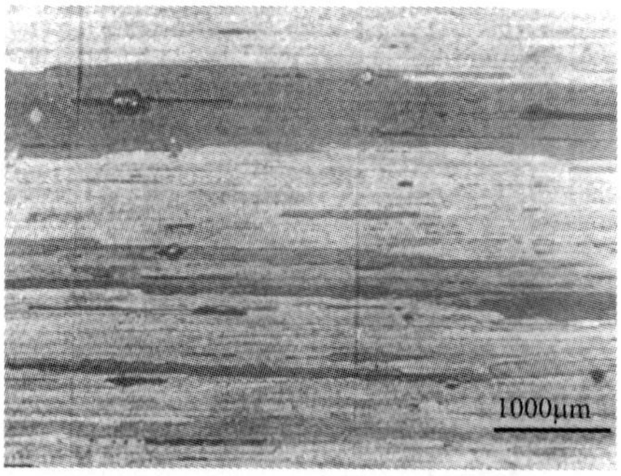

图 7-265　MA6000 中高度拉长的晶粒结构（MA6000 中的平均晶粒比为 20，MA754 中为 13）

表 7-78　四种材料的化学成分 (质量分数)[170]　　单位：%

化学成分	MA6000	IN 738	MA 754	NIMONIC 75
Ni	其余	其余	其余	其余
Cr	15.5	15.9	20.5	20
Al	4.5	3.5	0.3	0.25
Ti	2.5	3.5	0.35	0.40
W	3.85	2.5	—	—
Mo	2.03	1.6	—	—
Co	—	8.3	—	—
Ta	1.86	1.6	—	—
Fe	—	—	0.13	<5
Cu	—	—	—	<0.5

续表

化学成分	MA6000	IN 738	MA 754	NIMONIC 75
C	0.06	0.09	0.06	0.1
B	0.01	0.01	—	—
Zr	0.16	0.5	—	—
Si	—	—	—	<1
Y_2O_3	1.08	—	0.5	—

表 7-79　氧化物弥散强化和传统合金的结构尺寸[171]

合金	晶粒尺寸/mm	GAR	粒子直径/nm	粒子间距/nm	织构
MA 6000(ODS)	5～20	20	30	150	<110>
IN 738	2	1	—	—	—
MA 754(ODS)	0.6～3.2	13	15	130	<100>
NIMONIC 75	0.1	1	—	—	—

疲劳试验温度为 750～1050℃，高温低周热机械疲劳试验施载对称的三角波形。而高温蠕变-疲劳试验考虑疲劳裂纹和蠕变的相互作用，加载不同波形：S-F（慢-快）、H-T（拉伸持续）和 S-S（慢-慢），波形如图 7-266 所示。S-F 波形包括一个慢速拉伸（$10^{-5}s^{-1}$）和一个快速压缩（$10^{-2}s^{-1}$）；H-T 波形包括一个快的应变逆转（与 S-F 中的快速压缩的应变速率相同）和一段拉伸中恒定的总应变；S-S 波形为慢速拉伸和慢速压缩循环进行。

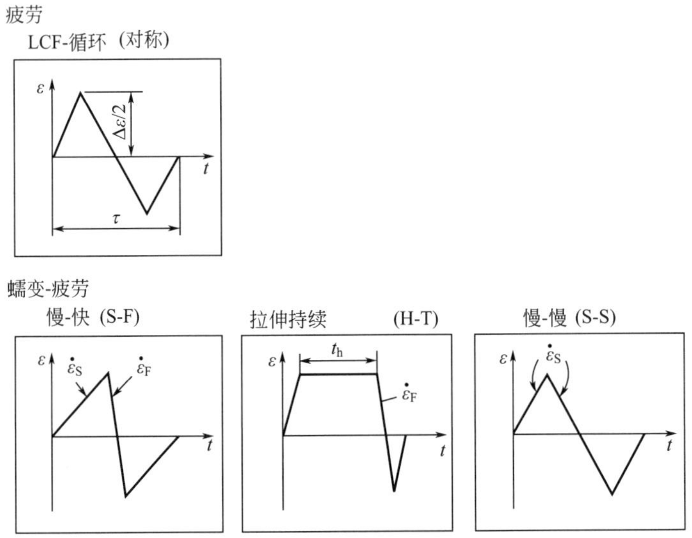

图 7-266　波形图[170]

图 7-267 给出了 MA6000 合金高温低周热机械疲劳寿命与总应变幅的关系，图中结果表明温度越高，疲劳寿命越低。图 7-268 给出了 MA754 在几个不同温度下高温低周疲劳中的循环软化，这种现象在 MA6000 中也观察到，软化通过 3 个阶段来表征，第一个阶段表现高的软化速率，但持续时间短，随后有一个长时间的稳态软化，最后一个阶段的出现是由于宏观裂纹扩展。循环软化可以认为是由于位错湮灭以及位错重排成具有更低循环形变抗力的组态所致。图 7-269 为 MA754 各种温度下低周疲劳寿命和总应变幅的关系，图中结果表明

温度越高，疲劳寿命越低。图 7-270 给出了 MA754 和 NIMONIC75（一种无氧化物弥散的 MA754 合金）的应力和应变曲线，NIMONIC75 具有非常低的循环强度。

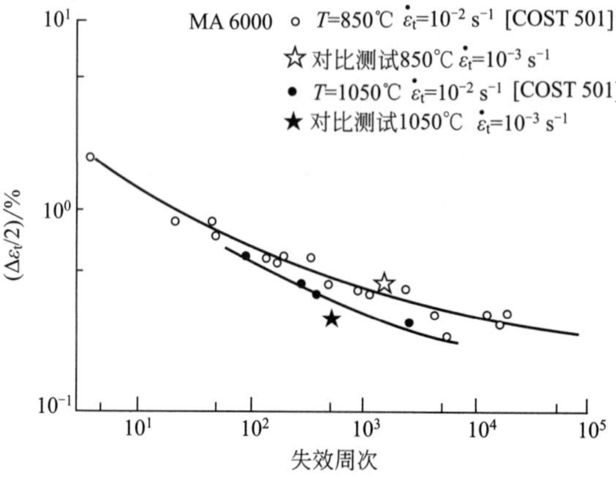

图 7-267　MA6000 合金高温低周热机械疲劳寿命与总应变幅的关系[170]

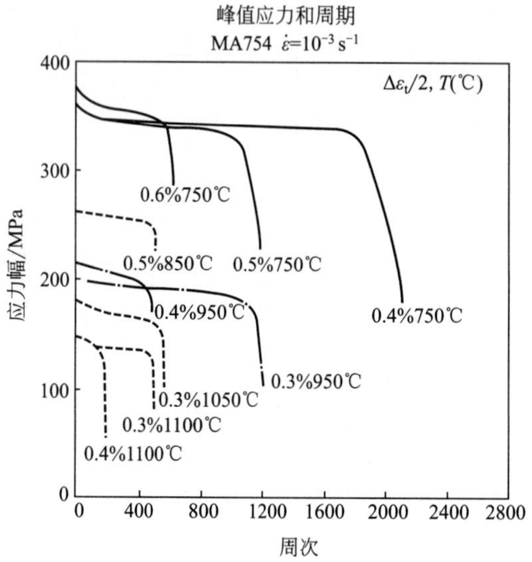

图 7-268　MA754 在几个不同温度下高温低周疲劳中的循环软化[170]

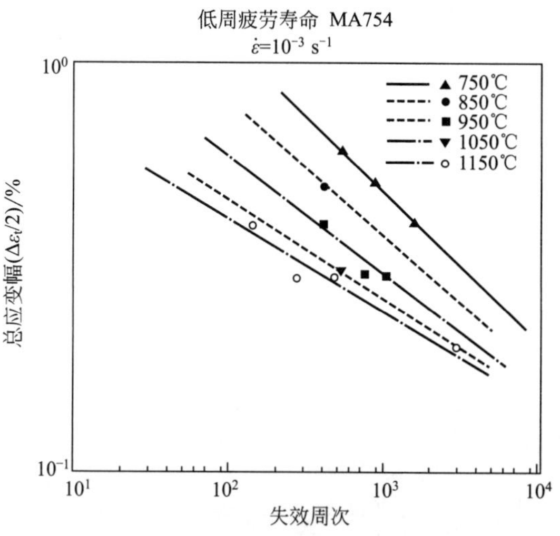

图 7-269　MA754 各种温度下低周疲劳寿命和总应变幅的关系[170]

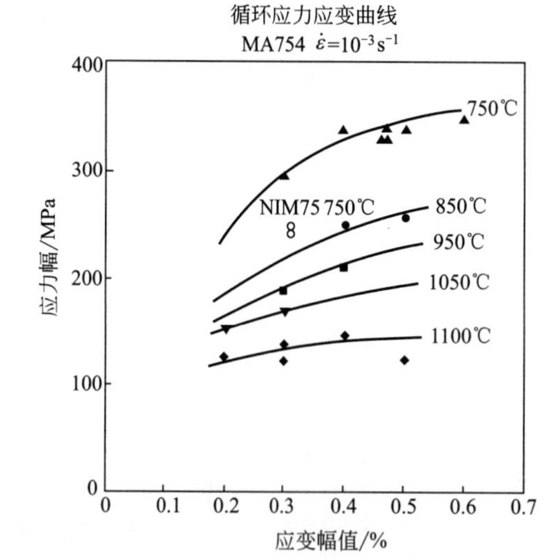

图 7-270　MA754 和 NIMONIC75（一种无氧化物弥散的 MA754 合金）的应力和应变曲线[170]

图 7-271 给出了在蠕变疲劳中施载的波形对 MA6000 的疲劳寿命的影响，S-F 循环相比于高温低周疲劳（$T=850$℃，$\varepsilon=10^{-2}$）寿命降低 310 倍，S-S 循环降低了 5 倍。H-T 循环降低了 4 倍。另外 S-F 循环在 1050℃（△）的结果比 850℃的高温低周疲劳寿命短得多。图 7-272比较了 ODSMA6000 合金与传统合金的蠕变疲劳寿命。两种合金的结果基本相同，只是基于应变幅的比较 MA6000 表现出稍微的优势。表 7-80 给出了 MA6000 疲劳试验的结果数据，表 7-81 给出了 MA754 疲劳试验的结果数据。

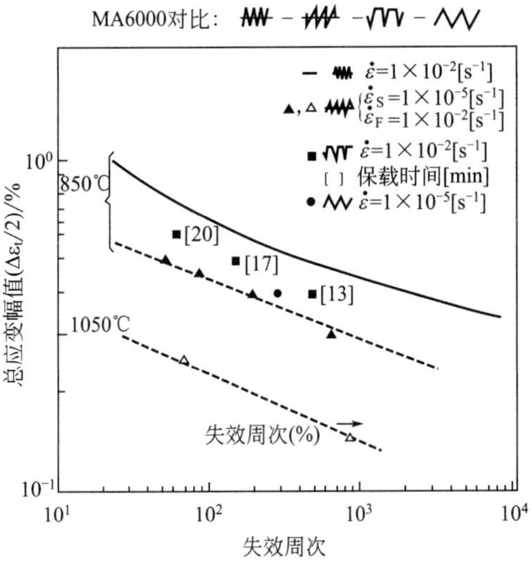

图 7-271　蠕变疲劳中施载的波形对 MA6000 疲劳寿命的影响[170]

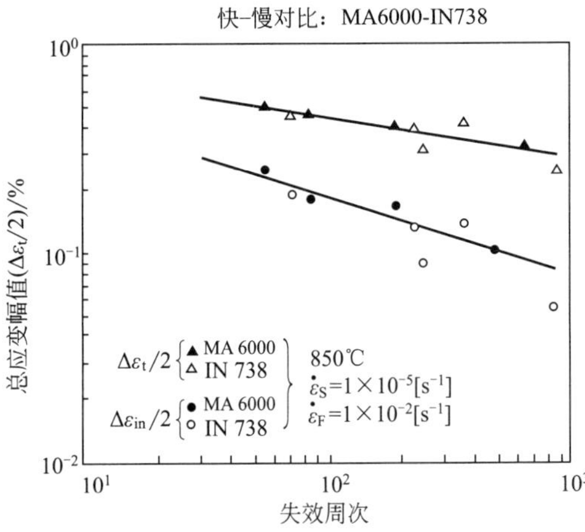

图 7-272　ODS MA6000 合金与传统合金的蠕变疲劳寿命对比[170]

表 7-80　MA6000 疲劳试验的结果数据[170]

测试编号	测试类型	温度/℃	$\dot{\varepsilon}_t$/s^{-1}	$\dot{\varepsilon}_c$/s^{-1}	τ①/s	Δε/%	Δε$_{el}$/%	Δε$_{in}$/%	Δσ/MPa	Δσ$_t$/2/MPa	Δσ$_c$/2/MPa	N$_i$/2②	N$_i$③	N$_f$
BB01	TRI	1050	10^{-3}	10^{-3}	12	0.6	0.350	0.250	468	221	−247	170	352	505
BB02	TRI	850	10^{-3}	10^{-3}	16	0.8	0.654	0.146	1027	488	−538	650	1330	1555
BX01	TRI	850	10^{-3}	10^{-3}	16	0.8	0.642	0.158	943	458	−485	100	105③	
BX02	TRI	850	10^{-3}	10^{-3}	16	0.8	0.612	0.188	1011	491	−520	100	100③	
BX05	TRI	850	10^{-2}	10^{-2}	1.2	0.6	0. 560	0.040	981	462	−519	2000	2028③	
BX08	TRI	850	10^{-2}	10^{-2}	1.2	0.6	0. 544	0.056	1022	72	−550	1500	2100③	
BX06	TRI	850	10^{-2}	10^{-3}	1.2	0.6	0.544	0.056	1016	510	−506	3000	3748③	
BX09	TRI	850	10^{-2}	10^{-2}	1.2	0.6	0.550	0.050	955	555	−400	4425	5017③	
BX07	TRI	850	10^{-2}	10^{-2}	1.2	0.6	0.560	0.040	1013	501	−512	8000	8000③	
BB03	S/S	850	10^{-5}	10^{-5}	1600	0.8	0.548	0.252	874	422	−452	45	105③	
BB04	S/S	850	10^{-5}	10^{-5}	1600	0. 8	0. 528	0. 272	876	421	−455	130	270	335
BX04	S/S	850	10^{-5}	10^{-5}	1600	0.8	0. 520	0.280	863	421	−442	150	155③	
BD04	S/F	850	10^{-5}	10^{-2}	1001	1.0	0. 502	0.498	1030	410	−620	50	55	75
BD03	S/F	850	10^{-5}	10^{-2}	901	0.9	0.540	0.360	1054	429	−625	40	84	105
BD01	S/F	850	10^{-5}	10^{-2}	801	0.8	0.472	0.328	1013	416	−597	95	191	242
BD02	S/F	850	10^{-5}	10^{-2}	601	0.6	0.416	0.184	823	251	−472	305	635	735
BX03	S/F	850	10^{-5}	10^{-2}	801	0.8	0.514	0.286	988	400	−588	100	155⑤	
BD05	S/F	850	10^{-5}	10^{-2}	601	0.6	0.424	0.176	858	373	−485	250	300⑤	
BD06	S/F	850	10^{-5}	10^{-2}	601	0.6	0.424	0.176	848	364	−484	200	310⑤	

续表

测试编号	测试类型	温度/℃	$\dot{\varepsilon}_t/s^{-1}$	$\dot{\varepsilon}_c/s^{-1}$	τ①/s	Δε/%	$\Delta\varepsilon_{el}$/%	$\Delta\varepsilon_{in}$/%	Δσ/MPa	$\Delta\sigma_t/2$/MPa	$\Delta\sigma_c/2$/MPa	$N_i/2$②	N_l③	N_f
BD07	S/F	850	10^{-5}	10^{-2}	601	0.6	0.436	0.164	876	385	−491	420	420⑤	
BD08	S/F	850	10^{-5}	10^{-2}	601	0.6	0.446	0.154	840	369	−471	400	500⑤	
BD12	S/F	1050	10^{-5}	10^{-2}	501	0.5	0.270	0.230	458	198	−260	25	50	135
BD11	S/F	1050	10^{-5}	10^{-2}	300	0.3	0.270	0.030	387	180	−207	100	620	832
BD10	S/F	1050	10^{-5}	10^{-2}	300	0.3	0.260	0.040	370	175	−195	100	143	155④
BH05	H/T	850	10^{-2}	10^{-2}	1200	1.2	0.632	0.568	1500	626	−874	30	60	67
BH04	H/T	850	10^{-2}	10^{-2}	1000	1.0	0.560	0.440	1190	486	−704	90	148	197
BH01	H/T	850	10^{-2}	10^{-2}	800	0.8	0.492	0.308	1113	437	−676	154	460	512
BH02	H/T	850	10^{-2}	10^{-2}	600	0.6	0.474	0.126	940	340	−600	585	715⑤	

① 循环周期。

② 在 $\Delta\varepsilon_{el}$，$\Delta\varepsilon_{in}$，Δσ，$\Delta\sigma_t/2$，$\Delta\sigma_c/2$ 等确定下循环。

③ 周期的拉应力峰值开始下降迅速。

④ 由于实验困难而造成疲劳寿命的精度问题。

⑤ 在给定周期数下测试停止。

表 7-81 MA754 疲劳试验的结果数据[170]

测试编号	测试类型	温度/℃	$\dot{\varepsilon}_t/s^{-1}$	$\dot{\varepsilon}_c/s^{-1}$	τ①/s	Δε/%	$\Delta\varepsilon_{el}$/%	$\Delta\varepsilon_{in}$/%	Δσ/MPa	$\Delta\sigma_t/2$/MPa	$\Delta\sigma_c/2$/MPa	$N_i/2$②	N_l③	N_f
AB04	TRI	1100	10^{-3}	10^{-3}	20	1.0	0.354	0.646	249	122	−127	30	40	80
AB01	TRI	1100	10^{-3}	10^{-3}	16	0.8	0.376	0.424	292	145	−147	50	142	180
AB02	TRI	1100	10^{-3}	10^{-3}	12	0.6	0.340	0.260	244	122	−122	150	277	340
AB05	TRI	1100	10^{-3}	10^{-3}	12	0.6	0.360	0.240	275	135	−140	230	453	535
AB03	TRI	1100	10^{-3}	10^{-3}	8	0.4	0.334	0.066	256	127	−129	1500	2995	5250
AB08	TRI	1050	10^{-3}	10^{-3}	12	0.6	0.400	0.200	335	166	−169	420	510	680④
AB09	TRI	1050	10^{-3}	10^{-3}	12	0.6	0.380	0.220	337	167	−170	230	467	635
AB12	TRI	1050	10^{-3}	10^{-3}	8	0.4	0.364	0.036	309	153	−156	1000	8420⑤	
AB13	TRI	950	10^{-3}	10^{-3}	16	0.8	0.454	0.346	410	210	−200	210	410	605
AB07	TRI	950	10^{-3}	10^{-3}	12	0.6	0.418	0.182	378	182	−195	200	750	1100
AB10	TRI	950	10^{-3}	10^{-3}	12	0.6	0.420	0.180	380	188	−192	500	1000	1370
AB11	TRI	850	10^{-3}	10^{-3}	20	1.0	0.520	0.480	518	255	−263	200	415	565
AB14	TRI	850	10^{-3}	10^{-3}	16	0.8	0.520	0.280	503	249	−254	520	940	1495④
AB17	TRI	750	10^{-3}	10^{-3}	24	1.2	0.672	0.528	707	348	−359	275	530	700
AB16	TRI	750	10^{-3}	10^{-3}	20	1.0	0.648	0.352	684	338	−345	500	860	1435
AB15	TRI	750	10^{-3}	10^{-3}	16	0.8	0.628	0.172	681	338	−343	750	1550	2515
AB06	TRI	<760	10^{-3}	10^{-3}	12	0.6	0.566	0.034	605	295	−310	3350	6665	9765
AV01	TRI	750	10^{-3}	10^{-3}	16	0.94	0.632	0.308	683	330	−353	300	300⑤	
AV02	TRI	750	10^{-3}	10^{-3}	16	0.92	0.610	0.310	659	328	−331	500	500⑤	

续表

测试编号	测试类型	温度/℃	$\dot{\varepsilon}_t/s^{-1}$	$\dot{\varepsilon}_c/s^{-1}$	τ①/s	Δε/%	$\Delta\varepsilon_{el}$/%	$\Delta\varepsilon_{in}$/%	Δσ/MPa	$\Delta\sigma_t/2$/MPa	$\Delta\sigma_c/2$/MPa	$N_i/2$②	N_i③	N_f
AV03	TRI	750	10^{-3}	10^{-3}	16	0.94	0.632	0.308	688	340	−348	600	800⑤	
AD01	S/F	950	10^{-5}	10^{-2}	801	0.8	0.216	0.584	181	67	−114	15	20	37④
AD02	S/F	950	10^{-5}	10^{-2}	601	0.6	0.340	0.260	358	161	−197	40	82	137

① 循环周期。
② 在 $\Delta\varepsilon_{el}$，$\Delta\varepsilon_{in}$，Δσ，$\Delta\sigma_t/2$，$\Delta\sigma_c/2$ 等确定下循环。
③ 周期的拉应力峰值开始下降迅速。
④ 由于实验困难而造成疲劳寿命的精度问题。
⑤ 在给定周期数下测试停止。

7.4 讨论

① 选择何种成分和选择何种工艺制备粉末高温合金是提高粉末高温合金疲劳性能的关键。

② 粉末高温合金的蠕变疲劳也存在静疲劳机制。是否可以利用厚度效应来提高粉末高温合金的抗疲劳特性。

参考文献

[1] 小野嘉則，由利哲美，住吉英志，竹内悦男，松岡三郎，緒形俊夫．INCONEL 718 超合金鍛造材の極低温疲労特性. 日本機械学会論文集（A 編），2004，8：1131-1138.

[2] 皮籠石紀雄，吉見祥吾，後藤真宏，中村祐三，大園義久．Ni 基超合金インコネル 718の室温における疲労特性に及ぼす時効条件の影響．日本機械学会論文集（A 編），2008，7：994-999.

[3] 皮籠石紀雄，前村英史，陳強，後藤真宏，森野数博．Ni 基超合金インコネル 718の超音波疲労特性に及ぼす結晶粒径の影響．日本機械学会論文集（A 編），2008，7：1000-1005.

[4] 後藤真宏，皮籠石紀雄，山本隆栄，Knowles. DM. Ni 基超合金の微視的き裂の挙動に関する統計的性質．日本機械学会論文集（A 編），1998，4：864-870.

[5] 皮籠石紀雄，大園義久，中村祐三，後藤真宏．Alloy 718の中高温疲労におけるき裂発生について．材料，2009，12：997-1002.

[6] 皮籠石紀雄，陳強，大坪謙一，燕怒，近藤英二，王清遠．Ni 基超合金の長寿命域における中高温疲労特性．日本機械学会論文集（A 編），2002，8：1192-1197.

[7] 山本優，大塚祐二，宮川大海，藤代大．Ni 基超合金の高温高サイクル疲労特性への微細組織の影響．鉄と鋼，1983，1：107-116.

[8] 松原雅昭．Ni 基超合金のクリープ疲労き裂進展特性．日本機械学会論文集（A 編），1992，5：769-774.

[9] 松原雅昭，新田明人．Ni 基単結晶超合金のクリープ疲労き裂進展特性．日本機械学会論文集（A 編），1991，8：1726-1731.

[10] Floreen S，Kane R H. An investigation of creep-fatigue-environment interaction in Ni-base superalloy. Fatigue of Engineering Materials and Structures，1980，2：401-412.

[11] Kanssner M E，Hayes T A. Creep cavitation in metals. Interational Journal of Plasticity，2003，19（10）：1715-1748.

[12] 皮籠石紀雄，陳強，西谷弘信，後藤真宏，田中秀穂．Ni 基超合金の高温における疲労き裂伝ぱ抵抗．日本機械学会論文集（A 編），1997，11：2298-2302.

[13] 岡崎正和，山田英実，能美伸一郎．Ni 基超合金の微小疲労き裂進展に及ぼす温度の影響．材料，1995，44（498）：348-354.

[14] Clavel M，Pineau A. Fatigue behaviour of two nickel-base alloys I：Experimental results on low cycle fatigue. fatigue crack propagation and substructures Master. Sci Eng，1982，55：157.

[15] Xiao L，Chen D L，Chaturvedi M C. Effect of boron on fatigue crack growth behavior in superalloy IN 718 at RT and 650℃. Master Sci Eng，2006，A428：1.

[16] Liu Xingbo，Xu Jing，Ever Barbero，et al. Effect of thermal treatment on the fatigue crack propagation behavior of new Ni-based alloy. Master Sci Eng，2008，A474：30.

[17] Liu Xingbo，Keh-Minn Chang. The effect of hold-time on fatigue crack growth behavior of WASPALOY alloy at

elevated temperature. Master Sci Eng，2003，A340：8.
[18] Jiang R，Everitt S，Lewandowski M，Gao N，Rees P A S. Grain size effects in a NI-based turbine disc in the time and cycle dependent crack growth regimes. International of Journal of Fatigue，2014，63：217-227.
[19] Floreen S，Kane. An investigation the creep-fatigue environment interaction in a Ni-bese superalloy. Fatigue of Engineering Materials and Structures Vol. 2. pp. 401-412. Pergamon Press. Printed in Great Britain Fatigue of Engineering Materials Ltd. 1980.
[20] Woodford D A. Gas phase embitterment and time dependent cracking of nickel based super-alloys. Energy Materials，2006，(1)：59.
[21] 王璞，董建新，杨亮，等．高温合金裂纹扩展速率的影响因素．材料导报，2008，6：61-68.
[22] 福山誠司，横川清，志飯田雅，山田良雄．ニッケル基超合金の水素環境脆化．まてりあ，2000，39 (9)：764-768.
[23] 皮籠石紀雄，大園義久，陳強，後藤真宏，田中秀穂，近藤英二．Ni基超合金の疲労き裂発生および初期伝ぱに及ぼす高温酸化膜の影響．日本機械学会論文集（A編），1998，4：839-844.
[24] 松田憲昭．梅沢貞夫．児島慶享．Ni基超合金René80の疲労・クリープ相互作用下の寿命に及ぼす耐食コーティングの影響．材料．1991. 449. 165-171.
[25] Liu X，Chang KM. Time-dependent crack growth behaviors of five superalloys //Loria E. Superalloys 718. 625. 706 and various derivatives. Warrendale，PA：TMS，2001：543-552.
[26] Liu Xingbo，Xu Jing，Nate Deem，et al. Effect of thermal-mechanical treatment on the fatigue crack propagation behavior of newly development allvac 718 plus alloy//Superalloy 718. 625. 706 and various derivatives. Warrendale：The Mineral. Metals and Materials Society，2005：233.
[27] 张礼敬，谢济洲．镍基合金疲劳裂纹扩展性能．南京化工学院学报，1994，4：53-59.
[28] 倪向贵，李新亮，王秀喜．疲劳裂纹扩展规律Pairs公式的一般修正及应用．压力容器，2006，12 (23)：8.
[29] 吴欢，赵永庆，曾卫东．疲劳裂纹扩展行为的研究现状及钛合金的疲劳裂纹扩展特征．稀有金属快报，2007，26 (7)：1.
[30] Zapatero J，Moreno B，Gonzalez-Herrera A. Fatigue crack closure determination by means of finite element analysis. Eng Fract Mechan，2008，75：41.
[31] Ma Longzhou，Liu Xingbo，Keh-Minn Chang. Reply to comment on "Identification of SAGBO-induced damage zone ahead of creak tip to characterize sustained loading crack growth in alloy 783". Scr Mater，2006，54：309.
[32] Tim P Gabb，Jack Telesman，Pete T Kantzos，et al. Effect of high temperature exposures on fatigue on fatigue life of disk superalloys//Superalloys 2004. Champion：The TMS High Temperature Alloys Committee，2004：283.
[33] Gayda J，Gabb T P，Miner R V. Fatigue crack propagation of nickel-base superalloys at 650℃. ASTM STP，1988：293-309.
[34] Chang K M，Heney M F，Benz M G. Metallatgical control of Fatigue crack propagation in superalloys. Jom，1990 (12)：29-35.
[35] 姚志浩，董建新，张麦仓，郑磊．CH864合金显微组织与力学性能的关联性．稀有金属材料与工程，2010，9：1565-1570.
[36] Mao Jian，Keh-Minn Chang，Yang Wanhong，et al. Cooling precipitation and strengthening study in powder metallurgy superalloy Rene88DT. Mater Sci Eng，2002，A332：318.
[37] 吴凯，刘国权，胡本瑛，等．合金元素对新型镍基粉末高温合金的热力学平衡相析出行为的影响．北京科技大学学报，2009，6：719-727.
[38] 王璞，董建新，韩纯，杨亮．组织特征对GH864合金裂纹扩展行为的影响．机械工程学报，2009，5：79-84.
[39] 徐志超，周建波．高温合金涡轮盘材料的裂纹扩展速率．北京科技大学学报，1997，4：342-345.
[40] 桑原和夫，新田明人，北村隆行．鍛造Ni基超合金IN 718の高温低サイクル疲労強度．材料，1983，32 (357)：657-661.
[41] 松原雅昭，新田明人，桑原和夫．Ni基単結晶超合金のクリープ疲労強度特性．材料，1990，39 (441)：723-729.
[42] 陈立佳，吴成，Liaw P K. 3种高温合金的蠕变-疲劳交互作用行为及寿命预测．金属学报，2006，42 (9)：952-958.
[43] 程茜，董建新，张麦仓．三代粉末高温合金的特征及发展．世界钢铁，2011，11 (5)：43-51.
[44] 胡本芙，刘国权，贾成厂，等．新型高性能粉末高温合金的研究与发展．材料工程，2007 (2)：49-53.
[45] 邹金文，汪武祥．粉末高温合金研究进展与应用．航空材料学报，2006，26 (3)：244-250.
[46] 汪武祥，何峰，邹金文．粉末高温合金的应用与发展．航空工程与维修，2002 (6)：26-28.
[47] 张义文，上官永恒．粉末高温合金的研究与发展．粉末冶金工业，2004，14 (6)：30-43.
[48] Gabb T P，Telesman J，Kantzos P T，et al. Effects of high temperature exposures on fatigue life of disk superalloys. Superalloys，2004.
[49] Mourer D P，Williams J L. Dual heat treat process development for advanced disk applications. Superalloys，2004，2004：401-7.
[50] Gabb T P，Garg A，Ellis D L，et al. Detailed microstructural characterization of the disk alloy ME3. 2004.
[51] Telesman J，Kantzos P，Gayda J，et al. Microstructural variables controlling time-dependent crack growth in a P/M superalloy//Proceedings of the Tenth International Symposium on Superalloys. 2004：215-224.

[52] Gayda J. Alloy 10：A 1300F Disk Alloy. 2000.

[53] Gayda J，Gabb T P，Kantzos P T. The effect of dual microstructure heat treatment on an advanced nickel-base disk alloy. Superalloys 2004：323-329.

[54] Mourer D P，Huron E S，Bain K R，et al. Superalloy optimized for high-temperature performance in high-pressure turbine disks. U S，6521. 175 [P]．2003-2-18.

[55] Locq D，Caron P，Raujol S，et al. On the role of tertiary γ'precipitates in the creep behaviour at 700℃ of a PM disk superalloy. Superalloys，2004，2004：179-187.

[56] Gayda J. The effect of tungsten and niobium additions on disk alloy CH98. 2003.

[57] Schirra J J，Reynolds P L，Huron E S，et al. Effect of microstructure（and heat treatment）on the 649℃ properties of advanced P/M superalloy disk materials. KA Green；TM Pollock；H. Harada；TE Howson；RC Reed，2004：341-350.

[58] 吴超杰，陶宇，贾建．第四代粉末高温合金成分选取范围研究．粉末冶金工业，2014，24（1）：20-25.

[59] Cao W D，Kennedy R. Role of chemistry in 718-type alloys-Allvac® 718Plus™ alloy development. Superalloys，2004：91-99.

[60] Mitchell R J，Hardy M C. A nickel based superalloy. 2011.

[61] Zhao S，Xie X，Smith G D，et al. Microstructural stability and mechanical properties of a new nickel-based superalloy. Materials Science & Engineering A，2003，355（1）：96-105.

[62] Zhao S，Xie X，Smith G D，et al. Gamma prime coarsening and age-hardening behaviors in a new nickel base superalloy. Materials Letters，2004，58（11）：1784-1787.

[63] 福田匡，大橋善久，神代光一．高 Ni 合金粉末・粉末成形体における不活性ガス成分の挙動．鐵と鋼：日本鐵鋼協會々誌，1996，82（7）：623-627.

[64] 中山義博，筧幸次，近藤大介．熱プラズマ液滴製錬を施した粉末を HIP 焼結した P/M 718 材の組織と延性．日本金属学会誌，2014，78（5）：205-210.

[65] Han G，Takashima H，Ueno T，Chiwata N，Aoto Y. Material Integration，2007，(20)：19-22.

[66] 滝川博，古田誠矢，大江清美，河合伸泰，緒方和郎. ArガスアトマイズされたNi 基超合金粉末の特性．粉体および粉末冶金，1986，33（5）：246-250.

[67] Lizenby T R，Rozmus W T，Barnard L J. Met. power rep，1981：433.

[68] 佐藤義智，井手英暉，古田誠矢，等．超音速多孔旋回噴流方式コンファインド気流噴霧法による超合金微粉末の製造．鐵と鋼：日本鐵鋼協會々誌，1993，79（12）：1356-1362.

[69] 筧幸次，横森玲，西牧智大．プラズマ回転電極法を用いて作製した粉末焼結ニッケル超合金の組織と強度．日本金属学会誌，2016，80（8）：508-514.

[70] 张义文．高温合金粉末内部孔洞的研究概况．钢铁研究学报，2002，14（3）：73-76.

[71] Smugeresky J E. Characterization of a rapidly solidified iron-based superalloy. Metallurgical and Materials Transactions A，1982，13（9）：1535-1546.

[72] 刘建涛，张义文．等离子旋转电极雾化工艺制备 FGH96 合金粉末颗粒的组织．材料热处理学报，2012，33（1）：31-36.

[73] Ashby M F. HIP 6.0：background reading，sintering and isostatic pressing diagrams. Cambridge University Report，1990.

[74] 野原章，中川知和，藪忠司．金属粉末 HIP 成形のコンピュータシミュレーション．日本金属学会会報，1989，28（11）：922-926.

[75] Davidson J H，Aubin C. High temp alloys for gas turbines. Reidel D，1982：853.

[76] 滝川博，河合伸泰，岩井健治．粉末や金によるNi 基超合金の再結晶および超塑性挙動．粉体および粉末冶金，1986，33：193-198.

[77] 中沢静夫，富塚功，小泉裕．Ni 基合金粉末を HIP・超塑性鍛造した素形材の機械的特性に及ぼす加工条件の影響．鐵と鋼：日本鐵鋼協會々誌，1986，72：1701-1707.

[78] 鳥阪泰憲，中沢克紀，宮川松男．Ni 基超耐熱合金 Mod. IN-100 粉末焼結材の結晶粒微細化を目的とした予加工条件．鉄と鋼，1986，9：1351-1358.

[79] 张莹，张义文，张娜，等．FGH97 粉末冶金高温合金热处理工艺和组织性能的研究．航空材料学报，2008，28（6）：5-9.

[80] 贾建，陶宇，张义文，等．时效制度对粉末冶金高温合金 FGH95 组织和性能的影响．粉末冶金工业，2010，20（1）：25-31.

[81] 申辉旺，潘天喜，黄孝瑛，等．镍基高温合金应变疲劳断裂机制研究．钢铁，1984（5）：39，45-50.

[82] 刘新灵，陶春虎．FGH96 粉末高温合金损伤行为与寿命预测．失效分析与预防，2011，6（2）：124-129.

[83] Miner R V，Dreshfield R L. Effects of fine porosity on the fatigue behavior of a powder metallurgy superalloy. Metallurgical and Materials Transactions A，1981，12（2）：261-267.

[84] Dreshfield R L，R V. Effects of thermally induced porosity on an as-HIP powder metallurgy superalloy. Journal of Metals，1980，31（12）：102-103.

[85] Ingesten N G，Warren R，Winberg L. The nature and origin of previous particle boundary precipitates in P/M superalloys//High temperature alloys for gas turbines 1982. Springer Netherlands，1982：1013-1027.

[86] Rao G A, Srinivas M, Sarma D S. Effect of oxygen content of powder on microstructure and mechanical properties of hot isostatically pressed superalloy Inconel 718. Materials Science and Engineering: A, 2006, 435: 84-99.
[87] 刘明东，张莹，刘培英，等．FGH95 粉末高温合金原始颗粒边界及其对性能的影响．粉末冶金工业，2006，16（3）：1-5.
[88] Aviation week & Apace Technology, 1980, 15 (113): 20.
[89] Shamblen C E, Chang D R. Effect of inclusions on LCF life of HIP plus heat treated powder metal rené 95. Metallurgical and Materials Transactions B, 1985, 16 (4): 775-784.
[90] Chang D R, Krueger D D, Sprague R A. Superalloy powder processing, properties and turbine disk applications// Superalloys 1984. Proceedings of the Fifth International Symposium on Superalloys, 1984: 245-273.
[91] 陈国祥，葛立强．FGH95 粉末冶金高温合金中的夹杂物．钢铁研究学报，1995（3）：34-39.
[92] Dreshfield R L. Defects in nickel-base superalloys. JOM Journal of the Minerals, Metals and Materials Society, 1987, 39 (7): 16-21.
[93] Bretheau T, Caldemaison D, Ambroise M H. Inclusion/matrix mechanical interaction an in situ, study by tensile and fatigue tests in the scanning electron microscope. Strength of Metals & Alloys, 1989: 1051-1056.
[94] Ambroise M H, Bretheau T, Zaoui A. Crack initiation from the interface of superficial inclusions. Mechanical Behaviour of Materials Ⅴ, 1987, 1: 169-176.
[95] Patel S J, Elliott I C. Production of high-strength P/M aisc alloys by "Superlean" cast/wrought technology// Superalloys, 1992: 13-22.
[96] Grison J, Remy L. Fatigue failure probability in a powder metallurgy Ni-base superalloy. Engineering Fracture Mechanics, 1997, 57 (1): 41-55.
[97] Woodford D A , Bricknell R H. Mater Sci Trchnol, 1983, 25: 157-199.
[98] Bricknell R H, Woodford D A. Metal Sci, 1984, 18: 265-271.
[99] Bricknell R H, Woodford D A. Acta Metal, 1982, 30: 257.
[100] Pandey M C, Dyson B F, Taplin D M R. Proc Ray Soc Lond A, 1984, 393: 1437-1441.
[101] Woodford D A, Bricknell R H. Proc Conf Superalloys, 1980, 633: 1980.
[102] Gao M, Dwyer D J, Wei R P. //Loria E A. Superalloys 718, 625, 706 and various derivatives. Warrendale, PA: TMS, 1994: 581-592.
[103] Huang Z, Iwashita C, Chou I, Wei R P. Metall Trans A, 2002, 33A: 1681-1687.
[104] Wusatowska-Sarnek A M, Blackburn M J, Aindow M. Techniques for microstructural characterization of powder-processed nickel-based superalloys. Materials Science & Engineering A, 2003, 360 (1-2): 390-395.
[105] Mitchell R J, Hardy M C. A Nickel Based Superalloy. EP, 2045345. 2011-06-07.
[106] 吴凯，刘国权，胡本芙，等．合金元素对新型镍基粉末高温合金的热力学平衡相析出行为的影响．北京科技大学学报，2009，31（6）：719-727.
[107] Liu L R, Jin T, Zhao N R, et al. Formation of carbides and their effects on stress rupture of a Ni-base single crystal superalloy. Materials Science & Engineering A, 2003, 361 (1-2): 191-197.
[108] Barbosa C, Nascimento J L, Caminha I M V, et al. Microstructural aspects of the failure analysis of nickel base superalloys components. Engineering Failure Analysis, 2005, 12 (3): 348-361.
[109] Jablonski D A. The effect of ceramic inclusions on the low cycle fatigue life of low carbon astroloy subjected to hot isostatic pressing. Materials Science & Engineering, 1981, 48 (2): 189-198.
[110] 侯铁翠，田长生．GH169 合金疲劳与蠕变裂纹萌生及扩展的微观动态物理过程研究．云南工业大学学报，1991（3）：62-67.
[111] 刘新灵，陶春虎．粉末高温合金缺陷特性及寿命预测方法研究进展和思考．材料导报，2013，27（s1）：92-96.
[112] 于维成．铁、镍基高温合金疲劳断裂特性分析．机械工程材料，1981（6）：22-26.
[113] Hyzak J M, Bernstein I M. The effect of defects on the fatigue crack initiation process in two P/M superalloys: Part Ⅰ. Fatigue origins. Metallurgical transactions A, 1982, 13 (1): 33-43.
[114] Hyzak J M, Bernstein I M. The effect of defects on the fatigue crack initiation process in two P/M superalloys: Part Ⅱ. Surface-subsurface transition. Metallurgical and Materials Transactions A, 1982, 13 (1): 45-52.
[115] 刘德林，李影，姜涛，等．FGH97 粉末高温合金的断裂特征．机械工程材料，2013，37（11）：49-54.
[116] 谢锡善，张丽娜，张麦仓，等．镍基粉末高温合金中夹杂物的微观力学行为研究．金属学报，2002，38（6）：635-642.
[117] Wilkinson D S, Vitek V. The propagation of cracks by cavitation: a general theory. Acta Metallurgica, 1982, 30 (9): 1723-1732.
[118] Huron E S, Roth P G. The influence of inclusions on low cycle fatigue life in a P/M nickel-base disk superalloy. Superalloys 1996: 359-368.
[119] Patel S J, Elliot I C. Production of high-strength P/M disc alloys by "superclean" cast/wrought technology. Superalloys 1992: 13-22.
[120] 赵勇铭，宋迎东．夹杂对粉末高温合金裂纹扩展寿命的影响．航空动力学报，2005，20（5）：772-777.
[121] 横幕俊典，古田誠矢，岩井健治．Ni 基粉末超合金 AF115 の高温における疲労き裂伝ぱと疲労寿命の関係 弾塑性およびクリープひずみエネルギーパラメータ ΔW_f と ΔW_c を介して．日本機械学会論文集（A 編），1999，65

(634)：1349-1356.
[122] 横幕俊典，滝川博，豊田裕至．粉末超合金 MERL76 の高温疲労特性におよぼす欠陥と組織の影響．材料，1990，39 (437)：188-194.
[123] 王璞，董建新，张义文，等．热处理对 FGH96 粉末高温合金裂纹扩展速率的影响．稀有金属材料与工程，2010，39 (1)：157-157.
[124] 佴启亮，董建新，张麦仓，等．粉末高温合金 FGH97 疲劳裂纹扩展行为．工程科学学报，2016，38 (2)：248-256.
[125] 杨健，董建新，张麦仓，等．新型镍基粉末高温合金 FGH98 的高温疲劳裂纹扩展行为研究．金属学报，2013，49 (1)：71-80.
[126] Pedron J P, Pineau A. The effect of microstructure and environment on the crack growth behaviour of Inconel 718 alloy at 650℃ under fatigue, creep and combined loading. Materials science and engineering, 1982, 56 (2): 143-156.
[127] Suresh S, Zamiski G F, Ritchie D R O. Oxide-induced crack closure: an explanation for near-threshold corrosion fatigue crack growth behavior. Metallurgical Transactions A, 1981, 12 (8): 1435-1443.
[128] Jackson M P, Reed R C. Heat treatment of UDIMET 720Li: the effect of microstructure on properties. Materials Science and Engineering: A, 1999, 259 (1): 85-97.
[129] Telesman J, Gabb T P, Garg A, et al. Superalloys 2008, The Minerals. Metals and Materials Society, 2008: 807-816.
[130] 林涛，何玉怀．粉末高温合金的低周疲劳研究进展．理化检验：物理分册，2011，47 (11)：697-701.
[131] Lee K O, Bae K H, Lee S B. Comparison of prediction methods for low-cycle fatigue life of HIP superalloys at elevated temperatures for turbopump reliability. Materials Science & Engineering A, 2009, 519 (1-2): 112-120.
[132] Muralidharan U, Manson S S. A modified universal slopes equation for estimation of fatigue characteristics of metals. Journal of Engineering Materials & Technology, 1988, 110 (1): 55.
[133] Baumel J A, Seeger T. Materials data for cyclic loading. Amsterdam: Elsevier Science Publishers, 1990.
[134] Ong J H. An evaluation of existing methods for the prediction of axial fatigue life from tensile data. International Journal of Fatigue, 1993, 15 (1): 13-19.
[135] 滝川博，岩井健治，河合伸泰，横幕俊典．Ni 基超合金粉末のHIP 固化材の機械的性質．粉体および粉末冶金，1986，33 (5)：251-256.
[136] Hyzak J M. Air force wright aeronautical labo. AFWAL-TR-80-4063 (1980) .
[137] Carlson D M. Superalloys 1980 (ASM): 501.
[138] Eng R D, Evans D J. Technical Report, NASA CR-165549, 1982.
[139] Aerospace Structural Metals Handbook, V (1983), Code 4212.
[140] 王永廉．高温低周疲劳寿命预测模型．南京航空航天大学学报，1994 (3)：311-318.
[141] 胡绪腾．粉末高温合金高温疲劳寿命模型研究．南京：南京航空航天大学，2005.
[142] 何晋瑞，段作祥，宁有连，赵迪．应变能区分法及其对 GH33A 与 1Cr18Ni9Ti 的应用．金属学报，1985，(1) .
[143] 魏大盛，杨晓光，王延荣，等．保载条件下 FGH95 材料的疲劳特性及寿命建模．航空动力学报，2007，22 (3)：425-430.
[144] 魏大盛，杨晓光，王延荣．基于缺陷概率特点的粉末冶金材料寿命预测概率模型．航空动力学报，2005，20 (6)：951-957.
[145] 王天宇，刘新灵．粉末冶金涡轮盘寿命预测方法研究分析// 全国失效分析学术会议，2015.
[146] Huron E S, Roth P G. The influence of inclusions on low cycle fatigue life in a P/M nickel-base disk superalloy// Superalloys, 1996: 359-368.
[147] Shamblen C E, Chang D R. Effect of inclusions on LCF life of HIP plus heat treated powder metal rené 95. Metallurgical and Materials Transactions B, 1985, 16 (4): 775-784.
[148] Bussac A D, Lautridou J. A probabilistic model for prediction of LCF surface crack initiation in PM alloys. Fatigue & Fracture of Engineering Materials & Structures, 2010, 16 (8): 861-874.
[149] A de Bussac. Prediction of the competition between surface and internal fatigue crack initiation in PM alloys. Fatigue & Fracture of Engineering Materials & Structures, 2010, 17 (11): 1319-1325.
[150] Miner R V, Dreshfield R L. Effects of fine porosity on the fatigue behavior of a powder metallurgy superalloy. Metallurgical and Materials Transactions A, 1981, 12 (2): 261-267.
[151] 陈振华，陈鼎．现代粉末冶金原理．北京：化学工业出版社，2012.
[152] 田中良平．ODS 合金の歴史の展望．金屬特集，1992，62 (5)：2-8.
[153] 美国金属学会．金属手册（第七卷）：粉末冶金．第 9 版．韩凤麒译．北京，机械工业出版社，1994.
[154] 美野和明．酸化物分散強化超合金の組織制御と高温強度．鉄と鋼，1989，9：166-172.
[155] Smith C S , Grant N T. Mater Sci Eng, 1987, 89: D129.
[156] 川崎要造．ODS 合金高温耐食性 Ni 基 ODS 合金の開發．金属特集，1992，62 (5)：9-15.
[157] 川崎要造，楠克之，中沢静夫，山崎道夫．酸化物分散強化型ニッケル基超合金の開発．鉄と鋼，1989，3：151-158.
[158] 楠克之，川崎要造，中沢静夫，山崎道夫．Ni 基粒子分散強化合金のクリープ強度におよぼすγ'相量の効果．鉄

と鋼，1989，9：174-181.

[159] 曾炳胜．国外机械合金化弥散强化合金发展的现况及前景．机械工程材料，1984：15-16.

[160] 高良．氧化物弥散强化合金及其在航空元素上的应用．航空材料，1981，4：38-42.

[161] Howson T E，Cosadey F，Fien J K. Creep deformation and rupture of oxide dispersion strengthened inconel MA754 and MA6000E. Superalloys 1980，peoceeding of the Fourth International symposium on superalloys.

[162] 耿又范．氧化物弥散强化合金的发展．国外金属材料，1992，6：8-15.

[163] Fleetword M J. Mechanical alloying development of strong alloys. Materials and Fechnology，1986，2：1176-1182.

[164] Kim Y G，Merrick H F. Fatigue properties of MA6000E，a γ' strengthened ODS alloy. Superalloys 1980 proceedings of the Fourth International symposium on superalloy.

[165] 原田広史．超耐熱金属材料．日本ロボット学会誌，1995，13（2）：185-188.

[166] 柳光祖，田耘，单秉权．氧化物弥散强化高温合金．粉末冶金技术，2001，1：20-23.

[167] 岡崎正和，山崎泰広，岡部道生．酸化物分散強化 Ni 基超合金の高温高サイクル疲労強度に及ぼす微視組織の影響．材料，1997，6：651-657.

[168] 大谷隆一，北村隆行，堤三佳，三木秀樹．酸化物分散強化形超合金の高温クリープ疲労微小き裂の発生と成長. 日本機械学会論文集（A 編），1993，4：933-938.

[169] 大谷隆一，北村隆行，三木秀樹．酸化物分散強化型超合金 Inconel MA754のクリープ疲労き裂伝ぱ. 材料，1991，40（457）：1297-1302.

[170] Elzey D M，Arzt E. Crack initiation and propagation during High-Temeprature fatigue of oxide Dispersion-Strengthened superalloys. Metallurgical Transaction A，1991，22A（4）：837-851.

[171] Gessinger G H. Powder Metallurgy superalloy. Lodon：Butterworths，1984：9265.

[172] John D Whittenberger，Peter T Bizon. Comparative thermal fatigue resistance of several oxide dispersion strengthened alloys. INT J FATIGUE，1981：173.